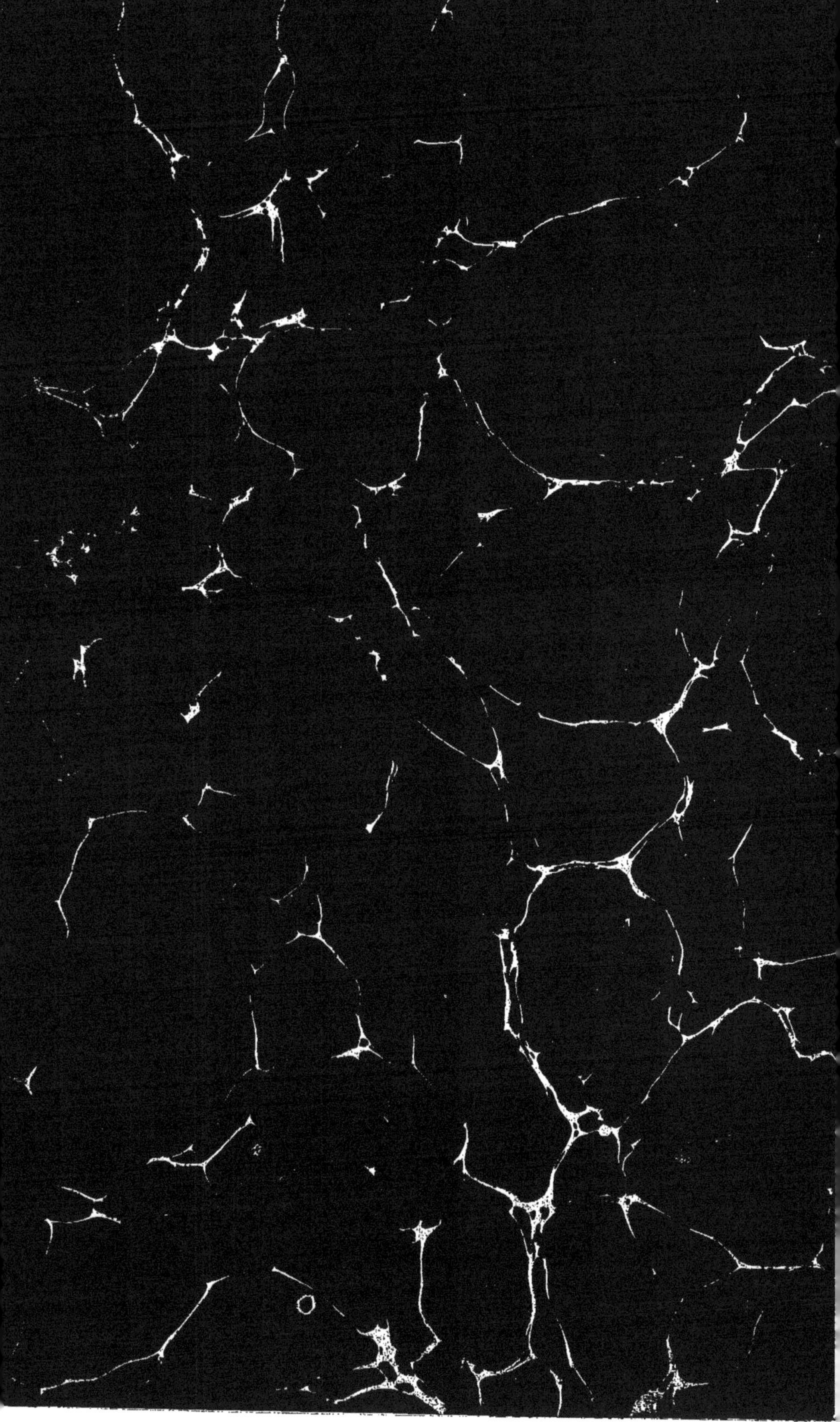

ŒUVRES COMPLÈTES

DE BUFFON

—

VII

PARIS. — IMPRIMERIE Vve P. LAROUSSE ET Cie
19, RUE MONTPARNASSE, 19

ŒUVRES

COMPLÈTES

DE BUFFON

NOUVELLE ÉDITION

ANNOTÉE ET PRÉCÉDÉE D'UNE INTRODUCTION SUR BUFFON

ET SUR LES PROGRÈS DES SCIENCES NATURELLES DEPUIS SON ÉPOQUE

PAR J.-L. DE LANESSAN

Professeur agrégé d'histoire naturelle à la Faculté de médecine de Paris

SUIVIE DE LA

CORRESPONDANCE GÉNÉRALE DE BUFFON

RECUEILLIE ET ANNOTÉE PAR M. NADAULT DE BUFFON

OUVRAGE ILLUSTRÉ

DE 160 PLANCHES GRAVÉES SUR ACIER ET COLORIÉES A LA MAIN

ET DE 8 PORTRAITS GRAVÉS SUR ACIER

TOME SEPTIÈME

OISEAUX

PARIS

LIBRAIRIE ABEL PILON

A. LE VASSEUR, SUCC^R, ÉDITEUR

33, RUE DE FLEURUS, 33

ŒUVRES COMPLÈTES

DE BUFFON

HISTOIRE NATURELLE DES OISEAUX

LES GRIMPEREAUX

Nous avons déjà vu plusieurs oiseaux grimpants, les sittelles et les mésanges; nous en verrons d'autres encore dans la suite, tels que les pics, et cependant ceux qui composent le genre dont nous allons parler sont les seuls auxquels on donne généralement le nom de *grimpereaux* (*). Ils grimpent en effet très légèrement sur les arbres, soit en montant, soit en descendant, soit sur les branches, soit dessous; ils courent aussi fort vite le long des poutres, dont ils embrassent la carne avec leurs petits pieds; mais ils diffèrent des pics par le bec et la langue, et des sittelles et mésanges seulement par la forme de leur bec, plus long que celui des mésanges, et plus grêle, plus arqué que celui des sittelles : aussi ne s'en servent-ils pas pour frapper l'écorce, comme font ces autres oiseaux.

Plusieurs espèces étrangères qui appartiennent au genre des grimpereaux ont beaucoup de rapport avec les colibris et leur ressemblent par la petitesse de leur taille, par les belles couleurs de leur plumage, par leur bec menu et recourbé, mais plus effilé, plus tiré en pointe et formant un angle plus aigu, au lieu que celui des colibris est à peu près d'une grosseur égale dans toute sa longueur et a même un petit renflement vers son extrémité;

(*) Les Grimpereaux (*Certhia* L.) sont des Passereaux Ténuirostres de la famille des Certhiadés, à bec long, peu recourbé, dépourvu de soies; à langue cornée, pointue; à ailes pourvues de dix rémiges primaires rigides, dont la première est la plus courte; une queue assez longue, terminée par deux pointes; les doigts longs, avec des ongles allongés, recourbés et très aigus.

de plus, les grimpereaux ont en général les pieds plus courts, les ailes plus longues et douze pennes à la queue (*a*), tandis que les colibris n'en n'ont que dix ; enfin les grimpereaux n'ont pas, comme les colibris, la langue composée de deux demi-tuyaux cylindriques qui, s'appliquant l'un à l'autre, forment un tuyau entier, un véritable organe d'aspiration, plus analogue à la trompe des insectes qu'à la langue des oiseaux.

Il n'en est pas non plus du genre des grimpereaux comme de celui des colibris, par rapport à l'espace qu'il occupe sur le globe ; les colibris paraissent appartenir exclusivement au continent de l'Amérique ; on n'en a guère trouvé au delà des contrées méridionales du Canada, et à cette hauteur l'espace de mer à franchir est trop vaste pour un si petit oiseau, plus petit que plusieurs insectes ; mais le grimpereau d'Europe ayant pénétré jusqu'en Danemark, peut-être plus loin, il est probable que ceux de l'Asie et de l'Amérique se seront avancés tout autant vers le Nord et qu'ils auront par conséquent trouvé des communications plus faciles d'un continent à l'autre.

Comme les grimpereaux vivent des mêmes insectes que les pics, les sittelles, les mésanges, et qu'ils n'ont pas, ainsi que nous l'avons remarqué plus haut, la ressource de faire sortir leur proie de dessous l'écorce en frappant celle-ci de leur bec, ils ont l'instinct de se mettre à la suite des bèque-bois, d'en faire pour ainsi dire leurs chiens de chasse et de se saisir adroitement du petit gibier que ces bèque-bois croient ne faire lever que pour eux-mêmes. Par la raison que les grimpereaux vivent uniquement d'insectes, on sent bien que les espèces en doivent être plus fécondes et plus variées dans les climats chauds, où cette nourriture abonde, que dans des climats tempérés ou froids, et par conséquent moins favorables à la multiplication des insectes. Cette remarque est de M. Sonnerat (*b*), et elle est conforme aux observations.

On sait qu'en général les jeunes oiseaux ont les couleurs du plumage moins vives et moins décidées que les adultes ; mais cela est plus sensible dans les familles brillantes des grimpereaux, colibris et autres petits oiseaux qui habitent les grands bois de l'Amérique. M. Bajon nous apprend que le plumage de ces jolis petits oiseaux américains ne se forme que très lentement et qu'il ne commence à briller de tout son éclat qu'après un certain nombre de mues. Il ajoute que les femelles sont aussi moins belles et plus petites que leurs mâles (*c*).

Au reste, quelque analogie que l'on veuille voir ou supposer entre les grimpereaux américains et ceux de l'ancien continent, il faut convenir aussi

(*a*) Je sais que quelques auteurs n'en ont donné que dix à notre grimpereau d'Europe, mais voyez, ci-après, son histoire.

(*b*) *Voyage à la Nouvelle Guinée*, p. 62.

(*c*) *Mémoires pour servir à l'histoire de Cayenne*, p. 257.

que l'on connaît entre ces deux branches d'une même famille des différences suffisantes pour qu'on doive dès à présent les distinguer et les séparer, et je ne doute pas qu'avec le temps on n'en découvre encore de plus considérables, soit dans les qualités extérieures, soit dans les habitudes naturelles (*a*).

LE GRIMPEREAU (*b*) (*c*)

L'extrême mobilité est l'apanage ordinaire de l'extrême petitesse : le grimpereau (*) est presque aussi petit que le roitelet, et, comme lui, pres-

(*a*) Il y a au Sénégal, suivant M. Adanson, plusieurs belles espèces d'oiseaux dont les femelles sont aussi brillantes que les mâles.

(*b*) Voyez les planches enluminées, nº 681, fig. 1.

(*c*) *Avicula exigua nomine* Κέρθιος, Κέρθια, Κέρδιος. Aristote, *Hist. animal.*, lib. IX, cap. XVII. — *Petit grimpereau.* Belon, *Nat. des oiseaux*, p. 374, chap. XXXI. — *Certhia, certhius, reptitatrix Turneri, scandulaca, crepera Anglorum; rarycheus Alberti*; en allemand, *rinnenklaeber, rindenklaeber, hierengriell*, selon quelques-uns. Gessner, *Aves*, p. 255. — Aldrovande, *Ornithologia*, lib. XII, cap. XLIV; en français, *grimpereau piochet.* Aldrovande fait honneur de cette dénomination à Belon, chez qui je n'ai rien trouvé de semblable. — Jonston, *Av.*, p. 81. — En anglais, *the creeper.* Willughby, *Ornithol.*, p. 100. *Nota.* Cet auteur cite partout Aldrovande au lieu de Belon, qui est ici l'auteur original : de plus, il dit que le grimpereau est assez distingué des autres oiseaux par sa petitesse et son bec arqué ; deux caractères néanmoins qui ne suffiraient pas pour le distinguer des colibris. — Ray, *Synops. av.*, p. 47, 48. — *Scandulaca arborum*; en grec, Κερδίων, Θριποφάγος ; en anglais, *the ox-eye-creeper.* Charl., p. 93, nº 8. — *Reptatrix Bellonii*; en suédois, *krypare.* Linnæus, *Fauna Suec.*, nº 213. — Moehring, *Av. gen.*, g. 17. — « Certhia familiaris grisea, subtus alba, remigibus » fuscis decem, maculâ albâ ; rectricibus decem. » Linnæus, *Syst. nat.*, édit. XIII, p. 184. — Muller, *Zoologiæ Dan. prodromus*, p. 13, nº 104 : en danois, *træ pikke, lichesten.* — *Scandulaca arborum, calidris cinerea*; en grec. Καλίδρις, Κνιπολόγος, etc., *ut supra* ; en allemand *baumkletterlin, baum-heckel, hirngrille, rinderkleber.* On ne doit pas être surpris qu'on ait donné quelquefois les mêmes noms aux grimpereaux et aux sittelles, qui ont plusieurs habitudes communes. Schwenckfeld, *Av. Siles.*, p. 347. — Rzaczynski, *Auctuar. Polon.*, p. 419. — *Certhius minor*; en allemand, *der kleinere grau-specht, kleineste baum-hacker, baum-laufer, rindenkleber.* Grimpereau grisâtre. Frisch, t. Ier, class. 4, div. 2, pl. 11, nº 39, art. 8. Cet auteur accuse mal à propos Gessner d'avoir confondu ce grimpereau avec celui de muraille. Voyez Gessner. *Aves*, p. 712. — *Certhia*, le petit grimpereau d'arbres ; en anglais, *the small tree-creeper*, Albin, *Hist. nat. des oiseaux*, t. III, pl. 25. — *Falcinellus arboreus nostras minor.* Klein, *Ordo avium*, p. 106. — *Certhia grisea, seu picus cinereus minimus, certhia pusilla*; en italien, *cerzia cenerina, picchio passerino* ; vulgairement *rampichino.* Gerini, *Ornithologia*, t. II, p. 53, pl. 193, fig. 1. — *Ispida, caudâ rigidâ*; en autrichien, *baum-laufferl.* Kramer, *Elenchus Austr. inf.*, p. 337. — *Gravelet*, en Poitou ; *petit pic* ou *picasson*, en Saintonge ; *rat-bernard*, en Berry, et *bœuf* par antiphrase ; *releiro*, en Provence ; ailleurs, *grimpeur grimpeux, grimpel, grimperel, grimpelet, grimpard* ou *grimpant*, pour le distinguer de la sittelle ; *piochet, gravison* ou *gravisson, graviston, gravisseur, gravisset, petit gravaudeur, fourmillou*, etc. Salerne, *Hist. nat. des ois.*, p. 119. — « Certhia supernè fusco- » rufescens, pennis in medio albidis, circa margines nigricantibus, infernè alba, cum aliquâ » rufescentis mixturâ ; uropygio rufo ; oculorum ambitu et tæniâ supra oculos albo-rufes- » centibus ; rectricibus grisco rufis cuneiformibus, » *Certhia*, le grimpereau. Brisson, t. III, p. 603.

(*) *Certhia familiaris* L.

que toujours en mouvement; mais tout son mouvement, toute son action porte, pour ainsi dire, sur le même point; il reste toute l'année dans le pays qui l'a vu naître; un trou d'arbre est son habitation ordinaire; c'est de là qu'il va à la chasse des insectes de l'écorce et de la mousse (*a*); c'est aussi le lieu où la femelle fait sa ponte et couve ses œufs. Belon a dit, et presque tous les ornithologistes ont répété qu'elle pondait jusqu'à vingt œufs, plus ou moins; il faut que Belon ait confondu cet oiseau avec quelque autre petit oiseau grimpant tel que les mésanges; pour moi, je me crois en droit d'assurer, d'après mes propres observations et celles de plusieurs naturalistes (*b*), que la femelle grimpereau pond ordinairement cinq œufs, et presque jamais plus de sept : ces œufs sont cendrés, marqués de points et de traits d'une couleur plus foncée, et la coquille en est un peu dure. On a remarqué que cette femelle commençait sa ponte de fort bonne heure au printemps, et cela est facile à croire, puisqu'elle n'a point de nid à construire, ni de voyage à faire.

M. Frisch prétend que ces oiseaux cherchent aussi les insectes sur les murailles; mais comme il paraît n'avoir pas connu le véritable grimpereau de muraille, et que même il ne l'a point reconnu dans la description de Gessner, quoique assez caractérisée, il est vraisemblable qu'il confond ici ces deux espèces, d'autant plus que le grimpereau est assez sauvage et fait sa principale demeure dans les bois. On m'en apporta un en 1773, au mois de janvier, lequel avait été tué d'un coup de fusil sur un acacia du Jardin du Roi; mais on me l'apporta comme curiosité, et ceux qui travaillent toute l'année à ce jardin m'assurèrent qu'ils ne voyaient de ces sortes d'oiseaux que très rarement : ils ne sont point communs non plus en Bourgogne ni en Italie (*c*), mais bien en Angleterre (*d*); il s'en trouve en Allemagne et jusqu'en Danemark, comme je l'ai dit plus haut; ils n'ont qu'un petit cri fort aigu et fort commun.

Leur poids ordinaire est de cinq drachmes (*e*); ils paraissent un peu plus gros qu'ils ne sont en effet, parce que leurs plumes, au lieu d'être couchées régulièrement les unes sur les autres, sont le plus souvent hérissées et en désordre, et que d'ailleurs ces plumes sont fort longues.

Le grimpereau a la gorge d'un blanc pur, mais qui prend communément une teinte roussâtre toujours plus foncée sur les flancs et les parties qui s'éloignent de la gorge [quelquefois tout le dessous du corps est blanc (*f*)]; le dessus varié de roux, de blanc et de noirâtre : ces différentes couleurs, plus ou moins pures, plus ou moins foncées; la tête d'une teinte plus rem-

(*a*) Frisch dit qu'il s'y défend fort bien contre la sittelle, lorsqu'elle vient s'y présenter.

(*b*) M. Salerne, M. Lottinger, M. le comte Ginanni, cités dans l'*Ornithologie italienne*, t. II, p. 55.

(*c*) Gerini, *Ornithologie italienne*, p. 56.

(*d*) Willughby, p. 100.

(*e*) La drachme anglaise *averdupois* n'est que la seizième partie de l'once.

(*f*) Voyez Gessner, à l'endroit cité.

brunie; le tour des yeux et les sourcils blancs, le croupion roux, les pennes des ailes brunes; les trois premières bordées de gris; les quatorze suivantes marquées d'une tache blanchâtre, d'où résulte sur l'aile une bande transversale de cette couleur; les trois dernières marquées vers le bout d'une tache noirâtre entre deux blanches; le bec, brun dessus, blanchâtre dessous; les pieds gris, le fond des plumes cendré foncé.

Longueur totale, cinq pouces; bec, huit lignes, grêle, arqué, diminuant uniformément de grosseur et finissant en pointe, mais grande ouverture de gorge, dit Belon; narines fort oblongues, à demi recouvertes par une membrane convexe, sans aucune petite plume; langue pointue et cartilagineuse par le bout, plus courte que le bec; tarse, sept lignes; doigt du milieu, sept lignes et demie; doigts latéraux adhérents à celui du milieu par leur première phalange; ongle postérieur le plus fort de tous, et plus long même que son doigt; tous les ongles en général très longs, très crochus et très propres pour grimper; vol, environ sept pouces; queue, vingt-quatre lignes selon Brisson, vingt-huit selon Willughby; vingt-six selon moi (*a*), composée de douze pennes étagées (*b*), les plus longues superposées aux plus courtes, ce qui fait paraître la queue étroite; toutes ces pennes, pointues par le bout, ayant l'extrémité de la côte usée comme dans les pics, mais étant moins raides que dans ces oiseaux, dépassent les ailes de douze lignes; les ailes ont dix-sept pennes : celle que l'on regarde ordinairement comme la première, et qui est très courte, ne doit pas être comptée parmi les pennes.

Œsophage, deux pouces; intestins, six; gésier musculeux, doublé d'une membrane qui ne se détache pas facilement, contenait des débris d'insectes, mais pas une seule petite pierre ni fragment de pierre; légers vestiges de cœcum, point de vésicule du fiel.

VARIÉTÉ DU GRIMPEREAU

Le *grand grimpereau* (*c*). C'est une simple variété de grandeur qui a les mêmes allures, le même plumage et la même conformation que le grimpereau : seulement il paraît moins défiant, moins attentif à sa propre conservation : car, d'un côté, Belon donne le grimpereau ordinaire pour un oiseau difficile à prendre, et, de l'autre, Klein raconte qu'il a pris un jour à la main un de ces grands grimpereaux qui courait sur un arbre.

(*a*) Je ne sais pourquoi cette queue a paru courte à Belon.

(*b*) MM. Brisson, Willughby et Linnæus ne lui donnent que dix pennes, sans doute qu'il en manquait deux, car j'en ai compté douze, ainsi que MM. Pennant et Moehring.

(*c*) *Certhius major*; en allemand, *der græssere grau-specht*. Frisch, t. 1er, class. 4, div. 2, pl. 11, nº 39, art. 7. — *Falcinellus arboreus nostras major*. Klein, *Ordo avium*, p. 106. — *Cerzia volgare maggiore. Picchio passerino maggiore, rampichino maggiore. Ornithologie italienne*, p. 56. — *Certhia major*; le grand grimpereau. Brisson, t. III, p. 607.

LE GRIMPEREAU DE MURAILLE (a) (b)

Tout ce que le grimpereau de l'article précédent fait sur les arbres, celui-ci (*) le fait sur les murailles ; il y loge, il y grimpe, il y chasse, il y pond (c) ; je comprends sous ce nom de murailles, non seulement celles des hommes, mais encore celles de la nature, c'est-à-dire les grands rochers coupés à pic (d). M. Kramer a remarqué de ces oiseaux qui se tenaient dans les cimetières par préférence, et qui pondaient leurs œufs dans des crânes humains (e). Ils volent en battant des ailes à la manière des huppes, et quoiqu'ils soient plus gros que le précédent, ils sont aussi remuants et aussi vifs ; les mouches, les fourmis, et surtout les araignées, sont leur nourriture ordinaire.

Belon croyait que c'était une espèce particulière à la province d'Auver-

(a) Voyez les planches enluminées n° 372, fig. 1, le mâle ; et fig. 2 la femelle.

(b) *Pic de muraille*, « ne lui ayant trouvé autre nom ancien ne moderne ; à Clairmont en » Auvergne, *eschelette*, qui est nom deu aux pics-verds ; en auvergnac, un *ternier*, espèce » de *pic-mart...* » Belon, *Nat. des oiseaux*, p. 302, chap. XVI. M. Salerne a soupçonné qu'on avait donné à cet oiseau le nom de *ternier*, parce qu'il est le troisième des pics dans Belon ; il n'a pas pris garde que c'est Belon lui-même qui a dit que le grimpereau de muraille s'appelait *ternier* en Auvergne. Ne l'aurait-on pas nommé ainsi parce qu'il a trois doigts en avant, ce qui n'est pas ordinaire aux pics, avec lesquels on a voulu le confondre ? — *Picus muralis* ; en italien, *pico ;* en Savoie, *pitchat ;* en allemand, *mauerspecht*, *klettenspecht*. Gessner, *Aves*., p. 712. — *Picus murarius seu muralis*, pic d'Auvergne ; en italien, *picchio ;* en Savoie et aux environs de Neufchâtel en Suisse, *pitchard*. Aldrovande, *Ornithol.*, t. Ier, p. 851. — Jonston, *Aves*., p. 79 ; en anglais, *the creeper*, et encore *spider-catcher*. Charleton, *Aves*, p. 93. — Schwenckfeld, *Aviar. Siles.*, p. 340 ; en allemand, *klettenspecht* (pic grimpant). — Rzaczynski, *Auctuar. Polon.*, p. 414 ; en polonais, *dzieciot murowy*. — Willughby, *Ornithol.*, p. 99. — Ray. *Synops. avi.*, p. 46. Cet auteur place, avec raison, le grimpereau, non parmi les pics, mais parmi les oiseaux qui ont de l'affinité avec les pics. — Salerne, *Hist. nat. des oiseaux*, p. 113. — *Picus pedum digitis tribus anticis, postico uno ; albo nigroque varius ;* en autrichien, *mauerspecht*, *todten-vogel*. Kramer, *Elenchus Austr. inf.*, p. 336. — *Certhia muraria, cinerea, maculâ alarum fulvâ ;* en danois, *scopoli*. Linnæus, *Syst. nat.*, édit. XIII, p. 184. — *The wall-creeper or spider-catcher* (gobe-araignées). Edwards, *Hist. nat. des oiseaux*, pl. 361. — *Cerzia muraiola, o picchio muraiolo*. Gerini, *Ornithologia*, t. II, p. 56, pl. 197. — *Merops Pyrenaicus cinereus, alarum costis coccineis, reptatrix ;* en catalan, *pica aranyas*. Barrère, *Specim. novum*, class. 3, gen. 22, sp. 3, p. 47. — « Certhia cinerea, supernè dilutiùs, infernè saturatiùs ; gutture et collo inferiore nigris » (Mas) ; tectricibus alarum remigibusque exteriùs primâ medietate roseis ; rectricibus nigricantibus, apice sordidè cinereo fimbriatis, binis utrimque extimis apice albis. » *Certhia muralis*, le grimpereau de muraille. Brisson, t. III, p. 607. — Quelques-uns l'appellent *pic d'Auvergne*, suivant M. Salerne, *Hist. nat. des oiseaux*, p. 113.

(c) On dit aussi qu'il pond dans des trous d'arbres.

(d) Le nom de *pic de montagne* qu'on lui donne à Turin est un indice qu'on le soupçonne, au moins dans ce pays, de s'accommoder aussi bien des trous de rochers que de ceux de murailles ; et d'ailleurs Schwenckfeld dit qu'on le voit communément dans les citadelles qui sont situées sur les montagnes.

(e) *Austr. inf.*, p. 336.

(*) *Certhia muraria* L.

gne (*a*) : cependant elle existe en Autriche, en Silésie, en Suisse, en Pologne, en Lorraine, surtout dans la Lorraine allemande, et même selon quelques-uns, en Angleterre ; selon d'autres, elle y est au moins fort rare (*b*) ; elle est au contraire assez commune en Italie, aux environs de Bologne et de Florence, mais beaucoup moins dans le Piémont.

C'est surtout l'hiver que ces oiseaux paraissent dans les lieux habités, et, si l'on en croit Belon, on les entend voler en l'air de bien loin, venant des montagnes, pour s'établir contre les tours des villes. Ils vont seuls, ou tout au plus deux à deux, comme font la plupart des oiseaux qui se nourrissent d'insectes, et quoique solitaires, ils ne sont ni ennuyés ni tristes (*c*), tant il est vrai que la gaieté dépend moins des ressources de la société que de l'organisation intérieure !

Le mâle a sous la gorge une plaque noire qui se prolonge sur le devant du cou, et c'est le trait caractéristique qui distingue ce mâle de sa femelle ; le dessus de la tête et du corps d'un joli cendré, le dessous du corps d'un cendré beaucoup plus foncé ; les petites couvertures supérieures des ailes couleur de rose ; les grandes noirâtres, bordées de couleur de rose ; les pennes terminées de blanc et bordées, depuis leur base jusqu'à la moitié de leur longueur, de couleur de rose qui va s'affaiblissant et qui s'éteint presque sur les pennes les plus proches du corps ; les cinq premières marquées sur le côté intérieur de deux taches d'un blanc plus ou moins pur, et les neuf suivantes d'une seule tache fauve ; les petites couvertures inférieures, les plus voisines du bord, couleur de rose, les autres noirâtres ; les pennes de la queue noirâtres, terminées, savoir : les quatre paires intermédiaires de gris sale, et les deux paires extérieures de blanc, le bec et les pieds noirs.

La femelle a la gorge blanchâtre. Un individu que j'ai observé avait sous la gorge une grande plaque d'un gris clair qui descendait sur le cou, et envoyait une branche sur chaque côté de la tête. La femelle que M. Edwards a décrite était plus grande que le mâle décrit par M. Brisson. En général, cet oiseau est d'une taille moyenne entre celle du merle et celle du moineau.

Longueur totale, six pouces deux tiers ; bec, quatorze lignes et quelquefois jusqu'à vingt, selon M. Brisson ; langue fort pointue, plus large à sa base, terminée par deux appendices ; tarse, dix à onze lignes ; doigts disposés trois en avant et un seul en arrière, celui du milieu neuf à dix lignes, le postérieur onze et la corde de l'arc formé par l'ongle seul, six ; en général, tous les ongles longs, fins et crochus ; vol, dix pouces ; ailes composées de vingt pennes, selon Edwards ; de dix-neuf, selon Brisson, et tous deux comptent parmi ces pennes la première qui est très courte et n'est point une

(*a*) *Nature des oiseaux*, à l'endroit cité.

(*b*) M Edwards ne la croit ni native ni de passage en Angleterre ; il ne l'y a jamais vue, non plus que Ray et Willughby.

(c) « Ils sont gais et vioges, » dit Belon

penne ; queue, vingt et une lignes, composée de douze pennes à peu près égales ; dépasse les ailes de six à sept lignes.

Belon dit positivement que cet oiseau a deux doigts devant et deux derrière; mais il avait dit aussi que le grimpereau précédent avait la queue courte; la cause de cette double erreur est la même. Belon regardait ces deux oiseaux comme avoisinant la famille des pics (*a*), et il leur en a donné les attributs sans y regarder de bien près ; c'est qu'il voyait quelquefois par les yeux de l'analogie. Or, l'on sait que la lumière de l'analogie, qui éclaire si souvent l'esprit et le mène aux grandes découvertes, éblouit quelquefois les yeux dans le détail des observations.

OISEAUX ÉTRANGERS DE L'ANCIEN CONTINENT

QUI ONT RAPPORT AUX GRIMPEREAUX

Je donnerai à ces oiseaux le nom de *soui-mangas* que porte à Madagascar une assez belle espèce par laquelle je vais commencer l'histoire de cette tribu. Je ferai ensuite un article séparé des oiseaux étrangers du nouveau continent qui ont quelque rapport à nos grimpereaux, mais auxquels ce nom de grimpereaux ne peut convenir, puisqu'on sait que la plupart ne grimpent point sur les arbres et qu'ils ont des mœurs, des allures et un régime fort différents. Je les distinguerai donc et de nos grimpereaux d'Europe et des soui-mangas d'Afrique et d'Asie par le nom de *guit-guit*, nom que les sauvages, nos maîtres en nomenclature, ont imposé à une très belle espèce de ce genre qui se trouve au Brésil. J'appelle les sauvages nos maîtres en nomenclature, et j'en pourrais dire autant des enfants, parce que les uns et les autres désignent les êtres par des noms d'après nature qui ont rapport à leurs qualités sensibles, souvent même à la plus frappante, et qui par conséquent les représentent à l'imagination et les rappellent à l'esprit beaucoup mieux que nos noms abstraits, adoucis, polis, défigurés, et qui la plupart ne ressemblent à rien.

En général, les grimpereaux et les soui-mangas ont le bec plus long à proportion que les guit-guits, et leur plumage est pour le moins aussi beau, aussi beau même que celui des brillants colibris : ce sont les couleurs les plus riches, les plus éclatantes, les plus moelleuses, toutes les nuances de vert, de bleu, d'orangé, de rouge, de pourpre, relevées encore par l'opposition des différentes teintes de brun et de noir velouté qui leur servent d'ombre. On ne peut s'empêcher d'admirer l'éclat de ces couleurs, leur jeu

(*a*) Belon nomme celui-ci *pic de muraille*, et les rapports du grimpereau précédent avec les pics ne lui avaient point échappé.

pétillant, leur inépuisable variété, même dans les peaux desséchées de ces oiseaux qui ornent nos cabinets. On croirait que la nature a employé la matière des pierres précieuses, telles que le rubis, l'émeraude, l'améthyste, l'aigue-marine, la topaze, pour en composer les barbes de leurs plumes. Que serait-ce donc si nous pouvions contempler dans toute leur beauté ces oiseaux eux-mêmes et non leurs cadavres ou leurs mannequins! Si nous pouvions voir l'émail de leur plumage dans toute sa fraîcheur, animé par le souffle de vie, embelli par tout ce que la magie du prisme a de plus éblouissant, variant ses reflets à chaque mouvement de l'oiseau qui se meut sans cesse, et faisant jaillir sans cesse de nouvelles couleurs ou plutôt de nouveaux feux!

Dans le petit comme dans le grand, il faut, pour bien connaître la nature, l'étudier chez elle-même, il faut la voir agir en pleine liberté, ou du moins il faut tâcher d'observer les résultats de son action dans toute leur pureté et avant que l'homme y ait mis la main.

Il y a beaucoup de soui-mangas vivants chez les oiseleurs hollandais du cap de Bonne-Espérance; ces oiseleurs ne leur donnent pour toute nourriture que de l'eau sucrée; les mouches qui abondent dans ce climat, et qui sont le fléau de la propreté hollandaise, suppléent au reste. Les soui-mangas sont fort adroits à cette chasse : ils attrapent toutes celles qui entrent dans la volière ou qui en approchent, et ce qui prouve que ce supplément de subsistance leur est très nécessaire, c'est qu'ils meurent peu de temps après avoir été transportés sur les vaisseaux où il y a beaucoup moins d'insectes. M. le vicomte de Querhoënt, à qui nous devons ces remarques, n'en a jamais pu conserver au delà de trois semaines.

I. — LE SOUI-MANGA (a).

C'est, suivant M. Commerson, le nom que l'on donne à ce bel oiseau (*) dans l'île de Madagascar, où il l'a vu vivant.

Le soui-manga a la tête, la gorge et toute la partie antérieure d'un beau vert brillant, et de plus un double collier, l'un violet et l'autre mordoré; mais ces couleurs ne sont ni simples ni permanentes; la lumière, qui se joue dans les barbes des plumes comme dans autant de petits prismes, en varie inces-

(a) « Certhia supernè splendidè viridis, ad violaceum inclinans, infernè pallidè flava; » dorso infimo et uropygio fusco-olivaceis; tæniâ duplici in pectore transversâ, aliâ cæruleo-» violaceâ, alterâ castaneâ; rectricibus nigris, extimâ ultimâ medietate obliquè grisco-fuscâ, » proximè sequenti apice griseo-fuscâ (Mas). » — « Certhia supernè fusco-olivacea, infernè » flavicans, olivaceo admixto; rectricibus nigris, extimâ ultimâ medietate obliquè grisco-» fuscâ, proximè sequenti apice grisco-fuscâ (Fœmina), » *Certhia Madagascariensis violacea*, grimpereau violet de Madagascar. Brisson, t. III, p. 638. On l'appelle à Madagascar, *soui*.

(*) *Certhia madagascariensis* GMEL.

samment les nuances depuis le vert doré jusqu'au bleu foncé; il y a de chaque côté, au-dessous de l'épaule, une tache d'un beau jaune; la poitrine est brune, le reste du dessous du corps jaune clair; le reste du dessus du corps olivâtre obscur; les grandes couvertures et les pennes des ailes brunes, bordées d'olivâtre; celles de la queue noires, bordées de vert, excepté la plus extérieure, qui l'est en partie de gris brun; la suivante est terminée de cette même couleur; le bec et les pieds sont noirs.

La femelle est un peu plus petite et beaucoup moins belle; brun olivâtre dessus, olivâtre tirant au jaune dessous; du reste, ressemblant au mâle dans tout ce qui n'a point d'éclat. Cet oiseau est à peu près de la grosseur de notre troglodyte.

Longueur totale, environ quatre pouces; bec, neuf lignes; tarse, six lignes et plus; doigt du milieu, cinq lignes et demie, plus grand que le postérieur; vol, six pouces; queue, quinze lignes, composée de douze pennes égales; dépasse les ailes de sept à huit lignes.

On doit rapporter à cette espèce, comme variété très prochaine, le souimanga de l'île de Luçon que j'ai vu dans le beau cabinet de M. Mauduit, et qui a la gorge, le cou et la poitrine couleur d'acier poli, avec des reflets verts, bleus, violets, etc., et plusieurs colliers que le jeu brillant de ces reflets paraît multiplier encore; il semble cependant que l'on en distingue quatre plus constants, l'inférieur violet noirâtre, le suivant marron, puis un brun et enfin un jaune; il y a deux taches de cette couleur au-dessous des épaules; le reste du dessous du corps gris olivâtre; le dessus du corps, vert foncé avec des reflets bleus, violets, etc.; les pennes des ailes, les pennes et couvertures supérieures de la queue, d'un brun plus ou moins foncé avec un œil verdâtre.

Longueur totale, un peu moins de quatre pouces; bec, dix lignes; tarse, sept; ongle postérieur le plus fort; queue, quinze lignes, carrée; dépasse les ailes de sept lignes.

II. — LE SOUI-MANGA MARRON POURPRÉ A POITRINE ROUGE. (a) (b)

Seba dit que le chant de cet oiseau (*) des îles Philippines est semblable à celui du rossignol; il a la tête, la gorge et le devant du cou varié de fauve et

(a) Voyez les planches enluminées, n° 246, où cet oiseau est représenté figure 1, le mâle sous le nom de *grimpereau des Philippines*; et figure 2, la femelle.

(b) *Avis nochtototl, colore passeris Hispanici.* Seba, t. Ier, p. 69, n° 5. — *Falcinellus colore passeris Hispanici*; en allemand, *purpur kopfchen.* Klein, *Ordo avium*, p. 107, n° 11 — « Certhia supernè castaneo purpurea, infernè coccinea; capite et collo inferiore splendidè » violaceis; dorso infimo et uropygio violaceis, viridi-aureo variantibus; imo ventre et late- » ribus olivaceo-flavicantibus; rectricibus nigricantibus, supernè chalybeo colore variantibus, » oris exterioribus violaceis, viridi-aureo variantibus (Mas). » — « Certhia supernè viridi-

(*) *Certhia sperata* Gmel.

de noir lustré, changeant en bleu violet; le dessus du cou et le dessus du corps dans sa partie antérieure, marron pourpré; dans sa partie postérieure, violet changeant en vert doré; les petites couvertures des ailes de même, les moyennes brunes, terminées de marron pourpré; la poitrine et le haut du ventre d'un rouge vif; le reste du dessous du corps d'un jaune olivâtre; les pennes et grandes couvertures des ailes brunes bordées de roux; les pennes de la queue noirâtres avec des reflets d'acier poli, bordées de violet changeant en vert doré; bec noir dessus (jaune selon Seba), blanchâtre dessous; pieds bruns (jaunâtre selon Seba) et les ongles longs.

La femelle diffère du mâle en ce qu'elle est vert d'olive dessus, jaune olivâtre dessous; que les pennes de sa queue sont noirâtres et les quatre paires latérales terminées de gris. Ces oiseaux sont un peu plus petits que nos grimpereaux.

Longueur totale, quatre pouces; bec, huit lignes; tarse, six; doigt du milieu, cinq, le postérieur un peu plus court; vol, six pouces; queue, un pouce, composée de douze pennes; dépasse les ailes de trois lignes.

VARIÉTÉS DU SOUI-MANGA MARRON POURPRÉ

A POITRINE ROUGE

I. — LE PETIT GRIMPEREAU OU SOUI-MANGA BRUN ET BLANC.

Le petit grimpereau (*) ou soui-manga brun et blanc d'Edwards (*a*) a tant de rapport avec celui-ci, que je ne puis m'empêcher de le regarder comme une variété d'âge dont le plumage n'est point encore formé, et commence

» olivacea, infernè flavo-olivacea; rectricibus nigricantibus, quatuor utrimque extimis apice » griseis (Fœmina), » *Certhia Philippensis purpurea*, grimpereau des Philippines. Brisson, *ad lib.*, t. III, p. 655. — « Certhia purpurea; subtus coccinea; capite, gulâ uropygioque » violaceis, » *Sperata*. Linnæus, *Syst. nat.*, édit. XIII, g. 65, sp. 13, p. 186. — « Fœmina » olivacea, supra viridescens, subtus flavescens, » *Idem*, *ibidem*. — *Trogloditæ affinis*. Moehring, *Avium genera*, p. 79, g. 102. Notez que le troglodyte de Moehring est notre colibri et celui de tout le monde.

(*a*) *The little brown and white creeper; honey thief* (larron de miel). Edwards, pl. 26. — *Falcinellus fuscus, ventre albicante*; en allemand, *braune baumklette mit weissem unterleib*. Klein, *Ordo avium*, p. 108, nº 14. — « Certhia supernè fusca, cupri puri colore varians, » infernè albâ; tæniâ supra oculos candidâ; fasciolâ utrimque rostrum inter et oculum » obscurè fuscâ; rectricibus nigricantibus, extimâ apice albâ, » *Certhia Indica*, grimpereau des Indes. Brisson, t. III, p. 621. — Gerini, pl. 195, fig. 2, p. 56. — « Certhia grisea, subtus » alba; superciliis candidis; rectricibus fuscis, extimis apice albis, » *Pusilla*. Linnæus, *Syst. nat.*, édit. XIII, g. 65, sp. 3, p. 185.

(*) *Cinnyris nigralbus* VIEILL. C'est probablement, comme le dit Buffon, une simple variété du *Certhia sperata* GMEL.

seulement à prendre des reflets; en effet, il est blanc dessous, brun dessus, avec quelques reflets de couleur de cuivre; il a un trait brun entre le bec et l'œil, des espèces de sourcils blancs; les pennes des ailes d'un brun plus foncé que le dos et bordées d'une couleur plus claire; les pennes de la queue noirâtres, la plus extérieure terminée de blanc; le bec et les pieds bruns. M. Edwards dit qu'il est une fois plus petit que notre grimpereau d'Europe.

Longueur totale, trois pouces et demi; bec, huit à neuf lignes; tarse, cinq à six; doigt du milieu, cinq, un peu plus long que le postérieur; queue, treize lignes, composée de douze pennes égales; dépasse les ailes de trois à quatre lignes.

II. — LE GRIMPEREAU OU SOUI-MANGA A GORGE VIOLETTE ET POITRINE ROUGE.

Le grimpereau ou soui-manga à gorge violette et poitrine rouge de M. Sonnerat (*a*) doit être aussi rapporté comme variété à la même espèce; car outre qu'il a la gorge violette et la poitrine rouge, il a de plus le dos et les petites plumes des ailes mordorés, le croupion et la queue couleur d'acier poli tirant sur le verdâtre, et les couvertures inférieures de la queue d'un vert terne; d'ailleurs ces deux oiseaux sont indigènes des mêmes îles Philippines.

III. — LE SOUI-MANGA VIOLET A POITRINE ROUGE. (*b*)

Le violet est la couleur dominante de son plumage (*), et sur ce fond obscur paraissent avec avantage les couleurs plus vives des parties antérieures : sur la gorge et le dessus de la tête, un vert doré brillant, enrichi de reflets cuivreux; sur la poitrine et le devant du cou, un beau rouge éclatant, seule couleur qui paraisse sur ces parties lorsque les plumes sont bien rangées, bien couchées les unes sur les autres; chacune de ces plumes est cependant de trois couleurs différentes, noire à son origine, vert doré dans sa partie moyenne et rouge à son extrémité, preuve décisive entre mille autres qu'il ne suffit pas d'indiquer les couleurs des plumes pour donner une idée juste des couleurs du plumage. Toutes les pennes de la queue et des ailes, les grandes couvertures supérieures de ces dernières et leurs couver-

(*a*) *Voyage à la Nouvelle-Guinée*, p. 63, pl. 30, fig. D.

(*b*) « Certhia nigra ad violaceum inclinans; vertice et gutture viridi-aureis, cupri puri » colore variantibus; collo inferiore et pectore coccineis; remigibus rectricibusque fuscis, » *Certhia Senegalensis*, grimpereau violet du Sénégal. Brisson, t. III, p. 660. C'est le premier qui l'ait vu. — Gerini, pl. 199, fig. 2, p. 58. — « Certhia nigro-violacea; vertice gulàque » viridi-aureis; pectore coccineo, » *Senegalensis*. Linnæus, *Syst. nat.*, édit. XIII, g. 65, sp. 14, p. 166.

(*) *Certhia senegalensis* L.

tures inférieures sont brunes ; les jambes sont d'une teinte composée, où le brun semble fondu avec le violet ; le bec est noir, et les pieds noirâtres. Cet oiseau est à peu près de la taille du roitelet ; il se trouve au Sénégal.

Longueur totale, cinq pouces ; bec, dix lignes ; tarse, sept lignes ; doigt du milieu, cinq lignes et demie, un peu plus long que le doigt postérieur ; vol, sept pouces un tiers ; queue, vingt-deux lignes, composée de douze pennes égales ; dépasse les ailes de dix lignes.

IV. — LE SOUI-MANGA POURPRE. (*a*)

Si cet oiseau (*) avait du vert doré changeant sur la tête et sous la gorge, et du rouge au lieu de vert et de jaune sur la poitrine, il serait presque tout à fait semblable au précédent, ou du moins il lui ressemblerait beaucoup plus qu'au soui-manga à collier, qui n'a pas une nuance de pourpre dans son plumage, et je ne vois pas pourquoi M. Brisson regarde ce dernier et le grimpereau pourpre d'Edwards comme étant exactement le même oiseau sous deux noms différents (*b*).

V. — LE SOUCI-MANGA A COLLIER (*c*) (*d*).

Cette espèce (**), qui vient du cap de Bonne-Espérance, a de l'analogie avec celle du soui-manga violet ; elle a comme celle-ci du vert doré changeant en couleur de cuivre de rosette, et ce vert doré s'étend sur la gorge, la tête et tout le dessus du corps ; il borde aussi les dix pennes intermédiaires de la queue, qui sont d'un noir lustré ; seulement il n'est point changeant sur ses couvertures supérieures. La poitrine a du rouge comme dans le soui-manga violet ; mais ce rouge occupe moins d'espace, monte moins haut et forme une espèce de ceinture contiguë par son bord supérieur à un collier d'un bleu d'acier poli changeant en vert, large d'une ligne ; le reste du des-

(*a*) *The purple Indian creeper*. Edwards, pl. 265. Cet auteur dit que l'oiseau dont il s'agit ici a la langue du colibri, c'est-à-dire divisée par le bout en plusieurs filaments ; on serait fondé à croire, d'après cela, que M. Edwards n'a pas bien connu la vraie conformation de la langue du colibri.

(*b*) Voyez le supplément d'*Ornithologie*, t. VI, p. 117.

(*c*) Voyez les planches enluminées, n° 246, où cet oiseau est représenté figure 3, sous le nom de *Grimpereau du cap de Bonne-Espérance*.

(*d*) « Certhia supernè viridi-aurea, cupri puri colore varians, infernè grisea ; pectore rubro ; » tæniâ transversâ collum inter et pectus chalybeâ, viridi colore variante ; pectore infimo et » lateribus luteo notatis ; rectricibus splendidè nigricantibus, oris exterioribus viridi-aureis, » cupri puri colore variantibus, marginibus in apice griseis, extimâ exteriùs griseâ, » *Certhia torquata capitis Bonæ-Spei*, grimpereau à collier du cap de Bonne-Espérance, Brisson, t. III, p. 643. — Gerini, p. 60, sp. 30. — « Certhia viridis, nitens, pectore rubro, fasciâ anticâ cha- » lybeâ. » *Chalybea*. Linnæus, *Syst. nat.*, édit. XIII, gen. 65, sp. 10, p. 186. — M. Brisson est le premier qui ait parlé de cette espèce.

(*) *Certhia purpurata* L.

(**) *Certhia chalybæa* Gmel.

sous du corps est gris, avec quelques mouchetures jaunes sur le haut du ventre et sur les flancs : les pennes des ailes sont d'un gris brun ; le bec est noirâtre et les pieds tout à fait noirs. Cet oiseau est à peu près de la taille du soui-manga violet, mais proportionné différemment.

Longueur totale, quatre pouces et demi ; bec, dix lignes ; tarse, huit lignes et demie ; doigt du milieu, six lignes, à peu près égal au doigt postérieur ; vol, six pouces et demi ; queue, dix-huit lignes, composée de douze pennes égales ; dépasse les ailes de neuf lignes.

La femelle, suivant M. Brisson, diffère du mâle en ce que le dessous du corps est de la même couleur que le dessus ; seulement il y a des mouchetures jaunes sur les flancs.

Selon d'autres, elle a aussi une ceinture rouge, mais qui tombe plus bas que dans le mâle, et toutes ses autres couleurs sont moins vives, auquel cas on doit reconnaître cette femelle dans le soui-manga observé au cap de Bonne-Espérance par M. le vicomte de Querhoënt, au mois de janvier 1774. Cet oiseau avait la gorge gris brun, varié de vert et de bleu ; la poitrine ornée d'une ceinture couleur de feu ; le reste du dessous du corps gris blanc ; la tête et tout le dessus du corps gris brun, varié de vert sur le dos et de bleu sur la naissance de la queue ; les ailes brun clair, doublées de jaune doré ; les pennes de la queue noirâtres ; le bec et les pieds noirs. M. le vicomte de Querohënt ajoute que cet oiseau chante joliment, qu'il vit d'insectes et du suc des fleurs, mais qu'il a le gosier si étroit qu'il ne saurait avaler les mouches ordinaires un peu grosses. Ne pourrait-il pas se faire que cette dernière variété ne fût qu'une variété d'âge, observée avant que son plumage fût entièrement formé et que la véritable femelle du soui-manga à collier fût le grimpereau du cap de Bonne-Espérance de M. Brisson (*a*), qui est partout d'un gris brun, plus foncé dessus, plus clair dessous, couleur qui borde les pennes de la queue et des ailes ? Cela est d'autant plus probable que les tailles se rapportent, ainsi que les dimensions relatives des parties, et que ces oiseaux sont tous deux du cap de Bonne-Espérance. Mais c'est au temps et à l'observation à fixer tous ces doutes.

Enfin, on pourrait encore regarder comme une femelle du soui-manga à collier, ou de quelqu'une de ses variétés, le grimpereau des îles Philippines de M. Brisson (*b*), dont le plumage monotone et sans éclat annonce assez une

(*a*) « Certhia griseo-fusca, supernè saturatiùs, infernè dilutiùs ; rectricibus nigricantibus, » oris exterioribus griseo-fuscis, extimâ exteriùs albido fimbriatâ, » *Certhia capitis Bonæ-Spei*, grimpereau du cap de Bonne-Espérance, Brisson, t. III, p. 618. — Gerini, p. 59, sp. 19. — « Certhia Capensis, grisea ; rectricibus nigricantibus, extimâ exteriùs albo fimbriatâ. » Linnæus, *Syst. nat.*, édit. XIII, g. 65, sp. 4, p. 185.

(*b*) « Certhia supernè griseo-fusca, ad viridescentem colorem inclinans, infernè alba, ad » sulphureum vergens ; rectricibus binis intermediis nigris, oris exterioribus viridi-aureo » colore variantibus, lateralibus nigricantibus, apice albidis, » *Certhia Philippensis*, grimpereau des Philippines. Brisson, t. III, p. 613. — Gerini, p. 59, sp. 16. — « Certhia rectricibus

femelle, et qui d'ailleurs a les pennes intermédiaires de la queue bordées d'un noir lustré, changeant en vert doré, comme sont les pennes de la queue du soui-manga à collier; mais dans cette femelle les reflets sont beaucoup moins vifs. Elle est d'un brun verdâtre dessus, d'un blanc teinté de soufre dessous; elle a les pennes des ailes brunes, bordées d'une couleur plus claire, et les latérales de la queue noirâtres, terminées de blanc sale.

Si les grimpereaux des Indes orientales sont, comme ceux d'Amérique, plusieurs années à former leur plumage, et s'ils n'ont leurs belles couleurs qu'après un certain nombre de mues, on ne doit pas être surpris de trouver tant de variétés dans ces espèces.

Longueur totale, quatre pouces neuf lignes; bec, un pouce; tarse, six lignes et demie; doigt du milieu, cinq lignes et demie, le postérieur presque aussi long; vol, six pouces un quart; queue, quinze lignes, composée de douze pennes égales : dépasse les ailes de cinq lignes.

VI. — LE SOUI-MANGA OLIVE A GORGE POURPRE (*a*) (*b*).

La couleur la plus distinguée de son plumage, c'est un violet foncé très éclatant qui règne sous la gorge, devant le cou et sur la poitrine; il a le reste du dessous du corps jaune; tout le dessus, compris les petites couvertures supérieures des ailes, d'une couleur d'olive obscure, et cette couleur borde les pennes de la queue et des ailes, ainsi que les grandes couvertures de celles-ci, dont le brun est la couleur dominante; le bec est noir, et les pieds sont d'un cendré foncé.

C'est M. Poivre qui a apporté cet oiseau (*) des Philippines; il est à peu près de la taille de notre troglodyte.

Longueur totale, quatre pouces; bec, neuf à dix lignes; tarse, six lignes; doigt du milieu, cinq lignes, le doigt postérieur un peu plus court; vol, six

» intermediis duabus longissimis; corpore subgrisco-virescente; subtus albo flavescens, » *Philippina*. Linnæus, *Syst. nat.*, édit. XIII, g. 65, sp. 21, p. 187. J'ignore sur quel fondement M. Linnæus donne à cette espèce deux longues pennes intermédiaires à la queue : s'il a vu un individu ainsi fait, alors celui-ci sera un jeune ou un vieux en mue, ou une femelle; mais il est douteux que M. Linnæus ait vu cet oiseau, puisqu'il ne le décrit point, et qu'il n'ajoute rien à ce qu'en ont dit les autres. — C'est à mon avis le grimpereau *B* de la planche 30. *Voyage de M. Sonnerat à la Nouvelle-Guinée.*

(*a*) Voyez les planches enluminées, n° 576, où cet oiseau est représenté figure 4, sous le nom de *Grimpereau olive des Philippines.*

(*b*) « Certhia supernè obscurè olivacea, infernè lutea; collo inferiore et pectore splendidè » violaceis; rectricibus fuscis, oris exterioribus obscurè olivaceis, » *Certhia Philippensis olivacea*, grimpereau olive des Philippines. Brisson, t. III, p. 623. — Gerini, p. 59, sp. 21. — « Certhia pileo viridi; dorso ferrugineo, abdomine flavo; gulà uropygioque azureis, » *Zeylonica*. Linnæus, *Syst. nat.*, édit. XIII, g. 65, sp. 23, p. 188. — C'est le grimpereau A, planche 30, de M. Sonnerat. *Voyage à la Nouvelle-Guinée*, pages 62 et 63.

(*) *Certhia zeylonica* GMEL.

pouces; queue, quatorze lignes, composée de douze pennes égales : dépasse les ailes de six lignes.

Si le grimpereau de Madagascar (*a*) de M. Brisson (*b*) n'avait pas le bec plus court et la queue plus longue, je le regarderais comme la femelle du soui-manga de cet article; mais du moins on ne peut s'empêcher de le reconnaître pour une variété imparfaite ou dégénérée (*). Il a tout le dessus du corps, compris les couvertures des ailes, d'un vert d'olive obscur, mais plus obscur sur le sommet de la tête que partout ailleurs, et qui borde les pennes des ailes et de la queue; toutes ces pennes sont brunes, le tour des yeux est blanchâtre, la gorge et le dessous du corps gris brun, les pieds tout à fait bruns; il a le bec noirâtre : sa taille est au-dessous de celle de notre grimpereau.

Longueur totale, quatre pouces; bec, six à sept lignes; tarse, sept lignes; doigt du milieu, cinq et demie, le doigt postérieur un peu plus court; vol, six pouces et demi; queue, dix-neuf lignes, composée de douze pennes égales : dépasse les ailes de huit lignes.

Il y a aux Philippines un oiseau (*c*) fort ressemblant à celui de cet article, et qu'on peut regarder comme une variété dans cette espèce : c'est le soui-manga ou grimpereau gris des Philippines de M. Brisson (*d*); il a le dessus du corps d'une jolie teinte de gris brun, la gorge et le dessous du corps jaunâtres; la poitrine plus rembrunie; une bande violet foncé qui part de la gorge et descend le long du cou; les couvertures des ailes d'une couleur d'acier poli, couleur qui borde les pennes de la queue, dont le reste est noirâtre; les latérales, terminées de blanc sale; les pennes des ailes brunes; le bec plus fort que les autres grimpereaux, et la langue terminée par deux filets, selon M. Linnæus; le bec et les pieds noirs : il est plus petit que notre grimpereau.

Longueur totale, quatre pouces deux tiers; bec, neuf lignes; tarse, six lignes et demie; doigt du milieu, cinq et demie, le doigt postérieur un peu plus court; vol, six pouces un quart; la queue, quinze lignes, composée de douze pennes égales : dépasse les ailes d'environ cinq lignes.

(*a*) Voyez les planches enluminées, n° 575, fig. 1.

(*b*) « Certhia supernè obscurè viridi-olivacea, vertice obscuriore, infernè griseo-fusca; » oculorum ambitu candicante; rectricibus fuscis, oris exterioribus obscurè viridi-olivaceis, » *Certhia Madagascariensis olivacea*, grimpereau olive de Madagascar. Brisson, t. III, p. 625. — Gerini, p. 59, sp. 22. — « Certhia olivacea, subtus grisea; orbitis albicantibus, » *Olivacea*. Linnæus, *Syst. nat.*, édit. XIII, g. 65, sp. 5, p. 185.

(*c*) Voyez les planches enluminées, n° 576, fig. 2.

(*d*) « Certhia supernè griseo-fusca, infernè albo flavicans; collo inferiore tæniâ longitudi- » nali saturatè violaceâ insignito; rectricibus nigris, exteriùs violaceo-chalybeo fimbriatis, » lateralibus apice albidis, » *Certhia Philippensis grisea*, grimpereau gris des Philippines. Brisson, t. III, p. 615. — Gerini, p. 59, sp. 17. — « Certhia olivacea, subtus flavescens; rectricibus æqualibus, » *Currucaria*. Linnæus, *Syst. nat.*, édit. XIII, g. 65, sp. 6, p. 185.

(*) C'est le *Cinnyris* (*Certhia*) *olivaceus* de VIEILLOT.

Enfin, je trouve encore à cette variété même une variété secondaire dans le petit grimpereau des Philippines de M. Brisson (*a*), que nous avons fait représenter dans les planches enluminées (*b*) : c'est toujours du gris brun dessus, du jaune dessous; une cravate violette; les pennes des ailes sont gris brun, comme le dessus du corps; celles de la queue d'un brun plus foncé, les deux paires les plus extérieures terminées de blanc sale; le bec et les pieds sont noirâtres : cet oiseau est beaucoup plus petit que celui auquel il ressemble si fort par le plumage, et peut-être le plus petit des soui-mangas connus de l'ancien continent : ce qui me porte à croire que c'est une variété d'âge (*).

Longueur totale, trois pouces deux tiers; bec, neuf lignes; tarse, six lignes; doigt du milieu, quatre lignes et demie, le doigt postérieur un peu plus court; vol, cinq pouces deux tiers; queue, quinze lignes, composée de douze pennes égales : dépasse les ailes d'environ cinq lignes.

VII. — L'ANGALA DIAN (*c*) (*d*).

Cet oiseau (**) a aussi un collier d'une ligne et demie de large et d'un violet éclatant, les petites couvertures supérieures des ailes de même; la gorge, la tête, le cou, tout le dessus du corps et les couvertures moyennes des ailes d'un vert doré brillant : un trait d'un noir velouté entre la narine et l'œil; la poitrine, le ventre et tout le dessous du corps du même noir, ainsi que les pennes de la queue et des ailes et les plus grandes couvertures des ailes;

(*a*) « Certhia supernè griseo-fusca, infernè lutea; gutture maculâ saturatè violaceâ insi- » gnito; rectricibus saturatè fuscis, binis utrimque extimis apice albo-flavicantibus, » *Certhia Philippensis minor*, petit grimpereau des Philippines. Brisson, t. III, p. 616. — « Certhia sub- » grisea, subtus lutea; gulâ violaceâ; rectricibus duabus extimis apice flavis, » *Jugularis*. Linnæus, *Syst. nat.*, édit. XIII, g. 65, sp. 7, p. 185.

(*b*) Voyez n° 576, fig. 3. Voyez Gerini, pl. 199, fig. 1, p. 58.

(*c*) Voyez les planches enluminées, n° 575, où le mâle est représenté, figure 2, sous le nom de *Grimpereau vert de Madagascar*; et la femelle, figure 3.

(*d*) « Certhia supernè viridi-aurea, infernè splendidè nigra (Mas), sordidè alba nigro macu- » lata (Fœmina); fasciolâ utrimque rostrum inter et oculum splendidè nigra; tæniâ trans- » versâ in summo pectore violaceâ; rectricibus nigris, oris exterioribus viridi-aureis, » *Certhia Madagascariensis viridis*, grimpereau vert de Madasgascar. Brisson, t. III, p. 641. — Gerini, p. 60. sp. 29. — « Certhia cærulea, fasciâ pectorali rubro-aureâ; loris atris, » *Lotenia*. Linnæus, *Syst. nat.*, édit. XIII, g. 65, sp. 25, p. 188. — Il y a des différences assez considérables entre cette phrase de M. Linnæus et celle de M. Brisson; mais cela doit arriver toutes les fois qu'il s'agit de décrire, et même de peindre des couleurs changeantes. M. Adanson reproche, avec raison, à M. Brisson d'avoir confondu cet oiseau avec l'oiseau de Ceylan, que Seba nomme *omnicolor* (tome Ier, page 110, n° 5). Cet oiseau de Seba paraît en effet beaucoup plus gros, et M. Adanson dit qu'il est de couleurs plus variées; mais il aurait pu remarquer que le *falcinellus omnicolor Zeilanicus* de Klein désigne, dans l'intention bien exprimée de cet auteur, non l'*angala dian*, mais l'*avis omnicolor Ceylanica* de Seba.

(*) C'est le *Certhia jugularis* L.

(**) *Certhia Lotenia* L.

mais ces grandes couvertures et les pennes de la queue sont bordées de vert doré ; le bec est noir et les pieds aussi.

M. Adanson soupçonne que l'oiseau que M. Brisson a regardé comme la femelle de l'angala pourrait bien n'être qu'un jeune de la même espèce avant sa première mue. « Cela semble indiqué, ajoute-t-il, par nombre d'espèces » d'oiseaux de ce genre, fort approchants de l'angala, qui se trouvent au » Sénégal, dont les femelles sont parfaitement semblables aux mâles (*a*), » mais dont les jeunes ont dans leurs couleurs beaucoup de gris, qu'ils ne » quittent qu'à leur première mue. »

L'angala est presque aussi gros que notre becfigue ; il fait son nid en forme de coupe, comme le serin et le pinson, et n'y emploie guère d'autres matériaux que le duvet des plantes ; la femelle y pond communément cinq ou six œufs ; mais il lui arrive souvent d'en être chassée par une espèce d'araignée, aussi grosse qu'elle et très vorace, qui s'empare de la couvée et suce le sang des petits (*b*).

L'oiseau que M. Brisson regarde comme la femelle, et M. Adanson comme un jeune qui n'a point encore subi sa première mue, diffère du mâle adulte en ce que la poitrine et le reste du dessous du corps, au lieu d'être d'un noir velouté uniforme, est d'un blanc sale semé de taches noires et en ce que les ailes et la queue sont d'un noir moins brillant.

Longueur totale, cinq pouces un quart ; bec, quatorze lignes ; tarse, huit lignes ; doigt du milieu, six lignes et demie et plus grand que le postérieur ; vol, huit pouces ; queue, dix-neuf lignes, composée de douze pennes égales ; dépasse les ailes de six à sept lignes.

VIII. — LE SOUI-MANGA DE TOUTES COULEURS (*c*).

Tout ce que l'on sait de cet oiseau (*), c'est qu'il vient de Ceylan et que son plumage est d'un vert nuancé de toutes sortes de belles couleurs, parmi lesquelles la couleur d'or semble dominer. Seba dit que les petits de cet oiseau sont exposés aussi à devenir la proie des grosses araignées, et sans doute c'est un malheur qui leur est commun, non seulement avec l'angala,

(*a*) Je ne doute pas que M. Adanson n'ait vu au Sénégal nombre de femelles parfaitement semblables à leurs mâles, puisqu'il l'assure ; mais on ne doit point en faire une loi générale pour tous les oiseaux de l'Afrique et de l'Asie : le faisan doré de la Chine, le paon, plusieurs espèces de tourterelles, de pies-grièches, de perruches, etc., d'Afrique, en sont de bonnes preuves.

(*b*) Voyez le supplément de l'*Encyclopédie*, au mot *Angala*.

(*c*) *Avis Ceylanica omnicolor*. Seba, *Thesaurus*, n° 5. Il ajoute que cet oiseau est un des plus grands *colibris*, mais il eût parlé plus juste en le donnant pour le plus grand des *soui-mangas*, plus grand que l'*angala Dian*, avec lequel MM. Brisson et Gerini l'ont confondu : les colibris sont tout à fait étrangers à l'ancien continent. — *Falcinellus omnicolor Zeylanicus* ; en allemand, *seylansche baumklette*. Klein, *Ordo avium*, p. 107, n° 8.

(*) *Certhia omnicolor* L.

mais avec toutes les autres espèces de petits oiseaux qui nichent dans les pays habités par ces redoutables insectes, et qui ne savent pas, à l'aide d'une construction industrieuse, leur interdire l'entrée du nid.

A juger par la figure que donne Seba, le soui-manga de toutes couleurs a sept ou huit pouces de longueur totale ; son bec, environ dix-huit lignes ; sa queue, deux pouces un quart, et dépasse les ailes de seize à dix-huit lignes ; en un mot, on peut croire que c'est la plus grosse espèce des soui-mangas.

IX. — LE SOUI-MANGA VERT A GORGE ROUGE (*a*).

M. Sonnerat, qui a rapporté cet oiseau (*) du cap de Bonne-Espérance, nous apprend qu'il chante aussi bien que notre rossignol, et même que sa voix est plus douce ; il a la gorge d'un beau rouge carmin, le ventre blanc ; la tête, le cou et la partie antérieure des ailes, d'un beau vert doré et argenté ; le croupion bleu céleste, les ailes et la queue d'un brun mordoré ; le bec et les pieds noirs.

Longueur totale, quatre pouces deux tiers à peu près ; bec, un pouce ; queue, dix-huit à vingt lignes ; dépasse les ailes d'environ treize lignes.

X. — LE SOUI-MANGA ROUGE, NOIR ET BLANC (*b*).

C'est ainsi que M. Edwards désigne cet oiseau (**) du Bengale, qui est à peu près de la taille de notre roitelet ; mais ce n'est pas assez d'indiquer les couleurs de son plumage, il faut donner, d'après le même M. Edwards, une idée de leur distribution : le blanc règne sur la gorge et toute la partie inférieure sans exception ; le noir sur la partie supérieure ; mais, sur ce fond sombre, un peu égayé par des reflets bleus, sont répandues quatre belles marques d'un rouge vif : la première sur le sommet de la tête, la seconde derrière le cou, la troisième sur le dos et la quatrième sur les couvertures supérieures de la queue ; les pennes de la queue et des ailes, le bec et les pieds sont noirs.

Longueur totale, trois pouces un quart ; bec, cinq à six lignes ; tarse, cinq

(*a*) *The red breasted green creeper*. Edwards, pl. 347. — « Certhia viridis, abdomine albo, » pectore rubro, uropygio cæruleo, » *Afra*. Linnæus, *Syst. nat.*, édit. XIII, gen. 65, sp. 11, page 186.

(*b*) *The black, white and red Indian creeper*. Edwards, pl. 81. — *Falcinellus Bengalensis*. Klein, *Ordo avium*, p. 108, n° 19. — « Certhia supernè ad cæruleum vergens, infernè alba, » maculâ triplici, aliâ in vertice, alterâ in collo superiore, tertiâ in medio dorso, tectricibus- » que caudæ superioribus coccineis ; rectricibus nigris ad cæruleum vergentibus, » *Certhia Bengalensis*, grimpereau de Bengale. Brisson, t. III, p. 663. — Gerini, *Ornithol. italienne*, pl. 198, fig. 1, p. 57. — « Certhia nigro-cærulescens, subtus alba ; vertice, cervice, dorso, » uropygioque rubris, » *Cruentata*. Linnæus, *Syst. nat.*, édit. XIII, g. 65, sp. 17, p. 187.

(*) *Certhia afra* L.

(**) *Certhia cruentata* L.

lignes; doigt du milieu, quatre à cinq lignes; le doigt postérieur un peu plus court; queue, environ un pouce, composée de douze pennes égales; dépasse les ailes de cinq à six lignes.

XI. — LE SOUI-MANGA DE L'ILE BOURBON (*a*).

Je ne donne point de nom particulier à cet oiseau (*), parce que je soupçonne que c'est une femelle ou un jeune mâle dont le plumage est encore imparfait. Cette variété d'âge ou de sexe me paraît avoir plus de rapport avec le soui-manga proprement dit, le marron pourpré et le violet, qu'avec aucun autre : elle a le dessus de la tête et du corps brun verdâtre; le croupion jaune olivâtre; la gorge et tout le dessus du corps d'un gris brouillé, qui prend une teinte jaunâtre près de la queue; les flancs roux, les pennes de la queue noirâtres, celles des ailes noirâtres bordées d'une couleur plus claire, le bec et les pieds noirs.

Les dimensions sont à peu près les mêmes que celles du soui-manga violet.

LES SOUI-MANGAS A LONGUE QUEUE

Nous ne connaissons que trois oiseaux dans l'ancien continent à qui ce nom soit applicable. Seba parle aussi d'une femelle de cette espèce qui n'a point de longue queue; d'où il suivrait que, du moins dans quelques espèces, cette longue queue est un attribut propre au mâle. Et qui sait si parmi les espèces que nous venons de voir il n'y en a pas plusieurs où les mâles jouissent de la même prérogative lorsqu'ils ont l'âge requis et lorsqu'ils ne sont point en mue! Qui sait si plusieurs des individus qu'on a décrits, gravés, coloriés, ne sont pas des femelles ou de jeunes mâles, ou de vieux mâles en mue et privés, seulement pour un temps, de cette décoration! Je le croirais d'autant plus que je ne vois aucune autre différence de conformation entre les soui-mangas à longue queue et ceux à queue courte, et que leur plumage brille des mêmes couleurs et jette les mêmes reflets.

(*a*) Voyez les planches enluminées, n° 681, où cet oiseau est représenté, figure 2, sous le nom de *Grimpereau de l'île de Bourbon*.

(*) *Certhia borbonica* L.

1. — LE SOUI-MANGA A LONGUE QUEUE ET A CAPUCHON VIOLET (a) (b).

J'ignore pourquoi on a donné à cet oiseau (*) le nom de petit grimpereau, si ce n'est parce qu'il a les deux pennes intermédiaires de la queue moins longues que les deux autres; mais il est certain qu'en retranchant à tous, de la longueur totale, celle de la queue, celui-ci ne serait pas le plus petit des trois.

Je remarque en second lieu qu'en le comparant au soui-manga marron pourpré on trouve entre les deux des rapports si frappants et si multipliés, que, s'il n'était pas plus gros et qu'on ne lui sût pas la queue autrement faite, on serait tenté de les prendre pour deux individus de la même espèce, dont l'un aurait perdu sa queue dans la mue. M. le vicomte de Querhoënt l'a vu dans son pays natal, aux environs du cap de Bonne-Espérance; il nous apprend qu'il construit son nid avec art, et qu'il y emploie pour tous matériaux une bourre soyeuse.

Il a la tête, le haut du dos et la gorge d'un violet brillant changeant en vert; le devant du cou d'un violet tout aussi brillant, mais changeant en bleu; le reste du dessus du corps d'un brun olivâtre, et cette couleur borde les grandes couvertures des ailes, leurs pennes et celles de la queue, qui toutes sont d'un brun plus ou moins foncé; le reste du dessous du corps d'un orangé plus vif sur les parties antérieures, et qui va s'affaiblissant sur les parties éloignées. La taille de cet oiseau n'est que très peu au-dessus de celle de notre grimpereau.

Longueur totale, six pouces et plus; bec, onze lignes et demie; pieds, sept lignes et demie; doigt du milieu, six lignes, de très peu plus long que le postérieur; vol, six pouces un tiers; queue, trois pouces, composée de dix pennes latérales étagées et de deux intermédiaires qui excèdent les latérales de douze ou quatorze lignes, et les ailes de vingt-sept lignes : ces deux intermédiaires sont plus étroites que les latérales, et cependant plus larges que dans les espèces suivantes.

(a) Voyez les planches enluminées, n° 670, où cet oiseau est représenté, fig. 2, sous le nom de *petit grimpereau à longue queue du cap de Bonne-Espérance*. — Gerini, *Ornithol. ital.*, p. 60, sp. 31.

(b) « Certhia supernè splendidè violacea, ad viride inclinans, infernè splendidè aurantia; » dorso infimo et uropygio fusco olivaceis; rectricibus fusco-nigricantibus, oris exterioribus » olivaceis, duabus intermediis longissimis, » *Certhia longicauda minor capitis Bonæ-Spei*, le petit grimpereau à longue queue du cap de Bonne-Espérance Brisson, t. III, p. 649. — « Certhia rectricibus intermediis duabus longissimis, corpore violaceo nitente, pectore abdomineque luteis, » *Violacea*. Linnæus, *Syst. nat.*, édit. XIII, g. 65, sp. 22, p. 188.

(*) *Certhia violacea* L.

II. — LE SOUI-MANGA VERT DORÉ CHANGEANT, A LONGUE QUEUE (a) (b).

Il a la poitrine rouge, tout le reste d'un vert doré assez foncé, néanmoins éclatant et changeant en cuivre de rosette ; les pennes de la queue noirâtres, bordées de ce même vert, celles de la queue et leurs grandes couvertures brunes ; le bas-ventre mêlé d'un peu de blanc ; le bec noir, les pieds noirâtres.

Cette espèce (*) est du Sénégal : la femelle a le dessus brun verdâtre, le dessous jaune, varié de brun ; les couvertures inférieures de la queue blanches, semées de brun et de bleu, le reste comme dans le mâle, à quelques teintes près. Ces oiseaux sont à peu près de la taille de notre troglodyte.

Longueur totale, sept pouces deux lignes ; bec, huit lignes et demie ; tarse, sept lignes ; doigt du milieu, cinq lignes et demie, plus long que le postérieur ; vol, six pouces un quart ; queue, quatre pouces trois lignes, composée de dix pennes latérales à peu près égales entre elles, et de deux intermédiaires fort longues et fort étroites, qui débordent ces latérales de deux pouces huit lignes, et les ailes de trois pouces quatre lignes.

III. — LE GRAND SOUI-MANGA VERT A LONGUE QUEUE (c) (d).

Cet oiseau (**) se trouve au cap de Bonne-Espérance, où il a été observé et nourri quelques semaines par M. le vicomte de Querhoënt, qui l'a décrit de la manière suivante : « Il est de la taille de la linotte ; son bec qui est un peu » recourbé, a quatorze lignes de long ; il est noir ainsi que les pieds, qui » sont garnis d'ongles longs, surtout celui du milieu et celui de l'arrière ; il

(a) Voyez les planches enluminées, n° 670, où cet oiseau est représenté fig. 1, sous le nom de *Grimpereau à longue queue du Sénégal.*

(b) *Avicula Amboinensis discolor et perpulchra.* Seba, t. II, p. 8. — *Sylvia versicolor.* Klein, *Ordo avium*, p. 80, n° 19. — « Certhia viridi-aurea, cupri puri colore varians ; pectore rubro ; rectricibus nigricantibus, oris exterioribus viridi-aureis, duabus intermediis » longissimis, » *Certhia longicauda Senegalensis*, grimpereau à longue queue du Sénégal. Brisson, t. III, p. 645. — Gerini, pl. 201, fig. 2. — « Certhia rectricibus intermediis duabus » longissimis, corpore viridi nitente, pectore rubro, » *Pulchella.* Linnæus. *Syst. nat.*, édit. XIII, g. 65, sp. 19, p. 187.

(c) Voyez les planches enluminées, n° 83, où cet oiseau est représenté fig. 1, sous le nom de *Grimpereau à longue queue du cap de Bonne-Espérance.* — Gerini, *Ornithol. italienne*, t. II, pl. 201, fig. 2.

(d) « Certhia viridi-aurea, cupri puri colore varians ; tæniâ utrimque rostrum inter et » oculum nigrâ ; maculâ utrimque infra humeros luteâ ; rectricibus nigris, oris exterioribus » viridi-aureis, duabus intermediis longissimis, » *Certhia longicauda capitis Bonæ-Spei*, grimpereau à longue queue du cap de Bonne-Espérance. Brisson, t. III, p. 647. — « Certhia » rectricibus duabus intermediis longissimis ; corpore viridi nitente ; axillis luteis ; loris » nigris, » *Famosa.* Linnæus, *Syst. nat.*, édit. XIII, g. 65, sp. 20, p. 187.

(*) *Certhia pulchella* L.

(**) *Certhia famosa* L.

» a les yeux noirs, le dessus et le dessous du corps d'un très beau vert brillant (changeant en cuivre de rosette, ajoute M. Brisson), avec quelques » plumes d'un jaune doré sous les ailes ; les grandes plumes des ailes et de » la queue d'un beau noir violet changeant ; le filet de la queue, qui a un » peu plus de trois pouces, est bordé de vert. » M. Brisson ajoute qu'il a de chaque côté, entre le bec et l'œil, un trait d'un noir velouté.

Dans cette espèce la femelle a aussi une longue queue, ou plutôt un long filet à la queue, mais cependant plus court que dans le mâle, car il ne dépasse les pennes latérales que de deux pouces et quelques lignes : cette femelle a le dessus du corps et de la tête d'un brun verdâtre, mêlé de quelques plumes d'un beau vert ; le croupion vert ; les grandes plumes des ailes et de la queue d'un brun presque noir, ainsi que le filet ou les deux pennes intermédiaires ; le dessous du corps est jaunâtre, avec quelques plumes vertes à la poitrine.

IV. — L'OISEAU ROUGE A BEC DE GRIMPEREAU (a).

Quoique cet oiseau (*) et les trois suivants aient été donnés pour des oiseaux américains, et qu'en cette qualité ils dussent appartenir à la tribu des guit-guits, cependant il nous a paru, d'après leur conformation et surtout d'après la longueur de leur bec, qu'ils avaient plus de rapport avec les souimangas, et en conséquence nous avons cru devoir les placer entre ces deux tribus, et, pour ainsi dire, sur le passage de l'une à l'autre. Nous nous y sommes déterminés d'autant plus volontiers, que l'indication du pays natal de ces oiseaux, ou n'a point de garant connu, ou n'est fondée que sur l'autorité de Seba, dont les naturalistes connaissent la valeur, et qui ne doit balancer en aucun cas celle de l'analogie. Nous aurons néanmoins cet égard pour les préjugés reçus de ne point encore donner aux espèces dont il s'agit le nom de soui-manga : nous nous contenterons d'avertir que c'est celui qui leur convient le mieux ; ce sera au temps et à l'observation à le leur confirmer.

Le rouge est la couleur dominante dans le plumage de l'oiseau dont il est ici question ; mais il y a quelque différence dans les nuances, car le rouge du sommet de la tête est plus clair et plus brillant ; celui du reste du corps est plus foncé : il y a aussi quelques exceptions, car la gorge et le devant du

(a) *Avicula Mexicana seu hoitzillin.* Seba, t. 1er, p. 70, nº 6. — *Falcinellus Mexicanus.* Klein, *Ordo avium*, p. 107, nº 3, sp. 1. — « Certhia saturatè rubra, capite superiùs dilutè » rubro ; gutture viridi ; rectricibus saturatè rubris, apice sub-cærulescentibus, » *Certhia Mexicana rubra,* grimpereau rouge du Mexique. Brisson, t. III, p. 651. — *Troglodites adfinis* (*id est Polytmo*). Moehring, *Avium genera*, p. 79, g. 102. — Gerini, *Ornithol. ital.*, p. 60, sp. 32. — *Trochilus coccineus.* Linnæus, *Syst. nat.*, édit. VI.

(*) *Certhia mexicana* GMEL.

cou sont de couleur verte, les pennes de la queue et des ailes terminées de bleuâtre; les jambes, le bec et les pieds d'un jaune clair.

Sa voix est, dit-on, fort agréable, et sa taille est un peu au-dessus de celle de notre grimpereau.

Longueur totale, environ quatre pouces et demi; bec, dix lignes; tarse, six lignes; doigt du milieu, cinq lignes, un peu plus long que le doigt postérieur; queue, quatorze lignes, composée de douze pennes égales : dépasse les ailes d'environ sept lignes.

Je regarde comme une variété dans cette espèce l'oiseau rouge à tête noire (*a*) que Seba et quelques autres, d'après lui, placent dans la Nouvelle-Espagne. Cet oiseau est si exactement proportionné comme le précédent, que le tableau des dimensions relatives de l'un peut servir pour les deux : la seule différence apparente est dans la longueur du bec, que l'on fixe à dix lignes dans l'oiseau précédent, et à sept dans celui-ci, différence qui en produit nécessairement une autre dans la longueur totale; mais ces mesures ont été prises sur la figure, et par conséquent sont sujettes à erreur : elles sont ici d'autant plus suspectes, que l'observateur original, Seba, paraît avoir été plus frappé du long bec (*b*) de cet oiseau-ci que de celui de l'oiseau précédent. Il est donc très probable que le dessinateur ou le graveur auront raccourci le bec de celui dont il est ici question; et pour peu que l'on suppose qu'ils l'aient seulement raccourci à eux deux de trois ou quatre lignes, toutes les proportions de ces deux oiseaux se trouveront parfaitement semblables et presque identiques; mais il y a quelques différences dans le plumage, et c'est la seule raison qui me détermine à distinguer celui-ci du précédent comme simple variété.

Il a la tête d'un beau noir et les couvertures supérieures des ailes d'un jaune doré; tout le reste est d'un rouge clair, excepté les pennes de la queue et des ailes, qui sont d'une teinte plus foncée.

A l'égard des dimensions relatives des parties, voyez celles de l'oiseau précédent, lesquelles, comme nous l'avons dit, sont ou doivent être exactement les mêmes.

(*a*) « Avicula de tatac ex Novâ Hispaniâ; passeris magnitudine, rostro longo. » Seba. *Thesaurus*, p. 74, pl. 70, fig. 8, cap. CLXXXV. — Ce tatac est fort différent de celui de Fernandez. — *Sylvia rubra, rostro longiori*; en allemand, *rother mentzel mit schwartzer haube*. Klein, *Ordo avium*, p. 80, nº 20. — M. Moehring en fait une espèce de coliou. *Gen. av.*, g. 16, p. 36. — « Certhia dilutè rubra; capite nigro; tectricibus alarum superioribus aureo » colore tinctis; remigibus rectricibusque saturatiùs tinctis. » *Certhia Mexicana rubra atricapilla*, grimpereau rouge à tête noire du Mexique. Brisson, t. III, p. 653. — Gerini, p. 60, sp. 33.

(*b*) *Rostro longo*, dit Seba; *rostro longiori*, dit Klein d'après Seba.

V. — L'OISEAU BRUN A BEC DE GRIMPEREAU (*a*) (*b*).

Le bec de cet oiseau (*) fait lui seul en longueur les deux septièmes de tout le reste du corps. Il a la gorge et le front d'un beau vert doré, le devant du cou d'un rouge vif, les petites couvertures des ailes d'un violet brillant, les grandes couvertures et les pennes des ailes et de la queue d'un brun teinté de roux, les moyennes couvertures des ailes, tout le reste du dessus et du dessous du corps d'un brun noirâtre, le bec et les pieds noirs.

Cet oiseau n'est pas plus gros que notre bec-figue.

Longueur totale, cinq pouces un tiers; bec, un pouce; tarse, sept lignes et demie; doigt du milieu, six pouces, plus grand que le postérieur; vol, huit pouces; queue, vingt et une lignes, composée de douze pennes égales; dépasse les ailes d'environ sept lignes.

VI. — L'OISEAU POURPRÉ A BEC DE GRIMPEREAU (*c*).

Tout son plumage sans exception est d'une belle couleur de pourpre uniforme; Seba lui a donné arbitrairement le nom d'*atototl* (**), qui, en mexicain, signifie oiseau aquatique; cependant l'oiseau dont nous nous occupons ici n'est rien moins qu'un oiseau aquatique; Seba assure aussi, je ne sais sur quels mémoires, qu'il chante agréablement; sa taille est un peu au-dessus de celle du becfigue.

Longueur totale, quatre pouces et demi; bec, un pouce et plus; tarse, six lignes et demie; doigt du milieu, cinq lignes et demie, un peu plus long que le doigt postérieur; queue, quatorze lignes; dépasse les ailes de sept lignes.

(*a*) Voyez les planches enluminées, n° 578, où cet oiseau est représenté, fig. 3, sous le nom de *Grimpereau brun du Brésil*.

(*b*) « Certhia fusco-nigricans; syncipite et gutture viridi-aureis; collo inferiore coccineo; » tectricibus alarum minimis splendidè violaceis; rectricibus fuscis ad rufum inclinantibus, » *Certhia Brasiliensis nigricans*, grimpereau noirâtre du Brésil. Brisson, t. III, p. 658. — « Certhia nigricans, gutture viridi-nitente, pectore purpureo, » *Gutturalis*. Linnæus, *Syst. nat.*, édit. XIII, g. 65. sp. 15, p. 186. — « Cerzia nerastra osia superiormente scura ed infe- » riormente di più colori, del Brasile. » Gerini, *Ornithol. ital.*, pl. 202, fig. 1, p. 59.

(*c*) *Avis Virginiana phœnicea, de atototl dicta*. Seba, *Thesaurus*, t. Ier, p. 116, pl. 72, fig. 7. — *Falcinellus phœniceus*. Klein, *Ordo avium*, famil. IV, gen. 15, trib. 2, p. 108. — « Certhia universo corpore obscurè purpurea, » *Certhia Virginiana purpurea*, grimpereau pourpré de Virginie. Brisson, t. III, p. 654. — *Cerzia porporina di Virginia*, Gerini, *Ornithol. ital.*, pl. 202, fig. 2, p. 59.

(*) *Certhia gutturalis* L.

(**) *Certhia purpurea* GMEL.

LES GUIT-GUITS D'AMÉRIQUE

Guit-guit est un nom américain qui a été donné à un ou deux oiseaux de cette tribu, composée des grimpereaux du nouveau continent, et que j'ai cru devoir appliquer comme nom générique à la tribu entière de ces mêmes oiseaux (*). J'ai indiqué ci-dessus, à l'article des grimpereaux, quelques-unes des différences qui se trouvent entre ces guit-guits et les colibris : on peut y ajouter encore qu'ils n'ont ni le vol des colibris, ni l'habitude de sucer les fleurs; mais, malgré ces différences, qui sont assez nombreuses et assez constantes, les créoles de Cayenne confondent ces deux dénominations et étendent assez généralement le nom de colibris aux guit-guits; c'est à quoi il faut prendre garde en lisant les relations de la plupart de nos voyageurs.

On m'assure que les guit-guits de Cayenne ne grimpent point sur les arbres, qu'ils vivent en troupes, et avec les oiseaux de leur tribu et avec d'autres oiseaux, tels que petits tangaras, sittelles, picucules, etc., et qu'ils ne se nourrissent pas seulement d'insectes, mais de fruits et même de bourgeons.

I. — LE GUIT-GUIT NOIR ET BLEU (*a*) (*b*).

Ce bel oiseau (**) a le front d'une couleur brillante d'aigue-marine, un bandeau sur les yeux d'un noir velouté, le reste de la tête, la gorge et tout le dessous du corps (sans exception, suivant Edwards), le bas du dos et les

(*a*) Voyez les planches enluminées, n° 83, où cet oiseau est représenté, fig. 2, sous le nom de *Grimpereau du Brésil*.

(*b*) *Guira coereba Brasiliensibus*. Marcgrave, *Hist. avium Brasiliens.*, p. 212. — Willughby, *Ornithol.*, p. 173. — Ray, *Synops. avi.*, p. 83, n° 11. — *Avicula de guit-guit ex insulâ Cubâ*. Seba, *Thesaurus*, t. Ier, p. 96, pl. 60, fig. 5. — *Falcinellus de guit-guit*; en allemand, *kurtz schwantz, lang halss*. Klein, *Ordo avium*, famil. IV, gen. 15, trib. 1, p. 108. — « Certhia cærulea, fasciâ oculari, humeris, alis caudâque nigris; pedibus rubris, » *Cyanea*. Linn., *Syst. nat.*, édit. XIII, g. 65, sp. 24, p. 188. — *Colii species*. Moehring, *Avium genera*, g. 16, p. 36. — *The black and blue creeper*, le grimpereau noir et bleu. Edwards, *Nat. hist.*, pl. 264. — « Certhia splendidè cyanea; collo superiore, dorso supremo et tæniâ per oculos » splendidè nigris; vertice cyaneo-beryllino; remigibus exteriùs et apice nigris; interiùs sul- » phureis; rectricibus nigris, » *Certhia Brasiliensis cærulea*, grimpereau bleu du Brésil. Brisson, t. III, p. 628. — *Cerzia blù del Brasile*. Gerini, *Ornithol. ital.*, t. II, p. 60, sp. 23. — C'est le grimpereau bleu à ailes doublées de jaune de M. Mauduit. — Il ne faut pas confondre ce guit-guit bleu de Seba avec le guit-guit de Fernandez (cap. CCXIX, p. 58), qui est vert et plus petit, et que je reconnaîtrais plutôt dans notre guit-guit vert tacheté.

(*) Les Guit-guits ou Sucriers, vulgairement *Oiseaux bleus*, forment un genre *Cereba* très voisin des *Certhia*. Ils ont le bec long, mince, comprimé latéralement, très pointu, les ailes longues et pointues, avec la deuxième et la troisième penne plus longues que les autres, la queue tronquée, les pattes faibles.

(**) *Certhia cyanea* L.

couvertures supérieures de la queue d'un bleu d'outre-mer, seule couleur qui paraisse lorsque les plumes sont bien couchées les unes sur les autres, quoique chacune de ces plumes soit de trois couleurs, selon la remarque de M. Brisson : brune à sa base, verte dans sa partie moyenne, et bleue à son extrémité ; le haut du dos, la partie du cou qui est contiguë au dos et la queue sont d'un noir velouté ; ce qui paraît des ailes lorsqu'elles sont pliées est du même noir, à l'exception d'une bande bleue qui traverse obliquement leurs couvertures ; le côté intérieur des pennes des ailes et leurs couvertures inférieures sont d'un beau jaune, en sorte que ces ailes, qui semblent toutes noires dans leur repos, paraissent variées de noir et de jaune lorsqu'elles sont déployées et en mouvement ; les couvertures inférieures de la queue sont d'un noir sans éclat (et non pas bleues, suivant M. Brisson) ; le bec est noir, les pieds tantôt rouges, tantôt orangés, tantôt jaunes et quelquefois blanchâtres.

On voit par cette description que les couleurs du plumage sont sujettes à varier dans les différents individus : dans quelques-uns la gorge est mêlée de brun, dans d'autres elle est noire. En général, ce qui semble le plus soumis aux variations dans le plumage de ce guit-guit, c'est la distribution du noir ; il arrive aussi quelquefois que le bleu prend une teinte de violet.

Marcgrave a observé que cet oiseau avait les yeux noirs, la langue terminée par plusieurs filets, les plumes du dos soyeuses, et qu'il était à peu près de la grosseur du pinson ; il l'a vu au Brésil, mais on le trouve aussi dans la Guiane et à Cayenne. La femelle a les ailes doublées de gris jaunâtre.

Longueur totale, quatre pouces un quart ; bec, huit à neuf lignes ; tarse, six à sept ; doigt du milieu, six, de très peu plus long que le doigt postérieur ; vol, six pouces trois quarts ; queue, quinze lignes, composée de douze pennes égales ; dépasse les ailes de trois ou quatre lignes.

Variété du guit-guit noir et bleu (a).

Cette variété (*) se trouve à Cayenne ; elle ne diffère de l'oiseau précédent que par des nuances : elle a la tête d'un beau bleu, un bandeau sur les yeux

(a) « Avis hoitzillin, papilio vocata, colore cæruleo et nigro venustissima. » Seba, *Thesaurus*, pl. 61, fig. 5, p. 97. Cet auteur cite Fr. Fernandez, p. 26, où il est question en effet de l'*hoitzitzillototl* ou *avis varia*, avec un renvoi au premier volume, p. 320 ; or, l'*avis varia* dont il est parlé à cette page 320 est l'*hoitzitzil*, remarquable par la charmante variété de ses belles couleurs, et par l'art avec lequel les Mexicains savent entrelacer ses plumes et en faire des portraits ressemblants et des tableaux très agréables ; mais les couleurs de ces plumes ne sont point du tout spécifiées, et ce que Fernandez dit en cet endroit des habitudes de l'oiseau, savoir, qu'il ne vit que du miel ou *nectareum* des fleurs, que lorsque les fleurs viennent à lui manquer, il enfonce son bec dans une gerçure d'arbre, et demeure ainsi suspendu, engourdi, jusqu'à ce que six mois après, les pluies ranimant la verdure et les fleurs, lui rendent le mouvement et la vie ; tout cela, dis-je, vrai ou faux, semble appartenir plus à l'his-

(*) *Nectarinia cærulea* Cuv.

d'un noir velouté, la gorge, les ailes et la queue du même noir; tout le reste d'un bleu éclatant tirant sur le violet, le bec noir et les pieds jaunes; les plumes bleues qui couvrent le corps sont de trois couleurs et des mêmes couleurs que dans le précédent.

A l'égard de la taille, elle est un peu plus petite et la queue surtout paraît plus courte, ce qui supposerait que c'est un jeune oiseau ou un vieux qui n'avait pas encore réparé ce que la mue lui avait fait perdre; mais il a une plus grande étendue de vol, sans quoi je l'eusse regardé simplement comme une variété d'âge ou de sexe.

Cet oiseau fait son nid avec beaucoup d'art (*a*) : en dehors de grosse paille et de brins d'herbe un peu fermes, en dedans de matériaux plus mollets et plus doux; il lui donne à peu près la forme d'une cornue; il le suspend par sa base à l'extrémité d'une branche faible et mobile; l'ouverture est tournée du côté de la terre; par cette ouverture, l'oiseau entre dans le col de la cornue, qui est presque droit et de la longueur d'un pied, et il grimpe jusqu'au ventre de cette même cornue, qui est le vrai nid : la couvée et la couveuse y sont à l'abri des araignées, des lézards et de tous leurs ennemis. Partout où l'on voit subsister des espèces faibles, non protégées par l'homme, il y a à parier que ce sont des espèces industrieuses.

L'auteur de l'*Essai sur l'Histoire naturelle de la Guiane* fait mention d'un oiseau fort ressemblant à la variété précédente, si ce n'est qu'il a la queue d'une longueur extraordinaire. Cette longue queue est-elle la prérogative du mâle lorsqu'il est dans son état de perfection? ou bien caractérise-t-elle une autre variété dans la même espèce?

II. — LE GUIT-GUIT VERT ET BLEU A TÊTE NOIRE (*b*).

Le plumage de cet oiseau d'Amérique (*) est de trois ou quatre couleurs et n'en a guère plus de variété pour cela, chacune de ces couleurs étant ras-

toire des colibris qu'à celle des guit-guits. J'en dis autant d'un autre hoitzitzillin de Fernandez, chap. CLXIV, p. 47. — *Falcinellus papilio;* en allemand, *schmetterling.* Klein, *Ordo avium*, p. 107, nº 6. — *Falcinellus gulâ alisque nigris;* en allemand, *schwartz kehlchen, blaue klette.* Klein, p. 108, nº 13. — *The blue creeper.* Edwards, pl. 21. — « Certhia cærulea, » fasciâ oculari, gulâ, remigibus rectricibusque nigris, » *Cærulea.* Linnæus, *Syst. nat.*, édit. XIII, p. 185. — « Certhia splendidè cyanea, non nihil ad violaceum vergens; capite » cyaneo dilutiore tincto; gutture et tæniâ per oculos splendidè nigris, remigibus rectrici- » busque nigris, » *Certhia Cayanensis cærulea*, grimpereau bleu de Cayenne. Brisson, t. III, p. 626. — *Cerzia blù del Surinam.* — Gerini, *Ornithol. ital.*, pl. 196, fig. 2, pl. 56.

(*a*) Voyez Seba, *Thesaurus*, t. Ier, p. 106.

(*b*) *Avicula Americana altera.* Seba, t. II, pl. 3, fig. 4, p. 5. — *Sylvia:* en allemand, *weiss-schnabel.* Klein, *Ordo avium*, famil. IV, g. 7, trib. 3, sp. 18, p. 79. — *Colii species.* Moehring, *Avium genera*, p. 36, g. 16. — « Certhia supernè splendidè viridis, infernè satu- » ratè cærulea; capite et gutture splendidè nigris; rectricibus saturatè viridibus, » *Certhia Americana viridis atricapilla*, grimpereau vert à tête noire d'Amérique. Brisson, t. III, p. 634. — *Cerzia verde con capo nero d'America.* Gerini, *Ornithol. ital.*, p. 60, sp. 26.

(*) *Certhia Spiza* L.

semblée en une seule masse, sans presque se croiser, se mêler ni se fondre avec les trois autres : le noir velouté sur la gorge et la tête exclusivement, le bleu foncé sous le corps, le vert éclatant sur toute la partie supérieure, compris la queue et les ailes ; mais la queue est d'une teinte plus foncée, les couvertures inférieures des ailes sont d'un brun cendré bordé de vert, et le bec est blanchâtre.

Longueur totale, cinq pouces un quart ; bec, neuf lignes ; tarse, même longueur ; doigt du milieu, sept lignes, un peu plus long que le doigt postérieur ; queue, dix-huit lignes, composée de douze pennes égales ; dépasse les ailes de huit à dix lignes ; l'étendue du vol est inconnue.

Ce guit-guit est à peu près de la taille du pinson. On ne dit pas dans quelle partie de l'Amérique il se trouve ; mais, suivant toute apparence, il habite les mêmes contrées que les deux individus dont je vais parler, et qui lui ressemblent trop pour n'être point regardés comme des variétés dans cette espèce.

VARIÉTÉS DU GUIT-GUIT VERT ET BLEU
A TÊTE NOIRE

I. — LE GUIT-GUIT VERT A TÊTE NOIRE (*a*) (*b*).

Celui-ci (*) a la tête noire comme le précédent, mais non la gorge ; elle est verte et d'un beau vert ainsi que tout le dessus et le dessous du corps compris les couvertures supérieures des ailes ; leurs pennes sont noirâtres ainsi que celles de la queue, mais toutes sont bordées de vert, seule couleur qui paraisse, les parties étant dans leur repos ; les couvertures inférieures des ailes sont d'un cendré brun, bordées aussi de vert ; le bec est jaunâtre à sa base, noirâtre dessus, blanchâtre dessous, et les pieds sont d'une couleur de plomb foncée ; les dimensions relatives des parties sont à peu près les mêmes que dans l'oiseau précédent, seulement la queue est un peu plus longue, et dépasse les ailes de onze lignes ; le vol est de sept pouces et demi.

(*a*) Voyez les planches enluminées, n° 578, où cet oiseau est représenté, fig. 2, sous le nom de *Grimpereau à tête noire du Brésil.*

(*b*) *The green black-cap fly-catcher.* Edwards, pl. 25. — *Sylvia viridis capite nigro.* Klein, *Ordo avium*, famil. IV, g. 7, trib. 3, sp. 22, p. 80. — *Certhia viridis, capite remigibusque nigricantibus.* Linnæus, *Syst. nat.*, édit. XIII, g. 65, sp. 12, p. 186. — « Certhia splendidè » viridis ; capite splendidè nigro ; rectricibus lateralibus nigricantibus, oris exterioribus viri- » dibus... » *Certhia Brasiliensis viridis atricapilla*, grimpereau vert à tête noire du Brésil. Brisson, t. III. p. 633. — *Cerzia verde con testa nera del Brasile.* Gerini, *Ornithol. ital.*, p. 60, sp. 25.

(*) C'est probablement une variété du *Certhia Spiza* L. ; cependant Vieillot en a fait une espèce distincte sous le nom de *Cæreba atricapilla.*

II. — LE GUIT-GUIT VERT ET BLEU A GORGE BLANCHE (a)

Le bleu est sur la tête et les petites couvertures supérieures des ailes, la gorge est blanche, tout le reste du plumage est comme la variété précédente, excepté qu'en général le vert est plus clair partout, et que sur la poitrine il est semé de quelques taches d'un vert plus foncé; le bec est noirâtre dessus, blanc dessous, suivant M. Brisson, et au contraire blanchâtre dessus et cendré foncé dessous, suivant M. Edwards; les pieds sont jaunâtres.

A l'égard des dimensions, elles sont précisément les mêmes que dans l'oiseau précédent. Cette conformité de proportions et de plumage a fait soupçonner à M. Edwards que ces deux oiseaux appartenaient à la même espèce (*). C'est aux observateurs voyageurs à nous apprendre si ce sont variétés d'âge, de sexe, de climat, etc.

III. — LE GUIT-GUIT TOUT VERT (b) (c).

Tout le dessus du corps est d'un vert foncé teinté de bleuâtre, excepté le croupion qui, de même que la gorge et le dessous du corps, est d'un vert plus clair teinté de jaunâtre; le brun des ailes est noir, le bec et les pieds noirâtres, mais on aperçoit un peu de couleur de chair près de la base du bec inférieur.

On trouve cet oiseau à Cayenne et dans l'Amérique espagnole; il est de la grosseur des précédents et proportionné à peu près de même, si ce n'est qu'il a le bec un peu plus court et plus approchant de celui des sucriers (**).

(a) *The blue-heabed green fly-catcher.* Edwards, pl. 25, fig. infér. — *Sylvia viridis capite cyaneo ;* en allemand, *gruener mentzel mit blauen kopf.* Klein, *Ordo avium*, famil. IV, g. 7, trib. 3, p. 80, sp. 23. — « Certhia viridis capite remigibusque nigricantibus, » *Motacilla spiza.* Linnæus, *Syst. nat.*, édit. XIII, g. 65, sp. 12, p. 186. — « Certhia dilutè viridis, viridi » saturatiore in pectore maculata ; gutture candido ; capite superiore superioribusque alarum » tectricibus minimis cyaneis ; rectricibus lateralibus nigricantibus, oris exterioribus dilutè » viridibus, » *Certhia Brasiliensis viridis*, grimpereau vert du Brésil, Brisson, t. III, p. 631. — *Cerzia verde del Brasile.* Gerini, *Ornithol. ital.*, p. 60, sp. 24.

(b) Voyez les planches enluminées, nº 682, où cet oiseau est représenté, fig. 1, sous le nom de *Grimpereau vert de Cayenne.*

(c) *The all green creeper.* Edwards, pl. 348.

(*) Latham et Gmelin le considèrent comme une variété du *Certhia Spiza* L.

(**) Il ne constitue réellement qu'une variété du *Certhia Spiza* L.

IV. — LE GUIT-GUIT VERT TACHETÉ (*a*) (*b*).

Celui-ci (*) est plus petit que les guit-guits verts dont nous venons de parler et il est aussi proportionné différemment. Il a le dessus de la tête et du corps d'un beau vert quoique un peu brun (varié de bleu dans quelques individus) ; sur la gorge une plaque d'un roux clair, encadrée des deux côtés par deux bandes bleues fort étroites qui accompagnent les branches de la mâchoire inférieure ; les joues variées de vert et de blanchâtre, la poitrine et le dessous du corps de petits traits de trois couleurs différentes, les uns bleus (*c*), les autres verts et les autres blancs ; les couvertures inférieures de la queue jaunâtres, les pennes intermédiaires vertes, les latérales noirâtres, bordées et terminées de vert ; les pennes des ailes de même, le bec noir ; entre le bec et l'œil une tache d'un roux clair, et les pieds gris.

La femelle a les couleurs moins décidées et le vert du dessus du corps plus clair ; elle n'a point de roussâtre ni sur la gorge ni entre le bec et l'œil, et pas une seule nuance de bleu dans tout son plumage. J'en ai observé une en qui les deux bandes qui accompagnent les deux branches de la mâchoire inférieure étaient vertes.

Longueur totale, quatre pouces deux lignes ; bec, neuf lignes ; tarse, six lignes ; doigt du milieu de même longueur, un peu plus long que le doigt postérieur ; vol, six pouces trois quarts ; queue, quinze lignes, composée de douze pennes égales ; dépasse les ailes de cinq lignes.

(*a*) Voyez les planches enluminées, nº 682, où cet oiseau est représenté, fig. 2, sous le nom de *Grimpereau vert tacheté de Cayenne*.

(*b*) « Certhia supernè splendidè viridis, infernè lineolis longitudinalibus albis, viridibus et » cæruleis varia ; fasciolâ utrimque secundùm maxillæ inferioris longitudinem cæruleâ ; gut- » ture et maculâ utrimque narem inter et oculum, rufescentibus ; rectricibus viridibus, late- » ralibus interiùs nigricantibus (Mas). » — « Certhia supernè viridis, infernè lineolis longi- » tudinalibus albis et viridibus varia ; rectricibus viridibus, lateralibus interiùs nigricantibus » (Fœmina), » *Certhia Cayanensis viridis*, grimpereau vert de Cayenne. Brisson, t. III, p. 636. — « Certhia viridis nitida, subtus albo striata, rectricibus viridibus, lateralibus inte- » riùs nigricantibus, » *Cayana*. Linnæus, *Syst. nat.*, édit. XIII, g. 65, sp. 9, p. 186. — *Cerzia verde di Cayenna*. Gerini, *Ornithol. ital.*, p. 60, sp. 27. — « Certhia corpore supino » viridi ; gulâ luteâ, pectore abdomineque ex viridi et luteo variegatis. » Koelreuter, *Comment. Petrop.*, an. 1765, p. 430.

(*c*) Dans l'individu décrit par M. Koelreuter, il n'y avait point de bleu, mais la gorge était jaune, ainsi que l'espace entre le bec et l'œil ; je croirais que c'était un jeune mâle, et non une femelle adulte.

(*) *Certhia cayana* L.

V. — LE GUIT-GUIT VARIÉ (*a*).

La nature semble avoir pris plaisir à rendre agréable le plumage de cet oiseau (*) par la variété et le choix des couleurs qu'elle y a répandues : du rouge vif sur le sommet de la tête, du beau bleu sur l'occiput, du bleu et du blanc sur les joues, du jaune de deux nuances sur la gorge, la poitrine et tout le dessous du corps ; du jaune, du bleu, du blanc et du noirâtre sur le dessus du corps, compris les ailes, la queue et leurs couvertures supérieures. On dit qu'il est d'Amérique, mais on ne désigne point la partie de ce continent qu'il habite de préférence. Il est à peu près de la taille du pinson.

Longueur totale, cinq pouces ; bec, neuf lignes ; tarse, six lignes ; doigt du milieu, sept, un peu plus long que le doigt postérieur ; ongles assez longs ; queue, dix-sept lignes ; dépasse les ailes de cinq à six lignes.

VI. — LE GUIT-GUIT NOIR ET VIOLET (*b*).

Il (**) a la gorge et le devant du cou d'un violet éclatant, le bas du dos, les couvertures supérieures de la queue et les petites des ailes d'un violet tirant sur la couleur d'acier poli, la partie supérieure du dos et du cou d'un beau noir velouté ; le ventre, les couvertures inférieures de la queue et des ailes et les grandes couvertures supérieures des ailes d'un noir mat ; le sommet de la tête d'un beau vert doré, la poitrine marron pourpré, le bec noirâtre et les pieds bruns. Cet oiseau se trouve au Brésil : il est de la taille de notre roitelet.

Longueur totale, trois pouces cinq lignes ; bec, sept lignes ; tarse, cinq lignes et demie ; doigt du milieu cinq, un peu plus long que le doigt postérieur ; vol, quatre pouces un quart ; queue, treize lignes et demie, composée de douze pennes égales : dépasse les ailes de cinq à six lignes.

(*a*) *Avicula Americana variis coloribus picta*. Seba, *Thesaurus*, t. II. p. 5, pl. 3, fig. 3. — *Sylvia versicolor* ; en allemand, *burtmentzel*. Klein, *Ordo avium*, p. 79, sp. 17. — « Certhia supernè ex cæruleo subnigro, albo flavoque undulata, infernè citrino et croceo variegata, vertice coccineo ; occipitio cyaneo... » *Certhia Americana varia*, grimpereau varié d'Amérique. Brisson, t. III, p. 665. — *Cerzia variegata d'America*. Gerini, *Ornithol. italiana*, p. 60, sp. 35.

(*b*) « Certhia nigra ; vertice viridi-aureo ; gutture splendidè violaceo ; pectore castaneo-purpurascente ; dorso infimo et uropygio ex violaceo ad chalybis politi colorem vergentibus ; rectricibus nigris, oris exterioribus violaceo-chalybeis, » *Certhia Brasiliensis violacea*, grimpereau violet du Brésil. Brisson, t. III, p. 661. — *Cerzia di color violetto del Brasile*. Gerini, *Ornithol. ital.*, p. 60, sp. 34.

(*) *Certhia variegata* Gmel.
(**) *Certhia brasiliana* Gmel.

VII. — LE SUCRIER (a).

Le nom de cet oiseau (*) annonce l'espèce de nourriture qui lui plaît le plus : c'est le suc doux et visqueux qui abonde dans les cannes à sucre, et, selon toute apparence, cette plante n'est pas la seule où il trouve un suc qui lui convienne : il enfonce son bec dans les gerçures de la tige, et il suce la liqueur sucrée ; c'est ce que m'assure un voyageur qui a passé plusieurs années à Cayenne. A cet égard les sucriers se rapprochent des colibris ; ils s'en rapprochent encore par leur petitesse, et celui de Cayenne nommément par la longueur relative de ses ailes, tandis que d'un autre côté ils s'en éloignent par la longueur de leurs pieds et la brièveté de leur bec. Je soupçonne que les sucriers mangent aussi des insectes, quoique les observateurs et les voyageurs n'en disent rien.

Un sucrier mâle de la Jamaïque avait la gorge, le cou et le dessus de la tête et du corps d'un beau noir, toutefois avec quelques exceptions, savoir : des espèces de sourcils blancs, du blanc sur les grandes pennes des ailes, depuis leur origine jusque passé la moitié de leur longueur, et encore sur l'extrémité de toutes les pennes latérales de la queue ; le bord des ailes, le croupion, les flancs et le ventre d'un beau jaune, qui allait s'affaiblissant sur le bas-ventre, et qui n'était plus que blanchâtre sur les couvertures inférieures de la queue.

L'espèce est répandue à la Martinique, à Cayenne, à Saint-Domingue, etc., mais le plumage varie un peu dans ces différentes îles, quoique situées à peu près sous le même climat. Le sucrier de Cayenne (b) a la tête noirâtre, deux sourcils blancs qui, se prolongeant, vont se rejoindre derrière le cou ; la gorge gris cendré clair, le dos et les couvertures supérieures des ailes gris cendré plus foncé ; les pennes des ailes et de la queue gris cendré, bordé de cendré ; la partie antérieure des ailes bordée de jaune citron ; le croupion jaune, la poitrine et le dessous du corps jaune aussi, mais cette couleur est mêlée de gris sur le bas-ventre ; le bec noir et les pieds bleuâtres : la queue dépasse de fort peu l'extrémité des ailes.

(a) *The black and yellow creeper*, grimpereau noir et jaune. Edwards, pl. 122. — « Certhia nigra, subtus lutea, superciliis exalbidis ; rectricibus extimis apice albis, » *Flaveola*. Linnæus, *Syst. nat.*, édit. XIII, g. 65, sp. 18, p. 187. — *Cerzia scura, o nera e gialla d'America*. Gerini, *Ornithol. ital.*, pl. 234*, fig. 2, p. 57. — « Certhia supernè nigra, infernè » lutea ; tæniâ supra oculos candidâ ; gutture et collo inferiore nigris ; uropygio luteo ; imo » ventre pallidè luteo ; remigibus majoribus in exortu candidis ; rectricibus nigris, lateralibus » apice albis, » *Certhia sive sacchurivora Jamaicensis*, grimpereau ou sucrier de la Jamaïque. Brisson, t. VI, *supplément*, p. 117.

(b) Les créoles et les nègres de Cayenne l'appellent *sicouri*.

(*) *Certhia flaveola* L.

Cet oiseau a le cri très fin, *zi, zi,* comme le colibri, et, comme lui et les autres sucriers, il suce la sève des plantes. Quoiqu'on m'ait fort assuré que le sucrier de Cayenne que je viens de décrire était un mâle, cependant je ne puis dissimuler qu'il a beaucoup de rapports avec la femelle du sucrier de la Jamaïque (*a*) : seulement celle-ci a la gorge blanchâtre, une teinte de cendré sur tout ce qui est noirâtre ; les sourcils blancs jaunâtres, la partie antérieure des ailes bordée de blanc, et le croupion de la même couleur que le dos ; les cinq paires des pennes latérales de la queue terminées de blanc, selon Edwards (la seule paire extérieure, suivant Brisson) ; enfin, les plus grandes pennes des ailes blanches, depuis leur origine jusqu'au delà de la moitié de leur longueur, comme dans le mâle.

M. Sloane dit que cet oiseau a un petit ramage fort court et fort agréable ; mais si tel était le ramage de l'oiseau observé par M. Sloane, lequel était probablement une femelle, on peut croire que le chant du mâle est encore plus agréable.

Le même observateur, qui a disséqué un de ces oiseaux, nous apprend qu'il avait le cœur et le gésier petits, celui-ci peu musculeux, doublé cependant d'une membrane sans adhérence, le foie d'un rouge vif, et les intestins roulés en un grand nombre de circonvolutions.

J'ai vu un sucrier de Saint-Domingue qui avait le bec et la queue un peu plus courts, les sourcils blancs, et sur la gorge une espèce de plaque grise, plus étendue que ne l'est la plaque blanchâtre dans la femelle ci-dessus : il lui ressemblait parfaitement dans tout le reste.

Enfin M. Linnæus regarde comme le même oiseau le grimpereau de Bahama de M. Brisson (*b*), et ses sucriers de la Martinique et de la Jamaïque. Il a en effet le plumage à peu près semblable à celui des autres sucriers : tout le dessus brun, compris même les pennes des ailes et de la queue, celles-ci blanchâtres par dessous ; la gorge d'un jaune clair; le bord antérieur des ailes, leurs couvertures inférieures et le reste du dessous du corps d'un jaune

(*a*) *Luscinia seu philomela e fusco et luteo varia.* Sloane, *Jamaica*, pl. 259, fig. 3, p. 307, n° 37 ; en anglais, *a black and yellow bird.* — Ray, *Synops. av. appendix*, p. 187, n° 45. — Klein, *Ordo avium*, famil. IV, g. 7, trib. 1, p. 74 ; en allemand, *schwartz und gell buntenachtigall.* — « Certhia supernè nigricans, infernè lutea ; tæniâ supra oculos albo-flavicante ; » gutture albido ; rectricibus nigricantibus, duabus utrimque extimis apice albis, » *Certhia Martinicana, sive saccharivora*, grimpereau de la Martinique ou sucrier. Brisson, t. III, p. 611. — *The yellow bellied creeper.* Edwards, pl. 362. — *Cerzia detta mangia-zucchero della Martinica.* Gerini, *Ornithol. ital.*, p. 61, n° 36.

(*b*) *The Bahama tit mouse*, mésange de Bahama. Catesby, pl. 59. — *Luscinia pectore flavo, parus Bahamensis :* en allemand, *gelb-brustel.* Klein, *Ordo avium*, p. 74, sp. 9. Cet auteur dit que la queue est variée de brun et de blanc ; il aurait dû dire brune dessus et blanchâtre dessous : son erreur a été copiée par Gerini. — « Certhia supernè fusca, infernè » lutea ; tæniâ supra oculos candidâ ; marginibus alarum luteis ; rectricibus supernè fuscis, » subtus sordidè albis, » *Certhia Bahamensis*, grimpereau de Bahama. Brisson, t. III, p. 620. — Linnæus, *Syst. nat.*, édit. XIII, p. 187, gen. 65, sp. 18, β. — *Cerzia dell' isola di Bahama.* Gerini, *Ornithol. ital.*, p. 59, sp. 20.

plus foncé jusqu'au bas-ventre, lequel est du même brun que le dos. Au reste, cet oiseau est plus gros que les autres sucriers, et il a la queue plus longue, en sorte qu'on doit le regarder au moins comme une variété de grandeur et même de climat. Voici les dimensions comparées de ce sucrier de Bahama et de celui de la Jamaïque :

	SUCRIER DE BAHAMA		SUCRIER DE LA JAMAÏQUE.	
	Pouces.	Lignes.	Pouces.	Lignes.
Longueur totale	4	8	3	7
Id. non compris la queue	»	32	»	27
Bec	»	6	»	6
Tarse	»	6 ½	»	7
Doigt du milieu	»	5 ½	»	6
Doigt postérieur	»	3 et plus.	»	4 à 5
Vol	7	»	Inconnu.	
Queue, composée de douze pennes	2	»	1	4
Dépasse les ailes de	»	15 à 16	»	5 à 6

Le nom de *luscinia*, que M. Klein donne à cet oiseau, suppose qu'il le regarde comme un oiseau chanteur : ce qui serait un rapport de plus avec le sucrier de la Jamaïque.

L'OISEAU-MOUCHE (a)

De tous les êtres animés, voici le plus élégant pour la forme et le plus brillant pour les couleurs. Les pierres et les métaux polis par notre art ne sont pas comparables à ce bijou de la nature; elle l'a placé dans l'ordre des oiseaux, au dernier degré de l'échelle de grandeur, *maximè miranda in minimis;* son chef-d'œuvre est le petit oiseau-mouche (*); elle l'a comblé de tous les dons qu'elle n'a fait que partager aux autres oiseaux : légèreté, rapidité, prestesse, grâce et riche parure, tout appartient à ce petit favori. L'émeraude, le rubis, la topaze, brillent sur ses habits; il ne les souille jamais de la poussière de la terre, et dans sa vie tout aérienne on le voit à peine toucher le gazon par instants; il est toujours en l'air, volant de fleurs en fleurs; il a leur fraîcheur comme il a leur éclat : il vit de leur nectar et n'habite que les climats où sans cesse elles se renouvellent.

C'est dans les contrées les plus chaudes du Nouveau Monde que se trouvent toutes les espèces d'oiseaux-mouches; elles sont assez nombreuses et paraissent confinées entre les deux tropiques (b), car ceux qui s'avancent en été

(a) Les Espagnols le nomment *tomineios;* les Péruviens, *quinti*, selon Garcilasso; selon d'autres, *quindé;* et de même au Paraguay (*Hist. générale des Voyages*, t. XIV, p. 162); les Mexicains, *huitzitzil*, suivant Ximenès : *hoitzitzil* dans Hernandez; *ourissia* (rayon du soleil) suivant Nieremberg; les Brésiliens, *guaimunbi* : ce nom est générique et comprend, dans Marcgrave, les colibris avec les oiseaux-mouches. C'est apparemment ce même nom corrompu que Lévy et Thevet rendent par *gonambouch*, et que les relations portugaises écrivent *guanimibique; vicicilin* dans Gomara, *Hist. gen. Ind.*, cap. CLXXXXIV, et dans son histoire de la prise de Mexico; *guachichil* à la Nouvelle-Espagne, c'est-à-dire *suce-fleurs*, suivant Gemelli Careri (t. VI, p. 211); en anglais, *humming bird* (oiseau bourdonnant); en latin moderne de nomenclature, *mellisuga* (Brisson); *trochilus* (Linn.). — Marcgrave, *Hist. nat. Brasil.*, p. 196 et 197. — Fernandez, *apud Recch*, p. 321. — Acosta, *Hist. nat. et mor. Ind*, lib. IV, cap. XXXVII. — Nieremberg, *Hist. nat.*, p. 239. — Laët. *Ind. occid.*, lib. V, p. 256. — Sloane, *Hist. nat. of Jamaica*, p. 307. — Browne, *Jamaic.*, p. 475. — *Essay on Hist. nat. of Guyana*, p. 165. — Dutertre, *Hist. nat. des Antilles*, t. II, p. 162. — Feuillée, *Journal d'observ.* Paris, 1714, t. Ier, p. 413 et suiv. — Labat, *Nouveaux voyages aux îles de l'Amérique.* Paris, 1722, t. IV, p. 13. — *Histoire naturelle et morale des Antilles de l'Amérique.* Rotterdam, 1658, p. 160 et suiv.

(b) « Reperitur passim in omnibus penè Americæ regionibus, inter utrumque tropicum. » Laët. *Ind. occid.*, lib. V, p. 256.

(*) Les Oiseaux-mouches ou mieux Colibris sont des Passereaux Ténuirostres de la famille des Trochilidés. Tous les oiseaux de cette famille ont le bec de longueur moyenne, droit et entier; leurs ailes sont étroites, en forme de faucilles; leur plumage est très brillamment coloré.

1 Oiseau mouche Rubis-Topaze — 1[a] Son Nid

2 Oiseau-mouche Huppe-col

A. Le Vasseur Éditeur.

dans les zones tempérées n'y font qu'un court séjour; ils semblent suivre le soleil, s'avancer, se retirer avec lui, et voler sur l'aile des zéphyrs à la suite d'un printemps éternel.

Les Indiens, frappés de l'éclat et du feu que rendent les couleurs de ces brillants oiseaux, leur avaient donné les noms de *rayons* ou *cheveux du soleil* (*a*). Les Espagnols les ont appelés *tomineos*, mot relatif à leur excessive petitesse; le *tomine* est un poids de douze grains. « J'ai vu, dit Nierem-» berg, peser au trébuchet un de ces oiseaux, lequel, avec son nid, ne » pesait que deux *tomines* (*b*); » et, pour le volume, les petites espèces de ces oiseaux sont au-dessous de la grande mouche asile (*le taon*) pour la grandeur, et du bourdon pour la grosseur. Leur bec est une aiguille fine et leur langue un fil délié; leurs petits yeux noirs ne paraissent que deux points brillants; les plumes de leurs ailes sont si délicates qu'elles en paraissent transparentes (*c*); à peine aperçoit-on leurs pieds, tant ils sont courts et menus; ils en font peu d'usage, ils ne se posent que pour passer la nuit, et se laissent pendant le jour emporter dans les airs; leur vol est continu, bourdonnant et rapide. Marcgrave compare le bruit de leurs ailes à celui d'un rouet et l'exprime par les syllabes *hour*, *hour*, *hour;* leur battement est si vif que l'oiseau, s'arrêtant dans les airs, paraît non seulement immobile, mais tout à fait sans action; on le voit s'arrêter ainsi quelques instants devant une fleur et partir comme un trait pour aller à une autre; il les visite toutes, plongeant sa petite langue dans leur sein, les flattant de ses ailes, sans jamais s'y fixer, mais aussi sans les quitter jamais; il ne presse ses inconstances que pour mieux suivre ses amours et multiplier ses jouissances innocentes, car cet amant léger des fleurs vit à leurs dépens sans les flétrir : il ne fait que pomper leur miel, et c'est à cet usage que sa langue paraît uniquement destinée; elle est composée de deux fibres creuses, formant un petit canal (*d*), divisé au bout en deux filets (*e*); elle a la forme d'une trompe, dont elle fait les fonctions (*f*). L'oiseau la darde hors de son bec, apparemment par un mécanisme de l'os hyoïde, semblable à celui de la langue des pics (*g*); il la plonge jusqu'au fond du calice des fleurs pour en tirer les sucs. Telle est sa manière de vivre d'après tous les auteurs qui en ont écrit (*h*). Il n'ont eu qu'un contradicteur, c'est M. Badier (*i*), qui, pour

(*a*) Voyez Marcgrave, p. 196.

(*b*) Voyez Nieremberg, p. 239; et Acosta, lib. IV, cap. XXXVII.

(*c*) Marcgrave.

(*d*) Marcgrave.

(*e*) Labat, t. IV, p. 13.

(*f*) *Hist. nat. of Guyana*, p. 165.

(*g*) Voyez, ci-après, l'article des *pics*.

(*h*) Voyez Garcilasso, Gomara, Hernandez, Clusius, Nieremberg, Marcgrave, Sloane, Catesby, Feuillée, Labat, Dutertre, etc.

(*i*) *Journal de Physique*, janvier 1778, p. 32.

avoir trouvé dans l'œsophage d'un oiseau-mouche quelques débris de petits insectes, en conclut qu'il vit de ces animaux et non du suc des fleurs. Mais nous ne croyons pas devoir faire céder une multitude de témoignages authentiques à une seule assertion, qui même paraît prématurée. En effet, que l'oiseau-mouche avale quelques insectes, s'ensuit-il qu'il en vive et s'en nourrisse toujours? Et ne semble-t-il pas inévitable qu'en pompant le miel des fleurs ou recueillant leurs poussières, il entraîne en même temps quelques-uns des petits insectes qui s'y trouvent engagés? Au reste, la nourriture la plus substantielle est nécessaire pour suffire à la prodigieuse vivacité de l'oiseau-mouche, comparée avec son extrême petitesse; il faut bien des molécules organiques pour soutenir tant de forces dans de si faibles organes, et fournir à la dépense d'esprits que fait un mouvement perpétuel et rapide. Un aliment d'aussi peu de substance que quelques menus insectes y paraît bien peu proportionné; et Sloane, dont les observations sont ici du plus grand poids, dit expressément qu'il a trouvé l'estomac de l'oiseau-mouche tout rempli des poussières et du miellat des fleurs (*a*).

Rien n'égale, en effet, la vivacité de ces petits oiseaux, si ce n'est leur courage, ou plutôt leur audace. On les voit poursuivre avec furie des oiseaux vingt fois plus gros qu'eux, s'attacher à leur corps, et, se laissant emporter par leur vol, les béqueter à coups redoublés jusqu'à ce qu'ils aient assouvi leur petite colère (*b*). Quelquefois même ils se livrent entre eux de très vifs combats; l'impatience paraît être leur âme; s'ils s'approchent d'une fleur et qu'ils la trouvent fanée, ils lui arrachent les pétales avec une précipitation qui marque leur dépit. Ils n'ont point d'autre voix qu'un petit cri, *screp, screp*, fréquent et répété (*c*); ils le font entendre dans les bois dès l'aurore (*d*), jusqu'à ce qu'aux premiers rayons du soleil tous prennent l'essor et se dispersent dans les campagnes.

Ils sont solitaires (*e*), et il serait difficile qu'étant sans cesse emportés dans les airs, ils pussent se reconnaître et se joindre. Néanmoins l'amour, dont la puissance s'étend au delà de celle des éléments, sait rapprocher et réunir tous les êtres dispersés: on voit les oiseaux-mouches deux à deux dans le temps des nichées; le nid qu'ils construisent répond à la délicatesse de leur corps; il est fait d'un coton fin ou d'une bourre soyeuse recueillie sur des fleurs; ce nid est fortement tissu et de la consistance d'une peau douce et épaisse; la femelle se charge de l'ouvrage et laisse au mâle le soin d'apporter

(*a*) *Jamaïca*, p. 307.

(*b*) Browne, p. 475; Charlevoix, *Nouvelle-France*, t. III, p. 158. Voyez aussi Dutertre, t. II, p. 263.

(*c*) Marcgrave compare ce cri, pour sa continuité, à celui du moineau; p. 196.

(*d*) « Toto autem anno magno numero in silvis inveniuntur, et præsertim matutino tempore ingentem strepitum excitant. » Marcgrave, p. 196.

(*e*) *Transact. philosoph.*, num. 200, art. 5.

les matériaux (a). On la voit empressée à ce travail chéri, chercher, choisir, employer brin à brin les fibres propres à former le tissu de ce doux berceau de sa progéniture; elle en polit les bords avec sa gorge, le dedans avec sa queue; elle le revêt à l'extérieur de petits morceaux d'écorce de gommier qu'elle colle alentour pour le défendre des injures de l'air autant que pour le rendre plus solide (b); le tout est attaché à deux feuilles ou à un seul brin d'oranger, de citronnier (c), ou quelquefois à un fétu qui pend de la couverture de quelque case (d). Ce nid n'est pas plus gros que la moitié d'un abricot (e) et fait de même en demi-coupe; on y trouve deux œufs tout blancs et pas plus gros que des petits pois. Le mâle et la femelle les couvent tour à tour pendant douze jours; les petits éclosent au treizième jour, et ne sont alors pas plus gros que des mouches. « Je n'ai jamais pu remarquer, dit le » P. Dutertre, quelle sorte de béquée la mère leur apporte, sinon qu'elle » leur donne à sucer sa langue encore toute emmiellée du suc tiré des fleurs. »

On conçoit aisément qu'il est comme impossible d'élever ces petits volatiles; ceux qu'on a essayé de nourrir avec des sirops ont dépéri dans quelques semaines. Ces aliments, quoique légers, sont encore bien différents du nectar délicat qu'ils recueillent en liberté sur les fleurs, et peut-être aurait-on mieux réussi en leur offrant du miel.

La manière de les abattre est de les tirer avec du sable ou à la sarbacane; ils sont si peu défiants qu'ils se laissent approcher jusqu'à cinq ou six pas (f). On peut encore les prendre en se plaçant dans un buisson fleuri, une verge enduite d'une gomme gluante à la main; on en touche aisément le petit oiseau lorsqu'il bourdonne devant une fleur. Il meurt aussitôt qu'il est pris (g), et sert après sa mort à parer les jeunes Indiennes qui portent en pendants d'oreilles deux de ces charmants oiseaux. Les Péruviens avaient l'art de composer avec leurs plumes des tableaux dont les anciennes relations ne cessent de vanter la beauté (h). Marcgrave, qui avait vu de ces ouvrages, en admire l'éclat et la délicatesse.

Avec le lustre et le velouté des fleurs, on a voulu encore en trouver le parfum à ces jolis oiseaux. Plusieurs auteurs ont écrit qu'ils sentaient le musc; c'est une erreur dont l'origine est apparemment dans le nom que leur donne Oviedo, de *passer mosquitus*, aisément changé en celui de *passer mos-*

(a) Dutertre, t. II, p. 262.

(b) Dutertre, *ibid.*

(c) Browne.

(d) Dutertre, *loco citato.*

(e) Voyez Feuillée, *Journal d'observations*, t. Ier, p. 413.

(f) Ils sont en si grand nombre, dit Marcgrave, qu'un chasseur en un jour en prendra facilement soixante.

(g) Dutertre, p. 263. — « Victitat floribus solùm, ideo capta viva detineri non potest, sed » moritur. » Marcgrave, *loco citato.*

(h) Voyez Ximenès, qui attribue le même art aux Mexicains. Gemelli Carcri, Thevet, Léry, Fernandez, etc.

catus (a). Ce n'est pas la seule petite merveille que l'imagination ait voulu ajouter à leur histoire (b) : on a dit qu'ils étaient moitié oiseaux et moitié mouches, qu'ils se produisaient d'une mouche (c), et un provincial des jésuites affirme gravement, dans Clusius, avoir été témoin de la métamorphose (d). On a dit qu'ils mouraient avec les fleurs pour renaître avec elles; qu'ils passaient dans un sommeil et un engourdissement total toute la mauvaise saison, suspendus par le bec à l'écorce d'un arbre; mais ces fictions ont été rejetées par les naturalistes sensés (e), et Catesby assure avoir vu durant toute l'année ces oiseaux à Saint-Domingue et au Mexique, où il n'y a pas de saison entièrement dépouillée de fleurs (f). Sloane dit la même chose de la Jamaïque, en observant seulement qu'ils y paraissent en plus grand nombre après la saison des pluies, et Marcgrave avait déjà écrit qu'on les trouve toute l'année en grand nombre dans les bois du Brésil.

Nous connaissons vingt-quatre espèces dans le genre des oiseaux-mouches, et il est plus que probable que nous ne les connaissons pas toutes. Nous les désignerons chacune par des dénominations différentes, tirées de leurs caractères les plus apparents, et qui sont suffisants pour ne pas les confondre.

LE PLUS PETIT OISEAU-MOUCHE (g) (h)

PREMIÈRE ESPÈCE.

C'est par la plus petite des espèces qu'il convient de commencer l'énumération du plus petit des genres. Ce très petit oiseau-mouche (*) est à peine

(a) Oviedo, *Summarii*, cap. XLVIII. — Gessner soupçonne très bien que ce nom vient plutôt *à muscâ* qu'*à moscho*.

(b) Dutertre corrige judicieusement là-dessus plusieurs exagérations puériles, et relève, à son ordinaire, les méprises de Rochefort, t. II, p. 263.

(c) Voyez Nieremberg, p. 240.

(d) Ce jésuite, dit Clusius, faisait d'étranges relations d'histoire naturelle, *Exotic.*, p. 96.

(e) Voyez Willughby.

(f) Voyez *Carolina*, t. Ier, p. 65.

(g) Voyez les planches enluminées, n° 276, fig. 1.

(h) *Guainumbi septima species.* Marcgrave, *Hist. nat. Brasil.*, p. 197. — Willughby, *Ornithol.*, p. 167. — *Guainumbi minor, corpore toto cinereo.* Ray, *Synops avi.*, p. 83, n° 7. — *Polythmus minimus variegatus.* Browne, *Hist. nat. of Jamaica*, p. 475 (il paraît qu'il n'a décrit que la femelle). — *The smallest humming bird.* Sloane, *Jamaica*, t. II, p. 307, n° 38, avec une très mauvaise figure, tab. 264, fig. 1. — *The least humming bird.* Edwards, page et planche 105. — « Mellisuga supernè viridi-aurea, cupri puri colore varians, infernè griseo-alba; » rectricibus nigro-chalybeis, extimâ per totam longitudinem, proximè sequenti a medietate » ad apicem griseis, *Mellisuga.* » Brisson, *Ornithol.*, t. III, p. 694.

(*) *Trochilus minimus* L. — Tous les *Trochilus* ont le bec droit, aplati à la base, pointu; leurs pattes sont courtes et faibles; leurs tarses sont minces, leurs ailes très étroites et allongées, leur queue un peu fourchue.

long de quinze lignes, de la pointe du bec au bout de la queue ; le bec à trois lignes et demie, la queue quatre ; de sorte qu'il ne reste qu'un peu plus de neuf lignes pour la tête, le cou et le corps de l'oiseau : dimensions plus petites que celles de nos grosses mouches. Tout le dessus de la tête et du corps est vert doré brun changeant et à reflets rougeâtres ; tout le dessous est gris blanc. Les plumes de l'aile sont d'un brun tirant sur le violet, et cette couleur est presque généralement celle des ailes dans tous les oiseaux-mouches aussi bien que dans les colibris. Ils ont aussi assez communément le bec et les pieds noirs ; les jambes sont recouvertes assez bas de petits duvets effilés, et les doigts sont garnis de petits ongles aigus et courbés. Tous ont dix plumes à la queue, et l'on est étonné que Marcgrave n'en compte que quatre ; c'est vraisemblablement une erreur de copiste. La couleur de ces plumes de la queue est, dans la plupart des espèces, d'un noir bleuâtre avec l'éclat de l'acier bruni. La femelle a généralement les couleurs moins vives ; on la reconnaît aussi, suivant les meilleurs observateurs (*a*), à ce qu'elle est un peu plus petite que le mâle. Le caractère du bec de l'oiseau-mouche est d'être égal dans sa longueur, un peu renflé vers le bout, comprimé horizontalement et *droit*. Ce dernier trait distingue les oiseaux mouches des colibris, que plusieurs naturalistes ont confondus et que Marcgrave lui-même n'a pas séparés.

Au reste, cette première et très petite espèce se trouve au Brésil et aux Antilles. L'oiseau nous a été envoyé de la Martinique sur son nid, et M. Edwards l'a reçu de la Jamaïque (*b*).

LE RUBIS (*c*)

SECONDE ESPÈCE.

En observant l'ordre de grandeur, ou plutôt de petitesse, plusieurs espèces pourraient tenir ici la seconde place. Nous la donnons à l'oiseau-mouche de

(*a*) *Grew* dans les *Transact. philosop.*, n° 200, art. 5. Labat, Dutertre.

(*b*) Edwards, *Hist.*, p. 105.

(*c*) *The humming bird.* Catesby, *Carolina*, t. Ier, p. 65. — *The red throated humming bird.* Edwards, *History*, pl. 38. Edwards représente le mâle et la femelle ; cette dernière a la gorge blanche comme tout le dessous du corps.—*Mellisuga pectore rubro.* Klein, *Avi.*, p. 106, n° 5. — *Tomincio virescens gutture flammeo.* Petiv., *Gazoph.*, avec une mauvaise figure, tab. 3, fig. 8. — Marcgrave n'a point décrit spécialement cette espèce, et il paraît que c'est sans raison que M. Brisson lui attribue particulièrement les dénominations de *guainumbi*, d'*aratica*, d *aratarata-guacu* et de *pegafrol*, que Marcgrave ne donne qu'en général à la famille de ces oiseaux. Barrère, que M. Brisson cite de même, n'a indiqué que trois espèces d'oiseaux-mouches ou colibris, et encore qu'imparfaitement et sans distinguer les deux familles ; mais du moins on voit que M. Brisson se trompe en rapportant à l'oiseau-mouche de la Caroline le premier *regulus minimus* de Barrère, qui est un colibri, puisqu'il a le bec arqué :

la Caroline, en le désignant par le nom de *rubis* (*). Catesby n'exprime que faiblement l'éclat et la beauté de la couleur de sa gorge en l'appelant *un émail cramoisi;* c'est le brillant et le feu d'un rubis : vu de côté, il s'y mêle une couleur d'or, et en dessous ce n'est plus qu'un grenat sombre. On peut remarquer que ces plumes de la gorge sont taillées et placées en écailles, arrondies, détachées, disposition favorable pour augmenter les reflets, et qui se trouve soit au cou, soit sur la tête des oiseaux-mouches dans toutes leurs plumes éclatantes. Celui-ci a tout le dessus du corps d'un vert doré changeant en couleur de cuivre rouge ; la poitrine et le devant du corps sont mêlés de gris blanc et de noirâtre ; les deux plumes du milieu de la queue sont de la couleur du dos, et les plumes latérales sont d'un brun pourpré : Catesby dit *couleur de cuivre.* L'aile est d'un brun teint de violet, qui est, comme nous l'avons déjà observé, la couleur commune des ailes de tous ces oiseaux ; ainsi nous n'en ferons plus mention dans leurs descriptions. La coupe de leurs ailes est assez remarquable ; Catesby l'a comparée à celle de la *lame d'un cimeterre turc.* Les quatre ou cinq premières pennes extérieures sont très longues, les suivantes le sont beaucoup moins, et les plus près du corps sont extrêmement courtes, ce qui, joint à ce que les grandes ont une courbure en arrière, fait ressembler les deux ailes ouvertes à un arc tendu : le petit corps de l'oiseau est au milieu comme la flèche de l'arc.

Le rubis se trouve en été à la Caroline et jusqu'à la Nouvelle-Angleterre, et c'est la seule espèce d'oiseau-mouche qui s'avance dans ces terres septentrionales (*a*). Quelques relations portent cet oiseau-mouche jusqu'en Gaspésie (*b*), et le P. Charlevoix prétend qu'on le voit au Canada ; mais il paraît l'avoir assez mal connu quand il dit que le fond de son nid est *tissu de petits brins de bois et qu'il pond jusqu'à cinq œufs* (*c*), et ailleurs qu'*il a les pieds comme le bec, fort long* (*d*). L'on ne peut rien établir sur de pareils témoignages. On donne la Floride pour retraite en hiver aux oiseaux-mouches de la Caroline (*e*) ; en été, ils y font leurs petits, et partent quand les fleurs commencent à se flétrir, en automne. « Ce n'est que des fleurs qu'il tire sa

rostello longiori et arcuato. — « Mellisuga supernè viridi-aurea, cupri puri colore varians, » infernè sordidè alba, griseo-fusco admixto ; gutture et collo inferiore purpureo-aureis ; rec- » tricibus lateralibus fusco-purpureis (Mas). — Mellisuga supernè viridi-aurea, cupri puri » colore varians, infernè sordidè alba ; gutture fusco maculato ; rectricibus lateralibus primâ » medietate fusco-aureis, alterâ nigro-chalybeis, albo terminatis (Fœmina)... » *Mellisuga Carolinensis gutture rubro.* Brisson, *Ornithol.*, t. III, p. 716.

(*a*) Catesby, p. 65 ; Edwards, p. 38.

(*b*) *Nouvelle Relation de la Gaspésie*, par le R. P. Chrétien Leclercq ; Paris, 1691, p. 486. Les Gaspésiens, suivant cette relation, l'appellent *nirido*, oiseau du ciel.

(*c*) *Histoire et description de la Nouvelle-France ;* Paris, 1744, t. III, p. 158.

(*d*) *Hist de Saint-Domingue;* Paris, 1730, t. Ier, p. 31.

(*e*) Voyez *Hist. génér. des Voyages*, t. XIV, p. 456.

(*) *Trochilus Colubris* GMEL

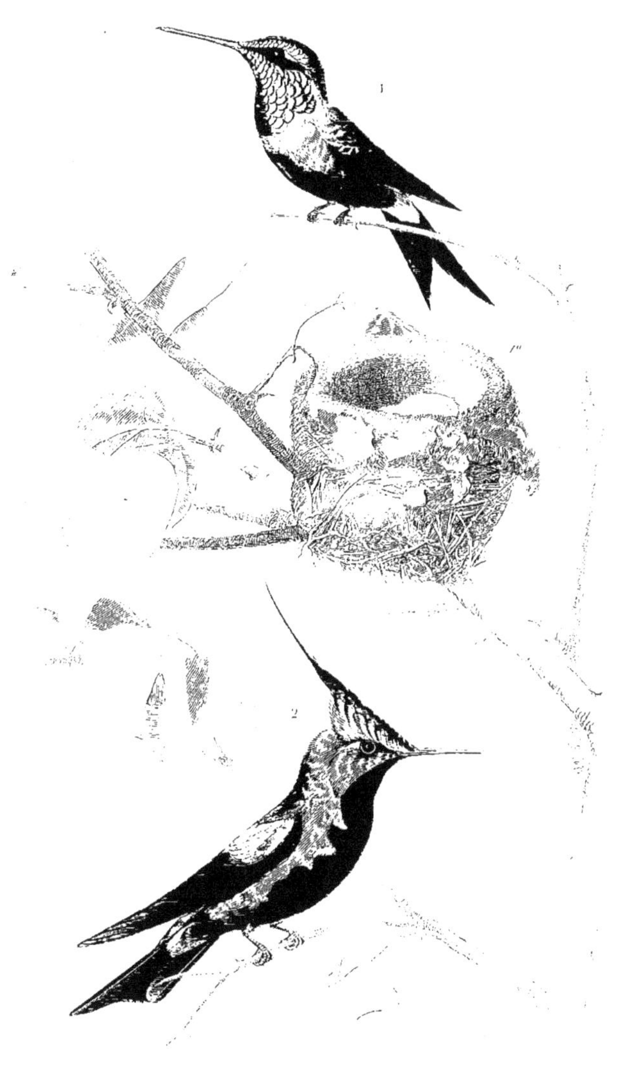

1. OISEAU MOUCHE AMETHYSTE [illegible]
2. OISEAU MOUCHE DELALANDE

» nourriture, et je n'ai jamais observé, dit Catesby, qu'il se nourrît d'aucun » insecte, ni d'autre chose que du nectar des fleurs (*a*). »

L'AMÉTHYSTE (*b*)

TROISIÈME ESPÈCE.

Ce petit oiseau-mouche (*) a toute la gorge et le devant du cou de couleur améthyste brillante ; on n'a pu donner cet éclat à la figure enluminée ; c'est même la difficulté de rendre le lustre et l'effet des couleurs des oiseaux-mouches et des colibris qui en a fait borner le nombre dans nos planches enluminées et discontinuer un travail que tous les auteurs reconnaissent également être l'écueil du pinceau (*c*). L'oiseau améthyste est un des plus petits oiseaux-mouches ; sa taille et sa figure sont celles du rubis : il a de même la queue fourchue ; le devant du corps est marbré de gris blanc et de brun ; le dessus est vert doré ; la couleur améthyste de la gorge se change en brun pourpré quand l'œil se place un peu plus bas que l'objet ; les ailes semblent un peu plus courtes que dans les oiseaux-mouches, et ne s'étendent pas jusqu'aux deux plumes du milieu de la queue, qui sont cependant les plus courtes et rendent sa coupe fourchue.

L'ORVERT

QUATRIÈME ESPÈCE.

Le vert et le jaune doré brillent plus ou moins dans tous les oiseaux-mouches ; mais ces belles couleurs couvrent le plumage entier de celui-ci avec un éclat et des reflets que l'œil ne peut se lasser d'admirer : sous certains aspects, c'est un or brillant et pur ; sous d'autres, un vert glacé qui n'a pas moins de lustre que le métal poli. Ces couleurs s'étendent jusque sur les ailes ; la queue est d'un noir d'acier bruni, le ventre blanc. Cet oiseau-mouche (**) est encore très petit et n'a pas deux pouces de longueur ; c'est à cette espèce que nous croyons devoir rapporter le petit *oiseau-mouche entièrement*

(*a*) *Carolina*, t. Ier, p. 65.

(*b*) Voyez les planches enluminées, n° 672, fig. 1, sous la dénomination de *petit oiseau-mouche à queue fourchue de Cayenne*.

(*c*) Marcgrave.

(*) *Trochilus amethystinus* Gmel.

(**) *Trochilus viridissimus* Gmel.

vert (*all green humming bird*) de la troisième partie des *Glanures* d'Edwards (pag. 316, pl. CCCLX), que le traducteur donne mal à propos pour un colibri; mais la méprise est excusable et vient de la langue anglaise elle-même, qui n'a qu'un nom commun, celui d'*oiseau bourdonnant* (*humming bird*), pour désigner les colibris et les oiseaux-mouches.

Nous rapporterons encore à cette espèce la seconde de Marcgrave : sa beauté singulière, son bec court (*a*), et l'éclat d'or et de vert brillant et glacé (*transplendens*) du devant du corps le désignent assez. M. Brisson, qui fait de cette seconde espèce de Marcgrave sa seizième sous le nom d'*oiseau-mouche à queue fourchue du Brésil*, n'a pas pris garde que, dans Marcgrave, cet oiseau n'a la queue ni longue, ni fourchue (*cauda similis priori*), dit cet auteur : or, la première espèce n'a point la queue fourchue, mais *droite, longue seulement d'un doigt*, et qui ne dépasse pas l'aile (*b*).

LE HUPPE-COL (*c*)

CINQUIÈME ESPÈCE.

Ce nom désigne un caractère fort singulier et qui suffit pour faire distinguer l'oiseau de tous les autres (*) : non seulement sa tête est ornée d'une huppe rousse assez longue, mais de chaque côté du cou, au-dessous des oreilles, partent sept ou huit plumes inégales; les deux plus longues, ayant six à sept lignes, sont de couleur rousse et étroites dans leur longueur, mais le bout un peu élargi est marqué d'un point vert; l'oiseau les relève en les dirigeant en arrière; dans l'état de repos, elles sont couchées sur le cou, ainsi que sa belle huppe; tout cela se redresse quand il vole, et alors l'oiseau paraît tout rond. Il a la gorge et le devant du cou d'un riche vert doré (en tenant l'œil beaucoup plus bas que l'objet, ces plumes si brillantes paraissent brunes); la tête et tout le dessus du corps est vert avec des reflets éclatants d'or et de bronze, jusqu'à une bande blanche qui traverse le croupion; de là jusqu'au bout de la queue règne un or luisant sur un fond brun aux barbes extérieures des pennes, et roux aux intérieures; le dessous du corps est vert doré brun, le bas-ventre blanc. La grosseur du huppe-col ne surpasse pas celle de l'améthyste; sa femelle lui ressemble, si ce n'est qu'elle n'a point de huppe ni d'oreilles, qu'elle a la bande du croupion roussâtre,

(*a*) « Pulchrior priori..... tam eleganti et splendente viriditate; cum aureo colore transplendente sunt plumæ, ut mirè resplendeant. » Marcgrave, *Guainumbi secunda species.*

(*b*) « Caudam habet directam, digitum longam. » Marcgrave, *secunda species.*

(*c*) Voyez les planches enluminées, nº 640, fig. 3.

(*) *Trochilus ornatus* GMEL.

1 Oiseau mouche Sapho. 2 Martin chasseur trapu.

ainsi que la gorge; le reste du dessous du corps roux, nuancé de verdâtre; son dos et le dessus de sa tête sont, comme dans le mâle, d'un vert à reflets d'or et de bronze.

LE RUBIS-TOPAZE (a) (b)

SIXIÈME ESPÈCE.

De tous les oiseaux de ce genre, celui-ci (*) est le plus beau, dit Marcgrave, et le plus élégant; il a les couleurs et jette le feu des deux pierres précieuses dont nous lui donnons les noms; il a le dessus de la tête et du cou aussi éclatant qu'un rubis; la gorge et tout le devant du cou, jusque sur la poitrine, vus de face, brillent comme une topaze aurore du Brésil; ces mêmes parties vues un peu en dessous paraissent un or mat, et vues de plus bas encore se changent en vert sombre; le haut du dos et le ventre sont d'un brun noir velouté; l'aile est d'un brun violet, le bas-ventre blanc, les couvertures inférieures de la queue et ses pennes sont d'un beau roux doré et teint de pourpre; elle est bordée de brun au bout; le croupion est d'un brun relevé de vert doré; l'aile pliée ne dépasse pas la queue, dont les pennes sont égales. Marcgrave remarque qu'elle est large et que l'oiseau l'étale avec grâce en volant; il est assez grand dans son genre. Sa longueur totale est de trois pouces quatre à six lignes, son bec est long de sept à huit; Marcgrave dit *d'un demi-pouce*. Cette belle espèce paraît nombreuse, et elle est devenue commune dans les cabinets des naturalistes. Seba témoigne avoir reçu de Curaçao plusieurs de ces oiseaux. On peut leur remarquer un caractère que portent plus ou moins tous les oiseaux-mouches et colibris, c'est d'avoir le bec bien garni de plumes à sa base, et quelquefois jusqu'au quart ou au tiers de sa longueur.

La femelle n'a qu'un trait d'or ou de topaze sur la gorge et le devant du cou; le reste du dessous de son corps est gris blanc.

(a) Voyez les planches enluminées, n° 227, fig. 2, sous la dénomination d'*oiseau-mouche à gorge dorée du Brésil.*

(b) *Guainumbi, octava species.* Marcgrave, *Hist. nat. Bras.*, p. 97. — Willughby, *Ornithol.*, p. 167. — Jonston, *Avi.*, p. 135. — *Guainumbi major.* Ray, *Synops.*, p. 83, n° 8. — *Avis colubri omnium minima, Americana, thaumantias dicta.* Seba, vol. Ier, p. 61. — *Mellisuga; thaumantias Americana, omnium minima.* Klein, *Av.*, p. 105, n° 2. (Klein l'appelle *minima* sur la dénomination de Seba, en remarquant lui-même qu'il est représenté assez grand dans cet auteur.) — « Mellisuga fusca, cum aliquâ supernè viridi-aurei mixturâ, vertice » et collo superiore splendidè purpureis; gutture, collo inferiore et pectore topazinis; rectri» cibus rufo purpurascentibus, apice nigro violaceis, » *Mellisuga Brasiliensis gutture topazino.* Brisson, *Ornithol.*, t. III, p. 699.

(*) *Trochilus mosquitus* Gmel.

Nous croyons que l'oiseau-mouche représenté n° 640, fig. 1 de nos planches enluminées (*), est d'une espèce très voisine, ou peut-être de la même espèce que celui-ci ; car il n'en diffère que par la huppe, qui n'est pas fort relevée. Du reste, les ressemblances sont frappantes, et de la comparaison que nous avons faite des deux individus, d'après lesquels ont été gravées ces figures, il résulte que ce dernier un peu plus petit dans ses dimensions, est moins foncé dans ses couleurs, dont les teintes et la distribution sont essentiellement les mêmes ; ainsi, l'un pourrait être le jeune et l'autre l'adulte, ou bien c'est une variété produite par le climat. Comme l'un est de Cayenne et l'autre du Brésil, cette différence peut se trouver dans l'espèce de l'une à l'autre région. L'oiseau-mouche à huppe de rubis (*ruby crested humming bird*), donné planche 344, page 280 de la troisième partie des *Glanures* d'Edwards, se rapporte parfaitement à notre figure enluminée, n° 640, fig. 1. Et c'est encore la tête de cet oiseau-mouche, que M. Frisch a donnée, tab. 24, et sur laquelle M. Brisson fait sa seconde espèce, en prenant pour sa femelle l'autre figure donnée au même endroit de Frisch, et qui représente un petit oiseau-mouche vert doré ; mais la femelle de l'oiseau-mouche à gorge topaze, dont le corps est brun, n'a certainement pas le corps vert, aucune femelle en ce genre, comme dans tous les oiseaux, n'ayant jamais les couleurs plus éclatantes que le mâle. Ainsi, nous rapporterons beaucoup plus vraisemblablement à notre *orvert* ce *second* oiseau-mouche *au corps tout vert*, donné par M. Frisch.

L'OISEAU-MOUCHE HUPPÉ (*a*) (*b*)

SEPTIÈME ESPÈCE.

Cet oiseau (**) est celui que Dutertre et Feuillée ont pris pour un *colibri* ; mais c'est un oiseau-mouche, et même l'un des plus petits, car il n'est guère plus gros que le rubis. Sa huppe est comme une émeraude du plus grand brillant : c'est ce qui le distingue. Le reste de son plumage est assez obscur ;

(*a*) Voyez les planches enluminés, n° 227, fig. 1.

(*b*) *Petit colibri.* Dutertre, *Hist. des Antilles*, t. II, p. 262. — *Colibri.* Feuillée, *Journal d'observ.* (1714), p. 413. — *The crested humming bird.* Edwards, t. Ier, pl. 37. — *Mellisuga cristata.* Klein, *Avi.*, p. 106, n° 4. — « Mellisuga cristata supernè viridi-aurea cupri puri » colore varians ; infernè fusca, viridi-aureo mixta ; gutture et collo inferiore cinereo-fuscis ; » rectricibus lateralibus nigro-violaceis ; pedibus pennatis, » *Mellisuga cristata.* Brisson, *Ornithol.*, t. III, p. 714. — Cette espèce paraît indiquée n° 1. *An Essay on hist. nat. of Guyana*, p. 166 : à la huppe brillante, au sombre relevé de reflets du reste du plumage, elle est assez reconnaissable.

(*) D'après Desmarets c'est le *Trochilus elatus* de Gmelin.

(**) *Trochilus cristatus* Gmel.

le dos a des reflets verts et or sur un fond brun; l'aile est brune, la queue noirâtre et luisante comme l'acier poli; tout le devant du corps est d'un brun velouté, mêlé d'un peu de vert doré vers la poitrine et les épaules; l'aile pliée ne dépasse pas la queue. Nous remarquerons que dans la figure enluminée la teinte verte du dos est trop forte et trop claire, et la huppe un peu exagérée et portée trop en arrière. Dans cette espèce, le dessus du bec est couvert de petites plumes vertes et brillantes presque jusqu'à la moitié de sa longueur. Edwards a dessiné son nid. Labat remarque que le mâle seul porte la huppe et que les femelles n'en ont pas.

L'OISEAU-MOUCHE A RAQUETTES

HUITIÈME ESPÈCE.

Deux brins nus, partant des deux plumes du milieu de la queue de cet oiseau (*), prennent à la pointe une petite houppe en éventail, ce qui leur donne la forme de raquettes; les tiges de toutes les pennes de la queue sont très grosses et d'un blanc roussâtre; elle est du reste brune comme l'aile; le dessus du corps est de ce vert bronzé, qui est la couleur commune parmi les oiseaux-mouches; la gorge est d'un riche vert d'émeraude. Cet oiseau peut avoir trente lignes de la pointe du bec à l'extrémté de la vraie queue; les deux brins l'excèdent de dix lignes. Cette espèce est encore peu connue et paraît très rare (*a*). Nous l'avons décrite dans le Cabinet de M. Mauduit; elle est une des plus petites, et, non compris la queue, l'oiseau n'est pas plus gros que le huppe-col.

L'OISEAU-MOUCHE POURPRÉ (*b*)

NEUVIÈME ESPÈCE.

Tout le plumage de cet oiseau (**) est un mélange d'orangé, de pourpre et de brun, et c'est peut-être, suivant la remarque d'Edwards, le seul de ce genre

(*a*) On en trouve une notice dans le *Journal de Physique* du mois de juin 1777, page 466.

(*b*) *The tittle Crown humming bird*. Edwards, *Hist. of birds*, t. Ier, p. et pl. 32. — *Mellisuga alis fuscis*. Klein, *Avi.*, p. 106, no 6. — « Mellisuga supernè fusca, fusco-flavicante » mixta, infernè dilutè spadicea; pectore maculis nigricantibus vario; tæniâ infrà oculos » obscurè fuscâ; rectricibus binis intermediis fuscis, lateralibus fusco-violaceis, » *Mellisuga*

(*) *Trochilus platurus* LATH.

(**) *Trochilus ruber* GMEL.

qui ne porte pas ou presque pas de ce vert doré qui brillante tous les autres oiseaux-mouches. Sur quoi il faut remarquer que M. Klein a donné à celui-ci un caractère insuffisant en l'appelant *suce-fleurs à ailes brunes (mellisuga alis fucsis)*, puisque la couleur brune, plus ou moins violette ou pourprée, est généralement celle des ailes des oiseaux-mouches. Celui-ci a le bec long de dix lignes, ce qui fait presque le tiers de sa longueur totale.

LA CRAVATE DORÉE (*a*) (*b*)

DIXIÈME ESPÈCE.

L'oiseau donné sous cette dénomination (*), dans les planches enluminées, paraît être celui de la première espèce de Marcgrave en ce qu'il a sur la gorge un trait doré, caractère que cet auteur désigne par ces mots : *le devant du corps blanc, mêlé au-dessous du cou de quelques plumes de couleur éclatante,* et que M. Brisson n'exprime pas dans sa huitième espèce, quoiqu'il en fasse la description sur cette première de Marcgrave. Sa longueur est de trois pouces cinq ou six lignes; tout le dessous du corps, à l'exception du trait doré du devant du cou, est gris blanc et le dessus vert doré, et, de plus, nous regarderons comme la femelle, dans cette espèce, l'oiseau dont M. Brisson fait sa neuvième espèce (*c*), n'ayant rien qui la distingue assez pour l'en séparer.

Surinamensis. Brisson, *Ornithol.*, t. III, p. 701. — « Trochilus rectricibus lateralibus violaceis, corpore testaceo fusco submaculato, » *Trochilus ruber.* Linnæus, *Syst. nat.*, édit. X, gen. 60, sp. 15.

(*a*) Voyez les planches enluminées, n° 672, fig. 3.

(*b*) *Guainumbi prima species.* Marcgrave, *Hist. nat. Brasiliens.*, p. 196, avec une figure. — Willughby, *Ornithol.*, p. 166. — Ray, *Synops avi.*, p. 187, n° 42; et p. 82, n° 1, sous le nom de *guainumbi major, avicula minima. Mus. Worm.*, p. 298, avec la figure copiée de Marcgrave. — *The larger humming bird.* Sloane, *Jamaïca*, p. 308, n° 39, avec une mauvaise figure, tab. 264, fig. 2. — « Mellisuga supernè viridi-aurea, cupri puri colore varians, infernè alba; rectricibus nigro chalybeis duabus intermediis cupri puri colore variantibus, » *Mellisuga Cayanensis ventre albo.* Brisson, *Ornithol.*, t. III, p. 707.

(*c*) « Mellisuga supernè viridi-aurea, cupri puri colore varians, infernè griseo-fusca, rectricibus primâ medietate viridi aureis, cupri puri colore variantibus, alterâ nigro-purpureis, lateralibus apice griseis; pedibus pennatis, » *Mellisuga Cayanensis ventre griseo.* Brisson, *Ornithol.*, t. III, p. 709.

(*) *Trochilus leucogaster* GMEL.

LE SAPHIR

ONZIÈME ESPÈCE.

Cet oiseau-mouche (*) est dans ce genre un peu au-dessus de la taille moyenne; il a le devant du cou et la poitrine d'un riche bleu de saphir avec des reflets violets; la gorge rousse, le dessus et le dessous du corps vert doré sombre, le bas-ventre blanc, les couvertures inférieures de la queue rousses, les supérieures d'un brun doré éclatant, les pennes de la queue d'un roux doré bordé de brun, celles de l'aile brunes, le bec blanc, excepté la pointe qui est noire.

LE SAPHIR-ÉMERAUDE

DOUZIÈME ESPÈCE.

Les deux riches couleurs qui parent cet oiseau (**) lui méritent le nom des deux pierres précieuses dont il a le brillant : un bleu de saphir éclatant couvre la tête et la gorge et se fond admirablement avec le vert d'émeraude glacé, à reflets dorés, qui couvre la poitrine, l'estomac, le tour du cou et le dos. Cet oiseau-mouche est de la moyenne taille; il vient de la Guadeloupe, et nous ne croyons pas qu'il ait encore été décrit. Nous en avons vu un autre venu de la Guiane et de la même grandeur, mais il n'avait que la gorge saphir et le reste du corps d'un vert glacé très brillant; tous deux sont conservés avec le premier dans le beau Cabinet de M. Mauduit; ce dernier nous paraît être une variété ou du moins une espèce très voisine de celle du premier; ils ont également le bas-ventre blanc; l'aile est brune et ne dépasse pas la queue, qui est coupée également et arrondie, elle est noire à reflets bleus; leur bec est assez long, sa moitié inférieure est blanchâtre et la supérieure est noire.

L'ÉMERAUDE-AMÉTHYSTE

TREIZIÈME ESPÈCE.

Cet oiseau-mouche (***) est de la taille moyenne approchant de la grande; il a près de quatre pouces et son bec huit lignes; la gorge et le devant du cou

(*) *Trochilus saphirinus* Lath.
(**) *Trochilus bicolor* Lath.
(***) *Trochilus Ourissia* Gmel.

sont d'un vert d'émeraude éclatant et doré ; la poitrine, l'estomac et le haut du dos d'un améthyste bien pourpré de la plus grande beauté ; le bas du dos est vert doré sur fond brun, le ventre blanc, l'aile noirâtre ; la queue est d'un noir velouté luisant comme l'acier poli, elle est fourchue et un peu plus longue que l'aile. On peut rapporter à cette espèce celle qui est donnée dans Edwards, pl. 35 (*the green and blue humming bird*), et décrite par M. Brisson sous le nom d'*oiseau-mouche à poitrine bleue de Surinam* (a), qui est le même que représentent nos planches enluminées n° 227, fig. 3. La teinte pourpre dans le bleu n'y est point assez sentie, et le dessin paraît tiré sur un petit individu ; effectivement, il est figuré un peu plus grand dans Edwards. Ces petites différences ne nous empêchent pas de reconnaître que ces oiseaux ne forment qu'une même espèce.

L'ESCARBOUCLE

QUATORZIÈME ESPÈCE.

Un rouge d'escarboucle ou de rubis foncé est la couleur de cet oiseau (*) sur la gorge, le devant du cou et la poitrine ; le dessus de la tête et du cou sont d'un rouge un peu plus sombre ; un noir velouté enveloppe le reste du corps ; l'aile est brune et la queue d'un roux doré foncé. L'oiseau est d'une grandeur un peu au-dessus de la moyenne dans ce genre ; le bec, tant dessus que dessous, est garni de plumes presque jusqu'à moitié de sa longueur. Il nous a été envoyé de Cayenne et paraît très rare. M. Mauduit, qui le possède, serait tenté de le rapporter à notre *rubis-topaze* comme variété ; mais la différence du jaune topaze au rubis foncé sur la gorge de ces deux oiseaux nous paraît trop grande pour les rapprocher l'un de l'autre ; les ressemblances, à la vérité, sont assez grandes dans tout le reste. Nous remarquerons que les espèces précédentes, excepté la treizième, sont nouvelles et ne se trouvent décrites dans aucun naturaliste.

(a) « Mellisuga supernè viridi-aurea, cupri puri colore varians, infernè splendidè cærulea ; » imo ventre fusco, dorso supremo cæruleo ; rectricibus fusco violaceis, » *Mellisuga Surinamensis pectore cæruleo*. Brisson, *Ornithol.*, t. III, p. 711.

(*) *Trochilus Carbunculus* LATH.

LE VERT-DORÉ (*a*) (*b*)

QUINZIÈME ESPÈCE.

C'est la neuvième espèce de Marcgrave : cet oiseau (*), dit-il, a tout le corps d'un vert brillant à reflets dorés; la moitié supérieure de son petit bec est noire, l'inférieure est rousse; l'aile est brune; la queue, un peu élargie, a le luisant de l'acier poli. La longueur totale de cet oiseau est d'un peu plus de trois pouces; il est représenté, n° 276, fig. 3 de nos planches enluminées, et l'on doit remarquer que le dessous du corps n'est pas pleinement vert comme le dos, et qu'il n'a que des taches ou des ondes de cette couleur. Nous n'hésiterons pas à rapporter la figure 2 de la même planche à la femelle de cette espèce, presque toute la différence consistant dans la grandeur, qu'on sait être généralement moindre dans les femelles de cette famille d'oiseaux. M. Brisson soupçonne aussi que sa cinquième espèce (*c*) pourrait bien n'être que la femelle de sa sixième, qui est celle-ci, en quoi nous serons volontiers de son avis; mais il nous paraît, au sujet de cette dernière, qu'il a cité mal à propos Seba, qui ne donne à l'endroit indiqué (*d*) aucune espèce particulière d'oiseau-mouche, mais y parle de cet oiseau en général, de sa manière de nicher et de vivre; il dit, d'après Mérian, que les grosses araignées de la Guyane font souvent leur proie de ses œufs et du petit oiseau lui-même, qu'elles enlacent dans leurs toiles et froissent dans leurs serres; mais ce fait ne nous a pas été confirmé, et si quelquefois l'oiseau-mouche est surpris par l'araignée, sa grande vivacité et sa force doivent le faire échapper aux embûches de l'insecte.

(*a*) Voyez les planches enluminées, n° 276, fig. 3.

(*b*) *Guainumbi nona species.* Marcgrave, *Hist. nat. Brasil.*, p. 197. — Willughby, *Ornithol.*, p. 167. — Jonston, *Avi.*, p. 135. — « Mellisuga viridi-aurea, cupri puri colore varians; » rectricibus nigro chalybeis, pedibus pennatis, » *Mellisuga Cayanensis.* Brisson, *Ornithol.*, t. III, p. 704.

(*c*) « Mellisuga supernè fusca, cupri puri colore varians, infernè grisco-alba; gutture fusco » maculato; rectricibus nigro chalibeis; pedibus pennatis, » *Mellisuga Dominicensis.* Brisson, *Ornithol.*, t. III, p. 702.

(*d*) Vol. II, page 42.

(*) Espèce douteuse.

L'OISEAU-MOUCHE A GORGE TACHETÉE (a)

SEIZIÈME ESPÈCE.

Cette espèce (*) a les plus grands rapports avec la précédente et les figures 2 et 3 de la planche enluminée 276, excepté qu'elle est plus grande ; et, sans cette différence qui nous a paru trop forte, nous n'eussions pas hésité de l'y rapporter : elle a, suivant M. Brisson, près de quatre pouces de longueur, et le bec onze lignes. Du reste, les couleurs du plumage paraissent entièrement les mêmes que celles de l'espèce précédente.

LE RUBIS-ÉMERAUDE (b) (c)

DIX-SEPTIÈME ESPÈCE.

Cet oiseau-mouche (**), beaucoup plus grand que le petit rubis de la Caroline, a quatre pouces quatre lignes de longueur ; il a la gorge d'un rubis éclatant ou couleur de rosette, suivant les aspects ; la tête, le cou, le devant et le dessus du corps, vert d'émeraude à reflets dorés, la queue rousse. On le trouve au Brésil de même qu'à la Guiane.

L'OISEAU-MOUCHE A OREILLES (d)

DIX-HUITIÈME ESPÈCE.

Nous nommons ainsi cet oiseau-mouche (***), tant à cause de la couleur remarquable des deux pinceaux de plumes qui s'étendent en arrière de ses

(a) « Mellisuga viridi-aurea, cupri puri colore varians; pennis in gutture et collo inferiore » albo fimbriatis ; ventre cinereo ; rectricibus nigro chalybeis, duabus intermediis cupri puri » colore variantibus, lateralibus apice griseis, » *Mellisuga Cayanensis gutture nævio*. Brisson, *Ornithol.*, t. III, p. 722.

(b) Voyez les planches enluminées, n° 276, fig. 4.

(c) « Mellisuga viridi-aurea, supernè cupri puri colore varians; gutture splendidè rubino : » rectricibus rufis, exteriùs et apice fusco viridi-aureo fimbriatis, » *Mellisuga Brasiliensis gutture rubro*. Brisson, *Ornithol.*, t. III, p. 720.

(d) « Mellisuga supernè viridi-aurea, infernè alba ; tænia infra oculos nigrâ ; maculâ » utrimque infra aures splendidè violaceâ ; rectricibus quatuor intermediis nigro-cæruleis ;

(*) Espèce douteuse.

(**) *Trochilus rubineus* Gmel.

(***) *Trochilus auritus* Gmel.

oreilles, que de leur longueur, deux ou trois fois plus grande que celle des petites plumes voisines dont le cou est garni ; ces plumes paraissent être le prolongement de celles qui recouvrent dans tous les oiseaux le méat auditif : elles sont douces, et leurs barbes duvetées ne se collent point les unes aux autres. Ces remarques sont de M. Mauduit, et rentrent bien dans la belle observation que nous avons déjà employée d'après lui, savoir : que toutes les plumes qui paraissent, dans les oiseaux, surabondantes et pour ainsi dire parasites, ne sont point des productions particulières, mais de simples prolongements et des accroissements développés de parties communes à tous les autres. L'oiseau-mouche à oreilles est de la première grandeur dans ce genre ; il a quatre pouces et demi de longueur, ce qui n'empêche pas que la dénomination de *grand oiseau-mouche de Cayenne*, que lui attribue M. Brisson, ne paraisse mal appliquée quand, quatre pages plus loin (*espèce* 17), on trouve un autre *oiseau-mouche de Cayenne* aussi grand, et beaucoup plus, si on le veut mesurer jusqu'aux pointes de la queue. Des deux pinceaux qui garnissent l'oreille de celui-ci, et qui sont composés chacun de cinq ou six plumes, l'un est vert d'émeraude, et l'autre violet-améthyste ; un trait de noir velouté passe sous l'œil ; tout le devant de la tête et du corps est d'un vert doré éclatant qui devient, sur les couvertures de la queue, un vert clair des plus vifs ; la gorge et le dessous du corps sont d'un beau blanc ; les pennes de la queue, les six latérales sont du même blanc, les quatre du milieu d'un noir tirant au bleu foncé ; l'aile est noirâtre, et la queue la dépasse de près du tiers de sa longueur. La femelle de cet oiseau n'a ni ses pinceaux, ni le trait noir sous l'œil aussi distinct : dans le reste elle lui ressemble.

L'OISEAU-MOUCHE A COLLIER, DIT LA JACOBINE (*a*) (*b*)

DIX-NEUVIÈME ESPÈCE.

Cet oiseau-mouche (*) est de la première grandeur : sa longueur est de quatre pouces huit lignes ; son bec a dix lignes ; il a la tête, la gorge et le cou d'un beau bleu sombre changeant en vert ; sur le derrière du cou, près

» lateralibus albis ; pedibus pennatis, » *Mellisuga Cayanensis major*. Brisson, *Ornithol.*, t. III, p. 722.

(*a*) Voyez les planches enluminées, n° 640, fig. 2.

(*b*) « Mellisuga supernè viridi-aurea, cupri puri colore varians, infernè alba ; capite et » collo splendidè cæruleis ; collo superiore torque albo cincto ; rectricibus lateralibus can- » didis. » *Mellisuga Surinamensis torquata*. Brisson, *Ornithol.*, t. III, p. 713. — *The white bellyd' humming bird*. Edwards, pl. 35.

(*) *Trochilus mellivorus* Gmel.

du dos, il porte un demi-collier blanc ; le dos est vert doré, la queue blanche à la pointe, bordée de noir, avec les deux pennes du milieu et les couvertures vert doré ; la poitrine et le flanc sont de même, le ventre est blanc : c'est apparemment de cette distribution du blanc dans son plumage qu'est venue l'idée de l'appeler *jacobine*. Les deux plumes intermédiaires de la queue sont un peu plus courtes que les autres ; l'aile pliée ne la dépasse pas : cette espèce se trouve à Cayenne et à Surinam. La figure qu'en donne Edwards paraît un peu trop petite dans toutes ses dimensions, et il se trompe quand il conjecture que la seconde figure de la même planche 35 est le mâle ou la femelle dans la même espèce ; les différences sont trop grandes : la tête, dans ce second oiseau-mouche, n'est point bleue : il n'a point de collier, ni la queue blanche, et nous l'avons rapporté, avec beaucoup plus de vraisemblance, à notre treizième espèce.

L'OISEAU-MOUCHE A LARGES TUYAUX (a)

VINGTIÈME ESPÈCE.

Cet oiseau (*) et le précédent sont les deux plus grands que nous connaissions dans le genre des oiseaux-mouches : celui-ci a quatre pouces huit lignes de longueur ; tout le dessus du corps est d'un vert doré faible, le dessous gris, les plumes du milieu de la queue sont comme le dos ; les latérales, blanches à la pointe, ont le reste d'un brun d'acier poli : il est aisé de le distinguer des autres par l'élargissement des trois ou quatre grandes pennes de ses ailes, dont le tuyau paraît grossi et dilaté, courbé vers son milieu, ce qui donne à l'aile la coupe d'un large sabre. Cette espèce est nouvelle et paraît être rare ; elle n'a point encore été décrite : c'est dans le Cabinet de M. Mauduit, qui l'a reçue de Cayenne, que nous l'avons fait dessiner.

(a) Voyez les planches enluminées, n° 672, fig. 2.

(*) *Trochilus latipennis* Lath.

L'OISEAU-MOUCHE A LONGUE QUEUE

COULEUR D'ACIER BRUNI (a)

VINGT ET UNIÈME ESPÈCE.

Le beau bleu violet qui couvre la tête, la gorge et le cou de cet oiseau-mouche (*) semblerait lui donner du rapport avec le saphir, si la longueur de sa queue ne faisait une trop grande différence ; les deux pennes extérieures en sont plus longues de deux pouces que les deux du milieu ; les latérales vont toujours en décroissant, ce qui rend la queue très fourchue : elle est d'un bleu noir luisant d'acier poli ; tout le corps, dessus et dessous, est d'un vert doré éclatant : il y a une tache blanche au bas-ventre ; l'aile pliée n'atteint que la moitié de la longueur de la queue, qui est de trois pouces trois lignes ; le bec en a onze : la longueur totale de l'oiseau est de six pouces. La ressemblance entière de cette description avec celle que Marcgrave donne de sa troisième espèce nous force à la rapporter à celle-ci, contre l'opinion de M. Brisson, qui en fait sa vingtième ; mais il paraît certain qu'il se trompe : en effet, la troisième espèce de Marcgrave porte une queue longue de plus de trois pouces (b) ; celle du vingtième oiseau-mouche de M. Brisson n'a qu'un pouce six lignes (c) : différence trop considérable pour se trouver dans la même espèce. En établissant donc celle-ci pour la troisième de Marcgrave, nous donnons, d'après M. Buisson, la suivante :

(a) *Guainumbi tertia species.* Marcgrave, *Hist. nat. Brasil.*, p. 197. — Willughby, *Ornithol.*, p. 166. — Ray, *Synops. avi.*, p. 187, n° 41. — *Guainumbi minor caudâ longissimâ forcipatâ. Idem, ibid.*, p. 83, n° 3. — *Avicula minima. Mus. Worm.*, p. 298. — *Mellivora avis maxima.* Sloane, *Jamaïca*, p. 309, n° 41. (Sloane rapporte lui-même cette espèce à la troisième de Marcgrave, et nous prouvons que cette dernière doit se rapporter ici.) — « Mellisuga viridi-aurea ; capite et collo superiore cæruleo-violaceis, viridi aureo- » mixtis ; collo inferiore cæruleo-violaceo ; rectricibus cæruleo-chalybeis ; caudâ bifurcâ, » *Mellisuga Cayanensis caudâ bifurcâ.* Brisson, *Ornithol.*, t. III, p. 726.

(b) « Caudam longiorem cæteris omnibus, et paulò plus tribus digitis longam. » Marcgrave, *tertia species.*

(c) Brisson, *Ornithol.*, t. III, p. 732.

(*) *Trochilus macrourus* Lath.

L'OISEAU-MOUCHE VIOLET A QUEUE FOURCHUE (a)

VINGT-DEUXIÈME ESPÈCE.

Outre la différence de grandeur, comme nous venons de l'observer, il y a encore entre cette espèce (*) et la précédente de la différence dans les couleurs : le haut de la tête et du cou sont d'un brun changeant en vert doré, au lieu que ces parties sont changeantes en bleu dans le troisième oiseau-mouche de Marcgrave (b) ; dans celui-ci, le dos et la poitrine sont d'un bleu violet éclatant, dans celui de Marcgrave, vert doré (c), ce qui nous force de nouveau à remarquer l'inadvertance qui a fait rapporter ces deux espèces l'une à l'autre. Dans celle-ci, la gorge et le bas du dos sont vert doré brillant, les petites couvertures du dessus des ailes d'un beau violet, les grandes vert doré, leurs pennes noires, celles de la queue de même ; les deux extérieures sont les plus longues, ce qui la rend fourchue ; elle n'a qu'un pouce et demi de longueur ; l'oiseau entier en a quatre.

L'OISEAU-MOUCHE A LONGUE QUEUE

OR, VERT ET BLEU (d)

VINGT-TROISIÈME ESPÈCE.

Les deux plumes extérieures de la queue de cet oiseau-mouche (**) sont près de deux fois aussi longues que le corps et portent plus de quatre pouces. Ces plumes et toutes celles de la queue, dont les deux du milieu sont très courtes et n'ont que huit lignes, sont d'une admirable beauté, mêlées

(a) « Mellisuga splendidè cæruleo-violacea ; dorso infimo, uropygio, gutture et collo inferiore viridi-aureis ; capite et collo superiore fusco viridi-aureis, cupri puri colore variantibus ; rectricibus nigris ; caudâ bifurcâ, » *Mellisuga Jamaïcensis caudâ bifurcâ.* Brisson, *Ornithol.*, t. III, p. 732.

(b) « Caput et collum ex nigro sericeo colore elegantissimè cæruleum transplendent. » Marcgrave.

(c) « Totum dorsum et pectus viride aureum. » *Idem.*

(d) « Polythmus viridans, aureo variè splendens, pinnis binis uropygii longissimis. » Browne, *Hist. nat. of Jamaica*, p. 475. — *The long tail'd green humming bird.* Edwards, *Hist.*, p. et pl. XXXIII. — *Falcinellus vertice caudâque cyaneis.* Klein, *Avi.*, p. 108, n° 16. — « Mellisuga viridi-aurea, vertice cæruleo ; imo ventre candido ; rectricibus viridi-aureis, splendenti cæruleo colore variantibus ; caudâ bifurcâ, » *Mellisuga Jamaïcensis caudâ bifurcâ.* Brisson, *Ornithol.*, t. III, p. 728.

(*) *Trochilus furcatus* Gmel.
(**) *Trochilus forficatus* Gmel.

de reflets verts et bleus dorés, dit Edwards ; le dessus de la tête est bleu, le corps vert ; l'aile est d'un brun pourpré. Cette espèce se trouve à la Jamaïque.

L'OISEAU-MOUCHE A LONGUE QUEUE NOIRE (a)

VINGT-QUATRIÈME ESPÈCE.

Cet oiseau-mouche (*) a la queue plus longue qu'aucun des autres ; les deux grandes plumes en sont quatre fois aussi longues que le corps, qui à peine a deux pouces ; ce sont encore les deux plus extérieures : elles ne sont barbées que d'un duvet effilé et flottant, elles sont noires comme le sommet de la tête ; le dos est vert brun doré, le devant du corps vert, l'air brun pourpré. La figure d'Albin est très mauvaise, et il a grand tort de donner cette espèce comme la plus petite du genre : quoi qu'il en soit, il dit avoir trouvé cet oiseau-mouche à la Jamaïque, dans son nid fait de coton.

Nous trouvons dans l'*Essai sur l'Histoire naturelle de la Guiane* (b) l'indication d'un petit oiseau-mouche à huppe bleue (page 169) ; il ne nous est pas connu, et la notice qu'en donne l'auteur, ainsi que de deux ou trois autres, ne peut suffire pour déterminer leurs espèces, mais peut servir à nous convaincre que le genre de ces jolis oiseaux, tout riche et tout nombreux que nous venions de le représenter, l'est encore plus dans la nature.

LE COLIBRI (c)

La nature, en prodiguant tant de beautés à l'oiseau-mouche, n'a pas oublié le colibri (**), son voisin et son proche parent ; elle l'a produit dans

(a) *The long tail'd black-cap humming bird.* Edwards, *Hist.*, p. et pl. XXXII. — « Polythmus « major nigrans, aureo variè splendens, pinnis binis uropygii longissimis. » Browne, *Nat. hist. of Jamaïca*, p. 475. — *Falcinellus caudâ septem unciarum.* Klein, *Avi.*, p. 108, n° 17. — *Bourdonneur de Mango à longue queue.* Albin, t. III, p. 20, avec une mauvaise figure, pl. XLIX, a. — « Mellisuga supernè viridi-flavicans, infernè viridi-aurea cæruleo colore » varians ; capite superiore nigro-cæruleo ; marginibus alarum candidis ; rectricibus nigricantibus caudâ bifurcâ, » *Mellisuga Jamaïcensis atricapilla caudâ bifurcâ.* Brisson, *Ornithol.*, t. III, p. 729.

(b) *An Essay on Hist. nat. of Guyana.*

(c) En brésilien, *guainumbi*, comme l'oiseau-mouche, avec lequel le colibri est confondu

(*) Espèce douteuse.

(**) Ainsi que Buffon l'admet, les Oiseaux-mouches et les Colibris ne diffèrent les uns des autres que par la forme du bec qui est droit dans les Oiseaux-mouches proprement dits et courbé dans les Colibris.

le même climat et formé sur le même modèle : aussi brillant, aussi léger que l'oiseau-mouche, et vivant comme lui sur les fleurs, le colibri est paré de même de tout ce que les plus riches couleurs ont d'éclatant, de moelleux, de suave, et ce que nous avons dit de la beauté de l'oiseau-mouche, de sa vivacité, de son vol bourdonnant et rapide, de sa constance à visiter les fleurs, de sa manière de nicher et de vivre, doit s'appliquer également au colibri : un même instinct anime ces deux charmants oiseaux, et comme ils se ressemblent presque en tout, souvent on les a confondus sous un même nom; celui de *colibri* est pris de la langue des Caraïbes. Marcgrave ne distingue pas les colibris des oiseaux-mouches, et les appelle tous indifféremment du nom brésilien *guainumbi* (*a*) ; cependant ils diffèrent les uns des autres par un caractère évident et constant; cette différence est dans le bec : celui des colibris, égal et effilé, légèrement renflé par le bout, n'est pas droit comme dans l'oiseau-mouche, mais courbé dans toute sa longueur; il est aussi plus long à proportion. De plus, la taille svelte et légère des colibris paraît plus allongée que celle des oiseaux-mouches; ils sont aussi généralement plus gros; cependant il y a de petits colibris moindres que les grands oiseaux-mouches. C'est au-dessous de la famille des grimpereaux que doit être placée celle des colibris, quoiqu'ils diffèrent des grimpereaux par la forme et la longueur du bec, par le nombre des plumes de la queue, qui est de douze dans les grimpereaux et de dix dans les colibris, et enfin par la structure de la langue, simple dans les grimpereaux, et divisée en deux tuyaux demi-cylindriques dans le colibri comme dans l'oiseau-mouche (*b*).

Tous les naturalistes attribuent avec raison aux colibris et aux oiseaux-mouches la même manière de vivre, et l'on a également contredit leur opinion sur ces deux points (*c*) ; mais les mêmes raisons que nous avons déjà déduites nous y font tenir, et la ressemblance de ces deux oiseaux en tout le reste garantit le témoignage des auteurs qui leur attribuent le même genre de vie.

Il n'est pas plus facile d'élever les petits du colibri que ceux de l'oiseau-mouche : aussi délicats, ils périssent de même en captivité; on a vu le père et la mère, par audace de tendresse, venir jusque dans les mains du ravisseur porter de la nourriture à leurs petits. Labat nous en fournit un exemple assez intéressant pour être rapporté. « Je montrai, dit-il, au P. Montdidier un nid » de colibris qui était sur un appentis auprès de la maison; il l'emporta avec

dans la plupart des auteurs, sous des dénominations communes : à la Guyane, en langue garipane, *toukouki; ronckjes*, chez certains Indiens, suivant Seba (nom que nous ne trouvons nulle part); en latin de nomenclature, *polythmus*, *falcinellus*, *trochilus* et *mellisuga*.

(*a*) Quelques nomenclateurs (confusion qui leur est moins pardonnable) parlent aussi indistinctement de l'oiseau-mouche et du colibri, M. Salerne par exemple : « le *colibri* ou *colubri*, « dit-il, qui s'appelle autrement l'*oiseau-mouche*. » *Ornithol.*, p. 249.

(*b*) Voyez *Supplément à l'Encyclopédie*, t. II, au mot *colibri*.

(*c*) *Journal de Physique*, janvier 1778.

» les petits lorsqu'ils eurent quinze ou vingt jours, et le mit dans une cage » à la fenêtre de sa chambre, où le père et la mère ne manquèrent pas de » venir donner à manger à leurs enfants, et s'apprivoisèrent tellement » qu'ils ne sortaient presque plus de la chambre, où, sans cage et sans » contrainte, ils venaient manger et dormir avec leurs petits. Je les ai vus » souvent tous quatre sur le doigt du P. Montdidier, chantant comme s'ils » eussent été sur une branche d'arbre. Il les nourrissait avac une pâtée » très fine et presque claire, faite avec du biscuit, du vin d'Espagne et du » sucre; ils passaient leur langue sur cette pâte, et quand ils étaient rassa- » siés, ils voltigeaient et chantaient... Je n'ai rien vu de plus aimable que » ces quatre petits oiseaux, qui voltigeaient de tous côtés dedans et dehors » de la maison, et qui revenaient dès qu'ils entendaient la voix de leur père » nourricier (*a*). »

Marcgrave, qui ne sépare pas les colibris des oiseaux-mouches, ne donne à tous qu'un même petit cri, et nul des voyageurs n'attribue de chant à ces oiseaux. Les seuls Thevet et Léry assurent de leur *gonambouch* qu'il chante de manière à le disputer au rossignol (*b*); car ce n'est que d'après eux que Coréal (*c*) et quelques autres ont répété la même chose (*d*). Mais il y a toute apparence que c'est une méprise : le gonambouch ou petit oiseau de Léry à plumage blanchâtre et luisant et à voix claire et nette est le *sucrier* ou quelque autre, et non le colibri; car la voix de ce dernier oiseau, dit Labat, n'est qu'une espèce de petit bourdonnement agréable (*e*).

Il ne paraît pas que les colibris s'avancent aussi loin dans l'Amérique septentrionale que les oiseaux-mouches : du moins Catesby n'a vu à la Caroline qu'une seule espèce de ces derniers oiseaux, et Charlevoix, qui prétend avoir trouvé un oiseau-mouche au Canada, déclare qu'il n'y a point vu de colibris (*f*). Cependant, ce n'est pas le froid de cette contrée qui les empêche

(*a*) « Il les conserva de cette manière pendant cinq ou six mois, et nous espérions de voir bientôt de leur race, quand le père Montdidier ayant oublié un soir d'attacher la cage où ils se retiraient à une corde qui pendait du plancher, pour les garantir des rats, il eut le chagrin de ne les plus trouver le matin : ils avaient été dévorés. » Labat, *Nouveau voyage aux îles de l'Amérique;* Paris, 1722, t. IV, p. 14.

(*b*) « Mais par une singulière merveille et chef-d'œuvre de petitesse, il ne faut pas omettre un oiseau que les sauvages nomment *gonambouch*, de plumage blanchâtre et luisant, lequel, bien qu'il n'ait pas le corps plus gros qu'un frelon ou qu'un cerf-volant, triomphe néanmoins de chanter, tellement que ce très petit oiselet ne bougeant guère de dessus ce gros mil, que nos Américains appellent *avati*, ou sur les autres grandes herbes, ayant le bec et le gosier toujours ouverts : si on ne l'oyoit et voyoit par expérience, on ne diroit jamais que d'un si petit corps il pust sortir un chant si franc et si haut, voire si clair et si net, qu'il ne doit rien au rossignol. » *Voyage au Brésil*, par Jean de Léry; Paris, 1578, p. 175. La même chose se trouve dans Thevet, *Singularités de la France antarctique;* Paris, 1558, page 94.

(*c*) *Voyage aux Indes occidentales;* Paris, 1722, t. Ier, p. 180.

(*d*) *Hist. nat. et mor. des Antilles de l'Amérique;* Rotterdam, 1658, p. 164.

(*e*) *Nouveau voyage aux îles de l'Amérique*, par Labat, t. IV, p. 14.

(*f*) *Hist. de Saint-Domingue;* Paris, 1730, t. Ier, p. 32.

d'y fréquenter en été; car ils se portent assez haut dans les Andes pour y trouver une température déjà froide. M. de la Condamine n'a vu nulle part des colibris en plus grand nombre que dans les jardins de Quito, dont le climat n'est pas bien chaud (a). C'est donc à vingt ou vingt et un degrés de température qu'ils se plaisent; c'est là que, dans une suite non interrompue de jouissances et de délices, ils volent de la fleur épanouie à la fleur naissante, et que l'année, composée d'un cercle entier de beaux jours, ne fait pour eux qu'une seule saison constante d'amour et de fécondité.

LE COLIBRI TOPAZE (b) (c)

PREMIÈRE ESPÈCE.

Comme la petitesse est le caractère le plus frappant des oiseaux-mouches, nous avons commencé l'énumération de leurs espèces nombreuses par le plus petit de tous; mais les colibris n'étant pas aussi petits, nous avons cru devoir rétablir ici l'ordre naturel de grandeur et commencer par le colibri topaze (*), qui paraît être, même indépendamment des deux longs brins de sa queue, le plus grand dans ce genre; nous dirions qu'il est aussi le plus beau, si tous ces oiseaux brillants par leur beauté n'en disputaient le prix et ne semblaient l'emporter tour à tour à mesure qu'on les admire. La taille du colibri topaze, mince, svelte, élégante, est un peu au-dessous de celle de notre grimpereau; la longueur de l'oiseau, prise de la pointe du bec à celle de la vraie queue, est de près de six pouces; les deux longs brins l'excèdent de deux pouces et demi; sa gorge et le devant du cou sont enrichis d'une plaque topaze du plus grand brillant. Cette couleur, vue de côté, se change en vert doré, et, vue en dessous, elle paraît d'un vert pur; une coiffe d'un noir velouté couvre la tête, un filet de ce même noir encadre la plaque topaze; la poitrine, le tour du cou et le haut du dos, sont du plus beau pourpre foncé; le ventre est d'un pourpre encore plus riche et brillant

(a) *Voyage* de la Condamine; Paris, 1745, p. 171.

(b) Voyez les planches enluminées, nº 599, fig. 1.

(c) *The long tailed red humming bird.* Edwards, *Hist.*, p. et pl. XXXII, figure inférieure. — *Falcinellus gutture viridi.* Klein, *Avi.*, p. 108, nº 15. — « Trochilus curvirostris rectri- » cibus intermediis longissimis corpore rubro, capite fusco, gulâ auratâ, uropygio viridi, » *Pella*, Linn., *Syst. nat.*, édit. X, g. 60, sp. 3. — « Polythmus supernè rubro aurantius, » infernè ruber : capite splendidè nigro; collo inferiore viridi aureo, fasciâ nigrâ circumdato; » pectore roseo; dorso infimo et uropygio viridibus; rectricibus lateralibus rubro aurantiis; » binis intermediis fusco violaceis longissimis, » *Polythmus Surinamensis longicaudus ruber*. Brisson, *Ornithol.*, t. III, p. 690.

(*) *Trochilus Pella* L.

1 COLIBRI GRENAT _ 2 GUIT-GUIT BLEU

Le Vasseur Éditeur

de reflets rouges et dorés; les épaules et le bas du dos sont d'un roux aurore; les grandes pennes de l'aile sont d'un brun violet, les petites pennes sont rousses; la couleur des couvertures supérieures et inférieures de la queue est d'un vert doré; ses pennes latérales sont rousses et les deux intermédiaires sont d'un brun pourpré; elles portent les deux longs brins, qui sont garnis de petites barbes de près d'une ligne de large de chaque côté; la disposition naturelle de ces longs brins est de se croiser un peu au delà de l'extrémité de la queue et de s'écarter ensuite en divergeant; ces brins tombent dans la mue, et, dans ce temps, le mâle, auquel seul ils appartiennent, ressemblerait à la femelle s'il n'en différait par d'autres caractères. La femelle n'a pas la gorge topaze, mais seulement marquée d'une légère trace de rouge; de même, au lieu du beau pourpre et du roux de feu du plumage du mâle, presque tout celui de la femelle n'est que d'un vert doré; ils ont tous deux les pieds blancs. Au reste, on peut remarquer dans ce qu'en dit M. Brisson, qui n'avait pas vu ces oiseaux, combien sont défectueuses des descriptions faites sans l'objet; il donne au mâle une gorge verte, parce que la planche d'Edwards la représente ainsi, n'ayant pu rendre l'or éclatant qui la colore.

LE GRENAT

DEUXIÈME ESPÈCE.

Ce colibri (*) a les joues jusque sous l'œil, les côtés et le bas du cou et la gorge juqu'à la poitrine, d'un beau grenat brillant; le dessus de la tête et du dos et le dessous du corps sont d'un noir velouté; la queue et l'aile sont de cette même couleur, mais enrichie de vert doré. Cet oiseau a cinq pouces de longueur et son bec dix ou douze lignes.

LE BRIN BLANC (*a*) (*b*)

TROISIÈME ESPÈCE.

De tous les colibris, celui-ci (**) a le bec le plus long; ce bec a jusqu'à vingt lignes. Il est bien représenté dans la planche enluminée; mais le corps

(*a*) Voyez les planches enluminées, n° 600, fig. 3.

(*b*) « Polythmus supernè fuscus, cupri puri colore varians; infernè albo rufescens; tæniâ » supra oculos candicante; rectricibus lateralibus primâ medietate fusco-aureis, ultimâ

(*) *Trochilus granatinus* LATH.

(**) *Trochilus superciliosus* GMEL.

de l'oiseau y paraît un peu trop raccourci, à en juger du moins par l'individu que nous avons sous les yeux ; la queue ne nous paraît pas assez exactement exprimée, car les plumes les plus près des deux longs brins sont aussi les plus longues ; les latérales vont en décroissant jusqu'aux deux extérieures qui sont les plus courtes, ce qui donne à la queue une coupe pyramidale; ses pennes ont un reflet doré sur fond gris et noirâtre avec un bord blanchâtre à la pointe, et les deux brins sont blancs dans toute la longueur dont ils la dépassent; caractère d'après lequel nous avons dénommé cet oiseau : il a tout le dessus du dos et de la tête de couleur d'or sur un fond gris qui festonne le bord de chaque plume, et rend le dos comme ondé de gris sous or; l'aile est d'un brun violet et le dessous du corps gris blanc.

LE ZITZIL OU COLIBRI PIQUETÉ (*a*)

QUATRIÈME ESPÈCE.

Zitzil est fait par contraction de *hoitzitzil*, qui est le nom mexicain de cet oiseau (*) : c'est un assez grand colibri d'un vert doré, aux ailes noirâtres, marquées de points blancs aux épaules et sur le dos ; la queue est brune et blanche à la pointe. C'est tout ce qu'on peut recueillir de la description en mauvais style du rédacteur de Hernandez (*b*). Il ajoute tenir d'un certain Fr. Aloaysa que les Péruviens nommaient ce même oiseau *pilleo*, et que, vivant du suc des fleurs, il marque de la préférence pour celle des végétaux épineux (*c*).

» nigris, apice fuscis, albo fimbriatis, duabus intermediis longissimis, » *Polythmus Cayanensis longicaudus*. Brisson, *Ornithol.*, t. III, p. 686.

(*a*) *Hoitzitziltototl, avis picta Americana*. Hernandez, *Hist. Mexic.*, p. 705. — « Polythmus » viridi-aureus, cupri puri colore varians ; tectricibus alarum superioribus et collo inferiore » maculis minutis albis respersis ; rectricibus ex fusco virescentibus apice albis, » *Polythmus punctulatus*. Brisson, *Ornithol.*, t. III, p. 669.

(*b*) Jo. Fab. Linceus.

(*c*) Hernandez donne ailleurs, p. 321, les noms de plusieurs oiseaux-mouches et colibris, dont il dit les espèces différentes en grandeur et en couleurs, sans en caractériser aucune. Ces noms sont : *quetzal hoitzitzillin, zochio hoitzitzillin, xiuhs hoitzitzillin, tozcacoz hoitzitzillin, yotac hoitzitzillin, tenoc hoitzitzillin* et *hoitzitzillin* : d'où il paraît que le nom générique est *hoitzitzil* ou *hoitzitzillin*.

(*) *Trochilus punctulatus* GMEL.

LE BRIN BLEU (*a*)

CINQUIÈME ESPÈCE.

Suivant Seba, d'après lequel MM. Klein et Brisson ont donné cette espèce de colibri (*), les deux longs brins de plumes qui lui ornent la queue sont d'un beau bleu; la même couleur, plus foncée, couvre l'estomac et le devant de la tête; le dessus du corps et des ailes est vert clair, le ventre cendré: quant à la taille, il est un des plus grands et presque aussi gros que notre becfigue; du reste, la figure de Seba représente ce colibri comme un grimpereau, et cet auteur paraît n'avoir jamais observé les trois nuances dans la forme du bec, qui sont le caractère des trois familles des oiseaux-mouches, des colibris et des grimpereaux. Il n'est pas plus heureux dans l'emploi de son érudition, et rencontre assez mal quand il prétend appliquer à ce colibri le nom mexicain d'*yayauhquitototl;* car dans l'ouvrage de Hernandez, d'où il a tiré ce nom, cap. 216, pag. 55, l'*yayauhquitototl* est un oiseau de la grandeur de l'étourneau, lequel par conséquent n'a rien de commun avec un colibri; mais ces erreurs sont de peu d'importance, en comparaison de celles où ces faiseurs de collections, qui n'ont pour tout mérite que le faste des Cabinets, entraînent les naturalistes qui suivent ces mauvais guides; nous n'avons pas besoin de quitter notre sujet pour en trouver l'exemple; Seba nous donne des colibris des Moluques, de Macassar, de Bali (*b*), ignorant que cette famille d'oiseaux ne se trouve qu'au Nouveau Monde, et M. Brisson présente en conséquence trois espèces de *colibris des Indes orientales* (*c*). Ces prétendus colibris sont à coup sûr des grimpereaux à qui le brillant des couleurs, les noms de *tsioei*, de *kakopit*, que Seba interprète *petits rois des fleurs*, auront suffi pour faire, mal à propos, appliquer le nom de colibri: en effet, aucun des voyageurs naturalistes n'a trouvé de colibris dans l'ancien continent, et ce qu'en dit François Cauche est trop obscur pour mériter attention (*d*).

(*a*) *Avis ex Novâ Hispaniâ, yayauhquitototl dicta.* Seba, t. Ier, p. 84. — *Falcinellus Novæ Hispaniæ, caudâ bipenni longâ.* Klein, *Avi.*, p. 107, n° 4. -- « Polythmus supernè » viridis, infernè cinereo griseus; capite anteriùs et collo inferiore cæruleis; rectricibus » lateralibus saturatè viridibus, binis intermediis cyaneis, longissimis, » *Polythmus Mexicanus longicaudus.* Brisson, *Ornithol.*, t. III, p. 688.

(*b*) *Avis colubri orientalis.* Seba, *Thesaurus*, t. II, p. 20. *Ibid.*, p. 62. *Avis Amboinensis, tsioei vel kakopit dicta.* T. Ier, p. 100. *Avis tsioei, Indica, orientalis.*

(c) Esp. 6, 10 et 12.

(*d*) Dans sa *Relation de Madagascar*, Paris, 1651, p. 137, empruntant le nom et les mœurs du colibri, il les attribue à un petit oiseau de cette île. C'est apparemment par un semblable abus de noms qu'on trouve celui d'*oiseau-mouche* dans les voyages de la Compa-

(*) *Trochilus cyanurus* Gmel.

LE COLIBRI VERT ET NOIR (a)

SIXIÈME ESPÈCE.

Cette dénomination caractérise mieux cet oiseau (*) que celle de *colibri du Mexique* que lui donne M. Brisson, puisqu'il y a au Mexique plusieurs autres colibris. Celui-ci a quatre pouces ou un peu plus de longueur; son bec a treize lignes; la tête, le cou, le dos sont d'un vert doré et bronzé; la poitrine, le ventre, les côtés du corps et les jambes sont d'un noir luisant, avec un léger reflet rougeâtre : une petite bande blanche traverse le bas-ventre, et une autre de vert doré, changeant en un bleu vif, coupe transversalement le haut de la poitrine; la queue est d'un noir velouté, avec reflet changeant en bleu d'acier poli. On prétend distinguer la femelle dans cette espèce, en ce qu'elle n'a point de tache blanche au bas-ventre : on la trouve également au Mexique et à la Guiane. M. Brisson rapporte à cette espèce l'*avis auricoma Mexicana* de Seba (b), qui est à la vérité un colibri, mais dont il ne dit que ce qui peut convenir à tous les oiseaux de cette famille, et mieux même à plusieurs autres qu'à celui-ci, car il n'en parle qu'en général, en disant que la nature, en les peignant des plus riches couleurs, voulut faire un chef-d'œuvre inimitable au plus brillant pinceau.

LE COLIBRI HUPPÉ (c)

SEPTIÈME ESPÈCE.

C'est encore dans le recueil de Seba que M. Brisson a trouvé ce colibri (**) : ce n'est jamais qu'avec quelque défiance que nous établissons des espèces sur les

gnie appliqué à un oiseau de Coromandel, à la vérité très petit, et dont le nom d'ailleurs est *tati*. Voyez *Recueil des Voyages qui ont servi à l'établissement de la Compagnie des Indes*; Amsterdam, 1702, t. VI, p. 513.

(a) *The black-belly'd green humming bird.* Edwards, *Hist.*, p. et pl. XXXVI. — *Falcinellus ventre nigricante, caudâ brevi, æquabili.* Klein, *Avi.*, p. 108, n° 18. — « Trochilus curvirostris, rectricibus æqualibus supra nigris, corpore supra viridi, pectore cæruleo; abdomine nigro, » *Trochilus holosericeus.* Linnæus, *Syst. nat.*, édit. X, gen. 60, sp. 9. — « Polythmus supernè viridi aureus, cupri puri colore varians, infernè splendidè niger (fasciâ transversâ in imo ventre albâ, Mas); tæniâ transversâ in pectore viridi aureâ, cæruleo colore variante; rectricibus splendidè nigro chalybeis, » *Polythmus Mexicanus.* Brisson, *Ornithol.*, t. III, p. 676.

(b) *Thesaurus*, t. 1er, p. 156.

(c) *Mellivora avis cristata, cum duabus pennis longis in caudâ, ex Novâ Hispaniâ.* Seba,

(*) *Trochilus holosericeus* L.

(**) *Trochilus paradiseus* L.

notices souvent fautives de ce premier auteur ; néanmoins celle-ci porte des caractères assez distincts pour que l'on puisse, ce semble, l'adopter. « Ce petit » oiseau, dit Seba, dont le plumage est d'un beau rouge, a les ailes bleues ; » deux plumes fort longues dépassent sa queue, et sa tête porte une huppe » très longue encore à proportion de sa grosseur, et qui retombe sur le cou ; » son bec, long et courbé, renferme une petite langue *bifide* qui lui sert à » sucer les fleurs. »

M. Brisson, en mesurant la figure donnée par Seba, sur laquelle il faut peu compter, lui trouve près de cinq pouces six lignes jusqu'au bout de la queue.

LE COLIBRI A QUEUE VIOLETTE (*a*)

HUITIÈME ESPÈCE.

Le violet clair et pur qui peint la queue de ce colibri (*) le distingue assez des autres ; la couleur violette fondue sous des reflets brillants d'un jaune doré est celle des quatre plumes du milieu de sa queue ; les six extérieures, vues en dessous avec la pointe blanche, offrent une tache violette qu'entoure un espace bleu noir d'acier bruni ; tout le dessous du corps vu de face est richement doré, et de côté paraît vert ; l'aile est comme dans tous ces oiseaux, d'un brun tirant au violet ; les côtés de la gorge sont blancs, au milieu est un trait longitudinal de brun mêlé de vert : les flancs sont colorés de même ; la poitrine et le ventre sont blancs. Cette espèce, assez grande, est une de celles qui portent le bec le plus long : il a seize lignes, et la longueur totale de l'oiseau est de cinq pouces.

LE COLIBRI A CRAVATE VERTE (*b*)

NEUVIÈME ESPÈCE.

Un trait de vert d'émeraude très vif, tracé sur la gorge de ce colibri (**), tombe en s'élargissant sur le devant du cou : il a une tache noire sur la poi-

t. Ier, p. 97. — *Falcinellus cristatus*. Klein, *Avi.*, p. 107, n° 5. — « Trochilus curvirostris » ruber, alis cæruleis, capite cristato, rectricibus duabus longissimis, » *Trochilus paradiseus*. Linnæus, *Syst. nat.*, édit. X, gen. 60, sp. 1. — « Polythmus cristatus, ruber ; tectri- » cibus alarum, remigibusque cæruleis ; rectricibus rubris, binis intermediis longissimis, » *Polythmus Mexicanus longicaudus ruber cristatus*. Brisson, *Ornithol.*, t. III, p. 692.

(*a*) Voyez les planches enluminées, n° 671, fig. 2.

(*b*) Voyez les planches enluminées, n° 671, fig. 1.

(*) C'est probablement le jeune du *Trochilus pectoralis* Lath.

(**) C'est probablement un *Trochilus pectoralis* en voie d'acquérir le plumage de l'état adulte.

trine ; les côtés de la gorge et du cou sont roux, mêlés de blanc ; le ventre est blanc pur, le dessus du corps et de la queue sont d'un vert doré sombre, la queue porte en dessous les mêmes taches violettes, blanches et acier bruni, que le *colibri à queue violette :* ces deux espèces paraissent voisines, elles sont de même taille ; mais dans celle-ci l'oiseau a le bec moins long. Nous avons vu, dans le Cabinet de M. Mauduit, un colibri de même grandeur avec le dessus du corps faiblement vert et doré sur un fond gris noirâtre, et tout le devant du corps roux, qui nous paraît être la femelle de celui-ci.

LE COLIBRI A GORGE CARMIN (a)

DIXIÈME ESPÈCE.

Edwards a donné ce colibri (*), que M. Brisson, dans son supplément, rapporte mal à propos au colibri violet, comme on peut en juger par la comparaison de cette espèce avec la suivante. Le colibri à gorge carmin a quatre pouces et demi de longueur ; son bec, long de treize lignes, a beaucoup de courbure, et par là se rapproche du bec du grimpereau, comme l'observe Edwards ; il a la gorge, les joues et tout le devant du cou d'un rouge de carmin, avec le brillant du rubis ; le dessus de la tête, du corps et de la queue, d'un brun noirâtre velouté, avec une légère frange de bleu au bord des plumes ; un vert doré foncé lustre les ailes ; les couvertures inférieures et supérieures de la queue sont d'un beau bleu : cet oiseau est venu de Surinam en Angleterre.

LE COLIBRI VIOLET (b) (c)

ONZIÈME ESPÈCE.

La description que donne M. Brisson de ce colibri (**) s'accorde entièrement avec la figure qui le représente dans notre planche enluminée ; il a

(a) *The red breasted humming bird.* Edwards, *Glan.*, pl. 266.

(b) Voyez les planches enluminées, nº 600, fig. 2.

(c) « Polythmus nigro-violaceus ; gutture et collo inferiore splendidè violaceo purpureis ; » rectricibus viridis aureis, splendidè nigro colore variantibus, » *Polythmus Cayanensis violaceus.* Brisson, *Ornithol.*, t. III, p. 683.

(*) C'est un *Trochilus granatinus* acquérant le plumage de l'état adulte.

(**) *Trochilus violaceus* Gmel.

quatre pouces et deux ou trois lignes de long ; son bec, onze lignes ; il a toute la tête, le cou, le dos, le ventre enveloppés de violet pourpré, brillant à la gorge et au devant du cou, fondu sur tout le reste du corps dans du noir velouté ; l'aile est vert doré ; la queue de même, avec reflet changeant en noir. On le trouve à Cayenne ; ses couleurs le rapprochent fort du colibri grenat ; mais la différence de grandeur est trop considérable pour n'en faire qu'une seule et même espèce.

LE HAUSSE-COL VERT

DOUZIÈME ESPÈCE.

Ce colibri (*), de taille un peu plus grande que le colibri à queue violette, n'a pas le bec plus long ; il a tout le devant et les côtés du cou avec le bas de la gorge d'un vert d'émeraude ; le haut de la gorge, c'est-à-dire cette petite partie qui est sous le bec, bronzée : la poitrine est d'un noir velouté, teint de bleu obscur ; le vert et le vert doré reparaît sur les flancs et couvre tout le dessus du corps ; le ventre est blanc ; la queue d'un bleu pourpré à reflet d'acier bruni, ne dépasse point l'aile. Nous regardons comme sa femelle un colibri de même grandeur, avec même distribution de couleurs, excepté que le vert du devant du cou est coupé par deux traits blancs et que le noir de la gorge est moins large et moins fort. Ces deux individus sont de la belle suite de colibris et d'oiseaux-mouches qui se trouve dans le Cabinet de M. le docteur Mauduit.

LE COLLIER ROUGE (a) (b)

TREIZIÈME ESPÈCE.

Ce colibri (**) de moyenne grandeur est long de quatre pouces cinq ou six lignes ; il porte au bas du cou, sur le devant, un joli demi-collier rouge assez large ; le dos, le cou, la tête, la gorge et la poitrine sont d'un vert bronzé et

(a) Voyez les planches enluminées, n° 600, fig. 4.

(b) *The white tailed humming bird.* Edwards, *Glan.*, p. 99, pl. 256. — « Polythmus » supernè viridi aureus, cupri puri colore varians ; infernè ex sordidè albo ad griseum incli- » nans ; tæniâ transversâ in collo inferiore dilutè rubrâ ; rectricibus lateralibus albis binis » utrimque extimis exteriùs apice fusco notatis, » *Polythmus Surinamensis.* Brisson, *Ornithol.*, t. III, p. 674.

(*) *Trochilus pectoralis* Lath.

(**) *Trochilus leucurus* Gmel.

doré ; les deux plumes intermédiaires de la queue sont de la même couleur ; les huit autres sont blanches, et c'est par ce caractère qu'Edwards a désigné cet oiseau.

LE PLASTRON NOIR (a) (b)

QUATORZIÈME ESPÈCE.

La gorge, le devant du cou, la poitrine et le ventre de ce colibri (*) sont du plus beau noir velouté ; un trait de bleu brillant part des coins du bec, et descendant sur les côtés du cou, sépare le plastron noir du riche vert doré dont tout le dessus du corps est couvert ; la queue est d'un brun pourpré changeant en violet luisant, et chaque penne est bordée d'un bleu d'acier bruni. A ces couleurs on reconnaît la cinquième espèce de Marcgrave, seulement son oiseau est un peu plus petit que celui-ci, qui a quatre pouces de longueur ; le bec a un pouce, et la queue dix-huit lignes. On le trouve également au Brésil, à Saint-Domingue et à la Jamaïque. L'oiseau réprésenté figure 2 de la planche enluminée n° 680, sous la dénomination de *colibri du Mexique*, ne nous paraît être que la femelle de ce colibri à plastron noir.

LE PLASTRON BLANC (c)

QUINZIÈME ESPÈCE.

Tout le dessous du corps, de la gorge au bas-ventre, est d'un gris blanc de perle ; le dessus du corps est d'un vert doré ; la queue est blanche à la pointe, ensuite elle est traversée par une bande de noir d'acier bruni, puis

(a) Voyez les planches enluminées, n° 680, fig. 3, sous la dénomination de *Colibri de la Jamaïque*.

(b) *Guainumbi quinta species*. Marcgrave, *Hist. nat. Bras.*, p. 197. — Willughby, *Ornith.*, page 167. — Jonston, *Avi.*, p. 135. — Ray, *Synops.*, p. 187, n° 43. — *Largest, or blackest humming bird*. Sloane, *Jamaica*, t. II, p. 308, n° 40. — *Bourdonneur de Mango*. Albin, t. III, p. 20, avec une très mauvaise figure, pl. 49, b. — « Trochilus rectricibus subæquali- » bus ferrugineis, corpore testaceo, abdomine atro, » *Mango*. Linnæus, *Syst. nat.*, édit. X, g. 60, sp. 16. — « Polythmus supernè viridi aureus, cupri puri colore varians, infernè splen- » dide niger ; tæniâ cæruleâ ab oris angulis ad latera utrimque protensâ ; rectricibus latera- » libus castaneo-purpureis, violaceo splendentè variantibus, marginibus nigro chalybeis, » *Polythmus Jamaicensis*. Brisson, *Ornithol.*, t. III, p. 679.

(c) Voyez les planches enluminées, n° 680, fig. 1, sous la dénomination de *Colibri de Saint-Domingue*.

(*) *Trochilus Mango* L.

par une de brun pourpré, et elle est d'un noir bleu d'acier près de son origine. Cet oiseau (*) a quatre pouces de longueur, et son bec est long d'un pouce.

LE COLIBRI BLEU (*a*)

SEIZIÈME ESPÈCE.

On est étonné que M. Brisson, qui n'a pas vu ce colibri (**), n'ait pas suivi la description qu'en fait le P. Dutertre, d'après laquelle seule il a pu le donner, à moins qu'il n'ait préféré les traits équivoques et infidèles dont Seba charge presque toutes ses notices. Ce colibri n'a donc pas les ailes et la queue bleues, comme le dit M. Brisson, mais noires, selon le P. Dutertre et selon l'analogie de tous les oiseaux de sa famille. Tout le dos est couvert d'azur ; la tête, la gorge, le devant du corps jusqu'à la moitié du ventre sont d'un cramoisi velouté qui, vu sous différents jours, s'enrichit de mille beaux reflets. C'est tout ce qu'en dit le P. Dutertre, en ajoutant qu'il est environ la moitié gros comme le petit roitelet de France (*b*). Au reste, la figure de Seba, que M. Brisson paraît adopter ici, ne représente qu'un grimpereau.

LE VERT PERLÉ (*c*)

DIX-SEPTIÈME ESPÈCE.

Ce colibri (***) est un des plus petits et n'est guère plus grand que l'oiseau-mouche huppé ; il a tout le dessus de la tête, du corps et de la queue d'un vert tendre doré, qui se mêle sur les côtés du cou, et de plus en plus sur la gorge, avec du gris blanc perlé ; l'aile est, comme dans les autres, brune, lavée de violet ; la queue est blanche à la pointe, et en dessous couleur d'acier poli.

(*a*) *Grand colibri.* Dutertre, *Hist. des Antilles*, t. II. p. 263. — *Troglodytes adfinis.* Moehring, *Avi.*, gen. 102. — *Avicula Mexicana, cyaneo colore venustissima.* Seba, vol. 1er, p. 102. — Klein, *Avi.*, p. 107, n° 111, 2. — « Polythmus in tote corpore cyaneus, » *Polythmus Mexicanus cyaneus.* Brisson, *Ornithol.*, t. III, p. 681.

(*b*) *Hist. nat. des Antilles*, t. II, p. 269.

(*c*) « Polythmus supernè viridi aureus cupri puri colore varians, infernè griseo-albus ; » rectricibus nigro chalybeis, mediâ parte castaneo purpureis, apice albis, » *Polythmus Dominicensis.* Brisson, *Ornithol.*, t. III, p. 672.

(*) D'après Cuvier, c'est le jeune du *Trochilus pectoralis* Lath.

(**) Variété du *Trochilus granatinus* Lath.

(***) Individu jeune de l'espèce *Trochilus pectoralis* Lath.

LE COLIBRI A VENTRE ROUSSATRE (a)

DIX-HUITIÈME ESPÈCE.

Nous donnons cette espèce (*) sur la quatrième de Marcgrave, et ce doit être une des plus petites, puisqu'il la fait un peu moindre que sa troisième, qu'il dit déjà la plus petite *(quarta paulò minor tertiâ... tertia minor reliquis omnibus*, page 197) ; tout le dessus du corps de cet oiseau est d'un vert doré, tout le dessous d'un bleu roussâtre ; la queue est noire avec des reflets verts et la pointe en est blanche ; le demi-bec inférieur est jaune à l'origine et noir jusqu'à l'extrémité, les pieds sont blancs jaunâtres. D'abord il nous paraît, d'après ce que nous venons de transcrire de Marcgrave, que M. Brisson donne à cette espèce de trop grandes dimensions en général; et de plus, il est sûr qu'il fait le bec de ce colibri trop long en le supposant de dix-huit lignes (Brisson, page 671); Marcgrave ne dit qu'un demi-pouce.

LE PETIT COLIBRI (b) (c)

DIX-NEUVIÈME ESPÈCE.

Voici le dernier et le plus petit de tous les colibris (**) : il n'a que deux pouces dix lignes de longueur totale ; son bec a onze lignes et sa queue douze à treize ; il est tout vert doré, à l'exception de l'aile qui est violette ou brune; on remarque une petite tache blanche au bas-ventre et un petit bord de cette même couleur aux plumes de la queue, plus large sur les deux extérieures, dont il couvre la moitié. Marcgrave réitère ici son admiration sur la brillante parure dont la nature a revêtu ces charmants oiseaux. Tout le feu et l'éclat de la lumière, dit-il en particulier de celui-ci, semblent se réunir sur son plumage ; il rayonne comme un petit soleil : *in summâ splendet ut sol.*

(a) *Guainumbi quarta species.* Marcgrave, *Hist. nat. Brasil.*, p. 197. — Willughby, *Ornith.*, p. 166. — Jonston, *Avi.*, p. 135. — Ray, *Synops. avi.*, p. 83, nº 4. — « Polythmus » supernè viridi aureus, cupri puri colore varians, infernè albo rufescens ; rectricibus ex nigri- » cante virescentibus, apice albis pedibus pennatis, » *Polythmus Brasiliensis.* Brisson, *Ornithol.*, t. III, p. 670.

(b) Voyez les planches enluminées, nº 600, fig. 1.

(c) *Guainumbi sexta species.* Marcgrave, *Hist. nat. Bras.*, p. 197. — Willughby, *Ornith.*, p. 167. — Jonston, *Avi.*, p. 135. — *Avicula Americana colubritis.* Seba, vol. Ier, p. 95, tab. 59, fig. 5. — *Mellisuga ronckjes dicta.* Klein, *Avi.*, p. 106, nº 3. — *Guainumbi minor, toto corpore aureo.* Ray, *Synops. avi.*, p. 83, nº 6. — « Polythmus viridi-aureus, cupri puri » colore varians ; rectricibus viridi aureis, lateralibus albo fimbriatis, utrimque extimâ exte- » riùs albâ, » *Polythmus.* Brisson, *Ornithol.*, t. III, p. 667.

(*) *Trochilus brasiliensis* Lath.
(**) *Trochilus Thaumantias* Lath.

LE PERROQUET (a)

Les animaux que l'homme a le plus admirés sont ceux qui lui ont paru participer à sa nature ; il s'est émerveillé toutes les fois qu'il en a vu quelques-uns faire ou contrefaire des actions humaines : le singe, par la ressemblance des formes extérieures, et le perroquet, par l'imitation de la parole, lui ont paru des êtres privilégiés, intermédiaires entre l'homme et la brute : faux jugement produit par la première apparence, mais bientôt détruit par l'examen et la réflexion (*). Les sauvages, très insensibles au grand spectacle de la nature, très indifférents pour toutes ses merveilles, n'ont été saisis d'étonnement qu'à la vue des perroquets et des singes : ce sont les seuls animaux qui aient fixé leur stupide attention. Ils arrêtent leurs canots pendant des heures entières pour considérer les cabrioles des sapajous, et les perroquets sont les seuls oiseaux qu'ils se fassent un plaisir de nourrir, d'élever, et qu'ils aient pris la peine de chercher à perfectionner ; car ils ont trouvé le petit art, encore inconnu parmi nous de varier et de rendre plus riches les belles couleurs qui parent le plumage de ces oiseaux (b).

(a) En grec, ψιττάκη ; en grec moderne, Παπαγας ; en latin, *psittacus* ; en allemand, *sittich*, *sickust*, *pappengey* (le nom de *sittich* marque proprement les perruches, celui de *pappengey* les grands perroquets) ; en anglais, *poppinjay* ou *poppingey* (les perroquets), *maccaws* (les aras), *perrockeets* (les perruches) ; en espagnol, *popagio* ; en italien, *papagallo* (les perroquets), *peroquetto* (les perruches) ; en illyrien, *pappauseck* ; en polonais, *papuga* ; en turc, *dudi* ; en ancien mexicain, *tuznene*, suivant de Laët ; en brésilien, *ajuru*, et les perruches *tui* (Marcgrave) ; en ancien français, *papegaut*, de *papagallus*, *papagallo*, en quoi Aldrovande s'imagine trouver une expression de la dignité et de l'excellence de cet oiseau, que ses talents et sa beauté firent regarder, dit-il, comme le *pape des oiseaux* (Aldrovande, t. Ier, p. 635).

(b) On appelle perroquets *tapirés* ceux auxquels les sauvages donnent ces couleurs artificielles ; c'est, dit-on, avec du sang d'une grenouille qu'ils laissent tomber goutte à goutte dans les petites plaies qu'ils font aux jeunes perroquets en leur arrachant des plumes ; celles qui renaissent changent de couleur, et de vertes ou jaunes qu'elles étaient, deviennent orangées, couleur de rose ou panachées, selon les drogues qu'ils emploient (**).

(*) Cette histoire du Perroquet est l'un des morceaux les plus travaillés de l'œuvre de Buffon ; c'est l'un de ceux que l'on a le plus admiré, il faut bien dire cependant que si certaines parties en sont fort remarquables, il en est d'autres où Buffon se montre beaucoup moins dégagé des préjugés de son époque que dans certains de ses autres travaux.

(**) Tout cela est fort douteux.

L'usage de la main, la marche à deux pieds, la ressemblance, quoique grossière de la face, le manque de queue, les fesses nues, la similitude des parties sexuelles, la situation des mamelles, l'écoulement périodique dans les femelles, l'amour passionné des mâles pour nos femmes, tous les actes qui peuvent résulter de cette conformité d'organisation ont fait donner au singe le nom d'*homme sauvage* par des hommes, à la vérité, qui l'étaient à demi, et qui ne savaient comparer que les rapports extérieurs. Que serait-ce, si par une combinaison de nature aussi possible que toute autre, le singe eût eu la voix du perroquet et comme lui la faculté de la parole : le singe parlant eût rendu muette d'étonnement l'espèce humaine entière, et l'aurait séduite au point que le philosophe aurait eu grande peine à démontrer qu'avec tous ces beaux attributs humains le singe n'en était pas moins une bête. Il est donc heureux, pour notre intelligence, que la nature ait séparé et placé dans deux espèces très différentes l'imitation de la parole et celle de nos gestes; et qu'ayant doué tous les animaux des mêmes sens, et quelques-uns d'entre eux de membres et d'organes semblables à ceux de l'homme, elle lui ait réservé la faculté de se perfectionner : caractère unique et glorieux qui seul fait notre prééminence et constitue l'empire de l'homme sur tous les autres êtres.

Car il faut distinguer deux genres de perfectibilité, l'un stérile et qui se borne à l'éducation de l'individu, et l'autre fécond, qui se répand sur toute l'espèce et qui s'étend autant qu'on le cultive par les institutions de la société. Aucun des animaux n'est susceptible de cette perfectibilité d'espèce; ils ne sont aujourd'hui que ce qu'ils ont été, que ce qu'ils seront toujours, et jamais rien de plus, parce que leur éducation étant purement individuelle, ils ne peuvent transmettre à leurs petits que ce qu'ils ont eux-mêmes reçu de leur père et mère; au lieu que l'homme reçoit l'éducation de tous les siècles, recueille toutes les institutions des autres hommes, et peut, par un sage emploi du temps, profiter de tous les instants de la durée de son espèce pour la perfectionner toujours de plus en plus. Aussi quel regret ne devons-nous pas avoir à ces âges funestes où la barbarie a non seulement arrêté nos progrès, mais nous a fait reculer au point d'imperfection d'où nous étions partis? Sans ces malheureuses vicissitudes, l'espèce humaine eût marché et marcherait encore constamment vers cette perfection glorieuse, qui est le plus beau titre de sa supériorité et qui seule peut faire son bonheur.

Mais l'homme purement sauvage, qui se refuserait à toute société, ne recevant qu'une éducation individuelle, ne pourrait perfectionner son espèce et ne serait pas différent, même pour l'intelligence, de ces animaux auxquels on a donné son nom; il n'aurait pas même la parole, s'il fuyait sa famille et abandonnait ses enfants peu de temps après leur naissance. C'est donc à la tendresse des mères que sont dus les premiers germes de la société;

c'est à leur constante sollicitude et aux soins assidus de leur tendre affection qu'est dû le développement de ces germes précieux. La faiblesse de l'enfant exige des attentions continuelles et produit la nécessité de cette durée d'affection pendant laquelle les cris du besoin et les réponses de la tendresse commencent à former une langue dont les expressions deviennent constantes et l'intelligence réciproque, par la répétition de deux ou trois ans d'exercice mutuel; tandis que dans les animaux, dont l'accroissement est bien plus prompt, les signes respectifs de besoins et de secours, ne se répétant que pendant six semaines ou deux mois, ne peuvent faire que des impressions légères, fugitives, et qui s'évanouissent au moment que le jeune animal se sépare de sa mère. Il ne peut donc y avoir de langue, soit de paroles, soit par signes, que dans l'espèce humaine par cette seule raison que nous venons d'exposer; car l'on ne doit pas attribuer à la structure particulière de nos organes la formation de notre parole, dès que le perroquet peut la prononcer comme l'homme ; mais jaser n'est pas parler, et les paroles ne font langue que quand elles expriment l'intelligence et qu'elles peuvent la communiquer (*). Or, ces oiseaux, auxquels rien ne manque pour la facilité

(*) Buffon commet une grave erreur en réservant à l'homme seul la propriété du langage « soit de paroles, soit par signes. » Toutes les observations qui ont été faites pendant ces derniers temps sur les moyens de communication qu'emploient les animaux entre eux tendent, au contraire, à prouver que le langage de l'homme n'est que le degré le plus élevé d'évolution d'un langage tout à fait analogue, existant chez un très grand nombre d'animaux. Nous ne voulons pas entrer ici dans des détails qui seraient déplacés, mais nous croyons utile de rappeler, en regard des assertions erronées de Buffon, les conclusions auxquelles conduisent les faits actuellement connus.

D'une façon générale, on peut dire que le langage comprend l'ensemble des signes, des gestes, des sons, cris et paroles employés par les animaux ou les hommes pour traduire leurs sentiments et communiquer leurs pensées. La forme la plus simple du langage est représentée par les signes et les gestes. Les signes sont d'abord inconscients; ils résultent de l'organisation même des animaux qui les font et sont dus à des mouvements tout à fait involontaires, en corrélation avec certains états de l'esprit. Un homme en colère, par exemple, fronce les sourcils sans s'en douter, sans le vouloir; un chat effrayé fait le gros dos et hérisse les poils de son dos ; le lapin dirige le pavillon de son oreille vers le point de l'horizon d'où vient un bruit, etc. Un observateur attentif qui voit un homme froncer les sourcils peut en conclure, sans craindre de se tromper, que l'homme en question est agité par un sentiment de colère ; il peut également affirmer que le chat dont les poils du dos se hérissent est effrayé, et que le lapin est sous l'influence d'un sentiment d'attention lorsqu'il dirige ses oreilles avec persistance dans une direction déterminée. Ces signes et gestes inconscients sont identiques chez tous les individus d'une même espèce animale et peuvent même se retrouver chez des espèces voisines. Darwin a parfaitement montré, par exemple, que tous les signes et gestes dont l'homme fait inconsciemment usage pour exprimer ses émotions se présentent, avec plus ou moins de netteté, chez les singes et certains animaux domestiques, comme les chiens et les chats.

Connaissant les signes naturels des émotions, il est facile de les imiter. La mère qui veut intimider son enfant fronce volontairement les sourcils comme si elle était réellement en colère et en impose ainsi à l'enfant qui ne sait pas distinguer le geste inconscient de la colère de celui qui est voulu et imité. Savoir revêtir la marque des différentes passions que son rôle exprime, est l'une des plus hautes qualités de l'acteur, et cette qualité, il ne peut l'acquérir que par l'observation attentive des hommes mus par des passions véritables. L'imide la parole, manquent de cette expression de l'intelligence, qui seule fait la haute faculté du langage; ils en sont privés comme tous les autres animaux et par les mêmes causes, c'est-à-dire par leur prompt accroissement dans le premier âge, par la courte durée de leur société avec leurs parents dont les soins se bornent à l'éducation corporelle, et ne se répètent ni ne se continuent assez de temps pour faire des impressions durables et réciproques, ni même assez pour établir l'union d'une famille constante, premier degré de toute société et source unique de toute intelligence.

La faculté de l'imitation de la parole ou de nos gestes ne donne donc aucune prééminence aux animaux qui sont doués de cette apparence de talent naturel. Le singe qui gesticule, le perroquet qui répète nos mots, n'en sont pas plus en état de croître en intelligence et de perfectionner leur espèce : ce talent se borne, dans le perroquet, à le rendre plus intéressant pour nous, mais ne suppose en lui aucune supériorité sur les autres oiseaux, sinon qu'ayant plus éminemment qu'aucun d'eux cette facilité d'imiter la parole, il doit avoir le sens de l'ouïe et les organes de la voix plus analogues

tation des gestes naturels et inconscients n'est pas le seul langage par gestes qui existe. L'homme et les animaux ont encore très souvent recours, pour exprimer leurs émotions et entrer en communication les uns avec les autres, à des gestes, dont un certain nombre sont pour ainsi dire universels ou du moins si simples que non seulement tous les hommes, mais encore les animaux en peuvent facilement comprendre la signification. Les gestes qui indiquent une menace sont compris de tous les hommes; leur signification n'échappe pas davantage à nos animaux domestiques; ceux-ci comprennent encore parfaitement les signes d'appel; le chien distingue très bien les signes de négation des signes d'affirmation, etc. Mais le langage par signes acquiert chez certains animaux une importance beaucoup plus grande encore et manifestement conventionnelle. Le lapin, qui n'a pas de voix, prévient ses voisins de terrier d'un danger qu'il a découvert en frappant le sol avec ses pieds de derrière; les singes indiquent par des signes à leurs camarades qu'ils ont une démangeaison et les prient de les gratter ou de chercher la vermine qui les pique; quand une bande de singes observe un homme dont elle n'est pas vue, ou du moins dont elle croit n'être pas vue, elle conserve un silence absolu, pendant lequel j'ai souvent observé que les individus se faisaient des gestes de toutes sortes, à l'aide desquels ils se communiquent leurs impressions; les fourmis ont un langage mimique très développé, dans lequel les antennes jouent le rôle principal. D'après Dupont de Nemours, c'est en les frappant avec leurs antennes qu'elles demandent aux jeunes fourmis d'ouvrir leur bouche pour que la nourriture y puisse être introduite. Quand elles sont effrayées ou en colère elles courent de tous côtés en décrivant des courbes et en frappant de leur tête et de leurs mandibules celles de leurs camarades qu'elles rencontrent. Quand une fourmi a trouvé un aliment qu'elle ne peut pas emporter seule, elle revient vers la fourmilière, touche de ses antennes les compagnes qu'elle rencontre et les amène au lieu où se trouve le butin. Il n'est pas rare de voir un nombre souvent considérable de fourmis se réunir pour traîner un morceau de bois, le mettre en place dans la construction, le consolider par d'autres pièces, et tout cela avec un ensemble aussi parfait que celui que pourraient présenter des ouvriers conduits par un contre-maître, c'est par l'attouchement à l'aide de leurs antennes qu'elles se mettent ainsi d'accord. Dans tous ces cas et une foule d'autres bien observés les signes constituent, sans nul doute, un véritable langage conventionnel dont les animaux s'instruisent mutuellement, qui leur sert à se communiquer leurs sentiments et leurs pensées et qui se perfectionne par la suite des générations, les vieillards et les adultes communiquant aux jeunes ce qui leur a été enseigné par leurs anciens, comme les aveugles sourds-muets se transmettent en les perfectionnant les signes qu'ils ont appris.

à ceux de l'homme; et ce rapport de conformité, qui dans le perroquet est au plus haut degré, se trouve, à quelques nuances près, dans plusieurs autres oiseaux dont la langue est épaisse, arrondie, et de la même forme à peu près que celle du perroquet : les sansonnets, les merles, les geais, les choucas, etc., peuvent imiter la parole; ceux qui ont la langue fourchue, et ce sont presque tous nos petits oiseaux, sifflent plus aisément qu'ils ne jasent; enfin, ceux dans lesquels cette organisation propre à siffler se trouve réunie avec la sensibilité de l'oreille et la réminiscence des sensations reçues par cet organe, apprennent aisément à répéter des airs, c'est-à-dire à siffler en musique : le serin, la linotte, le tarin, le bouvreuil, semblent être naturellement musiciens. Le perroquet, soit par imperfection d'organes ou défaut de mémoire, ne fait entendre que des cris ou des phrases très courtes, et ne peut ni chanter ni répéter des airs modulés : néanmoins il imite tous les bruits qu'il entend, le miaulement du chat, l'aboiement du chien et les cris

Il est inutile d'ajouter que, plus un animal est intelligent, plus le langage mimique dont il use est susceptible d'acquérir de développement, c'est-à-dire de se perfectionner de façon à servir à exprimer des sentiments et des pensées plus variés.

A côté du langage simplement mimique et silencieux dont nous venons de parler, il en est un autre très répandu parmi les animaux et qui n'en diffère que fort peu, c'est celui qui a pour expression des bruits déterminés par le frottement de diverses parties du corps les unes contre les autres. Dans ce cas se trouvent les bruits faits par le grillon, ceux que font entendre les sauterelles, les cigales, etc. Ces bruits ne sont jamais très perfectionnés et n'ont guère d'autre but que de signaler la présence des animaux qui les produisent à ceux de la même espèce et particulièrement à ceux d'un sexe différent; souvent même un seul sexe est doué de la propriété de les produire.

Avec les cris nous atteignons la forme la plus simple du langage parlé et nous pouvons passer graduellement des cris les plus simples au langage articulé le plus complexe, le même animal pouvant d'ailleurs exprimer ses émotions tantôt par de simples cris, tantôt par des sons articulés. Si nous envisageons les animaux domestiques, nous en trouvons qui, comme les bœufs, les chèvres, les chevaux, n'ont guère que des cris plus ou moins compliqués, tandis que d'autres, comme les chiens, émettent tantôt de simples cris, tantôt des sons articulés, mais c'est surtout chez les oiseaux que le langage parlé atteint une perfection suffisante pour qu'on puisse le rapprocher de celui de l'homme ; quelques-uns même, comme le perroquet, le sansonnet, le merle, parviennent à apprendre dans une certaine mesure le langage de l'homme.

Bechstein a pu noter en voyelles et consonnes formant de véritables syllabes le langage du rossignol dans lequel il a reconnu la plupart des lettres de notre alphabet, des voyelles simples et des diphtongues, presque toutes nos consonnes et même des consonnes doubles comme *dz* et *dl*. De ce langage articulé rudimentaire il est facile de passer au langage très simple de certaines peuplades sauvages actuelles qui manquent totalement d'un assez grand nombre de nos lettres et n'ont qu'un nombre peu considérable de syllabes et de mots. Mais il ne faut pas oublier que même les peuplades les plus sauvages de notre époque représentent une phase relativement élevée de l'évolution de notre espèce, et, si l'on se reporte par déduction à ce que devait être le langage de l'homme quaternaire, on arrive facilement à cette conclusion que le langage si perfectionné des hommes les plus civilisés n'est que la phase culminante d'une évolution de la parole qui a dû passer par une foule d'états intermédiaires dont le simple cri n'est que le point de départ.

En résumé, si perfectionné ou si rudimentaire que soit le langage, qu'il s'effectue par des signes, des cris ou des paroles articulées, il n'est jamais que l'expression muette ou bruyante des émotions ou des pensées des animaux qui en font usage. Il est donc faux de dire que l'homme seul ait un langage ; il n'en présente en réalité que la forme la plus parfaite.

des oiseaux, aussi facilement qu'il contrefait la parole; il peut donc exprimer et même articuler les sons, mais non les moduler ni les soutenir par des expressions cadencées, ce qui prouve qu'il a moins de mémoire, moins de flexibilité dans les organes, et le gosier aussi sec, aussi agreste, que les oiseaux chanteurs l'ont moelleux et tendre.

D'ailleurs, il faut distinguer aussi deux sortes d'imitation, l'une réfléchie ou sentie, et l'autre machinale et sans intention, la première acquise, et la seconde pour ainsi dire innée : l'une n'est que le résultat de l'instinct commun répandu dans l'espèce entière, et ne consiste que dans la similitude des mouvements et des opérations de chaque individu, qui tous semblent être induits ou contraints à faire les mêmes choses; plus ils sont stupides, plus cette imitation tracée dans l'espèce est parfaite : un mouton ne fait et ne fera jamais que ce qu'ont fait et font tous les autres moutons (*); la première cellule d'une abeille ressemble à la dernière; l'espèce entière n'a pas plus d'intelligence qu'un seul individu; et c'est en cela que consiste la différence de l'esprit à l'instinct (**) : ainsi l'imitation naturelle n'est, dans chaque espèce, qu'un résultat de similitude, une nécessité d'autant moins intelligente et plus aveugle, qu'elle est plus également répartie : l'autre imitation, qu'on doit regarder comme artificielle, ne peut ni se répartir ni se communiquer à l'espèce; elle n'appartient qu'à l'individu qui la reçoit, qui la possède sans pouvoir la donner; le perroquet le mieux instruit ne transmettra pas le talent de la parole à ses petits. Toute imitation communiquée aux animaux par l'art et par les soins de l'homme reste dans l'individu qui en a reçu l'empreinte; et quoique cette imitation soit, comme la première, entièrement dépendante de l'organisation, cependant elle suppose des facultés particulières qui semblent tenir à l'intelligence, telles que la sensibilité, l'attention, la mémoire, en sorte que les animaux qui sont capables de cette imitation et qui peuvent recevoir des impressions durables et quelques traits d'éducation de la part de l'homme, sont des espèces distinguées dans l'ordre des êtres organisés; et si cette éducation est facile, et que l'homme puisse la donner aisément à tous les individus, l'espèce, comme celle du chien, devient réellement supérieure aux autres espèces d'animaux tant qu'elle conserve ses relations avec l'homme, car le chien abandonné à sa seule nature

(*) Buffon émet dans ce passage une opinion qui est contredite par des faits aujourd'hui bien observés. Il n'est plus permis de douter que les animaux sont susceptibles de se donner entre eux une certaine éducation et qu'un même animal modifie les actes habituels de ses ancêtres ou de ses congénères, suivant les conditions spéciales dans lesquelles il se trouve; il n'est pas davantage permis de douter que les habitudes de chaque espèce se modifient en même temps que les conditions dans lesquelles elle est appelée à vivre. C'est même en partie dans ce changement des habitudes que l'on peut, avec Lamarck, trouver l'explication des modifications qui se sont introduites à la longue dans les organes de certains animaux.

(**) C'est aujourd'hui une opinion solidement établie qu'entre l'instinct et l'intelligence il n'existe que des différences de degré, l'instinct n'étant que la forme la plus rudimentaire de l'intelligence.

retombe au niveau du renard ou du loup, et ne peut de lui-même s'élever au-dessus.

Nous pouvons donc ennoblir tous les êtres en nous approchant d'eux, mais nous n'apprendrons jamais aux animaux à se perfectionner d'eux-mêmes: chaque individu peut emprunter de nous sans que l'espèce en profite, et c'est toujours faute d'intelligence entre eux : aucun ne peut communiquer aux autres ce qu'il a reçu de nous; mais tous sont à peu près également susceptibles d'éducation individuelle; car quoique les oiseaux, par les proportions du corps et par la forme de leurs membres, soient très différents des animaux quadrupèdes, nous verrons néanmoins que, comme ils ont les mêmes sens, ils sont susceptibles des mêmes degrés d'éducation : on apprend aux agamis à faire à peu près tout ce que font nos chiens; un serin bien élevé marque son affection par des caresses aussi vives, plus innocentes et moins fausses que celles du chat; nous avons des exemples frappants (*a*) de ce que peut

(*a*) « On m'apporta, dit M. Fontaine, en 1763, une buse prise au piège; elle était d'abord » extrêmement farouche et même cruelle; j'entrepris de l'apprivoiser, et j'en vins à bout en » la laissant jeûner et la contraignant de venir prendre sa nourriture dans ma main. Je parvins » par ce moyen à la rendre très familière, et après l'avoir tenue enfermée pendant environ » six semaines, je commençai à lui laisser un peu de liberté, avec la précaution de lui lier » ensemble les deux fouets de l'aile; dans cet état, elle se promenait dans mon jardin et revenait quand je l'appelais pour prendre sa nourriture. Au bout de quelque temps, lorsque je » me crus assuré de sa fidélité, je lui ôtai ses liens et je lui attachai un grelot d'un pouce et » demi de diamètre au-dessus de la serre, et je lui appliquai une plaque de cuivre sur le jabot, » où était gravé mon nom. Avec cette précaution je lui donnai toute liberté, et elle ne fut » pas longtemps sans en abuser, car elle prit son essor et son vol jusque dans la forêt de » Belesme; je la crus perdue, mais quatre heures après, je la vis fondre dans ma salle qui » était ouverte, poursuivie par cinq autres buses qui lui avaient donné la chasse, et qui » l'avaient contrainte à venir chercher son asile..... Depuis ce temps, elle m'a toujours gardé » fidélité, venant tous les soirs coucher sur ma fenêtre; elle devint si familière avec moi, qu'elle » paraissait avoir un singulier plaisir dans ma compagnie : elle assistait à tous mes dîners » sans y manquer, se mettait sur un coin de la table et me caressait très souvent avec sa » tête et son bec, en jetant un petit cri aigu, qu'elle savait pourtant quelquefois adoucir. Il est » vrai que j'avais seul ce privilège; elle me suivit un jour, étant à cheval, à plus de deux » lieues de chemin en planant..... Elle n'aimait ni les chiens ni les chats, elle ne les redoutait » aucunement; elle a eu souvent vis-à-vis de ceux-ci de rudes combats à soutenir, elle en » sortait toujours victorieuse. J'avais quatre chats très forts que je faisais assembler dans » mon jardin en présence de ma buse; je leur jetais un morceau de chair crue : le chat qui » était le plus prompt s'en saisissait, les autres couraient après, mais l'oiseau fondait sur le » corps du chat qui avait le morceau, et avec son bec lui pinçait les oreilles, et avec ses » serres lui pétrissait les reins de telle force, que le chat était forcé de lâcher sa proie; souvent un autre chat s'en emparait dans le même instant, mais il éprouvait aussitôt le même » sort, jusqu'à ce qu'enfin la buse, qui avait toujours l'avantage, s'en saisit pour ne pas la » céder. Elle savait si bien se défendre, que, quand elle se voyait assaillie par les quatre » chats à la fois, elle prenait alors son vol avec sa proie dans ses serres, et annonçait par son » cri le gain de sa victoire; enfin les chats, dégoûtés d'être dupes, ont refusé de se prêter au » combat.

» Cette buse avait une aversion singulière: elle n'a jamais voulu souffrir de bonnets rouges » sur la tête d'aucun paysan; elle avait l'art de le leur enlever si adroitement, qu'ils se trouvaient tête nue sans savoir qui leur avait enlevé le bonnet; elle enlevait aussi les perruques » sans faire aucun mal, et portait ces bonnets et ces perruques sur l'arbre le plus élevé d'un

l'éducation sur les oiseaux de proie, qui de tous paraissent être les plus farouches et les plus difficiles à dompter. On connaît en Asie le petit art d'instruire le pigeon à porter et rapporter des billets à cent lieues de distance : l'art plus grand et mieux connu de la fauconnerie nous démontre qu'en dirigeant l'instinct naturel des oiseaux, on peut le perfectionner autant que celui des autres animaux. Tout me semble prouver que, si l'homme voulait donner autant de temps et de soins à l'éducation d'un oiseau ou de tout autre animal qu'on en donne à celle d'un enfant, ils feraient par imitation tout ce que celui-ci fait par intelligence (*); la seule différence serait dans le produit : l'intelligence, toujours féconde, se communique et s'étend à l'espèce entière, toujours en augmentant, au lieu que l'imitation, nécessairement stérile, ne peut ni s'étendre ni même se transmettre par ceux qui l'ont reçue.

» parc voisin, qui était le dépôt ordinaire de tous ses larcins..... Elle ne souffrait aucun autre » oiseau de proie dans le canton, elle les attaquait avec beaucoup de hardiesse, et les mettait » en fuite. Elle ne faisait aucun mal dans ma basse-cour ; les volailles, qui dans le commen- » cement la redoutaient, s'accoutumèrent insensiblement avec elle ; les poulets et les petits » canards n'ont jamais éprouvé de sa part la moindre insulte, elle se baignait au milieu de » ces derniers. Mais ce qu'il y a de singulier, c'est qu'elle n'avait pas cette même modération » chez les voisins ; je fus obligé de faire publier que je paierais les dommages qu'elle pour- » rait leur causer. Cependant elle fut fusillée bien des fois, et a reçu plus de quinze coups » de fusil sans avoir aucune fracture ; mais un jour il arriva que, planant dès le grand matin » au bord de la forêt, elle osa attaquer un renard. Le garde de ce bois, la voyant sur les » épaules du renard, leur tira deux coups de fusil : le renard fut tué et ma buse eut le gros » de l'aile cassé ; malgré cette fracture, elle s'échappa des yeux du chasseur, et fut perdue » pendant sept jours. Cet homme s'étant aperçu, par le bruit du grelot, que c'était mon » oiseau, vint le lendemain m'en avertir ; j'envoyai sur les lieux en faire la recherche, on ne » put le trouver, et ce ne fut qu'au bout de sept jours qu'il se retrouva. J'avais coutume de » l'appeler tous les soirs par un coup de sifflet, auquel elle ne répondit pas pendant six » jours ; mais le septième j'entendis un petit cri dans le lointain que je crus être celui de ma » buse ; je le répétai alors une seconde fois et j'entendis le même cri ; j'allai du côté où je » l'avais entendu, et je trouvai enfin ma pauvre buse qui avait l'aile cassée, et qui avait fait » plus d'une demi-lieue à pied pour regagner son asile, dont elle n'était pour lors éloignée » que de cent vingt pas. Quoiqu'elle fût extrêmement exténuée, elle me fit cependant beaucoup » de caresses ; elle fut près de six semaines à se refaire et à se guérir de ses blessures, après » quoi elle recommença à voler comme auparavant et à suivre ses anciennes allures pendant » environ un an ; après quoi elle disparut pour toujours. Je suis très persuadé qu'elle fut tuée » par méprise, elle ne m'aurait pas abandonné par sa propre volonté. » (Lettre de M. Fontaine, curé de Saint-Pierre de Belesme, à M. le comte de Buffon, en date du 28 janvier 1778.)

(*) Il faut bien remarquer que, contrairement à ce que dit Buffon, l'enfant n'agit d'abord que par simple imitation. Tout ce qu'il voit faire il le fait, tous les mots qu'il entend prononcer il s'efforce de les répéter, mais en cela il ne fait qu'imiter. Ses gestes n'ont souvent aucun but et ne sont le fruit d'aucune réflexion, d'aucune pensée, de même que les mots qu'il répète n'ont pour lui aucun sens et sont souvent placés de façon à n'en avoir pas davantage pour ceux qui les écoutent. C'est seulement quand son intelligence a acquis un certain développement que mots et gestes indiquent une réflexion et une préméditation. La même chose se présente chez un chien ou un perroquet que l'on instruit. Le perroquet répète d'abord des mots auxquels il n'attribue aucune signification, mais dont plus tard il arrive souvent à comprendre la portée et qu'il emploie alors judicieusement, dans les conditions où il convient de les employer. Nous citerons plus bas, à propos du Jaco, des exemples de cet ordre de faits.

Et cette éducation par laquelle nous rendons les animaux, les oiseaux plus utiles ou plus aimables pour nous, semble les rendre odieux à tous les autres, et surtout à ceux de leur espèce : dès que l'oiseau privé prend son essor et va dans la forêt, les autres s'assemblent d'abord pour l'admirer, et bientôt ils le maltraitent et le poursuivent comme s'il était d'une espèce ennemie ; on vient d'en voir un exemple dans la buse, je l'ai vu de même sur la pie, sur le geai : lorsqu'on leur donne la liberté, les sauvages de leur espèce se réunissent pour les assaillir et les chasser ; ils ne les admettent dans leur compagnie que quand ces oiseaux privés ont perdu tous les signes de leur affection pour nous, et tous les caractères qui les rendaient différents de leurs frères sauvages, comme si ces mêmes caractères rappelaient à ceux-ci le sentiment de la crainte qu'ils ont de l'homme, leur tyran, et la haine que méritent ses suppôts ou ses esclaves.

Au reste, les oiseaux sont de tous les êtres de la nature les plus indépendants et les plus fiers de leur liberté, parce qu'elle est plus entière et plus étendue que celle de tous les autres animaux ; comme il ne faut qu'un instant à l'oiseau pour franchir tout obstacle et s'élever au-dessus de ses ennemis, qu'il leur est supérieur par la vitesse du mouvement et par l'avantage de sa position dans un élément où ils ne peuvent atteindre, il voit tous les animaux terrestres comme des êtres lourds et rampants attachés à la terre ; il n'aurait même nulle crainte de l'homme, si la balle et la flèche ne leur avaient appris que, sans sortir de sa place, il peut atteindre, frapper et porter la mort au loin. La nature, en donnant des ailes aux oiseaux, leur a départi les attributs de l'indépendance et les instruments de la haute liberté : aussi n'ont-ils de patrie que le ciel qui leur convient ; ils en prévoient les vicissitudes et changent de climat en devançant les saisons ; ils ne s'y établissent qu'après en avoir pressenti la température ; la plupart n'arrivent que quand la douce haleine du printemps a tapissé les forêts de verdure, quand elle fait éclore les germes qui doivent les nourrir ; quand ils peuvent s'établir, se gîter, se cacher sous l'ombrage ; quand enfin, la nature vivifiant les puissances de l'amour, le ciel et la terre semblent réunir leurs bienfaits pour combler leur bonheur. Cependant cette saison de plaisir devient bientôt un temps d'inquiétude ; tout à l'heure ils auront à craindre ces mêmes ennemis au-dessus desquels ils planaient avec mépris : le chat sauvage, la marte, la belette, chercheront à dévorer ce qu'ils ont de plus cher ; la couleuvre rampante gravira pour avaler leurs œufs et détruire leur progéniture : quelque élevé, quelque caché que puisse être leur nid, ils sauront le découvrir, l'atteindre, le dévaster ; et les enfants, cette aimable portion du genre humain, mais toujours malfaisante par désœuvrement, violeront sans raison ces dépôts sacrés du produit de l'amour : souvent la tendre mère se sacrifie dans l'espérance de sauver ses petits, elle se laisse prendre plutôt que de les abandonner, elle préfère de partager et de subir le malheur de leur sort à celui d'aller seule l'annoncer par ses cris à son amant, qui néanmoins pourrait seul la consoler en partageant sa douleur. L'affection maternelle est donc un sentiment plus fort que celui de la crainte et plus profond que celui de l'amour, puisque ici cette affection l'emporte sur les deux dans le cœur d'une mère et lui fait oublier son amour, sa liberté, sa vie.

Pourquoi le temps des grands plaisirs est-il aussi celui des grandes sollicitudes? pourquoi les jouissances les plus délicieuses sont-elles toujours accompagnées d'inquiétudes cruelles, même dans les êtres les plus libres et les plus innocents? n'est-ce pas un reproche qu'on peut faire à la nature, cette mère commune de tous les êtres? Sa bienfaisance n'est jamais pure ni de longue durée. Ce couple heureux qui s'est réuni par choix, qui a établi de concert et construit en commun son domicile d'amour et prodigué les soins les plus tendres à sa famille naissante, craint à chaque instant qu'on ne la lui ravisse; et s'il parvient à l'élever, c'est alors que des ennemis encore plus redoutables viennent l'assaillir avec plus d'avantage : l'oiseau de proie arrive comme la foudre et fond sur la famille entière; le père et la mère sont souvent ses premières victimes, et les petits, dont les ailes ne sont pas encore assez exercées, ne peuvent lui échapper. Ces oiseaux de carnage frappent tous les autres oiseaux d'une frayeur si vive, qu'on les voit frémir à leur aspect; ceux même qui sont en sûreté dans nos basses-cours, quelque éloigné que soit l'ennemi, tremblent au moment qu'ils l'aperçoivent, et ceux de la campagne, saisis du même effroi, le marquent par des cris et par leur fuite précipitée vers les lieux où ils peuvent se cacher. L'état le plus libre de la nature a donc aussi ses tyrans, et malheureusement c'est à eux seuls qu'appartient cette suprême liberté dont ils abusent et cette indépendance absolue qui les rend les plus fiers de tous les animaux : l'aigle méprise le lion et lui enlève impunément sa proie; il tyrannise également les habitants de l'air et ceux de la terre, et il aurait peut-être envahi l'empire d'une grande portion de la nature, si les armes de l'homme ne l'eussent relégué sur le sommet des montagnes et repoussé jusqu'aux lieux inaccessibles, où il jouit encore sans trouble et sans rivalité de tous les avantages de sa domination tyrannique.

Le coup d'œil que nous venons de jeter rapidement sur les facultés des oiseaux suffit pour nous démontrer que, dans la chaîne du grand ordre des êtres, ils doivent être, après l'homme, placés au premier rang (*). La nature a rassemblé, concentré dans le petit volume de leur corps plus de force qu'elle n'en a départi aux grandes masses des animaux les plus puissants; elle leur a donné plus de légèreté sans rien ôter à la solidité de leur organisation; elle leur a cédé un empire plus étendu sur les habitants de l'air, de la terre et des eaux; elle leur a livré les pouvoirs d'une domination exclusive sur le genre

(*) Il est bien évident que quand Buffon place ici les oiseaux auprès de l'homme, il n'a en vue qu'un côté de la question et ne parle qu'au point de vue des facultés spéciales dont il vient de tracer le tableau.

entier des insectes, qui ne semblent tenir d'elle leur existence que pour maintenir et fortifier celle de leurs destructeurs, auxquels ils servent de pâture ; ils dominent de même sur les reptiles, dont ils purgent la terre sans redouter leur venin ; sur les poissons, qu'ils enlèvent hors de leur élément pour les dévorer ; et enfin sur les animaux quadrupèdes, dont ils font également des victimes. On a vu la buse assaillir le renard, le faucon arrêter la gazelle, l'aigle enlever la brebis, attaquer le chien comme le lièvre, les mettre à mort et les emporter dans son aire ; et si nous ajoutons à toutes ces prééminences de force et de vitesse celles qui rapprochent les oiseaux de la nature de l'homme, la marche à deux pieds, l'imitation de la parole, la mémoire musicale, nous les verrons plus près de nous que leur forme extérieure ne paraît l'indiquer, en même temps que, par la prérogative unique de l'attribut des ailes et par la prééminence du vol sur la course, nous reconnaîtrons leur supériorité sur tous les animaux terrestres.

Mais descendons de ces considérations générales sur les oiseaux à l'examen particulier du genre des perroquets : ce genre, plus nombreux qu'aucun autre, ne laissera pas de nous fournir de grands exemples d'une vérité nouvelle : c'est que, dans les oiseaux comme dans les animaux quadrupèdes, il n'existe dans les terres méridionales du Nouveau Monde aucune des espèces des terres méridionales de l'ancien continent, et cette exclusion est réciproque (*) ; aucun des perroquets de l'Afrique et des Grandes Indes ne se trouve dans l'Amérique méridionale, et réciproquement aucun de ceux de cette partie du Nouveau Monde ne se trouve dans l'ancien continent. C'est sur ce fait général que j'ai établi le fondement de la nomenclature de ces oiseaux, dont les espèces sont très diversifiées et si multipliées que, indépendamment de celles qui nous sont inconnues, nous en pouvons compter plus de cent, et de ces cent espèces il n'y en a pas une seule qui soit commune aux deux continents. Y a-t-il une preuve plus démonstrative de cette vérité générale que nous avons exposée dans l'histoire des animaux quadrupèdes ? Aucun de ceux qui ne peuvent supporter la rigueur des climats froids n'a pu passer d'un continent à l'autre, parce que ces continents n'ont jamais été réunis que dans les régions du Nord. Il en est de même des oiseaux qui, comme les perroquets, ne peuvent vivre et se multiplier que dans les climats chauds ; ils sont, malgré la puissance de leurs ailes, demeurés confinés, les uns dans les terres méridionales du Nouveau Monde, et les autres dans celles de l'ancien, et ils n'occupent dans chacun qu'une zone de vingt-cinq degrés de chaque côté de l'équateur.

(*) Buffon généralise beaucoup trop ses conclusions au sujet de la géographie zoologique, dominé qu'il est par la pensée que le nouveau monde a toujours été séparé de l'ancien, et qu'il n'y a jamais eu entre eux de communication possible. Ce qui est vrai, c'est que les deux continents étant séparés depuis une époque très reculée, les animaux qui les habitent ont revêtu dans chacun des caractères spéciaux, en sorte que les naturalistes ont fait des espèces distinctes avec des oiseaux ayant très souvent une même origine.

Mais, dira-t-on, puisque les éléphants et les autres animaux quadrupèdes de l'Afrique et des Grandes Indes ont primitivement occupé les terres du Nord dans les deux continents, les perroquets kakatoès, les loris et les autres oiseaux de ces mêmes contrées méridionales de notre continent n'ont-ils pas dû se trouver aussi primitivement dans les parties septentrionales des deux mondes? comment est-il donc arrivé que ceux qui habitaient jadis l'Amérique septentrionale n'aient pas gagné les terres chaudes de l'Amérique méridionale? car ils n'auront pas été arrêtés comme les éléphants par les hautes montagnes ni par les terres étroites de l'isthme, et la raison que vous avez tirée de ces obstacles ne peut s'appliquer aux oiseaux qui peuvent aisément franchir ces montagnes : ainsi les différences qui se trouvent constamment entre les oiseaux de l'Amérique méridionale et ceux de l'Afrique supposent quelques autres causes que celle de votre système sur le refroidissement de la terre et sur la migration de tous les animaux du Nord au Midi.

Cette objection, qui d'abord paraît fondée, n'est cependant qu'une nouvelle question qui, de quelque manière qu'on cherche à la faire valoir, ne peut ni s'opposer, ni nuire à l'explication des faits généraux de la naissance primitive des animaux dans les terres du Nord, de leur migration vers celles du Midi et de leur exclusion des terres de l'Amérique méridionale ; ces faits, quelque difficulté qu'ils puissent présenter, n'en sont pas moins constants, et l'on peut, ce me semble, répondre à la question d'une manière satisfaisante sans s'éloigner du système : car les espèces d'oiseaux auxquels il faut une grande chaleur pour subsister et se multiplier n'auront, malgré leurs ailes, pas mieux franchi que les éléphants les sommets glacés des montagnes. Jamais les perroquets et les autres oiseaux du Midi ne s'élèvent assez haut dans la région de l'air pour être saisis d'un froid contraire à leur nature, et par conséquent ils n'auront pu pénétrer dans les terres de l'Amérique méridionale, mais auront péri comme les éléphants dans les contrées septentrionales de ce continent à mesure qu'elles se sont refroidies ; ainsi cette objection, loin d'ébranler le système, ne fait que le confirmer et le rendre plus général, puisque non seulement les animaux quadrupèdes, mais même les oiseaux du midi de notre continent, n'ont pu pénétrer ni s'établir dans le continent isolé de l'Amérique méridionale. Nous conviendrons néanmoins que cette exclusion n'est pas aussi générale pour les oiseaux que pour les quadrupèdes, pour lesquels il n'y a aucune espèce commune à l'Afrique et à l'Amérique, tandis que dans les oiseaux on en peut compter un petit nombre dont les espèces se trouvent également dans ces deux continents ; mais c'est par des raisons particulières et seulement pour de certains genres d'oiseaux qui, joignant à une grande puissance de vol la faculté de s'appuyer et de se reposer sur l'eau au moyen des larges membranes de leurs pieds, ont traversé et traversent encore la vaste étendue des mers qui séparent les deux continents vers le Midi. Et comme les perroquets n'ont ni les pieds palmés, ni le vol élevé et longtemps soutenu, aucun de ces oiseaux n'a pu passer d'un continent à l'autre, à moins d'y avoir été transporté par les hommes (*a*); on en sera convaincu par l'exposition de leur nomenclature et par la comparaison des descriptions de chaque espèce, auxquelles nous renvoyons tous les détails de leurs ressemblances et de leurs différences, tant génériques que spécifiques; et cette nomenclature était peut-être aussi difficile à démêler que celle des singes, parce que tous les naturalistes avant moi avaient également confondu les espèces et même les genres des nombreuses tribus de ces deux classes d'animaux, dont néanmoins aucune espèce n'appartient aux deux continents à la fois.

Les Grecs ne connurent d'abord qu'une espèce de perroquet ou plutôt de perruche : c'est celle que nous nommons aujourd'hui *grande perruche à collier*, qui se trouve dans le continent de l'Inde. Les premiers de ces oiseaux furent apportés de l'île Taprobane en Grèce par Onésicrite, commandant de la flotte d'Alexandre; ils y étaient si nouveaux et si rares, qu'Aristote lui-même ne paraît pas en avoir vu et semble n'en parler que par relation (*b*). Mais la beauté de ces oiseaux et leur talent d'imiter la parole en firent bientôt un objet de luxe chez les Romains : le sévère Caton leur en fait un reproche (*c*); ils logeaient cet oiseau dans des cages d'argent, d'écaille et d'ivoire (*d*), et le prix d'un perroquet fut quelquefois plus grand chez eux que celui d'un esclave.

On ne connaissait de perroquets à Rome que ceux qui venaient des Indes (*e*) jusqu'au temps de Néron, où des émissaires de ce prince en trouvèrent dans une île du Nil, entre Siène et Méroë (*f*), ce qui revient à la limite de 24 à 25 degrés que nous avons posée pour ces oiseaux, et qu'il ne paraît pas qu'ils aient passée. Au reste, Pline nous apprend que le nom *psittacus*, donné par les Latins au perroquet, vient de son nom indien *psittace* ou *sittace* (*g*).

(*a*) Les perroquets ont le vol court et pesant, au point de ne pouvoir traverser des bras de mer de sept ou huit lieues de largeur; chaque île de l'Amérique méridionale a ses perroquets particuliers : ceux des îles de Sainte-Lucie, de Saint-Vincent, de la Dominique, de la Martinique, de la Guadeloupe, sont différents les uns des autres; ceux des îles Caraïbes ne leur ressemblent point, et les perroquets des îles Caraïbes ne se trouvent point vers l'Orénoque, qui cependant est le canton du continent le plus voisin de ces îles. (Note communiquée par M. de la Borde, médecin du roi à Cayenne.)

(*b*) « Indica avis cui nomen psittace, quam loqui aiunt. » Aristote, lib. VIII, cap. XII.

(*c*) Ce rigide censeur s'écrie au milieu du sénat assemblé : « O sénateurs ! ô Rome malheureuse ! quel augure pour toi ! A quels temps sommes-nous arrivés, de voir les femmes nourrir les chiens sur leurs genoux, et les hommes porter sur le poing des perroquets ! » Voyez Columelle, *Dict. Antiq.*, lib. III.

(*d*) Voyez Statius *in psitt. Atedii.*

(*e*) Pline, lib. X, cap. XLII. — Pausanias, *in Corinthiac.*

(*f*) « A Siene in Meroen..... Insulam Gagaudem esse in medio eo tractu renuntiavêre » (Neronis exploratores); inde primùm visas aves psittacos. » Un peu plus loin ces voyageurs trouvèrent des singes. Pline, lib. X, cap. XXIX.

(*g*) « India hanc avem mittit, sittacem vocat. » Pline, lib. X, cap. XLII. — On les apportait

Les Portugais, qui les premiers ont doublé le cap de Bonne-Espérance et reconnu les côtes de l'Afrique, trouvèrent les terres de Guinée et toutes les îles de l'océan Indien peuplées, comme le continent, de diverses espèces de perroquets, toutes inconnues à l'Europe et en si grand nombre qu'à Calicut (*a*), à Bengale et sur les côtes d'Afrique, les Indiens et les Nègres étaient obligés de se tenir dans leurs champs de maïs et de riz vers le temps de la maturité pour en éloigner ces oiseaux qui viennent les dévaster (*b*).

Cette grande multitude de perroquets dans toutes les régions qu'ils habitent (*c*) semble prouver qu'ils réitèrent leurs pontes, puisque chacune est assez peu nombreuse ; mais rien n'égale la variété d'espèces d'oiseaux de ce genre qui s'offrirent aux navigateurs sur toutes les plages méridionales du Nouveau Monde, lorsqu'ils en firent la découverte. Plusieurs îles reçurent le nom d'*îles des Perroquets*. Ce furent les seuls animaux que Colomb trouva dans la première île où il aborda (*d*), et ces oiseaux servirent d'objets d'échange dans le premier commerce qu'eurent les Européens avec les Américains (*e*). Enfin, on apporta des perroquets d'Amérique et d'Afrique en si grand nombre que le perroquet des anciens fut oublié : on ne le connaissait plus du temps de Belon que par la description qu'ils en avaient laissée (*f*) ; et cependant, dit Aldrovande, nous n'avons encore vu qu'une partie de ces espèces, dont les îles et les terres du Nouveau Monde nourrissent une si grande multitude que, pour exprimer leur incroyable variété aussi bien que le brillant de leurs couleurs et toute leur beauté, il faudrait quitter la plume et prendre le pinceau : c'est aussi ce que nous avons fait en donnant le portrait de toutes les espèces remarquables et nouvelles dans nos planches coloriées.

Maintenant, pour suivre autant qu'il est possible l'ordre que la nature a mis dans cette multitude d'espèces, tant par la distinction des formes que par la division des climats, nous partagerons le genre entier de ces oiseaux d'abord en deux grandes classes, dont la première contiendra tous les perroquets de l'ancien continent, et la seconde tous ceux du Nouveau Monde ; ensuite nous subdiviserons la première en cinq grandes familles : savoir, les kakatoès, les perroquets proprement dits, les loris, les perruches à longue

encore, au xve siècle, des ces contrées par la route d'Alexandrie. Voyez la relation de Cadamosto, *Hist. générale des Voyages*, t. II, p. 305.

(*a*) *Recueil des voyages qui ont servi à l'établissement de la Compagnie des Indes*, etc. ; Amsterdam, 1702, t. III, p. 195.

(*b*) Voyez Mandeslo, suite d'*Oléarius*, t. II, p. 144.

(*c*) « Entre plusieurs animaux remarquables, les perroquets du Malabar excitent l'admiration des voyageurs, par leur quantité prodigieuse autant que par la variété de leurs espèces. Dellon assure qu'il avait souvent eu le plaisir d'en voir prendre jusqu'à deux cents d'un coup de filet. » *Hist. générale des Voyages*, t. XI, p. 434.

(*d*) *Guanahani*, une des Lucayes.

(*e*) Voyez premier voyage de Christophe Colomb, *Hist. générale des Voyages*, t. XII, *initio*.

(*f*) « Tellement, dit-il, que ne l'avons onc veu, sinon en peinture. » *Nat. des Oiseaux*, p. 290.

queue et les perruches à queue courte; et de même nous subdiviserons ceux du nouveau continent en six autres familles, savoir : les aras, les amazones, les criks, les papegais, les perriches à queue longue, et enfin les perriches à queue courte. Chacune de ces onze tribus ou familles, est désignée par des caractères distinctifs, ou du moins chacune porte quelque livrée particulière qui les rend reconnaissables, et nous allons présenter celles de l'ancien continent les premières (*).

PERROQUETS DE L'ANCIEN CONTINENT

LES KAKATOES

Les plus grands perroquets de l'ancien continent sont les kakatoès (**); ils en sont tous originaires et paraissent être naturels aux climats de l'Asie méridionale. Nous ne savons pas s'il y en a dans les terres de l'Afrique; mais il est sûr qu'il ne s'en trouve point en Amérique : ils paraissent répandus dans les régions des Indes méridionales (a) et dans toutes les îles de l'Océan indien, à Ternate (b), à Banda (c), à

(a) « Les arbres de cette ville (Amadabat, capitale du Guzarate), et ceux qui sont sur le chemin d'Agra à Brampour, qui est à cent cinquante lieues d'Allemagne, nourrissent un nombre inconcevable de perroquets... Il y en a qui sont blancs ou d'un gris de perle, et coiffés d'une huppe incarnate : on les appelle *kakatous*, à cause de ce mot qu'ils prononcent dans leur chant assez distinctement. Ces oiseaux sont fort communs par toutes les Indes, où ils font leurs nids dans les villes sur les toits des maisons, comme les hirondelles en Europe. » *Voyage de Mandeslo* à la suite d'*Oléarius*, t. II, p. 144.

(b) *Voyage autour du monde*, par Gemelli Careri; Paris, 1719, t. V, p. 5.

(c) *Recueil des Voyages qui ont servi à l'établissement de la Compagnie des Indes, etc.*; Amsterdam, 1702, t. V, p. 26.

(*) Les Perroquets sont des oiseaux de l'ordre des Grimpeurs, de la famille des Psittacidés. Comme tous les Grimpeurs, ils ont quatre doigts, dirigés deux en avant et deux en arrière. Les pattes sont courtes, charnues, épaisses; le tarse est plus court que le doigt du milieu et recouvert de petites squames. Les doigts sont longs, épais, couverts d'écailles qui vont en s'agrandissant de la base à l'extrémité; les ongles sont recourbés, assez aigus. Les ailes sont de moyenne grandeur, pourvues de vingt à vingt-quatre pennes. La queue varie beaucoup de longueur; elle est souvent courte. La langue est épaisse, charnue. L'œsophage se dilate en jabot. Mais, de tous les caractères des Perroquets, celui qui est le plus remarquable est la forme du bec qui ne se rencontre chez aucun autre oiseau et qui a fait donner aux Perroquets le nom de *globirostres*. Il est très fortement recourbé comme celui des oiseaux de proie, mais il est beaucoup plus épais, plus élevé et plus uniformément développé, et la base de la mandibule supérieure est recouverte par une membrane molle, dépourvue de plumes.

(**) Les Kakatoès (*Cacatua*) se distinguent par un plumage blanc, parfois mêlé de rouge pâle, et par une huppe qu'ils peuvent abaisser ou relever à volonté et qui est formée de plumes longues et étroites. Ils habitent les Indes et les terres australes.

Ceram (*a*), aux Philippines (*b*), aux îles de la Sonde (*c*). Leur nom de ***kakatoès***, *catacua* et *catacou*, vient de la ressemblance de ce mot à leur cri (*d*). On les distingue aisément des autres perroquets par leur plumage blanc et par leur bec plus crochu et plus arrondi, et particulièrement par une huppe de longues plumes dont leur tête est ornée, et qu'ils élèvent et abaissent à volonté (*e*).

Ces perroquets kakatoès apprennent difficilement à parler, il y a même des espèces qui ne parlent jamais ; mais on en est dédommagé par la facilité de leur éducation : on les apprivoise tous aisément (*f*). Ils semblent même être devenus domestiques en quelques endroits des Indes, car ils font leurs nids sur le toit des maisons (*g*), et cette facilité d'éducation vient du degré de leur intelligence, qui paraît supérieure à celle des autres perroquets ; ils écoutent, entendent et obéissent mieux ; mais c'est vainement qu'ils font les mêmes efforts pour répéter ce qu'on leur dit ; ils semblent vouloir y suppléer par d'autres expressions de sentiment et par des caresses affectueuses. Ils ont dans tous leurs mouvements une douceur et une grâce qui ajoutent encore à leur beauté. On en a vu deux, l'un mâle et l'autre femelle, au mois de mars 1775, à la foire Saint-Germain à Paris, qui obéissaient avec beaucoup de docilité, soit pour étaler leur huppe, soit pour saluer les personnes d'un signe de tête, soit pour toucher les objets de leur bec ou de leur langue ou pour répondre aux questions de leur maître, avec le signe d'assentiment qui exprimait parfaitement un *oui* muet ; ils indiquaient aussi par des signes réitérés le nombre des personnes qui étaient dans la chambre, l'heure qu'il était, la couleur des habits, etc. ; ils se baisaient en se prenant le bec réciproquement. Ils se caraissaient ainsi d'eux-mêmes ; ce prélude marquait l'envie de s'apparier, et le maître assura qu'en effet ils s'appariaient souvent, même dans notre climat. Quoique les kakatoès se servent, comme les autres perroquets, de leur bec pour monter et descendre, ils n'ont pas leur démarche lourde et désagréable ; ils sont au contraire très agiles et marchent de bonne grâce en trottant et par petits sauts vifs (*).

(*a*) Dampierre, *Hist. générale des voyages*, t. XI, p. 244.

(*b*) Gemelli Careri, *ubi supra*.

(*c*) *Voyage de Siam*, par le P. Tachard ; Paris, 1686, p. 130.

(*d*) « Nous fîmes plusieurs bordées pour doubler l'île de Cacatoüa, ainsi appelée à cause des perroquets blancs qui se trouvent dans cette île, et qui en répètent sans cesse le nom. Cette île est assez près de Sumatra. » *Ibidem*.

(*e*) Le sommet de la tête, qui est recouvert par les longues plumes couchées en arrière de la huppe, est absolument chauve.

(*f*) « A Ternate, ces oiseaux sont domestiques et dociles ; ils parlent peu et crient beaucoup. » Gemelli Careri, t. V, p. 325.

(*g*) Voyez Mandeslo, citation précédente.

(*) Grey raconte de la façon suivante la chasse très intéressante des Kakatoès par les Australiens. « Les Australiens emploient leur arme, le *boumerang*, consistant en un morceau de bois dur, en forme de faucille, qu'ils lancent à plus de cent pieds. Cette arme fend l'air, en

LE KAKATOES A HUPPE BLANCHE (a) (b)

PREMIÈRE ESPÈCE

Ce kakatoès (*) est à peu près de la grosseur d'une poule; son plumage est entièrement blanc, à l'exception d'une teinte jaune sur le dessous des ailes et des pennes latérales de la queue; il a le bec et les pieds noirs; sa magnifique huppe est très remarquable en ce qu'elle est composée de dix ou douze grandes plumes, non de l'espèce des plumes molles, mais de la nature des pennes, hautes et largement barbées; elles sont implantées du front en arrière sur deux lignes parallèles et forment un double éventail.

(a) Voyez les planches enluminées, n° 263, sous la dénomination de *Kakatoès des Moluques*.

(b) *Psittacus albus cristatus*, Aldrovande, *Avi.*, t. 1, p. 668. — Jonston, *Avi.*, p. 22. — Willughby, *Ornithol.*, p. 74. — Ray, *Synops.*, p. 30, n° 1. — Charleton, *Exercit.*, p. 74, n° 3. — *Idem*, *Onomast.*, p. 66, n° 3. — *Kakatocha tota alba*. Klein, *Avi.*, p. 24, n° 6. — « Psittacus major brevicaudus, cristatus, niveus, capitis vertice nudo; remigibus majoribus » et rectricibus lateralibus interiùs primâ medietate sulphureis... » *Cacatua*. Brisson, *Ornithol.*, t. IV, p. 204.

décrivant des cercles, et, quoiqu'elle s'écarte de la ligne droite, elle atteint presque sûrement son but : c'est de cette même arme, faite alors en bois et en fer, que se servent les naturels du centre de l'Afrique.

» Un indigène se met à la poursuite d'une bande de kakatoès, dans la plaine ou dans la forêt, et de préférence dans les endroits où de grands arbres entourent un cours d'eau ou un étang. C'est là surtout que l'on rencontre ces oiseaux, en troupes innombrables, grimpant de branche en branche, ou volant d'un arbre à un autre. C'est là aussi qu'ils passent la nuit. Le chasseur s'avance prudemment; il se glisse entre les arbres, rampe de buisson en buisson, cherche à ne pas troubler ces oiseaux vigilants. Mais il a été entendu; une agitation générale révèle l'approche de l'ennemi. Les Kakatoès sentent qu'un danger les menace, sans savoir encore quel est ce danger. Le chasseur, arrivé au bord de l'eau, se montre alors à découvert. Tout le peuple ailé s'élance dans l'air, et, au même moment, le *boumerang* est lancé avec force. Il glisse en tournoyant à la surface de l'onde, puis monte en décrivant une courbe et arrive au milieu des oiseaux. Un second, un troisième, un quatrième sont lancés de même. En vain, surpris, les Kakatoès cherchent à fuir; le trajet en apparence capricieux de l'arme paralyse leur fuite. Un est touché, puis un autre, puis un troisième; ils tombent par terre, assommés, ou l'aile brisée. Ils crient de douleur et de colère, et ce n'est que quand le chasseur a achevé son œuvre, que le reste de la bande se rassemble, prend la fuite et va chercher un nouvel asile dans les cimes les plus touffues et les plus élevées. »

(*) *Cacatua cristata* (*Psittacus cristatus* L.).

LE KAKATOES A HUPPE JAUNE (a) (b)

SECONDE ESPÈCE.

Dans cette espèce (*) l'on distingue deux races qui ne diffèrent entre elles que par la grandeur. La planche enluminée représente la petite : dans l'une et l'autre le plumage est blanc avec une teinte jaune sous les ailes et la queue et des taches de la même couleur à l'entour des yeux ; la huppe est d'un jaune citron : elle est composée de longues plumes molles et effilées que l'oiseau relève et jette en avant ; le bec et les pieds sont noirs. C'est un kakatoès de cette espèce, et vraisemblablement le premier qui ait été vu en Italie, que décrit Aldrovande ; il admire l'élégance et la beauté de cet oiseau, qui d'ailleurs est aussi intelligent, aussi doux et aussi docile que celui de la première espèce.

Nous avons vu nous-même ce beau kakatoès vivant : la manière dont il témoigne sa joie est de secouer vivement la tête plusieurs fois de haut en bas, faisant un peu craquer son bec et relevant sa belle huppe ; il rend caresse pour caresse ; il touche le visage de sa langue et semble vous lécher ; il donne des baisers doux et savourés ; mais une sensation particulière est celle qu'il paraît éprouver lorsque l'on met la main à plat dessous son corps et que de l'autre main on le touche sur le dos, ou que simplement on approche la bouche pour le baiser ; alors il s'appuie fortement sur la main qui le soutient, il bat des ailes, et le bec à demi ouvert, il souffle en haletant et semble jouir de la plus grande volupté ; on lui fait répéter ce petit manège autant que l'on veut. Un autre de ses plaisirs est de se faire gratter ; il montre sa tête avec la patte, il soulève l'aile pour qu'on la lui frotte ; il aiguise souvent son bec en rongeant et cassant le bois. Il ne peut supporter d'être en cage ; mais il n'use de sa liberté que pour se mettre à portée de son maître qu'il ne perd pas de vue ; il vient lorsqu'on l'appelle et s'en va lorsqu'on le lui commande ; il témoigne alors la peine que cet ordre lui fait en se retournant souvent, et regardant si on ne lui fait pas signe de revenir. Il est de la

(a) Voyez les planches enluminées, n° 14.

(b) *Psittacus albus galeritus.* Frisch, tab. 50, avec une figure peu exacte. — *Kakatocha alba.* Klein, *Avi.*, p. 24, n° 15. — *Psittacus Brachyurus albus, cristâ dependente flavâ.* Linnæus, *Syst. nat.*, édit. X, g. 44, sp. 16. — *Avis kakatocha orientalis, ex insulis Moluccis, cristata candidissima et sulphurea.* Seba, vol. Ier, p. 94, avec une figure inexacte, tab. 59, fig. 1. — *Cockatoo* ou *perroquet à tête blanche.* Albin, t. III, p. 6, avec une mauvaise figure mal coloriée, pl. 12. — « Psittacus major brevicaudus, cristatus, albus, infernè sulphureo » adumbratus ; cristâ sulphureâ ; maculâ infra oculos saturatè sulphureâ ; rectricibus latera- » libus interiùs primâ medietate sulphureis... » *Cacatua, luteo cristata.* Brisson, *Ornithol.*, t. IV, p. 206.

(*) *Cacatua galerita* (*Psittacus sulphureus* L.).

plus grande propreté; tous ses mouvements sont pleins de grâce, de délicatesse et de mignardise. Il mange des fruits, des légumes, toutes les graines farineuses, de la pâtisserie, des œufs, du lait et de tout ce qui est doux sans être trop sucré. Du reste, ce kakatoès avait le plumage d'un plus beau blanc que celui de notre planche enluminée (*a*).

LE KAKATOES A HUPPE ROUGE (*b*) (*c*)

TROISIÈME ESPÈCE.

C'est un des plus grands de ce genre, ayant près d'un pied et demi de longueur (*); le dessus de sa huppe, qui se rejette en arrière, est en plumes blanches et couvre une gerbe de plumes rouges.

LE PETIT KAKATOES A BEC COULEUR DE CHAIR (*d*) (*e*)

QUATRIÈME ESPÈCE.

Tout son plumage est blanc, à l'exception de quelques teintes de rouge pâle sur la tempe et aux plumes du dessous de la huppe (**); cette teinte de rouge est plus forte aux couvertures du dessous de la queue; on voit un peu de jaune clair à l'origine des plumes scapulaires, de celles de la huppe et au côté intérieur des pennes de l'aile et de la plupart de celles de la queue; les pieds sont noirâtres, le bec est brun rougeâtre, ce qui est particulier à cette espèce, les autres kakatoès ayant tous le bec noir. C'est aussi le plus petit que nous connaissions dans ce genre. M. Brisson le fait de la grandeur du perroquet de Guinée; cependant, celui-ci est beaucoup plus petit; il est coiffé d'une huppe, qui se couche en arrière et qu'il relève à volonté.

(*a*) Cet oiseau est à présent à Nancy, chez une dame belle et aimable qui en fait ses délices. (Note communiquée par M. Sonnini de Manoncour.)

(*b*) Voyez les planches enluminées, n° 498.

(*c*) « Psittacus major brevicaudus, cristatus, albus, roseo adumbratus, cristâ subtus rubrâ, » rectricibus lateralibus interiùs primâ medietate sulphureis..... » *Cacatua rubro cristata*. Brisson, *Ornithol.*, t. IV, p. 209. — *Greater Cockatoo*. Edwards, t. IV, pl. 160.

(*d*) Voyez les planches enluminées, n° 191, sous la dénomination de *petit kakatoès des Philippines*.

(*e*) « Psittacus major brevicaudus, cristatus, albus, cristâ in exortu sulphureâ, subtus pallidè rubrâ, tectricibus caudæ inferioribus pallidè rubris albo terminatis; rectricibus lateralibus interiùs sulphureis... » *Cacatua minor*. Brisson, *Ornithol.*, t. IV, p. 212.

(*) *Cacatua moluccensis* (*Psittacus moluccensis* L.).

(**) *Cacatua Philippinarum* (*Psittacus Philippinarum* L.).

Nous devons observer que l'oiseau appelé par M. Brisson ***kakatoès à ailes et queue rouges*** (a) ne paraît pas être un kakatoès, puisqu'il ne fait aucune mention de la huppe, qui est cependant le caractère distinctif de ces perroquets (b); d'ailleurs, il ne parle de cet oiseau que d'après Aldrovande, qui s'exprime dans les termes suivants : « Ce perroquet doit être compté parmi » les plus grands; il est de la grosseur d'un chapon; tout son plumage est » blanc cendré; son bec est noir et fortement recourbé; le bas du dos, le » croupion, toute la queue et les pennes de l'aile sont d'un rouge de ver- » millon (c). » Tous ces caractères conviendraient assez à un kakatoès, si l'on y ajoutait celui de la huppe; et ce grand perroquet rouge et blanc d'Aldrovande, qui ne nous est pas connu, ferait dans ce cas une cinquième espèce de kakatoès ou une variété de quelqu'une des précédentes.

LE KAKATOES NOIR (d)

CINQUIÈME ESPÈCE.

M. Edwards, qui a donné ce kakatoès (*), dit qu'il est aussi gros qu'un ara : tout son plumage est d'un noir bleuâtre, plus foncé sur le dos et les ailes que sous le corps; la huppe est brune ou noirâtre, et l'oiseau a, comme tous les autres kakatoès, la faculté de la relever très haut et de la coucher presque à plat sur sa tête; les joues, au-dessous de l'œil, sont garnies d'une peau rouge, nue et ridée, qui enveloppe la mandibule inférieure du bec, dont la couleur, ainsi que celle des pieds, est d'un brun noirâtre; l'œil est d'un beau noir, et l'on peut dire que cet oiseau est le nègre des kakatoès, dont les espèces sont généralement blanches; il a la queue assez longue, et composée de plumes étagées; la figure, dessinée d'après nature, en a été envoyée de Ceylan à M. Edwards, et ce naturaliste croit reconnaître le même kakatoès dans une des figures publiées par Vander-Meulen à Amsterdam, en 1707, et donnée par Pierre Schenk sous le nom de *corbeau des Indes*.

(a) *Ornithol.*, t. IV, p. 214.
(b) Edwards, pl. 160.
(c) *Psittacus erythroleucos*. Aldrovande. *Avi.*, t. Ier, p. 675.
(d) *The great black cockatoo*. Edwards, *Glan.*, part. III, p. 229, pl. 316.

(*) *Microglossum aterrimum* (*Psittacus aterrimus* GMEL.) — Les *Microglossum* se distinguent des Kakatoès par leur langue cylindrique, terminée par un gland corné, fendu au bout, susceptible de se projeter hors de la bouche.

LES PERROQUETS PROPREMENT DITS

Nous laisserons le nom de *perroquets proprement dits* à ceux de ces oiseaux qui appartiennent à l'ancien continent, et qui ont la queue courte et composée de pennes à peu près d'égale longueur (*). On leur donnait jadis le nom de *papegauts,* et celui de perroquet s'appliquait aux perruches (*a*) : l'usage contraire a prévalu, et comme le nom de papegaut ou papegai a été oublié, nous l'avons transporté à la famille des perroquets de l'Amérique qui n'ont point de rouge dans les ailes, afin de les distinguer par ce nom générique des perroquets amazones, dont le caractère principal est d'avoir du rouge sur les ailes. Nous connaissons huit espèces de ces perroquets proprement dits, toutes originaires de l'Afrique et des grandes Indes, et aucune de ces huit espèces ne se trouve en Amérique.

LE JACO OU PERROQUET CENDRÉ (*b*) (*c*)

PREMIÈRE ESPÈCE.

C'est l'espèce (**) que l'on apporte le plus communément en Europe aujourd'hui, et qui s'y fait le plus aimer tant par la douceur de ses mœurs que par son talent et sa docilité, en quoi il égale au moins le perroquet vert, sans avoir ses cris désagréables. Le mot de *jaco*, qu'il paraît se plaire à prononcer, est le nom qu'ordinairement on lui donne; tout son corps est

(*a*) Voyez Belon, *Nat. des oiseaux*, p. 298.

(*b*) Voyez les planches enluminées, nº 311.

(*c*) *Psittacus cinereus, seu sub-cæruleus*. Aldrovande, *Avi.*, t. Ier, p. 675. — Willughby, *Ornithol.*, p. 76. — Ray, *Synops. Avi.*, p. 31, nº 7. — *Psittacus cinereus caudâ rubrâ.* — Frisch, tab. 51. — Klein, *Avi.*, p. 25, nº 13. — *Psittacus cinereus.* Jonston, *Avi.*, p. 23. — Barrère, *Ornithol.*, class. 3, gen. 11, sp. 2. — Charleton, *Exercit.*, p. 74, nº 8. — *Idem*, *Onomast.*, p. 67, nº 8. — « Psittacus brachyurus canus, temporibus albis caudâ coccineâ.... » *Psittacus erythacus*. Linnæus, *Syst. nat.*, édit. X, gen. 44, sp. 20. — *Grand Papegaut*. Belon, *Nat. des Oiseaux*, p. 297, avec une mauvaise figure; la même, *Portrait d'oiseaux*, p. 73, a, sous les noms de *papegay grand*, *perroquet grand*. — *Perroquet couleur de fresne*. Albin, t. 1er, pl. 12. — « Psittacus major brevicaudus, cinereus, oris pennarum in capite, collo et cor- » pore inferiore cinereo-albis; uropygio et imo ventre cinereo-albis, oris pennarum cinereis; » oculorum ambitu nudo candido; rectricibus coccineis... » *Psittacus Guineensis cinereus*. Brisson, *Ornithol.*. t. IV, p. 310.

(*) Les Perroquets (*Psittacus*) se distinguent par leur queue carrée, par leurs ailes atteignant l'extrémité de la queue, par leur plumage où le gris domine.

(**) *Psittachus erythacus* L.

d'un beau gris de perle et d'ardoise, plus foncé sur le manteau, plus clair au-dessus du corps et blanchissant au ventre; une queue d'un rouge de vermillon termine et relève ce plumage lustré, moiré, et comme poudré d'une blancheur qui le rend toujours frais; l'œil est placé dans une peau blanche, nue et farineuse, qui couvre la joue; le bec est noir, les pieds sont gris, l'iris de l'œil est couleur d'or; la longueur totale de l'oiseau est d'un pied.

La plupart de ces perroquets nous sont apportés de la Guinée (*a*); ils viennent de l'intérieur des terres de cette partie de l'Afrique (*b*); on les trouve aussi à Congo (*c*) et sur la côte d'Angole (*d*) : on leur apprend fort aisément à parler (*e*), et ils semblent imiter de préférence la voix des enfants et recevoir d'eux plus facilement leur éducation à cet égard (*). Au reste, les anciens (*f*) ont remarqué que tous les oiseaux susceptibles de l'imitation des

(*a*) Willughby.

(*b*) « On en trouve dans toute cette côte (de Guinée), mais en petit nombre, et il faut même qu'ils y viennent la plupart du fond du pays. On estime plus ceux de Benin, de Calbari, de Cabolopez, et c'est pour cela qu'on en apporte ici de ces endroits-là; mais on ne prend pas garde qu'ils sont beaucoup plus vieux que ceux que l'on peut avoir ici, et que par conséquent ils ne sont pas si dociles et n'apprennent pas si bien. Tous les perroquets sont ici sur la côte, de même que vers l'angle de la Guinée, et dans les lieux susdits, de couleur bleue... Ces animaux sont si communs en Hollande, qu'on les y estime moins qu'ici, et qu'ils n'y sont pas si chers. » *Voyage en Guinée*, par Bosman; Utrecht, 1705. — Albin se trompe quand il dit que cette espèce vient des Indes orientales; elle paraît renfermée dans l'Afrique, et à plus forte raison ne se trouve pas en Amérique, quoique M. Brisson la place à la Jamaïque, apparemment sur une indication de Browne et de Sloane; mais sans les avoir consultés, puisque Sloane (*Jamaïca*, t. II, p. 297) dit expressément que les perroquets que l'on voit en grande quantité à la Jamaïque y sont tous apportés de Guinée : cette espèce ne se trouve naturellement dans aucune des contrées du Nouveau Monde. — « Dans la multitude des perroquets qui se trouvent au Para, on ne connaît point l'espèce grise qui est si commune en Guinée. » *Voyage* de la Condamine, p. 173. — « Dans la France antarctique... il ne s'en trouve point de gris, comme en la Guinée et en la haute Afrique. » Thevet, *Singularités de la France antarctique*; Paris, 1558, p. 92.

(*c*) *Recueil des voyages qui ont servi à l'établissement de la Compagnie des Indes*; Amsterdam, 1702, t. IV, p. 321.

(*d*) *Hist. générale des Voyages*, t. V, p. 76.

(*e*) « Ils peuplent aussi les îles de France et de Bourbon, où on les a transportés. » *Lettres édifiantes*, recueil XVIII, p. 11. — « On vécut dans cette île (Maurice ou de France) de tortues, de tourterelles et de perroquets gris, et d'autre chasse qu'on allait prendre avec la main dans les bois. Outre l'utilité qu'on en retirait, on y trouvait encore beaucoup de divertissement; quelquefois, quand on avait pris un perroquet gris, on le faisait crier, et aussitôt on en voyait autour de soi voltiger des centaines, qu'on tuait à coups de bâtons. » *Recueil des voyages qui ont servi à l'établissement de la Compagnie des Indes*; Amsterdam, 1702, t. III, p. 195.

(*f*) Albert, lib. XXIII.

(*) Les faits suivants sont tellement remarquables, au point de vue de la question du langage discutée plus haut, que nous croyons devoir les reproduire. Nous en empruntons l'exposé à Brehm.

« Le perroquet le plus surprenant, peut-être, dit-il, est celui qui vécut longtemps à Vienne et à Salzbourg, et qui trouva des observateurs zélés et capables. Plusieurs auteurs, parmi lesquels je me compte, en ont déjà parlé dans plus d'un livre; je ne puis me dispenser

sons de la voix humaine écoutent plus volontiers et rendent plus aisément la parole des enfants, comme moins fortement articulée et plus analogue, par ses sons clairs, à la portée de leur organe vocal : néanmoins, ce perroquet imite aussi le ton grave d'une voix adulte; mais cette imitation semble pénible, et les paroles qu'il prononce de cette voix sont moins distinctes. Un de ces perroquets de Guinée, endoctriné en route par un vieux matelot, avait

de rapporter ici ce que j'en sais. Lenz a parfaitement raison, quand il dit que jamais, depuis qu'il existe des oiseaux, on n'en a trouvé qui soit arrivé à un plus haut degré d'instruction que ce perroquet, qui répondait au nom de *Jaco*.

» En 1827, sur la prière du chanoine Joseph Maschner, de Salzbourg, le conseiller ministériel André Mechletar l'acheta pour 25 florins (62 fr. 50) d'un capitaine de vaisseau de Trieste. En 1830, il passa entre les mains du maître des cérémonies de la cathédrale, Hanibl; le perroquet fut vendu 150 florins (375 fr.); puis en 1842, 370 florins (925 fr.).

» Un ami de mon père, le comte Gourcy-Droitaumont, publia sur cet oiseau un article qui excita un étonnement général. Sur la prière de Lenz, le dernier propriétaire de *Jaco*, le président de Kleimayrn, compléta les premières données du comte Gourcy-Droitaumont. Ce sont tous ces récits que nous résumons ici.

» *Jaco* était attentif à tout, savait juger de tout, répondait pertinemment aux questions, obéissait au commandement, saluait les arrivants et les partants, ne disait *bonjour* que le matin, et le soir *bonsoir*, demandait à manger quand il avait faim. Il donnait son nom à chaque membre de la famille, et avait parmi eux ses préférences. Voulait-il voir le président Kleimayrn, il appelait : « Papa, viens ici. » Il parlait, chantait, sifflait comme un homme. Parfois, il semblait un improvisateur transporté d'enthousiasme, et on aurait dit la voix d'un orateur que l'on entend de loin.

» Voici les paroles qu'il prononçait : « Monsieur l'abbé, bonjour. — Monsieur l'abbé, » une amande, je vous prie. — Veux-tu une amande? Veux-tu une noix? — Tu auras » quelque chose. — Tiens, voici. — Mon capitaine, bonjour, mon capitaine. — Votre servi» teur, madame la surintendante. — Paysan, voleur, polisson, braconnier, passe au large; » rentre; veux-tu rentrer! prends garde à toi. — Polisson, vaurien, garnement! — Bravo » *Jaco*, bon *Jaco*. — Tu vas recevoir un bonbon, tu vas le recevoir. — Nenni, nenni. — » Permettez, voisin, permettez. »

» Quelqu'un frappait-il à la porte, il criait tout haut, et d'une voix d'homme : « Entrez, » je suis votre serviteur; j'ai plaisir à vous voir; j'ai l'honneur de vous saluer. » Parfois, il frappait lui-même à sa cage et tenait ce même discours. Il imitait parfaitement le coucou. « Donne un baiser, un baiser, tu auras une amande. — Voilà. — Sors. — Monte. — Viens » ici. — Mon cher *Jaco*. — Bravo, bravissimo. — Rions, allons prier. — Mangeons. — » Allons à la fenêtre. — Jérôme, debout. — Je m'en vais, Dieu vous garde. — Vive l'em» pereur! vive l'empereur! — D'où viens-tu, coquin? Oh pardonnez-moi, monsieur, je » croyais que vous étiez un oiseau. » Quand il avait rongé ou détruit quelque chose : « Ne » mords pas! Tranquille! Qu'as-tu fait? qu'as-tu fait? Attends, polisson! Gare, je te fouette. » — *Jaco*, comment vas-tu, *Jaco*? — As-tu à manger? — Bon appétit. — Pst, pst, bonne » nuit. — *Jaco* peut sortir, allons, viens. — Garde à vous, joue, feu! poum! — Va à la » maison; veux-tu rentrer! de suite; gare! je te fouette. » Il agitait une sonnette suspendue dans sa cage et criait : « Qui sonne? qui sonne? c'est *Jaco*. — Le chien est là, un joli » petit chien! » Et il sifflait. — « Comment parle le chien? » disait-il, et il aboyait. — « Appelez le chien? » Et il sifflait. Quand on lui commandait feu, il criait poum! Il connaissait les commandements militaires : « Halte! garde à vous! portez arme! apprêtez » arme! joue! feu! poum! bravo, bravissimo! » Quelquefois, il oubliait le commandement de feu, il criait poum! et de suite après : « apprêtez arme! » mais alors il n'ajoutait pas bravo, bravissimo! il avait conscience d'avoir fait une faute. « Dieu vous garde, addio, » Dieu vous garde! » Ainsi saluait-il les gens qui partaient. « Quoi! me frapper, moi! me » frapper! et il poussait un cri d'effroi, comme s'il était réellement battu, et continuait : « Me frapper, moi! attends, vaurien! Me frapper! Oui, oui, c'est ainsi que va le monde; »

pris sa voix rauque et sa toux, mais si parfaitement qu'on pouvait s'y méprendre; quoiqu'il eût été donné ensuite à une jeune personne, et qu'il n'eût plus entendu que sa voix, il n'oublia pas les leçons de son premier maître, et rien n'était si plaisant que de l'entendre passer d'une voix douce et gracieuse à son vieux enrouement et à son ton de marin.

et il riait très distinctement. « *Jaco* est malade, pauvre *Jaco*. — Attends, je vais te secouer, » toi. » Quand il voyait couvrir la table ou qu'il entendait d'une autre pièce mettre le couvert : « Allons manger, allons à table. » Lorsque son maître déjeunait dans sa chambre, il criait : « Chocolat! tu auras du chocolat, tu en auras! »

Quand la cloche de la cathédrale sonnait l'heure de l'office, il criait : « Je viens, Dieu » vous garde! je viens. » Qnand son maître sortait à une autre heure, le perroquet lui criait, dès que la porte s'ouvrait : « Dieu vous garde! » Son maître était-il accompagné, il ajoutait : « Dieu vous garde tous! » S'il passait la nuit dans la chambre de son maître, il restait silencieux tant que celui-ci dormait; mais, dans une autre chambre, il commençait dès l'aurore à chanter, à siffler et à parler.

» Le possesseur de *Jaco* avait une perdrix. Lorsqu'elle fit entendre son chant pour la première fois, le perroquet se tourna vers elle et cria : « Bravo! petite, bravo! » Pour voir si on arriverait à lui faire chanter quelque chose, on choisit d'abord des mots qu'il savait dire déjà, comme ceux-ci : « Le beau *Jaco* est-il là? le bon *Jaco* est-il là? est-il là, le cher » *Jaco?* est-il là? oui, oui, oui. » Plus tard, on lui apprit quelques petites chansons. Il donnait des accords, sifflait une gamme montante ou descendante, des trilles, etc., mais ne chantait, ne sifflait toujours que dans le même ton; il montait ou baissait d'un ton ou d'un demi-ton, sans jamais cependant faire de fausses notes. A Vienne, on lui apprit à siffler un air de Martha; son maître dansa en mesure devant lui; *Jaco* l'imita, soulevant une patte après l'autre, et remuant son corps de la façon la plus comique.

» Le président de Kleimayrn mourut en 1853. *Jaco* tomba malade de chagrin; en 1854, on dut le mettre sur une petite couchette, on le soigna avec tendresse, il parlait encore, répétant souvent d'une voix triste : « *Jaco* est malade; il est malade, le pauvre *Jaco*, » et il mourut.

» Voici, ajoute Brehm, ce qu'une jeune dame nous apprend d'un autre de ces oiseaux :

» Le perroquet, dont je veux vous entretenir, nous fut donné par une personne qui avait longtemps vécu aux Indes orientales. Il parlait beaucoup, mais en hollandais. Bientôt, il apprit l'allemand et le français. Il parlait ces trois langues très distinctement; il était très attentif, et disait souvent des phrases qu'on ne lui avait point enseignées.

» En hollandais il prononçait des mots et des phrases entières; dans une phrase allemande, il intercalait parfois un mot hollandais, mais toujours à propos, et parce qu'il ne trouvait pas ou ne savait pas le mot allemand. Il questionnait et répondait, demandait et remerciait; il parlait en parfaite connaissance du temps, des lieux, des personnes.

« *Coco* veut faire glouglou (boire). *Coco* veut avoir à manger. » Si on ne lui donnait pas aussitôt : « *Coco* veut et doit avoir à manger. » Était-on sourd encore, il renversait tout pour exhaler sa colère. Il saluait les gens, le matin avec *bonjour*, le soir avec *bonsoir;* il demandait à se reposer, prenait congé : « *Coco* veut aller dormir. » L'emportait-on, il répétait plusieurs fois : « Bonsoir, bonsoir. »

» Il était très attaché à sa maîtresse. Quand elle lui donnait à manger, il appuyait fortement son bec contre sa main, comme pour la baiser, et disait : « Baise la main de madame. » Il prenait une vive part à tout ce qu'elle faisait, et souvent quand elle était occupée à quelque chose, il demandait avec une expression des plus comiques : « Que fait donc » madame? » Lorsqu'elle mourut il devint triste. On eut de la peine à le nourrir. Souvent il réveillait le chagrin des parents en s'écriant : « Où est donc madame? »

« *Coco*, comment parle Charlotte? » se demandait-il, puis il faisait la réponse : « Oh, » beau *Coco*, ô joli *Coco*, viens, donne un beau baiser. » Et il le disait avec l'expression même de Charlotte. Il témoignait par ces paroles son contentement de lui-même : « Ah! » ah! comme il est beau *Coco*, » et il se passait la patte sur le bec.

Non seulement cet oiseau a la facilité d'imiter la voix de l'homme : il semble encore en avoir le désir ; il le manifeste par son attention à écouter, par l'effort qu'il fait pour répéter ; et cet effort se réitère à chaque instant, car il gazouille sans cesse quelques-unes des syllabes qu'il vient d'entendre, et il cherche à prendre le dessus de toutes les voix qui frappent son oreille, en faisant éclater la sienne : souvent on est étonné de lui entendre répéter

» Il était cependant bien loin d'être beau, car il avait le défaut de s'arracher les plumes. On lui ordonna comme remède des bains de vin, qu'on lui donnait avec un petit arrosoir. Cela lui était fort désagréable, et quand il en voyait les préparatifs, il disait avec des larmes dans la voix : « Pas mouiller *Coco;* ah ! pauvre *Coco,* pas le mouiller. »

» Il n'aimait pas les étrangers, et ceux qui venaient exprès pour l'entendre parler n'arrivaient à satisfaire leur désir qu'en se cachant. En leur présence il restait silencieux. Mais dès qu'ils avaient disparu, il n'en babillait que de plus belle, comme pour se dédommager. On pouvait cependant conquérir son amitié : il parlait avec les personnes qu'il voyait souvent, plaisantait même à sa manière. Un vieux major, qu'il connaissait à merveille, voulut un jour lui apprendre des tours d'adresse : « Monte sur le perchoir, *Coco,* sur le perchoir, » ordonnait-il. *Coco* resta stupéfait, mais tout à coup, poussant un éclat de rire, il s'écria : « Monte » sur le perchoir, allons, major. »

» Un autre de mes amis, du nom de Roth, n'était pas venu de longtemps. On en parlait, on disait que l'on attendait sa visite, quand : « Voici Roth ! » s'écria tout à coup le perroquet ; il avait regardé par la fenêtre et l'avait reconnu de loin.

» Georges, le fils de la maison, avait fait une absence. On l'attendait. On parlait de son retour. Il n'arriva que le soir, tard. *Coco* était endormi dans sa cage. Après les premiers embrassements, Georges s'approcha de la cage, leva le tapis qui la recouvrait. « Ah ! tu es » là, Georges ? C'est bien, c'est très bien, » dit le perroquet.

» Il avait remarqué que son maître appelait souvent de la fenêtre l'intendant ou le fermier. Chaque fois qu'il les voyait s'approcher, il les appelait tous les deux, ne sachant auquel son maître avait affaire.

» Je n'en finirais pas, si je voulais raconter tous ses traits d'esprit : C'était presque un homme.

» Il eut une triste fin. Un vieil ami de la famille était tombé en enfance et avait pris pour ce perroquet une affection enfantine, on le lui donna. Tous pleuraient quand on l'emporta. *Coco* seul ne pleurait pas ; mais il ne put supporter l'absence et mourut au bout de quelques jours. »

Mais le perroquet gris n'est pas seulement intelligent, il donne aussi des marques de bonté.

« Un de mes amis, raconte Wood, avait un perroquet gris qui était devenu le parent le plus tendre pour les créatures délaissées. Dans le jardin de son maître était un bouquet de rosiers entouré d'une palissade et entremêlé de plantes grimpantes. Un couple de pinsons y avait fait son nid, et les gens de la maison les nourrissaient. Ce manège n'échappa pas à *Polly* (c'était le nom du perroquet) ; il résolut de suivre ce bon exemple. Comme il était libre, il quitta sa cage, imita à s'y méprendre le cri d'appel du pinson, et se mit à remplir le bec des jeunes de nourriture. Mais ces témoignages d'amitié étaient trop bruyants pour les parents. Effrayés par ce grand oiseau qu'ils ne connaissaient pas, ils disparurent, abandonnant leur progéniture aux tendres soins de *Polly.* Celui-ci rentra moins souvent dans sa cage ; il restait jour et nuit auprès de ses enfants adoptifs et eut la joie de les élever. Une fois qu'ils purent voler, ils se perchaient sur sa tête et sur le cou de leur père nourricier, qui se promenait gravement, tout fier de cette charge. Ses soins cependant furent payés de bien peu de reconnaissance. Lorsque leurs ailes furent assez fortes, les pinsons s'envolèrent et disparurent.

» Le pauvre *Polly* en fut tout triste, mais bientôt il se consola ; il avait trouvé de jeunes fauvettes orphelines, il s'en chargea, les apporta l'une après l'autre dans sa cage et vécut avec elles en fort bonne harmonie. »

des mots ou des sons que l'on n'avait pas pris la peine de lui apprendre, et qu'on ne soupçonnait pas même d'avoir écoutés (*a*); il semble se faire des tâches et cherche à retenir sa leçon chaque jour (*b*); il en est occupé jusque dans le sommeil, et Marcgrave dit qu'il jase encore en rêvant (*c*). C'est surtout dans ses premières années qu'il montre cette facilité, qu'il a plus de mémoire, et qu'on le trouve plus intelligent et plus docile; quelquefois cette faculté de mémoire, cultivée de bonne heure, devient étonnante, comme dans ce perroquet dont parle Rhodiginus (*d*), qu'un cardinal acheta cent écus d'or parce qu'il *récitait correctement le Symbole des Apôtres* (*e*); mais, plus âgé, il devient rebelle et n'apprend que difficilement. Au reste, Olina conseille de choisir l'heure du soir, après le repas des perroquets, pour leur donner leçon, parce qu'étant alors plus satisfaits ils deviennent plus dociles et plus attentifs.

On a comparé l'éducation du perroquet à celle de l'enfant (*f*) : il y aurait plus de raison de comparer l'éducation de l'enfant à celle du perroquet; à Rome, celui qui dressait un perroquet tenait à la main une petite verge et l'en frappait sur la tête. Pline dit que son crâne est très dur, et qu'à moins de le frapper fortement lorsqu'on lui donne leçon, il ne sent rien des petits coups dont on veut le punir (*g*). Cependant celui dont nous parlons craignait le fouet autant et plus qu'un enfant qui l'aurait souvent senti : après avoir resté toute la journée sur sa perche, l'heure d'aller dans le jardin approchant, si par hasard il la devançait et descendait trop tôt (ce qui lui arrivait rarement), la menace et la démonstration du fouet suffisaient pour le faire remonter à son juchoir avec précipitation; alors il ne descendait plus, mais marquait son ennui et son impatience en battant des ailes et en jetant des cris.

« Il est naturel de croire que le perroquet ne s'entend pas parler, mais » qu'il croit cependant que quelqu'un lui parle : on l'a souvent entendu se » demander à lui-même la patte, et il ne manquait jamais de répondre à sa

(*a*) Témoin ce perroquet de Henri VIII, dont Aldrovande fait l'histoire, qui, tombé dans la Tamise, appela les bateliers à son secours, comme il avait entendu les passagers les appeler du rivage.

(*b*) Cardan va jusqu'à lui attribuer la méditation et l'étude intérieure de ce qu'on vient de lui enseigner, et cela, dit-il, par émulation et par amour de la gloire : « Meditatur ob « studium gloriæ. » Il faut que l'amour du merveilleux soit bien puissant sur le philosophe pour lui faire avancer de pareilles absurdités.

(*c*) Marcgrave l'assure au sujet de la question qu'Aristote laisse indécise, savoir, si les animaux qui naissent d'un œuf ont des songes (*Hist. animal.*, lib. IV, cap. X). « Testor... de » meo psittaco, quam lauram vocabam, quòd sæpius de nocte seipsum expergiscens, semi- » somnus locutus est. » Marcgrave, p. 205.

(*d*) Cælius Rhodig., *Antiq. lect.*, lib. III, cap. XXXII.

(*e*) M. de la Borde nous dit en avoir vu un qui servait d'aumônier dans un vaisseau; il récitait la prière aux matelots, ensuite le rosaire.

(*f*) Élien.

(*g*) Pline, lib. X, cap. XLII.

» propre question en tendant effectivement la patte. Quoiqu'il aimât fort le » son de la voix des enfants, il montrait pour eux beaucoup de haine ; il les » poursuivait, et, s'il pouvait les attraper, les pinçait jusqu'au sang. Comme » il avait des objets d'aversion, il en avait aussi de grand attachement ; son » goût, à la vérité, n'était pas fort délicat, mais il a toujours été soutenu ; il » aimait, mais aimait avec fureur la fille de cuisine ; il la suivait partout, la » cherchait dans les lieux où elle pouvait être, et presque jamais en vain : » s'il y avait quelque temps qu'il ne l'eût vue, il grimpait avec le bec et les » pattes jusque sur ses épaules, lui faisait mille caresses et ne la quittait » plus, quelque effort qu'elle fît pour s'en débarrasser ; l'instant d'après elle » le retrouvait sur ses pas : son attachement avait toutes les marques de » l'amitié la plus sentie : cette fille eut un mal au doigt considérable et très » long, douloureux à lui arracher des cris ; tout le temps qu'elle se plaignit, » le perroquet ne sortit point de sa chambre ; il avait l'air de la plaindre en » se plaignant lui-même, mais aussi douloureusement que s'il avait souffert » en effet ; chaque jour sa première démarche était de lui aller rendre vi- » site ; son tendre intérêt se soutint pour elle tant que dura son mal, et dès » qu'elle en fut quitte il devint tranquille avec la même affection, qui n'a » jamais changé. Cependant son goût excessif pour cette fille paraissait être » inspiré par quelques circonstances relatives à son service à la cuisine » plutôt que par sa personne ; car cette fille ayant été remplacée par une » autre, l'affection du perroquet ne fit que changer d'objet, et parut être au » même degré dès le premier jour pour cette nouvelle fille de cuisine, et par » conséquent avant que ses soins n'eussent pu inspirer et fonder cet atta- » chement (a). »

Les talents des perroquets de cette espèce ne se bornent pas à l'imitation de la parole ; ils apprennent aussi à contrefaire certains gestes et certains mouvements : Scaliger en a vu un qui imitait la danse des Savoyards en répétant leur chanson ; celui-ci aimait à entendre chanter, et lorsqu'il voyait danser il sautait aussi, mais de la plus mauvaise grâce du monde, portant les pattes en dedans et retombant lourdement ; c'était là sa plus grande gaieté ; on lui voyait aussi une joie folle et un babil intarissable dans l'ivresse, car tous les perroquets aiment le vin, particulièrement le vin d'Espagne et le muscat, et l'on avait déjà remarqué du temps de Pline les accès de gaieté que leur donnent les fumées de cette liqueur (b). L'hiver, il cherchait le feu, son grand plaisir dans cette saison était d'être sur la cheminée ; et dès qu'il s'y était réchauffé il marquait son bien-être par plusieurs signes de joies. Les pluies d'été lui faisaient autant de plaisir, il s'y tenait des heures entières, et pour que l'arrosement pénétrât mieux il étendait ses

(a) Note communiquée par madame Nadault, ma sœur, à laquelle appartenait ce perroquet.

(b) « In vino præcipuè lasciva. » Pline, lib. x, cap. XLII.

ailes et ne demandait à rentrer que lorsqu'il était mouillé jusqu'à la peau. De retour sur sa perche il passait toutes ses plumes dans son bec les unes après les autres ; au défaut de la pluie, il se baignait avec plaisir dans une cuvette d'eau, y rentrait plusieurs fois de suite, mais avait toujours grand soin que sa tête ne fût pas mouillée ; autant il aimait à se baigner en été, autant il le craignait en hiver ; en lui montrant dans cette saison un vase plein d'eau, on le faisait fuir, et même crier.

Quelquefois on le voyait bâiller, et ce signe était presque toujours celui de l'ennui. Il sifflait avec plus de force et de netteté qu'un homme, mais quoiqu'il donnât plusieurs tons, il n'a jamais pu apprendre à siffler un air. Il imitait parfaitement le cri des animaux sauvages et domestiques, particulièrement celui de la corneille, qu'il contrefaisait à s'y méprendre ; il ne jasait presque jamais dans une chambre où il y avait du monde ; mais, seul dans la chambre voisine ; il parlait et criait d'autant plus qu'on faisait plus de bruit dans l'autre ; il paraissait même s'exciter et répéter de suite et précipitamment tout ce qu'il savait, et il n'était jamais plus bruyant et plus animé : le soir venu, il se rendait volontairement à sa cage, qu'il fuyait le jour ; alors une patte retirée dans les plumes ou accrochée aux barreaux de la cage et la tête sous l'aile, il dormait jusqu'à ce qu'il revît le jour du lendemain ; cependant il veillait souvent aux lumières : c'était le temps où il descendait sur sa planche pour aiguiser ses pattes, en faisant le même mouvement qu'une poule qui a gratté ; quelquefois il lui arrivait de siffler ou de parler la nuit lorsqu'il voyait de la clarté, mais dans l'obscurité il était tranquille et muet (*a*).

L'espèce de société que le perroquet contracte avec nous par le langage est plus étroite et plus douce que celle à laquelle le singe peut prétendre par son imitation capricieuse de nos mouvements et de nos gestes : si celle du chien, du cheval ou de l'éléphant sont plus intéressantes par le sentiment et par l'utilité, la société de l'oiseau parleur est quelquefois plus attachante par l'agrément ; il récrée, il distrait, il amuse ; dans la solitude il est compagnie, dans la conversation il est interlocuteur ; il répond, il appelle, il accueille, il jette l'éclat des ris, il exprime l'accent de l'affection, il joue la gravité de la sentence ; ses petits mots tombés au hasard, égaient par les disparates, ou quelquefois surprennent par la justesse (*b*). Ce jeu d'un langage sans idée (*) a je ne sais quoi de bizarre et de grotesque, et sans être

(*a*) Suite de la note communiquée par madame Nadault.

(*b*) Willughby parle, d'après Clusius, d'un perroquet qui, lorsqu'on lui disait : *Riez, perroquet, riez,* riait effectivement, et l'instant d'après s'écriait, avec un grand éclat : *O le grand sot qui me fait rire !* Nous en avons vu un autre qui avait vieilli avec son maître et partageait avec lui les infirmités du grand âge : accoutumé à ne plus guère entendre que ces mots :

(*) Nous avons dit plus haut et montré par des exemples ce qu'il y a d'erroné dans cette expression.

plus vide que tant d'autres propos, il est toujours plus amusant. Avec cette imitation de nos paroles, le perroquet semble prendre quelque chose de nos inclinations et de nos mœurs ; il aime et il hait, il a des attachements, des jalousies, des préférences, des caprices ; il s'admire, s'applaudit, s'encourage, il se réjouit et s'attriste ; il semble s'émouvoir et s'attendrir aux caresses ; il donne des baisers affectueux : dans une maison de deuil il apprend à gémir (*a*) ; et souvent accoutumé à répéter le nom chéri d'une personne regrettée, il rappelle à des cœurs sensibles et leurs plaisirs et leurs chagrins (*b*).

L'aptitude à rendre les accents de la voix articulée, portée dans le perroquet au plus haut degré, exige dans l'organe une structure particulière et plus parfaite; la sûreté de sa mémoire, quoique étrangère à l'intelligence, suppose néanmoins un degré d'attention et une force de réminiscence mécanique, dont nul oiseau n'est autant doué. Aussi les naturalistes ont tous remarqué la forme particulière du bec, de la langue et de la tête du perroquet : son bec arrondi en dehors, creusé et concave en dedans, offre en quelque manière la capacité d'une bouche, dans laquelle la langue se meut librement; le son venant frapper contre le bord circulaire de la mandibule inférieure, s'y modifie comme il ferait contre une file de dents, tandis que de la concavité du bec supérieur il se réfléchit comme d'un palais; ainsi le son ne s'échappe ni ne fuit pas en sifflement, mais se remplit et s'arrondit en voix. Au reste, c'est la langue qui plie en tons articulés les sons vagues qui ne seraient que des chants ou des cris : cette langue est ronde et épaisse, plus grosse même dans le perroquet à proportion que dans l'homme; elle serait plus libre pour le mouvement, si elle n'était d'une substance plus dure que la chair, et recouverte d'une membrane forte et comme cornée.

Mais cette organisation si ingénieusement préparée, le cède encore à l'art qu'il a fallu à la nature pour rendre le demi-bec supérieur du perroquet mobile, pour donner à ses mouvements la force et la facilité, sans nuire en même temps à son ouverture, et pour muscler puissamment un organe auquel on n'aperçoit pas même où elle a pu attacher des tendons; ce n'est ni à la racine de cette pièce, où ils eussent été sans force, ni à ses côtés, où ils eussent fermé son ouverture, qu'ils pouvaient être placés; la nature a pris un autre moyen, elle a attaché au fond du bec deux os qui, des deux côtés et sous les deux joues, forment, pour ainsi dire, des prolongements de sa

je suis malade, lorsqu'on lui demandait : *Qu'as-tu, perroquet, qu'as-tu?... Je suis malade*, répondait-il d'un ton douloureux et en s'étendant sur le foyer, *je suis malade*.

(*a*) Voyez, dans les *Annales* de Constantin Manassès, l'histoire du jeune prince Léon, fils de l'empereur Basile, condamné à la mort par ce père impitoyable, que les gémissements de tout ce qui l'environnait ne pouvaient toucher, et dont les accents de l'oiseau, qui avait appris à déplorer la destinée du jeune prince, émurent enfin le cœur barbare.

(*b*) Voyez dans Aldrovande (page 662) une pièce gracieuse et touchante, qu'un poète qui pleure sa maîtresse adresse à son perroquet, qui en répétait sans cesse le nom.

substance, semblables pour la forme aux os qu'on nomme *ptérigoïdes* dans l'homme, excepté qu'ils ne sont point, par leur extrémité postérieure, implantés dans un autre os, mais libres de leurs mouvements; des faisceaux épais de muscles partant de l'occiput et attachés à ces os les meuvent et le bec avec eux. Il faut voir, avec plus de détail, dans Aldrovande l'artifice et l'assortiment de toute cette mécanique admirable (*a*).

Ce naturaliste fait remarquer avec raison, depuis l'œil à la mâchoire inférieure, un espace qu'on peut ici plus proprement appeler une joue que dans tout autre oiseau, où il est occupé par la coupe du bec : cet espace représente encore mieux dans le perroquet une véritable joue par les faisceaux des muscles qui le traversent et servent à fortifier le mouvement du bec autant qu'à faciliter l'articulation.

Ce bec est très fort : le perroquet casse aisément les noyaux des fruits rouges; il ronge le bois, et même il fausse avec son bec et écarte les barreaux de sa cage, pour peu qu'ils soient faibles, et qu'il soit las d'y être renfermé; il s'en sert plus que de ses pattes pour se suspendre et s'aider en montant; il s'appuie dessus en descendant, comme sur un troisième pied qui affermit sa démarche lourde, et se présente lorsqu'il s'abat pour soutenir le premier choc de la chute (*b*). Cette partie est pour lui comme un second organe du toucher, et lui est aussi utile que ses doigts pour grimper ou pour saisir.

Il doit à la mobilité du demi-bec supérieur la faculté, que n'ont pas les autres oiseaux, de mâcher ses aliments : tous les oiseaux granivores et carnivores n'ont dans leur bec, pour ainsi dire, qu'une main avec laquelle ils prennent leur nourriture et la jettent dans le gosier, ou une arme dont ils la percent et la déchirent; le bec du perroquet est une bouche à laquelle il porte les aliments avec les doigts; il présente le morceau de côté et le ronge à l'aise (*c*); la mâchoire inférieure a peu de mouvement, le plus marqué est de droite à gauche; souvent l'oiseau se le donne sans avoir rien à manger et semble mâcher à vide, ce qui a fait imaginer qu'il ruminait; il y a plus d'apparence qu'il aiguise alors la tranche de cette moitié du bec qui lui sert à couper et à ronger.

Le perroquet appète à peu près également toute espèce de nourriture : dans son pays natal il vit de presque toutes les sortes de fruits et de graines;

(*a*) *Avi.*, t. Ier, p. 640 et 641.

(*b*) « Cùm devolat rostro se excipit, illi innititur, levioremque se ita pedum infirmitati » facit. » Pline, lib. x, cap. XLII.

(*c*) On doit remarquer que le doigt externe de derrière est mobile, et que l'oiseau le ramène de côté et en devant, pour saisir et manier ce qu'on lui donne; mais ce n'est que dans ce cas seul qu'il fait usage de cette faculté, et le reste du temps, soit qu'il marche ou qu'il se perche, il porte constamment deux doigts devant et deux derrière. Apulée et Solin parlent de perroquets à cinq doigts; mais c'est en se méprenant sur un passage de Pline, où ce naturaliste attribue à une race de pies cette singularité. (Voyez Pline, lib. x, cap. XLII.)

on a remarqué que le perroquet de Guinée s'engraisse de celle de *carthame*, qui néanmoins est pour l'homme un purgatif violent (*a*); en domesticité il mange presque de tous nos aliments, mais la viande, qu'il préférerait, lui est extrêmement contraire; elle lui donne une maladie qui est une espèce de *pica* ou d'appétit contre nature, qui le force à sucer, à ronger ses plumes, et à les arracher brin à brin partout où son bec peut atteindre. Ce perroquet cendré de Guinée est particulièrement sujet à cette maladie; il déchire ainsi les plumes de son corps et même celles de sa belle queue, et lorsque celles-ci sont une fois tombées, elles ne renaissent pas avec le rouge-vif qu'elles avaient auparavant.

Quelquefois on voit ce perroquet devenir, après une mue, jaspé de blanc et de couleur de rose, soit que ce changement ait pour cause quelque maladie, ou les progrès de l'âge. Ce sont ces accidents que M. Brisson indique comme variétés, sous les noms de *perroquet de Guinée à ailes rouges* (*b*), et de *perroquet de Guinée varié de rouge* (*c*). Dans celui que représente Edwards, tome IV, planche 163, les plumes rouges sont mélangées avec les grises au hasard et comme si l'oiseau eût été tapiré. Le perroquet cendré est, comme plusieurs autres espèces de ce genre, sujet à l'épilepsie et à la goutte (*d*); néanmoins il est très vigoureux et vit longtemps (*e*); M. Salerne assure en avoir vu un à Orléans âgé de plus de soixante ans et encore vif et gai (*f*).

Il est assez rare de voir des perroquets produire dans nos contrées tempérées, il ne l'est pas de leur voir pondre des œufs clairs et sans germe; cependant on a quelques exemples de perroquets nés en France : M. de la Pigeonière a eu un perroquet mâle et une femelle dans la ville de Marmande en Agénois, qui pendant cinq ou six années n'ont pas manqué chaque printemps de faire une ponte qui a réussi et donné des petits, que le père et la mère ont élevés. Chaque ponte était de quatre œufs, dont il y en avait toujours trois de bons et un de clair. La manière de les faire couver à leur aise fut de les mettre dans une chambre où il n'y avait autre chose qu'un baril défoncé par un bout, et rempli de sciure de bois; des bâtons étaient ajustés en dedans et en dehors du baril, afin que le mâle pût y monter également de toutes façons, et coucher auprès de sa compagne. Une attention nécessaire était de n'entrer dans cette chambre qu'avec des bottines, pour garantir les

(*a*) Les Espagnols ont nommé cette graine, *seme de papagey*, graine de perroquet.

(*b*) *Ornithologie*, t. IV, p. 312.

(*c*) *Ibid*, p. 313.

(*d*) Olina, *Uccelleria*, p. 23.

(*e*) « J'en ai connu un au Cap à Saint-Domingue, qui était âgé de quarante-six ans bien » avérés. » Note communiquée par M. de la Borde.

(*f*) Wosmaër dit qu'il connait, dans une famille, un perroquet qui depuis cent ans passe de père en fils. *Feuille imprimée* en 1769. Mais Olina, plus croyable et plus instruit, n'attribue que vingt ans de vie moyenne au perroquet. *Uccelleria ubi suprà.*

jambes des coups de bec du perroquet jaloux, qui déchirait tout ce qu'il voyait approcher de sa femelle (*a*). Le P. Labat fait aussi l'histoire de deux perroquets qui eurent plusieurs fois des petits à Paris (*b*).

LE PERROQUET VERT (*c*) (*d*)

SECONDE ESPÈCE.

M. Edwards a donné cet oiseau (*e*) comme venant de la Chine (*); il ne s'en trouve cependant pas dans la plus grande partie des provinces de ce vaste empire ; il n'y a guère que les plus méridionales, comme Quanton et Quangsi, qui approchent du tropique, limite ordinaire du climat des perroquets, où l'on trouve de ces oiseaux. Celui-ci est apparemment un de ceux que des voyageurs se sont figuré voir les mêmes en Chine et en Amérique (*f*) ; mais cette idée, contraire à l'ordre réel de la nature, est démentie par la comparaison de chaque espèce en détail : celle-ci en particulier n'est analogue à aucune des perroquets du Nouveau Monde. Ce perroquet vert est de la grosseur d'une poule moyenne ; il a tout le corps d'un vert vif et brillant, les grandes pennes de l'aile et les épaules bleues, les flancs et le dessous du haut de l'aile d'un rouge éclatant ; les pennes des ailes et de la queue sont doublées de brun. (L'échelle a été omise par oubli dans la planche enluminée qui le représente, il faut y suppléer en lui figurant quinze pouces de longueur.) Edwards le dit un des plus rares : on le trouve aux Moluques et à la Nouvelle Guinée d'où il nous a été envoyé.

(*a*) Lettre datée de Marmande en Agénois, le 25 août 1774, dans la *Gazette de Littérature*, du samedi 17 septembre suivant.

(*b*) *Nouveaux voyages aux îles de l'Amérique*. Paris, 1722, t. II, p. 160.

(*c*) Voyez les planches enluminées, n° 514.

(*d*) « Psittacus major brevicaudus, viridis, lateralibus et tectricibus alarum inferioribus » rubris ; marginibus alarum cærulcis ; rectricibus supernè viridibus subtus nigricantibus, » apice subtus fusco flavicante... » *Psittacus Sinensis*. Brisson, *Ornithol.*, t. IV, p. 291.

(*e*) *Green and red parrot from China*. Edwards, *Glan.*, p. 44, pl. 231.

(*f*) « Les provinces méridionales, telles que Quanton, et surtout Quangsi, ont des perroquets de toutes espèces, qui ne diffèrent en rien de ceux de l'Amérique ; leur plumage est le même, et ils n'ont pas moins de docilité pour apprendre à parler. » *Histoire générale des voyages*, t. VI, p. 488.

(*) *Psittacus sinensis* L.

LE PERROQUET VARIÉ (a)

TROISIÈME ESPÈCE.

Ce perroquet (*) est le même que le *psittacus elegans* de Clusius (b) et le *perroquet à tête de faucon* d'Edwards (c). Il est de la grosseur d'un pigeon : les plumes du tour du cou qu'il relève dans la colère, mais qui sont exagérées dans la figure de Clusius, sont de couleur pourprée, bordées de bleu ; la tête est couverte de plumes mêlées par traits de brun et de blanc comme le plumage d'un oiseau de proie, et c'est dans ce sens que Edwards l'a nommé *perroquet à tête de faucon*. Il y a du bleu dans les grandes pennes de l'aile et à la pointe des latérales de la queue, dont les deux intermédiaires sont vertes ainsi que le reste des plumes du manteau.

Le perroquet maillé de nos planches enluminées, n° 526, nous paraît être le même que le perroquet varié dont nous venons de donner la description, et nous présumons que le très petit nombre de ces oiseaux qui sont venus d'Amérique en France, avaient auparavant été transportés des grandes Indes en Amérique, et que si on en trouve dans l'intérieur des terres de la Guiane, c'est qu'ils s'y sont naturalisés comme les serins, le cochon d'Inde et quelques autres oiseaux et animaux des contrées méridionales de l'ancien continent qui ont été transportés dans le nouveau par les navigateurs, et ce qui semble prouver que cette espèce n'est point naturelle à l'Amérique, c'est qu'aucun des voyageurs dans ce continent n'en a fait mention, quoiqu'il soit connu de nos oiseleurs sous le nom de *perroquet maillé*, épithète qui indique la variété de son plumage ; d'ailleurs il a la voix différente de tous les autres perroquets de l'Amérique, son cri est aigu et perçant; tout semble prouver que cette espèce, dont il est venu quelques individus d'Amérique, n'est qu'accidentelle à ce continent et y a été apportée des grandes Indes.

(a) « Psittacus major brevicaudus, supernè viridi, infernè pennis purpureis cæruleo marginatis vestitus; capite fusco, pennis in medio dilutioribus ; collo pectori concolore, rectricibus subtus nigro-cærulescentibus supernè viridibus, lateralibus apice saturatè cæruleis... » *Psittacus varius Indicus*. Brisson, *Ornithol.*, t. IV, p. 300. — « Psittacus brachyurus viridis, capite grisco, collo pectoreque subolivaceo vario ; remigibus, rectricibusque cæruleis... » *Psittacus accipitrinus*. Linnæus, *Syst. nat.*, édit. X, gen. 44, sp. 32.

(b) Clusius, *Exotic. auctuar.*, p. 365. — Nieremberg, p. 226, avec la figure empruntée de Clusius. — Ray, *Synops. avi.*, p. 31, n° 11.

(c) *Hawk-headed parrot*. Edwards, *Hist. of Birds*, t. IV, pl. 165.

(*) *Psittacus accipitrinus* L.

LE VAZA OU PERROQUET NOIR (a) (b)

QUATRIÈME ESPÈCE.

La quatrième espèce des perroquets proprement dits est le *vaza* (*), nom que celui-ci porte à Madagascar suivant Flacourt (c), qui ajoute que ce perroquet imite la voix de l'homme. Rennefort en fait aussi mention (d); et c'est le même que François Cauche appelle *wouresmeinte* (e), ce qui veut dire oiseau noir, le nom de *vourou*, en langue madégasse, signifiant oiseau en général. Aldrovande place aussi des perroquets noirs dans l'Éthiopie (f). Le vaza est de la grosseur du perroquet cendré de Guinée ; il est également noir dans tout son plumage; non d'un noir épais et profond, mais brun et comme obscurément teint de violet (g). La petitesse de son bec est remarquable; il a au contraire la queue assez longue. M. Edwards, qui l'a vu vivant, dit que c'était un oiseau fort familier et fort aimable.

LE MASCARIN (h) (i)

CINQUIÈME ESPÈCE.

Il est ainsi nommé (**) parce qu'il a autour du bec une sorte de masque noir qui engage le front, la gorge et le tour de la face. Son bec est rouge; une

(a) Voyez les planches enluminées, n° 500.

(b) « Psittacus major brevicaudus, nigro-cærulescens, oculorum ambitu candicante, remi-» gibus cinereo fuscis, exteriùs ad viride vergentibus ; rectricibus supernè nigro cærulescen-» tibus, subtus penitus nigris... » *Psittacus Madagascariensis niger*. Brisson, *Ornithol.*, t. IV, p. 317. — *Psittacus ex nigro cæruleus rostro brevissimo*. Klein, *Avi.*, p. 25, n° 23. — Edwards, t. Ier, pl. 5. — *Psittacus Brachyurus niger*. Linnæus, *Syst. nat.*, édit. X, gen. 44, sp 17.

(c) « *Vaza* est le perroquet qui est noir en ce pays ; il y en a de petits qui sont rouge brun, mais on a de la peine à les avoir. » *Voyage à Madagascar*, par Flacourt. Paris, 1661.

(d) A Madagascar... les gros perroquets sont noirs. *Relation de Rennefort. Histoire générale des Voyages*, t. VIII, p. 636.

(e) *Voyage à Madagascar*, par Fr. Cauche. Paris, 1651.

(f) *Ornithol.*, t. Ier, p. 636.

(g) M. Brisson dit cette teinte bleuâtre, *cærulescens*.

(h) Voyez les planches enluminées, n° 35.

(i) « Psittacus major brevicaudus saturatè cinereus ; capite et collo superioribus dilutè » cinereis : tæniâ circa basim rostri nigrâ, oculorum ambitu nudo coccineo, rectricibus » saturatè cinereis, lateralibus in exortu candidis. » *Psittacus mascarinus*. Brisson, *Ornithol.*,

(*) *Psittacus niger* L.

(**) *Psittacus mascarinus* L.

coiffe grise couvre le derrière de la tête et du cou; tout le corps est brun; les pennes de la queue, brunes aux deux tiers de leur longueur sont blanches à l'origine. La longueur totale de ce perroquet est de treize pouces. M. le vicomte de Querhoënt nous assure qu'on le trouve à l'île de Bourbon où probablement il a été transporté de Madagascar. Nous avons au Cabinet du roi un individu de même grandeur et de même couleur, excepté qu'il n'a pas le masque noir, ni le blanc de la queue, et que tout le corps est également brun; le bec est aussi plus petit, et par ce caractère il se rapproche plus du vaza, dont il paraît être une variété, s'il ne forme pas une espèce intermédiaire entre celle-ci et celle du mascarin. C'est à cette espèce ou à cette variété que nous rapporterons le *perroquet brun* de M. Brisson (*a*).

LE PERROQUET A BEC COULEUR DE SANG (*b*)

SIXIÈME ESPÈCE.

Ce perroquet (*) se trouve à la Nouvelle-Guinée : il est remarquable par sa grandeur; il l'est encore par son bec couleur de sang, plus épais et plus large, à proportion, que celui de tous les autres perroquets, et même que celui des aras d'Amérique. Il a la tête et le cou d'un vert brillant à reflets dorés; le devant du corps est d'un jaune ombré de vert; la queue doublée de jaune est verte en dessus; le dos est bleu d'aigue-marine; l'aile paraît teinte d'un mélange de ce bleu d'azur et de vert, suivant différents aspects; les couvertures sont noires, bordées et chamarrées de traits jaune doré. Ce perroquet a quatorze pouces de longueur.

LE GRAND PERROQUET VERT A TÊTE BLEUE (*c*)

SEPTIÈME ESPÈCE.

Ce perroquet (**), qui se trouve à Amboine, est un des plus grands; il a près de seize pouces de longueur, quoique sa queue soit assez courte. Il a le

t. IV, p. 315. — « Psittacus macrourus niger genis nudis, vertice cinereo nigricante vario, » caudâ cincreâ... » *Psittacus obscurus*. Linnæus, *Syst. nat.*, édit. X, gen. 44, sp. 3.

(*a*) « Psittacus major brevicaudus, in toto corpore cinereo fuscus... » *Psittacus fuscus*. Brisson, *Ornithol.*, t. IV, p. 314.

(*b*) Voyez les planches enluminées, n° 713.

(*c*) Voyez *idem*, n° 862.

(*) *Psittacus macrorhynchus* L.

(**) *Psittacus gramineus* L.

front et le dessus de la tête bleus; tout son manteau est d'un vert de pré, surchargé et mêlé de bleu sur les grandes pennes; tout le dessous du corps est d'un vert olivâtre; la queue est verte en dessus et d'un jaune terne en dessous.

LE PERROQUET A TÊTE GRISE (a) (b)

HUITIÈME ESPÈCE.

Cet oiseau (*) a été nommé dans la planche enluminée *petite perruche du Sénégal*, mais ce n'est point une perruche proprement dite puisqu'il n'a pas la queue longue, et qu'au contraire il l'a très courte; il n'est pas non plus un moineau de Guinée ou petite perruche à queue courte, étant deux ou trois fois plus gros que cet oiseau : il doit donc être placé parmi les perroquets, dont c'est véritablement une espèce, quoiqu'il n'ait que sept pouces et demi de longueur; mais dans sa taille ramassée il est gros et épais. Il a la tête et la face d'un gris lustré bleuâtre, l'estomac et tout le dessous du corps d'un gros jaune souci, quelquefois mêlé de rouge aurore, la poitrine et tout le manteau vert, excepté les pennes de l'aile, qui sont seulement bordées de cette couleur, autour d'un fond gris brun. Ces perroquets sont assez communs au Sénégal : ils volent par petites bandes de cinq ou six; ils se perchent sur le sommet des arbres épars dans les plaines brûlantes et sablonneuses de ces contrées, où ils font entendre un cri aigu et désagréable; ils se tiennent serrés l'un contre l'autre, de manière que l'on en tue plusieurs à la fois; il arrive même assez souvent de tuer la petite bande entière d'un seul coup de fusil. Lemaire assure qu'ils ne parlent point (c); mais cette espèce peu connue n'a peut-être pas encore reçu de soins ni d'éducation.

(a) Voyez *idem*, n° 288.

(b) « Psittacus minor brevicaudus, supernè viridis, infernè aurantius, ad latera luteus; » capite et gutture cinereis; collo viridi, rectricibus supernè saturatè cinereis, ad viride vergentibus viridi marginatis... » *Psittacula Senegalensis*. Brisson, *Ornithol.*, t. IV, p. 400.

(c) « Les perroquets y sont de deux sortes (au Sénégal) : les uns sont petits et tout verts; » les autres plus grands, ont la tête grise, le ventre jaune, les ailes vertes, et le dos mêlé de » gris et de jaune, ceux-ci ne parlent jamais; mais les petits ont une voix douce et claire, et » disent tout ce qu'on leur apprend. » *Voyage de Lemaire*. Paris, 1695, p. 107.

(*) *Psittacus senegalus* L.

LES LORIS

On a donné ce nom dans les Indes orientales à une famille de perroquets dont le cri exprime assez bien le mot *lori* (*). Ils ne sont guère distingués des autres oiseaux de ce genre que par leur plumage, dont la couleur dominante est un rouge plus ou moins foncé. Outre cette différence principale, on peut aussi remarquer que les loris ont en général le bec plus petit, moins courbé et plus aigu que les autres perroquets. Ils ont de plus le regard vif, la voix perçante et les mouvements prompts : ils sont, dit Edwards, les plus agiles de tous les perroquets, et les seuls qui sautent sur leur bâton jusqu'à un pied de hauteur. Ces qualités bien constatées démentent la tristesse silencieuse qu'un voyageur leur attribue (*a*).

Ils apprennent très facilement à siffler et à articuler des paroles : on les apprivoise aussi fort aisément, et ce qui est assez rare dans tous les animaux, ils conservent de la gaieté dans la captivité ; mais ils sont en général très délicats et très difficiles à transporter et à nourrir dans nos climats tempérés, où ils ne peuvent vivre longtemps. Ils sont sujets, même dans leur pays natal, à des accès épileptiques, comme les aras et autres perroquets ; mais il est probable que les uns et les autres ne ressentent cette maladie que dans la captivité.

« C'est improprement, dit M. Sonnerat (*b*), que les ornithologistes ont » désigné les loris par les noms de *loris des Philippines, des Indes orien-* » *tales, de la Chine,* etc. Les oiseaux de cette espèce ne se trouvent qu'aux » Moluques et à la Nouvelle-Guinée : ceux qu'on voit ailleurs en ont tous été » transportés. » Mais c'est encore plus improprement, ou pour mieux dire, très mal à propos que ces mêmes nomenclateurs d'oiseaux ont donné quelques espèces de loris comme originaires d'Amérique, puisqu'il n'y en existe aucune, et que si quelques voyageurs y en ont vu, ce ne peuvent être que quelques individus qui avaient été transportés des îles orientales de l'Asie.

M. Sonnerat ajoute qu'il a trouvé les espèces de loris constamment différentes d'une île à l'autre, quoique à peu de distance ; on a fait une observation toute semblable dans nos îles de l'Amérique : chacune de ces îles nourrit assez ordinairement des espèces différentes de perroquets.

(*a*) *Histoire générale des voyages,* t. X, p. 459.
(*b*) *Voyage à la Nouvelle-Guinée,* p. 173.

(*) Les Loris (*Lorius*) se distinguent par une queue médiocre, arrondie à l'extrémité et par un plumage dans lequel le rouge domine. Le bec est relativement long et faible. On en a fait une petite famille des Loridés.

LE LORI-NOIRA (a) (b)

PREMIÈRE ESPÈCE.

Ce lori (*) est représenté dans les planches enluminées sous la dénomination de *lori des Moluques;* mais cette dénomination est trop vague, puisque, comme nous venons de le voir, presque toutes les espèces de loris viennent de ces îles. Celui-ci se trouve à Ternate (c), à Céram et à Java : le nom de *noira* est celui que les Hollandais lui donnent, et sous lequel il est connu dans ces îles.

Cette espèce est si recherchée dans les Indes, qu'on donne volontiers jusqu'à dix réaux de huit pour un noira. On lit dans les premiers Voyages des Hollandais à Java, que pendant longtemps on avait tenté inutilement de transporter quelques-uns de ces beaux oiseaux en Europe; ils périssaient tous dans la traversée (d) : cependant les Hollandais du second voyage en apportèrent un à Amsterdam (e). On en a vu plus fréquemment depuis. Le noira marque à son maître de l'attachement et même de la tendresse; il le caresse avec son bec, lui passe les cheveux brin à brin avec une douceur et une familiarité surprenantes, et en même temps il ne peut souffrir les étrangers et les mord avec une sorte de fureur. Les Indiens de Java nourrissent un grand nombre de ces oiseaux (f); en général, il paraît que la cou-

(a) Voyez les planches enluminées, n° 216.

(b) *Noyra.* Clusius, *Exotic.*, p. 364. — Nieremberg, p. 229. — Jonston, *Avi.*, p. 155. — *Idem.*, p. 157. — *Lory*, Ray, *Synops.*, p. 151, n° 9. — *Psittacus purpureus.* Charleton, *Exercit.*, p. 75, n° 16. — *Idem, Onomast.*, p. 67, n° 16. — *Psittacus coccineis alis ex viridi et nigro variis.* Willughby, *Ornithol.*, p. 78. — Ray, *Synops.*, p. 31, n° 9. — *Psittacus rufus, femoribus alisque viridibus.* Frisch, tab. 45. — Klein, *Avi.*, p. 25, n° 8. — *Scarlet lori.* Edwards, t. IV, pl. 172. — « Psittacus major brevicaudus, coccineus, maculâ in dorso supremo » et tectricibus alarum superioribus minimis luteis; remigibus majoribus exteriùs supernè » viridibus, infernè pallidè roseis, interiùs coccineis apice nigro; rectricibus lateralibus » supernè primâ medietate coccineis, alterâ saturatè viridibus, binis utrimque extimis ultimâ » medietate exteriùs saturatè violaceo mixtis... » *Lorius Moluccensis.* Brisson, *Ornithol.*, » t. IV, p. 219.

(c) « Il y a beaucoup de beaux perroquets à l'île de Ternate, qui sont rouges sur le dos, » avec de petites plumes sur le devant des ailes. Ils sont un peu plus petits que ceux des » Indes occidentales, mais ils apprennent bien mieux à parler. » Argensola, *Conquêtes des Moluques*, Paris, 1706, t. III, p. 21.

(d) Linscot apud Clusium, *Auct.*, p. 364.

(e) *Recueil des Voyages qui ont servi à l'établissement de la Compagnie des Indes*, etc.; Amsterdam, 1702, t. 1er, p. 529 et 530.

(f) « Les Hollandais passèrent dans l'appartement des perroquets, qui leur parurent beaucoup plus beaux que ceux qu'ils avaient vus dans d'autres lieux, mais d'une grosseur médiocre. Les Portugais leur donnent le nom de *noyras;* ils ont un rouge vif et lustré sur la

(*) *Lorius Garrulus* (*Psittacus Garrulus* L.).

tume de nourrir et d'élever des perroquets en domesticité est très ancienne chez les Indiens, puisque Élien en fait mention.

VARIÉTÉS DU NOIRA

I. — C'est apparemment au noira que se rapporte ce que dit Aldrovande du perroquet de Java, que les insulaires appellent *nor*, c'est-à-dire brillant. Il a tout le corps d'un rouge foncé, l'aile et la queue d'un vert aussi foncé; une tache jaune sur le dos, et un petit bord de cette même couleur à l'épaule. Entre les plumes de l'aile, qui étant pliée paraît toute verte, les couvertures seulement et les petites pennes sont de cette couleur jaune, et les grandes sont brunes.

II. — Le lori décrit par M. Brisson sous le nom de *lori de Céram* (*a*), et auquel il attribue tout ce que nous avons appliqué au noira, n'en est en effet qu'une variété, et il ne diffère de notre noira qu'en ce qu'il a les plumes des jambes de couleur verte, et que le noira les a rouges comme le reste du corps.

LE LORI A COLLIER (*b*)

SECONDE ESPÈCE.

Cette seconde espèce de lori (*) est représentée dans les planches enluminées sous la dénomination de *lori mâle des Indes orientales* : nous n'adoptons pas cette dénomination, parce qu'elle est trop vague, et que d'ailleurs les loris ne sont pas réellement répandus dans les grandes Indes, mais plutôt confinés à la Nouvelle-Guinée et aux Moluques (**). Celui-ci a tout le corps,

gorge et sous l'estomac, et comme une belle plaque d'or sur le dos. » *Hist. générale des voyages*, t. VIII, p. 136.

(*a*) « Psittacus major brevicaudus coccineus; tectricibus alarum superioribus minimis « luteis, remigibus majoribus exteriùs supernè viridibus, infernè cinereo albis, interiùs cocci- » neis, apice saturatè cinereo; rectricibus quatuor utrimque extimis supernè primùm cocci- » neis, dein saturatè violaceis, apice saturatè viridibus... » *Lorius Ceramensis*. Brisson, *Ornithol.*, t. IV, p. 215. — « Psittacus brachyurus ruber, genibus alisque viridibus, rectricibus » medietate posticâ cæruleis... » *Psittacus garrulus*. Linnæus, *Syst. nat.*, édit. X, gen. 44, sp. 21.

(*b*) Voyez les planches enluminées, n° 119.

(*) *Lorius Domicella* (*Psittacus Domicella* L.).

(**) Le Lori à collier ou Lori des dames vit en bandes dans les forêts de Bonéo et de la Nouvelle-Guinée.

avec la queue, de ce rouge foncé de sang qui est proprement la livrée des loris; l'aile est verte, le haut de la tête est d'un noir terminé de violet sur la nuque; les jambes et le pli de l'aile sont d'un beau bleu; le bas du cou est garni d'un demi-collier jaune, et c'est par ce dernier caractère que nous avons cru devoir désigner cette espèce.

L'oiseau représenté dans les planches enluminées, n° 84, sous la dénomination de *lori des Indes orientales*, et que M. Brisson a donné sous le même nom (*a*), paraît être la femelle de celui dont il est ici question, car il n'en diffère qu'en ce qu'il n'a pas le collier jaune, ni la tache bleue du sommet de l'aile si grande; il est aussi un peu plus petit : apparemment le mâle seul, dans cette espèce, porte le collier. Ce lori est, comme tous les autres, très doux et très familier, mais aussi très délicat et difficile à élever. Il n'y en a point qui apprenne plus facilement à parler, et qui parle aussi distinctement : « J'en ai vu un, dit M. Aublet, qui répétait tout ce qu'il entendait dire à la première fois (*b*). » Tout étonnante que cette faculté puisse paraître, on ne peut guère en douter : il semble même qu'elle appartienne à tous les loris (*c*); celui-ci en particulier est très estimé; Albin dit qu'il l'a vu vendre vingt guinées. Au reste, on doit regarder comme une variété de cette espèce le lori à collier des Indes donné par M. Brisson (*d*).

(*a*) « Psittacus major brevicaudus, coccineus syncipite nigro violaceo; vertice dilutè violaceo, marginibus alarum viridi et cæruleo variis, remigibus majoribus exteriùs supernè et » viridibus, infernè nigricantibus, interiùs luteis apice nigricante, rectricibus coccineis, apice « viridi marginatis... » *Lorius orientalis Indicus*. Brisson, *Ornithol.*, t. IV, p. 222. — « Psittacus brachyurus ruber, pileo fusco, alis viridibus, humeris genibusque cæruleis... » *Domicella*. Linnæus, *Syst. nat.*, édit. X, g. 44, sp. 23.

(*b*) « Il était venu des Indes à l'île de France, et m'avait été donné par M. le comte d'Estaing, il était étonnant. » (Note communiquée par M. Aublet.)

(*c*) « Les Hollandais en avaient un qui contrefaisait sur-le-champ tous les cris des autres animaux qu'il entendait. » Second voyage des Hollandais, *Hist. générale des voyages*. t. VIII, p. 377. — « Tous les voyageurs parlent avec admiration de la facilité que les perroquets des Moluques ont à répéter ce qu'ils entendent. Leurs couleurs sont variées et forment un mélange agréable; ils crient beaucoup et fort haut. » *Ibidem*.

(*d*) « Psittacus major brevicaudus, coccineus, uropygio et imo ventre ex albo et roseo » variegatis; capite superiore et remigibus majoribus cyaneis; torque luteo, rectricibus pur- » pureis, fusco rubescente adumbratis... » *Lorius torquatus Indicus*. Brisson, *Ornithol.*, t. IV, p. 230. — *Psittacus capite cyaneo, collari luteo*. Klein, *Avi.*, p. 25, n° 17. — *Laurey*. Albin, t. Ier, pl. 13.

LE LORI TRICOLOR (a) (b)

TROISIÈME ESPÈCE.

Le beau rouge, l'azur et le vert qui frappent les yeux dans le plumage de ce lori, et le coupent par grandes masses, nous ont déterminés à lui donner le nom de *tricolor* (*). Le devant et les côtés du cou, les flancs, avec le bas du dos, le croupion et la moitié de la queue sont rouges. Le dessous du corps, les jambes et le haut du dos sont bleus; l'aile est verte et la pointe de la queue bleue : une calotte noire couvre le sommet de la tête. La longueur de cet oiseau est de près de dix pouces. Il en est peu d'aussi beaux par l'éclat, la netteté et la brillante opposition des couleurs; sa gentillesse égale sa beauté : Edwards, qui l'a vu vivant et qui le nomme *petit lori*, dit qu'il sifflait joliment, prononçait distinctement différents mots, et, sautant gaiement sur son juchoir ou sur le doigt, criait d'une voix douce et claire, *lori*, *lori*. Il jouait avec la main qu'on lui présentait, courait après les personnes en sautillant comme un moineau : ce charmant oiseau vécut peu de mois en Angleterre. Il est désigné, dans nos planches enluminées, sous le nom de *lori des Philippines*. M. Sonnerat l'a trouvé à l'île d'Yolo, que les Espagnols prétendent être une des Philippines, et les Hollandais une des Moluques.

LE LORI CRAMOISI (c) (d)

QUATRIÈME ESPÈCE.

Ce lori (**) a près de onze pouces de longueur : nous le nommons *cramoisi*, parce que son rouge, la face exceptée, est beaucoup moins éclatant que celui

(a) Voyez les planches enluminées, nº 168.

(b) *First black-capped lory.* Edwards, t. IV, pl. 170. — « Psittacus major brevicaudus, » coccineus, collo superiore, dorso supremo, medio pectore, medio ventre, tectricibusque » caudæ inferioribus cæruleo violaceis; capite superiùs nigro; remigibus majoribus exteriùs » supernè primà medietate coccineis, alterâ saturatè viridibus, exteriùs saturatè violaceo » marginatis... » *Lorius Philippensis*. Brisson, *Ornithol.*, t. IV, p. 226. — « Psittacus Brachyurus purpureus, pileo nigro, alis viridibus, pectore, genibus, caudaque cæruleis. » *Lori*. Linnæus, *Syst. nat.*, édit. X, g. 44, sp. 24.

(c) Voyez les planches enluminées, nº 518.

(d) « Psittacus major brevicaudus, supernè saturatè coccineus, infernè obscurè violaceus ; » rectricibus saturatè coccineis, aspice sordidè pallidè rubris... » *Lorius Amboinensis*. Brisson, *Ornithol.*, t. IV, p. 231.

(*) *Psittenteles versicolor* (*Psittacus Lori* L.).

(**) C'est une variété du Grand Lori de Buffon.

des autres loris, et paraît terni et comme bruni sur l'aile. Le bleu du haut du cou et de l'estomac est faible et tirant au violet; mais au pli de l'aile il est vif et azuré, et au bord des grandes pennes il se perd dans leur fond noirâtre: la queue est, par-dessous, d'un rouge enfumé, et en dessus, du même rouge tuilé que le dos. Cette espèce n'est pas la seule qui soit à Amboine, et il paraît par le témoignage de Gemelli Careri que la suivante s'y trouve également (*a*).

LE LORI ROUGE (*b*)

CINQUIÈME ESPÈCE.

Quoique dans tous les loris le rouge soit la couleur dominante, celui-ci (*) mérite entre tous les autres le nom que nous lui donnons: il est entièrement rouge, à l'exception de la pointe de l'aile, qui est noirâtre, de deux taches bleues sur le dos, et d'une de même couleur aux couvertures du dessous de la queue. Il a dix pouces de longueur. C'est une espèce qui paraît nouvelle. Nous corrigeons la dénomination de *lori de la Chine* qui lui est donnée dans la planche enluminée, parce qu'il ne paraît pas d'après les voyageurs qu'il se trouve des loris à la Chine, et que l'un de nos meilleurs observateurs, M. Sonnerat, nous assure au contraire qu'ils sont tous habitants des Moluques et de la Nouvelle-Guinée; et en effet le *lori de Gilolo* (*c*) de cet observateur nous paraît être absolument le même que celui-ci.

LE LORI ROUGE ET VIOLET (*d*)

SIXIÈME ESPÈCE.

Ce lori (**) ne s'est trouvé jusqu'à présent qu'à Gueby, et c'est par cette raison qu'on l'a nommé *lori de Gueby* dans nos planches enluminées. Il a tout le corps d'un rouge éclatant, régulièrement écaillé de brun violet depuis l'occiput, en passant par les côtés du cou jusqu'au ventre; l'aile est coupée

(*a*) « A Amboine, il y a plusieurs espèces de perroquets, et entre autres une dont toutes les plumes sont incarnates. » *Voyage autour du monde*, par Gemelli Carreri, t. V, p. 236.

(*b*) Voyez les planches enluminées, nº 519, sous la dénomination de *Lori de la Chine*.

(*c*) *Voyage à la Nouvelle-Guinée*, p. 177.

(*d*) Voyez les planches enluminées, nº 684.

(*) *Lorius ruber* (*Psittacus ruber* L.).

(**) *Lorius guebiensis* (*Psittacus guebiensis* L.).

de rouge et de noir, de façon que cette dernière couleur termine toutes les pointes des pennes et tranche une partie de leurs barbes; les petites pennes et leurs couvertures les plus près du corps sont d'un violet brun; la queue est d'un rouge de cuivre : la longueur totale de ce lori est de huit pouces.

LE GRAND LORI (*a*)

SEPTIÈME ESPÈCE.

C'est le plus grand des loris (*) : il a treize pouces de longueur. La tête et le cou sont d'un beau rouge, le bas du cou, tombant sur le dos, est d'un bleu violet; la poitrine est richement nuée de rouge, de bleu, de violet et de vert; le mélange de vert et de beau rouge continue sur le ventre; les grandes pennes et le bord de l'aile, depuis l'épaule, sont d'un bleu d'azur; le reste du manteau est rouge sombre. La moitié de la queue est rouge, sa pointe est jaune.

Il paraît que c'est cette espèce que M. Wosmaër a décrite sous le nom de *lori de Ceylan*, il avait été apporté vraisemblablement de plus loin dans cette île, et de cette île en Hollande; mais il y vécut peu, et mourut au bout de quelques mois (*b*).

LES LORIS PERRUCHES

Les espèces qui suivent sont des oiseaux presque entièrement rouges comme les loris, mais leur queue est plus longue, et cependant plus courte que celle des perruches, et l'on doit les considérer comme faisant la nuance entre les loris et les perruches de l'ancien continent : nous les appellerons par cette raison *loris perruches*.

(*a*) Voyez les planches enluminées, n° 683.
(*b*) Voyez Wosmaër, feuilles imprimées en 1769.

(*) *Lorius grandis* (*Psittacus grandis* et *Psittacus puniceus* L.).

LE LORI PERRUCHE ROUGE (a)

PREMIÈRE ESPÈCE.

Le plumage de cet oiseau (*) est presque entièrement rouge, à l'exception de quelques couvertures et des extrémités des pennes de l'aile et des pennes de la queue, dont les unes sont vertes, et quelques autres sont bleues. La longueur totale de l'oiseau est de huit pouces et demi. Edwards dit qu'il est très rare, et qu'un voyageur le donna à M. Hans Sloane comme venant de Bornéo.

LE LORI PERRUCHE VIOLET ET ROUCE (b) (c)

SECONDE ESPÈCE.

La couleur dominante de cet oiseau (**) est le rouge mêlé de bleu violet. Sa longueur totale est de dix pouces, la queue fait près du tiers de cette longueur : elle est toute d'un gros bleu, de même que les flancs, l'estomac, le haut du dos et de la tête; les grandes pennes de l'aile sont jaunes : tout le reste du plumage est d'un beau rouge bordé de noir en festons sur les ailes.

(a) « Psittacus minor longicaudus, coccineus; collo inferiore et pectore dilutiùs coccineis, » marginibus pennarum luteis; remigibus apice viridibus, tribus corpori finitimis cæruleis; « rectricibus sordidè rubris, supernè apice viridescentibus, utrimque extimâ supernè viridescente... » *Psittaca coccinea Bonarum Fortunarum insulæ*. Brisson, *Ornithol.*, t. IV, p. 373. — « Psittacus macrourus ruber remigibus, rectricibusque apice viridibus, alis maculâ cæruleâ, » *Psittacus Borneus*. Linnæus, *Syst. nat.*, édit. X, gen. 44, sp. 6. — *Long-tailed scarlet lory*. Edwards, *History of Birds*, t. IV, pl. 173.

(b) Voyez les planches enluminées, n° 143, sous la dénomination de *Perruche des Indes orientales*.

(c) « Psittacus minor longicaudus, coccineus, supernè saturatiùs, infernè dilutiùs, fusco » et cæruleo violaceo variegatus; capite et collo superioribus, pectore et tæniâ ponè oculos » cæruleo-violaceis; remigibus majoribus dilutè fusco, minoribus fusco-violaceo terminatis; » rectricibus fusco-violaceis, lateralibus interiùs coccineis... » *Psittaca Indica coccinea*. Brisson, *Ornithol.*, t. IV, p. 376.

(*) *Psittacus borneus* L.
(**) *Psittacus coccineus* KUHL.

Fournier sc.

1. Perruche à tête jaune. 2. Perruche omnicolore.

LE LORI PERRUCHE TRICOLOR (a) (b)

TROISIÈME ESPÈCE.

On peut nommer ainsi cet oiseau (*), le rouge, le vert et le bleu turquin occupant par trois grandes masses tout son plumage : le rouge couvre la tête, le cou et tout le dessous du corps ; l'aile est d'un vert foncé, le dos et la queue sont d'un gros bleu moelleux et velouté. La queue est longue de sept pouces, l'oiseau entier de quinze et demi, et de la grosseur d'une tourterelle. La queue dans ces trois dernières espèces, quoique plus longue que ne l'est communément celle des loris et des perroquets proprement dits, n'est néanmoins pas étagée comme celle des perruches à longue queue, mais composée de pennes égales et coupées à peu près carrément.

PERRUCHES DE L'ANCIEN CONTINENT

PERRUCHES A QUEUE LONGUE

ET ÉGALEMENT ÉTAGÉE

Nous séparerons en deux familles les perruches à longue queue (**) : la première sera composée de celles qui ont la queue également étagée, et la seconde de celles qui l'ont inégale ou plutôt inégalement étagée, c'est-à-dire qui ont les deux pennes du milieu de la queue beaucoup plus longues que les autres pennes, et qui paraissent en même temps séparées l'une de l'autre. Toutes ces perruches sont plus grosses que les perruches à queue courte, dont nous donnerons ci-après la description, et cette longue queue les distingue aussi de tous les perroquets à queue courte.

(a) Voyez les planches enluminées, n° 240, sous la dénomination de *Perruche rouge d'Amboine*.

(b) « Psittacus minor longicaudus, supernè cæruleo-violaceus, infernè coccineus; capite » et collo coccineis; remigibus exteriùs saturatè viridibus, interiùs et subtus nigricantibus; » rectricibus saturatè violaceis, lateralibus interiùs et subtus nigricantibus; duabus utrimque » extimis rubro marginatis... » *Psittaca Amboinensis coccinea*. Brisson, *Ornithol.*, t. IV, page 378.

(*) *Psittacus amboinensis* Gmel.

(**) Les Perruches à longue queue de Buffon constituent la petite famille des Paléornitidés des zoologistes modernes, caractérisée par un corps élancé et une queue longue.

LA GRANDE PERRUCHE A COLLIER D'UN ROUGE VIF (a) (b)

PREMIÈRE ESPÈCE A QUEUE LONGUE ET ÉGALE.

Pline et Solin ont également décrit le perroquet vert à collier, qui de leur temps était le seul connu, et qui venait de l'Inde (c) (*); Apulée le dépeint avec l'élégance qu'il a coutume d'affecter (d), et dit que son plumage est d'un vert naïf et brillant : le seul trait qui tranche, dit Pline, dans le vert de ce plumage est un demi-collier d'un rouge vif appliqué sur le haut du cou (e); Aldrovande, qui a recueilli tous les traits de ces descriptions, ne nous permet pas de douter que ce perroquet à *collier* et à *longue queue* des anciens ne soit notre grande perruche à collier rouge : pour le prouver, il suffit de deux traits de la description d'Aldrovande ; le premier est la largeur du collier, qui, dit-il, est dans son milieu de *l'épaisseur du petit doigt ;* l'autre est la tache rouge qui *marque le haut de l'aile* (f). Or, de toutes les perruches qui pourraient ressembler à ce perroquet des anciens, celle-ci seule porte ces deux caractères ; les autres n'ont point de rouge à l'épaule, et leur collier n'est qu'un cordon sans largeur. Au reste, cette perruche rassemble tous les traits de beauté des oiseaux de son genre : plumage d'un vert clair et gai sur la tête, plus foncé sur les ailes et le dos ; demi-collier couleur de rose, qui, entourant le derrière du cou, se rejoint sur les côtés à la bande

(a) Voyez les planches enluminées, n° 642.

(b) *Psittacus torquatus macrouros antiquorum.* Aldrovande, *Avi.*, t. Ier, p. 678, avec une figure assez reconnaissable, p. 679. — Willughby, *Ornithol.*, p. 77, avec une figure peu juste (tab. XVI), parce qu'il l'a empruntée d'Olina, qui n'a pas représenté cette perruche. — Ray, *Synops. avi.*, p. 33, n° 1. — *Psittacus torquatus macrourus.* Jonston, *Avi.*, p. 23, avec la figure encore mal à propos empruntée d'Olina. — Charleton, *Exercit.*, p. 74, n° 10. — *Idem, Onomast.*, p. 67, n° 10. — « Psittacus macrourus viridis, collari pectoreque rubro, gulâ » nigrâ... » *Psittacus Alexandri.* Linnæus, *Syst. nat.*, édit. X, gen. 44, sp. 9. — Le *perrochetto* d'Olina, p. 27, n'est pas la perruche des Maldives ou le perroquet des anciens, mais plutôt notre perruche à collier, planche enluminée, n° 551, puisque, lui attribuant le nom de *scincialo*, il dit qu'elle vient de l'île Espagnole, et que sa figure porte un collier. — *Ring parrakct.* Edwards, *Glan.*, p. 175, pl. 292, la figure d'en haut. — M. Brisson, qui rapporte dans son *Supplément* (p. 127) cette perruche d'Edwards à sa *perruche à collier* (espèce 55), ne peut s'empêcher de remarquer, outre la différence de grosseur, qu'elle a du rouge à chaque aile ; et Edwards distingue nettement, en cet endroit même, cette grosse perruche de *la grandeur d'un pigeon*, de la petite perruche à collier, *grosse comme un merle, qu'on voit*, dit-il, *beaucoup plus fréquemment.*

(c) Voyez Pline, lib. X, cap. XLII ; et Solin., cap. LII.

(d) Florid., lib. II.

(e) « Viridem toto corpore, torque tantùm miniato in cervice distinctam. » Pline, lib. X, cap. XLII.

(f) « Alarum pennæ... circa medium, in superiore parte rubrâ notâ distinguntur. » Aldrovande, t. Ier, p. 678.

(*) *Palæomis Alexandri* (*Psittachus Alexandri* L.).

noire qui enveloppe la gorge; bec d'un rouge vermeil, et tache pourprée au sommet de l'aile; ajoutez une belle queue, plus longue que le corps, mêlée de vert et de bleu d'aigue-marine en dessus, et doublée de jaune tendre, vous aurez toute la figure, simple à la fois et parée, de cette grande et belle perruche qui a été le premier perroquet connu des anciens. Elle se trouve non seulement dans les terres du continent de l'Asie méridionale, mais aussi dans les îles voisines et à Ceylan; car il paraît que c'est de cette dernière île que les navigateurs de l'armée d'Alexandre la rapportèrent en Grèce, où l'on ne connaissait encore aucune espèce de perroquets (*a*) (*).

LA PERRUCHE A DOUBLE COLLIER (*b*) (*c*)

SECONDE ESPÈCE A QUEUE LONGUE ET ÉGALE.

Deux petits rubans, l'un rose et l'autre bleu, entourent le cou en entier de cette perruche (**), qui est de la grosseur d'une tourterelle; du reste, tout son plumage est vert, plus foncé sur le dos, jaunissant sous le corps, et dans plusieurs de ses parties rembruni d'un trait sombre sur le milieu de chaque plume; sous la queue un frangé jaunâtre borde le gris brun tracé dans chaque penne, la moitié supérieure du bec est d'un beau rouge, l'inférieure est brune : il est probable que cette perruche, venue de l'île de Bourbon, se trouve aussi dans le continent correspondant, ou de l'Afrique ou des Indes.

LA PERRUCHE A TÊTE ROUGE (*d*) (*e*)

TROISIÈME ESPÈCE A QUEUE LONGUE ET ÉGALE.

Cette perruche (***) qui a onze pouces de longueur totale et dont la queue est plus longue que le corps, en a tout le dessus d'un vert sombre, avec une

(*a*) Voyez, sur le perroquet des anciens, la fin du Discours qui précède les perroquets.

(*b*) Voyez les planches enluminées, n° 215, sous le nom de *Perruche de l'île de Bourbon*.

(*c*) « Psittacus minor, longicaudus, viridi, infernè ad flavum inclinans; torque roseo, » tæniâ transversâ sub gutture luteâ, ad colli latera nigra; rectricibus supernè viridibus » subtus cinereo flavis... » *Psittaca Borbonica torquata*. Brisson, *Ornithol.*, t. IV, p. 328.

(*d*) Voyez les planches enluminées, n° 264.

(*e*) « Psittacus minor longicaudus, supernè viridi flavicans, infernè luteo viridescens;

(*) Le *Palæornis Alexandri* est répandu dans toute l'Afrique centrale, depuis la côte occidentale jusqu'au versant oriental des montagnes de l'Abyssinie.

(**) *Palæornis bitorquatus* (*Psittacus bitorquatus* KUHL.).

(***) *Psittacus* (*Palæornis*) *erythrocephalus* L. — (*Psittacus ginginianus* LATH.).

tache pourpre dans le haut de l'aile ; la face est d'un rouge pourpré qui sur la tête se fond dans du bleu, et se coupe sur la nuque par un trait prolongé du noir qui couvre la gorge ; le dessous du corps est d'un jaune terne et sombre ; le bec est rouge.

LA PERRUCHE A TÊTE BLEUE (a) (b)

QUATRIÈME ESPÈCE A QUEUE LONGUE ET ÉGALE.

Cette perruche (*), longue de dix pouces, a le bec blanc, la tête bleue, le corps vert, le devant du cou jaune, et du jaune mêlé dans le vert sous le ventre et la queue, dont les pennes intermédiaires sont en dessus teintes de bleu ; les pieds sont bleuâtres.

LA PERRUCHE LORI (c) (d)

CINQUIÈME ESPÈCE A QUEUE LONGUE ET ÉGALE.

Nous adoptons le nom qu'Edwards a donné à cette espèce (**) à cause du beau rouge qui semble la rapprocher des loris : ce rouge, traversé de petites

» capite rubro, dilutè cæruleo adumbrato ; tæniâ nigrâ ab oris angulo ad oris angulum per » occipitum ductâ ; gutture nigro ; maculâ in alis obscurè rubrâ ; rectricibus viridibus, late- » ralibus interiùs luteis... » *Psittaca Ginginiana erythrocephalos.* Brisson, *Ornithol.* t. IV, page 346.

(a) Voyez les planches enluminées, nº 192, sous le nom de *Perruche à tête bleue des Indes orientales.*

(b) « Psittacus minor longicaudus, supernè viridis, infernè viridi luteus ; capite cæruleo » violaceo, syncipite ad rubrum inclinante ; gutture cinereo-violaceo ; collo ad latera luteo ; » rectricibus subtus cinereo-luteis, supernè binis intermediis viridi cæruleis, utrimque » proximâ exteriùs viridi cæruleâ, interiùs luteo viridi, quatuor utrimque, extimis exteriùs » viridibus, interiùs luteis, lateralibus apice pallidè luteis... » *Psittaca cyanocephalos.* Brisson, *Ornith.*, t. IV, p. 359.

(c) Voyez les planches enluminées, nº 552, sous le nom de *Perruche variée des Indes orientales.*

(d) « Psittacus minor longicaudus, viridis, marginibus pennarum in dorso et ad latera » ventris luteis ; capite superiùs et maculâ ad aures nigro-cæruleis ; occipite, genis, gutture, » collo inferiore et pectore coccineis, marginibus pennarum in pectore viridi nigricantibus ; » tæniâ utrimque longitudinali in collo luteâ ; rectricibus supernè viridibus, infernè rubris, » apice viridi flavicantibus... » *Psittaca Indica varia.* Brisson, *Ornithol.*, t. IV, p. 366. — » Psittacus macrourus luteo-viridis, occipite, gulâ, pectoreque rubris, vertice auribusque » cæruleis... » *Psittacus ornatus.* Linnæus, *Syst. nat.*, édit. X, g. 44, sp. 14. — *Lory-parakeet.* Edwards, *History of Birds*, t. IV, pl. 174.

(*) *Psittacus (Palæornis) hæmatopus* L. (*Psittacus moluccanus* et *cyanocephalus* Gmel.).
(**) *Psittacus ornatus* L.

ondes brunes, teint la gorge, le devant du cou et les côtés de la face jusque sur l'occiput, qu'il entoure; le haut de la tête est pourpré, Edwards le marque bleu; le dos, le dessus du cou, des ailes et de l'estomac sont d'un vert d'émeraude; du jaune orangé tache irrégulièrement les côtés du cou et les flancs; les grandes pennes de l'aile sont noirâtres, frangées au bout de jaune; la queue, verte en dessus, paraît doublée de rouge et de jaune à la pointe; le bec et les pieds sont gris blanc : cette perruche est de moyenne grosseur et n'a que sept pouces et demi de longueur; c'est une des plus jolies par l'éclat et l'assortiment des couleurs. Ce n'est point l'*avis paradisiaca* de Seba *(a)*, comme le croit M. Brisson, puisque, sans compter d'autres différences, cet oiseau de Seba, très difficile d'ailleurs à rapporter à sa véritable espèce, est à queue inégalement étagée.

LA PERRUCHE JAUNE *(b)*

SIXIÈME ESPÈCE A QUEUE LONGUE ET ÉGALE.

M. Brisson donne cette espèce (*) sous la dénomination de *perruche jaune d'Angola*, et la décrit d'après Frisch : tout son plumage est jaune excepté le ventre et le tour de l'œil, qui sont rouges, et les pennes des ailes, avec une partie de celles de la queue, qui sont bleues; les premières sont traversées dans leur milieu d'une bande jaunâtre; au reste, la queue est représentée dans Frisch d'une manière équivoque et peu distincte. Albin, qui décrit aussi cette perruche, assure qu'elle apprend à parler, et quoiqu'il l'appelle *perroquet d'Angola*, il dit qu'elle vient des Indes occidentales *(c)*.

(*a*) *Avis Paradisiaca orientalis, vario colore elegantissima.* Seba, vol. Ier. p. 95, tab. 60.

(*b*) « Psittacus minor longicaudus, luteo aurantius, supernè viridi lutescente varius; oculorum ambitu, lateribus, cruribusque rubris; rectricibus viridi-lutescentibus tribus utrimque extimis exteriùs supernè cæruleis... » *Psittica Angolensis lutea.* Brisson, *Ornithol.*, t. IV, p. 371. — *Psittacus luteus caudâ longâ.* Frisch, tab. 53. — « Psittacus croceus, caudâ longâ, oculis in circulo rubro, extremis remigibus, et pennâ infimâ caudæ cæruleis. » Klein, *Avi.*, p. 25, n° 15. — « Psittacus macrourus luteus, alarum tectricibus viridibus, caudâ fortificâ... » *Psittacus Solstitialis.* Linnæus, *Syst. nat.*, édit X, g. 44, sp. 7.

(*c*) Albin, t. III, p. 6, pl. 13.

(*) *Psittacus solstitialis* L.

LA PERRUCHE A TÊTE D'AZUR (a)

SEPTIÈME ESPÈCE A QUEUE LONGUE ET ÉGALE.

Cette perruche (*), qui est de la grosseur d'un pigeon, a toute la tête, la face et la gorge d'un beau bleu céleste, un peu de jaune sur les ailes, la queue bleue, également étagée et aussi longue que le corps ; le reste du plumage est vert : cette perruche vient des grandes Indes, suivant M. Edwards, qui nous l'a fait connaître.

LA PERRUCHE-SOURIS (b)

HUITIÈME ESPÈCE A QUEUE LONGUE ET ÉGALE.

Cette espèce (**) paraît nouvelle, et nous ignorons son pays natal, peut-être pourrait-on lui rapporter l'indication suivante, tirée d'un voyage à l'île de France : « La perruche verte à capuchon gris, de la grosseur d'un moi- » neau, ne peut s'apprivoiser (c). » Quoique cette perruche soit considérablement plus grosse que le moineau, nous lui avons donné le nom de *souris* parce qu'une grande pièce gris-de-souris lui couvre la poitrine, la gorge, le front et toute la face ; le reste du corps est vert d'olive, excepté les grandes pennes de l'aile, qui sont d'un vert plus fort ; la queue est longue de cinq pouces, le corps d'autant ; les pieds sont gris, le bec est gris blanc ; tout le plumage pâle et décoloré de cette perruche lui donne un air triste, et c'est la moins brillante de toutes celles de sa famille.

(a) « Psittacus minor longicaudus, viridis, supernè saturatiùs, infernè dilutiùs ; capite et » gutture cyaneis, maculâ in albis luteâ ; rectricibus supernè cæruleis, subtus obscurè lu- » teis... » *Psittaca cyanocephalos Indica*. Brisson, *Suppl. d'Ornithol.*, p. 129. — *Perroquet à tête bleue*. Edwards, *Glanures*, p. 175, pl. 292.

(b) Voyez les planches enluminées, n° 768, sous la dénomination de *Perruche à poitrine grise*.

(c) *Voyage à l'Isle de France*, 1772, p. 122.

(*) C'est probablement une simple variété du *Palæornis Alexandri*.

(**) *Psittacus murinus* L.

LA PERRUCHE A MOUSTACHES (a)

NEUVIÈME ESPÈCE A QUEUE LONGUE ET ÉGALE.

Un trait noir passe d'un œil à l'autre sur le front de cette perruche (*), et deux grosses moustaches de la même couleur partent du bec inférieur et s'élargissent sur les côtés de la gorge ; le reste de la face est blanc et bleuâtre ; la queue, verte en dessus, est jaune paille en dessous ; le dos est vert foncé ; il y a du jaune dans les couvertures de l'aile, dont les grandes pennes sont d'un vert-d'eau foncé ; l'estomac et la poitrine sont de couleur de lilas ; cette perruche a près de onze pouces : sa queue fait la moitié de cette longueur. Cette espèce est encore nouvelle, ou du moins n'est indiquée par aucun naturaliste.

LA PERRUCHE A FACE BLEUE (b) (c)

DIXIÈME ESPÈCE A QUEUE LONGUE ET ÉGALE.

Cette belle perruche (**) a le manteau vert et la tête peinte de trois coucouleurs : d'indigo sur la face et la gorge, de vert brun à l'occiput et de jaune en dessous ; le bas du cou et la poitrine sont d'un mordoré rouge, tracé de vert brun ; le ventre est vert, le bas-ventre mêlé de jaune et de vert, et la queue doublée de jaune. Edwards a déjà donné cette espèce (d), mais elle paraît avoir été représentée d'après un oiseau mis dans l'esprit-de-vin, et les couleurs en sont flétries : celui que représente notre planche enluminée était mieux conservé. Cette perruche se trouve à Amboine ; nous lui rapporterons comme simple variété, ou du moins comme espèce très voisine, la *perruche les Moluques*, n° 743, dont la grandeur et les principales couleurs sont les mêmes, à cela près que la tête entière est indigo, et qu'il y a une tache de cette couleur au ventre ; le rouge aurore de la poitrine n'est point ondé, mais

(a) Voyez les planches enluminées n° 517, sous la dénomination de *Perruche de Pondichéry*.

(b) Voyez *idem*, n° 61, sous le nom de *Perruche d'Amboine*.

(c) « Psittacus minor longicaudus, supernè viridis ; capite anteriùs saturatè cæruleo ; collo » superiore torque luteo cincto ; collo inferiore et pectore rubro aurantiis, marginibus penna » rum saturatè cæruleis ; ventre supremo saturatè viridi ; imo ventre viridi-luteo, saturatè » viridi maculato ; rectricibus supernè splendidè, infernè sordidè viridibus... » *Psittaca Amboinensis varia*. Brisson, *Ornithol.*, t. IV, p. 364.

(d) *Red-breasted parrakeet. Glanures*, p. 45, pl. 232.

(*) *Psittacus pondicerianus* L.
(**) *Psittacus hæmatopus* L.

mêlé de jaune : ces différences sont trop légères pour constituer deux espèces distinctes; la queue de ces perruches est aussi longue que le corps; la longueur totale est de dix pouces ; leur bec est blanc rougeâtre.

LA PERRUCHE AUX AILES CHAMARRÉES (a)

ONZIÈME ESPÈCE A QUEUE LONGUE ET ÉGALE.

L'oiseau donné dans la planche enluminée, n° 287, sous le nom de *perroquet de Luçon*, doit plutôt être appelé *perruche*, puisqu'il a la queue longue et étagée(*); il a les ailes chamarrées de bleu, de jaune et d'orangé ; la première de ces couleurs occupant le milieu des plumes, les deux autres s'étendent sur la frange ; les grandes pennes sont d'un brun olivâtre ; cette couleur est celle de tout le reste du corps, excepté une tache bleuâtre derrière la tête : cette perruche a un peu plus de onze pouces de longueur ; la queue fait plus du tiers de cette longueur totale, cependant l'aile est aussi très longue et couvre près de la moitié de la queue, ce qui ne se trouve pas dans les autres perruches, qui ont généralement les ailes beaucoup plus courtes.

Passons maintenant à l'énumération des perruches de l'ancien continent, qui ont de même la queue longue, mais inégalement étagée.

PERRUCHES A QUEUE LONGUE ET INÉGALE

DE L'ANCIEN CONTINENT

LA PERRUCHE A COLLIER COULEUR DE ROSE (b) (c)

PREMIÈRE ESPÈCE A QUEUE LONGUE ET INÉGALE.

Loin que cette perruche (**) paraisse propre au nouveau continent, comme le dit M. Brisson, elle lui est absolument étrangère : on la trouve dans plu-

(a) Voyez les planches enluminées, n° 287.

(b) Voyez *idem*, n° 551.

(c). « Psittacus minor longicaudus, dilutè viridis, ad flavum inclinans, gutture nigro; » torque roseo; rectricibus binis intermediis viridi cæruleis; duabus utrimque proximis exte- » riùs et apice viridi cæruleis, interiùs viridi luteis, tribus utrimque extimis viridi luteis... » *Psittaca torquata*. Brisson, *Ornithol.*, t. IV, p. 323.

(*) *Psittacus marginatus* L.

(**) *Psittacus torquatus* (Bris., Kuhl.).

sieurs parties de l'Afrique ; on en voit arriver au Caire en grand nombre par les caravanes d'Éthiopie. Les vaisseaux qui partent du Sénégal ou de Guinée, où cette perruche se trouve aussi communément, en portent quantité avec les nègres dans nos îles de l'Amérique : on ne rencontre point de ces perruches dans tout le continent du Nouveau Monde, on ne les voit que dans les habitations de Saint-Domingue, de la Martinique, de la Guadeloupe, etc., où les vaisseaux d'Afrique abordent continuellement, tandis qu'à Cayenne, où il ne vient que très rarement des vaisseaux négriers, l'on ne connaît pas ces perruches (*a*). Tous ces faits, qui nous sont assurés par un excellent observateur, prouvent que cette perruche n'est pas du nouveau continent, comme le dit M. Brisson.

Mais ce qu'il y a de plus singulier, c'est qu'en même temps que cet auteur place cette perruche en Amérique, il la donne pour le perroquet des anciens, le *psittacus torquatus macrourus antiquorum* d'Aldrovande ; comme si les anciens, Grecs et Romains, étaient allés chercher leur perroquet au Nouveau Monde; de plus, il y a erreur de fait : cette perruche à collier n'est point le perroquet des anciens décrit par Aldrovande ; ce perroquet doit se rapporter à notre grande perruche à collier, première espèce à queue longue et également étagée, comme nous l'avons prouvé dans l'article où il en est question.

La perruche à collier que nous décrivons ici a quatorze pouces de long, mais de cette longueur la queue et ses deux longs brins font près des deux tiers : ces brins sont d'un bleu d'aigue-marine ; tout le reste du plumage est d'un vert clair et doux, un peu plus vif sur les pennes de l'aile, et mêlé de jaune sur celles de la queue ; un petit collier rose ceint le derrière du cou et se rejoint au noir de la gorge ; une teinte bleuâtre est jetée sur les plumes de la nuque, qui se rabattent sur le collier, le bec est rouge brun (*b*).

(*a*) La grande ressemblance entre la perruche n° 550 des planches enluminées, qui est le *scincialo*, et celle-ci, nous eût porté à lui appliquer les mêmes raisons et à regarder ces deux espèces comme très voisines ou peut-être la même ; mais l'autorité d'un naturaliste tel que Marcgrave ne nous permet pas de croire qu'il ait donné comme naturelle au Brésil une espèce qui n'y aurait été qu'apportée, et nous force à regarder, malgré leurs rapports, le *scincialo* comme différent de la perruche à collier couleur de rose, et ces espèces comme séparées.

(*b*) M. Brisson fait une seconde espèce de *perruche à collier des Indes* (t. IV, p. 326), apparemment parce qu'il s'est trompé sur le pays de la première et sur une simple figure d'Albin, dont on peut croire que les inexactitudes font toutes les différences : nous n'hésiterons pas de rapporter cette espèce à la précédente.

LA PETITE PERRUCHE A TÊTE COULEUR DE RÔSE A LONGS BRINS (a) (b)

SECONDE ESPÈCE A QUEUE LONGUE ET INÉGALE.

Cette petite perruche (*), dont tout le corps n'a pas plus de quatre pouces de longueur, en aura douze si on la mesure jusqu'à la pointe des deux longs brins par lesquels s'effilent les deux plumes du milieu de la queue : ces longues plumes sont bleues; le reste de la queue, qui n'est long que de deux pouces et demi, est vert d'olive, et c'est aussi la couleur de tout le dessous du corps et même du dessus, où elle est seulement plus forte et plus chargée; quelques petites plumes rouges percent sur le haut de l'aile; la tête est d'un rouge de rose mêlé de lilas, coupé et bordé par un cordon noir, qui, prenant à la gorge, fait tout le tour du cou. Edwards, qui parle avec admiration de la beauté de cette perruche (c), dit que les Indiens du Bengale, où elle se trouve, l'appelent *fridytutah*. Il relève avec raison les défauts de la figure qu'en donne Albin, et surtout la bévue de ne compter à cet oiseau que quatre plumes à la queue.

LA GRANDE PERRUCHE A LONGS BRINS (d)

TROISIÈME ESPÈCE A QUEUE LONGUE ET INÉGALE.

Les ressemblances dans les couleurs sont assez grandes entre cette perruche (**) et la précédente pour qu'on les pût regarder comme de la même espèce, si la différence de grandeur n'était pas considérable; en effet, celle-ci a seize pouces de longueur, y compris les deux brins de la queue, et les autres dimensions sont plus grandes à proportion; les brins sont bleus comme dans l'espèce précédente; la queue est de même vert d'olive, mais

(a) Voyez les planches enluminées, n° 888, sous la dénomination de *Perruche de Mahé*.

(b) *Rose-headed ring parraket*. Edwards, *Glan.*, pl. 233. — *Petit perroquet de Bengale*. Albin, t. III, pl. 14. — « Psittacus sub mento niger, capite rubro, cervice purpureâ; inferiore mandibulâ nigrâ, superiore croceâ, pedibus cæruleis. » Klein, *Avi.*, p. 25, n° 25. — « Psittacus minor longicaudus viridis, infernè ad flavum inclinans; vertice roseo; occipitio » cæruleo ; gutture et torque nigris ; maculâ in alis obscurè rubrâ ; rectricibus supernè » cæruleis, infernè obscurè flavicantibus... » *Psittaca Bengalensis*. Brisson, *Ornithol.*, t. IV, page 348.

(c) *Glanures*, p. 47.

(d) Voyez les planches enluminées, n° 887.

(*) *Psittacus bengalensis* L.

(**) *Psittacus malaccensis* Gmel.

plus foncé et de la même teinte que celle des ailes; il paraît un peu de bleu dans le milieu de l'aile; tout le vert du corps est fort délayé dans du jaunâtre; toute la tête n'est pas couleur de rose, ce n'est que la région des yeux et l'occiput qui sont de cette couleur, le reste est vert, et il n'y a pas non plus de cordon noir qui borde la coiffe de la tête.

LA GRANDE PERRUCHE A AILES ROUGEATRES (*a*) (*b*)

QUATRIÈME ESPÈCE A QUEUE LONGUE ET INÉGALE.

Cette perruche (*) a vingt pouces de longueur depuis la pointe du bec jusqu'à l'extrémité des deux longs brins de la queue; tout le corps est, en dessus d'un vert d'olive foncé, et, en dessous, d'un vert pâle mêlé de jaunâtre, il y a sur le fouet de chaque aile un petit espace de couleur rouge et du bleu faible dans le milieu des longues plumes de la queue; le bec est rouge, ainsi que les pieds et les ongles.

LA PERRUCHE A GORGE ROUGE (*c*)

CINQUIÈME ESPÈCE A QUEUE LONGUE ET INÉGALE.

Edwards, qui décrit cet oiseau (**), dit que c'est la plus petite des perruches à longue queue qu'il ait vue; elle n'est pas plus grosse en effet qu'une mésange, mais la longueur de la queue surpasse celle de son corps; le dos et la queue sont d'un gros vert; les couvertures des ailes et la gorge sont rouges; le dessous du corps est d'un vert jaunâtre; l'iris de l'œil est si foncé qu'il en paraît noir, au contraire de la plupart des perroquets, qui l'ont couleur d'or. On assura M. Edwards que cette perruche venait des grandes Indes.

(*a*) Voyez les planches enluminées, n° 239, sous la dénomination de *Perruche de Gingi*.

(*b*) « Psittacus minor longicaudus, viridis, infernè ad flavum inclinans; pauco rubro obscuro » in dorso mixto, gutture et collo inferiore non nihil ad cinereum vergentibus; rectricibus » alarum superioribus minoribus corpori finitimis obscurè rubris; rectricibus subtus pallidè » luteis, supernè binis intermediis dilutè viridibus, tribus utrimque proximis exteriùs dilutè » viridibus, interiùs viridi-luteis, binis utrimque extimis viridi-luteis... » *Psittaca Ginginiana*. Brisson, *Ornithol.*, t. IV, p. 343.

(*c*) *Little-red-winged parraket*. Edwards, *Glan.*, p. 53, pl. 236. — « Psittacus minor longicaudus, viridis, supernè saturatiùs, infernè dilutiùs et ad flavum inclinans; gutture coccineo; tectricibus alarum superioribus, rectricibus saturatè viridibus... » *Psittaca Indica*. Brisson, *Ornithol.*, t. IV, p. 341.

(*) *Psittacus Eupatria* Gmel.
(**) *Psittacus incarnatus* L.

LA GRANDE PERRUCHE A BANDEAU NOIR (*a*)

SIXIÈME ESPÈCE A QUEUE LONGUE ET INÉGALE.

L'oiseau que M. Brisson donne sous le nom d'*ara des Moluques* n'est bien certainement qu'une perruche (*) : on sait qu'il n'y a point d'aras aux grandes Indes, ni dans aucune partie de l'ancien continent. Seba, de son côté, nomme ce même oiseau *lori* (*b*) ; ce n'est pas plus un lori qu'un ara, et les longues plumes de sa queue ne laissent aucun doute qu'on ne doive le compter au nombre des perruches. La longueur totale de cet oiseau est de quatorze pouces, sur quoi la queue en a près de sept ; sa tête porte un bandeau noir, et le cou un collier rouge et vert ; la poitrine est d'un beau rouge clair ; les ailes et le dos sont d'un riche bleu turquin ; le ventre est vert foncé, parsemé de plumes rouges ; la queue dont les pennes du milieu sont les plus grandes, est colorée de vert et de rouge avec des bords noirs. Cet oiseau venait, dit Seba, des îles Papoe ; un Hollandais d'Amboine l'avait acheté d'un Indien cinq cents florins. Ce prix n'était pas au-dessus de la beauté et de la gentillesse de l'oiseau ; il prononçait distinctement plusieurs mots de diverses langues, saluait au matin et chantait sa chanson ; son attachement égalait ses grâces : ayant perdu son maître il mourut de regret (*c*).

LA PERRUCHE VERTE ET ROUGE (*d*)

SEPTIÈME ESPÈCE A QUEUE LONGUE ET INÉGALE.

Cette espèce (**) a été donnée par M. Brisson sous la dénomination de *perruche du Japon ;* mais on ne trouve dans cette île non plus que dans les

(*a*) « Psittacus major longicaudus, supernè saturatè cyaneus, infernè saturatè viridis, » rubro variegatus; capite superiore nigro ; collo superiore torque viridi et rubro cincto ; » collo inferiore et pectore dilutè rubris ; rectricibus supernè viridibus, subtus rubris, margi- » nibus nigricantibus... » *Ara moluccensis varia*. Brisson, *Ornithol.*, t. IV, p. 197.

(*b*) *Psittacus orientalis, exquisitus, Loeri dictus*. Seba, *Thesaurus*, vol. Ier, p. 63, tab. 38, fig. 4. — *Psittacus capite nigro, collari viridi, Loeri dictus*. Klein, *Avi.*, p. 25, n° 16.

(*c*) Le traducteur de Seba lui donne cinq doigts, de quoi le texte ne dit mot ; mais la figure représente mal les pieds d'une autre façon, en mettant les doigts trois en avant et un en arrière.

(*d*) *Psittacus erythrochlorus macrouros*. Aldrovande, *Avi.*, t. Ier, p. 678. — Willughby, *Ornithol.*, p. 77. — Ray, *Synops.*, p. 34, n° 3. — Charleton, *Exercit.*, p. 74, n° 11. *Idem*, *Onomast.*, p. 67, n° 11. — « Psittacus minor longicaudus, supernè viridis, infernè ruber ; gut- » ture ferrugineo ad subrubrum vergente ; maculâ utrimque ante et ponè oculos cæruleâ ;

(*) *Psittacus atricapillus* L.
(**) *Psittacus japonicus* L.

provinces septentrionales de la Chine, que les perroquets qui y ont été apportés (*a*), et vraisemblablement cette perruche prétendue du Japon, dont Aldrovande n'a vu que la figure, venait de quelque autre partie plus méridionale de l'Asie. Willughby remarque même que cette figure et la description qui y est jointe paraissent suspectes. Quoi qu'il en soit, Aldrovande représente le plumage de cette perruche comme un mélange de vert, de rouge et d'un peu de bleu ; la première de ces couleurs domine au-dessus du corps, la seconde teint le dessous et la queue, excepté les deux longs brins, qui sont verts ; le bleu colore les épaules et les pennes de l'aile, et il y a deux taches de cette même couleur de chaque côté de l'œil.

LA PERRUCHE HUPPÉE (*b*)

HUITIÈME ESPÈCE A QUEUE LONGUE ET INÉGALE.

Celle-ci est le *petit perroquet de Bontius* (*c*), duquel Willughby vante le plumage pour l'éclat et la variété des couleurs, dont le pinceau, dit-il, rendrait à peine le brillant et la beauté (*) : c'est un composé de rouge vif, de couleur de rose, mêlé de jaune et de vert sur les ailes, de vert et de bleu sur la queue, qui est très longue, passant l'aile pliée de dix pouces, ce qui est beaucoup pour un oiseau de la grosseur d'une alouette. Cette perruche relève les plumes de sa tête en forme de huppe, qui doit être très élégante, puisqu'elle est comparée à l'aigrette du paon dans la notice suivante, qui nous paraît appartenir à cette belle espèce : « Cette perruche n'est que de la grosseur d'un tarin ; elle porte sur la tête une aigrette de trois ou quatre petites plumes, à peu près comme l'aigrette du paon ; cet oiseau est d'une gentillesse charmante (*d*). » Ces petites perruches se trouvent à Java, dans l'intérieur des terres ; elles volent en troupes en faisant grand bruit ; elles sont jaseuses, et quand elles sont privées, elles répètent aisément ce qu'on veut leur apprendre (*e*).

» remigibus intensè cæruleis ; rectricibus intermediis viridibus, lateralibus rubris... » *Psittaca Japonensis*. Brisson, *Ornithol.*, t. IV, p. 362.

(*a*) Kæmpfer, t. Ier, p. 113.

(*b*) « Psittacus minor longicaudus, cristatus, coccineus ; gutture griseo ; collo inferiore et » pectore dilutè roseis ; remigibus viridibus, luteo et rosco colore variis ; rectricibus binis » intermediis coccineis lateralibus dilutè roseis, apice cæruleis, viridi mixtis... » *Psittaca Javensis cristata coccinea*. Brisson, *Ornithol.*, t. IV, p. 381.

(*c*) *Psittacus parvus*. Bont., *Ind. orient.*, p. 63. — *Psittacus parvus Bontii*. Willughby, *Ornithol.*, p. 81. — Ray, *Synops.*, p. 24, n° 5.

(*d*) *Lettres édifiantes*, second Recueil, p. 60.

(*e*) Willughby, *Ornithol.*, p. 81.

(*) *Psittacus Bontii* LATH.

LES PERRUCHES A COURTE QUEUE DE L'ANCIEN CONTINENT

Il y a une grande quantité de ces perruches (*) dans l'Asie méridionale et en Afrique; elles sont toutes différentes des perruches de l'Amérique, et s'il s'en trouve quelques-unes dans ce nouveau continent qui ressemblent à celles de l'ancien, c'est que probablement elles y ont été transportées : pour les distinguer par un nom générique, nous avons laissé celui de *perruche* à celles de l'ancien continent, et nous appellerons *perriches* celles du nouveau. Au reste, les espèces de perruches à queue courte sont bien plus nombreuses dans l'ancien continent que dans le nouveau; elles ont de même quelques habitudes naturelles aussi différentes que le sont les climats : quelques-unes, par exemple, dorment la tête en bas et les pieds en haut, accrochées à une petite branche d'arbre, ce que ne font pas les perriches d'Amérique.

En général, tous les perroquets du Nouveau Monde font leurs nids dans des creux d'arbres, et spécialement dans les trous abandonnés par les pics, nommés aux Iles *charpentiers* (a). Dans l'ancien continent, au contraire, plusieurs voyageurs nous assurent que différentes espèces de perroquets suspendent leurs nids, tissus de joncs et de racines, en les attachant à la pointe des rameaux flexibles (b) : cette diversité dans la manière de nicher, si elle est réelle pour un grand nombre d'espèces, pourrait être suggérée par la différente impression du climat. En Amérique, où la chaleur n'est jamais excessive, elle doit être recueillie dans un petit lieu qui la concentre; et sous la zone torride d'Afrique le nid suspendu reçoit, des vents qui le bercent, un rafraîchissement peut-être nécessaire.

(a) Lery assure positivement que les perroquets d'Amérique ne suspendent point leurs nids, mais le font dans des creux d'arbres. *Apud Clusium Auct.*, p. 364.

(b) Voyez la relation de Cadamosto, *Hist. générale des voyages*, t. II. p. 305. — *Voyage à Madagascar*, par Fr. Cauche; Paris, 1651.

(*) Les Perruches à courte queue de Buffon constituent le genre *Psittaculus* des ornithologistes modernes, caractérisé par une petite taille, un bec court, obtusément crochu, une queue courte, des ailes pointues.

LA PERRUCHE A TÊTE BLEUE (a) (b)

PREMIÈRE ESPÈCE A QUEUE COURTE.

Cet oiseau (*) a le sommet de la tête d'un beau bleu et porte un demi-collier orangé sur le cou; la poitrine et le croupion sont rouges, et le reste du plumage est vert.

Edwards dit qu'on lui avait envoyé cet oiseau de Sumatra ; M. Sonnerat (c) l'a trouvé à l'île de Luçon, et c'est par erreur qu'on l'a étiqueté *perruche du Pérou* dans les planches enluminées, car il y a toute raison de croire qu'elle ne se trouve point en Amérique.

Cette espèce est de celles qui dorment la tête en bas; elle se nourrit de *callou*, sorte de liqueur blanche que l'on tire, dans les Indes orientales, du cocotier en coupant les bourgeons de la grappe à laquelle tient le fruit. Les Indiens attachent un bambou creux à l'extrémité de la branche pour recevoir cette liqueur, qui est très agréable lorsqu'elle n'a pas fermenté, et qui a à peu près le goût de notre cidre nouveau.

Il nous paraît qu'on peut rapporter à cette espèce l'oiseau indiqué par Aldrovande (d), qui a le sommet de la tête d'un beau bleu, le croupion rouge et le reste du plumage vert; mais comme ce naturaliste ne fait mention ni du demi-collier ni du rouge sur la poitrine, et que d'ailleurs il dit que ce perroquet venait de Malacca, il se pourrait que cet oiseau fût d'une autre espèce, mais très voisine de celle-ci.

(a) Voyez les planches enluminées, n° 190, fig. 2, sous la dénomination de *Petite perruche du Pérou*.

(b) *Sapphire-crowned parraket*. Perrique couronnée de saphir. Edwards, *Glan.*, p. 177, avec une figure coloriée, pl. 293, n° 1. — « Psittacus brachyurus viridis, uropygio pectoreque coccineis, vertice cæruleo... » *Psittacus Galgulus*. Linnæus, *Syst. nat.*, édit. XII, page 150.

(c) *Voyage à la Nouvelle-Guinée*, p. 76.

(d) *Avicula ex Malacca insulâ, seu psittacus minimus*. Aldrovande, *Avi.*, t. III, p. 560. — « Psittacus minor brevicaudus, viridis ; vertice cyaneo ; tectricibus caudæ superioribus coccineis; rectricibus viridibus... » *Psittacula Malaccensis*. Brisson, *Ornithol.*, t. IV, p. 386.

(*) *Psittaculus (Psittacus) Galgulus* L.

LA PERRUCHE A TÊTE ROUGE

OU LE MOINEAU DE GUINÉE (a) (b)

SECONDE ESPÈCE A QUEUE COURTE.

Cette perruche (*) est connue, par les oiseleurs, sous le nom de *moineau de Guinée* (c); elle est fort commune dans cette contrée, d'où on l'apporte souvent en Europe à cause de la beauté de son plumage, de sa familiarité et de sa douceur, car elle n'apprend point à parler et n'a qu'un cri assez désagréable : ces oiseaux périssent en grand nombre dans le transport; à peine en sauve-t-on un sur dix dans le passage de Guinée en Europe (d), et néanmoins ils vivent assez longtemps dans nos climats en les nourrissant de graines de panis et d'alpiste, pourvu qu'on les mette par paires dans leur cage; ils y pondent même quelquefois (e), mais on a peu d'exemples que leurs œufs aient éclos : lorsque l'un des deux oiseaux appariés vient à mourir, l'autre s'attriste et ne lui survit guère; ils se prodiguent réciproquement de tendres soins, le mâle se tient d'affection à côté de sa femelle, lui dégorge

(a) Voyez les planches enluminées, n° 60, sous la dénomination de *Petite perruche mâle de Guinée*.

(b) *Psittacus minimus*. Clusius, *Exot. auctuar.*, p. 365. — Euseb. Nieremberg, p. 226. — *Psittacus pusillus viridis Æthiopicus Clusii*. Ray, *Synops. avi.*, p. 31. — *Petit perroquet vert des Indes orientales*. Albin, t. III, p. 7, avec une mauvaise figure, pl. 15. — *Psittacus viridis minimus fronte et gulâ rubris*. Klein, *Avi.*, p. 25, n° 21. — *Psittacus minimus viridis cum fronte et gulâ rubrâ*. Frisch, pl. 54. — *Little red-headed parraket, or guiney sparrow*. Petite perruche à tête rouge ou le moineau de Guinée. Edwards, *Glan.*, p. 54, avec une bonne figure coloriée, pl. 237. — « Psittacus minor brevicaudus, viridis supernè saturatiùs, » infernè dilutiùs ; capite anteriùs et gutture rubris ; uropygio cyaneo ; rectricibus viridibus, » lateralibus tæniis transversis, aliâ coccineâ, alterâ nigrâ notatis... » *Psittacula Guinensis*. Brisson, *Ornithol.*, t. IV, p. 387. — *Perruche de Java*. Salerne, *Ornithol.*, p. 72. — « Psittacus brachyurus viridis, fronte rubra, caudâ fulvâ, fasciâ nigrâ, orbitis cinereis... » *Psittacus pullarius*. Linnæus, *Syst. nat.*, édit. XII, p. 149.

(c) « On donne aux perroquets le nom de *moineau de Guinée*, dit Bosman, sans qu'il soit aisé d'en trouver la raison, puisque les moineaux ordinaires sont ici (à la Côte-d'Or), dans une extrême abondance... Leur bec rouge est un peu courbé, comme celui des perroquets. On transporte en Hollande un grand nombre de ces petites créatures ; elles s'y vendent fort bien, quoiqu'elles ne vaillent en Guinée qu'un écu la douzaine, sur quoi il en meurt neuf ou dix dans le transport. » *Hist. générale des Voyages*, t. IV, p. 247.

(d) *Hist. générale des Voyages*, t. IV, p. 64.

(e) On ne peut douter qu'avec quelques soins, on ne parviendrait à propager plus communément ces oiseaux en domesticité. Quelquefois la force de la nature seule, malgré la rigueur du climat et de la saison, prévaut en eux ; on a vu chez S. A. S. de Bourbon de Vermandois, abbesse de Beaumont-lès-Tours, deux perruches de Gorée faire éclore deux petits au mois de janvier, dans une chambre sans feu, où le froid les fit bientôt périr.

(*) *Psittacus pullarius* L.

de la graine dans le bec ; celle-ci marque son inquiétude si elle en est un moment séparée ; ils charment ainsi leur captivité par l'amour et la douce habitude. Les voyageurs (*a*) rapportent qu'en Guinée ces oiseaux, par leur grand nombre, causent beaucoup de dommages aux grains de la campagne. Il paraît que l'espèce en est répandue dans presque tous les climats méridionaux de l'ancien continent, car on les trouve en Éthiopie (*b*), aux Indes orientales (*c*), dans l'île de Java (*d*), aussi bien qu'en Guinée (*e*).

Bien des gens appellent mal à propos cet oiseau *moineau du Brésil*, quoiqu'il ne soit pas naturel au climat du Brésil ; mais comme les vaisseaux y en transportent de Guinée, et qu'ils arrivent du Brésil en Europe, on a pu croire qu'ils appartenaient à cette contrée de l'Amérique. Cette petite perruche a le corps tout vert, marqué par une tache d'un beau bleu sur le croupion et par un masque rouge de feu, mêlé de rouge aurore qui couvre le front, engage l'œil, descend sous la gorge, et au milieu de laquelle perce un bec blanc rougeâtre ; la queue est très courte et paraît toute verte étant pliée ; mais quand elle s'étale, on la voit coupée transversalement de trois bandes, l'une rouge, l'autre noire, et la troisième verte, qui en borde et termine l'extrémité ; le fouet de l'aile est bleu dans le mâle et jaune dans la femelle, qui diffère du mâle en ce qu'elle a la tête d'un rouge moins vif.

Clusius a parfaitement bien décrit cet oiseau sous le nom de *psittacus minimus* (*f*). MM. Edwards, Brisson et Linnæus l'ont confondu avec le petit *perroquet d'Amérique peint de diverses couleurs*, donné par Seba (*g*) ; mais il est sûr que ce n'est pas le même oiseau, car ce dernier auteur dit que non seulement son perroquet a un collier d'un beau bleu céleste, et la queue magnifiquement nuancée d'un mélange de cinq couleurs, de bleu, de jaune, de rouge, de brun et de vert foncé, mais encore qu'il est tout aimable pour sa voix et la douceur de son chant, et qu'enfin il apprend très aisément à parler : or il est évident que tous ces caractères ne conviennent point à notre moineau de Guinée, et cet oiseau de Seba, qu'il a eu vivant, est peut-être une sixième espèce dans les perriches à queue courte du nouveau continent.

Une variété, ou peut-être une espèce très voisine de celle-ci, est l'oiseau

(*a*) Barbot, *Hist. de Guinée*, p. 220.

(*b*) Clusius, *Exot. auctuar.*, p. 365.

(*c*) Albin, t. III, p. 7.

(*d*) Salerne, *Ornithol.*, p. 72.

(*e*) « Tout le long de cette côte il s'en trouve une grande quantité, mais surtout vers la partie inférieure, comme à Mourée, à Cormantin, à Acra. » *Voyage en Guinée*, par Bosman ; Utrecht, 1705, p. 277. — « On trouve un nombre infini de perroquets à Anamabo ; ils sont de la grosseur des moineaux ; ils ont le corps d'un fort beau vert ; la tête et la queue d'un rouge admirable, et toute la figure si fine, que l'auteur en apporta quelques-uns à Paris, comme un présent digne du roi. » *Hist. générale des Voyages*, t. IV, p. 64.

(*f*) *Exotic. auctuar.*, p. 365.

(*g*) Seba, t. II, p. 40.

donné par Edwards sous la dénomination de *très petit perroquet vert et rouge* (*a*), qu'il dit venir des Indes orientales, et qui ne diffère de celui-ci qu'en ce qu'il a le croupion rouge.

LE COULACISSI (*b*) (*c*)

TROISIÈME ESPÈCE DE PERRUCHE A QUEUE COURTE.

Comme nous adoptons toujours de préférence les noms que les animaux portent dans leur pays natal, nous conserverons à cet oiseau (*) celui de *coulacissi* qu'on lui donne aux Philippines, et particulièrement dans l'île de Luçon ; il a le front, la gorge et le croupion rouges, un demi-collier orangé sur le dessus du cou ; le reste du corps et les couvertures supérieures des ailes sont verts ; les grandes pennes des ailes sont d'un vert foncé sur leur côté extérieur, et noirâtre sur le côté intérieur ; les pennes moyennes des ailes et celles de la queue sont vertes en dessus et bleues en dessous ; le bec, les pieds et les ongles sont rouges.

La femelle diffère du mâle en ce qu'elle a une tache bleuâtre de chaque côté de la tête, entre le bec et l'œil ; qu'elle n'a point de demi-collier sur le cou ni de rouge sur la gorge, et que la couleur rouge du front est plus faible et moins étendue.

MM. Brisson (*d*) et Linnæus (*e*) ont confondu cet oiseau avec la perruche couronnée de saphir donnée par Edwards (*f*), qui est notre perruche à tête bleue, première espèce à queue courte.

(*a*) *Smallest green and red Indian perroquet. Psittacus minimus viridis et ruber.* Edwards, *Hist. of Birds*, p. 6. — « Psittacus minor brevicaudus, viridis, supernè saturatiùs, infernè » dilutiùs ; capite superiùs, dorso infimo et uropygio rubris ; rectricibus supernè viridibus, » infernè cæruleo-beryllinis... » *Psittacula Indica.* Brisson, *Ornithol.*. t. IV, p. 390.

(*b*) Voyez les planches enluminées, n° 520, fig. 1, le mâle ; et fig. 2, la femelle, sous la dénomination de *Perruche des Philippines*.

(*c*) « Psittacus minor brevicaudus, viridis, infernè ad luteum vergens (syncipite, gutture, » collo inferiore et uropygio rubris ; tæniâ transversâ infra occipitium aurantio-rubrâ, Mas) ; » (syncipite et uropygio rubris ; maculâ utrimque rostrum inter et oculum viridi-cæruleâ, » Fœmina) rectricibus supernè viridibus, infernè cæruleo-beryllinis... » *Psittacula Philippensis.* Brisson. *Ornithol.*, t. III, p. 392 ; et pl. 30, fig. 1. — *Coulacissi.* Salerne, *Ornithol.*, page 72.

(*d*) *Supplément d'Ornithologie*, p. 128.

(*e*) *Syst. nat.*, édit. XII, p. 150.

(*f*) *Glanures*, p. 177 ; et pl. 293, n° 1.

(*) *Psittacus philippensis* Kuhl.

LA PERRUCHE AUX AILES D'OR (a)

QUATRIÈME ESPÈCE A QUEUE COURTE.

C'est à M. Edwards que l'on doit la connaissance de cet oiseau (*); il dit que vraisemblablement il avait été apporté des Indes orientales, mais qu'il n'a pu s'en assurer : il a la tête, les petites couvertures supérieures des ailes et le corps entier d'un vert seulement plus foncé sur le corps qu'en dessous; les grandes couvertures supérieures des ailes sont orangées; les quatre premières pennes des ailes sont d'un bleu foncé sur leur côté extérieur, et brunes sur le côté intérieur et à l'extrémité; les quatre suivantes sont de couleur orangée; quelques-unes des suivantes sont de la même couleur que les premières; et enfin celles qui sont près du corps sont entièrement vertes, ainsi que les pennes de la queue; le bec est blanchâtre; les pieds et les ongles sont de couleur de chair pâle.

LA PERRUCHE A TÊTE GRISE (b) (c)

CINQUIÈME ESPÈCE A QUEUE COURTE.

M. Brisson a donné le premier cet oiseau (**), qu'il dit se trouver à Madagascar. Il a la tête, la gorge et la partie inférieure du cou d'un gris tirant un peu sur le vert; le corps est d'un vert plus clair en dessous qu'en dessus; les couvertures supérieures des ailes et les pennes moyennes sont vertes; les grandes pennes sont brunes sur leur côté intérieur, et vertes sur leur côté extérieur et à l'extrémité; les pennes de la queue sont d'un vert clair, avec une large bande transversale noire vers leur extrémité; le bec, les pieds et les ongles sont blanchâtres.

(a) *Golden-winged parraket.* Perrique aux ailes d'or. Edwards, *Glan.*, p. 177, avec une figure coloriée, pl. 293. — « Psittacus minor brevicaudus, viridis, supernè saturatiùs, infernè » dilutiùs; majoribus alarum tectricibus et remigibus intermediis aurantiis, remigibus qua- » tuor primoribus exteriùs saturatè cæruleis; rectricibus viridibus... » *Psittacula alis deauratis.* Brisson, *Supplément d'Ornithologie*, p. 130. — « Psittacus brachyurus viridis, alis » maculâ cæruleâ fulvâque, orbitis nudis albis... » *Psittacus chrysopterus.* Linnæus, *Syst. nat.*, édit. XII, p. 149.

(b) Voyez les planches enluminées, n° 791, fig. 2, sous la dénomination de *Petite perruche de Madagascar.*

(c) « Psittacus minor brevicaudus, dilutè viridis, infernè ad luteum vergens; capite, gut- » ture et collo inferiore cinereo-albis, ad viride inclinantibus; rectricibus dilutè viridibus,

(*) *Psittacus chrysopterus* et *Psittacus virescens* L.
(**) *Psittacus canus* L.

LA PERRUCHE AUX AILES VARIÉES (a)

SIXIÈME ESPÈCE A QUEUE COURTE.

Cette perruche (*) est un peu plus grande que les précédentes; elle se trouve à Batavia et à l'île de Luçon. Nous en devons la description à M. Sonnerat (b). « Cet oiseau, dit-il, a la tête, le cou et le ventre d'un vert clair et » jaunâtre; il a une bande jaune sur les ailes, mais chaque plume qui forme » cette bande est bordée extérieurement de bleu; les petites plumes des » ailes sont verdâtres, les grandes sont d'un beau noir velouté (en sorte que » les ailes sont variées de jaune, de bleu, de vert et de noir); la queue est » de couleur de lilas clair; il y a près de son extrémité une bande noire » très étroite; les pieds sont gris; le bec et l'iris de l'œil sont d'un jaune rou- » geâtre. »

LA PERRUCHE AUX AILES BLEUES (c)

SEPTIÈME ESPÈCE A QUEUE COURTE.

Cette espèce (**) est nouvelle et nous a été envoyée du cap de Bonne-Espérance, mais sans aucune notice sur le climat ni sur les habitudes naturelles de l'oiseau; il est vert partout, à l'exception de quelques pennes des ailes, qui sont d'un beau bleu; le bec et les pieds sont rougeâtres. Cette courte description suffit pour la faire distinguer de toutes les autres perruches à queue courte.

» tæniâ transversâ nigrâ notatis... » *Psittacula Madagascariensis*. Brisson, *Ornithol.*, t. IV, p. 394; et pl. 30, fig. 2.

(a) Voyez les planches enluminées, n° 791, fig. 1, sous la dénomination de *Petite perruche de Batavia*.

(b) *Voyage à la Nouvelle-Guinée*, p. 78.

(c) Voyez les planches enluminées, n° 455, fig. 1, sous la dénomination de *Perruche du cap de Bonne-Espérance*.

(*) *Psittacus melanopterus* L.

(**) *Psittacus passerinus* Kuhl.

LA PERRUCHE A COLLIER

HUITIÈME ESPÈCE A QUEUE COURTE.

C'est encore à M. Sonnerat que nous devons la connaissance de cet oiseau (*), qu'il décrit dans les termes suivants : « Il se trouve aux Philip-
» pines, et particulièrement dans l'île de Luçon ; il est de la taille du moineau
» du Brésil (de Guinée) ; tout le corps est d'un vert gai et agréable, plus foncé
» sur le dos, éclairci sous le ventre et nuancé de jaune ; il a derrière le cou,
» au bas de la tête, un large collier ; ce collier est composé, dans le mâle, de
» plumes d'un bleu de ciel ; mais dans l'un et l'autre sexe, les plumes du
» collier sont variées transversalement de noir ; la queue est courte, de la
» longueur des ailes, et terminée en pointe ; le bec, les pieds, l'iris, sont
» d'un gris noirâtre : cette espèce n'a pour elle que sa forme et son coloris ;
» elle est d'ailleurs sans agrément et n'apprend point à parler (a) ».

LA PERRUCHE A AILES NOIRES

NEUVIÈME ESPÈCE A QUEUE COURTE.

Autre espèce (**) qui se trouve à l'île de Luçon, et dont M. Sonnerat donne la description suivante : « Cet oiseau est un peu plus petit que le précédent ;
» il a le dessus du cou, le dos, les petites plumes des ailes et la queue d'un
» vert foncé ; le ventre d'un vert clair et jaunâtre : le sommet de la tête du
» mâle est d'un rouge très vif ; les plumes qui entourent le bec en dessus
» dans la femelle sont de ce même rouge vif ; elle a de plus une tache jaune
» au milieu du cou, au-dessus ; le mâle a la gorge bleue, la femelle l'a rouge :
» l'un et l'autre sexe a les grandes plumes des ailes noires ; celles qui recou-
» vrent la queue en dessus sont rouges ; le bec, les pieds et l'iris sont jaunes.
» Je donne, dit M. Sonnerat, ces deux perruches comme mâle et femelle,
» parce qu'elles me semblent différer très peu, se convenir par la taille, par
» la forme, par les couleurs, et parce qu'elles habitent le même climat : je
» n'oserais cependant affirmer que ce ne soient pas deux espèces distinctes ;
» l'une et l'autre ont encore de commun de dormir suspendues aux branches
» la tête en bas, d'être friandes du suc qui coule du *régime* des cocotiers
» fraîchement coupés (b). »

(a) *Voyage à la Nouvelle-Guinée*, p. 77 et 78.
(b) *Voyage à la Nouvelle-Guinée*, p. 77 et 78.

(*) *Psittacus streptophorus* KUHL.
(**) *Psittacus indicus* L.

L'ARIMANON (*a*)

DIXIÈME ESPÈCE DE PERRUCHE A QUEUE COURTE.

Cet oiseau (*) se trouve à l'île d'Otahiti; et son nom, dans la langue du pays, signifie *oiseau de coco,* parce qu'en effet il habite sur les cocotiers : nous en devons la description à M. Commerson.

Nous le plaçons à la suite des perruches à courte queue, parce qu'il semble appartenir à ce genre : cependant cette perruche a un caractère qui lui est particulier, et qui n'appartient ni aux perruches à courte queue, ni aux perruches à queue longue : ce caractère est d'avoir la langue pointue et terminée par un pinceau de poils courts et blancs.

Le plumage de cet oiseau est entièrement d'un beau bleu, à l'exception de la gorge et de la partie inférieure du cou, qui sont blancs; le bec et les pieds sont rouges : il est très commun dans l'île d'Otahiti, où on le voit voltiger partout et où on l'entend sans cesse piailler; il vole de compagnie, se nourrit de bananes, mais il est fort difficile à conserver en domesticité; il se laisse mourir d'ennui, surtout quand il est seul dans la cage; on ne peut lui faire prendre d'autres nourritures que des jus de fruits, il refuse constamment tous les aliments plus solides.

PERROQUETS DU NOUVEAU CONTINENT

LES ARAS

De tous les perroquets, l'ara (**) est le plus grand et le plus magnifiquement paré; le pourpre, l'or et l'azur brillent sur son plumage; il a l'œil assuré, la contenance ferme, la démarche grave et même l'air désagréablement dédaigneux, comme s'il sentait son prix et connaissait trop sa beauté; néanmoins son naturel paisible le rend aisément familier et même susceptible de

(*a*) Voyez les planches enluminées, n° 455, fig. 2, sous la domination de *Petite perruche d'Otahiti.*

(*) *Psittacus taïtianus* GMEL.

(**) Les Aras sont des grimpeurs de la famille des Psittacidés, de la sous-famille des Macrocercidés ; ils ont un bec très élevé, garni d'une membrane à la base des deux mandibules, et le tour des yeux et les joues nus, munis seulement de quelques plumes rares, étroites.

1 ARA ARACANGA. 2 PIC GRAND EPEICHE

quelque attachement; on peut le rendre domestique sans en faire un esclave, il n'abuse pas de la liberté qu'on lui donne; la douce habitude le rappelle auprès de ceux qui le nourrissent, et il revient assez constamment au domicile qu'on lui fait adopter.

Tous les aras sont naturels aux climats du Nouveau Monde situés entre les deux tropiques, dans le continent comme dans les îles, et aucun ne se trouve en Afrique ni dans les grandes Indes. Christophe Colomb, dans son second voyage, en touchant à la Guadeloupe, y vit des aras auxquels il donna le nom de *guacamayas* (*a*). On les rencontre jusque dans les îles désertes; et partout ils font le plus bel ornement de ces sombres forêts qui couvrent la terre abandonnée à la seule nature (*b*).

Dès que ces perroquets parurent en Europe, ils y furent regardés avec admiration. Aldrovande qui, pour la première fois, vit un ara à Mantoue en 1572, remarqua que cet oiseau était alors absolument nouveau et très recherché; et que les princes le donnaient et le recevaient comme un présent aussi beau que rare (*c*) : il était rare en effet, car Belon, cet observateur si curieux, n'avait point vu d'aras, puisqu'il dit que les perroquets gris sont les plus grands de tous (*d*).

Nous connaissons quatre espèces d'aras, savoir, le rouge, le bleu, le vert et le noir. Nos nomenclateurs en ont indiqué six espèces (*e*), qui doivent se réduire par moitié, c'est-à-dire, aux trois premières, comme nous allons le démontrer par leur énumération successive.

Les caractères qui distinguent les aras des autres perroquets du Nouveau Monde sont : 1° la grandeur et la grosseur du corps, étant du double au moins plus gros que les autres; 2° la longueur de la queue qui est aussi beaucoup plus longue, même à proportion du corps; 3° la peau nue et d'un blanc sale, qui couvre les deux côtés de la tête l'entoure par-dessous, et recouvre aussi la base de la mandibule inférieure du bec, caractère qui n'appartient à aucun autre perroquet; c'est même cette peau nue, au milieu de laquelle sont situés ses yeux, qui donne à ces oiseaux une physionomie désagréable; leur voix l'est aussi, et n'est qu'un cri qui semble articuler *ara*, d'un ton rauque, grasseyant, et si fort qu'il offense l'oreille.

(*a*) Herrera, lib. II, cap. X.

(*b*) « Pendant que M. Anson et ses officiers contemplaient les beautés naturelles de cette solitude, une volée d'aras passa au-dessus d'eux, et comme si ces oiseaux avaient eu dessein d'animer la fête et relever la magnificence du spectacle, ils s'arrêtèrent à faire mille tours en l'air, qui donnèrent tout le temps de remarquer l'éclat et la vivacité de leur plumage; ceux qui furent témoins de cette scène ne peuvent encore la décrire de sang froid. » *Voyage autour du monde*, par l'amiral Anson, p. 288. — « C'est la chose la plus belle du monde de voir dix ou douze aras sur un arbre bien vert; on ne vit jamais de plus bel émail. » Dutertre, *Hist. des Antilles*, t. II, p. 247.

(*c*) Aldrovande, *Avi.*, t. Ier, p. 665.

(*d*) *Nature des Oiseaux*, p. 298.

(*e*) M. Brisson.

L'ARA ROUGE (a) (b)

PREMIÈRE ESPÈCE.

On a représenté cet oiseau (*) dans deux différentes planches enluminées, sous la dénomination d'*ara rouge* et de *petit ara rouge ;* mais ces deux représentations ne nous paraissent pas désigner deux espèces réellement différentes ; ce sont plutôt deux races distinctes, ou peut-être même de sim-

(a) Voyez les planches enluminées, nos 12 et 641.

(b) *Psittacus erythroxantus.* Gessner, *Avi.*, p. 720. — *Psittacus erythrocianus, Ibid.*, p. 721. — *Psittacus quem erythroxantum distinguendi gratiâ cognominare visum est Germanis. Rolgelber sittich.* Gessner, *Icon. avi.*, p. 38. — *Psittacus erythrocyanus. Ibid.*, p. 39. — *Psittacus maximus alter.* Aldrovande, *Avi.*, t. Ier, p. 665. — *Psittacus erythroxantus ornithologi. Ibid.*, p. 683. — *Psittacus erythrocyanus ornithologi. Ibid.* — *Psittacus erythroxantus.* Schwenckfeld, *Avi. Siles.*, p. 343. — *Psittacus erythrocyanus. Ibid.* — *Araracanga Brasiliensibus.* Marcgrave, *Hist. nat. Bras.*, p. 206. — *Arara.* Pison, *Hist. nat. Bras.*, p. 85. — *Psittacus erythroxantus.* Jonston, *Avi.*, p. 23. — *Psittacus maximus alter. Ibid.*, p. 21. — *Psittacus erythrocyanus. Ibid.*, p. 23. — *Araracanga Marcgravii. Ibid.*, p. 141. — *Haitini huacamaias Mexicanis alo.* Fernandez, *Hist. nov. Hisp.*, p. 38, cap. CXVII. — *Psittacus erythroxantus.* Charleton, *Exercit.*, p. 74, no 15 ; et *Onomast.*, p. 67, no 15. — *Psittacus maximus alter vertice capitis compresso. Ibid.* p. 74, no 2 ; et *Onomast.*, p. 66, no 2. — *Psittacus erythrocyanus. Ibid.*, p. 74, no 14 ; et *Onomast.*, p. 67, no 14. — *Psittacus maximus Marcgravii casmoro. Ara rouge.* Barrère, *France équinoxiale*, p. 145. — *Psittacus puniceus. Idem, Ornithol.*, cl. 3, gen. 2, sp. 7. — *Psittacus major diversicolor Macaw seu Macao dictus.* Willughby, *Ornithol.*, p. 73. — *Psittacus maximus alter Aldrovandi. Ibid.*, p. 73. — *Araracanga Marcgravii.* Ray, *Synops. avi.*, p. 29, no 3. — *Psittacus maximus alter Aldrovandi. Ibid.*, no 1. — *Arras.* Dutertre, *Hist. des Antilles*, t. II, p. 247. — *Arras.* Labat, *Nouveau voyage aux îles de l'Amérique*, t. II, p. 154. — *Arat* par les sauvages de l'Amérique ; J. de Léry, *Histoire d'un voyage au Brésil*, p. 170. — *Guacamayas.* Garcilasso de la Vega, *Histoire des Incas*, t. II, p. 282. — *Guacamayas.* Gemelli Careri, *Voyage autour du monde*, t. VI, p. 210. — *Guacamaïac.* Joseph Acosta, *Hist. nat. des Indes*, p. 197. — *Carinde.* Thevet, *Singularités de la France antarctique*, p. 92. — *Macaw ;* au Brésil, *jackon.* Dampierre, *Voyage*, t. IV, p. 65. — *Macaw.* Waffer, *Voyage*, t. IV, p. 231. — *Aras.* Rochefort, *Hist. nat. des Antilles*, p. 154. — *Grand perroquet de Macao.* Albin, t. Ier, p. 11. — *Perroquet de la Jamaïque. Ibid.* — « Psittacus macrourus ruber, remigibus supra cæruleis, » subtus rufis, genis mediis rugosis... » *Psittacus Macao.* Linnæus, *Syst. nat.*, édit. X, p. 96. — *Psittacus maximus coccineo varius, caudâ productâ.* Browne, *Nat. hist. of Jamaïca*, p. 472. — *Red and blue Macaw. Psittacus maximus puniceus et cæruleus.* Edwards, *Hist. of Birds*, p. 158. — *Red and blue Macaw. Nat. hist. of Guyana*, p. 155. — *Red and yellow Macaw. Ibid.*, p. 156. — « Psittacus major longicaudus, coccineus ; uropygio » dilutè cæruleo ; pennis scapularibus cæruleo et viridi variegatis ; genis nudis, candidis, » rectricibus binis intermediis coccineis apice dilutè cæruleis, utrimque extimis supernè » cyaneis, violaceo mixtis, infernè obscurè rubris... » *Ara Brasiliensis.* Brisson, *Ornithol.*, t. IV, p. 184, pl. 19, fig. 1. — « Psittacus major longicaudus, dilutè coccineus, uropygio » dilutè cæruleo ; pennis scapularibus luteis, viridi terminatis ; genis nudis, candidis ; rectricibus supernè cyaneis, violaceo admixto, infernè obscurè rubris ; binis intermediis » utrimque proximâ primâ medietate obscurè rubrâ... » *Ara Jamaïcensis.* Brisson, *Ornithol.*, t. IV, p. 188. — *Le grand perroquet rouge et l'aracanga de Marcgrave.* Salerne, *Ornithol.*

(*) *Ara Macao* (*Psittacus Macao* L.).

ples variétés de la même race. Cependant tous les nomenclateurs, d'après Gessner et Aldrovande, en ont fait deux espèces, quoique Marcgrave et tous les voyageurs, c'est-à-dire tous ceux qui les ont vus et comparés, n'en aient fait, avec raison, qu'un seul et même oiseau, qui se trouve dans tous les climats chauds de l'Amérique, aux Antilles, au Mexique, aux terres de l'Isthme, au Pérou, à la Guiane, au Brésil, etc., et cette espèce très nombreuse et très répandue en Amérique, ne se trouve nulle part dans l'ancien continent : il doit donc paraître bien singulier que quelques auteurs (*a*) aient, d'après Albin, appelé cet oiseau *perroquet de Macao*, et qu'ils aient cru qu'il venait du Japon. Il est possible qu'on y en ait transporté quelques-uns d'Amérique, mais il est certain qu'ils n'en sont pas originaires, et il y a apparence que ces auteurs ont confondu le grand lori rouge des Indes orientales avec l'ara rouge des Indes occidentales.

Ce grand ara rouge a près de trente pouces de longueur, mais celle de la queue en fait presque moitié; tout le corps, excepté les ailes, est d'un rouge vermeil; les quatre plus longues plumes de la queue, sont du même rouge, les grandes pennes de l'aile sont d'un bleu turquin en dessus, et en dessous d'un rouge de cuivre sur fond noir; dans les pennes moyennes le bleu et le vert sont alliés et fondus d'une manière admirable; les grandes couvertures sont d'un jaune doré, et terminées de vert; les épaules sont du même rouge que le dos; les couvertures supérieures et inférieures de la queue sont bleues; quatre des pennes latérales sont bleues en dessus, et toutes sont doublées d'un rouge de cuivre plus clair et plus métallique sous les quatre grandes pennes du milieu; un toupet de plumes veloutées, rouge-mordoré, s'avance en bourrelet sur le front; la gorge est d'un rouge brun; une peau membraneuse, blanche et nue, entoure l'œil, couvre la joue et enveloppe la mandibule inférieure du bec, lequel est noirâtre ainsi que les pieds. Cette description a été faite sur un de ces oiseaux vivant, des plus grands et des plus beaux : au reste, les voyageurs remarquent des variétés dans les couleurs, comme dans la grandeur de ces oiseaux, selon les différentes contrées, et même d'une île à une autre (*b*) : nous en avons vu qui avaient la queue toute bleue, d'autres rouge et terminée de bleu; leur grandeur varie autant et plus que leurs couleurs; mais les petits aras rouges sont plus rares que les grands.

En général, les aras étaient autrefois très communs à Saint-Damingue. Je vois, par une lettre de M. le chevalier Deshayes, que depuis que les établis-

(*a*) Albin, Willughby.

(*b*) « Ces oiseaux sont si dissemblables, selon les terres où ils repaissent, qu'il n'y a pas une île qui n'ait ses perroquets, ses aras et ses perriques dissemblables en grandeur de corps, en ton de voix et en diversité de plumage. » Dutertre, *Hist. des Antilles*, Paris, 1667, t. II, p. 247. — « Les aras sont des oiseaux beaux par excellence... ils ont une longue queue qui est composée de belles plumes qui sont de diverses couleurs, selon la différence des îles où ils ont pris naissance. *Hist. naturelle et morale des Antilles*; Rotterdam, 1658, p. 154.

sements français ont été poussés jusque sur le sommet des montagnes, ces oiseaux y sont moins fréquents (*a*). Au reste, les aras rouges et les aras bleus, qui font notre seconde espèce, se trouvent dans les mêmes climats, et ont absolument les mêmes habitudes naturelles : ainsi ce que nous allons dire de celui-ci peut s'appliquer à l'autre.

Les aras habitent les bois, dans les terrains humides plantés de palmiers, et ils se nourrissent principalement des fruits du palmier-latanier, dont il y a de grandes forêts dans les savanes noyées; ils vont ordinairement par paires et rarement en troupes; quelquefois néanmoins ils se rassemblent le matin pour crier tous ensemble et se font entendre de très loin; ils jettent les mêmes cris, lorsque quelque objet les effraie ou les surprend (*b*); ils ne manquent jamais aussi de crier en volant, et de tous les perroquets, ce sont ceux qui volent le mieux; ils traversent les lieux découverts, mais ne s'y arrêtent pas; ils se perchent toujours sur la cime ou sur la branche la plus élevée des arbres; ils vont le jour chercher leur nourriture au loin, mais tous les soirs ils reviennent au même endroit, dont ils ne s'éloignent qu'à la distance d'une lieue environ, pour chercher des fruits mûrs. Dutertre (*c*) dit que, quand ils sont pressés de la faim, ils mangent le fruit du mancenillier, qui, comme l'on sait, est un poison pour l'homme, et vraisemblablement pour la plupart des animaux; il ajoute que la chair de ces aras qui ont mangé des pommes de mancenillier est malsaine et même vénéneuse; néanmoins on mange tous les jours des aras à la Guiane, au Brésil, etc., sans qu'on s'en trouve incommodé, soit qu'il n'y ait pas de mancenillier dans ces contrées, soit que les aras, trouvant une nourriture plus abondante et qui leur convient mieux, ne mangent point les fruits de cet arbre de poison.

Il paraît que les perroquets dans le Nouveau Monde étaient tels à peu près qu'on a trouvé tous les animaux dans les terres désertes, c'est-à-dire confiants et familiers, et nullement intimidés à l'aspect de l'homme, qui, mal armé et peu nombreux dans ces régions, n'y avait point encore fait connaître son empire (*d*). C'est ce que Pierre d'Angleria assure des premiers temps

(*a*) « Dans toutes ces îles (Antilles) les aras sont devenus très rares, parce que les habitants les détruisent à force d'en manger ; ils se retirent dans les endroits les moins fréquentés; et on ne les voit plus approcher des lieux cultivés. » (Observation de M. de la Borde, médecin du roi à Cayenne.)

(*b*) « Les Indiens étaient dans une profonde sécurité (à Yubarco, dans le Darien), lorsque les cris d'une sorte de perroquets rouges, d'une grosseur extraordinaire, qu'ils appelaient *guacamayas*, les avertirent de l'approche de leurs ennemis. » Expédition d'Ojéda, etc., *Hist. génér. des voyages*, t. XII, p. 156.

(*c*) *Hist. des Antilles*, t. II, p. 248.

(*d*) « Les petits oiseaux qui remplissent les bois à la Nouvelle-Zélande connaissent si peu les hommes, qu'ils se juchaient tranquillement sur les branches d'arbres les plus voisines de nous, même à l'extrémité de nos fusils : nous étions pour eux des objets nouveaux qu'ils regardaient avec une curiosité égale à la nôtre. » *Relation de M. Forster, dans le second Voyage du capitaine Cook*, t. Ier, p. 206.

de la découverte de l'Amérique (*a*); les perroquets s'y laissaient prendre au lacet et presque à la main du chasseur, le bruit des armes ne les effrayait guère, et ils ne fuyaient pas en voyant leurs compagnons tomber morts; ils préféraient à la solitude des forêts les arbres plantés près des maisons; c'est là que les Indiens les prenaient trois ou quatre fois l'année pour s'approprier leurs belles plumes, sans que cette espèce de violence parût leur faire déserter ce domicile de leur choix (*b*); et c'est de là qu'Aldrovande, sur la foi de toutes les premières relations de l'Amérique, a dit que ces oiseaux s'y montraient naturellement amis de l'homme, ou du moins ne donnaient pas des signes de crainte; ils s'approchaient des cases en suivant les Indiens lorsqu'ils les y voyaient rentrer, et paraissaient s'affectionner aux lieux habités par ces hommes paisibles (*c*). Une partie de cette sécurité reste encore aux perroquets que nous avons relégués dans les bois. M. de la Borde nous le marque de ceux de la Guiane; ils se laissent approcher de très près sans méfiance et sans crainte; et Pison dit des oiseaux du Brésil, ce qu'on peut étendre à tout le Nouveau Monde, qu'ils ont peu d'astuce et donnent dans tous les pièges.

Les aras font leurs nids dans des trous de vieux arbres pourris, qui ne sont pas rares dans leur pays natal, où il y a plus d'arbres tombant de vétusté que d'arbres jeunes et sains; ils agrandissent le trou avec leur bec lorsqu'il est trop étroit, ils en garnissent l'intérieur avec des plumes. La femelle fait deux pontes par an comme tous les autres perroquets d'Amérique, et chaque ponte est ordinairement de deux œufs qui selon Dutertre, sont gros comme des œufs de pigeon et tachés comme ceux de perdrix (*d*); il ajoute que les jeunes ont deux petits vers dans les narines et un troisième dans un petit bubon qui leur vient au-dessus de la tête, et que ces petits vers meurent d'eux-mêmes lorsque ces oiseaux commencent à se couvrir de plumes (*e*) : ces vers dans les narines des oiseaux ne sont pas particuliers aux aras; les autres perroquets, les cassiques et plusieurs autres oiseaux en ont de même tant qu'ils sont dans leur nid; il y a aussi plusieurs quadrupèdes, et notamment les singes, qui ont des vers dans le nez et dans d'autres parties du corps; on connaît ces insectes, en Amérique, sous le nom de *vers macaques;* ils s'insinuent quelquefois dans la chair des hommes et produisent des abcès difficiles à guérir : on a vu des chevaux mourir de ces

(*a*) Lib. x, décad. 3.

(*b*) Léry, p. 174.

(*c*) Aldrovande, p. 653.

(*d*) Il arrive assez souvent aux aras de pondre un œuf ou deux dans nos contrées tempérées; Aldrovande en cite quelque exemple. M. le marquis d'Abzac nous apprend qu'un grand ara rouge a fait chez lui une ponte de trois œufs; ils étaient sans germe : néanmoins la mère ara était dans une grande chaleur et demandait à couver; on lui donna un œuf de poule qu'elle fit éclore. » (Lettre de M. le marquis d'Abzac, datée du château de Noyac, près Périgueux, le 21 septembre 1776.)

(*e*) *Hist. des Antilles*, t. II, p. 249.

abcès causés par les vers macaques, ce qui peut provenir de la négligence avec laquelle on traite les chevaux dans ce pays où on ne les loge ni ne les panse.

Le mâle et la femelle ara couvent alternativement les œufs et soignent les petits : ils leur apportent également à manger; tant qu'ils ont besoin d'éducation, le père et la mère, qui ne se quittent guère, ne les abandonnent point: on les voit toujours ensemble, perchés à portée de leur nid.

Les jeunes aras s'apprivoisent aisément, et dans plusieurs contrées de l'Amérique on ne prend ces oiseaux que dans le nid, et on ne tend point de pièges aux vieux, parce que leur éducation serait trop difficile et peut-être infructueuse; cependant Dutertre raconte que les sauvages des Antilles avaient une singulière manière de prendre ces oiseaux vivants; ils épiaient le moment où ils mangent à terre des fruits tombés; ils tâchaient de les environner, et tout à coup ils jetaient des cris, frappaient des mains et faisaient un si grand bruit, que ces oiseaux subitement épouvantés, oubliaient l'usage de leurs ailes et se renversaient sur le dos pour se défendre du bec et des ongles; les sauvages leur présentaient alors un bâton qu'ils ne manquaient pas de saisir, et dans le moment on les attachait avec une petite liane au bâton; il prétend de plus qu'on peut les apprivoiser quoique adultes et pris de cette manière violente; mais ces faits me paraissent un peu suspects, d'autant que tous les aras s'enfuient actuellement à la vue de l'homme, et qu'à plus forte raison ils s'enfuiraient au grand bruit (*a*). Waffer dit que les Indiens de l'isthme de l'Amérique apprivoisent les aras comme nous apprivoisons les pies, qu'ils leur donnent la liberté d'aller se promener le jour dans les bois, d'où ils ne manquent pas de revenir le soir; que ces oiseaux imitent la voix de leur maître et le chant d'un oiseau qu'il appelle *chicali* (*b*). Fernandez rapporte qu'on peut leur apprendre à parler, mais qu'ils ne prononcent que d'une manière grossière et désagréable; que quand on les tient dans les maisons ils y élèvent leurs petits comme les autres oiseaux domestiques (*c*). Il est très sûr en effet qu'ils ne parlent jamais aussi bien que les autres perroquets, et que, quand ils sont apprivoisés, ils ne cherchent point à s'enfuir.

Les Indiens se servent de leurs plumes pour faire des bonnets de fête et d'autres parures; ils se passent quelques-unes de ces belles plumes à travers les joues, la cloison du nez et les oreilles. La chair des aras, quoique ordinairement dure et noire, n'est pas mauvaise à manger; elle fait de bon bouillon, et les perroquets en général sont le gibier le plus commun des terres de Cayenne, et celui qu'on mange le plus ordinairement.

L'ara est peut-être, plus qu'aucun autre oiseau, sujet au mal caduc, qui est

(*a*) *Hist. des Antilles*, t. II, p. 248.
(*b*) Waffer, t. IV du *Voyage de Dampierre*, p. 231.
(*c*) Fernandez. *Hist. nov. Hisp.*, p. 38.

plus violent et plus immédiatement mortel dans les climats chauds que dans les pays tempérés. J'en ai nourri un des plus grands et des plus beaux de cette espèce qui m'avait été donné par Mme la marquise de Pompadour, en 1751 ; il tombait d'épilepsie deux ou trois fois par mois, et cependant il n'a pas laissé de vivre plusieurs années dans ma campagne en Bourgogne, et il aurait vécu bien plus longtemps si on ne l'avait pas tué ; mais, dans l'Amérique méridionale, ces oiseaux meurent ordinairement de ce même mal caduc, ainsi que tous les autres perroquets, qui y sont également sujets dans l'état de domesticité ; c'est probablement, comme nous l'avons dit dans l'article des serins, la privation de leur femelle et la surabondance de nourriture qui leur causent ces accès épileptiques, auxquels les sauvages, qui les élèvent dans leurs carbets pour faire commerce de leurs plumes, ont trouvé un remède bien simple : c'est de leur entamer l'extrémité d'un doigt et d'en faire couler une goutte de sang. L'oiseau paraît guéri sur-le-champ, et ce même secours réussit également sur plusieurs autres oiseaux qui sont en domesticité, sujets aux mêmes accidents. On doit rapprocher ceci de ce que j'ai dit à l'article des serins qui tombent du mal caduc, et qui meurent lorsqu'ils ne jettent pas une goutte de sang par le bec : il semble que la nature cherche à faire le même remède que les sauvages ont trouvé.

On appelle *crampe*, dans les colonies, cet accident épileptique, et on assure qu'il ne manque pas d'arriver à tous les perroquets en domesticité, lorsqu'ils se perchent sur un morceau de fer, comme sur un clou ou sur une tringle, etc., en sorte qu'on a grand soin de ne leur permettre de se poser que sur du bois : ce fait qui, dit-on, est reconnu pour vrai, semble indiquer que cet accident, qui n'est qu'une forte convulsion dans les nerfs, tient d'assez près à l'électricité, dont l'action est, comme l'on sait, bien plus violente dans le fer que dans le bois.

L'ARA BLEU (*a*) (*b*)

SECONDE ESPÈCE.

Les nomenclateurs ont encore fait ici deux espèces d'une seule : ils ont nommé la première *ara bleu et jaune de la Jamaïque*, et la seconde *ara*

(*a*) Voyez les planches enluminées, n° 36, sous la dénomination de l'*Ara bleu et jaune du Brésil*.

(*b*) *Psittacus maximus cyanocroceus*, Aldrovande, *Avi.*, t. Ier, p. 663. — *Rot-gelber papagey. Psittacus cyanocroceus.* Schwenckfeld, *Avi. Siles.*, p. 343. — *Ararauna Brasiliensibus.* Marcgrave, *Hist. Bras.*, p. 206. — *Canide.* Léry, *Voyage au Brésil*, p. 170. — *Canidas.* Coréal, *Voyage aux Indes occidentales*, p. 176. — *Guacamayas.* Garcilasso de la Vega, *Hist. des Incas*, t. II, p. 282. — *Guacamayas.* Acosta, *Hist. naturelle des Indes*, p. 197. —

bleu et jaune du Brésil; mais ces deux oiseaux sont non seulement de la même espèce (*), mais encore des mêmes contrées dans les climats chauds de l'Amérique méridionale ; l'erreur de ces nomenclateurs vient vraisemblablement de la méprise qu'a faite Albin en prenant le premier de ces aras bleus pour la femelle de l'ara rouge ; et comme on a reconnu qu'il n'était pas de cette espèce, on a cru qu'il pouvait être différent de l'ara bleu commun, mais c'est certainement le même oiseau : cet ara bleu se trouve dans les mêmes endroits que l'ara rouge ; il a les mêmes habitudes naturelles, et il est au moins aussi commun.

Sa description est aisée à faire, car il est entièrement bleu d'azur sur le dessus du corps, les ailes et la queue, et d'un beau jaune sous tout le corps (*a*) ; ce jaune est vif et plein, et le bleu a des reflets et un lustre éblouissants. Les sauvages admirent ces aras et chantent leur beauté ; le

Carinde. Thevet, *Singularités de la France antartique*, p. 92. — *The great blue and yellow parrot, called the Machao and cockatoon, rectius cohatoon à voce. Psittacus maximus cyanocroceus*. Charleton, *Exercit*., p. 74, nº 1 ; et *Onomast*., p. 66, nº 1. — *Psittacus maximus cyanocroceus*. Jonston, *Avi*., p. 21. — *Ararauna Brasiliensibus. Ibid*., p. 141. — *Ararauna Brasiliensibus Marcgravii Macao dictus*. Willughby, *Ornithol*., p. 73. — *Psittacus maximus cyanocroceus Aldrovandi. Ibid*., p. 72. — *Psittacus maximus cyanocroceus Aldrovandi*. Ray, *Synops. avi*., p. 28, nº 1. — *Canide lorii. Ibid*., p. 18, nº 5. — *Psittacus maximus alter Jonstonii*, *ararauna Brasiliensibus*, *Marcgravii kararaoua. Aras bleu*. Barrère, *France équinoxiale*, p. 145. — *Psittacus maximus cyanocroceus Jonstonii. Idem*, *Ornithol*., class, 3, gen. 2, sp. 6. — *Blew Macaw*, femelle du perroquet de Macao. Albin, t. III. p. 5. — *The great Macaw. Psittacus maximus Aldrovandi*. Sloane, *Voyage of Jamaïca*, p. 296. — *The blue and yellow Maccaw. Psittacus maximus cyanocroceus*. Edwards, *Hist. of Birds*, p. 159. — « Psittacus macrourus supra cæruleus, genis nudis, lineis plumosis, » *Psittacus ararauna*. Linnæus, *Syst. nat*., édit. X, p. 96. — *Psittacus vertice viridi, caudâ cyaneâ*. Klein, *Avi*., p. 24, nº 2. — *Psittacus maximus cœruleo varius, caudâ productâ*. Browne, *Hist. nat. of Jamaïca*, p. 472. — *Blue and yellow Macaw. Nat. hist. of Guyane*, p. 155. — « Psittacus » major longicaudus, supernè cyaneus, infernè croceus, genis nudis, candidis, rectricibus » supernè cyaneis infernè croceis... » *Ara Jamaïcensis cyano-crocea*. Brisson, *Ornithol*., t. IV, p. 191. — « Psittacus major longicaudus, supernè cyaneus, infernè croceus ; syncipite » viridi ; tæniâ transversâ sub gutture nigrâ ; genis nudis, candidis, lineis plumosis nigris » striatis ; rectricibus infernè luteis, supernè cyaneis, lateralibus interiùs ad violaceum « inclinantibus... » *Ara Brasiliensibus cyaneo-crocea. Ibid*., p. 193, et pl. 20. — *Le grand perroquet bleu*. Salerne, *Ornithol*., p. 62.

(*a*) « L'autre nommé *canidé*, ayant tout le plumage sous le ventre et à l'entour du cou aussi jaune que fin or ; le dessus du dos, les ailes et la queue d'un bleu si naïf, qu'il n'est pas possible de plus ; vous diriez, à le voir, qu'il est vêtu d'une toile d'or par dessous, et émantelé de damas violet figuré par dessus. » Léry, *Voyage au Brésil*, Paris, 1578, p. 171. — Thevet ne caractérise pas moins bien les deux espèces d'aras : « Nature s'est plue à portraire ce bel oiseau, nommé des sauvages *carinde*, le revêtant d'un si plaisant et beau plumage, qu'il est impossible de n'en admirer telle ouvrière. Cet oiseau n'excède point la grandeur d'un corbeau, et son plumage, depuis le ventre jusqu'au gosier, est jaune comme fin or ; les ailes et la queue, laquelle il a fort longue, sont de couleur de fin azur. A cet oiseau se trouve un autre semblable en grosseur, mais différent en couleur, car, au lieu que l'autre a le plumage jaune, celui-ci l'a rouge comme fine écarlate et le reste azuré. » *Singularités de la France antarctique*, par Thevet ; Paris, 1558, p. 92.

(*) *Ara Ararauna* (*Psittacus Ararauna* L.).

refrain ordinaire de leurs chansons est : *Oiseau jaune, oiseau jaune, que tu es beau* (*a*) !

Les aras bleus ne se mêlent point avec les aras rouges, quoiqu'ils fréquentent les mêmes lieux sans chercher à se faire la guerre : ils ont quelque chose de différent dans la voix ; les sauvages reconnaissent les rouges et les bleus sans les voir et par leur seul cri ; ils prétendent que ceux-ci ne prononcent pas si distinctement *ara* (*b*).

L'ARA VERT (*c*) (*d*)

TROISIÈME ESPÈCE.

L'ara vert (*) est bien plus rare que l'ara rouge et l'ara bleu ; il est aussi bien plus petit, et l'on n'en doit compter qu'une espèce, quoique les nomenclateurs en aient encore fait deux, parce qu'ils l'ont confondu avec une perruche verte qu'on a appelée *perruche ara* parce qu'elle prononce assez distinctement le mot *ara*, et qu'elle a la queue beaucoup plus longue que les autres perruches ; mais ce n'en est pas moins une vraie perruche, très connue à Cayenne et très commune, au lieu que l'ara vert y est si rare, que les habitants même ne le connaissent pas, et que, lorsqu'on leur en parle, ils croient que c'est cette perruche. M. Sloane dit que le petit macao ou petit

(*a*) « Canidé jouve, canidé jouve, heura oncèbe. » Léry, p. 173.

(*b*) Coréal indique les aras sous les noms de *canidas* et d'*arar*, qu'ils portent, dit-il, au Brésil. *Voyage aux Indes occidentales*, Paris, 1722, t. Ier, p. 179. — Dampierre désigne ceux de la baie de Tous-les-Saints par les noms de *macaws* et *jackons*. *Nouveau voyage autour du monde*, Rouen, 1715, t. IV, p. 65.

(*c*) Voyez les planches enluminées, n° 383, sous la dénomination de l'*Ara vert du Brésil*.

(*d*) *Maracana Brasiliensibus secunda*. Marcgrave, *Hist. nat. Brasil.*, p. 207. — *Maracana Brasiliensibus secunda*. Jonston, *Avi.*, p. 142. — *Maracana Brasiliensibus secunda Marcgravii*. Willughby, *Ornithol.*, p. 74. — *Mararana araræ*, id est, *Macai species minor*. Ray, *Synops. avi.*, p. 29, n° 5. — *The small Macaw. Maracana altera Brasiliensibus*. Sloane, *Voyage of Jamaïca*, p. 297. — *The Brasilian green Mackaw. L'ara vert du Brésil*. Edwards, *Glan.*, p. 41, avec une bonne figure coloriée, pl. 229. — « Psittacus major longicaudus, » viridis ; syncipite et tæniâ utrimque secundùm maxillam inferiorem castaneo-purpurascen- » tibus ; vertice cæruleo ; marginibus alarum coccineis ; calcaneis rubro circumdatis ; genis » nudis, candidis, lineis plumosis nigris striatis ; rectricibus supernè in exortu viridibus, » apice cæruleis subtus obscurè rubris... » *Ara Brasiliensis viridis*. Brisson, *Ornithol.*, t. IV, p. 199. — « Psittacus major longicaudus, saturatè viridis ; maculâ in syncipite fuscâ ; vertice » viridi-cærulescente ; maculâ in alarum exortu miniatâ, genis nudis, candidis, lineis plu- » mosis nigris striatis ; rectricibus supernè primâ mediciate viridibus, alterâ cyaneis, subtus » saturatè rubris... » *Ara Brasiliensis erytrochlora. Ibid.*, p. 202. — « Psittacus macrourus » viridis ; genis nudis, remigibus rectricibusque cæruleis subtus purpurascentibus... » *Psittacus severus*. Linnæus, *Syst. nat.*, édit. X, gen. 44, sp. 5. — Autre *maracanas*, qui est une petite espèce d'*ara* ou de *macao*. Salerne, *Ornithol.*, p. 63.

(*) *Ara militaris* (*Psittacus militaris* Kuhl.).

ara vert est fort commun dans les bois de la Jamaïque ; mais Edwards remarque avec raison qu'il s'est trompé, parce que, quelques recherches qu'il ait faites, il n'a jamais pu s'en procurer qu'un seul par ses correspondants, au lieu que, s'il était commun à la Jamaïque, il en viendrait beaucoup en Angleterre : cette erreur de Sloane vient probablement de ce qu'il a, comme nos nomenclateurs, confondu la perruche verte à longue queue avec l'ara vert. Au reste, nous avons cet ara vert vivant ; il nous a été donné par M. Sonnini de Manoncour, qui l'a eu à Cayenne des sauvages de l'Oyapoc, où il avait été pris dans le nid.

Sa longueur, depuis l'extrémité du bec jusqu'à celle de la queue, est d'environ seize pouces ; son corps, tant en dessus qu'en dessous, est d'un vert qui, sous les différents aspects, paraît ou éclatant et doré, ou olive foncé ; les grandes et petites pennes de l'aile sont d'un bleu d'aigue-marine sur fond brun doublé d'un rouge de cuivre ; le dessous de la queue est de ce même rouge, et le dessus est peint de bleu d'aigue-marine fondu dans du vert d'olive ; le vert de la tête est plus vif et moins chargé d'olivâtre que le vert du reste du corps ; à la base du bec supérieur, sur le front, est une bordure noire de petites plumes effilées qui ressemblent à des poils ; la peau blanche et nue qui environne les yeux est aussi parsemée de petits pinceaux rangés en lignes des mêmes poils noirs ; l'iris de l'œil est jaunâtre.

Cet oiseau, aussi beau que rare, est encore aimable par ses mœurs sociales et par la douceur de son naturel ; il est bientôt familiarisé avec les personnes qu'il voit fréquemment ; il aime leur accueil, leurs caresses et semble chercher à les leur rendre ; mais il repousse celles des étrangers, et surtout celles des enfants, qu'il poursuit vivement et sur lesquels il se jette ; il ne connaît que ses amis. Comme tous les perroquets élevés en domesticité, il se met sur le doigt dès qu'on le lui présente ; il se tient aussi sur le bois ; mais en hiver et même en été, dans les temps frais et pluvieux, il préfère être sur le bras ou sur l'épaule, surtout si les habillements sont de laine ; car en général il semble se plaire beaucoup sur le drap ou sur les autres étoffes de cette nature qui garantissent le mieux du froid ; il se plaît aussi sur les fourneaux de la cuisine, lorsqu'ils ne sont pas tout à fait refroidis et qu'ils conservent encore une chaleur douce. Par la même raison, il semble éviter de se poser sur les corps durs qui communiquent du froid, tels que le fer, le marbre, le verre, etc., et même dans les temps froids et pluvieux de l'été il frisonne et il tremble si on lui jette de l'eau sur le corps ; cependant il se baigne volontiers pendant les grandes chaleurs et trempe souvent sa tête dans l'eau.

Lorsqu'on le gratte légèrement, il étend les ailes en s'accroupissant et il fait alors entendre un son désagréable assez semblable au cri du geai, en soulevant les ailes et hérissant ses plumes, et ce cri habituel paraît être l'expression du plaisir comme celle de l'ennui ; d'autres fois, il fait un cri bref et aigu qui est moins équivoque que le premier et qui exprime la joie ou la satisfaction, car il le fait ordinairement entendre lorsqu'on lui fait accueil ou lorsqu'il voit venir à lui les personnes qu'il aime; c'est cependant par ce même dernier cri qu'il manifeste ses petits moments d'impatience et de mauvaise humeur. Au reste, il n'est guère possible de rien statuer de positif sur les différents cris de cet oiseau et de ses semblables, parce qu'on sait que ces animaux, qui sont organisés de manière à pouvoir contrefaire les sifflements, les cris et même la parole, changent de voix presque toutes les fois qu'ils entendent quelques sons qui leur plaisent et qu'ils peuvent imiter.

Celui-ci est jaloux : il l'est surtout des petits enfants qu'il voit avoir quelque part aux caresses et aux bienfaits de sa maîtresse; s'il en voit un sur elle, il cherche aussitôt à s'élancer de son côté en étendant les ailes; mais comme il n'a qu'un vol court et pesant et qu'il semble craindre de tomber en chemin, il se borne à lui témoigner son mécontentement par des gestes et des mouvements inquiets et par des cris perçants et redoublés, et il continue ce tapage jusqu'à ce qu'il plaise à sa maîtresse de quitter l'enfant et d'aller le reprendre sur son doigt : alors il lui en témoigne sa joie par un murmure de satisfaction et quelquefois par une sorte d'éclat qui imite parfaitement le rire grave d'une personne âgée; il n'aime pas non plus la compagnie des autres perroquets, et si on en met un dans la chambre qu'il habite, il n'a point de bien qu'on ne l'en ait débarrassé. Il semble donc que cet oiseau ne veuille partager avec qui que ce soit la moindre caresse ni le plus petit soin de ceux qu'il aime, et que cette espèce de jalousie ne lui est inspirée que par l'attachement; ce qui le fait croire, c'est que si un autre que sa maîtresse caresse le même enfant contre lequel il se met de si mauvaise humeur, il ne paraît pas s'en soucier et n'en témoigne aucune inquiétude.

Il mange à peu près de tout ce que nous mangeons : le pain, la viande de bœuf, le poisson frit, la pâtisserie et le sucre surtout sont fort de son goût; néanmoins, il semble leur préférer les pommes cuites, qu'il avale avidement, ainsi que les noisettes, qu'il casse avec son bec et épluche ensuite fort adroitement entre ses doigts, afin de n'en prendre que ce qui est mangeable; il suce les fruits tendre au lieu de les mâcher, en les pressant avec sa langue contre la mandibule supérieure du bec, et pour les autres nourritures moins tendres, comme le pain, la pâtisserie, etc., il les broie ou les mâche, en appuyant l'extrémité du demi-bec inférieur contre l'endroit le plus concave du supérieur; mais, quels que soient ses aliments, ses excréments ont toujours été d'une couleur verte et mêlée d'une espèce de craie blanche, comme ceux de la plupart des autres oiseaux, excepté les temps où il a été malade, qu'ils étaient d'une couleur orangée ou jaunâtre foncé.

Au reste, cet ara, comme tous les autres perroquets, se sert très adroitement de ses pattes; il ramène en avant le doigt postérieur pour saisir et retenir les fruits et les autres morceaux qu'on lui donne et pour les porter ensuite à son bec. On peut donc dire que les perroquets se servent de leurs doigts à peu près comme les écureuils ou les singes ; il s'en servent aussi pour se suspendre et s'accrocher : l'ara vert, dont il est ici question, dormait presque toujours ainsi accroché dans les fils de fer de sa cage. Les perroquets ont une autre habitude commune que nous avons remarquée sur plusieurs espèces différentes : ils ne marchent, ne grimpent ni ne descendent jamais sans commencer par s'accrocher ou s'aider avec la pointe de leur bec ; ensuite ils portent leurs pattes en avant pour servir de second point d'appui ; ainsi ce n'est que quand ils marchent à plat qu'ils ne font point usage de leur bec pour changer de lieu.

Les narines, dans cet ara, ne sont point visibles comme celles de la plupart des autres perroquets : au lieu d'être sur la corne apparente du bec elles sont cachées dans les premières petites plumes qui recouvrent la base de la mandibule supérieure qui s'élève et forme une cavité à sa racine quand l'oiseau fait effort pour imiter quelques sons difficiles ; on remarque aussi que sa langue se replie alors vers l'extrémité, et lorsqu'il mange il la replie de même, faculté refusée aux oiseaux qui ont le bec droit et la langue pointue, et qui ne peuvent la faire mouvoir qu'en la retirant ou en l'avançant dans la direction du bec. Au reste, ce petit ara vert est aussi et peut-être plus robuste que la plupart des autres perroquets ; il apprend bien plus aisément à parler et prononce bien plus distinctement que l'ara rouge et l'ara bleu ; il écoute les autres perroquets et s'instruit avec eux ; son cri est presque semblable à celui des autres aras: seulement il n'a pas la voix si forte à beaucoup près et ne prononce pas si distinctement *ara*.

On prétend que les amandes amères font mourir les perroquets ; mais je ne m'en suis pas assuré. Je sais seulement que le persil, pris même en petite quantité, et qu'ils semblent aimer beaucoup, leur fait grand mal ; dès qu'ils en ont mangé, il coule de leur bec une liqueur épaisse et gluante, et ils meurent ensuite en moins d'une heure ou deux.

Il paraît qu'il y a dans l'espèce de l'ara vert la même variété de races ou d'individus que dans celle des aras rouges; du moins, M. Edwards a donné l'ara vert (*a*) sur un individu de la première grandeur, puisqu'il trouve à l'aile pliée treize pouces de longueur et quinze à la plume du milieu de la queue ; cet ara vert avait le front rouge ; les pennes de l'aile étaient bleues, ainsi que le bas du dos et le croupion. M. Edwards appelle la couleur du dedans des ailes et du dessous de la queue un *orangé obscur* : c'est apparemment ce rouge bronzé sombre que nous avons vu à la doublure des ailes de notre ara vert ; les plumes de la queue de celui d'Edwards étaient rouges en dessus et terminées de bleu.

(*a*) *The great green maccauw. Glan.*, part. III, pl. 313, p. 224.

L'ARA NOIR

QUATRIÈME ESPÈCE.

Cet ara (*) a le plumage noir avec des reflets d'un vert luisant, et ces couleurs mélangées sont assez semblables à celles du plumage de l'ani. Nous ne pouvons qu'indiquer l'espèce de cet ara, qui est connu des sauvages de la Guiane, mais que nous n'avons pu nous procurer. Nous savons seulement que cet oiseau diffère des autres aras par quelques habitudes naturelles ; il ne vient jamais près des habitations et ne se tient que sur les sommets secs et stériles des montagnes de roches et de pierres. Il paraît que c'est de cet ara noir que de Laët a parlé sous le nom d'*araruna* ou *machao*, et dont il dit que le plumage est noir, mais si bien mêlé de vert, qu'aux rayons du soleil il brille admirablement ; il ajoute que cet oiseau a les pieds jaunes, le bec et les yeux rougeâtres, et qu'il ne se tient que dans l'intérieur des terres (*a*).

M. Brisson (*b*) a fait encore un autre ara d'une perruche, et il l'a appelé *ara varié des Moluques ;* mais, comme nous l'avons dit, il n'y a point d'aras dans les Grandes-Indes, et nous avons parlé de cette perruche à l'article des perruches de l'ancien continent.

LES AMAZONES ET LES CRIKS

Nous appellerons *perroquets amazones* tous ceux qui ont du rouge sur le fouet de l'aile; ils sont connus en Amérique sous ce nom, parce qu'ils viennent originairement du pays des Amazones. Nous donnerons le nom de *criks* à ceux qui n'ont pas de rouge sur le fouet de l'aile, mais seulement sur l'aile ; c'est aussi le nom que les sauvages de la Guiane ont donné à ces perroquets qui commencent même à être connus en France sous ce même nom. Ils diffèrent encore des amazones : 1° en ce que le vert du plumage des amazones est brillant et même éblouissant, tandis que le vert des criks est mat et jaunâtre ; 2° en ce que les amazones ont la tête couverte d'un beau jaune très vif, au lieu que dans les criks ce jaune est obscur et mêlé d'autres couleurs ; 3° en ce que les criks sont un peu plus petits que les

(*a*) De Laët, *Description des Indes occidentales*, p. 490.
(*b*) *Ornithol.*, t. IV, p. 197.

(*) *Ara ater* (*Psittacus ater* L.).

amazones, lesquels sont eux-mêmes beaucoup plus petits que les aras; 4° les amazones sont très beaux et très rares, au lieu que les criks sont les plus communs des perroquets et les moins beaux; ils sont d'ailleurs répandus partout en grand nombre, au lieu que les amazones ne se trouvent guère qu'au Para et dans quelques autres contrées voisines de la rivière des Amazones.

Mais les criks, ayant du rouge dans les ailes, doivent être ici rapprochés des amazones, dont ce rouge fait le caractère principal; ils ont aussi les mêmes habitudes naturelles : ils volent également en troupes nombreuses, se perchent en grand nombre dans les mêmes endroits, et jettent tous ensemble des cris qui se font entendre fort loin; ils vont aussi dans les bois, soit sur les hauteurs, soit dans les lieux bas et jusque dans les savanes noyées, plantées de palmiers *common* et d'*avouara*, dont ils aiment beaucoup les fruits, ainsi que ceux des *gommiers élastiques*, des *bananiers*, etc. Ils mangent donc de beaucoup plus d'espèces de fruits que les aras, qui ne se nourrissent ordinairement que de ceux du palmier-latanier, et néanmoins ces fruits du latanier sont si durs qu'on a peine à les couper au couteau; ils sont ronds et gros comme des pommes de rainette.

Quelques auteurs (*a*) ont prétendu que la chair de tous les perroquets d'Amérique contracte l'odeur et la couleur des fruits et des graines dont ils se nourrissent; qu'ils ont une odeur d'ail lorsqu'ils ont mangé du fruit d'acajou, une saveur de muscade et de girofle lorsqu'ils ont mangé des fruits de bois d'Inde, et que leur chair devient noire lorsqu'ils se nourrissent du fruit du *génipa*, dont le suc, d'abord clair comme de l'eau, devient en quelques heures aussi noir que de l'encre. Ils ajoutent que les perroquets deviennent très gras dans la saison de la maturité des goyaves, qui sont en effet fort bons à manger; enfin que la graine de coton les enivre au point qu'on peut les prendre avec la main.

Les amazones, les criks et tous les autres perroquets d'Amérique font, comme les aras, leurs nids dans des trous de vieux arbres creusés par les pics ou charpentiers, et ne pondent également que deux œufs deux fois par an, que le mâle et la femelle couvent alternativement. On assure qu'ils ne renoncent jamais leurs nids, et que, quoiqu'on ait touché et manié leurs œufs, ils ne se dégoûtent pas de les couver, comme font la plupart des autres oiseaux. Ils s'attroupent dans la saison de leurs amours, pondent ensemble dans le même quartier et vont de compagnie chercher leur nourriture; lorsqu'ils sont rassasiés, ils font un caquetage continuel et bruyant, changeant de place sans cesse, allant et revenant d'un arbre à l'autre jusqu'à ce que l'obscurité de la nuit et la fatigue du mouvement les forcent à se reposer et à dormir; le matin, on les voit sur les branches dénuées de

(*a*) Dutertre, *Hist. des Antilles*, t. II, p. 251. — Labat, *Nouveau voyage aux îles de l'Amérique*, t. II, p. 159.

feuilles dès que le soleil commence à paraître; ils y restent tranquilles jusqu'à ce que la rosée qui a humecté leurs plumes soit dissipée, et qu'ils soient réchauffés; alors ils partent tous ensemble avec un bruit semblable à celui des corneilles grises, mais plus fort; le temps de leurs nichées est la saison des pluies (*a*).

D'ordinaire, les sauvages prennent les perroquets dans le nid, parce qu'ils sont plus aisés à élever et qu'ils s'apprivoisent mieux; cependant les Caraïbes, selon le P. Labat, les prennent aussi lorsqu'ils sont grands; ils observent, dit-il, les arbres sur lesquels ils se porchent en grand nombre le soir, et quand la nuit est venue, ils portent aux environs de l'arbre des charbons allumés, sur lesquels ils mettent de la gomme avec du piment vert; cela fait une fumée épaisse qui étourdit ces oiseaux et les fait tomber à terre; ils les prennent alors, leur lient les pieds, et les font revenir de leur étourdissement en leur jetant de l'eau sur la tête (*b*); ils les abattent aussi, sans les blesser beaucoup, à coups de flèches émoussées (*c*).

Mais lorsqu'on les prend ainsi vieux, ils sont difficiles à priver; il n'y a qu'un seul moyen de les rendre doux au point de pouvoir les manier, c'est de leur souffler de la fumée de tabac dans le bec : ils en respirent assez pour s'enivrer à demi, et ils sont doux tant qu'ils sont ivres, après quoi on réitère le même camouflet s'ils deviennent méchants, et ordinairement ils cessent de l'être en peu de jours; au reste, on n'a pas l'idée de la méchanceté des perroquets sauvages : ils mordent cruellement et ne démordent pas, et cela sans être provoqués. Ces perroquets, pris vieux, n'apprennent jamais que très imparfaitement à parler. On fait la même opération de la fumée de tabac pour les empêcher de *cancaner;* c'est le mot dont se servent les Français d'Amérique pour exprimer leur vilain cri, et ils cessent en effet de crier lorsqu'on leur a donné un grand nombre de camouflets.

Quelques auteurs (*d*) ont prétendu que les femelles des perroquets n'apprenaient point à parler; mais c'est en même temps une erreur et une idée contre nature ; on les instruit aussi aisément que les mâles, et même elles sont plus dociles et plus douces. Au reste, de tous les perroquets de l'Amérique, les amazones et les criks sont ceux qui sont les plus susceptibles d'éducation et de l'imitation de la parole surtout quand ils sont pris jeunes.

Comme les sauvages font commerce entre eux des plumes de perroquet, ils s'emparent d'un certain nombre d'arbres sur lesquels ces oiseaux vien-

(*a*) Note communiquée par M. de la Borde, médecin du roi à Cayenne.

(*b*) Labat, *Nouveau voyage aux îles de l'Amérique*, t. II, p. 52.

(*c*) « Les sauvages du Brésil, qui ont grande industrie à tirer de l'arc, ont les flèches moult longues, au bout desquelles ils mettent un bourlet de coton, afin que, tirants aux papegauts, ils les abbattent sans les navrer ; car les ayant étonnés du coup, ne laissent de se guérir puis après. » Belon, *Nat. des oiseaux*, p. 297.

(*d*) Frisch, etc.

nent faire leurs nids : c'est une espèce de propriété dont ils tirent le revenu en vendant les perroquets aux étrangers et commerçant des plumes avec les autres sauvages ; ces arbres aux perroquets passent de père en fils, et c'est souvent le meilleur immeuble de la succession (*a*).

LES PERROQUETS AMAZONES

Nous en connaissons cinq espèces, indépendamment de plusieurs variétés. La première est l'amazone à tête jaune ; la seconde, le tarabé ou l'amazone à tête rouge ; la troisième, l'amazone à tête blanche ; la quatrième, l'amazone jaune ; et la cinquième, l'aouroucouraou.

L'AMAZONE A TÊTE JAUNE (*b*)

PREMIÈRE ESPÈCE.

Cet oiseau (*) a le sommet de la tête d'un beau jaune vif ; la gorge, le cou, le dessus du dos et les couvertures supérieures des ailes d'un vert brillant ; la poitrine et le ventre d'un vert un peu jaunâtre ; le fouet des ailes est d'un rouge vif ; les pennes des ailes sont variées de vert, de noir, de bleu violet et de rouge ; les deux pennes extérieures de chaque côté de la queue ont leurs barbes intérieures rouges à l'origine de la plume, ensuite d'un vert foncé jusque vers l'extrémité, qui est d'un vert jaunâtre ; les autres pennes sont d'un vert foncé et terminées d'un vert jaunâtre ; le bec est rouge à la base et cendré sur le reste de son étendue ; l'iris des yeux est jaune ; les pieds sont gris et les ongles noirs.

Nous devons observer ici que M. Linnæus a fait une erreur en disant que ces oiseaux ont les joues nues (*psittacus genis nudis*), ce qui confond mal à

(*a*) Fernandez, *Hist. nov. Hispan.*, p. 38.

(*b*) *Psittacus major viridis alarum costâ supernè rubente. Perroquet amazone.* Barrère, *France équinoxiale*, p. 144. — *Perroquet de la rivière des Amazones.* Labat, *Nouveau voyage aux îles de l'Amérique*, t. II, p. 217. — « Psittacus macrourus viridis, genis nudis, » humeris coccineis... » *Psittacus nobilis.* Linnæus, *Syst. nat.*, édit. X, p. 97. — « Psittacus » major brevicaudus, viridis, infernè ad luteum vergens, colli pennis in apice nigro margi- » natis ; vertice luteo ; remigibus quinque intermediis exteriùs supernè primâ medietate » rubris ; rectricibus quatuor utrimque extimis interiùs primâ medietate rubris, dein saturatè » viridibus, apice luteo-viridibus, rubro mixtis... » *Psittacus amazonicus Brasiliensis.* Brisson, *Ornithol.*, t. IV, p. 272, pl. 26, fig. 1.

(*) *Psittacus amazonicus* LATH.

propos les perroquets amazones avec les aras, qui seuls ont ce caractère, les amazones ayant au contraire des plumes sur les joues, c'est-à-dire entre le bec et les yeux, et n'ayant comme tous les autres perroquets, qu'un très-petit cercle de peau nue autour des yeux.

VARIÉTÉS OU ESPÈCES VOISINES DE L'AMAZONE
A TÊTE JAUNE

Il y a encore deux autres espèces voisines de celle que nous venons de décrire et qui peut-être n'en sont que des variétés.

I. — La première, que nous avons fait représenter dans nos planches enluminées, n° 312, sous la dénomination de *perroquet vert et rouge de Cayenne*, n'a été indiquée par aucun naturaliste, quoique cet oiseau soit connu à la Guiane sous le nom de *bâtard amazone* ou de *demi-amazone;* l'on prétend qu'il vient du mélange d'un perroquet amazone avec un autre perroquet. Il est en effet abâtardi, si on veut le comparer à l'espèce dont nous venons de parler; car il n'a point le beau jaune sur la tête, mais seulement un peu de jaunâtre sur le front, près de la racine du bec; le vert de son plumage n'est pas aussi brillant : il est d'un vert jaunâtre, et il n'y a que le rouge des ailes qui soit semblable et placé de même; il y a aussi une nuance de jaunâtre sous la queue; son bec est rougeâtre et ses pieds sont gris; sa grandeur est égale : ainsi l'on ne peut guère douter qu'il ne tienne de très près à l'espèce de l'amazone.

II. — La seconde variété a été premièrement indiquée par Aldrovande (*a*), et suivant sa description elle ne paraît différer de notre premier perroquet amazone que par les couleurs du bec, que cet auteur dit être d'un jaune couleur d'ocre sur les côtés de la mandibule supérieure, dont le sommet est bleuâtre sur sa longueur, avec une petite bande blanche vers l'extrémité; la mandibule inférieure est aussi jaunâtre dans son milieu, et d'une couleur plombée dans le reste de son étendue; mais toutes les couleurs du plumage,

(*a*) *Psittacus poikilorinchos.* Aldrovande, *Avi.*, t. Ier, p. 670. — *Psittacus poikilorinchos.* Jonston, *Avi.*, p. 22. — *Psittacus poikilorinchos.* Charleton, *Exercit.*, p. 74, n° 5; et *Onomast.*, p. 67, n° 5. — *Psittacus poikilorinchos Aldrovandi.* Willughby, *Ornithol.*, p. 74. — *Psittacus poikilorinchos Aldrovandi.* Ray, *Synops. avi.*, p. 30, n° 3. — « Psittacus major » brevicaudus viridis, infernè ad luteum vergens; vertice luteo; remigibus quibusdam inter- » mediis exteriùs supernè in medio rubris; rectricibus quatuor utrimque extimis in exortu » exteriùs viridibus, interiùs luteis, dein rubris, versùs apicem viridibus, apice luteis... » *Psittacus Amazonicus poikilorinchos.* Brisson, *Ornithol.*, t. IV, p. 270. — *Perroquet à bec bariolé.* Salerne, *Ornithol.*, p. 64.

la grandeur et la forme du corps étant les mêmes que celles de notre perroquet amazone à tête jaune, il ne nous paraît pas douteux que ce ne soit une variété de cette espèce.

LE TARABÉ OU AMAZONE A TÊTE ROUGE (a)

SECONDE ESPÈCE

Ce perroquet (*), décrit par Marcgrave comme naturel au Brésil, ne se trouve point à la Guiane : il a la tête, la poitrine, le fouet et le haut des ailes rouges ; et c'est par ce caractère qu'il doit être réuni avec les perroquets amazones ; tout le reste de son plumage est vert, le bec et les pieds sont d'un cendré obscur.

L'AMAZONE A TÊTE BLANCHE (b) (c)

TROISIÈME ESPÈCE

Il serait plus exact de nommer ce perroquet (**) à *front blanc*, parce qu'il n'a guère que cette partie de la tête blanche ; quelquefois le blanc engage

(a) *Tarabe Brasiliensibus.* Marcgrave, *Hist. nat. Brasil.*, p. 207. — *Tarabe Brasiliensibus.* Jonston, *Avi.*, p. 142. — *Tarabe Brasiliensibus, Marcgravii.* Willughby. — *Tarabe.* Ray, *Synops. avi.*, p. 33, n° 5. — « Psittacus major brevicaudus, viridis ; capite, gutture, collo » inferiore, pectore et tectricibus alarum superioribus minimis rubris ; rectricibus viri- » dibus... » *Psittacus Brasiliensis erythrocephalos.* Brisson, *Ornithol.*, t. IV, p. 240. — *Tarabe.* Salerne, *Ornithol.*, p. 68, n° 5.

(b) Voyez les planches enluminées, n° 549, sous la dénomination de *Perroquet de la Martinique;* et n° 335, sous celle de *Perroquet à front blanc du Sénégal.* — *Nota.* Ces deux oiseaux n'en font qu'un ; et s'il est doublé, c'est parce que nos dessinateurs ont été trompés par l'indication du climat. Il est sûr que ce perroquet est d'Amérique, et en même temps très probable qu'il ne se trouve point en Afrique.

(c) *Psittacus leucocephalus.* Aldrovande, *Avi*, t. Ier, p. 670. — *Quilloton tertium psittaci genus.* Fernandez, *Hist. nov. Hispan.*, p. 37, cap. CXVII. — *Papagallo.* Olina, p. 23. — *Psittacus leucocephalus.* Jonston, *Avi.*, p. 22. — *Psittacus major. Ibid.*, pl. 14. — *Psittacus leucocephalus.* Charleton, *Exercit.*, p. 74, n° 7 ; et *Onomast.*, p. 67, n° 7. — *Psittacus leucocephalus Aldrovandi.* Willughby, *Ornithol.*, p. 75. — *Psittacus leucocephalus Aldrovandi.* Ray, *Synops. avi.*, p. 31, n° 5 ; et p. 181, n° 7. — *Psittacus viridis albo capite.* Barrère, *Ornithol.*, class. 3, g. 2, sp. 9. — *Psittacus viridis fronte albâ, collo rubro.* Frisch, pl. 46. — *Psittacus viridis fronte albâ, collo rubro.* Klein, *Avi.*, p. 25, n° 9. — « Papaguayos » verdes que tienen un flueco de plumas blancas en el nacimiento del pico, de oviedo. » Sloane, *Jamaïca*, p. 297, n° 8. — *The white headed parrot. Psittacus viridis capite albo.* Edwards, *Hist. of Birds*, p. 166. — « Psittacus brachyurus viridis, remigibus cæruleis, fronte » albâ... » *Psittacus leucocephalus.* Linnæus, *Syst. nat.*, édit. X, p. 100. — « Psittacus major

(*) *Psittacus Taraba* L.
(**) *Psittacus leucocephalus* L.

aussi l'œil et s'étend sur le sommet de la tête, comme dans l'oiseau de la planche enluminée n° 549 : souvent il ne borde que le front, comme dans celui du n° 335. Ces deux individus, qui semblent indiquer une variété dans l'espèce, diffèrent encore par le ton de couleur, qui est d'un vert plus foncé et plus dominant dans celui-ci, et moins ondé de noir ; plus clair, mêlé de jaunâtre dans le premier, et coupé de festons noirs sur tout le corps ; la gorge et le devant du cou sont d'un beau rouge : cette couleur a moins d'étendue et de brillant dans l'autre, mais il en porte encore une tache sous le ventre ; tous deux ont les grandes pennes de l'aile bleues ; celles de la queue sont d'un vert jaunâtre, teintes de rouge dans leur première moitié : on remarque dans le fouet de l'aile la tache rouge, qui est, pour ainsi dire, la livrée des amazones. Sloane dit qu'on apporte fréquemment de ces perroquets de Cuba à la Jamaïque, et qu'ils se trouvent aussi à Saint-Domingue. On en voit de même au Mexique ; mais on ne les rencontre pas à la Guiane. M. Brisson a fait de cet oiseau deux espèces, et son erreur vient de ce qu'il a cru que le perroquet à tête blanche, donné par Edwards, était différent du sien ; on s'assurera, en comparant la planche d'Edwards avec la nôtre, que c'est le même oiseau. De plus, le perroquet de la Martinique, indiqué par le P. Labat (*a*), qui a le dessus de la tête couleur d'ardoise avec quelque peu de rouge est, comme l'on voit, différent de notre perroquet amazone à tête blanche, et c'est sans fondement que M. Brisson a dit que c'était le même que celui-ci.

L'AMAZONE JAUNE (*b*) (*c*)

QUATRIÈME ESPÈCE

Ce perroquet amazone (*) est probablement du Brésil, parce que Salerne dit qu'il en a vu un qui prononçait des mots portugais. Nous ne savons cepen-

» brevicaudus, viridis, pennis in apice fusco marginatis ; medio ventre rubro mixto ; syncipite albo ; vertice cærulea, rubris maculis vario ; genis, gutture et collo inferiore coccineis ; rectricibus lateralibus rubris, apice viridibus, binis utrimque extimis, supernè exteriùs cærulescentibus... » *Psittacus Martinicanus.* Brisson, *Ornithol.*, t. IV, p. 242. — « Psittacus major brevicaudus, viridis, pennis in apice nigro marginatis ; syncipite albo ; collo inferiore dilutè rubro, pennarum marginibus albis ; ventre obscurè purpureo ; rectricibus quatuor utrimque extimis interiùs primâ medietate rubris, alterâ luteis, viridi-luteo terminatis, extimâ exteriùs cæruleâ... » *Psittacus Martinicanus gutture rubro. Ibidem*, p. 244. — *Perroquet à tête blanche.* Salerne, *Ornithol.*, p. 65, n° 5.

(*a*) *Voyage aux îles de l'Amérique*, t. II, p. 214.

(*b*) Voyez les planches enluminées, n° [illegible].

(*c*) « Psittacus major brevicaudus, luteus, marginibus alarum et remigibus majoribus exteriùs in medio rubris ; rectricibus quatuor utrimque extimis interiùs primâ medietate rubris ;

(*) Probablement une variété du *Psittacus amazonicus* Lath.

dant pas positivement si celui dont nous donnons la figure est venu du Brésil, mais il est sûr qu'il est du nouveau continent, et qu'il appartient à l'ordre des amazones par le rouge qu'il a sur le fouet des ailes.

Il a tout le corps et la tête d'un très beau jaune, du rouge sur le fouet de l'aile ainsi que sur les grandes pennes de l'aile et sur les pennes latérales de la queue; l'iris des yeux est rouge; le bec et les pieds sont blancs.

L'AOUROU-COURAOU (a) (b)

SIXIÈME ESPÈCE.

L'aourou-couraou de Marcgrave (*) est un bel oiseau qui se trouve à la Guiane et au Brésil : il a le front bleuâtre, avec une bande de même couleur au-dessus des yeux ; le reste de la tête est jaune; les plumes de la gorge sont jaunes et bordées de vert bleuâtre; le reste du corps est d'un vert clair qui prend une teinte de jaunâtre sur le dos et sur le ventre; le fouet de l'aile est rouge, les couvertures supérieures des ailes sont vertes; les pennes de l'aile sont variées de vert, de noir, de jaune, de bleu violet et de rouge; la queue est verte, mais lorsque les pennes en sont étendues, elles paraissent frangées de noir, de rouge et de bleu ; l'iris des yeux est de couleur d'or ; le bec est noirâtre et les pieds sont cendrés.

» alterâ pallidè luteis... » *Psittacus luteus*. Brisson, *Ornithol.*, t. IV, p. 306. — *Perroquet jaune*. Salerne, *Ornithol.*, p. 69, nº 9.

(a) Voyez les planches enluminées, nº 547, sous la dénomination de *Perroquet amazone*.

(b) *Aiuru-curau prima species*. Marcgrave, *Hist. nat. Brasil.*, p. 205. — *Aiuru-curos*. De Laët, *Description des Indes occidentales*, p. 490. — *Aiuru-curau*. Jonston, *Avi.*, p. 140. — *Psittaci majoris seu mediæ magnitudinis, Marcgravii prima species*. Willughby, *Ornith.*, p. 76. — *Aiuru-curau*. Ray, *Synops. avi.*, p. 32, nº 1. — *Psittacus major dorso flavescente*. *Crik*. Barrère, *France équinox.*, p. 144. — *Psittacus viridis, capite croceo, fronte cyaneâ*. Klein, *Avi.*, p. 25. — *Psittacus viridis, capite luteo, fronte cæruleâ*. Frisch, pl. 47. — « Psittacus brachyurus viridis fronte cæruleâ, humeris sanguineis... » *Psittacus æstivus*. Linnæus, *Syst. nat.*, édit. X, p. 101. — « Psittacus major brevicaudus, viridis; syncipite » cæruleo, ad violaceum inclinante, vertice genisque luteis ; remigibus quinque intermediis » exteriùs supernè primâ medietate rubris, rectricibus tribus utrimque extimis, interiùs rubris; » tæniâ transversâ saturatè viridi notatis, apice viridi, luteis quatuor utrimque extimis exte- » riùs rubrâ maculâ insignitis... » *Psittacus amazonicus*. Brisson, *Ornithol.*, t. IV, p. 257. — *Aiuru-curau*. Salerne, *Ornithol.*, p. 68.

(*) *Psittacus æstivus* L.

VARIÉTÉS DE L'AOUROU-COURAOU

Il y a plusieurs variétés qu'on doit rapporter à cette espèce.

I. — L'oiseau indiqué par Aldrovande sous la dénomination de *psittacus viridis melanorinchos* (*a*), qui ne diffère presque en rien de celui-ci, comme on peut le voir en comparant la description d'Aldrovande avec la nôtre.

II. — Une seconde variété est encore un perroquet indiqué par Aldrovande (*b*), qui a le front d'un bleu d'aigue-marine, avec une bande de cette couleur au-dessus des yeux, ce qui, comme l'on voit, ne s'éloigne que d'une nuance de l'espèce que nous venons de décrire ; le sommet de la tête est aussi d'un jaune plus pâle ; la mandibule supérieure du bec est rouge à sa base, bleuâtre dans son milieu et noire à son extrémité ; la mandibule inférieure est blanchâtre ; tout le reste de la description d'Aldrovande donne des couleurs absolument semblables à celles de notre cinquième espèce, dont cet oiseau, par conséquent, n'est qu'une variété. On le trouve non seulement à la Guiane, au Brésil, au Mexique, mais encore à la Jamaïque, et il faut qu'il soit bien commun au Mexique, puisque les Espagnols lui ont donné un nom particu-

(*a*) *Psittacus viridis melanorinchos*. Aldrovande, *Avi.*, t. Ier, p. 670. — *Psittacus viridis melanorinchos*. Jonston, *Avi.*, p. 22. — *Psittacus melanorinchos*. Charleton, *Exercit.*, p. 74, nº 6 ; et *Onomast.*, p. 67, nº 6. — *Psittacus viridis melanorinchos Aldrovandi*. Willughby, *Ornithol.*, p. 75. — *Psittacus viridis melanorinchos Aldrovandi*. Ray, *Synops. avi.*, p. 30, nº 4. — *Psittacus viridis melanorinchos Jonstonii*. Barrère, *Ornithol.*, class. 3, gen. 2, sp. 8. — « Psittacus medius viridis, oculis et rostro nigris... » *Jamaica parrot*. Browne, *Nat. hist. of Jamaica*, p. 473. — « Psittacus major brevicaudus, viridis, infernè ad luteum vergens ; » syncipite et gutture cæruleo-viridibus ; capite et pectore luteis ; marginibus alarum et tec- » tricibus caudæ inferioribus coccineis ; rectricibus viridi-luteis... » *Psittacus Jamaicensis icterocephalos*. Brisson, *Ornithol.*, t. IV, p. 233. — *Perroquet vert à bec noir*. Salerne, *Ornithol.*, page 65.

(*b*) *Psittacus viridis alarum costâ supernè rubente*. Aldrovande, *Avi.*, p. 668. — *Toznene primum genus psittaci*. Fernandez, *Hist. nov. Hisp.*, p. 38, cap. CXVII. — *Psittacus viridis alarum costâ supernè rubente*. Fernandez, *Hist. nov. Hisp.*, p. 715. — *Psittacus viridis alarum costâ supernè rubente*. Jonston, *Avi.*, p. 22. — *The great green parrot with red pinion feathers*. *Psittacus viridis cum alarum costâ supernè rubente*. Charleton, *Exercit.*, p. 74, nº 4 ; et *Onomast.*, p. 66, nº 4. — *Psittacus viridis alarum costâ supernè rubente*. *Common parrot*. Willughby, *Ornithol.*, p. 74. — *Psittacus viridis alarum costa supernè rubente*. Ray, *Synops. avi.*, p. 30, nº 2 ; et p. 181, nº 6. — *Psittacus viridis alarum costâ supernè rubente Jonstonii*. Barrère, *Ornithol.*, class. 3, gen. 2, sp. 5. — *Psittacus viridis alarum costâ supernè rubente*. Sloane, *Voy. of Jamaica*, p. 297, nº 7. — « Psittacus medius viridis luteo quan- » doque varius, angulis alarum rubris. » *Main parrot*. Browne, *Nat. hist. of Jamaica*, p. 472. — « Psittacus major brevicaudus, viridis, infernè ad luteum vergens, supernè pennis » in apice nigro marginatis ; syncipite cæruleo-beryllino ; vertice pallidè flavo ; genis et gut- » ture luteis ; remigibus quinque intermediis exteriùs supernè primâ medietate rubris, luteo » marginatis, alterâ viridibus, luteo terminatis... » *Psittacus amazonicus Jamaicensis*. Brisson, *Ornithol.*, t. IV, p. 276. — *Perroquet* vert à ailes rougeâtres. Salerne, *Ornithol.*, p. 64.

lier, *catherina* (*a*) ; il se trouve aussi à la Guiane, d'où on l'a probablement transporté à la Jamaïque, car les perroquets ne volent pas assez pour faire un grand trajet de mer. Labat dit même qu'ils ne vont pas d'une île à l'autre, et que l'on connaît les perroquets des différentes îles : ainsi les perroquets du Brésil, de Cayenne et du reste de la terre ferme d'Amérique que l'on voit dans les îles du Vent et sous le Vent, y ont été transportés, et l'on n'en voit point, ou très peu, de ceux des îles dans la terre ferme, par la difficulté que les courants de la mer opposent à cette traversée, qui peut se faire en six ou sept jours, depuis la terre ferme aux îles, et qui demande six semaines ou deux mois des îles à la terre ferme.

III. — Une troisième variété est celle que Marcgrave a indiquée sous le nom de *aiuru-curuca* (*b*). Cet oiseau a sur la tête une espèce de bonnet bleu, mêlé d'un peu de noir, au milieu duquel il y a une tache jaune : cette indication, comme l'on voit, ne diffère en rien de notre description ; le bec est cendré à sa base et noir à son extrémité ; voilà la seule petite différence qu'il y ait entre ces deux perroquets ; ainsi l'on peut croire que celui de Marcgrave est une variété de notre cinquième espèce.

IV. — Une quatrième variété indiquée de même par Marcgrave (*c*), et qu'il dit être semblable à la précédente, a néanmoins été prise, ainsi que les

(*a*) « On distingue à la Nouvelle-Espagne plusieurs belles espèces de perroquets : les *caterinillas* ont le plumage entièrement vert ; les *loros* l'ont vert aussi, à l'exception de la tête et de l'extrémité des ailes, qui sont d'un beau jaune ; les *pericos* sont de la même couleur, et n'ont que la grosseur d'une grive. » *Hist. générale des voyages*, t. XII, p. 626.

(*b*) *Aiuru-curuca*, Marcgrave, *Hist. nat. Brasil.*, p. 205. — *Ajuru-curuca, psittaci tertia species Marcgravii*. Jonston, *Avi.*, p. 141. — *Psittaci majoris, seu mediæ magnitudinis Marcgravii tertia species, ajuru-curuca*. Willughby, *Ornithol.*, p. 76. — *Ajuru-curuca*. Ray, *Synops. avi.*, p. 33, nº 8. — « Psittacus major brevicaudus, viridis ; capite superiùs » cæruleo, nigra mixto ; vertice et maculis infra oculos luteis ; gutture cæruleo ; rectricibus » supernè dilutè viridibus, infernè viridi-luteis... » *Psittacus Brasiliensis cyanocephalos*. Brisson, *Ornithol.*, t. IV, p. 234. — *Ajuru-curuca*. Salerne, *Ornithol.*, p. 68.

(*c*) *Psittaci secunda species*. Marcgrave, *Hist. nat. Brasil.*, p. 205. — *Psittaci secunda species*. Jonston, *Avi.*, p. 140. — *Psittaci majoris seu mediæ magnitudinis Macrgravii secunda species*. Willughby, *Ornithol.*, p. 76. — *Psittaci secunda species Marcgravii*. Ray, *Synops. avi.*, p. 33, nº 3. — *Psittacus viridis et luteus, capite cinereo, Barbadensis*. Klein, *Avi.*, p. 25, nº 4. — *Green and yellow parrot from Barbadoes*. Perroquet des Barbades. Albin, t. III, p. 6, avec une figure peu exacte, pl. 11. — *Green parrot from the West-Indies. Psittacus viridi major occidentalis*. Edwards, *Hist. of Birds*, p. 162. — « Psittacus major » brevicaudus, viridis ; syncipite dilutè cinereo ; vertice, genis, gutture, collo inferiore, tec» tricibus alarum superioribus minimis et cruribus luteis ; remigibus intermediis exteriùs » prima medietate rubris ; rectricibus viridibus... » *Psittacus Barbadensis*. Brisson, *Ornith.*, t. IV, p. 236. — « Psittacùs major brevicaudus, viridis, infernè ad luteum vergens, pennis » in apice nigro marginatis ; collo superiore et dorso supremo luteo et rubro variis ; syncipite » cæruleo-beryllino ; vertice pallidè flavo ; genis et gutture luteis ; remigibus quinque inter» mediis exteriùs supernè primâ medietate rubris ; rectricibus quatuor utrimque extimis inte» riùs primâ medietate rubris, luteo marginatis, alterâ luteo viridibus, tæniâ transversâ satu» ratè viridi notatis, extimâ exteriùs cæruleo marginatâ... » *Psittacus amazonicus varius*. Brisson, *Ornithol.*, t. IV, p. 281. — Le second *Ajuru-curau*. Salerne, *Ornithol.*, p. 68.

oiseaux que nous venons de citer et beaucoup d'autres, par nos nomenclateurs comme des espèces différentes, qu'ils ont même doublées sans aucune raison ; mais en comparant les descriptions de Marcgrave, on n'y voit d'autres différences sinon que le jaune s'étend un peu plus sur le cou, ce qui n'est pas à beaucoup près suffisant pour en faire une espèce diverse, et encore moins pour la doubler, comme l'a fait M. Brisson, en donnant le perroquet d'Albin comme différent de celui d'Edwards, tandis que ce dernier auteur dit que son perroquet est le même que celui d'Albin.

V. — Enfin, une cinquième variété est le perroquet donné par M. Brisson (*a*), sous le nom de *perroquet amazone à front jaune*, qui ne diffère de celui-ci que parce qu'il a le front blanchâtre ou d'un jaune pâle, tandis que l'autre l'a bleuâtre, ce qui est bien loin d'être suffisant pour en faire une espèce distincte et séparée.

LES CRIKS

Quoiqu'il y ait un très grand nombre d'oiseaux auxquels on doit donner ce nom, on peut néanmoins les réduire à sept espèces, dont toutes les autres ne sont que des variétés. Ces sept espèces sont : 1° le crik à gorge jaune ; 2° le meunier ou le crik poudré ; 3° le crik rouge et bleu ; 4° le crik à face bleue ; 5° le crik proprement dit ; 6° le crik à tête bleue ; 7° le crik à tête violette.

LE CRIK A TÊTE ET A GORGE JAUNES (*b*)

PREMIÈRE ESPÈCE.

Ce crik (*) a la tête entière, la gorge et le bas du cou d'un très beau jaune ; le dessous du corps d'un vert brillant, et le dessus d'un vert un peu jau-

(*a*) « Psittacus major brevicaudus, viridis, colli pennis in apice nigro marginatis, cæruleo » admixto, syncipite pallidè flavo ; vertice genisque luteis ; tæniâ supra oculos cæruleâ ; remi- » gibus quatuor intermediis exteriùs supernè primâ medietate rubris, rectricibus tribus » utrimque extimis interiùs rubris, tæniâ transversà saturatè viridi notatis, apice viridi-luteis, » tribus utrimque extimæ proximis exteriùs rubrâ maculâ insignitis, extimâ interiùs cæruleo- » violaceâ... » *Psittacus amazonicus fronte luteâ*. Brisson, *Ornithol.*, t. IV, p. 261.

(*b*) *Psittacus viridis alius, capite luteo.* Frisch, pl. 48. — *Psittacus viridis, capite, humeris et femoribus luteis*. Klein, *Avi.*, p. 25, n° 11. — « Psittacus major brevicaudus, » viridis, supernè pennis in apice nigro marginatis ; syncipite cinereo-albo ; vertice, genis, » gutture et collo inferiore luteis ; remigibus quatuor intermediis exteriùs supernè primâ

(*) Variété du *Psittacus amazonicus* LATH.

nâtre; le fouet de l'aile est jaune, au lieu que dans les amazones le fouet de l'aile est rouge; le premier rang des couvertures de l'aile est rouge et jaune; les autres rangs sont d'un beau vert; les pennes des ailes et de la queue sont variées de vert, de noir, de bleu violet, de jaunâtre et de rouge; l'iris des yeux est jaune; le bec et les pieds sont blanchâtres.

Ce crik à gorge jaune est actuellement vivant chez le R. P. Bougot, qui nous a donné le détail suivant sur son naturel et ses mœurs. « Il se montre, » dit-il, très capable d'attachement pour son maître; il l'aime, mais à con- » dition d'en être souvent caressé; il semble être fâché si on le néglige, et » vindicatif si on le chagrine; il a des accès de désobéissance; il mord dans » ses caprices et rit avec éclat après avoir mordu, comme pour s'applaudir » de sa méchanceté; les châtiments ou la rigueur des traitements ne font » que le révolter, l'endurcir et le rendre plus opiniâtre; on ne le ramène que » par la douceur.

» L'envie de dépecer, le besoin de ronger, en font un oiseau destructeur » de tout ce qui l'environne; il coupe les étoffes des meubles, entame le » bois des chaises et déchire le papier et les plumes, etc.; si on l'ôte d'un » endroit, l'instinct de contradiction l'instant d'après l'y ramène. Il rachète » ses mauvaises qualités par des agréments: il retient aisément tout ce qu'on » veut lui faire dire; avant d'articuler, il bat des ailes, s'agite et se joue sur » sa perche; la cage l'attriste et le rend muet; il ne parle bien qu'en liberté; » du reste, il cause moins en hiver que dans la belle saison, où du matin au » soir il ne cesse de jaser, tellement qu'il en oublie la nourriture.

» Dans ces jours de gaieté, il est affectueux, il reçoit et rend les caresses, » obéit et écoute; mais un caprice interrompt souvent et fait cesser cette » belle humeur; il semble être affecté des changements de temps: il devient » alors silencieux; le moyen de le ranimer est de chanter près de lui; il » s'éveille alors et s'efforce de surpasser par ses éclats et par ses cris la voix » qui l'excite; il aime les enfants, et en cela il diffère du naturel des autres » perroquets; il en affectionne quelques-uns de préférence: ceux-là ont » droit de le prendre et de le transporter impunément; il les caresse, et si » quelque grande personne le touche dans ce moment, il la mord très serré; » lorsque ses amis enfants le quittent, il s'afflige, les suit et les rappelle à » haute voix; dans le temps de la mue, il paraît souffrant et abattu, et cet » état de forte mue dure environ trois mois.

» On lui donne pour nourriture ordinaire du chènevis, des noix, des fruits » de toute espèce et du pain trempé dans du vin; il préférerait la viande, si » on voulait lui en donner; mais on a éprouvé que cet aliment le rend lourd

» medietate rubris; rectricibus quatuor utrimque extimis primâ medietate rubris, exteriùs » viridi-luteo marginatis, alterâ viridi-luteis, interiùs maculâ saturatè viridi notatis, extimâ » exteriùs dilutè cæruleâ... » *Psittacus amazonicus gutture luteo.* Brisson, *Ornithol.*, t. IV, page 287.

» et triste, et lui fait tomber les plumes au bout de quelque temps; on a » aussi remarqué qu'il conserve son manger dans des poches ou abajoues, » d'où il le fait sortir ensuite par une espèce de rumination (*a*). »

LE MEUNIER OU LE CRIK POUDRÉ (*b*)

SECONDE ESPÈCE.

Aucun naturaliste n'a indiqué ni décrit cette espèce (*) d'une manière distincte : il semble seulement que ce soit le grand perroquet vert poudré de gris, que Barrère a désigné sous le nom de *perroquet blanchâtre* (*c*). C'est le plus grand de tous les perroquets du Nouveau Monde, à l'exception des aras ; il a été appelé *meunier* par les habitants de Cayenne, parce que son plumage, dont le fond est vert, paraît saupoudré de farine; il a une tache jaune sur la tête; les plumes de la face supérieure du cou sont légèrement bordées de brun; le dessous du corps est d'un vert moins foncé que le dessus, et il n'est pas saupoudré de blanc; les pennes extérieures des ailes sont noires, à l'exception d'une partie des barbes extérieures, qui sont bleues; il a une grande tache rouge sur les ailes; les pennes de la queue sont de la même couleur que le dessus du corps, depuis leur origine jusqu'aux trois quarts de leur longueur, et le reste est d'un vert jaunâtre.

Ce perroquet est un des plus estimés, tant par sa grandeur et la singularité de ses couleurs que par la facilité qu'il a d'apprendre à parler et par la douceur de son naturel ; il n'a qu'un petit trait déplaisant, c'est son bec, qui est de couleur de corne blanchâtre.

LE CRIK ROUGE ET BLEU (*d*)

TROISIÈME ESPÈCE.

Ce perroquet (**) a été indiqué par Aldrovande, et tous les autres naturalistes ont copié ce qu'il en a dit; cependant ils ne s'accordent pas dans la

(*a*) Note communiquée par le R. P. Bougot, gardien des capucins de Semur, qui a fait pendant longtemps son plaisir de l'éducation des perroquets.

(*b*) Voyez les planches enluminées, n° 861.

(*c*) *Psittacus major albicans, capite luteo*. Barrère, *France équinox.*, p. 144.

(*d*) *Psittacus versicolor seu erythrocyanos*. Aldrovande, *Avi.*, t. Ier, p. 675. — *Psittacus erythrocyanus*. Jonston, *Avi.*, p. 22. — *Psittacus versicolor seu erythrocyanus Aldrovandi.*

(*) *Psittacus pulverulentus* L.

(**) *Psittacus cæruleocephalus* L.

description qu'ils en donnent. Selon Linnæus, il a la queue verte, et selon M. Brisson, il l'a couleur de rose : ni l'un, ni l'autre ne l'ont vu, et voici tout ce qu'en dit Aldrovande :

« Le nom de *varié* (Ποικίλου) lui conviendrait fort, eu égard à la diversité » et à la richesse de ses couleurs ; le bleu et le rouge tendre (*roseus*) y » dominent ; le bleu colore le cou, la poitrine et la tête, dont le sommet » porte une tache jaune ; le croupion est de même couleur ; le ventre est » vert ; le haut du dos bleu clair ; les pennes de l'aile et de la queue sont » toutes couleur de rose ; les couvertures des premières sont mélangées de » vert, de jaune et de couleur de rose ; celles de la queue sont vertes ; le bec » est noirâtre ; les pieds sont gris rougeâtres. » Aldrovande ne dit pas de quel pays est venu cet oiseau ; mais comme il a du rouge dans les ailes, et d'ailleurs une tache jaune sur la tête, nous avons cru devoir le mettre au nombre des criks d'Amérique.

Il faut remarquer que M. Brisson l'a confondu avec le perroquet violet, indiqué par Barrère (*a*), qui est néanmoins fort différent et qui n'est pas de l'ordre des amazones ni des criks, n'ayant point de rouge sur les ailes : dans la suite, nous parlerons de ce perroquet violet.

LE CRIK A FACE BLEUE (*b*) (*c*)

QUATRIÈME ESPÈCE.

Ce perroquet (*) nous a été envoyé de la Havane et probablement il est commun au Mexique et aux terres de l'isthme ; mais il ne se trouve pas à la Guiane ; il est beaucoup moins grand que le meunier ou crik poudré, sa longueur n'étant que de douze pouces : entre les pennes de l'aile, qui sont bleu d'indigo, il en perce quelques-unes de rouges ; il a la face bleue ; la poitrine et l'estomac d'un petit rouge tendre ou lilas, ondé de vert ; tout le reste du plumage est vert, à l'exception d'une tache jaune au bas du ventre.

Willughby, *Ornithol.*, p. 75. — *Psittacus versicolor seu erythrocyanus Aldrovandi.* Ray, *Synops. avi.*, p. 31, n° 6. — « Psittacus brachyurus, capite, pectore dorsoque cæruleis ; » ventre, uropygio caudâque viridibus, vertice flavo... » *Psittacus cæruleocephalus.* Linnæus, *Syst. nat.*, édit. X, p. 100. — « Psittacus major brevicaudus, cæruleus, vertice viridi ; lateri- » bus luteis ; remigibus rectricibusque roseis... » *Psittacus Guyanensis cæruleus.* Brisson, *Ornith.*, t. IV, p. 304. — *Perroquet rouge et bleu.* Salerne, *Ornithol.*, p. 65, n° 6.

(*a*) *France équinoxiale*, p. 144.

(*b*) Voyez les planches enluminées, n° 360.

(*c*) « Psittacus major brevicaudus, viridis, pennis in apice supernè nigro, infernè cærules- » cente marginatis ; capite anteriùs et collo inferiore cinereo cæruleis, ad violaceum vergen- » tibus ; maculâ in summo pectore rubrâ ; remigibus quatuor intermediis exteriùs supernè

(*) *Psittacus havanensis* L.

LE CRIK (a) (b)

CINQUIÈME ESPÈCE.

C'est ainsi qu'on appelle cet oiseau (*) à Cayenne, où il est si commun qu'on a donné son nom à tous les autres criks : il est plus petit que les amazones ; mais néanmoins il ne faut pas, comme l'ont fait nos nomenclateurs, le mettre au nombre des perruches (c) ; ils ont pris ce crik pour la perruche de la Guadeloupe, parce qu'il est entièrement vert comme elle ; cependant il leur était aisé d'éviter de tomber dans cette erreur, s'ils eussent consulté Marcgrave, qui dit expressément que ce perroquet est gros comme un poulet : ce seul caractère aurait suffi pour leur faire connaître que ce n'était pas la perruche de la Guadeloupe, qui est aussi petite que les autres perruches.

On a aussi confondu (d) ce perroquet crik avec le perroquet *tahua* qu'on prononce *tavoua*, et qui cependant en diffère par un grand nombre de caractères, car le tavoua n'a point de rouge dans les ailes, et n'est par conséquent ni de l'ordre des amazones ni de celui des criks, mais plutôt de celui des papegais, dont nous parlerons dans l'article suivant.

Le crik, que nous décrivons ici, a près d'un pied de longueur depuis la pointe du bec jusqu'à l'extrémité de la queue, et ses ailes pliées s'étendent un peu au delà de la moitié de la longueur de la queue ; il est, tant en dessus qu'en dessous, d'un joli vert assez clair, et particulièrement sur le ventre et le cou, où le vert est très brillant ; le front et le sommet de la tête sont aussi d'un assez beau vert ; les joues sont d'un jaune verdâtre ; il y a sur les ailes une tache rouge : les pennes en sont noires, terminées de bleu ; les deux pennes du milieu de la queue sont du même vert que le dos, et les pennes extérieures, au nombre de cinq de chaque côté, ont chacune une

» primâ medietate rubris ; rectricibus tribus utrimque extimis interiùs in exortu rubris, dein » viridibus, apice viridi-luteis, extimâ supernè in utroque latere cæruleo mixtâ... » *Psittacus amazonicus gutture cæruleo.* Brisson, *Ornithol.*, t. IV, p. 266.

(a) Voyez les planches enluminées, n° 839.

(b) *Aiuru catinga Brasiliensibus.* Marcgrave, *Hist. nat. Brasil.*, p. 207. — *Psittacus major vulgaris prasinus.* Barrère, *France équinox.*, p. 144. — *Psittacus flavescens, supernè ex viridi cæruleus. Idem, Ornithol.*, class. 3, gen. 2, sp. 1. — *Little green parrot. Psittacus minor viridis.* Edwards, *Hist. of Birds*, p. 168. — « Psittacus sub-macrourus viridis, tectricibus remigum primorum cærulescentium fulvis, caudâ subtus rubrâ... » *Psittacus agilis.* Linnæus, *Syst. nat.*, édit. X, p. 99. — « Psittacus major brevicaudus, viridis, infernè ad » luteum vergens ; rectricibus lateralibus interiùs rubris, apice viridibus, binis utrimque exti- » mis exteriùs supernè cærulescentibus... » *Psittacus Cayanensis.* Brisson, *Ornithol.*, t. IV, p. 237. — *Aiuru catinga.* Salerne, *Ornithol.*, p. 68.

(c) Willughby, Ray, Linnæus et Brisson.

(d) Barrère, *France équinox.*, p. 144 ; et Brisson, t. IV, p. 238.

(*) *Psittacus agilis* L.

grande tache oblongue rouge sur les barbes intérieures, laquelle s'élargit de plus en plus de la penne intérieure à la penne extérieure; l'iris des yeux est rouge; le bec et les pieds sont blanchâtres.

Marcgrave a indiqué (*a*) une variété dans cette espèce qui n'a de différence que la grandeur, ce perroquet étant seulement un peu plus petit que le précédent; il appelle le premier *aiuru-catinga*, et le second *aiuru-apara*.

LE CRIK A TÊTE BLEUE

SIXIÈME ESPÈCE.

La sixième espèce de ces perroquets est celle du *crik à tête bleue* (*b*), donnée par Edwards (*); il se trouve à la Guiane ainsi que les précédents. Il a tout le devant de la tête et la gorge bleus, et cette couleur est terminée sur la poitrine par une tache rouge; le reste du corps est d'un vert plus foncé sur le dos qu'en dessous; les couvertures supérieures des ailes sont vertes; leurs grandes pennes sont bleues, celles qui suivent sont rouges, et leur partie supérieure est bleue à l'extrémité; les pennes qui sont près du corps sont vertes; les pennes de la queue sont, en dessus, vertes jusqu'à la moitié de leur longueur, et d'un vert jaunâtre en dessous; les pennes latérales ont du rouge sur leurs barbes extérieures; l'iris des yeux est de couleur orangée; le bec est d'un cendré noirâtre, avec une tache rougeâtre sur les côtés de la mandibule supérieure; les pieds sont de couleur de chair et les ongles noirâtres.

VARIÉTÉS DU CRIK A TÊTE BLEUE

Nous devons rapporter à cette sixième espèce les variétés suivantes :

I. — Le perroquet *cocho* (**), indiqué par Fernandez (*c*), qui ne paraît différer de celui-ci qu'en ce qu'il a la tête variée de rouge et de blanchâtre, au lieu de rouge et de bleuâtre; mais du reste il est absolument semblable et de la même grandeur que le crick à tête bleue, qui est un peu plus

(*a*) *Aiuru-apara Brasiliensibus.* Marcgrave, *Hist nat. Brasil.*, p. 238. — Salerne, *Ornithol.*, p. 238.

(*b*) *Blue faced green parrot.* Perroquet vert facé de bleu. Edwards, *Glan.*, p. 43, avec une bonne figure coloriée, pl. 230.

(*c*) Fernandez, *Hist. nov.*, *Hisp.*, p. 38.

(*) *Psittacus automnalis* Gmel.

(**) Variété du *Psittacus automnalis* Gmel.

petit que les cricks de la première et de la seconde espèce. Les Espagnols l'appellent *catherina*, nom qu'ils donnent aussi au perroquet de la seconde variété de l'espèce de l'aouarou-couraou, et Fernandez dit qu'il parle très bien.

II. — Le perroquet indiqué par Edwards (*a*), qui ne diffère du crik à tête bleue qu'en ce qu'il a le front rouge et les joues orangées; mais comme il lui ressemble par tout le reste des couleurs ainsi que par la grandeur, on peut le regarder comme une variété dans cette espèce.

III. — Encore une variété donnée par Edwards (*b*), qui ne diffère pas par la grandeur du crik à tête bleue, mais seulement par la couleur du front et le haut de la gorge, qui est d'un assez beau rouge, tandis que l'autre a le front et le haut de la gorge bleuâtres; mais comme il est semblable par tout le reste, nous avons jugé que ce n'était qu'une variété. Nous ne voyons pas la raison qui a pu déterminer M. Brisson à joindre à ce crik le perroquet de la Dominique, indiqué par le P. Labat; car cet auteur dit seulement qu'il a quelques plumes rouges aux ailes, à la queue et sous la gorge, et que tout le reste de son plumage est vert : or cette indication n'est pas suffisante pour le placer avec celui-ci, puisque ces caractères peuvent convenir également à plusieurs autres perroquets amazones ou criks.

LE CRIK A TÊTE VIOLETTE (*c*)

SEPTIÈME ESPÈCE.

C'est le P. Dutertre qui, le premier, a indiqué et décrit ce perroquet (*) qui se trouve à la Guadeloupe : « Il est si beau, dit-il, et si singulier dans

(*a*) *Lesser green parrot. Psittacus viridis minor occidentalis.* Edwards, *Hist. of Birds*, p. 164. — « Psittacus brachyurus viridis, fronte remigumque maculâ coccineâ, vertice remi- » gibusque primoribus cæruleis... » *Psittacus autumnalis.* Linnæus, *Syst. nat.*, édit. X, p. 102. — « Psittacus major brevicaudus, viridis, supernè saturatiùs, infernè dilutiùs; synci- » pite coccineo; vertice cæruleo; genis aurantiis; marginibus alarum luteis; remigibus inter- » mediis exteriùs primâ medietate rubris; rectricibus supernè obscurè viridibus, infernè viridi- » flavicantibus... » *Psittacus Americanus*, Brisson, *Ornithol.*, t. IV, p. 293.

(*b*) *Brasilian green parrot. Psittacus viridis Brasiliensis.* Edwards, *Hist. of Birds*, p. 161. — « Psittacus brachyurus viridis, facie rubrâ temporibus cæruleis, » *Psittacus Brasiliensis.* Linnæus, *Syst. nat.*, édit. X, p. 102. — « Psittacus major brevicaudus, viridis, infernè ad » luteum vergens, supernè pennis obscurè purpureo marginatis, capite anteriùs rubro; vertice » viridi flavicante; genis cæruleis; rectricibus lateralibus interiùs rubris, apice luteis, extimâ » exteriùs cæruleâ, binis utrimque proximis exteriùs rubris... » *Psittacus Brasiliensis fronte » rubrâ.* Brisson, *Ornithol.*, t. IV, p. 254.

(*c*) *Perroquet de la Guadeloupe.* Dutertre, *Hist. des Antilles*, t. II, p. 250. — *Perroquet de la Guadeloupe.* Labat, *Nouveau voyage aux îles de l'Amérique*, t. II, p. 214. — « Psitta-

(*) *Psittacus violaceus* L.

« les couleurs de ses plumes, qu'il mérite d'être choisi entre tous les autres « pour le décrire. Il est presque gros comme une poule; il a le bec et les « yeux bordés d'incarnat; toutes les plumes de la tête, du cou et du ventre « sont de couleur violette, un peu mêlée de vert et de noir, et changeantes « comme la gorge d'un pigeon ; tout le dessus du dos est d'un vert fort brun; « les grandes pennes des ailes sont noires, toutes les autres sont jaunes, « vertes et rouges, et il a sur les couvertures des ailes deux taches en « forme de roses des mêmes couleurs; quand il hérisse les plumes de son « cou il s'en fait une belle fraise autour de la tête dans laquelle il semble « se mirer comme le paon fait dans sa queue; il a la voix forte, parle « très distinctement, et apprend promptement, pourvu qu'on le prenne « jeune. »

Nous n'avons pas vu ce perroquet, et il ne se trouve pas à Cayenne; il faut même qu'il soit bien rare à la Guadeloupe aujourd'hui, car aucun des habitants de cette île ne nous en a donné connaissance; mais cela n'est pas extraordinaire, car depuis que les îles sont fort habitées, le nombre des perroquets y est fort diminué; et le P. Dutertre remarque en particulier de celui-ci que les colons français lui faisaient une terrible guerre dans la saison où les goyaves, les cachimans, etc., lui donnent une graisse extraordinaire et succulente. Il dit aussi qu'il est d'un naturel très doux et facile à priver : « Nous en avions deux, ajoute-t-il, qui firent leur nid à « cent pas de notre case, dans un grand arbre; le mâle et la femelle cou- « vaient alternativement et venaient l'un après l'autre chercher à manger « à la case, où ils amenèrent leurs petits dès qu'ils furent en état de sortir « du nid (*a*). »

Nous devons observer que, comme les criks sont les perroquets les plus communs, et en même temps ceux qui parlent le mieux, les sauvages se sont amusés à les nourrir et à faire des expériences pour varier leur plumage; ils se servent pour cette opération du sang d'une petite grenouille dont l'espèce est bien différente de celle de nos grenouilles d'Europe; elle est de moitié plus petite et d'un beau bleu d'azur, avec des bandes longitudinales de couleur d'or : c'est la plus jolie grenouille du monde, elle se tient rarement dans les marécages, mais toujours dans les forêts éloignées des habitations. Les sauvages commencent par prendre un jeune crik au nid et lui arrachent quelques-unes des plumes scapulaires et quelques autres plumes du dos; ensuite ils frottent du sang de cette grenouille le perroquet à demi plumé; les plumes qui renaissent après cette opération, au lieu de vertes qu'elles étaient, deviennent d'un beau jaune ou d'un très

» cus major brevicaudus, supernè viridis, infernè cinereo-cærulescens; capite et collo cæru- » lescentibus; viridi et nigro variegatis; rectricibus viridibus... » *Psittacus Aquarum-Lupiarum insulæ*. Brisson, *Ornithol.*, t. IV, p. 302.

(*a*) *Hist. générale des Antilles*, t. II, p. 251.

beau rouge : c'est ce qu'on appelle en France *perroquets tapirés*. C'est un usage ancien chez les sauvages, car Marcgrave en parle ; ceux de la Guiane comme ceux de l'Amazone pratiquent cet art de tapirer le plumage des perroquets (*a*). Au reste, l'opération d'arracher les plumes fait beaucoup de mal à ces oiseaux, et même ils en meurent si souvent, que ces perroquets tapirés sont fort rares, quoique les sauvages les vendent beaucoup plus cher que les autres.

Nous avons fait représenter, dans les planches enluminées, n° 120, un de ces perroquets tapirés (*b*), et on doit lui rapporter le perroquet indiqué par Klein et par Frisch, que ces deux auteurs ont pris pour un perroquet naturel, duquel ils ont en conséquence fait une description qu'il est inutile de citer ici (*c*).

LES PAPEGAIS

Les papegais sont en général plus petits que les amazones, et ils en diffèrent, ainsi que des criks, en ce qu'ils n'ont point de rouge dans les ailes, mais tous les papegais, aussi bien que les amazones, les cricks et les aras, appartiennent au nouveau continent et ne se trouvent point dans l'ancien. Nous connaissons onze espèces de papegais auxquelles nous ajouterons ceux qui ne sont qu'indiqués par les auteurs, sans qu'ils aient désigné les couleurs des ailes, ce qui nous met hors d'état de pouvoir prononcer si ces perroquets, dont ils ont fait mention, sont ou non du genre des amazones, des criks ou des papegais.

LE PAPEGAI DE PARADIS (*d*) (*e*)

PREMIÈRE ESPÈCE.

Catesby a appelé cet oiseau (*) *perroquet de Paradis :* il est très joli, ayant le corps jaune et toutes les plumes bordées de rouge mordoré; les

(*a*) *Voyage de M. de Gennes au détroit de Magellan;* Paris, 1698, p. 163.

(*b*) Il y est nommé *Perroquet amazone varié du Brésil.*

(*c*) *Psittacus viridis major, maculis rubris luteisque, fronte cæruleâ.* Klein, *Avi.*, p. 25, n° 12. — *Psittacus major viridis, maculis luteis et rubris.* Frisch, pl. 49.

(*d*) Voyez les planches enluminées, n° 336, sous la dénomination de *Perroquet de Cuba.*

(*e*) *Parrot of Paradise of Cuba.* Catesby, t. Ier, p. 10 : la figure qu'il en donne est défectueuse, il le remarque lui-même. — *Pittacus Paradisi ex Cuba.* Klein, *Avi.*, p. 25, n° 18. —

(*) Variété du *Psittacus amazonicus* LATH.

grandes pennes des ailes sont blanches et toutes les autres jaunes comme les plumes du corps; les deux pennes du milieu de la queue sont jaunes aussi, et toutes les latérales sont rouges depuis leur origine jusque vers les deux tiers de leur longueur; le reste est jaune, l'iris des yeux est rouge, le bec et les pieds sont blancs.

Il semble qu'il y ait quelques variétés dans cette espèce de papegai, car celui de Catesby a la gorge et le ventre entièrement rouges, tandis qu'il y en a d'autres qui ne l'ont que jaune, et dont les plumes sont seulement bordées de rouge, ce qui peut provenir de ce que les bordures rouges sont plus ou moins larges, suivant l'âge ou le sexe.

On le trouve dans l'île de Cuba, et c'est par cette raison qu'on l'a étiqueté *perroquet de Cuba* dans la planche enluminée.

LE PAPEGAI MAILLÉ (*a*)

SECONDE ESPÈCE.

Ce perroquet d'Amérique (*) paraît être le même que le perroquet varié de l'ancien continent, et nous présumons que quelques individus qui sont venus d'Amérique en France y avaient auparavant été transportés des grandes Indes, et que, si l'on en trouve dans l'intérieur des terres de la Guiane, c'est qu'ils s'y sont naturalisés comme les serins et quelques autres oiseaux et animaux des contrées méridionales de l'ancien continent qui ont été transportés dans le nouveau par les navigateurs; et ce qui semble prouver que cette espèce n'est point naturelle à l'Amérique, c'est qu'aucun naturaliste ni aucun des voyageurs au nouveau continent n'en ont fait mention, quoiqu'il soit connu de nos oiseleurs sous le nom de *perroquet maillé*, épithète qui indique la variété de son plumage : d'ailleurs, il a la voix différente de tous les autres perroquets de l'Amérique; son cri est aigu et perçant; tout cela semble prouver que cette espèce n'appartient point à ce continent, mais vient originairement de l'ancien.

Il a le haut de la tête et la face entourés de plumes étroites et longues, blanches et rayées de noirâtre, qu'il relève quand il est irrité, et qui lui

Psittacus medio minor, pectore et ventre rubello miscellis vertice albo. Cubat. parrot. Browne, *Hist. nat. of Jamaïca*, p. 473. — « Psittacus brachyurus luteus, angulo abdominis » rectricibusque basi rubris, » *Psittacus Paradisi.* Linnæus, *Syst. nat.*, édit. X, p. 101. — « Psittacus major brevicaudus, luteus, supernè pennis in apice rubro marginatis; gutture, » collo inferiore et ventre coccineis; remigibus majoribus albis; rectricibus lateralibus primâ » medietate rubris... » *Psittacus luteus insulæ Cubæ.* Brisson, *Ornithol.*, t. IV, p. 308.

(*a*) Voyez les planches enluminées, n° 526.

(*) *Psittacus accipitrinus* et *Psittacus coronatus* L.

forment alors une belle fraise comme une crinière; celles de la nuque et des côtés du cou sont d'un beau rouge brun et bordées de bleu vif; les plumes de la poitrine et de l'estomac sont nuées, mais plus faiblement, des mêmes couleurs, dans lesquelles on voit un mélange de vert; un plus beau vert soyeux et luisant couvre le dessus du corps et de la queue, excepté que quelques-unes de ses pennes latérales, de chaque côté, paraissent en dehors d'un bleu violet, et que les grandes de l'aile sont brunes, ainsi que le dessous de celles de la queue.

LE TAVOUA (a)

TROISIÈME ESPÈCE.

C'est encore une espèce nouvelle (*) dont M. Duval a envoyé deux individus pour le Cabinet. Ce perroquet est assez rare à la Guiane, cependant il approche quelquefois des habitations. Nous lui conservons le nom de *tavoua*, qu'il porte dans la langue Galibi, et nos oiseleurs ont aussi adopté ce nom; ils le recherchent beaucoup, parce que c'est peut-être de tous les perroquets celui qui parle le mieux, même mieux que le perroquet gris de Guinée à queue rouge, et il est singulier qu'il ne soit connu que depuis si peu de temps; mais cette bonne qualité, ou plutôt ce talent, est accompagné d'un défaut bien essentiel : ce tavoua est traître et méchant au point de mordre cruellement lorsqu'il fait semblant de caresser; il a même l'air de méditer ses méchancetés; sa physionomie quoique vive est équivoque : du reste, c'est un très bel oiseau, plus agile et plus ingambe qu'aucun autre perroquet.

Il a le dos et le croupion d'un très beau rouge; il porte aussi du rouge au front, et le dessus de la tête est d'un bleu clair; le reste du dessus du corps est d'un beau vert plein, et le dessous d'un vert plus clair; les pennes des ailes sont d'un beau noir avec des reflets d'un bleu foncé, en sorte qu'à de certains aspects elles paraissent en entier d'un très beau bleu foncé; les couvertures des ailes sont variées de bleu foncé et de vert.

Nous avons remarqué que MM. Brisson et Browne ont confondu ce papegai-tavoua avec le crik, cinquième espèce.

(a) Voyez les planches enluminées, n° 840.

(*) *Psittacus festivus* L.

LE PAPEGAI A BANDEAU ROUGE (a)

QUATRIÈME ESPÈCE.

Ce perroquet (*) se trouve à Saint-Domingue, et c'est par cette raison que dans les planches enluminées on l'a nommé *perroquet de Saint-Domingue.* Il porte sur le front, d'un œil à l'autre, un petit bandeau rouge ; c'est presque le seul trait, avec le bleu des grandes pennes de l'aile, qui tranche dans son plumage tout vert, assez sombre, et comme écaillé de noirâtre sur le cou et le dos et de rougeâtre sur l'estomac. Ce papegai a neuf pouces et demi de longueur.

LE PAPEGAI A VENTRE POURPRE (b) (c)

CINQUIÈME ESPÈCE.

On trouve ce perroquet (**) à la Martinique, mais il n'est pas si beau que les précédents. Il a le front blanc, le sommet et les côtés de la tête d'un cendré bleu, le ventre varié de pourpre et de vert, mais où le pourpre domine ; tout le reste du corps, tant en dessus qu'en dessous, est vert ; le fouet de l'aile est blanc ; les pennes sont variées de vert, de bleu et de noir ; les deux pennes du milieu de la queue sont vertes ; les autres sont variées de vert, de rouge et de jaune ; le bec est blanc ; les pieds sont gris et les ongles bruns.

(a) Voyez les planches enluminées, n° 792.

(b) Voyez les planches enluminées, n° 548.

(c) « Psittacus major brevicaudus, viridis, pennis in apice nigro marginatis ; syncipite » albo ; vertice cinereo-cæruleo ; ventre rubris maculis vario ; rectrice extimâ exteriùs cæruleâ, » interiùs rubrâ, luteo marginatâ, tribus proximis rubris, exteriùs viridi, interiùs luteo marginatis et luteo-viridi terminatis... » *Psittacus Martiniacus cyanocephalos.* Brisson, *Ornithol.*, t. IV, p. 251.

(*) Probablement la femelle du *Psittacus leucocephalus* L.

(**) C'est probablement le mâle jeune du *Psittacus leucocephalus* L.

LE PAPEGAI A TÊTE ET GORGE BLEUES (a) (b)

SIXIÈME ESPÈCE.

Ce papegai (*) se trouve à la Guyane, où cependant il est assez rare; d'ailleurs on le recherche peu, parce qu'il n'apprend point à parler; il a la tête, le cou, la gorge et la poitrine d'un beau bleu, qui seulement prend une teinte de pourpre sur la poitrine; les yeux sont entourés d'une membrane couleur de chair, au lieu que dans tous les autres perroquets cette membrane est blanche; de chaque côté de la tête on voit une tache noire; le dos, le ventre, et les pennes de l'aile sont d'un assez beau vert; les couvertures supérieures des ailes sont d'un vert jaunâtre; les couvertures inférieures de la queue sont d'un beau rouge; les pennes du milieu de la queue sont entièrement vertes; les latérales sont de la même couleur verte, mais elles ont une tache bleue qui s'étend d'autant plus que les pennes deviennent plus extérieures; le bec est noir avec une tache rouge des deux côtés de la mandibule supérieure; les pieds sont gris.

Nous avons remarqué que M. Brisson a confondu ce perroquet avec celui qu'Edwards a nommé le *perroquet vert facé de bleu*, tandis que ce perroquet facé de bleu d'Edwards est notre crik à tête bleue.

LE PAPEGAI VIOLET (c) (d)

SEPTIÈME ESPÈCE.

On le connaît tant en Amérique qu'en France sous la dénomination de *perroquet violet* (**); il est assez commun à la Guyane, et, quoiqu'il soit joli, il n'est pas trop recherché, parce qu'il n'apprend point à parler.

(a) Voyez les planches enluminées, n° 384, sous la dénomination de *Perroquet à tête bleue de Cayenne*.

(b) « Psittacus major brevicaudus, viridis; pennis in collo superiore et dorso supremo nigricante, in pectore cæruleo-violaceo marginatis; capite, gutture et collo inferiore cæruleo-violaceis; rectricibus quatuor utrimque extimis interiùs primâ medietate rubris, alterâ viridibus, cæruleo supernè terminatis, tribus extimis supernè exteriùs cæruleo violaceis... » *Psittacus Guyanensis cyanocephalos*. Brisson, *Ornith.*, t. IV, p. 247. — *Blue headed parrot*. Perroquet à tête bleue. Edwards, *Glan.*, p. 226, avec une bonne figure coloriée, pl. 314.

(c) Voyez les planches enluminées, n° 408, sous la dénomination de *Perroquet varié de Cayenne*.

(d) *Psittacus major violaceus, kiankia. Perroquet violet*. Barrère, *France équinox.*, p. 144. — *Psittacus violaceus. Idem, Ornithol.*, class. 3, gen. 2, sp. 10. — *Little dusky parrot*. Petit perroquet noirâtre. Edwards, *Glan.*, p. 227, avec une bonne figure coloriée, pl. 315.

(*) *Psittacus menstruus* L.

(**) *Psittacus purpureus* L.

Nous avons déjà remarqué que M. Brisson l'avait confondu avec le perroquet rouge et bleu d'Aldrovande, qui est une variété de notre crick. Il a les ailes et la queue d'un beau violet bleu; la tête et le tour de la face de la même couleur, ondée sur la gorge et comme fondue par nuances dans du blanc et du lilas; un petit trait rouge borde le front; tout le dessus du corps est d'un brun obscurément teint de violet. Toutes ces teintes sont trop brunes et trop peu senties dans la planche enluminée : le dessous du corps est richement nué de violet bleu et de violet pourpre; les couvertures inférieures de la queue sont couleur de rose, et cette couleur teint en dedans les bords des pennes extérieures de la queue dans leur première moitié.

LE SASSEBÉ (a)

HUITIÈME ESPÈCE.

Oviedo est le premier qui ait indiqué ce papegai (*) sous le nom de *xaxbès* ou *sassebé*. Sloane dit qu'il est naturel à la Jamaïque. Il a la tête, le dessus et le dessous du corps verts, la gorge et la partie inférieure du cou d'un beau rouge; les pennes des ailes sont, les unes vertes et les autres noirâtres. Il serait à désirer que Oviedo et Sloane, qui paraissent avoir vu cet oiseau, en eussent donné une description plus détaillée.

LE PAPEGAI BRUN (b)

NEUVIÈME ESPÈCE.

Cet oiseau (**) a été décrit, dessiné et colorié par Edwards : c'est un des plus rares et des moins beaux de tout le genre des perroquets; il se trouve à

(a) *Xaxbes*. Oviedo, liv. IV, chap. IV. — *Psittacus minor collo miniaceo*. Ray, *Synops. avi.*, p. 181. — *Psittacus minor collo seu torque miniaceo*. Sloane, *Voyage of Jamaïca*, p. 297, n° 9. — « Psittacus, brachyurus viridis, collo rubente, » *Psittacus collarius*. Linnæus, *Syst. nat.*, édit. X, p. 102. — « Psittacus major brevicaudus, viridis; gutture et collo inferiore miniaceo; rectricibus viridibus... » *Psittacus Jamaïcensis gutture rubro*. Brisson, *Ornithol.*, t. IV, p. 241.

(b) *Dusky parrot. Psittacus fuscus Mexicanus*. Edwards, *Hist. of. Birds*, p. 167. — « Psittacus brachyurus subfuscus, gulà cæruleâ, alis caudâque viridibus, rostro anoque rubris. » *Psittacus sordidus*. Linnæus, *Syst. nat.*, édit. X, p. 99. — « Psittacus major brevicaudus, » supernè viridi-fuscescens, infernè cinereo-fuscescens; gutture cæruleo; collo superiore et » uropygio viridescentibus; tectricibus caudæ inferioribus rubris; rectricibus subtus viridi- » fuscescentibus, supernè viridibus, binis utrimque extimis exteriùs supernè cæruleis... » *Psittacus Novæ Hispaniæ*. Brisson, *Ornithol.*, t. IV, p. 303.

(*) *Psittacus collarius* L.
(**) *Psittacus sordidus* L.

la Nouvelle Espagne. Il est à peu près de la grosseur d'un pigeon commun ; les joues et le dessus du cou sont verdâtres, le dos est d'un brun obscur, le croupion est verdâtre, la queue est verte en dessus et bleue en dessous, la gorge est d'un très beau bleu sur une largeur d'environ un pouce ; la poitrine, le ventre et les jambes sont d'un brun un peu cendré ; les ailes sont vertes, mais les pennes les plus proches du corps sont bordées de jaune ; les couvertures du dessous de la queue sont d'un beau rouge ; le bec est noir en dessus ; sa base est jaune, et les côtés des deux mandibules sont d'un beau rouge ; l'iris des yeux est d'un brun couleur de noisette.

LE PAPEGAI A TÊTE AURORE

DIXIÈME ESPÈCE.

M. Le Page-Dupratz est le seul qui ait parlé de cet oiseau (*). « Il n'est pas, » dit-il, aussi gros que les perroquets qu'on apporte ordinairement en » France ; son plumage est d'un beau vert céladon ; mais sa tête est coiffée » de couleur aurore qui rougit vers le bec et se fond par nuance avec le » vert du côté du corps ; il apprend difficilement à parler, et quand il le sait » il en fait rarement usage ; ces perroquets vont toujours en compagnie, et » s'ils ne font pas grand bruit, étant privés, en revanche, ils en font beau- » coup en l'air, qui retentit au loin de leurs cris aigres ; ils vivent de » pacanes, de pignons, de graines du laurier-tulipier et d'autres petits » fruits. » (a)

LE PARAGUA (b)

ONZIÈME ESPÈCE.

Cet oiseau (**), décrit par Marcgrave, paraît se trouver au Brésil. Il est en partie noir et plus grand que l'amazone ; il a la poitrine et la partie supérieure du ventre ainsi que le dos d'un très beau rouge ; l'iris des yeux est aussi d'un beau rouge ; le bec, les jambes et les pieds sont d'un cendré foncé.

(a) *Voyage à la Louisiane*, par le Page-Dupratz, t. II, p. 128.

(b) *Paragua*. Marcgrave, *Hist. nat. Brasil.*, p. 207. — *Paragua*. Jonston, *Avi.*, p. 142. — *Paragua Marcgravii*. Willughby, *Ornithol.*, p. 76. — *Paragua Marcgravii* Ray, *Synops. av.*, p. 33, n° 4. — « Psittacus major brevicaudus, coccineus ; capite, collo superiore, imo ventre, » alis et caudâ nigris... » *Lorius Brasiliensis*. Brisson, *Ornithol.*, t. IV, p. 229. — *Paragua*. Salerne, *Ornithol.*, p. 68, n° 4.

(*) *Psittacus ludovicianus*. L.

(**) *Psittacus paraguanus* L.

Par ses belles couleurs rouges, ce perroquet a du rapport avec le lori; mais comme celui-ci ne se trouve qu'aux Grandes Indes, et que le paragua est probablement du Brésil, nous nous abstiendrons de prononcer sur l'identité ou la diversité de leurs espèces, d'autant qu'il n'y a que Marcgrave qui ait vu ce perroquet et que, peut-être, il l'aura vu en Afrique, ou qu'on l'aura transporté au Brésil, parce qu'il ne lui donne que le nom simple de *paragua*, sans dire qu'il est du Brésil, en sorte qu'il est possible que ce soit en effet un lori, comme l'a dit M. Brisson. Et ce qui pourrait fonder cette présomption, c'est que Marcgrave a aussi donné un perroquet gris (*a*) comme étant du Brésil, et que nous soupçonnons être de Guinée parce qu'il ne s'est point trouvé de ces perroquets gris en Amérique, et qu'au contraire ils sont très communs en Guinée, d'où on les transporte souvent avec les Nègres. La manière même dont Marcgrave s'exprime prouve qu'il ne le regardait pas comme un perroquet d'Amérique : *Avis psittaco plane similis.*

LES PERRICHES

Avant de passer à la grande tribu des perriches, nous commencerons par en séparer une petite famille qui n'est ni de cette tribu ni de celle des papegais, et qui paraît faire la nuance pour la grandeur entre les deux. Ce petit genre n'est composé que de deux espèces, savoir : le *maïpouri* et le *caïca*, et cette dernière n'est que très nouvellement connue.

LE MAIPOURI (*b*) (*c*)

PREMIÈRE ESPÈCE

Ce nom convient très bien à cet oiseau (*), parce qu'il siffle comme le tapir, qu'on appelle à Cayenne *maïpouri;* et quoiqu'il y ait une énorme diffé-

(*a*) *Maracana prima Brasiliensibus.* Marcgrave, *Hist. nat. Brasil.*, p. 206. — *Maracana prima Brasiliensibus.* Jonston, *Avi.*, p. 142. — *Maracana prima Brasiliensibus Marcgravii.* Willughby, *Ornithol.*, p. 73. — *Maracana prima Brasiliensibus Marcgravii.* Ray, *Synops.*, *avi.*, p. 29, nº 4. — « Psittacus major brevicaudus, in toto corpore cinereo-subcærulescens... » *Psittacus Brasiliensis cinereus.* Brisson, *Ornithol.*, t. IV, p. 313. — *Maracana* des Brasiliens de Marcgrave. Salerne, *Ornithol.*, p. 62, nº 4.

(*b*) Voyez les planches enluminées, nº 527, sous la dénomination de *Petite perruche maïpouri de Cayenne.*

(*c*) *White breasted parrot. Psittacus viridis minor, Mexicanus! pectore albo.* Edwards,

(*) *Psittacus melanocephalus* L.

rence entre ce gros quadrupède et ce petit oiseau, le coup de sifflet est si semblable qu'on s'y méprendrait. Il se trouve à la Guiane, au Mexique et jusqu'aux Caraques; il n'approche pas des habitations et se tient ordinairement dans les bois entourés d'eau, et même sur les arbres des savanes noyées; il n'a pas d'autre voix que son sifflet aigu qu'il répète souvent en volant, et il n'apprend point à parler.

Ces oiseaux vont ordinairement en petites troupes, mais souvent sans affection les uns pour les autres, car ils se battent fréquemment et cruellement : lorsqu'on en prend quelques-uns à la chasse, il n'y a pas moyen de les conserver; ils refusent la nourriture si constamment qu'ils se laissent mourir; ils sont de si mauvaise humeur qu'on ne peut les adoucir même avec les camouflets de fumée de tabac, dont on se sert pour rendre doux les perroquets les plus revêches. Il faut pour élever ceux-ci les prendre jeunes, et ils ne vaudraient pas la peine de leur éducation si leur plumage n'était pas beau et leur figure singulière, car ils sont d'une forme fort différente de celle des perroquets et même de celle des perriches; ils ont le corps plus épais et plus court, la tête aussi beaucoup plus grosse; le cou et la queue extrêmement courts, en sorte qu'ils ont l'air massif et lourd; tous leurs mouvements répondent à leur figure; leurs plumes même sont toutes différentes de celles des autres perroquets ou perruches; elles sont courtes, très serrées et collées contre le corps, en sorte qu'il semble qu'on les ait en effet comprimées et collées artificiellement sur la poitrine et sur toutes les parties inférieures du corps. Au reste, le maïpouri est grand comme un petit papegai, et c'est peut-être par cette raison que MM. Edwards, Brisson et Linnæus l'ont mis avec les perroquets; mais il en est si différent qu'il mérite un genre à part, dans lequel l'espèce ci-après est aussi comprise.

Le maïpouri a le dessus de la tête noir, une tache verte au-dessous des yeux; les côtés de la tête, la gorge et la partie inférieure du cou sont d'un assez beau jaune; le dessus du cou, le bas-ventre et les jambes de couleur orangée; le dos, le croupion, les couvertures supérieures des ailes et les pennes de la queue d'un beau vert; la poitrine et le ventre blanchâtres quand l'oiseau est jeune, et jaunâtres quand il est adulte; les grandes pennes des ailes sont bleues à l'extérieur en dessus, et noires à l'intérieur, et par-dessous elles sont noirâtres; les suivantes sont vertes et bordées extérieurement de jaunâtre; l'iris des yeux est d'une couleur de noisette foncée; le bec est de couleur de chair, les pieds sont d'un brun cendré et les ongles noirâtres.

Hist. of Birds, p. 169. — « Psittacus brachyurus viridis subtus lutens, pileo nigro, pectore » albo, » *Psittacus melanocephalus*. Linnæus. *Syst. nat.*, édit. X, p. 102. — « Psittacus » major brevicaudus, supernè viridis, infernè albus; capite superiore nigro; maculâ infra » oculos viridi; genis et collo inferiore luteis; collo superiore et imo ventre aurantiis.... » *Psittacus Mexicanus pectore albo*. Brisson, *Ornithol.*, t. IV, p. 298.

LE CAICA (*a*)

SECONDE ESPÈCE.

Nous avons adopté pour cet oiseau (*) le mot *caïca*, de la langue Galibi, qui est le nom des plus grosses perriches, parce qu'il est en effet aussi gros que le précédent ; il est aussi du même genre, car il lui ressemble par toutes les singularités de la forme et par la calotte noire de sa tête : cette espèce est, non seulement nouvelle en Europe, mais elle l'est même à Cayenne. M. Sonnini de Manoncour nous a dit qu'il était le premier qui l'eût vue, en 1773 ; avant ce temps il n'était jamais venu de ces oiseaux à Cayenne, et l'on ne sait pas encore de quel pays ils viennent ; mais depuis ce temps on en voit tous les ans arriver, par petites troupes, dans la belle saison des mois de septembre et d'octobre, et ne faire qu'un petit séjour : en sorte que, pour le climat de la Guiane, ce ne sont que des oiseaux de passage.

La coiffe noire qui enveloppe la tête du caïca est comme percée d'une ouverture dans laquelle l'œil est placé : cette coiffe noire s'étend fort bas et s'élargit en deux mentonnières de même couleur ; le tour du cou est fauve et jaunâtre ; dans le beau vert qui couvre le reste du corps, tranche le bleu d'azur qui marque le bord de l'aile presque depuis l'épaule, borde ses grandes pennes sur un fond plus sombre, et peint les pointes de celles de la queue, excepté les deux intermédiaires, qui sont toutes vertes et paraissent un peu plus courtes que les latérales.

PERRICHES DU NOUVEAU CONTINENT

Il y a dans le nouveau continent, comme dans l'ancien, des perriches à longue et à courte queue ; dans les premières les unes ont la queue également étagée, et les autres l'ont inégale : nous suivrons donc le même ordre dans leur distribution en commençant par les perriches à queue longue et égale, que nous ferons suivre des perriches à queue longue et inégale, et nous finirons par les perriches à queue courte.

(*a*) Voyez les planches enluminées, n° 744, sous la dénomination de *Perruche à tête noire de Cayenne*.

(*) *Psittacus pileatus* L.

PERRICHES A QUEUE LONGUE

ET ÉGALEMENT ÉTAGÉE

LA PERRICHE PAVOUANE (*a*) (*b*)

PREMIÈRE ESPÈCE A QUEUE LONGUE ET ÉGALE.

Cette perriche (*) est une des plus jolies; elle est représentée jeune dans la planche 407, et tout à fait adulte, c'est-à-dire dans sa beauté, planche 167. Nous observerons seulement que son bec n'est pas rouge, et que le vert de son plumage n'est pas aussi foncé qu'on le voit dans cette dernière planche. La pavouane est assez commune à Cayenne : on la trouve également aux Antilles, comme nous l'assure M. de Laborde, et c'est de toutes les perriches du nouveau continent celle qui apprend le plus facilement à parler; néanmoins elle n'est docile qu'à cet égard, car quoique privée depuis longtemps, elle conserve toujours un naturel sauvage et farouche; elle a même l'air mutin et de mauvaise humeur, mais comme elle a l'œil très-vif et qu'elle est leste et bien faite, elle plaît par sa figure. Nos oiseleurs ont adopté le nom de *pavouane* qu'elle porte à la Guiane. Ces perriches volent en troupes, toujours criant et piaillant (*c*); elles parcourent les savanes et les bois, et se nourrissent de préférence du petit fruit d'un grand arbre qu'on nomme dans le pays l'*immortel*, et que Tournefort a désigné sous la dénomination de *corallo-dendron* (*d*).

Elle a un pied de longueur; la queue a près de six pouces, et elle est régulièrement étagée; la tête, le corps entier, le dessus des ailes et de la queue sont d'un très beau vert. A mesure que ces oiseaux prennent de l'âge, les côtés de la tête et du cou se couvrent de petites taches d'un rouge vif, lesquelles deviennent de plus en plus nombreuses, en sorte que dans ceux qui sont âgés,

(*a*) Voyez les planches enluminées, nº 407, sous la dénomination de *Perruche de Cayenne*, et nº 167, sous celle de *Perruche de la Guiane*.

(*b*) « Psittacus minor longicaudus, viridis, supernè saturatiùs, infernè dilutiùs, genis » rubro maculatis : calcaneis rubro circumdatis, tectricibus alarum inferioribus minoribus » coccineis, majoribus luteis; rectricibus supernè saturatè viridibus, infernè obscurè luteis... » *Psittaca Guyanensis*. Brisson, *Ornithol.*, t. IV, p. 331.

(*c*) On a remarqué que les perruches ne font aucune société avec les perroquets, mais vont toujours ensemble par grandes troupes. Waffer, dans les *Voyages de Dampierre*, tome IV, p. 130.

(*d*) *Institut. Rei herb. App.*

(*) *Psittacus guyanensis* L.

ces parties sont presque entièrement garnies de belles taches rouges; on ne voit aucune de ces taches dans l'oiseau jeune, et elles ne commencent à paraître qu'à deux ou trois ans d'âge; les petites couvertures inférieures des ailes sont du même rouge vif, tant dans l'oiseau adulte que dans le jeune: seulement ce rouge est un peu moins éclatant dans le dernier; les grandes couvertures inférieures des ailes sont d'un beau jaune; les pennes des ailes et de la queue sont, en dessous, d'un jaune obscur; le bec est blanchâtre et les pieds sont gris.

LA PERRICHE A GORGE BRUNE (a)

SECONDE ESPÈCE A QUEUE LONGUE ET ÉGALE.

M. Edwards a donné le premier cette perriche (*), qui se trouve dans le nouveau continent. M. Brisson dit qu'elle lui a été envoyée de la Martinique.

Elle a le front, les côtés de la tête, la gorge et la partie inférieure du cou d'un gris brun, le sommet de la tête d'un vert bleuâtre, tout le dessus du corps d'un vert jaunâtre; les grandes couvertures supérieures des ailes bleues; toutes les pennes des ailes sont noirâtres en dessous, mais en dessus les grandes pennes sont bleues, avec une large bordure noirâtre sur leur côté inférieur; les moyennes sont d'un même vert que le dessus du corps; la queue est verte en dessus et jaunâtre en dessous; l'iris des yeux est de couleur de noisette; le bec et les pieds sont cendrés.

LA PERRICHE A GORGE VARIÉE (b) (c)

TROISIÈME ESPÈCE A QUEUE LONGUE ET ÉGALE.

Cette perriche (**) est fort rare et fort jolie; on ne la voit pas fréquemment à Cayenne, et l'on ne sait pas si l'on peut l'instruire à parler; elle n'est pas

(a) *Brown-Throated parraket. Psittacus minor gutture usco, occidentalis.* Edwards, *Hist. of Birds*, p. 177. — « Psittacus minor longicaudus, supernè viridis, infernè viridi-lutescens; » vertice viridi-cærulescente, syncipite, genis et collo inferiore griseo-fuscis, ad fulvum » inclinantibus; rectricibus supernè viridibus, subtus lutescentibus... » *Psittaca Martinicana.* Brisson, *Ornithol.*, t. IV, p. 356. — « Psittacus macrourus viridis, vertice remigibusque » primoribus cæruleis, orbitis cinereis... » *Psittacus æruginosus.* Linnæus, *Syst. nat.*, édit, XII, page 142.

(b) Voyez les planches enluminées, n° 144, sous la dénomination de *Perruche à gorge tachetée de Cayenne.*

(c) *Jolie perruche de Cayenne.* Salerne, *Ornithol.*, p. 72.

(*) *Psittacus æruginosus* L.

(**) *Psittacus versicolor* L.

si grosse qu'un merle; la plus grande partie de son plumage est d'un beau vert, mais la gorge et le devant du cou sont d'un brun écaillé et maillé de gris roussâtre; les grandes pennes de l'aile sont teintes de bleu, le front est vert d'eau; on voit derrière le cou, au bas et près du dos, une petite zone de cette même couleur : au pli de l'aile sont quelques plumes d'un rouge clair et vif; la queue, partie verte en dessus et partie rouge brun, avec reflets couleur de cuivre, est en dessous toute de cette dernière couleur; la même teinte se marque sous le ventre.

LA PERRICHE A AILES VARIÉES (*a*) (*b*)

QUATRIÈME ESPÈCE A QUEUE LONGUE ET ÉGALE.

Cette espèce (*) est celle que l'on nomme la *perriche commune* à Cayenne; elle n'est pas si grande qu'un merle, n'ayant que huit pouces quatre lignes, y compris la queue, qui a trois pouces et demi. Ces perriches vont en grandes troupes, fréquentent volontiers les lieux découverts, et viennent même jusqu'au milieu des lieux habités : elles aiment beaucoup les boutons des fruits de l'arbre immortel, et arrivent en nombre pour s'y percher dès que cet arbre est en fleurs : comme il y a un de ces grands arbres planté dans la nouvelle ville de Cayenne, plusieurs personnes y ont vu arriver ces perriches, qui se rassemblaient sur cet arbre tout voisin des maisons; on les fait fuir en les tirant, mais elles reviennent peu de temps après : au reste, elles ont assez de facilité pour apprendre à parler.

Cette perriche a la tête, le corps entier, la queue et les couvertures supérieures des ailes d'un beau vert; les pennes des ailes sont variées de jaune, de vert bleuâtre, de blanc et de vert; les pennes de la queue sont bordées de jaunâtre sur leur côté intérieur; le bec, les pieds et les ongles sont gris.

La femelle ne diffère du mâle qu'en ce qu'elle a les couleurs moins vives.

Barrère a confondu cette perriche avec l'*anaca* de Marcgrave, mais ce sont deux oiseaux d'espèces différentes, quoique tous deux du genre des perriches.

(*a*) Voyez les planches enluminées, n° 359, sous la dénomination de *Petite perruche verte de Cayenne*.

(*b*) *Psittacus minor vulgaris. Perriche commune*. Barrère, *France équinox.*, p. 146. — « Psittacus minor longicaudus, viridis, supernè saturatiùs, infernè dilutiùs; remigibus intermediis candidis, supernè exteriùs, et apice luteo adumbratis; sequentibus interiùs candidis, luteo adumbratis, exteriùs et apice luteis; rectricibus viridibus, interiùs flavicante marginatis... » *Psittaca Cayanensis*. Brisson, *Ornithol.*, t. IV, p. 334.

(*) *Psittacus virescens* L.

L'ANACA (a)

CINQUIÈME ESPÈCE A QUEUE LONGUE ET ÉGALE.

L'anaca (*) est une très jolie perriche qui se trouve au Brésil : elle n'est que de la grandeur d'une alouette ; elle a le sommet de la tête couleur de marron, les côtés de la tête bruns, la gorge cendrée, le dessus du cou et les flancs verts ; le ventre d'un brun roussâtre, le dos vert avec une tache brune, la queue d'un brun clair, les pennes des ailes vertes, terminées de bleu, et une tache ou plutôt une frange d'un rouge de sang sur le haut des ailes ; le bec est brun, les pieds sont cendrés.

M. Brisson a placé cette perriche avec celles qui ont la queue courte ; cependant Marcgrave ne le dit pas, et comme il ne manque pas d'avertir dans ses descriptions qu'elles ont la queue courte, et qu'il a mis celle-ci entre deux autres qui ont la queue longue, nous présumons avec fondement qu'elle est en effet de l'ordre des perriches à longue queue. Il en est de même de l'espèce suivante, donnée par Marcgrave sous le nom de *jendaya*, et dont il ne dit pas que la queue soit courte.

LE JENDAYA (b)

SIXIÈME ESPÈCE A QUEUE LONGUE ET ÉGALE.

Cet oiseau (**) est de la grandeur d'un merle ; il a le dos, les ailes, la queue et le croupion d'un vert bleuâtre tirant sur l'aigue-marine ; la tête, le cou et la poitrine d'un jaune orangé, l'extrémité des ailes noirâtres, l'iris des

(a) *Anaca Brasiliensibus*. Marcgrave, *Hist. nat., Brasil.*, p. 207. — *Anaca Brasiliensibus*. Jonston, *Avi.*, p. 142. — *Anaca Brasiliensibus Marcgravii*. Willughby, *Ornithol.*, p. 78. — *Anaca Brasiliensibus*. Ray, *Synops. avi.*, p. 35, n° 8. — « Psittacus minor brevicaudus » supernè viridis, infernè fusco rufescens, vertice saturatè castaneo ; oculorum ambitu fusco ; » gutture cinereo ; marginibus alarum sanguineis ; maculâ in dorso, et rectricibus dilutè » fuscis... » *Psittacula Brasiliensis fusca*. Brisson, *Ornithol.* t. IV, p. 403. — *Anaca du Brésil*. Salerne, *Ornithol.*, p. 71, n° 8.

(b) *Jendoya*. Marcgrave, *Hist. nat. Brasil.*, p. 206. — *Jendaya, quinta species*. Jonston, *Avi.*, p. 141. — « Psittaci minoris Marcgravii quinta species, » *Jendaya*. Willughby, *Ornithol.*, p. 78. — *Jendaya*. Ray, *Synops avi.*, p. 34, n° 5. — « Psittacus minor brevicaudus » supernè viridis, infernè luteus ; imo ventre viridi, capite et collo luteis ; remigibus majo- » ribus apice ad nigricantem colorem vergentibus ; rectricibus viridibus... » *Psittacula Brasiliensis lutea*. Brisson, *Ornithol.*, t. IV, p. 399. — *Jendaya*. Salerne, *Ornithol.*, p. 71, n° 5.

(*) C'est probablement une variété du *Psittacus versicolor* L.

(**) *Psittacus Jandaya* L.

yeux d'une belle couleur d'or, le bec et les pieds noirs. On le trouve au Brésil, mais personne ne l'a vu que Marcgrave, et tous les autres auteurs l'ont copié.

LA PERRICHE ÉMERAUDE (*a*)

SEPTIÈME ESPÈCE A QUEUE LONGUE ET ÉGALE.

Le vert plein et brillant qui couvre tout le corps de cette perruche (*), excepté la queue, qui est d'un brun marron avec la pointe verte, nous semble lui rendre propre la dénomination de *perriche émeraude* : celle de *perruche des terres Magellaniques*, qu'elle porte dans les planches enluminées, doit être rejetée, par la raison qu'aucun perroquet ni aucune perruche n'habitent à de si hautes latitudes ; il y a peu d'apparence que ces oiseaux franchissent le tropique du Capricorne pour aller trouver des régions qui, comme l'on sait, sont plus froides à latitudes égales dans l'hémisphère austral que dans le nôtre : est-il probable d'ailleurs que des oiseaux qui ne vivent que de fruits tendres et succulents se transportent dans des terres glacées qui produisent à peine quelques chétives baies ? telles sont les terres voisines du détroit, où l'on suppose pourtant que quelques navigateurs ont vu des perroquets. Ce fait, consigné dans l'ouvrage d'un auteur respectable (*b*), nous eût paru étonnant, si, en remontant à la source, nous ne l'eussions trouvé fondé sur un témoignage qui se détruit de lui-même : c'est le navigateur Spilberg qui place des perroquets au détroit de Magellan, près du même lieu où un peu auparavant il se figure avoir vu des autruches (*c*), or, pour un homme qui voit des autruches à la pointe des terres Magellaniques, il n'est point trop étrange d'y voir aussi des perroquets. Il en est peut-être de même des perroquets trouvés dans la Nouvelle-Zélande (*d*) et à la terre de Diémen, vers le quarante-troisième degré de latitude australe (*e*).

Nous allons maintenant faire l'énumération et donner la description des perriches du nouveau continent à queue longue et inégalement étagée

(*a*) Voyez les planches enluminées, n° 85, sous la dénomination de *Perruche des terres Magellaniques*.

(*b*) *Histoire des navigations aux terres Australes*, t. Ier, p. 347.

(*c*) *Histoire générale des Voyages*, t. XI, p. 18 et 19.

(*d*) *Second Voyage du capitaine Cook*, t. Ier, p. 210.

(*e*) *Ibid.*, t. Ier, p. 229.

(*) *Psittacus smaragdinus* L.

PERRICHES A QUEUE LONGUE

ET INÉGALEMENT ÉTAGÉE

LE SINCIALO (a) (b)

PREMIÈRE ESPÈCE A QUEUE LONGUE ET INÉGALE.

C'est le nom que cet oiseau (*) porte à Saint-Domingue : il n'est pas plus gros qu'un merle, mais il paraît une fois plus long, ayant une queue de sept pouces de longueur et le corps n'étant que de cinq ; il est fort causeur ; il apprend aisément à parler, à siffler et à contrefaire la voix ou le cri de tous les animaux qu'il entend. Ces perriches volent en troupes et se perchent sur les arbres les plus touffus et les plus verts, et comme elles sont vertes elles-mêmes, on a beaucoup de peine à les apercevoir ; elles font grand bruit sur les arbres en criant, piaillant et jabotant plusieurs ensemble, et si elles entendent des voix d'hommes ou d'animaux, elles n'en crient que plus fort (c). Au reste, cette habitude ne leur est pas particulière, car

(a) Voyez les planches enluminées, n° 550, sous la dénomination de *Perruche*.

(b) *Psittacus minor macrourus totus viridis Hispanis scincialo, Italis parochino.* Aldrovande, *Avi.*, t. Ier, p. 678. — *Psittacus viridis minor, Germanis grenuer papegay.* Schwenckfeld. *Avi. Siles.*, p. 343. — *Tui prima species.* Marcgrave, *Hist. nat. Brasil.*, p. 206. — *Perroquet vert* ou *à longue queue.* Belon, *Portrait d'oiseaux*, p. 73, fig. 6 — *Petit perroquet vert à longue queue. Idem, Hist. nat. des oiseaux*, p. 298. — *Psittacus minor macrourus totus viridis.* Jonston, *Avi.*, p. 23. — *Tui prima species. Ibid.*, p. 141. — *Perrique.* Dutertre, *Hist. des Antilles*, t. II, p. 251. — *Perrique du Brésil.* Labat, *Nouveau voyage aux îles de l'Amérique*, t. II, p. 161. — *Psittaci minoris Marcgravii prima species tui Brasiliensibus.* Willughby, *Ornithol.*, p. 78. — *Psittacus minor macrourus totus viridis Aldrovandi. Ibidem*, p. 77. — *Tui Brasiliensibus prima species.* Ray, *Synops. avi.*, p. 34, n° 1. — *Psittacus minor macrouros totus viridis Aldrovandi. Ibid.*, p. 33, n° 2 ; et p. 181, n° 6. — *Psittacus pumilio viridis longicaudus. Perriche.* Barrère, *Ornithol.*, p. 26. — *Psittacus minor macrouros totus viridis Aldrovandi, parakitos totos verdes de Oviedo.* Sloane, *Voyage of Jamaïca*, p. 297, n° 11. — *Long tailed green parakeet. Psittacus minor viridis, caudâ longiore, occidentalis.* Edwards, *Hist. of Birds*, p. 175. — *Small green long-tailed parrot. Psittacus minor viridis caudâ productâ.* Browne, *Hist. nat. of Jamaïca*, p. 472. — « Psittacus minor » longicaudus, dilutè viridis, ad flavum inclinans ; oris remigum flavicantibus ; rectricibus » binis intermediis viridi-cæruleis, duabus utrimque proximis exteriùs et apice viridi-cæru- » leis, interiùs viridi-luteis, tribus utrimque extimis viridi-luteis... » *Psittaca.* Brisson, *Ornithol.*, t. IV, p. 319. — *Le premier toui de Marcgrave.* Salerne, *Ornith.*, p. 71, n° 1. — *Le petit perroquet à longue queue tout vert. Ibidem*, p. 70, n° 2. — « Psittacus macrourus viri- » dis, rostro pedibusque rubris, rectricibus apice cærulescentibus, orbitis incarnatis, » *Psittacus rufirostris.* Linnæus, *Syst. nat.*, édit. XII, p. 143.

(c) Dutertre, t. II, p. 252.

(*) *Psittacus rufirostris* L.

presque tous les perroquets que l'on garde dans les maisons crient d'autant plus fort que l'on parle plus haut; elles se nourrissent comme les autres perroquets, mais elles sont plus vives et plus gaies ; on les apprivoise aisément; elles paraissent aimer qu'on s'occupe d'elles, et il est rare qu'elles gardent le silence, car dès qu'on parle elles ne manquent pas de crier et de jaser aussi; elles deviennent grasses et bonnes à manger dans la saison des graines de bois d'Inde, dont elles font alors leur principale nourriture.

Tout le plumage de cette perriche est d'un vert jaunâtre ; les couvertures inférieures des ailes et de la queue sont presque jaunes ; les deux pennes du milieu de la queue sont plus longues d'un pouce neuf lignes que celles qui les suivent immédiatement de chaque côté, et les autres pennes latérales vont également en diminuant de longueur par degrés, jusqu'à la plus extérieure, qui est plus courte de cinq pouces que les deux du milieu ; les yeux sont entourés d'une peau couleur de chair ; l'iris de l'œil est d'un bel orangé ; le bec est noir, avec un peu de rouge à la base de la mandibule supérieure ; les pieds et les ongles sont couleur de chair. Cette espèce est répandue dans presque tous les climats chauds de l'Amérique.

La perriche indiquée par le P. Labat en est une variété (a) qui ne diffère que parce qu'elle a quelques petites plumes rouges sur la tête et le bec blanc, différences qui ne sont pas assez grandes pour en faire deux espèces séparées. Nous sommes obligés de remarquer que M. Brisson a confondu ce dernier oiseau avec l'*aiuru catinga* de Marcgrave, qui est un de nos criks.

LA PERRICHE A FRONT ROUGE (b) (c)

SECONDE ESPÈCE A QUEUE LONGUE ET INÉGALE.

Cet oiseau (*) se trouve, comme le précédent, dans presque tous les climats chauds de l'Amérique, et c'est M. Edwards qui l'a décrit le premier. Le front est d'un rouge vif ; le sommet de la tête d'un beau bleu ; le derrière de la

(a) *Perrique de la Guadeloupe.* Labat, *Nouveau voyage aux îles de l'Amérique*, t. II, p. 218. — « Psittacus minor longicaudus in toto corpore viridis; rostro pedibusque candidis... » *Psittaca Aquarum Lupiarum.* Brisson, *Ornithol.*, t. IV, p. 330.

(b) Voyez les planches enluminées, nº 767.

(c) *Red and blue-headed parakel*, *Psittacus minor capite e coccineo cæruleo, occidentalis.* Edwards, *Hist. of Birds*, p. 176. — « Psittacus minor longicaudus, viridis, supernè saturatiùs, » infernè dilutiùs et ad flavum inclinans ; syncipite coccineo ; vertice cæruleo ; rectricibus » supernè saturatè viridibus, subtus viridi-fuscescentibus... » *Psittaca Brasiliensibus fronte rubrâ.* Brisson, *Ornith.*, t. IV, p. 339. — « Psittacus macrourus viridis fronte rubrâ, occi- » pite remigibusque extimis cæruleis, orbitis felvis, » *Psittacus canicularis.* Linnæus, *Syst. nat.*, édit. XII, p. 142.

(*) *Psittacus canicularis* L.

tête, le dessus du cou, les couvertures supérieures des ailes et celles de la queue sont d'un vert foncé ; la gorge et tout le dessous du corps d'un vert un peu jaunâtre ; quelques-unes des grandes couvertures des ailes sont bleues ; les grandes pennes sont d'un cendré obscur sur leur côté intérieur, et bleues sur leur côté extérieur et à l'extrémité ; l'iris des yeux est de couleur orangée ; le bec est cendré ; les pieds sont rougeâtres.

Nous devons observer que Edwards et Linnæus, qui l'a copié, ont confondu cette perriche avec le *tui-apute-juba* de Marcgrave, qui néanmoins fait une autre espèce, de laquelle nous allons donner la description.

L'APUTÉ-JUBA (a) (b)

TROISIÈME ESPÈCE A QUEUE LONGUE ET INÉGALE.

Cette perriche (*) a le front, les côtés de la tête et le haut de la gorge d'un beau jaune ; le sommet et le derrière de la tête, le dessus du cou et du corps, les ailes et la queue sont d'un beau vert ; quelques-unes des grandes couvertures supérieures des ailes et les grandes pennes sont bordées extérieurement de bleu ; les deux pennes du milieu de la queue sont plus longues que les latérales, qui vont toutes en diminuant de longueur jusqu'à la plus extérieure, qui est plus courte d'un pouce neuf lignes que les deux du milieu ; le bas-ventre est jaune ; l'iris des yeux est orangé foncé ; le bec et les pieds sont cendrés.

Par la seule description, on voit déjà que cette espèce n'est pas la même que la précédente, elle en est même fort différente ; mais d'ailleurs celle-ci

(a) Voyez les planches enluminées, n° 528, sous la dénomination de *Perruche illinoise*.

(b) *Tui-apute-juba*. Marcgrave, *Hist. nat. Brasil.*, p. 266. — *Tui-apute-juba, secunda species*. Jonston, *Avi.*, p. 141. — *Psittaci minoris Marcgravii secunda species, tui-apute-juba*. Willughby, *Ornithol.*, p. 78. — *Tui-apute-juba*. Ray, *Synops. avi.*, p. 34, n° 2. — *Tui species secunda, tui-apute-juba Marcgravii. Ibid.*, p. 181, n° 6. — *Psittacus viridis, caudâ longâ, malis croceis*. Klein, *Avi.*, p. 25, n° 20. — *Psittacus minor viridis, caudâ longâ, malis croceis*. Frisch, pl. 54. — *Yellow faced paraket*. Perruche facée de jaune. Edwards, *Glan.*, p. 49, avec une bonne figure coloriée, pl. 234. — « Psittacus minor longicaudus, supernè viridis, infernè viridi-luteus; syncipite, genis et gutture aurantiis; collo inferiore » cinereo-viridi; ventre maculis aurantiis vario; rectricibus subtus obscurè luteis, supernè » viridibus, lateralibus interiùs dilutè luteo marginatis... » *Psittaca Illiniaca*. Brisson, *Ornithol.*, t. IV, p. 353. — *Tui-apute-juba*. Salerne, *Ornithol.*, p. 71, n° 2. — « Psittacus macrourus » viridis, genis fulvis, remigibus rectricibusque canescentibus... » *Psittacus pertinax*. Linnæus, *Syst. nat.*, édit. XII, p. 142. — On observera que, dans la planche de Frisch, cette perruche a la queue beaucoup plus courte que dans la planche d'Edwards, parce qu'apparemment Frisch l'a fait dessiner peu de temps après la mue, et avant que les pennes de la queue n'eussent pris toute leur longueur.

(*) *Psittacus pertinax* L.

est très commune à la Guiane, tandis que la précédente ne s'y trouve pas ; on l'appelle vulgairement à Cayenne *perruche poux-de-bois*, parce qu'elle fait ordinairement son nid dans les ruches de ces insectes. Comme elle reste pendant toute l'année dans les terres de la Guiane, où elle fréquente les savanes et autres lieux découverts, il n'y a guère d'apparence que l'espèce s'étende ou voyage jusqu'au pays des Illinois, comme l'a dit M. Brisson, d'après lequel on a donné à cet oiseau le nom de *perruche illinoise* dans les planches enluminées. Ce que nous disons ici est d'autant mieux fondé qu'on ne trouve aucune espèce de perroquet ni de perruche au delà de la Caroline, et qu'il n'y en a qu'une seule espèce à la Louisiane, que nous avons donnée ci-devant.

LA PERRICHE COURONNÉE D'OR (*a*)

QUATRIÈME ESPÈCE A QUEUE LONGUE ET INÉGALE.

C'est ainsi que Edwards a nommé cette perriche (*), et il l'a prise pour la femelle dans l'espèce précédente ; c'était en effet une femelle qu'il a décrite, puisqu'il dit qu'elle a pondu cinq ou six œufs en Angleterre, assez petits et blancs, et qu'elle a vécu quatorze ans dans ce climat. Néanmoins, on peut être assuré que l'espèce est différente de la précédente, car toutes deux sont communes à Cayenne et elles ne vont jamais ensemble, mais chacune en grandes troupes de leur espèce, et les mâles ne paraissent pas différer des femelles ni dans l'une, ni dans l'autre de ces deux espèces. Celle-ci s'appelle à la Guiane *perruche des savanes* : elle parle supérieurement bien ; elle est très caressante et très intelligente, au lieu que la précédente n'est nullement recherchée et ne parle que difficilement.

Cette jolie perriche a une grande tache orangée sur le devant de la tête ; le reste de la tête, tout le dessus du corps, les ailes et la queue sont d'un vert foncé ; la gorge et la partie inférieure du cou sont d'un vert jaunâtre, avec une légère teinte de rouge terne ; le reste du dessous du corps est d'un vert pâle ; quelques-unes des grandes couvertures supérieures des ailes sont bordées extérieurement de bleu ; le côté extérieur des pennes du milieu des ailes est aussi d'un beau bleu, ce qui forme sur chaque aile une large bande longitudinale de cette belle couleur ; l'iris des yeux est orangé vif ; le bec et les pieds sont noirâtres.

(*a*) *Golden crowned paraket*. Perruche couronnée d'or. Edwards, *Glan.*, p. 50, avec une bonne figure coloriée, pl. 235. — « Psittacus minor longicaudus, viridis, supernè saturatiùs, « infernè dilutiùs et ad flavum inclinans; vertice viridi-aurantio ; collo inferiore viridi-flavi- » cante, rubro obscuro mixta, remigibus intermediis supernè exteriùs cæruleis ; rectricibus » supernè saturatè viridibus, infernè obscurè viridi-luteis... » *Psittaca Brasiliensis*. Brisson, *Ornithol.*, t. IV, p. 337.

(*) *Psittacus aureus* L.

LE GUAROUBA OU PERRICHE JAUNE (a) (b)

CINQUIÈME ESPÈCE A QUEUE LONGUE ET INÉGALE.

Marcgrave et de Laët sont les premiers qui aient parlé de cet oiseau (*), qui se trouve au Brésil et quelquefois au pays des Amazones, où néanmoins il est rare (c), et on ne le voit jamais aux environs de Cayenne. Cette perriche, que les Brésiliens appellent *guiaruba*, c'est-à-dire oiseau jaune, n'apprend point à parler; elle est triste et solitaire; cependant les sauvages en font grand cas, mais il paraît que ce n'est qu'à cause de sa rareté et parce que son plumage est très différent de celui des autres perroquets, et qu'elle s'apprivoise aisément; elle est presque toute jaune; il y a seulement quelques taches vertes sur l'aile, dont les petites pennes sont vertes, frangées de jaune; les grandes sont violettes, frangées de bleu, et l'on voit le même mélange de couleurs dans celles de la queue, dont la pointe est d'un violet bleu; le milieu, ainsi que le croupion, sont d'un vert bordé de jaune; tout le reste du corps est d'un jaune pur et vif de safran ou d'orangé; la queue est aussi longue que le corps et a cinq pouces; elle est fortement étagée, en sorte que les dernières pennes latérales sont de moitié plus courtes que les deux du milieu. La perruche jaune du Mexique (d), donnée par M. Brisson, d'après Seba, paraît être une variété de celle-ci, et un peu de rouge pâle que Seba met à la tête de son oiseau *cocho*, et qui n'était peut-être qu'une teinte orangée, ne fait pas un caractère suffisant pour indiquer une espèce particulière.

(a) Voyez les planches enluminées, n° 525, sous la dénomination de *Perruche jaune de Cayenne.*

(b) *Qui juba tui.* Marcgrave, *Hist. nat. Brasil.*, p. 207. — *Guiaruba.* De Laët, *Description des Indes occidentales*, p. 490. — *Qui juba tui.* Jonston, *Avi.*, p. 142. — *Qui juba tui.* Willughby, *Ornithol.*, p. 78. — *Qui juba tui.* Ray, *Synops. avi.*, p. 35, n° 9. — *Psittacus major luteus, caudâ virescente.* Barrère, *France équinox.*, p. 144. — *Perroquet jaune.* La Condamine, *Voy. aux Amazones*, p. 172. — « Psittacus minor longicaudus luteus; remi- » gibus majoribus obscurè viridibus; rectricibus luteis... » *Psittaca Brasiliensis lutea.* Brisson, *Ornithol.*, t. IV, p. 369. — *Qui juba tui.* Salerne, *Ornithol.*, p. 73, n° 9.

(c) « Les plus rares parmi les perroquets sont ceux qui sont entièrement jaunes, avec un peu de vert à l'extrémité des ailes; je n'en ai vu qu'au Para de cette sorte. » La Condamine, *Voy. à la rivière des Amazones*, p. 173.

(d) *Avis cocho, psittaci Mexicani species.* Seba, t. Ier, p. 101; et pl. 64, fig. 4. — « Psittacus minor longicaudus, dilutè luteus; capite dilutè rubro; collo rubro-aurantio; remi- » gibus viridibus; rectricibus dilutè luteis... » *Psittaca Mexicana lutea.* Brisson, *Ornithol.*, t. IV, p. 370.

(*) *Psittacus Guarouba* L.

LA PERRICHE A TÊTE JAUNE (a) (b)

SIXIÈME ESPÈCE A QUEUE LONGUE ET INÉGALE.

Cette perriche (*) paraît être du nombre de celles qui voyagent de la Guiane à la Caroline, à la Louisiane (c) et jusqu'en Virginie. Elle a le front d'un bel orangé ; tout le reste de la tête, la gorge, la moitié du cou et le fouet de l'aile d'un beau jaune ; le reste du corps et les couvertures supérieures des ailes d'un vert clair ; les grandes pennes des ailes sont brunes sur leur côté intérieur ; le côté extérieur est jaune sur le tiers de sa longueur : il est ensuite vert et bleu à l'extrémité ; les pennes moyennes des ailes et celles de la queue sont vertes ; les deux pennes du milieu de la queue sont plus longues d'un pouce et demi que celles qui les suivent immédiatement de chaque côté ; l'iris des yeux est jaune ; le bec est d'un blanc jaunâtre, et les pieds sont gris.

Les oiseaux, dit Catesby, se nourrissent de graines et de pepins de fruits, et surtout de graines de cyprès et de pepins de pommes. Il en vient en automne, à la Caroline, de grandes volées dans les vergers, où il font beaucoup de dégât, déchirant les fruits pour trouver les pepins, la seule partie qu'ils mangent : ils s'avancent jusque dans la Virginie, qui est l'endroit le plus éloigné au nord, ajoute Catesby, ou j'aie ouï dire qu'on ait vu de ces oiseaux. C'est du reste la seule espèce de perroquet que l'on voie à la Caroline ; quelques-uns y font leurs petits, mais la plupart se retirent plus au sud dans la saison des nichées, et reviennent dans celle des récoltes : ce

(a) Voyez les planches enluminées, n° 499, sous la dénomination de *Perruche de la Caroline*.

(b) *Parrot of Carolina*. Perroquet de la Caroline. Catesby, t. Ier, p. 11. — *Psittacus minor vertice maculato*. Perriche des Amazones. Barrère, *France équinox.*, p. 145. — *Psittacus pumilio, viridis, fulvo capite maculoso*. Perriche de l'Amazone. *Idem*, *Ornithol.*, p. 26. — *Psittacus Carolinensis*. Klein, *Avi.*, p. 25, n° 19. — *Psittacus capite luteo, fronte rubrâ, caudâ longâ. Ibidem*, p. 25, n° 14. — *Psittacus viridis, capite luteo, et fronte rubrâ*. Frisch, pl. 52. — « Psittacus minor longicaudus, viridis ; capite anteriùs, marginibus alarum, et » calcaneorum ambitu aurantiis ; occipitio, gutture et collo supremo luteis ; remigibus majo- » ribus supernè exteriùs in exortu luteis, dein viridibus, apice ad cæruleum vergentibus ; » rectricibus viridibus... » *Psittaca Carolinensis*, Brisson, *Ornithol.*, t. IV, p. 350. — « Psittacus macrourus viridis, capite, collo genibusque luteis... » *Psittacus Carolinensis*. Linnæus, *Syst. nat.*, édit. X, p. 97.

(c) « Je vis aussi ce jour-là, pour la première fois, des perroquets (à la Louisiane) ; il y en a le long du Téakiki, mais en été seulement ; ceux-ci étaient des traîneurs qui se rendaient sur le Missisipi, où l'on en trouve dans toutes les saisons. Ils ne sont guère plus gros que des merles ; ils ont la tête jaune avec une tache rouge au milieu ; dans le reste de leur plumage, c'est le vert qui domine. » *Histoire de la Nouvelle-France*, par Charlevoix ; Paris, 1744, t. III, p. 384.

(*) *Psittacus ludovicianus* et *carolinensis* L.

sont les arbres fruitiers et les cultures qui les attirent dans ces contrées. Les colonies du Sud éprouvent de plus grandes invasions de perroquets dans leurs plantations. Aux mois d'août et de septembre des années 1750 et 1751, dans le temps de la récolte du café, on vit arriver à Surinam une prodigieuse quantité de perroquets de toutes sortes qui fondaient en troupes sur le café, dont ils mangeaient l'enveloppe rouge sans toucher aux fèves, qu'ils laissaient tomber à terre. En 1760, vers la même saison, on vit de nouveaux essaims de ces oiseaux qui se répandirent tout le long de la côte et y firent beaucoup de dégât, sans qu'on ai pu savoir d'où ils venaient en si grand nombre (*a*). En général, la maturité des fruits, l'abondance ou la pénurie des graines dans les différents cantons, sont les motifs des excursions de certaines espèces de perroquets qui ne sont pas proprement des oiseaux voyageurs, mais de ceux qu'on peut nommer *erratiques* (*b*).

LA PERRICHE-ARA (*c*) (*d*)

SEPTIÈME ESPÈCE A QUEUE LONGUE ET INÉGALE.

M. Barrère est le premier qui ait parlé de cet oiseau (*) : on le voit néanmoins fréquemment à Cayenne, où il dit qu'il est de passage. Il se tient dans les savanes noyées comme les aras, et il vit aussi comme eux des fruits du palmier-latanier : on l'appelle *perruche-ara*, parce que d'abord elle est plus grosse que les autres perriches, qu'ensuite elle a la queue très longue, ayant neuf pouces de longueur et le corps autant ; elle a aussi de commun avec les aras la peau nue depuis les angles du bec jusqu'aux yeux, et elle prononce aussi distinctement le mot *ara*, mais d'une voix moins rauque, plus légère et plus aiguë. Les naturels de la Guiane l'appellent *makavouanne*.

Elle a les pennes de la queue inégalement étagées ; tout le dessus du corps, des ailes et de la queue est d'un vert foncé un peu rembruni, à l'ex-

(*a*) Pistorius, *Beschriving van colonie van Surinaamen ;* Amsterdam, 1768, p. 68.

(*b*) « On trouve dans les Antis des perroquets de toutes grosseurs et de toutes couleurs. Ces oiseaux sortent du pays des Antis lorsqu'on a semé le cara ou le mayz, dont ils aiment beaucoup le grain ; aussi en font-ils un grand dégât... Il n'y a que les guacamayas qui, à cause de leur pesanteur, ne sortent pas du pays des Antis ; tous volent par troupes, mais sans qu'une espèce soit mêlée avec l'autre. » Garcilasso, *Histoire des Incas ;* Paris, 1744, t. II, p. 283.

(*c*) Voyez les planches enluminées, n° 864.

(*d*) *Psittacus minor prolixâ caudâ maculis flammeis conspersus.* Perriche, Ara. Barrère, *France équinox*, p. 145.

(*) *Psittacus Macawuanna* L.

ception des grandes pennes des ailes, qui sont bleues, bordées de vert et terminées de brun du côté extérieur; le dessus et les côtés de la tête ont leur couleur verte, mêlée de bleu foncé, de façon qu'à certains aspects ces parties paraissent entièrement bleues; la gorge, la partie inférieure du cou et le haut de la poitrine ont une forte teinte de roussâtre; le reste de la poitrine, le ventre et les côtés du corps sont d'un vert plus pâle que celui du dos; enfin, il y a sur le bas-ventre du rouge brun qui s'étend sur quelques-unes des couvertures inférieures de la queue; les pennes des ailes et de la queue sont en dessous d'un vert jaunâtre.

Il ne nous reste plus qu'à donner la description des perriches à queue courte du nouveau continent, auxquelles on a donné le non générique de *toui*, et c'est en effet celui qu'elles portent au Brésil.

LES TOUIS

OU

PERRICHES A QUEUE COURTE

Les touis sont les plus petits de tous les perroquets et même des perriches du nouveau continent; ils ont tous la queue courte, et ne sont pas plus gros que le moineau; la plupart semblent aussi différer des perroquets et des perriches en ce qu'ils n'apprennent point à parler : de cinq espèces que nous connaissons, il n'y en a que deux auxquelles on ait pu donner ce talent. Il paraît qu'il se trouve des touis actuellement dans les deux continents, non pas absolument de la même espèce, mais en espèces analogues et voisines probablement, parce qu'elles ont été transportées d'un continent dans l'autre par les raisons que j'ai exposées au commencement de cet article; néanmoins, je pencherais à les regarder toutes comme originaires du Brésil et des autres parties méridionales de l'Amérique, d'où elles auront été transportées en Guinée et aux Philippines.

LE TOUI A GORGE JAUNE (a) (b)

PREMIÈRE ESPÈCE DE PERRICHE A QUEUE COURTE.

Ce petit oiseau (*) a la tête et tout le dessus du corps d'un beau vert, la gorge d'une belle couleur orangée, tout le dessous du corps d'un vert jaunâtre; les couvertures supérieures des ailes sont variées de vert, de brun et de jaunâtre; les couvertures inférieures sont d'un beau jaune; les pennes des ailes sont variées de vert, de jaunâtre et de cendré foncé; celles de la queue sont vertes et bordées à l'intérieur de jaunâtre; le bec, les pieds, les ongles, sont gris.

LE SOSOVÉ (c)

SECONDE ESPÈCE DE TOUI OU PERRICHE A QUEUE COURTE.

Sosové est le nom Galibi de ce charmant petit oiseau (**), dont la description est bien aisée, car il est partout d'un vert brillant, à l'exception d'une tache d'un jaune léger sur les pennes des ailes et sur les couvertures supérieures de la queue; il a le bec blanc et les pieds gris.

L'espèce en est commune à la Guiane, surtout vers l'Oyapoc et vers l'Amazone; on peut les élever aisément et ils apprennent très bien à parler; ils ont une voix fort semblable à celle du polichinelle des marionnettes, et lorsqu'ils sont instruits, ils ne cessent de jaser.

(a) Voyez les planches enluminées, n° 190, fig. 1, sous la dénomination de *Petite Perruche à gorge jaune d'Amérique.*

(b) « Psittacus minor brevicaudus, viridis, infernè dilutiùs et ad luteum inclinans; » maculâ sub gutture aurantiâ; tæniâ in alis transversâ castaneo-aureâ ad viride vergente; » tectricibus alarum inferioribus luteis; rectricibus viridibus, oris interioribus ad luteum » inclinantibus. » *Psittacula gutture luteo.* Brisson, *Ornithol.*, t. IV, p. 396.

(c) Voyez les planches enluminées, n° 456, fig. 2, sous la dénomination de *Petite Perruche de Cayenne.*

(*) *Psittacus Sosove* Kuhl. — Cet oiseau est considéré par Desmarets comme une simple variété de l'espèce suivante.

(**) *Psittacus Sosove*, *Tovi* et *Tuipara* L.

LE TIRICA (*a*)

TROISIÈME ESPÈCE DE TOUI OU PERRICHE A QUEUE COURTE.

Marcgrave est le premier qui ait indiqué cet oiseau (*) : son plumage est entièrement vert; il a les yeux noirs, le bec incarnat et les pieds bleuâtres; il se prive très aisément et apprend de même à parler; il est aussi très doux et se laisse manier facilement.

Nous croyons qu'on doit rapporter au tirica la perruche représentée n° 837 des planches enluminées, sous le nom de *petite jaseuse* : elle est, comme le tirica, entièrement verte; elle a le bec couleur de chair, et toute la taille d'un toui.

Nous remarquerons que le *tuin* de Jean de Laët (*b*) ne désigne pas une espèce particulière, mais toutes les perriches en général; ainsi on ne doit pas rapporter, comme l'a fait M. Brisson, le tuin de Laët au *tui-tirica* de Marcgrave.

M. Sonnerat fait mention d'un oiseau qu'il a vu à l'île de Luçon (*c*) et qui ressemble beaucoup au *tui-tirica* de Marcgrave : il est de la même grosseur et porte les mêmes couleurs, étant entièrement vert, plus foncé en dessus et plus clair en dessous; mais il en diffère par la couleur du bec, qui est gris, au lieu qu'il est incarnat dans l'autre, et par les pieds, qui sont gris, tandis qu'ils sont bleuâtres dans le premier; ces différences ne seraient pas assez grandes pour en faire une espèce, si les climats n'étaient pas autant éloignés; mais il est possible et même probable que cet oiseau ait été transporté de l'Amérique aux Philippines, où il pourrait avoir subi ces petits changements.

(*a*) *Tui-tirica.* Marcgrave, *Hist. nat. Brasil.*, p. 206. — *Tui-tirica.* Jouston, *Avi.*, p. 141. — *Psittaci minoris Marcgravii tertia species. Tui-tirica.* Willughby, *Ornithol.*, p. 78. — *Tui-tirica.* Ray, *Synops. avi.*, p. 34, n° 3. — *Psittacus minimus totus viridis. Green parroket.* Browne, *Nat. hist. of Jamaica*, p. 473. — « Psittacus minor brevicaudus, in toto » corpore viridis, supernè saturatiùs, infernè dilutiùs... » *Psittacula Brasiliensis.* Brisson, *Ornithol.*, t. IV, p. 382. — *Tui-tirica.* Salerne, *Ornithol.*, p. 71, n° 3.

(*b*) *Description des Indes occidentales*, p. 490.

(*c*) *Voyage à la Nouvelle-Guinée*, p. 76.

(*) *Psittacus Tirica* L.

L'ÉTÉ OU TOUI-ÉTÉ (a)

QUATRIÈME ESPÈCE DE TOUI OU PERRICHE A QUEUE COURTE.

C'est encore à Marcgrave qu'on doit la connaissance de cet oiseau (*), qui se trouve au Brésil : son plumage est en général d'un vert clair, mais le croupion et le haut des ailes sont d'un beau bleu ; toutes les pennes des ailes sont bordées de bleu sur leur côté extérieur, ce qui forme une longue bande bleue lorsque les ailes sont pliées ; le bec est incarnat et les pieds sont cendrés.

On peut rapporter à cette espèce l'oiseau donné par Edwards, sous la dénomination de la *plus petite des perruches* (b), qui n'en diffère que parce qu'elle n'a pas les pennes des ailes bordées de bleu, mais de vert jaunâtre, et qu'elle a le bec et les pieds d'un beau jaune, ce qui ne fait pas des différences assez grandes pour en faire une espèce séparée.

LE TOUI A TÊTE D'OR (c)

CINQUIÈME ESPÈCE DE PERRICHE A QUEUE COURTE.

Cet oiseau (**) se trouve encore au Brésil : il a tout le plumage vert, à l'exception de la tête, qui est d'une belle couleur jaune, et comme il a la queue très courte, il ne faut pas le confondre avec une autre perriche à longue queue, qui a aussi la tête d'un très beau jaune.

Une variété, ou du moins une espèce très voisine de celle-ci, est l'oiseau

(a) *Tui-ete.* Marcgrave, *Hist. nat. Brasil.*, p. 206. — *Tui-ete.* Jonston, *Avi.*, p. 141. — *Psittaci minoris Marcgravii sexta species tui-ete.* Willughby, *Ornithol.*, p. 78. — *Tui-ete.* Ray, *Synops. avi.*, p. 34, n° 6. — *Tui-ete.* Salerne, *Ornithol.*, p. 71, n° 6.

(b) *Least green and blue parraket.* La plus petite des perruches verte et bleue. Edwards, *Glan.*, p. 50, avec une figure coloriée, pl. 235. — « Psittacus minor brevicaudus, viridis, » uropygio cyaneo ; tectricibus alarum superioribus majoribus saturatè cæruleis ; rectricibus » viridibus... » *Psittacula Brasiliensis uropygio cyaneo.* Brisson, *Ornithol.*, t. IV, p. 384.

(c) *Tui quarta species.* Marcgrave, *Hist. nat. Brasil.*, p. 206. — *Tui quarta species.* Jonston, *Avi.*, p. 141. — *Psittaci minoris Marcgravii quarta species.* Willughby, *Ornithol.*, p. 78. — *Tui quarta species.* Ray, *Synops. avi.*, p. 34, n° 4. — « Psittacus minor brevi- » caudus, supernè viridis, infernè viridi-luteus ; syncipite aurantio, oculorum ambitu luteo ; » rectricibus supernè viridibus, subtus obscurè luteis... » *Psittacula Brasiliensis icterocephalos.* Brisson, *Ornithol.*, t. IV, p. 398. — La quatrième espèce de toui. Salerne, *Ornithol.*, p. 71, n° 4.

(*) *Psittacus passerinus* L.
(**) *Psittacus Tui* L.

qu'on a représenté dans la planche enluminée, n° 456, fig. 1, sous la dénomination de *petite perruche de l'île Saint-Thomas*, parce que M. l'abbé Aubry, curé de Saint-Louis, dans le Cabinet duquel on en a fait le dessin, a dit l'avoir reçu de cette île; mais il ne diffère du toui à tête d'or qu'en ce que le jaune de la tête est beaucoup plus pâle : ce qui nous fait présumer avec beaucoup de fondement qu'il est de la même espèce.

Nous ne connaissons que ces cinq espèces de touis dans le nouveau continent, et nous ne savons pas si les deux petits perroquets à queue courte, le premier donné par Aldrovande (*a*), et le second par Seba (*b*), doivent s'y rapporter, parce que leurs descriptions sont trop imparfaites; celui d'Aldrovande serait plutôt un petit *kakatoès*, parce qu'il a une huppe sur la tête, et celui de Seba paraît être un *lory*, parce qu'il est presque tout rouge; cependant nous ne connaissons aucun kakatoès ni aucun lory qui leur ressemble assez pour pouvoir assurer qu'ils sont de ces genres.

(*a*) *Psittacus erythrochloros cristatus*. Aldrovande, *Avi.*, t. Ier, p. 682. — *Psittacus erythrochloros cristatus*. Jonston, *Avi.*, p. 25. — *Psittacus erythrochlorus torquatus cristatus*. Charleton, *Exercit.*, p. 74, n° 13; et *Onomast.*, p. 67, n° 18. — *Psittacus erythrochlorus cristatus Aldrovandi*. Willughby, *Ornithol.*, p. 78. — *Psittacus erythrochlorus cristatus Aldrovandi*. Ray, *Synops. avi.*, p. 34, n° 4. — « Psittacus minor brevicaudus, cristatus, » viridis; cristâ, alis et caudâ rubris... » *Psittacula cristata*. Brisson, *Ornithol.*, t. IV, p. 404. Petit perroquet crêté. Salerne, *Ornithol.*, p. 70, n° 4.

(*b*) Oiseau de cocho, espèce de perroquet du Mexique, orné de diverses couleurs. Seba, t. Ier, p. 94; et pl. 59, fig. 2. — *Psittacus collo rubro, plumis in capite, purpureis*. Klein, *Avi.*, p. 25, n° 22. — « Psittacus minor brevicaudus cristatus, saturatè coccineus; cristâ » purpureâ; oculorum ambitu cæruleo; gutture luteo; cruribus dilutè cæruleis; remigibus » viridibus albo marginatis; rectricibus saturatè coccineis... » *Psittacula Mexicana cristata*. Brisson, *Ornithol.*, t. IV, p. 405.

LES COUROUCOUS OU COUROUCOAIS

Ces oiseaux (*), dans leur pays natal, au Brésil, sont nommés *curucuis*, qu'on doit prononcer *couroucouis* ou *couroucoais*, et ce mot représente leur voix d'une manière si sensible que les naturels de la Guiane n'en ont supprimé que la première lettre et les appellent *ouroucoais*. Leurs caractères sont d'avoir le bec court, crochu, dentelé, plus large en travers qu'épais en hauteur, et assez semblable à celui des perroquets; ce bec est entouré à sa base de plumes effilées, couchées en avant, mais moins longues que celles des oiseaux barbus, dont nous parlerons dans la suite; ils ont de plus les pieds fort courts et couverts de plumes à peu de distance de la naissance des doigts, qui sont disposés deux en arrière et deux en devant. Nous ne connaissons que trois espèces de ces oiseaux, qu'on pourrait peut-être même réduire à deux, quoique les nomenclateurs en ait indiqué six, dont les unes ne sont que des variétés de celui-ci, et les autres des oiseaux d'un genre différent.

LE COUROUCOU A VENTRE ROUGE (a) (b)

PREMIÈRE ESPÈCE.

Cet oiseau (**) a dix pouces et demi de longueur; la tête, le cou en entier et le commencement de la poitrine, le dos, le croupion et les couvertures du

(a) Voyez les planches enluminées, nº 452, sous la dénomination de *Couroucou à ventre rouge de Cayenne*.

(b) *Curucui Brasiliensibus*. Marcgrave, *Hist. nat. Brasil.*, p. 211. — *Avis anonima species curucui. Ibid.*, p. 219. — *Tzinitzcan*. Fernandez, *Hist. nov. Hisp.*, p. 23. — *Tzi-*

(*) Les Couroucous (*Trogon* MÖHR.) sont des oiseaux de l'ordre des Grimpeurs et de la famille des Trogonides, à bec court et fort, très bombé au sommet et denté sur les bords, à bouche largement fendue, muni de soie au niveau des angles des mâchoires, à ailes courtes et arrondies, à queue longue, à pattes entièrement emplumées, à tarses très courts, à plumage métallique chez le mâle. Le premier et le deuxième doigts sont dirigés en avant, le troisième et le quatrième en arrière.

Les Couroucous n'existent pas seulement au Brésil, comme le dit Buffon, on en trouve aussi en Afrique et à Ceylan.

(**) *Trogon Curucui* L.

dessus de la queue sont d'un beau vert brillant, mais changeant et qui paraît bleu à un certain aspect; les couvertures des ailes sont d'un gris bleu, varié de petites lignes noires en zigzags, et les grandes pennes des ailes sont noires, à l'exception de leur tige, qui est en partie blanche; les pennes de la queue sont d'un beau vert comme le dos, à l'exception des deux extérieures, qui sont noirâtres et qui ont de petites lignes transversales grises; une partie de la poitrine, le ventre et les couvertures du dessous de la queue sont d'un beau rouge; le bec est jaunâtre et les pieds sont bruns.

Un autre individu, qui paraît être la femelle de celui-ci, n'en différait qu'en ce que toutes les parties qui sont d'un beau vert brillant dans le premier ne sont dans celui-ci que d'un gris noirâtre et sans aucun reflet; les petites lignes en zigzags sont aussi beaucoup moins apparentes, parce que le brun noirâtre y domine, et les trois pennes extérieures de la queue ont sur leurs barbes extérieures des bandes alternatives blanches et noirâtres; la mandibule supérieure du bec est entièrement brune, et l'inférieure est jaunâtre; enfin la couleur rouge s'étend beaucoup moins que dans le premier et n'occupe que le bas-ventre et les couvertures du dessous de la queue.

Il y a un troisième individu (*a*) (*) au Cabinet du Roi, qui diffère principalement des deux précédents en ce qu'il a la queue plus longue, et que les trois pennes extérieures de chaque côté ont leurs barbes extérieures blanches, ainsi que leur extrémité; les trois pennes extérieures de l'aile sont marquées de taches transversales alternativement blanches et noires sur le bord extérieur; on aperçoit de plus une nuance de vert doré, changeant sur le dos et sur les pennes du milieu de la queue, ce qui ne se trouve pas sur le précédent; mais la couleur rouge se trouve située de même et ne commence que sur le bas-ventre, et le bec est aussi semblable par la forme et par la couleur.

M. le chevalier Lefebvre Deshayes, correspondant du Cabinet, que nous avons déjà eu occasion de citer plusieurs fois comme un excellent observateur, nous a envoyé un dessin colorié de cet oiseau avec de bonnes obser-

nitzcan. Niercmberg, p. 230. — *Tzinitzcan*. Jouston, *Avi.*, p. 122. — *Tzinitzcan*. Willughby, *Ornithol.*, p. 303. — *Tzinitzcan*. Ray, *Synops. avi.*, p. 163. — *Psittacus flammeus, viridis et cinereus rostro ferrato*. Feuillée, *Journal des observ. physiq.*, p 20. — *Picis congener*. Aldrovande, *Avi.*, t. 1er. — *Curucui Brasiliensibus*. Jonston, *Avi.*, p. 144. — *Trogon*. Moehring, *Avi.*, g. 114. — *Picis congener, curucui Brasiliensibus dictus Marcgravi*. Willughby, *Ornithol.*, p. 96. — *Curucui Brasiliensibus Marcgravii*. Ray, *Synops. avi.*, p. 45, nº 4. — *Picis congener, curucui Marcgravii, Willughbeii*. Klein, *Avi.*, p. 28. — « Trogon » supernè viridi aureus, cæruleo et cupri puri colore varians, infernè coccineus; gutture » nigro; rectricibus sex intermediis dorso concoloribus, apice nigris, tribus utrimque extimis » albis, nigro transversim striatis... » *Trogon Brasiliensis viridis*. Brisson, *Ornithol.*, t. IV, p. 173.

(*a*) Voyez les planches enluminées, nº 737, sous le nom de *Couroucou gris à longue queue de Cayenne*.

(*) C'est le *Trogon Rosalba*.

vations : il dit qu'on l'appelle à Saint-Domingue le *caleçon rouge*, et que dans plusieurs autres îles on le nomme *demoiselle* ou *dame anglaise*. « C'est » dans l'épaisseur des forêts, ajoute-t-il, que cet oiseau se retire au temps » des amours ; son accent mélancolique, et même triste, semble être l'ex- » pression de la sensibilité profonde qui l'entraîne dans le désert pour y » jouir de sa seule tendresse et de cette langueur de l'amour, plus douce » peut-être que ses transports : cette voix seule décèle sa retraite, souvent » inaccessible, et qu'il est difficile de reconnaître ou remarquer.

» Les amours commencent en avril ; ces oiseaux cherchent un trou d'arbre » et le garnissent de poussière ou de bois vermoulu ; ce lit n'est pas moins » doux que le coton ou le duvet : s'ils ne trouvent pas du bois vermoulu, ils » brisent du bois sain avec leur bec et le réduisent en poudre ; le bec, dentelé » vers la pointe, est assez fort pour cela ; ils s'en servent aussi pour élargir » l'ouverture du trou qu'ils choisissent lorsqu'elle n'est pas assez grande ; » ils pondent trois ou quatre œufs blancs et un peu moins gros que ceux de » pigeons.

» Pendant que la femelle couve, l'occupation du mâle est de lui porter à » manger, de faire la garde sur un rameau voisin et de chanter ; il est silen- » cieux et même taciturne en tout autre temps, mais tant que dure celui de » l'incubation de sa femelle il fait retentir les échos de sons languissants, » qui tout insipides qu'ils nous paraissent, charment sans doute les ennuis » de sa compagne chérie.

» Les petits, au moment de leur éclosion, sont entièrement nus, sans aucun » vestige de plumes, qui néanmoins paraissent pointer deux ou trois jours » après ; la tête et le bec des petits nouvellement éclos semblent être d'une » prodigieuse grosseur, relativement au reste du corps ; les jambes paraissent » aussi excessivement longues, quoiqu'elles soient fort courtes quand l'oi- » seau est adulte : le mâle cesse de chanter au moment que les petits sont » éclos, mais il reprend son chant en renouvelant ses amours aux mois » d'août et de septembre.

» Ils nourrissent leurs petits de vermisseaux, de chenilles, d'insectes ; ils » ont pour ennemis les rats, les couleuvres et les oiseaux de proie de jour » et de nuit : aussi l'espèce des ouroucoais n'est pas nombreuse, car la plu- » part sont dévorés par tous ces ennemis.

» Lorsque les petits ont pris leur essor, ils ne restent pas longtemps » ensemble ; ils s'abandonnent à leur instinct pour la solitude et se dis- » persent.

» Dans quelques individus, les pattes sont de couleur rougeâtre, dans » d'autres d'un bleu ardoisé ; on n'a point observé si cette diversité tient à » l'âge ou appartient à la différence du sexe. »

M. le chevalier Deshayes a essayé de nourrir quelques-uns de ces oiseaux de l'année précédente, mais ses soins ont été inutiles ; soit langueur ou fierté,

COUROUCOU RESPLENDISSANT

ils ont obstinément refusé de manger : « Peut-être, dit-il, eussé-je mieux » réussi en prenant des petits nouveau-nés; mais un oiseau qui fuit si loin » de nous, et pour qui la nature a mis le bonheur dans la liberté et le silence » du désert, paraît n'être pas né pour l'esclavage, et devoir rester étranger » à toutes les habitudes de la domesticité. »

LE COUROUCOU A VENTRE JAUNE (a) (b)

SECONDE ESPÈCE.

Cet oiseau (*) a environ onze pouces de longueur; les ailes pliées ne s'étendent pas tout à fait jusqu'à moitié de la longueur de la queue; la tête et le dessus du cou sont noirâtres avec quelques reflets d'un assez beau vert en quelques endroits; le dos, le croupion et les couvertures du dessus de la queue sont d'un vert brillant ainsi que les cuisses; les grandes couvertures des ailes sont noirâtres avec de petites taches blanches; les grandes pennes des ailes sont noirâtres, et les quatre ou cinq plus extérieures ont la tige blanche; les pennes de la queue sont de même couleur que celles des ailes, excepté qu'elles ont quelques reflets de vert brillant; les trois extérieures de chaque côté sont rayées transversalement de noir et de blanc; la gorge et le dessous du cou sont d'un brun noirâtre; la poitrine, le ventre et les couvertures du dessous de la queue sont d'un beau jaune; le bec est dentelé et paraît d'un brun noirâtre ainsi que les pieds ; les ongles sont noirs, la queue est étagée, la plume de chaque côté ayant deux pouces de moins que les deux du milieu, qui sont les plus longues.

Il se trouve entre le couroucou à ventre rouge et le couroucou à ventre jaune quelques variétés que nos nomenclateurs ont prises pour des espèces différentes : par exemple, celui que l'on a représenté dans les planches enluminées, n° 765, sous la dénomination de *couroucou de la Guiane* (c),

(a) Voyez les planches enluminées, n° 195, sous la dénomination de *Couroucou de Cayenne.*

(b) « Trogon supernè viridi-aureus, inferiùs flavo aurantius ; capite superiore et collo » cæruleo-violaceis, viridi-aureo colore variantibus ; genis et gutture nigris ; tæniâ trans- » versâ in pectore viridi-aureâ ; rectricibus nigricantibus, quatuor intermediis viridi aureo » mixtis utrimque sequenti exteriùs viridi-aureâ, tribus utrimque extimis apice obliquè et » dentatim albis... » *Trogon Cayanensis viridis.* Brisson, *Ornithol.*, t. IV, p. 168. — *Yellow-bellied green, cuckow.* Le coucou vert au ventre jaune. Edwards, *Glan.*, p. 256, pl. 331.

(c) « Trogon saturatè cinereus ; ventre flavo-aurantio ; tectricibus alarum superioribus » nigricantibus, lineolis albidis transversim striatis ; rectricibus nigricantibus tribus utrimque » extimis exteriùs albo transversim striatis, apice albis... » *Trogon Cayanensis cinereus.* Brisson, *Ornithol.*, t. IV, p. 165.

(*) *Trogon viridis* L.

n'est qu'une variété d'âge du couroucou à ventre jaune (*), duquel il ne diffère que par la couleur du dessus du dos, qui dans l'oiseau adulte est d'un beau bleu d'azur, et dans l'oiseau jeune d'une couleur cendrée.

De même, l'oiseau représenté dans les planches enluminées, n° 736, sous la dénomination de *couroucou à queue rousse de Cayenne* est encore une variété (**) provenant de la mue de ce même couroucou à ventre jaune puisqu'il n'en diffère que par la couleur des plumes du dos et de la queue, qui sont rousses au lieu d'être bleues.

On doit rapporter encore comme variété à ce même couroucou à ventre jaune l'oiseau indiqué par M. Brisson sous la dénomination de *couroucou vert à ventre blanc de Cayenne* (*a*), parce qu'il n'en diffère que par la couleur du ventre, qui paraît provenir de l'âge de l'oiseau, car les plumes de cet oiseau, décrit par M. Brisson, n'étaient pas entièrement formées : ce pourrait être aussi une variété accidentelle qui ne se trouve que dans quelques individus ; mais il paraît certain que ni l'une ni l'autre de ces trois variétés ne doivent être regardées comme des espèces distinctes et séparées.

Nous avons vu un autre individu de cette même espèce dont la poitrine et le ventre étaient blanchâtres avec une teinte de jaune citron en plusieurs endroits : ce qui nous fait soupçonner que le couroucou à ventre blanc dont nous venons de parler n'était qu'une variété du couroucou à ventre jaune.

LE COUROUCOU A CHAPERON VIOLET (*b*)

TROISIÈME ESPÈCE.

Ce couroucou (***) a la gorge, le cou, la poitrine, d'un violet très rembruni, la tête de même couleur, à l'exception de celle du front, du tour des yeux et des oreilles, qui est noirâtre ; les paupières sont jaunes, le dos et le croupion d'un vert foncé avec des reflets dorés ; les couvertures supérieures de la

(*a*) « Trogon supernè viridi-aureus, infernè albus ; capite superiore et collo cæruleo-vio» laceis, viridi-aureo colore variantibus, genis et gutture nigris ; tæniâ transversâ in pectore » viridi-aureâ, rectricibus nigris, binis intermediis viridi-aureo mixtis, duabus utrimque » sequentibus exteriùs viridi-aureis, tribus utrimque extimis apice obliquè albis... » *Trogon Cayanensis viridis ventre candido.* Brisson, *Ornithol.*, t. IV, p. 170.

(*b*) « Lanius capite, collo, pectore è violaceo-nigricantibus, dorso et uropygio saturatè » viridibus cum splendore aureo, remigibus fuscis, primariis immaculatis, secundariis punctis » minimis albescentibus conspersis. » Koelreuter, *Aves Indicæ rarissimæ, nov. comment. Petropol.*, an 1765, p. 436.

(*) Latham en a fait une espèce distincte sous le nom de *Trogon strigillatus.*

(**) Cuvier en a fait un *Trogon rufus.*

(***) *Trogon violaceus* Lath.

queue sont d'un vert bleuâtre avec les mêmes reflets dorés; les ailes sont brunes, et leurs couvertures, ainsi que les pennes moyennes, sont pointillées de blanc; les deux pennes intermédiaires de la queue sont d'un vert tirant au bleuâtre et terminées de noir; les deux paires suivantes sont de la même couleur, dans ce qui paraît, et noirâtres dans le reste; les trois paires latérales sont noires, rayées et terminées de blanc; le bec est de couleur plombée à sa base et blanchâtre vers la pointe; la queue dépasse les ailes pliées de deux pouces neuf lignes, et la longueur totale de l'oiseau est d'environ neuf pouces et demi.

M. Koelreuter a appelé cet oiseau *lanius*, mais il est bien différent, même pour le genre, de celui de la pie-grièche, du lanier et de tout autre oiseau de proie. Un bec large et court, des barbes autour du bec inférieur, voilà ce qui marque la place de cet oiseau parmi les couroucous, et tous les attributs qui lui sont communs avec les coucous, tels que les pieds très courts et couverts de plumes jusqu'aux doigts, qui sont faibles et disposés par paires, l'une en avant et l'autre en arrière; les ongles courts et peu crochus, enfin le manque de membrane autour de la base du bec, sont tous des caractères qui l'éloignent entièrement de la classe des oiseaux de proie.

Les couroucous sont des oiseaux solitaires qui vivent dans l'épaisseur des forêts humides, où ils se nourrissent d'insectes : on ne les voit jamais aller en troupes; ils se tiennent ordinairement sur les branches à une moyenne hauteur, le mâle séparé de la femelle, qui est posée sur un arbre voisin; on les entend se rappeler alternativement en répétant leur sifflement grave et monotone, *ouroucoais*. Ils ne volent point au loin, mais seulement d'un arbre à un autre, et encore rarement, car ils demeurent tranquilles au même lieu pendant la plus grande partie de la journée, et sont cachés dans les rameaux les plus touffus, où l'on a beaucoup de peine à les découvrir, quoiqu'ils fassent entendre leur voix à tous moments; mais comme ils ne remuent pas, on ne les aperçoit pas aisément. Ces oiseaux sont si garnis de plumes, qu'on les juge beaucoup plus gros qu'ils ne le sont réellement; ils paraissent de la grosseur d'un pigeon et n'ont pas plus de chair qu'une grive; mais ces plumes, si nombreuses et si serrées, sont en même temps si légèrement implantées qu'elles tombent au moindre frottement, en sorte qu'il est difficile de préparer la peau de ces oiseaux pour les conserver dans les Cabinets : ce sont, au reste, les plus beaux oiseaux de l'Amérique méridionale, et ils sont assez communs dans l'intérieur des terres. Fernandez dit que c'est avec les belles plumes du couroucou à ventre rouge que les Mexicains faisaient des portraits et des tableaux très agréables, et d'autres ornements qu'ils portaient les jours de fêtes ou de combats.

Il y a deux autres oiseaux indiqués par Fernandez dont M. Brisson a cru devoir faire des espèces de couroucous; mais il est certain que ni l'un ni l'autre n'appartiennent à ce genre.

Le premier est celui que Fernandez a dit être semblable à l'étourneau (*a*), et duquel nous avons fait mention à la suite des étourneaux, t. VI, p. 23. Je suis étonné que M. Brisson ait voulu en faire un couroucou, puisque Fernandez dit lui-même qu'il est du genre de l'étourneau, et qu'ils sont semblables par la figure : or, les étourneaux ne ressemblent en rien aux couroucous : le bec, la disposition des doigts, la forme du corps, tout est si éloigné, si différent dans ces deux oiseaux, qu'il n'y a nulle raison de les réunir dans un même genre.

Le second oiseau que M. Brisson a pris pour un couroucou, est celui que Fernandez (*b*) dit être d'une grande beauté, gros comme un pigeon, se trouvant sur le bord de la mer, et qui a le bec long, large, noir, un peu crochu ; cette forme du bec est, comme l'on voit, bien différente de celle du bec des couroucous, et cela seul devait suffire pour le faire exclure de ce genre. Fernandez ajoute qu'il ne chante pas, et que sa chair n'est pas bonne à manger, qu'il a la tête bleue et le reste du plumage d'un bleu varié de vert, de noir et de blanchâtre; mais ces indications ne nous paraissent pas encore suffisantes pour pouvoir rapporter cet oiseau du Mexique à quelque genre connu.

LE COUROUCOUCOU (*c*)

Entre la grande famille du coucou et celle du couroucou, il paraît que l'on peut placer un oiseau qui semble participer des deux, en supposant que son indication donnée par Seba (*d*), soit moins fautive et plus exacte que la plupart de celles qu'on trouve dans son gros ouvrage. Voici ce qu'il en dit :

« Il a la tête d'un rouge tendre et surmontée d'une belle huppe d'un rouge » plus vif et varié de noir. Le bec est d'un rouge pâle; le dessus du corps » d'un rouge vif; les couvertures des ailes et le dessous du corps, sont d'un

(*a*) *Tzanatltototl.* Fernandez, *Hist. nov. Hisp.*, p. 22, cap. XXXVII. — « Trogon supernè » albo, nigro et fulvo variegatus, infernè rubescens ; capite nigro ; rectricibus nigris, tribusque apice albis... » *Trogon Mexicanus.* Brisson, *Ornithol.*, t. IV, p. 175.

(*b*) *Quaxoxoctototl.* Fernandez, *Hist. nov. Hisp.*, p. 49, cap. CLXXVII. — « Trogon cyaneo, » luteo, viridi et nigro variegatus ; vertice cyaneo... » *Trogo Mexicanus varius.* Brisson, *Ornithol.*, t. IV, p. 176.

(*c*) *Cuculus Brasiliensis venustissimè pictus.* Seba, t. Ier, p. 102, avec une figure, pl. 66, n° 2. — « Cuculus cristatus ruber, supernè saturatiùs, infernè dilutiùs, flavo varius : cristâ » saturatè rubrâ, nigro variegatâ : remigibus, rectricibusque flavis ; nigricante adumbratis. » *Coucou rouge huppé du Brésil.* Brisson, *Ornithol.*, t. IV, p. 154. — *Columbæ adfinis.* Moehring, *Av. genera*, gen. 103. — « Cuculus caudâ sub-æquali, corpore rubro, remigibus flavescentibus. » Linnæus, *Syst. nat.*, édit. XIII, p. 171, sp. 18. — *Ornithol. ital.*, t. Ier, p. 84, sp. 31.

(*d*) Voyez les planches enluminées, n° 601.

» rouge tendre ; les pennes des ailes et celles de la queue sont d'un jaune » ombré d'une teinte noirâtre. »

Cet oiseau (*) est moins gros que la pie ; sa longueur totale est d'environ dix pouces.

Il faut remarquer que Seba ne parle point de la disposition des doigts, et que dans la figure ils paraissent disposés trois et un, et non pas deux et deux, mais ayant donné à cet oiseau le nom de *coucou*, c'était dire assez qu'il avait les doigts disposés de cette dernière manière.

(*) Cet oiseau est le *Cuculus brasiliensis* L., espèce très douteuse.

LE TOURACO [(a)]

Cet oiseau (*) est un des plus beaux de l'Afrique, parce qu'indépendamment de son plumage brillant par les couleurs, et de ses beaux yeux couleur de feu, il porte sur la tête une espèce de huppe, ou plutôt une couronne qui lui donne un air de distinction. Je ne vois donc pas pourquoi nos nomenclateurs l'ont mis dans le genre des coucous, qui, comme tout le monde sait, sont des oiseaux très laids, d'autant que le touraco en diffère non seulement par la couronne de la tête, mais encore par la forme du bec, dont la partie supérieure est plus arquée que dans les coucous, avec lesquels il n'a de commun que d'avoir deux doigts en avant et deux en arrière; et comme ce caractère appartient à beaucoup d'oiseaux, c'est sans aucun fondement qu'on a confondu avec les coucous le touraco, qui nous paraît être d'un genre isolé.

Cet oiseau est de la grosseur du geai ; mais sa queue large et longue semble agrandir sa taille, quoiqu'il ait les ailes très courtes, car elles n'atteignent qu'à l'origine de sa longue queue. Il a la mandibule supérieure convexe, recouverte de plumes rabattues du front, et dans lesquelles les narines sont cachées : son œil vif et plein de feu est entouré d'une paupière écarlate, surmontée d'un grand nombre de papilles éminentes de la même couleur. La belle huppe, ou plutôt la *mitre* qui lui couronne la tête, est un faisceau de plumes relevées, fines et soyeuses, et composées de brins si déliés que toute la touffe en est transparente : le beau camail vert qui lui couvre tout

(a) *Cuculo adfinis.* Moehring, *Avi.*, gen. 106. — *Crown bird from Mexico. Oiseau huppé* ou *couronné du Mexique.* Albin, t. II, p. 12, avec une figure mal coloriée, pl. 19. — *Touraco.* Edwards, *Hist. of Birds*, p. 7. — *Touraco, regia avis.* Klein, *Avi.*, p. 36. — « Cuculus caudâ » æquali, capite cristâ erectâ, remigibus primoribus rubris... » *Cuculus Persa.* Linnæus, *Syst. nat.*, édit. X, p. 111. — « Cuculus cristatus saturatè viridis ; dorso infimo et uropygio » purpureo-cærulescentibus ; imo ventre nigricante ; latâ fasciâ per oculos nigrâ ; tæniis « supra et infra oculos candidis ; remigibus quatuor primoribus coccineis, exteriùs et apice » nigro marginatis ; rectricibus purpureo-cærulescentibus... » *Cuculus Guineensis cristatus viridis.* Brisson, *Ornithol.*, t. IV, p. 152.

(*) Les Touracos (*Corithaix* Ill.) sont des Grimpeurs de la famille des Musophagides, à aspect de Gallinacés. Leur bec est court, fort, élevé, denté sur les bords, caréné au sommet; leurs ailes sont de moyenne longueur; leur queue est longue, large, munie de dix rectrices ; leurs pattes sont assez longues, à tarses munis de scutelles ; leur tête est surmontée d'une huppe mobile.

le cou, la poitrine et les épaules, est composé de brins de la même nature aussi déliés et soyeux.

Nous connaissons deux espèces ou plutôt deux variétés dans ce genre, dont l'une nous est venue sous le nom de *touraco d'Abyssinie*, et la seconde sous celui de *touraco du cap de Bonne-Espérance*.

Elles ne diffèrent guère que par des teintes, la masse et le fond des couleurs étant les mêmes. Le touraco d'Abyssinie (*) porte une huppe noirâtre, ramassée et rabattue en arrière et en flocon : les plumes du front, de la gorge et du tour du cou, sont d'un vert de pré ; la poitrine et le haut du dos sont de cette même couleur, mais avec une teinte olive qui vient se fondre dans un brun pourpré, rehaussé d'un beau reflet vert ; tout le dos, les couvertures des ailes et leurs pennes les plus près du corps ainsi que toutes celles de la queue sont colorées de même : toutes les grandes pennes de l'aile sont d'un beau rouge cramoisi avec une échancrure de noir aux petites barbes vers la pointe. Nous ne concevons pas comment M. Brisson (*a*) n'a vu que quatre de ces plumes rouges : le dessous du corps est gris brun faiblement nuancé de gris clair.

Le touraco du cap de Bonne-Espérance ne diffère de celui d'Abyssinie, que par la huppe relevée en panache, tel que nous venons de le décrire, et qui est d'un beau vert clair, quelquefois frangé de blanc : le cou est du même vert, qui va se fondre et s'éteindre sur les épaules dans la teinte sombre, à reflet vert lustré.

Nous avons eu vivant le touraco du Cap : on nous avait assuré qu'il se nourrissait de riz, et on ne lui offrit d'abord que cette nourriture ; il n'y toucha pas, s'affama, et dans cette extrémité il avalait sa fiente ; il ne subsista pendant deux ou trois jours, que d'eau et de sucre dont on avait mis un morceau dans sa cage ; mais voyant apporter des raisins sur la table, il marqua l'appétit le plus vif ; on lui en donna des grains, il les avala avidement ; il s'empressa de même pour des pommes, puis pour des oranges ; depuis ce temps on l'a nourri de fruits pendant plusieurs mois. Il paraît que c'est sa nourriture naturelle, son bec courbé n'étant point du tout fait pour ramasser des graines : ce bec présente une large ouverture, fendue jusqu'au-dessous des yeux ; cet oiseau saute et ne marche pas : il a les ongles aigus et forts, et la serre bonne, les doigts robustes et recouverts de fortes écailles. Il est vif et s'agite beaucoup ; il fait entendre à tout moment un petit cri bas et rauque, *creû, creû*, du fond du gosier et sans ouvrir le bec ; mais de temps en temps il jette un autre cri éclatant et très fort, *co, co, co, co, co, co, co*, les premiers accents graves, les autres plus hauts, précipités et très bruyants,

(*a*) *Ornithologie*, t. IV, p. 153.

(*) Le Touraco d'Abyssinie de Buffon est le *Corithaix leucothis* des ornithologistes modernes.

d'une voix perçante et rude : il fait entendre de lui-même ce cri quand il a faim; mais il le répète à volonté quand on l'excite et qu'on l'anime en l'imitant.

Ce bel oiseau m'a été donné par Mme la princesse de Tingri, et je dois lui en témoigner ma respectueuse reconnaissance; il est même devenu plus beau qu'il n'était d'abord, car il était dans un état de mue lorsque j'en ai fait la description qu'on vient de lire; aujourd'hui, c'est-à-dire quatre mois après, il a refait son plumage et repris de nouvelles beautés; il porte deux traits blancs de petites plumes ou poils ras et soyeux, l'un assez court à l'angle intérieur de l'œil, l'autre devant l'œil et prolongé en arrière à l'angle extérieur; entre deux est un autre trait de ce même duvet, mais d'un violet foncé; son manteau et sa queue brillent d'un riche bleu pourpré, et sa huppe est verte et sans franges; ces nouveaux caractères me font croire qu'il ne ressemble pas exactement au touraco du cap de Bonne-Espérance comme je l'avais cru d'abord ; il me paraît différer aussi par ces mêmes caractères de celui d'Abyssinie. Voilà donc trois variétés dans le genre du touraco; mais nous ne pouvons encore décider si elles sont spécifiques ou individuelles, périodiques ou constantes, ou seulement sexuelles.

Il ne paraît pas que cet oiseau se trouve en Amérique, quoique Albin l'ait donné comme venant du Mexique. Edwards assure qu'il est indigène en Guinée, d'où il est possible que l'individu dont parle Albin ait été transporté en Amérique. Nous ne savons rien sur les habitudes naturelles de cet oiseau dans son état de liberté; mais comme il est d'une grande beauté, il faut espérer que les voyageurs le remarqueront et nous feront part de leurs observations.

LE COUCOU (a) (b)

Dès le temps d'Aristote, on disait communément que jamais personne n'avait vu la couvée du coucou (*) ; on savait dès lors que cet oiseau pond comme les autres, mais qu'il ne fait point de nid ; on savait qu'il dépose ses

(a) Voyez les planches enluminées, nº 811.

(b) Κόκκυξ, que Gaza traduit *cuculus*. Aristote, *Hist. animal.*, lib. VI, cap. VII ; lib. IX, cap. XXIX et XLIX, et *De generatione animal.*, lib. III, cap. I. — Élien, lib. III, cap. XXX. — *Cuculus*. Pline, *Nat. Hist.*, lib. X, cap. IX. Belon, *Nat. des ois.*, liv. II, chap. 28 ; en français, *coqu*, en grec moderne, *decocto*, d'après son cri, dit-on (il faut donc que les Grecs modernes prononcent ce mot autrement que la plupart des nations de l'Europe ; c'est le vanneau qu'on a appelé *dix-huit*, d'après son cri). Voyez aussi les observations du même auteur, fol. 11. — Olina, *Uccelleria*, fol. 38 ; en italien, *cucco cuculo*. Je placerai ici un passage de cet auteur, qui jettera quelque lumière sur l'abus que l'on a fait du nom de cet oiseau. « Fa le sue ova » nel nido della curruca, donde è venuto il motto contrà mariti balordi che non s'accorgon » del vituperio delle mogli, e della mesticanza de' figli, corruca ; da che poi corrompendosi » per l'ignoranza di chi proferiva detta parola, s'è detto cornuto ; e anticamente, e anco hog- » gidi s'è usata questa parola, com' anco la del cuculo, in senso di significar un balordo, e » che non s'accorga. » Remarquez que c'est au mari infidèle que les Latins attribuaient, avec raison, le nom de *cuculus*. *Audiuntur apud nos cuculi*, dit Gessner, *plerumque usque ad diem Sancti Joannis*, p. 364. Cela éclaircit une autre étymologie. Autrefois on accueillait de ce nom ceux que l'on surprenait faisant une action malhonnête, et même les vignerons paresseux qui étaient en retard pour tailler les vignes ; et l'on donnait en général le nom de coucou à tous les paresseux, aux gens d'un esprit borné. Voyez Aristophane. Cela a encore lieu chez quelques nations de l'Europe. — *Cuculus*, *cucullus*, *cuccus* ; en hébreu, selon différents auteurs, *kaath*, *kik*, *kakik*, *kakata*, *schalac*, *schaschaph*, *kore*, *banchem*, *euchem* ; en grec, Κόκκυξ, et par corruption, *karkolix*, *kakaloz* ; en italien, *cucculo*, *cucco*, *cuco*, *cucho* ; en espagnol, *cuclillo* ; en français, *cocou*, *coqu* ; en allemand, *gucker*, *guggauch*, *kukkuk*, *guckuser* ; en flamand, *kockoh* ou *kockuut*, *kockuunt* ; en anglais, *a cukkow* ; *a gouke* ; en illyrien, *ziez gule*. Gessner, *Aves*, p. 362. — Aldrovande, *Ornitholog.*, lib. V, p. 409. — En syriaque, *coco* ; en français, *cocul*. Il reproche à Albert de lui avoir donné mal à propos le nom de *gugulus*. — *Cuculus* ; en anglais, *the cuccow*. Willughby, lib. II, cap. 14, p. 62. — Albin, *Hist. nat. des oiseaux*, t. Ier, p. 9, pl. 8. — *Cuculus nostras seu Aldrovandi secunda*. Ray, *Synops. avi.*, p. 22, 24. Son premier coucou d'Aldrovande est un jeune. — Jonston, *Avi.*, p. 14. — Charleton, *Exercit.*, gen. V. — *Cuculus major*, *prior Aldrovandi* ; en allemand, *guckauch*. Schwenckfeld, *Aviar. Siles.*, p. 249. Son jeune coucou est un coucou adulte, comme l'a remarqué M. Brisson. — *Cuculus* ; en polonais, *kukulka*, *kukawka*, *gzegzolka* ; en russien,

(*) Les Coucous (*Cuculus* L.) sont des Grimpeurs de la famille des Cuculides. Leur bec est long, légèrement recourbé, et graduellement comprimé ; leur bouche est profondément fendue ; leurs narines sont rondes et en partie recouvertes par les plumes du front. Les ailes sont longues et pointues ; la queue est triangulaire et pointue ; le doigt externe peut se diriger en avant.

œufs ou son œuf (car il est rare qu'il en dépose deux au même endroit) dans les nids des autres oiseaux plus petits ou plus grands, tels que les fauvettes, les verdiers, les alouettes, les ramiers, etc., qu'il mange souvent les œufs qu'il y trouve ; qu'il laisse à l'étrangère le soin de couver, nourrir, élever sa géniture ; que cette étrangère, et nommément la fauvette, s'acquitte fidèlement de tous ces soins (*a*), et avec tant de succès que ses élèves deviennent très gras, et sont alors un morceau succulent (*b*); on savait que leur plumage change beaucoup lorsqu'ils arrivent à l'âge adulte ; on savait enfin que les coucous commencent à paraître et à se faire entendre dès les premiers jours du printemps, qu'ils ont l'aile faible en arrivant, qu'ils se taisent pendant la canicule, et l'on disait que certaine espèce faisait sa ponte dans des trous de rochers escarpés (*c*). Voilà les principaux faits de l'histoire du coucou : ils étaient connus il y a deux mille ans, et les siècles postérieurs n'y ont rien ajouté ; quelques-uns même de ces faits étaient tombés dans l'oubli, notamment leur ponte dans des trous de rochers. On n'a pas ajouté

zezula. Rzaczynski, *Auctuar. Poloniæ*, p. 376. — *Coccys ;* en allemand, *kuckuk.* Frisch, t. Ier, clas. IV, div. 2, pl. 3, 4, 5, art. 9. C'est mal à propos qu'il en a fait un pic, car il a le bec conformé tout autrement et les habitudes toutes différentes. — Klein, *Ordo avium*, p. 29. — Moehring, *Gener. avi.*, p. 34, gen. 12. — *Cuculus cinereus, lineis nigricantibus transversis, pedibus croceis ;* en catalan, *cocut, cugul.* Barrère, *Ornithol. novum specim.*, clas. III, gen. 33, sp. 1. — *Cuculus nigricans maculis subrufis. Cuculus alter Jonstonis. Idem, ibid.*, sp. 3. Ce n'est point une espèce différente de la première, mais une simple variété d'âge. — *Cuculus caudâ rotundatâ, nigricante, albo punctatâ.* Linnæus, *Syst. nat.*, édit. XIII, gen. 57, p. 168. — *Cuculus rectricibus nigricantibus, punctis albis ;* en suédois, *gioek ;* en lapon, *geccka.* Linnæus, *Fauna Suecica*, 1746. — Kramer, *Elenchus Austr. inf.*, p. 337. — *Cuculus canorus caudâ rotundatâ*, etc., en danois, *gioeg-kukert, kuk, kukmanden ;* en norwégien, *gouk.* Muller, *Zoolog. Danicæ prodrom.* Gen. 95, p. 12. — « Cuculus supernè cinereus, » infernè sordidè albus, fusco transversim striatus ; collo inferiore dilutè cinereo, rectricibus » nigricantibus, apice albis, octo intermediis maculis albis circa scapum et ad margines inte- » riores variegatis, utrimque extimâ albo transversim striatâ... » *Cuculus*, le coucou. Brisson, *Ornithol.*, t. III, p. 105. — *Cucule commune, osia cucule di color cenerino o piombino, volgarmente detto anco cuculio.* Gerini, *Ornithol. Ital.*, p. 80, pl. 67. — *The cuckoo. British zoology*, class. 2, gen. 7, p. 80. — *Coucou, cocou, coquu, cocu, coux ;* en Provence, *coudiou ;* en Sologne on appelle le jeune *coucouat*, ce qui a beaucoup de rapport au mot italien *cuccuoaia* ou *cuocouaio*, qui signifie *nid de coucou.* Salerne, *Hist. nat. des oiseaux*, p. 46. — En quelques cantons de Bourgogne, *dinde sauvage.*

(*a*) Aristote.

(*b*) On prétend même que les adultes ne sont pas un mauvais manger en automne ; mais il est des pays où on ne les mange ni jeunes, ni vieux, ni gras, ni maigres, ni l'été, ni l'automne, parce qu'on les regarde comme des oiseaux immondes et de mauvaise augure ; d'autres au contraire les regardent comme des oiseaux de bon augure, et comme des oracles qu'ils consultent en plus d'une occasion ; d'autres enfin, ont cru ou voulu faire croire que la terre qui se trouve sous le pied droit de celui qui entend le premier cri du coucou est un préservatif sûr contre les puces et autres vermines.

(*c*) « Genus quoddam in saxis præruptis nidum struere. » Aristote. Ne serait-ce pas le coucou d'Andalousie de Brisson, et le grand coucou tacheté d'Edwards ? L'individu dont parle ce dernier avait été tué sur les rochers des environs de Gibraltar, et ses pareils pourraient bien se trouver aussi dans la Grèce, dont le climat est à peu près semblable : enfin, ne serait-ce pas des éperviers que l'on aurait pris pour des coucous, à cause de la ressemblance du plumage ? or, l'on sait que les éperviers nichent dans des trous de rochers escarpés.

davantage aux fables qui se débitent, depuis le même temps à peu près, sur cet oiseau singulier; le faux a ses limites ainsi que le vrai, l'un et l'autre est bientôt épuisé sur tout sujet qui a une grande célébrité, et dont par conséquent on s'occupe beaucoup.

Le peuple disait donc il y a vingt siècles, comme il le dit encore aujourd'hui, que le coucou n'est autre chose qu'un petit épervier métamorphosé; que cette métamorphose se renouvelle tous les ans à une époque déterminée; que lorsqu'il revient au printemps, c'est sur les épaules du milan qui veut bien lui servir de monture, afin de ménager la faiblesse de ses ailes (complaisance remarquable dans un oiseau de proie tel que le milan); qu'il jette sur les plantes une salive qui leur est funeste par les insectes qu'elle engendre; que la femelle coucou a l'attention de pondre, dans chaque nid qu'elle peut découvrir, un œuf de la couleur des œufs de ce nid (*a*) pour mieux tromper la mère; que celle-ci se fait la nourrice ou la gouvernante du jeune coucou, qu'elle lui sacrifie ses petits qui lui paraissent moins jolis (*b*); qu'en vraie marâtre elle les néglige, ou qu'elle les tue et les lui fait manger. D'autres soupçonnent que la mère coucou revient au nid où elle a déposé son œuf, qu'elle chasse ou mange les enfants de la maison pour mettre le sien plus à son aise; d'autres veulent que ce soit celui-ci qui en fasse sa proie, ou du moins qui les rende victimes de sa voracité, en s'appropriant exclusivement toutes les subsistances que peut fournir la pourvoyeuse commune. Élien raconte que le jeune coucou sentant bien en lui-même qu'il est bâtard ou plutôt qu'il est un intrus, et craignant d'être traité comme tel sur les seules couleurs de son plumage, s'envole dès qu'il peut remuer les ailes, et va rejoindre sa véritable mère (*c*). D'autres prétendent que c'est la nourrice qui abandonne le nourrisson lorsqu'elle s'aperçoit, aux couleurs de son plumage, qu'il est d'une autre espèce. Enfin, plusieurs croient qu'avant de prendre son essor, le nourrisson dévore la nourrice (*d*) qui lui avait tout donné jusqu'à son propre sang. Il semble qu'on ait voulu faire du coucou un archétype d'ingratitude (*e*), mais il ne fallait pas lui prêter des crimes physiquement impossibles : n'est-il pas impossible en effet que le jeune coucou à peine en état de manger seul, ait assez de force pour

(*a*) Voyez Élien, Salerne, etc. Le véritable œuf du coucou est plus gros que celui du rossignol, de forme moins allongée, de couleur grise presque blanchâtre, tachetée vers le gros bout de brun violet presque effacé, et de brun foncé plus tranché; enfin, marqué dans sa partie moyenne de quelques traits irréguliers couleur de marron.

(*b*) Les coucous sont hideux lorsqu'ils viennent d'éclore, et même plusieurs jours après qu'ils sont éclos.

(*c*) *Nat. animalium*, lib. III, cap. XXX. On a dit aussi, en se jetant dans l'excès opposé, et même opposé à toutes les observations, que la mère coucou, oubliant ses propres œufs, couvait des œufs étrangers. Voyez Acron, *in Sat. VII Horat.*, lib. I.

(*d*) Voyez Linnæus à l'endroit cité, et plusieurs autres.

(*e*) Ingrat comme un coucou, disent les Allemands : Melanchton a fait une belle harangue contre l'ingratitude de cet oiseau.

dévorer un pigeon ramier, une alouette, un bruant, une fauvette? Il est vrai que l'on peut citer en preuve de cette possibilité un fait rapporté par un auteur grave, M. Klein, qui l'avait observé à l'âge de seize ans : ayant découvert dans le jardin de son père un nid de fauvette, et dans ce nid un œuf unique qu'on soupçonna être un œuf de coucou, il donna au coucou le temps d'éclore et même de se revêtir de plumes, après quoi il renferma le nid et l'oiseau dans une cage qu'il laissa sur place; quelques jours après il trouva la mère fauvette prise entre les bâtons de la cage, ayant la tête engagée dans le gosier du jeune coucou qui l'avait avalée, dit-on, par mégarde, croyant avaler seulement la chenille que sa nourrice lui présentait apparemment de trop près. Ce sera quelque fait semblable qui aura donné lieu à la mauvaise réputation de cet oiseau; mais il n'est pas vrai qu'il ait l'habitude de dévorer ni sa nourrice ni les petits de sa nourrice : premièrement il a le bec trop faible, quoique assez gros, le coucou de M. Klein en est la preuve, puisqu'il mourut étouffé par la tête de la fauvette dont il n'avait pu briser les os; en second lieu, comme les preuves tirées de l'impossible sont souvent équivoques et presque toujours suspectes aux bons esprits, j'ai voulu constater le fait par la voie de l'expérience. Le 27 juin, ayant mis un jeune coucou de l'année, qui avait déjà neuf pouces de longueur totale, dans une cage couverte, avec trois jeunes fauvettes qui n'avaient pas le quart de leurs plumes, et ne mangeaient point encore seules, ce coucou, loin de les dévorer ou de les menacer semblait vouloir reconnaître les obligations qu'il avait à l'espèce; il souffrait avec complaisance que ces petits oiseaux qui ne paraissaient point du tout avoir peur de lui, cherchassent un asile sous ses ailes et s'y réchauffassent comme ils eussent fait sous les ailes de leur mère, tandis que dans le même temps une jeune chouette de l'année, et qui n'avait encore vécu que de la béquée qu'on lui donnait, apprit à manger seule en dévorant toute vivante une quatrième fauvette que l'on avait attachée auprès d'elle. Je sais que quelques-uns, pour dernier adoucissement, ont dit que le coucou ne mangeait que les petits oiseaux qui venaient d'éclore et n'avaient point encore de plumes : à la vérité, ces petits embryons sont pour ainsi dire des êtres intermédiaires entre l'œuf et l'oiseau, et par conséquent peuvent absolument être mangés par un animal qui a coutume de se nourrir d'œufs couvés ou non couvés; mais ce fait, quoique moins invraisemblable, ne doit passer pour vrai que lorsqu'il aura été constaté par l'observation.

Quant à la salive du coucou, on sait que ce n'est autre chose que l'exsudation écumeuse de la larve d'une certaine cigale appelée la *bedaude* (a); il est possible qu'on ait vu un coucou chercher cette larve dans son écume,

(a) On a dit que les cigales qui sortaient de cette larve donnaient la mort au coucou en le piquant sous l'aile; c'est tout au plus quelque fait particulier, mal vu, et plus mal à propos généralisé.

1 Coucou cuivré. 2. Coua à ventre marron

A. Le Vasseur, Editeur

et qu'on ait cru l'y voir déposer sa salive; ensuite on aura remarqué qu'il sortait un insecte de pareilles écumes, et on se sera cru fondé à dire qu'on avait vu la salive du coucou engendrer la vermine.

Je ne combattrai pas sérieusement la prétendue métamorphose annuelle du coucou en épervier (*a*) : c'est une absurdité qui n'a jamais été crue par les vrais naturalistes, et que quelques-uns d'eux ont réfutée ; je dirai seulement que ce qui a pu y donner occasion, c'est que ces deux oiseaux ne se trouvent guère dans nos climats en même temps, et qu'ils se ressemblent par le plumage (*b*), par la couleur des yeux et des pieds, par leur longue queue, par leur estomac membraneux, par la taille, par le vol, par leur peu de fécondité, par leur vie solitaire, par les longues plumes qui descendent des jambes sur le tarse, etc. Ajoutez à cela que les couleurs du plumage sont fort sujettes à varier dans l'une et l'autre espèce (*c*), au point qu'on a vu une femelle coucou, bien vérifiée femelle par la dissection, qu'on eût prise pour le plus bel émerillon, quant aux couleurs, tant son plumage était joliment varié (*d*); mais ce n'est point tout cela qui constitue l'oiseau de proie, c'est le bec et la serre, c'est le courage et la force, du moins la force relative, et à cet égard il s'en faut bien que le coucou soit un oiseau de proie (*e*); il ne l'est pas un seul jour de sa vie, si ce n'est en apparence et par des circonstances singulières, comme le fut celui de M. Klein. M. Lottinger a observé que les coucous de cinq ou six mois sont aussi niais que les jeunes pigeons ; qu'ils ont si peu de mouvement qu'ils restent des heures dans la même place et si peu d'appétit qu'il faut leur aider à avaler : il est vrai qu'en vieillissant ils prennent un peu plus de hardiesse et qu'ils en imposent quelquefois à de véritables oiseaux de proie. M. le vicomte de Querhoënt, dont le témoignage mérite toute confiance, en a vu un qui, lorsqu'il croyait avoir quelque chose à craindre d'un autre oiseau, hérissait ses plumes, haussait la tête lentement et à plusieurs reprises, puis s'élançait en criant, et par ce manège

(*a*) Je viens d'être spectateur d'une scène assez singulière : un épervier s'était jeté dans une basse-cour assez bien peuplée ; dès qu'il fut posé, un jeune coq de l'année s'élança sur lui et le renversa sur son dos; dans cette situation, l'épervier se couvrant de ses serres et de son bec, en imposa aux poules et dindes qui criaient en tumulte autour de lui ; quand il fut un peu rassuré, il se releva et allait prendre sa volée, lorsque le jeune coq se jeta sur lui une seconde fois, le renversa comme la première, et le tint ou l'occupa assez longtemps pour qu'on pût s'en saisir.

(*b*) Surtout étant vus par-dessous, tandis qu'ils volent. Le coucou bat des ailes en partant, et file ensuite comme le tiercelet.

(*c*) Voyez ci-devant, t. Ier, p. 120 ; et Aristote, *Hist. animal.*, lib. IX, cap. 49.

(*d*) Voyez Salerne, *Hist. des oiseaux*, p. 40. M. Hérissant a vu plusieurs coucous qui, par leur plumage, ressemblaient à différentes espèces d'émouchets ou mâles d'éperviers, et un autre qui ressemblait assez à un pigeon biset. *Mémoires de l'Académie des Sciences*, année 1752, page 417.

(*e*) Aristote dit avec raison que c'est un oiseau timide ; mais je ne sais pourquoi il cite en preuve de sa timidité son habitude de pondre au nid d'autrui. *De generatione*, lib. III, cap. I.

mettait souvent en fuite une cresserelle qu'on nourrissait dans la même maison (*a*).

Au reste, bien loin d'être ingrat, le coucou paraît conserver le souvenir des bienfaits et n'y être pas insensible : on prétend qu'en arrivant de son quartier d'hiver il se rend avec empressement aux lieux de sa naissance, et que lorsqu'il y retrouve sa nourrice (*b*) ou ses frères nourriciers, tous éprouvent une joie réciproque qu'ils expriment chacun à leur manière ; et sans doute ce sont ces expressions différentes, ce sont leurs caresses mutuelles, leurs cris d'allégresse, leurs jeux qu'on aura pris pour une guerre que les petits oiseaux faisaient au coucou ; il se peut néanmoins qu'on ait vu entre eux de véritables combats : par exemple lorsqu'un coucou étranger, cédant à son instinct (*c*), aura voulu détruire leurs œufs pour placer le sien dans leur nid, et qu'ils l'auront pris sur le fait. C'est cette habitude bien constatée qu'il a de pondre dans le nid d'autrui, qui est la principale singularité de son histoire, quoiqu'elle ne soit pas absolument sans exemple. Gessner parle d'un certain oiseau de proie fort ressemblant à l'autour, qui pond dans le nid du choucas (*d*) ; et si l'on veut croire que cet oiseau inconnu, qui ressemble à l'autour n'est autre chose qu'un coucou, d'autant plus que celui-ci a été souvent pris pour un oiseau de proie et que l'on ne connaît point de véritable oiseau de proie qui ponde dans des nids étrangers, du moins on ne peut nier que les torcous n'établissent quelquefois leur nombreuse couvée dans des nids de sittelle, comme je m'en suis assuré ; que les moineaux ne s'emparent aussi des nids d'hirondelles, etc. ; mais ce sont des cas assez rares, surtout à l'égard des espèces qui construisent un nid, pour que l'habitude qu'a le coucou de pondre tous les ans dans des nids étrangers doive être regardée comme un phénomène singulier (*).

Une autre singularité de son histoire, c'est qu'il ne pond qu'un œuf, du

(*a*) Un coucou adulte, élevé chez M. Lottinger, se jetait sur tous les oiseaux, sur les plus forts comme sur les plus faibles, sur ceux de son espèce comme sur les autres, attaquant la tête et les yeux par préférence ; il s'élançait même sur les oiseaux empaillés, et quelque rudement qu'il fût repoussé, il revenait toujours à la charge, sans se rebuter jamais. Pour moi, j'ai reconnu par mes propres observations, que les coucous menacent la main qui s'avance pour les prendre, qu'ils s'élèvent et s'abaissent alternativement en se hérissant, et même qu'ils mordent avec une sorte de colère, mais sans beaucoup d'effet.

(*b*) Voyez Frisch, à l'endroit cité.

(*c*) Aristote, Pline, et ceux qui les ont copiés ou qui ont renchéri sur eux, s'accordent à dire que le coucou est timide ; que tous les petits oiseaux lui courent sus, et qu'il n'en est pas un d'eux qui ne le mette en fuite : d'autres ajoutent que cette persécution vient de ce qu'il ressemble à un oiseau de proie ; mais depuis quand les petits oiseaux poursuivent-ils les oiseaux de proie ?

(*d*) *De avibus*, p. 365.

(*) D'après Brehm on connaît plus de cinquante espèces d'oiseaux dans les nids desquels le Coucou pond ses œufs, mais il préfère surtout ceux des bruants, des bergeronnettes et des fauvettes.

moins qu'un seul œuf dans chaque nid; car il est possible qu'il en ponde deux, comme le dit Aristote, et comme on l'a reconnu possible par la dissection des femelles, dont l'ovaire présente assez souvent deux œufs bien conformés et d'égale grosseur (*a*) (*).

Ces deux singularités semblent tenir à une troisième et pouvoir s'expliquer par elle : c'est que leur mue est et plus tardive et plus complète que celle de la plupart des oiseaux ; on rencontre quelquefois l'hiver, dans le creux des arbres, un ou deux coucous entièrement nus, nus au point qu'on les prendrait au premier coup d'œil pour de véritables crapauds. Le R. P. Bougaud, que nous avons cité plusieurs fois avec la confiance qui lui est due, nous a assuré en avoir vu un dans cet état, qui avait été trouvé sur la fin de décembre dans un trou d'arbre. De quatre autres coucous élevés, l'un chez M. Johnson, cité par Willughby, le second chez M. le comte de Buffon, le troisième chez M. Hébert, et le quatrième chez moi, le premier devint languissant aux approches de l'hiver, ensuite galeux, et mourut ; le second et le troisième se dépouillèrent totalement de leurs plumes dans le mois de novembre, et le quatrième, qui mourut sur la fin d'octobre, en avait perdu plus de la moitié ; le second et le troisième moururent aussi, mais avant de mourir ils tombèrent dans une espèce d'engourdissement et de torpeur. On cite plusieurs autres faits semblables ; et, si l'on a eu tort d'en conclure que tous les coucous qui paraissent l'été dans un pays y restent l'hiver dans des arbres creux ou dans des trous en terre engourdis (*b*), dépouillés de plumes, et, selon quelques-uns, avec une ample provision de blé (dont toutefois cette espèce ne manque jamais), on peut du moins, ce me semble, en conclure légitimement : 1° que ceux qui, au moment du départ, sont malades ou blessés, ou trop jeunes, en un mot trop faibles, par quelque raison que ce soit, pour entreprendre une longue route, restent dans le pays où ils se trouvent et y passent l'hiver, se mettant de leur mieux à l'abri du froid dans le premier trou qu'ils rencontrent à quelque bonne exposition, comme font les cailles (*c*), et comme avait fait apparemment le coucou vu par le R. P.

(*a*) Voyez Linnæus, *Fauna Suecica*, n° 77, édit. de 1746 ; et Salerne, *Hist. nat. des oiseaux*, page 40.

(*b*) Ceux qui parlent de ces coucous trouvés l'hiver dans des trous, s'accordent tous à dire qu'ils sont absolument nus et ressemblent à des crapauds ; cela me ferait soupçonner qu'on a pris quelquefois pour des coucous des grenouilles qui passent véritablement l'hiver dans des trous sans manger, sans pouvoir manger, ayant la bouche fermée et les deux mâchoires comme soudées ensemble. Au demeurant, Aristote dit positivement que les coucous ne paraissent point l'hiver dans la Grèce.

(*c*) L'hiver, on trouve quelquefois en chassant, des cailles tapies sous une grosse racine ou dans quelque autre trou exposé au midi, avec une petite provision de grains et d'épis de différentes espèces. Je ne dois point dissimuler que M. le marquis de Piolenc et une autre personne m'ont assuré que deux coucous qu'on avait élevés et nourris pendant plusieurs

(*) Il a été confirmé que le Coucou ne pond qu'un seul ou tout au plus deux œufs à la fois ; il ne les dépose que dans des nids où il existe déjà d'autres œufs.

Bougaud ; 2° qu'en général ces sortes d'oiseaux entrent en mue fort tard, que par conséquent ils refont leurs plumes aussi fort tard, et qu'à peine elles sont refaites au temps où ils reparaissent, c'est-à-dire au commencement du printemps : aussi ont-ils les ailes faibles alors, et ne vont-ils que rarement sur les grands arbres ; mais ils se traînent, pour ainsi dire, de buisson en buisson, et se posent même quelquefois à terre, où ils sautillent comme les grives. On peut donc dire que dans la saison de l'amour le superflu de la nourriture étant presque entièrement absorbé par l'accroissement des plumes, ne peut fournir que très peu à la reproduction de l'espèce ; que c'est par cette raison que la femelle coucou ne pond ordinairement qu'un œuf, ou tout au plus deux ; que cet oiseau ayant moins de ressources en lui-même pour l'acte principal de la génération, il a aussi moins d'ardeur pour tous les actes accessoires tendant à la conservation de l'espèce, tels que la nidification, l'incubation, l'éducation des petits, etc., tous actes qui partent d'un même principe et gardent entre eux une sorte de proportion. D'ailleurs, de cela seul que les mâles de cette espèce ont l'instinct de manger les œufs des oiseaux, la femelle doit cacher soigneusement le sien ; elle ne doit pas retourner à l'endroit où elle l'a déposé, de peur de l'indiquer à son mâle ; elle doit donc choisir le nid le mieux caché, le plus éloigné des endroits qu'il fréquente ; elle doit même, si elle a deux œufs, les distribuer en différents nids ; elle doit les confier à des nourrices étrangères et se reposer sur ces nourrices de tous les soins nécessaires à leur entier développement : c'est aussi ce qu'elle fait, en prenant toutes les précautions qui lui sont inspirées par la tendresse pour sa géniture, et sachant résister à cette tendresse même pour qu'elle ne se trahisse point par indiscrétion. Considérés sous ce point de vue, les procédés du coucou rentreraient dans la règle générale, et supposeraient l'amour de la mère pour ses petits, et même un amour bien entendu, qui préfère l'intérêt de l'objet aimé à la douce satisfaction de lui prodiguer ses soins : d'ailleurs, la seule dispersion de ses œufs en différents nids, quelle qu'en puisse être la cause, soit la nécessité de les dérober à la voracité du mâle, soit la petitesse du nid (*a*), suffirait seule, et très évidemment, pour lui en rendre l'incubation impossible : or, cette dispersion des œufs du coucou est plus que probable, puisque, comme nous l'avons dit, on trouve assez souvent deux œufs bien formés dans l'ovaire des femelles, et très rarement deux de ces œufs dans le même nid ; au reste, le coucou n'est pas le seul, parmi les oiseaux connus, qui ne fasse point de nid, plusieurs espèces de mésanges, les pics, les martins-pêcheurs, etc., n'en font point

années, n'avaient point perdu toutes leurs plumes dans l'hiver ; mais comme on n'a remarqué ni le temps, ni la durée, ni la quantité de leur mue, on ne peut rien conclure de ces deux observations.

(*a*) Des personnes dignes de foi m'ont dit avoir vu deux fois deux coucous dans un seul nid, mais toutes les deux fois dans un nid de grive : or, un nid de grive est beaucoup plus grand qu'un nid de fauvette, de chantre ou de rouge-gorge.

non plus ; il n'est pas le seul qui ponde dans des nids étrangers, comme nous venons de le dire ; il n'est pas non plus le seul qui ne couve point ses œufs ; nous avons vu que l'autruche, dans la zone torride, dépose les siens sur le sable, où la seule chaleur du soleil suffit pour les faire éclore ; il est vrai qu'elle ne les perd guère de vue, et qu'elle veille assidûment à leur conservation, mais elle n'a pas les mêmes motifs que la femelle du coucou pour les cacher et pour dissimuler son attachement ; elle ne prend pas non plus, comme cette femelle, des précautions suffisantes pour la dispenser de tout autre soin. La conduite du coucou n'est donc point une irrégularité absurde, une anomalie monstrueuse, une exception aux lois de la nature, comme l'appelle Willughby (*a*) ; mais c'est un effet nécessaire de ces mêmes lois, une nuance qui appartient à l'ordre de leurs résultats, et qui ne pourrait y manquer sans laisser un vide dans le système général, sans causer une interruption dans la chaîne des phénomènes.

Ce qui semble avoir le plus étonné certains naturalistes, c'est la complaisance qu'ils appellent dénaturée de la nourrice du coucou, laquelle oublie si facilement ses propres œufs pour donner tous ses soins à celui d'un oiseau étranger, et même d'un oiseau destructeur de sa propre famille. Un de ces naturalistes, fort habile d'ailleurs en ornithologie, frappé de cette singularité, a fait des observations suivies sur cette matière, en ôtant à plusieurs petits oiseaux les œufs qu'ils avaient pondus, et y substituant un œuf unique de quelque oiseau autre que le coucou et que celui auquel appartenait le nid ; il s'est cru en droit de conclure de ses observations qu'aucun des oiseaux qui se chargent de couver l'œuf du coucou, même au préjudice de sa propre famille, ne se chargerait de couver un œuf unique de tout autre oiseau qui lui serait présenté dans les mêmes circonstances, c'est-à-dire qui serait substitué à tous les siens, parce que cette complaisance est nécessaire au seul coucou, et que lui seul en jouit en vertu d'une loi spéciale du Créateur.

Mais que cette conséquence paraîtra précaire et hasardée si l'on pèse les réflexions suivantes : 1° il faut remarquer que la proposition dont il s'agit est générale, par cela même qu'elle est exclusive ; qu'à ce titre il ne faudrait qu'un seul fait contraire pour la réfuter, et que même en supposant qu'on n'aurait point connaissance des faits contraires, il faudrait pour l'établir un peu plus de quarante-six observations ou expériences faites sur une vingtaine d'espèces ; 2° qu'il en faudrait beaucoup plus encore, et de plus rigoureusement vérifiées, pour établir la nécessité et l'existence d'une loi particulière dérogeant aux lois générales de la nature en faveur du coucou ; 3° qu'en admettant que les expériences eussent été faites en nombre suffisant et

(*a*) Quelques auteurs, trompés par ces façons de parler, ont dit que Willughby ne croyait point à ce fait de l'histoire du coucou ; mais c'est une méprise : Willughby dit précisément qu'il en a été témoin oculaire avec un grand nombre d'autres personnes.

suffisamment vérifiées, il eût fallu encore, pour les rendre concluantes, en assimiler les procédés, autant qu'il était possible, dans toutes leurs circonstances, et n'y souffrir absolument d'autres différences que celle de l'œuf: par exemple, il n'est pas égal, sans doute, que l'œuf soit déposé dans un nid étranger par un homme ou par un oiseau, par un homme qui couve une hypothèse chérie, contraire à la réussite de l'incubation de l'œuf, ou par un oiseau qui paraît ne désirer rien tant que cette réussite ; or, puisque l'on ne pouvait pas se servir du coucou, du merle, de l'écorcheur, de la fauvette ou du roitelet pour substituer un œuf unique de ces différentes espèces aux œufs des chantres, rouges-gorges, lavandières, etc., il eût fallu que la même main qui avait agi dans ces sortes d'expériences faites avec des œufs, autres que celui du coucou, agît aussi dans un pareil nombre d'expériences correspondantes, faites avec l'œuf même du coucou, et comparer les résultats ; or, c'est ce qui n'a point été fait : cela était néanmoins d'autant plus nécessaire, que la seule apparition de l'homme, plus ou moins fréquente, suffit pour faire renoncer ses propres œufs à la couveuse la plus échauffée, et même pour lui faire abandonner l'éducation déjà avancée du coucou (*a*), comme j'ai été à portée de m'en assurer par moi-même ; 4° les assertions fondamentales de l'auteur ne sont pas toutes exactes, car le coucou pond quelquefois, quoique très rarement, deux œufs dans le même nid, et cela était connu des anciens. De plus, l'auteur suppose que l'œuf du coucou est toujours seul dans le nid de la nourrice, et que la mère coucou mange ceux qu'elle trouve dans ce nid, ou les détruit de quelque autre manière ; mais on sent combien un pareil fait est difficile à prouver, et combien il est peu vraisemblable ; il faudrait donc que jamais cette mère coucou ne déposât son œuf ailleurs que dans le nid d'un oiseau qui aurait fait sa ponte entière, ou que jamais elle ne manquât de revenir à ce même nid pour détruire les œufs pondus subséquemment : autrement ces œufs pourraient être couvés et éclore avec celui du coucou, et il y aurait quelques changements à faire, soit dans les conséquences tirées, soit dans la loi particulière imaginée à plaisir ; et c'est précisément le cas, puisqu'on m'a apporté nombre de fois des nids où il y avait plusieurs œufs de l'oiseau propriétaire (*b*) avec un œuf de coucou, et même plusieurs de ces œufs éclos ainsi que celui du coucou (*c*); 5° mais ce qui

(*a*) On a vu une verdière des prés, dont le nid était à terre, sous une grosse racine, abandonner l'éducation d'un jeune coucou, par la seule inquiétude que lui causèrent les visites réitérées de quelques curieux.

(*b*) 16 mai 1774, cinq œufs de charbonnière avec l'œuf du coucou: les œufs de la mésange ont disparu peu à peu. — 19 mai 1776, cinq œufs de rouge-gorge avec l'œuf du coucou. — 10 mai 1777, quatre œufs de rossignol avec l'œuf du coucou. — 17 mai, deux œufs de mésange sous un jeune coucou, mais qui ne sont pas venus à bien ; c'est quelque hasard semblable qui aura donné lieu de dire que le jeune coucou se chargeait de couver les œufs de sa nourrice. (Voyez Gessner, p. 365.)

(*c*) Le 14 juin 1777, un coucou nouvellement éclos, dans un nid de grive ; avec deux jeunes grives qui commençaient à voltiger.—Le 8 juin 1778, un jeune coucou dans un nid

n'est pas moins décisif, c'est qu'il y a des faits incontestables observés par des personnes aussi familiarisées avec les oiseaux qu'étrangères à toute hypothèse (a), lesquels faits, tout différents de ceux rapportés par l'auteur, réfutent invinciblement ses inductions exclusives, et font tomber le petit statut particulier qu'il a bien voulu ajouter aux lois de la nature.

Première expérience.

Une serine qui couvait ses œufs et les fit éclore, couva en même temps, et encore huit jours après, deux œufs de merle pris dans les bois : elle ne cessa de les couver que parce qu'on les lui ôta.

Seconde expérience.

Une autre serine, ayant couvé pendant quatre jours, sans aucune préférence marquée, sept œufs, dont cinq à elle et deux de fauvettes, les abandonna tous, la volière ayant été transportée dans l'étage inférieur : ensuite elle pondit deux œufs qu'elle ne couva point du tout.

Troisième expérience.

Une autre serine, dont le mâle avait mangé ses sept premiers œufs, a couvé pendant treize jours ses deux derniers avec trois autres, dont l'un était d'une autre serine, le second de linotte, et le troisième de bouvreuil; mais tous ces œufs se sont trouvés clairs.

Quatrième expérience.

Une femelle troglodyte a couvé et fait éclore un œuf de merle; une femelle friquet a couvé et fait éclore un œuf de pie.

Cinquième expérience.

Une femelle friquet couvait six œufs qu'elle avait pondus : on en ajouta cinq, elle continua de couver; on en ajouta encore cinq, elle trouva le nombre trop grand, en mangea sept et couva le reste; on en ôta deux, et on mit

de rossignol avec deux petits rossignols et un œuf clair. — Le 16 juin, un jeune coucou dans un nid de rouge-gorge avec un petit rouge-gorge qui paraissait plus anciennement éclos. — M. Lottinger m'a mandé un fait, constaté par lui-même, dans sa lettre du 17 octobre 1776 : au mois de juin, un coucou nouvellement éclos dans un nid de fauvette à tête noire, avec une jeune fauvette qui volait déjà, et un œuf clair. Je pourrais citer plusieurs autres faits semblables.

(a) Je dois la plus grande partie de ces faits à une de mes parentes, madame Potot de Montbeillard, qui depuis plusieurs années s'amuse utilement des oiseaux, se plaît à étudier leurs mœurs, à suivre leurs procédés, et quelquefois a bien voulu faire des observations et tenter des expériences relatives aux questions dont j'étais occupé.

à la place un œuf de pie que la femelle friquet couva et fit éclore avec les sept autres.

Sixième expérience.

Une manière connue de faire éclore sans embarras des œufs de serin, c'est de les donner à une couveuse chardonneret, prenant garde qu'ils aient à peu près le même degré d'incubation que ceux de la couveuse qu'on a choisie.

Septième expérience.

Une serine ayant couvé trois de ces œufs et deux de fauvette à tête noire, pendant neuf à dix jours, on retira un œuf de fauvette dont l'embryon était non seulement formé, mais vivant; dans ce même temps on lui donna à élever deux petits bruants à peine éclos, dont elle a pris soin comme des siens, sans cesser de couver les quatre œufs restants qui se trouvèrent clairs.

Huitième expérience.

Sur la fin d'avril 1776, une autre serine ayant pondu un œuf, on le lui enleva; trois ou quatre jours après, cet œuf lui ayant été rendu, elle le mangea; deux ou trois jours après elle pondit un autre œuf et le couva; on lui en donna deux de pinson qu'elle couva, après avoir cassé les siens : au bout de dix jours on lui ôta ces œufs de pinson qui étaient gâtés; on lui donna à élever deux petits bruants qui ne faisaient que d'éclore et qu'elle éleva très bien, après quoi elle fit un nouveau nid, pondit deux œufs, en mangea un, et quoiqu'on lui eût ôté l'autre elle couvait toujours à vide, comme si elle eût eu des œufs; pour profiter de ses bonnes dispositions, on lui donna un œuf unique de rouge-gorge qu'elle couva et fit éclore.

Neuvième expérience.

Une autre serine ayant pondu trois œufs, les cassa presque aussitôt : on les remplaça par deux œufs de pinson et un de fauvette à tête noire qu'elle a couvés, ainsi que trois autres qu'elle a pondus successivement; au bout de quatre ou cinq jours, la volière ayant été transportée dans une autre chambre de l'étage inférieur, la serine abandonna : peu de temps après elle pondit un œuf auquel on en joignit un de sittelle ou torche-pot, ensuite elle en pondit deux autres auxquels on en ajouta un de linotte; elle couva le tout pendant sept jours, mais par préférence les deux étrangers, car elle éloigna constamment les siens et les jeta successivement les trois jours suivants; le onzième jour elle jeta celui du torche-pot; en un mot, celui de linotte fut le seul qu'elle amena à bien : si par hasard ce dernier œuf eût été un œuf de coucou, que de fausses conséquences n'eût-on pas vues éclore avec lui!

Dixième expérience.

Le 5 juin, on a donné à la serine de la septième expérience un œuf de coucou qu'elle a couvé avec trois des siens; le 7, un de ses trois œufs avait disparu; le 8, un autre; le 10, le troisième et dernier; enfin le 11, quoiqu'elle se trouvât précisément dans le cas de la loi particulière, celui où le coucou met ordinairement les femelles des petits oiseaux, et qu'elle n'eût à couver que l'œuf privilégié, elle ne se soumit point à cette prétendue loi, et elle mangea l'œuf unique du coucou comme elle avait mangé les siens.

Enfin on a vu une femelle rouge-gorge, qui était fort échauffée à couver, se réunir avec son mâle devant leur nid pour en défendre l'entrée à une femelle coucou qui s'en était approchée de fort près, s'élancer en criant contre cet ennemi, l'attaquer à coups de bec redoublés, le mettre en fuite, et le poursuivre avec tant d'ardeur qu'ils lui ôtèrent toute envie de revenir (*a*).

Il résulte de ces expériences : 1° que les femelles de plusieurs espèces de petits oiseaux qui se chargent de couver l'œuf du coucou se chargent aussi de couver d'autres œufs étrangers avec les leurs propres; 2° qu'elles couvent quelquefois ces œufs étrangers par préférence aux leurs propres, et qu'elles détruisent quelquefois ceux-ci sans en garder un seul; 3° qu'elles couvent et font éclore un œuf unique autre que celui du coucou; 4° qu'elles repoussent avec courage la femelle coucou lorsqu'elles la surprennent venant déposer son œuf dans leur nid; 5° enfin qu'elles mangent quelquefois cet œuf privilégié, même dans le cas où il est unique; mais un résultat plus important et plus général, c'est que la passion de couver, qui paraît quelquefois si forte dans les oiseaux, semble n'être point déterminée à tels ou tels œufs, ni à des œufs féconds, puisque souvent ils les mangent ou les cassent, et que plus souvent encore ils en couvent de clairs; ni à des œufs réels, puisqu'ils couvent des œufs de craie, de bois, etc., ni même à ces vains simulacres,

(*a*) Voyez les *Observations... sur l'instinct des animaux*, t. Ier, p. 167, note 32. L'auteur de cette note ajoute quelques détails relatifs à l'histoire de notre oiseau : « Tandis que l'un » des rouges-gorges donnait au coucou des coups de bec dans le bas-ventre, celui-ci avait » dans les ailes un trémoussement presque insensible, ouvrait le bec fort large, et si large » que l'autre rouge-gorge qui l'attaquait en front, s'y jeta plusieurs fois et y cacha sa tête tout » entière, mais toujours impunément, car le coucou n'éprouvait aucun mouvement de colère; » son état fut regardé comme celui d'une femelle pressée du besoin de pondre. Bientôt le » coucou accablé chancela, perdit l'équilibre et tourna sur sa branche, à laquelle il demeura » suspendu les pieds en haut, les yeux à demi fermés, le bec ouvert et les ailes étendues. Étant » resté environ deux minutes dans cette attitude et toujours pressé par les deux rouges-» gorges, il quitta sa branche, alla se percher plus loin, et ne reparut plus : la femelle rouge-» gorge se remit sur ses œufs qui vinrent tous à bien, et formèrent une petite famille qu'on » vit longtemps attachée à ce canton. » M. le marquis de Piolenc me parle aussi, dans ses lettres, d'un coucou repoussé par des bruants.

puisqu'ils couvent quelquefois à vide; que par conséquent une couveuse qui fait éclore, soit un œuf de coucou, soit tout autre œuf étranger substitué aux siens, ne fait en cela que suivre un instinct commun à tous les oiseaux, et par une dernière conséquence, qu'il est au moins inutile de recourir à un décret particulier de l'Auteur de la nature, pour expliquer le procédé de la femelle coucou (*a*).

Je demande pardon au lecteur de m'être arrêté si longtemps sur un sujet dont peut-être l'importance ne lui sera pas bien démontrée; mais l'oiseau dont il s'agit a donné lieu à tant d'erreurs, que j'ai cru devoir non seulement m'attacher à en purger l'histoire naturelle, mais encore m'opposer à l'entreprise de ceux qui les voulaient faire passer dans la métaphysique. Rien n'est plus contraire à la saine métaphysique que d'avoir recours à autant de prétendues lois particulières qu'il y a de phénomènes dont nous ne voyons point les rapports avec les lois générales : un phénomène n'est isolé que parce qu'il n'est point assez connu, il faut donc tâcher de le bien connaître avant d'oser l'expliquer; il faut, au lieu de prêter nos petites idées à la Nature, nous efforcer d'atteindre à ses grandes vues par la comparaison attentive de ses ouvrages, et par l'étude approfondie de leurs rapports.

Je connais plus de vingt espèces d'oiseaux dans le nid desquels le coucou dépose son œuf : la fauvette ordinaire, celle à tête noire, la babillarde, la lavandière, le rouge-gorge, le chantre, le troglodyte, la mésange, le rossignol, le rouge-queue, l'alouette, le cujelier, la farlouse, la linotte, la verdière, le bouvreuil, la grive, le geai, le merle et la pie-grièche. On ne trouve jamais d'œufs de coucou, ou du moins ses œufs ne réussissent jamais dans les nids de cailles et de perdrix, dont les petits courent presque en naissant; il est même assez singulier qu'on en trouve qui viennent à bien dans les nids d'alouettes, qui, comme nous l'avons dit dans leur histoire, donnent moins de quinze jours à l'éducation de leurs petits, tandis que les jeunes coucous, du moins ceux qu'on élève en cage, sont plusieurs mois sans manger seuls; mais, dans l'état de nature, la nécessité, la liberté, le choix de la nourriture qui leur est propre, peuvent contribuer à accélérer le développement de leur instinct et le progrès de leur éducation (*b*); ou bien serait-ce que les soins de la nourrice n'ont d'autre mesure que les besoins du nourrisson?

(*a*) M. Frisch suppose une autre loi particulière, afin d'expliquer pourquoi les coucous d'aujourd'hui ne couvent point leurs œufs : c'est, dit-il, parce qu'un oiseau ne couve point s'il n'a lui-même été couvé par une femelle de sa propre espèce. A la vérité, il avoue de bonne foi que la première femelle coucou sortie de l'arche de Noé dut pondre dans son propre nid, et prendre la peine de couver elle-même ses œufs; encore aurait-il pu se dispenser d'admettre cette exception, puisqu'il y a maint exemple de petits oiseaux qui ont amené à bien leurs propres œufs avec celui du coucou.

(*b*) Je ne dois pas dissimuler ce que dit M. Salerne, que cet oiseau se fait nourrir des mois entiers par sa mère adoptive, et qu'il la suit autant qu'il peut, criant sans cesse pour lui demander à manger; mais on sent que c'est un fait difficile à observer.

On sera peut-être surpris de trouver plusieurs oiseaux granivores, tels que la linotte, la verdière et le bouvreuil, dans la liste des nourrices du coucou ; mais il faut se souvenir que plusieurs granivores nourrissent leurs petits avec des insectes, et que d'ailleurs les matières végétales macérées dans le jabot de ces petits oiseaux peuvent convenir au jeune coucou à un certain point, et jusqu'à ce qu'il soit en état de trouver lui-même les chenilles, les araignées, les coléoptères et autres insectes dont il est friand, et qui le plus souvent fourmillent autour de son habitation.

Lorsque le nid est celui d'un petit oiseau, et par conséquent construit sur une petite échelle, il se trouve ordinairement fort aplati et presque méconnaissable, effet naturel de la grosseur et du poids du jeune coucou ; un autre effet de cette cause c'est que les œufs ou les petits de la nourrice sont quelquefois poussés hors du nid ; mais ces petits, chassés de la maison paternelle, ne périssent pas toujours : lorsqu'ils sont déjà un peu forts, que le nid est près de terre, le lieu bien exposé et la saison favorable, ils se mettent à l'abri dans la mousse ou le feuillage, et les père et mère en ont soin sans abandonner pour cela le nourrisson étranger.

Tous les habitants des bois assurent que lorsqu'une fois la mère coucou a déposé son œuf dans le nid qu'elle a choisi, elle s'éloigne, semble oublier sa géniture et la perdre entièrement de vue, et qu'à plus forte raison le mâle ne s'en occupe point du tout ; cependant M. Lottinger a observé, non que les père et mère donnent des soins à leurs petits, mais qu'ils s'en approchent à une certaine distance en chantant, que de part et d'autre ils semblent s'écouter, se répondre et se prêter mutuellement attention ; il ajoute que le jeune coucou ne manque jamais de répondre à l'appeau, soit dans les bois, soit dans la volière, pourvu qu'il ne voie personne : ce qu'il y a de sûr, c'est qu'on fait approcher les vieux en imitant leur cri, et qu'on les entend quelquefois chanter aux environs du nid où est le jeune, comme partout ailleurs ; mais il n'y a aucune preuve que ce soient les père et mère du petit, ils n'ont pour lui aucune de ces attentions affectueuses qui décèlent la paternité ; tout se borne de leur part à des cris stériles auxquels on a voulu prêter des intentions peu conséquentes à leurs procédés connus, et qui dans le vrai ne supposent autre chose, sinon la sympathie qui existe ordinairement entre les oiseaux de même espèce.

Tout le monde connaît le chant du coucou, du moins son chant le plus ordinaire ; il est si bien articulé et répété si souvent (*a*), que dans presque toutes les langues il a influé sur la dénomination de l'oiseau, comme on le

(*a*) *Cou cou, cou cou, cou cou cou, tou cou cou :* cette fréquente répétition a donné lieu à deux façons de parler proverbiales ; lorsque quelqu'un répète souvent la même chose, cela s'appelle, en Allemagne, *chanter la chanson du coucou.* On le dit aussi de ceux qui, n'étant qu'en petit nombre, semblent se multiplier par la parole, et font croire, en causant beaucoup et tous à la fois, qu'ils forment une assemblée considérable.

peut voir dans la nomenclature, ce chant appartient exclusivement au mâle, et c'est au printemps, c'est-à-dire au temps de l'amour, que ce mâle le fait entendre, tantôt perché sur une branche sèche, et tantôt en volant ; il l'interrompt quelquefois par un râlement sourd, tel à peu près que celui d'une personne qui crache, et comme s'il prononçait *crou, crou*, d'une voix enrouée et en grasseyant : outre ces cris, on en entend quelquefois un autre assez sonore, quoique un peu tremblé, composé de plusieurs notes, et semblable à celui du petit plongeon ; cela arrive lorsque les mâles et les femelles se cherchent et se poursuivent (*a*) ; quelques-uns soupçonnent que c'est le cri de la femelle ; celle-ci, lorsqu'elle est bien animée, a encore un gloussement, *glou, glou*, qu'elle répète cinq à six fois d'une voix forte et assez claire en volant d'un arbre à un autre ; il semble que ce soit son cri d'appel ou plutôt d'agacerie vis-à-vis son mâle, car dès que ce mâle l'entend, il s'approche d'elle avec ardeur en répétant son *tou cou cou* (*b*). Malgré cette variété d'inflexions, le chant du coucou n'a jamais dû être comparé avec celui du rossignol, sinon dans la Fable (*c*). Au reste, il est fort douteux que ces oiseaux s'apparient ; ils éprouvent les besoins physiques, mais rien qui ressemble à l'attachement ou au sentiment. Les mâles sont beaucoup plus nombreux que les femelles (*d*), et se battent pour elles assez souvent ; mais c'est pour une femelle en général, sans aucun choix, sans nulle prédilection ; et lorsqu'ils se sont satisfaits, ils s'éloignent et cherchent de nouveaux objets pour se satisfaire encore et les quitter de même, sans les regretter, sans prévoir le produit de toutes ces unions furtives, sans rien faire pour les petits qui en doivent naître ; ils ne s'en occupent pas même après qu'ils sont nés : tant il est vrai que la tendresse mutuelle des père et mère est le fondement de leur affection commune pour leur géniture, et par conséquent le principe du bon ordre, puisque sans l'affection des père et mère, les petits et même les espèces courent risque de périr, et qu'il est du bon ordre que les espèces se conservent !

Les petits nouvellement éclos ont aussi leur cri d'appel, et ce cri n'est pas moins aigu que celui des fauvettes et des rouges-gorges leurs nourrices, dont ils prennent le ton par la force de l'instinct imitateur (*e*) ; et comme

(*a*) Ceux qui ont bien entendu ce cri l'expriment ainsi : *go, go, guet, guet, guet.*

(*b*) Note communiquée par M. le comte de Riollet, qui se fait un louable amusement d'observer ce que tant d'autres ne font que regarder.

(*c*) On dit que le rossignol et le coucou disputant le prix du chant devant l'âne, celui-ci l'adjugea au coucou, que le rossignol en appela devant l'homme, lequel prononça en sa faveur, et que depuis ce temps le rossignol se met à chanter aussitôt qu'il voit l'homme, comme pour remercier son juge ou pour justifier sa sentence.

(*d*) On ne tue, on ne prend presque jamais que des coucous chanteurs, et par conséquent mâles ; j'en ai vu tuer trois ou quatre dans une seule chasse, et pas une femelle. La *Zoologie Britannique* dit que, dans le même été, sur le même arbre et dans le même piège, on a pris cinq coucous, tous cinq mâles.

(*e*) « La structure singulière de leurs narines contribue peut-être, dit M. Frisch, à produire

s'ils sentaient la nécessité de solliciter, d'importuner une mère adoptive, qui ne peut avoir les entrailles d'une véritable mère, ils répètent à chaque instant ce cri d'appel, ou, si l'on veut, cette prière, sans cesse excitée par des besoins sans cesse renaissants et dont le sens est très clair, très déterminé par un large bec qu'ils tiennent continuellement ouvert de toute sa largeur : ils en augmentent encore l'expression par le mouvement de leurs ailes qui accompagne chaque cri. Dès que leurs ailes sont assez fortes, ils s'en servent pour poursuivre leur nourrice sur les branches voisines lorsqu'elle les quitte, ou pour aller au-devant d'elle lorsqu'elle leur apporte la becquée. Ce sont des nourrissons insatiables (*a*), et qui le paraissent d'autant plus, que de petits oiseaux, tels que le rouge-gorge, la fauvette, le chantre et le troglodyte, ont de la peine à fournir la subsistance à un hôte de si grande dépense, surtout lorsqu'ils ont en même temps une famille à nourrir, comme cela arrive quelquefois. Les jeunes coucous que l'on élève conservent ce cri d'appel, selon M. Frisch, jusqu'au 15 ou 20 septembre, et en accueillent ceux qui leur portent à manger : mais alors ce cri commence à devenir plus grave par degrés, et bientôt après ils le perdent tout à fait.

La plupart des ornithologistes conviennent que les insectes sont le fonds de la nourriture du coucou, et qu'il a un appétit de préférence pour les œufs d'oiseaux, comme je l'ai dit ci-dessus. Ray a trouvé des chenilles dans son estomac : j'y ai trouvé, outre cela, des débris très reconnaissables de matières végétales, de petits coléoptères bronzés, vert-dorés, etc., et quelquefois de petites pierres. M. Frisch prétend qu'en toute saison il faut donner à manger aux jeunes coucous aussi matin et aussi tard qu'on le fait ordinairement dans les grands jours d'été. Le même auteur a observé la manière dont ils mangent les insectes tout vivants : ils prennent les chenilles par la tête, puis les faisant passer dans leur bec, ils en expriment et font sortir par l'anus tout le suc, après quoi ils les agitent encore et les secouent plusieurs fois avant de les avaler; ils prennent de même les papillons par la tête, et les pressant dans leur bec, ils les crèvent vers le corselet, et les avalent avec leurs ailes; ils mangent aussi des vers, mais ils préfèrent ceux qui sont vivants. Lorsque les insectes manquaient, Frisch donnait à un jeune qu'il élevait, du foie et surtout du rognon de mouton coupé en petites tranches longuettes, de la forme des insectes qu'il aimait; lorsque ces tran-

ce cri aigu. » Il est vrai que les narines du coucou sont, quant à l'extérieur, d'une structure assez singulière, comme nous le verrons plus bas; mais je me suis assuré qu'elles ne contribuent nullement à modifier son cri, lequel est resté le même, quoique j'eusse fait boucher ses narines avec de la cire. J'ai reconnu, en répétant cette expérience sur d'autres oiseaux, et notamment sur le troglodyte, que leur cri reste aussi le même, soit qu'on bouche leurs narines, soit qu'on les laisse ouvertes : on sait d'ailleurs que le siège des principaux organes de la voix des oiseaux est, non pas dans les narines, ni même dans la glotte, mais au bas de la trachée-artère, un peu au-dessus de sa bifurcation.

(*a*) C'est de là que l'on dit proverbialement : *avaler comme un coucou.*

ches étaient trop sèches, il fallait les humecter un peu, afin qu'il pût les avaler : du reste, il ne buvait jamais que dans le cas où ses aliments étaient ainsi desséchés, encore s'y prenait-il de si mauvaise grâce, que l'on voyait bien qu'il buvait avec répugnance, et, pour ainsi dire, à son corps défendant : en toute autre circonstance il rejetait, en secouant son bec, les gouttes d'eau qu'on y avait introduites par force ou par adresse (*a*), et l'hydrophobie, proprement dite, paraissait être son état habituel.

Les jeunes coucous ne chantent point la première année, et les vieux cessent de chanter, ou du moins de chanter assidûment, vers la fin de juin; mais ce silence n'annonce point leur départ; on en trouve même dans les plaines jusqu'à la fin de septembre et encore plus tard (*b*) : ce sont sans doute les premiers froids et la disette d'insectes qui les déterminent à passer dans des climats plus chauds; ils vont la plupart en Afrique, puisque MM. les commandeurs de Godeheu et des Mazys les mettent au nombre des oiseaux qu'on voit passer deux fois chaque année dans l'île de Malte (*c*). A leur arrivée dans notre pays ils semblent moins fuir les lieux habités; le reste du temps ils voltigent dans les bois, les prés, etc., et partout où ils trouvent des nids pour y pondre et en manger les œufs, des insectes et des fruits pour se nourrir. Sur l'arrière-saison les adultes, surtout les femelles, sont bons à manger et aussi gras qu'ils étaient maigres au printemps (*d*); leur graisse se réunit particulièrement sous le cou (*e*), et c'est le meilleur morceau de cette espèce de gibier; ils sont ordinairement seuls (*f*), inquiets, changeant de place à tout moment, et parcourant chaque jour un terrain considérable, sans cependant faire jamais de longs vols. Les anciens observaient les temps de l'apparition et de la disparition du coucou en Italie. Les vignerons qui n'avaient point achevé de tailler leurs vignes avant son arrivée étaient regardés comme des paresseux, et devenaient l'objet de la risée publique; les passants qui les voyaient en retard leur reprochaient leur

(*a*) J'ai observé la même chose, ainsi que le chartreux de M. Salerne, et comme l'observeront tous ceux qui prendront la peine d'élever ces sortes d'oiseaux. Serait-ce à cause de cette hydrophobie naturelle qu'on a imaginé de conseiller, contre la vraie maladie de ce nom, une décoction de la fiente du coucou dans du vin?

(*b*) M. le commandeur de Querhoënt et M. Hébert ont vu plusieurs fois de jeunes coucous rester dans le pays jusqu'au mois de septembre, et quelques-uns jusqu'à la fin d'octobre.

(*c*) M. Salerne dit, d'après les voyageurs, que les coucous se posent quelquefois en grand nombre sur les navires.

(*d*) C'est dans cette saison seulement que la façon de parler proverbiale, *maigre comme un coucou*, a sa juste application.

(*e*) J'ai observé la même chose dans un jeune merle de roche que je faisais élever, et qui est mort au mois d'octobre.

(*f*) « On a vu, dans le courant de juillet, une douzaine de coucous sur un gros chêne; les uns criaient de toutes leurs forces, tandis que les autres restaient tranquilles : on tira sur cette volée; il en tomba un seul, c'était un jeune. Cela ferait croire que ces oiseaux se rassemblent par petites troupes mêlées de vieux et de jeunes pour voyager. » Note communiquée par M. le comte de Riollet.

paresse en répétant le cri de cet oiseau (*a*), qui lui-même était l'emblème de la fainéantise, et avec très grande raison, puisqu'il se dispense des devoirs les plus sacrés de la nature. On disait aussi *fin comme un coucou* (car on peut être à la fois fin et paresseux), soit parce que ne voulant point couver ses œufs, il vient à bout de les faire couver à d'autres oiseaux, soit par une autre raison tirée de l'ancienne mythologie (*b*).

Quoique rusés, quoique solitaires, les coucous sont capables d'une sorte d'éducation; plusieurs personnes de ma connaissance en ont élevé et apprivoisé : on les nourrit avec de la viande hachée, cuite ou crue, des insectes, des œufs, du pain mouillé, des fruits, etc. Un de ces coucous apprivoisés reconnaissait son maître, venait à sa voix, le suivait à la chasse, perché sur son fusil, et lorsqu'il trouvait en chemin un griottier, il y volait et ne revenait qu'après s'être rassasié pleinement; quelquefois il ne revenait point à son maître de toute la journée, mais le suivait à vue en voltigeant d'arbre en arbre; dans la maison, il avait toute liberté de courir, et passait la nuit sur un juchoir. La fiente de cet oiseau est blanche et fort abondante : c'est un des inconvénients de son éducation; il faut avoir soin de le garantir du froid dans le passage de l'automne à l'hiver; c'est pour ces oiseaux le temps critique, du moins c'est à cette époque que j'ai perdu tous ceux que j'ai voulu faire élever, et beaucoup d'autres oiseaux de différentes espèces.

Olina dit qu'on peut dresser le coucou pour la chasse du vol comme les éperviers et les faucons, mais il est le seul qui assure ce fait, et ce pourrait bien être une erreur occasionnée, comme plusieurs autres de l'histoire de cet oiseau, par la ressemblance de son plumage avec celui de l'épervier.

Les coucous sont répandus assez généralement dans tout l'ancien continent, et quoique ceux d'Amérique aient des habitudes différentes, on ne peut s'empêcher de reconnaître dans plusieurs un air de famille. Celui dont il s'agit ici ne se voit que l'été dans les pays froids ou même tempérés, tels que l'Europe; et l'hiver seulement dans les climats plus chauds, tels que ceux de l'Afrique septentrionale : il semble fuir les températures excessives.

Cet oiseau, posé à terre, ne marche qu'en sautillant comme je l'ai remarqué, mais il s'y pose rarement; et quand cela ne serait point prouvé par le fait, il serait facile de le juger ainsi d'après ses pieds très courts et ses cuisses

(*a*) « Inde natam exprobrationem fœdam putantium vites per imitationem cantûs alitis » temporarii quem cuculum vocant; dedecus enim habetur... falcem ab illâ volucre in vite » deprehendi, ut ob id petulantiæ sales etiam cum primo vere ludantur. » Pline, lib. XVIII, cap. XXVI.

(*b*) Jupiter s'étant aperçu que sa sœur Junon était seule sur le mont Diceyen, autrement dit Thronax, excita un violent orage, et vint sous la forme d'un coucou se poser sur les genoux de la déesse, qui, le voyant mouillé, transi, battu de la tempête, en eut pitié et le réchauffa sous sa robe; le dieu reprit sa forme à propos, et devint l'époux de sa sœur. De cet instant, le mont Diceyen fut appelé *Coccygien* ou *montagne du coucou ;* et de là l'origine du *Jupiter cuculus*. Voyez Gessner, *Aves*, p. 368.

encore plus courtes. Un jeune coucou du mois de juin, que j'ai eu occasion d'observer, ne faisait aucun usage de ses pieds pour marcher, mais il se servait de son bec pour se traîner sur son ventre, à peu près comme le perroquet s'en sert pour grimper : et lorsqu'il grimpait dans sa cage, j'ai pris garde que le plus gros des doigts postérieurs se dirigeait en avant, mais qu'il servait moins que les deux autres antérieurs (*a*) : dans son mouvement progressif il agitait ses ailes comme pour s'en aider.

J'ai déjà dit que le plumage du coucou était fort sujet à varier dans les divers individus : il suit de là qu'en donnant la description de cet oiseau, on ne peut prétendre à rien de plus qu'à donner une idée des couleurs et de leur distribution, telles qu'on les observe le plus communément dans son plumage. La plupart des mâles adultes qu'on m'a apportés ressemblaient fort à celui qui a été décrit par M. Brisson; tous avaient le dessus de la tête et du corps, compris les couvertures de la queue, les petites couvertures des ailes, les grandes les plus voisines du dos et les trois pennes qu'elles recouvrent, d'un joli cendré; les grandes couvertures du milieu de l'aile brunes, tachetées de roux et terminées de blanc, les plus éloignées du dos, et les dix premières pennes de l'aile d'un cendré foncé, le côté intérieur de celles-ci tacheté de blanc roussâtre; les six pennes suivantes brunes, marquées des deux côtés de taches rousses, terminées de blanc; la gorge et le devant du cou d'un cendré clair; le reste du dessous du corps rayé transversalement de brun sur un fond blanc sale; les plumes des cuisses de même, tombant de chaque côté sur le tarse en façon de manchettes; le tarse garni extérieurement de plumes cendrées jusqu'à la moitié de sa longueur; les pennes de la queue noirâtres et terminées de blanc, les huit intermédiaires tachetées de blanc près de la côte et sur le côté intérieur; les deux du milieu tachetées de même sur le bord extérieur, et la dernière des latérales rayée transversalement de la même couleur; l'iris noisette, quelquefois jaune, la paupière interne fort transparente; le bec noir au dehors, jaune à l'intérieur; les angles de son ouverture orangés; les pieds jaunes; un peu de cette couleur à la base du bec inférieur.

J'ai vu plusieurs femelles qui ressemblaient beaucoup aux mâles; j'ai aperçu à quelques-unes, sur les côtés du cou, des vestiges de ces traits bruns dont parle Linnæus.

Le docteur Derham dit que les femelles ont le cou varié de roussâtre, et le dessus du corps d'un ton plus rembruni (*b*), les ailes aussi, avec une teinte

(*a*) Si cette habitude est commune à toute l'espèce, que devient l'expression *digiti scansorii*, appliquée par plusieurs naturalistes aux doigts disposés, comme dans le coucou, deux en avant et deux en arrière? D'ailleurs, ne sait-on pas que les sittelles, les mésanges et les oiseaux appelés *grimpereaux* par excellence, grimpent supérieurement, quoiqu'ils aient les doigts disposés à la manière vulgaire, c'est-à-dire trois en avant et un seul en arrière?

(*b*) Une personne digne de foi m'assure qu'elle a vu quelques-uns de ces individus plus bruns, qui étaient aussi de plus grande taille : si c'étaient des femelles, ce serait un nouveau

roussâtre et les yeux moins jaunes (*a*); selon d'autres observateurs, c'est le mâle qui est plus noirâtre; il n'y a rien de bien constant dans tout cela que la grande variation du plumage.

Les jeunes ont le bec, les pieds, la queue et le dessous du corps à peu près comme dans l'adulte, excepté que les pennes sont engagées plus ou moins dans le tuyau; la gorge, le devant du cou et le dessous du corps rayés de blanc et de noirâtre, de sorte cependant que le noirâtre domine sur les parties antérieures plus que sur les parties postérieures (dans quelques individus il n'y a presque point de blanc sous la gorge); le dessus de la tête et du corps joliment varié de noirâtre, de blanc et de roussâtre, distribués de manière que le roussâtre paraît plus sur le milieu du corps, et le blanc sur les extrémités; une tache blanche derrière la tête, et quelquefois au-dessus du front; toutes les pennes des ailes brunes, terminées de blanc et tachetées plus ou moins de roussâtre ou de blanc; l'iris gris verdâtre, le fond des plumes cendré très clair. Il y a grande apparence que cette femelle si joliment *madrée*, dont parle M. Salerne, était une jeune de l'année : au reste M. Frisch nous avertit que les jeunes coucous élevés dans les bois par leur nourrice sauvage ont le plumage moins varié, plus approchant du plumage des coucous adultes que celui des jeunes coucous élevés à la maison : si cela n'est pas, il semble au moins que cela devrait être, car on sait qu'en général la domesticité est une des causes qui font varier les couleurs des animaux, et l'on pourrait croire que les espèces d'oiseaux qui participent plus ou moins à cet état doivent aussi participer plus ou moins à la variation du plumage; cependant je ne puis dissimuler que les jeunes coucous sauvages que j'ai vus, et j'en ai vu beaucoup, n'avaient pas les couleurs moins variées que ceux que j'avais fait nourrir jusqu'au temps de la mue exclusivement; il peut se faire que les jeunes coucous sauvages que M. Frisch a trouvés plus ressemblants à leur père et mère, fussent plus âgés que les jeunes coucous domestiques auxquels il les comparait. Le même auteur ajoute que les jeunes mâles ont le plumage plus rembruni que les femelles, le dedans de la bouche plus rouge, et le cou plus gros (*b*).

Le poids d'un coucou adulte, pesé le 12 avril, était de quatre onces deux gros et demi; le poids d'un autre, pesé le 17 août, était d'environ cinq onces : ces oiseaux pèsent davantage en automne, parce qu'alors ils sont beaucoup

trait de conformité entre l'espèce du coucou et les oiseaux de proie. D'un autre côté, M. Frisch a remarqué que, de deux jeunes coucous de différents sexes qu'il nourrissait, le mâle était le plus brun.

(*a*) Voyez Albin, t. Ier, n° VIII.

(*b*) M. Frisch soupçonne que la grosseur du cou, qui est propre au mâle, pourrait bien avoir quelque rapport au cri que les mâles, et les seuls mâles, font entendre; cependant je n'ai point remarqué, dans le grand nombre de dissections que j'ai faites, que les organes qui contribuent à la formation de la voix eussent plus de volume dans les mâles que dans les femelles.

plus gras, et la différence n'est pas petite ; j'en ai pesé un jeune le 22 juillet, dont la longueur totale approchait de neuf pouces, et dont le poids s'est trouvé de deux onces deux gros ; un autre, qui était presque aussi grand mais beaucoup plus maigre, ne pesait qu'une once quatre gros, c'est-à-dire un tiers moins que le premier.

Le mâle adulte a le tube intestinal d'environ vingt pouces ; deux cœcums d'inégale longueur, l'un de quatorze lignes (quelquefois vingt-quatre), l'autre de dix (quelquefois jusqu'à dix-huit), tous deux dirigés en avant et adhérents dans toute leur longueur au gros intestin par une membrane mince et transparente ; une vésicule du fiel ; les reins placés de part et d'autre de l'épine, divisés chacun en trois lobes principaux, sous-divisés eux-mêmes en lobules plus petits par des étranglements, faisant tous la sécrétion d'une bouillie blanchâtre ; deux testicules de forme ovoïde, de grosseur inégale, attachés à la partie supérieure des reins, et séparés par une membrane.

L'œsophage se dilate à sa partie inférieure en une espèce de poche glanduleuse séparée du ventricule par un étranglement ; le ventricule est un peu musculeux dans sa circonférence, membraneux dans sa partie moyenne, adhérant par des tissus fibreux aux muscles du bas-ventre et aux différentes parties qui l'entourent, du reste beaucoup moins gros et plus proportionné dans l'oiseau sauvage nourri par le rouge-gorge ou la fauvette que dans l'oiseau apprivoisé et élevé par l'homme : dans celui-ci, ce sac, ordinairement distendu par l'excès de la nourriture, égale le volume d'un moyen œuf de poule, occupe toute la partie antérieure de la cavité du ventre, depuis le sternum à l'anus (*a*), s'étend quelquefois sous le sternum de cinq ou six lignes, et d'autres fois ne laisse à découvert aucune partie de l'intestin ; au lieu que dans des coucous sauvages que j'ai fait tuer au moment même où on me les apportait, ce viscère ne s'étendait pas tout à fait jusqu'au sternum, et laissait paraître entre sa partie inférieure et l'anus deux circonvolutions d'intestins, et trois dans le côté droit de l'abdomen. Je dois ajouter que dans la plupart des oiseaux dont j'ai observé l'intérieur on voyait, sans rien forcer ni déplacer, une ou deux circonvolutions d'intestins dans la cavité du ventre, à droite de l'estomac, et une entre le bas de l'estomac et l'anus. Cette différence de conformation n'est donc que du plus au moins, puisque dans la plupart des oiseaux, non seulement la face postérieure de l'estomac est séparée de l'épine du dos par une portion du tube intestinal, qui se trouve interposée, mais que la partie gauche de ce viscère n'est jamais recouverte par aucune portion de ces mêmes intestins ; et il s'en faut bien que je regarde cette seule différence comme une cause capable de rendre le coucou inhabile

(*a*) Voyez les *Mémoires de l'Académie royale des Sciences*, année 1752, p. 420 : le coucou de M. Hérissant était domestique, à juger par la quantité de viande dont son estomac était rempli. Au reste, dans les casse-noix, ce viscère est aussi fort volumineux, situé de même au milieu de l'abdomen, et n'est point non plus recouvert par les intestins.

à couver, ainsi que l'a dit un ornithologiste : ce n'est point apparemment parce que cet estomac est trop dur, puisque ses parois étant membraneuses, il n'est dur en effet que par accident et lorsqu'il est plein de nourriture, ce qui n'a guère lieu dans une femelle qui couve ; ce n'est point non plus, comme d'autres l'ont dit, parce que l'oiseau craindrait de refroidir son estomac, moins garanti que celui des autres oiseaux, car il est clair qu'il courrait bien moins ce risque en couvant qu'en voltigeant ou se perchant sur les arbres ; le casse-noix est conformé de même, et cependant il couve ; d'ailleurs, ce n'est pas seulement sous l'estomac, mais sous toute la partie inférieure du corps, que les œufs se couvent, autrement la plupart des oiseaux qui, comme les perdrix, ont le sternum fort prolongé, ne pourraient couver plus de trois ou quatre œufs à la fois, et l'on sait que le plus grand nombre en couvent davantage.

J'ai trouvé dans l'estomac d'un jeune coucou que je faisais nourrir une masse de viande cuite presque desséchée, et qui n'avait pu passer par le pylore ; elle était décomposée, ou plutôt divisée en fibrilles de la plus grande finesse. Dans un autre jeune coucou, trouvé mort au milieu des bois vers le commencement d'août, la membrane interne du ventricule était velue ; les poils, longs d'environ une ligne, semblaient se diriger vers l'orifice de l'œsophage ; en général, on rencontre fort peu de petites pierres dans l'estomac des jeunes coucous, et presque jamais dans l'estomac de ceux où il n'y a point de débris de matières végétales. Il est naturel que l'on en trouve dans l'estomac de ceux qui ont été élevés par des verdières, des alouettes et autres oiseaux qui nichent à terre : le sternum forme un angle rentrant.

Longueur totale, treize à quatorze pouces ; bec, treize lignes et demie ; les bords de la pièce supérieure échancrés près de la pointe (mais non dans les tout jeunes) ; narines elliptiques, ayant leur ouverture environnée d'un rebord saillant, et au centre un petit grain blanchâtre qui s'élève presque jusqu'à la hauteur de ce rebord ; langue mince à la pointe, et non fourchue ; tarse, dix lignes ; cuisse, moins de douze ; l'intérieur des ongles postérieurs le moins fort et le plus crochu de tous ; les deux doigts antérieurs unis ensemble à leur base par une membrane ; le dessous du pied comme chagriné et d'un grain très fin ; vol, environ deux pieds ; queue, sept pouces et demi, composée de dix pennes étagées (*a*) : dépasse les ailes de deux pouces.

(*a*) M. Ray n'a compté que huit pennes dans la queue de l'individu qu'il a observé en 1693 ; mais assurément il en manquait deux.

VARIÉTÉS DU COUCOU

On aura vu sans doute avec quelque surprise, en lisant l'histoire du coucou, combien le type de cette espèce est inconstant et variable, ce qui en effet n'est point ordinaire chez les oiseaux qui vivent dans l'état de nature, et surtout chez ceux qui s'apparient; car pour ceux au contraire qui ne s'apparient point et qui n'ont qu'une ardeur vague, indéterminée pour une femelle en général, sans aucun attachement particulier, à force d'être étrangers à toute fidélité personnelle ou, si l'on veut, individuelle, ils sont plus exposés à manquer aux lois encore plus sacrées de la fidélité due à l'espèce, et à contracter des alliances irrégulières dont le produit varie plus ou moins, selon que les individus qui se sont unis par hasard étaient plus ou moins différents entre eux : de là la diversité que l'on remarque entre les individus, soit pour la grosseur, soit pour les formes, soit pour le plumage, diversité qui a donné lieu à plus d'une erreur, et qui a fait prendre de véritables coucous pour des faucons, des émerillons, des autours, des éperviers, etc.; mais sans entrer ici dans le détail de ces variétés inépuisables et qui paraissent n'être rien moins que constantes, je me bornerai à dire que l'on trouve quelquefois en différents pays de notre Europe des coucous qui diffèrent beaucoup entre eux par la taille (*a*), et qu'à l'égard des couleurs, le gris cendré, le roux, le brun, le blanchâtre, sont distribués diversement dans les divers individus : en sorte que chacune de ces couleurs domine plus ou moins, et que par la multiplicité de ses teintes elle augmente encore les variations de leur plumage. A l'égard des coucous étrangers, j'en trouve deux qui me semblent devoir se rapporter à l'espèce européenne comme variétés de climat, et peut-être en ajouterais-je plusieurs autres si j'avais été à portée de les observer de plus près.

I. — Le coucou du cap de Bonne-Espérance (*), représenté dans nos planches enluminées, n° 390, a beaucoup de rapport avec celui de notre pays, et par ses proportions, et par la rayure transversale du dessous du corps, et par sa taille, qui n'est pas beaucoup plus petite.

Il a le dessus du corps d'un vert brun, la gorge, les joues, le devant du cou et les couvertures supérieures des ailes d'un roux foncé; les pennes de la queue, d'un roux un peu plus clair, terminées de blanc; la poitrine et

(*a*) Voyez Aldrovande, page 413. Le coucou varié aux pieds rouges des Pyrénées de Barrère est encore une de ces variétés, et peut-être son coucou cendré d'Amérique : il en est de même du *cucule francescano* de Gerini, et de son *cucule rugginoso;* mais ces deux derniers sont des variétés d'âge.

(*) *Cuculus solitarius* Cuv.

tout le reste du dessous du corps, rayés transversalement de noir sur un fond blanc ; l'iris jaune, le bec brun foncé, et les pieds d'un brun rougeâtre. Il a de longueur totale un peu moins de douze pouces.

Serait-ce ici l'oiseau connu au cap de Bonne-Espérance sous le nom d'*édolio*, et qui répète en effet ce mot d'un ton bas et mélancolique ? Il n'a point d'autre chant, et plusieurs habitants du pays, non pas Hottentots, mais Européens, sont persuadés que l'âme d'un certain patron de barque qui prononçait souvent le même mot est passé dans le corps de cet oiseau, car nos siècles modernes ont aussi leur métamorphose : celle-ci n'est pas moins vraie que celle du *Jupiter cuculus*, et nous lui devons probablement la connaissance du cri de ce coucou. On serait trop heureux si chaque erreur nous valait une vérité.

II. — Les voyageurs parlent d'un coucou du royaume de Loango en Afrique, lequel est un peu plus gros que le nôtre, mais peint des mêmes couleurs, et qui en diffère principalement par sa chanson, ce qui doit s'entendre de l'air et non des paroles, car il dit *coucou* comme le nôtre, mais sur un ton différent : le mâle commence, dit-on, par entonner la gamme, et chante seul les trois premières notes ; ensuite la femelle l'accompagne à l'unisson pour le reste de l'octave, et diffère en cela de la femelle de notre coucou, qui ne chante point du tout comme son mâle, et qui chante beaucoup moins. C'est une raison de plus pour séparer ce coucou de Loango du nôtre, et pour le considérer comme une variété dans l'espèce.

LES COUCOUS ÉTRANGERS

Les principaux attributs du coucou d'Europe consistent, comme on vient de le voir, en ce qu'il a la tête un peu grosse, l'ouverture du bec large, les doigts disposés deux en avant et deux en arrière ; les tarses garnis de plumes, les pieds courts, les cuisses encore plus courtes, les ongles faibles et peu crochus, la queue longue et composée de dix pennes étagées ; il diffère des couroucous et par le nombre de ces mêmes pennes (car les couroucous en ont douze à la queue), et surtout par son bec, qui est plus allongé et dont la partie supérieure est plus convexe ; il diffère des barbus en ce qu'il n'a point de barbes autour de la base du bec ; mais tout cela doit être entendu sainement, et il ne faut pas s'imaginer qu'on ne doive admettre dans le genre dont le coucou d'Europe est le modèle que des espèces qui réunissent exactement tous ces attributs. C'est le cas de répéter qu'il n'y a rien d'absolu dans la nature, que par conséquent il ne doit y avoir rien de strict dans les méthodes faites pour la représenter, et qu'il serait moins difficile de réunir dans une vaste volière toutes les espèces d'oiseaux, séparées par paires bien assorties, que de les séparer intellectuellement par des caractères méthodiques qui ne se démentissent jamais : aussi, parmi les espèces que nous rapporterons au genre du coucou, en trouvera-t-on plusieurs en qui les attributs propres à ce genre seront diversement modifiés, d'autres qui ne les auront pas tous, et d'autres qui auront quelques-uns des attributs des genres voisins ; mais si l'on examine de près ces espèces diverses, on reconnaîtra qu'elles ont plus de rapport avec le genre du coucou qu'avec aucun autre, ce qui suffit, ce me semble, pour nous autoriser à les rassembler sous une dénomination commune et pour en composer un genre, non pas strict, rigoureux, et par cela même imaginaire, mais un genre réel et vrai, tendant au grand but de toute généralisation, celui de faciliter le progrès de nos connaissances en réduisant au plus petit nombre tous les faits de détails sur lesquels elles sont nécessairement fondées. On ne sera donc point surpris de trouver ici, parmi les coucous étrangers, des espèces qui ont la queue carrée, comme le coucou tacheté de la Chine, celui de l'île Panay, le vouroudriou de Madagascar, et une variété du coucou brun piqueté de roux des Indes ; d'autres qui l'ont pour ainsi dire fourchue, comme le coucou qui a deux longs brins à la place des deux pennes extérieures ; d'autres qui l'ont plus qu'étagée et semblable à celle des veuves, comme le sanhia de la Chine et le coucou huppé à collier ; d'autres qui l'ont étagée seulement en partie, comme le vieillard à ailes rousses de la Caroline, lequel n'a que deux paires de pennes étagées, et comme une variété du jacobin huppé de Coromandel, qui n'a que la seule paire extérieure étagée, c'est-à-dire plus courte que les quatre autres paires, lesquelles sont égales entre elles ; d'autres qui ont douze pennes à la queue, comme le vouroudriou et le coucou indicateur du Cap ; d'autres qui n'en ont que huit, comme le guiracantara du Brésil, si toutefois Marcgrave ne s'est point trompé en les comptant ; d'autres qui ont l'habitude d'épanouir leur queue lors même qu'ils sont en repos, comme le coua de Madagascar, le coucou vert doré et blanc du cap de Bonne-Espérance, et le second coukeel de Mindanao ; d'autres qui en tiennent toutes les pennes serrées et superposées, les intermédiaires aux latérales ; d'autres qui ont quelques barbes autour du bec, comme le sanhia, le coucou indicateur et une variété du coucou verdâtre de Madagascar ; d'autres qui ont le bec plus long et plus grêle à proportion, comme le tacco de Cayenne ; d'autres qui ont le doigt postérieur interne, armé d'un long éperon semblable à celui de nos alouettes, comme le houhou d'Égypte, le coucou des Philippines, le coucou vert d'Antigue, le toulou et le rufalbin ; d'autres enfin qui ont les pieds plus ou moins courts, plus ou moins garnis de plumes, ou même sans aucune plume ni duvet. Il n'est pas jusqu'au caractère réputé le plus fixe et le plus constant, je veux dire la disposition des doigts tournés deux en avant et deux en arrière, qui ne participe à l'inconstance de ces variations, puisque j'ai observé dans le coucou que l'un de ses doigts postérieurs se tournait quelquefois en avant, et que d'autres ont observé dans les hiboux et les chats-huants que l'un de leurs doigts antérieurs se tournait quelquefois en arrière ; mais ces légères différences, bien loin de mettre du désordre dans le genre des coucous, annoncent au contraire le véritable ordre de la nature, puisqu'elles représentent la fécondité de ses plans et l'aisance de son exécution en représentant les nuances infiniment variées de ses ouvrages et les traits infiniment diversifiés qui, dans chaque famille d'animaux, distinguent les individus sans leur ôter l'air de famille.

Une chose très remarquable dans celle des coucous, c'est que la branche établie dans le Nouveau Monde est celle qui paraît être la moins sujette aux variations dont je viens de parler, la moins dégénérée, celle qui semble avoir conservé plus de ressemblance avec l'espèce européenne considérée comme tronc commun et s'en être séparée plus tard ; à la vérité, l'espèce européenne fréquente les pays du Nord, pousse ses excursions jusqu'en Danemark et en Norwège, et par conséquent aura pu aisément franchir les détroits peu spacieux qui, à ces hauteurs, séparent les deux continents ; mais elle a pu franchir avec encore plus de facilité l'isthme de Suez, d'une part, ou quelques bras de mer fort étroits, pour se répandre en Afrique, et du côté de l'Asie elle n'avait rien du tout à franchir ; en sorte que les races qui se sont établies dans ces dernières contrées doivent s'être séparées beaucoup plus tôt de la souche primitive et lui ressembler beaucoup moins . aussi ne compte-t-on guère en Amérique que deux ou trois exceptions ou anomalies extérieures sur quinze espèces ou variétés, tandis que dans l'Afrique et l'Asie on en compte quinze ou vingt sur trente-quatre, et sans doute on en découvrira davantage à mesure que tous ces oiseaux seront plus connus ; ils le sont si peu, que c'est encore un problème si parmi tant d'espèces étrangères il en est une seule qui ponde ses œufs dans le nid des autres oiseaux, comme fait le coucou d'Europe ; on sait seulement que plusieurs de ces espèces étrangères prennent la peine de faire elles-mêmes leur nid et de couver elles-mêmes leurs œufs ; mais quoique nous ne connaissions que des différences superficielles entre toutes ces espèces, nous pouvons supposer qu'il en existe de considérables et de générales, surtout entre les deux branches fixées dans les deux continents, lesquelles ne peuvent manquer de recevoir tôt ou tard l'empreinte du climat, et ici les climats sont très différents. Par exemple, j'ai observé qu'en général les espèces américaines sont plus petites que les espèces de l'ancien continent, et probablement par le concours des mêmes causes qui, dans cette même Amérique, s'opposent au développement plein et à l'entier accroissement soit des quadrupèdes indigènes, soit de ceux qu'on y transporte d'ailleurs : il y a tout au plus en Amérique deux espèces de coucous dont la taille approche de celle du nôtre, et le reste ne peut être comparé à cet égard qu'à nos merles et à nos grives, au lieu que nous connaissons dans l'ancien continent plus d'une douzaine d'espèces aussi grosses ou plus grosses que l'européenne, et quelques-unes presque aussi grosses que nos poules.

En voilà assez, ce me semble, pour justifier le parti que je prends de séparer ici les coucous d'Amérique de ceux de l'Afrique et de l'Asie, en attendant que le temps et l'observation, ces deux grandes sources de lumière, nous ayant éclairés sur les mœurs et les habitudes naturelles de ces oiseaux, nous sachions à quoi nous en tenir sur leurs différences vraies, tant intérieures qu'extérieures, tant générales que particulières.

OISEAUX DU VIEUX CONTINENT

QUI ONT RAPPORT AU COUCOU

I. — LE GRAND COUCOU TACHETÉ (a).

Je commence par cet oiseau (*), qui n'est point absolument étranger à notre Europe, puisqu'on en a tué un sur les rochers de Gibraltar. Selon toute apparence, c'est un oiseau de passage qui se tient l'hiver en Asie ou en Afrique, et paraît quelquefois dans la partie méridionale de l'Europe : on peut regarder cette espèce et la suivante comme intermédiaires, quant au climat, entre l'espèce commune et les étrangères : elle diffère de la commune, non seulement par la taille et le plumage, mais encore par ses dimensions relatives.

L'ornement le plus distingué de ce coucou, c'est une huppe soyeuse, d'un gris bleuâtre, qu'il relève quand il veut, mais qui, dans son état de repos, reste couchée sur la tête; il a sur les yeux un bandeau noir qui donne du caractère à sa physionomie; le brun domine sur toute la partie supérieure, compris les ailes et la queue; mais les pennes moyennes et presque toutes les couvertures des ailes, les quatre paires latérales de la queue et leurs couvertures supérieures sont terminées de blanc, ce qui forme un émail fort agréable; tout le dessous du corps est d'un orangé brun, assez vif sur

(a) *The great spotted cuckow.* Edwards, pl. 57. — *Cuculus Andalusiæ.* Klein, *Ordo avium*, p. 30. — « Cuculus supernè saturatè fuscus, infernè fusco-rufescens; capite superiore » cinereo-cærulescente; latâ fasciâ per oculos nigrâ; alis supernè albo et dilutè cæruleo » maculatis; rectricibus nigricantibus, lateralibus apice albis... » *Cuculus Andalusiæ.* Coucou d'Andalousie. Brisson, t. IV, p. 126. — « Cucule rossicio, macchiato di bianco, col ciuffo... » *Cucule d'Andalusia.* Gerini, *Ornithol. ital.*, t. Ier, p. 81, pl. 70.

(*) *Cuculus glandarius* L.

les parties antérieures, plus sombre sur les postérieures ; le bec et les pieds sont noirs.

Il a la taille d'une pie, le bec de quinze à seize lignes, les pieds courts, les ailes moins longues que notre coucou, la queue d'environ huit pouces, composée de dix pennes étagées, dépassant les ailes de quatre pouces et demi.

II. — LE COUCOU HUPPÉ NOIR ET BLANC (*a*).

Voici encore un coucou (*) qui n'est qu'à demi étranger, puisqu'il a été vu, une seule fois à la vérité, en Europe. Les auteurs de l'*Ornithologie italienne* nous apprennent qu'en 1739 un mâle et une femelle de cette espèce firent leur nid aux environs de Pise; que la femelle pondit quatre œufs, les couva, les fit éclore, etc. (*b*), d'où l'on peut conclure que c'est une espèce fort différente de la nôtre, que certainement on ne vit jamais nicher ni couver dans nos contrées.

Ces oiseaux ont la tête noire, ornée d'une huppe de même couleur qui se couche en arrière; tout le dessus du corps, compris les couvertures supérieures, noir et blanc; les grandes pennes des ailes rousses, terminées de blanc; les pennes de la queue noirâtres, terminées de roux clair; la gorge et la poitrine rousses; les couvertures inférieures de la queue roussâtres; le reste du dessous du corps blanc, même les plumes du bas de la jambe qui descendent sur le tarse; le bec d'un brun verdâtre; les pieds verts.

Ce coucou paraît un peu plus gros que le nôtre, et il a la queue plus longue à proportion; il a aussi les ailes plus longues et la queue plus étagée que le grand coucou tacheté, avec lequel il a d'ailleurs assez de rapport.

III. — LE COUCOU VERDATRE DE MADAGASCAR (*c*) (*d*).

La grande taille de cet oiseau (**) est son attribut le plus remarquable; il a tout le dessus du corps olivâtre foncé, varié sourdement par des ondes d'un brun plus sombre : quelques-unes des pennes latérales de la queue terminées de blanc; la gorge d'un olivâtre clair, nuancé de jaune; la poitrine et le haut du ventre fauves; le bas-ventre brun, ainsi que les couvertures inférieures de la queue; les jambes d'un gris vineux, l'iris orangé, le bec noir, les pieds d'un brun jaunâtre, le tarse non garni de plumes.

(*a*) « Cuculus ex albo et nigro mixtus... » *Cucule nero e bianco col ciuffo. Ornithol. ital.*, t. Ier, p. 81.

(*b*) Ces auteurs disent expressément que jusque-là on n'avait jamais vu de ces oiseaux dans les environs de Pise, et que depuis on n'y en a point revu.

(*c*) Voyez les planches enluminées, n° 815.

(*d*) « Cuculus cristatus, dorso olivari, ut et remigum marginibus exterioribus, fronte et » vertice; pectore rufo; ventre fulvo. » Commerson.

(*) *Cuculus pisanus* Gmel. Ce n'est peut-être que le jeune du *Cuculus glandarius* L.

(**) *Cuculus Madagascariensis* L.

Longueur totale, vingt et un pouces et demi; bec, vingt et une à vingt-deux lignes; queue, dix pouces, composée de dix pennes étagées : dépasse les ailes, qui ne sont pas fort longues, de huit pouces et plus.

Je trouve une note de M. Commerson, sur un coucou du même pays, très ressemblant à celui-ci, et dont je me contenterai d'indiquer les différences.

Il approche de la taille d'une poule, et pèse treize onces et demie; il a sur la tête un espace nu, sillonné légèrement, peint en bleu et environné d'un cercle de plumes d'un beau noir : celles de la tête et du cou douces et soyeuses; quelques barbes autour de la base du bec, dont le dedans est noir ainsi que la langue : celle-ci fourchue; l'iris rougeâtre, les cuisses et le côté intérieur des pennes de l'aile noirâtres, les pieds noirs.

Longueur totale, vingt et un pouces trois quarts; bec, dix-neuf lignes, ses bords tranchants; les narines semblables à celles des gallinacées; l'extérieur des deux doigts postérieurs pouvant se tourner en avant comme en arrière (ce que j'ai déjà observé dans notre coucou d'Europe); vol, vingt-deux pouces, dix-huit pennes à chaque aile.

Tout ce que nous apprend M. Commerson sur les mœurs de cet oiseau, c'est qu'il va de compagnie avec les autres coucous. Il paraît que c'est une variété dans l'espèce du coucou verdâtre, et peut-être une variété de sexe : dans ce cas, je croirais que c'est le mâle.

IV. — LE COUA (*a*) (*b*).

Je conserve à ce coucou (*) le nom qui lui a été imposé par les habitants de Madagascar, sans doute d'après son cri ou d'après quelque autre propriété : il a une huppe qui se renverse en arrière, et dont les plumes ainsi que celles du reste de la tête et de tout le dessus du corps, sont d'un cendré verdâtre; la gorge et le devant du cou cendrés, la poitrine d'un rouge vineux, le reste du dessous du corps blanchâtre, les jambes rayées presque imperceptiblement de cendré; ce qui paraît des pennes de la queue et des ailes d'un vert clair, changeant en bleu et en violet éclatant; mais les pennes latérales de la queue terminées de blanc; l'iris orangé, le bec et les

(*a*) Voyez les planches enluminées, n° 589, où cet oiseau est représenté sous le nom de *Coucou huppé de Madagascar*.

(*b*) « Cuculus cristatus, supernè cinereo-virescens, infernè albo-rufescens; gutture cinereo; collo superiore et pectore vinaceis; rectricibus supernè dilutè viridibus, cæruleo et » violaceo colore variantibus, lateralibus apice albis... » *Cuculus madagascariensis cristatus*. Coucou huppé de Madagascar. Brisson, t. IV, p. 149. Appelé *coua* par les habitants de Madagascar. — « Desuper cinereus cum aliquali æris fulgore superfuso; genis rugosis, » nudis, cæruleis... » Commerson. Ce naturaliste l'appelle ailleurs *cuculus formosus*. — « Caudâ rotundatâ, capite cristato, corpore cinereo-virescente, nitente... » Linnæus, *Syst. nat.*, édit. XIII, p. 161, sp. 19. — *Cucule col ciuffo del Madagascar*. Gerini, *Ornithol. ital.*, t. Ier, p. 82.

(*) *Cuculus cristatus* L.

pieds noirs : il est un peu plus gros que notre coucou, et proportionné différemment.

Longueur totale, quatorze pouces; bec, treize lignes; tarse, dix-neuf lignes; les doigts aussi plus longs que dans notre coucou; vol, dix-sept pouces; queue, sept pouces, composée de pennes un peu étagées : dépasse les ailes de six pouces.

M. Commerson a fait la description de ce coucou au mois de novembre, sur les lieux, et d'après le vivant; il ajoute qu'il porte sa queue divergente, ou plutôt épanouie; qu'il a le cou court, les ouvertures des narines obliques et à jour; la langue finissant en une pointe cartilagineuse, les joues nues, ridées et de couleur bleue.

La chair de cet oiseau est bonne à manger; on le trouve dans les bois aux environs du Fort-Dauphin.

V. — LE HOUHOU D'ÉGYPTE (*a*).

Ce coucou (*) s'est nommé lui-même, car son cri est *hou, hou*, répété plusieurs fois de suite sur un ton grave. On le voit fréquemment dans le Delta; le mâle et la femelle se quittent rarement, mais il est encore plus rare qu'on en trouve plusieurs paires réunies. Ils sont acridophages dans toute la force du mot, car il paraît que les sauterelles sont leur unique, ou du moins leur principale nourriture; ils ne se posent jamais sur les grands arbres, encore moins à terre, mais sur les buissons, à portée de quelque eau courante; ils ont deux caractères singuliers : le premier, c'est que toutes les plumes qui recouvrent la tête et le cou sont épaisses et dures, tandis que celles du ventre et du croupion sont douces et effilées; le second, c'est que l'ongle du doigt postérieur interne est long et droit comme celui de notre alouette.

La femelle (car je n'ai aucun renseignement certain sur le mâle) a la tête et le dessus du cou d'un vert obscur, avec des reflets d'acier poli; les couvertures supérieures des ailes d'un roux verdâtre; les pennes des ailes rousses, terminées de vert luisant, excepté les trois dernières, qui sont entièrement de cette couleur, et les deux ou trois précédentes, qui en sont mêlées; le dos brun avec des reflets verdâtres; le croupion brun, ainsi que les couvertures supérieures de la queue, dont les pennes sont d'un vert luisant, avec des reflets d'acier poli; la gorge et tout le dessous du corps d'un blanc roussâtre, plus clair sous le ventre que sur les parties antérieures et sur les flancs; l'iris d'un rouge vif; le bec noir et les pieds noirâtres.

(*a*) C'est le nom que les Arabes donnent au coucou d'Égypte, d'après son cri ; ils l'écrivent *heut, heut*.

(*) *Cuculus ægyptius* L.

Longueur totale, de quartorze pouces et demi à seize et demi ; bec, seize à dix-sept lignes; narines, trois lignes, fort étroites; tarse, vingt et une lignes; ongle postérieur interne, neuf à dix lignes; ailes, six à sept pouces, queue, huit pouces, composée de dix pennes étagées : dépasse les ailes de cinq pouces.

M. de Sonnini, à qui je dois la connaissance de cet oiseau et tout ce que j'en ai dit, ajoute qu'il a la langue large, légèrement découpée à sa pointe; l'estomac comme le coucou d'Europe; vingt pouces de tube intestinal, et deux cœcums, dont le plus court a un pouce.

Après avoir comparé attentivement, et dans tous les détails, cette femelle avec l'oiseau représenté dans nos planches enluminées, n° 824, sous le nom de *coucou des Philippines*, je crois qu'on peut regarder celui-ci comme le mâle, ou du moins comme une variété dans l'espèce (*); il a la même taille, les mêmes dimensions relatives, le même éperon d'alouette, la même raideur dans les plumes de la tête et du cou, la même queue étagée, seulement ses couleurs sont plus sombres; car, à l'exception de ses ailes qui sont rousses comme dans le houhou, tout le reste de son plumage est d'un noir lustré. L'oiseau décrit et représenté par M. Sonnerat dans son *Voyage à la Nouvelle Guinée*, sous le nom de *coucou vert d'Antigue* (*a*) (**), ressemble tellement à celui dont je viens de parler, que ce que j'ai dit de l'un s'applique naturellement à l'autre : il a la tête, le cou, la poitrine et le ventre d'un vert obscur tirant sur le noir; les ailes d'un rouge brun foncé; l'ongle du doigt interne plus délié et peut-être un peu plus long; toutes ses plumes généralement sont dures et raides, les barbes en sont effilées, et chacune est un nouveau tuyau qui porte d'autres barbes plus courtes; à la vérité, la queue ne paraît point étagée dans la figure, mais ce peut être une inadvertance ; ce coucou n'est guère moins gros que celui d'Europe.

Enfin (*b*) l'oiseau de Madagascar, appelé *toulou* (*c*) (***), a avec la femelle du hou hou d'Egypte les mêmes traits de ressemblance que j'ai remarqués dans le coucou des Philippines : son plumage est moins sombre, surtout dans la partie antérieure, où le noir est égayé par des taches d'un roux clair; dans quelques individus l'olivâtre prend la place du noir sur le corps, et il est semé de taches longitudinales blanchâtres qui se retrouvent encore sur

(*a*) Page 121, planche 80.

(*b*) Voyez les planches enluminées, n° 295, fig. 1.

(*c*) « Cuculus anteriùs nigricans, pennis secundùm scapum albo-rufescentibus; posteriùs » nigro-virescens ; remigibus castaneis, apice fuscis ; rectricibus supernè nigro-virescen- » tibus, infernè nigris. ». » *Coucou de Madagascar*, où il porte le nom de *toulou*. Brisson, t. IV, p. 138. — *Cucule del Madagascar... indigenis toulou. Ornithol. ital.*, t. Ier, p. 84, sp. 27.

(*) Cuvier en a fait son *Cuculus philippensis*.

(**) *Corydonix viridis* VIEILL.

(***) *Cuculus Tolu* CUV.

les ailes, ce qui me ferait croire que ce sont des jeunes de l'année, d'autant plus que dans ce genre d'oiseaux les couleurs du plumage changent beaucoup, comme on sait, à la première mue.

VI. — LE RUFALBIN (*a*) (*b*).

On verra facilement que le nom que nous avons imposé à ce coucou (*) du Sénégal est relatif aux deux couleurs dominantes de son plumage, le roux et le blanc. Lorsqu'il est perché, sa queue, qu'il épanouit comme le coua en manière d'éventail, est presque toujours en mouvement ; son cri n'est autre chose qu'un bruit semblable à celui qu'on fait en rappelant de la langue une ou deux fois ; il a, comme les deux précédents, l'ongle du doigt postérieur interne droit allongé, fait comme l'éperon des alouettes ; le dessus de la tête et du cou noirâtre ; les côtes de chaque plume d'une couleur plus foncée, et néanmoins plus brillante ; les ailes, pennes et couvertures rousses, celles-là un peu rembrunies vers le bout ; le dos d'un roux très brun, le croupion et les couvertures supérieures de la queue rayés transversalement de brun clair, sur un fond brun plus foncé ; la gorge, le devant du cou et tout le dessous du corps d'un blanc sale, avec cette différence que les plumes de la gorge et du cou ont leur côte plus brillante, et que le reste du dessous du corps est rayé transversalement et très finement d'une couleur plus claire, la queue noirâtre, le bec noir et les pieds gris brun : son corps n'est guère plus gros que celui d'un merle, mais il a la queue beaucoup plus longue.

Longueur totale, quinze à seize pouces ; bec, quinze lignes ; tarse, dix-neuf ; ongle du doigt postérieur interne, cinq lignes et plus ; vol un pied sept à huit pouces ; queue, huit pouces, composée de dix pennes étagées : dépasse les ailes d'environ quatre pouces.

VII. — LE BOUTSALLICK (*c*).

M. Edwards voyait tant de traits de ressemblance entre ce coucou (**) de Bengale et celui d'Europe, qu'il a cru devoir indiquer spécialement les traits

(*a*) Voyez les planches enluminées, n° 332, où ce coucou est représenté sous le nom de *Coucou du Sénégal*.

(*b*) « Cuculus supernè rufo-fuscescens, infernè sordidè albus, colore obscuriore leviter » transversim striatus ; vertice et collo superiore nigricantibus ; scapis pennarum saturatio- » ribus et lucidioribus, uropygio fusco, colore dilutiore transversim striato, rectricibus nigri- » cantibus... » *Cuculus Senegalensis*. Coucou du Sénégal. Brisson, t IV, p. 120. — « Caudâ » cuneiformi, corpore griseo, subtus albo : pileo rectricibusque nigricantibus... » Linnæus, *Syst. nat.*, édit. XIII, p. 169, sp. 6. — *Ornithol. ital.*, t. Ier, p. 84, sp. 25.

(*c*) *The brown and spotted Indian Cuckow*, le Coucou des Indes, brun tacheté. Edwards, *Oiseaux*, pl. 59. — *Cuculus Bengalensis, ex fusco, rufo et cinereo a capite ad caudam*

(*) *Cuculus senegalensis* L.

(**) *Cuculus scolopaceus* L.

de disparité qui en font à son avis une espèce distincte. Voici ces différences, indépendamment de celles de plumage qui sautent aux yeux; et que l'on pourra toujours reconnaître par la comparaison des figures ou des descriptions :

Il est plus petit d'un bon tiers, quoique de forme plus allongée, et que son corps, mesuré entre le bec et la queue, ait un demi-pouce de plus que celui du coucou ordinaire; avec cela il a la tête plus grosse, les ailes plus courtes et la queue plus longue à proportion.

Le brun est la couleur dominante du boutsallick, plus foncée et tachetée d'un brun plus clair sur la partie supérieure, moins foncée et tachetée de blanc, d'orangé et de noir sur la partie inférieure; les taches de brun clair ou roussâtre forment, par leurs dispositions sur les pennes de la queue et des ailes, une rayure transversale un peu inclinée vers la pointe des pennes; le bec et les pieds sont jaunâtres.

Longueur totale, treize à quatorze pouces; bec, douze à treize lignes; tarse, onze à douze; queue, environ sept pouces, composée de dix pennes étagées : dépasse les ailes de près de cinq pouces.

VIII. — LE COUCOU VARIÉ DE MINDANAO (a) (b).

Cet oiseau (*) est en effet tellement varié, qu'au premier coup d'œil on pourrait prendre son portrait colorié fidèlement, mais dessiné sur une échelle plus petite, pour celui d'un jeune coucou d'Europe; il a la gorge, la tête, le cou et tout le dessus du corps tachetés de blanc ou de roux plus ou moins clair, sur un fond brun qui lui-même est variable et tire au vert doré plus ou moins brillant sur toute la partie supérieure du corps, compris les ailes et la queue; mais les taches changent de disposition sur les pennes des ailes, où elles forment des raies transversales d'un blanc pur à l'extérieur et teinté de roux à l'intérieur, et sur les pennes de la queue, où elles forment

varius. Klein, *Ordo avium*, p. 31. — « Cuculus supernè rufescens, infernè albus, supernè et » infernè marginibus pennarum fuscis, rufo in imo ventre admixto; rectricibus rufescentibus, » tæniis transversis fuscis, obliquè positis, utrimque striatis... » *Coucou tacheté de Bengale.* Brisson, t. IV, p. 132. — « Cuculus caudâ cuneiformi, corpore undique grisco fuscoque » tubuloso... » *Scolopaccus.* Linnæus, *Syst. nat.*, édit. XIII, p. 130, sp. 11. — *Cucule brizzolato di Bengala. Ornithol. ital.*, p. 83, sp. 20.

(a) Voyez les planches enluminées, n° 277, où cet oiseau est représenté sous le nom de *Coucou tacheté de Mindanao.*

(b) « Cuculus supernè fuscus, ad viridi-aureum vergens, maculis albis et rufescentibus » variegatus, infernè albus, nigricante transversim striatus; collo inferiore fusco, maculis » albis vario; rectricibus fuscis, ad viridi-aureum vergentibus, rufescente transversim striatis... » *Coucou tacheté de Mindanao.* Brisson, t. IV, p. 130. — « Cuculus caudâ rotundatâ, » corpore viridi-aureo fusco, albo maculato, subtus albo nigricanteque undulato... » *Cuculus Mindanensis.* Linnæus, *Syst. nat.*, édit. XIII, p. 169, sp. 3. — *Cucule brizzolato di Mindanao. Ornithol. ital.*, p. 82, sp. 10, pl. 76; cette planche n'est point du tout exacte.

(*) *Cuculus Mindanensis* L.

des raies transversales de couleur roussâtre ; la poitrine et tout le dessous du corps, jusqu'à l'extrémité des couvertures inférieures de la queue, sont blancs, rayés transversalement de noirâtre ; le bec est aussi noirâtre dessus, mais roussâtre dessous, et les pieds gris brun.

Ce coucou se trouve aux Philippines ; il est beaucoup plus gros que celui de notre Europe.

Longueur totale, quatorze pouces et demi ; bec, quinze lignes, tarse, quinze lignes ; le plus long doigt, dix-sept lignes ; le plus court, sept lignes ; vol, dix-neuf pouces et demi ; queue, sept pouces, composée de dix pennes à peu près égales : dépasse les ailes de quatre pouces et demi.

IX. — LE CUIL (a) (b).

Tel est le nom que les habitants de Malabar donnent à cet oiseau (*), et qui doit être adopté par toutes les autres nations, pour peu que l'on veuille s'entendre : c'est une espèce nouvelle que l'on doit à M. Poivre, et qui diffère de la précédente, non seulement par sa taille plus petite, mais par son bec plus court, et par sa queue dont les pennes sont fort inégales entre elles.

Il a la tête et tout le dessus du corps d'un cendré noirâtre, tacheté de blanc avec régularité ; la gorge et tout le dessous du corps blancs, rayés transversalement de cendré ; les pennes des ailes noirâtres, celles de la queue cendrées, rayées les unes et les autres de blanc ; l'iris orangé clair ; le bec et les pieds d'un cendré peu foncé.

Le cuil est un peu moins gros que le coucou ordinaire : il est en vénération sur la côte de Malabar, sans doute parce qu'il se nourrit d'insectes nuisibles. La superstition en général est toujours une erreur, mais les superstitions particulières ont quelquefois un fondement raisonnable.

Longueur totale, onze pouces et demi ; bec, onze lignes ; tarse, dix ; queue, cinq pouces et demi, composée de dix pennes étagées, la paire extérieure n'étant guère que la moitié de la paire intermédiaire : dépasse les ailes de trois pouces et demi.

(a) Voyez les planches enluminées, nº 294, où cet oiseau est représenté sous le nom de *Coucou de Malabar*.

(b) « Cuculus supernè cinereo-nigricans, maculis albis varius, infernè albus, maculis » transversis cinereis variegatus ; rectricibus nigricantibus, tæniis transversis albis utrimque » striatis... » *Coucou tacheté de Malabar*. Brisson, t. IV, p. 136. — « Cuculus caudâ cunei- » formi, corpore nigricante albo maculato, subtus albo cinereoque fasciato... » *Cuculus honoratus*. Linnæus, *Syst. nat.*, édit. XIII, p. 169, gen. 57, sp. 7. — *Cuculo brizzolato del Malabar*. *Ornithol. ital.*, t. 1er, p. 84, sp. 22.

(*) *Cuculus honoratus* L.

X. — LE COUCOU BRUN VARIÉ DE NOIR.

Tout ce qu'on sait de ce coucou (*) au delà de ce qu'annonce sa dénomination, c'est qu'il a une longue queue, et qu'il se trouve dans les îles de la Société (a), où cet oiseau est connu sous le nom d'*ara wereroa*. La relation du second voyage du capitaine Cook (b) est le seul ouvrage où il en soit fait mention, et c'est celui d'où nous avons tiré cette courte notice, employée ici uniquement pour engager les navigateurs qui aiment l'histoire naturelle à se procurer des connaissances plus détaillées sur cette espèce nouvelle, et en général sur tous les animaux étrangers.

XI. — LE COUCOU BRUN PIQUETÉ DE ROUX (c) (d).

On le trouve aux Indes orientales et jusqu'aux Philippines (**) ; il a la tête et tout le dessus du corps piquetés de roux sur un fond brun, mais les pennes des ailes et de la queue et les couvertures supérieures de celles-ci rayées transversalement au lieu d'être piquetées ; toutes les pennes de la queue terminées de roux clair ; la gorge et tout le dessous du corps rayés transversalement de brun noirâtre sur un fond roux ; une tache oblongue d'un roux clair sous les yeux, l'iris d'un roux jaunâtre, le bec couleur de corne et les pieds gris brun.

La femelle a le dessus de la tête et du cou moins piquetés, et le dessous du corps d'un roux plus clair.

Ce coucou est beaucoup plus gros que celui de nos contrées, et presque égal à un pigeon romain.

Longueur totale, seize à dix-sept pouces ; bec, dix-sept lignes ; tarse de même ; vol, vingt-trois pouces ; queue, huit pouces et demi, composée de dix pennes étagées : dépasse les ailes de quatre pouces un tiers.

L'individu décrit par M. Sonnerat (e) n'avait point la tache rousse sous les yeux, et, ce qui est un trait plus considérable de disparité, les pennes de sa

(a) On sait que ces îles sont situées dans les mêmes mers que l'île de Taïti.

(b) Tome IV, page 272.

(c) Voyez les planches enluminées, n° 771, où cet oiseau est représenté sous le nom de *Coucou tacheté des Indes orientales.*

(d) « Cuculus supernè fusco-nigricans, maculis rufis varius, infernè rufus, fusco-nigri- » cante transversim striatus ; tæniâ infra oculos rufâ ; rectricibus fusco-nigricantibus, tæniis » transversis, arcuatis, rufis utrimque striatis, apice dilutè rufis... » *Coucou tacheté des Indes.* Brisson, t. IV, p. 134. — « Cuculus caudâ cuneiformi, corpore nigricante, rufo punc- » tato, subtus rufo, strigis nigris ; rectricibus rufo fasciatis... » *Cuculus punctatus.* Linnæus, *Syst. nat.*, édit. XIII, p. 170. — *Cucule brizzolato dell' Indie. Ornithol. ital.*, t. Ier, p. 83, sp. 21.

(e) Coucou tacheté de l'île Panay. *Voyage à la Nouvelle Guinée,* p. 120, pl. 78.

(*) *Cuculus taitensis* SPARM.

(**) *Cuculus punctatus* L.

queue étaient égales entre elles comme dans le coucou tacheté de la Chine, en sorte que l'on doit peut-être ne rapporter cet individu à l'espèce dont il s'agit ici, que comme une variété.

XII. — LE COUCOU TACHETÉ DE LA CHINE (*a*) (*b*).

Nous ne connaissons de cet oiseau (*) que la forme extérieure et le plumage; il est du petit nombre des coucous dont la queue n'est point étagée; il a le dessus de la tête et du cou d'un noirâtre uniforme, à quelques taches blanchâtres près qui se trouvent au-dessus des yeux et en avant; tout le dessus du corps, compris les pennes des ailes et leurs couvertures, d'un gris foncé verdâtre, varié de blanc et enrichi de reflets dorés bruns; les pennes de la queue rayées des mêmes couleurs; la gorge et la poitrine variées assez régulièrement de brun et de blanc; le reste du dessous du corps et les jambes rayés de ces mêmes couleurs, ainsi que les plumes qui tombent du bas de la jambe sur le tarse et jusqu'à l'origine des doigts; le bec noirâtre dessus, jaune dessous, et les pieds jaunâtres.

Longueur totale, environ quatorze pouces; bec, dix-sept lignes; tarse, un pouce; queue, six pouces et demi, composée de dix pennes à peu près égales entre elles : dépasse les ailes de quatre pouces et demi.

XIII. — LE COUCOU BRUN ET JAUNE A VENTRE RAYÉ (*c*).

Il a la gorge et les côtés de la tête couleur de lie de vin; le dessus de la tête gris noirâtre; le dos et les ailes brun noir terne; le dessous des pennes des ailes, voisines du corps, marqué de taches blanches; la queue noire, rayée et terminée de blanc; la poitrine d'un jaune d'orpin terne; le ventre jaune clair ; le ventre et la poitrine rayés de noir; l'iris orangé pâle; le bec noir et les pieds rougeâtres.

Ce coucou (**) se trouve à l'île Panay, l'une des Philippines; il est presque de la grosseur du nôtre; sa queue est composée de dix pennes égales.

(*a*) Voyez les planches enluminées, n° 764.

(*b*) C'est le nom que M. Mauduit a imposé à cette espèce nouvelle, dont il m'a donné communication, ainsi que de tous les morceaux de son beau Cabinet dont j'ai eu besoin, avec un empressement et une franchise qui font autant d'honneur à son caractère qu'à son zèle pour le progrès des connaissances.

(*c*) *Coucou à ventre rayé de l'île Panay.* Sonnerat, *Voyage à la Nouvelle Guinée,* p. 120, pl. 79. J'ai ajouté quelque chose à la dénomination employée par M. Sonnerat, parce qu'elle ne m'a pas paru caractériser l'oiseau suffisamment; mais je dois à ce voyageur éclairé la description en entier de cette nouvelle espèce.

(*) *Cuculus maculatus* L.

(**) *Cuculus radiatus* L.

XIV. — LE JACOBIN HUPPÉ DE COROMANDEL (a) (b).

On comprend bien que ce coucou (*) est ainsi appelé parce qu'il est noir dessus et blanc dessous; sa huppe, composée de plusieurs plumes longues et étroites, est couchée sur le sommet de la tête et déborde un peu en arrière; mais, à vrai dire, ces sortes de huppes, tant qu'elles restent couchées, ne sont que des huppes possibles : pour qu'elles méritent leur nom, il faut qu'elles se relèvent, et il est à présumer que l'oiseau dont il s'agit ici relève la sienne lorsqu'il est remué par quelque passion.

A l'égard des couleurs de son plumage, on dirait qu'il a jeté une espèce de cape noire sur une tunique blanche; le blanc de la partie inférieure est pur et sans aucun mélange; mais le noir de la partie supérieure est interrompu sur le bord de l'aile par une tache blanche, immédiatement au-dessous des couvertures supérieures, et par des taches de même couleur qui terminent les pennes de la queue; le bec et les pieds sont noirs.

Cet oiseau se trouve sur la côte de Coromandel; il a onze pouces de longueur totale : sa queue est composée de dix pennes étagées, et dépasse les ailes de la moitié de sa longueur.

Il y a au Cabinet du Roi un coucou venant du cap de Bonne-Espérance, assez ressemblant à celui-ci, et qui n'en diffère qu'en ce qu'il a un pouce de plus de longueur totale, qu'il est tout noir tant dessus que dessous, à l'exception de la tache blanche de l'aile, laquelle se trouve exactement à sa place, et que, des dix pennes intermédiaires de la queue, huit ne sont presque point étagées, la seule paire extérieure étant plus courte que les autres de dix-huit lignes. C'est probablement une variété de climat.

XV. — LE PETIT COUCOU A TÊTE GRISE ET VENTRE JAUNE.

Cette espèce (**) se trouve dans l'île Panay, et c'est M. Sonnerat qui l'a fait connaître (c) : elle a le dessus de la tête et la gorge d'un gris clair, le dessus du cou, du dos et des ailes couleur de terre d'ombre, c'est-à-dire brun clair; le ventre, les jambes et les couvertures inférieures de la queue d'un jaune pâle, teinté de roux; la queue noire, rayée de blanc; les pieds jaune pâle, le bec aussi, mais noirâtre à la pointe.

(a) Voyez les planches enluminées, nº 872, où cet oiseau est représenté sous le nom de *Coucou huppé de la côte de Coromandel.*

(b) Cette espèce et sa variété, qui sont toutes deux nouvelles, ont été envoyées par M. Sonnerat.

(c) *Voyage à la Nouvelle Guinée*, p. 122, pl. 81.

(*) *Cuculus edolius* Cuv.

(**) *Cuculus flavus* L.

Cet oiseau est de la grosseur d'un merle, moins corsé, mais beaucoup plus allongé : sa longueur totale est de huit pouces et quelques lignes, et sa queue, qui est étagée, fait plus de la moitié de cette longueur.

XVI. — LES COUKEELS (a) (b).

Je trouve dans les Ornithologies trois oiseaux de différentes tailles dont on a fait trois espèces différentes, mais qui m'ont paru si ressemblants entre eux par le plumage que j'ai cru devoir les rapporter à la même espèce comme variétés de grandeur, d'autant plus que tous trois appartiennent aux contrées orientales de l'Asie; et par les mêmes raisons j'ai cru pouvoir leur appliquer à tous le nom de *coukeel*, nom sous lequel le plus petit des trois est connu au Bengale. M. Edwards juge, d'après la ressemblance des noms, que le cri du coukeel de Bengale doit avoir du rapport avec celui du coucou d'Europe.

Le premier (*) et le plus grand de ces trois coukeels approche fort de la grosseur d'un pigeon; son plumage est partout d'un noir brillant, changeant en vert, et aussi en violet, mais sous les pennes de la queue seulement; le dessous et le côté intérieur des pennes de l'aile est noir; le bec et les pieds sont gris brun, et les ongles noirâtres.

Le second (c) (**) vient de Mindanao, et n'est guère moins gros que notre coucou; il tient le milieu, pour la taille, entre le précédent et le suivant; tout son plumage est d'un noirâtre tirant au bleu; il a le bec noir à la base, jaunâtre à la pointe; la première des pennes de l'aile presque une fois plus courte que la troisième, qui est l'une des plus longues; il porte ordinairement sa queue épanouie.

Le troisième (d) (***) et le plus petit de tous, a à peu près la taille du merle;

(a) Voyez les planches enluminées, n° 274, où le plus grand des coukeels est représenté sous le nom de *Coucou des Indes orientales*.

(b) « Cuculus niger, viridi colore varians; remigibus interiùs et subtùs penitùs nigris; » rectricibus nigris, supernè viridi, infernè violaceo colore variantibus... » *Coucou noir des Indes*. Brisson, t. IV, p. 142. — « Cuculus orientalis, caudâ rotundatâ, corpore nigro-virente; » nitente; rostro fusco... » Linnæus, *Syst. nat.*, édit. XIII, p. 168, sp. 2. — *Cucule nero dell' Indie. Ornithol. ital.*, t. Ier, p. 84, sp. 29.

(c) *Cuculus e cristatus Mindanensis, e cæruleo nigricans totus*. Commerson.

(d) *The black Indian Cuckow*; au Bengale, *cukeel*. Edwards, pl. 58. — « Cuculus ex cæru- » lescente niger, rostro flavo, pedibus brevibus, sordidè luteis... » Klein, *Ordo avium*, p. 31, no VI. — « Cuculus niger, viridi et violaceo colore varians; remigibus interiùs et subtùs » penitùs nigris; rectricibus nigris, viridi et violaceo colore variantibus... » *Coucou noir du Bengale*. Brisson, t. IV, p. 141. — « Cuculus niger, caudâ cuneiformi, corpore nigro, nitido, » rostro flavo... » Linnæus, *Syst. nat.*, édit. XIII, p. 170, sp. 12. — *Cucule nero Indiano di Bengala. Ornithol. ital.*, t. Ier, p. 82, pl. 72.

(*) *Cuculus orientalis* L.

(**) Variété du *Cuculus orientalis* L.

(***) *Cuculus niger* GMEL.

il est noir partout comme les deux premiers, sans mélange d'aucune autre couleur fixe; mais suivant les différents degrés d'incidence de la lumière, son plumage réfléchit toutes les nuances mobiles et fugitives de l'arc-en-ciel : c'est ainsi que l'a vu M. Edwards, qui est ici l'auteur original; et je ne sais pourquoi M. Brisson ne parle que du vert et du violet. Ce coucou a, comme le premier, le côté intérieur et le dessous des pennes de l'aile noirs; le bec d'un orangé vif, un peu plus court et plus gros qu'il n'est dans le coucou d'Europe; le tarse gros et court, et d'un brun rougeâtre, ainsi que les doigts.

Il faut remarquer que c'est à cet oiseau qu'appartient proprement le nom de *coukeel* qui lui a été donné au Bengale, et que les conséquences que l'on a tirées de la similitude des noms à la ressemblance des voix, sont plus concluantes pour lui que pour les deux autres; il a les bords du bec supérieur, non pas droits, mais ondés.

Voici les dimensions comparées de ces trois oiseaux, qui ont tous la queue composée de dix pennes étagées :

PREMIER COUKEEL.			SECOND.		TROISIÈME.	
	Pouces.	Lignes.	Pouces.	Lignes.	Pouces.	Lignes.
Longueur totale	16	»	14	»	9	»
Bec	»	16	»	15	»	10
Tarse	»	17	....		»	7
Vol	23	»	»	16	Ailes assez longues.	
Queue	8	»	7	»	4	3
Dépasse les ailes	4	»	3	6	2	9

XVII. — LE COUCOU VERT DORÉ ET BLANC (*a*).

Tout ce qu'on nous apprend de cet oiseau (*), c'est qu'il se trouve au cap de Bonne-Espérance, et qu'il porte sa queue épanouie en manière d'éventail; c'est une espèce nouvelle.

Il a toute la partie supérieure, depuis la base du bec jusqu'au bout de la queue, d'un vert doré changeant, très riche, et dont l'uniformité est égayée sur la tête par cinq bandes blanches, une au milieu du synciput, deux autres au-dessus des yeux en forme de sourcils qui se prolongent en arrière; enfin, deux autres plus étroites et plus courtes au-dessous des yeux; il a en outre la plupart des couvertures supérieures et des pennes moyennes des ailes, toutes les pennes de la queue, et ses deux plus grandes couvertures supérieures, terminées de blanc; les deux paires les plus extérieures des pennes de la queue et la plus extérieure des ailes, mouchetées de blanc sur leur côté

(*a*) Voyez les planches enluminées, n° 657, où cet oiseau est représenté sous le nom de *Coucou vert du cap de Bonne-Espérance.*

(*) *Cuculus auratus* L.

extérieur ; la gorge blanche, ainsi que tout le dessous du corps, à l'exception de quelques raies vertes sur les flancs et les manchettes qui, du bas de la jambe, tombent sur le tarse; le bec vert brun, et les pieds gris.

Ce coucou est à peu près de la grosseur d'une grive. Longueur totale, environ sept pouces; bec, sept à huit lignes; tarse de même, garni de plumes blanches jusque vers le milieu de sa longueur; queue, trois pouces quelques lignes, composée de dix pennes étagées, et qui, dans leur état naturel, sont divergentes : dépasse de quinze lignes seulement les ailes, qui sont fort longues à proportion.

XVIII. — LE COUCOU A LONGS BRINS (a).

Tout est vert et d'un vert obscur dans cet oiseau (*), la tête, le corps, les ailes et la queue; cependant la nature ne l'a point négligé, elle semble au contraire avoir pris plaisir à le décorer par un luxe de plumes qui n'est point ordinaire : indépendamment d'une huppe dont elle a orné sa tête, elle lui a donné une queue d'une forme remarquable; la paire des pennes extérieures est plus longue que toutes les autres de près de six pouces, et ces deux pennes ou plutôt ces deux brins, n'ont de barbes que vers leur extrémité, sur une longueur d'environ trois pouces; ce sont ces deux longs brins qui ont autorisé M. Linnæus à appliquer à cet oiseau le nom de *coucou de Paradis;* par la même raison on aurait pu lui appliquer et aux deux suivants la dénomination générique de *coucou-veuve;* il a l'iris d'un beau bleu; le bec noirâtre et les pieds gris : on le trouve à Siam, où M. Poivre l'a observé vivant; sa taille est à peu près celle du geai.

Longueur totale, dix-sept pouces ; bec, quatorze lignes; tarse, dix ; queue, dix pouces neuf lignes, plutôt fourchue qu'étagée : dépasse les ailes d'environ neuf pouces.

XIX. — LE COUCOU HUPPÉ A COLLIER (b) (c).

Voici encore un coucou (**) décoré d'une huppe, et remarquable par la longueur des deux pennes de sa queue; mais ici ce sont les pennes intermé-

(a) « Cuculus cristatus, in toto corpore obscurè viridis; rectrice utrimque extimâ longissimâ, pinnulis in apice tantùm præditâ... » *Coucou vert huppé de Siam.* Brisson, t. IV, p. 151. — « Cuculus Paradiseus, caudæ rectricibus extimis binis longissimis, apice dilatatis; » capite cristato, corpore viridi... » Linnæus, *Syst. nat.*, édit. XIII, gen. 57, sp. 22. — *Cucule verde col ciuffo. Ornithol. ital.*, p. 82, pl. 75, fig. 9. — Cette espèce est nouvelle, et l'on en est redevable à M. Poivre.

(b) Voyez les planches enluminées, n° 274, où cet oiseau est représenté, fig. 2, sous le nom de *Coucou huppé de Coromandel.*

(c) « Cuculus cristatus, supernè nigricans, infernè albus; maculâ ponè oculos rotundâ, » griseâ; collo superiore torque albo cincto; remigibus majoribus rufis; rectricibus nigri-

(*) D'après Levaillant cette espèce ne serait pas un *Coucou* mais un *Lanius.*

(**) *Cuculus coromandus* L.

diaires qui surpassent les latérales, comme cela a lieu dans la queue de quelques espèces de veuves.

Il a toute la partie supérieure noirâtre, depuis et compris la tête jusqu'au bout de la queue, à l'exception d'un collier blanc qui embrasse le cou, et de deux taches rondes d'un gris clair qu'il a derrière les yeux, une de chaque côté, et qui représentent, en quelque manière, deux pendants d'oreilles : il faut encore excepter les ailes dont les pennes et les couvertures moyennes sont variées de roux et de noirâtre, ainsi que les scapulaires, et dont les grandes pennes et les couvertures sont tout à fait rousses ; la gorge et les jambes sont noirâtres ; tout le reste du dessous du corps blanc ; l'iris jaunâtre ; le bec cendré foncé ; les pieds cendrés aussi, mais plus clairs. On trouve ce coucou sur la côte de Coromandel ; sa grosseur est à peu près celle du mauvis.

Longueur totale, douze pouces un quart ; bec, onze lignes ; tarse, dix ; ailes courtes ; queue, six pouces trois quarts, composée de dix pennes, les deux intermédiaires beaucoup plus longues que les latérales, celles-ci étagées ; dépasse les ailes de cinq pouces et demi.

XX. — LE SAN-HIA DE LA CHINE (*a*).

Ce coucou (*) ressemble à l'espèce précédente, et conséquemment aux veuves par la longueur des deux pennes intermédiaires de sa queue ; son plumage est très distingué, quoiqu'il n'y entre que deux couleurs principales : le bleu plus ou moins éclatant règne en général sur la partie supérieure, et le blanc de neige sur la partie inférieure ; mais il semble que la nature, toujours heureuse dans ses négligences, ait laissé tomber de sa palette quelques gouttes de ce blanc de neige sur le sommet de la tête, où il a formé une plaque dans laquelle le bleu perce par une infinité de points ; sur les joues un peu en arrière, où il représente deux espèces de pendants

» cantibus... » *Coucou huppé de Coromandel*. Brisson, t. IV, p. 147. — « Cuculus Coro» mandus, caudâ cuneiformi, corpore nigro, subtùs albo, torque candido... » Linnæus, *Syst. nat.*, édit. XIII, p. 171, sp. 20, gen. 57. — *Cucule col ciuffo del Coromandel. Ornithol. ital.*, p. 82, sp. 8, pl. 74. — Cette espèce est nouvelle ; elle a été observée et dessinée dans son pays natal par M. Poivre.

(*a*) « Cuculus supernè splendidè cæruleus, infernè niveus ; uropygio dilutè cæruleo ; » capite nigricante ; vertice albo, minutis maculis cæruleis vario ; maculâ rotundâ ponè » oculos candidâ ; rectricibus splendidè cæruleis, maculâ ovatâ niveâ apice notatis... » *Coucou bleu de la Chine ;* en langue chinoise, *San-hia*. Brisson, t. IV, p. 157. — « Cuculus Sinen» sis, caudâ cuneiformi macrourâ, corpore cæruleo, subtus albo, rectricum apicibus maculâ » albâ... » Linnæus, *Syst. nat.*, édit. XIII, p. 171, gen. 57, sp. 16. — *Cucule di colore celesta della China. Ornithol. ital.*, p. 83, sp. 14, pl. 80. — C'est une espèce nouvelle, dont on est redevable, ainsi que de beaucoup d'autres, à M. Poivre, qui l'a vue et dessinée vivante.

(*) Cette espèce n'est pas un Coucou mais une Pie, le *Pica erythrorhynchos* VIEILL.

d'oreilles semblables à ceux de l'espèce précédente, sur les pennes et les couvertures de la queue, qu'il a marquées chacune d'un œil blanc près de leur extrémité ; de plus, il paraît s'être fondu avec l'azur du croupion et de la base des grandes pennes de l'aile, dont il a rendu la teinte beaucoup plus claire : tout cela est relevé par la couleur sombre et noirâtre de la gorge et des côtés de la tête ; enfin, la belle couleur rouge de l'iris, du bec et des pieds, ajoute les derniers traits à la parure de l'oiseau.

Longueur totale, treize pouces ; bec, onze lignes, quelques barbes autour de sa base supérieure ; tarse, dix lignes et demi ; queue, sept pouces et demi, composée de dix pennes fort inégales, les deux intermédiaires dépassent les deux latérales qui les suivent immédiatement de trois pouces un quart, les plus extérieures de cinq pouces trois lignes, et les ailes de presque toute leur longueur.

XXI. — LE TAIT-SOU (a) (b).

Selon ma coutume, je conserve à cet oiseau (*) son nom sauvage, qui est ordinairement le meilleur et le plus caractéristique.

Le tait-sou, ainsi appelé à Madagascar, son pays natal, a tout le plumage d'un beau bleu, et cette belle uniformité est encore relevée par des nuances très éclatantes de violet et de vert que réfléchissent les pennes des ailes, et par des nuances de violet pur, sans la plus légère teinte de vert, que réfléchissent les pennes de la queue ; enfin, la couleur noire des pieds et du bec fait une petite ombre à ce petit tableau.

Longueur totale, dix-sept pouces ; bec, seize lignes ; tarse, deux pouces ; vol, près de vingt pouces ; queue, neuf pouces, composée de dix pennes, dont les deux intermédiaires sont un peu plus longues que les latérales : dépasse les ailes de six pouces.

XXII. — LE COUCOU INDICATEUR (c).

C'est dans l'intérieur de l'Afrique, à quelque distance du cap de Bonne-Espérance, que se trouve cet oiseau (**), connu par son singulier instinct d'indiquer les nids des abeilles sauvages. Le matin et le soir sont les deux

(a) Voyez les planches enluminées, n° 295, où cet oiseau est représenté, fig. 2, sous le nom de *Coucou bleu de Madagascar*.

(b) « Cuculus cæruleus ; remigibus viridi et violaceo, rectricibus violaceo colore variantibus... » *Coucou bleu de Madagascar*. Brisson, t. IV, p. 156. — « Caudâ rotundatâ, corpore cæruleo... » Linnæus, *Syst. nat.*, édit. XIII, p. 171, sp. 15. — *Ornithol. ital.*, t. Ier, p. 83, sp. 12, pl. 78.

(c) *Cuculus indicator*. M. le docteur Sparman, histoire de ce coucou, envoyée à M. le docteur Forster, pour être insérée dans les *Transactions philosophiques*.

(*) *Cuculus cæruleus* LATH.

(**) *Cuculus indicator* LATH.

temps de la journée où il fait entendre son cri, *chirs*, *chirs* (a), qui est fort aigu, et semble appeler les chasseurs et autres personnes qui cherchent le miel dans le désert; ceux-ci lui répondent d'un ton plus grave, en s'approchant toujours : dès qu'il les aperçoit, il va planer sur l'arbre creux où il connaît une ruche, et si les chasseurs tardent de s'y rendre, il redouble ses cris, vient au-devant d'eux, retourne à son arbre, sur lequel il s'arrête et voltige, et qu'il leur indique d'une manière très marquée; il n'oublie rien pour les exciter à profiter du petit trésor qu'il a découvert, et dont il ne peut apparemment jouir qu'avec l'aide de l'homme, soit parce que l'entrée de la ruche est trop étroite, soit par d'autres circonstances que le relateur ne nous apprend pas. Tandis qu'on travaille à se saisir du miel, il se tient dans quelque buisson peu éloigné, observant avec intérêt ce qui se passe, et attendant sa part du butin qu'on ne manque jamais de lui laisser, mais point assez considérable, comme on pense bien, pour le rassasier, et par conséquent risquer d'éteindre ou d'affaiblir son ardeur pour cette espèce de chasse.

Ce n'est point ici un conte de voyageur, c'est l'observation d'un homme éclairé qui a assisté à la destruction de plusieurs républiques d'abeilles, trahies par ce petit espion, et qui rend compte de ce qu'il a vu à la Société royale de Londres : voici la description qu'il a faite de la femelle, sur les deux seuls individus qu'il ait pu se procurer, et qu'il avait tués au grand scandale des Hottentots; car dans tout pays l'existence d'un être utile est une existence précieuse.

Il a le dessus de la tête gris ; la gorge, le devant du cou et la poitrine blanchâtres avec une teinte de vert qui va s'affaiblissant et n'est presque plus sensible sur la poitrine; le ventre blanc; les cuisses de même, marquées d'une tache noire oblongue; le dos et le croupion d'un gris roussâtre ; les couvertures supérieures des ailes gris brun, les plus voisines du corps marquées d'une tache jaune, qui, à cause de sa situation, se trouve souvent cachée sous les plumes scapulaires; les pennes des ailes brunes ; les deux pennes intermédiaires de la queue plus longues, plus étroites que les autres, d'un brun tirant à la couleur de rouille ; les deux paires suivantes noirâtres, ayant le côté intérieur blanc sale; les suivantes blanches, terminées de brun, marquées d'une tache noire près de leur base, excepté la dernière paire où cette tache se réduit presque à rien; l'iris gris roussâtre; les paupières noires ; le bec brun à sa base, jaune au bout ; et les pieds noirs.

Longueur totale, six pouces et demi ; bec, environ six lignes, quelques barbes autour de la base du bec inférieur ; narines oblongues, ayant un

(a) Selon d'autres voyageurs, le cri de cet oiseau est *wieki*, *wieki*, et ce mot *wieki* signifie miel dans la langue hottentote. Quelquefois il est arrivé que le chasseur, allant à la voix de ce coucou, a été dévoré par les bêtes féroces, et on n'a pas manqué de dire que l'oiseau s'entendait avec elles pour leur livrer leur proie.

rebord saillant, situées près de la base du bec supérieur, et séparées seulement par son arête; tarses courts; ongles faibles; queue étagée, composée de douze pennes : dépasse les ailes des trois quarts de sa longueur.

XXIII. — LE VOUROU-DRIOU (a) (b).

Cette espèce (*) et la précédente diffèrent de toutes les autres par le nombre des pennes de la queue; elles en ont douze, au lieu que les autres n'en ont que dix. Les différences propres au vourou-driou consistent dans la forme de son bec plus long, plus droit et moins convexe en dessus; dans la position de ses narines, qui sont oblongues, situées obliquement vers le milieu de la longueur du bec, et dans un autre attribut qui lui est commun avec les oiseaux de proie, c'est que la femelle de cette espèce est plus grande que son mâle et d'un plumage fort différent. Cet oiseau se trouve dans l'île de Madagascar, et sans doute dans la partie correspondante de l'Afrique.

Le mâle a le sommet de la tête noirâtre avec des reflets verts et couleur de cuivre de rosette; un trait noir situé obliquement entre le bec et l'œil; le reste de la tête, la gorge et le cou cendrés; la poitrine et tout le reste du dessous du corps d'un joli gris blanc; le dessus du corps, jusqu'au bout de la queue, d'un vert changeant en couleur de cuivre de rosette; les pennes moyennes de l'aile à peu près de même couleur; les grandes noirâtres tirant sur le vert; le bec brun foncé, et les pieds rougeâtres.

La femelle (c) est si différente du mâle, que les habitants de Madagascar lui ont donné un nom différent : elle s'appelle *cromb* en langue du pays (d); elle a la tête, la gorge et le dessus du cou rayés transversalement de brun et de roux; le dos, le croupion et les couvertures supérieures de la queue d'un brun uniforme; les petites couvertures supérieures des ailes brunes terminées de roux; les grandes vert obscur, bordées et terminées de roux;

(a) Voyez les planches enluminées, n° 587, le mâle, sous le nom de *Grand Coucou mâle de Madagascar.*

(b) « Cuculus supernè viridis, cupri puri colore varians, infernè cinereo albus; vertice » nigricante, viridi et cupri puri colore variante; capite et collo cinereis; lineolà utrimque » rostrum inter et oculos nigrâ; rectricibus supernè viridibus, cupri puri colore variantibus, » subtùs nigrâ (Mas). » *Le Grand Coucou mâle de Madagascar.* Brisson, t. IV, p. 160. — Les Madagascariens l'appellent *vouroug-driou.* C'est M. Brisson qui a fait connaître cette espèce, laquelle, au reste, n'est pas la plus grande qui soit à Madagascar, témoin le coucou verdâtre de cette même île, dont j'ai parlé plus haut d'après M. Commerson. — *Ornithol. ital.*, t. Ier, p. 84, sp. 28.

(c) Voyez les planches enluminées, n° 588, où cette femelle est représentée sous le nom de *Femelle du grand Coucou de Madagascar.*

(d) « Cuculus supernè fuscus, infernè rufescens, maculis nigricantibus varius; capite » gutture et collo superiore fusco et rufo transversim striatis; rectricibus supernè splendidè » fuscis, apice rufis, subtùs cinereis (Fœmina). » Les Madagascariens l'appellent *cromb.* Brisson, t. IV, p. 160. — *Ornithol. ital.*, t. Ier, p. 84, sp. 28.

(*) *Cuculus afer* Lath.

les pennes de l'aile comme dans le mâle, excepté que les moyennes sont bordées de roux ; le devant du cou et tout le reste du dessous du corps roux clair varié de noirâtre ; les pennes de la queue d'un brun lustré terminé de roux ; le bec et les pieds à peu près comme le mâle.

Voici leurs dimensions comparées :

	LE MALE.		LA FEMELLE.	
	Pouces.	Lignes.	Pouces.	Lignes.
Longueur totale	15	»	17	6
Bec	2	»	2	4
Tarse	1	3	1	3
Vol	25	8	29	4
Queue	7	»	7	9
Dépasse les ailes	2	4	2	7

OISEAUX D'AMÉRIQUE

QUI ONT RAPPORT AU COUCOU

I. — LE COUCOU DIT LE VIEILLARD OU L'OISEAU DE PLUIE (a).

On donne à cet oiseau (*) le nom de *vieillard*, parce qu'il a sous la gorge une espèce de duvet blanc ou plutôt de barbe blanche, attribut de la vieillesse ; on lui donne encore le nom d'*oiseau de pluie*, parce qu'il ne fait jamais plus retentir les bois de ses cris que lorsqu'il doit pleuvoir. Il se tient toute l'année à la Jamaïque, non seulement dans les bois, mais partout où il y a des buissons, et il se laisse approcher de fort près par les chasseurs avant de prendre son essor. Les graines et les vermisseaux sont sa nourriture ordinaire.

Il a le dessus de la tête couvert de plumes duvetées et soyeuses d'un

(a) *Cuculus major ;* en anglais, *an old-man, or rain-bird.* Sloane, *Jamaïca*, p. 312, pl 258, art. LII. — *Cuculus major olivaceus, caudâ longiori, ciliis rubris.* Browne, *Jamaïca*, p. 476. — *Picus major leucophæus, seu canescens, pluviæ avis et senex dictus.* Ray, *Synops. avi.*, p. 182, nº 12. — « Cuculus supernè cinereo-olivaceus, infernè rufus ; capite fusco, » gutture et collo inferiore albis ; rectricibus lateralibus nigris, apice albis... » *Coucou de la Jamaïque.* Brisson, t. IV, p. 114. — *Cuculus Jamaïcensis major.* Klein, *Ordo avium*, p. 31, nº 8. — *Cuculus maggiore di Giammaïca. Ornithol. ital.*, p. 83, sp. 17. — « Cuculus » caudâ cuneiformi, corpore subfusco, subtus testaceo, ciliis rubris... » *Vetula.* Linnæus, *Syst. nat.*, édit. XIII, gen. 57, sp. 4. — M. Brisson soupçonne que cet oiseau pourrait être le même que la pie des Antilles du P. Feuillée (t. III, p. 416) : mais c'est le *Coucou à long bec de la Jamaïque* de M. Brisson, qui porte le nom de *pie* aux Antilles, comme on le verra plus bas dans la nomenclature de cet oiseau.

(*) *Cuculus vetula* L.

brun foncé ; le reste du dessus du corps, compris les ailes et les deux intermédiaires de la queue, cendré olivâtre ; la gorge blanche, ainsi que le devant du cou ; la poitrine et le reste du dessous du corps roux ; toutes les pennes latérales de la queue noires terminées de blanc, et la plus extérieure bordée de même ; le bec supérieur noir ; l'inférieur presque blanc ; les pieds d'un noir bleuâtre. Sa taille est un peu au-dessus de celle du merle.

L'estomac de celui qu'a disséqué M. Sloane était très grand, proportionnellement à la taille de l'oiseau, ce qui est un trait de conformité avec l'espèce européenne ; il était doublé d'une membrane fort épaisse ; les intestins étaient roulés circulairement comme le câble d'un vaisseau, et recouverts par une quantité de graisse jaune.

Longueur totale, de quinze pouces à seize trois quarts ; bec, un pouce ; tarse, treize lignes ; vol, comme la longueur totale ; queue, de sept pouces et demi à huit et demi, composée de dix pennes étagées : dépasse les ailes de presque toute sa longueur.

VARIÉTÉS DU VIEILLARD OU OISEAU DE PLUIE (a)

I. — LE VIEILLARD A AILES ROUSSES (b).

Il a les mêmes couleurs sur les parties supérieures et sur la queue, presque les mêmes sur le bec ; mais le blanc du dessous du corps qui, dans l'oiseau de pluie, ne s'étend que sur la gorge et la poitrine, s'étend ici sous toute la partie inférieure ; de plus, les ailes ont du roussâtre, et sont plus longues à proportion ; enfin, la queue est plus courte et conformée différemment, comme on le verra plus bas à l'article des mesures.

Ce coucou (*) est solitaire ; il se tient dans les forêts les plus sombres, et aux approches de l'hiver il quitte la Caroline pour aller chercher une température plus douce.

Longueur totale, treize pouces ; bec, quatorze lignes et demie ; tarse, treize lignes ; queue, six pouces, composée de dix pennes, dont les trois

(a) Voyez les planches enluminées, n° 816, où cet oiseau est représenté sous le nom de *Coucou de la Caroline*.

(b) *The cuckow of Carolina*. Catesby, t. Ier, p. 9. — *Cuculus Carolinensis*. Klein, *Ordo av.*, p. 30, sp. 2. — *Ornithol. ital.*, p. 83, sp. 15. — « Cuculus supernè cinereo-olivaceus, » infernè albus ; remigibus rufescentibus ; rectricibus lateralibus nigris, apice albis... » *Coucou de la Caroline*. Brisson, t. IV, p. 112. — « Cuculus Americanus, caudâ cuneiformi, » corpore supra cinereo, subtus albo ; mandibulâ inferiore luteâ... » Linnæus, *Syst. nat.*, édit. XIII, p. 170, sp. 10.

(*) *Cuculus americanus* LATH.

paires intermédiaires plus longues, mais à peu près égales entre elles ; et les deux paires latérales courtes, et d'autant plus courtes qu'elles sont plus extérieures ; les plus longues dépassent les ailes de quatre pouces.

II. — LE PETIT VIEILLARD.

Le petit vieillard (*) est connu à Cayenne sous le nom de *coucou des palétuviers* (*a*). Cet oiseau, et surtout la femelle, a tant de ressemblance avec le vieillard ou oiseau de pluie de la Jamaïque, soit pour les couleurs, soit pour la conformation générale, qu'en un besoin la description de l'un pourrait servir pour l'autre, toutefois à la grandeur près ; car celui de Cayenne est plus petit, raison pourquoi je l'ai nommé *petit vieillard*. Il paraît aussi qu'il a la queue un peu moins longue à proportion ; mais cela n'empêche pas qu'on ne puisse le regarder comme une variété de climat. Il vit d'insectes, et spécialement de ces grosses chenilles qui rongent les feuilles des palétuviers ; et c'est par cette raison qu'il se plaît sur ces arbres, où il nous sert en faisant la guerre à nos ennemis (*b*).

Longueur totale, un pied ; bec, treize lignes ; tarse, douze ; queue cinq pouces et demi, composée de dix pennes étagées : dépasse les ailes de trois pouces un tiers.

III. — LE TACCO (*c*) (*d*).

M. Sloane dit positivement qu'à l'exception du bec que cet oiseau (**) a plus allongé, plus grêle et plus blanc, il ressemble de tout point à l'oiseau

(*a*) Voyez les planches enluminées, n° 813.

(*b*) Ces grosses chenilles ont jusqu'à quatre pouces et demi de long, sur sept ou huit lignes de large. Dans les années 1775 et 1776, elles se multiplièrent au point qu'elles dévorèrent presque entièrement la plupart des palétuviers et beaucoup d'autres plantes ; c'est alors qu'on dut regretter de n'avoir pas multiplié cette espèce de coucou.

(*c*) Voyez les planches enluminées, n° 772, où cet oiseau est représenté sous le nom de *Coucou à long bec de la Jamaïque*.

(*d*) *Cuculus major rostro longiore et magis recto.* Sloane, *Jamaïca*, p. 316, n° 53, pl. 258, fig. 2 ; en anglais, *another sort of rainbird, or old-man.* — *Cuculus Jamaïcensis major.* Klein, *Ordo avium*, p. 31, n° 8. — *Picus seu pluviæ avis alia canescens, senex dicta, rostro longiore et rectiore.* Ray, *Synops. avi.*, p. 182, n° 13. — « Cuculus supernè cinereo-» olivaceus, infernè rufus ; genis et gutture dilutè fulvis ; collo inferiore et pectore dilutè » cinereis ; rectricibus lateralibus in exortu cinereo-olivaceis, in medio nigris, apice albis... » *Coucou à long bec de la Jamaïque.* Brisson, t. IV, p. 116. — *Vetula.* Linnæus, *Syst. nat.*, édit. XIII, gen. 57, sp. 4. Cet auteur fait de cet oiseau une variété du précédent, ainsi que M. Sloane. — *Cucule di becco longo di Giammaïca, Ornithol. ital.*, p. 83, sp. 2. — *Pica Antillana.* Feuillée, *Observations*, t. III, p. 409. On lui a donné ce nom aux Antilles, parce qu'il a beaucoup de rapport avec la pie d'Europe, soit par la conformation du bec et de la queue, soit par plusieurs de ses habitudes, comme on peut le voir dans son histoire. — *Cuculus cinereus, rostro longiori. Ibidem*, p. 416. — « On lui donne aux Antilles le surnom

(*) *Cuculus seniculus* LATH.

(**) Variété du *Cuculus seniculus* LATH.

de pluie ; il lui attribue les mêmes habitudes, et en conséquence il lui donne les mêmes noms. Mais M. Brisson, se fondant apparemment sur cette différence notable dans la longueur et la conformation du bec, a fait de l'oiseau dont il s'agit ici une espèce distincte, avec d'autant plus de raison, qu'en y regardant de près, on lui découvre aussi des différences de plumage, et qu'il n'a pas même cette gorge ou barbe blanche qui a fait donner le nom de *vieillard* à l'espèce précédente : d'ailleurs M. le chevalier Lefebvre-Deshayes, qui a observé le tacco avec attention, ne lui reconnaît pas les mêmes habitudes que M. Sloane a remarquées dans le vieillard.

Tacco est le cri habituel, et néanmoins peu fréquent, de ce coucou ; mais, pour le rendre comme il le prononce, il faut articuler durement la première syllabe, et descendre d'une octave pleine sur la seconde : il ne le fait jamais entendre qu'après avoir fait un mouvement de la queue, mouvement qu'il répète chaque fois qu'il veut changer de place, qu'il se pose sur une branche, ou qu'il voit quelqu'un s'approcher de lui ; il a encore un autre cri, *qua, qua, qua, qua*, mais qu'il fait entendre seulement lorsqu'il est effrayé par la présence d'un chat ou de quelque autre ennemi aussi dangereux.

M. Sloane dit de ce coucou, comme de celui qu'il a nommé *oiseau de pluie*, qu'il annonce la pluie prochaine par ses cris redoublés ; mais M. le chevalier Deshays (*a*) n'a rien observé de semblable.

Quoique le tacco se tienne communément dans les terrains cultivés, il fréquente aussi les bois, parce qu'il y trouve aussi la nourriture qui lui convient : cette nourriture, ce sont les chenilles, les coléoptères, les vers et les vermisseaux, les ravets, les poux de bois et autres insectes qui ne sont malheureusement que trop communs aux Antilles, soit dans les lieux cultivés, soit dans ceux qui ne le sont pas ; il donne aussi la chasse aux petits lézards appelés *anolis*, aux petites couleuvres, aux grenouilles, aux jeunes rats, et même quelquefois, dit-on, aux petits oiseaux ; il surprend les lézards dans le moment où, tout occupés sur les branches à épier les mouches, ils sont moins sur leurs gardes. A l'égard des couleuvres, il les avale par la tête, et, à mesure que la partie avalée se digère, il aspire la partie qui reste pendante au dehors. C'est donc un animal utile, puisqu'il détruit les animaux nuisibles ; il pourrait même devenir plus utile encore, si on venait à bout de le rendre domestique ; et c'est ce qui paraît très possible, vu qu'il est d'un naturel si peu farouche et si peu défiant, que les petits nègres le prennent à la main, et qu'ayant un bec assez fort, il ne songe pas à s'en servir pour se défendre.

de *tacco*, d'après son cri ; les nègres l'appellent *cracra* et *tacra bayo :* on ne sait pourquoi. » M. le chevalier Lefebvre-Deshayes. — On le nomme *colivicou* à Saint-Domingue, suivant M. Salerne.

(*a*) C'est de M. le chevalier Deshayes que je tiens tout ce que je dis ici des mœurs et des habitudes du tacco.

Son vol n'est jamais élevé; il bat des ailes en partant, puis épanouissant sa queue il file, et plane plutôt qu'il ne vole; il va d'un buisson à un autre, il saute de branche en branche, il saute même sur les troncs des arbres, auxquels il s'accroche comme les pics; quelquefois il se pose à terre, où il sautille encore, comme la pie, et toujours à la poursuite des insectes ou des reptiles. On assure qu'il exale une odeur forte en tout temps, et que sa chair est un mauvais manger; ce qui est facile à croire vu les mets dont il se nourrit.

Ces oiseaux se retirent, au temps de la ponte, dans la profondeur des forêts, et s'y cachent si bien que jamais personne n'a vu leur nid; on serait tenté de croire qu'ils n'en font point, et qu'à l'instar du coucou d'Europe, ils pondent dans le nid des autres oiseaux; mais ils différeraient en cela de la plupart des coucous d'Amérique, qui font un nid et couvent eux-mêmes leurs œufs.

Le tacco n'a point de couleurs brillantes dans son plumage, mais en toutes circonstances il conserve un air de propreté et d'arrangement qui fait plaisir à voir; il a le dessus de la tête et du corps, compris les couvertures des ailes, gris un peu foncé, avec des reflets verdâtres sur les grandes couvertures seulement; le devant du cou et la poitrine gris cendré; sur toutes ces nuances de gris une teinte légère de rougeâtre; la gorge fauve clair; le reste du dessous du corps, les cuisses et les couvertures inférieures des ailes comprises, d'un fauve plus ou moins animé; les dix premières pennes de l'aile d'un roux vif, terminées d'un brun verdâtre, qui dans les pennes suivantes va toujours gagnant sur la couleur rousse; les deux pennes intermédiaires de la queue de la couleur du dos, avec des reflets verdâtres; les huit autres de même dans leur partie moyenne, d'un brun noirâtre, avec des reflets bleus près de leur base, et terminées de blanc; l'iris d'un jaune brun; les paupières rouges; le bec noirâtre dessus, d'une couleur un peu claire dessous, et les pieds bleuâtres. Ce coucou est moins gros que le nôtre; son poids est d'un peu plus de trois onces : il se trouve à la Jamaïque, à Saint-Domingue, etc.

Longueur totale, quinze pouces et demi (dix-sept un tiers, suivant M. Sloane); bec, dix-huit lignes, suivant M. Sloane; vingt et une, selon M. le chevalier Deshayes, et vingt-cinq, suivant M. Brisson; langue cartilagineuse, terminée par des filets; tarse, environ quinze lignes; vol, comme la longueur totale; queue, huit pouces, selon M. Deshayes, et huit pouces trois quarts, suivant M. Brisson, composée de dix pennes étagées; les intermédiaires superposées aux latérales : dépasse les ailes d'environ cinq pouces et demi.

IV. — LE GUIRA CANTARA (*a*).

Ce coucou (*) est fort criard; il se tient dans les forêts du Brésil, qu'il fait retentir de sa voix, plus forte qu'agréable. Il a sur la tête une espèce de huppe dont les plumes sont brunes, bordées de jaunâtre; celles du cou et des ailes, au contraire, jaunâtres, bordées de brun; le dessus et le dessous du corps d'un jaune pâle; les pennes des ailes brunes; celles de la queue brunes aussi, mais terminées de blanc; l'iris brun; le bec d'un jaune brun; les pieds vert de mer.

Il est de la taille de la pie d'Europe.

Longueur totale, quatorze à quinze pouces; bec, environ un pouce, un peu crochu par le bout; tarse, un pouce et demi, revêtu de plumes; queue, huit pouces, composée de huit pennes, selon Marcgrave; mais n'en manquait-il aucune? Elles paraissent égales dans la figure.

V. — LE QUAPACTOL OU LE RIEUR (*b*).

On a donné à ce coucou (**) le nom d'*oiseau rieur*, parce qu'en effet son cri ressemble à un éclat de rire, et par la même raison, dit Fernandez, il passait au Mexique pour un oiseau de mauvais augure avant que le jour de la vraie religion eût lui dans ces contrées. A l'égard du nom mexicain *quapachtototl*, que j'ai cru devoir contracter et adoucir, il a rapport à la couleur fauve qui règne sur toute la partie supérieure de son corps, et même sur les pennes de ses ailes; celles de la queue sont fauves aussi, mais d'une teinte plus rembrunie; la gorge est cendrée, ainsi que le devant du cou et la poitrine; le reste du dessous du corps est noir, l'iris blanc, et le bec d'un noir bleuâtre.

(*a*) *Guira acangatara*, en langue brasilienne. Marcgrave, *Hist. avium*, p. 216. — Piso, *Hist. nat.*, p. 95. — Jonston, *Aves*, p. 148. — Ray, *Synops. avi.*, p. 45, sp. 5. — Willughby, p. 96, § IX. — « Cuculus cristatus, ex albo pallidè flavescens; cristâ, capite, collo et tectricibus alarum superioribus fusco et flavescente variegatis; rectricibus fuscis, apice albis... » *Coucou huppé du Brésil.* Brisson, t. IV, p. 144. — *Cucule giallognolo col ciuffo. Ornithol. ital.*, p. 84, sp. 30. — *Trogon.* Moehring, gen. 114. Je ne sais pourquoi cet auteur confond l'oiseau dont il s'agit ici avec le *curucui* de Marcgrave; oiseau fort différent, et que M. Brisson a rangé parmi les *couroucous*. Je ne vois pas non plus pourquoi il veut rapprocher le *jacamaciri* de Marcgrave de son *guira acangatara*.

(*b*) *Quapachtototl*, en langue mexicaine. Fernandez, *Hist. nov. Hisp.*, p. 49, chap. CLXXIX. — *Avis ridibunda.* Eus. Nieremberg, p. 214, cap. XVII. — Jonston, *Aves*, p. 119. — Ray, *Synops. avi.*, *append.*, p. 174. — Willughby, p. 198. — Charleton, *Exercit.*, p. 117, n° 7. — « Cuculus supernè fulvus, infernè niger; collo inferiore et pectore cinereis; rectricibus fulvo-nigricantibus... » *Coucou du Mexique.* Brisson, t. IV, p. 119. — *Cucule del Messico, detto uccello ridente. Ornithol. Ital.*, p. 84, sp. 26.

(*) *Cuculus Guira* LATH.
(**) *Cuculus ridibundus* LATH.

La taille de ce coucou est à peu près celle de l'espèce européenne ; il a seize pouces de longueur totale, et la queue seule fait la moitié de cette longueur.

VI. — LE COUCOU CORNU OU L'ATINGACU DU BRÉSIL (*a*).

La singularité de ce coucou (*) du Brésil est d'avoir sur la tête de longues plumes qu'il peut relever quand il veut, et dont il sait se faire une double huppe : de là le nom de *coucou cornu* que lui a donné M. Brisson; il a la tête grosse et le cou court, comme c'est l'ordinaire dans ce genre d'oiseaux; tout le dessus de la tête et du corps de couleur de suie, les ailes aussi, et même la queue, mais celle-ci d'une teinte plus sombre, et ses pennes ont à leur extrémité une tache de blanc roussâtre ombré de noir, qui finit par le blanc pur; la gorge est cendrée, ainsi que tout le dessous du corps; l'iris est d'un rouge de sang, le bec d'un vert jaunâtre, et les pieds cendrés.

Cet oiseau est encore remarquable par la longueur de sa queue; car, quoiqu'il ne soit pas plus gros qu'une litorne ou grosse grive, et que son corps n'ait que trois pouces de long, sa queue en a neuf; elle est composée de dix pennes étagées, les intermédiaires superposées aux latérales; le bec est un peu crochu par le bout; les tarses sont un peu courts et couverts de plumes par devant (*b*).

VII. — LE COUCOU BRUN VARIÉ DE ROUX (*c*) (*d*).

Ce coucou de Cayenne (**) a le dessus du corps varié de brun et de différentes nuances de roux; la gorge, d'un roux clair varié de brun ; le reste du

(*a*) *Atingacu camucu Brasiliensibus.* Marcgrave, *Hist. avium*, cap. XIV, p. 216. — Jonston, *Aves*, p. 148. — Ray, *Synops. avium*, *append.*, p. 165; en brésilien, *attinga guacumucu.* — Willughby, *Ornithol.*, p. 146, cap. XX. — « Cuculus cristatus, supernè fuligineus, infernè » cinereus, cristâ bifurcâ; rectricibus saturatè fuligineis, apice albis... » *Coucou cornu du Brésil.* Brisson, t. IV, p. 145. — « Cuculus cornutus, caudâ cuneiformi, capite cristâ bifidâ, » corpore fuliginoso... » Linnæus, *Syst. nat.*, édit. XIII, p. 171, sp. 21. — *Ornithol. ital.*, p. 84, sp. 32.

(*b*) Marcgrave dit que les doigts de cet oiseau sont disposés de la manière la plus ordinaire ; mais la figure les présente deux en avant et deux en arrière.

(*c*) Voyez les planches enluminées, nº 812, où cet oiseau est représenté sous le nom de *Coucou tacheté de Cayenne.*

(*d*) « Cuculus supernè, saturatè fuscus, ad viride non nihil inclinans, rufo et rufescente » variegatus ; infernè albo-rufescens ; collo inferiore rufescente, lineis transversis ad fuscum » vergentibus vario ; rectricibus griseo-fuscis ad margines, et apice rufescentibus... » *Coucou tacheté de Cayenne.* Brisson, t. IV, p. 127. — « Cuculus nævius, caudâ cuneiformi, corpore » fusco, ferrugineoque, jugulo strigis fuscis, rectricibus apice rufescentibus... » Linnæus, *Syst. nat.*, édit. XIII, p. 170, sp. 9. — *Cucule brizzolato di Cayenna. Ornithol. ital.*, p. 84, sp. 24.

(*) *Cuculus cornutus* LATH.

(**) *Cuculus nævius* GMEL.

dessous du corps d'un blanc roussâtre, qui prend une teinte de roux clair décidé sur les couvertures inférieures de la queue; les pennes de celle-ci et des ailes brunes, bordées de roux clair, avec un œil verdâtre, principalement sur les pennes latérales de la queue; le bec noir dessus, roux sur les côtés, roussâtre dessous, et les pieds cendrés. On remarque comme une singularité que quelques-unes des couvertures supérieures de la queue s'étendent presque jusqu'aux deux tiers de sa longueur : on compare cet oiseau, pour la taille, au mauvis.

Longueur totale, dix pouces deux tiers; bec, neuf lignes; tarse, quatorze lignes; vol, un pied et plus; queue, environ six pouces, composée de dix pennes étagées : dépasse les ailes de quatre pouces.

Le coucou, appelé à Cayenne *oiseau des barrières* (a), est à peu près de la taille du précédent, et en approche beaucoup pour le plumage : en général il a un peu moins de roux, c'est le gris qui en tient la place, et les pennes latérales de la queue sont terminées de blanc; la gorge est gris clair, et le dessous du corps blanc : ajoutez qu'il a la queue un peu plus longue; mais, malgré ces petites différences, il est difficile de ne pas le rapporter comme variété à l'espèce précédente : peut-être même est-ce une variété de sexe.

Son nom d'oiseau des barrières vient de ce qu'on le voit souvent perché sur les palissades des plantations; lorsqu'il est ainsi perché il remue continuellement la queue.

Ces oiseaux, sans être fort sauvages, ne se réunissent point en troupes, quoiqu'il s'en trouve plusieurs à la fois dans le même canton; ils ne fréquentent guère les grands bois : on assure qu'ils sont plus communs que les coucous piayes, tant à Cayenne qu'à la Guiane.

VIII. — LE CENDRILLARD (b).

Je l'appelle ainsi (*) parce que le gris cendré est la couleur dominante de son plumage, plus foncée dessus, jusques et compris les quatre pennes intermédiaires de la queue; plus claire dessous, et mêlée de plus ou moins de roux sur les pennes des ailes; les trois paires de pennes latérales de la queue sont noirâtres, terminées de blanc, et la paire la plus extérieure est bordée de cette même couleur blanche; le bec et les pieds sont encore gris

(a) C'est M. de Sonnini qui m'a donné cette variété.

(b) *Cuculus Americanus totus cinereus*. Barrère, *Specim. novum*, p, 60, class. 3, gen. 33, sp. 4. — « Cuculus supernè grisco-fuscus, infernè cinereo-albus ; remigibus rufis, grisco-fusco » exteriùs admixto, apice grisco-fuscis, rectricibus tribus utrimque extimis nigricantibus, » apice albis, extimâ exteriùs albâ... » *Coucou de Saint-Domingue*. Brisson, t. IV, p. 110. — « Cuculus Dominicus, caudâ cuneiformi, corpore griseo-fusco, subtus ex albido, etc... » Linnæus, *Syst. nat.*, édit. XIII, p. 170, sp. 13.

(*) C'est d'après Cuvier la femelle du *Cuculus americanus* Lath.

brun. Cet oiseau se trouve à la Louisiane et à Saint-Domingue, sans doute en des saisons différentes : on le dit à peu près de la taille de la petite grive appelée *mauvis*.

J'ai vu dans le Cabinet de M. Mauduit une variété sous le nom de *petit coucou gris*, laquelle ne différait du cendrillard qu'en ce qu'elle avait tout le dessous blanc, qu'elle était un peu plus grosse, et qu'elle avait le bec moins long.

Longueur totale, de dix et demi à onze pouces ; bec, quatorze ou quinze lignes, les deux pièces recourbées en en-bas ; tarse, un pouce ; vol, quinze pouces et demi ; queue, cinq pouces un tiers, composée de dix pennes étagées : dépasse les ailes de deux pouces et demi à trois pouces.

IX. — LE COUCOU PIAYE (a) (b).

J'adopte le surnom de piaye que l'on donne à ce coucou (*) dans l'île de Cayenne, mais je n'adopte point la superstition qui le lui a fait donner : *Piaye* signifie *diable* dans la langue du pays, et encore *prêtre*, c'est-à-dire, chez un peuple idolâtre, *ministre* ou *interprète du diable*. Cela indique assez qu'on le regarde comme un oiseau de mauvais augure ; c'est, dit-on, par cette raison que les naturels, et même les nègres, ont de la répugnance pour sa chair ; mais cette répugnance ne viendrait-elle pas plutôt de ce que sa chair est maigre en tout temps ?

Le piaye est peu farouche ; il se laisse approcher de fort près et ne part que lorsqu'on est sur le point de le saisir ; on compare son vol à celui du martin-pêcheur ; il se tient communément aux bords des rivières, sur les basses branches des arbres, où il est apparemment plus à portée de voir et de saisir les insectes dont il fait sa nourriture ; lorsqu'il est perché, il hoche la queue et change sans cesse de place. Des personnes qui ont passé du temps à Cayenne, et qui ont vu plusieurs fois ce coucou dans la campagne, n'ont jamais entendu son cri ; sa taille est à peu près celle du merle ; il a le dessus de la tête et du corps d'un marron pourpre, compris même les pennes de la queue, qui sont noires vers le bout, terminées de blanc, et les pennes des ailes, qui sont terminées de brun ; la gorge et le devant du cou aussi marron pourpre, mais d'une teinte plus claire, et variable dans les

(a) Voyez les planches enluminées, n° 211, où cet oiseau est représenté sous le nom de *Coucou de Cayenne*.

(b) « Cuculus supernè castaneo-purpurascens, infernè cinereus ; collo inferiore dilutè castaneo-purpurascente ; rectricibus castaneo-purpurascentibus, versùs apicem nigris, apice albis... » *Coucou de Cayenne*. Brisson, t. IV, p. 122. — « Cuculus Cayanus, caudà cuneiformi, etc... » Linnæus, *Syst. nat.*, édit. XIII, p. 170, sp. 14. — *Ornithol. ital.*, t. Ier, p. 84, sp. 23.

(*) *Cuculus cayanus* Lath.

différents individus; la poitrine et tout le dessous du corps cendrés; le bec et les pieds gris brun.

Longueur totale, quinze pouces neuf lignes; bec, quatorze lignes; tarse, quatorze lignes et demie; vol, quinze pouces un tiers; queue, dix pouces, composée de dix pennes étagées et fort inégales : dépasse les ailes de huit pouces. *Nota* que l'individu qui est dans le Cabinet de M. Mauduit est un peu plus gros.

J'ai vu deux variétés dans cette espèce : l'une à peu près de même taille, mais différente pour les couleurs; elle avait le bec rouge, la tête cendrée, la gorge et la poitrine rousses, et le reste du dessous du corps cendré noirâtre.

L'autre variété (*a*) a à très peu près les mêmes couleurs : seulement le cendré du dessous du corps est teinté de brun; elle a aussi les mêmes habitudes naturelles, et ne diffère réellement que par sa taille, qui est fort approchante de celle du mauvis.

Longueur totale, dix pouces un quart; bec, onze lignes; tarse, onze lignes et plus; vol, onze pouces et demi; queue, près de six pouces, composée de dix pennes étagées : dépasse les ailes de près de quatre pouces.

X. — LE COUCOU NOIR DE CAYENNE (*b*).

Presque tout est noir dans cet oiseau (*), excepté le bec et l'iris, qui sont rouges, et les couvertures supérieures des ailes, qui sont bordées de blanc; mais le noir lui-même n'est pas uniforme, car il est moins foncé sous le corps que dessus.

Longueur totale, environ onze pouces; bec, dix-sept lignes; tarse, huit lignes; queue, composée de dix pennes un peu étagées : dépasse les ailes d'environ trois pouces.

M. de Sonnini m'a assuré que cet oiseau avait un tubercule à la partie antérieure de l'aile; il vit solitaire et tranquille, ordinairement perché sur les arbres qui se trouvent au bord des eaux, et n'a pas, à beaucoup près, autant de mouvement que la plupart des coucous, en sorte qu'il paraît faire la nuance entre ces oiseaux et les barbus.

(*a*) « Cuculus supernè castaneo-purpurascens, infernè cinereo-fuscus; collo inferiore et » pectore dilutè castaneo-purpurascentibus; rectricibus castaneo-purpurascentibus, apice » albis... » *Petit coucou de Cayenne*. Brisson, t. IV, p. 124. — *Cuculus Cayanensis minor*. Linnæus, p. 170, sp. 14, 6.

(*b*) Voyez les planches enluminées, n° 512.

(*) *Cuculus tranquillus* Lath.

XI. — LE PETIT COUCOU NOIR DE CAYENNE (a) (b).

Ce coucou (*) ressemble à l'espèce précédente, non seulement par la couleur dominante du plumage, mais encore par les mœurs et les habitudes naturelles ; il ne fréquente pas les bois, mais il n'en est pas moins sauvage ; il passe les journées perché sur une branche isolée, dans un lieu découvert, et sans prendre d'autre mouvement que celui qui est nécessaire pour saisir les insectes dont il se nourrit ; il niche dans des trous d'arbre, quelquefois même dans des trous en terre, mais c'est lorsqu'il en trouve de tout faits.

Ce coucou est noir partout, excepté sur la partie postérieure du corps, qui est blanche, et ce blanc, qui s'étend sur les jambes, est séparé du noir de la partie antérieure par une espèce de ceinture orangée : au reste, dans l'individu que j'ai vu chez M. Mauduit, le blanc ne s'étendait pas autant qu'il paraît s'étendre dans la planche enluminée.

Longueur totale, huit pouces un quart ; bec, neuf lignes ; tarse très court ; la queue n'a pas trois pouces ; elle est un peu étagée et ne dépasse pas de beaucoup les ailes.

(a) Voyez les planches enluminées, n° 505.
(b) Nous devons la connaissance de cette espèce et de ses mœurs à M. de Sonnini.

(*) *Cuculus tenebrosus* LATH.

LES ANIS

Ani (*) est le nom que les naturels du Brésil donnent à cet oiseau (*a*), et nous le lui conserverons, quoique nos voyageurs français (*b*) et nos nomenclateurs modernes (*c*) l'aient appelé *bout de petun* ou *bout de tabac,* nom ridicule, et qui n'a pu être imaginé que par la ressemblance de son plumage (qui est d'un noir brunâtre) à la couleur d'une carotte de tabac, car ce que dit le P. Dutertre (*d*), que son ramage prononce *petit bout de petun,* n'est ni vrai ni probable d'autant que les créoles de Cayenne lui ont donné une dénomination plus appropriée à son ramage ordinaire, en l'appelant *bouilleur de canari,* ce qui veut dire qu'il imite le bruit que fait l'eau bouillante dans une marmite ; et c'est en effet son vrai ramage ou gazouillis, très différent, comme l'on voit, de l'expression de la parole que lui suppose le P. Dutertre. On lui a aussi donné le nom d'oiseau *diable,* et l'on a même appelé l'une des espèces *diable des savanes,* et l'autre *diable des palétuviers,* parce qu'en effet les uns se tiennent constamment dans les savanes, et les autres fréquentent les bords de la mer et des marais d'eau salée, où croissent les palétuviers.

Leurs caractères génériques sont d'avoir deux doigts en avant et deux en arrière, le bec court, crochu, plus épais que large, dont la mandibule inférieure est droite et la supérieure élevée en demi-cercle à son origine, et cette convexité remarquable s'étend sur toute la partie supérieure du bec, jusqu'à peu de distance de son extrémité qui est crochue ; cette convexité est comprimée sur les côtés, et forme une espèce d'arête presque tranchante tout le long du sommet de la mandibule supérieure ; au-dessus et tout autour s'élèvent de petites plumes effilées, aussi raides que des soies de cochon, longues d'un demi-pouce, et qui toutes se dirigent en avant. Cette confor-

(*a*) Marcgrave, *Hist. nat. Brasil.*, p. 193.
(*b*) Dutertre, *Hist. des Antilles*, t. II, p. 261.
(*c*) Brisson, *Ornithol.*, t. IV, p. 177.
(*d*) *Histoire des Antilles*, t. II, p. 261.

(*) Les Anis (*Crotophaga* L.) sont des Grimpeurs de la famille des Cuculides à bec comprimé et élevé, muni d'une arête dorsale en forme de cimier et aussi long que la tête qui est relativement petite.

mation singulière du bec suffit pour qu'on puisse reconnaître ces oiseaux, et paraît exiger qu'on en fasse un genre particulier, qui néanmoins n'est composé que de deux espèces.

L'ANI DES SAVANES (a) (b)

PREMIÈRE ESPÈCE.

Cet ani (*) est de la grosseur d'un merle, mais sa grande queue lui donne une forme allongée : elle a sept pouces, ce qui fait plus de la moitié de la longueur totale de l'oiseau, qui n'en a que treize et demi ; le bec, long de treize lignes, a neuf lignes et demie de hauteur ; il est noir, ainsi que les pieds, qui ont dix-sept lignes de hauteur. La description des couleurs sera courte : c'est un noir à peine nuancé de quelques reflets violets sur tout le corps, à l'exception d'une petite lisière d'un vert foncé et luisant qui borde les plumes du dessus du dos et des couvertures des ailes, et qu'on n'aperçoit pas à une certaine distance, car ces oiseaux paraissent tout noirs. La femelle ne diffère pas du mâle ; ils vont constamment par bandes, et sont d'un naturel si social, qu'ils demeurent et pondent plusieurs ensemble dans le même nid ; ils construisent ce nid avec des bûchettes sèches sans le garnir, mais ils le font extrêmement large, souvent d'un pied de diamètre : on prétend même qu'ils en proportionnent la capacité au nombre de camarades qu'ils veulent y admettre. Les femelles couvent en société ; on en a souvent vu cinq ou six dans le même nid : cet instinct, dont l'effet serait fort utile à ces

(a) Voyez les planches enluminées, n° 102, figure 2, sous la dénomination de *Petit bout de petun*.

(b) *Ani Brasiliensibus*. Marcgrave, *Hist. nat. Brasil.*, p. 193 — *Cacalotototl seu avis corvina*. Fernandez, *Hist. nov. Hisp.*, p. 50. — *Nota*. Nous avons dit, tome IV, p. 23, que ce cacalotototl de Fernandez pourrait bien être un étourneau ; mais, mieux informés maintenant, nous sommes assurés que cet oiseau du Mexique est le même que l'ani du Brésil. — *Bout de petun*. Dutertre, *Hist. des Antilles*. t. II, p. 260. — *Ani Brasiliensibus Marcgravii*. Jonston, *Avi*, p. 132. — *Psittaco congener, ani Brasiliensium Marcgravii*. Willughby, *Ornithol.*, p. 81. — *Ani Brasiliensibus Marcgravii*. Ray, *Synops. avi.*, p. 185, n° 29. — *Cacalototoll. Ibidem*, p. 168, n° 27. — *Psittaco congener, ani Brasiliensium Marcgravii Wilughbei. Ibid.*, p. 35, n° 10. — *Cornix garrula major*. Klein, *Avi.*, p. 59, n° 7. — *Pica nigra Jamaïcensis, plumis interspersis purpureis e viridi resplendentibus rostro novaculæ formi. Ibidem*, p. 64, n° 12. — *The great black bird. Monedula tota nigra major, garrula, mandibula superiore arcuata*. Sloane, *Voyage of Jamaïca*, p. 298 ; et pl. 256, fig. 1. — *Monedula tota nigra*. Catesby, *Append.*, p. 3, avec une bonne figure mal coloriée, pl. 3. — *Crotophagus ater, rostro breviori compresso, supernè arcuato cultrato*. Browne, *Hist. nat. of Jamaïca*, p. 474. — *L'ani des Brasiliens*. Salerne, *Ornithol.*, p. 73, n° 10. — « Crotophagus nigro-violaceus, » oris pennarum obscurè viridibus, cupri puri colore variantibus ; remigibus, rectricibusque » nigro-violaceis... » *Crotophagus*. Brisson, *Ornithol.*, t. IV, p. 177 ; et pl. 18, fig. 1.

(*) *Crotophaga Ani* LATH.

oiseaux dans les climats froids, paraît au moins superflu dans les pays méridionaux, où il n'est pas à craindre que la chaleur du nid ne se conserve pas; cela vient donc uniquement de l'impulsion de leur naturel social, car ils sont toujours ensemble, soit en volant, soit en se reposant, et ils se tiennent sur les branches des arbres tout le plus près qu'il leur est possible les uns des autres; ils ramagent aussi tous ensemble, presque à toutes les heures du jour, et leurs moindres troupes sont de huit ou dix, et quelquefois de vingt-cinq ou trente. Ils ont le vol court et peu élevé; aussi se posent-ils plus souvent sur les buissons et dans les halliers que sur les grands arbres. Ils ne sont ni craintifs ni farouches, et ne fuient jamais bien loin : le bruit des armes à feu ne les épouvante guère; il est aisé d'en tirer plusieurs de suite, mais on ne les recherche pas, parce que leur chair ne peut se manger, et qu'ils ont même une mauvaise odeur lorsqu'ils sont vivants. Ils se nourrissent de graines, et aussi de petits serpents, lézards et autres reptiles; ils se posent aussi sur les bœufs et les vaches pour manger les tiques, les vers et les insectes nichés dans le poil de ces animaux.

L'ANI DES PALÉTUVIERS (*a*) (*b*)

SECONDE ESPÈCE.

Cet oiseau (*) est plus grand que le précédent et à peu près de la grosseur d'un geai : il a dix-huit pouces de longueur, en y comprenant celle de la queue qui en fait plus de moitié; son plumage est à peu près de la même couleur noir brunâtre que celui du premier, seulement il est un peu plus varié par la bordure de vert brillant qui termine les plumes du dos et des couvertures des ailes; en sorte que si l'on n'en jugeait que par ces différences de grandeur et de couleurs, on pourrait regarder ces deux oiseaux comme des variétés de la même espèce; mais la preuve qu'ils forment deux espèces distinctes, c'est qu'ils ne se mêlent jamais : les uns habitent con-

(*a*) Voyez les planches enluminées, n° 102, fig. 1, sous la dénomination de *grand bout de petun de Cayenne*. — Le tour des yeux qui est rouge dans cette planche, n'est pas de cette couleur dans la nature, mais brun noirâtre, comme on le voit dans la même planche, fig. 2.

(*b*) « Crotophagus nigro-violaceus, oris pennarum viridibus; remigibus obscurè viridibus, » rectricibus nigro-violaceis... » *Crotophagus major*. Brisson, *Ornithol.*, t. IV, p. 180; et pl. 18, fig. 2. — *L'ani des Brasiliens*, seconde espèce. Salerne, *Ornithol.*, p. 73, n° 10. — *Ani*. Supplément à l'Encyclopédie, t. Ier, article Ani, par M. Adanson. Nous devons observer que le savant auteur de cet article paraît douter que les anis pondent et couvent ensemble dans le même nid; cependant ce fait nous a été assuré par un si un grand nombre de témoins oculaires, qu'il n'est plus possible de le nier.

(*) *Crotophaga major* Lath.

stamment les savanes découvertes, et les autres ne se trouvent que dans les palétuviers. Néanmoins ceux-ci ont les mêmes habitudes naturelles que les autres : ils vont de même en troupes; ils se tiennent sur le bord des eaux salées; ils pondent et couvent plusieurs dans le même nid, et semblent n'être qu'une race différente qui s'est accoutumée à vivre et à habiter dans un terrain plus humide, et où la nourriture est plus abondante par la grande quantité de petits reptiles et d'insectes que produisent ces terrains humides.

Comme je venais d'écrire cet article, j'ai reçu une lettre de M. le chevalier Lefebvre-Deshayes au sujet des oiseaux de Saint-Domingue, et voici l'extrait de ce qu'il me marque sur celui-ci :

« Cet oiseau, dit-il, est un des plus communs dans l'île de Saint-Domin- » gue..... Les nègres lui donnent différentes dénominations : celle de *bout* » *de tabac*, de *bout de petun*, d'*amangoua*, de *perroquet noir*, etc..... Si on » fait attention à la structure des ailes de cet oiseau, au peu d'étendue de » son vol, au peu de pesanteur de son corps, relativement à son volume, » on n'aura pas de peine à le reconnaître pour un oiseau indigène de ces » climats du Nouveau Monde : comment en effet, avec un vol si borné et » des ailes si faibles, pourrait-il franchir le vaste intervalle qui sépare les » deux continents?..... Son espèce est particulière à l'Amérique méridio- » nale; lorsqu'il vole il étend et élargit sa queue, mais il vole moins vite et » moins longtemps que les perroquets..... Il ne peut soutenir le vent, et les » ouragans font périr beaucoup de ces oiseaux.

» Ils habitent les endroits cultivés ou ceux qui l'ont été anciennement : » on n'en rencontre jamais dans les bois de haute futaie; ils se nourrissent » de diverses espèces de graines et de fruits; ils mangent des grains du » pays, tels que le petit mil, le maïs, le riz, etc. Dans la disette ils font la » guerre aux chenilles et à quelques autres insectes. Nous ne dirons pas » qu'ils aient un chant ou un ramage, c'est plutôt un sifflement ou un piau- » lement assez simple : il y a pourtant des occasions où sa façon de s'ex- » primer est plus variée; elle est toujours aigre et désagréable; elle change » suivant les diverses passions qui agitent l'oiseau. Aperçoit-il quelque chat » ou un autre animal capable de nuire, il en avertit aussitôt tous ses sem- » blables par un cri très distinct, qui est prolongé et répété tant que le péril » dure; son épouvante est surtout remarquable lorsqu'il a des petits, car » il ne cesse de s'agiter et de voler autour de son nid... Ces oiseaux vivent » en société sans être en aussi grandes bandes que les étourneaux; ils ne » s'éloignent guère les uns des autres... et même dans le temps qui précède » la ponte on voit plusieurs femelles et mâles travailler ensemble à la con- » struction du nid, et ensuite plusieurs femelles couver ensemble, chacune » leurs œufs, et élever leurs petits; cette bonne intelligence est d'autant » plus admirable, que l'amour rompt presque toujours dans les animaux

» les liens qui les attachaient à d'autres individus de leur espèce... Ils » entrent en amour de bonne heure : dès le mois de février, les mâles cher- » chent les femelles avec ardeur, et dans le mois suivant le couple amou- » reux s'occupe de concert à ramasser les matériaux pour la construction » du nid... Je dis amoureux, parce que ces oiseaux paraissent l'être autant » que les moineaux ; et pendant toute la saison que dure leur ardeur, ils » sont beaucoup plus vifs et plus gais que dans tout autre temps... Ils » nichent sur les arbrisseaux, dans les cafiers, dans les buissons et dans » les haies ; ils posent leur nid sur l'endroit où la tige se divise en plusieurs » branches... Lorsque les femelles se mettent plusieurs ensemble dans le » même nid, la plus pressée de pondre n'attend pas les autres, qui agran- » dissent le nid pendant qu'elle couve ses œufs. Ces femelles usent d'une » précaution qui n'est point ordinaire aux oiseaux, c'est de couvrir leurs » œufs avec des feuilles et des brins d'herbes à mesure qu'elles les pondent... » Elles couvrent également leurs œufs pendant l'incubation lorsqu'elles sont » obligées de les quitter pour aller chercher leur nourriture... Les femelles » qui couvent dans le même nid ne se chicanent pas comme font les poules » lorsqu'on leur donne un panier commun ; elles s'arrangent les unes auprès » des autres : quelques-unes cependant, avant de pondre, font avec des brins » d'herbe une séparation dans le nid afin de contenir en particulier leurs » œufs ; et s'il arrive que les œufs se trouvent mêlés ou réunis ensemble, » une seule femelle fait éclore tous les œufs des autres avec les siens ; elle » les rassemble, les entasse et les entoure de feuilles : par ce moyen la » chaleur se répartit dans toute la masse et ne peut se dissiper... Cependant » chaque femelle fait plusieurs œufs par ponte... Ces oiseaux construisent » leur nid très solidement, quoique grossièrement, avec de petites tiges de » plantes filamenteuses, des branches de citronnier ou d'autres arbrisseaux ; » le dedans est seulement tapissé et couvert de feuilles tendres et qui se » fanent bientôt : c'est sur ce lit de feuilles que sont déposés les œufs ; ces » nids sont fort évasés et fort élevés des bords ; il y en a dont le diamètre a » plus de dix-huit pouces ; la grandeur du nid dépend du nombre des » femelles qui doivent y pondre. Il serait assez difficile de dire au juste si » toutes les femelles qui pondent dans le même nid ont chacune leur mâle ; » il se peut faire qu'un seul mâle suffise à plusieurs femelles, et qu'ainsi » elles soient en quelque façon obligées de s'entendre lorsqu'il s'agit de » construire les nids ; alors il ne faudrait plus attribuer leur union à l'amitié, » mais au besoin qu'elles ont les unes des autres dans cet ouvrage... Ces » œufs sont de la grosseur de ceux de pigeon ; ils sont de couleur d'aigue- » marine uniforme, et n'ont point de petites taches vers les bouts, comme la » plupart des œufs des oiseaux sauvages... Il y a apparence que les femelles » font deux ou trois pontes par an, cela dépend de ce qui arrive à la pre- » mière ; quand elle réussit, elles attendent l'arrière-saison avant d'en faire

» une autre; si la ponte manque, ou si les œufs sont enlevés, mangés par » les couleuvres ou les rats, elles en font une seconde peu de temps après » la première; vers la fin de juillet, ou dans le courant d'août, elles com» mencent la troisième; ce qu'il y a de certain, c'est qu'en mars, en mai et » en août on trouve des nids de ces oiseaux... Au reste, ils sont doux et » faciles à apprivoiser, et on prétend qu'en les prenant jeunes on peut leur » donner la même éducation qu'aux perroquets, et leur apprendre à parler » quoiqu'ils aient la langue aplatie et terminée en pointe, au lieu que celle » du perroquet est charnue, épaisse et arrondie...

» La même amitié, le même accord qui ne s'est point démenti pendant » le temps de l'incubation, continue après que les petits sont éclos; lorsque » les mères ont couvé ensemble, elles donnent successivement à manger à » toute la petite famille... Les mâles aident à fournir les aliments, mais » lorsque les femelles ont couvé séparément elles élèvent leurs petits à part, » cependant sans jalousie et sans colère; elles leur portent la becquée à » tour de rôle, et les petits la prennent de toutes les mères; la nourriture » qu'elles leur donnent dépend de la saison : tantôt ce sont des chenilles, » des vers, des insectes, tantôt des fruits, tantôt des grains, comme le mil, » le maïs, le riz, l'avoine sauvage, etc.... Au bout de quelques semaines, les » petits ont acquis assez de force pour essayer leurs ailes, mais ils ne s'aven» turent pas au loin; peu de temps après ils vont se percher auprès de leurs » père et mère sur les arbrisseaux, et c'est là où les oiseaux de proie les » saisissent pour les emporter...

» L'ani n'est point un oiseau nuisible; il ne désole pas les plantations de » riz comme le merle, il ne mange pas les amandes du cocotier comme le » charpentier (le pic), il ne détruit pas les pièces de mil comme les perro» quets et les perruches. »

LE HOUTOU OU MOMOT (a) (b)

Nous conservons à cet oiseau le nom de *houtou* (*) que lui ont donné les naturels de la Guiane, et qui lui convient parfaitement, parce qu'il est l'ex-

(a) Voyez les planches enluminées, n° 370, sous la dénomination de *Motmot du Brésil*; on aurait dû dire *motmot du Mexique*, car *motmot* est un nom mexicain que Fernandez a cité pour cet oiseau, tandis qu'au Brésil il ne porte pas le nom de *motmot*, mais celui de *guira-guainumbi*, que Marcgrave nous a conservé.

(b) *Motmot*. Fernandez, *Hist. nov. Hisp.*, p. 52. — *Yayauhquitototl*. Fernandez, *ibidem*, p. 55. — *Guira-guainumbi Brasiliensibus, tupinambis*. Marcgrave, *Hist. nat. Bras.*. p. 193. *Guira-guainumbi*. Pison, *Hist. nat. Bras.*, p. 93. — *Motmot*. Eusèb. Nieremberg, p. 209. —

(*) Les Houtous ou Motmots (*Prionites* ILL. *Momotus* LATH.) sont des Passereaux du groupe des Lévirostres, à bec denté en scie.

pression même de sa voix ; il ne manque jamais d'articuler *houtou* brusquement et nettement toutes les fois qu'il saute ; le ton de cette parole est grave et tout semblable à celui d'un homme qui la prononcerait, et ce seul caractère suffirait pour faire reconnaître cet oiseau lorsqu'il est vivant, soit en liberté, soit en domesticité.

Fernandez, qui le premier a parlé du houtou, ne s'est pas aperçu qu'il l'indiquait sous deux noms différents, et cette méprise a été copiée par tous les nomenclateurs qui ont également fait deux oiseaux d'un seul, comme on peut le voir dans leurs phrases que nous avons rapprochées dans la nomenclature ci-dessous. Marcgrave est le seul des naturalistes qui ne se soit pas trompé ; l'erreur de Fernandez est venue de ce qu'il a vu un de ces oiseaux qui n'avait qu'une seule penne ébarbée ; il a cru que c'était une conformation naturelle, tandis qu'elle est contre nature, car tous les oiseaux ont tout aussi nécessairement les pennes par paires, et semblables, que les autres animaux ont les deux jambes ou les deux bras pareils. Il y a donc grande apparence que dans l'individu qu'a vu Fernandez cette penne de moins avait été arrachée, ou qu'elle était tombée par accident, car tout le reste de ses indications ne présente aucune différence ; ainsi l'on peut présumer avec tout fondement que ce second oiseau qui n'avait qu'une penne ébarbée n'était qu'un individu mutilé.

Le houtou est de la grosseur d'une pie ; il a dix-sept pouces trois lignes de longueur jusqu'à l'extrémité des grandes pennes de la queue ; il a les doigts disposés comme les martins-pêcheurs, les manakins, etc. ; mais ce qui le distingue de ces oiseaux et même de tous les autres, c'est la forme de son bec, qui sans être trop long pour la grandeur du corps, est de figure conique, courbé en bas et dentelé sur les bords des deux mandibules ; ce caractère du bec conique, courbé en bas et dentelé, suffirait encore pour le faire reconnaître ; néanmoins il en a un autre plus singulier et qui n'appartient qu'à lui, c'est d'avoir dans les deux longues pennes du milieu de la

Avis caudata. Ibidem, p. 209. — *Yayauh quitototl.* Ray, *Synops. avi.*, p. 167. — *Ispidæ, seu meropis affinis, guira-guainumbi Brasiliensibus tupinambis Marcgravii. Ibidem*, p. 49, nº 5. — *Guira-guainumbi Brasiliensibus.* Jonston, *Avi.*, p. 132. — *Jajauquitototl. Ibid.*, p. 119. — *Merula.* Moehring, *Avi.*, gen. 112. — *Ispidæ, seu meropis, affinis guira-guainumbi Brasiliensibus tupinambis Marcgravii.* Willughby, *Ornithol.*, p. 103. — *Yayau quitototl seu avis caudata. Ibidem*, p. 298. — *The Brasilian saw-billed roller.* Le rolier au bec dentelé du Brésil. Edwards, *Glan.*, p. 251, avec une planche très bien coloriée. — « Momotus viridis, supernè splendidiùs, infernè obscuriùs : syncipite cæruleo beryllino ; occipitio cæruleo-violaceo ; vertice et maculâ per oculos splendidè nigris ; fasciculo pennarum nigro, ad latera cæruleo id medio pectore ; rectricibus subtus nigricantibus, supernè tribus utrimque extimis viridibus, sex intermediis primùm viridibus, dein cæruleo-violaceis, quatuor intermediis nigricante terminatis... » *Momotus.* Brisson, *Ornithol.*, t. IV, p 465 ; et pl. 35, fig. 3. — « Momotus viridi, cyaneo, fulvo et cinereo variegatus ; rectricibus subtus nigricantibus, supernè tribus utrimque extimis viridibus, sex intermediis primùm viridibus, dein cæruleo-violaceis, quatuor intermediis nigricante terminatis... » *Momotus varius. Ibidem*, page 469.

queue un intervalle d'environ un pouce de longueur, à peu de distance de leur extrémité, lequel intervalle est absolument nu, c'est-à-dire ébarbé, en sorte que la tige de la plume est nue dans cet endroit, ce qui néanmoins ne se trouve que dans l'oiseau adulte, car dans sa jeunesse ces pennes sont revêtues de leurs barbes dans toute leur longueur, comme toutes les autres plumes. L'on a cru que cette nudité des pennes de la queue n'était pas produite par la nature, et que ce pouvait être un caprice de l'oiseau, qui arrachait lui-même les barbes de ses pennes dans l'intervalle où elles manquent : mais l'on a observé que dans les jeunes ces barbes sont continues et tout entières, et qu'à mesure que l'oiseau vieillit, ces mêmes barbes diminuent de longueur et se raccourcissent, en sorte que dans les vieux elles disparaissent tout à fait. Au reste nous ne donnons pas ici une description plus détaillée de cet oiseau, dont les couleurs sont si mêlées, qu'il ne serait pas possible de les représenter autrement que par le portrait que nous en avons donné dans notre planche enluminée, et encore mieux par la planche d'Edwards (*a*), qui est plus parfaitement coloriée que la nôtre; néanmoins nous observerons que les couleurs en général varient suivant l'âge ou le sexe, car on a vu de ces oiseaux beaucoup moins tachetés les uns que les autres.

On ne les élève que difficilement, quoique Pison dise le contraire : comme ils vivent d'insectes, il n'est pas aisé de leur en choisir à leur gré, on ne peut nourrir ceux que l'on prend vieux : ils sont tristement craintifs, et refusent constamment de prendre la nourriture. C'est d'ailleurs un oiseau sauvage très solitaire et qu'on ne trouve que dans la profondeur des forêts; il ne va ni en troupes ni par paires, on le voit presque toujours seul à terre ou sur des branches peu élevées, car il n'a pour ainsi dire point de vol, il ne fait que sauter vivement et toujours prononçant brusquement *houtou ;* il est éveillé de grand matin et fait entendre cette voix *houtou* avant que les autres oiseaux ne commencent leur ramage. Pison (*b*) a été mal informé lorsqu'il a dit que cet oiseau faisait son nid au-dessus des grands arbres ; non seulement il n'y fait pas son nid, mais il n'y monte jamais : il se contente de chercher à la surface de la terre quelque trou de tatous, d'acouchis ou d'autres petits animaux quadrupèdes, dans lequel il porte quelques brins d'herbes sèches pour y déposer ses œufs, qui sont ordinairement au nombre de deux. Au reste, ces oiseaux sont assez communs dans l'intérieur des terres de la Guiane, mais ils fréquentent très rarement les environs des habitations : leur chair est sèche et n'est pas trop bonne à manger. Pison s'est encore trompé en disant que ces oiseaux se nourrissent de fruits ; et comme c'est la troisième méprise qu'il a faite au sujet de leurs

(*a*) Voyez *Glanures*, page 328.
(*b*) *Hist. nat. Bras.*, pag. 93 et 94.

habitudes naturelles, il y a grande apparence qu'il a appliqué les faits historiques d'un autre oiseau à celui-ci, dont il n'a donné la description que d'après Marcgrave, et que probablement il ne connaissait pas ; car il est certain que le *houtou* est le même oiseau que le *gaira-guainumbi* de Marcgrave, qu'il ne s'apprivoise pas aisément, qu'il n'est pas bon à manger, et qu'enfin il ne se perche ni ne niche au-dessus des arbres, ni ne se nourrit de fruits, comme le dit Pison.

LES HUPPES

LES PROMEROPS ET LES GUÉPIERS

S'il est vrai que la comparaison soit le véritable instrument de la connaissance, c'est principalement lorsqu'il s'agit d'objets qui ont plusieurs qualités communes et qui se ressemblent à beaucoup d'égards : on ne peut trop comparer ces sortes d'objets, on ne peut trop les rassembler sous le même coup d'œil ; il résulte de ces rapprochements, de ces comparaisons une lumière qui fait souvent découvrir des différences réelles où l'on n'avait d'abord aperçu que de fausses analogies, pour avoir trop isolé les objets et ne les avoir considérés que l'un après l'autre. Par ces raisons, j'ai dû réunir dans un seul article ce que j'ai à dire de général sur les genres très voisins des huppes, des promerops et des guépiers.

Notre huppe est bien connue par sa belle aigrette double, qui est presque unique dans son espèce, puisqu'elle ne ressemble à aucune autre, si ce n'est à celle des kakatoès, par son bec long, menu et arqué, et par ses pieds courts. La huppe noire et blanche du Cap diffère de la nôtre en plusieurs points, et notamment par son bec plus court et plus pointu, comme on le verra dans les descriptions ; mais on a dû la rapporter à ce genre dont elle approche plus que de tout autre.

Les promerops ont tant de rapports avec le genre de la huppe, qu'on pourrait dire, en adoptant pour un moment les principes des méthodistes, que les promerops sont des huppes sans huppe ; mais la vérité est qu'ils sont un peu plus haut montés, et qu'ils ont communément la queue beaucoup plus longue.

Les guépiers ressemblent, par leurs pieds courts, à la huppe comme au martin-pêcheur, et plus particulièrement à ce dernier par la singulière disposition de leurs doigts, dont celui du milieu est adhérent au doigt extérieur jusqu'à la troisième phalange, et au doigt intérieur jusqu'à la première seulement. Le bec des guépiers, qui est assez large à sa base et assez fort, tient le milieu entre les becs grêles des huppes et des promerops d'une part, et les becs longs, droits, gros et pointus des martins-pêcheurs d'autre part, toutefois s'approchant un peu plus des premiers que des derniers, puisque le guêpier vit d'insectes comme les huppes et les promerops, et non de petits poissons comme les martins-pêcheurs : or, l'on sait combien la force et la conformation du bec influent sur le choix des aliments.

On trouve encore quelques vestiges d'analogie entre le genre des guêpiers et celui des martins-pêcheurs : premièrement, la belle couleur d'aigue-marine, qui n'est rien moins que commune dans les oiseaux d'Europe, embellit également le plumage de notre martin-pêcheur et celui de notre guêpier ; en second lieu, dans le plus grand nombre des espèces de guêpiers, les deux pennes intermédiaires de la queue excèdent de beaucoup les latérales, et le genre du martin-pêcheur nous présente quelques espèces dans lesquelles ces deux intermédiaires sont de même excédantes ; troisièmement, il nous présente aussi des espèces qui ont le bec un peu courbé, et qui en cela se rapprochent des guêpiers.

D'un autre côté, quelque voisins que soient les deux genres des guêpiers et des promerops, la nature, toujours libre, toujours féconde, a bien su les séparer, ou plutôt les fondre ensemble par des nuances intermédiaires qui tiennent plus ou moins de l'un et de l'autre ; ces nuances, ce sont des oiseaux qui sont guêpiers par quelques parties et promerops par d'autres parties : j'applique à ce petit genre intermédiaire, ou si l'on veut équivoque, le nom de merops.

Tous ces différents oiseaux, qui ont déjà tant de rapports entre eux, se ressemblent encore par la taille. Dans chacun de ces genres, les espèces plus grosses ne le sont guère plus que les grives, et les plus petites ne sont guère plus petites que les moineaux et les becfigues ; s'il y a quelques exceptions, elles sont peu nombreuses, et d'ailleurs elles ont également lieu dans ces différents genres.

A l'égard du climat, il n'est pas le même pour tous : les promerops se trouvent en Asie, en Afrique et en Amérique ; on n'en voit jamais en Europe, et s'ils sont aborigènes du vieux continent, et que par conséquent ils aïent passé plus tôt ou plus tard dans le nouveau, il faut que ce soit par le nord de l'Asie. La huppe est attachée exclusivement à l'ancien monde, et j'en dis autant des guêpiers, quoique l'on trouve dans nos planches enluminées la figure d'un oiseau appelé *guêpier de Cayenne;* mais on a de fortes raisons de douter qu'il soit en effet originaire de cette île. Des ornithologistes qui y ont fait plusieurs voyages ne l'y ont jamais vu, et l'individu d'après lequel la figure de nos planches a été dessinée et gravée est unique à Paris jusqu'à présent, quoique en général les oiseaux de Cayenne y soient très communs. Quant aux deux guêpiers donnés par Seba comme étant l'un du Brésil et l'autre du Mexique, on sait combien l'autorité de Seba est suspecte sur cet article ; et ici elle l'est d'autant plus, que ce seraient les deux seules espèces de guêpiers qui fussent originaires du nouveau continent.

LA HUPPE [(a)] [(b)]

Un auteur de réputation en ornithologie (Belon) a dit que cet oiseau (*) avait pris son nom de la grande et belle huppe qu'il porte sur sa tête; il aurait dit tout le contraire s'il eût fait attention que le nom latin de ce même oiseau, *upupa*, d'où s'est évidemment formé son nom français, est non seulement plus ancien de quelques siècles que le mot générique *huppe*, qui signifie dans notre langue une touffe de plumes dont certaines espèces d'oiseaux ont la tête surmontée, mais encore plus ancien que notre langue elle-même, laquelle a adopté le nom propre de l'espèce dont il s'agit ici pour exprimer en général son attribut le plus remarquable.

(*a*) Voyez les planches enluminées, nº 52.

(*b*) Ἔποψ. Aristote, *Hist. animal.*, lib. I, cap. I; lib. VI, cap. I; lib. IX, cap. II, 15 et 49. Ce nom est la racine du verbe ποπίζειν qui exprime le cri de la huppe. — Élien, *Nat. animal.*, lib. I, cap. XXXV; lib. III, cap. XXVI; lib. VI, cap. XLVI; lib. X, cap. XVI; et lib. XVI, cap. V. — *Upupa*. Pline, *Nat. hist.*, lib. X, cap. XXIX; et lib. XXX, cap. VI. Remarquez que Pline prononçait *oupoupa*, ainsi que Varron, comme on va voir. — Varron, *Lingua lat.*, lib. IV. Cet auteur croit que le nom latin *upupa*, s'est formé du cri de l'oiseau, *pou, pou;* et la Fable nous donne encore l'origine de ce cri : elle raconte que Thésée, roi de Thrace, ayant été métamorphosé en huppe, à la suite de plusieurs horreurs, et notamment après que Progné sa femme et Philomèle sa belle-sœur eurent fait servir sur sa table son fils Itys qu'elles avaient mis en pièces, ce père infortuné ne put former d'autre cri que που, που, qui en grec signifie *où, où*, comme s'il eût encore cherché ou redemandé son fils. — Huppe, *pupute lupoge;* en grec moderne, Αγριοπετεινος. Belon, *Nat. des oiseaux*, lib. VI, cap. X; et *Portrait d'oiseaux*, p. 72. Il n'en parle point dans ses observations; mais il se trompe, comme on le verra dans le texte, en disant que nous donnons à cet oiseau le nom de *huppe*, à cause de sa crête. — *Uupupa :* en hébreu, selon différents auteurs, *kaath, cos, hakocoz, ataleph, racha, anapha, chasida, dukiphat ;* en égyptien, *cucufa, cucupha;* en grec, Ἔποψ Ἀλεκτρύων ἄγριος, *fitomos;* en arabe, *alhudud, alhedud, garesol;* en turc, *ibik;* en italien, *buba, upega, gallo de Paradiso, galletto di maggio, puppula, cristella, putta* — (autrefois, selon Plaute et saint Jérôme, on appliquait le nom de *upupa* aux filles de joie); en espagnol, *abubilla ;* en portugais, *popa ;* en allemand, *wyd-hopff, wide-hopffe, wede-hoppe, kathaan;* en flamand, *hupetup ;* dans le Brabant, *hueron;* en anglais, *howpe*. Remarquez que plusieurs écrivains de cette nation ont donné ce nom au vanneau, et que cet abus subsiste encore en plusieurs petites écoles britanniques, selon Willughby. En illyrien, *dedek;* en polonais, *dudek;* en Savoie, *elpie;* en

(*) Les Huppes (*Upupa* L.) sont des Passereaux, du groupe des Ténuirostres, à corps svelte, à tête surmontée d'une huppe formée de deux rangées de plumes, à bec long, comprimé latéralement, à ailes longues, très arrondies, à queue offrant dix rectrices, à langue courte et triangulaire.

La Huppe vulgaire est l'*Upupa Epops* de Linné.

1 Huppe commune ... 2 Torcol d'Europe

A. Le Vasseur Editeur

La situation naturelle de cette touffe de plumes est d'être couchée en arrière, soit lorsque la huppe vole, soit lorsqu'elle prend sa nourriture, en un mot lorsqu'elle est exempte de toute agitation intérieure (*a*). J'ai eu occasion de voir un de ces oiseaux qui avait été pris au filet étant déjà vieux ou du moins adulte, et qui, par conséquent, avait les habitudes de la nature : son attachement pour la personne qui le soignait était devenu très fort, et même exclusif ; il ne paraissait content que lorsqu'il était seul avec elle ; s'il survenait des étrangers, c'est alors que sa huppe se relevait par un effet de surprise ou d'inquiétude, et il allait se réfugier sur le ciel d'un lit qui se trouvait dans la même chambre ; quelquefois il s'enhardissait jusqu'à descendre de son asile, mais c'était pour voler droit à sa maîtresse ; il était occupé uniquement de cette maîtresse chérie, et semblait ne voir qu'elle ; il avait deux voix fort différentes, l'une plus douce, plus intérieure, qui semblait se former dans le siège même du sentiment, et qu'il adressait à la

français, *huppe* ou *hupe*. En quelques cantons, *putput*, à cause de sa puanteur ; en Languedoc, *lupege*. Gessner, *De avibus*, p. 775. — En hébreu, *hasida* ; en grec, Ἔποψ, Σιγτή, Ἀλεκτρύων, Γιλάσος, en grec moderne, Αγριοκορος ; en italien, *uperga*, *galletto di marzo*. Aldrovande, *Ornithol.*, t. II, p. 702. — *Bubbola*. Olina, *Uccelleria*, fol. 36. — *Upupa*. En grec, Αγριοκόκορος. Jonston, *Aves*, p. 85. — Ray, *Synops. av.*, p. 48 ; en anglais, *the hoop or hoopoc*. — Willughby, *Ornithol.*, p. 100 ; en allemand près de Cologne, *wide-huppe* ; en anglais, *hoopo*. — Charleton, *Exercit.*, p. 98 ; vulgairememt en anglais, *the dung-bird*, *the hooper*, *the hoopoop*. — *Gallus lutosus*, *gallinaceus stercorarius* ; en allemand, *kot han*, *wiedehopffe*. Schwenckfeld, *Av. Siles.*, p. 368. — Rzackzynski, *Auctuar. Polon.*, p. 427 ; chez les Cassubiens, *hupka*. — Albin, *Oiseaux*, t. II, nº XLII. — Klein, *Ordo av.*, p. 110, nº XIV ; en grec, Ἔποξ (sans doute pour Ἔποψ) ; la femelle *dupe* (sans doute pour *huppe*) ; car les fautes d'orthographe copiées scrupuleusement sont une des grandes causes de la multiplication des noms. — Linnæus, *Fauna Suec.*, éd. 1746, nº 85 ; en Suède, *hær fogel* ; en Scanie, *popp*. — Moehring, *Gen. av.*, gen. 22, p. 39. — Sibbalde, *Scot. Illustr. prodrom.*, part. II, lib. III, sect. 3, cap. II, p. 16. — Kramer, *Elench. Austr. inf.*, p. 337. — Frisch, t. Ier, class. IV, div. 2, pl. 6, nº 43, art. 10. — On pourrait, selon lui, l'appeler bécasse d'arbre, *baum-schnepf*. En basse Saxe, *wede-hoppe*, mot composé, dans lequel *wede* ne vient pas de *weide*, saule, mais de *waide* qui, en termes de chasse, signifie excrément. — *Upupa varia, cristâ rufâ, in summo nigrâ*. Barrère, *Nov. specim.*, clas. III, p. 46, gen. 21 ; en catalan, *paput*, *poput*. — *Epos*, *upupa cristata*, *variegata*. Linnæus, *Syst. nat.*, édit. XIII, p. 183, gen. 64. — Muller, *Zoologiæ Dan. prodrom.*, p. 13, nº 103 ; en norwégien, *ærfugl* ; en danois, *herfugl*. — *The hoopoe*. Edwards, pl. 345. — « Upupa supernè fusco-nigricante, et » sordidè albo-rufescente varia, infernè albo-rufescens ; dorso supremo grisco ; pectore » grisco-vinaceo ; cristâ rufâ, apicibus pennarum nigris, rectricibus nigricantibus, tæniâ » transversâ albâ in medio præditis... » Huppe *ou* puput. Brisson, t. II, p. 455. — En arabe, sur les côtes du golfe Persique, *hudhud*, selon M. Niebhur. *Descript. de l'Arabie*, p. 148. — En différents jargons on l'appelle ou on l'a appelée *pepu*, *pipu*, *pupe*, *robin*, *bout-bout*, *boubou*, *coq d'été*, *coq* ou *poulet de bois*, *coq puant*, *coq merdeux*, *tchiaou* chez les Turcs, à cause de quelque rapport observé entre son aigrette et celle de certains huissiers de Turquie qui portent ce nom ; en vieil anglais, *houp*, *puet*. Et enfin à très juste titre, comme on voit, *avis multorum nominum*, l'oiseau aux cent noms. — Procope l'a rangée, dit-on, parmi les oiseaux de nuit ; mais c'est sans doute une méprise des copistes qui auront écrit *upupa* au lieu de *ulula*.

(*a*) On ajoute qu'elle cherche le feu, qu'elle aime à se coucher devant la cheminée, à s'y épanouir. Celle dont je vais parler appartenait à Mlle Lemulier, mariée depuis à M. Dumesniel, mestre de camp de cavalerie.

personne aimée ; l'autre, plus aigre et plus perçante, qui exprimait la colère ou l'effroi : jamais on ne le tenait en cage ni le jour ni la nuit, et il avait toute licence de courir dans la maison ; cependant, quoique les fenêtres fussent souvent ouvertes, il ne montra jamais, étant dans son assiette ordinaire, la moindre envie de s'échapper, et sa passion pour la liberté fut toujours moins forte que son attachement. A la fin toutefois il s'échappa, mais ce fut un effet de la crainte, passion d'autant plus impérieuse chez les animaux, qu'elle tient de plus près au désir inné de leur propre conservation ; il s'envola donc un jour qu'il avait été effarouché par l'apparition de quelque objet nouveau, encore s'éloigna-t-il fort peu, et n'ayant pu regagner son gîte, il se jeta dans la cellule d'une religieuse qui avait laissé sa fenêtre ouverte ; tant la société de l'homme, ou ce qui y ressemble lui était devenue nécessaire : il y trouva la mort, parce qu'on ne sut que lui donner à manger ; il avait cependant vécu trois ou quatre mois dans sa première condition avec un peu de pain et de fromage pour toute nourriture. Une autre huppe a été nourrie, pendant dix-huit mois, de viande crue (*a*) ; elle l'aimait passionnément et s'élançait pour l'aller prendre dans la main ; elle refusait au contraire celle qui était cuite. Cet appetit de préférence pour la viande crue indique une conformité de nature entre les oiseaux de proie et les insectivores, lesquels peuvent être regardés en effet comme des oiseaux de petite proie.

La nourriture la plus ordinaire de la huppe, dans l'état de liberté, ce sont les insectes en général, et surtout les insectes terrestres, parce qu'elle se tient beaucoup plus à terre que perchée sur les arbres (*b*) ; j'appelle insectes terrestres ceux qui passent leur vie, ou du moins quelques périodes de leur vie, soit dans la terre, soit à sa surface (*) : tels sont les scarabées, les fourmis (*c*), les vers, les demoiselles, les abeilles sauvages, plusieurs espèces de chenilles, etc. (*d*) : c'est là le véritable appât qui en tout pays attire la huppe

(*a*) Gessner en a nourri une avec des œufs durs ; Olina avec des vers et du cœur de bœuf ou de mouton coupé en petites tranches longuettes, ayant à peu près la forme de vers ; mais il recommande surtout de ne la point renfermer dans une cage.

(*b*) Les arbres où elle se perche le plus volontiers, ce sont les saules, les osiers et apparemment tous ceux qui croissent dans les terres humides. Les huppes apprivoisées se tiennent aussi bien plus souvent à terre que perchées.

(*c*) M. Frisch dit qu'elle fouille, avec son long bec, dans les fourmilières pour y chercher des œufs de fourmis ; celle qu'a nourrie Gessner était très friande en effet de ces œufs ou nymphes de fourmis, mais elle rejetait les fourmis elles-mêmes.

(*d*) M. Salerne ajoute qu'elle purge la maison de souris, mais c'est sans doute en les poursuivant et les mettant en fuite, car il est évident qu'avec un bec aussi grêle, des serres aussi faibles et un gosier aussi étroit, elle ne peut ni s'en saisir, ni les dévorer, encore moins

(*) Le bec de la Huppe est fort bien disposé pour saisir les insectes dont elle se nourrit ; mais pour avaler la proie qu'elle a saisie il faut qu'elle la lance en l'air et la reçoive dans son bec ouvert. Les Huppes adultes se livrent très habilement à cet exercice, mais les jeunes y sont fort inhabiles, et il faut, si l'on veut les élever, les gorger, parce qu'elles sont incapables de se nourrir seules.

dans les terrains humides (*a*), où son bec long et menu peut facilement pénétrer, et celui qui, en Égypte, la détermine, ainsi que beaucoup d'autres oiseaux, à régler sa marche sur la retraite des eaux du Nil, et à s'avancer constamment à la suite de ce fleuve ; car à mesure qu'il rentre dans ses bords (*b*) il laisse successivement à découvert des plaines engraissées d'un limon que le soleil échauffe, et qui fourmille bientôt d'une quantité innombrable d'insectes de toute espèce (*c*) : aussi les huppes de passage sont-elles alors très grasses et très bonnes à manger ; je dis les huppes de passage, car il y en a dans ce même pays de sédentaires que l'on voit souvent sur les dattiers, aux environs de Rosette, et qu'on ne mange jamais ; il en est de même de celles qui se trouvent en très grand nombre dans la ville du Caire (*d*), où elles nichent en pleine sécurité sur les terrasses des maisons (*e*). On peut en effet concevoir que des huppes vivant loin de l'homme, et dans une campagne inhabitée, sont meilleures à manger que celles qui vivent à portée d'une ville considérable ou des grands chemins qui y conduisent ; les premières cherchent leur vie, c'est-à-dire les insectes, dans la vase, le limon, les terres humides, en un mot dans le sein de la nature, au lieu que les autres les cherchent dans les immondices de tout genre qui abondent partout où il y a un grand nombre d'hommes réunis, ce qui ne peut manquer d'inspirer du dégoût pour les huppes des cités, et même de donner un mauvais fumet à leur chair (*f*) : il y en a une troisième classe qui tient le milieu entre les deux autres, et qui, se fixant dans nos jardins, trouve à s'y nourrir suffisamment de chenilles et de vers de terre (*g*). Au reste, tout le

les avaler tout entières ; on sait qu'elle mange aussi les substances végétales, entre autres des baies de myrte et des raisins. Voyez Olina et les anciens. J'ai trouvé dans le gésier de celles que j'ai disséquées, outre les insectes et les vers, tantôt de l'herbe, de petites graines, des bourgeons, tantôt des grains ronds d'une matière terreuse, quelquefois de petites pierres, quelquefois rien du tout.

(*a*) C'est parce qu'elle court ainsi dans la vase qu'on lui trouve presque toujours les pieds crottés.

(*b*) On voit par cela seul pourquoi l'apparition de la huppe en Égypte annonçait aux habitants de ce pays la retraite des eaux du Nil, et conséquemment la saison des semailles : aussi jouait-elle un grand rôle dans les hiéroglyphes égyptiens.

(*c*) Entre autres d'une espèce d'insecte particulière à l'Égypte, et qui ressemble au cloporte. Le Nil laisse aussi beaucoup de petites grenouilles et même de frai de grenouille dans les endroits qu'il a inondés ; et tout cela peut, en cas de besoin, suppléer aux insectes.

(*d*) On en mange à Bologne, à Gênes et dans quelques autres contrées de l'Italie et de la France, tant méridionale que septentrionale : quelques-uns les préfèrent aux cailles ; il est vrai que toutes nos huppes sont de passage.

(*e*) Ces deux dernières notes m'ont été communiquées par M. de Sonnini, dans deux lettres datées du Caire et de Rosette, les 4 septembre et 5 novembre 1777.

(*f*) C'est donc uniquement à ces huppes des cités, à ces huppes sédentaires que l'on doit rapporter ce que Belon dit, peut-être trop généralement de toutes les huppes, « que leur » chair ne vaut rien, et que n'y a personne en aucun pays qui en veuille tâter. » C'était et c'est encore une nourriture immonde chez les juifs.

(*g*) Olina, *Uccelleria*, fol. 36. Albin parle d'une huppe qui s'était établie dans un jardin situé au milieu de la forêt d'Epping en Angleterre.

monde convient que la chair de cet oiseau, qui passe pour être si sale de son vivant, n'a d'autre défaut que de sentir un peu trop le musc, et c'est apparemment la raison pourquoi les chats, d'ailleurs si friands d'oiseaux, ne touchent jamais à ceux-ci (*a*).

En Égypte, les huppes se rassemblent, dit-on, par petites troupes, et lorsqu'une d'entre elles est séparée des autres, elle rappelle ses compagnes par un cri fort aigu à deux temps, *zi*, *zi* (*b*). Dans la plupart des autres pays elles vont seules ou tout au plus par paires. Quelquefois, au temps du passage, il s'en trouve un assez grand nombre dans le même canton; mais c'est une multitude d'individus isolés qui ne sont unis entre eux par aucun lien social, et par conséquent ne peuvent former une véritable troupe : aussi partent-elles les unes après les autres quand elles sont chassées. D'autre part, comme elles ont toutes la même organisation, toutes doivent être et sont mues de la même manière par les mêmes causes; et c'est la raison pourquoi toutes, en s'envolant, se portent vers les mêmes climats, et suivent à peu près la même route. Elles sont répandues dans presque tout l'ancien continent, depuis la Suède, où elles habitent les grandes forêts, et même depuis les Orcades et la Laponie (*c*), jusqu'aux Canaries et au cap de Bonne-Espérance d'une part, et de l'autre jusqu'aux îles de Ceylan et de Java (*d*). Dans toute l'Europe elles sont oiseaux de passage et n'y restent point l'hiver, pas même dans les beaux pays de la Grèce et de l'Italie (*e*) : on en trouve quelquefois en mer (*f*), et de bons observateurs (*g*) les mettent au nombre des oiseaux que l'on voit passer deux fois chaque année dans l'île de Malte; mais il faut avouer qu'elles ne suivent pas toujours la même route, car souvent il arrive qu'en un même pays on en voit beaucoup une année, et très peu ou point du tout l'année suivante. De plus, il y a des contrées, comme l'Angleterre, où elles sont fort rares et où elles ne nichent jamais; d'autres, comme le Bugey, qu'elles semblent éviter absolument : toutefois le Bugey est un pays montagneux; il faut donc qu'elles ne soient pas attachées aux montagnes, du moins autant que le pensait Aristote (*h*); mais ce n'est pas le seul fait qui combatte l'assertion de ce philosophe, car les huppes établissent

(*a*) Il y a plusieurs moyens indiqués pour faire passer ce goût de musc; le plus généralement recommandé, c'est de couper la tête à la huppe au moment qu'elle vient d'être tuée : cependant les parties postérieures sont plus musquées que les parties antérieures.

(*b*) Note communiquée par M. de Sonnini.

(*c*) Voyez la *Laponie* de Schœffer. Francfort, 1673, in-4°.

(*d*) Voyez Edwards, pl. 20; et le voyageur la Barbinais.

(*e*) On sait bien, dit Belon, qu'elles ne demeurent pas l'hiver en Grèce. *Cùm fœtum eduxêre*, dit Pline, *abeunt upupæ*.

(*f*) Le 18 mars, passant au travers des Canaries, une huppe vint se poser sur notre vaisseau et prit son vol à l'ouest. *Voyage à l'île de France et de Bourbon*, par un officier du roi. Merlin, 1773, t. Ier.

(*g*) Entre autres M. le commandeur Desmazys.

(*h*) « Montes incolit et sylvas. » *Hist. animal.*, lib. I, cap. I.

tous les jours leur domicile au milieu de nos plaines, et l'on en voit fréquemment sur les arbres isolés qui croissent dans les îles sablonneuses, telles que celles de Camargue en Provence (*a*). Frisch dit qu'elles ont comme les pics la faculté de grimper sur l'écorce des arbres, et cela n'a rien que de conforme à l'analogie, puisqu'elles font comme les pics leur ponte dans des trous d'arbres ; elles y déposent le plus souvent leurs œufs, ainsi que dans des trous de murailles, sur le terreau ou la poussière qui se trouve d'ordinaire au fond de ces sortes de cavités, sans les garnir, dit Aristote, de paille ni d'aucune litière; mais cela est encore sujet à quelques exceptions, du moins apparentes : de six couvées qu'on m'a apportées, quatre étaient en effet sans litière, et les deux autres avaient sous elles un matelas très mollet, composé de feuilles, de mousse, de laine, de plumes, etc. (*b*). Or, tout cela peut se concilier, car il est très possible que la huppe ne garnisse jamais son nid de mousse ni d'autre chose, mais qu'elle fasse quelquefois sa ponte dans des trous qui auront été occupés l'année précédente par des pics, des torcols, des mésanges et autres oiseaux qui les auront matelassés, chacun suivant son instinct.

On a dit il y a longtemps, et l'on a beaucoup répété, que la huppe enduisait son nid des matières les plus infectes : de la fiente de loup, de renard, de cheval, de vache, bref de toutes sortes d'animaux, sans excepter l'homme (*c*) ; et cela, ajoute-t-on, dans l'intention de repousser par la mauvaise odeur les ennemis de sa couvée (*d*) ; mais le fait n'est pas plus vrai que

(*a*) Note communiquée par M. le marquis de Piolenc.

(*b*) Il y avait au fond de l'un de ces nids plus de deux litrons de mousse, des débris de hannetons, quelques vermisseaux échappés sans doute du bec de la mère ou de ses petits : les six arbres où se sont trouvés ces nids, sont trois griottiers, deux chênes et un poirier ; les plus bas de ces nids étaient à trois ou quatre pieds de terre, les plus hauts à dix.

(*c*) Voyez Salerne, *Hist. nat. des oiseaux; Ornithologie italienne*, etc. Il est assez singulier que les anciens, qui regardaient la huppe comme une habitante des montagnes, des forêts, des déserts, lui aient imputé d'employer à son nid les excréments de l'homme ; c'est encore ici un de ces faits particuliers mal à propos généralisés : il a pu arriver qu'une huppe couveuse ait ramassé sur des immondices quelconques les insectes qu'elle destinait à ses petits, qu'elle se soit salie en les ramassant, et qu'elle ait sali son nid : il n'en fallait pas davantage à des observateurs superficiels, pour conclure que c'était une habitude commune à toute l'espèce.

(*d*) On a dit aussi que c'était afin de rompre les charmes qui pouvaient être jetés sur sa couvée ; car la huppe passait pour être fort savante dans ce genre : elle connaissait toutes les herbes qui détruisent l'effet des fascinations, celles qui rendent la vue aux aveugles, celles qui ouvrent les portes les mieux fermées, et l'on a voulu donner crédit à cette dernière fable, en y ajoutant une autre fable non moins absurde. Élien raconte sérieusement qu'un homme ayant bouché trois fois de suite le nid d'une huppe, et ayant bien reconnu l'herbe dont elle se servit autant de fois pour l'ouvrir, il employa avec succès la même herbe pour charmer les serrures des coffres-forts. La mort même ne fait qu'exalter ses vertus et leur donner une nouvelle énergie ; son cœur, son foie, sa cervelle, etc., mangés avec certaines formules mystérieuses, appliqués, suspendus sur différentes parties du corps, communiquent le don de prophétie, guérissent la migraine, rétablissent la mémoire, procurent le sommeil, donnent des songes agréables ou terribles, etc. Autrefois elle passait en Angleterre pour un oiseau de mauvais augure ; encore aujourd'hui le peuple de Suède regarde son apparition

l'intention, car la huppe n'a point l'habitude d'enduire l'orifice de son nid comme fait la sittelle; d'un autre côté il est très vrai qu'un nid de huppe est très sale et très infect, inconvénient nécessaire et qui résulte de la forme même du nid, lequel a souvent douze, quinze et jusqu'à dix-huit pouces de profondeur : lorsque les petits viennent d'éclore et sont encore faibles, ils ne peuvent jeter leur fiente au dehors, ils restent donc fort longtemps dans leur ordure, et on ne peut guère les manier sans s'infecter les doigts (*a*); c'est de là, sans doute, qu'est venu le proverbe : sale comme une huppe; mais ce proverbe induirait en erreur si l'on voulait en conclure que la huppe a le goût ou l'habitude de la malpropreté; elle ne s'aperçoit point de la mauvaise odeur tant qu'il s'agit de donner à ses petits les soins qui leur sont nécessaires (*); dans toute autre circonstance elle dément bien le proverbe, car celle dont j'ai parlé ci-dessus, non seulement ne fit jamais d'ordure sur sa maîtresse, ni sur les fauteuils, ni même au milieu de la chambre, mais elle se retirait toujours pour cela sur ce même ciel de lit où elle se réfugiait lorsqu'elle était effarée, et l'on ne peut nier que l'endroit ne fût bien choisi, puisqu'il était tout à la fois le plus éloigné, le plus caché et le moins accessible.

La femelle pond depuis deux jusqu'à sept œufs (*b*), mais plus communément quatre ou cinq; ces œufs sont grisâtres, un peu moins gros que ceux de perdrix, et ils n'éclosent pas tous, à beaucoup près, au même terme, car on m'a apporté une couvée de trois jeunes huppes prises dans le même nid, qui différaient beaucoup entre elles par la taille; dans la plus grande,

comme un présage de guerre. Les anciens étaient mieux fondés, ce me semble, à croire que lorsqu'on l'entendait chanter avant le temps où l'on avait coutume de commencer la culture de la vigne, elle annonçait de bonnes vendanges : en effet, ce chant prématuré supposait un printemps doux, et par conséquent une année hâtive, toujours favorable à la vigne et à la qualité de son fruit.

(*a*) C'est ce qu'éprouva Schwenckfeld étant encore enfant, et voulant tirer d'un chêne creux une couvée de huppes qui y était établie, p. 369.

(*b*) M. Linnæus et les auteurs de la *Zoologie Britannique* ne parlent que de deux œufs; mais ce cas est aussi rare, du moins dans nos contrées, que celui de sept œufs. Il peut se faire que, dans les pays plus septentrionaux, tels que la Suède, les huppes soient moins fécondes.

(*) Brehm dit à cet égard : « Tant qu'il est habité, le nid exhale une puanteur insupportable. Les parents ne pouvant en enlever les excréments que rendent les petits, ceux-ci y sont, comme dit Neumann, enfouis jusqu'au cou, et, la putréfaction s'emparant de ces excréments, l'odeur qui s'en dégage est des plus repoussantes; c'est tout au plus si, pendant qu'elle couve, la femelle se donne la peine d'éloigner ses propres déjections; la putréfaction de toutes ces matières attire des mouches qui viennent y déposer leurs œufs, et bientôt tout le nid grouille de larves. Les jeunes huppes exhalent donc la plus mauvaise odeur. Bientôt, il est vrai, les vieilles ne leur sont guère inférieures sous ce rapport; et ce n'est que plusieurs semaines après les nichées que les unes et les autres perdent cette odeur détestable; elles la perdent même assez complètement pour que l'on puisse, sans aucun dégoût, manger les jeunes huppes une fois qu'elles ont pris leur complet développement. Leur chair alors est grasse et savoureuse. Ce mets est défendu aux sectateurs de la loi mosaïque, ainsi qu'aux disciples de Mahomet : pour eux le *hous-hous* est un être impur. »

les pennes de la queue sortaient de dix-huit lignes hors du tuyau, et, dans la plus petite, de sept lignes seulement. On a vu souvent la mère porter à manger à ses petits, mais je n'ai jamais entendu dire que le père en fît autant. Comme on ne voit guère ces oiseaux en troupes, il est naturel de penser que la famille se disperse dès que les jeunes sont en état de voler : cela devient encore plus probable s'il est vrai, comme le disent les auteurs de l'*Ornithologie italienne*, que chaque paire fasse deux ou trois pontes par an : les petits de la première couvée sont en état de voler dès la fin de juin. C'est à ce peu de faits et de conjectures que se bornent les connaissances que j'ai pu me procurer sur la ponte de la huppe et sur l'éducation de ses petits.

Le cri du mâle est *bou, bou, bou;* c'est surtout au printemps qu'il le fait entendre, et on l'entend de très loin (*a*); ceux qui ont écouté ces oiseaux avec attention prétendent avoir remarqué dans leur cri différentes inflexions, différents accents appropriés aux différentes circonstances, tantôt un gémissement sourd qui annonce la pluie prochaine, tantôt un cri plus aigu qui avertit de l'apparition d'un renard, etc. Cela a quelque rapport avec les deux voix de la huppe apprivoisée dont j'ai parlé plus haut : celle-ci avait un goût marqué pour le son des instruments ; toutes les fois que sa maîtresse jouait du clavecin ou de la mandoline, elle venait se poser sur ces instruments ou le plus près possible, et s'y tenait autant de temps que sa maîtresse continuait de jouer.

On prétend que cet oiseau ne va jamais aux fontaines pour y boire, et que par cette raison il se prend rarement dans les pièges, surtout à l'abreuvoir : à la vérité, la huppe qui fut tuée en Angleterre, dans la forêt d'Epping, avait évité les pièges multipliés qu'on lui avait tendus avant de la tirer dans l'intention de l'avoir vivante ; mais il n'est pas moins vrai que la huppe apprivoisée que j'ai déjà citée plusieurs fois avait été prise au filet, et qu'elle buvait de temps en temps en plongeant son bec dans l'eau d'un mouvement brusque, et sans le relever ensuite comme font plusieurs oiseaux : apparemment que celui-ci a la faculté de faire monter la boisson dans son gosier par une espèce de succion. Au reste, les huppes conservent ce mouvement brusque du bec lorsqu'il ne s'agit ni de boire ni de manger ; cette habitude vient, sans doute, de celle qu'elles ont dans l'état sauvage de saisir les insectes, de piquer les bourgeons, d'enfoncer leur bec dans la vase et dans les fourmilières pour y chercher les vers, les œufs de fourmis, et peut-être la seule humidité de la terre. Autant elles sont difficiles à prendre dans

(*a*) Aristophane exprime ainsi le chant de ces oiseaux : *epopoe, popopo, popoe, popoe, io, io, ito, ito, ito, ito ;* mais il me semble qu'il les fait un peu parler grec. De tous les noms qui leur ont été donnés, celui qui rend le mieux leur vrai chant, est celui de *boubou*, sous lequel ils sont connus en Lorraine et dans quelques autres provinces de France. Ποπιζειν en grec signifie *chanter comme une huppe*.

les pièges, autant elles sont faciles à tirer, car elles se laissent approcher de fort près (*a*), et leur vol, quoique sinueux et sautillant, est peu rapide, et ne présente aux chasseurs, ou si l'on veut aux tireurs, que très peu de difficultés : elles battent des ailes en partant, comme le vanneau (*b*), et, posées à terre, elles marchent d'un mouvement uniforme comme les poules.

Elles quittent nos pays septentrionaux sur la fin de l'été ou au commencement de l'automne, et n'attendent jamais les grands froids ; mais quoique en général elles soient des oiseaux de passage dans notre Europe, il est possible qu'en certaines circonstances il y en soit resté quelques-unes : par exemple, celles qui se seront trouvées blessées au moment du départ, ou malades, ou trop jeunes, en un mot, trop faibles pour entreprendre un voyage de long cours, ou celles qui auront été retenues par quelque obstacle étranger : ces huppes restées en arrière se seront arrangées dans les mêmes trous qui leur avaient servi de nid, elles y auront passé l'hiver à demi engourdies, vivant de peu et pouvant à peine refaire les plumes que la mue leur avait fait perdre : quelques chasseurs en auront trouvé dans cet état, et de là on aura pris occasion de dire que toutes les huppes passaient l'hiver dans des arbres creux, engourdies et dépouillées de leurs plumes (*c*), comme on l'a dit des coucous, et avec aussi peu de fondement.

Selon quelques-uns, la huppe était, chez les Égyptiens, l'emblème de la piété filiale : les jeunes prenaient soin, dit-on, de leurs père et mère, devenus caduques ; ils les réchauffaient sous leurs ailes, ils leur aidaient, dans le cas d'une mue laborieuse, à quitter leurs vieilles plumes ; ils soufflaient sur leurs yeux malades et y appliquaient des herbes salutaires, en un mot, ils leur rendaient tous les services qu'ils en avaient reçus dans leur bas âge. On a dit quelque chose de pareil de la cigogne : eh ! que n'en peut-on dire autant de toutes les espèces d'animaux !

La huppe ne vit que trois ans, suivant Olina, mais cela doit s'entendre de la huppe domestique, dont nous abrégeons la vie faute de pouvoir lui donner la nourriture la plus convenable, et dont il nous est facile de compter les jours, puisque nous l'avons sans cesse sous les yeux : il ne serait pas aussi aisé de déterminer la vie moyenne de la huppe sauvage et libre, et d'autant moins aisé qu'elle est oiseau de passage.

Comme elle a beaucoup de plumes, elle paraît plus grosse qu'elle n'est

(*a*) Ceux qui ont voulu juger de ce qu'était la huppe, par ce qu'elle devait être d'après la mythologie, n'ont pas manqué de dire qu'elle était très sauvage, qu'elle ne s'enfonçait dans la profondeur des forêts, qu'elle ne gagnait la cime des montagnes, etc., que pour fuir les hommes. Au reste, des chasseurs m'ont assuré que cet oiseau se laissait un peu moins approcher sur l'arrière-saison, sans doute parce qu'il a un peu plus d'expérience.

(*b*) C'est sans doute à cause de cette conformité dans la façon de voler, jointe à la belle touffe de plumes dont la tête du vanneau est ornée, qu'on a donné à celui-ci et qu'on lui donne encore en Angleterre, le nom de *huppe:* ce sont d'ailleurs des oiseaux de même taille.

(*c*) *Albertus apud Gessnerum.* Schwenckfeld, *Aviarium Silesiæ*, etc. C'est par cette raison, dit G. Agricola, qu'on les voit au printemps presque toutes déplumées.

en effet : sa taille approche de celle d'une grive, et son poids est de deux onces et demie à trois ou quatre onces, plus ou moins, suivant qu'elle a plus ou moins de graisse (*a*).

Sa huppe est longitudinale, composée de deux rangs de plumes égaux et parallèles entre eux ; les plumes du milieu de chaque rang sont les plus longues, en sorte qu'elles forment, étant relevées, une huppe arrondie en demi-cercle (*b*) d'environ deux pouces et demi de hauteur ; toutes ces plumes sont rousses, terminées de noir ; celles du milieu et les suivantes en arrière ont du blanc entre ces deux couleurs : il y a outre cela six ou huit plumes encore plus en arrière appartenant toujours plus à la huppe, lesquelles sont entièrement rousses et les plus courtes de toutes.

Le reste de la tête et toute la partie antérieure de l'oiseau sont d'un gris tirant tantôt au vineux, tantôt au roussâtre ; le dos est gris dans sa partie antérieure, rayé transversalement dans sa partie postérieure de blanc sale, sur un fond rembruni ; il y a une plaque blanche sur le croupion ; les couvertures supérieures de la queue sont noirâtres ; le ventre et le reste du dessous du corps d'un blanc roux ; les ailes et la queue noires, rayées de blanc ; le fond des plumes ardoisé.

De toutes ces différentes couleurs, ainsi répandues sur le plumage, il résulte une espèce de dessin régulier d'un fort bon effet lorsque l'oiseau redresse sa huppe, étend ses ailes, relève et épanouit sa queue, ce qui lui arrive souvent ; la partie des ailes la plus voisine du dos présente alors de part et d'autre une rayure transversale noire et blanche, à peu près perpendiculaire à l'axe du corps ; la plus haute de ces raies a une teinte roussâtre, et s'unit à un fer-à-cheval de même couleur qui se dessine sur le dos, et dont la convexité s'approche de la plaque blanche du croupion ; la plus basse, qui borde l'aile dans la moitié de sa circonférence, va rejoindre une autre bande blanche plus large qui traverse cette même aile à deux doigts de sa pointe, et parallèlement à l'axe du corps ; cette dernière raie blanche répond aussi à un croissant (*c*) de même couleur qui traverse la queue à pareille distance de son extrémité, et forme avec elle le cadre du tableau : enfin, qu'on se représente l'ensemble de ce joli tableau couronné par une huppe élevée de couleur d'or et bordée de noir, et l'on aura du plumage de cet oiseau une idée beaucoup plus claire et plus juste que celle qu'on voudrait en donner en décrivant séparément chaque plume et chaque barbe de chaque plume.

(*a*) « Avecques toute sa plume, dit Belon, fait bien monstre d'un pigeon, mais sa char- » nure n'appert guère plus grosse qu'un estourneau. »

(*b*) « Avis cristâ visenda plicatili, contrahens eam subrigensque per longitudinem capitis. » Plin., lib. x, cap. xxix.

(*c*) Lorsque la queue est entièrement épanouie, ce croissant se change en une bande toute droite, parce que sa convexité est tournée du côté du corps, et qu'il va toujours s'ouvrant de plus en plus à mesure que les pennes deviennent plus divergentes.

Toutes les bandes blanches qui paraissent sur la face supérieure de l'aile paraissent aussi à la face inférieure, et présentent le même coup d'œil lorsque l'oiseau vole et qu'on le voit par-dessous, excepté que le blanc est plus pur, moins terni, moins mêlé de roussâtre.

J'ai vu une femelle, bien reconnue femelle par la dissection, qui avait toutes ces mêmes couleurs et tout aussi décidées : peut-être était-elle un peu vieille ; ce qu'il y a de sûr, c'est qu'elle n'était pas plus grosse que le mâle, quoi qu'en disent les auteurs de l'*Ornithologie italienne*.

Longueur totale, onze pouces environ ; bec, deux pouces un quart (plus ou moins, selon que l'oiseau est plus ou moins vieux), légèrement arqué ; la pointe du bec supérieur dépasse un peu celle du bec inférieur : l'une et l'autre sont assez mousses ; narines oblongues et peu recouvertes ; langue très courte, presque perdue dans le gosier, et formant une espèce de triangle équilatéral, dont les côtés n'ont pas trois lignes de longueur ; ouverture des oreilles à cinq lignes de l'angle de l'ouverture du bec et dans le même alignement ; tarse, dix lignes ; doigt du milieu uni au doigt extérieur par sa première phalange ; ongle postérieur le plus long et le plus droit, surtout dans les vieux ; vol, dix sept pouces et plus ; queue, près de quatre pouces, composée de dix pennes égales (et non de douze, comme dit Belon) : dépasse de vingt lignes les ailes composées de dix-neuf pennes, dont la première est la plus courte, et la dix-neuvième la plus longue.

Tube intestinal, du gésier à l'anus, de douze à dix-huit pouces ; gésier musculeux, doublé d'une membrane sans adhérence qui envoyait un prolongement en forme de douille dans le duodénum ; grand axe du gésier, de neuf à quatorze lignes ; petit axe, de sept à douze lignes : ces parties ont plus de volume dans les jeunes que dans les vieux ; tous ont une vésicule de fiel, et seulement de très légers vestiges de cœcum ; à l'angle de la bifurcation de la trachée-artère, deux petits trous recouverts d'une membrane très fine ; les deux branches de cette même trachée-artère formées par derrière d'une membrane semblable, et par devant d'anneaux cartilagineux de forme semi-circulaire ; le muscle releveur de la huppe est situé entre le sommet de la tête et la base du bec : lorsqu'il est tiré en arrière la huppe se relève, et lorsqu'il est tiré du côté du bec elle s'abaisse.

Dans une femelle que j'ai ouverte le 5 juin, il y avait des œufs de différentes grosseurs : le plus gros avait une ligne de diamètre.

VARIÉTÉS DE LA HUPPE

Les anciens disaient que cet oiseau était sujet à changer de couleur d'une saison à l'autre : cela dépend sans doute de la mue, car des plumes nouvelles doivent être un peu différentes des vieilles qui sont prêtes à se détacher, et la différence doit être plus sensible dans certaines espèces que dans d'autres : au surplus, des personnes qui ont élevé des huppes ne se sont pas aperçues de ce changement de couleur.

Belon avance qu'il en a connu deux espèces, sans indiquer les attributs qui les distinguent, si ce n'est peut-être *ce moult beau collier mi-parti de noir et de tanné*, dont il dit en général que *la huppe a le cou entourné,* et qui manque à l'espèce que nous connaissons.

MM. Commerson et Sonnerat ont rapporté une huppe du cap de Bonne-Espérance, fort ressemblante à la nôtre, et que le voyageur Kolbe avait reconnue longtemps auparavant dans les environs du cap (*a*); elle a en gros le même plumage, la même forme, le même cri, les mêmes allures, et se nourrit des mêmes choses; mais, en y regardant de plus près, on s'aperçoit qu'elle a la taille un peu plus petite, les pieds plus allongés, le bec plus court à proportion, l'aigrette plus basse, qu'il n'y a aucun vestige de blanc dans les plumes qui composent cette aigrette, et en général un peu moins de variété dans le plumage.

Un autre individu, rapporté du même pays, avait le haut du dos d'un brun assez foncé, et le ventre varié de blanc et de brun : c'était sans doute un jeune, car il était plus petit que les autres, et il avait le bec de cinq lignes plus court.

Enfin, M. le marquis Gerini a vu à Florence, et revu dans les Alpes, près de la ville de Ronta, une très belle variété dont l'aigrette était bordée de bleu céleste (*b*).

OISEAU ÉTRANGER

QUI A RAPPORT A LA HUPPE

LA HUPPE NOIRE ET BLANCHE DU CAP DE BONNE-ESPÉRANCE (*c*) (*d*).

Cet oiseau (*) diffère de notre huppe et de ses variétés par sa grosseur, par son bec plus court et plus pointu; par sa huppe, dont les plumes sont un peu moins hautes à proportion, d'ailleurs effilées à peu près comme celles

(*a*) Voyez *Description du Cap*, t. Ier, p. 152.

(*b*) Voyez l'*Ornithologie italienne*, à l'endroit cité dans la nomenclature.

(*c*) Voyez les planches enluminées, n° 697, où cet oiseau est représenté sous le nom de *huppe du cap de Bonne-Espérance*.

(*d*) L'oiseau de Madagascar que Flacourt nomme *tivouch* paraît avoir du rapport avec celui-ci : sa tête est ornée d'une belle huppe, et son plumage n'est que de deux couleurs, noir et gris; on peut supposer que c'est du gris clair.

(*) *Upupa capensis* LATH.

du coucou huppé de Madagascar; par le nombre des pennes de sa queue, car elle en a douze ; par la forme de sa langue, qui est assez longue, et dont l'extrémité est divisée en plusieurs filets; enfin, par les couleurs de son plumage. Il a la huppe, la gorge et tout le dessous du corps blancs sans tache ; le dessus du corps, depuis la huppe exclusivement jusqu'au bout de la queue, d'un brun dont les teintes varient et sont beaucoup moins foncées sur les parties antérieures, une tache blanche sur l'aile ; l'iris d'un brun bleuâtre ; le bec, les pieds, et même les ongles, jaunâtres.

Cet oiseau se tient dans les grands bois de Madagascar, de l'île Bourbon et du cap de Bonne-Espérance ; on a trouvé dans son estomac des graines, des baies de *pseudobuxus* : son poids est de quatre onces, mais il doit varier beaucoup et être plus considérable aux mois de juin et de juillet, temps où cet oiseau est fort gras.

Longueur totale, seize pouces ; bec, vingt lignes, très pointu, le supérieur ayant les bords échancrés près de la pointe et l'arête fort obtuse, plus long que l'inférieur, celui-ci tout aussi large ; dans le palais qui est fort uni, d'ailleurs, de petites tubérosités dont le nombre varie ; narines comme notre huppe ; les pieds aussi, excepté que l'ongle postérieur, qui est le plus grand de tous, est très crochu ; vol, dix-huit pouces ; queue, quatre pouces dix lignes, composée de pennes à peu près égales, cependant les deux intermédiaires un peu plus courtes : dépasse d'environ deux pouces et demi les ailes, qui sont composées de dix-huit pennes.

LE PROMERUPE (*a*)

Cette espèce (*) vient naturellement prendre sa place entre les huppes et les promerops, puisqu'elle porte sur la tête une touffe de longues plumes couchées en arrière et qui paraissent capables de former en se relevant une aigrette peu différente de celle de notre huppe : or en différât-elle un peu, toujours serait-il vrai que par ce seul caractère cet oiseau se rapproche de notre huppe plus que tous les autres promerops ; mais d'un autre côté il se

(*a*) *Avis paradisiaca, cristata, orientalis, rarissima*... Seba, t. Ier, p. 48, pl. 30, fig. 5. — *Upupa manucodiata*. Klein, *Ordo av.*, p. 110, n° 15. — « Promerops cristatus, supernè » dilutè spadiceus, infernè dilutè cinereus ; cristâ, capite et collo nigris ; rectricibus dilutè » spadiceis, binis intermediis longissimis... » Promerops huppé des Indes. Brisson, t. II, p. 464. Dans la méthode de cet habile ornithologiste, le genre des promerops ne diffère de celui de la huppe que parce que ceux-là n'ont point de huppe sur la tête. — *Upupa rectricibus duabus longissimis*... Linnæus, *Syst. nat.*, éd. XIII, p. 184, sp. 3. — M. le vicomte de Querhoënt nous a communiqué une notice sur le mâle de cette espèce.

(*) D'après Cuvier cette espèce, à laquelle Latham a donné le nom d'*Upupa paradisæa*, ne serait pas une Huppe, mais un Gobe-mouche, le *Muscicapa Paradisi*.

rapproche de ceux-ci et s'éloigne de la huppe par l'excessive longueur de sa queue.

Seba nous assure que cet oiseau vient de la partie orientale de notre continent, et qu'il est très rare ; il a la gorge, le cou, la tête et la belle et grosse huppe dont sa tête est surmontée, d'un beau noir ; les ailes et la queue d'un rouge bai clair ; le ventre cendré clair ; le bec et les pieds de couleur plombée : sa grosseur est à peu près celle d'un étourneau.

Longueur totale, dix-neuf pouces ; bec, treize lignes, un peu arqué, très aigu ; tarse, environ neuf lignes ; ailes courtes ; queue, quatorze pouces un quart, composée de pennes fort inégales ; les deux intermédiaires dépassent les latérales de plus de onze pouces, et les ailes de plus de treize.

LE PROMEROPS A AILES BLEUES (a)

Ce promerops (*) se plaît sur les hautes montagnes ; il se nourrit de chenilles, de mouches, de scarabées et autres insectes. La couleur dominante sur la partie supérieure du corps est un gris obscur changeant en aigue-marine et en rouge pourpré ; la queue est de la même couleur, mais d'une teinte plus foncée, et jette des reflets dorés d'un très bel effet ; les pennes des ailes sont d'un bleu clair et brillant ; le ventre jaune clair ; les yeux surmontés d'une tache de même couleur ; le bec noirâtre, bordé de jaune : cet oiseau est de la taille d'une grive.

Longueur totale, dix-huit pouces trois quarts ; bec, vingt lignes, un peu arqué ; tarse, huit lignes et demie ; ailes courtes ; queue, douze pouces un quart, composée de pennes fort inégales, les quatre intermédiaires beaucoup plus longues que les latérales : dépasse les ailes de onze pouces.

(a) *Avis ani Mexicana, caudâ longissimâ.* Sebar. *Thesaur.*, t. Ier, p. 73, pl. 45, fig. 3. — Ce nom d'*ani* est appliqué par les Brésiliens au *bout de petun ;* reste à savoir sur quelle autorité se fonde Seba pour l'appliquer à notre promerops à ailes bleues : cela est d'autant plus suspect, que Seba renvoie à l'ouvrage de Nieremberg, liv. x, chap. 44 ; et qu'il s'agit, à l'endroit cité, d'une espèce de canard à bec pointu : or, Seba s'étant si grossièrement trompé sur l'espèce, n'est-il pas à craindre qu'il ne se soit aussi trompé sur le climat, et ne pourrait-on pas douter que ce promerops fût vraiment du Mexique ? — *Falcinellus Mexicanus.* Klein, *Ordo av.*, p. 107, III, 4. — M. Moehring en fait une *curruca, Av. gener.*, p. 37, gen. 18. — « Promerops obscurè griseus, colore thalassino et purpureo rubente, varians, ventre dilutè » flavo ; remigibus majoribus dilutè cæruleis ; rectricibus griseo-nigricantibus, saturatè viridi » et purpureo mixtis ; quatuor intermediis longissimis... » Le promerops du Mexique. Brisson, t. II, p. 463.

(*) *Upupa mexicana* LATH. C'est une espèce douteuse.

LE PROMEROPS BRUN A VENTRE TACHETÉ (a) (b)

Cet oiseau (*) a en effet le ventre tacheté de brun sur un fond blanchâtre, et la poitrine sur un fond orangé brun ; la gorge d'un blanc sale, accompagnée de chaque côté d'une ligne brune qui part de l'ouverture du bec, passe sous l'œil et descend sur le cou ; le sommet de la tête brun, varié de gris roussâtre ; le croupion et les couvertures supérieures de la queue vert d'olive ; le reste du dessus du corps, compris les pennes de la queue et des ailes, brun ; les flancs tachetés de brun ; les jambes brunes ; les couvertures inférieures de la queue d'un beau jaune ; le bec et les pieds noirs.

L'individu de nos planches enluminées, n° 637, paraît être le mâle parce qu'il est plus tacheté et que les couleurs sont plus tranchées ; il a sur les ailes une raie grise très étroite, formée par une suite de petites taches de cette couleur qui terminent les couvertures supérieures. L'individu décrit par M. Brisson n'a point cette raie, ses couleurs sont plus faibles, et il est moins tacheté sous le corps : je crois que c'est la femelle ; elle est plus petite d'un dix-huitième que son mâle, et n'est guère plus grosse qu'une alouette.

Longueur totale du mâle, dix-huit pouces ; bec, seize lignes ; tarse, dix lignes deux tiers ; ailes courtes ; vol, treize pouces ; queue, treize pouces, composée de douze pennes, dont les six intermédiaires sont beaucoup plus longues que les six latérales ; celles-ci étagées : dépasse les ailes de onze pouces.

LE PROMEROPS BRUN A VENTRE RAYÉ (c) (d)

Cet oiseau (**) se trouve à la Nouvelle-Guinée, d'où il a été apporté par M. Sonnerat : le mâle a la gorge, le cou et la tête d'un beau noir, animé sur la tête par des reflets d'acier poli ; tout le dessus du corps brun avec

(a) Voyez les planches enluminées, n° 637, où cet oiseau est représenté sous le nom de *promerops du cap de Bonne-Espérance.*

(b) « Promerops supernè fuscus, infernè albus ; pectore rufescente ; uropygio et tectricibus » caudæ superioribus viridi olivaceis, inferioribus luteis, rectricibus fuscis, sex intermediis » longissimis... » Le promerops. Brisson, t. II, p. 461. — *Upupa rectricibus sex intermediis longissimis...* Linnæus, *Syst. nat.*, éd. XIII, p. 184, sp. 2. J'ignore la raison pourquoi M. Linnæus a donné le nom de huppe à ce promerops, qui n'a la tête ornée d'aucune huppe. — *An merops fuscus, ani regione flavâ, caudâ ex incano nigricante, longissimâ ?* Koelreuter, *Nov. Comment. Petropol.*, *ann.* 1765, p. 429. Serait-ce point un jeune dont le plumage ne serait pas encore formé, et dont la queue n'aurait pas encore pris toute sa longueur ?

(c) Voyez les planches enluminées, n° 638, où cet oiseau est représenté sous le nom de *promerops de la Nouvelle-Guinée.*

(d) Voyez le *Voyage à la Nouvelle-Guinée* de M. Sonnerat, p. 164.

(*) *Upupa Promerops* et *Merops cafer* Lath.

(**) *Upupa papuensis* Lath.

une teinte de vert foncé sur le cou, le dos et les ailes; la queue d'un brun plus uniforme et plus clair, excepté la dernière des pennes latérales, qui a le côté intérieur noir; la poitrine et tout le dessous du corps rayé transversalement de noir et de blanc; l'iris et les pieds noirs.

J'ai vu un individu qui avait une teinte de roux sur la tête, comme dans la figure enluminée.

La femelle a la gorge, le cou et la tête du même brun que le dessus du corps et sans aucun reflet; dans tout le reste elle ressemble à son mâle.

Longueur totale, vingt-deux pouces; bec, deux pouces et demi, étroit, arrondi, fort arqué; queue, treize pouces, composée de douze pennes étagées, fort inégales entre elles: les plus courtes ont quatre pouces, les plus longues dépassent les ailes de neuf pouces.

LE GRAND PROMEROPS A PAREMENTS FRISÉS (a) (b)

Les parements frisés, qui sont en même temps la parure et le caractère de cette espèce (c) (*), consistent en deux gros bouquets de plumes frisées, veloutées, peintes des plus belles couleurs, qu'elle a de chaque côté du corps, et qui lui donnent un air tout à fait distingué : ces bouquets de plumes sont composés des longues couvertures des ailes au nombre de neuf, lesquelles se relèvent en se courbant sur leur côté supérieur, dont les barbes sont fort courtes, et étalent avec d'autant plus d'avantage les longues barbes du côté opposé, qui devient alors le côté convexe; les couvertures moyennes des ailes, au nombre de quinze, et même quelques-unes des scapulaires, participent à cette singulière configuration, se relèvent de même en éventail, et de plus sont ornées à leur extrémité d'une bordure d'un vert brillant changeant en bleu et violet, d'où résulte sur les ailes une sorte de guirlande qui va s'élargissant un peu en remontant vers le dos. Autre singularité : sous ces plumes frisées naissent de chaque côté douze ou quinze longues plumes dont les plus voisines du dos sont décomposées, et qui toutes ont les mêmes reflets jouant entre le vert et le bleu; la tête et le ventre sont d'un beau vert changeant, mais d'un éclat moins vif que la guirlande du parement.

(a) Voyez les planches enluminées, n° 639, où cet oiseau est représenté sous le nom de *grand promerops de la Nouvelle-Guinée*.

(b) *Voyage à la Nouvelle-Guinée*, p. 166. Le nom de *quatre ailes* qui a été donné par des voyageurs à un oiseau de proie d'Afrique, pourrait très bien convenir au promerops dont il s'agit ici.

(c) Le sifflet décrit ci-devant, t. VI, p. 12, a aussi des espèces de parements, mais ils n'ont point la même forme, ni ne sont composés des mêmes plumes, et ceux du manucode noir, dit *le superbe*, p. 11, sont dirigés en sens contraire.

(*) *Upupa magna* GMEL.

Dans tout le reste du plumage la couleur dominante est un noir lustré, enrichi de reflets bleus et violets, et toutes les plumes, dit M. Sonnerat, ont le moelleux de velours non seulement à l'œil, mais au toucher : il ajoute que le corps de cet oiseau, quoique d'une forme allongée, paraît court et excessivement petit en comparaison de sa très longue queue ; le bec et les pieds sont noirs. M. Sonnerat a rapporté ce promerops de la Nonvelle-Guinée.

Longueur totale, trois pieds et demi (quatre suivant M. Sonnerat) ; bec, près de trois pouces ; ailes courtes ; queue, vingt-six à vingt-sept pouces, composée de douze pennes étagées, larges et pointues : les plus courtes ont six à sept pouces, les plus longues dépassent les ailes d'environ vingt pouces.

LE PROMEROPS ORANGÉ (*a*)

La couleur orangée règne sur le plumage de cet oiseau (*) et prend différentes teintes en différents endroits ; une teinte dorée sur la gorge, le cou, la tête et le bec ; une teinte rougeâtre sur les pennes de la queue et les grandes pennes des ailes ; enfin, une teinte jaune sur tout le reste ; la base du bec est entourée de petites plumes rouges.

Tel est, à mon avis, le mâle de cette espèce, qui est à peu près de la taille de l'étourneau : je regarde comme sa femelle le cochitototl de Fernandez (*b*), qui est de même taille, du même continent, et dont le plumage ne diffère de celui du promerops orangé que comme dans beaucoup d'espèces le plumage du mâle diffère de celui de la femelle. Ce cochitototl a la gorge, le cou, la tête et les ailes variées, sans aucune régularité, de cendré et de noir ; tout le reste de son plumage est jaune ; l'iris d'un jaune pâle ; le bec noir, grêle, arqué, très pointu, et les pieds cendrés ; il vit de graines et d'insectes, et se trouve dans les contrées les plus chaudes du Mexique, où il n'est recherché ni pour la beauté de son chant, ni pour la bonté de sa chair. Le promerops orangé, que je regarde comme le mâle de cette espèce, se trouve au nord de la Guiane, dans les petites îles que forme la rivière Berbice à son embouchure (*c*), au nord de la Guiane.

(*a*) *Avis paradisiaca Americana elegantissima.* Seba, t. Ier, p. 102, pl. 66, fig. 3. — « Promerops flavo-aurantius, capite et collo aureis ; remigibus majoribus et rectricibus ex aurantio ad rubrum vergentibus... » Promerops des Barbades. Brisson, t. II, p. 466. — *Rhyndace.* Moehring, *Av. genera*, p. 37, gen. 19.

(*b*) *Cochitototl seu avis florida.* Fernandez, *Nov. Hispan.*, p. 46, cap. LXI. — Ray, *Synops. avi.*, p. 168, sp. 20. — « Promerops luteus ; capite, collo et alis promiscuè cinereis ac nigris ; rectricibus luteis. » Promerops jaune du Mexique. Brisson, t. II, p. 467.

(*c*) Seba dit *in insulis Barbicensibus*, qui se traduit mieux, ce me semble, par îles de la Berbice, que par îles Barbades.

(*) *Upupa aurantia* LATH. D'après Cuvier ce serait un Cassique.

Longueur totale de ce mâle, environ neuf pouces et demi; bec, treize lignes; tarse, dix; queue, près de quatre pouces, composée de pennes égales : dépasse les ailes d'environ un pouce.

LE FOURNIER (a) (b)

C'est ainsi que M. Commerson a nommé cet oiseau d'Amérique (*), qui fait la nuance de passage entre la famille des promerops et celle des guépiers ; il diffère des promerops en ce qu'il a les doigts plus longs et la queue plus courte; il diffère des guépiers en ce qu'il n'a pas comme eux le doigt extérieur joint et comme soudé à celui du milieu dans presque toute sa longueur : on le trouve à Buenos-Ayres.

Le roux est la couleur dominante de son plumage, plus foncée sur les parties supérieures, beaucoup plus claire et tirant au jaune pâle sur les parties inférieures ; les pennes de l'aile sont brunes, avec quelques teintes de roux plus ou moins fortes sur leur bord extérieur.

Longueur totale, huit pouces et demi ; bec, douze à treize lignes ; tarse, seize lignes ; ongle postérieur le plus fort de tous ; queue, un peu moins de trois pouces : dépasse les ailes d'environ un pouce.

LE POLOCHION (c)

Tel est le nom et le cri habituel de cet oiseau des Moluques (**) ; il le répète sans cesse étant perché sur les plus hautes branches des arbres ; et par le sens qu'a ce mot dans la langue moluquoise, il semble inviter tous les êtres sensibles à l'amour et à la volupté. Je le place encore entre les promerops et les guépiers, parce que je lui trouve le bec de ceux-ci et les pieds de ceux-là.

Le polochion a tout le plumage gris, mais d'un gris plus foncé sur les parties supérieures, et plus clair sur les inférieures, les joues noires; le bec noirâtre; les yeux environnés d'une peau nue ; le derrière de la tête varié de blanc : les plumes du toupet font sur le front un angle rentrant, et les

(a) Voyez les planches enluminées, n° 736, où cet oiseau est représenté sous le nom de *fournier de Buenos-Ayres*.

(b) *Turdus fulvus* de Commerson.

(c) Ce mot, en langue des Moluques, signifie *baisons-nous :* et en conséquence M. Commerson propose de nommer cet oiseau *philemon* ou *philedon* ou *deosculator*, c'est-à-dire *baiseur ;* il me paraît plus convenable de lui conserver le nom sous lequel il est connu aux îles Moluques, d'autant plus qu'il exprime son cri.

(*) Le Fournier de Buffon est un Guépier, le *Merops rufus* Lath.

(**) C'est également un Guépier, le *Merops moluccensis* Lath.

plumes de la naissance de la gorge se terminent par une espèce de soie : l'individu qu'a décrit M. Commerson venait de l'île de Bouro, l'une des Moluques soumises aux Hollandais ; il pesait cinq onces, et avait à peu près la taille du coucou.

Longueur totale, quatorze pouces ; bec très pointu, long de deux pouces, large à sa base de cinq lignes, à son milieu de deux lignes, épais à sa base de sept lignes, au milieu de trois lignes et demie, ayant ses bords échancrés près de la pointe ; narines ovales, à jour, recouvertes d'une membrane par derrière, situées plus près du milieu du bec que de sa base ; langue égale au bec, terminée par un pinceau de poil ; le doigt du milieu uni par sa base avec le doigt extérieur ; le postérieur le plus fort de tous ; vol, dix-huit pouces ; queue, cinq pouces deux tiers, composée de douze pennes égales, à cela près que la paire extérieure est un peu plus courte que les autres : dépasse de trois pouces les ailes composées de dix-huit pennes ; la plus extérieure une fois plus courte que les trois suivantes, qui sont les plus longues de toutes.

LE MEROPS ROUGE ET BLEU (a)

Seba, à qui nous devons la connaissance de cet oiseau (*), paraît avoir été ébloui de son plumage, et avec raison, car la couleur du rubis brille sur sa tête, sa gorge et tout le dessous du corps : elle se remontre sur les couvertures supérieures des ailes, mais sous une nuance plus foncée ; un bleu clair et brillant règne sur les pennes de ces mêmes ailes et sur celles de la queue ; l'éclat de ces belles couleurs est relevé par le contraste des teintes plus sombres et des espaces variés de noir et de blanc, distribués à propos sur la partie supérieure ; le bec et les pieds sont jaunes, et les ailes sont doublées de la même couleur ; les plumes rouges du dessous du corps ont quelque chose de soyeux, et sont aussi douces au toucher que brillantes à l'œil.

Cet oiseau est du Brésil, si l'on en croit Seba, que l'on ne doit presque jamais croire sur cette matière. Il est à peu près de la taille de notre guépier ; il en a les pieds courts, mais je ne vois rien dans la description ni dans la figure, qui indique la même disposition de doigts ; d'ailleurs son bec a plus de rapport avec celui des promerops, c'est pourquoi je le range dans la classe intermédiaire.

(a) *Pica Brasiliensis amænissimis coloribus.* Seba, *Thesaurus*, t. Ier, p. 102, pl. 66, fig. 1. — *Ardeæ adfinis.* Moehring, *Avium genera*, gen. 105, p. 81. — « Apiaster supernè fusco et » nigro varius, infernè splendidè ruber ; capite rubro ; tectricibus alarum inferioribus dilutè » luteis ; remigibus rectricibusque dilutè cæruleis... » Guépier du Brésil. Brisson, t. IV, p. 540.

(*) *Merops brasiliensis* LATH. Cuvier pense que cette espèce est un Troupiale.

LE GUÉPIER (a) (b)

Cet oiseau (*) mange non seulement les guêpes qui lui ont donné son nom français, et les abeilles qui lui ont donné son nom latin, anglais, etc.; mais il mange aussi les bourdons, les cigales, les cousins, les mouches et autres insectes qu'il attrape en volant, ainsi que font les hirondelles; c'est la proie dont il est le plus friand, et les enfants de l'île de Candie s'en servent comme d'appât pour le pêcher à la ligne au milieu de l'air, de même qu'on pêche

(a) Voyez les planches enluminées, nº 938.

(b) Μέροψ, *Bœotiis merops.* Aristote, *Hist. animal.*, lib. VI, cap. I; et lib. IX, cap. XIII. — Élien, *Nat. animal.*, lib. I, cap. XLIX; lib. VIII, cap. VI; et lib. XI, cap. XXX. — *Merops.* Pline, *Hist. nat.*, lib. X, cap. XXXIII. — Belon, *Nat. des oiseaux*, p. 225, chap. XXVII; n'est plus appelé *merops* en Crète, mais *melisso-phago*; en latin, *apiaster*; en français, *guépier*, quoiqu'il ne soit pas le seul oiseau qui mange des guêpes, et que les mésanges et plusieurs autres insectivores en fassent aussi un grand dégât. Belon nous apprend que ce nom de guêpier existait déjà, et que n'ayant pu découvrir à quel oiseau il appartenait, il l'avait appliqué à celui-ci. Voyez les observations du même Belon, fol. 10, versò; et fol. 63, verso. — En grec, Αἰροψ, *quibusdam*, Φλωρος, Μελιοτοφάς, formé de Μελιοτοφαγος. — *Avis apiastra Servii; apiaster, muscicapa et marochos Alberti; alkemus, akevius rasis:* en Italie, *dardo, dardaro, barbaro, gaulo, ievolo, lupo dell' api*; en Sicile, *piccia ferro* (bec de fer); en espagnol, *aveiuruco*; en allemand, *imbenwolf, imbenfrass.* Gessner, *Aves*, p. 599. Quelques-uns lui ont donné mal à propos le nom de *krinitz*, qui est celui du torcol. — Aldrovande, *Ornithol*, t. 1er, p. 871; à Bologne, *dardano*; en espagnol, *iuruco*; en latin, *vesparia.* — Jonston, *Aves*, p. 81. — Charleton, *Exercit.* p. 94, sp. 9; en anglais, *bee-eater.* — Willughby, *Ornithol.*, p. 102, § III. — Ray, *Synops. avium*, p. 49. — Klein, *Ordo av.*, p. 110, sp. 10; en allemand, *bienen-frass, heu-vogel, heu-meher.* — Albin, t. II, p. 29, pl. 44. — Moehring, *Av. gener.* 21, p. 38. — Frisch, class. 12, div. 3, pl. 222; en allemand, *bienen-fresser*; en latin, *mellophagus*; en français, selon les Allemands, *apiâtre, guépiere, mangeur d'abeilles.* — *Merops flavescens*; en allemand, *gelber-bienen-wolf*; en polonais, *zotna, zotcawa.* Rzaczynski, *Auctuar. Polon.*, p. 393. — *Merops pectore et alis cœrulescentibus, tergore leucopheo* (Mas), *pectore albicante, dorso virescente* (Fœmina); en catalan, *sirena de mar, abellerola.* Barrère, *Specim. nov. Ornithol.*, class. 3, gen. 22, p. 47, sp. 1 et 2. — *Merops Galilæus*, gobe-abeille. Hasselquist. *Voyages dans le Levant*, part. II, p. 20; les Arabes l'appellent *varnar.* — *Ispida. Fauna Suecica*, édit. 1746, p. 30. — *Ispida caudâ molli*; en autrichien, *meerschwalbe.* Kramer, *Elenchus Austr. inf. inter aves picas*, p. 337. — « Apiaster dorso ferrugineo, abdo-

(*) *Merops apiaster* L. — Les Guépiers (*Merops* L.) sont des Passereaux du groupe des Lévirostres, de la famille des Méropides. Ils ont le bec long, recourbé, muni d'une arête dorsale aiguë et de bords tranchants; leurs ailes sont de moyenne longueur, pointues, pourvues de longues couvertures; leurs pattes sont faibles; ils volent à la façon des Hirondelles et saisissent leur proie au vol.

1. PHILÉDON À CRAVATE. — 2. GUÊPIER COMMUN

les poissons dans l'eau ; ils passent une épingle recourbée au travers d'une cigale vivante, ils attachent cette épingle à un long fil, la cigale n'en voltige pas moins, et le guêpier l'apercevant fond dessus, l'avale ainsi que l'hameçon, et se trouve pris. A défaut d'insectes, il se rabat sur les petites graines, même sur le froment (*a*), et il paraît qu'en ramassant à terre cette nourriture, il ramasse en même temps de petites pierres comme font tous les granivores, et sans y mettre plus d'intention. Ray soupçonne, d'après les rapports multipliés tant internes qu'externes de cet oiseau avec le martin-pêcheur, qu'il se nourrit aussi quelquefois de poisson comme ce dernier.

Les guêpiers sont très communs dans l'île de Candie, et si communs qu'il n'y a endroit dans cette île, dit Belon, témoin oculaire, où l'on ne les voie voler : il ajoute que les Grecs de terre-ferme ne les connaissent point, ce qu'il avait pu apprendre de bonne source en voyageant dans le pays; mais il avance si légèrement qu'on ne les a jamais vu voler en Italie; car Aldrovande, citoyen de Bologne, assure qu'ils sont assez communs aux environs de cette ville, où on les prend aux filets et aux gluaux ; Willughby en a vu plusieurs fois à Rome, exposés dans les marchés publics, et il est plus que probable qu'ils ne sont point étrangers au reste de l'Italie, puisqu'ils se trouvent dans le midi de la France, où même on ne les regarde point comme oiseaux de passage (*b*) : c'est de là cependant qu'ils se répandent quelquefois par petites troupes de dix ou douze dans les pays les plus septentrionaux ; nous avons vu une de ces troupes qui arriva dans la vallé de Sainte-Reine en Bourgogne le 8 mai 1776; ils se tinrent toujours ensemble et criaient sans cesse comme pour s'appeler et se répondre : leur cri était éclatant sans être agréable, et avait quelque rapport au bruit qui se fait lorsqu'on siffle dans une noix percée (*c*); ils le faisaient entendre étant posés et en volant ; ils se

» mine caudâque viridi cærulescente, rectricibus duabus longioribus, gulâ luteâ... » Linnæus, *Syst. nat.*, édit. XIII, gen. 63, sp. 1, p. 182. — « Apiaster supernè dilutè fulvus, castaneo » et viridi adumbratus, infernè cæruleo-beryllinus ; uropygio viridi-beryllino ad luteum ver- » gente ; syncipite primùm cæruleo-beryllino, dein viridi ; vertice castaneo, viridi adumbrato ; » occipitio et collo superiore castaneis; tæniâ utrimque per oculos nigrâ; gutture luteo-aureo ; » rectricibus supernè cæruleo-beryllinis, rufo adumbratis, lateralibus interiùs cinereo margi- » natis, binis intermediis longioribus, acutis. » *Apiaster*, le guêpier. Brisson, t. IV, p. 532. — A Malte, il est connu sous le nom de *cardinal*, quoiqu'il n'ait de rouge que les yeux et les pieds ; en Provence, sous celui de *serene* ; quelques-uns lui ont donné celui d'*apiastre* ; mais c'est peut-être une faute d'orthographe : d'autres, par une méprise plus considérable, l'ont pris pour un pic. Voyez la *Description de Surinam*, par le docteur Fermin, p. 184.

(*a*) Le seul que j'aie eu l'occasion d'ouvrir, avec M. le docteur Rémond, avait cinq gros bourdons dans son gésier ; Belon a trouvé dans l'estomac de ceux qu'il a ouverts des graines de lampsane, de caucalis, de navets, de froment, etc.

(*b*) Belon doutait qu'ils restassent pendant l'hiver dans l'île de Candie, mais il n'avait aucune observation là-dessus : ce que je dis ici de ceux de Provence, je le tiens de M. le marquis de Piolenc. Je ne sais pourquoi M. Frisch a cru que ces oiseaux se plaisaient dans les déserts.

(*c*) Belon le compare « au son tel que feroit un homme en sublant ayant la bouche close en rondeur, qui chanteroit *grulgrururural* aussi haut comme un loriot. » D'autres prétendent

tenaient par préférence sur les arbres fruitiers qui étaient alors en fleurs, et conséquemment fréquentés par les guêpes et les abeilles ; on les voyait souvent s'élancer de dessus leur branche pour saisir cette petite proie ailée : ils parurent toujours défiants et ne se laissaient guère approcher ; cependant on vint à bout d'en tuer un qui se trouva séparé des autres et perché sur un picea, tandis que le reste de la troupe était dans un verger voisin : ceux-ci, effrayés du coup de fusil, s'envolèrent en criant tous à la fois, et se réfugièrent sur des noyers qui étaient dans un coteau de vignes peu éloigné ; ils y restèrent constamment sans reparaître dans les vergers, et au bout de quelques jours ils prirent leur volée pour ne plus revenir.

On en a vu une autre troupe au mois de juin 1777 dans les environs d'Anspach (*a*). M. Lottinger me mande que ces oiseaux se montrent rarement en Lorraine, qu'il n'en a jamais vu plus de deux ensemble, qu'ils se tenaient sur les branches les plus basses des arbres ou arbrisseaux, et qu'ils avaient un air d'embarras, comme s'ils eussent senti qu'ils étaient dévoyés : ils paraissent encore plus rarement en Suède, où ils se tiennent près de la mer (*b*), mais ils ne se trouvent presque jamais en Angleterre (*c*), quoique ce pays soit moins septentrional que la Suède, et qu'ils aient l'aile assez forte pour franchir le Pas-de-Calais. Du côté de l'Orient ils sont répandus dans la zone tempérée, depuis la Judée (*d*) jusqu'au Bengale (*e*), et sans doute bien au delà, mais on ne les a pas suivis plus loin.

Ces oiseaux nichent, comme l'hirondelle de rivage et le martin-pêcheur, au fond des trous qu'ils savent se creuser avec leurs pieds courts et forts, et leur bec de fer, comme disent les Siciliens (*f*), dans les coteaux dont le terrain est le moins dur, et quelquefois dans les rives escarpées et sablonneuses des grands fleuves (*g*) ; ils donnent à ces trous jusqu'à six pieds et plus, soit en longueur, soit en profondeur ; la femelle y dépose sur un matelas de mousse quatre ou cinq, et même six ou sept œufs blancs un peu plus petits que ceux de merle, mais on ne peut observer ce qui se passe dans l'intérieur de ces obscurs souterrains ; tout ce qu'on peut assurer, c'est que la jeune

qu'il dit *crou, crou, crou*. L'auteur du poème de *Philomèle* le donne comme approchant beaucoup de celui du roitelet et de l'hirondelle de cheminée :

> Regulus atque Merops et rubro pectore Progne
> Consimili modulo zinzibulare solent ;

mais on sait que le naturaliste doit presque toujours apporter quelques modifications aux expressions du poète.

(*a*) La *Gazette d'Agriculture*, n° 55, année 1777.

(*b*) Linnæus, *Fauna Suecica*.

(*c*) Charleton, Willughby.

(*d*) Se trouvent, dit M. Hasselquist, dans les bois et les plaines, entre Acre et Nazareth.

(*e*) Edwards.

(*f*) Voyez la nomenclature.

(*g*) « In præcipitiis mollioribus, » dit Aristote. « In abruptis littoribus Danubii, præsertim » arenosis præcipitiis septentrionem respicientibus, » dit M. Kramer.

famille ne se disperse point : il est même nécessaire que plusieurs familles se réunissent ensemble pour former ces troupes nombreuses que Belon a vues dans l'île de Candie suivant les rampes des montagnes où croît le thym, et où elles trouvent en abondance les guêpes et les abeilles, attirées par les étamines parfumées de cette plante.

On compare le vol du guêpier à celui de l'hirondelle, avec qui il a plusieurs autres rapports, comme on vient de le voir ; il ressemble aussi, à bien des égards, au martin-pêcheur, surtout par les belles couleurs de son plumage et la singulière conformation de ses pieds ; enfin M. le docteur Lottinger, qui a le coup d'œil juste et exercé, lui trouve quelques-unes des allures du tette-chèvre ou engoulevent.

Une singularité qui distinguerait cet oiseau de tout autre si elle était bien avérée, c'est l'habitude qu'on lui prête de voler à rebours : Élien admire beaucoup cette singulière façon de voler *(a)* : il eût mieux fait d'en douter ; c'est une erreur fondée, comme tant d'autres, sur quelque fait unique ou mal vu, qu'on peut se représenter aisément. Il en est de même de cette piété filiale dont on a fait honneur à plusieurs oiseaux, mais dont on semble avoir accordé la palme à ceux-ci, puisque, si l'on en croit Aristote, Pline, Élien et ceux qui les ont copiés, ils n'attendent pas que leurs soins deviennent nécessaires à leurs père et mère pour les leur consacrer, ils les servent dès qu'ils sont en état de voler, et pour le seul plaisir de les servir ; ils leur portent à manger dans leurs trous et préviennent tous leurs besoins. On voit bien que ce sont des fables, mais du moins la morale en est bonne.

Le guêpier mâle a les yeux petits, mais d'un rouge vif, auxquels un bandeau noir donne encore plus d'éclat ; le front d'une belle couleur d'aigue-marine ; le dessus de la tête marron teinté de vert ; le derrière de la tête et du cou marron sans mélange, mais qui prend une nuance toujours plus claire en s'approchant du dos ; le dessus du corps d'un fauve pâle avec des reflets de vert et de marron plus ou moins apparents, selon les différentes incidences de la lumière ; la gorge d'un jaune doré éclatant, terminé dans quelques individus par un collier noirâtre ; le devant du cou, la poitrine et le dessous du corps d'un bleu d'aigue-marine qui va toujours s'éclaircissant sur les parties postérieures ; cette même couleur règne sur la queue avec une légère teinte de roux, et, sur le bord extérieur de l'aile, sans aucun mélange ; elle passe au vert et se trouve mélangée de roux sur la partie de ces mêmes ailes la plus voisine du dos ; presque toutes leurs pennes sont terminées de noir, leurs petites couvertures supérieures sont teintes d'un vert obscur, les moyennes de roux, et les grandes nuancées de vert et de roux ; le bec est noir et les pieds brun rougeâtre (noirs selon Aldrovande) ; les côtes des pennes de la queue brunes dessus et blanches dessous. Au reste, toutes ces

(a) *De Nat. animal.*, lib. I, cap. XLIX.

différentes couleurs sont très-variables et dans leur teinte et dans leur distribution, et de là la différence des descriptions.

Cet oiseau est à très peu près de la taille du mauvis, et de forme plus allongée ; il a le dos un peu convexe : Belon dit que la nature l'a fait bossu, et après en avoir cherché la raison, il n'a pu en trouver d'autres, sinon que cet oiseau aime toujours à voler : c'est une raison peu satisfaisante, mais on conviendra que la bonne n'était pas facile à trouver.

Longueur totale, dix à onze pouces ; bec, vingt-deux lignes, large à sa base, un peu arqué ; langue mince, terminée par de longs fils ; narines recouvertes d'une espèce de poils roussâtres ; tarse, cinq à six lignes, assez gros proportionnellement à sa longueur ; le doigt extérieur adhérent à celui du milieu dans presque toute sa longueur, et l'intérieur par sa première phalange seulement, comme dans le martin-pêcheur ; l'ongle postérieur le plus court de tous et le plus crochu ; vol, seize à dix-sept pouces ; queue, quatre pouces et demi, composée de six paires de pennes, dont les cinq paires latérales sont égales entre elles ; la paire intermédiaire les dépasse de neuf ou dix lignes, et d'environ dix-huit lignes les ailes, qui sont composées de vingt-quatre pennes selon les uns, et de vingt-deux selon les autres : l'individu que j'ai observé n'en avait que vingt-deux.

Œsophage, long de trois pouces, se dilate à sa base en une poche glanduleuse ; ventricule plutôt membraneux que musculeux, de la grosseur d'une noix ordinaire ; vésicule du fiel grande et d'un vert d'émeraude ; foie d'un jaune pâle ; deux cœcums, l'un de quinze lignes, l'autre de seize et demie : on n'a pu mesurer le tube intestinal, parce qu'il avait été trop maltraité par le coup de fusil.

LE GUÉPIER A TÊTE JAUNE ET BLANCHE (*a*)

Aldrovande a vu cette espèce (*) à Rome : elle est remarquable par la longueur des deux pennes intermédiaires de sa queue, et par son bec, plus court à proportion ; elle a la tête blanche, variée de jaune et de couleur d'or ; les yeux jaunes ; les paupières rouges, la poitrine rougeâtre ; le cou, le ventre

(*a*) *Manucodiata secunda species ; alia avis Paradisæa.* Aldrovande, *Ornithol.*, p. 811, cap. XXIII. — Jonston, *Aves*, p. 118. — Willughby, *Ornithol.*, p. 56. — Ray, *Synops. avium*, p. 21. — Klein, *Ordo avium*, p. 63, nº 2 ; en anglais, *bird of paradise* ; en allemand, *weiskæpffiger*, etc. — *Manucodiata capite albo, maculis fulvis.* Barrère, *Novum specim.*, class. 3, gen. 39, sp. 2. — « Apiaster supernè flavicans, infernè candicans, capite albo, maculis luteis » aureisque resperso ; pectore rubescente ; uropygio et remigibus ferrugineis ; rectricibus in » exortu candicantibus, in reliquâ longitudine ferrugineis, binis intermediis longissimis... » *Guépier jaune.* Brisson, t. IV, p. 539.

(*) *Merops flavicans* LATH.

et le dessous des ailes blanchâtres ; le dos jaune ; le croupion, la queue et les ailes d'un roux très vif; le bec d'un jaune verdâtre, un peu arqué, long de deux pouces, et la langue longue et pointue à peu près comme celle des pics.

Cet oiseau était beaucoup plus gros que notre guépier, et avait vingt pouces de vol ; les deux pennes intermédiaires dépassaient de huit pouces les pennes latérales. Le seigneur Cavalieri, qui en était possesseur, ignorait dans quel pays il avait coutume d'habiter.

LE GUÉPIER A TÊTE GRISE

Il pourrait se faire que cet oiseau (*) n'eût d'américain que le nom presque mexicain *quauhcilui* qu'il a plu à Seba de lui imposer (*a*). Il est de la taille de notre moineau d'Europe, et appartient au genre des guépiers par la longueur et la forme de son bec, par la longueur des deux pennes intermédiaires de sa queue, et par ses pieds gros et courts ; il faut supposer qu'il s'y rapporte aussi par la disposition de ses doigts.

Il a la tête d'un joli gris ; le dessus du corps du même gris, varié de rouge et de jaune, les deux longues pennes intermédiaires de la queue d'un rouge franc ; la poitrine et tout le dessous du corps d'un jaune orangé, et le bec d'un assez beau vert.

Longueur totale, neuf à dix pouces : le bec et la queue en font plus de la moitié.

LE GUÉPIER GRIS D'ÉTHIOPIE (*b*)

M. Linnæus est le seul qui parle de cette espèce (**), et il n'en dit qu'un mot d'après un dessin fait par M. Burmann. Ce mot, auquel je ne puis rien ajouter, c'est que le plumage de l'oiseau est gris, qu'il a une tache jaune à l'endroit de l'anus, et que sa queue est très longue.

(*a*) Voyez Seba, tome Ier, page 50, planche 31, figure 10. Fernandez écrit *quauhcilni*, nom mexicain un peu altéré dans Seba par une faute d'orthographe ; mais cette faute est heureuse, puisqu'elle introduit une différence entre les noms de deux oiseaux qui sont, à la vérité, de même taille, mais fort différents dans le reste. Voyez Fernandez, *Hist. av. Nov. Hispan.*, cap. XCVII. — « Apiaster supernè griseus, rubro et flavo varius, infernè dilutè luteus, rubro » adumbratus ; capite griseo ; rectricibus lateralibus griseis, binis intermediis longissimis, » rubris... » *Guêpier du Mexique*. Brisson, t. IV, p. 541. — « Merops rubro flavoque variega- » tus, subtus flavo-rubescens, rectricibus duabus longissimis rubris... » *Cinereus*. Linnæus, *Syst. nat.*, édit. XIII, p. 183, sp. 6.

(*b*) *Cafer*. Linnæus, *Syst. nat.*, édit. XIII, gen. 63, sp. 7.

(*) *Merops cinereus* LATH. Espèce douteuse.

(**) *Merops cafer* LATH. Espèce douteuse.

LE GUÉPIER MARRON ET BLEU (a) (b)

La couleur marron règne sur les parties antérieures du dessus du corps, compris le haut du dos; la couleur d'aigue-marine sur le reste du dessus du corps et sur toute la partie inférieure, mais beaucoup plus belle et plus décidée sur la gorge, le devant du cou et la poitrine que partout ailleurs : les ailes sont vertes dessus, fauves dessous, terminées de noirâtre ; la queue d'un bleu franc ; le bec noir et les pieds rougeâtres.

Cet oiseau (*) se trouve à l'île de France ; sa taille n'est guère au-dessus de celle de l'alouette huppée, mais beaucoup plus allongée.

Longueur totale, près de onze pouces; bec, dix-neuf lignes; tarse, cinq et demie; doigt postérieur le plus court de tous; vol, quatorze pouces; queue, cinq pouces et demi, composée de douze pennes, dont les deux intermédiaires dépassent de deux pouces deux lignes les latérales, et les ailes de trois pouces et demi : ces ailes composées de vingt-quatre pennes, dont la première est très courte, et la troisième la plus longue.

VARIÉTÉ

Le guépier marron et bleu du Sénégal (c). C'est une variété de climat : on ne voit dans tout son plumage que les deux couleurs que j'ai indiquées dans sa dénomination, mais elles sont distribuées un peu autrement que dans l'espèce précédente; la couleur de marron s'étend ici sur les couvertures et les pennes des ailes, excepté les pennes les plus voisines du dos, et sur les pennes de la queue, excepté la partie excédente des deux intermédiaires, laquelle est noirâtre.

Ce guépier se trouve au Sénégal, d'où il a été apporté par M. Adanson : sa longueur totale est d'environ un pied : il est au reste proportionné à peu près comme celui de l'île de France.

(a) Voyez les planches enluminées, n° 252, où cet oiseau est représenté sous le nom de *Guépier de l'île de France.*

(b) « Apiaster supernè castaneus, infernè et in uropygio dilutè cæruleo-beryllinus ; gutture, collo inferiore et pectore intensiùs cæruleo-beryllinis ; tæniâ utrinque infra oculos fuscâ ; rectricibus supernè cæruleis, lateralibus interiùs grisco-fusco marginatis, binis intermediis longissimis... » *Guépier de l'île de France.* Brisson, t. IV, p. 543.

(c) Voyez les planches enluminées, n° 314, où cet oiseau est représenté sous le nom de *Guépier à longue queue du Sénégal.*

(*) *Merops badius* et *senegalensis* Gmel.

LE PATIRICH (a) (b)

Les naturels de Madagascar donnent à cet oiseau le nom de *patirich tirich*, qui a visiblement du rapport avec son cri, et que j'ai cru devoir lui conserver en l'abrégeant (*). La couleur dominante de son plumage est le vert obscur et changeant en un marron brillant sur la tête, moins obscur sur le dessus du corps, s'éclaircissant par nuances sur les parties postérieures, plus clair encore sur les parties inférieures, et enfin se dégradant toujours du côté de la queue; les ailes sont terminées de noirâtre; la queue est d'un vert obscur; la gorge d'un blanc jaunâtre à sa naissance, et d'un beau marron à sa partie inférieure; mais ce qui caractérise le plus cet oiseau et lui donne une physionomie singulière, c'est un large bandeau noirâtre, bordé dans toute sa circonférence de blanc verdâtre : cette bordure tourne autour de la base du bec et embrasse la naissance de la gorge, en prenant une teinte jaunâtre, comme je l'ai dit plus haut; le bec est noir et les pieds sont bruns. Cet oiseau se trouve à Madagascar; il est un peu plus gros que le guépier marron et bleu.

Longueur totale, onze pouces un tiers; bec, vingt et une lignes; tarse, cinq lignes; doigt postérieur le plus court; vol, quinze pouces deux tiers; queue, cinq pouces et demi, composée de douze pennes; les deux intermédiaires dépassent de plus de deux pouces les latérales, et de deux pouces trois quarts les ailes composées de vingt-quatre pennes, dont la première est très courte, et la deuxième la plus longue.

J'ai vu un autre guépier de Madagascar, fort ressemblant à celui-ci pour la taille, les couleurs du plumage et leur distribution, mais elles étaient moins tranchées; le bec était moins fort, et les deux pennes intermédiaires de la queue n'excédaient point les latérales : c'était sans doute une variété d'âge ou de sexe; son bandeau était bordé d'aigue-marine, et il avait le croupion et la queue de cette même couleur, ainsi qu'un individu rapporté par M. Sonnerat; mais ce dernier avait les deux pennes intermédiaires de la queue fort étroites, et beaucoup plus longues que les latérales.

(a) Voyez les planches enluminées, n° 259, où cet oiseau est représenté sous le nom de *Guépier de Madagascar*.

(b) « Apiaster viridis, supernè obscuriùs, infernè dilutiùs, vertice castaneo variante; tæniâ » utrinque per oculos nigricante; fasciâ in syncipite albâ, viridi mixtâ, utrimque supra oculos » protensâ, alterâ concolore, utrinque infra genas productâ: gutture supremo albo-lutescente, » infimo castaneo; rectricibus supernè obscurè viridibus, lateralibus interiùs cinereo-margi- » natis, binis intermediis longissimis, acutis... » *Guépier de Madagascar*. En langue madecasse, *patirich tirich*. Brisson, t. IV, p. 545. J'ai observé un individu de cette espèce rapporté par M. Sonnerat. — *Superciliosus*. « Merops viridis, lineâ frontis supra infraque oculos » albâ, gulâ flavicante. » Linnæus. *Syst. nat.*, édit. XIII, p. 183, sp. 4.

(*) *Merops superciliosus* LATH.

LE GUÉPIER VERT A GORGE BLEUE (*a*) (*b*)

Une petite aventure arrivée à un individu de cette espèce (*) longtemps après sa mort fournit un exemple des méprises qui peuvent contribuer à l'importune multiplication des espèces nominales. Cet individu, qui appartenait à M. Dandrige, ayant été décrit, dessiné, gravé, colorié par deux Anglais, Edwards et Albin, un Français fort habile d'ailleurs, et qui avait sous les yeux un individu de cette même espèce, a cru que les deux figures anglaises représentaient deux espèces distinctes, et en conséquence il les a décrites séparément et sous deux dénominations différentes. Pour nous, nous allons fondre ces descriptions diverses en une seule; et, toujours dans le même esprit, nous rapporterons encore à l'espèce décrite comme simple variété le petit guépier des Philippines de M. Brisson (*c*).

L'oiseau de M. Dandrige, observé par M. Edwards, différait de notre guépier d'Europe en ce qu'il était une fois plus petit, et que les deux pennes intermédiaires de sa queue étaient beaucoup plus longues et plus étroites (*d*); il avait le front bleu, une grande plaque de même couleur sur la gorge, renfermée dans une espèce de cadre noir formé dans le bas par un demi-collier en forme de croissant renversé, dans le haut par un bandeau qui passait sur les yeux et descendait des deux côtés du cou, comme pour aller se joindre aux deux extrémités du demi-collier; le dessus de la tête et du cou orangé; le dos, les petites couvertures et les dernières pennes des ailes d'un vert de perroquet; les couvertures supérieures de la queue d'un bleu d'aigue-marine; la poitrine et le ventre d'un vert clair; les jambes d'un brun rougeâtre; les couvertures inférieures de la queue d'un vert obscur; les ailes variées de vert et d'orangé, terminées de noir; la queue d'un beau vert dessus, d'un vert rembruni dessous; les deux pennes intermédiaires excédant les latérales de deux pouces et plus, cette partie excédante d'un

(*a*) Voyez les planches enluminées, nº 740, où cet oiseau est représenté sous le nom de *Guépier à collier de Madagascar*.

(*b*) *Indian bee-eater. Merops* ou *mangeur d'abeilles de Bengale*. Edwards, *Nat. hist. of birds*, pl. 183. — *Merops Bengalensis*. Albin, *Nat. hist. of birds*, t. III, pl. 30. Albin, au lieu de décrire cette espèce, a copié la description de notre guêpier d'Europe, faite par Willughby. — « Apiaster supernè viridis, infernè viridi-beryllinus, supernè et infernè ad aureum colorem » vergens; capite et collo superioribus obscurè viridi-flavicantibus; gutture et syncipite ad » cæruleo-beryllinum inclinantibus; tæniâ utrinque infra oculos, alterâ infra guttur trans- » versâ nigrâ; rectricibus supernè viridibus, lateralibus interiùs cinereo marginatis, binis » intermediis longissimis, ultimâ medietate strictissimis et nigricantibus... » *Guépier à collier de Madagascar et de Bengale*. Brisson, t. IV, p. 549 et 552.

(*c*) *Ornithologie*, t. IV, p. 555.

(*d*) Comment donc M. Albin a-t-il pu prendre cet oiseau pour un guépier mâle d'Europe?

(*) *Merops viridis* Lath.

brun foncé et très étroite; les côtes des pennes de la queue brunes; les pieds aussi; le bec noir dessus, et blanchâtre à sa base dessous.

Dans l'individu décrit par M. Brisson, et qui est à peu près celui de nos planches enluminées, il n'y avait point de bleu sur le front, le vert du dessous du corps participait de l'aigue-marine; le dessus de la tête et du cou était du même vert doré que le dos; en général, il y avait une teinte de jaune doré jetée légèrement sur tout le plumage, excepté sur les pennes des ailes et les couvertures supérieures de la queue; le bandeau noir ne passait point sur les yeux, mais au-dessous. M. Brisson a remarqué de plus que les ailes étaient doublées de fauve, et que la côte des pennes de la queue, qui était brune dessus, comme dans l'oiseau de M. Edwards, était blanchâtre par-dessous; enfin l'individu de nos planches enluminées avait plusieurs pennes et couvertures des ailes, et plusieurs pennes de la queue bordées près du bout et terminées de jaune doré; mais il est facile de voir que toutes ces petites différences, détaillées ici jusqu'au scrupule, ne passent point, à beaucoup près, les limites entre lesquelles se jouent les couleurs du plumage, non pas seulement dans les individus d'une même espèce, mais dans le même individu à différents âges, ni, comme on voit, les limites entre lesquelles se jouent les descriptions diverses faites d'après un même objet. J'en dis autant de l'inégalité des dimensions, inégalité d'autant moins réelle, que plusieurs de ces dimensions ont été prises sur des figures : celles de la figure d'Albin sont les plus fortes, et très probablement les moins exactes.

L'oiseau, appelé par M. Brisson *petit guépier des Philippines* (*a*), est de même taille et de même plumage que son guépier à collier de Madagascar; la principale différence qu'on remarque entre ces oiseaux, c'est que dans celui des Philippines les deux pennes intermédiaires de la queue, au lieu d'être plus longues que les latérales, sont au contraire un peu plus courtes; mais M. Brisson soupçonne lui-même que ces pennes intermédiaires n'avaient pas encore pris tout leur accroissement, et que dans les individus où elles ont acquis leur juste longueur elles dépassent de beaucoup les pennes latérales; cela est d'autant plus vraisembable, que ces deux intermédiaires paraissent ici différentes des latérales, et conformées à peu près de même que le sont dans leur partie excédante les intermédiaires du guépier vert à gorge bleue. Autres différences, car il ne faut rien ommettre : le bandeau, au lieu d'être noir, était d'un vert obscur, et les pieds d'un rouge brun; mais tout cela n'empêche pas que ce petit guépier des Philippines de M. Brisson ne soit, ainsi que ses deux guépiers à collier, l'un de Madagascar et l'autre de Bengale, ne soit, dis-je, de la même espèce que notre guépier vert à gorge bleue. Cet oiseau est répandu, comme on voit depuis les côtes

(*a*) La phrase de M. Brisson est la même pour cet oiseau que pour son guépier à collier de Madagascar, à l'exception de la couleur du bandeau et du sinciput, de la longueur des deux pennes intermédiaires de la queue, et du demi-collier qu'il n'a point.

d'Afrique jusqu'aux îles les plus orientales de l'Asie; sa grosseur est à peu près celle de notre moineau.

Longueur totale, six pouces et demi (probablement elle serait d'environ huit pouces trois quarts, comme dans notre guépier vert à gorge bleue, si les deux pennes intermédiaires de la queue avaient pris tout leur accroissement); bec, quinze lignes; tarse, quatre lignes et demie; vol, dix pouces; les dix pennes latérales de la queue, deux pouces et demi : dépassent les ailes de quatorze lignes.

LE GRAND GUÉPIER VERT ET BLEU A GORGE JAUNE

C'est une espèce nouvelle (*) dont on est redevable à M. Sonnerat : elle diffère de l'espèce précédente par son plumage, ses proportions, et surtout par la longueur des pennes intermédiaires de la queue; elle a la gorge d'un beau jaune qui s'étend sur le cou, sous les yeux et par delà, et qui est terminé de brun vers le bas; le front, les sourcils, tout le dessous du corps de couleur d'aigue-marine; les pennes des ailes vertes, bordées d'aigue-marine depuis le milieu de leur longueur; leurs petites couvertures supérieures d'un vert brun, quelques-unes mordorées, les plus longues proches du corps, d'une jaune clair; le dessus de la tête et du cou mordoré; tout le dessus du corps vert doré; les couvertures supérieures de la queue vertes.

Longueur totale, dix pouces; bec, vingt lignes; tarse, six lignes; ongle postérieur le plus court et le plus crochu; queue, quatre pouces un quart, composée de douze pennes, les dix latérales à peu près égales entre elles; les deux intermédiaires dépassent ces latérales de sept à huit lignes, et les ailes de dix-huit.

LE PETIT GUÉPIER VERT ET BLEU A QUEUE ÉTAGÉE (a)

La petitesse de la taille n'est pas le seul trait de disparité qui distingue ce guépier (**) du précédent; il en diffère encore par la couleur de la tête, par ses proportions, et surtout par la conformation de sa queue, qui est

(a) « Apiaster supernè viridis, infernè viridi-beryllinus, supernè et infernè ad aureum colo- » rem vergens; gutture luteo; collo inferiore castaneo; tæniâ utrinque per oculos cinereâ, » nigro punctulatâ; rectricibus supernè viridibus, lateralibus interiùs cinereo marginatis... » *Le Guépier d'Angola.* Brisson, t. IV, p. 558. C'est M. Brisson qui a fait connaître cette espèce en la décrivant, et la faisant graver sur un dessin d'après nature, communiqué par M. Poivre.

(*) *Merops chrysocephalus* LATH. Espèce douteuse.
(**) *Merops angolensis* LATH.

étagée et dont les deux pennes intermédiaires ne sont pas fort excédantes; à l'égard du plumage, du vert doré dessus, du bleu d'aigue-marine dessous, le gorge jaune, le devant du cou marron, une zone pointillée de noir en forme de bandeau sur les yeux, les ailes et la queue du même vert que le dos, l'iris rouge, le bec noir et les pieds cendrés, voilà les couleurs principales de cet oiseau, qui est le plus petit des guépiers. Il se trouve dans le royaume d'Angola, en Afrique : c'est le seul oiseau de ce genre qui ait la queue étagée.

Longueur totale, environ cinq pouces et demi; bec, neuf lignes; tarse, quatre lignes et demie; doigt postérieur le plus court; queue, deux pouces et plus, composée de douze pennes étagées : dépasse les ailes d'environ un pouce.

LE GUÉPIER VERT A QUEUE D'AZUR (a) (b)

Il (*) a tout le dessus de la tête et du corps d'un vert sombre, changeant en cuivre de rosette; les ailes de même couleur, terminées de noirâtre, doublées de fauve clair; les pennes dix-neuvième et vingtième, marquées d'aigue-marine sur le côté extérieur, et les vingt-deuxième et vingt-troisième sur le côté intérieur; toutes les pennes et les couvertures de la queue d'un bleu d'aigue-marine, plus clair sur les couvertures inférieures; un bandeau noirâtre sur les yeux; la gorge jaunâtre tirant au vert et au fauve; cette dernière teinte plus forte vers le bas; le dessous du corps et les jambes d'un vert jaunâtre changeant en fauve; le bec noir et les pieds bruns. Cet oiseau se trouve aux Philippines; sa taille est au-dessous de celle de notre guépier.

Longueur totale, huit pouces dix lignes; bec, vingt-cinq lignes; l'angle de son ouverture bien au delà de l'œil; tarse, cinq lignes et demie; doigt postérieur le plus court; vol, quatorze pouces dix lignes; queue, trois pouces huit lignes, composée de douze pennes à peu près égales : dépasse de onze lignes les ailes, qui ont vingt-quatre pennes; la première est très courte, et la seconde est la plus longue de toutes.

(a) Voyez les planches enluminées, n° 57, où cet oiseau est représenté sous le nom de *Grand Guépier des Philippines*.

(b) « Apiaster supernè obscurè viridis, cupri puri colore varians, infernè viridi-lutescens, » fulvo varians; uropygio cæruleo-beryllino; tæniâ utrimque per oculos nigrâ; gutture lutescente, ad viride et fulvum vergente; rectricibus supernè cæruleo-beryllinis, lateralibus interiùs cinereo marginatis... » *Grand Guépier des Philippines*. Brisson, t. IV, p. 560. — « Merops Philippinus viridis, subtus flavescens, uropygio cæruleo, caudâ æquali... » Linnæus, *Syst. nat.*, édit. XIII, p. 183, gen. 63, sp. 5.

(*) *Merops philippinus* Lath.

LE GUÊPIER ROUGE A TÊTE BLEUE (a)

Une belle couleur d'aigue-marine brille d'une part sur la tête de cet oiseau (*) et sur sa gorge, où elle devient plus foncée, et d'autre part sur le croupion et toutes les couvertures de la queue; il a le cou et tout le reste du dessous du corps jusqu'aux jambes d'un rouge cramoisi nuancé de roux; le dos, la queue et les ailes d'un rouge de brique, plus brun sur les couvertures des ailes; les trois ou quatre pennes des ailes les plus proches du dos d'un vert brun avec des reflets bleuâtres; les grandes pennes terminées de gris bleuâtre fondu avec le rouge; les moyennes terminées de brun noirâtre; le bec noir et les pieds d'un cendré clair. C'est une espèce nouvelle qui se trouve en Nubie où elle a été dessinée par M. le chevalier Bruce; elle n'est pas tout à fait si grande que notre espèce d'Europe.

Longueur totale, environ dix pouces; bec, vingt et une lignes; tarse, six lignes; ongle postérieur le plus court de tous; queue environ quatre pouces, un peu fourchue; dépasse les ailes de vingt et une lignes.

LE GUÊPIER ROUGE ET VERT DU SÉNÉGAL (b) (c)

Il (**) a le dessus de la tête et du corps, compris les couvertes supérieures des ailes et celles de la queue, d'un vert brun, plus brun sur la tête et le dos, plus clair sur le croupion et les couvertures supérieures de la queue; une tache encore plus foncée derrière l'œil; les pennes de la queue et des ailes rouges, terminées de noir; la gorge jaune; tout le dessous du corps blanc sale; le bec et les pieds noirs.

Longueur totale, environ six pouces; bec, un pouce; tarse, trois lignes et demie; queue, deux pouces; dépasse les ailes d'environ un pouce.

(a) Voyez les planches enluminées, n° 649, où cet oiseau est représenté sous le nom de *Guêpier de Nubie*.

(b) Voyez les planches enluminées, n° 318, où cet oiseau est représenté sous le nom de *Petit guêpier rouge et vert du Sénégal*.

(c) Nous devons cette espèce à M. Adanson; la figure et la description sont aussi exactes qu'elles peuvent l'être, ayant été faites sur la peau de l'oiseau, desséchée et conservée en herbier, c'est-à-dire entre deux feuilles de papier.

(*) *Merops nubicus* GMEL.

(**) *Merops erythropterus* LATH.

LE GUÊPIER A TÊTE ROUGE (*a*)

Si le nom de *cardinal* convient à quelque guêpier, c'est certainement à celui-ci (*), car il a une espèce de grande calotte rouge qui lui couvre non seulement la tête, mais encore une partie du cou ; il a de plus un bandeau noir sur les yeux, le dessus du corps d'un beau vert, la gorge jaune, le dessous du corps orangé clair, les couvertures inférieures de la queue jaunâtres bordées de vert clair, les ailes et leurs couvertures supérieures d'un vert foncé, la queue verte dessus, cendrée dessous, l'iris rouge, le bec noir et les pieds cendrés.

On trouve cet oiseau dans les Indes orientales ; sa taille est à peu près celle du guêpier vert à gorge bleue.

Longueur totale, six pouces ; bec, seize lignes; tarse, cinq lignes ; le doigt postérieur le plus court ; queue, vingt et une lignes, composée de douze pennes égales : dépasse les ailes de dix lignes.

LE GUÊPIER VERT A AILES ET QUEUE ROUSSES (*b*)

Pour compléter la description de cette espèce nouvelle (**), déjà fort ébauchée dans la dénomination, il faut ajouter seulement que le vert est plus foncé sur la partie supérieure du corps et plus clair sous la gorge que partout ailleurs ; que les pennes des ailes sont blanches à leur origine ; que leur côte, ainsi que celle des pennes de la queue, est noirâtre, les pieds d'un brun jaunâtre, un peu plus longs qu'ils ne sont ordinairement dans les oiseaux de ce genre, et le bec noir.

Ce guêpier ressemble beaucoup, par la couleur de sa queue et de ses ailes, à notre guêpier à tête jaune et blanche (*c*) ; mais il en diffère dans tout le reste du plumage ; d'ailleurs, il est beaucoup plus petit et n'a pas les deux pennes intermédiaires de la queue excédantes.

(*a*) Apiaster supernè viridis, infernè lutescens, rubro adumbratus ; capite et collo superiore » coccineis ; gutture luteo ; tæniâ utrimque per oculos nigrâ ; rectricibus supernè viridibus, » lateralibus interiùs cinereo marginatis... » *Apiaster Indicus erythrocephalos. Guêpier à tête rouge des Indes.* Brisson, t. IV, p. 563. Ce naturaliste a décrit cet oiseau d'après un dessin fait par M. Poivre.

(*b*) Voyez les planches enluminées, nº 454, où cet oiseau est représenté sous le nom de *Guêpier à queue et ailes rousses de Cayenne.*

(*c*) « Colore rubicundo seu ferrugineo, » dit Aldrovande en parlant des pennes des ailes et de la queue de ce guêpier : n'est-il pas évident que cette couleur *ferrugineuse* est du roux ?

(*) *Merops erythrocephalus* LATH.

(**) *Merops cayennensis* LATH.

On m'a assuré qu'il ne se trouvait pas à Cayenne ; je suis d'autant plus porté à le croire, que le genre des guépiers me paraît appartenir à l'ancien continent, comme je l'ai dit plus haut. Au reste, M. de la Borde, qui est actuellement à Cayenne, nous enverra bientôt la solution immédiate de ce petit problème.

L'ICTÉROCÉPHALE OU LE GUÉPIER A TÊTE JAUNE (a)

Le jaune de la tête n'est interrompu que par un bandeau noir et s'étend sur la gorge et tout le dessous du corps ; le dos est d'un beau marron ; le reste du dessus du corps est varié de jaune et de vert ; les petites couvertures supérieures des ailes sont bleues ; les moyennes variées de jaune et de bleu, et les plus grandes entièrement jaunes ; les pennes des ailes noires, terminées de rouge ; la queue mi-partie de deux couleurs, jaune à sa base et verte à son extrémité ; le bec noir et les pieds jaunes.

Ce guépier (*) est un peu plus gros que notre guépier ordinaire, et son bec est plus arqué. Il ne se montre que très rarement dans les environs de Strasbourg, dit Gessner.

(a) *Merops alter, hirundo marina ;* en allemand, *see schwalm.* Aldrovande, *Ornithol.*, t. Ier, p. 875. En quelques endroits de l'Italie, on donne aussi le nom d'hirondelle de mer au martin-pêcheur, ce qui n'a rien d'étonnant, vu les rapports qui se trouvent entre cet oiseau et les guépiers : celui de l'article précédent porte le même nom en Autriche, comme nous l'avons dit. — Gessner, *Aves*, p. 601. — *Congener.* Jonston, *Avi.*, p. 81. — Willughby, *Ornithol.*, p. 103, § 4. — Ray, *Synops. avi.*, p. 49, n° 4. — Klein, *Ordo avium*, p. 110, n° 12. — *Merops cinereus maculis castaneis, linquâ prælongâ, merops congener Jonstonii.* Barrère, *Specim. novum ;* class. 3, gen. 22, p. 47. Je ne sais pourquoi M. Barrère donne le nom de *guépier cendré* à cet oiseau, qui, à juger par la description d'Aldrovande, n'a pas une seule plume de cette couleur : il s'appelle *formigué* en catalan. — *Merops ravus, seu griseus, melissophago Junii, apiastra Servii ;* en polonais, *zotna szara.* Rzaczynski, *Auctuar. Polon.*, p. 394. — « Merops flavescens, uropygio virescente, remigibus apice rubris ; rectricibus basi luteis... » Linnæus, *Syst. nat.*, édit. XIII, p. 183, gen. 63, sp. 3. — « Apiaster supernè castaneus, infernè flavescens, uropygio viridi et flavo mixto ; capite et collo flavescentibus ; tæniâ utrinque per oculos nigrâ ; remigibus nigris, apice rubris ; rectricibus supernè primâ medietate luteis, ultimâ viridibus... » *Apiaster icterocephalos.* Le Guépier à tête jaune. Brisson, t. IV, p. 537.

(*) *Merops congener* LATH. Espèce douteuse.

L'ENGOULEVENT (a) (b)

Lorsqu'il s'agit de nommer un animal, ou, ce qui revient presque au même, de lui choisir un nom parmi tous les noms qui lui ont été donnés, il faut, ce me semble, préférer celui qui présente une idée plus juste de la nature, des propriétés, des habitudes de cet animal, et surtout rejeter impitoyablement ceux qui tendent à accréditer de fausses idées et à perpétuer des erreurs. C'est en partant de ce principe que j'ai rejeté les noms de

(a) Voyez les planches enluminées, n° 193, où cet oiseau est représenté, fig. 2, sous le nom de *Crapaud volant*.

(b) Αἰγοθήλας, *Caprimulgus*. Aristote, *Hist. nat.*, lib. IX, cap. XXX. — *Caprimulgus, fur nocturnus*. Pline, lib. X, cap. XL (a copié Aristote et n'a rien ajouté). — Élien, *Nat. anim.*, lib. III, cap. XXXIX. Cet auteur dit que c'est un animal très hardi, et qui méprise les petits oiseaux. — Belon parle de l'*aigotilax* ou *caprimulgus ;* mais il se trompe en appliquant ce nom à un petit chat-huant, qu'il appelle aussi *effraie, fresaie, strix*. Voyez ses *Observations*, fol. 12 ; et *Nature des oiseaux*, pag. 142 et suiv. ; mais dans la suite Belon reconnut son erreur, et envoya à Gessner un véritable *caprimulgus*, sous son vrai nom. Gessner, *Aves*, p. 242. — Gessner, *ibidem ;* en allemand, *pfaff*, d'après Turner, *nacht-raven* (corbeau de nuit), *milch-sauger, geiss-melcher*. — *Caprimulgus, ægothela, paphus Turneri ;* dans le Bolonais, *calcabotto*. Aldrovande, t. Ier, p. 567 ; et t. II, p. 604. — Αἰγοθήλης, νυκτικοράξ *Nonnii, caprimulgus, connilus nocturnus ; nacht-schade, tage-schlaeffer, nacht-raeblin, nacht-vogel ; pfaff Eberi et Peuceri*. Schwenckfeld, *Aviar. Siles.*, p. 232. — *Avis noctnrna ;* en polonais, *kozodoy*. Rzaczynski, *Auct. hist. nat. Polon.*, p. 369, n° 21. — *Accipiter cantharophagus ;* en anglais, *the dorr-hawk, the goat-sucking owl ; night-jarr*, à cause du cri qu'il fait entendre le soir. Charleton, *Exercit.*, p. 78, n° 8. — *Caprimulgus ;* en anglais, *the goat-sucker ;* dans la province de Shropshire, *the fern-owl ;* dans la province d'York, *the churn-owl*, à cause du bruit qu'il fait en volant. Ray, *Synops. avi.*, p. 26. — Willughby, *Ornithol.*, lib. II, cap. III, § 1. — Edwards, pl. 63 ; en anglais, *night-hawk*. — Albin, t. Ier, pl. 10. Son traducteur lui donne fort mal à propos le nom de *grand merle*. — *Hirundo, caudâ integrâ, ore setis ciliato ;* en suédois, *nattskraefwa, nattskiarra ;* dans l'Ostro-Bothnie, *kiarrgylta*. Linnæus, *Fauna Suec.*, n° 248. — Kramer, *Elenchus Austr. inf.*, p. 381, n° 5 ; en autrichien, *mucken stecher nacht-rabl*. — *Caprimulgus narium tubis obsoletis*. Linnæus, *Syst. nat.*, édit. XIII, p. 346. — Muller, *Zoolog. Danica*, p. 34, n° 291 ; en danois, *asten-bakke, nat-raun, nat-skade ;* en norwégien, *quæl-knarren, gede-malcher, gaarbon, flag spetter af. J. Ramus ; nark sarmiutak, orpung miutak, kyssektak, Groenlandorum quænam ?* — *Hirundo caprimulga, caudâ æquabili : schwalbe mit gleich-langen schwantz federn ; strix* (sans doute d'après Belon, qui a reconnu son erreur) ; *noctambulus : gross-bartige schwalbe, here, milch-ziegen-sauger, kinder-melcher, tag-schlaeffer, pfaff*, etc. ; en langue russe, *leleck*. Klein, *Ordo avium*, p. 81, § 37. — *Nycticorax : the night-raven*. Sibbald, *Atlas scoticus*, part. II, lib. III, sect. III, cap. II. — *Nacht-schwalbe* (hirondelle de nuit), *nacht-rabe, nacht-trap, ziegen-melcher, nycticorax, ægithalus, caprimulgus*. Frisch, t. Ier, cl. 8, div. 4, n° 101. — *Caprimulgus : tette-chèvre, crapaud volant ;* en catalan, *enganya pastus*. Barrère, *Novum specim.*, p. 31,

tette-chèvre, de *crapaud-volant*, de *grand merle*, de *corbeau de nuit* et d'*hirondelle à queue carrée*, donnés par le peuple ou par les savants à l'oiseau dont il s'agit ici. Le premier de ces noms a rapport à une tradition, fort ancienne à la vérité, mais encore plus suspecte ; car il est aussi difficile de supposer à un oiseau l'instinct de teter une chèvre que de supposer à une chèvre la complaisance de se laisser teter par un oiseau, et il n'est pas moins difficile de comprendre comment, en la tetant réellement, il pourrait lui faire perdre son lait; aussi Schwenckfeld, ayant pris des informations exactes dans un pays où il y avait des troupeaux nombreux de chèvres parquées, assure n'avoir ouï dire à personne que jamais chèvre se fût laissé teter par un oiseau quelconque (*a*). Il faut que ce soit le nom de crapaud-volant donné à cet oiseau qui lui ait fait attribuer une habitude dont on soupçonne les crapauds, et peut-être avec un peu plus de fondement (*).

J'ai pareillement rejeté les autres noms, parce que l'oiseau dont il est ici question n'est ni un crapaud, ni un merle, ni un corbeau, ni une chouette, ni même une hirondelle, quoiqu'il ait avec cette dernière espèce plusieurs traits de ressemblance, soit dans la conformation extérieure, soit dans les habitudes ; par exemple, dans ses pieds courts, dans son petit bec suivi d'un large gosier, dans le choix de sa nourriture, dans la manière de la prendre ; mais, à d'autres égards, il en diffère autant qu'un oiseau de nuit peut différer d'un oiseau de jour, autant qu'un oiseau solitaire peut différer d'un

gen. 7. — *The goat-sucker* (tette-chèvre) ; *nocturnal swallow ; wheel bird ;* en gallois, *aderyn y droell. British Zoology*, gen. 19, sp. 4, p. 97. — En provençal, *chauche crapaout*, ce qui revient au *calcabotto* des Bolonais. — Le *crapaud-volant* ou *tette-chèvre, chasse-crapaud, foule-crapaud ;* en Sologne, *chauche branche ;* dans l'Orléanais, *coucou rouge ;* en Saintonge, *fresaie* (ce qui a pu donner lieu à l'erreur de Belon), autrefois *caprimulge*. Salerne, p. 57, chap. VI. Il avertit que ce crapaud-volant ne doit pas être confondu avec une espèce de chauve-souris qui porte le même nom à Paris. — « Caprimulgus supernè griseo et nigricante transversim et undatim varius, quâlibet pennâ tæniâ longitudinali nigrâ notatâ ; infernè albo-rufescens, fusco saturato transversim striatus ; remigibus tribus primoribus interiùs albâ maculâ notatis ; rectricibus duabus utrinque extimis albo terminatis... » *Caprimulgus*. Tette-chèvre ou Crapaud-volant. Brisson, *Ornithol.*, t. II, p. 470. — *Succhia capre ;* en Toscane, *nattala ;* à Ravenne, *cova-terra. Ornithol. ital.*, t. Ier, p. 91. — *An rondo quorumdam ?* Scaliger, *de Subtilit.*, fol. 300. — A Malte, *bouchraie* ou *boucraie ;* dans quelques endroits de la Bourgogne, *sèche-trappe*, c'est-à-dire *sèche-terrine*, ce qui a rapport à son habitude prétendue de teter les chèvres. Les habitants de la Guinée distinguent deux sortes d'hirondelles : celles de jour, dont nous parlerons dans la suite, et celles de nuit, qu'ils nomment *lelé serena*. *Histoire générale des Voyages*, t. III, p. 588.

(*a*) *Aviar. Siles.*, page 233. M. Linnæus applique mal à propos à l'engoulevent ce vers d'Ovide :

> Carpere dicuntur lactentia viscera rostris.
>
> *Fast.*, lib. VI, v. 131.

Ce vers doit se rapporter aux chouettes. Aristote ajoute que les chèvres ainsi tetées devenaient aveugles.

(*) Les Crapauds pas plus que les Engoulevents ne tettent les chèvres.

oiseau social, et encore par son cri, par le nombre de ses œufs, par l'habitude qu'il a de les déposer à cru sur la terre, par le temps de ses voyages; et d'ailleurs on verra dans la suite qu'il existe réellement des espèces d'hirondelles à queue carrée, avec lesquelles on ne doit pas le confondre. Enfin j'ai conservé à cet oiseau le nom d'*engoulevent* (*) qu'on lui donne en plusieurs provinces, parce que ce nom, quoique un peu vulgaire, peint assez bien l'oiseau lorsque, les ailes déployées, l'œil hagard et le gosier ouvert de toute sa largeur, il vole avec un bourdonnement sourd à la rencontre des insectes, dont il fait sa proie et qu'il semble *engouler* par aspiration.

L'engoulevent se nourrit en effet d'insectes et surtout d'insectes de nuit (*a*), car il ne prend son essor et ne commence sa chasse que lorsque le soleil est peu élevé sur l'horizon (*b*), ou, s'il la commence, au milieu du jour, c'est lorsque le temps est nébuleux ; dans une belle journée, il ne part que lorsqu'il y est forcé, et dans ce cas son vol est bas et peu soutenu ; il a les yeux si sensibles, que le grand jour l'éblouit plus qu'il ne l'éclaire, et qu'il ne peut bien voir qu'avec une lumière affaiblie ; mais encore lui en faut-il un peu, et l'on se tromperait fort si l'on se persuadait qu'il voit et qu'il vole lorsque l'obscurité est totale ; il est dans le cas des autres oiseaux nocturnes : tous sont, au fond, des oiseaux de crépuscule plutôt que des oiseaux de nuit.

Celui-ci n'a pas besoin de fermer le bec pour arrêter les insectes qui y sont entraînés ; l'intérieur de ce bec est enduit d'une espèce de glu qui paraît filer de la partie supérieure et qui suffit pour retenir toutes les phalènes et même les scarabées dont les ailes s'y engagent (*c*).

Les engoulevents sont très répandus, et cependant ne sont communs nulle part ; ils se trouvent, ou du moins ils passent dans presque toutes les régions de notre continent, depuis la Suède et les pays encore plus septentrionaux jusqu'en Grèce et en Afrique d'une part, de l'autre jusqu'aux Grandes-Indes, et sans doute encore plus loin. M. Sonnerat en a envoyé un au Cabinet du Roi venant de la côte de Coromandel, et qui est sans doute une femelle ou un jeune, puisqu'il ne diffère guère du nôtre qu'en ce qu'il n'a point sur la tête et les ailes ces taches blanches dont M. Linnæus fait un

(*a*) Charleton dit qu'il vit de guêpes, de bourdons, principalement de scarabées, de cantharides ; Klein lui a trouvé dans le ventricule des mouches de différentes espèces, de petits scarabées, six grands stercoraires noirs à la fois ; la *Zoologie Britannique* ajoute les teignes et les cousins, et Willughby les graines. Un ami de M. Hébert a trouvé dans le gosier d'un de ces oiseaux de ces petits hannetons que l'on voit sur la fin de l'été : on ne peut guère douter qu'il ne happe aussi les phalènes ou papillons de nuit qui se trouvent sur son passage.

(*b*) C'est sans doute par cette raison qu'Aristote le donne pour un oiseau paresseux ; mais il ne le serait tout au plus que le soir.

(*c*) Note communiquée par M. Hébert.

(*) Les Engoulevents (*Caprimulgus* L.) sont des Passereaux du groupe des Fissirostres et de la famille des Caprimulgides; ils ont le bec plat, court, triangulaire ; la bouche fendue jusqu'au dessous des yeux ; le bord du bec non denté et garni de soies raides. Leurs pattes sont courtes et très faibles ; leur plumage est souple.

caractère propre au mâle adulte. M. le commandeur de Godeheu nous apprend qu'au mois d'avril le vent du sud-ouest amène ces oiseaux à Malte (*a*), et M. le chevalier Desmazis, très bon observateur, me mande qu'ils passent en égale abondance en automne. On en rencontre dans les plaines et dans les pays de montagnes, dans la Brie et dans le Bugey, en Sicile (*b*) et en Hollande, presque toujours sous un buisson et dans de jeunes taillis, ou bien autour des vignes ; ils semblent préférer les terrains secs et pierreux, les bruyères, etc. Ils arrivent plus tard dans les pays plus froids et ils en partent plus tôt (*c*) ; ils nichent chemin faisant dans les lieux qui leur conviennent (*d*), tantôt plus au midi, tantôt plus au nord ; ils ne se donnent pas la peine de construire un nid ; un petit trou qui se trouve en terre ou dans des pierrailles, au pied d'un arbre ou d'un rocher, et que le plus souvent ils laissent comme ils l'ont trouvé, leur suffit (*e*). La femelle y dépose deux ou trois œufs plus gros que ceux du merle et plus rembrunis (*f*), et quoique l'affection des père et mère pour leur progéniture se mesure ordinairement par les peines et les soins qu'ils se sont donnés pour elle, il ne faut pas croire que l'engoulevent ait peu d'attachement pour ses œufs ; on m'assure, au contraire, que la mère les couve avec une grande sollicitude, et que, lorsqu'elle s'est aperçue qu'ils étaient ménacés ou seulement remarqués par quelque ennemi (ce qui revient au même), elle sait fort bien les changer de place en les poussant adroitement, dit-on, avec ses ailes et les faisant rouler dans un autre trou qui n'est ni mieux travaillé, ni mieux arrangé que le premier, mais où elle les juges apparemment mieux cachés.

La saison où l'on voit plus souvent voler ces oiseaux, c'est l'automne ; en général, ils ont à peu près le vol de la bécasse et les allures de la chouette ; quelquefois ils inquiètent et dérangent beaucoup les chasseurs qui sont à

(*a*) Voyez *Savants étrangers*, t. III, p. 91.

(*b*) Un voyageur instruit m'a rapporté que, sur les montagnes de Sicile, on voyait ces oiseaux paraître une heure avant le coucher du soleil, et se répandre pour chercher leur nourriture de compagnie avec les guêpiers, et qu'ils allaient quelquefois cinq ou six ensemble.

(*c*) En Angleterre, ils arrivent sur la fin de mai, et ils s'en vont vers le milieu d'août, suivant la *Zoologie Britannique ;* en France, M. Hébert en a vu dans le mois de novembre ; un chasseur m'a assuré en avoir vu l'hiver.

(*d*) Les chasseurs que j'ai consultés prétendent qu'ils ne nichent pas dans le canton de la Bourgogne que j'habite (l'Auxois), et qu'ils n'y paraissent que dans le temps des vendanges.

(*e*) Telle est l'opinion la plus généralement reçue, mais je ne dois pas dissimuler que, selon M. Linnæus, ils construisent un nid avec de la terre humectée, de forme orbiculaire, entre des rochers. Voyez *Syst. nat.*, édit. XIII, p. 346. — M. Salerne dit aussi que M. de Réaumur a vu un nid de crapaud-volant où il y avait trois œufs, etc. ; mais il dit au même endroit que le crapaud-volant ne fait point de nid : il a donc voulu dire que M. de Réaumur avait vu l'endroit où une femelle de cette espèce avait pondu ses œufs.

(*f*) Ils sont oblongs, blanchâtres et tachetés de brun, dit M. Salerne ; marbrés de brun et de pourpre sur un fond blanc, dit le comte de Ginanni dans l'*Ornithologie italienne ;* celui-ci ajoute que la coque en est extrêmement mince.

l'affût; mais ils ont une habitude assez singulière et qui leur est propre : ils feront cent fois de suite le tour de quelque gros arbre effeuillé, d'un vol fort irrégulier et fort rapide ; on les voit de temps à autre s'abattre brusquement et comme pour tomber sur leur proie, puis se relever tout aussi brusquement ; ils donnent sans doute ainsi la chasse aux insectes qui voltigent autour de ces sortes d'arbres ; mais il est très rare qu'on puisse dans cette circonstance les approcher à la portée du fusil : lorsqu'on s'avance, ils disparaissent fort promptement et sans qu'on puisse découvrir le lieu de leur retraite.

Comme ces oiseaux volent le bec ouvert, ainsi que je l'ai remarqué plus haut, et qu'ils volent assez rapidement, on comprend bien que l'air entrant et sortant continuellement éprouve une collision contre les parois du gosier, et c'est ce qui produit un bourdonnement semblable au bruit d'un rouet à filet; ce bourdonnement ne manque jamais de se faire entendre tandis qu'ils volent, parce qu'il est l'effet de leur vol, et il se varie suivant les différents degrés de vitesse respective avec lesquels l'air s'engouffre dans leur large gosier. C'est de là que leur vient le nom de *wheel-bird*, sous lequel ils sont connus dans quelques provinces d'Angleterre. Mais est-il bien vrai que ce cri ait généralement passé pour un cri de mauvais augure, comme le disent Belon, Klein et ceux qui les ont copiés ? ou plutôt ne serait-ce pas une erreur née d'une autre méprise qui a fait confondre l'engoulevent avec l'effraie ? Quoi qu'il en soit, lorsqu'ils sont posés ils font entendre leur cri véritable, qui consiste dans un son plaintif répété trois ou quatre fois de suite ; mais il n'est pas bien avéré qu'ils ne le fassent jamais entendre en volant.

Ils se perchent rarement, et lorsque cela leur arrive on prétend qu'ils se posent, non en travers comme les autres oiseaux, mais longitudinalement sur la branche qu'ils semblent *chocher* ou *cocher* comme le coq fait la poule, et de là le nom de *chauche-branche*. Souvent, lorsqu'un oiseau est connu dans un grand nombre de pays différents, et qu'il a été nommé dans chacun, il suffit pour faire connaître ses principales habitudes de rendre raison de ses noms divers. Ceux-ci sont des oiseaux très solitaires, la plupart du temps on les trouve seuls, et l'on n'en voit guère plus de deux ensemble, encore sont-ils souvent à dix ou douze pas l'un de l'autre.

J'ai dit que l'engoulevent avait le vol de la bécasse, et l'on peut dire la même chose du plumage, car il a tout le dessus du cou, de la tête et du corps, et même le dessous, joliment variés de gris et de noirâtre, avec plus ou moins de roussâtre sur le cou, les scapulaires, les joues, la gorge, le ventre, les couvertures et les pennes de la queue et des ailes, tout cela distribué de manière que les teintes les plus foncées règnent sur le dessus de la tête, la gorge, la poitrine, la partie antérieure des ailes et leur extrémité ; mais cette distribution est si variée, les détails en sont si multipliés et d'une si grande finesse, que l'idée de la chose se perdrait dans les particularités d'une description d'autant plus obscure qu'elle serait plus minutieusement complète. Un seul coup d'œil sur l'oiseau, ou du moins sur son portrait, en apprendra plus que toutes les paroles (*). Je me contenterai donc d'ajouter ici les attributs qui caractérisent l'engoulevent : il a la mâchoire inférieure bordée d'une raie blanche qui se prolonge jusque derrière la tête ; une tache de la même couleur sur le côté intérieur des trois premières pennes de l'aile, et au bout des deux ou trois pennes les plus extérieures de la queue ; mais ces taches blanches sont propres au mâle, suivant M. Linnæus (*a*) ; la tête grosse ; les yeux très saillants ; l'ouverture des oreilles considérable, celle du gosier dix fois plus grande que celle du bec ; le bec petit, plat, un peu crochu ; la langue courte, pointue, non divisée par le bout ; les narines rondes, leur bord saillant sur le bec ; le crâne transparent ; l'ongle du doigt du milieu dentelé du côté intérieur, comme dans le héron ; enfin les trois doigts antérieurs unis par une membrane jusqu'à la première phalange : on prétend que la chair des jeunes est un assez bon manger, quoiqu'elle ait un arrière-goût de fourmi.

Longueur totale, dix pouces et demi ; bec, quatorze lignes ; tarse, sept lignes, garni de plumes presque jusqu'au bas ; doigt du milieu, neuf lignes ; doigt postérieur le plus court de tous, ne devrait point s'appeler postérieur, vu qu'il a beaucoup de disposition à se tourner en avant, et que souvent il y est tourné tout à fait ; vol, vingt et un pouces et demi ; queue, cinq pouces, carrée, composée de dix pennes seulement : dépasse les ailes de quinze lignes.

OISEAUX ÉTRANGERS

QUI ONT RAPPORT A L'ENGOULEVENT

Comme il n'y a qu'une seule espèce de ce genre établie dans les trois parties de l'ancien continent, et qu'il s'en trouve dix ou douze établies dans le nouveau, on pourrait dire avec quelque fondement que l'Amérique est la principale résidence de ces oiseaux, le vrai lieu de leur origine, et par conséquent regarder notre race européenne comme une race étrangère séparée de sa tige, exilée, transportée par quelque cas fortuit dans un autre univers

(*a*) Willughby a observé un individu en qui ces taches étaient d'un jaune pâle, teinté de noir et peu marquées ; j'ai observé la même chose sur deux individus ; ce sont apparemment les femelles : l'un de ces individus était plus petit que les autres, et j'ai jugé que c'était une jeune femelle.

(*) L'espèce que Buffon décrit ici est l'Engoulevent d'Europe (*Caprimulgus europæus* L.).

où elle a fondé une colonie qui semblerait devoir être toujours subordonnée à la race mère, et ne devoir jamais lui disputer le pas dans aucun genre. D'après cela, on pourrait inférer que nous aurions dû commencer l'histoire de cette famille par les races américaines qui représentent ici la métropole, et nous aurions en effet suivi cet ordre qui, sous ce point de vue, paraît être celui de la nature, si nous n'eussions été déterminés, par des raisons encore plus fortes, à suivre un ordre tout différent, et cependant tout aussi naturel, du moins plus analogue à la nature de notre entendement : ordre qui consiste à procéder du plus connu au moins connu, et nous prescrit, à nous autres Européens, de commencer l'histoire d'une classe d'animaux quelconque par les espèces européennes, comme étant les plus connues dans le pays où nous écrivons, et les plus propres à jeter de la lumière sur l'histoire des espèces étrangères (*a*), sauf aux naturalistes américains à commencer l'histoire qu'ils feront de la nature (et plût au ciel qu'ils en fissent une !) par les productions de l'Amérique.

Les principaux attributs qui appartiennent aux engoulevents, c'est un bec aplati à sa base, ayant la pointe légèrement crochue, petit en apparence, mais suivi d'une large ouverture plus large que la tête, disent certains auteurs; de gros yeux saillants, vrais yeux d'oiseaux nocturnes, et de longues moustaches noires autour du bec : il résulte de tout cela une physionomie morne et stupide, mais bien caractérisée, un air de famille lourd et ignoble, tenant des martinets et des oiseaux de nuit, mais si bien marqué, que l'on distingue au premier coup d'œil un engoulevent de tout autre oiseau ; ils ont, outre cela, les ailes et la queue longues, celle-ci rarement et très peu fourchue, composée de dix pennes seulement ; les pieds courts et le plus souvent pattus ; les trois doigts antérieurs liés ensemble par une membrane jusqu'à leur première articulation ; le doigt postérieur mobile et se tournant quelquefois en avant ; l'ongle du doigt du milieu dentelé ordinairement sur son bord intérieur ; la langue pointue et non divisée par le bout ; les narines tubulées, c'est-à-dire que leurs rebords saillants forment sur le bec la naissance d'un petit tube cylindrique ; l'ouverture des oreilles grande, et probablement l'ouïe très fine ; il semble au moins que cela doit être ainsi dans tout oiseau qui a la vue faible et le sens de l'odorat presque nul ; car le sens de l'ouïe étant alors le seul qui puisse l'aviser de ce qui se

(*a*) C'est par cette même raison que j'ai commencé l'histoire du coucou par celle de l'espèce européenne, et que j'ai considéré celle-ci comme étant le tronc commun des branches répandues dans les trois autres parties du monde ; mais tout ce que j'ai dit dans cette supposition ne se trouve pas moins vrai : il sera toujours vrai de dire que les races provenant d'un tronc commun s'éloigneront d'autant plus de cette race primitive, qu'elles en auront été séparées plus anciennement ; que, par conséquent, la race européenne ayant plus de ressemblance avec celle d'Amérique, qu'avec celles d'Afrique et d'Asie, doit être censée dériver nouvellement et immédiatement de la race américaine, laquelle peut elle-même être issue, mais plus anciennement, de la race asiatique.

passe au dehors à une certaine distance, il est comme forcé de donner une grande attention aux rapports que lui fait ce sens unique, et de le disposer de la manière la plus avantageuse, ce qui ne peut manquer à la longue de le modifier, de le perfectionner, du moins quant aux bruits qui sont relatifs à ses besoins, et en même temps d'influer sur la conformation des pièces qui composent cet organe. Au reste, on ne doit pas se persuader que tous les attributs dont j'ai fait l'énumération appartiennent sans exception à chaque espèce : quelques-unes n'ont point de moustaches; d'autres ont plus de dix pennes à la queue; d'autres n'ont pas l'ongle du milieu dentelé; quelques-unes l'ont dentelé, non sur le bord intérieur, mais sur l'extérieur; d'autres n'ont point les narines tubulées ; dans d'autres enfin le doigt postérieur ne paraît avoir aucune disposition à se tourner en avant : mais une propriété commune à toutes les espèces, c'est d'avoir les organes de la vue trop sensibles pour pouvoir soutenir la clarté du jour; et de cette seule propriété dérivent les principales différences qui séparent le genre des engoulevents de celui des hirondelles : de là l'habitude qu'ont ces oiseaux de ne sortir de leur retraite que le soir au coucher du soleil, et d'y rentrer le matin avant ou peu après son lever : de là l'habitude de vivre isolés et tristement seuls, car l'effet naturel des ténèbres est de rendre les animaux qui y sont condamnés tristes, inquiets, défiants, et par conséquent sauvages : de là la différence du cri, car on sait combien dans les animaux le cri est modifié par les affections intérieures : de là encore, selon moi, l'habitude de ne point faire de nid, car il faut voir pour choisir les matériaux d'un nid, pour les employer, les entrelacer, les mettre chacun à leur place, donner la forme au tout, etc. Nul oiseau, que je sache, ne travaille à cet ouvrage pendant la nuit, et la nuit est longue pour les engoulevents, puisque sur vingt-quatre heures ils n'ont que trois heures de crépuscule pendant lesquelles ils puissent exercer avec avantage la faculté de voir; or, ces trois heures sont à peine suffisantes pour satisfaire au premier besoin, au besoin le plus pressant, le plus impérieux, devant lequel se taisent tous les autres besoins, en un mot, au besoin de manger : ces trois heures sont à peine suffisantes, parce qu'ils sont obligés de poursuivre leur nourriture dans le vague de l'air, que leur proie est ailée comme eux, fuit légèrement, leur échappe, sinon par la vitesse, du moins par l'irrégularité de son vol, et qu'ils ne peuvent s'en saisir qu'à force d'allées et de venues, de ruses, de patience, et surtout à force de temps; il ne leur en reste donc pas assez pour construire un nid; par la même raison, les oiseaux de nuit qui sont organisés à peu près de même, quant au sens de la vue, et qui pour la plupart n'ont l'usage de ce sens que lorsque le soleil est sous l'horizon ou près d'y descendre, ne font guère plus de nids que les engoulevents, et, ce qui est plus décisif, ne s'en occupent qu'à proportion que leur vue, plus ou moins capable de soutenir une grande clarté, prolonge pour eux le temps du travail. De tous les hiboux, le grand duc est le seul que l'on dise faire un nid, et c'est aussi de tous celui qui est le moins oiseau de nuit, puisqu'il voit assez clair en plein jour pour voler et fuir à de grandes distances (*a*). La petite chevêche, qui poursuit et prend les petits oiseaux avant le coucher et après le lever du soleil, amasse seulement quelques feuilles, quelques brins d'herbe, et dépose ainsi ses œufs, point tout à fait à cru, dans des trous de rochers ou de vieilles murailles (*b*); enfin le moyen duc, l'effraie, la hulotte et la grande chevêche, qui de toutes les espèces nocturnes peuvent le moins supporter la présence du soleil, pondent aussi dans des trous semblables ou dans des arbres creux, mais sans y rien ajouter, ou dans des nids étrangers (*c*) qu'ils trouvent tout faits; et j'ose assurer qu'il en est de même de tous les oiseaux qui, par le vice d'une trop grande sensibilité, ou si l'on veut, d'une trop grande perfection des organes visuels, sont offusqués, aveuglés par la lumière du jour, au lieu d'en être éclairés.

Un autre effet de cette incommode perfection, c'est que les engoulevents, ainsi que les autres oiseaux de nuit, n'ont aucune couleur éclatante dans leur plumage et sont même privés de ces reflets riches et changeants qui brillent sur la robe, assez modeste d'ailleurs, de nos hirondelles : du blanc et du noir, du gris qui n'est que le mélange de l'un et de l'autre, et du roux, font toute leur parure et se brouillent de manière qu'il en résulte un ton général de couleur sombre, confus et terne ; c'est qu'ils fuient la lumière, et que la lumière est, comme l'on sait, la source première de toutes les belles couleurs; nous voyons les linottes perdre sous nos yeux, dans les prisons où nous les tenons renfermées, le beau rouge qui faisait l'ornement de leur plumage lorsqu'à chaque aurore elles pouvaient saluer en plein air la lumière naissante, et tout le long du jour se pénétrer, s'imbiber pour ainsi dire de ses brillantes influences. Ce n'est point dans la froide Norvège ni dans la ténébreuse Laponie que l'on trouve les oiseaux de Paradis, les cotingas, les flamands, les perroquets, les colibris, les paons; ce n'est pas même dans ces climats disgraciés que se forment le rubis, le saphir, la topaze; enfin, les fleurs qui croissent comme malgré elles et végètent tristement sur une cheminée ou dans l'ombre d'une serre entretenue à grands frais, n'ont pas cet éclat vif et pur que le soleil du printemps répand avec tant de profusion sur les fleurs de nos parterres et même sur celles de nos prairies. A la vérité, les phalènes ou papillons de nuit ont quelquefois de fort belles couleurs ; mais cette exception apparente confirme mon idée, ou du moins ne la contredit pas ; car d'habiles observateurs (*d*) ont remarqué que ceux de ces papillons nocturnes qui voltigent quelquefois le jour, soit

(*a*) Voyez tome V, page 191.
(*b*) *Idem*, aux articles des oiseaux cités.
(*c*) Voyez tome V, aux articles des oiseaux cités.
(*d*) Roesel, *Insecten belustigung*, t. Ier, *Vorbericht zu der nacht-vœgel ersten classe*.

pour chercher leur nourriture, soit pour s'apparier, et qui ne sont par conséquent nocturnes qu'à demi, ont les ailes peintes de couleurs plus vives que les véritables phalènes, les véritables papillons de nuit qui ne paraissent jamais tandis que le soleil est sur l'horizon. J'ai même observé que la plupart de ceux-ci ont des couleurs assez semblables à celles des engoulevents, et si dans le grand nombre il s'en trouve qui en aient de belles, c'est parce que les couleurs du papillon ne peuvent manquer d'être déjà fort ébauchées dans sa larve, et que les larves ou les chenilles des phalènes n'éprouvent pas moins l'action de la lumière que les chenilles des papillons diurnes; enfin, les chrysalides de ceux-ci, qui sont toujours sans enveloppe, toujours exposées à l'air libre, ont pour la plupart des couleurs éclatantes, et quelques-unes semblent ornées de paillettes d'or et d'argent que l'on chercherait vainement sur les chrysalides des phalènes, le plus souvent renfermées dans des coques ou enfouies dans la terre. En voilà assez ce me semble, pour m'autoriser à croire que lorsqu'on aura fait des observations suivies et comparées sur la couleur des plumes des oiseaux, des ailes des papillons, et peut-être du poil des quatrupèdes (*a*), on trouvera que, toutes choses égales d'ailleurs, les espèces les plus brillantes, les plus riches en couleurs, seront presque toujours celles qui, dans leurs différents états, auront été le plus à portée d'éprouver l'action de la lumière.

Si mes conjectures ont quelque fondement, les personnes qui réfléchissent verront sans beaucoup de surprise combien un sens de plus ou de moins, ou seulement quelques degrés de sensibilité de plus ou de moins dans un seul organe peuvent entraîner de différences considérables et dans les habitudes naturelles d'un animal et dans ses propriétés tant intérieures qu'extérieures.

I. — L'ENGOULEVENT DE LA CAROLINE (*b*).

Si, comme il y a toute apparence, l'Europe doit les engoulevents à l'Amérique, c'est ici l'espèce (*) qui a franchi le passage du Nord pour venir établir une colonie dans l'ancien continent. Je le juge ainsi, parce que cette

(*a*) Voyez ci-devant, t. V, p. 23. — Le plumage du martin-pêcheur est beaucoup plus brillant entre les tropiques que dans la zone tempérée, dit M. Forster, *Second voyage de Cook*, p. 181.

(*b*) *The goat-sucker of Carolina.* Les Anglais de l'Amérique septentrionale le nomment *East-India-bat* (chauve-souris des Indes orientales). Catesby, *Caroline*, t. Ier, pl. VIII. — *Hirundo major; subfusca miscella; maculâ albâ sphæricâ in utrâque alâ;* en anglais, *rain-bird.* Browne, *Jamaïque*, p. 467. — « Caprimulgus supernè griseo et nigricante transversim » et undatim varius, infernè griseo-rufescens, lineolis longitudinalibus, nigricantibus varie» gatus; remigibus exterius maculis flavicantibus, tribus primoribus interiùs albâ maculâ » notatis... » *Tette-chèvre de la Caroline.* Brisson, t. II, p. 475. — *Succhia-capre o nottolla della Carolina. Ornithol. ital.*, t. Ier, p. 92, sp. 3.

(*) *Caprimulgus carolinensis* L.

espèce, habitant l'Amérique septentrionale, s'est trouvée plus à portée des contrées encore plus septentrionales, d'où le passage en Europe était facile, et que d'ailleurs elle ressemble fort à la nôtre et pour la taille et pour les couleurs : entre autres marques communes, elle a la mâchoire inférieure bordée de blanc et une tache de même couleur sur le bord de l'aile ; son principal trait de dissemblance, c'est qu'au lieu d'être variée sous le corps par de petites lignes transversales, elle l'est par de petites lignes longitudinales, et qu'elle a le bec plus long ; mais une si grande différence de climat n'aurait-elle pas pu produire des différences encore plus considérables dans la forme et le plumage de cet oiseau ?

Voici ce que Catesby nous apprend de ses habitudes naturelles : il se montre le soir, mais jamais plus fréquemment que lorsque le temps est couvert, et de là sans doute son nom d'*oiseau de pluie*, qui lui est commun avec plusieurs autres oiseaux ; il poursuit, la gueule béante, les insectes ailés dont il fait sa pâture, et son vol est accompagné de bourdonnement ; enfin il pond à terre des œufs semblables à ceux des vanneaux. On voit que chaque trait de cette petite histoire est un trait de conformité avec l'histoire de notre espèce européenne.

Longueur totale, onze pouces un quart ; bec, dix-neuf lignes, environné de moustaches noires ; tarse, huit lignes ; ongle du milieu dentelé à l'intérieur ; les trois doigts antérieurs liés par une membrane qui ne passe pas la première articulation ; queue, quatre pouces : dépasse les ailes de seize lignes.

II. — LE WHIP-POUR-WILL (*a*).

Je conserve le nom que les Virginiens ont donné à cette espèce (*), parce qu'ils le lui ont donné d'après son cri et que par cela seul il doit être adopté dans toutes les langues.

Ces oiseaux arrivent en Virginie vers le milieu d'avril, surtout dans la partie occidentale et dans les endroits montagneux ; c'est là qu'on les entend chanter ou plutôt crier pendant la nuit d'une voie si aiguë et si perçante, tellement répétée et multipliée par les échos des montagnes, qu'il est difficile de dormir dans les environs. Ils commencent peu de minutes après le coucher du soleil et continuent jusqu'au point du jour ; ils descendent

(*a*) *Caprimulgus minor Americanus* ; en anglais, *whip-poor-will*. Catesby, *Caroline*, *Append.*, pl. 16. — Edwards, pl. 63 ; en anglais, *lesser goat-sucker*. — *Succhia-capre o nottolla di Virginia. Ornithol. ital.*, t. Ier, p. 92, sp. 2. — « Caprimulgus supernè obscurè » fuscus, fusco-rufescente transversim et sparsim varius, cinereo admixto, infernè albo- » aurantius, nigricante transversim striatus ; remigibus quinque primoribus tæniâ transversâ » albâ ; rectricibus duabus utrimque extimis maculâ albâ notatis... » *Tette-chèvre de Virginie*. Brisson, t. II, p. 477. — M. Linnæus en fait une variété dans l'espèce européenne. *Syst. nat.*, édit. XIII, p. 346, gen. 118 ; mais il en diffère par la longueur de ses ailes.

(*) *Caprimulgus virginianus* LATH.

rarement sur les côtes, plus rarement encore ils paraissent pendant le jour ; leur ponte est de deux œufs d'un vert obscur, varié de petites taches et de petits traits noirâtres ; la femelle les dépose négligemment au milieu d'un sentier battu, sans construire aucun nid, sans mettre ensemble deux brins de mousse ou de paille, et même sans gratter la terre ; lorsque ces oiseaux couvent, on peut les approcher d'assez près avant qu'ils s'envolent.

Plusieurs les regardent comme des oiseaux de mauvais augure. Les sauvages de la Virginie sont persuadés que les âmes de leurs ancêtres, massacrés autrefois par les Anglais, ont passé dans le corps de ces oiseaux, et pour preuve ils ajoutent qu'avant cette époque on ne les avait jamais vus dans le pays ; mais cela prouve seulement que de nouveaux habitants apportent de nouvelles cultures et que de nouvelles cultures attirent des espèces nouvelles.

Ces oiseaux ont le dessus de la tête et de tout le corps, jusques et compris les couvertures supérieures et les pennes de la queue, et même les pennes moyennes des ailes d'un brun foncé, rayé transversalement de brun plus clair et parsemé de petites taches de cette même couleur, avec un mélange de cendré fort irrégulier ; les couvertures supérieures des ailes de même, semées de quelques taches d'un brun clair ; les grandes pennes des ailes noires, les cinq premières marquées d'une tache blanche vers le milieu de leur longueur, et les deux paires extérieures de la queue marquées de même vers le bout ; le tour des yeux d'un brun clair tirant au cendré ; une suite de taches orangées qui prend à la base du bec, passe au-dessus des yeux et descend sur les côtés du cou ; la gorge couverte d'un large croissant renversé, blanc dans le haut, teint d'orangé dans le bas, et dont les cornes se dirigent de chaque côté vers les oreilles ; tout le reste de la partie inférieure blanc, teinté d'orangé, rayé transversalement de noirâtre ; le bec noir et les pieds couleur de chair. Cet engoulevent est d'un tiers plus petit que le nôtre et a les ailes plus longue à proportion.

Longueur totale, huit pouces ; bec, neuf lignes et demie, sa base entourée de moustaches noires ; tarse, cinq lignes ; l'ongle du doigt du milieu dentelé sur son bord intérieur ; queue, trois pouces un quart : ne dépasse point les ailes.

III. — LE GUIRA-QUEREA (a).

Quoique M. Brisson n'ait fait aucune distinction entre le guira décrit par M. Sloane et celui décrit par Marcgrave, je me crois fondé à les distinguer

(a) *Guira-querea Brasiliensibus.* Marcgrave, *Hist. av.*, lib. v, cap. VII, p. 202. — Pison, *Hist. nat.*, p. 94. — Sloane, *Jamaïca*, lib. VI, part. II, cap. I ; en anglais, *a wood owle.* — Jonston, *Aves*, p. 138. — *Caprimulgi species ;* en anglais, *goat-sucker. Synops. avi.*, p. 180, sp. 3 ; et p. 27, sp. 3. — Willughby, *Ornithol.*, p. 71. — *Strix rufescens, miscella, coloribus quasi undulatis, capite lævi, iride croceo :* en anglais, *the mountain-owl.* Browne, *Nat. hist. of Jamaïca*, p. 473. — *Hirundo, caprimulgi species.* Klein, *Ordo avium*, p. 82. Je ne

ici, du moins comme variétés de climat : j'en dirai les raisons en parlant du guira de Marcgrave. Celui de M. Sloane (*) avait la tête et le cou variés de couleur de tabac d'Espagne et de noir ; le ventre et les couvertures supérieures de la queue et des ailes variés de blanchâtre ; les pennes de la queue et des ailes variées de brun foncé et de blanc ; la mâchoire inférieure presque sans plumes ; la tête, au contraire, en était chargée ; les yeux saillant hors de l'orbite d'environ trois lignes ; la pupille bleuâtre et l'iris orangé.

Cet oiseau se trouve au Brésil ; c'est un habitant des bois qui vit d'insectes et ne vole que la nuit.

Longueur totale, seize pouces : bec, deux pouces, de forme triangulaire ; sa base, trois pouces ; le supérieur un peu crochu, bordé de longues moustaches ; narines dans une rainure assez considérable ; gosier à large ouverture ; tarse, trois lignes (*a*) ; vol, trente pouces ; queue, huit pouces ; langue petite et triangulaire ; estomac blanchâtre, peu musculeux, contenant des scarabées à demi digérés ; foie rouge, divisé en deux lobes, l'un à droite, l'autre à gauche ; les intestins roulés en plusieurs circonvolutions.

Le guira de Marcgrave avait deux caractères très apparents qui ne se trouvent point dans la description de M. Sloane et qui cependant n'auraient pu échapper à un tel observateur : je veux dire un collier couleur d'or et les deux pennes intermédiaires de la queue beaucoup plus longues que les latérales ; d'ailleurs il est plus petit, car Marcgrave ne le fait pas plus gros qu'une allouette, et il est difficile de supposer à une allouette ou à tout autre oiseau de cette taille une envergure de trente pouces, comme l'avait le guira de M. Sloane ; tout cela, joint à quelques autres différences de plumage, m'autorise à regarder celui de Marcgrave comme une variété de climat : il avait la tête large, comprimée, assez grosse ; les yeux grands, un petit bec à large ouverture, le corps arrondi, le plumage d'un cendré brun, varié de jaune et de blanchâtre ; un collier de couleur d'or teintée de brun ; les bords du bec près de la base hérissés de longues moustaches noires ; les doigts antérieurs liés par une membrane courte ; l'ongle de celui du milieu dentelé ; les ailes de six pouces ; la queue de huit, compris les deux pennes intermédiaires, qui excèdent les latérales.

sais pourquoi M. Klein dit qu'on trouve cet oiseau en Angleterre. — « Caprimulgus in toto » corpore cinereo-fuscus, maculis obscurè flavis et albicantibus variegatus ; torque obscurè » aureo ; rectricibus binis intermediis longioribus... » *Tette-chèvre du Brésil.* Brisson, t. II, p. 481. — *Succhia-capre o nottola del Brasile. Ornithol. ital.*, t. Ier, p. 92, sp. 5.

(*a*) S'il n'y a point ici de fautes d'impression, ce guira est, de tous les oiseaux connus, celui qui a les pieds les plus courts, relativement à la longueur de ses ailes, et il mériterait le nom d'*apode* par excellence.

(*) *Caprimulgus torquatus* Lath.

IV. — L'IBIJAU (*a*).

On retrouve dans cet oiseau (*) du Brésil tous les attributs des engoulevents : tête large et comprimée, gros yeux, petit bec, large gosier, pieds courts, ongle du doigt du milieu dentelé sur son bord intérieur, etc. ; mais une chose qui lui est propre, c'est l'habitude d'épanouir sa queue de temps en temps ; il a la tête et tout le dessus du corps noirâtres, semés de petites taches, la plupart blanches, quelques-unes teintées de jaune ; le dessous du corps blanc, varié de noir comme dans l'épervier, et les pieds blancs.

Sa taille est à peu près celle de l'hirondelle ; il a la langue très petite ; les narines découvertes ; tarse, six lignes ; queue, deux pouces : ne dépasse point les ailes.

VARIÉTÉS DE L'IBIJAU

I. — LE PETIT ENGOULEVENT TACHETÉ DE CAYENNE (*b*).

Il a beaucoup de rapport avec l'ibijau, et par sa petitesse, quoique moindre, et par la longueur relative de ses ailes, et par ses autres proportions, et par son plumage noirâtre, tacheté d'une couleur plus claire : mais cette couleur plus claire est du roux ou du gris dans tout le plumage, excepté sur le cou, lequel porte en sa partie antérieure une espèce de collier blanc dont Marcgrave n'a point parlé dans la description de l'ibijau, et qui fait la marque distinctive de cette variété ; elle a aussi le dessous du corps plus rembruni.

Longueur totale, huit pouces ; bec, quinze lignes, noir, garni de petites moustaches ; queue, deux pouces et demi.

(*a*) *Avicula ibijau Brasiliensibus, noitibo Luzitanis.* Marcgrave, *Hist. nat. Brasil.*, lib. v, p. 195. — Jonston, *Aves*, p. 133. — *Caprimulgus Americanus, ibijau Marcgravii.* Willughby, *Ornithol.*, lib. II, p. 70. — Ray, *Synops avi.*, p. 27, n° 2. — *Hirundo, Brasiliensibus ibijau, Luzitanis noitiba dicta.* Petiver, *Gazoph. nat. et art.*, pl. 59, fig. 1. — « Caprimulgus supernè nigricans, albo punctulatus, flavedine albedini admixtâ, infernè albo et nigro varius ; oculorum ambitu ex albo flavescente ; pedibus albis... » *Tette-chèvre tacheté du Brésil.* Brisson, t. II, p. 483. — *Nota.* M. Brisson rapporte au petit *ibijau* ce que Mœhring a dit du grand, gen. 110. — *Succhia-capre brizzolata del Brazile. Ornithol. ital.*, p. 92, sp. 5.

(*b*) Voyez les planches enluminées, n° 734, où cet oiseau est représenté sous le nom de *Petit Crapaud-volant tacheté de Cayenne*, d'après un individu qui se trouve dans le Cabinet de M. Mauduit.

(*) *Caprimulgus grandis* LATH.

II. — LE GRAND IBIJAU (a).

Ce n'est en effet qu'une variété de grandeur, et la différence est considérable à cet égard : celui-ci est de la taille d'une chouette, et il a l'ouverture du bec si grande qu'on y mettrait le poing : du reste, ce sont les mêmes couleurs et les mêmes proportions. Marcgrave ne dit pas qu'il ait l'habitude d'épanouir sa queue comme le petit ibijau ; il dit encore moins qu'il ait une corne sur la partie antérieure de la tête, et derrière cette corne une petite huppe, comme on pourrait se le persuader d'après la figure (b) ; mais on sait combien les figures données par Marcgrave sont peu exactes, et combien il est plus sûr de s'en rapporter au texte : or le texte dit que le grand ibijau ne diffère absolument du petit que par la taille ; et comme d'ailleurs il ne donne au petit ibijau ni huppe ni corne, on peut, ce semble, conclure avec toute probabilité que le grand n'en a point non plus.

On doit rapporter à cette espèce le grand engoulevent de Cayenne (c), soit à cause de sa grande taille, soit à cause de son plumage tacheté de noir, de fauve et de blanc, principalement sur le dos, les ailes et la queue; le dessus de la tête et du cou, et le dessous du corps, sont rayés transversalement de diverses teintes de ces mêmes couleurs ; mais la teinte générale de la poitrine est plus brune et forme une espèce de ceinture. M. de Sonnini en a vu un dont le plumage était plus rembruni : on l'avait trouvé dans le creux d'un très gros arbre ; c'est la demeure ordinaire de cet engoulevent, mais il préfère les arbres qui sont à portée des eaux : il est à la fois le plus grand des oiseaux de ce genre connus à Cayenne, et le plus solitaire.

Longueur totale, vingt et un pouces ; bec, trois pouces de long et autant de large, le supérieur a une forte échancrure des deux côtés près de sa pointe ; l'inférieur s'emboîte entre ces deux échancrures, et il a ses bords renversés en dehors ; narines non saillantes et couvertes par les plumes de la base du bec qui reviennent en avant ; tarse, onze lignes ; garni de plumes presque jusqu'aux doigts ; ongles crochus, creusés par dessous en gouttière, cette gouttière divisée en deux par une arête longitudinale : l'ongle du doigt du milieu non dentelé ; ce doigt est fort grand et paraît plus large qu'il n'est en effet, à cause d'un rebord membraneux qu'il a de chaque côté ; queue, neuf pouces, un peu étagée : les ailes la dépassent de quelques lignes.

(a) *Ibijau magnitudine noctuæ.* Marcgrave, p. 196. — Jonston, p. 133. — Willughby, p. 70. — Ray, p. 27. — *Ornithol. ital.*, t. Ier, p. 92, sp. 7. — *Caprimulgus Brasiliensis major nævius... Ore aperto pugnum hominis admittente.* Brisson, t. II, p. 485 ; le reste de la description, comme la précédente, mot pour mot. — *Nycticorax ibijau sive noitibo major.* Mœhring, *Avium gener.*, gen. 110.

(b) Voyez Marcgrave, à l'endroit cité.

(c) Voyez les planches enluminées, n° 325, où cet oiseau est représenté sous le nom de *Grand Crapaud-volant de Cayenne.*

III. — L'ENGOULEVENT A LUNETTES OU LE HALEUR (*a*).

On a cru voir quelque rapport entre les narines saillantes de cet oiseau (*) et une paire de lunettes : de là son nom d'*engoulevent à lunettes ;* quant à celui de *haleur*, on juge bien qu'il doit avoir rapport à son cri.

Cet engoulevent vit d'insectes comme tous les autres, et ressemble, par la conformation des parties intérieures, au guira de M. Sloane, avec lequel il va de compagnie, car il se trouve à la Jamaïque comme le guira, et de plus à la Guiane ; son plumage est varié de gris, de noir et de feuille-morte, mais les teintes sont plus claires sur la queue et les ailes ; il a le bec noir, les pieds bruns et beaucoup de plumes sur la tête et sous la gorge.

Longueur, suivant M. Sloane, sept pouces ; bec petit à grande ouverture, le supérieur un peu crochu, long de trois lignes (sans doute à compter depuis la naissance des plumes du front), bordé de moustaches noires ; tarse, avec le pied, dix-huit lignes ; vol, dix pouces ; sur quoi il faut remarquer : 1° que ces mesures ont été prises avec le pied anglais, un peu plus court que le nôtre ; 2° que M. Brisson indique d'autres mesures que M. Sloane, mais que selon toute apparence il les a empruntées de la figure donnée par M. Sloane lui-même, laquelle est beaucoup plus grande que ne le suppose le texte de cet auteur, pris à la lettre ; 3° que dans cette hypothèse, qui n'est pas sans vraisemblance, la longueur de l'oiseau fixée à sept pouces par M. Sloane semble devoir se prendre de la base du bec à la base de la queue, ce qui concilierait les dimensions de la figure avec celles qui sont énoncées dans le texte. Cependant je ne dois pas dissimuler que M. Ray, sans s'arrêter à la figure de l'oiseau donnée par M. Sloane, et sans prendre garde qu'il est fort rare que l'on donne de pareilles figures grossies, s'en tient à la lettre du texte, et regarde cet engoulevent comme un très petit oiseau.

(*a*) *Noctua minor ex pallido et fusco varia ;* en anglais, *the small wood-owl.* Sloane, *Jamaïca*, p. 296, pl. 255, fig. 1. — Mœhring, *Gener. avium*, p. 47, gen. 40. — *Strix capite lævi, plumis griseo-albidis labiorum pilosis ;* en anglais, *creech-owl.* Browne, *Jamaïca*, p. 473. — *Strix sylvatica major pulla ;* à la Jamaïque, *le halleur.* Barrère, *France équinox.*, p. 148. — *Ulula Americana ex pallido et fusco varia ; idem.* Barrère, *Novum specim.*, p. 29, class. 3, gen. 5. — *Caprimulgus seu noctua sylvatica Jamaicensis minor.* Ray, *Synops. avi. Append.*, p. 180, n° 4. — *Hirundo Jamaïcensis, naribus conspicilla mentientibus ;* en allemand, *brillennase.* Klein, *Ordo avium*, p. 81, sp. 11. — *Caprimulgus Americanus, tubulis narium eminentibus : hirundo major subfusca, miscella maculâ albâ sphæricâ in utrâque alâ*, de Browne (page 467). Linnæus, *Syst. nat.*, édit. XII, p. 346. — « Caprimulgus in » toto corpore griseo-nigro et xerampelino variegatus, remigibus rectricibusque dilutioribus ; » naribus cylindraceis... » *Tette-chèvre de la Jamaïque.* Brisson, t. II, p. 480. — *Succhiacapre o nottolla della Giamaïca. Ornithol. ital.*, t. Ier, p. 92, sp. 4.

(*) *Caprimulgus americanus* LATH.

IV. — L'ENGOULEVENT VARIÉ DE CAYENNE (a) (b).

Tous les oiseaux de ce genre sont variés, mais celui-ci (*) l'est plus que les autres ; c'est aussi l'espèce la plus commune dans l'île de Cayenne. Cet engoulevent se tient dans les plantages, les chemins et autres endroits découverts ; lorsqu'il est à terre il fait entendre un cri faible, toujours accompagné d'un mouvement de trépidation dans les ailes ; ce cri a du rapport avec celui du crapaud, et si l'engoulevent d'Europe en avait un semblable, on aurait été bien fondé à lui donner le nom de *crapaud-volant*. Celui de Cayenne, dont il s'agit ici, a encore un autre cri qui n'est pas fort différent de l'aboiement d'un chien ; il est peu farouche et ne part que lorsqu'on est fort près, encore ne va-t-il pas loin sans se poser.

Il a la tête rayée finement de noir sur un fond gris, avec quelques nuances de roux ; le dessus du cou rayé des mêmes couleurs, mais moins nettement ; de chaque côté de la tête cinq bandes parallèles rayées de noir sur un fond roux ; la gorge blanche, ainsi que le devant du cou ; le dos rayé transversalement de noirâtre sur un fond roux ; la poitrine et le ventre rayés aussi, mais moins régulièrement, et semés de quelques taches blanches ; le bas-ventre et les jambes blanchâtres, tachetés de noir : les petites et moyennes couvertures des ailes variées de roux et de noir, de sorte que le roux domine sur les petites, et le noir sur les moyennes ; les grandes terminées de blanc, d'où il résulte une bande transversale de cette couleur ; les pennes des ailes noires ; les cinq premières marquées de blanc vers les deux tiers ou les trois quarts de leur longueur ; les couvertures supérieures et les deux pennes intermédiaires de la queue rayées transversalement de noirâtre sur un fond gris, brouillé de noir ; les pennes latérales noires bordées de blanc, ce bord blanc d'autant plus large que la penne est plus extérieure ; l'iris jaune ; le bec noir et les pieds brun jaunâtre.

Longueur totale, environ sept pouces et demi ; bec, dix lignes, garni de moustaches ; tarse, cinq lignes ; queue, trois pouces et demi : dépasse les ailes d'environ un pouce.

(a) Voyez les planches enluminées, n° 760, où cet oiseau est représenté sous le nom de *Crapaud-volant de Cayenne.*

(b) *Strix varia minor ; an caprimulgus Jonstonis?* s'appelle à Cayenne, *caporal*. Barrère, *France équinox.*, p. 148. — *Caprimulgus Americanus eleganter variegatus.* Barrère, *Specim. novum*, p. 31.

(*) *Caprimulgus cayanus* LATH.

V. — L'ENGOULEVENT ACUTIPENNE DE LA GUIANE (a).

Cet oiseau (*) diffère de l'espèce précédente, planche 760, non seulement par ses dimensions relatives, mais par la conformation des pennes de sa queue, qu'il a pointues ; il y a aussi quelques différences dans les couleurs du plumage. Celui-ci a le dessus de la tête et du cou rayé transversalement, mais pas bien nettement, de roux brun et de noir ; les côtés de la tête variés des mêmes couleurs, en sorte néanmoins que le roux y domine ; le dos rayé de noir sur un fond gris, et le dessous du corps sur un fond roux ; les ailes à peu près comme dans l'espèce précédente ; les pennes de la queue rayées transversalement de brun sur un fond roux pâle et brouillé, terminées de noir, mais cette tache noire qui termine est précédée d'un peu de blanc ; le bec et les pieds sont noirs.

On dit que ces oiseaux se mêlent quelquefois avec les chauves-souris, ce qui n'est pas fort étonnant vu qu'ils sortent de leur retraite aux mêmes heures et qu'ils donnent la chasse au même gibier. Probablement, c'est à ce même engoulevent que doit se rapporter ce que dit M. de la Borde d'une petite espèce de la Guiane, qu'elle fait sa ponte, ainsi que les ramiers, les tourterelles, etc., aux mois d'octobre et de novembre, c'est-à-dire deux ou trois mois avant les pluies : on sait que la saison des pluies, qui commence à la Guiane vers le 15 décembre, est aussi dans cette même contrée la saison de la ponte pour la plupart des oiseaux.

Longueur totale, environ sept pouces et demi ; bec, sept lignes ; queue, trois pouces, composée de dix pennes égales ; est dépassée par les ailes de quelques lignes.

VI. — L'ENGOULEVENT GRIS.

J'ai vu dans le Cabinet de M. Mauduit un engoulevent de Cayenne (**) beaucoup plus gros que le précédent : il avait plus de gris dans son plumage, était proportionné un peu différemment et n'avait pas les pennes de la queue pointues ; quant au détail des couleurs, il différait de l'espèce précédente en ce qu'il avait les pennes des ailes moins noires, rayées transversalement de gris clair ; celles de la queue rayées de brun sur un fond gris varié de brun, sans aucune tache blanche ni sur les unes ni sur les autres ; le bec brun dessus et jaunâtre dessous.

Longueur totale, treize pouces ; bec, vingt lignes ; queue, cinq pouces un quart : dépassait un peu les ailes.

(a) Voyez les planches enluminées, n° 732.

(*) *Caprimulgus acutus* LATH.
(**) *Caprimulgus griseus* LATH.

VII. — LE MONTVOYAU DE LA GUIANE (*a*).

Montvoyau est le cri de cet engoulevent (*), qui en prononce distinctement les trois syllabes et les répète assez souvent le soir dans les buissons ; on ne doit pas être surpris que ce mot soit devenu son nom. Il se rapproche de notre engoulevent par la tache blanche qu'il a sur les cinq ou six premières pennes de l'aile, dont le fond est noir, et par une autre tache ou bande blanche qui part de l'angle de l'ouverture du bec, se prolonge en arrière, et, ce qui n'a pas lieu dans l'espèce européenne, s'étend jusque sous la gorge ; il a aussi en général plus de fauve et de roux dans son plumage, qui est varié presque partout de ces deux couleurs ; mais elles prennent différentes teintes et sont disposées diversement sur les différentes parties : par raies transversales sur la partie inférieure du corps et les pennes moyennes des ailes ; par bandes longitudinales sur le dessus de la tête et du cou ; par bandes obliques sur le haut du dos ; enfin par taches irrégulières sur le reste du dessus du corps, où le fauve prend une nuance de gris.

Longueur totale, neuf pouces ; bec, neuf lignes et demie, environné de moustaches ; tarse nu ; ongle du milieu dentelé sur son côté extérieur ; queue, trois pouces : dépasse les ailes d'un pouce.

VIII. — L'ENGOULEVENT ROUX DE CAYENNE (*b*).

Du roux brouillé de noirâtre fait presque tout le fond du plumage (**) ; un noir plus ou moins foncé en fait presque tout l'ornement ; ce noir est jeté par bandes longitudinales, obliques, irrégulières, sur la tête et le dessus du corps ; il forme une rayure transversale fine et régulière sur la gorge, un peu plus large sur le devant du cou, le dessous du corps et les jambes ; encore un peu plus large sur les couvertures supérieures et sur le bord intérieur de l'aile près de l'extrémité ; enfin la plus large de toutes sur les pennes de la queue ; quelques taches blanches sont semées çà et là sur le corps, tant dessus que dessous ; en général, le noirâtre domine sur le haut du ventre, le roux sur le bas-ventre et plus encore sur les couvertures inférieures de la queue ; la partie moyenne des grandes pennes des ailes offre un compartiment de petits carrés alternativement roux et noirs qui ont presque la régularité des cases d'un échiquier ; l'iris est jaune ; le bec brun clair et les pieds couleur de chair.

(*a*) Voyez les planches enluminées, n° 733.
(*b*) Voyez les planches enluminées, n° 735, où cet oiseau est représenté sous le nom de *Crapaud-volant* ou *Tette-chèvre de Cayenne*.

(*) *Caprimulgus guyanensis* LATH.
(**) *Caprimulgus rufus* LATH.

Longueur totale, dix pouces et demi; bec, vingt et une lignes; queue, quatre pouces deux tiers : dépasse les ailes de six lignes.

J'ai vu chez M. Mauduit un engoulevent de la Louisiane de la même taille que celui-ci et lui ressemblant beaucoup; seulement les raies transversales étaient plus espacées sur le cou, et le roux y devenait plus clair, ce qui formait une sorte de collier; le reste du dessous du corps était rayé comme dans le précédent; le bec était noir à la pointe et jaunâtre à la base.

Longueur totale, onze pouces; bec, deux pouces, bordé de huit ou dix moustaches très raides revenant en avant; queue, cinq pouces, dépassant fort peu les ailes.

LES HIRONDELLES (a)

On a vu que les engoulevents n'étaient pour ainsi dire que des hirondelles de nuit et qu'ils ne différaient essentiellement des véritables hirondelles que par la trop grande sensibilité de leurs yeux, qui en fait des oiseaux nocturnes, et par l'influence que ce vice premier a pu avoir sur leurs habitudes et leur conformation. En effet, les hirondelles (*) ont beaucoup de traits de ressemblance avec les engoulevents, comme je l'ai déjà dit; toutes ont le bec petit et le gosier large; toutes ont des pieds courts et de longues ailes, la tête aplatie et presque point de cou; toutes vivent d'insectes qu'elles happent en volant; mais elles n'ont point de barbes autour du bec, ni l'ongle du doigt du milieu dentelé; leur queue a deux pennes de plus et elle est fourchue dans la plupart des espèces : je dis la plupart, vu que l'on connaît des hirondelles à queue carrée, par exemple celles de la Martinique, et j'ai peine à concevoir comment un ornithologiste célèbre, ayant établi la queue fourchue pour la différence caractérisée qui sépare le genre des hirondelles de celui des engoulevents, a pu manquer à sa méthode au point de rapporter

(a) En hébreu, *agur*, *hagur*, *sus*, *sis*, *chauraf*, *thartaf*, *chatas*, *chataf*; suivant quelques-uns, *algardaione*; en grec, χελιδών, κωτίλη, κωπλάδη, ὀλολυγών, ὠκύπτερος; les petits, χελιδονίδεις; en grec vulgaire, χελιδονι, χελιδωνη, καίρα τὸ τάχι ἴλη δονεῖν, ἀδεῖν, parce qu'elle voltige et chante sur le bord des eaux; en latin, *hirundo, ab hærendo,* ou plutôt de χελιδών, en changeant χ en *h*; aussi disait-on anciennement *helundo*; chez les poètes, *progne*, *pandionis ales*, *atthis*; en italien, *rondine*, *rondina*; *rundino*, *rundinella*, *rendena*, *cesila*, *zisila*: en espagnol, *golondrina*, *andorinha*; en français, *hirondelle*: en vieux français, *herondelle*, *harondelle*; dans le Brabant, *aronde*; en allemand, *schwalb*, *schwalbe*; en Saxon, *swale*; en suisse, *schwalm*; en flamand, *swalwe*; en anglais, *swallow*, sans doute à cause de son large gosier, car *to swallow* signifie avaler; en polonais, *jaskotka*; en illyrien, *wlastowige*. — Voyez Gessner, *Aves*, pag. 51 et 548; Aldrovande, t. II, p. 658, etc. — *Hirundo*. Moehring, *Avium gener.*, n° 38. — En Guinée, les hirondelles de jour que l'on sait très bien distinguer de celles de nuit, c'est-à-dire des engoulevents, se nomment *lelé atterenna*; à la Guiane, elles se nomment *papays* en langue gariponne.

(*) Les Hirondelles (*Hirundo* L.) sont des Passereaux du groupe des Fissirostres, de la famille des Hirundinides. Leur bec est court et triangulaire, comprimé au bout, fendu jusqu'aux yeux; leurs ailes sont longues et pointues, formées de neuf pennes primaires et de neuf pennes secondaires; leur queue est longue et fourchue, formée de douze rectrices; leurs pieds sont faibles, avec trois doigts dirigés en avant et un en arrière; leurs tarses sont nus; leur vol est rapide et de très longue durée; ils se nourrissent d'insectes qu'ils saisissent au vol.

au genre des hirondelles cet oiseau à queue carrée de la Martinique, lequel était, selon cette méthode, un véritable engoulevent. Quoi qu'il en soit, m'attachant ici principalement aux différences les plus apparentes qui se trouvent entre ces deux familles d'oiseaux, je remarque d'abord qu'en général les hirondelles sont beaucoup moins grosses que les engoulevents; la plus grande de celles-là n'est guère plus grande que le plus petit de ces derniers, et elle est deux ou trois fois moins grande que le plus grand.

Je remarque en second lieu que, quoique les couleurs des hirondelles soient à peu près les mêmes que celles des engoulevents et se réduisent à du noir, du brun, du gris, du blanc et du roux, cependant leur plumage est tout différent, non seulement parce que ces couleurs sont distribuées par plus grandes masses, moins brouillées, et qu'elles tranchent plus nettement l'une sur l'autre, mais encore parce qu'elles sont changeantes et se multiplient par le jeu des divers reflets que l'on y voit briller et disparaître tour à tour à chaque mouvement de l'œil ou de l'objet.

3° Quoique ces deux genres d'oiseaux se nourrissent d'insectes ailés qu'ils attrapent au vol, ils ont cependant chacun leur manière de les attraper et une manière assez différente; les engoulevents, comme je l'ai dit, vont à leur rencontre en ouvrant leur large gosier, et les phalènes qui donnent dedans s'y trouvent prises à une espèce de glu, de salive visqueuse dont l'intérieur du bec est enduit; au lieu que nos hirondelles et nos martinets n'ouvrent le bec que pour saisir les insectes et le ferment d'un effort si brusque qu'il en résulte une espèce de craquement. Nous verrons encore d'autres différences à cet égard entre les hirondelles et les martinets lorsque nous ferons l'histoire particulière de chacun de ces oiseaux.

4° Les hirondelles ont les mœurs plus sociales que les engoulevents; elles se réunissent souvent en troupes nombreuses et paraissent même en certaines circonstances remplir les devoirs de la société et se prêter un secours mutuel, par exemple lorsqu'il s'agit de construire le nid.

5° La plupart construisent ce nid avec grand soin, et si quelques espèces pondent dans des trous de murailles ou dans ceux qu'elles savent se creuser en terre, elle font ou choisissent ces excavations assez profondes pour que leurs petits venant à éclore y soient en sûreté, et elles y portent tout ce qu'il faut pour qu'ils s'y trouvent à la fois mollement, chaudement et à leur aise.

6° Le vol de l'hirondelle diffère en deux points principaux de celui de l'engoulevent : il n'est pas accompagné de ce bourdonnement sourd dont j'ai parlé dans l'histoire de ce dernier oiseau, et cela résulte de ce qu'elle ne vole point comme lui le bec ouvert; en second lieu, quoiqu'elle ne paraisse pas avoir les ailes beaucoup plus longues ou plus fortes, ni par conséquent beaucoup plus habiles au mouvement, son vol est néanmoins beaucoup plus hardi, plus léger, plus soutenu, parce qu'elle a la vue bien meilleure, et que cela lui donne un grand avantage pour employer toute la force de ses ailes (*a*). Aussi le vol est-il son état naturel, je dirais presque son état nécessaire : elle mange en volant, elle boit en volant, se baigne en volant, et quelquefois donne à manger à ses petits en volant. Sa marche est peut-être moins rapide que celle du faucon, mais elle est plus facile et plus libre ; l'un se précipite avec effort, l'autre coule dans l'air avec aisance ; elle sent que l'air est son domaine, elle en parcourt toutes les dimensions et dans tous les sens, comme pour en jouir dans tous les détails, et le plaisir de cette jouissance se marque par de petits cris de gaieté ; tantôt elle donne la chasse aux insectes voltigeants, et suit avec une agilité souple leur trace oblique et tortueuse, ou bien quitte l'un pour courir à l'autre, et happe en passant un troisième ; tantôt elle rase légèrement la surface de la terre et des eaux pour saisir ceux que la pluie ou la fraîcheur y rassemble ; tantôt elle échappe elle-même à l'impétuosité de l'oiseau de proie par la flexibilité preste de ses mouvements : toujours maîtresse de son vol dans sa plus grande vitesse, elle en change à tout instant la direction ; elle semble décrire au milieu des airs un dédale mobile et fugitif, dont les routes se croisent, s'entrelacent, se fuient, se rapprochent, se heurtent, se roulent, montent, descendent, se perdent, et reparaissent pour se croiser, se rebrouiller encore en mille manières, et dont le plan, trop compliqué pour être représenté aux yeux par l'art du dessin, peut à peine être indiqué à l'imagination par le pinceau de la parole.

7° Les hirondelles ne paraissent point appartenir à l'un des continents plus qu'à l'autre, et les espèces en sont répandues à peu près en nombre égal dans l'ancien et dans le nouveau : les nôtres se trouvent en Norwège et au Japon (*b*), sur les côtes de l'Égypte, celles de Guinée et au cap de Bonne-Espérance (*c*). Hé ! quel pays serait inaccessible à des oiseaux qui volent si bien et voyagent avec tant de facilité ! Mais il est rare qu'elles restent toute l'année dans le même climat : les nôtres ne demeurent avec nous que pendant la belle saison ; elles commencent à paraître vers l'équinoxe du printemps, et disparaissent peu après l'équinoxe d'automne. Aristote qui écrivait en Grèce, et Pline qui le copiait en Italie, disent que les hirondelles vont passer l'hiver dans des climats d'une température plus douce, lorsque ces climats ne sont pas fort éloignés, mais que lorsqu'elles se trouvent à une grande distance de ces régions tempérées, elles restent pendant l'hiver dans leur pays natal, et prennent seulement la précaution de se cacher dans quelques gorges de montagnes bien exposées : Aristote ajoute qu'on en a trouvé beaucoup qui étaient ainsi recelées, et auxquelles il n'était pas resté une seule plume sur le corps (*d*). Cette opinion accréditée par de grands

(*a*) Cet exemple est une confirmation ajoutée à tant d'autres des vues de M. de Buffon sur ce sujet. Voyez t. V, p. 15.

(*b*) Voyez Kæmpfer, t. Ier, p. 208.

(*c*) *Voyage de* Villault, p. 270. Kolbe, *Voyage au cap de Bonne-Espérance*, t. Ier, p. 151.

(*d*) Aristote, *Hist. animal*, lib. VIII, cap. XII et XVI ; et Pline, *Hist. nat.*, lib. X, cap. XXIV.

noms, et fondée sur des faits, était devenue une opinion populaire, au point ques les poètes y puisaient des sujets de comparaison (*a*) : quelques observations modernes semblaient même la confirmer (*b*), et si l'on s'en fût tenu là, il n'eût fallu que la restreindre pour la ramener au vrai ; mais un évêque d'Upsal nommé Olaüs Magnus, et un jésuite nommé Kirker, renchérissant sur ce qu'Aristote avait avancé déjà trop généralement, ont prétendu que dans les pays septentrionaux les pêcheurs tirent souvent dans leurs filets, avec le poisson, des groupes d'hirondelles pelotonnées, se tenant accrochées les unes aux autres, bec contre bec, pieds contre pieds, ailes contre ailes ; que ces oiseaux, transportés dans des poêles, se raniment assez vite, mais pour mourir bientôt après (*c*), et que celles-là seules conservent la vie après leur réveil qui, éprouvant dans son temps l'influence de la belle saison, se dégourdissent insensiblement, quittent peu à peu le fond des lacs, reviennent sur l'eau, et sont enfin rendues par la nature même et avec toutes les gradations à leur véritable élément : ce fait, ou plutôt cette assertion, a été répétée, embellie, chargée de circonstances plus ou moins extraordinaires ; et comme s'il y eût manqué du merveilleux, on a ajouté que vers le commencement de l'automne ces oiseaux venaient en foule se jeter dans les puits et les citernes (*d*). Je ne dissimulerai pas qu'un grand nombre d'écrivains et d'autres personnes recommandables par leur caractère ou par leur rang ont cru à ce phénomène. M. Linnæus lui-même a jugé à propos de lui donner une espèce de sanction, en l'appuyant de toute l'autorité de son suffrage ; seulement il l'a restreint à l'hirondelle de fenêtre et à celle de cheminée, au lieu de le restreindre, comme il eût été plus naturel, à celle de rivage (*). D'autre part, le nombre des naturalistes qui n'y croient point est tout aussi considérable (*e*), et s'il ne s'agissait que de compter ou de peser les opinions, ils balanceraient facilement le parti de l'affirmative ; mais, par la force de leurs preuves, ils doivent, à mon avis,

(*a*) Vel qualis gelidis, plumâ labente, pruinis
Arboris immoritur trunco brumalis hirundo.
CLAUDIEN.

(*b*) Albert, Augustin Nyphus, Gaspard Heldelin et quelques autres, ont assuré qu'on avait trouvé plusieurs fois pendant l'hiver, en Allemagne, des hirondelles engourdies dans des arbres creux et même dans leurs nids, ce qui n'est pas absolument impossible.

(*c*) Voyez l'*Histoire des nations septentrionales*, ouvrage sans critique, où l'auteur s'est plu à entasser plus de merveilleux que de vérités. Au reste, M. l'abbé Prévost fait honneur de cette belle découverte de l'immersion des hirondelles à un autre évêque, auteur de la Vie du cardinal Commendon (Voyez l'*Histoire générale des Voyages*, t. XV, p. 266) ; mais cette Vie de Commendon ne peut avoir paru qu'après la mort de ce cardinal, arrivée en 1584, et l'*Histoire des nations septentrionales*, par Olaüs, avait paru à Rome dès l'an 1555.

(*d*) P. Ant. Tolentinus. Voyez l'*Ornithologie* d'Aldrovande, t. II, p. 665.

(*e*) Marsigli, Ray, Willughby, Catesby, Collinson, Wagger, Edwards, Réaumur, Adanson, Frisch, Tesdorf, Lottinger, Vallisnieri, les auteurs de l'*Ornithologie italienne*, etc.

(*) Ce fait n'est pas plus exact pour les Hirondelles de rivage que pour les autres.

l'emporter de beaucoup. Je sais qu'il est quelquefois imprudent de vouloir juger d'un fait particulier d'après ce que nous appelons les lois générales de la nature; que ces lois, n'étant que des résultats de faits, ne méritent vraiment leur nom que lorsqu'elles s'accordent avec tous les faits; mais il s'en faut bien que je regarde comme un fait le séjour des hirondelles sous l'eau. Voici mes raisons :

Le plus grand nombre de ceux qui attestent ce prétendu fait (*a*), notamment Hevélius et Schœffer, chargés de le vérifier par la Société royale de Londres, ne citent que des ouï-dire vagues (*b*), ne parlent que d'après une tradition suspecte, à laquelle le récit d'Olaüs a pu donner lieu, ou qui peut-être avait cours dès le temps de cet écrivain, et fut l'unique fondement de son opinion. Ceux même qui disent avoir vu, comme Etmuller, Vallerius et quelques autres (*c*), ne font que répéter les paroles d'Olaüs, sans se rendre l'observation propre par aucune de ces remarques de détail qui inspirent la confiance et donnent de la probabilité au récit.

S'il était vrai que toutes les hirondelles d'un pays habité se plongeassent dans l'eau ou dans la vase régulièrement chaque année au mois d'octobre, et qu'elles en sortissent chaque année au mois d'avril, on aurait eu de fréquentes occasions de les observer, soit au moment de leur immersion, soit au moment beaucoup plus intéressant de leur émersion, soit pendant leur long sommeil sous l'eau. Ce serait nécessairement autant de faits notoires qui auraient été vus et revus par un grand nombre de personnes de tous états, pêcheurs, chasseurs, cultivateurs, voyageurs, bergers, matelots, etc., et dont on ne pourrait douter. On ne doute point que les marmottes, les loirs, les hérissons ne dorment, l'hiver, engourdis dans leurs trous; on ne doute point que les chauves-souris ne passent cette mauvaise saison dans ce même état de torpeur, accrochées au plafond des grottes souterraines, et enveloppées de leurs ailes comme d'un manteau; mais on doute que les hirondelles vivent six mois sans respirer, ou qu'elles respirent sous l'eau pendant six mois; on en doute, non seulement parce que la chose tient du merveilleux, mais parce qu'il n'y a pas une seule observation, vraie ou

(*a*) Schœffer, Hevélius, Aldrovande, Néander et Bartius, Gérard, *de Résurrectione*, Schwenckfeld, Rzaczynski, Derham, Klein, Regnard, Ellis, Linnæus, etc. : on pourrait encore allonger cette liste, mais ici le nombre des partisans devient un préjugé contre l'opinion qu'ils défendent, lorsqu'on se rappelle que, de tant d'observateurs, aucun ne produit une seule observation détaillée, authenthique et qui mérite confiance.

(*b*) Voyez les *Transactions philosophiques*, n° 10, et jugez si on a été fondé à dire que la Société royale avait vérifié le fait, comme l'ont dit les journalistes de Trévoux, l'abbé Pluche et quelques autres.

(*c*) Chambers cite le docteur Colas, qui dit avoir vu seize hirondelles tirées du lac Sameroth, une trentaine tirées du grand étang royal en Rosmeilen, et deux autres à Schledeiten, au moment où elles sortaient de l'eau : il ajoute qu'elles étaient humides et faibles, et qu'il a observé en effet que ces oiseaux sont ordinairement très faibles lorsqu'ils commencent à paraître; mais cela est contraire à l'observation journalière ; d'ailleurs le docteur Colas n'indique ni les espèces dont il parle, ni la date de ses observations, ni les circonstances, etc.

fausse, sur la sortie des hirondelles hors de l'eau (*a*); quoique cette sortie, si elle était réelle, dût avoir lieu et très fréquemment dans la saison où l'on s'occupe le plus des étangs et de leur pêche (*b*); enfin, l'on en doute jusque sur les bords de la mer Baltique. Le docteur Halmann, Moscovite, et M. Brown, Norwégien, se trouvant à Florence, ont assuré aux auteurs de l'*Ornithologie italienne* que, dans leurs pays respectifs, les hirondelles paraissent et disparaissent à peu près dans les mêmes temps qu'en Italie, et que leur prétendu séjour sous l'eau pendant l'hiver est une fable qui n'a cours que parmi le peuple.

M. Tesdorf de Lubec, homme qui joint beaucoup de philosophie à des connaissances très étendues et très variées, a mandé à M. le comte de Buffon que, malgré toute la peine qu'il s'était donnée pendant quarante ans, il n'avait pu encore parvenir à voir une seule hirondelle tirée de l'eau.

M. Klein, qui a fait tant d'efforts pour donner crédit à l'immersion et à l'émersion des hirondelles, avoue lui-même qu'il n'a jamais été assez heureux pour les prendre sur le fait (*c*).

M. Herman, habile professeur d'histoire naturelle à Strasbourg, et qui semble pencher pour l'opinion de M. Klein, mais qui aime la vérité par-dessus tout, me fait dans ses lettres le même aveu; il a voulu voir et n'a rien vu.

Deux autres observateurs dignes de toute confiance, M. Hébert et M. le vicomte de Querhoënt, m'assurent qu'ils ne connaissent la prétendue immersion des hirondelles que par ouï-dire, et que jamais ils n'ont rien aperçu par eux-mêmes qui tendît à la confirmer.

M. le docteur Lottinger, qui a beaucoup étudié les procédés des oiseaux, et qui n'est pas toujours de mon avis, regarde cette immersion comme un paradoxe insoutenable.

On sait qu'il a été offert publiquement, en Allemagne, à quiconque apporterait, pendant l'hiver, de ces hirondelles trouvées sous l'eau, de les payer en donnant autant d'argent, poids pour poids, et qu'il ne s'en est pas trouvé une seule à payer (*d*).

Plusieurs personnes, gens de lettres, hommes en place, grands seigneurs (*e*), qui croyaient à cet étrange phénomène et avaient à cœur d'y faire croire, ont promis souvent d'envoyer des groupes de ces hirondelles pêchées pendant l'hiver, et n'ont rien envoyé.

(*a*) Je sais bien que M. Heerkens, dans son poème intitulé *Hirundo*, a décrit en vers latins cette émersion; mais il ne s'agit point ici de descriptions poétiques.

(*b*) Dans le Nivernais, le Morvand, la Lorraine et plusieurs autres provinces où les étangs abondent, le peuple n'a pas même l'idée de l'immersion des hirondelles.

(*c*) Voyez *Ordo avium*, page 205.

(*d*) Frisch, tome Ier.

(*e*) Un grand maréchal de Pologne et un ambassadeur de Sardaigne en avaient promis à M. de Réaumur; M. le gouverneur de R..... et beaucoup d'autres en avaient promis à M. de Buffon.

M. Klein produit des certificats, mais presque tous signés par une seule personne qui parle d'un fait unique, lequel s'est passé longtemps auparavant, ou lorsqu'elle était encore enfant, ou d'un fait qu'elle ne sait que par ouï-dire : certificats par lesquels même il est avoué que ces pêches d'hirondelles sont des cas fort rares, tandis qu'au contraire ils devraient être fort communs, certificats dénués de ces circonstances instructives et caractérisées qui accompagnent ordinairement une relation originale; enfin, certificats qui paraissent tous calqués sur le texte d'Olaüs. Ici l'incertitude naît des preuves elles-mêmes, et devient la réfutation de l'erreur que je combats; c'est le cas de dire : le fait est incertain, donc il est faux (*a*).

Mais ce n'est point assez d'avoir réduit à leur juste valeur les preuves dont on a voulu étayer ce paradoxe, il faut encore faire voir qu'il est contraire aux lois connues du mécanisme animal. En effet, lorsqu'une fois un quadrupède, un oiseau a commencé de respirer, et que le trou ovale qui faisait dans le fœtus la communication des deux ventricules du cœur est fermé, cet oiseau, ce quadrupède ne peut cesser de respirer sans cesser de vivre, et certainement il ne peut respirer sous l'eau. Que l'on tente, ou plutôt que l'on renouvelle l'expérience, car elle a été déjà faite (*b*); que l'on essaie de tenir une hirondelle sous l'eau pendant quinze jours avec toutes les précautions indiquées, comme de lui mettre la tête sous l'aile, ou quelques brins d'herbe dans le bec, etc.; que l'on essaie seulement de la tenir enfermée dans une glacière, comme a fait M. de Buffon (*c*), elle ne s'engourdira pas, elle mourra et dans la glacière, comme s'en est assuré M. de Buffon, et bien plus sûrement encore étant plongée sous l'eau; elle y mourra d'une mort réelle, à l'épreuve de tous les moyens employés avec succès contre la mort apparente des animaux noyés récemment; comment donc oserait-on se permettre de supposer que ces mêmes oiseaux puissent vivre sous l'eau pendant six mois tout d'une haleine? Je sais qu'on dit cela possible à certains animaux; mais voudrait-on comparer, comme a fait M. Klein (*d*), les hirondelles aux insectes (*e*), aux grenouilles, aux poissons,

(*a*) Les feuilles périodiques ont aussi rapporté des observations favorables à l'hypothèse de M. Klein; mais il ne faut que jeter un coup d'œil sur ces observations pour voir combien elles sont incomplètes et peu décisives.

(*b*) Voyez l'*Ornithologie italienne*, t. III, p. 6 : les auteurs assurent positivement que toutes les hirondelles que l'on a plongées sous l'eau, dans le temps même de leur disparition, y meurent au bout de quelques minutes; et quoique ces hirondelles noyées récemment eussent pu revenir à la vie par la méthode que j'indiquerai ci-dessous, néanmoins il est plus que probable que si elles restaient sous l'eau plusieurs jours de suite (à plus forte raison si elles y restaient plusieurs semaines, plusieurs mois), elles ne seraient plus ressuscitables.

(*c*) Voyez ci-devant, tome V, p. 7.

(*d*) Page 217.

(*e*) Les chenilles périssent dans l'eau au bout d'un certain temps, comme s'en est assuré M. de Réaumur, et probablement il en est de même des autres insectes qui ont des trachées.

dont l'organisation intérieure est si différente? Voudrait-on même s'autoriser de l'exemple des marmottes, des loirs, des hérissons, des chauves-souris, dont nous parlions tout à l'heure, et, de ce que ces animaux vivent pendant l'hiver engourdis, conclure que les hirondelles pourraient aussi passer cette saison dans un état de torpeur à peu près semblable? Mais sans parler du fonds de nourriture que ces quadrupèdes trouvent en eux-mêmes dans la graisse surabondante dont ils sont pourvus sur la fin de l'automne, et qui manque à l'hirondelle; sans parler de leur peu de chaleur intérieure, observée par M. de Buffon (*a*), en quoi ils diffèrent encore de l'hirondelle (*b*); sans me prévaloir de ce que souvent ils périssent dans leurs trous; et passent de l'état de torpeur à l'état de mort quand les hivers sont un peu longs, ni de ce que les hérissons s'engourdissent aussi au Sénégal, où l'hiver est plus chaud que notre plus grand été, et où l'on sait que nos hirondelles ne s'engourdissent point (*c*)); je me contente d'observer que ces quadrupèdes sont dans l'air, et non pas sous l'eau; qu'ils ne laissent pas de respirer quoiqu'ils soient engourdis; que la circulation de leur sang et de leurs humeurs, quoique beaucoup ralentie, ne laisse pas de continuer; elle continue de même, suivant les observations de Vallisnieri (*d*), dans les grenouilles qui passent l'hiver au fond des marais; mais la circulation s'exécute dans ces amphibies par une mécanique toute différente de celle qu'on observe dans les quadrupèdes ou les oiseaux (*e*); et il est contraire à toute expérience, comme je l'ai dit, que des oiseaux plongés dans un liquide quelconque puissent y respirer, et que leur sang puisse y conserver son mouvement de circulation; or, ces deux mouvements, la respiration et la circulation, sont

(*a*) Voyez le tome II, page 627.

(*b*) Le docteur Martine a trouvé la chaleur des oiseaux, et nommément celle des hirondelles, plus forte de deux ou trois degrés que celle des quadrupèdes les plus chauds. *Dissertation sur la chaleur*, p. 190.

(*c*) Consultez le *Voyage de M. Adanson au Sénégal*, p. 67.

(*d*) Tome Ier, page 436.

(*e*) La circulation du sang dans les quadrupèdes et les oiseaux n'est autre chose que le mouvement perpétuel de ce fluide, déterminé par la systole du cœur, à passer de son ventricule droit par l'artère pulmonaire, dans les poumons; à revenir des poumons par la veine pulmonaire, dans le ventricule gauche; à passer de ce ventricule, qui a aussi sa systole, par le tronc de l'aorte et ses branches, dans tout le reste du corps: à se rendre par les branches des veines dans leur tronc commun, qui est la veine-cave, et enfin dans le ventricule droit du cœur, d'où il recommence son cours par les mêmes routes. Il résulte de cette mécanique que, dans les quadrupèdes et les oiseaux, la respiration est nécessaire pour ouvrir au sang la route de la poitrine, et que par conséquent elle est nécessaire à la circulation: au lieu que chez les amphibies, comme le cœur n'a qu'un seul ventricule ou plusieurs ventricules qui, communiquant ensemble, ne font l'effet que d'un seul, les poumons ne servent point de passage à toute la masse du sang, mais en reçoivent seulement une quantité suffisante pour leur nourriture, et par conséquent leur mouvement, qui est celui de la respiration, est bien moins nécessaire à celui de la circulation. Cette conséquence est prouvée par le fait: une tortue à qui on avait lié le tronc de l'artère pulmonaire a vécu, et son sang a continué de circuler pendant quatre jours, quoique ses poumons fussent ouverts et coupés en plusieurs endroits. Voyez *Animaux de Perrault*, part. II, p. 196.

essentiels à la vie, sont la vie même (*). On sait que le docteur Hooke ayant étranglé un chien et lui ayant coupé les côtes, le diaphragme, le péricarde, le haut de la trachée-artère, fit ressusciter et mourir cet animal autant de fois qu'il voulut, en soufflant ou cessant de souffler de l'air dans ses poumons. Il n'est donc pas possible que les hirondelles ni les cigognes, car on les a mises aussi du nombre des oiseaux plongeurs (a), vivent six mois sous l'eau sans aucune communication avec l'air extérieur, et d'autant moins possible que cette communication est nécessaire, même aux poissons et aux grenouilles : du moins c'est ce qui résulte des expériences que je viens de faire sur plusieurs de ces animaux.

De dix grenouilles qui avaient été trouvées sous la glace le 2 février, j'en ai mis trois des plus vives dans trois vaisseaux de verre pleins d'eau, de manière que, sans être gênées d'ailleurs, elles ne pouvaient s'élever à la surface, et qu'une partie de cette même surface était en contact immédiat avec l'air extérieur; trois autres grenouilles ont été jetées en même temps chacune dans un vase à demi plein d'eau, avec liberté entière de venir respirer à la surface; enfin, les quatre restantes ont été mises toutes ensemble dans le fond d'un grand vaisseau ouvert, et vide de toute liqueur.

J'avais auparavant observé leur respiration, soit dans l'air, soit dans l'eau (**), et j'avais reconnu qu'elles l'avaient très irrégulière (b); que, lorsqu'on les laissait libres dans l'eau, elles s'élevaient souvent au-dessus, en sorte que leurs narines débordaient et se trouvaient dans l'air; on voyait alors dans leur gorge un mouvement oscillatoire qui correspondait à peu près à un autre mouvement alternatif de dilatation et de contraction des narines; dès que les narines étaient sous l'eau, elles se fermaient et les deux mouvements cessaient presque subitement; mais ils recommençaient aussitôt que les narines se retrouvaient dans l'air. Si on contraignait brus-

(a) Voyez Schwenckfeld, *Aviarium Silesiæ*, p. 181 ; Klein, *Ordo avium*, pag. 217, 226, 228 et 229 ; saint Cyprien, *Contra Bodinum*, p. 1459 ; Luther, *Comment. ad. Genes.*, cap. I. Mais M. Hasselquist, étant aux environs de Smyrne, a vu dans les premiers jours de mars passer des cigognes qui prenaient leur route du sud vers le nord. *Voyages dans le Levant*, 1re partie, page 50.

(b) Les grenouilles, les tortues et les salamandres s'enflent quelquefois tout à coup, et demeurent dans cet état..... près d'un gros quart d'heure ; quelquefois elles se désenflent entièrement et tout à coup, et demeurent très longtemps dans cet état. *Animaux de Perrault*, part. II, p. 272.

(*) Les mouvements respiratoires sont indispensables à la vie, parce qu'ils servent à mettre l'air atmosphérique en rapport avec le sang contenu dans les vaisseaux pulmonaires. Ce sang est chargé d'acide carbonique qui se dégage, en même temps que les globules sanguins s'emparent de l'oxygène de l'air. L'oxygène est ensuite répandu dans toutes les parties du corps par le sang que le cœur met en mouvement.

(**) Les Grenouilles ont comme les mammifères et les oiseaux une respiration aérienne ; mais, par le sang des vaisseaux cutanés, elles s'emparent aussi de l'oxygène tenu en dissolution dans l'eau.

quement ces grenouilles de plonger, elles donnaient des signes visibles d'incommodité et lâchaient une quantité de bulles d'air; lorsque l'on remplissait le bocal jusqu'aux bords et qu'on le recouvrait d'un poids de douze onces, elles enlevaient ce poids et le faisaient tomber pour avoir de l'air. A l'égard des trois grenouilles que l'on a tenues constamment sous l'eau, elles n'ont cessé de faire tous leurs efforts pour s'approcher le plus près possible de la surface, et enfin elles sont mortes, les unes au bout de vingt-quatre heures, les autres au bout de deux jours (*a*); mais il en a été autrement des trois qui avaient l'air et l'eau, et des quatre qui avaient l'air et point d'eau; de ces sept grenouilles, les quatre dernières et une des premières se sont échappées au bout d'un mois, et les deux qui sont restées, l'une mâle et l'autre femelle, sont plus vives que jamais dans ce moment (22 avril 1779), et dès le 6 la femelle avait pondu environ 1,300 œufs.

Les mêmes expériences faites avec les mêmes précautions sur neuf petits poissons de sept espèces différentes ont donné des résultats semblables; ces sept espèces sont les goujons, les ablettes, les meuniers, les vérons, les chabots, les rousses et une autre dont je ne connais que le nom vulgaire en usage dans le pays que j'habite, savoir la *bouzière :* huit individus des six premières espèces, tenus sous l'eau, sont morts en moins de vingt-quatre heures (*b*), tandis que les individus qui étaient dans des bouteilles semblables, mais avec la liberté de s'élever à la surface de l'eau, ont vécu et conservé toute leur vivacité; à la vérité, la *bouzière* renfermée a vécu plus longtemps que les six autres espèces; mais j'ai remarqué que l'individu libre de cette même espèce ne montait que rarement au-dessus de l'eau, et il est à présumer que ces poissons se tiennent plus habituellement que les autres au fond des ruisseaux, ce qui supposerait une organisation un peu différente (*c*); cependant je dois ajouter que l'individu renfermé s'élevait souvent jusqu'aux tuyaux de paille qui l'empêchaient d'arriver au-dessus de l'eau; que dès le second jour il était souffrant, mal à son aise; que sa res-

(*a*) Il est bon de remarquer que les grenouilles sont très vivaces, qu'elles soutiennent pendant des mois le jeûne le plus absolu, et qu'elles conservent pendant plusieurs heures le mouvement et la vie après que le cœur et les autres viscères leur ont été tirés du corps. Voyez la *Collection académique*, *Hist. nat. séparée*, t. 1er, p. 320.

(*b*) L'ablette est morte en trois heures, les deux petits meuniers en six heures et demie, l'un des goujons au bout de sept heures, l'autre au bout de douze heures, le véron en sept heures et demie, le chabot en quinze heures, la rousse en vingt-trois heures, et la *bouzière* en près de quatre jours. Ces mêmes poissons, tenus dans l'air, sont morts, savoir : les ablettes au bout de trente-cinq à quarante-quatre minutes, la *bouzière* au bout d'environ quarante-quatre, la rousse au bout de cinquante ou cinquante-deux, les meuniers au bout de cinquante à soixante, l'un des vérons en deux heures quarante-huit minutes, l'autre en trois heures, l'un des goujons au bout d'une heure quarante-neuf minutes, et l'autre au bout de six heures vingt-deux; le plus grand de tous ces poissons n'avait pas vingt lignes de long entre œil et queue.

(*c*) Ce poisson était plus petit qu'une petite ablette; il avait sept nageoires comme elle, les écailles du dessus du corps jaunâtres, bordées de brun, et celles du dessous nacrées.

piration commença dès lors à devenir pénible, et son écaille pâle et blanchâtre (*a*).

Mais ce qui paraîtra plus surprenant, c'est que de deux carpes égales, celle que j'ai tenue constamment sous l'eau a vécu un tiers de moins que celle que j'ai tenue hors de l'eau (*b*), quoique celle-ci, en se débattant, fût tombée de dessus la tablette d'une cheminée qui avait environ quatre pieds de hauteur ; et dans deux autres expériences comparées faites sur des meuniers beaucoup plus gros que ceux dont il a été question ci-dessus, ceux qu'on a tenus dans l'air ont vécu plus longtemps et quelques-uns une fois plus longtemps que ceux qu'on a tenus sous l'eau (*c*) (*).

J'ai dit que les grenouilles sur lesquelles j'ai fait mes observations avaient été trouvées sous la glace, et comme il serait possible que cette circonstance donnât lieu de croire à quelques personnes que les grenouilles peuvent vivre longtemps sous l'eau et sans air, je crois devoir ajouter que celles qui sont sous la glace ne sont point sans air, puisqu'il est connu que l'eau, tandis qu'elle se glace, laisse échapper une grande quantité d'air qui s'amasse nécessairement entre l'eau et la glace, et que les grenouilles savent bien trouver.

(*a*) Cela a lieu en général pour tous les poissons qu'on laisse mourir sous l'eau ; mais il y a loin de là aux changements de couleur si singuliers qu'éprouve en mourant le poisson connu autrefois chez les Romains sous le nom de *mullus*, et dont le spectacle faisait partie du luxe et des plaisirs de la table chez ceux qu'on appelait alors *proceres gulæ*. Voyez Pline, *Hist. nat.*, liv. IX, chap. XVII ; et Sénèque, *Quest. nat.*, liv. III, chap. XVIII.

(*b*) La première a vécu dix-huit heures sous l'eau, et la seconde près de vingt-sept dans l'air.

(*c*) Des deux meuniers qu'on a laissé mourir hors de l'eau dans une chambre sans feu, thermomètre sept degrés au-dessus de zéro, l'un avait un pied de long, pesait trente-trois onces, et a vécu huit heures ; l'autre avait un peu plus de neuf pouces et demi, pesait dix-sept onces, et a vécu quatre heures dix-sept minutes : tandis que deux poissons de même espèce n'ont vécu sous l'eau, l'un que trois heures cinquante-six minutes, et l'autre que trois heures et un quart. Mais il n'en a pas été de même des rousses, car la plus grande, qui avait cinq pouces huit lignes de long, n'a vécu que trois heures dans l'air, et l'autre, qui avait quatre pouces neuf lignes, a vécu trois heures trois quarts sous l'eau. Dans le cours de ces observations, j'ai cru voir que l'agonie de chaque poisson se marquait par la cessation du mouvement régulier des ouïes, et par une convulsion périodique dans ce même organe, laquelle revenait deux ou trois fois en un quart d'heure : le gros meunier en a eu treize en soixante-dix-sept minutes, et il m'a paru que la dernière a marqué l'instant de la mort ; dans l'un des petits, cet instant a été marqué par une convulsion dans les nageoires du ventre, mais dans le plus grand nombre, celui de tous les mouvements externes et réguliers qui s'est soutenu le plus longtemps, c'est le mouvement de la mâchoire inférieure.

(*) Ces expériences de Buffon ont été confirmées par des observations ultérieures très nombreuses. Il est aujourd'hui bien démontré que les branchies des poissons peuvent absorber l'oxygène atmosphérique. Sylvestre s'est assuré que des poissons placés dans des récipients exactement remplis d'eau et ne contenant pas du tout d'air atmosphérique meurent au bout de dix-huit à dix-neuf heures; des poissons mis dans l'impossibilité de venir à la surface de l'eau par un diaphragme à claire-voie ne tardent pas à mourir, tandis que des poissons placés dans de l'eau privée d'air par l'ébullition vivent bien quand on leur permet de venir à la surface.

Si donc il est constaté par les expériences ci-dessus que les grenouilles et les poissons ne peuvent se passer d'air; s'il est acquis par l'observation générale de tous les pays et de tous les temps qu'aucun amphibie, petit ou grand, ne peut subsister sans respirer l'air, au moins par intervalles, et chacun à sa manière (*a*), comment se persuader que des oiseaux puissent en supporter l'entière privation pendant un temps considérable? comment supposer que les hirondelles, ces filles de l'air qui paraissent organisées pour être toujours suspendues dans ce fluide élastique et léger, ou du moins pour le respirer toujours, puissent vivre pendant six mois sans air?

Je serais sans doute plus en droit que personne d'admettre ce paradoxe, ayant eu l'occasion de faire une expérience, peut-être unique jusqu'à présent, qui tend à le confirmer. Le 5 septembre, à onze heures du matin, j'avais renfermé dans une cage une nichée entière d'hirondelles de fenêtre, composée du père, de la mère et de trois jeunes en état de voler : étant revenu quatre ou cinq heures après dans la chambre où était cette cage, je m'aperçus que le père n'y était plus, et ce ne fut qu'après une demi-heure de recherche que je le trouvai; il était tombé dans un grand pot à l'eau où il s'était noyé; je lui reconnus tous les symptômes d'une mort apparente, les yeux fermés, les ailes pendantes, tout le corps raide; il me vint à l'esprit de le ressusciter, comme j'avais autrefois ressuscité des mouches noyées; je l'enterrai donc à quatre heures et demie sous de la cendre chaude, ne laissant à découvert que l'ouverture du bec et des narines; il était couché sur son ventre; bientôt il commença à avoir un mouvement sensible de respiration qui faisait fendre la couche de cendres dont le dos était couvert; j'eus soin d'y en ajouter ce qu'il fallait; à sept heures, la respiration était plus marquée, l'oiseau ouvrait les yeux de temps en temps, mais il était toujours couché sur son ventre; à neuf heures, je le trouvai sur ses pieds, à côté de son petit tas de cendres; le lendemain matin il était plein de vie; on lui présenta de la pâtée, des insectes; il refusa le tout, quoiqu'il n'eût rien mangé la veille; l'ayant posé sur une fenêtre ouverte, il y resta quelques moments à regarder de côté et d'autre, puis il reprit son essor en jetant un petit cri de joie et dirigea son vol du côté de la rivière (*b*). Cette espèce de résurrection d'une hirondelle noyée depuis deux ou trois heures ne m'a point disposé à croire possible la résurrection périodique et générale de toutes les hirondelles après avoir passé plusieurs mois sous l'eau; la pre-

(*a*) On sait que les castors, les tortues, les salamandres, les lézards, les crocodiles, les hippopotames, les baleines, viennent souvent au-dessus de l'eau, ainsi que les grenouilles, pour jouir de l'air; les coquillages eux-mêmes, qui de tous les animaux sont les plus aquatiques, semblent avoir besoin d'air, et viennent de temps en temps, le respirer à la surface de l'eau, par exemple, la moule des étangs. Voyez le Mémoire de M. Méry sur ce coquillage, *Mémoires de l'Académie royale des sciences de Paris*, année 1710.

(*b*) Une personne digne de foi m'a assuré avoir ressuscité de la même manière un chat noyé récemment.

mière est un phénomène auquel les progrès de la médecine moderne nous ont accoutumés et qui se réalise tous les jours sous nos yeux dans la personne des noyés; la seconde n'est à mon avis ni vraie ni vraisemblable; car, indépendamment de ce que j'ai dit, n'est-il pas contre toute vraisemblance que les mêmes causes produisent des effets contraires? que la température de l'automne dispose les oiseaux à l'engourdissement et que celle du printemps les dispose à se ranimer, tandis que le degré moyen de cette dernière température, à compter du 22 mars au 20 avril, est moindre que le degré moyen de celle de l'automne, à compter du 22 septembre au 20 octobre (*a*)? par la même raison, n'est-il pas contre toute vraisemblance que l'occulte énergie de cette température printanière, lors même qu'elle est plus froide et plus longtemps froide que de coutume, comme elle le fut en 1740, ne laisse pas de réveiller les hirondelles jusqu'au fond des eaux, sans réveiller en même temps les insectes dont elles se nourrissent et qui sont néanmoins plus exposés et plus sensibles à son action (*b*)? d'où il arrive que les hirondelles ne ressuscitent alors que pour mourir de faim (*c*), au lieu de s'engourdir une seconde fois et de se replonger dans l'eau, comme elles devraient faire si les mêmes causes doivent toujours produire les mêmes effets; n'est-il pas contre toute vraisemblance que ces oiseaux supposés engourdis, sans mouvement, sans respiration, percent les glaces, qui souvent couvrent et ferment les lacs au temps de la première apparition des hirondelles, et qu'au contraire, lorsque la température des mois de février et de mars est douce et même chaude, comme elle le fut en 1774 (*d*), elle n'avance pas d'un seul jour l'époque de cette apparition? n'est-il pas contre la vraisemblance que, l'automne étant chaud, ces oiseaux ne laissent pas de s'engourdir au temps marqué, quoique l'on veuille regarder le froid comme la cause de cet engourdissement? enfin, n'est-il pas contre toute vraisemblance que les hirondelles du Nord, qui sont absolument de la même espèce que celles du Midi, aient des habitudes si différentes et qui supposent une toute autre organisation?

(*a*) J'ai calculé la température moyenne de ces deux périodes sur un journal d'observations météorologiques, faites pendant les dix dernières années, et j'ai trouvé que la chaleur moyenne de la période du printemps était à la chaleur moyenne de la période de l'automne dans la raison de 22 à 29.

(*b*) On sait que, lorsque l'hiver est doux, les insectes engourdis se raniment, même dans les mois de février et de janvier, et que si, après cela, il survient des froids, ils s'engourdissent de nouveau.

(*c*) Dans cette année 1740, les hirondelles étant arrivées avant qu'aucun insecte ailé eût subi sa dernière métamorphose, retardée par les froids, il en périt un grand nombre faute de nourriture; elles tombaient mortes ou mourantes dans les rues, au milieu de la campagne. Cela prouve que ces oiseaux n'ont pas le pressentiment des températures aussi sûr que des personnes, fort instruites d'ailleurs, veulent nous le faire croire. Voyez la *Collection académique*, partie étrangère, tome XI, *Académie de Stockholm*, page 51.

(*d*) Le temps fut si doux à cette époque, que même dans les pays du Nord, les plantes avaient commencé d'entrer en végétation.

En recherchant d'après les faits connus ce qui peut avoir donné lieu à cette erreur populaire ou savante, j'ai pensé que, parmi le grand nombre d'hirondelles qui se rassemblent la nuit dans les premiers et derniers temps de leur séjour sur les joncs des étangs, et qui voltigent si fréquemment sur l'eau, il peut s'en noyer plusieurs par divers accidents faciles à imaginer (*a*); que des pêcheurs auront pu trouver dans leurs filets quelques-unes de ces hirondelles noyées récemment; qu'ayant été portées dans un poêle, elles auront repris le mouvement sous leurs yeux; que de là on aura conclu trop vite et beaucoup trop généralement qu'en certains pays toutes les hirondelles passaient leur quartier d'hiver sous l'eau; enfin, que des savants se seront appuyés d'un passage d'Aristote pour n'attribuer cette habitude qu'aux hirondelles des contrées septentrionales, à cause de la distance des pays chauds (*b*) où elles pourraient trouver la température et la nourriture qui leur conviennent, comme si une distance de quatre ou cinq cents lieues de plus était un obstacle pour des oiseaux qui volent aussi légèrement et sont capables de parcourir jusqu'à deux cents lieues dans un jour, et qui d'ailleurs, en s'avançant vers le Midi, trouvent une température toujours plus douce, une nourriture toujours plus abondante. Aristote croyait en effet à l'occultation des hirondelles et de quelques autres oiseaux, en quoi il ne se trompait que dans la trop grande généralité de son assertion; car il est très vrai que l'on voit quelquefois l'hiver paraître des hirondelles de rivage, de cheminée, etc., dans les temps doux; on en vit deux de la dernière espèce voltiger tout le jour dans les cours du château de Mayac, en Périgord, le 27 décembre 1775, par un vent de midi accompagné d'une petite pluie. J'ai sous les yeux un procès-verbal revêtu d'un grand nombre de signatures respectables qui attestent ce fait, et ce fait, qui confirme à quelques égards le sentiment d'Aristote sur l'occultation des hirondelles, ne s'accorde point avec ce qu'ajoute ce philosophe qu'elles sont alors sans plumes. On peut croire que les hirondelles, vues le 27 décembre en Périgord, étaient ou des adultes dont la ponte avait été retardée, ou des jeunes qui, n'ayant pas eu l'aile assez forte pour voyager avec les autres, étaient restées en arrière, et, par une suite de hasards heureux, avaient rencontré une retraite, une exposition, une saison (*c*) et des nourritures convenables : ce sont appa-

(*a*) On en trouve quelquefois l'été de noyées dans les petites pièces d'eau et même dans les mares, ce qui prouve qu'elles se noient très facilement; mais, encore une fois, la question principale n'est pas de savoir si elles tombent dans l'eau, c'est de savoir si elles en sortent, et comment elles en sortent.

(*b*) « Nec omnes ad loca tepidiora abeunt, sed quibus loca ejusmodi sunt vicina solitæ » sedi... quæ autem procul ejusmodi locis morantur, non mutant sedem, sed se ibidem » condunt. Jam enim visæ sunt multæ hirundines in angustiis convallium nudæ atque » omnino deplumes. » Aristote, *Hist. animal.*, lib. VIII, cap. XII et XVI.

(*c*) Cette année 1775, l'automne a été assez belle et point froide dans la partie de la Bourgogne que j'habite, et qui est de deux degrés plus septentrionale que Périgueux : sur quatre-vingt-quinze journées jusqu'au 27 décembre, il n'y en a eu que vingt-sept sans soleil; le

remment quelques exemples pareils, moins rares dans la Grèce que dans notre Europe septentrionale, qui auront donné lieu à l'hypothèse de l'occultation générale des hirondelles, non seulement de celles de fenêtres et de cheminée, mais encore de celles de rivage ; car M. Klein prétend aussi que ces dernières restent l'hiver engourdies dans leurs trous (*a*), et il faut avouer que ce sont celles qui pourraient en être soupçonnées avec plus de vraisemblance, puisqu'à Malte et même en France, elles paraissent assez souvent pendant l'hiver. M. de Buffon n'avait pas eu l'occasion d'en voir par lui-même dans cette saison, mais il les avait vues de l'œil de l'esprit ; il avait jugé d'après leur nature que s'il y avait une espèce d'hirondelle sujette à l'engourdissement, ce devait être celle-ci (*b*) ; en effet, les hirondelles de rivage craignent moins le froid que les autres, puisqu'elles se tiennent presque toujours sur les ruisseaux et les rivières : selon toute apparence, elles ont aussi le sang moins chaud ; les trous où elles pondent, où elles habitent, ressemblent beaucoup au domicile des animaux que l'on sait qui s'engourdissent ; d'ailleurs, elles trouvent dans la terre des insectes en toute saison ; elles peuvent donc vivre au moins une partie de l'hiver dans un pays où les autres hirondelles périraient faute de nourriture ; encore faut-il bien se garder de faire de cette occultation une loi générale pour toute l'espèce ; elle doit être restreinte à quelques individus seulement ; c'est une conséquence qui résulte d'une observation faite en Angleterre au mois d'octobre 1757 et dirigée par M. Collinson ; il ne se trouva pas une seule de ces hirondelles dans une berge criblée de leurs trous et que l'on fouilla très exactement. La principale source des erreurs dans ce cas et dans beaucoup d'autres, c'est la facilité avec laquelle on se permet de tirer des conséquences générales de quelques faits particuliers et souvent mal vus (*).

thermomètre n'est point descendu plus bas que cinq ou six degrés au-dessous de zéro, et il a été plus souvent à cinq ou six au-dessus, même sur la fin de décembre ; le 27, il était, au lever du soleil, à trois degrés au-dessus.

(*a*) On y ajoute les martinets, les râles, les rossignols, les fauvettes, et il paraît que M. Klein voudrait en ajouter bien d'autres. Si son système se réalisait, la terre n'aurait pas assez de cavernes, les rochers n'auraient pas assez de trous ; d'ailleurs, plus cette occultation sera supposée générale, plus elle doit être supposée notoire. Voyez *Ordo avium*, p. 183, 204, *et passim*.

(*b*) Voyez le tome V de cette édition de Buffon, page 9.

(*) S'il est faux que les Hirondelles puissent passer l'hiver sous l'eau, il paraît bien démontré qu'elles sont susceptibles de s'engourdir pendant l'hiver. Parmi les faits sérieusement observés qui ont été signalés à l'appui de cette opinion, nous citerons les suivants, que nous empruntons à M. Gerbe : « Le révérend Colin Smit rapporte que, le 16 novembre 1826, on trouva dans une remise de charrette, en Argyleshire (Ecosse), sur un chevron, un groupe d'hirondelles de cheminée qui y avaient pris leur quartier d'hiver. Ces oiseaux étaient au nombre de cinq, dans un état complet de torpeur ; depuis six semaines on n'avait plus aperçu aucun individu de leur espèce. Placées dans une chambre où il y avait un bon feu, ces hirondelles ressuscitèrent graduellement au bout d'un quart d'heure. On les laissa échapper par une fenêtre et on ne les revit plus. Il reste donc incertain, ajoute le révérend Colin Smit,

Puis donc que les hirondelles (je pourrais dire tous les oiseaux de passage) ne cherchent point, ne peuvent trouver sous l'eau un asile analogue à leur nature contre les inconvénients de la mauvaise saison, il en faut revenir à l'opinion la plus ancienne, la plus conforme à l'observation et à l'expérience; il faut dire que ces oiseaux, ne trouvant plus dans un pays les insectes qui leur conviennent, passent dans des contrées moins froides qui leur offrent en abondance cette proie, sans laquelle ils ne peuvent subsister (a); et il est si vrai que c'est là la cause générale et déterminante des migrations des oiseaux, que ceux-là partent les premiers qui vivent d'insectes voltigeants, et pour ainsi dire aériens, parce que ces insectes manquent les premiers : ceux qui vivent de larves de fourmis et autres insectes terrestres en trouvent plus longtemps et partent plus tard; ceux qui vivent de baies, de petites graines et de fruits qui mûrissent en automne et restent sur les arbres tout l'hiver, n'arrivent aussi qu'en automne, et restent dans nos campagnes la plus grande partie de l'hiver; ceux qui vivent des mêmes choses que l'homme et de son superflu restent toute l'année à portée des lieux habités (*); enfin de nouvelles cultures qui s'introduisent dans un pays

(a) Voyez Swammerdam, dans la *Collection académique,* partie étrangère, t. V, p. 601.

si la vie se serait conservée pendant toute la durée de l'hiver, ou si elles seraient mortes par la suite. »

En 1841, Dutrochet écrivait à Isidore-Geoffroy Saint-Hilaire : « Je vois dans les instructions concernant la zoologie, que vous avez rédigées pour l'expédition scientifique qui se rend dans le Nord de l'Europe, que vous invitez les naturalistes de l'expédition à prendre des renseignements à l'égard de la prétendue hibernation des hirondelles. Je puis vous citer à cet égard un fait dont j'ai été témoin. Au milieu de l'hiver, deux hirondelles ont été trouvées engourdies dans un enfoncement qui existait dans une muraille et dans l'intérieur d'un bâtiment. Entre les mains de ceux qui les avaient prises, elles ne tardèrent pas à se réchauffer, et elles s'envolèrent. Je fus témoin de ces faits. Peut-être ces hirondelles, entrées par hasard dans le même bâtiment, n'avaient pas pu en sortir; peut-être, étaient-elles trop jeunes et trop faibles pour entreprendre ou pour continuer le long voyage de la migration. Quoi qu'il en soit, ce fait prouve que les hirondelles sont susceptibles d'hibernation, bien qu'elles n'hibernent pas ordinairement. »

(*) Buffon formule admirablement, dans ce passage, les causes de la migration des oiseaux. Il est aujourd'hui démontré que, comme le dit Buffon, les oiseaux qui nous quittent pendant l'hiver pour se diriger vers le sud, ne se comportent ainsi que par suite du manque de nourriture qui se produit à l'époque de leur départ. Ces oiseaux se dirigent vers le sud parce qu'ils trouvent dans les régions où ils passent l'hiver les aliments qui leur manqueraient dans nos contrées pendant cette saison. Si plus tard ils abandonnent les régions chaudes pour remonter vers le nord, c'est que ces régions cessent de leur offrir la nourriture qu'ils étaient allés y chercher. « On se figure généralement, dit Aug. Weissmann (*Les Migrat. des Oiseaux*, in *Revue internat. des Sciences,* 1878, II, p. 260), que les contrées tropicales offrent pendant toute l'année de la nourriture animale et végétale à foison. Ceci n'est cependant vrai que pour quelques-uns. Au centre de l'Afrique, de larges bandes de pays se dessèchent complètement en été; toutes les eaux stagnantes et presque toutes les eaux courantes disparaissent; les grenouilles, les salamandres, les lézards et les serpents, même certains poissons, s'enfouissent dans la vase où ils se livrent à un sommeil d'été; les insectes aussi disparaissent à mesure que la verdure des plantes est brûlée par les rayons incandescents du soleil. A cette époque les oiseaux ne trouvent plus de nourriture, surtout ceux d'entre

donnent lieu, à la longue, à de nouvelles migrations : c'est ainsi qu'après avoir établi à la Caroline la culture de l'orge, du riz et du froment, les colons y ont vu arriver régulièrement chaque année des volées d'oiseaux qu'on n'y connaissait point, et à qui l'on a donné, d'après la circonstance, les noms d'*oiseaux de riz*, d'*oiseaux à blé*, etc. (*a*). D'ailleurs il n'est pas rare de voir dans les mers d'Amérique des nuées d'oiseaux attirés par des nuées de papillons si considérables, que l'air en est obscurci (*b*). Dans tous les cas, il paraît que ce n'est ni le climat, ni la saison, mais l'article des subsistances, la nécessité de vivre, qui décide principalement de leur marche (*c*), qui les fait errer de contrées en contrées, passer et repasser les mers, ou qui les fixe pour toujours dans un même pays.

J'avoue qu'après cette première cause, il en est une autre qui influe aussi

(*a*) Voyez les *Transactions philosophiques*, n° 483, art. 35.

(*b*) *Second Voyage de Colomb*, chap. 14.

(*c*) Il est probable que les migrations des poissons, et même celles des quadrupèdes, sont sujettes à la même loi, ou plutôt à la loi plus générale qui tend à la conservation de chaque espèce et de chaque individu : par exemple, je croirais volontiers que les poissons volants n'eussent jamais fait usage de leurs nageoires pour voler, s'ils n'eussent été poursuivis par les bonites, les dorades et autres poissons voraces, et il peut se faire que le passage des oiseaux de proie, qui a lieu au mois de septembre, ait aussi quelque influence sur le départ des hirondelles.

eux qui ne vivent que d'insectes, comme les petits chanteurs et le coucou, ou d'animaux aquatiques, de limaçons, de mollusques et de vers, comme la plupart des échassiers et des oiseaux aquatiques. On peut aller plus loin et affirmer que l'existence devient impossible pour maint oiseau qui se nourrit exclusivement de végétaux, comme la grue. Ce grand et bel oiseau vit en grande partie de grains et d'herbes vertes. Dans l'Afrique orientale où il passe l'hiver en troupes innombrables, il pille les champs de millet de la steppe. Mais, en été, cette steppe est entièrement desséchée comme tout le bord méridional du désert de Sahara. La nécessité d'émigrer s'impose donc alors aux grues. » Et Weissmann conclut comme Buffon : « Voici donc une première vérité scientifique : les oiseaux n'émigrent pas par goût, mais parce qu'ils doivent émigrer pour pouvoir exister ; ils émigrent, en premier lieu, pour ne pas mourir de faim. »

Cependant Weissmann fait remarquer avec raison que ce n'est pas à la faim qu'obéit chaque oiseau migrateur au moment où il quitte le pays dans lequel il a passé une saison, et qu'il n'attend jamais d'être privé d'aliments pour se mettre en voyage. L'oiseau migrateur obéit à un instinct qui le pousse à partir à un moment déterminé, et Weissmann ajoute que, si nous voulons comprendre le phénomène de la migration, nous devons avant tout nous demander d'où vient l'instinct de la migration des oiseaux, quelles causes l'ont fait naître, et à quels degrés différents il s'est développé dans les différentes espèces. La réponse à ces questions se trouve dans le fait, bien compris par Buffon, que les oiseaux migrateurs sont toujours ceux dont l'alimentation est de telle nature qu'ils manquent périodiquement de nourriture, chaque année, à une époque déterminée. Les ancêtres des oiseaux migrateurs ont dû, pour se procurer des aliments, étendre peu à peu leurs excursions autour de la région qu'ils habitaient, diriger leurs courses dans la direction où les aliments se présentaient en plus grande abondance, et les prolonger jusqu'aux régions où ils trouvaient le plus de moyens d'existence. Chaque année des courses en sens inverse étaient faites, les parents entraînant avec eux leurs petits, et ceux-ci persévérant ensuite dans les habitudes contractées pendant leur jeune âge. Or, nous savons aujourd'hui que les habitudes se transmettent par l'hérédité tout aussi bien que les qualités corporelles. Les habitudes de la migration se sont ainsi transmises de génération en génération.

sur les migrations des oiseaux, du moins sur leur retour dans le pays qui les a vus naître. Si un oiseau n'a point de climat, du moins il a une patrie; comme tout autre animal, il reconnaît, il affectionne les lieux où il a commencé de voir la lumière, de jouir de ses facultés, où il a éprouvé les premières sensations, goûté les prémices de l'existence; il ne le quitte qu'avec regret; et lorsqu'il y est forcé par la disette, un penchant irrésistible l'y rappelle sans cesse; et ce penchant, joint à la connaissance d'une route qu'il a déjà faite, et à la force de ses ailes, le met en état de revenir dans le pays natal toutes les fois qu'il peut espérer d'y trouver le bien-être et la subsistance (*a*); mais sans entrer ici dans la thèse générale du passage des oiseaux et de ses causes, il est de fait que nos hirondelles se retirent au mois d'octobre dans les pays méridionaux, puisqu'on les voit quitter chaque année, dans cette même saison, les différentes contrées de l'Europe, et arriver peu de jours après en différents pays de l'Afrique, et que même on les a trouvées plus d'une fois en route au milieu des mers. Il est de ma connaissance, disait Pierre Martyr, que les hirondelles, les milans, etc., quittent l'Europe aux approches de l'hiver, et vont passer cette saison sur les côtes d'Égypte (*b*). Le P. Kirker, ce partisan de l'immersion des hirondelles, mais qui la restreignait aux pays du Nord, atteste, sur le rapport des habitants de la Morée, qu'une grande multitude d'hirondelles passe tous les ans, avec les cigognes, de l'Égypte et de la Libye en Europe (*c*). M. Adanson nous apprend que les hirondelles de cheminée arrivent au Sénégal vers le 9 octobre, qu'elles en repartent au printemps (*d*), et que le 6 de ce même mois d'octobre, étant à cinquante lieues de la côte, entre l'île de Gorée et le Sénégal, il en vint quatre se poser sur son bâtiment, qu'il reconnut pour de vraies hirondelles d'Europe : il ajoute qu'elles se laissèrent prendre toutes quatre, tant elles étaient fatiguées. En 1765, à peu près dans la même saison, le vaisseau de la Compagnie, *le Penthièvre,* fut comme inondé, entre la côte d'Afrique et les îles du cap Vert, d'une nuée d'hirondelles à croupion blanc, qui probablement venaient d'Europe (*e*). Leguat, se trouvant dans les mêmes mers le 12 novembre, fit aussi rencontre de quatre hirondelles qui suivirent son bâtiment pendant sept jours jusqu'au cap

(*a*) Dans la partie de la Libye où le Nil prend sa source, les hirondelles et les milans sont sédentaires et restent toute l'année. Hérodote, lib. II. On a dit la même chose de quelques cantons de l'Éthiopie; au reste, il peut y avoir dans le même pays des hirondelles de passage et d'autres sédentaires, comme au cap de Bonne-Espérance.

(*b*) Voyez la relation de son ambassade à Babylone, lib. II; et sur le passage des oiseaux, voyez *Observations* de Belon, fol. 10 et suiv.

(*c*) Voyez le *Monde souterrain* de ce jésuite : ces deux derniers faits me confirment dans l'idée que, même dans les pays chauds, il y a une saison pour la génération des insectes, de ceux au moins qui servent de pâture aux hirondelles.

(*d*) *Voyage au Sénégal,* page 67. Voyez aussi le tome V de cette édition de Buffon, page 8.

(*e*) Note communiquée par M. le vicomte de Querhoënt.

Vert; et il est à remarquer que c'est précisément la saison où les ruches d'abeilles donnent leurs essaims au Sénégal en très grande abondance, et celle où les cousins appelés maringouins sont fort incommodes, par conséquent fort nombreux; et cela doit être, car c'est le temps où finissent les pluies : or l'on sait qu'une température humide et chaude est la plus favorable à la multiplication des insectes, surtout de ceux qui, comme les maringouins, se plaisent dans les lieux aquatiques (*a*). Christophe Colomb en vit une à son second voyage, laquelle s'approcha de ses vaisseaux le 24 octobre, dix jours avant qu'il découvrît la Dominique (*b*); d'autres navigateurs en ont rencontré entre les Canaries et le cap de Bonne-Espérance (*c*). Au royaume d'Issini, selon le missionnaire Loyer, on voit dans le mois d'octobre et dans les mois suivants une multitude d'hirondelles qui viennent des autres pays (*d*). M. Edwards assure que les hirondelles quittent l'Angleterre en automne (*e*), et que celles de cheminée se trouvent au Bengale. On voit toute l'année des hirondelles au cap de Bonne-Espérance, dit Kolbe, mais en fort grand nombre pendant l'hiver (*f*), ce qui suppose qu'en cette contrée il y en a quelques-unes de sédentaires et beaucoup de voyageuses; car on ne prétendra pas apparemment qu'elles se cachent sous l'eau ou dans des trous pendant l'été. Les hirondelles du Canada, dit le P. Charlevoix, sont des oiseaux de passage comme celles d'Europe (*g*); celles de la Jamaïque, dit le docteur Stubbes, quittent cette île dans les mois d'hiver, quelque chaud qu'il fasse (*h*). Tout le monde connaît l'expérience heureuse et singulière de M. Frisch, qui ayant attaché aux pieds de quelques-uns de ces oiseaux un fil teint en détrempe, revit l'année suivante ces mêmes oiseaux avec leur fil, qui n'était point décoloré, preuve assez bonne que du moins ces individus n'avaient point passé l'hiver sous l'eau, ni même dans un endroit humide, et présomption très forte qu'il en est ainsi de toute l'espèce : on peut s'attendre que lorsque l'Afrique et certaines parties de l'Asie seront

(*a*) Consultez le *Voyage au Sénégal*, par M. Adanson, pages 36, 82, 139, 141, 157. Je vois aussi des nuées de sauterelles se répandre sur ces contrées dans le mois de février. (*Ibidem*, page 88.) La génération de ces insectes y serait-elle fixée à une saison particulière?

(*b*) Herrera, liv. II, chap. X.

(*c*) *Voyage aux îles de France et de Bourbon.* Merlin, 1773.

(*d*) *Histoire générale des Voyages*, t. III, p. 422.

(*e*) D'autres observateurs qui y ont regardé de plus près assurent que les hirondelles quittent l'Angleterre vers le 29 septembre; que le lieu de l'assemblée générale paraît indiqué sur les côtes de la province de Suffolk, entre Oxford et Yarmout; qu'elles se posent sur les toits des églises, des vieilles tours, etc., qu'elles y restent plusieurs jours lorsque le vent n'est point favorable pour passer la mer; que, si le vent vient à changer pendant la nuit, elles partent toutes à la fois, et que le lendemain matin on n'en retrouve pas une seule. Tout cela indique assez clairement, non pas une immersion, ni même une migration dirigée vers le nord, mais bien une migration dirigée au sud ou au sud-est de l'Angleterre.

(*f*) Kolbe, *Voyage au cap de Bonne-Espérance*, t. Ier, p. 151.

(*g*) *Nouvelle-France*, t. III, p. 155.

(*h*) *Transactions philosophiques*, n° 36.

plus fréquentées et mieux connues, on parviendra à découvrir les diverses stations, non seulement des hirondelles, mais encore de la plupart des oiseaux que les habitants des îles de la Méditerranée voient passer et repasser chaque année à l'aide des vents, car ces passages sont une sorte de navigation de long cours; les oiseaux, comme on a vu, ne les entreprennent guère que lorsqu'ils sont aidés par un vent favorable; mais lorsqu'ils sont surpris au milieu de leur course par les vents contraires, il peut arriver que, se trouvant exténués de fatigue, ils se posent sur le premier vaisseau qui se présente, comme l'ont éprouvé plusieurs navigateurs au temps du passage (*a*). Il peut arriver qu'à défaut de bâtiment ils tombent dans la mer et soient engloutis par les flots : c'est alors que l'on pourrait, en jetant le filet à propos, pêcher véritablement des hirondelles noyées; et, en s'y prenant bien, les rappeler à la vie : mais on sent que ces hasards ne peuvent avoir lieu en terre ferme ni sur des mers d'une petite étendue.

Dans presque tous les pays connus, les hirondelles sont regardées comme amies de l'homme, et à très juste titre, puisqu'elles consomment une multitude d'insectes qui vivraient aux dépens de l'homme (*b*). Il faut convenir que les engoulevents auraient les mêmes droits à sa reconnaissance, puisqu'ils lui rendent les mêmes services; mais pour les lui rendre ils se cachent dans les ombres du crépuscule, et l'on ne doit pas être surpris qu'ils restent ignorés, eux et leurs bienfaits.

Ma première idée avait été de séparer ici les martinets des hirondelles, et d'imiter en cela la nature, qui semble les avoir elle-même séparés en leur inspirant un éloignement réciproque : jamais on n'a vu les oiseaux de ces deux familles voler de compagnie; au lieu que l'on voit, du moins quelquefois, nos trois espèces d'hirondelles se réunir en une seule troupe. D'ailleurs, la famille des martinets se distingue de l'autre par des différences assez considérables dans la conformation, les habitudes et le naturel : 1° dans la conformation, car leurs pieds sont plus courts et absolument inutiles pour marcher ou pour prendre leur volée quand ils sont à plate-terre; de plus, leur quatre doigts sont tournés en avant, et chacun de ces doigts n'a que deux phalanges, compris celle de l'ongle; 2° dans les habitudes : ils arrivent plus tard et partent plus tôt, quoiqu'ils semblent craindre da-

(*a*) Le vaisseau de l'amiral Wager, se trouvant au printemps dans le canal de la Manche, une multitude innombrable d'hirondelles vint se poser dessus; tous les câbles en étaient couverts, elles paraissaient fatiguées, affamées. On ajoute même qu'elles étaient extrêmement maigres. S'étant reposées la nuit, elles reprirent leur volée le lendemain dès le matin. M. Collinson nous apprend que la même chose arriva sur le vaisseau du capitaine Wrigth, revenant de Philadelphie.

(*b*) On s'est aperçu en plusieurs circonstances qu'elles délivraient un pays du fléau des cousins (Voyez le *Journal de Paris*, année 1777). Dans la petite ville que j'habite, elles ont délivré plusieurs greniers d'un autre fléau, je veux dire de ces petits vers qui rongent le blé, sans doute en détruisant les insectes ailés dont ces vers sont les larves.

vantage la chaleur; ils font leur ponte dans les crevasses des vieilles murailles, et le plus haut qu'ils peuvent; ils ne construisent point de nid, mais ils garnissent leur trou d'une litière peu choisie et fort abondante, en quoi ils se rapprochent des hirondelles de rivage; lorsqu'ils vont à la provision, ils remplissent leur large gosier d'insectes ailés de toute espèce, en sorte qu'ils ne portent à manger à leurs petits que deux ou trois fois par jour; 3° dans le naturel : ils sont plus défiants, plus sauvages que les hirondelles; les inflexions de leur voix sont aussi moins variées, et leur instinct paraît plus borné. Voilà de grandes différences et de fortes raisons pour ne point mêler ensemble des oiseaux qui, dans l'état de nature, ne se mêlent jamais les uns avec les autres, et je suivrais ce plan sans hésiter si nous connaissions assez le naturel et les habitudes des espèces étrangères appartenant à ces deux races pour être sûrs de rapporter chacune à sa véritable souche; mais nous savons si peu de chose de ces espèces étrangères, que nous courrions risque de tomber à chaque pas dans quelque méprise; il est donc plus prudent, ne pouvant démêler sûrement les oiseaux de ces deux familles, de les laisser ensemble en attendant que de nouvelles observations nous aient assez instruits sur leur nature pour assigner à chacun sa véritable place. Nous nous contenterons seulement ici de rapprocher les espèces qui nous paraîtront avoir le plus de rapports entre elles quant à la conformation extérieure.

Nous ne séparerons point non plus en deux classes les hirondelles de l'Ancien et du Nouveau Monde, parce qu'elles se ressemblent toutes beaucoup, et que d'ailleurs ces deux mondes n'en font qu'un seul pour des oiseaux qui ont l'aile aussi bonne, et qui peuvent subsister également à toutes les latitudes.

L'HIRONDELLE DE CHEMINÉE

OU L'HIRONDELLE DOMESTIQUE (*a*) (*b*)

Elle (*) est, en effet, domestique par instinct; elle recherche la société de l'homme par choix ; elle la préfère, malgré ses inconvénients, à toute autre

(*a*) Voyez les planches enluminées, n° 543, fig. 1.

(*b*) La petite hirondelle, par comparaison avec le grand martinet. L'hirondelle proprement dite; en grec, χελιδών. Belon, *Nat. des oiseaux*, p. 378. — *Hirundo domestica;* en grec, Κοτίλλη, Χελιδών, etc. Gessner, p. 548. — Aldrovande, t. II, p. 658 à 660; en grec, Κεκροπίς, Κεις d'Hésychius; Ποικίλα χελιδώ d'Aristophane; Ἀνόπαια d'Homère; *aredula* de Cicéron; *vaga volucris* d'Ovide; *ales bistinos* de Sénèque; *daulides aves* de Plutarque. *Nota.* Les deux derniers noms conviennent à Philomèle autant qu'à Progné. En hollandais, *swalem;* en

(*) *Hirundo rustica* L.

société; elle niche dans nos cheminées et jusque dans l'intérieur de nos maisons, surtout de celles où il y a peu de mouvement et de bruit : la foule n'est point la société ; lorsque les maisons sont trop bien closes et que les cheminées sont fermées par le haut, comme elle le sont à Nantua et dans les pays de montagnes, à cause de l'abondance des neiges et des pluies, elle change de logement sans changer d'inclination, elle se réfugie sous les avant-toits et y construit son nid, mais jamais elle ne l'établit volontairement loin de l'homme, et toutes les fois qu'un voyageur égaré aperçoit dans l'air quelqu'un de ces oiseaux, il peut les regarder comme des oiseaux de bon augure et qui lui annoncent infailliblement quelque habitation prochaine; nous verrons qu'il n'en est pas tout à fait de même de l'hirondelle de fenêtre (*).

Celle de cheminée est la première qui paraisse dans nos climats : c'est ordinairement peu après l'équinoxe du printemps; elle arrive plus tôt dans

suisse, *hauss-schwalm.* — Jonston, *Aves*, p. 83. — Schwenckfeld, *Aviar. Siles.*, p. 286; en allemand, *hauss-schwalbe, guble-schwalbe.* — Willughby, *Ornithol.*, p. 155; en anglais, *the common or house-swallow.* — Ray, *Synops. avi.*, p. 71; en anglais, *the chimney swallow.* — Sibbald, seconde partie, liv. III, p. 17. — Charleton, *Exercit.*, p. 95. — Albin, *Hist. nat. des Oiseaux*, n° XLV, *harondella house-swallow.* — *Et hirundo urbica.* Klein, *Ordo avium*, p. 82; les noms allemands *leim* et *fenster-schwalbe* qu'il lui donne appartiennent à notre hirondelle de fenêtre à cul blanc. — Frisch, t. Ier, class. 2, div. 3, pl. 2, n° 18. *Hirundo rustica*, parce qu'elle niche volontiers dans les villages; en allemand, *dorf-schwalbe, schwalbe inner halb der hauser; die innere, hauss. rauch schwalbe. Nota.* Cette espèce, qui est la seconde dans le texte, n'est que la troisième dans l'ordre des planches. — *Hirundo rustica, rectricibus, exceptis duabus intermediis, maculâ albâ notatis.* En suédois, *ladu-swala.* Linnæus, *Fauna Suec.*, n° 244, *Syst. nat.*, édit. XIII, gen. 117, sp. 1. — Kramer, *Elenchus Austr. inf.*, p. 380, sp. 1; en autrichien, *hauss-schwalbe.* — Muller, *Zoolog. Dan. prodrom.*, p. 34, n° 287; en danois, *forstu-svale, mark-svale;* en norwégien, *lade svale.* — « Hirundo » supernè nigro-cærulescens, infernè albida, cum aliquâ castanei mixturâ; syncipite et gut- » ture castaneis; rectricibus lateralibus interiùs maculâ albâ notatis... » *Hirundo domestica.* Hirondelle de cheminée. Brisson, t. II, p. 486. — Les petits, *arondeaux, arondelets, hirondeaux, hirondelleaux.* Salerne, *Hist. nat. des Oiseaux*, p. 202. — Aux Philippines, *layang-layang.* G.-J. Camel, *de Avibus Philippensibus*, dans les *Transactions philosophiques*, n° 285, art. 3.

(*) Le nid de l'hirondelle rustique est facile à distinguer de celui de toutes les autres espèces de notre pays par les lieux dans lesquels il est placé. Il est habituellement établi dans les hangards, les chambres inhabitées, les greniers, le faîte des cheminées où l'on ne fait pas de feu, et est disposé de telle sorte que son ouverture soit protégée contre la pluie et le vent; il est d'habitude, dans ce but, placé contre un chevron ou dans une encoignure. « Quelle qu'en soit la disposition, dit Brehm, ses parois, à l'endroit où il est fixé, sont toujours très épaisses. D'ordinaire, le bord supérieur, horizontal, est un peu plus élevé que le point d'insertion. Le nid a environ vingt-deux centimètres de diamètre et onze centimètres de profondeur. Il est fait de vase ou de terre grasse, que l'hirondelle ramasse par petites bouchées, qu'elle enduit de salive et qu'elle agglutine les unes aux autres. Des poils, des tiges d'herbes contribuent encore à en consolider les parois, mais c'est surtout la salive de l'oiseau qui sert à cimenter les éléments dont il se compose. Lorsque le temps est beau, le couple bâtit son nid en huit jours. L'intérieur en est tapissé de tiges fines, de poils, de plumes et d'autres matériaux très mous. Quand un ancien nid a subi quelques dégradations, ses possesseurs le réparent soigneusement; d'ailleurs, ils en renouvellent chaque année la couche interne. »

les contrées plus méridionales, et plus tard dans les pays du Nord; mais quelque douce que soit la température du mois de février et du commencement de mars, quelque froide que soit celle de la fin de mars et du commencement d'avril, elle ne paraît guère dans chaque pays qu'à l'époque ordinaire (*a*); on en voit quelquefois voler à travers les flocons d'une neige très épaisse. Elles souffrirent beaucoup, comme on sait, en 1740; elles se réunissaient en assez grand nombre sur une rivière qui bordait une terrasse appartenant alors à M. Hébert (*b*), et où elles tombaient mortes à chaque instant (*c*); l'eau était couverte de leurs petits cadavres (*d*); ce n'était point par l'excès du froid qu'elles périssaient : tout annonçait que c'était faute de nourriture; celles qu'on ramassait étaient de la plus grande maigreur, et l'on voyait celles qui vivaient encore se fixer aux murs de la terrasse dont j'ai parlé, et pour dernière ressource saisir avidement les moucherons desséchés qui pendaient à de vieilles toiles d'araignées.

Il semble que l'homme devrait accueillir, bien traiter un oiseau qui lui annonce la belle saison et qui, d'ailleurs, lui rend des services réels; il semble, au moins, que ses services devraient faire sa sûreté personnelle, et cela a lieu à l'égard du plus grand nombre des hommes, qui le protègent quelquefois jusqu'à la superstition (*e*); mais il s'en trouve trop souvent qui se font un amusement inhumain de le tuer à coups de fusil sans autre motif que celui d'exercer ou de perfectionner leur adresse sur un but très inconstant, très mobile, par conséquent très difficile à atteindre; et ce qu'il y a de singulier, c'est que ces oiseaux innocents paraissent plutôt attirés qu'effrayés par les coups de fusil, et qu'ils ne peuvent se résoudre à fuir l'homme, lors même qu'il leur fait une guerre si cruelle et si ridicule; elle est plus que ridicule cette guerre, car elle est contraire aux intérêts de celui qui la fait par cela seul que les hirondelles nous délivrent du fléau des cousins, des charançons et de plusieurs autres insectes destructeurs de nos potagers, de

(*a*) Pline dit, liv. XVIII, chap. XXVI, que César fait mention d'hirondelles vues le 8 des calendes de mars; mais c'est un fait unique, et peut-être étaient-ce des hirondelles de rivage.

(*b*) Cet excellent observateur m'a communiqué sur cette famille d'oiseaux un grand nombre de faits bien vus, qui ont souvent confirmé ce que je savais par moi-même, et qui m'ont quelquefois appris ce que je ne savais point.

(*c*) « En 1767, on les trouvait étendues sans vie sur les bords des étangs et des rivières de Lorraine. » Note de M. Lottinger. — Ces faits rendent au moins fort douteux le pressentiment des températures qu'un pasteur de Norlande et quelques autres ont jugé à propos d'attribuer aux hirondelles. Voyez *Collection académique*, partie étrangère, tome XI, *Académie de Stockholm*, p. 51.

(*d*) Cette circonstance est à remarquer, ne fût-ce que pour prévenir la fausse idée de ceux qui ne verraient dans tout ceci que des hirondelles engourdies par le froid, et qui vont attendre au fond de l'eau la véritable température du printemps.

(*e*) On a dit que ces hirondelles étaient sous la protection spéciale des dieux pénates; que lorsqu'elles se sentaient maltraitées, elles allaient piquer les mamelles des vaches et leur faisaient perdre leur lait : c'étaient des erreurs, mais des erreurs utiles.

nos moissons, de nos forêts, et que ces insectes se multiplient dans un pays, et nos pertes avec eux, en même proportion que le nombre des hirondelles (*a*) et autres insectivores y diminue.

L'expérience de Frisch et quelques autres semblables (*b*) prouvent que les mêmes hirondelles reviennent aux mêmes endroits ; elles n'arrivent que pour faire leur ponte et se mettent tout de suite à l'ouvrage ; elles construisent chaque année un nouveau nid et l'établissent au-dessus de celui de l'année précédente, si le local le permet ; j'en ai trouvé dans un tuyau de cheminée qui étaient ainsi construits par étages ; j'en comptai jusqu'à quatre les uns sur les autres, tous quatre égaux entre eux, maçonnés de terre gâchée avec de la paille et du crin ; il y en avait de deux grandeurs et de deux formes différentes : les plus grands représentaient un demi-cylindre creux (*c*), ouvert par le dessus, d'environ un pied de hauteur ; ils occupaient le milieu des parois de la cheminée ; les plus petits occupaient les angles et ne formaient que le quart d'un cylindre ou même d'un cône renversé : le premier nid, qui était le plus bas, avait son fond maçonné comme le reste, mais ceux des étages supérieurs n'étaient séparés des inférieurs que par leur matelas composé de paille, d'herbe sèche et de plumes ; au reste, parmi les petits nids des angles, je n'en ai trouvé que deux qui fussent par étages : je crois que c'étaient les nids des jeunes ; ils n'étaient pas si bien faits que les grands (*).

Dans cette espèce comme dans la plupart des autres, c'est le mâle qui chante l'amour (*d*) ; mais la femelle n'est pas absolument muette : son

(*a*) Voyez *Journal de Paris*, année 1777. Il est vrai qu'elles consomment aussi des insectes utiles, par exemple les abeilles ; mais on peut toujours les empêcher de construire leurs nids à portée des ruches.

(*b*) Dans un château près d'Épinal en Lorraine, on attacha, il y a quelques années, au pied d'une de ces hirondelles un anneau de fil de laiton qu'elle rapporta fidèlement l'année suivante. Heerkens, dans son poème intitulé *Hirundo*, cite un autre fait de ce genre.

(*c*) Frisch dit que l'oiseau donne à son nid cette forme circulaire, ou plutôt demi-circulaire, en prenant son pied pour centre.

(*d*) Les Grecs exprimaient ce chant par ces mots, ψιδυρίζειν, πτυβρίζειν ; les Latins par ces autres mots, *drinsare* ou *trinsare*, *zinzilulare*, *fritinnire*, *minurisare*. M. Frisch nous dit que, de toutes les hirondelles, c'est celle dont le cri approche le plus du chant, quoique cependant il ne soit composé que de trois notes et terminé par une finale qui monte à la quatrième ; du reste, il est assez monotone.

(*) L'hirondelle rustique s'établit aussi très fréquemment dans ses anciens nids. Il est fréquent de voir un couple élire domicile plusieurs années de suite dans le premier nid qu'il a construit en se bornant à le réparer. Mais le même nid ne sert qu'au même couple, les petits ne s'y logent jamais et vont s'établir ailleurs. Spallanzani a écrit à cet égard : « Six ou sept couples de ces oiseaux nichent chaque année sous un portique de ma maison à Pavie. Depuis dix-huit ans que je l'habite, rarement je les ai vus réparer les anciens nids, qui sont toujours restés en nombre égal aux couples, quoiqu'il y ait eu constamment deux couvées dans la belle saison. J'ai fait la même observation à l'égard de deux hirondelles qui avaient adopté une autre maison, et qui, toujours solitaires, n'ont jamais vu leurs familles s'établir autour d'elles. Il est donc certain, qu'en général, ces oiseaux ne construisent point leurs nids aux lieux où ils ont reçu la naissance. »

gazouillement ordinaire semble même prendre alors de la volubilité; elle est encore moins insensible, car non seulement elle reçoit les caresses du mâle avec complaisance, mais elle les lui rend avec ardeur et l'excite quelquefois par ses agaceries. Ils font deux pontes par an, la première d'environ cinq œufs, la seconde de trois; ces œufs sont blancs selon Willughby, et tachetés selon Klein et Aldrovande; ceux que j'ai vus étaient blancs (*). Tandis que la femelle couve, le mâle passe la nuit sur le bord du nid; il dort peu, car on l'entend babiller dès l'aube du jour, et il voltige presque jusqu'à la nuit close; lorsque les petits sont éclos, les père et mère leur portent sans cesse à manger et ont grand soin d'entretenir la propreté dans le nid jusqu'à ce que les petits, devenus plus forts, sachent s'arranger de manière à leur épargner cette peine; mais ce qui est plus intéressant, c'est de voir les vieux donner aux jeunes les premières leçons de voler en les animant de la voix, leur présentant d'un peu loin la nourriture et s'éloignant encore à mesure qu'ils s'avancent pour la recevoir, les poussant doucement, et non sans quelque inquiétude, hors du nid, jouant devant eux et avec eux dans l'air, comme pour leur offrir un secours toujours présent, et accompagnant leur action d'un gazouillement si expressif qu'on croirait en entendre le sens. Si l'on joint à cela ce que dit Boerhaave d'un de ces oiseaux qui, étant allé à la provision et trouvant à son retour la maison où était son nid embrasée, se jeta au travers des flammes pour porter nourriture et secours à ses petits, on jugera avec quelle passion les hirondelles aiment leur géniture (*a*).

On a prétendu que lorsque leurs petits avaient les yeux crevés, même arrachés, elles les guérissaient et leur rendaient la vue avec une certaine herbe qui a été appelée *chélidoine*, c'est-à-dire herbe aux hirondelles (*b*); mais les expériences de Redi et de M. de La Hire nous apprennent qu'il n'est besoin d'aucune herbe pour cela, et que lorsque les yeux d'un jeune oiseau sont, je ne dis pas arrachés tout à fait, mais seulement crevés ou même flétris, ils se rétablissent très promptement et sans aucun remède (*c*). Aristote le savait bien et l'a écrit (*d*); Celse l'a répété (*e*); les expériences

(*a*) Comme il s'agit ici d'une mère et d'une couveuse, on ne peut guère supposer qu'elle se soit précipitée dans les flammes par défaut d'expérience.

(*b*) « Ut quidam volunt, etiam erutis oculis. » Pline, *Hist. nat.*, lib. XXV, cap. VIII. Dioscoride dit à peu près la même chose, liv. II, chap. CCXI. Élien restreint cela aux hirondelles blanches, liv. XVII, chap. XX.

(*c*) Redi a fait ses expériences sur des pigeons, des poulets, des oies, des canards et des dindons. Voyez *Collection académique*, partie étrangère, t. IV, p. 544; voyez aussi t. III de la partie française, p. 75.

(*d*) *Hist. animal.*, lib. II, cap. XVII, et lib. VI, cap. V; et *de Generatione*, lib. IV, cap. VI. Aristote dit aussi la même chose des serpents.

(*e*) Celse, liv. VI, *de Re Medicâ*.

(*) D'après Brehm, les œufs sont blancs, marqués de points d'un gris cendré et d'un brun roux; leur coquille est mince.

de Redi, de M. de La Hire et de quelques autres (*a*) sont sans réplique, et néanmoins l'erreur dure encore.

Outre les différentes inflexions de voix dont j'ai parlé jusqu'ici, les hirondelles de cheminée ont encore le cri d'assemblée, le cri du plaisir, le cri d'effroi, le cri de colère, celui par lequel la mère avertit sa couvée des dangers qui la menacent, et beaucoup d'autres expressions composées de toutes celles-là, ce qui suppose une grande mobilité dans leur sens intérieur.

J'ai dit ailleurs que ces oiseaux vivaient d'insectes ailés qu'ils happent en volant; mais comme ces insectes ont le vol plus ou moins élevé, selon qu'il fait plus ou moins chaud, il arrive que lorsque le froid ou la pluie les rabat près de terre et les empêche même de faire usage de leurs ailes, nos oiseaux rasent la terre et cherchent ces insectes sur les tiges des plantes, sur l'herbe des prairies et jusque sur le pavé de nos rues; ils rasent aussi les eaux et s'y plongent quelquefois à demi en poursuivant les insectes aquatiques, et dans les grandes disettes ils vont disputer aux araignées leur proie jusqu'au milieu de leurs toiles, et finissent par les dévorer elles-mêmes (*b*); dans tous les cas, c'est la marche du gibier qui détermine celle du chasseur. On trouve dans leur estomac des débris de mouches, de cigales, de scarabées, de papillons (*c*) et même de petites pierres (*d*), ce qui prouve qu'elles ne prennent pas toujours les insectes en volant et qu'elles les saisissent quelquefois étant posées. En effet, quoique les hirondelles de cheminée passent la plus grande partie de leur vie dans l'air, elles se posent assez souvent sur les toits, les cheminées, les barres de fer, et même à terre et sur les arbres. Dans notre climat, elles passent souvent les nuits, vers la fin de l'été, perchées sur des aunes au bord des rivières, et c'est alors qu'on les prend en grand nombre et qu'on les mange en certains pays (*e*); elles choisissent les branches les plus basses qui se trouvent au-dessous des berges et bien à l'abri du vent (*f*); on a remarqué que les branches qu'elles adoptent pour y passer ainsi la nuit meurent et se dessèchent.

C'est encore sur un arbre, mais sur un très grand arbre qu'elles ont coutume de s'assembler pour le départ : ces assemblées ne sont que de trois ou

(*a*) Par exemple, celles du docteur J. Sigismond Elsholtius, *Collect. acad.*, partie étrangère, t. III, p. 324, tirées des *Éphém. d'Allemagne*, dec. , an. 8, observ. 18.

(*b*) Frisch, à l'endroit cité.

(*c*) Elles ne digèrent pas toujours également bien : dans le gésier d'un individu qui avait passé deux jours sans manger, il se trouva beaucoup de débris d'insectes coléoptères ; et dans un autre individu qui avait mangé la veille cinq ou six mouches, il ne se trouva presque rien.

(*d*) Voyez Belon, Willughby. On a dit bien des absurdités sur ces pierres d'hirondelles et leurs vertus, ainsi que sur les pierres d'aigle, les pierres alectoriennes et autres bésoards, qui semblent être les bijoux favoris et de la charlatanerie et de la crédulité.

(*e*) A Valence en Espagne, à Lignitz en Silésie, etc. Voyez Willughby, Schwenckfeld.

(*f*) Note de M. Hébert. M. Lottinger m'assure qu'elles fréquentent aussi quelquefois les bois taillis.

quatre cents, car l'espèce n'est pas si nombreuse, à beaucoup près, que celle des hirondelles de fenêtre. Elles s'en vont de ce pays-ci vers le commencement d'octobre; elles partent ordinairement la nuit comme pour dérober leur marche aux oiseaux de proie, qui ne manquent guère de les harceler dans leur route. M. Frisch en a vu quelquefois partir en plein jour, et M. Hébert en a vu plus d'une fois, au temps du départ, des pelotons de quarante ou cinquante qui faisaient route au haut des airs, et il a observé que dans cette circonstance leur vol était non seulement plus élevé qu'à l'ordinaire, mais encore beaucoup plus uniforme et plus soutenu. Elles dirigent leur route du côté du Midi, en s'aidant d'un vent favorable autant qu'il est possible; et lorsqu'elles n'éprouvent point de contre temps, elles arrivent en Afrique dans la première huitaine d'octobre. Si, durant la traversée, il s'élève un vent de sud-est qui les repousse, elles relâchent, de même que les autres oiseaux de passage, dans les îles qui se trouvent sur leur chemin. M. Adanson en a vu arriver dès le 6 d'octobre, à six heures et demie du soir, sur les côtes du Sénégal, et les a bien reconnues pour être nos vraies hirondelles; il s'est assuré depuis qu'on ne les voyait dans ces contrées que pendant l'automne et l'hiver; il nous apprend qu'elles y couchent toutes les nuits seules ou deux à deux, dans le sable sur le bord de la mer (*a*), et quelquefois en grand nombre dans les cases, perchées sur les chevrons de la couverture; enfin il ajoute une observation importante, c'est que ces oiseaux ne nichent point au Sénégal (*b*) : aussi M. Frisch observe-t-il qu'au printemps elles ne ramènent jamais avec elles des jeunes de l'année; d'où l'on peut inférer que les contrées plus septentrionales sont leur véritable patrie, car la patrie d'une espèce quelconque est le pays où elle fait l'amour et se perpétue (*).

(*a*) Cette habitude de coucher dans le sable est tout à fait contraire à ce que nous voyons faire aux hirondelles dans nos climats : il faut qu'elle tienne à quelque circonstance particulière qui aura échappé à l'observateur; car ces machines vivantes que nous appelons des animaux sont plus capables qu'on ne croit de varier leurs procédés d'après la variété des circonstances.

(*b*) On dit aussi qu'aucune espèce d'hirondelle ne niche à Malte.

(*) L'Hirondelle rustique se reproduit dans toute l'Europe, à l'exception des régions de l'extrême nord, et dans l'Asie septentrionale. « L'Hirondelle rustique, dit M. Brehm, arrive chez nous du 11 au 15 avril, rarement plus tôt, rarement plus tard, et y reste jusqu'à la fin de septembre ou au commencement d'octobre. A l'époque de ses migrations, elle se montre sur tous les points au nord du 15° dégré de latitude, mais elle dépasse encore cette limite. D'après mes observations, elle va en Afrique jusqu'au delà du 11° degré de latitude nord. D'après Edon, on la voit chaque hiver dans toutes les plaines de l'Inde et à Ceylan. Dans ses voyages, elle traverse des pays où vivent toute l'année des hirondelles, où elle trouverait par conséquent de quoi vivre, et cependant elle n'y séjourne pas. Ainsi, j'en vis apparaître, le 13 septembre, dans le sud de la Nubie, et, lors de leur retour, j'en vis, quelques jours seulement avant l'époque de leur apparition dans nos contrées, à Charthoum, au confluent du Nil Blanc et du Nil Bleu, entre les 15° et 16° de latitude nord. Il est excessivement rare, en été, de rencontrer une Hirondelle rustique dans l'intérieur de l'Afrique ; il n'est pas moins rare

Quoique en général ces hirondelles soient des oiseaux de passage, même en Grèce et en Asie, on peut bien s'imaginer qu'il en reste quelques-unes pendant l'hiver, surtout dans les pays tempérés où elles trouvent des insectes : par exemple, dans les îles d'Hyères et sur la côte de Gênes, où elles passent les nuits sur les orangers en pleine terre, et où elles causent beaucoup de dommage à ces précieux arbrisseaux. D'un autre côté, on dit qu'elles paraissent rarement dans l'île de Malte.

On s'est quelquefois servi, et l'on pourrait encore se servir avec le même succès de ces oiseaux pour faire savoir très promptement des nouvelles intéressantes (*a*) : il ne s'agit que d'avoir une couveuse prise sur ses œufs dans l'endroit même où l'on veut envoyer l'avis, et de la lâcher avec un fil à la patte, noué d'un certain nombre de nœuds, teint d'une certaine couleur, d'après ce qui aura été convenu ; cette bonne mère prendra aussitôt son essor vers le pays où est sa couvée, et portera avec une célérité incroyable les avis qui lui auront été confiés.

L'hirondelle de cheminée a la gorge, le front et deux espèces de sourcils d'une couleur aurore ; tout le reste du dessous du corps blanchâtre avec une teinte de ce même aurore ; tout le reste de la partie supérieure de la tête et du corps d'un noir bleuâtre éclatant, seule couleur qui paraisse, les plumes étant bien rangées, quoiqu'elles soient cendrées à la base et blanches dans leur partie moyenne ; les pennes des ailes suivant les différentes incidences de la lumière, tantôt d'un noir bleuâtre plus clair que le dessus du corps, tantôt d'un brun verdâtre ; les pennes de la queue noirâtres avec des reflets verts ; les cinq paires latérales marquées d'une tache blanche vers le bout ; le bec noir au dehors, jaune au dedans ; le palais et les coins de la bouche jaunes aussi, et les pieds noirâtres. Dans les mâles, la couleur aurore de la gorge est plus vive, et le blanc du dessous du corps a une légère teinte rougeâtre.

Le poids moyen de toutes les hirondelles que j'ai pesées est d'environ trois gros ; elles paraissent plus grosses à l'œil, et cependant elles pèsent moins que les hirondelles de fenêtre.

Longueur totale, six pouces et demi ; le bec représente un triangle isocèle curviligne, dont les côtés sont concaves et ont sept à huit lignes ; tarse, cinq lignes, sans aucun duvet ; ongles minces, peu courbés, fort pointus, le pos-

(*a*) Voyez Pline, *Nat. hist.*, lib. x, cap. xxiv.

d'en trouver une en hiver, en Egypte, ou dans les contrées septentrionales. Peut-être vont-elles jusque dans la zone tempérée du sud de l'Afrique. Dans ce cas, elles traverseraient les cantonnements d'une douzaine environ d'autres espèces d'hirondelles avant d'atteindre une contrée qui leur convienne.

Ce fait justifie bien l'opinion de Weissmann que la route suivie par chaque espèce d'oiseaux migrateurs sst déterminée par une habitude héréditaire et par l'éducation que les générations se donnent successivement.

térieur le plus fort de tous; vol, un pied; queue, trois pouces un quart, très fourchue (beaucoup moins dans les jeunes), composée de douze pennes, dont la paire la plus extérieure dépasse la paire suivante d'un pouce, la paire intermédiaire de quinze à vingt lignes, et les ailes de quatre à six lignes; elle est ordinairement plus longue dans le mâle.

On m'a envoyé pour variétés des individus qui avaient toutes les couleurs plus faibles et la queue peu fourchue; c'était probablement de simples variétés d'âge, car la queue n'a sa vraie forme, et le plumage ses vraies couleurs, que dans les adultes.

Je mets au nombre des variétés accidentelles : 1° les hirondelles blanches; il n'y a guère de pays en Europe où l'on n'en ait vu, depuis l'Archipel jusqu'en Prusse (*a*) : Aldrovande indique le moyen d'en avoir tant que l'on voudra; il ne s'agit, selon lui, que d'étendre une couche d'huile d'olive sur l'œuf. Aristote attribue cette blancheur à une faiblesse de tempérament, au défaut de nourriture, à l'action du froid. Un individu que j'ai observé avait au-dessus des yeux et sous la gorge quelques teintes de roux, des traces de brun sur le cou et la poitrine, et la queue moins longue; il pourrait se faire que cette blancheur ne fût que passagère, et qu'elle ne reparût point après la mue; car quoiqu'on voie assez souvent dans les couvées de l'année des individus blancs, il est rare qu'on en voie l'année suivante parmi celles qui reviennent du quartier d'hiver (*b*). Au reste, il se trouve quelquefois des individus qui ne sont blancs qu'en partie; tel était celui dont parle Aldrovande (*c*), lequel avait le croupion de cette couleur, et pouvait disputer à l'hirondelle de fenêtre la dénomination de cul-blanc.

Je regarde en second lieu, comme variété accidentelle, l'hirondelle rousse, chez qui la couleur aurore de la gorge et des sourcils s'étend sur presque tout le plumage, mais en s'affaiblissant et tirant à l'isabelle (*d*).

L'hirondelle de cheminée est répandue dans tout l'ancien continent, depuis la Norvège jusqu'au cap de Bonne-Espérance; et, du côté de l'Asie, jusqu'aux Indes et au Japon (*e*). M. Sonnerat a rapporté un individu de la côte de Malabar (*f*), lequel ne diffère de notre hirondelle de cheminée que par sa taille un peu plus petite : encore est-il probable que sa peau s'est

(*a*) A Samos, selon les anciens; en Italie, en France, en Hollande, en Allemagne, selon les modernes. Voyez les ornithologues et la *Collect. académique*, partie étrangère, t. III, p. 240. *Éphémérides d'Allemagne*, dec. I, an. 4 et 5, observ. 184.

(*b*) « Dans une couvée de cinq petits, établie chez les Trinitaires de la Motte en Dauphiné, il s'est trouvé deux hirondelles blanches qui ont passé tout l'été dans le pays, et qu'on n'a point revues l'année suivante. » Note de M. le marquis de Piolenc.

(*c*) Tome II, page 663.

(*d*) M. le comte de Riolet m'a assuré avoir vu deux individus de cette couleur dans une troupe d'hirondelles de cheminée.

(*e*) Voyez Edwards, *Hist. nat. des oiseaux*, préface, p. xij; et Kæmpfer, *Hist. du Japon*.

(*f*) G.-J. Camel l'avait mise, il y a longtemps, sur la liste des espèces européennes qui se trouvent aux Philippines. *Transact. philos.*, n° 285, art. 3.

retirée en se desséchant. Sept autres hirondelles rapportées du cap de Bonne-Espérance par le même M. Sonnerat ne diffèrent non plus des nôtres, que comme les nôtres diffèrent entre elles : seulement on trouve, en y regardant de bien près, qu'elles ont le dessous du corps d'un blanc plus pur, et que l'échancrure qui, dans les dix pennes latérales de la queue marque le passage de leur partie large à leur partie étroite, est plus considérable.

Voici d'autres hirondelles qui par leur ressemblance, soit dans les couleurs, soit dans la conformation, peuvent être regardées comme des variétés de climat.

VARIÉTÉS DE L'HIRONDELLE DOMESTIQUE

I. — L'HIRONDELLE D'ANTIGUE, A GORGE COULEUR DE ROUILLE (*a*).

Elle (*) a la taille un peu plus petite que notre hirondelle ; le front ceint d'un bandeau d'un jaune rouillé ; sur la gorge une plaque de même couleur, terminée au bas par un collier noir fort étroit ; le devant du cou et le reste du dessous du corps blanc ; la tête, le dessus du cou et le dos d'un noir velouté ; les petites couvertures supérieures des ailes d'un noir violet changeant ; les grandes, ainsi que les pennes de l'aile et de la queue d'un noir de charbon ; la queue est fourchue et ne dépasse point les ailes.

II. — L'HIRONDELLE A VENTRE ROUX DE CAYENNE (*b*).

Elle (**) a la gorge rousse, et cette couleur s'étend sur tout le dessous du corps en se dégradant par nuances ; le front blanchâtre ; tout le reste du dessus du corps d'un beau noir luisant : elle est un peu plus petite que la nôtre.

Longueur totale, environ cinq pouces et demi ; bec, six lignes ; tarse, quatre à cinq ; doigt postérieur, cinq.

Les hirondelles de cette espèce font leur nid dans les maisons, comme nos hirondelles de cheminée ; elles le construisent en forme de cylindre avec de petites tiges, de la mousse, des plumes ; ce cylindre est suspendu verticalement et isolé de toutes parts ; elles l'allongent, comme font les nôtres, à mesure qu'elles se multiplient ; l'entrée est au bas, sur l'un des côtés, et si bien ménagée qu'elle communique, dit-on, à tous les étages. La femelle y dépose quatre ou cinq œufs (*c*).

(*a*) Voyez le *Voyage de M. Sonnerat à la Nouvelle-Guinée*, p. 118, pl. 76. Antigue est un petit havre de l'île de Panay, l'une des Philippines.

(*b*) Voyez les planches enluminées n° 724, fig. 1.

(*c*) Voyez les Mémoires de M. Bajon sur Cayenne.

(*) *Hirundo panayana* GMEL.

(**) *Hirundo rufa* GMEL.

Il n'est point du tout contre la vraisemblance que nos hirondelles domestiques soient passées dans le nouveau continent et y aient fondé une colonie qui aura conservé l'empreinte de la race primitive, empreinte très reconnaissable à travers les influences du nouveau climat.

III. — L'HIRONDELLE AU CAPUCHON ROUX (*a*).

Ce roux est foncé et varié de noir : elle (*) a aussi le croupion roux, terminé de blanc; le dos et les couvertures supérieures des ailes d'un beau noir tirant au bleu, avec des reflets d'acier poli; les pennes des ailes brunes, bordées d'un brun plus clair; celles de la queue noirâtres; toutes les latérales marquées sur le côté intérieur d'une tache blanche, laquelle ne paraît que lorsque la queue est épanouie; la gorge variée de blanchâtre et de brun; enfin, le dessous du corps semé de petites taches longitudinales noirâtres sur un fond jaune pâle.

M. le vicomte de Querhoënt, qui a eu occasion d'observer cette hirondelle au cap de Bonne-Espérance, nous apprend qu'elle niche dans les maisons comme les précédentes, qu'elle attache son nid au plafond des appartements, qu'elle le construit de terre à l'extérieur, de plumes à l'intérieur, qu'elle lui donne une forme arrondie et qu'elle y adapte une espèce de cylindre creux qui en est la seule entrée et la seule issue. On ajoute que la femelle y pond quatre ou cinq œufs pointillés.

OISEAUX ÉTRANGERS

QUI ONT RAPPORT A L'HIRONDELLE DOMESTIQUE

I. — LA GRANDE HIRONDELLE A VENTRE ROUX DU SÉNÉGAL (*b*).

Elle (**) a la queue conformée de même que nos hirondelles de cheminée; elle a aussi les mêmes couleurs dans son plumage, mais ces couleurs sont distribuées différemment; d'ailleurs elle est beaucoup plus grande et paraît modelée sur d'autres proportions, en sorte qu'on peut la regarder comme une espèce à part. Elle a le dessus de la tête et du cou, le dos et les couvertures supérieures des ailes d'un noir brillant, avec des reflets d'acier poli;

(*a*) Voyez les planches enluminées, n° 723, où cet oiseau est représenté, fig. 2, sous le nom d'*Hirondelle à tête rousse du cap de Bonne-Espérance*.

(*b*) Voyez les planches enluminées, n° 310, où cet oiseau est représenté sous le nom d'*Hirondelle à ventre roux du Sénégal*.

(*) *Hirundo capensis* GMEL.

(**) *Hirundo senegalensis* GMEL.

les pennes des ailes et de la queue noires, le croupion roux, ainsi que toute la partie inférieure; mais la teinte de la gorge et des couvertures inférieures des ailes est beaucoup plus faible et presque blanche.

Longueur totale, huit pouces six lignes; bec, huit lignes; tarse de même; doigt et ongle postérieurs les plus longs après ceux du milieu; vol, quinze pouces trois lignes; queue, quatre pouces, fourchue de vingt-six lignes: dépasse les ailes d'un pouce.

II. — L'HIRONDELLE A CEINTURE BLANCHE (a).

Celle-ci (*) n'a point de roux dans son plumage : tout y est noir, excepté une ceinture blanche qu'elle a sur le ventre et qui tranche vivement sur ce fond obscur; il y a encore un peu de blanc sur les jambes, et les pennes de la queue, qui sont noires dessus comme tout le reste, ne sont que brunes par dessous.

C'est un oiseau rare; il se trouve à Cayenne et à la Guiane, dans l'intérieur des terres, sur le bord des rivières; il se plaît à voltiger sur l'eau comme font nos hirondelles; mais, ce qu'elles ne font pas toutes, il se pose volontiers sur les arbres déracinés qu'on y voit flottants.

Longueur totale, six pouces; bec noir, six lignes; tarse, six lignes; queue, deux pouces un quart, fourchue de près de dix-huit lignes : dépasse les ailes de quatre lignes.

III. — L'HIRONDELLE AMBRÉE (b).

Seba dit que ces hirondelles (**), de même que les nôtres de rivage, gagnent la côte lorsque la mer est agitée, qu'on lui en a apporté quelquefois de mortes et de vivantes, et qu'elles exhalent une odeur si forte d'ambre gris, qu'il n'en faut qu'une pour parfumer toute une chambre; cela lui fait conjecturer qu'elles se nourrissent d'insectes et autres animalcules qui sont eux-mêmes parfumés, et peut-être d'ambre gris. Celle qu'à décrite M. Brisson venait du Sénégal et avait été envoyée par M. Adanson; mais, comme on voit, elle se trouve aussi quelquefois en Europe.

(a) Voyez les planches enluminées, nº 724, fig. 2, où cet oiseau est représenté sous le nom d'*Hirondelle de Cayenne, à bande blanche sur le ventre.*

(b) *Hirundo marina indigena.* Seba, *Thesaurus*, p. 102, pl. 66, fig. 4. — *Hirundo ambram griseam redolens.* Klein, *Aves*, p. 82, nº 4. — « Hirundo in toto corpore cinereo-fusca, summo » capite colore saturatiore tincto; remigibus majoribus saturatè cinereo-fuscis; rectricibus » cinereo-fuscis.... » *Hirondelle de rivage du Sénégal.* Brisson, p. 508. Cet auteur dit qu'il ne lui a point trouvé cette odeur d'ambre dont parle Seba, mais il ne dit pas qu'il en ait observé de vivantes, ni même des cadavres frais.

(*) *Hirundo fasciata* Gmel.
(**) *Hirundo ambrosiaca* Gmel.

Tout son plumage est d'une seule couleur, et cette couleur est un gris brun, plus foncé sur la tête et sur les pennes des ailes que partout ailleurs ; le bec est noir et les pieds bruns ; l'oiseau est tout au plus de la grosseur d'un roitelet.

J'ai hésité si je ne rapporterais cette espèce aux hirondelles de rivage, dont elle paraît avoir quelques façons de faire ; mais comme le total de ses habitudes naturelles n'est point assez connu, et qu'elle a la queue conformée de même que notre hirondelle domestique, j'ai cru devoir la rapporter provisoirement à cette dernière espèce.

Longueur totale, cinq pouces et demi ; bec, six lignes ; tarse, trois ; le doigt postérieur le plus court de tous ; vol, onze pouces et plus ; queue, près de trois pouces, fourchue de dix-huit lignes, composée de douze pennes : dépassée par les ailes de quatre lignes.

L'HIRONDELLE AU CROUPION BLANC

OU L'HIRONDELLE DE FENÊTRE (a) (b)

Ce n'est pas sans raison que les anciens donnaient à cette hirondelle (*) le nom de *sauvage* : elle peut, à la vérité, paraître familière et presque domestique, si on la compare au grand martinet, mais elle paraîtra sauvage,

(a) Voyez les planches enluminées, nº 542, fig. 2, *le Petit Martinet.*

(b) χελιδών, Aristote, *Hist. animal.*, lib. VI, cap. I, V. — Élien, *Nat. animal.*, lib. III, cap. XXIV. Cet auteur dit que ce nom annonçait le retour de la belle saison : il signifie en grec une figue. Voyez Élien, liv. I, chap. LII. — *Hirundo rustica et agrestis.* Pline, *Hist. nat.*, lib. X, cap. XLIII, etc. — *Martinet*, espèce d'hirondelle ; *hirundo rustica, agrestis sylvestris, argatylis* ; en grec, Ἀκανθυλλίς. Belon, *Nat. des oiseaux*, liv. VII, ch. XXXVI. *Nota.* J'ai rapporté l'*argatylis* aux mésanges ; Belon lit, *ex genere ripariarum* ; moi je lis, *ex genere parrarum*, qui est la leçon des Elzevirs ; elle s'accorde mieux avec la forme du nid, aucune espèce d'hirondelle ne faisant son nid en forme de boule, comme le font certaines espèces de mésanges. Voyez Aristote, *Hist. animal.*, lib. VII, cap. XIII ; et Pline, lib. X, cap. XXXIII. — *Hirundo sylvestris seu rustica Plinii ; apus minor Turneri* ; en allemand, *kirsch-schwalben, mur-schwalben, berg-schwalben, mur-spyren, munster-spyren, wysse-spyren* ; en anglais, *rock-martinettes, church-martinettes* ; en italien, *rondoni, tartari*, noms qui se donnent aussi à l'hirondelle de rivage. Gessner, *Aves*, pag. 565 et 566. Voyez *Hirondelles.* — *Hirundo uropygio albo* ; en allemand, *mue-schwalben.* Aldrovande, *Ornithol.*, t. II, p. 693. — *Hirundo agrestis.* Jonston, *Aves*, p. 84. — *The martin or martlet.* Willughby, *Ornithol.*, p. 155. — Albin, t. II, pl. 56, *martinet*, selon le traducteur. — Ray, *Synops. avi.*, p. 71, sp. 2. — *Hirundo saxatilis seu speluncaria, apes, depes* ; en anglais, *rough-footed swallow.*

(*) *Chelidon urbica* (*Hirundo urbica* L.) — Les ornithologistes modernes font de cette espèce le type d'un genre spécial, *Chelidon*, caractérisé par une queue médiocrement fourchue, des tarses épais et couverts de plumes avec le doigt externe et le doigt médian réunis dans toute l'étendue de la première phalange et couverts de plumes, d'où le nom vulgaire d'Hirondelles patues qui est souvent donné aux espèces qui forment le genre *Chelidon.*

si on la compare à notre hirondelle domestique; en effet, nous avons vu que celle-ci, lorsqu'elle trouve les cheminées fermées, comme elles le sont dans la ville de Nantua, niche sous les avant-toits des maisons plutôt que de s'éloigner de l'homme; au lieu que l'espèce à croupion blanc, qui abonde dans les environs de cette ville, et qui y trouve fenêtres, portes, entablements, en un mot toutes les aisances pour y placer son nid, ne l'y place cependant jamais; elle aime mieux l'aller attacher tout au haut des rocs escarpés qui bordent le lac (*a*). Elle s'approche de l'homme, lorsqu'elle ne trouve point ailleurs ses convenances; mais, toutes choses étant égales, elle préfère pour l'emplacement de son manoir une avance de rocher à la saillie d'une corniche, une caverne à un péristyle, en un mot la solitude aux lieux habités (*).

Charleton, *Aves*, p. 96. *Nota.* Charleton paraît avoir confondu l'hirondelle de fenêtre avec celle de cheminée : à vrai dire, sa première et quatrième espèces ne font qu'une seule espèce, et c'est celle de fenêtre. — *Hirundo domestica altera;* en allemand, *leim-schwalbe, lauben-schwalbe, fenster-schwalbe, dach-schwalbe, kirch-schwalbe.* Schwenckfeld, *Aviar. Siles.*, p. 288. — Rzaczynski, *Auctuar. Palon.*, p. 385. — *Hirundo minor urbica sive domestica; rondine domestica minore, balestruccio commune. Ornithol. ital.*, p. 408. — *Hirundo domestica, urbica;* en allemand, *haus-giebel-fenster*, etc., *schwalbe.* Klein, *Ordo avium*, p. 82. Klein change ici les noms, et donne celui de *rustica* à notre hirondelle de cheminée, qui est l'hirondelle domestique de tous les anciens auteurs. — *Hirundo brevicauda nigricans, uropygio albo.* Barrère, *Specim. novum.*, class. 3, gen. 8, sp. 3. *Martinet à cul blanc;* il l'appelle aussi *hirondelle de rivage;* mais il est constaté par la phrase même que c'est un cul-blanc. — *Hirundo urbica, rectricibus immaculatis, dorso nigro-cærulescente, tota subtùs alba;* en suédois, *hus-swala.* Linnæus, *Fauna Suec.*, nos 245 et 271. *Iter ælandicum*, 41 ; et *Syst. nat.*, édit. XIII, no 117, sp. 3, p. 344. On verra par l'histoire de cet oiseau et du précédent que ce nom d'*urbica* convient mieux au précédent qu'à celui-ci. — Kramer. *Elenchus Austr. infer.;* en autrichien, *speyerl.* — Muller, *Zoolog. Dan. prodrom.*, p. 34, no 288; en danois, *bye-svale, tag-skiægs-svale, hvid-svale, rive skorsteens-svale;* en norwégien, *huus-svale.* — Frisch, t. Ier, class. 2, div. 3, pl. 1, no 17; en allemand, *die haus-schwalbe aussen an den gebaüden, die aussere haus-schwâlbe, stadt-schwalbe.* Cette espèce est la troisième dans le texte et la seconde dans l'ordre des planches : *spier*, et anciennement *spirck schwalbe.* — « Hirundo supernè nigro cærulescens, infernè nivea ; uropygio candido ; » rectricibus nigro-cærulescentibus, lateralibus interiùs nigricantibus ; pedibus ad ungues » usque lanuginosis... » *Hirundo minor sive rustica,* la petite hirondelle ou le martinet à cul blanc. Brisson, t. II, p. 490. — « Godalios vasconia vocat, » dit Scaliger, *in Cardanum Exercit.*, p. 228. — Vulgairement *cul blanc de fenêtre; petit martinet*, en Provence ; *rabi-rolle*, suivant M. Salerne ; *religieuse*, selon M. Guys, à cause de son plumage noir et blanc ; en Lorraine, *le matelot, la petite hirondelle*, suivant M. Lottinger.

(*a*) Cette observation intéressante est de M. Hébert : au reste, il est bien connu que ces hirondelles nichent contre les rochers. Voyez Gessner, *Aves*, p. 565. M. Guys de Marseille m'a aussi confirmé ce fait, mais il ne faut pas prendre à la lettre ce qu'ont dit les anciens, d'une digue très solide, d'un stade de longueur, formée entièrement de ces nids dans le port d'Héraclée en Égypte ; et d'une autre digue semblable, construite par les mêmes oiseaux dans une île consacrée à Isis. Voyez Pline, lib. x, cap. XXXIII.

(*) Brehm dit cependant : « Dans nos contrées, le Chelidon de fenêtre niche à peu près exclusivement contre les maisons et les édifices. Dans les pays peu peuplés, dans les Alpes, en Espagne, on en trouve des colonies nombreuses le long des parois des rochers. Elle choisit toujours un endroit où son nid soit protégé par en haut, de façon à ce que la pluie ne puisse y arriver, c'est ainsi que nous la voyons s'établir sous les toits, sous les corniches, les cha-

Un de ces nids, que j'ai observé dans le mois de septembre et qui avait été détaché d'une fenêtre, était composé de terre à l'extérieur, surtout de celle qui a été rendue par les vers et que l'on trouve le matin çà et là sur les planches de jardin nouvellement labourées; il était fortifié dans le milieu de son épaisseur par des brins de paille, et dans la couche la plus intérieure par une grande quantité de plumes (*a*); la poussière qui garnissait le fond du nid fourmillait de petits vers très grêles, hérissés de longs poils, se tortillant en tout sens, s'agitant avec vivacité et s'aidant de leur bouche pour ramper; ils abondaient surtout aux endroits où les plumes étaient implantées dans les parois intérieures; on y trouvera aussi des puces plus grosses, plus allongées, moins brunes que les puces ordinaires, mais conformées de même, et sept ou huit punaises, quoiqu'il n'y en eût point et qu'il n'y en eût jamais eu dans la maison; ces deux dernières espèces d'insectes se trouvaient indifféremment et dans la poussière du nid et dans les plumes des oiseaux, qui l'habitaient au nombre de cinq, savoir : le père, la mère et trois jeunes en état de voler. J'ai la certitude que ces cinq oiseaux y passaient les nuits tous ensemble. Ce nid représentait par sa forme le quart d'un hémisphéroïde creux, allongé par ses pôles, d'environ quatre pouces et demi de rayon, adhérent par ses deux faces latérales au jambage et au châssis de la croisée, et par son équateur à la plate-bande supérieure; son entrée était près de cette plate-bande, située verticalement, demi-circulaire et fort étroite.

Les mêmes nids servent plusieurs années de suite et probablement aux mêmes couples, ce qui doit s'entendre seulement des nids que les hirondelles attachent à nos fenêtres; car on m'assure que ceux qu'elles appliquent

(*a*) J'ai trouvé jusqu'à quatre ou cinq gros de ces plumes dans un nid qui ne pesait en tout que treize onces.

piteaux des colonnes, dans les embrasures des fenêtres, etc. Parfois, elle se loge dans une crevasse de muraille dont elle ferme l'entrée, n'y laissant qu'une petite ouverture pour pouvoir y passer. »

Le nid de l'Hirondelle de fenêtre diffère de celui de l'Hirondelle rustique en ce qu'au lieu d'être largement ouvert par le haut, il ne présente qu'une ouverture circulaire dont le diamètre ne dépasse pas celui du corps de l'hirondelle; cependant il est hémisphérique comme celui de l'hirondelle rustique, mais il adhère par son bord supérieur, sauf au niveau de l'ouverture, à la surface de la fenêtre, de la pierre, etc., qui le surmonte.

F. A. S. Ponchet a signalé un perfectionnement très remarquable dans les nids de l'hirondelle de fenêtre de Rouen, perfectionnement qui se serait opéré de 1830 à 1870 et dont il aurait pu juger en comparant des nids conservés au musée de Rouen, avec ceux que l'hirondelle édifié actuellement dans cette ville. D'après Ponchet, les nids actuels « représentent le quart d'un demi-ovide creux, ayant ses pôles fort allongés et dont les trois sections adhèrent aux murailles des édifices à l'exception de celle d'en haut, où se trouve pratiquée l'entrée; » celle-ci, au lieu d'être un trou circulaire comme dans les anciens nids, est une fente allongée qui permet aux petits de passer leurs têtes pour regarder au dehors, sans gêner l'entrée et la sortie des parents, de même que la forme allongée du nid donne à la couvée plus de place. Il y a donc eu un véritable perfectionnement.

contre les rochers ne servent jamais qu'une seule saison et qu'elles en font chaque année un nouveau; quelquefois il ne leur faut que cinq ou six jours pour le construire; d'autres fois elles ne peuvent en venir à bout qu'en dix ou douze jours; elles portent le mortier avec leur petit bec et leurs petites pattes, elles le gâchent et le posent avec le bec seul; souvent on voit un assez grand nombre de ces oiseaux qui travaillent au même nid (*a*), soit qu'ils se plaisent à s'entr'aider les uns les autres, soit que dans cette espèce l'accouplement ne pouvant avoir lieu que dans le nid, tous les mâles qui recherchent la même femelle travaillent avec émulation à l'achèvement de ce nid dans l'espérance d'en faire un doux et prompt usage. On en a vu quelques-uns qui travaillaient à détruire le nid avec encore plus d'ardeur que les autres n'en mettaient à le construire : était-ce un mâle absolument rebuté qui, n'espérant rien pour lui-même, cherchait la triste consolation de troubler ou retarder les jouissances des autres? Quoi qu'il en soit, ces hirondelles arrivent plus tôt ou plus tard, suivant le degré de latitude : à Upsal, le 9 mai, selon M. Linnæus; en France et en Angleterre, dans les commencements d'avril (*b*), huit ou dix jours après les hirondelles domestiques, qui, selon M. Frisch, ayant le vol plus bas, trouvent plus facilement et plus tôt à se nourrir; souvent elles sont surprises par les derniers froids, et on en a vu voltiger au travers d'une neige fort épaisse (*c*). Les premiers jours de leur

(*a*) J'en ai compté jusqu'à cinq posés dans un même nid ou accrochés autour, sans compter les allants et les venants; plus leur nombre est grand, plus l'ouvrage va vite.

(*b*) Cette année 1779, l'hiver a été sans neige, et le printemps très beau; néanmoins ces hirondelles ne sont arrivées en Bourgogne que le 9 avril, et sur le lac de Genève que le 14. On a dit qu'un cordonnier de Bâle, ayant mis à une hirondelle un collier sur lequel était écrit :

Hirondelle
Qui es si belle,
Dis-moi, l'hiver où vas-tu?

reçut le printemps suivant, et par le même courrier, cette réponse à sa demande :

A Athènes,
Chez Antoine.
Pourquoi t'en informes-tu?

Ce qu'il y a de plus probable dans cette anecdote, c'est que les vers ont été faits en Suisse. Quant au fait, il est plus que douteux, puisqu'on sait par Belon et par Aristote que les hirondelles sont des oiseaux semestriers dans la Grèce comme dans le reste de l'Europe, et qu'elles vont passer l'hiver en Afrique.

(*c*) Cela prouve que ce que dit le curé Hoegstroem, de Nortlande, sur le pressentiment des températures qu'il attribue aux hirondelles, n'est pas plus applicable à celle-ci qu'à celle de cheminée, et doit être regardé, ainsi que je l'ai dit, comme fort douteux. « On a vu, dit-il, » en Laponie des hirondelles partir dès le commencement d'août, et *abandonner leurs petits* » dans un temps fort chaud, et où rien n'annonçait un changement de température; mais ce » changement ne tarda pas, et l'on pouvait aller en traîneau le 8 septembre. Dans certaines années, au contraire, on les voit rester assez tard, quoique le temps ne soit pas doux, » et on est assuré alors que le froid n'est pas prochain. » Dans tout ceci, M. le curé paraît n'être que l'écho d'un bruit populaire, qu'il n'aura pas pris la peine de vérifier, et qui d'ailleurs est contredit par les observations les plus authentiques.

arrivée, elles se tiennent sur les eaux et dans les endroits marécageux ; je ne les ai guère vues revenir aux nids qui sont à mes fenêtres avant le 15 avril, quelquefois elles n'y ont paru que dans les premiers jours de mai ; elles établissent leur nid à toute exposition, mais par préférence aux fenêtres qui regardent la campagne, surtout lorsqu'il y a dans cette campagne des rivières, des ruisseaux ou des étangs ; elles le construisent parfois dans les maisons, mais cela est rare et même fort difficile à obtenir (*a*). Leurs petits sont souvent éclos dès le 15 de juin ; on a vu le mâle et la femelle se caresser sur le bord d'un nid qui n'était pas encore achevé, se becqueter avec un petit gazouillement expressif (*b*) ; mais on ne les a point vus s'accoupler, ce qui donne lieu de croire qu'ils s'accouplent dans le nid, où on les entend gazouiller ainsi de très grand matin, et quelquefois pendant la nuit entière. Leur première ponte est ordinairement de cinq œufs blancs, ayant un disque moins blanc au gros bout ; la seconde ponte est de trois ou quatre, et la troisième, lorsqu'elle a lieu, de deux ou trois ; le mâle ne s'éloigne guère de la femelle tandis qu'elle couve ; il veille sans cesse à sa sûreté, à celle des fruits de leur union, et il fond avec impétuosité sur les oiseaux qui s'en approchent de trop près ; lorsque les petits sont éclos, tous deux leur portent fréquemment à manger et paraissent en prendre beaucoup de soin (*c*) ; cependant il y a des cas où cet amour paternel semble se démentir : un de ces petits, déjà avancé et même en état de voler, étant tombé du nid sur la tablette de la fenêtre, le père et la mère ne s'en occupèrent point, ne lui donnèrent aucun secours ; mais cette dureté apparente eut des suites heureuses, car le petit, se voyant abandonné à lui-même, fit usage de ses ressources, s'agita, battit des ailes, et, au bout de trois quarts d'heure d'efforts, parvint à prendre sa volée. Ayant fait détacher du haut d'une autre fenêtre un nid contenant quatre petits nouvellement éclos, et l'ayant laissé sur la tablette de la même fenêtre, les père et mère, qui pas-

(*a*) « Rarò in domibus nidificat, » dit Aristote, ce qui est confirmé par l'observation journalière : feu M. Rousseau de Genève n'est parvenu qu'après des peines infinies, à les faire nicher dans sa chambre. M. Hébert en a vu établir leur nid sur le ressort d'une sonnette ; le fond du nid portait sur ce ressort ; le bord supérieur, qui était en demi-cercle, s'appuyait contre le mur par ses deux extrémités, trois ou quatre pouces au-dessous de la gouttière. Le mâle et la femelle, tandis qu'ils travaillaient à sa construction, passaient les nuits sur la broche de fer à laquelle tenait le ressort : on sent bien que les mouvements fréquents de ce ressort ne pouvaient guère manquer de troubler l'action de la nature dans le développement des petits embryons ; aussi la couvée ne réussit-elle point, mais les père et mère n'abandonnèrent point pour cela leur manoir chancelant, et ils continuèrent de l'habiter le reste de la saison. La forme demi-circulaire qu'ils donnèrent dans cette occasion à leur nid prouve qu'ils savent changer quelquefois leur ordre d'architecture.

(*b*) Frisch prétend que les mâles de cette espèce chantent mieux que ceux de l'hirondelle domestique ; mais, à mon avis, c'est tout le contraire.

(*c*) Lorsque les petits viennent d'éclore, leurs excréments sont, dit-on, enveloppés d'une espèce de pellicule, ce qui donne aux père et mère la facilité de les rouler hors du nid. Voyez Frisch à l'endroit cité dans la nomenclature.

saient et repassaient sans cesse, voltigeant autour de l'endroit d'où l'on avait ôté le nid, et qui nécessairement le voyaient et entendaient le cri d'appel de leurs petits, ne parurent point non plus s'en occuper (*a*), tandis qu'une femelle moineau, dans le même lieu et les mêmes circonstances, ne cessa d'apporter la becquée aux siens pendant quinze jours. Il semble que l'attachement de ces hirondelles pour leurs petits dépende du local; cependant elles continuent de leur donner la nourriture encore longtemps après qu'ils ont commencé à voler, et même elles la leur portent au milieu des airs; le fond de cette nourriture consiste en insectes ailés qu'elles attrapent au vol (*b*), et cette manière de les attraper leur est tellement propre que, lorsqu'elles en voient un posé sur une muraille, elles lui donnent un coup d'aile en passant pour le déterminer à voler et pouvoir ensuite le prendre plus à leur aise.

On dit que les moineaux s'emparent souvent des nids de ces hirondelles, et cela est vrai; mais on ajoute que les hirondelles ainsi chassées de chez elles reviennent quelquefois avec un grand nombre d'autres, ferment en un instant l'entrée du nid avec le même mortier dont elles l'ont construit, y claquemurent les moineaux (*c*), et rendent ainsi l'usurpation funeste aux usurpateurs. Je ne sais si cela est jamais arrivé; mais ce que je puis dire, c'est que des moineaux s'étant emparés, sous mes yeux et en différents temps, de plusieurs nids d'hirondelles, celles-ci, à la vérité, y sont revenues en nombre et à plusieurs fois dans le cours de l'été, sont entrées dans le nid, se sont querellées avec les moineaux, ont voltigé aux environs, quelquefois pendant un jour ou deux, mais qu'elles n'ont jamais fait la plus légère tentative pour fermer l'entrée du nid, quoiqu'elles fussent bien dans le cas, qu'elles se trouvassent en force et qu'elles eussent tous les moyens pour y réussir. Au reste, si les moineaux s'emparent des nids des hirondelles, ce n'est point du tout par l'effet d'aucune antipathie entre ces deux epèces, comme on l'a voulu croire (*d*); cela signifie seulement que les moineaux prennent leurs convenances : ils pondent dans ces nids parce qu'ils les trouvent commodes; ils pondraient pareillement dans tout autre nid, et même dans tout autre trou.

(*a*) Une couvée entière ayant été mise dans une même cage avec les père et mère, ceux-ci passèrent la nuit tantôt sur le bâton de la cage, tantôt sur les bords du nid, presque toujours l'un auprès de l'autre, et à la fin l'un sur l'autre, sans faire la moindre attention à leurs petits; mais on pourrait dire que, dans ce cas, l'amour paternel avait été absorbé par le regret de la liberté.

(*b*) C'est l'opinion la plus générale, la plus conforme à l'observation journalière; cependant M. Guys m'assure que ces oiseaux cherchent les bois de pins, où ils trouvent des chenilles dont ils se nourrissent.

(*c*) Albert a donné cours à cette erreur, Rzaczynski l'a répétée, le jésuite Balgowski s'est dit témoin oculaire du fait, et M. Linnæus l'a donné comme une vérité reconnue.

(*d*) « Hirundus et passeres mirè inter se dissident. » Albertus apud Gessnerum, *Aves*, page 551.

Quoique ces hirondelles soient un peu plus sauvages que les hirondelles de cheminée, quoique des philosophes aient cru que leurs petits étaient *inapprivoisables* (a), la vérité est néanmoins qu'ils s'apprivoisent assez facilement ; il faut leur donner la nourriture qu'elles aiment le mieux et qui est le plus analogue à leur nature, c'est-à-dire des mouches, des papillons, et leur en donner souvent (b), il faut surtout ménager leur amour pour la liberté, sentiment commun à tous les genres d'animaux, mais qui dans aucun n'est ni si vif ni si ombrageux que dans le genre ailé (c) ; on a vu une de ces hirondelles apprivoisées (d) qui avait pris un attachement singulier pour la personne dont elle avait reçu l'éducation ; elle restait sur ses genoux des journées entières, et lorsqu'elle la voyait reparaître après quelques heures d'absence, elle l'accueillait avec des petits cris de joie, un battement d'ailes et toute l'expression du sentiment ; elle commençait déjà à prendre la nourriture dans les mains de sa maîtresse, et il y a toute apparence que son éducation eût réussi complètement, si elle ne se fût pas envolée. Elle n'alla pas fort loin, soit que la société intime de l'homme lui fût devenue nécessaire, soit qu'un animal dépravé, du moins amolli par la vie domestique, ne soit plus capable de la liberté ; elle se donna à un jeune enfant, et bientôt après elle périt sous la griffe d'un chat. M. le vicomte de Querhoënt m'assure qu'il a aussi élevé pendant plusieurs mois de jeunes hirondelles prises au nid ; mais il ajoute qu'il n'a jamais pu venir à bout de les faire manger seules et qu'elles ont toujours péri dans le temps où elles ont été abandonnées à elles-mêmes. Lorsque celle dont j'ai parlé ci-dessus voulait marcher, elle se traînait de mauvaise grâce à cause de ses pieds courts ; aussi les hirondelles de cette espèce se posent-elles rarement ailleurs que dans leur nid, et seulement lorsque la nécessité les y oblige : par exemple, elles se posent sur le bord des eaux, lorsqu'il s'agit d'amasser la terre hu-

(a) M. Rousseau de Genève.

(b) Quelques auteurs prétendent qu'elles ne peuvent absolument vivre de matières végétales ; cependant il ne faut pas croire que ce soit un poison pour elles : le pain entrait pour quelque chose dans la nourriture d'une hirondelle apprivoisée dont je parlerai bientôt ; mais ce qui est plus singulier, on a vu des enfants nourrir de petits hirondeaux de cheminée avec la seule fiente qui tombait d'un nid d'hirondelle de la même espèce ; ces jeunes oiseaux vécurent fort bien pendant dix jours à ce régime, et il y a toute apparence qu'ils l'eussent soutenu encore quelque temps, si l'expérience n'eût été interrompue par une mère qui avait plus le goût de la propreté que celui des connaissances.

(c) « J'ai eu souvent le plaisir, dit M. Rousseau, de les voir se tenir dans ma chambre » les fenêtres fermées, assez tranquilles pour gazouiller, jouer et folâtrer ensemble à leur » aise, en attendant qu'il me plût de leur ouvrir, bien sûres que cela ne tarderait pas ; en » effet, je me levais tous les jours pour cela à quatre heures du matin. » — Le voyageur Leguat parle d'une hirondelle apprivoisée qu'il avait apportée des Canaries dans l'île de Sal ; il la laissait sortir tous les matins, et elle revenait fidèlement tous les soirs. *Voyage aux Indes orientales*, p. 13. Leguat ne dit point de quelle espèce elle était. D'autres personnes ont dit avoir élevé des hirondelles. Voyez Wolfgang Franzius, *Hist. anim.*, p. 456 ; et le *Journal de Paris*, commencement de 1778.

(d) Dans le chapitre noble de Leigneux en Forez.

mide dont elles construisent leur nid, ou dans les roseaux pour y passer les nuits sur la fin de l'été, lorsqu'à la troisième ponte elles sont devenues trop nombreuses pour pouvoir être toutes contenues dans les nids (*a*), ou enfin sur les couverts et les cordons d'un grand bâtiment, lorsqu'il s'agit de s'assembler pour le départ. M. Hébert avait en Brie une maison qu'elles prenaient tous les ans pour leur rendez-vous général; l'assemblée était fort nombreuse, non seulement parce que l'espèce l'est beaucoup par elle-même, chaque paire faisant toujours deux et quelquefois trois pontes, mais aussi parce que souvent les hirondelles de rivage et quelques traîneuses de l'espèce domestique en augmentaient le nombre; elles ont un cri particulier dans cette circonstance et qui paraît être leur cri d'assemblée. On a remarqué que, peu de temps avant leur départ, elles s'exercent à s'élever presque jusqu'aux nues, et semblent ainsi se préparer à voyager dans ces hautes régions (*b*), ce qui s'accorde avec d'autres observations dont j'ai rendu compte dans l'article précédent, et ce qui explique en même temps pourquoi l'on voit si rarement ces oiseaux dans l'air faisant route d'une contrée à l'autre. Ils sont fort répandus dans l'ancien continent; cependant Aldrovande assure qu'il n'en a jamais vu en Italie, et notamment aux environs de Bologne (*c*). On les prend l'automne en Alsace avec les étourneaux, dit M. Herman (*d*), en laissant tomber à l'entrée de la nuit un filet tendu sur un marais rempli de joncs, et noyant le lendemain les oiseaux qui se trouvent pris dessous. On comprend aisément que des hirondelles noyées de cette manière auront été quelquefois rendues à la vie, et que ce fait très simple ou quelque autre de même genre aura pu donner lieu à la fable de leur immersion et de leur émersion annuelles.

Cette espèce semble tenir le milieu entre l'espèce domestique et le grand martinet; elle a un peu de gazouillement et de familiarité de celle-là; elle construit son nid à peu près comme elle, et ses doigts sont composés du même nombre de phalages respectivement; elle a les pieds pattus du martinet et le doigt postérieur disposé à se tourner en avant; elle vole comme lui par les grandes pluies, et vole alors en troupes plus nombreuses que de coutume; comme lui, elle s'accroche aux murailles, se pose rarement à terre; lorsqu'elle y est posée, elle rampe plutôt qu'elle ne marche; elle a aussi l'ouverture du bec plus large que l'hirondelle domestique, du moins

(*a*) Vers la fin de l'été, on les voit voltiger le soir en grand nombre sur les eaux, et voltiger presque jusqu'à la nuit close : c'est apparemment pour y aller qu'elles se ressemblent tous les jours une heure ou deux avant le coucher du soleil. Ajoutez à cela qu'il s'en trouve beaucoup moins le soir dans les villes que pendant le reste de la journée.

(*b*) Note communiquée par M. Lottinger.

(*c*) *Ornithologia*, t. II, p. 693.

(*d*) Ce professeur m'assure que les jeunes culs-blancs (il appelle ainsi nos hirondelles de fenêtre) deviennent gras l'automne, et sont alors un très bon morceau. Franzius en dit à peu près autant, page 456; mais c'est une vérité que je répète à regret, parce qu'elle tend à la destruction d'une espèce utile.

en apparence, parce que son bec s'élargit brusquement à la hauteur des narines, où ses bords font de chaque côté un angle saillant; enfin, quoiqu'elle ait un peu plus de masse, elle paraît un peu moins grosse, parce qu'elle a les plumes et surtout les couvertures inférieures de la queue moins fournies; le poids moyen de toutes celles que j'ai pesées a été constamment de trois à quatre gros.

Elles ont le croupion, la gorge et tout le dessous du corps d'un beau blanc; la côte des couvertures de la queue brune; le dessus de la tête et du cou, le dos, ce qui paraît des plumes et des plus grandes couvertures supérieures de la queue d'un noir lustré, enrichi de reflets bleus; les plumes de la tête et du dos cendrées à leur base, blanches dans leur partie moyenne; les pennes des ailes brunes, avec des reflets verdâtres sur les bords; les trois dernières les plus voisines du corps terminées de blanc, les pieds couverts jusqu'aux ongles d'un duvet blanc; le bec noir et les pieds gris brun; le noir de la femelle est moins décidé, son blanc est moins pur, il est même varié de brun sur le croupion; les jeunes ont la tête brune, une teinte de cette même couleur sous le cou; les reflets du dessus du corps d'un bleu moins foncé et même verdâtres à certains jours; et, ce qui est remarquable, ils ont les pennes des ailes plus foncées. Il semble que l'individu décrit par M. Brisson était un jeune; ces jeunes ont un mouvement fréquent dans la queue de bas en haut, et la naissance de la gorge dénuée de plumes.

Longueur totale, cinq pouces et demi; bec, six lignes : l'intérieur d'un rouge pâle au fond, noirâtre près de la pointe; narines rondes et découvertes; langue fourchue, un peu noirâtre vers le bout; tarse, cinq lignes et demie, garni de duvet plutôt sur les côtés que devant et derrière; doigt du milieu, six lignes et demie; vol, dix pouces et demi; queue, deux pouces, fourchue de six, sept et jusqu'à neuf lignes; paraît carrée lorsqu'elle est fort épanouie : dépasse les ailes de huit à neuf lignes, dans quelques individus de cinq seulement, dans d'autres point du tout.

Tube intestinal, six à sept pouces, très petits cœcums, pleins d'une matière différente de celle qui remplissait les vrais intestins; une vésicule du fiel; gésier musculeux; œsophage, vingt lignes, se dilate avant son insertion en une petite poche glanduleuse; testicules de forme ovoïde, inégaux; le grand diamètre du plus gros était de quatre lignes, son petit diamètre de trois; on voyait à leur surface une quantité de circonvolutions, comme d'un petit vaisseau tortillé et roulé en tout sens.

Ce qu'il y a de singulier, c'est que les petits pèsent plus que les père et mère : cinq petits qui n'avaient encore que le duvet pesaient ensemble trois onces, ce qui faisait pour chacun trois cent quarante-cinq grains, au lieu que les père et mère ne pesaient à eux deux qu'une once juste, ce qui faisait, pour chacun, deux cent quatre-vingt-huit grains; les gésiers des petits étaient distendus par la nourriture au point qu'ils avaient la forme d'une cucurbite et pesaient ensemble deux gros et demi ou cent quatre-vingts grains, ce qui faisait trente-six grains pour chacun ; au lieu que les deux gésiers des père et mère, qui ne contenaient presque rien, pesaient seulement dix-huit grains les deux, c'est-à-dire le quart du poids des autres ; leur volume était aussi plus petit à peu près dans la même proportion ; cela prouve clairement que les père et mère se refusent le nécessaire pour donner le superflu à leurs petits, et que dans le premier âge les organes prépondérants sont ceux qui ont rapport à la nutrition (*a*), de même que dans l'âge adulte ce sont ceux qui ont rapport à la reproduction.

On voit quelquefois des individus de cette espèce qui ont tout le plumage blanc ; je puis citer deux témoins dignes de foi, M. Hébert et M. Herman ; l'hirondelle blanche de ce dernier avait les yeux rouges ainsi que tant d'autres animaux à poil ou plumage blanc ; elle n'avait pas les pieds couverts de duvet comme les avaient les autres de la même couvée.

On peut regarder comme une variété accidentelle dans cette espèce l'hirondelle noire à ventre fauve de Barrère (*b*), et, comme variété de climat, l'hirondelle brune à poitrine blanchâtre de la Jamaïque, dont parle Browne (*c*).

L'HIRONDELLE DE RIVAGE (*d*) (*e*)

Nous avons vu les deux espèces précédentes employer beaucoup d'industrie et de travail pour bâtir leur petite maison en maçonnerie : nous allons

(*a*) J'ai observé la même disproportion et dans les gésiers et dans les intestins des jeunes moineaux, rossignols, fauvettes, etc.

(*b*) *Hirundo agrestis Jonstonii ;* en catalan, *aurendola roquera.*

(*c*) Cet auteur lui donne le nom de *house-swalow*, page 467 ; mais elle a plus de rapport avec l'hirondelle au croupion blanc.

(*d*) Voyez les planches enluminées, n° 543, fig. 2.

(*e*) Δρεπανὶς, *falcula seu riparia.* Aristote, *Hist. animal.*, lib. I, cap. I. — *Hirundo riparia ;* « ita vocant in riparum cavis nidificantem. » Pline, *Nat. hist.*, lib. XXX, cap. IV. — *Hirundo sylvestris, ripariola, drepanis,* et par corruption, *daryachis, dryax, abroycayn ;* aux environs de Strasbourg, *rhyn-vogel, rhyn-schwalme, wasser-schwalme, feel-schwalme ;* dans la Basse-Allemagne, *speiren* (c'est en Suisse le nom des martinets) ; en anglais, *a bank-martinet ;* en italien, *rondoni, tartari* (noms qui se donnent aussi à l'hirondelle de fenêtre). Gessner, *Aves*, p. 565. — Aldrovande, *Ornithol.*, t. II, p. 694 ; à Bologne, *dardanelli.* — Jonston, *Aves*, p. 84. — Belon, *Nat. des Oiseaux*, p. 378 ; *Observations*, folio verso 63 ; en français, *hirondelle de rivage :* cet auteur la nomme *facula*, au lieu de *falcula.* — Willughby, *Ornith.*, p. 156 ; en anglais, *sand-martin, banck-martin, shore-bird ;* à Valence, *papillon de montagna.* — Ray, *Synops. avi.*, p. 71, A. 3. — Charleton, *Exercit.*, p. 96 ; en anglais, *sand-western, banck-western.* — Albin, t. II, pl. 56, *martinet de rivière.* — Schwenckfeld, *Aviar. Siles.*, p. 288 ; en grec, Χελιδων θαλαττια (c'est aussi le nom du martinet noir) ; en allemand, *ufer-schwalbe, wasser-schwalme.* — Rzaczynski, *Auctuar. Polon.*, p. 385 ; en allemand, *sand-schwalbe ;* en polonais, *jaskolka.* — Frisch, t. Ier, class. 2, div. 3, pl. 2, n° 18 ; en allemand, *ufer, erd-schwalbe.* — Klein, *Ordo avium*, p. 83, sp. 3. *Hirundo minor terrei coloris.* — R. Sibbald, *Atl. Scot.*, part. II, lib. III, p. 17. — *Ornithol. ital.*, pl. 408 ;

voir deux autres espèces faire leur ponte dans des trous en terre, dans des trous de murailles, dans des arbres creux, sans se donner beaucoup de peine pour construire un nid, et se contentant de préparer à leur couvée une petite litière composée des matériaux les plus communs, entassés sans art ou grossièrement arrangés.

Les hirondelles de rivage (*) arrivent dans nos climats et en repartent à peu près dans les mêmes temps que nos hirondelles de fenêtre. Dès la fin du mois d'août, elles commencent à s'approcher des endroits où elles ont coutume de se réunir toutes ensemble; et vers la fin de septembre, M. Hébert a vu souvent les deux espèces rassemblées en grand nombre sur la maison qu'il occupait en Brie (a), et par préférence sur le côté du comble qui était tourné au midi; lorsque l'assemblée était formée, la maison en était entièrement couverte : cependant toutes ces hirondelles ne changent pas de climat pendant l'hiver. M. le commandeur Desmazys me mande qu'on en voit constamment à Malte dans cette saison, surtout par les mauvais temps (b); et il est bon d'observer que dans cette île il n'y a pas d'autre lac, d'autre étang que la mer, et que par conséquent on ne peut supposer que dans l'intervalle des tempêtes elles soient plongées au fond des eaux. M. Hébert en a vu voltiger en différents mois de l'hiver jusqu'à quinze ou seize à la fois

en Italie, *balestruccio ripario o selvatico.* — *Hirundo cinerea, gulâ abdomineque albis;* en suédois, *strand-swala, back-swala.* Linnæus, *Fauna Suec.*, nos 247, 273; *Syst. nat.*, édit. XIII, gen. 117, sp. 4. — Kramer, *Elenchus Austr. infer.*, p. 381, sp. 4; en autrichien, *gestetten-schwalbe.* — Muller, *Zoolog. Dan. prodrom.*, p. 34, no 289; en danois, *dig-svale, jord-svale, blint-svale, sol-bakke;* en norwégien, *sand-ronne; strand-svale, dig-sulu, sand-sulu.* — « Hirundo supernè cinereo-fusca, infernè alba; pectore cinereo-fusco; rectricibus fuscis; » pedibus posticè ad digitos usque lanuginosis... » *L'hirondelle de rivage.* Brisson, t. II, p. 506. — *Hirondelle d'eau, argatile, ergatile,* suivant M. Salerne; noms sans doute formés du mot *argatilis*, qu'on a pris pour le nom d'une hirondelle; *petit martinet* de même que l'hirondelle de fenêtre; à Nantes, *mottereau;* à Saint-Ay, près d'Orléans, *carreaux*, peut-être parce qu'elles font leurs nids dans des carrières sur les bords de la Loire; *batte-marre*, de même que la lavandière, selon Cotgrave. Salerne, *Hist. nat. des Oiseaux*, p. 205. — A Genève, *grison.* — En Sibérie, *streschis.* Delisle, *Voyage en Sibérie.*

(a) Cette maison était dans une petite ville, mais à une extrémité; elle avait son principal aspect sur une rivière, et tenait à la campagne de plusieurs côtés.

(b) « A Saint-Domingue, dit M. le chevalier Lefebvre-Deshayes, on voit arriver les hiron- » delles à l'approche des grains : les nuages se dissipent-ils, elles s'en vont aussi, et suivent » apparemment la pluie. » Elles sont en effet très communes en cette île dans la saison des pluies. Aristote écrivait, il y a deux mille ans, que même en été l'hirondelle de rivage ne paraissait dans la Grèce que lorsqu'il pleuvait : enfin, l'on sait que sur toutes les mers on voit pendant les tempêtes des oiseaux de toute espèce, aquatiques et autres, relâcher dans les îles, quelquefois se réfugier sur les vaisseaux, et que leur apparition est presque toujours l'annonce de quelque bourrasque.

(*) *Cotyle riparia* (*Hirundo riparia* L.). Les ornithologistes modernes ont fait de l'Hirondelle de rivage le type d'un genre nouveau, le genre *Cotyle*, dans lequel ils placent aussi l'Hirondelle de rochers, et qui est caractérisé par une queue médiocrement échancrée et moins longue, des doigts nus et des tarses nus ou garnis seulement de quelques plumes en arrière.

dans les montagnes du Bugey (*a*) : c'était fort près de Nantua, à une hauteur moyenne, dans une gorge d'un quart de lieue de long sur trois ou quatre cents pas de large, lieu délicieux, ayant sa principale exposition au midi, garanti du nord et du couchant par des rochers à perte de vue, où le gazon conserve presque toute l'année son beau vert et sa fraîcheur, où la violette fleurit en février, et où l'hiver ressemble à nos printemps. C'est dans ce lieu privilégié que l'on voit fréquemment ces hirondelles jouer et voltiger dans la mauvaise saison, et poursuivre les insectes, qui n'y manquent pas non plus; lorsque le froid devient trop vif et qu'elles ne trouvent plus de moucherons au dehors, elles ont la ressource de se réfugier dans leurs trous, où la gelée ne pénètre point, où elles trouvent assez d'insectes terrestres et de chrysalides pour se soutenir pendant ces courtes intempéries, et où peut-être elles éprouvent plus ou moins cet état de torpeur et d'engourdissement auquel M. Gmelin et plusieurs autres prétendent qu'elles sont sujettes pendant les froids, mais auquel les expériences de M. Collinson prouvent qu'elles ne sont pas toujours sujettes (*b*). Les gens du pays dirent à M. Hébert qu'elles paraissaient les hivers après que les neiges des avents étaient fondues, toutes les fois que le temps était doux.

Ces oiseaux se trouvent dans toute l'Europe. Belon en a observé en Romanie qui nichaient avec les martins-pêcheurs et les guêpiers dans les berges du fleuve Marissa, autrefois le fleuve *Hebrus* (*c*). M. Kœnigsfeld, voyageant dans le Nord, s'aperçut que la rive gauche d'un ruisseau, qui passe au village de Kakui en Sibérie, était criblée, sur une étendue d'environ quinze toises, d'une quantité de trous servant de retraite à de petits oiseaux grisâtres nommés *streschis* (lesquels ne peuvent être que des hirondelles de rivage) : on en voyait cinq ou six cents voler pêle-mêle autour de ces trous, y entrer, en sortir, et toujours en mouvement comme des moucherons (*d*). Les hirondelles de cette espèce sont fort rares dans la Grèce, selon Aristote (*e*); mais elles sont assez communes dans quelques contrées d'Italie, d'Espagne, de France, d'Angleterre, de Hollande et d'Allemagne (*f*); elles font leurs trous ou les choisissent par préférence dans les berges et les falaises escarpées, parce qu'elles y sont plus en sûreté; sur le bord des eaux

(*a*) Suivant le même observateur, il est beaucoup plus rare d'en voir l'hiver dans les plaines : au reste, celles dont il s'agit ici paraissent être de la même espèce que celles dont parle Aristote dans ce passage : « Jam enim visæ sunt multæ hirundines in angustiis convallium. » *Hist. animal.*, lib. VIII, cap. XVI.

(*b*) Voyez Klein, *Ordo avium*, p. 202, 204; *Transact. philos.*, vol. LIII, p. 101; *Gazette littéraire*, t. V, p. 364; *Magasin de Stralsund*, 1re page; voyez aussi Schwenckfeld, Albert Heldelin, et ce que j'en ai dit en parlant des hirondelles en général.

(*c*) Voyez les *Observations* de Belon, fol. 63 et verso.

(*d*) Consultez le *Voyage de M. Delisle en Sibérie*, dans l'*Histoire générale des Voyages*, partie étrangère, t. XVIII, p. 545.

(*e*) *Hist. animal.*, lib. I, cap. I.

(*f*) Dans les rives du Rhin, de la Loire, de la Saône, etc.

dormantes, parce qu'elles y trouvent les insectes en plus grande abondance; dans les terrains sablonneux (*a*), parce qu'elles ont plus de facilité à y faire leurs petites excavations et à s'y arranger. M. Salerne nous apprend que sur les bords de la Loire elles nichent dans les carrières, d'autres disent dans des grottes; toutes ces opinions peuvent être vraies, pourvu qu'elles ne soient pas exclusives. Le nid de ces hirondelles n'est qu'un amas de paille et d'herbe sèche; il est garni à l'intérieur de plumes sur lesquelles les œufs reposent immédiatement (*b*); quelquefois elles creusent elles-mêmes leurs trous, d'autres fois elles s'emparent de ceux des guépiers et des martins-pêcheurs : le boyau qui y conduit est ordinairement de dix-huit pouces de longueur (*c*). On n'a pas manqué de donner à cette espèce le pressentiment des inondations (*d*), comme on a donné aux autres celui du froid et du chaud, et tout aussi gratuitement; on a dit qu'elle ne se laissait jamais surprendre par les eaux; qu'elle savait faire sa retraite à propos, et plusieurs jours avant qu'elles parvinssent jusqu'à son trou; mais elle a une manière tout aussi sûre et mieux constatée pour ne point souffrir des inondations, c'est de creuser son trou et son nid fort au-dessus de la plus grande élévation possible des eaux.

Ces hirondelles ne font, suivant M. Frisch, qu'une seule ponte par an; elle est de cinq ou six œufs blancs, demi-transparents et sans taches, dit M. Klein : leurs petits prennent beaucoup de graisse, et une graisse très fine, comparable à celle des ortolans (*e*). Comme cette espèce a un fonds de subsistance plus abondant que les autres, et qui consiste non seulement dans la nombreuse tribu des insectes ailés, mais dans celle des insectes vivant sous terre, et dans la multitude des chrysalides qui y végètent, elle doit nourrir ses petits encore mieux que les autres espèces qui, comme nous avons vu, nourrissent très bien les leurs : aussi fait-on une grande consommation des hirondeaux de rivage en certains pays, par exemple à Valence en Espagne (*f*) : ce qui me ferait croire que dans ces mêmes pays ces oiseaux, quoi qu'en dise M. Frisch, font plus d'une ponte par an.

(*a*) M. Lottinger m'assure qu'elles s'établissent dans les ouvertures des grandes sablonnières; M. Hébert a vu de leurs trous dans des terrains sablonneux qui avaient été tranchés et coupés à pic pour faire passer un grand chemin, et l'on ne peut douter que le terrain des bords des rivières et des côtes de la mer ne soient un terrain sablonneux.

(*b*) Schwenckfeld dit que ce nid est de forme sphérique, mais cela me paraît plus vrai de la cavité des trous où pondent ces hirondelles que du nid qu'elles y construisent. « Non » faciunt hæ nidos, » dit Pline; Aldrovande est de son avis. M. Edwards dit que ceux qu'avait fait fouiller M. Collinson étaient parfaits, mais il ne spécifie pas leur forme; enfin, Belon doute qu'elles creusent elles-mêmes leurs trous.

(*c*) *Seconde Glanure*. Edwards, à l'endroit cité.

(*d*) « Migrantque multis diebus ante si futurum sit ut auctus amnis attingat. » Pline, lib. x, cap. xxxiii.

(*e*) Voyez l'*Histoire des Oiseaux* de Salerne.

(*f*) Voyez Willughby. Ces jeunes hirondeaux sont néanmoins sujets aux poux de bois qui se glissent sous leur peau, mais ils n'ont jamais de punaises.

Les adultes poursuivent leur proie sur les eaux avec une telle activité, qu'on se persuaderait qu'ils se battent : en effet, ils se rencontrent, ils se choquent en courant après les mêmes moucherons, ils se les arrachent ou se les disputent en jetant des cris perçants (*a*); mais tout cela n'est autre chose que de l'émulation, telle qu'on la voit régner entre des animaux d'espèce quelconque attirés par la même proie et poussés du même appétit.

Quoique cette espèce semble être la plus sauvage des espèces européennes, du moins à en juger par les lieux qu'elle choisit pour son habitation, elle est toutefois moins sauvage que le grand martinet, lequel fait à la vérité sa demeure dans les villes, mais ne se mêle jamais avec une autre espèce d'hirondelle, au lieu que l'hirondelle de rivage va souvent de compagnie avec celle de fenêtre, et même avec celle de cheminée : cela arrive surtout dans le temps du passage, temps où les oiseaux paraissent mieux sentir qu'en toute autre circonstance le besoin, et peut-être l'intérêt qu'ils ont de se réunir. Au reste, elle diffère des deux espèces dont je viens de parler par le plumage, par la voix, et, comme on a pu voir, par quelques-unes de ses habitudes naturelles : ajoutez qu'elle ne se perche jamais, qu'elle revient au printemps beaucoup plus tôt que le grand martinet. Je ne sais sur quel fondement Gessner prétend qu'elle s'accroche et se suspend par les pieds pour dormir.

Elle a toute la partie supérieure gris-de-souris; une espèce de collier de la même couleur au bas du cou; tout le reste de la partie inférieure blanc; les pennes de la queue et des ailes brunes; les couvertures inférieures des ailes grises; le bec noirâtre et les pieds bruns, garnis par derrière, jusqu'aux doigts, d'un duvet de même couleur.

Le mâle, dit Schwenckfeld, est d'un gris plus sombre, et il a à la naissance de la gorge une teinte jaunâtre.

C'est la plus petite des hirondelles d'Europe. Longueur totale, quatre pouces neuf lignes; bec, un peu plus de cinq lignes; langue fourchue; tarse, cinq lignes; doigt postérieur le plus court de tous; vol, onze pouces; queue, deux pouces un quart, fourchue de huit lignes, composée de douze pennes; les ailes composées de dix-huit, dont les neuf plus intérieures sont égales entre elles : dépassent la queue de cinq lignes.

(*a*) Voyez Gessner.

L'HIRONDELLE GRISE DE ROCHERS (a)

Nous avons vu que les hirondelles de fenêtre étaient aussi parfois des hirondelles de rochers : mais celles dont il s'agit ici (*) le sont toujours; toujours elles nichent dans les rochers (**), elles ne descendent dans la plaine que pour suivre leur proie, et communément leur apparition annonce la pluie un jour ou deux d'avance : sans doute que l'humidité ou plus généralement l'état de l'air qui précède la pluie détermine les insectes dont elles se nourrissent à quitter la montagne. Ces hirondelles vont de compagnie avec celles de fenêtre, mais elles ne sont pas en si grand nombre. On voit assez souvent le matin des oiseaux de ces deux espèces voltiger ensemble autour du château de l'Épine, en Savoie; ceux dont il s'agit ici paraissent les premiers et sont aussi les premiers à regagner la montagne; sur les huit heures et demie du matin, il n'en reste pas un seul dans la plaine.

L'hirondelle de rocher arrive en Savoie vers le milieu d'avril et s'en va dès le 15 août ; mais on voit encore des traîneuses jusqu'au 10 octobre. Il en est de même de celles qui se trouvent dans les montagnes d'Auvergne et de Dauphiné.

Cette espèce semble faire la nuance entre l'hirondelle de fenêtre, dont elle a à peu près le cri et les allures, et celle de rivage, dont elle a les couleurs ; toutes les plumes du dessus de la tête et du corps, les pennes et les couvertures de la queue, les pennes et les couvertures supérieures des ailes, sont d'un gris brun bordé de roux ; la paire intermédiaire de la queue est moins foncée ; les quatre paires latérales comprises entre cette intermédiaire et la plus extérieure sont marquées sur le côté intérieur d'une tache blanche qui ne paraît que lorsque la queue est épanouie ; le dessous du corps est roux, les flancs d'un roux teinté de brun, les couvertures inférieures des ailes brunes, le pied revêtu d'un duvet gris varié de brun, le bec et les ongles noirs.

Longueur totale, cinq pouces dix lignes ; vol, douze pouces deux tiers ; queue, vingt et une lignes, un peu fourchue, composée de douze pennes : dépassée par les ailes de sept lignes.

La seule chose qui m'a paru digne d'être remarquée dans l'intérieur, c'est qu'à l'endroit du cœcum il y avait un seul appendice d'une ligne de diamètre et d'une ligne et un quart de longueur. J'ai déjà vu la même chose dans le bihoreau.

(a) Je ne connais cette espèce que par M. le marquis de Piolenc, qui m'en a envoyé deux individus.

(*) *Cotyle rupestris* (*Hirundo montana* GMEL.)

(**) Leurs nids sont ouverts par le haut comme ceux de l'Hirondelle rustique et protégés par une saillie de rocher.

LE MARTINET NOIR (a) (b)

Les oiseaux de cette espèce (*) sont de véritables hirondelles, et à bien des égards plus hirondelles, si j'ose ainsi parler, que les hirondelles mêmes ; car non seulement ils ont les principaux attributs qui caractérisent ce genre, mais ils les ont à l'excès : leur cou, leur bec (c) et leurs pieds sont plus courts, leur tête et leur gosier plus larges, leurs ailes plus longues ; ils ont

(a) Voyez les planches enluminées, n° 542, où cet oiseau est représenté, fig. 1, sous le nom de *Grand Martinet.*

(b) Ἄπους, Aristote, *Hist. animal.*, lib. I, cap. I. Ce mot est générique dans cet auteur, et convient à toutes les espèces d'hirondelles et autres oiseaux à pieds courts, non qu'ils manquent absolument de pieds, mais parce qu'ils n'en ont point ou presque point l'usage. — *Apodes, cypseli.* Pline, *Nat. Hist.*, lib. x, cap. xxxix. — *Apus, cypsellos ; apode, grande hirondelle, moutardier, grand martinet.* Belon, *Nat. des Oiseaux*, p. 376 ; et *Observations*, fol. 10. Quelques-uns croient qu'on a donné à cet oiseau le nom de *martinet*, parce que son profil ressemble à celui d'un petit chandelier à manche qui s'appelle ainsi. — Κυψέλος *Hezichii*, πετροχελιδων *Stephani Athen.* ; χελιδονες θαλάσσιαι *Eberi et Peuceri, apedes, hirundines saxatiles et speluncariæ Niphi ; trogleta Pselli*, parce qu'il niche dans des trous de muraille ; en espagnol, *venceio, arrexaquo ;* en français, *martinet, martelet, grande arondelle ;* en anglais, *great-swallow, martlettes ;* en allemand, *gerschwalb geyr schwalb ;* en suisse, *spyren* (dans la basse Allemagne, c'est le nom de l'hirondelle de rivage) ; en illyrien, *rorayg, roreicz.* Gessner, *Aves*, p. 166. — *Apus, apodhia sylvatici ;* en arabe, *abasic ;* en hollandais, *steen-swalemen ;* en vénitien vulgaire, *cipseli*, selon Hermolaüs ; à Bologne, *rondoni ;* à Gênes, *barbarotti.* Aldrovande, *Ornithol.*, t. II, p. 694 et 698. — Jonston, *Aves*, p. 84. — Frisch, t. Ier, class. II, div. III, pl. 1, n° 17 ; en allemand, *die grosse-schwartz-braune-schwalbe, die lang-fluglige und groste-schwalbe, kirch, ram, pier-schwalbe.* — *Hirundo apus ; the black martin, or swift.* Willughby, *Ornith.*, p. 56. — Ray, *Synops. av.*, p. 72, A. 4. — Sibbald. *Thes. Scot.*, part. II, lib. III, p. 17. — *Apus major ; the horse-marten.* Charleton, p. 96. — *Hirundo muraria... Apes, depes ; mauer-schwalbe ; spyr-schwalbe.* Schwenckfeld, *Av. Siles.*, p. 289. — *Hirundo templorum Turneri ; chawer-schwalbe ;* en polonais, *jerzyh.* Rzaczynski, *Auctuar. Polon.*, p. 385. — *Hirundo nigra tota, gulâ albicante, digitis omnibus quatuor anticis :* en suédois, *ring-swala.* Linnæus, *Fauna Suecica*, n° 246 ; et *Syst. nat.*, édit. XIII, p. 344. — Kramer, *Elenchus Aust. inf.*, p. 380, sp. 3 ; en autrichien, *speyer, grosse-thurn-schwalbe.* — Muller, *Prodromus Zoolog. Dan.*, p. 34, n° 290 ; en danois, *steen, soe, kirke-muur-svale ;* en norwégien, *ring-svale, swart-sulu, field-sulu.* — « Hirundo nigricans ; gutture albicante ; rectricibus supernè nigricantibus, infernè » saturatè cinereis... » Le Martinet. Brisson, t. II, p. 512. — En Piémont, *bivit ;* sur les côtes de l'Adriatique, *dardani, dardanelli* (nom de l'hirondelle de rivage, selon Aldrovande). J. C. Scaliger, *de Subtilitate exercit.*, 228. — En différentes provinces, *grande hirondelle, hirondelle noire, martelet, alerion, arbalétrier*, à Avignon (parce qu'il a en volant la forme d'un arc tendu). Salerne, *Hist. nat. des Oiseaux*, p. 207 ; à Aix, *faucillette ;* en Champagne, *griffon, griffet ;* à Genève, *martyrola* (petit martyr, parce que les enfants se plaisent à le tourmenter) ; à Paris, dans le peuple, *le juif.* Je crois que c'est le *rondo* de Scaliger, *de Subtilitate*, fol. 300. *Hirondelle de mer* au cap de Bonne-Espérance.

(c) « Quand on estend ce bec, dit Belon, il s'ouvre en moult grand espace de gueule. »

(*) *Cypselus Apus* (*Hirundo Apus* L.). — Les Martinets (*Cypselus*) se distinguent des genres précédents par une queue très fourchue, formé seulement de dix pennes, et des ailes étroites, recourbées en forme de sabre ; leurs tarses sont emplumés jusqu'aux doigts, très courts et épais ; leurs doigts sont nus, courts, à peu près égaux.

le vol plus élevé, plus rapide que ces oiseaux, qui volent déjà si légèrement (*a*) ; ils volent par nécessité, car d'eux-mêmes ils ne se posent jamais à terre, et lorsqu'ils y tombent par quelque accident, ils ne se relèvent que très difficilement dans un terrain plat ; à peine peuvent-ils, en se traînant sur une petite motte, en grimpant sur une taupinière ou sur une pierre, prendre leurs avantages assez pour mettre en jeu leurs longues ailes (*b*) : c'est une suite de leur conformation ; ils ont le tarse fort court, et, lorsqu'ils sont posés, ce tarse porte à terre jusqu'au talon (*c*), de sorte qu'ils sont à peu près couchés sur le ventre et que, dans cette situation, la longueur de leurs ailes devient pour eux un embarras plutôt qu'un avantage et ne sert qu'à leur donner un inutile balancement de droite et de gauche (*d*) ; si tout le terrain était uni et sans aucune inégalité, les plus légers des oiseaux deviendraient les plus pesants des reptiles, et s'ils se trouvaient sur une surface dure et polie, ils seraient privés de tout mouvement progressif, tout changement de place leur serait interdit. La terre n'est donc pour eux qu'un vaste écueil, et ils sont obligés d'éviter cet écueil avec le plus grand soin ; ils n'ont guère que deux manières d'être, le mouvement violent ou le repos absolu : s'agiter avec effort dans le vague de l'air ou rester blottis dans leur trou, voilà leur vie ; le seul état intermédiaire qu'ils connaissent, c'est de s'accrocher aux murailles et aux troncs d'arbres tout près de leur trou, et de se traîner ensuite dans l'intérieur de ce trou en rampant, en s'aidant de leur bec et de tous les points d'appui qu'ils peuvent se faire (*e*) ; ordinairement ils y entrent de plein vol et après avoir passé et repassé devant plus de cent fois ; ils s'y lancent tout à coup et d'une telle vitesse qu'on les perd de vue sans savoir où ils sont allés : on serait presque tenté de croire qu'ils deviennent invisibles.

Ces oiseaux sont assez sociables entre eux, mais ils ne le sont point du tout avec les autres espèces d'hirondelles avec qui ils ne vont jamais de compagnie : aussi en diffèrent-ils pour les mœurs et le naturel, comme on le verra dans la suite de cet article. On dit qu'ils ont peu d'instinct ; ils

(*a*) Aristote disait que l'on ne pouvait distinguer les martinets des hirondelles que par leurs pieds pattus ; il ne connaissait donc pas la singulière conformation de leurs pieds et de leurs doigts, ni leurs mœurs et leurs habitudes encore plus singulières.

(*b*) Un chasseur m'a assuré qu'ils se posaient quelquefois sur des tas de crottin où ils trouvaient des insectes et assez d'avantage pour pouvoir prendre leur volée.

(*c*) « Combien qu'il ait les pieds munis de bons ongles, toutefois ne se tient assis dessus » comme les autres, mais s'appuyant de sa jambe s'en sert de talon. » Belon, *Nat. des Oiseaux*, p. 376.

(*d*) Deux de ces oiseaux, observés par M. Hébert, n'avaient, étant posés sur une table et sur le pavé, que ce seul mouvement : leurs plumes se renflaient lorsqu'on approchait la main. Un jeune, trouvé au pied de la muraille où était le nid, avait déjà cette habitude de hérisser ses plumes qui n'avaient pas encore la moitié de leur longueur : j'en ai vu deux, depuis peu, qui ont pris leur essor, étant posés l'un sur le pavé, l'autre dans une allée sablée ; ils ne marchaient point et ne changeaient de place qu'en battant des ailes.

(*e*) Belon, *Ibid.*

en ont cependant assez pour loger dans nos bâtiments sans se mettre dans notre dépendance, pour préférer un logement sûr à un logement plus commode ou plus agréable ; ce logement, du moins dans nos villes, c'est un trou de muraille dont le fond est plus large que l'entrée ; le plus élevé est celui qu'ils aiment le mieux, parce que son élévation fait leur sûreté ; ils le vont chercher jusque dans les clochers et les plus hautes tours, quelquefois sous les arches des ponts, où il est moins élevé, mais où apparemment ils le croient mieux caché ; d'autres fois dans des arbres creux, ou enfin dans des berges escarpées, à côté des martins-pêcheurs, des guêpiers et des hirondelles de rivage. Lorsqu'ils ont adopté un de ces trous, ils y reviennent tous les ans et savent bien le reconnaître, quoiqu'il n'ait rien de remarquable (*a*). On les soupçonne avec beaucoup de vraisemblance de s'emparer quelquefois des nids des moineaux ; mais quand, à leur retour, ils trouvent les moineaux en possession du leur, ils viennent à bout de se le faire rendre sans beaucoup de bruit.

Les martinets sont de tous les oiseaux de passage ceux qui, dans notre pays, arrivent les derniers et s'en vont les premiers ; d'ordinaire ils commencent à paraître sur la fin d'avril ou au commencement de mai, et ils nous quittent avant la fin de juillet (*b*) ; leur marche est moins régulière que celle des autres hirondelles et paraît plus subordonnée aux variations de la température. On en voit quelquefois en Bourgogne dès le 20 avril, mais ces premiers venus sont des passagers qui vont plus loin ; les domiciliés ne reviennent guère prendre possession de leur nid avant les premiers jours de mai (*c*) ; leur retour s'annonce par de grands cris ; ils entrent assez rarement deux en même temps dans le même trou, et ce n'est pas sans avoir beaucoup voltigé auparavant ; plus rarement, ces deux sont suivis d'un troisième, mais ce dernier ne s'y fixe jamais.

J'ai fait enlever en différents temps et en différents endroits dix ou douze nids de martinets ; j'ai trouvé dans tous à peu près les mêmes matériaux et des matériaux de toute espèce : de la paille avec l'épi, de l'herbe sèche, de la mousse, du chanvre, des bouts de ficelle, de fil et de soie, un bout de queue d'hermine, de petits morceaux de gaze, de mousseline et autres

(*a*) Je connais un portail d'église et un clocher dont les martinets sont en possession de temps immémorial : M. Hébert, à qui je dois beaucoup de bonnes observations sur cette espèce, voit de ses fenêtres un trou de muraille au haut d'un pignon élevé où ils reviennent régulièrement depuis treize années : il semble que les père et mère le transmettent à leurs enfants.

(*b*) On m'assure qu'ils n'arrivent qu'en mai sur le lac de Genève, et qu'ils en repartent vers la fin de juillet ou au commencement d'août ; et lorsqu'il fait bien beau et bien chaud, dès le 15 juillet.

(*c*) Cette année 1779, quoique le printemps ait été singulièrement beau, ils n'ont reparu dans le canton que j'habite que le 1er mai, et ne sont revenus que le 9 aux trous dont j'avais fait enlever les nids. A Dijon, on en a vu dès le 19 avril, mais les domiciliés ne sont venus prendre possession de leurs trous que du 1er au 4 de mai.

étoffes légères, des plumes d'oiseaux domestiques, de perdrix, de perroquets, du charbon, en un mot tout ce qui peut se trouver dans les balayures des villes ; mais comment des oiseaux qui ne se posent jamais à terre viennent-ils à bout d'amasser tout cela? Un observateur célèbre soupçonne qu'ils enlèvent ces matériaux divers en rasant la surface du terrain, de même qu'ils boivent en rasant la surface de l'eau. Frisch croit qu'ils saisissent dans l'air ceux qui sont portés jusqu'à eux par quelque coup de vent ; mais on sent bien qu'ils ne peuvent se procurer que fort peu de chose de cette dernière façon, et que si la première était la véritable, elle ne pourrait être ignorée dans les villes où ils sont domiciliés : or, après des informations exactes, je n'ai trouvé qu'une seule personne digne de foi qui crût avoir vu les martinets (ce sont ses expressions) occupés à cette récolte, d'où je conclus que cette récolte n'a point lieu. Je trouve beaucoup plus vraisemblable ce que m'ont dit quelques gens simples, témoins oculaires, qu'ils avaient vu fort souvent les martinets sortir des nids d'hirondelles et de moineaux, emportant des matériaux dans leurs petites serres, et ce qui augmente la probabilité de cette observation, c'est que 1° les nids des martinets sont composés des mêmes choses que ceux des moineaux ; 2° c'est que l'on sait d'ailleurs que les martinets entrent quelquefois dans les nids des petits oiseaux pour manger les œufs, d'où l'on peut juger qu'ils ne se font pas faute de piller le nid quand ils ont besoin de matériaux. A l'égard de la mousse, qu'ils emploient en assez grande quantité, il est possible qu'ils la prennent avec leurs petites serres, qui sont très fortes, sur le tronc des arbres où ils savent fort bien s'accrocher, d'autant plus qu'ils nichent aussi, comme on sait, dans les arbres creux.

De sept nids trouvés sous le cintre d'un portail d'église, à quinze pieds du sol, il n'y en avait que trois qui eussent la forme régulière d'un nid en coupe et dont les matériaux fussent plus ou moins entrelacés; ils l'étaient plus régulièrement qu'ils ne le sont communément dans les nids des moineaux; ceux des martinets contenaient plus de mousse et moins de plumes, et en général ils sont moins volumineux (*a*).

Peu de temps après que les martinets ont pris possession d'un nid, il en sort continuellement pendant plusieurs jours et quelquefois la nuit des cris plaintifs; dans certains moments, on croit distinguer deux voix : est-ce une expression de plaisir commune au mâle et à la femelle? est-ce un chant d'amour par lequel la femelle invite le mâle à venir remplir les vues de la nature? Cette dernière conjecture semble être la mieux fondée, d'autant plus que le cri du mâle en amour, lorsqu'il poursuit sa femelle dans l'air,

(*a*) Le mieux formé de tous pesait deux onces un gros et demi; les sept ensemble treize onces et demie, et les plus gros cinq à six fois plus que les plus petits; quelques-uns avaient un enduit de fiente, et il est difficile que cela ne soit pas ainsi, vu la situation de ces nids dans des trous plus ou moins profonds.

est moins traînant et plus doux. On ignore si cette femelle s'apparie avec un seul mâle, ou si elle en reçoit plusieurs; tout ce qu'on sait, c'est que dans cette circonstance on voit assez souvent trois ou quatre martinets voltiger autour du trou et même étendre leurs griffes comme pour s'accrocher à la muraille; mais ce pourrait être les jeunes de l'année précédente qui reconnaissent le lieu de leur naissance. Ces petits problèmes sont d'autant plus difficiles à résoudre que les femelles ont à peu près le même plumage que les mâles, et qu'on a rarement l'occasion de suivre et d'observer de près leurs allures.

Ces oiseaux, pendant leur court séjour dans notre pays, n'ont que le temps de faire une seule ponte; elle est communément de cinq œufs blancs, pointus, de forme très allongée; j'en ai vu le 28 mai qui n'étaient pas encore éclos. Lorsque les petits ont percé la coque, bien différents des petits des autres hirondelles, ils sont presque muets et ne demandent rien; heureusement leurs père et mère entendent le cri de la nature et leur donnent tout ce qu'il leur faut : ils ne leur portent à manger que deux ou trois fois par jour, mais à chaque fois ils reviennent au nid avec une ample provision, ayant leur large gosier rempli de mouches, de papillons, de scarabées, qui s'y prennent comme dans une nasse, mais une nasse mobile qui s'avance à leur rencontre et les engloutit (*a*); ils vivent aussi d'araignées qu'ils trouvent dans leurs trous et aux environs; leur bec a si peu de force qu'ils ne peuvent s'en servir pour briser cette faible proie, ni même pour la serrer et l'assujettir.

Vers le milieu de juin, les petits commencent à voler et quittent bientôt le nid, après quoi les père et mère ne paraissent plus s'occuper d'eux. Les uns et les autres ont une quantité de vermine (*b*) qui ne paraît pas les incommoder beaucoup.

Ces oiseaux sont bons à manger, comme tous les autres de la même famille, lorsqu'ils sont gras; les jeunes surtout, pris au nid, passent en Savoie et dans le Piémont pour un morceau délicat. Les vieux sont difficiles à tirer, à cause de leur vol également élevé et rapide; mais comme, par un effet de cette rapidité même, ils ne peuvent aisément se détourner de leur route, on en tire parti pour les tuer, non seulement à coups de fusil, mais à coups de baguette; toute la difficulté est de se mettre à portée d'eux et sur leur passage, en montant dans un clocher, sur un bastion, etc. : après quoi il ne s'agit plus que de les attendre et de leur porter le coup lorsqu'on les voit venir directement à soi (*c*), ou bien lorsqu'ils sortent de leur trou.

(*a*) Le seul martinet qu'ait pu tuer M. Hébert, avait une quantité d'insectes ailés dans son gosier. Cet oiseau les prend, selon M. Frisch, en fondant dessus avec impétuosité, le bec ouvert de toute sa largeur.

(*b*) M. Frisch dit que c'est le *ricinus alatus*, le même qui tourmente les chevaux, et que l'on trouve aussi dans le nid des autres hirondelles.

(*c*) On en tue beaucoup de cette manière dans la petite ville que j'habite, surtout de ceux qui nichent sous le cintre du portail dont j'ai parlé.

Dans l'île de Zanthe, les enfants les prennent à la ligne; ils se mettent aux fenêtres d'une tour élevée et se servent pour toute amorce d'une plume que ces oiseaux veulent saisir pour porter à leur nid (*a*) : une seule personne en prend de cette manière cinq ou six douzaines par jour (*b*). On en voit beaucoup sur les ports de mer : c'est là qu'on peut les ajuster plus à son aise, et que les bons tireurs en démontent toujours quelques-uns.

Les martinets craignent la chaleur, et c'est par cette raison qu'ils passent le milieu du jour dans leur nid, dans les fentes de muraille ou de rochers, entre l'entablement et les derniers rangs de tuiles d'un bâtiment élevé; et le matin et le soir ils vont à la provision ou voltigent sans but et par le seul besoin d'exercer leurs ailes : ils rentrent le matin sur les dix heures, lorsque le soleil paraît, et le soir une demi-heure après le coucher de cet astre; ils vont presque toujours en troupes plus ou moins nombreuses, tantôt décrivant sans fin des cercles dans des cercles sans nombre, tantôt suivant à rangs serrés la direction d'une rue, tantôt tournant autour de quelque grand édifice en criant tous à la fois et de toutes leurs forces; souvent ils planent sans remuer les ailes; puis tout à coup ils les agitent d'un mouvement fréquent et précipité : on connaît assez leurs allures, mais on ne connaît pas si bien leurs intentions.

Dès les premiers jours de juillet on aperçoit parmi ces oiseaux un mouvement qui annonce le départ; leur nombre grossit considérablement, et c'est du 10 au 20, par des soirées brûlantes, que se tiennent les grandes assemblées; à Dijon, c'est constamment autour des mêmes clochers (*c*). Ces assemblées sont fort nombreuses, et malgré cela on ne voit pas moins de martinets qu'à l'ordinaire autour des autres édifices : ce sont donc des étrangers qui viennent probablement des pays méridionaux et qui ne font que passer. Après le coucher du soleil ils se divisent par petits pelotons, s'élèvent au haut des airs en poussant de grands cris, et prennent un vol tout autre que leur vol d'amusement; on les entend encore longtemps après qu'on a cessé de les voir, et ils semblent se perdre du côté de la campagne; ils vont sans doute passer la nuit dans les bois, car on sait qu'ils y nichent, qu'ils y chassent aux insectes; que ceux qui se tiennent dans la plaine pendant le jour, et même quelques-uns de ceux qui habitent la ville, s'approchent des arbres sur le soir et y demeurent jusqu'à la nuit. Les martinets, habitants des villes, s'assemblent aussi bientôt après, et tous se mettent en route pour passer dans des climats moins chauds. M. Hébert n'en a guère vu après le 27 juillet; il croit que ces oiseaux voyagent la nuit, qu'ils ne voyagent pas loin, et qu'ils ne traversent pas les mers; ils paraissent en effet trop

(*a*) Peut-être aussi prennent-ils cette plume pour un insecte : ils ont la vue bonne, mais en allant vite on ne distingue pas toujours bien.

(*b*) Voyez Belon, *Nat. des oiseaux*, p. 377.

(*c*) Ceux de Saint-Philibert et de Saint-Benigne.

ennemis de la chaleur pour aller au Sénégal (*a*). Plusieurs naturalistes (*b*) prétendent qu'ils s'engourdissent dans leur trou pendant l'hiver ; mais cela ne peut avoir lieu dans nos climats, puisqu'ils s'en vont longtemps avant l'hiver, et même avant la fin des plus grandes chaleurs de l'été. Je puis assurer d'ailleurs que je n'en ai pas trouvé un seul dans les nids que j'ai fait enlever vers le milieu d'avril, douze ou quinze jours avant leur première apparition.

Indépendamment des migrations périodiques et régulières de ces oiseaux, on en voit quelquefois en automne des volées nombreuses qui ont été détournées de leur route par quelques cas fortuits : telle était la troupe que M. Hébert a vue paraître tout à coup en Brie, vers le commencement de novembre ; elle prit un peuplier pour le centre de ses mouvements ; elle tourna longtemps autour de cet arbre et finit par s'éparpiller, s'élever fort haut et disparaître avec le jour pour ne plus revenir. M. Hébert en a vu encore une autre volée sur la fin de septembre aux environs de Nantua, où on n'en voit pas ordinairement ; dans ces deux troupes égarées, il a remarqué que plusieurs des oiseaux qui les composaient avaient un cri différent des cris connus des martinets, soit qu'ils aient une autre voix pendant l'hiver, soit que ce fût celle des jeunes ou celle d'une autre race de cette même famille, dont je vais parler dans un moment.

En général le martinet n'a point de ramage ; il n'a qu'un cri ou plutôt un sifflement aigu dont les inflexions sont peu variées, et il ne le fait guère entendre qu'en volant : dans son trou, c'est-à-dire dans son repos, il est tout à fait silencieux ; il craindrait, ce semble, en élevant la voix de se déceler ; on doit cependant excepter, comme on l'a vu, le temps de l'amour ; dans toute autre circonstance son nid est bien différent de ces nids babillards dont parle le poète (*c*).

Des oiseaux dont le vol est si rapide ne peuvent manquer d'avoir la vue perçante, et ils sont en effet une confirmation du principe général établi ci-devant dans le Discours sur la nature des oiseaux (*d*) ; mais tout a ses bornes, et je doute qu'ils puissent apercevoir une mouche à la distance d'un demi-quart de lieue, comme dit Belon, c'est-à-dire de vingt-huit mille fois le diamètre de cette mouche, en lui supposant neuf lignes d'envergure : distance neuf fois plus grande que celle où l'homme qui aurait la meilleure

(*a*) Ce que dit Aristote de son *apode*, qu'il paraît en Grèce toute l'année, semblerait supposer qu'il ne craint pas tant la chaleur ; mais l'*apode* d'Aristote ne serait-il pas notre hirondelle de rivage ? Cette habitation constante dans un même pays est plus analogue à la nature de cette hirondelle qu'à celle de notre martinet, et celui-ci d'ailleurs, qui craint le chaud et l'évite tant qu'il peut, s'accommoderait difficilement des étés de la Grèce.

(*b*) Klein, Heerkens, M. Herman, etc.

(*c*) Pabula parva legens, nidisque loquacibus escas.
VIRGILE.

(*d*) Tome V, page 15.

vue pourrait l'apercevoir (*a*). Les martinets ne sont pas seulement répandus dans toute l'Europe, M. le vicomte de Querhoënt en a vu au cap de Bonne-Espérance, et je ne doute pas qu'ils ne se trouvent aussi en Asie et même dans le nouveau continent.

Si l'on réfléchit un moment sur ce singulier oiseau, on reconnaîtra qu'il a une existence en effet bien singulière et toute partagée entre les extrêmes opposés du mouvement et du repos; on jugera que privé, tant qu'il vole (et il vole longtemps), des sensations du tact, ce sens fondamental, il ne les retrouve que dans son trou; que là elles lui procurent dans le recueillement des jouissances préparées, comme toutes les autres, par l'alternative des privations, et dont ne peuvent bien juger des êtres en qui ces mêmes sensations sont nécessairement émoussées par leur continuité : enfin, l'on verra que son caractère est un mélange assez naturel de défiance et d'étourderie : sa défiance se marque par toutes les précautions qu'il prend pour cacher sa retraite, dans laquelle il se trouve réduit à l'état de reptile, sans défense, exposé à toutes les insultes; il y entre furtivement, il y reste longtemps, il en sort à l'improviste, il y élève ses petits dans le silence; mais lorsque, ayant pris son essor, il a le sentiment actuel de sa force ou plutôt de sa vitesse, la conscience de sa supériorité sur les autres habitants de l'air, c'est alors qu'il devient étourdi, téméraire; il ne craint plus rien, parce qu'il se croit en état d'échapper à tous les dangers, et souvent, comme on l'a vu, il succombe à ceux qu'il aurait évités facilement s'il eût voulu s'en apercevoir ou s'en défier.

Le martinet noir est plus gros que nos autres hirondelles, et pèse dix à douze gros; il a l'œil enfoncé, la gorge d'un blanc cendré, le reste du plumage noirâtre avec des reflets verts; la teinte du dos et des couvertures inférieures de la queue plus foncée : celles-ci vont jusqu'au bout des deux pennes intermédiaires; le bec est noir, les pieds de couleur de chair rembrunie; le devant et le côté intérieur du tarse sont couverts de petites plumes noirâtres.

Longueur totale, sept pouces trois quarts; bec, huit à neuf lignes; langue, trois lignes et demie, fourchue; narines de la forme d'une oreille humaine allongée, la convexité en dedans, leur axe incliné à l'arête du bec supérieur; les deux paupières nues, mobiles, se rencontrent en se fermant vers le milieu du globe de l'œil; tarse, près de cinq lignes; les quatre doigts tournés en avant (*b*), et composés chacun de deux phalanges seulement (*) (conformation singulière et propre aux martinets); vol, environ quinze

(*a*) On sait qu'un objet disparaît à nos yeux lorsqu'il est à la distance de trois mille quatre cent trente-six fois son diamètre.

(*b*) Comment donc a-t-on pu donner pour caractère du genre auquel on a rapporté ces oiseaux, d'avoir trois doigts tournés en avant et un en arrière?

(*) D'après Cuvier et Flourens, il y en a trois.

pouces; queue, près de trois pouces, composée de douze pennes inégales (a), fourchue de plus d'un pouce; dépassée de huit à dix lignes par les ailes, qui ont dix-huit pennes, et représentent assez bien, étant pliées, une lame de faux.

Œsophage, deux pouces et demi, forme vers le bas une petite poche glanduleuse; gésier musculeux à sa circonférence, doublé d'une membrane ridée, non adhérente, contenant des débris d'insectes et pas une petite pierre; une vésicule de fiel; point de cœcum; tube intestinal, du gésier à l'anus, sept pouces et demi; ovaire garni d'œufs d'inégale grosseur (le 20 mai).

Ayant eu depuis peu l'occasion de comparer plusieurs individus mâles et femelles, j'ai reconnu que le mâle pèse davantage; que ses pieds sont plus forts; que la plaque blanche de sa gorge a plus d'étendue, et que presque toutes les plumes blanches qui la composent ont la côte noire.

L'insecte parasite de ces oiseaux est une espèce de pou de forme oblongue, de couleur orangée, mais de différentes teintes, ayant deux antennes filiformes; la tête plate, presque triangulaire, et le corps composé de neuf anneaux, hérissés de quelques poils rares.

LE GRAND MARTINET A VENTRE BLANC (b)

Je retrouve, dans cet oiseau (*), et les caractères généraux des hirondelles et les attributs particuliers du martinet noir : entre autres, les pieds extrêmement courts; les quatre doigts tournés en avant, et tous quatre composés seulement de deux phalanges; il ne se pose jamais à terre et ne se perche jamais sur les arbres, non plus que le martinet; mais je trouve aussi qu'il s'en éloigne par des disparités assez considérables pour constituer une espèce à part; car, indépendamment des différences du plumage, il est une

(a) Je ne sais pourquoi Willughby ne lui en donne que dix; peut-être confond-il cette espèce avec la suivante.

(b) *Apos, cypselus, hirundinum species.* Pline, lib. x, cap. XXXIX. — *The greatest martin or swift.* Le plus grand des martinets. Edwards, *Hist. nat. des oiseaux*, pl. 27. — *Hirundo maxima freti Herculei;* en allemand, *grosse-Gibraltar schwalbe.* Klein, *Ordo av.*, sp. IV, var. II, p. 83. — *Hirundo fusca, gulâ abdomineque albis, melba; hirundo riparia maxima Edwardi.* Linnæus, *Syst. nat.*, édit. XIII, p. 345. — Edwards dit peut-être trop légèrement que cet oiseau ressemble en tout à l'hirondelle de rivage, excepté pour la taille; mais il lui donne, comme on a vu, le nom de *grand martinet.* — « Hirundo supernè obscurè fusca, » infernè alba; lateribus fuscis maculis variegatis; torque fusco, nigris maculis vario; rectri- » cibus supernè obscurè fuscis, infernè cinereo-fuscis; pedibus ad digitos usque lanuginosis... » La grande hirondelle d'Espagne. Brisson, t. II, p. 504. — En Savoie, le peuple l'appelle *jacobin.*

(*) *Cypselus Melba* (*Hirundo Melba* GMEL).

fois plus gros; il a les ailes plus longues, et seulement dix pennes à la queue.

Ces oiseaux se plaisent dans les montagnes et nichent dans des trous de rochers; il en vient tous les ans dans ceux qui bordent le Rhône en Savoie, dans ceux de l'île de Malte, des Alpes suisses, etc. Celui dont parle Edwards avait été tué sur les rochers de Gibraltar, mais on ignore s'il y était de résidence ou s'il ne faisait qu'y passer; et quand il y aurait été domicilié, ce n'était pas une raison suffisante pour lui donner le nom d'*hirondelle d'Espagne :* 1° parce qu'il se trouve en beaucoup d'autres pays, et probablement dans tous ceux où il y a des montagnes et des rochers; 2° parce que c'est plutôt un martinet qu'une hirondelle. On en tua un en 1775, dans nos cantons, sur un étang qui est au pied d'une montagne assez élevée.

M. le marquis de Piolenc (à qui je dois la connaissance de ces oiseaux, et qui m'en a envoyé plusieurs individus), me mande qu'ils arrivent en Savoie vers le commencement d'avril, qu'ils volent d'abord au-dessus des étangs et des marais, qu'au bout de quinze jours ou trois semaines ils gagnent les hautes montagnes; que leur vol est encore plus élevé que celui de nos martinets noirs, et que l'époque de leur départ est moins fixe que celle de leur arrivée, et dépend davantage du froid et du chaud, du beau et du mauvais temps (*a*); enfin, M. de Piolenc ajoute qu'ils vivent de scarabées, de mouches et de moucherons, d'araignées, etc.; qu'ils sont difficiles à tirer; que la chair des adultes n'est rien moins qu'un bon morceau (*b*), et que l'espèce en est peu nombreuse.

Il est vraisemblable que ces martinets nichent aussi dans les rochers escarpés qui bordent la mer, et qu'on doit leur appliquer, comme aux martinets noirs, ce que Pline a dit de certains apodes qui se voyaient souvent en pleine mer, à toutes distances des côtes, jouant et voltigeant autour des vaisseaux. Leur cri est à peu près le même que celui de notre martinet.

Ils ont le dessus de la tête et toute la partie supérieure gris brun, plus foncé sur la queue et les ailes, avec des reflets rougeâtres et verdâtres; la gorge, la poitrine et le ventre blancs; sur le cou un collier gris brun, varié de noirâtre; les flancs variés de cette dernière couleur et de blanc; le bas-ventre et les couvertures inférieures de la queue du même brun que le dos; le bec noir; les pieds couleur de chair, garnis de duvet sur le devant et le côté intérieur; le fond des plumes était brun sous le corps et gris clair dessus; presque toutes les plumes blanches avaient la côte noire, et les brunes étaient bordées finement de blanchâtre par le bout. Un mâle, que j'ai observé, avait les plumes de la tête plus rembrunies que deux autres individus avec lesquels je le comparai : il pesait deux onces cinq gros.

(*a*) Dans le pays de Genève, ils restent moins longtemps que le martinet noir.

(*b*) Les chasseurs disent ordinairement que ces oiseaux sont très durs, soit à tuer, soit à manger.

Longueur totale, huit pouces et demi; bec, un pouce, un peu crochu; langue, quatre lignes, de forme triangulaire; iris brun; paupières nues; tarse, cinq lignes et demie; ongles forts; l'intérieur le plus court; vol, vingt pouces et plus; les ailes composées de dix-huit pennes; queue, trois pouces et demi, composée de dix pennes inégales, fourchue de huit à neuf lignes, dépassée par les ailes de deux pouces au moins.

Gésier peu musculeux, très gros, doublé d'une membrane sans adhérence, contenait des débris d'insectes et des insectes tout entiers, entre autres un dont les ailes membraneuses avaient plus de deux pouces de long; tube intestinal, neuf à dix pouces; l'œsophage formait à sa partie inférieure une poche glanduleuse; point de cœcum; je n'ai pas aperçu de vésicule du fiel; testicules très allongés et très petits (18 juin) : il m'a semblé que le mésentère était plus fort, la peau plus épaisse, les muscles plus élastiques, et que le cerveau avait plus de consistance que dans les autres oiseaux; tout annonçait la force dans celui-ci, et l'extrême vitesse du vol en suppose en effet beaucoup.

Il est à remarquer que l'individu décrit par M. Edwards était moins gros que le nôtre; cet observateur avance qu'il ressemblait tellement à l'hirondelle de rivage, que la description de l'un aurait pu servir pour tous deux : c'est que le plumage est à très peu près le même, et que d'ailleurs tous les martinets et même toutes les hirondelles se ressemblent beaucoup; mais M. Edwards aurait dû prendre garde que l'hirondelle de rivage n'a pas les doigts conformés ni disposés comme l'oiseau dont il s'agit ici.

OISEAUX ÉTRANGERS

QUI ONT RAPPORT AUX HIRONDELLES ET AUX MARTINETS (a)

Quoique les hirondelles des deux continents ne fassent qu'une seule famille et qu'elles se ressemblent toutes par les formes et les qualités principales (b); cependant il faut avouer qu'elles n'ont pas toutes le même instinct ni les mêmes habitudes naturelles. Dans notre Europe et sur les frontières de l'Afrique et de l'Asie les plus voisines de l'Europe, elles sont presque toutes de

(a) Je ne mettrai point au rang des hirondelles étrangères plusieurs oiseaux à qui les auteurs ont bien voulu appliquer ce nom, quoiqu'ils appartinssent à des genres tout à fait différents. Tels sont : l'oiseau dont M. Linnæus a fait une hirondelle, sous le nom de *pratincola;* l'oiseau appelé au cap de Bonne-Espérance, *hirondelle de montagne*, et qui nous a été envoyé sous ce nom, quoique ce soit une espèce de martin-pêcheur; *l'hirondelle de la mer Noire* de M. Hasselquist, ou plutôt de son traducteur; et *l'hirondelle du Nil,* du même. *Voyages dans le Levant*, t. II, g. 40 et 41, p. 26.

(b) Il y a peut-être une exception à faire pour le bec, qui est plus fort dans quelques hirondelles d'Amérique.

passage ; au cap de Bonne-Espérance et dans l'Afrique méridionale, une partie seulement est de passage et l'autre sédentaire ; à la Guyane, où la température est assez uniforme, elles restent toute l'année dans les mêmes contrées sans avoir pour cela les mêmes allures, car les unes ne se plaisent que dans les endroits habités et cultivés, les autres se tiennent indifféremment autour des habitations ou dans la solitude la plus sauvage ; les unes dans les lieux élevés, les autres sur les eaux ; d'autres paraissent attachées à certains cantons par préférence, et aucune de ces espèces ne construit son nid avec de la terre comme les nôtres ; mais il y en a qui nichent dans des arbres creux comme nos martinets, et d'autres dans des trous en terre comme nos hirondelles de rivage.

Une chose remarquable, c'est que les observateurs modernes s'accordent presque tous à dire que, dans cette partie de l'Amérique et dans les îles contiguës, telles que Cayenne, Saint-Domingue, etc., les espèces d'hirondelles sont et plus nombreuses et plus variées que celles de notre Europe et qu'elles y restent toute l'année, tandis qu'au contraire le P. Dutertre, qui parcourut les Antilles dans le temps où les établissements européens commençaient à peine à s'y former, nous assure que les hirondelles sont fort rares dans ces îles et qu'elles y sont de passage comme en Europe (*a*). En supposant ces deux observations bien constatées, on ne pourrait s'empêcher de reconnaître l'influence de l'homme civilisé sur la nature, puisque sa seule présence suffit pour attirer des espèces entières et pour les multiplier et les fixer. Une observation intéressante de M. Hagstroem, dans sa *Laponie suédoise*, vient à l'appui de cette conjecture ; il rapporte que beaucoup d'oiseaux, et d'autres animaux, soit par un penchant secret pour la société de l'homme, soit pour profiter de son travail, s'assemblent et se tiennent auprès des nouveaux établissements ; il excepte néanmoins les oies et les canards, qui se conduisent tout autrement et dont les migrations sur la montagne ou dans la plaine se font en sens contraire de celles des Lapons.

Je finis par remarquer, d'après M. Bajon et plusieurs autres observateurs, que dans les îles et le continent de l'Amérique il y a souvent une grande différence de plumage entre le mâle et la femelle de la même espèce, et une plus grande encore dans le même individu observé à différents âges, ce qui doit justifier la liberté que j'ai prise de réduire souvent le nombre des espèces et de donner comme de simples variétés celles qui, se ressemblant par leurs principaux attributs, ne diffèrent que par les couleurs du plumage.

(*a*) « Pendant sept ou huit ans que j'y ai résidé, dit ce missionnaire, je n'en ai jamais vu » plus d'une douzaine : elles n'y paraissent, ajoute-t-il, que pendant les cinq ou six mois » qu'on les voit en France. »

I. — LE PETIT MARTINET NOIR (a).

Cet oiseau de Saint-Domingue (*) est modelé sur des proportions un peu différentes de celles de notre martinet : il a le bec un peu plus court, les pieds un peu plus longs, la queue aussi et moins fourchue, les ailes beaucoup plus longues ; enfin les pieds ne paraissent pas, dans la figure, avoir les quatre doigts tournés en avant ; M. Brisson ne dit pas combien les doigts ont de phalanges.

Cette espèce est sans doute la même que l'espèce presque toute noire de M. Bajon, laquelle se plaît dans les savanes sèches et arides, niche dans des trous en terre, comme font quelquefois nos martinets, et se perche souvent sur les arbres secs (b), ce que nos martinets ne font point. Elle est aussi plus petite et plus uniformément noirâtre, la plupart des individus n'ayant pas une seule tache d'une autre couleur dans tout leur plumage.

Longueur totale, cinq pouces dix lignes ; bec, six lignes ; tarse, cinq lignes ; vol, quinze pouces et demi ; queue, deux pouces et demi, fourchue de six lignes : dépassée par les ailes de quatorze lignes, et dans quelques individus de dix-huit. Un de ces individus avait sur le front un petit bandeau blanc fort étroit. J'en ai vu un autre (c) dans le beau Cabinet de M. Mauduit, venant de la Louisiane, de la même taille et à très peu près du même plumage : c'était un gris noirâtre sans aucun reflet ; ses pieds n'étaient point garnis de plumes.

II. — LE GRAND MARTINET NOIR A VENTRE BLANC (d) (e).

Je regarde cet oiseau (**) comme un martinet, d'après le récit du P. Feuillée, qui l'a vu à Saint-Domingue et qui lui donne à la vérité le nom d'*hirondelle,* mais qui le compare à nos martinets et pour la taille, et pour la figure, et pour les couleurs ; il le vit au mois de mai, un matin, posé sur un rocher, et l'avait pris à son chant pour une alouette avant que le jour lui permît de le distinguer ; il assure qu'on voit quantité de ces oiseaux dans les îles de l'Amérique aux mois de mai, juin et juillet.

(a) Hirundo in toto corpore nigricans ; rectricibus supernè et infernè nigricantibus... » Martinet de Saint-Domingue. Brisson, t. II, p. 514.

(b) Voyez les *Mémoires sur Cayenne* de M. Bajon, p. 276.

(c) Voyez les planches enluminées, n° 725, fig. 1.

(d) Voyez les planches enluminées, n° 545, fig. 1, où cet oiseau est représenté sous le nom d'*Hirondelle d'Amérique.*

(e) « Hirundo cantu alaudam referens. » Feuillée, *Journal des observations,* etc., t. III, p. 267, édit. de 1725. — Klein, *Ordo avium,* p. 83, n° 5. — « Hirundo ex nigro ad chalybis politi colorem vergens ; ventre albo ; rectricibus nigricantibus... » L'hirondelle de Saint-Domingue. Brisson, t. II, p. 493.

(*) *Hirundo nigra* GMEL.

(**) *Hirundo dominicensis* GMEL.

La couleur dominante du plumage est un beau noir avec des reflets d'acier poli ; elle règne non seulement sur la tête et tout le dessus du corps, compris les couvertures supérieures de la queue, mais encore sur la gorge, le cou, la poitrine, les côtés, les jambes et les petites couvertures des ailes ; les pennes, les grandes couvertures supérieures et inférieures des ailes et les pennes de la queue sont noirâtres ; les couvertures inférieures de la queue et le ventre blancs ; le bec et les pieds bruns.

Longueur totale, sept pouces ; bec, huit lignes ; tarse, six ; vol, quatorze pouces deux lignes ; queue, deux pouces trois quarts, fourchue de neuf lignes, composée de douze pennes : ne dépasse point les ailes.

M. Commerson a rapporté d'Amérique trois individus fort approchants de celui qu'a décrit M. Brisson et qui semblent appartenir à cette espèce.

III. — LE MARTINET NOIR ET BLANC A CEINTURE GRISE (a).

Trois couleurs principales font tout le plumage de cet oiseau (*) : le noir règne sur le dos, jusques et compris les couvertures supérieures de la queue ; un blanc de neige sur le dessous du corps ; un cendré clair sur la tête, la gorge, le cou, les couvertures supérieures des ailes, leurs pennes et celles de la queue ; toutes ces pennes sont bordées de gris jaunâtre, et l'on voit sur le ventre une ceinture cendré clair.

Cet oiseau se trouve au Pérou, où il a été décrit par le P. Feuillée ; il a, comme tous les martinets, les pieds courts, le bec très court et très large à sa base ; les ongles crochus et forts, noirs comme le bec, et la queue fourchue.

IV. — LE MARTINET A COLLIER BLANC (b).

Cette espèce (**) est nouvelle et nous a été envoyée de l'île de Cayenne ; nous l'avons rangée avec les martinets, parce qu'elle paraît avoir, comme notre martinet, les quatre doigts tournés en avant.

Le collier qui la caractérise est d'un blanc pur et tranche vivement sur le noir bleuâtre, qui est la couleur dominante du plumage. La partie de ce collier qui passe sur le cou forme une bande étroite et tient de chaque côté à une grande plaque blanche qui occupe la gorge et tout le dessous du cou ;

(a) « Hirundo maxima Peruviana, prædatoris calcaribus instructa. » P. Feuillée, *Journal des observations*, t. III, p. 33, édit. 1725. — « Hirundo supernè nigra, infernè nivea ; capite » et collo dilutè griseis ; tæniâ transversâ in medio ventre dilutè cinereâ ; rectricibus dilutè cinereis, marginibus griseo-flavicantibus... » La grande hirondelle du Pérou. Brisson, t. II, page 498.

(b) Voyez les planches enluminées, n° 725, fig. 2, où cet oiseau est représenté sous le nom de *Martin à collier de Cayenne*.

(*) *Hirundo peruviana* Gmel.

(**) *Hirundo cayennensis* Gmel.

des coins du bec partent deux petites bandes blanches divergentes, dont l'une s'étend au-dessus de l'œil comme une espèce de sourcil, l'autre passe sous l'œil à quelque distance; enfin il y a encore sur chaque côté du bas-ventre une tache blanche placée de manière qu'elle paraît par-dessus et par-dessous; le reste de la partie supérieure et inférieure, compris les petites et moyennes couvertures des ailes, est d'un noir velouté avec des reflets violets; ce qui paraît des grandes couvertures des ailes, les plus proches du corps, brun bordé de blanc; les grandes pennes et celles de la queue noires; les premières bordées intérieurement de brun roussâtre; le bec et les pieds noirs, ceux-ci couverts de plumes jusqu'aux ongles. M. Bajon dit que ce martinet fait son nid dans les maisons. J'ai vu ce nid chez M. Mauduit : il était très grand, très étoffé et construit avec l'ouate de l'apocyn; il avait la forme d'un cône tronqué, dont l'une des bases avait cinq pouces de diamètre, et l'autre trois pouces, sa longueur était de neuf pouces; il paraissait avoir été adhérent par sa grande base, composée d'une espèce de carton fait de la même matière; la cavité de ce nid était partagée obliquement, depuis environ la moitié de sa longueur, par une cloison qui s'étendait sur l'endroit du nid où étaient les œufs, c'est-à-dire assez près de la base, et l'on voyait en cet endroit un petit amas d'apocyn bien mollet qui formait une espèce de soupape et paraissait destiné à garantir les petits de l'air extérieur; tant de précautions dans un pays aussi chaud font croire que ces martinets craignent beaucoup le froid; ils sont de la grosseur de nos hirondelles de fenêtre.

Longueur totale, prise sur plusieurs individus, cinq pouces trois à huit lignes; bec, six à sept; tarse, trois à cinq; ongle postérieur faible; queue, deux pouces à deux pouces deux lignes, fourchue de huit lignes; dépassée par les ailes de sept à douze lignes.

V. — LA PETITE HIRONDELLE NOIRE A VENTRE CENDRÉ (a).

Cette hirondelle du Pérou *, selon le P. Feuillée, est beaucoup plus petite que nos hirondelles d'Europe; elle a la queue fourchue, le bec très court, presque droit; les yeux noirs, entourés d'un cercle brun; la tête et tout le dessus du corps, compris les couvertures supérieures des ailes et de la queue, d'un noir brillant; tout le dessous du corps cendré; enfin, les pennes des ailes et de la queue d'un cendré obscur, bordées de gris jaunâtre.

(a) « Hirundo minima Peruviana, caudâ bicorni. » Feuillée, *Journal des observations physiques*, p. 33, édit. de 1725. — « Hirundo supernè splendidè nigra, infernè cinerea; rectricibus obscurè cinereis, marginibus griseo-flavicantibus... » L'hirondelle du Pérou. Brisson, t. II, p. 498.

(*) *Hirundo cærulea* LATH.

VI. — L'HIRONDELLE BLEUE DE LA LOUISIANE (*a*).

Un bleu foncé règne en effet dans tout le plumage de cet oiseau (*); cependant ce plumage n'est pas absolument uniforme, il se varie sans cesse par des reflets qui jouent entre différentes teintes de violet; les grandes pennes des ailes ont aussi du noir, mais c'est seulement sur leur côté intérieur, et ce noir ne paraît que quand l'aile est déployée, le bec et les pieds sont noirs, le bec un peu crochu.

Longueur totale, six pouces six lignes; bec, sept lignes et demie; tarse, sept lignes; queue très fourchue et dépassée de cinq lignes par les ailes, qui sont fort longues.

M. Lebeau a rapporté du même pays un individu qui appartient visiblement à cette espèce, quoiqu'il soit plus grand et qu'il ait les pennes de la queue et des ailes, et les grandes couvertures de celles-ci simplement noirâtres sans aucun reflet d'acier poli.

Longueur totale, huit pouces et demi; bec, neuf lignes, assez fort et un peu crochu; queue, trois pouces, fourchue d'un pouce, un peu dépassée par les ailes.

Variétés.

L'hirondelle bleue de la Louisiane semble être la tige principale de quatre races ou variétés, dont deux sont répandues dans le Midi, et les deux autres dans le Nord.

I. — L'hirondelle de Cayenne (**) de nos planches enluminées, n° 545, fig. 2 (*b*) : c'est l'espèce la plus commune dans l'île de Cayenne, où elle reste toute l'année. On dit qu'elle se pose communément dans les abatis, sur les troncs à demi brûlés qui n'ont plus de feuilles : elle ne construit point de nid, mais elle fait sa ponte dans des trous d'arbres. Elle a le dessus de la tête et du corps d'un noirâtre lustré de violet; les ailes et la queue de même, mais bordées d'une couleur plus claire; tout le dessous du corps gris roussâtre, veiné de brun, et qui s'éclaircit sur le bas-ventre et les couvertures inférieures de la queue.

Longueur totale, six pouces; bec, neuf lignes et demie; plus fort que celui

(*a*) Voyez les planches enluminées, n° 722, où cet oiseau est représenté sous le nom d'*Hirondelle de la Louisiane.*

(*b*) « Hirundo Americana aterrima, corpore subrotundo. » Barrère, *Ornith.*, clas. III, gen. XVIII, sp. 5. — *Vulgaris.* Barrère, *Hist. France équinox.*, p. 134. — « Hirundo supernè » ex nigro ad chalybis politi colorem vergens; infernè griseo-fusca, rectricibus nigris... » L'Hirondelle de Cayenne. Brisson, t. II, p. 495.

(*) *Hirundo violacea* GMEL.

(**) *Hirundo chalybæa* GMEL.

de nos hirondelles; tarse, cinq à six lignes; doigt et ongle postérieurs les plus courts; vol, quatorze pouces; queue, deux pouces et demi, fourchue de six à sept lignes; dépassée par les ailes d'environ trois lignes.

II. — J'ai vu quatre individus rapportés de l'Amérique méridionale par M. Commerson, lesquels étaient d'une taille moyenne entre ceux de Cayenne et ceux de la Louisiane, et qui en différaient par les couleurs du dessous du corps : trois de ces individus avaient la gorge gris brun et le dessous du corps blanc; le quatrième, qui venait de Buenos-Ayres, avait la gorge et tout le dessous du corps blancs, semés de taches brunes plus fréquentes sur les parties antérieures, et qui devenaient plus rares sur le bas-ventre.

III. — L'oiseau de la Caroline, que Catesby a nommé *martinet couleur de pourpre* (*a*) (*) : il appartient au même climat; sa taille est celle de l'oiseau de Buenos-Ayres dont je viens de parler : un beau violet foncé règne sur tout son plumage, et les pennes de la queue et des ailes sont encore plus foncées que le reste; il a le bec et les pieds un peu plus longs que les précédents, et sa queue, quoique plus courte, dépasse un peu les ailes; il niche dans des trous qu'on laisse ou qu'on fait exprès pour lui autour des maisons, et dans des calebasses qu'on suspend à des perches pour l'attirer. On le regarde comme un animal utile, parce qu'il éloigne par ses cris les oiseaux de proie et autres bêtes voraces, ou plutôt parce qu'il avertit de leur apparition. Il se retire de la Virginie et de la Caroline aux approches de l'hiver, et y revient au printemps.

Longueur totale, sept pouces huit lignes; bec, dix lignes; tarse, huit lignes; queue, deux pouces huit lignes, fourchue de quatorze : dépasse peu les ailes.

IV. — L'hirondelle de la baie d'Hudson de M. Edwards (**), planche 120 (*b*) : elle a, comme les précédentes, le bec plus fort que ne l'ont ordinairement les oiseaux de cette famille; son plumage ressemble à celui de l'hirondelle

(*a*) *Hirundo purpurea. Purple-martin.* Catesby, t. Ier, p. et pl. 51. — « Hirundo in toto » corpore saturatè violacea; remigibus rectricibusque saturatiùs violaceis. » Le Martinet de la Caroline. Brisson, t. II, p. 515. — *Hirundo violacea tota, caudâ forficatâ... Purpurea.* Linnæus, *Syst. nat.*, édit. XIII, gen. 117, sp. 5.

(*b*) *Great American martin.* Edwards, t. III, pl. 120. — *Hirundo nigro-cærulescens, ore subtusque cinereo-exalbida.* Linnæus, *Syst. nat.*, gen. 117, sp. 7. — « Hirundo supernè nigro- » purpurascens, infernè alba fusco adumbrata; plumulis basim rostri ambientibus, albidis; collo » inferiore et pectore saturatè griseis; rectricibus supernè nigricantibus, fuscescente margina- » tis, infernè obscurè cinereis... » L'Hirondelle de la baie d'Hudson. Brisson, t. VI, supplément, p. 56. — Les habitants de la baie d'Hudson l'appellent dans leur langue *sashaunpashu.*

(*) Espèce mal connue.
(**) *Hirundo Subis* LATH.

de Cayenne, mais elle la surpasse beaucoup en grosseur; elle a le dessus de la tête et du corps d'un noir brillant et pourpré, un peu de blanc à la base du bec; les grandes pennes des ailes, et toutes celles de la queue noires, sans reflets, bordées d'une couleur plus claire; le bord supérieur de l'aile blanchâtre; la gorge et la poitrine gris foncé; les flancs bruns; le dessous du corps blanc, ombré d'une teinte brune; le bec et les pieds noirâtres.

Longueur totale, près de huit pouces; bec, huit lignes, les bords de la pièce supérieure échancrés près de la pointe; tarse, sept lignes; queue, près de trois pouces, fourchue de sept à huit lignes : dépasse les ailes de trois lignes.

V. — LA TAPÈRE (*a*).

Marcgrave dit que cette hirondelle du Brésil (*) a beaucoup de rapport avec la nôtre; qu'elle est de la même taille; qu'elle voltige de la même manière, et que ses pieds sont aussi courts et conformés de même. Elle a le dessus de la tête et du corps, compris les ailes et la queue, gris brun; mais les pennes des ailes et l'extrémité de la queue plus brunes que le reste; la gorge et la poitrine gris mêlé de blanc; le ventre blanc ainsi que les couvertures inférieures de la queue; le bec et les yeux noirs, les pieds bruns.

Longueur totale, cinq pouces trois quarts; bec, huit lignes : son ouverture se prolonge au delà des yeux; tarse, six lignes; vol, douze pouces et demi; queue, deux pouces un quart, composée de douze pennes, fourchue de trois ou quatre lignes : est un peu dépassée par les ailes.

Cet oiseau, suivant M. Sloane, appartient à l'espèce de notre martinet : seulement il est d'un plumage moins rembruni; les savanes, les plaines, sont les lieux qu'il fréquente le plus volontiers; on ajoute que de temps en temps il se perche sur la cime des arbustes, ce que ne fait pas notre martinet ni aucune de nos hirondelles; une différence si marquée dans les habitudes suppose d'autres différences dans la conformation, et me ferait croire, malgré l'autorité de M. Sloane et celle d'Oviedo (*b*), que la tapère est une espèce propre à l'Amérique, ou du moins une espèce distincte et séparée de nos espèces européennes.

(*a*) *Tapera Brasiliensibus, Andorinha Lusitanis, hirundinis species.* Marcgrave, *Hist. av.*, p. 205. — *Hirundo Americana, Brasiliensibus tapera dicta.* Ray, *Synops, av.*, p. 72, nº 5. *An hirundo opus nostras? Ibid.*, p. 185. — Sloane, *Jamaïca*, p. 312, pl. 51. — Willughby, *Ornithol.*, p. 214. — Klein, *Ordo av.*, p. 83, nº 1. — *Hirundo rectricibus æqualibus, corpore nigricante, subtus albo.* Linnæus, *Syst. nat.*, édit. XIII, gen. 117, sp. 9. — « Hirundo » supernè fusca, infernè griseo-fusca; ventre albo; rectricibus-fusco nigricantibus... » Hirondelle d'Amérique. Brisson, t. II, p. 502. Le P. Dutertre ne parle point de cette espèce, quoique M. Brisson l'ait citée dans sa nomenclature.

(*b*) Oviedo compte la *tapère* parmi les oiseaux qui sont communs aux deux continents.

(*) *Hirundo Tapera* GMEL.

M. Edwards la soupçonne d'être de la même espèce que son hirondelle de la baie d'Hudson ; mais, en comparant les descriptions, je les ai trouvées différentes par le plumage, la taille et les dimensions relatives.

VI. — HIRONDELLE BRUNE ET BLANCHE A CEINTURE BRUNE (*a*).

En général, toute la partie supérieure est brune (*), toute l'inférieure blanche ou blanchâtre, excepté une large ceinture brune qui embrasse la poitrine et les jambes ; il y a encore une légère exception, c'est une petite tache blanche qui se trouve de chaque côté de la tête, entre le bec et l'œil. Cet oiseau a été envoyé du cap de Bonne-Espérance.

Longueur totale, six pouces ; bec, huit lignes, plus fort qu'il n'est ordinairement dans les hirondelles : le supérieur un peu crochu, ayant ses bords échancrés près de la pointe ; queue, vingt-sept lignes, carrée : dépassée de huit lignes par les ailes, qui deviennent fort étroites vers leurs extrémités, sur une longueur d'environ deux pouces.

VII. — L'HIRONDELLE A VENTRE BLANC DE CAYENNE (*b*).

Un blanc argenté règne non seulement sur tout le dessous du corps (**), compris les couvertures inférieures de la queue, mais encore sur le croupion, et il borde les grandes couvertures des ailes ; ce bord blanc s'étend plus ou moins dans différents individus ; le dessus de la tête, du cou et du corps, et les petites couvertures supérieures des ailes sont cendrés, avec des reflets plus ou moins apparents qui jouent entre le vert et le bleu, et dont on retrouve encore quelques traces sur les pennes des ailes et de la queue, dont le fond est brun.

Cette jolie hirondelle rase la terre comme les nôtres, voltige dans les savanes noyées de la Guyane et se perche sur les branches les plus basses des arbres sans feuilles.

Longueur totale prise sur différents individus, de quatre pouces un quart à cinq pouces ; bec, six à huit lignes ; tarse, cinq à six ; ongle postérieur le plus fort après celui du milieu ; queue, un pouce et demi, fourchue de deux à trois lignes : dépassée de trois à six lignes par les ailes.

On peut regarder comme une variété dans cette espèce l'hirondelle à ventre tacheté de Cayenne (*c*), qui n'en diffère que par le plumage : encore

(*a*) Voyez les planches enluminées, nº 723, où cet oiseau est représenté, fig. 1, sous le nom d'*Hirondelle brune à collier du cap de Bonne-Espérance*.

(*b*) Voyez les planches enluminées, nº 546, fig. 2.

(*c*) Voyez les planches enluminées, nº 546, où cet oiseau est représenté, fig. 1, sous le nom d'*Hirondelle tachetée de Cayenne*.

(*) *Hirundo Torquata* GMEL.

(**) *Hirundo leucoptera* GMEL.

le fond des couleurs est-il à peu près le même ; c'est toujours du brun ou du gris brun et du blanc; mais ici le dessus du corps et les pennes des ailes et de la queue sont d'un brun uniforme sans reflet, sans mélange de blanc ; la partie inférieure, au contraire, qui dans l'autre est d'un blanc uniforme, est dans celle-ci d'un blanc parsemé de taches brunes ovales, plus serrées sur le devant du cou et la poitrine, plus rares en approchant de la queue; mais il ne faut pas croire que ces différences soient toujours aussi marquées que dans nos planches : il y a parmi les hirondelles à ventre blanc des individus qui ont moins de blanc sur les couvertures supérieures des ailes et dont le gris ou le brun du dessus du corps a moins de reflets.

VIII. — LA SALANGANE (a) (*)

C'est le nom que donnent les habitants des Philippines à une petite hirondelle de rivage fort célèbre et dont la célébrité est due aux nids singuliers qu'elle sait construire : ces nids se mangent (b) et sont fort recherchés, soit à la Chine, soit dans plusieurs autres pays voisins situés à cette extrémité de l'Asie. C'est un morceau, ou, si l'on veut, un assaisonnement très estimé, très cher et qui par conséquent a été très altéré, très falsifié ; ce qui, joint aux fables diverses et aux fausses applications dont on a chargé l'histoire de ces nids, n'a pu qu'y répandre beaucoup d'embarras et d'obscurité.

On les a comparés à ceux que les anciens appelaient *nids d'alcyons*, et plusieurs ont cru mal à propos que c'était la même chose. Les anciens regardaient ces derniers comme de vrais nids d'oiseaux composés de limon, d'écume et d'autres impuretés de la mer; ils en distinguaient plusieurs espèces. Celui dont parle Aristote était de forme sphérique, à bouche

(a) *Hirundo nido eduli.* Bontius, *Ind. or.*, p. 66. — *Hirundo sinensis, nido eduli, Bontii.* Willughby, *Ornithol.*, lib. II, p. 157. — Ray, *Synops. avi.*, p. 72. — Klein, *Ordo av.*, p. 84 ; en allemand, *sinesische-felsen-schwalbe.* Hirondelle chinoise de rocher. — *De vries*, p. 279. — *Hirundo maritima ; salanga, aliis, sayau, botabola, salangan* (les Malais prononcent *salangane*) dans l'île de Luçon. G.-J. Camel. *De avibus Philippensibus. Transact. philos.*, n° 285, art. 3. — « Hirundo supernè nigricans, infernè albida ; rectricibus nigricantibus apice albis... » Hirondelle de rivage de la Cochinchine. Brisson, *Ornithol.*, t. II, p. 510. — *Hirundo nidis edulibus... esculenta.* Linnæus, *Syst. nat.*. édit. XIII, p. 348. — *Apus marina. Rumphius*, Herb. 6, p. 183, t. LXXV, fol. 4. *Olear. mus.* 25, t. XIV, fol. 2, 6 ; tous deux cités par Linnæus. — Quelques-uns, comme Kæmpfer, l'ont nommée *Alcyon*, à cause des rapports observés entre son nid et celui qu'on nomme, en Europe, *nid d'Alcyon ;* en sorte que, dans la Méditerranée, c'est l'oiseau qui a donné le nom au prétendu nid ; et dans l'océan Indien, c'est le nid qui a donné le nom à l'oiseau.

(b) A Patane et à la Chine, ces nids se nomment *saroi-bouras, enno* ; au Japon, *jenwa, joniku* ; en langue vulgaire, *jens ;* aux Indes, *patong : nidus avium Schroderi ; tragacanthum Indicum venereum.*

(*) *Collocalia nidifica* (*Hirundo esculenta* L.). La Salangane constitue pour les ornithologistes modernes le type du genre *Collocalia*, caractérisé par des ailes aiguës avec la deuxième rémige plus longue que les autres, une queue tronquée à angle droit, un peu échancrée, un bec fortement recourbé, des tarses noirs.

étroite, de couleur roussâtre, de substance spongieuse, celluleuse, et composé en grande partie d'arêtes de poisson (*a*). Il ne faut que comparer cette description avec celle que le docteur Vitaliano Donati a faite de l'*alcyonium* de la mer Adriatique (*b*) pour se convaincre que le sujet de ces deux descriptions est le même; qu'il a, dans l'une et dans l'autre, la même forme, la même couleur, la même substance, les mêmes arêtes, en un mot que c'est un *alcyonium*, un polypier, une ruche d'insectes de mer, et non un nid d'oiseaux. La seule différence remarquable que l'on trouve entre les deux descriptions, c'est qu'Aristote dit que son nid d'alcyon a l'ouverture étroite, au lieu que Donati assure que son *alcyonium* a la bouche grande ; mais ces mots : grand, petit, expriment, comme on sait, des idées relatives à telle ou telle unité de mesure qui les détermine, et nous ignorons l'unité que le docteur Donati s'était choisie ; ce qu'il y a de sûr, c'est que le diamètre de cette bouche n'était que la sixième partie de celui de son *alcyonium*, ouverture médiocrement grande pour un nid, et remarquez qu'Aristote croyait parler d'un nid.

Celui de salangane est un nid véritable, construit par la petite hirondelle qui porte le nom de salangane aux îles Philippines. Les écrivains ne sont d'accord ni sur la matière de ce nid, ni sur sa forme, ni sur les endroits où on le trouve : les uns disent que les salanganes l'attachent aux rochers, fort près du niveau de la mer (*c*); les autres dans les creux de ces mêmes rochers (*d*); d'autres qu'elles les cachent dans des trous, en terre (*e*); Gemelli Careri ajoute « que les matelots sont toujours en quête sur le rivage, » et que, quand ils trouvent la terre remuée, ils l'ouvrent avec un bâton » et prennent les œufs et les petits, qui sont également estimés pour les » manger (*f*). »

Quant à la forme de ces nids, les uns assurent qu'elle est hémisphérique (*g*); les autres nous disent « qu'ils ont plusieurs cellules, que ce sont comme de

(*a*) « Nidus marinæ similis pilæ... colore leviter rufo... os ejus angustum quoad sit exiguus » aditus... habet sua inania proxima cavis spongiarum... videtur ex spinis acûs piscis con» stitui. » Aristote, *Hist. animal.*, lib. IX, cap. XIV. Voyez aussi Pline, lib. XXXII, cap. VIII. — Il y a presque toujours des arêtes et des écailles de poissons dans le nid de notre alcyon ou martin-pêcheur, mais elles sont éparses dans la poussière sur laquelle cet oiseau pond ses œufs, et n'entrent pas dans la composition du nid ; car notre martin-pêcheur ne fait point de nid.

(*b*) « L'alcionio e un corpo marino... che per lo piu s'accosta alla figura rotonda o con» vessa di sopra... nella superficie tuberoso... e coperto tutto all' intorno da foltissime spine... » di color terreo, ma deterso dall' immondezze, di color di cera... il nidollo è molto più » molle... spugnoso e cavernoso... con moltissime spine e molto unite, investite de carne, etc. » Voyez *Storia naturale marina dell' Adriatico*, p. 58.

(*c*) *Curiosités de la Nature et de l'Art*, p. 170.

(*d*) Jean de Laët, *in Mus. Worm.*, p. 311. Van Neck. *Second voyage*, p. 191. Kirker, etc.

(*e*) Gemelli Careri, *Voyage autour du monde*, t. V, p. 263.

(*f*) On dit la même chose de nos hirondelles de rivage. Voyez Salerne, *Hist. nat. des oiseaux*, p. 205. Voyez aussi Willughby, p. 156.

(*g*) *Musæum Worm.*, à l'endroit cité.

» grandes coquilles qui y sont attachées, et qu'ils ont, ainsi que les coquilles » des stries ou rugosités (*a*). »

A l'égard de leur matière, les uns prétendent qu'on n'a pu la connaître jusqu'à présent (*b*) ; les autres, que c'est une écume de mer ou du frai de poisson ; les uns, qu'elle est fortement aromatique ; les autres, qu'elle n'a aucun goût ; d'autres, que c'est un suc recueilli par les salanganes sur l'arbre appelé *calambouc;* d'autres, une humeur visqueuse qu'elles rendent par le bec au temps de l'amour ; d'autres, qu'elles les composent de ces holothuries ou poissons-plantes qui se trouvent dans ces mers ; le plus grand nombre s'accorde à dire que la substance de ces nids est transparente et semblable à la colle de poisson, ce qui est vrai. Les pêcheurs chinois assurent, suivant Kæmpfer, que ce qu'on vend pour ces nids n'est autre chose qu'une préparation faite avec la chair des polypes ; enfin Kæmpfer ajoute qu'en effet cette chair de polypes, marinée suivant une recette qu'il donne, a la même couleur et le même goût que ces nids. Il est bien prouvé par toutes ces contrariétés qu'en différents temps et en différents pays on a regardé comme nids de salangane différentes substances, soit naturelles, soit artificielles (*c*). Pour fixer toutes ces incertitudes, je ne puis mieux faire que de rapporter ici les observations de M. Poivre, ci-devant intendant des îles de France et de Bourbon (*d*). Je m'étais adressé à ce voyageur philosophe avec toute la confiance due à ses lumières pour savoir à quoi m'en tenir sur ces nids, presque aussi défigurés dans leur histoire par les auteurs européens qu'altérés ou falsifiés dans leur substance par les marchands chinois. Voici la réponse que M. Poivre a bien voulu me faire, d'après ce qu'il a vu lui-même sur les lieux :

« M'étant embarqué, en 1741, sur le vaisseau *le Mars*, pour aller en » Chine, nous nous trouvâmes, au mois de juillet de la même année, dans le » détroit de Sonde, très près de l'île de Java, entre deux petites îles qu'on » nomme *la grande et la petite Tocque*. Nous fûmes pris de calme en cet

(*a*) Le P. Philippe Marin. *Histoire de la Chine*, fol. 42.

(*b*) Kirker, du Halde, etc.

(*c*) La recette de Kæmpfer est telle : on écorche d'abord les polypes, on en fait tremper la chair dans une dissolution d'alun pendant trois jours ; ensuite on la frotte, on la lave, on la nettoie jusqu'à ce qu'elle devienne transparente, et après cela on la marine. *Histoire du Japon*, t. Ier, p. 120. On fait dans ces contrées plusieurs autres préparations du même genre ; à la Chine avec des tendons de cerfs, des nageoires de requins. Voyez Olof Torré. *Voyage aux Indes orientales*, p. 76 ; *Établissements européens dans les Indes*, t. Ier, liv. II. (Notez que c'est avec les nageoires d'un poisson commun dans les mers de Moscovie que l'on fait la colle de poisson.) Au Tonquin, on assaisonne les œufs des oiseaux de basse-cour d'une manière qui les conserve et les rend propres à l'assaisonnement des autres mets. *Histoire du Tonquin* de Baron, dans le *Recueil de Churchill*, t. VI, p. 6.

(*d*) On sait que M. Poivre a parcouru la partie orientale de notre continent en philosophe, recueillant sur sa route, non les opinions des hommes, mais les faits de la nature. Combien ne serait-il pas à désirer que ce célèbre observateur se déterminât à publier le journal d'un voyage aussi intéressant !

» endroit; nous descendîmes sur la petite Tocque dans le dessein d'aller à » la chasse des pigeons verts. Tandis que mes camarades de promenade » gravissaient les rochers pour chercher des ramiers verts, je suivis les » bords de la mer pour y ramasser des coquillages et des coraux articulés » qui y abondent. Après avoir fait presque le tour entier de l'îlot, un matelot » chaloupier qui m'accompagnait découvrit une caverne assez profonde, » creusée dans les rochers qui bordent la mer : il y entra ; la nuit appro- » chait ; à peine eut-il fait deux ou trois pas, qu'il m'appela à grands cris : » en arrivant, je vis l'ouverture de la caverne obscurcie par une nuée de » petits oiseaux qui en sortaient comme des essaims ; j'entrai en abattant » avec ma canne plusieurs de ces pauvres petits oiseaux, que je ne connais- » sais pas encore ; en pénétrant dans la caverne, je la trouvai toute tapis- » sée dans le haut de petits nids en forme de bénitiers (*a*) ; le matelot en » avait déjà arraché plusieurs et avait rempli sa chemise de nids et d'oiseaux ; » j'en détachai aussi quelques-uns, je les trouvai très adhérents au rocher. » La nuit vint... ; nous nous rembarquâmes, emportant chacun nos chasses » et nos collections.

» Arrivés dans le vaisseau, nos nids furent reconnus par les personnes » qui avaient fait plusieurs voyages en Chine pour être de ces nids si » recherchés des Chinois. Le matelot en conserva quelques livres, qu'il ven- » dit très bien à Canton. De mon côté, je dessinai et peignis en couleurs » naturelles les oiseaux avec leurs nids et leurs petits dedans, car ils étaient » tous garnis de petits de l'année, ou au moins d'œufs; en dessinant ces » oiseaux, je les reconnus pour de vraies hirondelles : leur taille était à peu » près celle des colibris.

» Depuis, j'ai observé en d'autres voyages que, dans les mois de mars et » d'avril, les mers qui s'étendent depuis Java jusqu'en Cochinchine au nord, » et depuis la pointe de Sumatra à l'ouest jusqu'à la Nouvelle-Guinée à l'est, » sont couvertes de *rogue* ou frai de poisson qui forme sur l'eau comme une » colle forte à demi délayée. J'ai appris des Malais, des Cochinchinois, des » Indiens Bissagas des îles Philippines et des Moluquois que la salangane » fait son nid avec ce frai de poisson (*b*). Tous s'accordent sur ce point. Il » m'est arrivé, en passant aux Moluques en avril et dans le détroit de la » Sonde en mars, de pêcher avec un seau de ce frai de poisson dont la mer » était couverte, de le séparer de l'eau, de le faire sécher, et j'ai trouvé que

(*a*) Chacun de ces nids contenait deux ou trois œufs ou petits, posés mollement sur des plumes semblables à celles que les père et mère avaient sur la poitrine. Comme ces nids sont sujets à se ramollir dans l'eau, ils ne pourraient subsister à la pluie ni près de la surface de la mer.

(*b*) Elle le ramasse, soit en rasant la surface de la mer, soit en se posant sur les rochers où ce frai vient se déposer et se coaguler. On a vu quelquefois des fils de cette matière visqueuse pendants au bec de ces oiseaux, et on a cru, mais sans aucun fondement, qu'ils la tiraient de leur estomac au temps de l'amour.

» ce frai ainsi séché ressemblait parfaitement à la matière des nids de » salangane.....

» C'est à la fin de juillet et au commencement d'août que les Cochinchi- » nois parcourent les îles qui bordent leurs côtes, surtout celles qui forment » leur *paracel*, à vingt lieues de distance de la terre ferme, pour chercher » les nids de ces petites hirondelles...

» Les salanganes ne se trouvent que dans cet archipel immense qui borne » l'extrémité orientale de l'Asie.....

« Tout cet archipel, où les îles se touchent pour ainsi dire, est très favo- » rable à la multiplication du poisson; le frai s'y trouve en très grande abon- » dance; les eaux de la mer y sont aussi plus chaudes qu'ailleurs; ce n'est » plus la même chose dans les grandes mers (*). »

J'ai observé quelques nids de salanganes; ils représentaient par leur forme la moitié d'un ellipsoïde creux, allongé et coupé à angles droits par le milieu de son grand axe; on voyait bien qu'ils avaient été adhérents au rocher par le plan de leur coupe; leur substance était d'un blanc jaunâtre,

(*) Bernstein a vu à Java une espèce de Salangane connue sous le nom de *Kusappi* faire son nid à l'entrée des cavernes et le long des falaises, mais il n'a pas pu observer la Salangane elle-même qui niche, comme le dit Poivre, dans le fond des cavernes. D'après Bernstein, la matière gélatineuse avec laquelle l'oiseau fait son nid est un produit de sécrétion. Les nids de l'espèce qu'il a observée sont formés de corps étrangers agglutinés par ce produit de sécrétion, tandis que les nids de la Salangane véritable ne sont formés, comme j'ai pu l'observer moi-même sur des nids recueillis dans les îles de Poulo-Condore, sur la côte de la Cochinchine française, que par le produit de sécrétion disposé en sortes de filaments accolés les uns aux autres et enchevêtrés, mais mélangés de quelques plumes et brindilles d'herbes.

Voici, d'après Brehm, ce que dit Bernstein de la façon dont son *Kusappi* construit son nid. « Quand l'oiseau commence à construire son nid, il vole vers l'endroit qu'il a choisi et du bout de sa langue applique sa salive contre la roche; il répète ce manège dix, vingt fois, sans jamais s'éloigner beaucoup. Il trace ainsi un demi-cercle ou un fer à cheval. La salive se dessèche rapidement et le nid a une base solide sur laquelle il repose. Le Kusappi se sert de diverses substances végétales qu'il agglutine les unes aux autres avec sa salive; *la Salangane proprement dite n'emploie que sa salive.* »

Voici la description que donne Bernstein des nids de la Salangane; j'emprunte cette description à Brehm: « La forme des nids comestibles (ceux de la Salangane proprement dite) est connue depuis longtemps. Ils ressemblent au quart d'une coquille d'œuf coupée suivant son grand diamètre. Ils sont ouverts par en haut, et le rocher sur lequel ils sont appliqués les cloisonne en arrière. Les parois du nid sont très minces. Son bord extérieur se prolonge et forme de chaque côté une sorte d'aile assez forte, qui maintient le nid appliqué contre le rocher. Ce nid est formé d'une matière translucide, blanchâtre ou brunâtre et présente des stries transversales, ondulées, disposées plus ou moins parallèlement les unes aux autres. » D'après Bernstein, les nids brunâtres sont des nids anciens, dans lesquels des petits ont été élevés. Il pense que la substance du nid est sécrétée par les glandes salivaires, notamment par les sublinguales qui acquièrent un développement très considérable au moment de la ponte. « Ces glandes, dit-il, sécrètent une quantité considérable d'un mucus épais, visqueux, qui vient s'amasser à la partie antérieure de la cavité buccale. Ce liquide ressemble assez à une solution de gomme arabique; il est très visqueux et filant. Si l'on en tire un fil de la bouche et qu'on l'enroule autour d'un bâton on peut retirer toute la salive de la bouche et même des conduits excréteurs. Elle se dessèche très rapidement et ressemble tout à fait à la substance qui compose les nids. »

à demi transparente; ils étaient composés à l'extérieur de lames très minces, à peu près concentriques et couchées en recouvrement les unes sur les autres, comme cela a lieu dans certaines coquilles; l'intérieur présentait plusieurs couches de réseaux irréguliers, à mailles fort inégales, superposés les uns aux autres, formés par une multitude de fils de la même matière que les lames extérieures, et qui se croisaient et recroisaient en tous sens.

Dans ceux de ces nids qui étaient bien entiers, on ne découvrait aucune plume; mais, en fouillant avec précaution dans leur substance, on y trouvait plus ou moins de plumes engagées, et qui diminuaient leur transparence à l'endroit qu'elles occupaient : quelquefois, mais beaucoup plus rarement, on y apercevait des débris de coquilles d'œuf; enfin, dans presque tous, il y avait des vestiges plus ou moins considérables de fiente d'oiseau (*a*).

J'ai tenu dans ma bouche pendant une heure entière une petite lame qui s'était détachée d'un de ces nids : je lui ai trouvé d'abord une saveur un peu salée; après quoi ce n'était plus qu'une pâte insipide qui s'était ramollie sans se dissoudre, et s'était renflée en se ramollissant. M. Poivre ne lui a trouvé non plus d'autre saveur que celle de la colle de poisson, et il assure que les Chinois estiment ces nids uniquement parce que c'est une nourriture substantielle et qui fournit beaucoup de sucs prolifiques, comme fait la chair de tout bon poisson; M. Poivre ajoute qu'il n'a jamais rien mangé de plus nourrissant, de plus restaurant qu'un potage de ces nids fait avec de la bonne viande (*b*). Si les salanganes se nourrissent de la même matière dont elles construisent leurs nids, et que cette matière abonde, comme disent les Chinois, en sucs prolifiques, il ne faut pas s'étonner de ce que l'espèce est si nombreuse. On prétend qu'il s'exporte tous les ans de Batavia mille picles de ces nids venant des îles de la Cochinchine et de celles de l'Est, chaque picle pesant cent vingt-cinq livres, et chaque nid une demi-once (*c*); cette exportation serait donc dans l'hypothèse de cent vingt-cinq mille livres pesant, par conséquent de quatre millions de nids; et en passant pour chaque nid cinq oiseaux, savoir le père, la mère et trois petits seulement, il s'ensuivrait encore qu'il y aurait sur les seules côtes de ces îles vingt millions de ces oiseaux, sans compter ceux dont les nids auraient échappé aux recherches, et encore ceux qui auraient niché sur les côtes du continent. N'est-il pas singulier qu'une espèce aussi nombreuse soit restée si longtemps inconnue?

Au reste, je ne dois pas dissimuler que le philosophe Redi, s'appuyant

(*a*) La plupart de ces observations ont été faites en premier lieu par M. Daubenton le jeune, qui me les a communiquées avec plusieurs nids de salanganes où j'ai vu les mêmes choses.

(*b*) Ce bouillon fait avec de la bonne viande n'entrerait-il pas pour quelque chose dans les effets attribués ici aux nids de salanganes.

(*c*) *Établissements européens dans les Indes orientales*, t. Ier, liv. II.

sur des expériences faites par d'autres (*a*), et peut-être incomplètes, doute beaucoup de la vertu restaurante de ces nids, attestée d'ailleurs par plusieurs écrivains qui s'accordent en cela avec M. Poivre (*b*).

Je viens de dire que la salangane avait été longtemps inconnue, et rien ne le prouve mieux que les différents noms spécifiques qu'on lui a donnés, et les différentes descriptions qu'on en a faites. On l'a appelée *hirondelle de mer, alcyon;* en sa qualité d'alcyon, on lui a supposé des plumes d'un beau bleu; on lui a fait une taille tantôt égale, tantôt au-dessus et tantôt au-dessous de celle de nos hirondelles (*c*); en un mot, avant M. Poivre, on n'en avait qu'une connaissance très imparfaite.

Kircher avait dit que ces hirondelles ne paraissaient sur les côtes que dans le temps de la ponte (*), et qu'on ne savait où elles passaient le reste de l'année; mais M. Poivre nous apprend qu'elles vivent constamment toute l'année dans les îlots et sur les rochers où elles ont pris naissance; qu'elles ont le vol de nos hirondelles, avec cette seule différence qu'elles vont et viennent un peu moins : elles ont en effet les ailes plus courtes.

Elles n'ont que deux couleurs, du noirâtre qui règne sur la partie supérieure, et du blanchâtre qui règne sur toute la partie inférieure et termine les pennes de la queue; de plus, l'iris est jaune, le bec noir et les pieds bruns.

Leur taille est au-dessous de celle du troglodyte; longueur totale, deux pouces trois lignes; bec, deux lignes et demie; tarse, autant; doigt postérieur, le plus petit de tous; queue, dix lignes, fourchue de trois, composée de douze pennes : dépasse les ailes des trois quarts de sa longueur.

IX. — LA GRANDE HIRONDELLE BRUNE A VENTRE TACHETÉ, OU L'HIRONDELLE DES BLÉS.

Ce dernier nom est celui sous lequel on connaît cette espèce (**) à l'île de France : elle habite les lieux ensemencés de froment, les clairières des bois et, par préférence, les endroits élevés; elle se pose fréquemment sur les

(*a*) Voyez les *Observations* de Rédi, dans la *Collection académique*, partie étrangère, t. IV, p. 567. S'il est vrai, comme on l'a dit, que les Hollandais commencent à importer de ces nids en Europe, ce point de fait sera bientôt éclairci.

(*b*) « Comedunt in primis ii qui in castris venereis strenuè se exercere volunt. » Musæum Wormianum, lib. III, cap. XXI. « C'est un grand restaurant à la nature, et les Chinois luxu- » rieux s'en servent fort. » *Histoire de la Société royale de Londres*, par Thomas Sprat, page 206.

(*c*) Voyez les différents voyageurs cités plus haut.

(*) Les cavernes les plus productives des nids de Salangane se trouvent, d'après Brehm, sur la côte méridionale de Java; mais la Salangane est répandue dans toutes les îles de la Sonde, dans les montagnes d'Assam, dans le Nilgerris, dans le Sikkim, à Ceylan, dans les îles de la Cochinchine, etc.

(**) *Hirundo borbonica* GMEL.

arbres et les pierres ; elle suit les troupeaux, ou plutôt les insectes qui les tourmentent ; on la voit aussi de temps en temps voler en grand nombre pendant quelques jours derrière les vaisseaux qui se trouvent dans la rade de l'île, et toujours à la poursuite des insectes ; son cri a beaucoup de rapport avec celui de notre hirondelle de cheminée.

M. le vicomte de Querhoënt a observé que les hirondelles des blés voltigeaient fréquemment sur le soir aux environs d'une coupure qui avait été faite dans une montagne, d'où il a jugé qu'elles passent la nuit dans des trous en terre ou des fentes de rocher, comme nos hirondelles de rivage et nos martinets ; elles nichent sans doute dans ces mêmes trous : cela est d'autant plus probable, que leurs nids ne sont point connus à l'île de France. M. de Querhoënt n'a trouvé de renseignements sur la ponte de ces oiseaux qu'auprès d'un ancien créole de l'île Bourbon, qui lui a dit qu'elle avait lieu dans les mois de septembre et d'octobre ; qu'il avait pris plusieurs fois de ces nids dans des cavernes, des trous de rocher, etc. ; qu'il sont composés de paille et de quelques plumes, et qu'il n'y avait jamais vu que deux œufs gris pointillés de brun.

Cette hirondelle est de la taille de notre martinet ; elle a le dessus du corps d'un brun noirâtre ; le dessous gris, semé de longues taches brunes ; la queue carrée ; le bec et les pieds noirs.

Variété.

La petite hirondelle brune à ventre tacheté, de l'île Bourbon (*a*), doit être regardée comme une variété de grandeur dans l'espèce précédente. On trouvera aussi quelques légères différences de couleurs en comparant les descriptions ; elle a le dessus de la tête, les ailes et la queue d'un brun noirâtre, les trois dernières pennes des ailes terminées de blanc sale et bordées de brun verdâtre : cette dernière couleur règne sur tout le reste de la partie supérieure ; la gorge et tout le dessous du corps, compris les couvertures inférieures de la queue, ont des taches longitudinales brunes sur un fond gris.

Longueur totale, quatre pouces neuf lignes ; bec, sept à huit lignes ; tarse, six lignes ; tous les ongles courts et peu crochus ; queue, près de deux pouces, carrée, et dépassée par les ailes d'environ sept lignes.

(*a*) Voyez les planches enluminées, nº 544, où cet oiseau est représenté, fig. 2, sous le nom d'*Hirondelle de l'île Bourbon*.

X. — LA PETITE HIRONDELLE NOIRE A CROUPION GRIS.

C'est M. Commerson qui a rapporté cette espèce nouvelle (*) de l'île de France : elle y est peu nombreuse, quoiqu'elle y trouve beaucoup d'insectes; elle a même très peu de chair, et n'est point un bon manger : elle se tient indifféremment à la ville et à la campagne, mais toujours dans le voisinage des eaux douces ; on ne la voit jamais se poser ; son vol est très prompt ; sa taille est celle de la mésange, et son poids deux gros et demi. M. le vicomte de Querhoënt l'a trouvée fréquemment le soir à la lisière des bois, d'où il présume que c'est dans les bois qu'elle passe la nuit.

Elle a tout le dessus du corps, ou plutôt toute la partie supérieure, d'un noirâtre uniforme, excepté le croupion qui est blanchâtre, de même que toute la partie inférieure.

Longueur totale, quatre pouces deux lignes ; bec, cinq lignes ; tarse, quatre lignes ; vol, neuf pouces ; queue, près de deux pouces (n'avait dans l'individu décrit par M. Commerson que dix pennes à peu près égales) : dépassée de dix lignes par les ailes, qui sont composées de seize ou dix-sept pennes.

Un individu rapporté des Indes par M. Sonnerat m'a semblé appartenir à cette espèce, ou plutôt faire la nuance entre cette espèce et la petite hirondelle brune à ventre tacheté de l'île Bourbon ; car il avait le dessous du corps tacheté comme celle-ci, et il se rapprochait de la première par la couleur du dessus du corps et par ses dimensions ; seulement les ailes dépassaient la queue de dix-sept lignes, et les ongles étaient grêles et crochus.

XI. — L'HIRONDELLE A CROUPION ROUX ET QUEUE CARRÉE.

Elle (**) a toute la partie supérieure, excepté le croupion, d'un brun noirâtre, avec des reflets qui jouent entre le vert brun et le bleu foncé : la couleur rousse du croupion un peu mêlée, chaque plume étant bordée de blanchâtre ; les pennes de la queue brunes ; celles des ailes du même brun, avec quelques reflets verdâtres : les grandes, bordées intérieurement de blanchâtre, et les secondaires bordées de cette même couleur, qui remonte un peu sur le côté extérieur ; tout le dessous du corps blanc sale, et les couvertures inférieures de la queue roussâtres.

Longueur totale, six pouces et demi ; bec, neuf à dix lignes ; tarse, cinq à six lignes ; doigts disposés trois et un ; ongle postérieur le plus fort de tous ; vol, environ dix pouces ; queue, deux pouces, presque carrée par le bout : un peu dépassée par les ailes.

M. Commerson a vu cette hirondelle sur les bords de la Plata au mois de

(*) *Hirundo francica* GMEL.
(**) *Hirundo americana* GMEL.

mai 1765. Il a rapporté du même pays un autre individu que l'on peut regarder comme une variété dans cette espèce : il n'en différait qu'en ce qu'il avait la gorge roussâtre, plus de blanc que de roux sur le croupion et les couvertures inférieures de la queue, toutes les pennes de la queue et des ailes plus foncées, avec des reflets plus distincts ; point de blanc sur les grandes pennes des ailes, qui dépassaient la queue de six lignes ; la queue un peu fourchue, et onze pouces de vol.

XII. — L'HIRONDELLE BRUNE ACUTIPENNE DE LA LOUISIANE (*a*).

Il se trouve en Amérique quelques races d'hirondelles qu'on peut nommer *acutipennes*, parce que les pennes de leur queue sont entièrement dénuées de barbes par le bout et finissent en pointe.

L'individu dont il est ici question (*) a été envoyé de la Louisiane par M. Lebeau ; il a la gorge et le devant du cou blanc sale tacheté de brun verdâtre ; tout le reste du plumage paraît d'un brun assez uniforme, surtout au premier coup d'œil ; mais, en y regardant de plus près, on reconnaît que la tête et le dessus du corps, compris les couvertures supérieures des ailes, sont d'une teinte plus foncée ; le croupion et le dessous du corps d'une teinte plus claire ; les ailes noirâtres, bordées intérieurement de ce même brun plus clair ; le bec noir et les pieds bruns.

Longueur totale, quatre pouces trois lignes ; bec, sept lignes ; tarse, six lignes ; doigt du milieu, six lignes ; doigt postérieur le plus court ; queue, dix-sept à dix-huit lignes, compris les piquants, un peu arrondie par le bout ; les piquants noirs longs de quatre à cinq lignes ; ceux des pennes intermédiaires les plus grands : dépassés par les ailes de vingt-deux lignes.

L'hirondelle d'Amérique de Catesby (*b*) et de la Caroline de M. Brisson a les ailes beaucoup plus courtes que celle de la Louisiane ; à cela près, elle lui ressemble fort par la taille, par la plupart des dimensions, par les piquants, par le plumage ; d'ailleurs elle est à peu près du même climat, et si l'on pouvait se persuader que cette grande différence dans la longueur des ailes ne fût pas constante, on serait porté à regarder cette hirondelle comme une variété dans la même espèce. Les temps de son arrivée à la Caroline et à la

(*a*) Voyez les planches enluminées, n° 726, fig. 2, où cet oiseau est représenté sous le nom d'*Hirondelle à queue pointue de la Louisiane*.

(*b*) *Hirundo caudâ aculeatâ, Americana*. Catesby, append., page et pl. 8. — *Hirundo caudâ vel sexies divisâ*. Klein, *Ordo av.*, p. 84, n° 6. — « Hirundo fusca, supernè saturatiùs, » infernè dilutiùs, gutture albicante ; rectricibus fuscis, mucronatis... » *Hirundo Carolinensis*. L'Hirondelle de la Caroline. Brisson, t. II, p. 501. — *Hirundo, rectricibus æqualibus, apice nudo subulatis... Pelasgia*. Linnæus, *Syst. nat.*, édit. XIII, gen. 117, sp. 10. Cet auteur paraît soupçonner que l'acutipenne de la Martinique pourrait n'être qu'une variété dans cette espèce ; mais, en les comparant, on trouve qu'elles diffèrent entre elles par les couleurs, la taille, les proportions et le climat.

(*) *Hirundo Pelasgia* GMEL.

Virginie et de son départ de ces contrées s'accordent, dit Catesby, avec ceux de l'arrivée et du départ des hirondelles en Angleterre; il soupçonne qu'elle va passer l'hiver au Brésil, et il nous apprend qu'elle niche à la Caroline dans les cheminées.

Longueur totale, quatre pouces trois lignes; bec, cinq lignes; tarse de même; doigt du milieu, six; queue, dix-huit lignes : dépassée de trois lignes par les ailes.

L'hirondelle acutipenne de Cayenne, appelée *camaria* (a), ressemble plus par ses dimensions à celle de la Louisiane que l'hirondelle de la Caroline, car elle a les ailes plus longues que celle-ci, mais cependant moins longues que celle-là. D'un autre côté, elle s'en éloigne un peu davantage par les couleurs du plumage, car elle a le dessus du corps d'un brun plus foncé et tirant au bleu, le croupion gris, la gorge et le devant du cou d'un gris teinté de roussâtre, le dessous du corps grisâtre, nuancé de brun; en général, la couleur des parties supérieures tranche un peu plus sur celles des parties inférieures et a plus d'éclat; mais ce peut être une variété de sexe, d'autant plus que l'individu de Cayenne a été donné pour un mâle.

On dit qu'à la Guyane elle n'approche pas des lieux habités, et certainement elle n'y niche pas dans les cheminées, car il n'y a point de cheminées à la Guyane.

Longueur totale, quatre pouces sept lignes; bec, quatre lignes; tarse, cinq; queue, vingt lignes, compris les piquants, qui en ont deux à trois; dépassée par les ailes d'environ un pouce.

XIII. — L'HIRONDELLE NOIRE ACUTIPENNE DE LA MARTINIQUE (b).

C'est la plus petite de toutes les acutipennes connues (*); elle n'est pas plus grosse qu'un roitelet; les pointes qui terminent les pennes de sa queue sont très fines.

Elle a tout le dessus de la tête et du corps noir sans exception, la gorge d'un brun gris, et le reste du dessous du corps d'un brun obscur; le bec noir et les pieds bruns.

L'individu représenté dans nos planches avait le dessous du corps d'un brun rougeâtre.

Longueur totale, trois pouces huit lignes; bec, quatre lignes; tarse de même; doigt du milieu, quatre lignes et demie; vol, huit pouces huit lignes; queue, vingt lignes; composée de douze pennes égales : dépassée par les ailes de huit lignes.

(a) Voyez les planches enluminées, n° 726, fig. 1re, où cet oiseau est représenté sous le nom d'*Hirondelle à queue pointue de Cayenne*.
(b) Voyez les planches enluminées, n° 544, fig. 1re.

(*) *Hirundo acuta* GMEL.

AVERTISSEMENT

Depuis quarante ans que j'écris sur l'histoire naturelle, mon zèle pour l'avancement de cette science ne s'est point ralenti; j'aurais voulu la traiter dans toutes ses parties, ou du moins ajouter à ce que j'ai déjà fait l'histoire des oiseaux et celle des insectes; mais comme ces deux objets sont d'un détail immense, j'ai senti que j'avais besoin de coopérateurs, et j'ai engagé mon très cher et savant ami M. de Montbeillard, l'un des meilleurs écrivains de ce siècle, à partager ce travail avec moi. Il a rempli une partie de cette tâche pénible jusqu'au sixième volume de cette histoire des oiseaux ; et désirant aujourd'hui s'occuper assidûment de celle des insectes, à laquelle il a déjà beaucoup travaillé, il m'a prié de me charger seul de ce qui restait à faire sur les oiseaux. Ce septième volume et les deux suivants qui termineront l'ouvrage seront donc tous trois sous mon nom; néanmoins, ce qu'ils contiennent ne m'appartient pas en entier, à beaucoup près. M. l'abbé Bexon, chanoine de la Sainte-Chapelle de Paris, déjà connu par plusieurs bons ouvrages, a bien voulu m'aider dans ce dernier travail; non seulement il m'a fourni toutes les nomenclatures et la plupart des descriptions, mais il a fait de savantes recherches sur chaque article, et il les a souvent accompagnées de réflexions solides et d'idées ingénieuses, que j'ai employées de son aveu, et dont je me fais un devoir et un plaisir de lui témoigner publiquement ma juste reconnaissance.

Je dois encore avertir que M. Daubenton, des Académies de Philadelphie et de Nancy, garde et sous-démonstrateur du Cabinet du Roi, a aussi beaucoup contribué à la perfection de tout l'ouvrage, en se chargeant de faire dessiner, graver et enluminer avec soin les oiseaux, à mesure qu'il a été possible de se les procurer. Le quarante-deuxième et dernier cahier de cette collection, composée de mille huit planches enluminées, vient de paraître; en sorte que dans moins d'un an cette histoire de tous les oiseaux connus sera complète à tous égards.

On l'a imprimée sous quatre formats :

1° Grand in-folio avec les planches enluminées, en grand papier;

2° Petit in-folio avec les planches enluminées, petit papier;

3° In-quarto avec d'autres planches en noir, et des renvois aux planches enluminées;

4° In-douze avec planches en noir, et les mêmes renvois.

LES PICS [(a)]

Les animaux qui vivent des fruits de la terre sont les seuls qui entrent en société : l'abondance est la base de l'instinct social, de cette douceur de mœurs et de cette vie paisible qui n'appartient qu'à ceux qui n'ont aucun motif de se rien disputer ; ils jouissent sans trouble du riche fonds de subsistance qui les environne : et dans ce grand banquet de la nature, l'abondance du lendemain est égale à la profusion de la veille. Les autres animaux, sans cesse occupés à pourchasser une proie qui les fuit toujours, pressés par le besoin, retenus par le danger, sans provisions, sans moyens que dans leur industrie, sans aucune ressource que leur activité, ont à peine le temps de se pourvoir et n'ont guère celui d'aimer. Telle est la condition de tous les oiseaux chasseurs ; et, à l'exception de quelques lâches qui s'acharnent sur une proie morte, et s'attroupent plutôt en brigands qu'ils ne se rassemblent en amis, tous les autres se tiennent isolés et vivent solitaires. Chacun est tout entier à soi, nul n'a de biens ni de sentiments à partager.

Et de tous les oiseaux que la nature force à vivre de la grande ou de la petite chasse, il n'en est aucun dont elle ait rendu la vie plus laborieuse, plus dure, que celle du pic (*) : elle l'a condamné au travail, et pour ainsi dire à la galère perpétuelle ; tandis que les autres ont pour moyens la course, le vol, l'embuscade, l'attaque, exercices libres où le courage et l'adresse prévalent, le pic, assujetti à une tâche pénible, ne peut trouver sa nourriture

(*a*) Le pic, en général, se nomme en grec, δενδροκολαπτής, δρυοκολαπτής (*quasi, arborum, quercuum dolator*), ξυλοκοπὸς ; dans Hésychius σπελεκτὸς : et dans *les Oiseaux* d'Aristophane πελεκᾶν, *à perforandis lignis* (*aves erant sapientissimi pelecanes, qui rostris dolaverunt januas*). En grec moderne, κουρκουνίστης ; en latin, *picus* ; dans Pline, *picus arborarius* (le nom de *picus martius* appartient exclusivement au pic vert). En hébreu, *anapha*, ou selon d'autres *bleschiat* ; en italien, *pico, picchio* ; en allemand, *specht* ; en flamand, *spicht* ; en anglais, *wood-pecker* ; en espagnol, *bequebo* ; en polonais, *dzieziol* ; en turc, *sægarieck.*

(*) Les Pics (*Picus*) sont des Grimpeurs de la famille des Picidés. Leur bec est droit, conique, fort, dépourvu de cire, aussi haut que large à la base, muni d'arêtes très angulaires et de sillons latéraux, plus rapprochés des bords mandibulaires que du sommet du bec. Les tarses sont garnis de dentelles transversales et les doigts terminés par de fortes griffes dont ces oiseaux se servent pour s'accrocher aux arbres le long desquels ils grimpent. La queue est composée de douze rectrices ; tout le plumage est rigide et fourni en duvet. La langue est cornée, très longue, munie à l'extrémité de deux crochets dirigés en arrière.

qu'en perçant les écorces et la fibre dure des arbres qui la recèlent ; occupé sans relâche à ce travail de nécessité, il ne connaît ni délassement ni repos; souvent même il dort et passe la nuit dans l'attitude contrainte de la besogne du jour; il ne partage pas les doux ébats des autres habitants de l'air; il n'entre point dans leurs concerts, et n'a que des cris sauvages, dont l'accent plaintif, en troublant le silence des bois, semble exprimer ses efforts et la peine. Ses mouvements sont brusques; il a l'air inquiet, les traits et la physionomie rudes, le naturel sauvage et farouche; il fuit toute société, même celle de son semblable; et quand le besoin physique de l'amour le force à rechercher une compagne, c'est sans aucune des grâces dont ce sentiment anime les mouvements de tous les êtres qui l'éprouvent avec un cœur sensible.

Tel est l'instinct étroit et grossier d'un oiseau borné à une vie triste et chétive. Il a reçu de la nature des organes et des instruments appropriés à cette destinée, ou plutôt il tient cette destinée même des organes avec lesquels il est né. Quatre doigts épais, nerveux, tournés deux en avant, deux en arrière (*a*); celui qui représente l'ergot étant le plus allongé et même le plus robuste, tous armés de gros ongles arqués, implantés sur un pied très court et puissamment musclé, lui servent à s'attacher fortement et grimper en tous sens autour du tronc des arbres (*b*); son bec tranchant, droit, en forme de coin, carré à sa base, cannelé dans sa longueur, aplati et taillé verticalement à sa pointe comme un ciseau, est l'instrument avec lequel il perce l'écorce et entame profondément le bois des arbres où les insectes ont déposé leurs œufs ; ce bec, d'une substance solide et dure (*c*), sort d'un crâne épais; de forts muscles dans un cou raccourci, portent et dirigent les coups réitérés que le pic frappe incessamment pour percer le bois et s'ouvrir un accès jusqu'au cœur des arbres : il y darde une longue langue effilée, arrondie, semblable à un ver de terre, armée d'une pointe dure, osseuse, comme d'un aiguillon, dont il perce dans leurs trous les vers qui sont sa seule nourriture, sa queue, composée de dix pennes raides, fléchies en dedans, tronquées à la pointe, garnies de soies rudes, lui sert de point d'appui dans l'attitude souvent renversée qu'il est forcé de prendre pour grimper et frapper avec avantage (*d*). Il niche dans les cavités qu'il a en

(*a*) « Omnibus digiti bini et bini, ante et retro; quod solis ipsis, si quasdam noctuas, » psittacos et yinga excipias, proprium est, » dit Aldrovande, qui ne connaissait pas les ouroucouais et les barbus, et qui oublie les coucous et les toucans.

(*b*) « Scandit per arbores omnibus modis; nam vel resupinus stellionum more ingre- » ditur. » Aristote, lib. IX, cap. 9.

(*c*) « Le bec est droict, dur, fort et poinctu, quasi limé en quatre quarres. » Belon, *Nat. des oiseaux.* — Aristote observe (lib. III, cap. 1, *De part. animal.*) la dureté du bec osseux du pic : « Roboriseci generis (*rostrum*) et corvini, robustum atque prædurum os est... »

(*d*) « Sa queue est moult propice pour sa façon de vivre; car son extrémité est ronde, et » les plumes moult rudes, dont il se sert rampant sur les arbres, s'appuyant à elle pour se » servir de contre-poids; et au lieu que quasi tous les autres y ont douze plumes, le pic n'en » a que dix. » Belon, *Nat. des oiseaux*, p. 299.

partie creusées lui-même, et c'est du sein des arbres que sort cette progéniture qui, quoique ailée, est néanmoins destinée à ramper à l'entour, à y rentrer de nouveau pour se reproduire et à ne s'en séparer jamais.

Le genre du pic est très nombreux en espèces qui varient pour les couleurs et diffèrent par la grandeur; les plus grands pics sont de la taille de la corneille, et les plus petits de celle de la mésange; mais chaque espèce en particulier paraît peu nombreuse en individus, ainsi qu'il en doit être de tous les êtres dont la vie peu aisée diminue la multiplication. Cependant la nature a placé des pics dans toutes les contrées où elle a produit des arbres, et en plus grande quantité dans les climats plus chauds. Sur douze espèces que nous connaissons en Europe et dans le Nord de l'un et de l'autre continent, nous en compterons vingt-sept dans les régions chaudes de l'Amérique, de l'Afrique et de l'Asie; ainsi, malgré les réductions que nous avons dû faire aux espèces trop multipliées par les nomenclateurs, nous en aurons en total trente-neuf, dont seize n'étaient pas connues des naturalistes avant nous, et nous observerons qu'en général tous les pics de l'un et de l'autre continent diffèrent des autres oiseaux par la forme des plumes de la queue, qui sont toutes terminées en pointe plus ou moins aiguë.

Les trois espèces (*) de pics connues en Europe sont *le pic vert*, *le pic noir* et *l'épeiche* ou *pic varié*, et ces trois espèces, qui sont presque isolées et sans variétés dans nos climats, semblent s'être échappées chacune de leur famille, dont les espèces sont nombreuses dans les climats chauds des deux continents. Nous réunirons donc à la suite de chacune de ces trois espèces d'Europe tous les pics étrangers qui peuvent y avoir rapport.

LE PIC VERT (a) (b)

Le pic vert (**) est le plus connu des pics, et le plus commun dans nos bois. Il arrive au printemps, et fait retentir les forêts de cris aigus et durs,

(a) Voyez les planches enluminées, n° 371, et n° 879, le vieux mâle.

(b) En latin, *picus martius*; en grec, dans Aristote, κολιός; en italien, *pico verde*, *picozo*; en allemand, *grun-specht*; en anglais, *greenwood pecker*, *greenwood-spise*, *high-hoo*, *hew-hole*, *rainfowl*; en suédois, *groen-spich*, *groen-gjoeling*, *wedknarr*; en polonais, *dzieciol zielony*; en danois, *gron-spæt*, *gnul-spæt*; en lapon, *zhiaine*. *Pic-mart*, *pic vert*, *pic jaune*, *picumart*, Belon, *Portrait d'oiseaux*, p. 74, *a*. *Pic vert-jaune*; *idem*. *Nat. des oiseaux*, p. 299. Le pic vert s'appelle, en Poitou, *picosseau*; en Périgord, *picolat*; en Guyenne, *bivai*; en Picardie, *becquebo*; en quelques endroits, *pleu-pleu*, ou *plui-plui*, d'après un de ses cris. — *Picus viridis*. Gessner, *Avi.*, p. 710, avec une mauvaise figure. La même, *Icon. avi.*, p. 36. — Ray, *Synops. avi.*, p. 42, n° *a*, 2. — Klein, *Avi.*, p. 27, n° 5. — Frisch, tab. 35, la

(*) Le nombre des espèces européennes est en réalité de six ou sept.

(**) *Picus (Gecissus) viridis* L.

tiacacan, tiacacan, que l'on entend de loin, et qu'il jette surtout en volant par élans et par bonds ; il plonge, se relève et trace en l'air des arcs ondulés, ce qui n'empêche pas qu'il ne s'y soutienne assez longtemps ; et quoiqu'il ne s'élève qu'à une petite hauteur, il franchit d'assez grands intervalles de terres découvertes pour passer d'une forêt à l'autre. Dans le temps de la pariade il a, de plus que son cri ordinaire, un appel d'amour qui ressemble en quelque manière à un éclat de rire bruyant et continu, *tio, tio, tio, tio, tio,* répété jusqu'à trente et quarante fois de suite (*a*).

Le pic vert se tient à terre (*b*) plus souvent que les autres pics, surtout près des fourmilières, où l'on est assez sûr de le trouver, et même de le prendre avec des lacets. Il attend les fourmis au passage, couchant sa longue langue dans le petit sentier qu'elles ont coutume de tracer et de suivre à la file ; et lorsqu'il sent sa langue couverte de ces insectes, il la retire pour les avaler ; mais si les fourmis ne sont pas assez en mouvement, et lorsque le froid les tient encore renfermées, il va sur la fourmilière, l'ouvre avec les pieds et le bec, et s'établissant au milieu de la brèche qu'il vient de faire, il les saisit à son aise et avale aussi leurs chrysalides.

Dans tous les autres temps il grimpe contre les arbres, qu'il attaque et qu'il frappe à coups de bec redoublés ; travaillant avec la plus grande activité, il dépouille souvent les arbres secs de toute leur écorce ; on entend de loin ses coups de bec et l'on peut les compter ; comme il est paresseux pour tout autre mouvement, il se laisse aisément approcher, et ne sait se dérober au chasseur qu'en tournant autour de la branche et se tenant sur la face opposée. On a dit qu'après quelques coups de bec il va de l'autre côté de l'arbre pour voir s'il l'a percé ; mais c'est plutôt pour recueillir sur l'écorce les insectes qu'il a réveillés et mis en mouvement ; et ce qui paraît encore plus certain, c'est que le son rendu par la partie du bois qu'il frappe semble

figure assez exacte, aux taches près marquées dessous le corps. — Sibbald, *Scot. illustr.*, part. II, lib. III, p. 15. — Willughby, *Ornithol.*, p. 93, avec la figure empruntée d'Aldrovande, tab. 21. — Jonston, *Avi.*, p. 79, avec une figure, tab. 41, empruntée d'Aldrovande ; et une de Gessner, même planche, sous le nom de *Picus viridis major.* — Schwenckfeld, *Avi. Siles.*, p. 338. — *Picus viridis vertice coccineo.* Linnæus, *Syst. nat.*, édit. X, gen. 54, sp. 7. — *Idem, Fauna Suec.*, n° 80. — Muller, *Zool. Dan.*, n° 98. — *Green wood-pecker, or wood-spite. Brit. Zool.*, p. 78. — *Picus viridis.* Charleton, *Exercit.*, p. 93, n° 3. *Idem. Onomast.*, p. 86, n° 3. — *Picus arborarius Plinio ; picus martius Festo.* Rzaczynsky, *Hist. nat. Polon.*, p. 292. — *Picus viridis, seu picus martius, picus medius Eberi et Peuceri. Idem. Auctuar.*, p. 413. — *Kolios, seu picus viridis nostras.* Aldrovande, *Avi.*, t. Ier, p. 848. — *Picus,* Moebring, *Avi.*, gen. 14. — *Green-wood pecker, or picus martius.* Borl., *Hist. nat. of Cornwal.*, p. 246. — *Piverd.* Albin, t. Ier, p. 17, avec une figure mal coloriée, pl. 18. — « Picus supernè viridi-olivaceus, infernè ex sordidè albo ad olivaceum inclinans, uropygio » olivaceo-flavicante, capite superiùs et occipitio rubris, rectricibus fuscis, binis intermediis » in utroque latere, lateralibus exteriùs viridi-olivaceo dentatim variegatis, octo intermediis » apice nigris... » *Picus viridis.* Brisson, *Ornithol.*, t. IV, p. 9.

(*a*) Aldrovande dit qu'il se tait en été, « æstate silere aiunt : » apparemment qu'il reprend sa voix à l'automne, car nous l'avons ouï dans cette saison remplir les bois de ses cris.

(*b*) Willughby.

lui faire connaître les endroits creux où se nichent les vers qu'il recherche, ou bien une cavité dans laquelle il puisse se loger lui-même et disposer son nid.

C'est au cœur d'un arbre vermoulu qu'il le place, à quinze ou vingt pieds au-dessus de terre, et plus souvent dans les arbres de bois tendre, comme trembles ou marsauts, que dans les chênes. Le mâle et la femelle travaillent incessamment et tour à tour à percer la partie vive de l'arbre jusqu'à ce qu'ils rencontrent le centre carié ; ils le vident et le creusent, rejetant au dehors avec les pieds les copeaux et la poussière du bois ; ils rendent quelquefois leur trou si oblique et si profond, que la lumière du jour ne peut y arriver. Ils y nourrissent leurs petits à l'aveugle. La ponte est ordinairement de cinq œufs, qui sont verdâtres avec de petites taches noires. Les jeunes pics commencent à grimper tout petits et avant de pouvoir voler. Le mâle et la femelle ne se quittent guère, se couchent de bonne heure, avant les autres oiseaux, et restent dans leur trou jusqu'au jour.

Quelques naturalistes ont pensé que le pic vert est l'oiseau pluvial, *pluviæ avis* des anciens, parce qu'on croit vulgairement qu'il annonce la pluie par un cri très différent de sa voix ordinaire. Ce cri est plaintif et traîné, *plieu, plieu, plieu,* et s'entend de très loin. C'est dans le même sens que les Anglais le nomment *rain-fowl* (oiseau de pluie) ; et que dans quelques-unes de nos provinces, comme en Bourgogne, le peuple l'appelle *procureur du meunier* (*a*). Ces observateurs prétendent même avoir reconnu dans le pic vert quelque pressentiment marqué du changement de la température et des autres affections de l'air ; et c'est apparemment d'après cette prévision naturelle à cet oiseau, que la superstition lui a supposé des connaissances encore plus merveilleuses. Le pic (*b*) tenait le premier rang dans les auspices ; son histoire ou plutôt sa fable, mêlée à la mythologie des anciens héros du *Latium* (*c*), présente un être mystérieux et augural dont les signes étaient interprétés, les mouvements significatifs et les apparitions fatales. Pline nous en offre un trait frappant, et qui montre en même temps dans les anciens Romains deux caractères qu'on croirait incompatibles, l'esprit superstitieux et la grandeur d'âme (*d*).

(*a*) Comme annonçant la pluie et la crue d'eau qui fait moudre le moulin.

(*b*) « Pici martii... in auspicatu magni... principales Latio sunt in auguriis. » Pline, lib. x, cap. 18.

(*c*) Picus, fils de Saturne et père de Faunus, fut aïeul du roi Latinus. Pour avoir méprisé l'amour de Circé, il fut changé en pic vert ; il devint un des dieux champêtres sous le nom de *Picumnus*. Tandis que la louve allaitait Romulus et Remus, on vit ce pic sacré se poser sur leur berceau. *Vid. plura apud Gessner.*, p. 678.

(*d*) Un pic vint se poser sur la tête du préteur Ælius Tubero, tandis qu'il était assis sur son tribunal dans la place publique, et se laissa prendre à la main : les devins consultés sur ce prodige répondirent que l'empire était menacé de destruction si on relâchait l'oiseau, et le préteur, de mort si on le retenait ; Tubero à l'instant le déchira de ses mains : peu après, ajoute Pline, il accomplit l'oracle. Lib. x, cap. 18.

L'espèce du pic vert se trouve dans les deux continents, et, quoique assez peu nombreuse en individus, elle est très répandue. Le pic vert de la Louisiane (*a*) est le même que celui d'Europe; le pic vert des Antilles (*b*) n'en est qu'une variété. M. Gmelin parle d'un pic vert cendré qu'il vit chez les Tunguses, qui est une espèce très voisine ou une variété de celui d'Europe (*c*). Nous n'hésiterons pas de lui rapporter aussi le pic à *tête grise* de Norvège donné par Edwards (*d*), et dont MM. Klein et Brisson ont fait une espèce particulière (*e*). Il ne diffère, en effet, de notre pic vert qu'en ce que ses couleurs sont plus pâles et sa tête sans rouge décidé, quoiqu'il y en ait quelque teinte sur le front. Edwards remarque avec raison que cette diversité de couleur provient uniquement de la différence des climats, qui influent sur le plumage des oiseaux comme sur le pelage des quadrupèdes, que le froid du pôle blanchit ou pâlit également. M. Brisson fait encore une espèce particulière du *pic jaune* de Perse (*f*), lequel, suivant toute apparence, n'est aussi qu'un pic vert. Il en a la taille et presque les couleurs : Aldrovande ne parle de ce pic jaune de Perse que sur une figure qui lui fut montrée à Venise; ce n'est point sur une notice aussi incertaine, et sur laquelle ce naturaliste paraît peu compter lui-même, qu'on doit établir une espèce particulière, et c'est même peut-être trop que de l'indiquer ici.

Belon a fait du pic noir une espèce de pic vert, et cette erreur a été adoptée par Ray, qui compte deux espèces de pic vert (*g*). Mais l'origine de ces méprises est dans l'abus du nom de pic vert, que les anciens ornithologistes et quelques modernes, tels que les traducteurs de Catesby et d'Edwards, appliquent indistinctement à tous les pics. Il en est de même du nom de *picus martius*, qu'ils donnent souvent aux pics en général, quoique origi-

(*a*) Le pic vert est le même à la Louisiane qu'en France. Le Page Dupratz, *Histoire de la Louisiane*, t. Ier, p. 117.

(*b*) « Il y a un oiseau qu'on nomme *charpentier* à Saint-Domingue, sans doute parce qu'il charpente et creuse les arbres : si ce n'est pas le pic vert d'Europe, c'est un oiseau de la même espèce; il en a les couleurs, la forme, le chant et les mœurs. Il fait beaucoup de tort aux palmistes, qu'il perce en plusieurs endroits, et souvent de part en part, ce qui les rend cassants et les fait périr par la suite; il est aussi très friand de l'amande du cacaoyer; on est obligé de lui donner la chasse lorsque le cacao approche de la maturité. » Note de M. le chevalier Lefebvre-Deshayes.

(*c*) « Les Tunguses de la Nijaia-tunguska attribuent des vertus au pivert cendré; ils font » rôtir cet oiseau, le pilent, y mêlent de la graisse qu'elle qu'elle soit, excepté celle d'ours, » parce qu'elle se corrompt facilement, et enduisent avec ce mélange les flèches dont ils font » usage à la chasse; un animal frappé d'une de ces flèches tombe toujours sous le coup. » *Voyage en Sibérie*, par Gmelin, t. II, p. 113.

(*d*) *History of Birds*, t. II, p. 65.

(*e*) Klein, *Avi.*, p. 28, n° 17. *Pic vert de Norvège*, Brisson, *Ornithol.*, t. IV, p. 18.

(*f*) *Picus luteus, cyanopus, Persicus.* Aldrovande, t. Ier, p. 851. — *Le pic jaune de Perse.* Brisson, *Ornithol.*, t. IV, p. 20.

(*g*) *Nat. des oiseaux. Du plus grand pic vert*, p. 302. C'est ce qu'Aldrovande a bien reconnu : « Bellonius hallucinatur picum suum viridem nobis pro pico majori obtrudens, » t. Ier, p. 843.

nairement il appartienne exclusivement au pic vert, comme oiseau dédié au dieu Mars.

Gessner a dit avec raison, et Aldrovande a tâché de prouver que le *colios* d'Aristote est le pic vert; mais presque tous les autres naturalistes ont soutenu que le *colios* est le loriot. Nous croyons devoir discuter leurs opinions, tant pour compléter l'histoire naturelle de ces oiseaux, que pour expliquer deux passages d'Aristote qui présentent plus d'une difficulté.

Théodore Gaza traduit également par *galgulus* (loriot) un mot qui se trouve deux fois (du moins suivant sa leçon) au chapitre Ier du IXe livre d'Aristote; mais il est évident qu'il se trompe au moins une, et que le *celeos* qui combat avec le *libyos* dans le premier passage ne peut point être le même qui, dans le second, est ami du *libyos*. Ce dernier *celeos* habite les rives des eaux et les taillis (*a*), genre de vie qui n'est point attribué au premier; et pour qu'Aristote ne se contredise pas dans la même page, il faut lire dans le premier passage *colios* au lieu de *celeos*. Le *celeos* sera donc un oiseau d'eau ou de rivage, et le *colios* sera ou le loriot, comme l'a rendu Gaza et comme l'ont répété les nomenclateurs, ou le pic vert comme l'ont soutenu Gessner et Aldrovande. Or, par la comparaison du second passage d'Aristote (*b*), où il parle plus amplement du *colios* (*c*), tout ce qu'il lui attribue, comme la grandeur approchante de la tourterelle, la voix forte, etc. (*d*), convient parfaitement au pic vert, et il y a même un trait qui ne convient qu'à lui, savoir : *l'habitude de frapper les arbres à coups de bec et d'y chercher sa nourriture* (*e*). De plus, le mot *chloron* dont ce philosophe se sert pour marquer la couleur du *colios* signifie plutôt *vert* qu'il ne signifie *jaune*, comme l'a rendu Gaza; et si l'on considère après cela qu'Aristote, en cet endroit, parle du *colios* après deux pics et avant le grimpereau, on ne pourra guère douter qu'il n'ait entendu le pic vert et non pas le loriot.

Albert et Scaliger ont assuré que le pic vert apprend à parler, et qu'il articule quelquefois parfaitement la parole (*f*); Willughby le nie avec raison (*g*). La structure de la langue des pics, longue comme un ver, paraît se refuser entièrement au mécanisme de l'articulation des sons, outre que leur caractère sauvage et indocile les rend peu susceptibles d'éducation; car l'on

(*a*) Παρὰ ποταμὸν καὶ λόχμας (*juxta amnes et fruteta*), en quoi Gaza s'est encore trompé, de rendre *fruteta et nemora*.

(*b*) Lib. VIII, cap. III.

(*c*) Remarquez qu'il le comprend sous l'article des oiseaux vivant de pucerons et d'insectes : « aliæ culicibus vivunt, nec aliò magis quàm venatu culicum gaudent. »

(*d*) « Magnitudo quanta ferè turturi est... » Vocem emittit, magnam. » *Loco citato*.

(*e*) « Lignipeta admodum est, magnàque ex parte macerie (potiùs materie) pascitur. » *Ibid.*

(*f*) *Exercit.*, page 237.

(*g*) « Picos humano sermoni assuescere, quamvis Scaliger et Albertus tradunt, ego vix » crediderim. » Willughby, p. 92.

ne peut guère nourrir en domesticité des oiseaux qui ne vivent que des insectes cachés sous les écorces (*a*).

Selon Frisch, les mâles seuls ont du rouge sur la tête; Klein dit la même chose; Salerne prétend qu'ils se trompent, et que les petits ont tous le dessus de la tête rouge, même dans le nid. Suivant l'observation de Linnæus, ce rouge varie et paraît mêlé, tantôt de taches noires, tantôt de grises, et quelquefois sans taches dans différents individus. Quelques-uns, et ce sont vraisemblablement les vieux mâles, prennent du rouge dans les deux moustaches noires qui partent des angles du bec, et ils ont en tout les couleurs plus vives, comme on le voit dans celui qui est représenté dans nos planches enluminées nº 879.

Frisch raconte qu'en Allemagne, pendant l'hiver, le pic vert fait ravage dans les ruches d'abeilles; nous doutons de ce fait, d'autant qu'il reste bien peu de ces oiseaux en France pendant l'hiver, si même il en reste aucun; et comme il fait encore plus froid en Allemagne, nous ne voyons pas pourquoi ils y resteraient de préférence.

En les ouvrant, on leur trouve ordinairement le jabot rempli de fourmis. Il n'y a point de *cæcum,* et tous les oiseaux de ce genre en manquent également (*b*), mais en place du cæcum il y a un renflement dans l'intestin. La vésicule du fiel est grande; le tube intestinal est long de deux pieds; le testicule droit est rond; le gauche oblong et courbé en arc, ce qui est naturel et non accidentel, comme il a été vérifié sur un grand nombre d'individus (*c*).

Mais le mécanisme de la langue du pic a été un sujet d'admiration pour tous les naturalistes. Borelli et Aldrovande ont décrit la forme et le jeu de cet organe; Olaüs Jacobæus, dans les *Actes de Copenhague* (*d*), et Méry dans les *Mémoires de l'Académie des Sciences de Paris* (*e*), en ont donné la curieuse anatomie. La langue du pic vert, proprement dite, n'est que cette pointe osseuse qui ne paraît en faire que l'extrémité; ce que l'on prend pour la langue est l'os hyoïde lui-même engagé dans un fourreau membraneux, et prolongé en arrière en deux longs rameaux d'abord osseux, puis cartilagi-

(*a*) M. le vicomte de Querhoënt nous assure pourtant en avoir nourri, du moins quelque temps; mais il nous confirme dans l'idée de leur mauvais naturel. « J'ai vu, dit-il, de jeunes » pics verts que j'élevais et qui étaient encore dans le nid, se battre avec acharnement. » Lorsque j'ai ouvert des arbres où il y avait une nichée, le père et la mère l'ont toujours » abandonnée, et ont toujours laissé mourrir de faim leurs petits. Les pics sont méchants et » querelleurs; les oiseaux plus faibles qu'eux sont toujours leurs victimes : ils leur brisent » la tête à coups de bec, sans en faire ensuite leur proie. J'en avais un dans une chambre » avec des perdrix, il les tua toutes les unes après les autres. Lorsque j'entrais, il me grim» pait le long des jambes. Il allait se promener dans les champs et revenait manger dans la » chambre; ils sont familiers, sans être attachés. »

(*b*) « Commune generi cæcis carere. » Willughby.

(*c*) Willughby.

(*d*) *Collection académique*, partie étrangère, t. IV, p. 358.

(*e*) *Reg. Sc. acad. hist.* à J.-B. Duhamel, lib. IV, sect. VI, cap. 5.

neux, lesquels, après avoir embrassé la trachée-artère, fléchissent, se courbent sur la tête, se couchent dans une rainure tracée sur le crâne, et vont s'implanter dans le front à la racine du bec. Ce sont ces deux rameaux ou filets élastiques, garnis d'un appareil de ligaments et de muscles extenseurs et rétracteurs, qui fournissent à l'allongement et au jeu de cette espèce de langue. Tout le faisceau de cet appareil est enveloppé, comme dans une gaine, d'une membrane qui est le prolongement de celle dont la mandibule inférieure du bec est tapissée, de manière qu'elle s'étend et se défile comme un ver lorsque l'os hyoïde s'élance, et qu'elle se ride et se replisse en anneaux quand cet os se retire. La pointe osseuse, qui tient seule la place de la véritable langue, est implantée immédiatement sur l'extrémité de cet os hyoïde, et recouverte d'un cornet écailleux, hérissé de petits crochets tournés en arrière; et afin qu'il ne manque rien à cette espèce d'aiguillon pour retenir comme pour percer la proie, il est naturellement enduit d'une glu que distillent dans le fond du bec deux canaux excrétoires venant d'une double glande. Cette structure est le modèle de celle de la langue de tous les pics : sans l'avoir vérifié sur tous, nous le conclurons du moins par anologie, et même nous croyons qu'on peut l'étendre à tous les oiseaux qui lancent leur langue en l'allongeant.

Le pic vert a la tête fort grosse et la faculté de relever les petites plumes rouges qui en couvrent le sommet, et c'est de là que Pline lui prête une huppe (*a*). On le prend quelquefois à la pipée, mais c'est par une espèce de hasard; il y vient moins répondant à l'appeau qu'attiré par le bruit que fait le pipeur en frappant contre l'arbre qui soutient sa loge, et qui ressemble assez au bruit que fait un pic avec son bec; quelquefois il se prend par le cou aux sauterelles, en grimpant le long du piquet; mais c'est un mauvais gibier, ces oiseaux sont toujours extrêmement maigres et secs, quoique Aldrovande dise qu'on en mange en hiver à Bologne, et qu'ils sont alors assez gras; ce qui nous apprend du moins qu'il en reste en Italie dans cette saison, tandis qu'ils disparaissent alors dans nos provinces de France.

(*a*) « Cirrhos, pico martio. »

OISEAUX ÉTRANGERS DE L'ANCIEN CONTINENT

QUI ONT RAPPORT AU PIC VERT

LE PALALACA OU GRAND PIC VERT DES PHILIPPINES

PREMIÈRE ESPÈCE.

Camel, dans sa notice des oiseaux des Philippines (*a*), et Gemelli Careri s'accordent à placer dans ces îles une espèce de pic vert qu'ils disent grand comme une poule, ce qui doit s'entendre apparemment de la longueur, comme nous le remarquerons aussi au sujet du grand pic noir, et non de la masse du corps. Ce pic (*), nommé *palalaca* par les insulaires, est appelé par les Espagnols *herrero* ou *le forgeron* (*b*), à cause du grand bruit qu'il fait en frappant les arbres à coups redoublés, et qui s'entendent, dit Camel, à trois cents pas. Sa voix est grosse et rauque; sa tête rouge et huppée : le vert fait le fond de son plumage, et son bec, qui est d'une solidité à toute épreuve, lui sert à creuser les arbres les plus durs pour y placer son nid.

AUTRE PALALACA

OU PIC VERT TACHETÉ DES PHILIPPINES (*c*)

SECONDE ESPÈCE.

Ce second pic des Philippines (**) est tout différent du précédent, par la grandeur et par les couleurs. M. Sonnerat l'appelle *pic grivelé* (*d*); il est de grandeur moyenne entre l'épeiche et le pic vert, et plus approchant de la taille de ce dernier : sur chaque plume, dans tout le devant du corps, on voit une tache d'un blanc terne encadrée de brun noirâtre, ce qui forme à

(*a*) Insérée par Petiver dans les *Transactions philosophiques*, n° 285. Quand à la seconde espèce de palalaca que donne Camel, c'est un oiseau frugivore et chanteur qui n'est point un pic.

(*b*) *Voyage autour du monde*, p. 269 (Paris, 1719, t. V).

(*c*) Voyez les planches enluminées, n° 691.

(*d*) Pic grivelé de l'île de Luçon. *Voyage à la Nouvelle-Guinée*, p. 73.

(*) *Picus Philippinarum* LATH. C'est une espèce douteuse.

(**) *Picus Palalaca* CUV.

l'œil un assez riche émail ; le manteau des ailes est d'un roux teint de jaune aurore, qui devient sur le dos d'un aurore plus brillant et tirant au rouge ; le croupion est rouge de carmin ; la queue est d'un gris roussâtre, et la tête est chargée d'une huppe oudée de roux jaunâtre sur fond brun.

LE PIC VERT DE GOA (*a*)

TROISIÈME ESPÈCE.

Ce pic vert d'Asie (*) est moins grand que le pic vert d'Europe : la coiffe rouge de sa tête, troussée en huppe et en arrière, est bordée à la tempe d'une raie blanche qui s'élargit sur le haut du cou ; une zone noire descend depuis l'œil, et, traçant un zigzag, tombe jusque sur l'aile ; les petites couvertures sont également noires ; une belle tache d'un jaune doré couvre le reste de l'aile, et se termine en jaune verdâtre sur les petites pennes ; les grandes sont comme dentelées de taches d'un blanc verdâtre sur un fond noir ; la queue est noire ; le ventre, la poitrine et le devant du cou, jusque sous le bec, sont entremêlés et comme maillés légèrement de blanc et de noir : tous ces effets sont très bien rendus dans notre planche enluminée, et ce pic est un de ceux dont le plumage est le plus riche et le plus beau. Il a beaucoup de rapport avec le suivant ; la ressemblance, jointe à la proximité des climats, nous porterait aisément à croire que ces deux espèces sont très voisines ou même n'en font qu'une.

LE PIC VERT DE BENGALE (*b*) (*c*)

QUATRIÈME ESPÈCE.

Il (**) est de la même taille que le pic vert de Goa, et lui ressemble assez. Le jaune doré des ailes a plus d'étendue dans celui de Bengale et couvre

(*a*) Voyez les planches enluminées, n° 696.

(*b*) Voyez les planches enluminées, n° 695.

(*c*) *The spotted indian wood-pecker*. Edwards, *Nat. hist. of Birds*, part. IV, p. 182. — *Picus varius Benghalensis*. Klein, *Avi.*, p. 82, n° 13. — « Picus varius occipite rubro, nuchâ » nigrâ, subtus anticèque albus nigro maculatus. » *Picus Benghalensis*. Linnæus, *Syst. nat.*, édit. X, gen. 54, sp. 8. — *Grimpereau de Bengale*. Albin, t. III, p. 9, avec une figure médiocre, pl. 22.

(*) *Picus Goensis* GMEL.

(**) *Picus Bengalensis* GMEL.

aussi le dos; une ligne blanche, prise de l'œil, descend au côté du cou comme le zigzag noir de celui de Goa; la huppe, quoique plus étalée, ne se trouve qu'au derrière de la tête (*a*), dont le sommet et le devant sont couverts de petites plumes noires tachetées joliment de gouttes blanches; même plumage dans ces deux oiseaux sous le bec et sur la gorge; la poitrine et l'estomac sont blancs, traversés et maillés de noirâtre et de brun, mais moins dans celui-ci que dans le précédent. Ces différences légères ne distingueraient peut-être pas assez ces deux espèces sans celle du bec, qui, dans le pic de Goa, est d'un tiers plus long que dans celui de Bengale.

Nous rapporterons à ce dernier, non seulement le *pic vert de Bengale* de M. Brisson (*b*), mais encore son pic du cap de Bonne-Espérance (*c*), qui ressemble beaucoup plus à notre pic de Bengale que le premier de ces deux pics donné par M. Brisson : la raison en est, ce me semble, que la description de celui du cap de Bonne-Espérance est faite d'après nature, et que celle de l'autre a été tirée sur la figure d'Edwards, qui est bien celle de notre pic vert de Bengale, et qui n'en diffère qu'en ce qu'il est un peu plus grand. Mais Albin, qui a décrit le même oiseau, le fait plus grand que celui d'Edwards, et lui donne la grandeur du pic vert d'Europe, ce qui est en effet la taille de ce pic de Bengale. Quoi qu'il en soit, ces petites différences de taille et de couleurs ne nous empêchent pas de reconnaître le même oiseau sous ces trois descriptions.

LE GOERTAN OU PIC VERT DU SÉNÉGAL (*d*)

CINQUIÈME ESPÈCE.

Ce pic (*), appelé au Sénégal *goërtan*, est moins grand que le pic vert, et ne l'est guère plus que l'épeiche. Le dessus du corps du goërtan est d'un gris brun, teint de verdâtre sombre, tacheté sur les ailes d'ondes d'un blanc

(*a*) Caractère plus remarquable que celui du noir qui se trouve au haut du cou sous cette huppe, et dont M. Linnæus se sert pour désigner ce pic, *nuchâ nigrâ ;* voyez *supra*.

(*b*) « Picus cristatus, supernè viridi-flavicans, infernè albus, marginibus pennarum fuscis; » cristâ rubrâ; capite anteriùs et collo inferiore albo et nigro variis; collo superiore nigro; » tæniâ utrinque candidâ ab oculis secundum colli latera protensâ; rectricibus nigricantibus obscuro viridi adumbratis... » *Picus viridis Bengalensis*. Brisson, *Ornithol.*, t. IV, page 14.

(*c*) « Picus supernè aurantius, aureo refulgens colore, infernè sordidè albus, marginibus » pennarum fuscis; capite superiore et occipitio rubris; collo superiore et uropygio nigricantibus; tæniâ utrinque candidâ à naribus infra oculos et secundùm colli latera protensâ; » rectricibus nigricantibus... » *Picus capitis Bonæ-Spei*. Brisson, *Ornithol.*, t. IV, p. 78.

(*d*) Voyez les planches enluminées, n° 320.

(*) *Picus Goertan* GMEL.

obscur, et coupé sur la tête et le croupion par deux plaques d'un beau rouge; tout le dessous du corps est d'un gris lavé de jaunâtre. Cette espèce et les deux suivantes n'étaient pas connues des naturalistes.

LE PETIT PIC RAYÉ DU SÉNÉGAL (a)

SIXIÈME ESPÈCE.

Ce pic (*) n'est pas plus gros qu'un moineau : il a le dessus de la tête rouge; un demi-masque brun lui passe sur le front et s'étend derrière l'œil; le plumage ondulé sur le devant du corps présente de petits festons alternativement gris brun et blanc obscur; le dos est d'un beau fauve jaune doré, qui teint également les grandes pennes de l'aile, dont les couvertures, ainsi que le croupion, sont verdâtres. Quoique fort au-dessous des pics d'Europe pour la grandeur, ce pic d'Afrique n'est pas à beaucoup près, comme nous le verrons, le plus petit de cette grande famille.

LE PIC A TÊTE GRISE DU CAP DE BONNE-ESPÉRANCE (b)

SEPTIÈME ESPÈCE.

Presque tous les pics ont le plumage bariolé, celui-ci (**) seul n'a point de couleurs opposées ou tranchées; du brun olivâtre obscur couvre le dos, le cou et la poitrine; le reste du plumage est d'un gris foncé, et cette couleur grise est seulement plus claire sur la tête : on voit une teinte de rouge sur l'origine de la queue. Ce pic n'est pas aussi grand qu'une alouette.

(a) Voyez les planches enluminées, n° 345, fig. 2.
(b) Voyez les planches enluminées, n° 786, fig. 2.

(*) *Picus Senegalensis* GMEL.
(**) *Picus Capensis* GMEL.

OISEAUX DU NOUVEAU CONTINENT

QUI ONT RAPPORT AU PIC VERT

LE PIC RAYÉ DE SAINT-DOMINGUE (a)

PREMIÈRE ESPÈCE.

M. Brisson donne deux fois ce même oiseau (*), d'abord sous le nom de *pic rayé de Saint-Domingue* (b), et ensuite sous celui de *petit pic rayé de Saint-Domingue* (c), en le disant moins gros que le premier, quoique dans le détail les dimensions qu'il donne se trouvent être les mêmes; et, tout en observant que le second *pourrait bien n'être que la femelle du premier*, il ne laisse pas d'en faire deux espèces différentes; mais il ne faut que jeter un coup d'œil sur les planches enluminées, n°s 614 et 281, pour se convaincre que les deux variétés qui y sont représentées ne marquent de différences que celles qui peuvent appartenir au sexe ou à l'âge. Dans le premier, le sommet de la tête est noir, la gorge grise; la teinte olive du corps est plus claire, et les raies noires du dos sont moins larges que dans le second, qui a tout le haut de la tête rouge et le devant du corps assez terne, avec la gorge blanche; mais, du reste, la forme et le plumage se ressemblent parfaitement. Ce pic rayé de Saint-Domingue est à peu près de la grosseur de notre épeiche ou pic varié : tout son manteau est coupé transversalement de bandes noires et olive; la teinte verte se marque sur le gris du ventre, et plus vivement sur le croupion, dont l'extrémité est rouge; la queue est noire.

(a) Voyez les planches enluminées, n° 614, sous le nom de *Pic rayé à tête noire de Saint-Domingue*, et n° 281.

(b) « Picus supernè nigro et olivaceo transversim striatus, infernè olivaceus; vertice occi- » pitio et uropygio rubris; collo inferiore et pectore griseo-fuscis; rectricibus nigris, binis » utrinque extimis subtus ad olivaceum inclinantibus, oris exterioribus griseis... » *Picus Dominicensis striatus*. Brisson, *Ornithol.*, t. IV, p. 65.

(c) « Picus supernè nigro et griseo flavicante transversim striatus, infernè griseus, non- » nihil ad flavum inclinans; vertice nigro; occipitio et uropygio rubris; rectricibus nigris, » binis utrinque extimis subtus ad olivaceum inclinantibus, oris exterioribus griseis... » *Picus Dominicensis minor*. *Idem*, p. 67.

(*) *Picus Striatus* GMEL.

LE PETIT PIC OLIVE DE SAINT-DOMINGUE (a)

SECONDE ESPÈCE.

Ce petit pic (*) a six pouces de longueur, et il est à peu près de la grosseur de l'alouette ; il a le sommet de la tête rouge, dont les côtés sont d'un gris roussâtre ; tout le manteau est olive jaunâtre ; tout le dessous du corps est rayé transversalement de blanchâtre et de brun ; les pennes de l'aile olivâtres comme le dos, du côté extérieur, ont l'intérieur brun et dentelé d'un bord de taches blanchâtres engrainées assez profondément, caractère qui l'assimile encore au pic vert ; les plumes de la queue sont d'un gris mélangé de brun. Malgré sa petite taille, ce pic ne laisse pas d'être des plus robustes ; il perce les arbres les plus durs : c'est à lui que se rapporte cette notice, extraite de l'histoire des *Aventuriers flibustiers* (b) : « Le charpentier est » un oiseau qui n'est pas plus gros qu'une alouette ; il a le bec long d'en- » viron un pouce, et si dur, que dans un jour de temps il perce un palmiste » jusqu'au cœur. Il est à remarquer que le bois de cet arbre est si dur, que » les meilleurs instruments de fer rebroussent dessus. »

LE GRAND PIC RAYÉ DE CAYENNE (c)

TROISIÈME ESPÈCE.

Nous ne faisons aucun doute que ce pic (**) ne soit le même que le *pic varié huppé d'Amérique*, décrit incomplètement par M. Brisson (d) sur un passage de Gessner (e). La huppe d'un fauve doré, ou plutôt d'un rouge aurore ; la tache pourpre à l'angle du bec ; les plumes fauves et noires, dont tout le corps est alternativement varié, sont des caractères suffisants pour le faire

(a) « Picus supernè olivaceo flavicans, infernè fusco et candicante transversim striatus, » capite superiùs rubro ; rectricibus binis intermediis fuscis, duplici maculâ transversâ griseâ » utrinque notatis, binis utrinque sequentibus fusco nigricantibus duplici maculâ transversâ » griseâ interiùs notatis, binis utrinque extimis fuscis, grisco variegatis, extimâ candicante » terminatâ... » *Picus Dominicensis minor*. Brisson, *Ornithol.*, t. IV, p. 75.

(b) *Hist. des Avent. Boucan*, etc., t. Ier, p. 116 (Paris, 1686).

(c) Voyez les planches enluminées, n° 719.

(d) « Picus cristatus, fulvo et nigro varius ; cristâ fulvo-aureâ, genis rubicundis ; maculâ » rostrum inter et oculos purpureâ ; rectricibus nigris... » *Picus varius Americanus cristatus*. Brisson, *Ornithol.*, t. IV, p. 34.

(e) *Avis quædam Americæ*. Gessner, *Avi.*, p. 802.

(*) *Picus Passerinus* GMEL.

(**) *Picus Melanochloros* GMEL.

reconnaître, et la grandeur donnée, qui est celle du pic vert, convient à ce grand pic rayé de Cayenne; son plumage est très richement émaillé par le fauve jaunâtre et le beau noir qui s'y entremêlent en ondes, en taches et en festons ; un espace blanc dans lequel l'œil est placé, et un toupet noir sur le front, donnent du caractère à la physionomie de cet oiseau, et la huppe rouge et la moustache pourpre semblent la relever encore.

LE PETIT PIC RAYÉ DE CAYENNE (a) (b)

QUATRIÈME ESPÈCE.

Entre les pics rayés que M. Brisson range tous à la suite de l'épeiche ou pic varié, il en est plusieurs qui appartiennent certainement au pic vert. Cela est sensible pour les pics rayés de Saint-Domingue et de Cayenne que nous venons de décrire et pour celui-ci : en effet, ces trois pics portent tous un reste de la teinte de vert jaunâtre plus ou moins obscure qui caractérise le pic vert, et les raies ondulées qui s'étendent sur le plumage semblent prolongées sur le modèle de celles dont l'aile du pic vert est marquée.

Le petit pic rayé de Cayenne (*) a sept pouces cinq lignes de longueur; il a beaucoup de rapport dans les couleurs avec le pic rayé de Saint-Domingue, mais il est moins grand; des bandes noires ondulées s'étendent sur le fond gris-brun olivâtre de son plumage; le gris dentelé de noir couvre encore les deux plumes extérieures de la queue de chaque côté, les six autres sont noires; l'occiput est rouge; le front et la gorge sont noirs : seulement ce noir est coupé par une tache blanche tracée sous l'œil et prolongée en arrière.

(a) Voyez les planches enluminées, n° 613.

(b) « Picus supernè nigro et olivaceo flavicante transversim striatus, infernè flavicans; » vertice nigro; occipitio rubro; uropygio et pectore olivaceo flavicantibus; maculis nigris » variegatis; rectricibus sex intermediis nigris, binis intermediis in utroque latere, duabus » utrinque sequentibus in latere exteriore obscurè olivaceo transversim maculatis, binis » utrinque extimis nigricante et rufescente transversim striatis... » *Picus Cayanensis striatus.* Brisson, *Ornithol.*, t. IV, p. 69.

(*) *Picus Cayennensis* GMEL.

LE PIC JAUNE DE CAYENNE (a) (b)

CINQUIÈME ESPÈCE.

Les espèces d'oiseaux qui cherchent la solitude et ne peuvent vivre qu'au désert sont multipliées dans les vastes forêts du nouveau monde, d'autant plus que l'homme s'est encore moins emparé de ces antiques domaines de la nature. Nous avons jusqu'à dix espèces de pics venus des bois de la Guyane, et les pics jaunes paraissent propres et particuliers à cette région. La plupart de ces espèces sont encore peu connues des naturalistes, et Barrère n'a fait qu'en indiquer quelques-unes. Le premier de ces pics (*), que M. Brisson a décrit sous le nom de *pic blanc* (c), a le plumage du corps d'un jaune tendre, la queue noire, les grandes pennes de l'aile brunes, et les moyennes rousses et non pas noires, comme on les a, par méprise, représentées dans la planche enluminée; les couvertures des ailes sont d'un gris brun et frangées de blanc jaunâtre. Ce pic est huppé jusque sur le cou : dans le jaune pâle qui colore cette huppe, ainsi que toute la tête, tranche vivement le rouge de ses moustaches; ces deux pinceaux rouges et sa belle huppe lui donnent une physionomie remarquable, et la couleur douce et peu commune de son plumage en fait dans son genre un oiseau distingué. Les créoles de Cayenne l'appellent le *charpentier jaune;* il est moins grand que notre pic vert, et surtout beaucoup moins épais; sa longueur est de neuf pouces; il fait son nid dans les grands arbres dont le cœur est pourri, après avoir percé horizontalement jusqu'à la cavité, et continue son excavation en descendant, jusqu'à un pied et demi plus bas que l'ouverture. Au fond de cet antre obscur, la femelle pond trois œufs blancs et presque ronds; les petits éclosent au commencement d'avril; le mâle partage la sollicitude de la femelle, et en son absence se tient constamment à l'embouchure de sa galerie horizontale; son cri est un sifflement en six temps, dont les premiers accents sont monotones et les deux ou trois derniers plus graves. La femelle n'a pas aux côtés de la tête cette bande de rouge vif que porte le mâle.

On trouve dans cette espèce une variété dont les individus ont toutes les petites couvertures des ailes d'un beau jaune et les grandes bordées de cette couleur; dans quelques autres individus, tels apparemment que celui que M. Brisson a décrit, tout le plumage, décoloré et d'une teinte affaiblie, n'offre plus qu'un blanc sale et jaunâtre.

(a) Voyez les planches enluminées, nº 509.

(b) *Picus citrinus*, charpentier jaune. Barrère, *France équinoxiale*, p. 143.

(c) « Picus sordidè albus; tæniâ utrinque in maxillâ inferiore longitudinali rubrâ; rectri- » cibus nigricantibus... » *Picus Cayanensis albus*. Brisson, *Ornithol.*, t. IV, p. 81.

(*) *Picus exalbidus* Gmel.

LE PIC MORDORÉ (a) (b)

SIXIÈME ESPÈCE.

Un beau rouge vif, brillant et doré, forme un superbe habillement à ce pic (*), presque aussi grand que le pic vert, mais de taille moins forte; une longue huppe jaune en effilés pendants lui couvre la tête et se jette en arrière; des angles du bec partent deux moustaches d'un beau rouge clair et bien tracé entre l'œil et la gorge; quelques gouttes blanches et citrines enrichissent et varient le fond roux du milieu du manteau; le croupion est jaune et la queue noire. La femelle, dans cette espèce comme dans celle du pic jaune des mêmes contrées, n'a pas de rouge sur les joues. Un individu envoyé de Cayenne, et placé au Cabinet du Roi sous le nom de *pic roux tacheté de Cayenne*, paraît être cette femelle.

LE PIC A CRAVATE NOIRE (c) (d)

SEPTIÈME ESPÈCE.

C'est encore ici un de ces charpentiers jaunes des créoles de Cayenne (**) : il porte un beau plastron noir qui lui engage le cou par derrière, en couvre tout le devant comme une cravate, et tombe sur la poitrine; le reste du dessous du corps est d'un fauve roussâtre, ainsi que la gorge et toute la tête, qui est huppée jusque sur le cou; le dos est d'un roux vif; l'aile est de la même couleur, mais traversée dans les pennes de quelques traits noirs assez distants; quelques-uns de ces traits s'étendent sur la queue dont la pointe est noire, et que la planche enluminée représente un peu trop courte. La grandeur de ce pic de Cayenne est la même que celle du pic jaune, et la même encore que celle du pic mordoré de ces contrées : tous trois ont le corps mince et sont huppés de même; en sorte que ces trois espèces paraissent avoir beaucoup d'affinité. Les naturels de la Guyane leur donnent en langue garipонne le nom commun de *toucoumari*. Il paraît que ces pics

(a) Voyez les planches enluminées, n° 524, sous le nom de *Pic jaune tacheté de Cayenne.*
(b) *Picus fulvus, maculis citreis distinctus*, charpentier larmoyé. Barrère, *France équinoxiale*, p. 143.
(c) Voyez les planches enluminées, n° 863.
(d) *Picus melinus cristâ citrinâ.* Barrère, *France équinox.*, p. 143.

(*) *Picus cinnamomeus* GMEL.
(**) *Picus multicolor* GMEL.

sont aussi grands travailleurs que les autres, et que ces oiseaux charpentiers se trouvent également à Saint-Domingue, puisque le Père Charlevoix assure que souvent des bois employés aux édifices dans cette île se sont trouvés tellement criblés des trous de ces charpentiers sauvages qu'ils ont paru hors de service (*a*).

LE PIC ROUX (*b*)

HUITIÈME ESPÈCE.

Il y a dans le plumage de ce petit pic (*) une singularité : c'est que la teinte du dessous du corps est plus forte que celle du dessus, au contraire de tous les autres oiseaux ; un roux plus ou moins sombre ou clair en fait tout le fond ; ce roux est foncé sur les ailes ; plus lavé sur le croupion et le dos ; plus chargé sur la poitrine et le ventre, et mêlé sur tout le corps d'ondes noires très pressées, et qui font l'effet du plus bel émail ; la tête est d'un roux éclairci et traversé de petites ondes noires. Ce pic, qu'on trouve à Cayenne, n'est guère plus grand que le torcol, mais il est un peu plus épais ; son plumage, quoique composé de deux teintes sombres, est cependant un des plus beaux et des plus agréablement variés.

LE PETIT PIC A GORGE JAUNE (*c*)

NEUVIÈME ESPÈCE.

Ce pic (**) n'est pas plus gros que le torcol ; le fond de son plumage est d'un brun teint d'olivâtre avec de petites taches blanches en écailles sur le devant du corps jusque sous la gorge, qu'un beau jaune enveloppe, en se portant sous l'œil et sur le haut du cou ; une calotte rouge couvre le sommet de la tête, et une moustache de cette couleur affaiblie se trace aux angles du bec. Ce pic, comme les précédents, se trouve à la Guyane.

(*a*) *Histoire de l'île espagnole de Saint-Domingue*, par le P. Charlevoix, p. 29 (Paris, 1730, t. Ier).
(*b*) Voyez les planches enluminées, n° 694, fig. 1re.
(*c*) Voyez les planches enluminées, n° 784.

(*) *Picus rufus* Gmel.
(**) *Picus chlorocephalus* Gmel.

LE TRÈS PETIT PIC DE CAYENNE (a) (b)

DIXIÈME ESPÈCE.

Cet oiseau (*), aussi petit que notre roitelet, est le nain de la grande famille des pics; ce n'est point un grimpereau, mais un véritable pic au bec droit et carré; son cou et sa poitrine ondés distinctement de zones noires et blanches; son dos brun, tacheté de gouttes blanches ombrées de noir; ces mêmes taches beaucoup plus serrées et plus fines sur le beau noir qui couvre le haut du cou; enfin, une petite tête dorée comme celle du roitelet en font un oiseau aussi joli qu'il est délicat; tout le blanc de son plumage n'est pas pur, mais couvert d'une ombre jaunâtre qui se marque plus vers la queue, et jusque sur le brun des ailes et du dos. Ce petit oiseau, autant du moins qu'on en peut juger sur sa dépouille, est plus leste et plus gai que tous les autres pics : il semble que la nature l'ait dédommagé de sa petitesse en lui accordant plus de vivacité, de légèreté, et toutes les ressources qu'elle donne aux êtres faibles. On le trouve communément de compagnie avec les grimpereaux, et il va comme eux grimpant contre le tronc des arbres et se suspendant aux branches.

LE PIC AUX AILES DORÉES (c) (d)

ONZIÈME ESPÈCE.

En plaçant ce bel oiseau (**) à la suite de la famille du pic vert, nous remarquerons d'abord qu'il semble sortir et s'éloigner du genre même des pics par ses habitudes comme par quelques traits de conformation : en effet,

(a) Voyez les planches enluminées, n° 786, fig. 1re.

(b) « Picus supernè grisco-rufescens, infernè albo-rufescens : marginibus pennarum » fuscis; vertice rubro; occipitio nigro, albo punctutato; rectricibus fuscis, binis utrinque » extimis ultimâ medietate obliquè albo rufescentibus, fusco terminatis, proximè sequenti » interiùs albo rufescente, fusco fimbriatâ... » *Picus Cayanensis minor*. Brisson, *Ornithol.*, t. IV, p. 33.

(c) Voyez les planches enluminées, n° 693, sous le nom de *Pic rayé du Canada*.

(d) *The gold-winged wood-pecker*. Catesby, *Carolin.*, t. Ier, p. 18, avec une belle figure. — *Cuculus alis deauratis*. Klein, *Avi.*, p. 30, n° 3. — Cuculus caudâ subforcipatâ, gulâ pectoreque nigris, nuchâ rubrâ. » *Cuculus auratus*. Linnæus, *Syst. nat.*, édit. X, gen. 52, sp. 8. — *Picus Canadensis striatus*. Brisson, *Ornithol.*, t. IV, p. 72.

(*) *Picus minutissimus* LATH. Ce n'est pas un Pic, mais un Torcol.

(**) *Picus auratus* GMEL.

Catesby, qui l'a observé à la Caroline, dit qu'il se tient le plus souvent à terre et ne grimpe pas contre le tronc des arbres, mais se perche sur leurs branches comme les autres oiseaux : cependant il a les doigts disposés, deux en avant et deux en arrière, comme les pics; comme eux les plumes de la queue raides et rudes; et, par une singularité qui lui est propre, la côte de chacune est terminée par deux petits filets; mais son bec s'éloigne de la forme du bec des pics; il n'est point taillé carrément, mais arrondi et un peu courbé, ni terminé en ciseau, mais en pointe. L'on voit donc que si cette espèce tient au genre des pics par les pieds et la queue, elle s'en éloigne par la forme du bec et par les habitudes naturelles, qui sont une suite nécessaire de la conformation de ce principal organe des oiseaux : celui-ci semble faire une espèce moyenne entre le pic et le coucou, avec lequel quelques naturalistes l'ont rangé (*a*); c'est un exemple de plus de ces nuances que la nature a mises partout entre ses productions. Ce pic, demi-coucou, est à peu près grand comme le pic vert, et remarquable par une belle forme et de belles couleurs disposées d'une manière élégante; des taches noires en croissant et en cœur parsèment l'estomac et le ventre sur un fond blanc ombré de roussâtre; le devant du cou est d'un cendré vineux ou lilas, et sur le milieu de la poitrine est une large zone noire en croissant; le croupion est blanc; la queue, noire en dessus, est doublée en dessous d'un beau jaune feuille morte; le dessus de la tête et le haut du cou sont d'un gris plombé, et à l'occiput est une belle tache écarlate; des angles du bec partent deux grandes moustaches noires qui descendent sur les côtés du cou; la femelle ne porte pas ces moustaches; le dos, fond brun, est moucheté de noirâtre; les grandes pennes de l'aile sont de cette même couleur; mais ce qui les relève et qui suffit seul pour distinguer cet oiseau, c'est que la côte de toutes ces pennes est d'une vive couleur d'or. Cet oiseau se trouve en Canada et en Virginie aussi bien qu'à la Caroline.

(*a*) Klein et Linné. Voyez la nomenclature précédente.

LE PIC NOIR (a) (b)

La seconde espèce de pic (*) qui se trouve en Europe est celle du pic noir : elle paraît confinée dans quelques contrées particulières, et surtout en Allemagne. Les Grecs, néanmoins, connaissaient comme nous trois espèces de pics (c); Aristote les indique toutes trois : l'une, dit-il, moindre que le merle, c'est le pic varié ou l'épeiche; l'autre, plus grande que le merle, et qu'il appelle ailleurs *colios* (d), et c'est notre pic vert; la troisième enfin, qu'il dit presque égale à la poule en grandeur, ce qu'il faut entendre de la longueur et non de l'épaisseur du corps, et c'est notre pic noir, le plus grand de tous les pics de l'ancien continent. Il a seize pouces de longueur du bout du bec à l'extrémité de la queue; le bec, long de deux pouces et demi, est de couleur de corne; une calotte d'un rouge vif couvre le sommet de la tête; le plumage de tout le corps est d'un noir profond : les noms de *kraespecht* et de *holtzkrae*, pic-corneille, corneille de bois, que lui donnent les Allemands, désignent en même temps sa couleur et sa taille.

On le trouve dans les hautes futaies, sur les montagnes, en Allemagne, en Suisse et dans les Vosges; il n'est pas connu dans la plupart de nos pro-

(a) Voyez les planches enluminées, nº 596.

(b) En italien, *picchio, sgiaia;* en anglais, *great black wood-pecker;* en allemand, *holtzkrae, krae-specht, grosser-specht, schwartzer-specht, holtzhun;* en suédois, *spill kraoka;* en norvégien, *sort-spæt, træ-pikke, lie-hast;* en polonais, *dzieciol naywiekszy. — Picus maximus.* Aldrovande, *Avi.*, t. Ier, p. 843. — Jonston, *Avi.*, p. 79. — Whillugby, *Ornithol.*, p. 92. — Ray, *Synops. avi.*, p. 42, nº 1. — Gessner, *Avi.*, p. 107. *Idem.*, *Icon.*, *avi.*, p. 35. — *Picus niger maximus nostras.* Klein, *Avi.*, p. 26, nº 1. — *Picus niger.* Frisch, pl. 34. — *Picus niger pileo coccineo... Picus martius.* Linnæus, *Syst. nat.*, édit. X, gen. 54, sp. 1. — *Picus niger vertice coccineo. Faun. Suec.*, nº 79. — *Picus martius niger pileo coccineo.* Muller, *Zool. Dan.*, nº 97. — *Picus niger, seu formicarius.* Schwenckfeld, *Avi. Siles.*, p. 338. — Rzaczynski, *Auctuar. hist. nat. Polon.*, p. 413. — *Picus totus niger.* Barrère, *Ornithol.*, clas. 3, gen. 13, sp. 2. — *Grimpereau noir.* Albin, t. II, p. 20. — « Picus niger; capite superiore et occipitio » rubris; rectricibus nigris (Mas). Picus nigricans; occipitio rubro; rectricibus nigricantibus » (Fœmina)... » *Picus niger.* Brisson, *Ornithol.*, t. IV, p. 21.

(c) « Sunt pici tria genera, unum minus quàm merula, cui rubidæ aliquid plumæ inest; » alterum majus quàm merula; tertium non multò minus quàm gallina. » Aristote, *Hist. animal.*, lib. IX, cap. IX.

(d) Lib. VIII, cap. III.

(*) *Picus Martius* L.

vinces de France (*a*), et il ne vient guère dans les pays de plaine. Willughby assure qu'il ne se trouve point en Angleterre (*b*); en effet, cet oiseau de forêts a dû quitter une contrée trop découverte et trop dénuée de bois : c'est la seule cause qui l'ait pu bannir de l'Angleterre comme de la Hollande, où l'on assure qu'il ne se trouve pas (*c*); car on le voit dans les climats plus septentrionaux et jusqu'en Suède (*d*); mais on ne peut guère deviner pourquoi il ne se trouverait pas en Italie, où Aldrovande dit ne l'avoir jamais vu (*e*).

Il y a aussi dans la même contrée des cantons que le pic noir affecte de préférence, et ce sont les lieux solitaires et sauvages; Frisch nomme une forêt de Franconie, fameuse par la quantité des pics noirs qui l'habitent (*f*). Ils ne sont pas si communs dans le reste de l'Allemagne; l'espèce, en général, paraît peu nombreuse, et il est rare que dans une étendue de demi-lieue on rencontre plus d'un couple de ces oiseaux : ils sont cantonnés dans un certain arrondissement qu'ils ne quittent guère, et où l'on est presque sûr de les retrouver toujours.

Cet oiseau frappe contre les arbres de si grands coups de bec, qu'on l'entend, dit Frisch, d'aussi loin qu'une hache; il les creuse profondément pour se loger dans le cœur, où il se met fort au large; on voit souvent au pied de l'arbre, sous son trou, un boisseau de poussière et de petits copeaux : quelquefois il creuse et excave l'intérieur des arbres, au point qu'ils sont bientôt rompus par les vents (*g*). Cet oiseau ferait donc grand tort aux forêts si l'espèce en était plus nombreuse; il s'attache de préférence aux arbres dépérissants : les gens soigneux de leurs bois cherchent à le détruire, car il ne laisse pas d'attaquer aussi beaucoup d'arbres sains. M. Deslandes, dans son *Essai sur la marine des anciens,* se plaint de ce qu'il y avait peu d'arbres propres à fournir des rames de quarante pieds de long, sans être percés de trous faits par les pics (*h*).

Le pic noir pond, au fond de son trou (*i*), deux ou trois œufs blancs, et cette couleur est celle des œufs de tous les pics, suivant Willughby : celui-ci se voit rarement à terre; les anciens ont même dit qu'aucun pic n'y descen-

(*a*) Le pic noir ne se trouve point en Normandie, ni aux environs de Paris, non plus que dans notre Orléanais. Salerne, *Ornithol.*, p. 101.

(*b*) « In Angliâ, quantum scimus, non invenitur. » Willughby, p. 92.

(*c*) « Rari in Belgio et privatim in Hollandiâ. » Aldrovande.

(*d*) *Fauna Suecica*, n° 79.

(*e*) « Italia omne genus alit, præter maximum, quem mihi conspicere licuit nunquam. » Aldrovande, lib. XII, cap. XXX.

(*f*) La forêt de Spessert.

(*g*) « Cùm cossos venatur, tam vehementer excavare, ut sternat arbores, dicitur. » Aristote, *Hist. animal.*, lib. IX, cap. IX.

(*h*) Mais M. Deslandes se trompe beaucoup au même endroit, lorsqu'il dit que le pic se sert de sa langue comme d'une tarière pour percer les plus gros arbres.

(*i*) C'est trop généralement que Pline dit que les pics sont les seuls d'entre les oiseaux qui élèvent leurs petits dans les creux des arbres (*pullos in cavatis educant avium soli,* lib. X, cap. 18) : plusieurs petits oiseaux, comme les mésanges, y nichent également.

dait, et, en effet, ils n'y descendent pas souvent (*a*); quand ils grimpent contre les arbres, le long doigt postérieur se trouve tantôt de côté et tantôt en avant; ce doigt est mobile dans son articulation avec le pied, et peut se prêter à toutes les positions nécessaires au point d'appui, et favorables à l'équilibre : cette faculté est commune à tous les pics.

Lorsque le pic noir a percé son trou et s'est ouvert l'entrée d'un creux d'arbre, il y pousse un grand cri ou sifflement aigu et prolongé qui retentit au loin; il fait entendre aussi par intervalles un craquement ou plutôt un frôlement qu'il fait avec son bec en le secouant et le frottant rapidement contre les parois de son trou :

La femelle diffère du mâle par sa couleur; elle est d'un noir moins profond, et n'a de rouge qu'à l'occiput, et quelquefois elle n'en a point du tout : on observe que le rouge descend plus bas sur la nuque du cou dans quelques individus, et ce sont les vieux mâles.

Le pic noir disparaît pendant l'hiver. Agricola croit qu'il demeure caché dans des trous d'arbres (*b*); mais Frisch assure qu'il part et fuit la rigueur de la saison, pendant laquelle toute subsistance lui manque, parce que, dit-il, les vers du bois s'enfoncent alors davantage, et que les fourmilières restent ensevelies sous la glace ou la neige.

Nous ne connaissons aucun oiseau dans l'ancien continent, ni en Asie, ni en Afrique, dont l'espèce ait du rapport avec celle du pic noir d'Europe; et il semble qu'il nous soit arrivé du nouveau continent, où l'on trouve plusieurs espèces qu'on doit rapporter presque immédiatement à celle de notre pic noir. Voici l'énumération de ces espèces.

OISEAUX DU NOUVEAU CONTINENT

QUI ONT RAPPORT AU PIC NOIR

LE GRAND PIC NOIR A BEC BLANC (*c*) (*d*)

PREMIÈRE ESPÈCE.

Ce pic (*) se trouve à la Caroline, et il est plus grand que celui d'Europe, et même plus grand que tous les oiseaux de ce genre; il égale ou surpasse

(*a*) « Contra atque picus, qui humi nunquam consistere patitur. » Aristote, lib. IX, cap. IX.
(*b*) *Apud Gessnerum*, page 677.
(*c*) Voyez les planches enluminées, nº 690.
(*d*) *The largest white bill wood-pecker*. Catesby, *Carolina*, t. Ier, p. et pl. 16. — *Picus*

(*) *Picus principalis* L.

la corneille (*a*); son bec, d'un blanc d'ivoire, est long de trois pouces, et cannelé dans toute sa longueur; ce bec est si tranchant et si fort, dit Catesby, que dans une heure ou deux l'oiseau taille souvent un boisseau de copeaux: aussi les Espagnols l'ont-ils nommé *carpenteros*, le charpentier.

Sa tête est ornée par derrière d'une grande huppe écarlate, divisée comme en deux touffes, dont l'une est tombante sur le cou et l'autre relevée : celle-ci est couverte par de longs filets noirs qui partent du sommet de la tête, qu'ils recouvrent en entier, car les plumes écarlates ne prennent qu'en arrière; une raie blanche descendant sur le côté du cou, et faisant un angle sur l'épaule, va se rejoindre au blanc qui couvre le bas du dos et les pennes moyennes de l'aile; tout le reste du plumage est d'un noir pur et profond.

Il creuse son nid dans les plus gros arbres, et fait sa couvée dans la saison des pluies. Ce grand pic à bec blanc se trouve dans des climats encore plus chauds que celui de la Caroline; car nous le reconnaissons dans le *picus imbrifœtus* de Nieremberg (*b*), et le *quatotomomi* de Fernandez (*c*), quoique la grandeur totale soit mal désignée par ces auteurs, et qu'il y ait quelques différences qui semblent indiquer une variété dans l'espèce (*d*); mais le bec blanc, long de trois pouces, le caractérise assez. Ce pic habite, dit Fernandez, les plages qui avoisinent la mer du Sud; les Américains des contrées septentrionales font avec les becs de ces pics des couronnes pour leurs guerriers; et comme ils n'ont point de ces oiseaux dans leur pays, ils les achètent des habitants du Sud, et donnent jusqu'à trois peaux de chevreuil pour un bec de pic.

niger rostro albo, priori major. Klein, *Avi.*, p. 26, nº 2. — *Picus imbri-fœtus.* Nieremberg, p. 223. — Jonston, *Avi.*, p. 157. — Willughby, *Ornithol.*, p. 301. — *Quatotomomi.* Fernandez, *Hist. Nov.-Hisp.*, p. 50, cap. 186. — Ray, *Synops.*, p. 162. — « Picus niger cristâ coccineâ, » lineâ utrinque collari, remigibusque secundariis albis... » *Picus principalis.* Linnæus, *Syst. nat.*, édit. X, gen. 54, sp. 2. — « Picus cristatus niger; cristâ coccineâ, tæniâ utrinque candidâ ab oculis secundùm colli latera protensâ; dorso infimo, uropygio et remigibus minoribus albis; rectricibus nigris... » *Picus Carolinensis cristatus.* Brisson, *Ornithol.*, t. IV, p. 26.

(*a*) M. Brisson avait apparemment mesuré un individu fort petit, lorsqu'il ne donne à ce pic que seize pouces; celui du Cabinet du Roi, représenté dans la planche, en a dix-huit.

(*b*) Nieremberg, page 223.

(*c*) *Hist. Nov.-Hisp.*, p. 50, cap. 186.

(*d*) « Quatotomomi pici genus upupæ magnitudine; nigro fulvoque colore varium, rostrum » quo excavat perforatque arbores, tres digitos longum, est firmum et candens... caput cristâ » rubra insignitum, tres uncias longâ, sed supernâ parte nigrâ. Alterutro colli latere fascia » candida descendit adusque circiter pectus... vivit tototepeci mistecæ superiori non longe a » mari australi, nidificat in arboribus excelsis, vescitur cicadis tlaolli et vermiculis. Imbrium » educat tempore; hoc est a mense maio usque in septembrem. » Fernandez, *Hist. Nov.-Hisp.*, p. 50, cap. 186.

LE PIC NOIR A HUPPE ROUGE (a) (b)

SECONDE ESPÈCE.

Ce pic (*), qui est assez commun à la Louisiane, se trouve également à la Caroline et à la Virginie; il ressemble fort au précédent, mais il n'a pas le bec blanc, et il est un peu moins grand, quoiqu'il le soit un peu plus que le pic noir d'Europe; le sommet de la tête, jusque sur les yeux, est orné d'une grande huppe écarlate, troussée en une seule touffe, et jetée en arrière en forme de flamme; au-dessous règne une bande noire dans laquelle l'œil est placé; une moustache rouge part de la racine du bec et tranche sur les côtés noirs de la tête; la gorge est blanche; une bandelette de cette même couleur passe entre l'œil et la moustache, et s'étend sur le cou jusque sur l'épaule; tout le reste du corps est noir, avec quelques légères marques de blanc dans l'aile, et une plus grande tache de cette couleur sur le milieu du dos; dessous le corps le noir est un peu moins profond et mêlé d'ondes grises; dans la femelle, le devant de la tête est brun, et il n'y a de plumes rouges que sur la partie postérieure de la tête.

Catesby dit que ces oiseaux, non contents des insectes qu'ils tirent des arbres pourris, dont ils font leur pâture ordinaire, attaquent encore les plantes de maïs et en détruisent beaucoup, parce que l'humidité qui entre par les trous qu'ils font dans l'enveloppe gâte le grain qu'elle renferme; mais n'est-ce pas plutôt pour trouver quelque espèce de vers cachés dans les enveloppes du maïs que pour en manger le grain? car aucun oiseau de ce genre ne se nourrit de graine.

Nous ne pouvons mieux rapporter qu'à cette espèce un pic dont M. Commerson nous a laissé la notice, et qu'il rencontra dans les forêts des terres Magellaniques; la grandeur est la même, et les autres caractères sont assez semblables : seulement ce dernier n'a de rouge que sur les joues et le devant de la tête, et l'occiput est huppé de plumes noires. Ainsi une espèce, ou la même, ou sembable, se retrouverait dans les latitudes correspondantes aux

(a) Voyez les planches enluminées, n° 718.

(b) *Larger red-crested wood-pecker*. Catesby, *Carolina*, t. Ier, p. 17. — *Picus niger toto capite rubro, rostro plumbeo*. Klein, *Avi.*, p. 26, n° 3. — « Picus niger capite cristato rubro; » temporibus alisque albis maculis. » *Picus pileatus*. Linnæus, *Syst. nat.*, édit. X, gen. 54, sp. 3. — « Picus cristatus, supernè niger, infernè nigricans; maculâ in medio dorso candidâ » (capite superiùs et cristâ coccineis Mas); (capite superiùs fusco, cristâ coccineâ Fœmina); » genis et collo inferiùs et ad latera pallidè luteis; fasciâ per oculos nigrâ (tæniâ utrinque » secundùm maxillam inferiorem rubrâ Mas); rectricibus nigris... » *Picus niger Virginianus cristatus*. Brisson, *Ornithol.*, t. IV, p. 29.

(*) *Picus pileatus* L.

deux extrémités du grand continent de l'Amérique. M. Commerson remarque que cet oiseau avait la voix forte et la vie très dure, ce qui convient à tous les pics, fortifiés et endurcis par leur vie laborieuse.

L'OUANTOU OU PIC NOIR HUPPÉ DE CAYENNE (a) (b)

TROISIÈME ESPÈCE.

Barrère a mal prononcé *ventou* le nom de ce pic (*), que les Américains appellent *ouantou;* et, en le rapportant à l'*hipecou* de Marcgrave, nous rectifierons deux méprises de nos nomenclateurs. L'ouantou est de la longueur du pic vert avec moins d'épaisseur de corps; il est entièrement noir en dessus, à l'exception d'une ligne blanche qui part de la mandibule supérieure du bec, descend en ceinture sur le cou, et jette quelques plumes blanches dans les couvertures de l'aile; l'estomac et le ventre sont ondés de bandes noires et grises, et la gorge est grivelée de même; de la mandibule inférieure du bec part une moustache rouge; une belle huppe de cette même couleur couvre la tête et retombe en arrière; enfin, sous les longs filets de cette huppe on aperçoit de petites plumes du même rouge qui garnissent le haut du cou.

Barrère a autant raison de rapporter à ce pic l'*hipecou* de Marcgrave, que M. Brisson paraît avoir de tort en le rapportant au grand pic de la Caroline de Catesby : celui-ci est plus grand qu'une corneille, et l'hipecou pas plus grand qu'un pigeon (c); d'ailleurs, le reste de la description de Marcgrave convient autant à l'ouantou, qu'il convient peu au grand pic de la Caroline, qui n'a pas le dessous du corps varié de noir et de blanc comme l'ouantou et l'hipecou (d), qui a le bec long de trois pouces, et non pas de six lignes (e). Or, ces caractères ne conviennent pas davantage au pic noir de la Louisiane, et M. Brisson paraît encore se tromper en rapportant à cette espèce l'ouantou, qui n'est, comme nous venons de le voir, que l'hipecou, et

(a) Voyez les planches enluminés, n° 717.

(b) *Picus niger cristâ coccineâ, capite toto rubro. Ipecu Brasil. Ventou.* Barrère, *France équinox.*, p. 143. — *Ipecu Brasiliensibus.* Marcgrave, p. 207. — Willughby, *Ornithol.*, p. 301. — Jonston, *Avi.*, p. 142. — Ray, *Synops.*, p. 43, n° 7. — « Picus cristatus, supernè niger, » infernè albo rufescens, nigro transversim striatus, capite superiùs et cristâ coccineis; tæniâ » utrinque candidâ ab oris angulis, infra oculos et secundùm colli latera ad medium dorsum » protensâ; rectricibus nigris... » *Picus niger Cayanensis cristatus.* Brisson, *Ornithol.*, t. IV, p. 31.

(c) Marcgrave, *Hist. nat. Brasil.*, p. 207.

(d) *Idem, ibidem.*

(e) *Idem, ibidem.*

(*) *Picus lineatus* L.

qu'il eût mieux placé sous sa onzième espèce (*a*), à laquelle conviennent tous les caractères de l'hipecou et de l'ouantou (*b*).

L'ouantou de Cayenne est aussi le *tlauhquechultototl* de la Nouvelle-Espagne de Fernandez (*c*); nous l'avons reconnu par un trait singulier; c'est, dit Fernandez, un pic perceur d'arbres; il a la tête et le dessus du cou garnis de plumes rouges: « Ces plumes appliquées, dit-on, ou plutôt collées contre » la tête d'un malade, apaisent la douleur, soit qu'on l'ait reconnu par » l'expérience, soit qu'on l'ait imaginé en les voyant collées de près à la » tête de l'oiseau. » Or, entre tous les pics, c'est à celui-ci que convient mieux ce caractère d'avoir les petites plumes rouges qui lui garnissent l'occiput et le haut du cou plaquées et comme collées contre la peau.

LE PIC A COU ROUGE (*d*)

QUATRIÈME ESPÈCE.

Nous avons préféré, pour désigner ce pic (*), la dénomination de cou rouge à celle de tête rouge, parce que la plupart des pics ont la tête plus ou moins rouge; celui-ci a de plus le cou entier, jusqu'à la poitrine, de cette belle couleur, ce qui suffit pour le distinguer. Il est un peu plus long que le pic vert, son cou et sa queue étant plus allongés, ce qui fait paraître son corps moins épais; toute la tête et le cou sont garnis de plumes rouges jusque sur la poitrine, où des teintes de cette couleur vont encore se confondre avec le beau fauve qui la couvre, ainsi que le ventre et les flancs; le reste du corps est d'un brun foncé presque noir, où le fauve se mêle sur les pennes des ailes. Ce pic se trouve à la Guyane, ainsi que le précédent et le suivant.

(*a*) Brisson, *Ornithol.*, t. IV, p. 31.

(*b*) Comparez la description de Brisson (t. IV, p. 32), et sa figure, planche 1re, fig. 2, avec la planche enluminée, n° 717.

(*c*) *Hist. Nov.-Hisp.*, p. 51, cap. CXCI.

(*d*) Voyez les planches enluminées, n° 612, sous la dénomination de *grand Pic huppé à tête rouge de Cayenne.*

(*) *Picus rubricollis* GMEL.

LE PETIT PIC NOIR (a)

CINQUIÈME ESPÈCE.

Celui-ci (*) est le plus petit des pics noirs (b); il n'est que de la grandeur du torcol; un noir profond avec des reflets bleuâtres enveloppe la gorge, la poitrine, le dos et la tête, à l'exception d'une tache rouge qui se trouve sur la tête du mâle; il a aussi une légère trace de blanc sur l'œil, et quelques petites plumes jaunes vers l'occiput; au-dessous du corps, le long du sternum, s'étend une bande d'un beau rouge ponceau; elle finit au ventre, qui, comme les côtés, est très bien émaillé de noir et de gris blanc; la queue est noire.

Il y a une variété de ce pic qui, au lieu de tache rouge au sommet de la tête, a tout à l'entour une couronne jaunâtre qui est le développement de ces petites plumes jaunes qu'on voit dans le premier, et marque apparemment une variété d'âge; la femelle n'a ni tache rouge ni cercle jaune sur la tête.

Nous rapporterons à cette espèce le petit grimpereau noir d'Albin (c), dont M. Brisson a fait sa septième espèce, sous le nom de *pic noir de la Nouvelle-Angleterre* (d), mais qui a trop de rapports avec le petit pic noir de Cayenne pour qu'on doive les séparer.

LE PIC NOIR A DOMINO ROUGE (e) (f)

SIXIÈME ESPÈCE.

Ce pic (**), donné par Catesby, se trouve en Virginie: il est à peu près de la grosseur de l'épeiche ou pic varié d'Europe; il a toute la tête enveloppée

(a) Voyez les planches enluminées, n° 694, fig. 2.

(b) *Picus niger minimus.* Klein, *Avi.*, p. 27, n° 4.

(c) T. III, p. 9, pl. 23.

(d) « Picus niger; occipitio rubro; marginibus alarum et imo ventre candidis; rectricibus » nigris... » *Picus niger Novæ-Angliæ.* Brisson, *Ornithol.*, t. IV, p. 24. — « Picus niger » occipite coccineo, humeris albido punctulatis... » *Picus hirundinaceus.* Linnæus, *Syst. nat.*, éd. X, gen. 54, sp. 4.

(e) Voyez les planches enluminées, n° 117.

(f) *The red headed wood-pecker.* Catesby, *Carolin.*, t. Ier, p. 20. — *Picus capite colloque rubris.* Klein, *Avi.*, p. 28, n° 12. — « Picus supernè niger, infernè albus; capite et collo coc-

(*) *Picus hirundinaceus* L.

(**) *Picus erythrocephalus* L.

d'un beau domino rouge, soyeux et lustré, qui tombe sur le cou ; tout le dessous du corps et le croupion sont blancs, de même que les petites pennes de l'aile, dont le blanc se joint à celui du croupion pour former sur le bas du dos une grande plaque blanche; le reste est noir, ainsi que les grandes plumes de l'aile et toutes celles de la queue.

On ne voit en Virginie que très peu de ces oiseaux pendant l'hiver ; il y en a davantage dans cette saison à la Caroline, mais non pas en si grand nombre qu'en été ; il paraît qu'ils passent au sud pour éviter le froid. Ceux qui restent s'approchent des villages et vont même frapper contre les fenêtres des habitations. Catesby ajoute que ce pic mange quantité de fruits et de grains ; mais c'est apparemment quand toute autre nourriture lui manque, autrement il différerait par cet appétit de tous les autres pics, pour qui les fruits et les grains ne peuvent être qu'une ressource de disette et non un aliment de choix.

» cineis; uropygio candido; tæniâ transversâ in summo pectore nigrâ, remigibus minoribus » albis, scapis nigris; rectricibus nigris, binis utrinque extimis apice albis... » *Picus Virginianus erythrocephalos*. Brisson, *Ornithol.*, t. IV, p. 52. — « Picus capite toto rubro, alis » caudâque nigris, abdomine albo... » *Picus erythrocephalos*. Linnæus, *Syst. nat.*, édit. X, gen. 54, sp. 5.

L'ÉPEICHE OU LE PIC VARIÉ (a) (b)

PREMIÈRE ESPÈCE.

La troisième espèce de nos pics d'Europe est le pic varié ou l'épeiche (*), et ce dernier nom paraît venir de l'allemand *elster specht* (c), qui répond dans cette langue à celui de pic varié dans la nôtre; il désigne l'agréable effet que font dans son plumage le blanc et le noir, relevés du rouge de la tête et du ventre: le sommet de la tête est noir avec une bande rouge sur l'occiput, et la coiffe se termine sur le cou par une pointe noire; de là partent deux rameaux noirs, dont une branche de chaque côté remonte à la racine du bec, y trace une moustache, et l'autre, descendant au bas du cou, le garnit

(a) Voyez les planches enluminées, n° 596, le mâle; et n° 595, la femelle.

(b) En grec, Πιπρα; en italien, *culrosso;* en allemand, *elster specht, bunt specht, veiss-specht;* en anglais, *great-spotted wood-pecker, wit-wal, french-pie;* en suisse, *ægerst-specht;* en suédois, *gyllenrenna;* en danois, *flag-spaet;* en norvégien, *kraak-spinte;* en polonais, *dzieciol pstry wieksly;* en catalan, *pigot, picot vermelle. Espeiche, cul-rouge, pic rouge.* Belon, *Portrait d'oiseaux*, p. 74. *B. pic vert rouge,* nommé en français, *épeiche. Nat. des oiseaux*, p. 300. — *Picus varius major.* Willughby, *Ornithol.*, p. 94. — Ray, *Synops.*, p. 43, n° *a* 4. — Linnæus, *Syst. nat.*, édit. VI, gen. 41, sp. 3. — Schwenckfeld, *Avi. Siles.*, p. 339. — *Picus medius albo nigroque varius, crisso pileoque rubris.* Muller. *Zool. Dan.*, n° 100. — Charleton, *Exercit.*, p. 93, n° 2. — *Onomast.*, p. 86, n° 2. — Rzaczynski, *Hist. nat. Polon.*, p. 414. — *Picus major.* Aldrovande, *Avi.*, t. 1er, p. 85, avec une figure fautive. — Jonston, *Avi.*, p. 79; et tab. 41. — La figure donnée par Aldrovande, dans la même planche, une autre qui est celle de Gessner, sous le titre, *picus varius. Picus varius, albo nigroque distinctus.* Gessner, *Avi.*, p. 709, avec une figure peu exacte. La même, *Icon. avi.*, p. 36. — *Picus discolor.* Frisch, avec une belle figure, pl. 36. — Klein, *Avi.*, p. 27, n° 6. — « Picus » albo nigroque varius; ano occipiteque rubro... » *Picus major.* Linnæus, *Syst. nat.*, édit. X, gen. 54, sp. 10. — « Picus albo nigroque varius; rectricibus tribus lateralibus » apice albo variegatis. » *Idem, Fauna Suec.*, n° 82. — *Greater spotted wood-pecker, or » witwal. Brith. Zool.*, p. 79. — *Picus niger, occipite et uropygio coccineis.* Barrère, *Ornithol.*, clas. III, gen. 13, sp. 1. — *Grand grimpereau* ou *pic vert bigarré.* Albin, t. 1er, p. 18 et pl. 19, une figure mal coloriée. — « Picus supernè nigro, infernè griseo-rufescens (fasciâ » transversâ in occipitio rubrâ Mas); imo ventre rubro; tæniâ utrinque nigrâ ab oris angulis » infrà genas et secundum colli latera ad pectus usque protensâ; rectricibus nigris, tribus » utrinque extimis apice sordidè albo-rufescentibus, nigro transversim striatis... » *Picus varius major.* Brisson, *Ornithol.*, t. IV, p. 34.

(c) Pic-pie.

(*) *Picus major* L.

d'un collier; ce trait noir s'engage vers l'épaule dans la pièce noire qui occupe le milieu du dos; deux grandes plaques blanches couvrent les épaules; dans l'aile, les grandes pennes sont brunes, les autres noires et toutes mêlées de blanc; tout ce noir est profond, tout ce blanc est net et pur; le rouge de la tête est vif, et celui du ventre est un beau ponceau. Ainsi le plumage de l'épeiche est très agréablement diversifié, et on peut lui donner la prééminence en beauté sur tous les autres pics.

Cette description ne convient entièrement qu'au mâle; la femelle donnée dans nos planches enluminées, n° 595, n'a point de rouge à l'occiput. On connaît aussi des épeiches dont le plumage est moins beau, et même des épeiches tout blancs. Il y a de plus dans cette espèce une variété dont les couleurs paraissent moins vives, moins tranchées, et dont tout le dessus de la tête et le ventre sont rouges, mais d'un rouge pâle et terne.

C'est de cette variété, représentée dans nos planches enluminées, n° 611, que M. Brisson a fait son second *pic varié (a)*, après l'avoir déjà donné une fois sous le nom de *grand pic varié* (*b*); quoique tous deux soient à peu près de la même grandeur, et qu'on ait de tout temps reconnu cette variété dans l'espèce. Belon, qui, à la vérité, vivait dans le siècle où les formules de nomenclature et les erreurs scientifiques n'avaient point encore multiplié les espèces, parle de ces différences entre ces pics variés, et, ne les jugeant rien moins que spécifiques, les rapporte toutes à son épeiche (*c*); mais c'est avec raison qu'Aldrovande reprend ce naturaliste et Turner sur l'application qu'ils ont faite du nom de *picus martius* au pic varié, car ce nom n'appartient exactement qu'au pic vert (*d*). Aristote a connu l'épeiche : c'est celui de ses trois pics qu'il désigne comme un peu moins grand que le merle et comme ayant dans le plumage un peu de rouge (*e*).

L'épeiche frappe contre les arbres des coups plus vifs et plus secs que le pic vert; il grimpe ou descend avec beaucoup d'aisance en haut, en bas, de côté et par-dessous les branches; les pennes rudes de sa queue lui servent de point d'appui quand, se tenant à la renverse, il redouble de coups de bec; il paraît défiant, car lorsqu'il aperçoit quelqu'un il se tient immobile, après s'être caché derrière la branche; il niche comme les autres pics dans un trou d'arbre creux. En hiver, dans nos provinces, il vient près des habi-

(*a*) *Ornithol.*, t. IV, p. 38.

(*b*) *Ibidem*, page 34.

(*c*) « Qui a conféré les épeiches de quelques autres contrées avec celles de France les a » trouvés différer en quelques couleurs; les unes avoient tout le dessus de la tête, le dos, la » queue et le croupion noirs, les tempes blanches : mais il y a une règle générale que toutes » ont le dessous de la queue rouge et les aelles madrées de blanc. » Belon, *Nat. des oiseaux*, page 301.

(*d*) Aldrovande, t. Ier, page 845.

(*e*) « Sunt pici tria genera; unum minus quàm merula cui rulidæ aliquid plumæ inest. » *Hist. animal.*, lib. IX, cap. IX

tations et cherche à vivre sur les écorces des arbres fruitiers, où les chrysalides et les œufs d'insectes sont déposés en plus grand nombre que sur les arbres des forêts.

En été, dans les temps de sécheresse, on tue souvent des épeiches auprès des mares d'eau qui se trouvent dans les bois et où les oiseaux viennent boire; celui-ci arrive toujours à la muette, c'est-à-dire sans faire de bruit, et jamais d'un seul vol, car il ne vient pour l'ordinaire qu'en voltigeant d'arbre en arbre; à chaque pause qu'il fait, il semble chercher à reconnaître s'il n'y a rien à craindre pour lui dans les environs; il a l'air inquiet, il écoute, il tourne la tête de tous côtés, et il la baisse aussi pour voir à terre à travers le feuillage des arbres, et le moindre bruit qu'il entend suffit pour le faire rétrograder; lorsqu'il est arrivé sur l'arbre le plus voisin de la mare d'eau, il descend de branche en branche jusqu'à la plus basse, et de cette dernière branche sur le bord de l'eau; à chaque fois qu'il y trempe son bec, il écoute encore et regarde autour de lui, et, dès qu'il a bu, il s'éloigne promptement, sans faire de pause comme lorsqu'il est venu. Quand on le tire sur un arbre, il est rare qu'il tombe jusqu'à terre s'il lui reste encore un peu de vie, car il s'accroche aux branches avec ses ongles, et pour le faire tomber on est souvent obligé de le tirer une seconde fois.

Cet oiseau a le sternum très grand, le conduit intestinal long de seize pouces et sans cæcum; l'estomac membraneux; la pointe de la langue est osseuse sur cinq lignes de longueur. Un épeiche adulte pesait deux onces et demie : c'était un mâle qui avait été pris sur le nid avec six petits; ils avaient tous les doigts disposés comme le père, et pesaient environ trois gros chacun; leur bec n'avait point les deux arêtes latérales qui dans l'adulte prennent naissance au delà des narines, passent au-dessous et se prolongent sur les deux tiers de la longueur du bec; les ongles, encore blancs, étaient déjà fort crochus. Le nid était dans un vieux tremble creux, à trente pieds de hauteur de terre.

LE PETIT ÉPEICHE (*a*) (*b*)

SECONDE ESPÈCE.

Ce pic (*) serait en tout un diminutif de l'épeiche, s'il n'en différait pas par le devant du corps, qui est d'un blanc sale ou même gris, et par le manque

(*a*) Voyez les planches enluminées, nº 598, fig. 1re, le mâle; et fig. 2, la femelle.

(*b*) En italien, *pipra, pipo;* en allemand, *spechtle, grass-specht; Klein Bundter specht;* en anglais, *lesser spotted wood spite or wood-pecker, piannet* et *hickwal;* en polonais, *dzie-*

(*) *Picus minor* L.

de rouge sous la queue et de blanc sur les épaules. Du reste, tous les autres caractères sont semblables : dans ce petit épeiche comme dans le grand, le rouge ne se voit que sur la tête du mâle (*a*).

Ce petit pic varié est à peine de la grandeur du moineau, et ne pèse qu'une once. On le voit venir pendant l'hiver près des maisons et dans les vergers; il ne grimpe pas fort haut sur les grands arbres, et semble attaché à l'entour du tronc (*b*); il niche dans un trou d'arbre qu'il dispute souvent à la mésange charbonnière, qui n'est pas la plus forte, et qui est obligée de lui céder son domicile. On le trouve en Angleterre, où il a un nom propre (*c*); on le voit en Suède (*d*), et il paraît même que l'espèce, comme celle du grand épeiche, s'est étendue jusque dans l'Amérique septentrionale; car l'on voit à la Louisiane un petit pic varié qui lui ressemble presque en tout, à l'exception que le dessus de la tête, comme dans le pic varié du Canada, est couvert d'une calotte noire bordée de blanc.

M. Salerne dit que cet oiseau n'est pas connu en France; cependant on le trouve dans la plupart de nos provinces : la méprise vient de ce qu'il a confondu le petit pic varié avec le grimpereau de muraille, qu'il avoue lui-même ne pas connaître (*e*). Il se trompe également quand il dit que Frisch ne parle point de ce petit pic, et qu'il en conclut qu'il n'existe point en Allemagne : Frisch dit seulement qu'il y est rare, et il en donne deux belles figures (*f*).

ciol pstry minieyszy; en norvégien, *lille, træ-pikke*. — *Picus varius minor*. Aldrovande, *Avi.*, t. Ier, p. 847, avec une mauvaise figure du mâle.—Jonston, *Avi.*, p. 79, avec la figure empruntée d'Aldrovande, pl. 41. — Willughby, *Ornithol.*, p. 94, même figure, table 21. — Ray, *Synops.*, p. 4, n° *a* 5. — Schwenckfeld, *Avi. Siles.*, p. 340. — Charleton, *Exercit.*, p. 93, n° 1. *Onomast.*, p. 86, n° 1. — Sibbald, *Scot. illustr.*, part. II, lib. III, p. 15. — « Picus albo nigroque varius, vertice rubro, ano exalbido. » *Picus minor*. Linnæus, *Syst. nat.*, édit. X, gen. 54, sp. 12. — *Picus albo nigroque varius, rectricibus tribus lateralibus seminigris. Idem, Fauna Suec.*, n° 83. — *Picus minor albo nigroque varius, vertice rubro, crisso testaceo*. Muller, *Zool. Dan.*, n° 101. — *Lesser spotted wood-pecker, or hicwal. Brit. Zool.*, p. 79. — *Picus varius minimus*. Gessner, *Icon. avi.*, p. 36. *Idem, Avi.*, p. 709, sous le nom de *picus alius minor, Grass specht, picus graminis*. — *Picus varius tertius*. Ray, *Synops.*, p. 43, n° 6. — *Picus discolor minor*. Frisch, pl. 37, figures du mâle et de la femelle. — Klein, *Avi.*, p. 27, n° 7. — *Picus varius minor Schwenckfeldii*. Rzaczynski. *Auctuar.*, p. 414. — *Petit grimpereau* ou *pic vert bigarré*. Albin, t. Ier, p. 19, avec une assez mauvaise figure, planche 20. — « Picus supernè niger, albo transversim striatus, infernè » rufescens, pennis laterum ad scapum nigricantibus (vertice rubro Mas); tæniâ utrinque » nigrâ ab oris angulis infrà oculos et secundùm colli latera protensâ; rectricibus nigris, » duabus utrinque extimis ultimâ medietate albis, nigro transversim striatis, proximè sequenti » apice albâ... » *Picus varius minor*. Brisson, *Ornithol.*, t. IV, p. 41.

(*a*) Willughby remarque fort à propos qu'Aldrovande assure du petit pic varié en général ce qui n'est vrai que de la femelle; savoir, qu'il n'y a point de rouge sur la tête. Jonston est là-dessus dans la même erreur qu'Aldrovande.

(*b*) Minores pici varii circa arbores inferiùs volitant. Gessner.

(*c*) *Hickwall*. Willughby, p. 94.

(*d*) *Fauna Suecica*, n° 83.

(*e*) Salerne, *Ornithol.*, p. 106. Le *pic de muraille*, ou plutôt le *petit pic bigarré*.

(*f*) *Der Kleiner Bunt specht* IV. *Haupt.* 1. *Abtheil.* 4. Platte, édit. Berolin., 1733.

M. Sonnerat a vu à Antigue un petit pic varié que nous rapporterons à celui-ci; les caractères qu'il lui donne ne l'en distinguent pas assez pour en faire deux espèces; il est de la même grandeur; le noir rayé, moucheté de blanc, couvre tout le dessus du corps; le dessous est tacheté de noirâtre sur un fond jaune pâle ou plutôt blanc jaunâtre; la ligne blanche se marque sur les côtés du cou. M. Sonnerat n'a point vu de rouge à la tête de cet oiseau, mais il remarque lui-même que c'était peut-être la femelle (*a*).

OISEAUX DE L'ANCIEN CONTINENT

QUI ONT RAPPORT A L'ÉPEICHE

L'ÉPEICHE DE NUBIE ONDÉ ET TACHETÉ (*b*)

PREMIÈRE ESPÈCE

Ce pic (*) est d'un tiers moins grand que l'épeiche d'Europe; tout son plumage est agréablement varié par gouttes et par ondes, brisées, rompues et comme vermiculées de blanc et de roussâtre sur fond gris brun et noirâtre au dos, et de noirâtre en larmes sur le blanchâtre de la poitrine et du ventre; une demi-huppe d'un beau rouge couvre en calotte le derrière de la tête; le sommet et le devant sont en plumes fines, noires, chacune tiquetée à la pointe d'une petite goutte blanche; la queue est divisée transversalement par ondes brunes et roussâtres. Cet oiseau est fort joli, et l'espèce est nouvelle.

LE GRAND PIC VARIÉ DE L'ILE DE LUÇON

SECONDE ESPÈCE.

Notre épeiche n'est pas le plus grand des pics variés, puisque celui de Luçon (**), dont M. Sonnerat nous a donné la description, est de la taille du pic vert (*c*); il a les plumes du dos et des couvertures de l'aile noires, mais

(*a*) Sonnerat. *Voyage à la Nouvelle-Guinée*, p. 118.
(*b*) Voyez les planches enluminées, n° 667.
(*c*) Sonnerat. *Voyage à la Nouvelle-Guinée*, p. 72.

(*) *Picus Nubicus* Gmel.
(**) *Picus cardinalis* Gmel.

le tuyau en est jaune : il a aussi des taches jaunâtres sur les dernières; les petites couvertures de l'aile sont rayées transversalement de blanc; la poitrine et le ventre sont variés de taches longitudinales noires sur un fond blanc; on voit une bande blanche au côté du cou jusque sous l'œil; le sommet et le derrière de la tête sont d'un rouge vif; et par ce caractère M. Sonnerat voudrait nommer ce pic *cardinal;* mais il y aurait trop de pics cardinaux si l'on donnait ce nom à tous ceux qui ont la calotte rouge, et ce rouge sur la tête n'est point du tout un caractère spécifique, mais plutôt générique pour les pics, comme nous l'avons remarqué.

LE PETIT ÉPEICHE BRUN DES MOLUQUES (*a*)

TROISIÈME ESPÈCE.

Ce petit pic (*) n'a que deux teintes sombres et ternes; son plumage est brun noirâtre, ondé de blanc au-dessus du corps, blanchâtre, tacheté de pinceaux bruns au-dessous; la tête et la queue, ainsi que les pennes des ailes, sont toutes brunes; il n'est que de la grandeur de notre petit épeiche ou même un peu au-dessous.

OISEAUX DU NOUVEAU CONTINENT

QUI ONT RAPPORT A L'ÉPEICHE

L'ÉPEICHE DU CANADA (*b*) (*c*)

PREMIÈRE ESPÈCE.

On trouve au Canada un épeiche (**) qui nous paraît devoir être rapproché de celui d'Europe; il est de la même grosseur, et n'en diffère que par la dis-

(*a*) Voyez les planches enluminées, n° 748, fig. 2, sous le nom de *petit pic des Moluques*.

(*b*) Voyez les planches enluminées, n° 345, fig. 1re.

(*c*) « Picus supernè niger, dorso superiore albo mixto, infernè albus; occipitio fasciâ » pallidè aurantiâ insignito; tæniâ utrinque candidâ ab oris angulis infrà oculos et secundùm » colli latera protensâ, rectricibus nigris, tribus utrinque extimis ultimâ medietate albis, » proximè sequenti sordidè albo versùs apicem utrinque notatâ... » *Picus varius Canadensis.* Brisson, *Ornithol.*, t. IV, p. 45.

(*) *Picus Moluccensis* Gmel.

(**) *Picus Canadensis* Gmel.

tribution des couleurs. Ce pic de Canada n'a de rouge nulle part; son œil est environné d'un espace noir, au lieu que l'œil de notre épeiche est dans du blanc. Il y a plus de blanc sur le côté du cou, et du blanc ou jaune faible à l'occiput; mais ces différences ne sont que de légères variétés, et ces deux espèces très voisines ne font peut-être que le même oiseau, qui, en passant dans un climat différent et plus froid, aura subi ces petits changements.

Le *quauhtotopotli alter* de Fernandez, qui est un pic varié de noir et de blanc, paraît être le même que ce pic du Canada, d'autant plus que cet auteur ne dit pas dans sa description qu'il ait du rouge nulle part, et qu'il semble indiquer que cet oiseau arrive du Nord à la Nouvelle-Espagne (*a*). Ce pays, cependant, doit avoir aussi ses pics variés, puisque les voyageurs en ont trouvé jusque dans l'isthme de l'Amérique (*b*).

L'ÉPEICHE DU MEXIQUE (*c*)

SECONDE ESPÈCE.

Je serais très porté à croire que le *grand pic varié du Mexique* de M. Brisson, page 57 (*d*), et son *petit pic varié du Mexique*, page 59, ne sont que le même oiseau (*). Il donne le premier d'après Seba, car ce n'est que sur sa foi que Klein et Mœhring l'ont fait entrer dans leurs nomenclatures (*e*); or, on sait combien sont infidèles la plupart des notices de ce compilateur. Klein donne deux fois ce même oiseau (*f*), et c'est un de ceux que nous avons exclus du genre des pics; d'un autre côté, M. Brisson, par une raison qu'on ne peut deviner, applique à son second pic du Mexique l'épithète de *petit*, quoique Fernandez, auteur original d'après lequel seul on peut parler, le

(*a*) « Quauhtotopotli, pici species est peregrina... colore nigro, sed candidis plumis maculato... mitescit aliturque domi, sturno nostrati par; excavat arbores modo cæterorum picorum quibus victu, nutrimento ac reliquâ naturâ est similis. » Fernandez, *Hist. Nov.-Hisp.*, cap. CLXV, p. 47.

(*b*) Waffer. *Voyage à la suite de ceux de Dampier*, t. IV, p. 233.

(*c*) « Picus supernè niger, albo transversim striatus, infernè ruber; rectricibus nigris, albo transversim striatis... » *Picus varius Mexicanus minor*. Brisson, *Ornithol.*, t. IV, p. 59. — « Quauhchochopitli seu avicula ligna excavans. » Fernandez, *Hist. Nov.-Hisp.*, p. 33, cap. XCIV. Ray. *Synops. avi.*, p. 163.

(*d*) « Picus supernè niger, infernè albus, rubro adumbratus; tæniâ utrinpue ponè oculos candidâ, pennis scapularibus albis; rectricibus ex nigro et albo variegatis... » *Picus varius Mexicanus major*. Brisson, *Ornithol.*, t. IV, p. 57.

(*e*) *Pica Mexicana*. Seba, vol. Ier, p. 101, tab. 64, fig. 6. — *Cornix*. Moehring, *Avi.*, gen. 100.

(*f*) *Pica Mexicana alia*. Klein, *Avi.*, p. 62, nº 6. — *Jaculator cinereus*. *Idem*, p. 127, nº 2.

(*) *Picus tricolor* GMEL.

dise *grand*, et le dise deux fois dans quatre lignes (*a*). Suivant cet auteur, c'est un pic de grande espèce et de la taille de la corneille du Mexique ; son plumage est varié de lignes blanches transversales sur un fond noir et brun ; le ventre et la poitrine sont d'un rouge de vermillon. Ce pic habite les cantons les moins chauds du Mexique, et perce les arbres comme les autres pics.

L'ÉPEICHE OU PIC VARIÉ DE LA JAMAIQUE (*b*) (*c*)

TROISIÈME ESPÈCE.

Ce pic (*) est d'une grandeur moyenne, entre celle du pic vert et celle de l'épeiche d'Europe ; Catesby le fait trop petit en le comparant à l'épeiche, et Edwards le fait trop grand en lui donnant la taille du pic vert. Ce même auteur ne lui compte que huit pennes à la queue ; mais c'est vraisemblablement par accident qu'il en manquait deux dans l'individu qu'il a décrit, tous les pics ayant dix plumes à cette partie. Celui-ci porte une calotte rouge qui tombe en coiffe sur le haut du cou ; la gorge et l'estomac sont d'un gris roussâtre qui entre par degrés dans un rouge terne sur le ventre ; le dos est noir, rayé transversalement d'ondes grises en festons, plus claires sur les ailes, plus larges et toutes blanches sur le croupion.

La figure de cet oiseau, dans Hans Sloane, est fort défectueuse : c'est le seul pic que ce naturaliste et M. Browne aient trouvé dans l'île de la Jamaïque, quoiqu'il y en ait grand nombre d'autres dans le continent de l'Amérique ; celui-ci se retrouve à la Caroline, et, malgré quelques différences, on le reconnaît dans le pic à ventre rouge de Catesby (*d*). Au reste, la femelle dans cette espèce a le front d'un blanc roussâtre et le mâle l'a rouge.

(*a*) « Quauhchochopitli, seu avicula ligna excavans... Mexicanæ coturnicis formâ et magni- » tudine... Linguâ, picorum more, quorum est species, prolixâ. » Fernandez, *Hist. Nov.-Hisp.*, p. 33, cap. XCIX.

(*b*) Voyez les planches enluminées n° 597, la femelle.

(*c*) *Picus varius medius*. Sloane, *Voyag. of Jamaïca*, p. 299, n° 15, avec une mauvaise figure, tab. 255, fig. 2. — « Picus pullus albo variegatus vertice coccineo, linguâ ad apicem » barbatâ. » Browne, *Hist. nat. of Jamaïc.*, p. 474. — *Picus varius medius Jamaïcensis*. Ray, *Synops. avi.*, p. 181, n° 11. — *Picus ventre rubro*. Klein, *Avi.*, p. 28, n° 11. — *Pic de la Jamaïque*. Edwards, *Glan.*, p. 71, avec une figure exacte de la femelle, pl. 244. — *Pic à ventre rouge*. Catesby, *Carolin*,, t. Ier, p. 19, avec une figure médiocre du mâle, pl. 19. — « Picus pileo nuchâque rubris, dorso fasciis nigris, rectricibus mediis albis nigro punctatis... » *Picus Carolinus*. Linnæus, *Syst. nat.*, édit. X, gen. 54, sp. 6. — « Picus supernè niger, griseo » transversim striatus, uropygio albo transversim striato, infernè sordidè ruber, imo ventre » fusco transversim striato ; capite et collo superiùs coccineis ; collo inferiore et pectore » olivaceo rufescentibus ; rectricibus subtus saturatè cinereis, supernè nigris, extimâ exteriùs » albis maculis variâ... » *Picus varius Jamaïcensis*. Brisson, *Ornithol.*, p. 59.

(*d*) *The red-bellied wood-pecker*. *Carolin.*, t. Ier, p. 19.

(*) *Picus Carolinus* GMEL.

L'ÉPEICHE OU PIC RAYÉ DE LA LOUISIANE (a)

QUATRIÈME ESPÈCE.

Tout le manteau de ce pic (*), un peu plus grand que l'épeiche, est agréablement rayé et rubané de blanc et de noir par bandelettes transversales; des pennes de la queue, les deux extérieures et les deux intermédiaires sont mêlées de blanc et de noir, les autres sont noires; tout le dessous et le devant du corps est gris blanc uniforme, un peu de rouge lavé teint le bas-ventre. De deux individus que nous avons au Cabinet, l'un a le dessus de la tête entièrement rouge, avec quelques pinceaux de cette couleur à la gorge et jusque sous les yeux; l'autre (et c'est celui que représente la planche enluminée) a le front gris, et n'a de rouge qu'à l'occiput, c'est vraisemblablement la femelle, cette différence revenant à celle qu'on observe généralement de la femelle au mâle dans le genre de ces oiseaux, qui est de porter moins de rouge, ou de n'en porter point du tout à la tête : au reste, ce rouge est dans l'un et dans l'autre d'une teinte plus faible et plus claire que dans les autres épeiches.

L'ÉPEICHE OU PIC VARIÉ DE LA ENCÉNADA (b)

CINQUIÈME ESPÈCE.

Cet oiseau (**) n'est pas plus grand que notre petit pic varié, et il est un des plus jolis de ce genre : avec des couleurs simples, son plumage est émaillé d'une manière brillante; du blanc et du gris brun composent toutes ses couleurs; elles sont si agréablement coupées, interrompues et mêlées, qu'il en résulte un effet charmant à l'œil. Le mâle est bien huppé, et dans sa huppe percent quelques plumes rouges; la femelle ne l'est pas, et sa tête est toute brune.

(a) Voyez les planches enluminées, nº 692.
(b) Voyez les planches enluminées, nº 748, fig. 1re (le mâle).

(*) C'est une variété du *Picus Carolinus* GMEL.
(**) *Picus variegatus* LATH.

L'ÉPEICHE OU PIC CHEVELU DE VIRGINIE (a) (b)

SIXIÈME ESPÈCE.

Nous emprunterons des Anglais de la Virginie le nom de *pic chevelu* (c) qu'ils donnent à cet oiseau (*), pour exprimer un caractère distinctif, qui consiste en une bande blanche composée de plumes effilées qui règne tout le long du dos et s'étend jusqu'au croupion ; le reste du dos est noir ; les ailes sont noires aussi, mais marquetées avec assez de régularité de taches d'un blanc obscur, arrondies et en larmes ; une tache noire couvre le sommet, et une rouge le derrière de la tête ; de là jusqu'à l'œil s'étend une ligne blanche, et une autre est tracée au côté du cou ; la queue est noire ; tout le dessous du corps est blanc. Ce pic est un peu moins grand que l'épeiche.

L'ÉPEICHE OU PETIT PIC VARIÉ DE VIRGINIE (d)

SEPTIÈME ESPÈCE.

Catesby nous a encore fait connaître ce petit pic (**) : il pèse un peu plus d'une once et demie, et ressemble si fort, dit-il, au pic chevelu par ses taches et ses couleurs, que, sans la différence de grosseur, on pourrait croire que c'est la même espèce ; la poitrine et le ventre de celui-ci sont d'un gris clair ; les quatre pennes du milieu de la queue sont noires, et les autres barrées de noir et de blanc : ce sont là les seules différences de ce petit pic au pic chevelu. La femelle diffère du mâle, comme dans presque toutes les espèces de pic, en ce qu'elle n'a point de rouge sur la tête.

(a) Voyez les planches enluminées, n° 754.

(b) *Pic velu.* Catesby, *Carolin.*, t. Ier, p. 19, avec une belle figure, planche 19. — *Picus villosus medius.* Klein, *Avi.*, p. 27, n° 9. — « Picus supernè niger, tæniâ longitudinali in » medio dorso candidâ, infernè albus (fasciâ transversâ in occipitio rubrâ Mas); duplici » utrinque tæniâ longitudinali candidâ, aliâ secundùm maxillam inferiorem protensâ ; rectri- » cibus quatuor intermediis nigris, proximè sequenti nigrâ... » *Picus varius Virginianus.* Brisson, *Ornithol.*, t. IV, p. 48.

(c) *Hairy wood-pecker.*

(d) *The smallest spotted wood-pecker.* Catesby, *Carolin.*, t. Ier, p. 21, avec une bonne figure. — *Picus varius minimus.* Klein, *Avi.*, p. 25, n° 8. — « Picus supernè niger, tæniâ » longitudinali in medio dorso candidâ, infernè dilutè griseus ; (occipitio rubro Mas) ; tæniâ » utrinque supra oculos candidâ ; rectricibus quatuor intermediis nigris, tribus utrinque » extimis albo et nigro transversim striatis... » *Picus varius Virginianus minor.* Brisson, *Ornithol.*, t. IV, p. 50.

(*) *Picus villosus* GMEL.

(**) *Picus pubescens* GMEL.

L'ÉPEICHE OU PIC VARIÉ DE LA CAROLINE (a) (b)

HUITIÈME ESPÈCE.

Quoique ce petit pic (*) porte une teinte jaune sur le ventre, nous ne l'exclurons pas de la famille des pics variés de blanc et de noir, parce qu'il y est évidemment compris par les couleurs du manteau, qui sont celles qui décident le plumage. Il est à peine aussi grand que notre petit épeiche; tout le dessus de la tête est rouge; quatre raies, alternativement noires et blanches, couvrent l'espace de la tempe à la joue, et la dernière de ces raies encadre la gorge, qui est du même rouge que la tête; le noir et le blanc se mêlent et se coupent agréablement sur le dos, les ailes et la queue; le devant du corps est jaune clair, parsemé de quelques pinceaux noirs. La femelle n'a point de rouge : ce pic se trouve en Virginie, à la Caroline et à Cayenne, selon M. Brisson.

L'ÉPEICHE OU PIC VARIÉ ONDÉ (c)

NEUVIÈME ESPÈCE.

Ce pic, donné dans les planches enluminées sous la dénomination de *pic tacheté*, doit plutôt s'appeler *varié*, car son plumage, avec moins de blanc, ressemble fort à celui de l'épeiche : il est noir sur le dos, chargé de blanc en ondes ou plutôt en écailles sur les grandes pennes de l'aile; ces deux couleurs forment, quand elle est pliée, une bande en damier; le dessous du corps est blanc, varié sur les flancs d'écailles noires; deux traits blancs vont en arrière, l'un de l'œil, l'autre du bec, et le sommet de la tête est rouge.

La figure de ce pic convient parfaitement avec la description du *pic varié*

(a) Voyez les planches enluminées, n° 785.

(b) *The yellow belly'd wood-pecker*. Catesby, *Carolin.*, t. Ier, p. 21, avec une belle figure. — *Picus varius minor ventre luteo*. Klein, *Avi.*, p. 27, n° 10. — « Picus supernè albo et » nigro varius, infernè sulphureus ; (vertice et gutture rubris ; occipitio pallidè luteo Mas) ; » (vertice rubro ; gutture et occipitio albis Fœmina) ; capite ad latera pallidè luteo et nigro » (Mas) albo et nigro (Fœmina) longitudinaliter vario ; rectricibus nigris, duabus intermediis » utrinque, binis utrinque extimis exteriùs et apice albo transversim maculatis... » *Picus varius Carolinensis*. Brisson. *Ornithol.*, t. IV, p. 62.

(c) Voyez les planches enluminées, n° 553.

(*) *Picus varius* Gmel.

de Cayenne de M. Brisson (*a*), excepté que le premier a quatre doigts comme tous les pics, et que celui de M. Brisson n'en a que trois. Il existe donc réellement un pic à trois doigts (*) : c'est de quoi, malgré le peu de rapport analogique, on ne peut guère douter. Edwards a reçu deux de ces pics à trois doigts de la baie d'Hudson, et en a vu un troisième venu des mêmes contrées (*b*). Linnæus en décrit un trouvé en Dalécarlie (*c*); Schmith, un de Sibérie (*d*), et nous sommes informés par M. Lottinger que ce pic à trois doigts se trouve aussi en Suisse (*e*). Il paraît donc que ce pic à trois doigts habite le nord des deux continents. Ce doigt de moins fait-il un caractère spécifique, ou n'est-il qu'un attribut individuel? c'est ce qu'on ne peut décider sans un plus grand nombre d'observations; mais ce que l'on doit nier, c'est que cette même espèce qui habite le nord des deux continents se trouve sous l'équateur à Cayenne, quoique, d'après M. Brisson, on l'ait nommé *pic tacheté de Cayenne* dans la planche enluminée. Ces petites méprises dans quelques-unes de nos planches viennent de ce que nous avons été obligés de les faire graver à mesure que nous pouvions nous procurer les oiseaux, et par conséquent avant d'en avoir composé l'histoire.

Après cette longue énumération de tous les oiseaux des deux continents qui ont rapport aux pics, et qui même semblent en constituer le genre, nous devons observer qu'il nous a paru nécessaire de rejeter quelques espèces indiquées par nos nomenclateurs : ces espèces sont la troisième (*f*), la huitième (*g*) et la vingtième (*h*), données par M. Brisson pour des pics, par Seba pour des hérons (*i*), et par Mœhring pour des corneilles (*j*). Klein appelle

(*a*) « Picus supernè niger (maculis transversis albis variegatus Mas) infernè albus; lateri- » bus albo et nigro transversim striatis; (vertice rubro Mas); tæniâ utrinque infra oculos » candidâ; rectricibus nigris, binis utrinque extimis ultimâ medietate albis, interiùs nigro » maculatis, proximè sequenti exteriùs ultimâ medietate albo rufescente, interiùs versùs api- » cem duabus maculis albo rufescentibus insignitâ... » *Picus varius Cayanensis*. Brisson, *Ornithol.*, t. IV, p. 54.

(*b*) *Three toed wood-pecker*. Edwards, *History of Birds*, t. III, p. 114.

(*c*) *Collection académique*. Partie étrangère, t. XI, p. 44. (Académie de Stockholm). — *Picus pedibus tridactylis*. Linnæus, *Syst. nat.*, édit. VI, gen. 41, sp. 5. — *Idem*, *Fauna Suecica*, n° 84. — *Idem*, *Syst. nat.*, édit. X, gen. 54, sp. 13.

(*d*) *Collection académique*. Note du traducteur. Partie étrangère, t. XI, p. 44.

(*e*) Extrait d'une lettre de M. Lottinger à M. de Montbeillard, datée de Strasbourg, le 22 septembre 1774.

(*f*) *Pic vert du Mexique*. Brisson, *Ornithol.*, t. IV, p. 16.

(*g*) *Pic noir du Mexique*. *Idem*, *ibid.*, p. 25.

(*h*) *Grand Pic varié du Mexique*. *Idem*, *ibid.*, p. 57.

(*i*) Les deux premières du moins; la troisième comme une pie, *ardea Mexicana altera*. Seba, vol. Ier, p. 100, tab. 64, fig. 3. — *Ardeæ Mexicanæ species singularis*. *Idem*, p. 101, tab. 68, fig. 2. — *Pica Mexicana*. *Idem*, p. 101, tab. 64, fig. 6.

(*j*) *Cornix*. Mœhring, gen. 100.

(*) *Picus tridactylus* Gmel.

ces mêmes oiseaux *harponneurs* (a), parce que, selon Seba, ils frappent et percent de leur bec les poissons en tombant du haut de l'air. Cette habitude est, comme on le voit, bien différente de celles des pics, et d'ailleurs les caractères de ces oiseaux dans les figures de Seba, où les doigts sont disposés *trois* et *un*, démontrent qu'ils sont d'un genre très différent de celui des pics, et l'on doit avouer qu'il faut avoir une grande passion de multiplier les espèces, pour en établir ainsi sur des figures fautives, à côté de notices contradictoires.

(a) *Jaculator*, gen. 20, famill. 4.

LES PICS-GRIMPEREAUX (a)

Le genre de ces oiseaux, dont nous ne connaissons que deux espèces, nous paraît être assez différent de tous les autres genres pour l'en séparer (*) : on nous a envoyé de Cayenne deux espèces de ces oiseaux, et nous avons cru devoir les nommer *pics-grimpereaux*, parce qu'ils font la nuance entre le genre des pics et celui des grimpereaux; la première et la plus grande espèce étant plus voisine des grimpereaux par son bec courbé, et la seconde étant, au contraire, plus voisine des pics par son bec droit. Toutes deux ont trois doigts en avant et un en arrière comme les grimpereaux, et en même temps les pennes de la queue raides et pointues comme les pics.

Le premier (**) et le plus grand de ces pics-grimpereaux a dix pouces de longueur; il a la tête et la gorge tachetées de roux et de blanc; le dessus du corps roux et le dessous jaune, rayé transversalement de noirâtre; le bec et les pieds noirs.

Le second (***), et le plus petit, n'a que sept pouces de longueur; il a la tête, le cou et la poitrine tachetés de roux et de blanc; le dessus du corps est roux, et le ventre d'un brun roussâtre; son bec est gris, et ses pieds sont noirâtres.

Tous deux ont à très peu près les mêmes habitudes naturelles; ils grimpent contre les arbres à la manière des pics, en s'aidant de leur queue, sur laquelle ils s'appuient; ils percent l'écorce et le bois en faisant beaucoup de bruit; ils mangent les insectes qui se trouvent dans les bois et les écorces qu'ils percent; ils habitent les forêts, où ils cherchent le voisinage des ruisseaux et des fontaines. Les deux espèces vivent ensemble et se trouvent souvent sur le même arbre; cependant elles ne se mêlent pas : seulement il paraît que ces oiseaux aiment fort la compagnie, car ils s'attachent toujours,

(a) Voyez les planches enluminées, n° 621, sous la dénomination de *Picucule de Cayenne;* et n° 605, sous la dénomination de *Talapio.* Ces noms nous avaient été donnés par des gens qui les avaient imaginés sans aucun fondement.

(*) Les Pics-Grimpereaux (Picucules de Cuvier) sont des Passereaux du groupe des Ténuirostres.

(**) *Gracula Cayennensis* GMEL.

(***) *Oriolus picus* GMEL.

en grimpant, aux arbres sur lesquels il y a plusieurs autres petits oiseaux perchés; ils sont très vifs et voltigent d'un arbre à l'autre pour se coller et grimper, mais jamais ils ne se perchent ni ne font de longs vols : on les trouve assez communément dans l'intérieur des terres de la Guyane, où les naturels du pays les confondent avec les pics, et c'est par cette raison qu'ils ne leur ont point donné de nom particulier; il est assez probable que ces oiseaux se trouvent aussi dans les autres climats chauds de l'Amérique, néanmoins aucun voyageur n'en a fait mention.

LE TORCOL [a] [b]

Cet oiseau (*) se reconnaît au premier coup d'œil par un signe ou plutôt par une habitude qui n'appartient qu'à lui : c'est de tordre et de tourner le cou de côté et en arrière, la tête renversée vers le dos, et les yeux à demi fermés (*c*) pendant tout le temps que dure ce mouvement, qui n'a rien de

(*a*) Voyez les planches enluminées, nº 698.

(*b*) En grec, Ἴυγξ ; en latin moderne, *torquilla;* en italien, *tortocollo, capotorto, verticella* (ces noms dans presque toutes les langues reviennent à celui de torcol); en espagnol, *torzicuello;* en allemand, *wind halsz, nater-halsz, dreh-halsz, naterz-wang, nater-wendel;* en anglais, *wryneck;* en suédois, *gioek-tita;* en danois, *bendehalz;* en norwégien, *saogouk;* en polonais, *kretoglow;* en russe, *krutiholowa;* à Naples on nomme cet oiseau *fourmillier* (*formicula*), de sa manière de vivre; *languard* ou *tire-langue* en Provence; *coutouille* en Dauphiné; en Lorraine, *torticolis;* ailleurs, *trousse-col, longue-langue;* à Malte, *roi des cailles,* nom que l'on donne partout ailleurs au rale terrestre. — *Jynx, seu torquilla.* Aldrovande, *Avi.*, t. Ier, p. 863, avec des figures assez mauvaises du mâle et de la femelle, p. 866. — Willughby, *Ornithol.*, p. 95, avec une figure empruntée d'Aldrovande, pl. 22. — Ray, *Synops. avi.*, p. 44, nº a, 8. — Jonston, *Avi.*, p. 80, avec la figure prise de Gessner, pl. 42. — Charleton, *Onomast.*, p. 87, nº 7. — *Torquilla.* Schwenckfeld, *Avi. Siles.*, p. 356. — Frisch, avec une bonne figure, pl. 38. — *Jynx torquilla.* Linnæus, *Syst. nat.*, édit. X, gen. 53, sp. 1. « Cuculus sub grisea maculata rectricibus nigris, fasciis undulatis. » *Fauna Suecica*, nº 78, avec une figure assez bonne. — *Jynx torquilla.* Muller, *Zool. Dan.*, nº 96. — *The wryneck. British Zool.*, p. 80. — *Jynx.* Gessner, *Avi.*, p. 573, avec une figure peu exacte. — *Jynx torquilla, turbo. Idem, Icon. avi.*, p. 38, avec une figure qui n'est pas meilleure. — *Torcol. Idem, Avi.*, p. 795. — *Torquilla Gessneri et Gazæ; jynx Mortoni; verticilla; cinclida; turbo; collitorque.* Rzaczinski, *Auct. Hist. nat. Polon.*, p. 422. — *Jynx.* Mœhring, *Avi.*, gen. 13. — *Jynx torquilla, verticilla, verticolla Scaligeri, collitorques.* Charleton, *Exercit.*, p. 93, nº 7. — *Verticilla seu turbo.* Rzaczynski, *Hist. nat. Polon.*, p. 296. — *Picus torquilla.* Klein, *Avi.*, p. 28, nº 14. — « Torquilla supernè griseo, fusco et nigricante, transversim striata; ventre sordidè albo-rufescente, maculis nigricantibus vario; rectricibus dilutè griseis, lineolis undatis, maculisque nigricantibus variegatis, tæniis transversis nigris insignitis... » *Torquilla.* Le torcol. Brisson, *Ornithol.*, t. IV, p. 4. — *Torcol.* Albin, t. Ier, p. 20, avec une figure mal coloriée, pl. 21. — *Tercou, torcou, turcol, torcol.* Belon, *Nat. des oiseaux*, p. 306, avec une figure peu reconnaissable. — *Idem, Portraits d'oiseaux*, p. 76, *a*, avec la même figure.

(*c*) « Cetero corpore immobili collum circumagit in tergum, quemadmodum et angues. » Aristote, *Hist. animal.*, lib. II, cap. XII. — « Aliquando manibus tenui, qui collum circumagebat in aversum, prorsùm, retrorsùm, mox oculos claudebat quasi obdormisceret. » Schwenckfeld, *Avi Siles.*, p. 357.

(*) *Yunx Torquilla* Gmel. — Les Torcols sont des grimpeurs de la famille des Picidés, à bec conique, pointu, plus court que la tête, à langue dépourvue de crochets, à plumage lâche, à queue arrondie, munie de rectrices flexibles.

Imp. P. Tâtrent

TOUCAN DU PARA

A. Le Vasseur Éditeur

précipité, et qui est au contraire lent, sinueux et tout semblable aux replis ondoyants d'un reptile (*a*); il paraît être produit par une convulsion de surprise et d'effroi, ou par une crise d'étonnement à l'aspect de tout objet nouveau : c'est aussi un effort que l'oiseau semble faire pour se dégager lorsqu'il est retenu ; cependant cet étrange mouvement lui est naturel et dépend en grande partie d'une conformation particulière, puisque les petits dans le nid se donnent les mêmes tours de cou : en sorte que plus d'un dénicheur effrayé les a pris pour de petits serpents (*b*).

Le torcol a encore une autre habitude assez singulière : un de ces oiseaux qui était en cage depuis vingt-quatre heures, lorsqu'on s'approchait de lui, se tournait vis-à-vis le spectateur, puis le regardant fixement s'élevait sur ses ergots, se portait en avant avec lenteur en relevant les plumes du sommet de sa tête, la queue épanouie, puis se retirait brusquement en frappant du bec le fond de sa cage et rabattant sa huppe ; il recommençait ce manège, que Schwenckfeld a observé comme nous (*c*), jusqu'à cent fois de suite et tant qu'on restait en présence.

Ce sont apparemment ces bizarres attitudes et ces tortures naturelles qui ont anciennement frappé les yeux de la superstition quand elle adopta cet oiseau dans les enchantements, et qu'elle en prescrivit l'usage comme du plus puissant des philtres (*d*).

L'espèce du torcol n'est nombreuse nulle part, et chaque individu vit solitairement et voyage de même : on les voit arriver seuls au mois de mai (*e*); nulle société que celle de leur femelle, encore cette union est-elle de très courte durée, car ils se séparent bientôt et repartent seuls en septembre; un arbre isolé au milieu d'une large haie est celui que le torcol préfère ; il

(*a*) Apparemment on lui a aussi trouvé de l'analogie avec ce tour de tête que se donnent certaines personnes pour affecter un maintien plus recueilli, et qui de là ont été vulgairement appelés *torcols*.

(*b*) « Soit que nous appelions cet oiseau *tercot*, *turcot* ou *torcou*, nous suivons l'étymo-» logie antique, *torquilla*, pour exprimer un petit oiseau qui est rarement veu ; lequel ayant » trouvé la première fois, allongeant son cou des mains d'un villageois et maniant sa teste, » faisoit la plus étrange mine qu'on puisse voir faire à un oyseau, car il sembloit que ce fut » une teste de serpent. » Belon, *Nat. des oiseaux*, p. 306.

(*c*) *Aviar. Siles.*, p. 357.

(*d*) Tellement que le nom de *jynx* en avait pris la force de signifier toutes sortes d'enchantements, de passions violentes, et tout ce qu'on appelle charme de la beauté, et ce pouvoir aveugle par lequel nous nous sentons entraînés. C'est dans ce sens qu'*Héliodore, Lycophron, Pindare, Eschyle, Sophocle* s'en sont servis. L'enchanteresse de Théocrite (*pharmaceutria*) fait ce charme pour rappeler son amant. C'était Vénus elle-même qui, du mont Olympe, avait apporté le jynx à Jason, et lui en avait enseigné la vertu, pour forcer Médée à l'amour (*Pindare, Pith.* 4). L'oiseau fut jadis une nymphe fille de l'Écho : par ses enchantements, Jupiter était passionné pour l'Aurore ; Junon en courroux opéra sa métamorphose. Voyez Suidas et le Scholiaste de Lycophron. Sophocl. *in Hippodam.* Eschyle, *in Pers.* Héliodore, *Éthiopic.*, lib. IV. Pindar. *Nemeor.* 4, et Érasme sur l'adage *Jynge trahor*.

(*e*) Gessner dit en avoir vu dès le mois d'avril : « Ego mense aprili captam vidi. » *Avi.*, page 573.

semble le choisir pour se percher plus solitairement; sur la fin de l'été on le trouve également seul dans les blés, surtout dans les avoines et dans les petits sentiers qui traversent les pièces de blé noir; il prend sa nourriture à terre, et ne grimpe pas contre les arbres comme les pics, quoiqu'il ait le bec et les pieds conformés comme eux, et qu'il soit très voisin du genre de ces oiseaux (*a*); mais il paraît former une petite famille à part et isolée, qui n'a point contracté d'alliance avec la grande tribu des pics et des épeiches.

Le torcol est de la grandeur de l'alouette (*b*), ayant sept pouces de longueur et dix de vol (*c*); tout son plumage est un mélange de gris, de noir et de tanné, par ondes et par bandes, tracées et opposées de manière à produire le plus riche émail avec ces teintes sombres (*d*); le dessous du corps fond gris blanc, teint de roussâtre sous le cou, est peint de petites zones noires qui sur la poitrine se détachent, s'allongent en fer de lance, et se parsèment en s'éclaircissant sur l'estomac; la queue, composée de dix pennes flexibles et que l'oiseau épanouit en volant, est variée par-dessous de points noirs sur un fond gris feuille-morte, et traversée de deux ou trois larges bandes en ondes, pareilles à celles qu'on voit sur l'aile des papillons phalènes; le même mélange de belles ondes noires, brunes et grises, dans lesquelles on distingue des zones, des rhombes, des zigzags, peint tout le manteau sur un fond plus foncé et mêlé de roussâtre. Quelques descripteurs ont comparé le plumage du torcol à celui de la bécasse, mais il est plus agréablement varié, les teintes en sont plus nettes, plus distinctes, d'une touche plus moelleuse et d'un plus bel effet : le ton de couleur, plus roux dans le mâle, est plus cendré dans la femelle, c'est ce qui les distingue (*e*); les pieds sont d'un gris roussâtre; les ongles aigus, et les deux extérieurs sont beaucoup plus longs que les deux intérieurs.

Cet oiseau se tient fort droit sur la branche où il se pose, son corps est même renversé en arrière; il s'accroche aussi au tronc d'un arbre pour dormir, mais il n'a pas l'habitude de grimper comme le pic, ni de chercher sa nourriture sous les écorces; son bec, long de neuf lignes et taillé comme celui des pics, ne lui sert pas à saisir et prendre sa nourriture : ce n'est,

(*a*) « Au temps qu'avions empêché certains hommes pour recouvrer les espèces d'alcyons, » nous recouvrèrent un turcot... Aristote a veu que le turcot, à quelques enseignes, convient » avec le picmart... De tous oyseaux qu'avons pu observer, n'en connoissons aucun qui » ait les doigts des pieds comme le turcot, fors les pics verts, le papegaut et le coqu. » *Nat. des oiseaux*. Belon ne connaissoit pas les couroucous, les barbus, les jacamars ni les toucans.

(*b*) Aristote dit, un peu plus grand que le pinson : « Paulò major quàm fringilla. »

(*c*) Mesure moyenne. Les proportions que donne M. Brisson, sont prises sur un petit individu, puisqu'il ne donne que six pouces et demi de longueur, et nous en avons mesuré qui en avaient sept et demi.

(*d*) « Pindarus Ποικίλαν Ἴυγγα dixit à varietate coloris. » Gessner.

(*e*) Belon.

pour ainsi dire, que l'étui d'une grande langue qu'il tire de la longueur de trois ou quatre doigt (*a*), et qu'il darde dans les fourmillières ; il la retire chargée de fourmis, retenues par une liqueur visqueuse dont elle est enduite ; la pointe de cette langue est aiguë et cornée, et pour fournir à son allongement deux grands muscles partent de sa racine, embrassent le larynx, et, couronnant la tête, vont, comme aux pics, s'implanter dans le front. Il a encore de commun avec ces oiseaux de manquer de cœcum (*b*). Willughby dit qu'il a seulement une espèce de renflement dans les intestins à la place du cæcum.

Le cri du torcol est un son de sifflement assez aigre et traîné, ce que les anciens appelaient proprement *stridor* (*c*) ; c'est de ce cri que le nom grec *jynx* paraît avoir été tiré. Le torcol se fait entendre huit ou dix jours avant le coucou ; il pond dans des trous d'arbre sans faire de nid, et sur la poussière du bois pourri, qu'il fait tomber au fond du trou en frappant les parois avec son bec ; on y trouve communément huit ou dix œufs d'un blanc d'ivoire (*d*) ; le mâle apporte des fourmis à sa femelle, qui couve, et les petits nouveau-nés dans le mois de juin tordent déjà le cou et soufflent avec force lorsqu'on les approche ; ils quittent bientôt leur nid, où ils ne prennent aucune affection les uns pour les autres, car ils se séparent et se dispersent dès qu'ils peuvent se servir de leurs ailes.

On ne peut guère les élever en cage ; il est très difficile de leur fournir une nourriture convenable ; ceux qu'on a conservés pendant quelque temps touchaient avec la pointe de la langue la pâtée qu'on leur présentait avant de la manger, et après en avoir goûté ils la refusaient et se laissaient mourir de faim (*e*). Un torcol adulte que Gessner essaya de nourrir de fourmis ne vécut que cinq jours ; il refusa constamment tous les autres insectes, et mourut apparemment d'ennui dans sa prison (*f*).

Sur la fin de l'été, cet oiseau prend beaucoup de graisse, et il est alors excellent à manger : c'est pour cela qu'en plusieurs pays on lui donne le

(*a*) « Nec unquam rostro cibum attingit, ut cæteræ aves, sed linguâ haurit. » Schwenckfeld.

(*b*) Albin.

(*c*) « Voce autem stridet. » Aristote, lib. II, cap. XII. Scaliger sur ce passage dérive le nom de jynx, d'Ἰύζειν, *stridere*. Homère, *Iliad.* 17.

(*d*) On nous a apporté, le 12 juin, dix œufs de torcol pris dans un trou de vieux pommier creux, à cinq pieds de hauteur, qui reposaient sur du bois vermoulu ; et depuis trois années on nous avait apporté, dans la même saison, des œufs de torcol pris dans le même trou.

(*e*) Je fis prendre, le 10 juin, un nid de torcol dans le creux d'un pommier sauvage, à cinq pieds de terre ; le mâle était resté sur les hautes branches de l'arbre, et criait très fort, tandis qu'on prenait sa femelle et ses petits. Je les fis nourrir avec de la pâtée faite de pain et de fromage, ils vécurent près de trois semaines ; ils s'étaient familiarisés avec la personne qui en avait soin, et venaient manger dans sa main. Lorsqu'ils furent devenus grands, ils refusèrent la pâtée ordinaire, et comme on n'avait pas d'insectes à leur fournir ils moururent de faim. Note communiquée par M. Gueneau de Montbeillard.

(*f*) Gessner, *Avi.*, p. 553.

nom d'*ortolan;* il se prend quelquefois à la sauterelle, et les chasseurs ne manquent guère de lui arracher la langue, dans l'idée d'empêcher que sa chair ne prenne le goût de fourmi ; cette petite chasse ne se fait qu'au mois d'août jusqu'au milieu de septembre, temps du départ de ces oiseaux, dont il ne reste aucun dans nos contrées pendant l'hiver.

L'espèce est néanmoins répandue dans toute l'Europe, depuis les provinces méridionales jusqu'en Suède (*a*), et même en Laponie (*b*) ; elle est assez commune en Grèce (*c*), en Italie (*d*) ; nous voyons, par un passage de Philostrate, que le torcol était connu des mages et se trouvait dans la Babylonie (*e*) ; et Edwards nous assure qu'on le trouve au Bengale (*f*) : en sorte que l'espèce, quoique peu nombreuse dans chaque contrée, paraît s'être étendue dans toutes les régions de l'ancien continent (*g*). Aldrovande seul parle d'une variété dans cette espèce (*h*) ; mais il ne la donne que d'après un dessin, et les différences sont si légères, que nous avons cru ne devoir pas l'en séparer.

(*a*) *Fauna Suecica.*

(*b*) Rudbeck. *Lapponia illustr.*, p. 295.

(*c*) « Le petit oiseau vivant parmi les arbrisseaux, que les Français nomment un *tercou* ou *turcot*, qui fut nommé en latin *torquilla*, en grec *jynx*, est commun au mont Athos. » Belon, *Observ.*, p. 38.

(*d*) « Bononiæ millies in foro venalem reperi. » Aldrovande.

(*e*) *Vita Apollon.*

(*f*) Edwards. *Préface*, p. XII.

(*g*) « Torquilla in quavis regione ferè conspicitur. » Aldrovande.

(*h*) *Jyngi congener.* Aldrovande, *Avi.*, t. Ier, p. 869.

LES OISEAUX BARBUS

Les naturalistes ont donné le nom de *barbus* (*) à plusieurs oiseaux qui ont la base du bec garnie de plumes effilées, longues, raides comme des soies, et toutes dirigées en avant; mais nous devons observer qu'on a confondu sous cette dénomination des oiseaux d'espèces diverses et de climats très éloignés. Le *tamatia* de Marcgrave, qui est un oiseau du Brésil, a été mis à côté du barbu d'Afrique et de celui des Philippines, et toutes les espèces qui portent barbe sur le bec et qui ont deux doigts en avant et deux en arrière ont été mêlées par les nomenclateurs, quoique les barbus de l'ancien continent diffèrent de ceux du nouveau en ce qu'ils ont le bec beaucoup plus épais, plus raccourci et plus convexe en dessous. Pour les distinguer, nous appellerons *tamatias* ceux de l'Amérique, et nous ne laisserons le nom de *barbus* qu'à ceux de l'ancien continent.

LE TAMATIA (*a*) (*b*)

PREMIÈRE ESPÈCE.

Nous avons déjà averti (*c*) que c'est par erreur que M. Brisson (*d*) a placé cet oiseau (**) avec la grivette ou petite grive de Catesby, car il en est tout à fait différent, tant par la disposition des doigts que par la barbe et la forme du bec et la grosseur de la tête, qui dans tous les oiseaux de ce genre est

(*a*) Voyez les planches enluminées, n° 746, fig. 1, sous la dénomination de *Barbu à ventre tachelé de Cayenne.*

(*b*) *Tamatia Brasiliensis.* Marcgrave, *Hist. nat. Brasil.*, p. 208. — *Tamatia Guacu.* Pison, *Hist. nat. Brasil.*, p. 96. — *Tamatia Brasiliensis Marcgravii.* Willughby, *Ornithol.*, page 140.

(*c*) *Hist. nat. des oiseaux*, t. III, p. 289.

(*d*) *Ornithologie*, t. II, p. 213.

(*) Les Barbus (*Bucco*) sont des Grimpeurs de la famille des Bucconidés; ils sont remarquables par les moustaches qui ornent les côtés de leur bec qui est comprimé et recourbé à l'extrémité.

(**) *Bucco Tamatia* GMEL.

plus considérable, relativement au volume du corps, que dans aucun autre. Il est vrai que Marcgrave a fait aussi une faute à ce sujet en disant que cet oiseau n'avait pas de queue; il aurait dû dire qu'il ne l'avait pas longue, et il y a toute apparence qu'il a décrit un oiseau dont on avait arraché la queue; mais comme tous les autres caractères sont entiers et bien exprimés, il nous paraît qu'on peut compter sur son indication, d'autant que cet oiseau se trouvant à Cayenne comme au Brésil, et nous ayant été envoyé, il nous a été facile d'en faire la comparaison et la description.

Il a six pouces et demi de longueur totale, la queue a deux pouces; le bec, quinze lignes; l'extrémité supérieure du bec est crochue et comme divisée en deux pointes; la barbe qui le couvre s'étend à plus de moité de sa longueur; le dessus de la tête et le front sont roussâtres; il y a sur le cou un demi-collier varié de noir et de roux; tout le reste du plumage en dessus est brun, nuancé de roux; on voit de chaque côté de la tête, derrière les yeux, une tache noire assez grande; la gorge est orangée, et le reste du dessous du corps est tacheté de noir sur un fond blanc roussâtre; le bec et les pieds sont noirs.

Les habitudes naturelles de ce premier tamatia sont aussi celles de tous les oiseaux de ce genre dans le nouveau continent; ils ne se tiennent que dans les endroits les plus solitaires des forêts, et restent toujours éloignés des habitations et même des lieux découverts; on ne les voit ni en troupes ni par paires; ils ont le vol pesant et court, ne se posent que sur les branches basses et cherchent de préférence celles qui sont les plus garnies de petits rameaux et de feuilles; ils ont peu de vivacité, et quand ils sont une fois posés, c'est pour longtemps; ils ont même une mine triste et sombre, on dirait qu'ils affectent de se donner un air grave en retirant leur grosse tête entre leurs épaules; elle paraît alors couvrir tout le devant du corps. Leur naturel répond parfaitement à leur figure massive et à leur maintien sérieux; leur corps est aussi large que long, et ils ont beaucoup de peine à se mettre en mouvement; on peut les approcher d'aussi près que l'on veut, et tirer plusieurs coups de fusil sans les faire fuir. Leur chair n'est pas mauvaise à manger, quoiqu'ils vivent de scarabées et d'autres gros insectes; enfin, ils sont très silencieux, très solitaires, assez laids et fort mal faits.

LE TAMATIA A TÊTE ET GORGE ROUGES (*a*) (*b*)

SECONDE ESPÈCE.

Cet oiseau (*), que nous avons indiqué dans la même planche sous deux dénominations différentes, ne nous paraît pas néanmoins former deux espèces, mais une simple variété, car tous deux ont la tête et la gorge rouges; les côtés de la tête et tout le dessus du corps noirs; le bec noirâtre et les pieds cendrés : ils ne diffèrent qu'en ce que celui représenté dans la figure première a la poitrine d'un blanc jaunâtre, tandis que l'autre l'a d'un brun lavé de jaune; il a de plus que le premier des taches noires sur le haut de la poitrine; le premier a aussi une petite tache blanche au-dessus des yeux, et des taches blanches sur les ailes que le second n'a pas; mais comme ils se ressemblent en tout le reste, et qu'ils sont précisément de la même grandeur, nous ne croyons pas que ces différences de couleur suffisent pour en faire deux espèces distinctes, comme l'ont fait nos nomenclateurs (*c*). Ces oiseaux se trouvent non seulement à la Guyane, mais à Saint-Domingue, et probablement dans les autres climats chauds de l'Amérique.

LE TAMATIA A COLLIER (*d*) (*e*)

TROISIÈME ESPÈCE.

Cet oiseau (**) a le plumage assez agréablement varié : le dessus du corps est d'un orangé foncé, rayé transversalement de lignes noires; il porte autour

(*a*) Voyez les planches enluminées, n° 206, fig. 1, sous la dénomination de *Barbu de Cayenne;* et fig. 2, sous la dénomination de *Barbu de Saint-Domingue.*

(*b*) « Bucco supernè niger, marginibus pennarum griseo-aureis, infernè albo-flavicans; » syncipite et gutture rubris; tæniâ supra oculos candicante; rectricibus supernè fuscis, ad » olivaceum inclinantibus, subtùs cinereis... » *Bucco Cayanensis.* Brisson, *Ornithol.*, t. IV, p. 95; et pl. 7, fig. 1. — « Bucco supernè nigricans, marginibus pennarum griseis, infernè » albo-flavicans; syncipite et gutture rubris; collo inferiore, pectore et lateribus maculis » nigris variegatis; rectricibus supernè fuscis ad olivaceum inclinantibus, subtùs cinereis... » *Bucco Cayanensis nævius. Idem*, p. 97, pl. 7, fig. 4. — *The yellow wood-pecker with black spots.* Le pivert ou grimpereau jaune avec des taches noires. Edwards, *Glan.*, p. 259.

(*c*) Brisson, *Ornithol.*, t. IV, p. 97.

(*d*) Voyez les planches enluminées, n° 395, sous la dénomination de *Barbu à collier de Cayenne.*

(*e*) « Bucco supernè rufus nigro transversim striatus, infernè rufescens; gutture et collo

(*) *Bucco cayennensis* Gmel.

(**) *Bucco collaris* Lath.

du cou un collier noir qui est fort étroit au-dessus, et si large au-dessous qu'il couvre tout le haut de la poitrine ; de plus, ce collier noir est accompagné, sur le dessus du cou, d'un autre demi-collier de couleur fauve ; la gorge est blanchâtre ; le blanc de la poitrine est d'un blanc roussâtre qui devient toujours plus roux à mesure qu'il descend sous le ventre ; la queue est longue de deux pouces trois lignes, et la grandeur totale de l'oiseau est de sept pouces un quart ; son bec est long d'un pouce cinq lignes, et les pieds qui sont gris, ont sept lignes et demie de hauteur. On le trouve à la Guyane, où néanmoins il est rare.

LE BEAU TAMATIA (*a*) (*b*)

QUATRIÈME ESPÈCE.

Cet oiseau (*) est le plus beau, c'est-à-dire le moins laid de ce genre : il est mieux fait, plus petit, plus effilé que tous les autres, et son plumage est varié de manière qu'il serait difficile de le décrire en détail. La planche enluminée le représente assez fidèlement : il a cinq pouces huit lignes de longueur, y compris la queue qui a près de deux pouces ; le bec a dix lignes de longueur, et les pieds dix lignes de hauteur. On le trouve sur les bords du fleuve des Amazones, dans la contrée des Maynas ; mais nous ne sommes pas informés s'il habite également les autres contrées de l'Amérique méridionale.

LES TAMATIAS NOIRS ET BLANCS

CINQUIÈME ET SIXIÈME ESPÈCE.

On ne peut guère séparer ces deux oiseaux, parce qu'ils ne diffèrent que par la grandeur, et que tous deux, indépendamment de leur ressemblance par les couleurs, ont un caractère commun qui n'appartient qu'à ces

» inferiore sordidè albis ; tæniâ transversâ in summo dorso fulvâ, summo corpore tæniâ » nigrâ circumdato ; rectricibus rufis, nigro transversim striatis... » *Bucco.* Brisson, *Ornithol.*, t. IV, p. 92, pl. 6, fig. 2.

(*a*) Voyez les planches enluminées, n° 330, sous la dénomination de *Barbu des Maynas.*

(*b*) « Bucco supernè viridis infernè albo-flavicans, maculis longitudinalibus viridibus » varius ; vertice et gutture rubris tæniis dilutè cæruleis circumdatis ; collo inferiore et pectore » luteis, maculâ in imo pectore rubrâ, rectricibus viridibus... » *Bucco Maynanensis.* Brisson, *Ornithol.*, t. IV, p. 102, pl. 7, fig. 3.

(*) *Bucco maynanensis* LATH.

deux espèces : c'est d'avoir le bec plus fort, plus gros et plus long que tous les autres tamatias à proportion de leur corps ; et dans tous les deux encore la mandibule supérieure du bec est fort crochue, et se divise en deux pointes, comme dans le tamatia, première espèce.

Le plus grand de ces tamatias noirs et blancs (*a*) (*), est très gros pour sa longueur, qui n'est guère que de sept pouces ; c'est une espèce nouvelle qui nous a été envoyée de Cayenne par M. Duval, aussi bien que la seconde espèce (*b*) (**) qui est plus petite, et qui n'a guère que cinq pouces de longueur. Nos planches les représentent assez fidèlement pour que nous puissions nous dispenser de les décrire plus au long ; et l'on serait porté à croire, par la grande ressemblance de ces deux oiseaux, qu'ils seraient de la même espèce, si leur grandeur n'était pas trop différente.

LES BARBUS

En laissant, comme nous l'avons dit, le nom de *tamatia* aux oiseaux barbus de l'Amérique, nous appellerons simplement *barbus* ceux de l'ancien continent. Comme les uns et les autres volent très mal, à cause de leurs ailes courtes et de leur corps épais et lourd, il n'est pas vraisemblable qu'ils aient passé d'un continent à l'autre, étant également habitants des climats les plus chauds ; ainsi leurs espèces ni leur genre ne sont pas les mêmes, et c'est par cette raison que nous les avons séparés. Quoiqu'ils soient de différents continents et de climats très éloignés, ces oiseaux se ressemblent néanmoins par beaucoup de caractères ; car indépendamment de leur barbe, c'est-à-dire des longues soies effilées qui leur couvrent le bec en tout ou en partie, et de la disposition des pieds qui est la même dans les uns et les autres, indépendamment de ce qu'ils ont également le corps trapu et la tête très grosse, ils ont encore de commun la forme particulière du bec qui est fort gros, un peu courbé en en-bas, convexe au-dessus et comprimé sur les côtés ; mais ce qui distingue les barbus de l'ancien continent des tamatias de l'Amérique, c'est que ce bec est sensiblement plus court, plus épais et un peu convexe en dessous dans les barbus : ils paraissent aussi différer par le

(*a*) Voyez les planches enluminées, n° 689, sous la dénomination de *Barbu à gros bec de Cayenne.*

(*b*) Voyez les planches enluminées, n° 688, sous la dénomination de *Barbu à poitrine noire de Cayenne.*

(*) *Bucco macrorhynchos* LATH.

(**) *Bucco melanoleucos* LATH.

naturel, les tamatias étant des oiseaux tranquilles et presque stupides, au lieu que les barbus (*a*) des grandes Indes attaquent les petits oiseaux, et ont à peu près les habitudes des pies-grièches.

LE BARBU A GORGE JAUNE (*b*) (*c*)

PREMIÈRE ESPÈCE.

Sa longueur est de sept pouces (*) ; la queue n'a que dix-huit lignes ; le bec, douze à treize lignes de long ; et les pieds, huit lignes de hauteur ; il a la tête rouge ainsi que la poitrine ; les yeux sont environnés d'une grande tache jaune ; la gorge est d'un jaune pur, et le reste du dessous du corps est d'une couleur jaunâtre, variée de taches longitudinales d'un vert obscur ; le dessus du corps, les ailes et la queue sont de cette même couleur de vert obscur : la femelle diffère du mâle en ce qu'elle est un peu moins grosse et qu'elle n'a point de rouge sur la tête ni sur la poitrine. Ils se trouvent aux îles Philippines.

LE BARBU A GORGE NOIRE

SECONDE ESPÈCE.

Cette espèce (**), qui se trouve, comme la première, aux îles Philippines, en est néanmoins très différente ; elle a été décrite par M. Sonnerat dans les termes suivants :

« Cet oiseau est un peu plus gros et surtout plus allongé que le gros-bec » d'Europe ; le front ou la partie antérieure de la tête est d'un beau rouge ; » le sommet, le derrière de la tête, la gorge et le cou sont noirs ; il y a » au-dessus de l'œil une raie demi-circulaire jaune ; cette raie est continuée » par une autre raie toute droite et blanche qui descend jusque vers le bas » du cou, sur le côté ; au-dessous de la raie jaune et de la raie blanche qui

(*a*) *Voyage à la Nouvelle-Guinée*, par M. Sonnerat, p. 68.

(*b*) Voyez les planches enluminées, n° 331.

(*c*) « Bucco supernè obscurè viridis, infernè sordidè flavicans, maculis longitudinalibus » obscurè viridibus varius, syncipite et tæniâ transversâ in summo pectore rubris (Mas) ; » genis gutture et collo inferiore luteis (Mas) albo-flavicantibus (Fœmina) ; rectricibus » supernè obscurè viridibus, subtùs cinereo-cæruleis... » *Bucco Philippensis*. Brisson, *Ornithol.*, t. IV, p. 99, pl. 7, fig. 2.

(*) *Bucco Philippensis* Gmel.

(**) Elle n'est que peu connue.

» la continue, il y a une raie verticale noire, et entre celle-ci et la gorge est » une raie longitudinale blanche qui se continue et se confond à sa base » avec la poitrine, qui, ainsi que le ventre, les côtés, les cuisses et le des- » sous de la queue, est blanche ; le milieu du dos est noir ; mais les plumes » de côté entre le cou et le dos sont noires, mouchetées chacune d'une » tache ou point jaune ; les quatre premières, en comptant du moignon, » sont à leur extrémité en blanc, et la cinquième en jaune, ce qui forme » une raie transversale au haut de l'aile ; au-dessous de cette raie sont des » plumes noires, mouchetées chacune par un point jaune ; les dernières » plumes enfin qui recouvrent les grandes plumes de l'aile sont noires, ter- » minées par un liséré jaune ; les plus grandes plumes de l'aile sont aussi » tout à fait noires, mais les autres ont dans toute leur longueur, du côté » où les barbes sont moins longues, un liséré jaune ; la queue est noire » dans son milieu, teinte en jaune sur les côtés ; le bec et les pieds sont noi- » râtres (*a*). »

LE BARBU A PLASTRON NOIR (*b*)

TROISIÈME ESPÈCE

Cette espèce (*) est nouvelle et nous a été envoyée du cap de Bonne-Espérance, mais sans aucune notice sur les habitudes naturelles de l'oiseau. Il a six pouces et demi de longueur ; la queue dix-huit lignes ; les pieds, huit à neuf lignes de hauteur. Ce barbu est, comme l'on voit, de la taille médiocre ; il est moins grand que le gros-bec d'Europe ; son plumage est agréablement mêlé et tranché de blanc et de noir ; il a le front rouge, une ligne jaune sur l'œil, et il y a des taches en gouttes jaune clair et brillant jetées sur les ailes et le dos ; la même teinte de jaune est étendue en pinceaux sur le croupion, et les pennes de la queue et les moyennes de l'aile sont légèrement frangées de cette même couleur ; un plastron noir couvre la poitrine jusqu'à la gorge ; le derrière de la tête est aussi coiffé de noir, et une bande noire entre deux bandes blanches descend sur le côté du cou.

(*a*) *Voyage à la Nouvelle-Guinée*, p. 69 et 70.
(*b*) Voyez les planches enluminées, n° 688, fig. 1.

(*) *Bucco niger* GMEL.

LE PETIT BARBU (*a*)

QUATRIÈME ESPÈCE.

Cette espèce (*) est nouvelle, et l'oiseau est le plus petit de tous ceux de ce genre; il nous a été donné comme venant du Sénégal, mais sans aucun autre fait. Il n'a que quatre pouces de longueur; sa grosse tête et son gros bec ombragé de longues soies le caractérisent comme tous ceux de son genre; la queue est courte, et les ailes étant pliées la couvrent presque jusqu'à l'extrémité; tout le dessus du corps est d'un brun noirâtre, ombré de fauve et teint de vert sur les pennes de l'aile et de la queue; quelques petites ondes blanches forment des franges dans les premières; le dessous du corps est blanchâtre avec quelques traces de brun; la gorge est jaune, et des angles du bec passe sous les yeux une petite bande blanche.

Au reste, cette description n'en dit pas plus qu'en peut dire à l'œil la figure enluminée, qui a été prise au Cabinet de M. Mauduit, sur un individu qui depuis a péri.

LE GRAND BARBU (*b*)

CINQUIÈME ESPÈCE.

Cet oiseau (**) a près de onze pouces de longueur; la couleur dominante dans le plumage est un beau vert qui se trouve mêlé avec d'autres couleurs sur différentes parties du corps, et principalement sur la tête et le cou; la tête en entier et la partie antérieure du cou sont d'un vert mêlé de bleu, de façon que ces parties paraissent plus ou moins vertes, ou plus ou moins bleues, selon les différents reflets de la lumière; la naissance du cou et le commencement du dos sont d'un brun marron, qui change aussi à différents aspect, parce qu'il est mêlé de vert; tout le dessus du corps est d'un très beau vert, à l'exception des grandes plumes des ailes qui sont en partie noires; tout le dessous du corps est d'un vert beaucoup plus clair; il y a quelques plumes du dessous de la queue d'un très beau rouge; le bec a un pouce dix lignes de longueur, sur un pouce de largeur à sa base, où l'on voit

(*a*) Voyez les planches enluminées, n° 746, fig. 2.
(*b*) Voyez les planches enluminées, n° 871.

(*) *Bucco parvus* GMEL.
(**) *Bucco grandis* GMEL.

des poils noirs et durs comme des crins : il est d'une couleur blanchâtre, mais noir à sa pointe ; les ailes sont courtes et atteignent à peine à la moitié de la longueur de la queue. Il nous a été envoyé de la Chine.

LE BARBU VERT (a)

SIXIÈME ESPÈCE.

Il a (*) six pouces et demi de longueur ; le dos, les couvertures des ailes et de la queue sont d'un très beau vert ; les grandes pennes des ailes sont brunes, mais cette couleur n'est point apparente, étant cachée par les couvertures des ailes ; la tête est d'un gris brun ; le cou est de la même couleur, mais chaque plume est bordée de blanchâtre, et il y a de plus au-dessus et derrière chaque œil une tache blanche ; le ventre est d'un vert beaucoup plus pâle que le dos ; le bec est blanchâtre et la base de la mandibule supérieure est entourée de longs poils noirs et durs ; le bec a un pouce deux lignes de longueur, sur environ sept lignes de largeur à sa base ; les ailes sont courtes et ne s'étendent qu'à la moitié de la queue. Il nous a été envoyé des Grandes-Indes.

LES TOUCANS

Ce qu'on peut appeler physionomie dans tous les êtres vivants dépend de l'aspect que leur tête présente lorsqu'on les regarde de face. Ce qu'on désigne par les noms de forme, de figure, de taille, etc., se rapporte à l'aspect du corps et des membres. Dans les oiseaux, si l'on recherche cette physionomie, on s'apercevra aisément que tous ceux qui, relativement à la grosseur de leur corps, ont une tête légère avec un bec court et fin, ont en même temps la physionomie fine, agréable et presque spirituelle ; tandis que ceux au contraire qui, comme les barbus, ont une trop grosse tête, ou qui, comme les toucans (**), ont un bec aussi gros que la tête, se présentent

(a) Voyez les planches enluminées, n° 870.

(*) *Bucco viridis* Gmel.

(**) Les Toucans (*Rhamphastos*) sont des Grimpeurs de la famille des Rhamphastides, caractérisés par un bec très grand, à base plus large et plus haute que la tête, à sommet comprimé et à bords dentés ; les narines sont cachées ; la langue est cornée, déchiquetée sur les bords ; les ailes sont courtes, arrondies, munies de dix pennes primaires et de treize pennes secondaires ; la queue est longue, triangulaire, munie de dix rectrices.

avec un air stupide, rarement démenti par leurs habitudes naturelles. Mais il y a plus, ces grosses têtes et ces becs énormes, dont la longueur excède quelquefois celle du corps entier de l'oiseau, sont des parties si disproportionnées et des exubérances de nature si marquées, qu'on peut les regarder comme des monstruosités d'espèce qui ne diffèrent des monstruosités individuelles qu'en ce qu'elles se perpétuent sans altération; en sorte qu'on est obligé de les admettre aussi nécessairement que toutes les autres formes des corps, et de les compter parmi les caractères spécifiques des êtres auxquels ces mêmes parties difformes appartiennent. Si quelqu'un voyait un toucan pour la première fois, il prendrait sa tête et son bec, vus de face, pour un de ces masques à long nez dont on épouvante les enfants; mais considérant ensuite la structure et l'usage de cette production démesurée il ne pourra s'empêcher d'être étonné que la nature ait fait la dépense d'un bec aussi prodigieux pour un oiseau de médiocre grandeur, et l'étonnement augmentera en reconnaissant que ce bec mince et faible, loin de servir, ne fait que nuire à l'oiseau, qui ne peut en effet rien saisir, rien entamer, rien diviser; et qui, pour se nourrir, est obligé de gober et d'avaler sa nourriture en bloc, sans la broyer ni même la concasser. De plus, ce bec, loin de faire un instrument utile, une arme ou même un contre-poids, n'est au contraire qu'une masse en levier, qui gêne le vol de l'oiseau, et, lui donnant un air à-demi culbutant, semble le ramener vers la terre lors même qu'il veut se diriger en haut (*).

(*) Il est, en effet, à peu près impossible d'expliquer l'origine et le rôle du bec monstrueux du Toucan, et s'il est un animal dont le caractère le plus saillant puisse être considéré, ainsi que le dit plus bas Buffon, comme « une erreur de la nature » c'est, sans contredit, ce singulier oiseau. Cependant, nous ne pouvons plus admettre aujourd'hui ce que Buffon appelle les « caprices » et les « méprises » de la nature. Quelle que soit la bizarrerie de forme d'un organe, et son inutilité apparente ou réelle, nous devons rechercher son origine et son rôle, sinon dans le présent du moins dans le passé. C'est ce qui a été tenté pour le Toucan, mais, il faut bien l'avouer, sans grand succès. On a constaté que le Toucan se sert de son bec pour cueillir les fruits à l'extrémité des branches et pour saisir dans les nids les œufs et les jeunes d'autres oiseaux; mais cet usage n'explique ni la forme ni les dimensions démesurées de l'organe. M. Belt pense qu'il sert de défense, principalement à la femelle quand elle couve; mais ce n'est pas là non plus une explication de ses caractères qui soit de nature à nous satisfaire. Ch. Darwin pense qu'il s'est développé sous l'influence de la sélection sexuelle et dans le but d'exhiber les raies colorées qui l'ornent. « Il n'y a pas plus d'improbabilité, dit Ch. Darwin, à ce que les Toucans se soient embarrassés d'énormes becs, que leur structure rend d'ailleurs aussi légers que possible, pour un motif qui nous paraît à tort insignifiant, à savoir l'étalage de belles couleurs, qu'il n'y en a à ce que les Faisans Argus et quelques autres oiseaux mâles aient acquis de longues pennes qui les encombrent au point de gêner leur vol. »

Darwin semble oublier, en attribuant le développement du bec des Toucans à la sélection sexuelle, que cet organe existe également développé et semblablement coloré dans les deux sexes. Son opinion me paraît donc fort critiquable.

La tendance générale de Darwin, est, d'ailleurs, de croire que tout organe joue un rôle plus ou moins important dans la vie de l'animal ou plutôt que la présence de tout organe, dans l'espèce qui le possède, est due à l'utilité que l'espèce en retire dans le présent ou en a

Les vrais caractères des erreurs de la nature sont la disproportion jointe à l'inutilité ; toutes les parties qui dans les animaux sont excessives, surabondantes, placées à contre-sens, et qui sont en même temps plus nuisibles qu'utiles, ne doivent pas être mises dans le grand plan des vues directes de la nature, mais dans la petite carte de ses caprices ou, si l'on veut, de ses méprises, qui néanmoins ont un but aussi direct que les premières, puisque ces mêmes productions extraordinaires nous indiquent que tout ce qui peut être est, et que quoique les proportions, la régularité, la symétrie, règnent ordinairement dans tous les ouvrages de la nature, les disproportions, les excès et les défauts nous démontrent que l'étendue de sa puissance ne se borne point à ces idées de proportion et de régularité auxquelles nous voudrions tout rapporter.

Et de même que la nature a doué le plus grand nombre des êtres de tous les attributs qui doivent concourir à la beauté et à la perfection de la forme, elle n'a guère manqué de réunir plus d'une disproportion dans ses productions moins soignées : le bec excessif, inutile du toucan, renferme une langue encore plus inutile, et dont la structure est très extraordinaire ; ce n'est point un organe charnu ou cartilagineux comme la langue de tous les animaux ou des autres oiseaux, c'est une véritable plume (*) bien mal placée, comme l'on voit, et renfermée dans le bec comme dans un étui.

Le nom même de toucan signifie *plume* en langue brésilienne, et les naturels de ce pays ont appelé *toucan tabouracé* l'oiseau dont ils prenaient les plumes pour se faire les parures qu'ils ne portaient que les jours de fêtes. *Toucan tabouracé* signifie *plumes pour danser ;* ces oiseaux, si difformes par leur bec et par leur langue, brillent néanmoins par leur plumage ; ils ont en effet des plumes propres aux plus beaux ornements, et ce sont celles de la gorge : la couleur en est orangée, vive, éclatante, et quoique ces belles plumes n'appartiennent qu'à quelques-unes des espèces de toucans, elles ont donné le nom à tout le genre. On recherche même en Europe ces gorges de toucan pour faire des manchons : son bec prodigieux lui a valu d'autres honneurs, et l'a fait placer parmi les constellations australes, où l'on n'a

retiré dans le passé. Il est fort probable qu'il est loin d'en être toujours ainsi. Buffon émet, peut-être, une idée beaucoup plus juste qu'elle ne paraît l'être au premier abord quand il dit que certains organes peuvent être considérés comme « des monstruosités d'espèces qui ne diffèrent des monstruosités individuelles qu'en ce qu'elles se perpétuent sans altération. » Il est, en effet, parfaitement admissible qu'une monstruosité apparue chez un individu sous l'influence de circonstances accidentelles se perpétue chez ses descendants pendant un nombre tellement considérable de générations qu'elle puisse devenir un véritable caractère spécifique. Il n'est pas nécessaire, pour qu'elle se perpétue de la sorte, qu'elle soit d'une utilité quelconque aux individus qui la possèdent ; il suffit qu'elle ne leur soit pas nuisible. Voyez pour plus de détails sur cette question : De Lanessan, *Le Transformisme*.

(*) Le mot « plume » n'est évidemment employé ici que comme image ; la langue des Toucans est en effet très longue, effilée, et garnie de chaque côté de petites dentelures qui la font ressembler à une plume.

guère admis que les objets les plus frappants et les plus remarquables (*a*). Ce bec est, en général, beaucoup plus gros et plus long à proportion du corps que dans aucun autre oiseau, et ce qui le rend encore plus excessif, c'est que dans toute sa longueur il est plus large que la tête de l'oiseau; c'est, comme le dit Léry, le bec des becs (*b*) ; aussi plusieurs voyageurs ont-ils appelé le toucan *l'oiseau tout bec* (*c*), et nos créoles de Cayenne ne le désignent que par l'épithète de *gros bec*. Ce long et large bec fatiguerait prodigieusement la tête et le cou de l'oiseau s'il n'était pas d'une substance légère; mais il est si mince, qu'on peut sans effort le faire céder sous les doigts : ce bec n'est donc pas propre à briser les graines ni même les fruits tendres; l'oiseau est obligé de les avaler tout entiers, et de même il ne peut s'en servir pour se défendre, et encore moins pour attaquer; à peine peut-il serrer assez pour faire impression sur le doigt quand on le lui présente. Les auteurs (*d*) qui ont écrit que le toucan perçait les arbres comme le pic se sont donc bien trompés, ils n'ont rapporté ce fait que d'après la méprise de quelques Espagnols qui ont confondu ces deux oiseaux, et les ont également appelés *carpenteros* (charpentiers), ou *tacatacas* en langue péruvienne, croyant qu'ils frappaient également contre les arbres. Néanmoins il est certain que les toucans n'ont ni ne peuvent avoir cette habitude, et qu'ils sont très éloignés du genre des pics; et Scaliger avait fort bien remarqué avant nous que ces oiseaux ayant le bec crochu et courbé en bas, il ne paraissait pas possible qu'ils entamassent les arbres.

La forme de ce gros et grand bec est fort différente dans chaque mandibule : la supérieure est recourbée en bas en forme de faux, arrondie en dessus et crochue à son extrémité; l'inférieure est plus courte, plus étroite et moins courbée en bas que la supérieure; toutes deux sont dentelées sur leurs bords, mais les dentelures de la supérieure sont bien plus sensibles que celles de l'inférieure; et ce qui paraît encore singulier, c'est que ces dentelures, quoique en égal nombre de chaque côté des mandibules, non seulement ne se correspondent pas du haut en bas ni de bas en haut, mais même ne se rapportent pas dans leur position relative; celles du côté droit ne se trouvant pas vis-à-vis de celles du côté gauche, car elles commencent plus près ou plus loin en arrière, et se terminent aussi plus ou moins près en avant.

La langue des toucans est, comme nous venons de le dire, encore plus extraordinaire que le bec : ce sont les seuls oiseaux qui aient une plume au lieu de langue, et c'est une plume dans l'acception la plus stricte, quoique le milieu ou la tige de cette *plume-langue* soit d'une substance cartilagi-

(*a*) *Journal des observations physiques* du P. Feuillée, p. 428.
(*b*) *Voyage du Brésil*, p. 174.
(*c*) Dampier, *Voyage autour du monde*, t. III, p. 315.
(*d*) Fernandez, *Museum Besler*.

neuse, large de deux lignes ; mais elle est accompagnée des deux côtés de barbes très serrées et toutes pareilles à celles des plumes ordinaires ; ces barbes, dirigées en avant, sont d'autant plus longues qu'elles sont situées plus près de l'extrémité de la langue, qui est elle-même tout aussi longue que le bec. Avec un organe aussi singulier et si différent de la substance et de l'organisation ordinaire de toute langue, on serait porté à croire que ces oiseaux devraient être muets ; néanmoins ils ont autant de voix que les autres, et ils font entendre très souvent une espèce de sifflement qu'ils réitèrent promptement et assez longtemps pour qu'on les ait appelés *oiseaux prédicateurs*. Les sauvages attribuent aussi de grandes vertus à cette langue de plume (*a*), et ils l'emploient comme remède dans plusieurs maladies. Quelques auteurs ont cru que les toucans n'avaient point de narines (*b*) : cependant il ne faut pour les voir qu'écarter les plumes de la base du bec, qui les couvre dans la plupart des espèces, et dans d'autres elles sont sur le bec nu, et par conséquent fort apparentes.

Les toucans n'ont rien de commun avec les pics que la disposition des doigts, deux en avant et deux en arrière ; et même dans ce caractère qui leur est commun on peut observer que les doigts des toucans sont bien plus longs et tout autrement proportionnés que ceux des pics : le doigt extérieur du devant est presque aussi long que le pied tout entier, qui est à la vérité fort court, et les autres doigts sont aussi fort longs ; les deux doigts intérieurs sont les moins longs de tous ; les pieds des toucans n'ont que la moitié de la longueur des jambes, en sorte que ces oiseaux ne peuvent marcher, parce que le pied appuie dans toute sa longueur sur la terre ; ils ne font donc que sautiller d'assez mauvaise grâce ; ces pieds sont dénués de plumes et couverts de longues écailles douces au toucher ; les ongles sont proportionnés à la longueur des doigts, arqués, un peu aplatis, obtus à leur extrémité, et sillonnés en dessous, suivant leur longueur, par une cannelure ; ils ne servent pas à l'oiseau pour attaquer ou se défendre, ni même pour grimper, mais uniquement pour se maintenir sur les branches, où il se tient assez ferme.

Les toucans sont répandus dans tous les climats chauds de l'Amérique méridionale, et ne se trouvent point dans l'ancien continent ; ils sont erratiques plutôt que voyageurs, ne changeant de pays que pour suivre les saisons de la maturité des fruits qui leur servent de nourriture : ce sont surtout les fruits de palmiers ; et comme ces espèces d'arbres croissent dans les terrains humides et près du bord des eaux, les toucans habitent ces lieux

(*a*) M. de la Condamine parle d'un toucan qu'il a vu sur les bords du Marannon, dont le bec monstrueux est rouge et jaune ; sa langue, dit-il, qui ressemble à une plume déliée, passe pour avoir de grandes vertus. *Voyage à la rivière des Amazones*. Paris, 1745. Voyez aussi Gemelli Carreri. Paris, 1719, t. VI, p. 24 et suivantes.

(*b*) Willughby et Barrère.

de préférence, et se trouvent même quelquefois dans les palétuviers, qui ne croissent que dans la vase liquide : c'est peut-être ce qui a fait croire (*a*) qu'ils mangeaient du poisson ; mais ils ne peuvent tout au plus qu'en avaler de très petits, car leur bec n'étant propre ni pour entamer ni pour couper, ils ne peuvent qu'avaler en bloc les fruits même les plus tendres sans les comprimer, et leur large gosier leur facilite cette habitude, dont on peut s'assurer en leur jetant un assez gros morceau de pain, car ils l'avalent sans chercher à le diviser.

Ces oiseaux vont ordinairement par petites troupes de six à dix ; leur vol est lourd et s'exécute péniblement, vu leurs courtes ailes et leur énorme bec, qui fait pencher le corps en avant ; cependant ils ne laissent pas de s'élever au-dessus des grands arbres, à la cime desquels on les voit presque toujours perchés et dans une agitation continuelle qui, malgré la vivacité de leurs mouvements, n'ôte rien à leur air grave, parce que ce gros bec leur donne une physionomie triste et sérieuse que leurs grands yeux fades et sans feu augmentent encore : en sorte que quoique très vifs et très remuants, ils n'en paraissent que plus gauches et moins gais.

Comme ils font leur nid dans des trous d'arbres que les pics ont abandonnés, on a cru qu'ils creusaient eux-mêmes ces trous ; ils ne pondent que deux œufs, et cependant toutes les espèces sont assez nombreuses en individus. On les apprivoise très aisément en les prenant jeunes ; on prétend même qu'on peut les faire nicher et produire en domesticité ; ils ne sont pas difficiles à nourrir, car ils avalent tout ce qu'on leur jette, pain, chair ou poisson ; ils saisissent aussi avec la pointe du bec les morceaux qu'on leur offre de près ; ils les lancent en haut et les reçoivent dans leur large gosier ; mais lorsqu'ils sont obligés de se pourvoir d'eux-mêmes et de ramasser les aliments à terre, ils semblent les chercher en tâtonnant, et ne prennent le morceau que de côté pour le faire sauter ensuite et le recevoir. Au reste, ils paraissent si sensibles au froid qu'ils craignent la fraîcheur de la nuit dans les climats mêmes les plus chauds du nouveau continent ; on les a vus dans la maison se faire une espèce de lit d'herbes, de paille et de tout ce qu'ils peuvent ramasser pour éviter apparemment la fraîcheur de la terre. Ils ont en général la peau bleuâtre sous les plumes, et leur chair, quoique noire et assez dure, ne laisse pas de se manger.

Nous connaissons deux genres particuliers dans le genre entier de ces oiseaux, les toucans et les aracaris ; ils sont différents les uns des autres : 1° par la grandeur, les toucans étant de beaucoup plus grands que les aracaris ; 2° par les dimensions et la substance du bec, lequel dans les aracaris est beaucoup moins allongé, et d'une substance plus dure et plus solide ; 3° par la différence de la queue, qui est plus longue dans les aracaris et très

(*a*) Fernandez et Nieremberg.

sensiblement étagée, tandis qu'elle est arrondie dans les toucans (*a*). Nous séparerons donc ces oiseaux les uns des autres, et après cette divison il ne nous restera que cinq espèces dans les toucans.

LE TOCO (*b*)

PREMIÈRE ESPÈCE.

Le corps de cet oiseau (*) a neuf à dix pouces de longueur y compris la tête et la queue; son bec en a sept et demi; la tête, le dessus du cou, le dos, le croupion, les ailes, la queue en entier, la poitrine et le ventre sont d'un noir foncé; les couvertures du dessus de la queue sont blanches, et celles du dessous sont d'un beau rouge; le dessous du cou et la gorge sont d'un blanc mêlé d'un peu de jaune; entre ce jaune sous la gorge et le noir de la poitrine, on voit un petit cercle rouge; la base des deux mandibules du bec est noire; le reste de la mandibule inférieure est d'un jaune rougeâtre, la mandibule supérieure est de cette même couleur jaune rougeâtre jusqu'aux deux tiers environ de sa longueur; le reste de cette mandibule jusqu'à sa pointe est noir; les ailes sont courtes et ne s'étendent guère qu'au tiers de la queue; les pieds et les ongles sont noirs : cette espèce est nouvelle, et nous lui avons donné le nom de *toco* pour la distinguer des autres.

LE TOUCAN A GORGE JAUNE (*c*) (*d*)

SECONDE ESPÈCE.

L'on a représenté dans les planches enluminées deux variétés de cette espèce (**) : la première sous la dénomination de *toucan à gorge jaune de*

(*a*) Ce sont les Brésiliens qui, les premiers, ont distingué ces deux variétés, et qui ont appelé *toucans* les grands, et *aracaris* les petits oiseaux de ce genre ; et cette distinction est si bien fondée, que les naturels de la Guyane l'ont faite de même, en appelant les toucans *kararouima*, et les aracaris *grigri*.

(*b*) Voyez les planches enluminées, nº 82.

(*c*) Voyez les planches enluminées, nº 269, sous la dénomination de *Toucan à gorge jaune de Cayenne*.

(*d*) Toucan *ouaycho*. Laët, p. 553. — *Pica Bxasilica Gessneri*. Toucan gros bec. Barrère *France équinox.*, pag. 141. — *Rostrata Americana nigra ventre et uropygio coccineis. Idem Ornithol.*, class. 3, gen. 25, sp. 1. — « Tucana supernè nigro-viridans; genis et gutture sul-

(*) *Rhamphastos Toco* L.

(**) *Rhamphastos pectoralis* L.

Cayenne, la seconde sous celle de *toucan à gorge jaune du Brésil* (*a*) (*b*); mais elles se trouvent également dans ces deux contrées, et ne nous paraissent former qu'une seule et même espèce. Les différences dans la couleur du bec et dans l'étendue de la plaque jaune de la gorge, aussi bien que la vivacité des couleurs, peuvent provenir de l'âge de l'oiseau; cela est très certain pour la couleur des couvertures supérieures de la queue, qui sont jaunes dans quelques individus et rouges dans d'autres; ces oiseaux ont tous deux la tête, le dessus du corps, les ailes et la queue noires; la gorge orangée et d'une couleur plus ou moins vive; au-dessous de la gorge ils portent sur la poitrine une bande rouge plus ou moins large; le ventre est noirâtre et les couvertures inférieures de la queue sont rouges; le bec est noir avec une raie bleue à son sommet sur toute sa longueur; la base du bec est environnée d'une assez large bande jaune ou blanche; les narines sont cachées dans les plumes de la base du bec, leur ouverture est arrondie; les pieds longs de vingt lignes sont bleuâtres; le bec a quatre pouces et demi de longueur sur dix-sept lignes de hauteur à sa base : l'oiseau entier, depuis le bout du bec jusqu'à l'extrémité de la queue, a dix-neuf pouces, sur quoi déduisant six pouces deux ou trois lignes pour la queue, et quatre pouces et demi pour le bec, il ne reste pas neuf pouces pour la longueur de la tête et du corps de l'oiseau.

C'est de cette espèce de toucan que l'on tire les plumes brillantes dont on fait des parures; on découpe dans la peau toute la partie jaune de la gorge et l'on vend ces plumes assez cher. Ce ne sont que les mâles qui portent ces belles plumes jaunes sur la gorge; les femelles ont cette même partie blanche, et c'est cette différence qui a induit les nomenclateurs en erreur; ils ont pris la femelle (*c*) pour une autre espèce et même ils se sont trompés dou-

» phureis; collo inferiore aurantio; pectore, ventre supremo, tectricibusque caudæ superio- » ribus et inferioribus coccineis; rectricibus supernè nigro-viridantibus, subtùs nigris... » *Tucana Cayanensis gutture luteo.* Brisson, *Ornithol.*, t. IV, p. 411, pl. 31, fig. 1.

(*a*) Voyez les planches enluminées, n° 307.

(*b*) *Tucana, sive* Toucan, *Brasiliensibus.* Marcgrave, *Hist. nat. Brasil.*, p. 217. — *Tucanâ.* Charleton, *Exercit.*, p. 118, n° 21; et *Onomast.*, p. 115, n° 21. — *Tucana quam Lerius et Thevetus vocant toucan.* Jonston. *Avi.*, pag. 125. — *Rostrata Americana nigra uropygio luteo.* Barrère, *Ornithol.*, class. 3. gen. 25, sp. 3. — « Tucana nigro-viridans; genis, gut- » ture et collo inferiore aurantiis; tæniâ transversâ in summo pectore coccineâ; tectricibus » caudæ superioribus sulphureis, inferioribus coccineis; rectricibus supernè nigro-viridan- » tibus, subtùs nigris... » *Tucana Brasiliensis gutture luteo.* Brisson, *Ornithol.*, t. IV, p. 419. — *Yellow breasted toucan.* Toucan à gorge jaune. Edwards, *Glan.*, pag. 253.

(*c*) *Picus Americanus.* Fernandez, *Mex.*, pag. 697. — *Altera xochitenacatl.* Fernandez, *Hist. nov. Hisp.*. pag. 58. — *Passer longirostrus xochitenacatl dictus.* Nieremberg, pag. 208. — *Xochitenacutl altera.* Ray, *Synops. avi.*, p. 178, n° 6. — *Rostrata Americana nigra uropygio albo.* Barrère, gen. 25, class. 3, sp. 4. — *Toucan Surinamensis niger ex albo, flavo, rubroque varia.* Petitvert, *Gazoph.*, pl. 44, fig. 3. — Oiseau appelé *tocan.* Feuillée, *Journal des observ. physiq.*, p. 428. *Toucan or Brasilian pye.* Edwards, t. II, p. 64. — *Red beaked toucan*; toucan à bec rouge. *Glan.*, p. 58 et pl. 238. — « Tucana nigro-viridans; genis, gut- » ture et collo inferiore candidis; tæniâ transversâ in summo pectore coccineâ; uropygio et

blement, parce que, les couleurs variant dans la femelle comme dans le mâle, ils ont fait dans les femelles deux espèces ainsi que dans les mâles. Or, nous réduisons ici ces quatre prétendues espèces à une seule, à laquelle même nous pouvons en rapporter une cinquième indiquée par de Laët (a), qui ne diffère de ceux-ci que par la couleur blanche de la poitrine.

En général, les femelles sont à très peu près de la grandeur des mâles; elles ont les couleurs moins vives, et la bande rouge du dessous de la gorge très étroite; mais du reste elles leur ressemblent parfaitement. Nous avons fait représenter l'une de ces femelles dans la planche enluminée, n° 202, sous la dénomination de *toucan à gorge blanche de Cayenne*, parce que nous ignorions alors que ce fût une femelle. Au reste, cette seconde espèce est la plus commune et peut-être la plus nombreuse du genre de ces oiseaux; il y en a quantité dans la Guyane, surtout dans les forêts humides et dans les palétuviers. Quoiqu'ils n'aient, comme tous les autres toucans, qu'une plume pour langue, ils jettent un cri articulé qui semble prononcer *pinien-coin* ou *pignen-coin*, d'une manière si distincte que les créoles de Cayenne leur ont donné ce nom que nous n'avons pas cru devoir adopter, parce que le toco ou toucan de l'espèce précédente prononce cette même parole, et qu'alors on les eût confondus.

LE TOUCAN A VENTRE ROUGE (b)

TROISIÈME ESPÈCE.

Ce toucan (*) a la gorge jaune comme le précédent, mais il a le ventre d'un beau rouge, au lieu que l'autre l'a noir. Thevet, qui le premier a parlé de cet

» testricibus caudæ superioribus albis, inferioribus pallidè rubris; rectricibus supernè nigro-» viridantibus, subtùs nigris... » *Tucana Brasiliensis gutture albo.* Brisson, *Ornithol.*, t. IV, p. 413. — « Tucana nigro-viridans; genis, gutture et collo inferiore candidis; tæniâ » transversâ in summo pectore coccineâ; tectricibus caudæ superioribus sulphureis, inferio-» ribus coccineis; rectricibus supernè nigro-viridantibus, subtùs nigris... » *Tucana Cayanensis gutture albo. Idem, ibid.*, p. 416.

(a) *Histoire du Nouveau Monde*, p. 553.

(b) *Toucan.* Thevet. *Singul. de la France antarct.*, chap. 7. — *Toucan sive pica Brasilica, Germanis pfeffer-vogel, pfeffer-fracsz. Italis, gaza di Brasilia.* Aldrovande, *Avi.*, pag. 801. — *Pica Brasilica Germanis pfeffer-fracsz indianischer vogel.* Gessner, *Avi.*, p. 130. — *Avis rostri maximi.* Fernandez, p. 17. — *Pica Brasilica, aliis ramphastos, hipporinchos et buryn-chos, aliis barbara et piperivora.* Jonston, *Avi.*, p. 20. — *Monstrosa avis* : *Mus. Besl.*, p. 34, n° 3. — *Bucco.* Mœhring, *Avi.*, gen. 3. — *Pica Brasilica Aldrovandi, avis piperivora nonnullis.* Ray, *Synops. avi.*, p. 44, n° 1. — *Pica Brasilica Aldrovandi avis piperivora nonnullis.* Willughby, *Ornithol.*, p. 88. — *Rasutius simpliciter.* Klein, *Avi.*, p. 38, n° 1. — *Pic du Brésil.* Albin, t. II, p. 18. — *Rhamphastos rostro nigro; curima crassissima, ramphastos piperivorus.* Linnæus, *Syst. nat.*, édit. X, gen. 45, sp. 1, p. 103. — « Tucana supernè nigro-viridans,

(*) *Rhamphastos picatus* L.

oiseau, dit que son bec est aussi long que le corps. Aldrovande donne à ce bec deux palmes de longueur et une de largeur, et M. Brisson estime cette mesure six pouces pour les deux palmes. Comme nous n'avons pas vu cet oiseau, nous n'en pouvons parler que d'après les indications de ces deux premiers auteurs. Nous remarquerons néanmoins qu'Aldrovande s'est trompé en lui donnant trois doigts en avant et un en arrière, quoique Thevet dise expressément qu'il a deux doigts en devant et deux en arrière, ce qui est conforme à la nature.

Il a la tête, le cou, le dos et les ailes noirs avec quelques reflets blanchâtres ; la poitrine d'une belle couleur d'or avec du rouge au-dessus, c'est-à-dire sous la gorge ; il a aussi le ventre et les jambes d'un rouge très vif, ainsi que l'extrémité de la queue qui pour le reste est noire ; l'iris de l'œil est noir, il est entouré d'un cercle blanc qui l'est lui-même d'un autre cercle jaune ; la mandibule inférieure du bec est une fois moins large près de l'extrémité du bec, que ne l'est la mandibule supérieure ; elles sont toutes les deux dentelées sur leurs bords.

Thevet assure que cet oiseau se nourrissait de poivre, qu'il en avalait même en si grande quantité qu'il était obligé de le rejeter : ce fait a été copié par tous les naturalistes, cependant il n'y a point de poivre en Amérique, et l'on ne sait pas trop quelle peut être la graine dont cet auteur a voulu parler, si ce n'est le piment que quelques auteurs appellent *poivre long*.

LE COCHICAT (*a*)

QUATRIÈME ESPÈCE.

C'est par contraction le nom que cet oiseau (*) porte dans son pays natal au Mexique. Fernandez est le seul auteur qui en ait parlé comme l'ayant vu, et voici la description qu'il en donne. Il est à peu près de la grandeur des autres toucans : « Il a, dit-il, le bec de sept pouces de long, dont la mandibule » supérieure est blanche et dentelée, et l'inférieure noire ; ses yeux sont » noirs et l'iris est d'un jaune rougeâtre ; il a la tête et le cou noirs jusqu'à

» dorso infimo et uropygio ad cinereum vergentibus ; pectore aurantio, ventre et tectricibus » caudæ inferioribus coccineis ; rectricibus supernè nigro-viridantibus, subtùs nigris, apice » coccineis... » *Tucana*. Brisson, *Ornithol.*, t. IV, p. 408. — *Pic du Brésil*. Salerne, *Ornithol.*, page 109.

(*a*) *Cochitenacatl*. Fernandez, *Hist. nov. Hisp.*, pag. 46. — « Tucana supernè nigra, infernè viridis ; torque coccineo ; collo inferiore in infimâ parte dilutè rubris maculis utrinque » lineis vario ; imo ventre et tectricibus caudæ inferioribus rubris ; rectricibus nigris... » *Tucana Mexicana torquata*. Brisson, *Ornithol.*, t. IV, p. 421.

(*) *Ramphastos torquatus* Gmel.

» une ligne transversale rouge qui l'entoure en forme de collier, après quoi » le dessus du cou est encore noir, et le dessous est blanchâtre, semé de » quelques taches rouges et de petites lignes noires ; la queue et les ailes » sont noires aussi, le ventre est vert, les jambes sont rouges, les pieds sont » d'un cendré verdâtre et les ongles noirs : il habite les bords de la mer et » se nourrit de poissons. »

LE HOCHICAT (*a*)

CINQUIÈME ESPÈCE.

C'est de même le nom, par contraction, que cet oiseau (*) porte au Mexique. Fernandez est encore le seul qui l'ait indiqué : « Il est, dit-il, de la grandeur » et de la forme d'un perroquet ; son plumage est presque entièrement vert, » seulement semé de quelques taches rouges ; les jambes et les pieds sont » noirs et courts ; le bec a quatre pouces de longueur ; il est varié de jaune » et de noir. » Cet oiseau habite comme le précédent les bords de la mer, dans la contrée la plus chaude du Mexique.

LES ARACARIS

Les aracaris, comme nous l'avons dit, sont bien plus petits que les toucans : on en connaît quatre espèces, toutes originaires des climats chauds de l'Amérique.

LE GRIGRI (*b*) (*c*)

PREMIÈRE ESPÈCE D'ARACARI.

Cet oiseau (**) se trouve au Brésil, et très communément à la Guyane, où on l'appelle *gri-gri*, parce que ce mot exprime à peu près son cri, qui est

(*a*) *Xochitenacatl.* Fernandez, *Hist. nov. Hisp.*, pag. 51, cap. CLXXXVII. (*Nota :* le *xo* se prononce *ho.*) — « Tucana in toto corpore viridis, rubro et pavonino colore variegata... » *Tucana Mexicana viridis.* Brisson, *Ornithol.*, t. IV, p. 423.

(*b*) Voyez les planches enluminées, nº 166, sous la dénomination de *Toucan vert du Brésil.*

(*c*) *Aracari Brasiliensibus.* Marcgrave, *Hist. nat. Bras.*, p. 217. — *Aracari.* Pison, *Hist. nat. Bras.*, p. 92. — *Aracari Brasiliensibus Marcgravii.* Jonston, *Avi.*, p. 148. — *Aracari*

(*) *Rhamphastos pavoninus* GMEL.

(**) *Pteroglossus Aracari* ILLIG.

aigu et bref. Il a les mêmes habitudes naturelles que les toucans : on le trouve aussi dans les mêmes endroits humides et plantés de palmiers. On connaît dans cette première espèce une variété (*a*) dont nos nomenclateurs (*b*) ont fait une espèce particulière ; cependant ce n'est qu'une différence si légère qu'on peut l'attribuer à l'âge plutôt qu'au climat ; elle ne consiste que dans une bande transversale d'un beau rouge sur la poitrine ; il y a aussi quelque différence dans la couleur du bec, mais ce caractère est tout à fait équivoque, parce que dans la même espèce les couleurs du bec varient suivant l'âge et sans aucun ordre constant dans chaque individu, en sorte que Linnæus a eu tort d'établir sur les couleurs du bec les caractères différentiels de ces oiseaux.

Ceux-ci ont la tête, la gorge et le cou noirs ; le dos, les ailes et la queue d'un vert obscur ; le croupion rouge ; la poitrine et le ventre jaunes ; les couvertures inférieures de la queue et les plumes des jambes d'un jaune olivâtre, varié de rouge et de fauve ; les yeux grands et l'iris jaune ; le bec est long de quatre pouces un quart, épais de seize lignes en hauteur, et d'une texture plus solide et plus dure que celle du bec des toucans ; la langue est semblable, c'est-à-dire garnie de barbes comme le sont les plumes, caractère particulier et commun aux toucans et aux aracaris ; les pieds de celui-ci sont d'un vert noirâtre, ils sont très courts et les doigts sont très longs ; toute la grandeur de l'oiseau, y compris celle du bec et de la queue, est de seize pouces huit lignes.

La femelle (*c*) ne diffère du mâle que par la couleur de la gorge et du dessous du cou qui est brune, tandis qu'elle est noire dans le mâle, lequel a ordinairement aussi le bec noir et blanc, au lieu que la femelle a la mandibule inférieure du bec noire et la supérieure jaune, avec une bande longitudinale noire qui représente assez exactement la figure d'une longue plume étroite.

Brasiliensibus Marcgravii. Willughby, *Ornithol.*, p. 96. — *Aracari Brasiliensibus Marcgravii*. Ray, *Synops. avi.*, p. 44, n° 2. — Oiseau aquatique apporté des terres neuves. Belon, *Hist. nat. des oiseaux*, p. 184. — *Pica minima rostro denticulato*. Barrère, *France équinox.*, p. 141. — *Cuculus Brasiliensis aracari Marcgravii*. Klein, *Avi.*, p. 30, n° 4. — *Tucanus aracarii*. Linnæus, *Syst. nat.*, édit. X, p. 104. — « Tucana supernè obscurè viridis, infernè » sulphureus ; capite, gutture et collo nigris ; dorso infimo, uropygio, tectricibus caudæ supe- » rioribus et tæniâ transversâ in ventre coccineis ; rectricibus supernè obscurè, infernè dilutè » viridibus... » *Tucana Brasiliensis viridis*. Brisson, *Ornithol.*, t. IV, p. 426 ; et pl. 33, fig. 2. — *L'aracari*. Salerne, *Ornithol.*, p. 110.

(*a*) Voyez les planches enluminées, n° 727, sous la dénomination de *Toucan vert de Cayenne*.

(*b*) « Tucana supernè obscurè viridis, infernè sulphurea, capite et gutture nigris (Mas) » castaneis (Fœmina) ; uropygio coccineo ; rectricibus supernè obscurè viridibus, infernè viridi » cinereis... » *Tucana Cayanensis viridis*. Brisson, *Ornithol.*, t. IV, p. 423.

(c) Voyez les planches enluminées, n° 728, sous la dénomination de femelle du *Toucan vert de Cayenne*.

LE KOULIK (*a*) (*b*)

SECONDE ESPÈCE D'ARACARI.

Ce petit mot ***koulik***, prononcé vite, représente exactement le cri de cet oiseau (*), et c'est par cette raison que les créoles de Cayenne lui ont donné ce nom. Il est un peu moins gros que le précédent, et il a le bec un peu plus court dans la même proportion ; il a la tête, la gorge, le cou et la poitrine noires ; il porte sur le dessus du cou un demi-collier jaune et étroit ; on voit une tache de la même couleur jaune de chaque côté de la tête derrière les yeux ; le dos, le croupion et les ailes sont d'un beau vert, et le ventre, vert aussi, est varié de noirâtre ; les couvertures inférieures de la queue sont rougeâtres, mais la queue est verte et terminée de rouge ; les pieds sont noirâtres ; le bec est rouge à sa base, et noir sur le reste de son étendue ; les yeux sont environnés d'une membrane nue et bleuâtre.

La femelle (*c*) ne diffère du mâle que par la couleur du haut du cou, où son plumage est brun, tandis qu'il est noir dans le mâle ; le dessous du corps, depuis la gorge jusqu'au bas du ventre, est gris dans la femelle, et le demi-collier est d'un jaune très pâle, au lieu qu'il est d'un beau jaune dans le mâle, et que le dessous du corps est varié de différentes couleurs.

L'ARACARI A BEC NOIR (*d*)

TROISIÈME ESPÈCE.

Nous ne connaissons de cet oiseau (**) que ce qu'en a dit Nieremberg : il est de la grosseur d'un pigeon ; son bec est épais, noir et crochu ; les yeux

(*a*) Voyez les planches enluminées, n° 577, sous la dénomination de *Toucan à collier de Cayenne.*

(*b*) *Pica minor, rostro denticulato, vario.* Gros bec, queue de rat. Barrère, *France équinox.*, p. 141. — *Rostrata Americana viridans, rostro partim rubro nigro. Idem, Ornithol.*, class. 3, gen. 25, sp. 2. — « Tucana viridi-olivacea ; capite, collo, pectore et medio ventre « nigro-chalybeis ; maculâ ad aures flavo-aureâ ; collo superiore torque flavo-aurantio ; tectri- » cibus caudæ inferioribus coccineis ; rectricibus supernè viridibus, infernè fuscis, apice casta- « neis... » *Tucana Cayanensis torquata.* Brisson, *Ornithol.*, t. IV, p. 429. — *Green toucan.* Le toucan vert. Edwards, *Glan.*, p. 255.

(*c*) Voyez les planches enluminées, n° 729, sous la dénomination de *Toucan à ventre gris de Cayenne.*

(*d*) *Alia xochitenacatl.* Nieremberg, p. 209. — *Xochitenacatl.* Jonston, p. 119. — « Xo- » chitenacatl avis columbæ par in America arborum floridarum mellaginæ victitans. » Char-

(*) *Pteroglossus piperivorus* Illig.

(**) Espèce incertaine.

sont noirs aussi, mais l'iris en est jaune; il a les ailes et la queue variées de noir et de blanc; une bande noire prend depuis le bec et s'étend de chaque côté jusque sur la poitrine; le haut des ailes est jaune, et le reste du corps est d'un blanc jaunâtre; les jambes et les pieds sont bruns, et les ongles blanchâtres.

L'ARACARI BLEU (*a*)

QUATRIÈME ESPÈCE.

Voici ce que Fernandez rapporte au sujet de cet oiseau (*), qu'aucun autre naturaliste n'a vu : « Il est de la grandeur d'un pigeon commun; son bec » est fort grand, dentelé, jaune en dessus et d'un noir rougeâtre en dessous; » ses yeux sont noirs; l'iris est d'un jaune rougeâtre; tout son plumage est » varié de cendré et de bleu. »

Il paraît, par le témoignage de ce même auteur, que quelques espèces d'aracaris ne sont que des oiseaux de passage dans certaines contrées de l'Amérique méridionale (*b*).

LE BARBICAN (*c*)

Comme cet oiseau tient du barbu et du toucan, nous avons cru pouvoir le nommer *barbican* (**); c'est une espèce nouvelle qui n'a été décrite par aucun naturaliste, et qui néanmoins n'est pas d'un climat fort éloigné, car

leton, *Exercit.*, p. 116, n° 5; et *Onomast.*, p. 112, n° 5. — « Alia xochitenacatl, hoc est » tucanæ seu picæ Brasiliæ species... » Willughby, *Ornithol.*, p. 298. — « Tucana dilutè » luteâ; tæniâ utrinque longitudinali a rostro ad pectus usque nigrâ; tectricibus alarum » superioribus minimis luteis; rectricibus albo et nigro variis... » *Tucana lutea.* Brisson, *Ornithol.*, t. IV, p. 432.

(*a*) *Altera xochitenacatl.* Fernandez, *Hist. nov. Hisp.*, p. 47. — *Altera xochitenacatl.* Nieremberg, p. 209. — *Pica Brasilica secunda.* Aldrovande, *Avi.*, t. Ier, p. 803. — *Pica xochitenacatl dicta.* Jonston, *Avi.*, p. 157 et 126. — « Tucana in toto corpore cæruleo et » cinereo varia... » *Tucana cærulea.* Brisson, *Ornithol.*, t. IV, p. 433.

(*b*) *De avibus quibusdam rostri maximi.* « Adeunt quotannis stato tempore eam provinciam » quam Honduras vocare mos est avium numerosa examina, columbarum magnitudine, spec- » tandâque formâ, cum ob pennarum varietatem, quæ luteæ, coccinæ, candidæ ac cyaneæ » sunt, tum ob rostri monstrificam magnitudinem quod reliquo corpore est longius. » Fernandez, *Hist. Avi. nov. Hisp.*, p. 17, cap. xv.

(*c*) Voyez les planches enluminées, n° 602.

(*) Espèce douteuse.

(**) D'après Flourens ce serait le *Bucco dubius* de Gmelin, mais cela est peut-être douteux.

elle nous a été envoyée des côtes de Barbarie, mais sans nom et sans aucune notice sur ses habitudes naturelles.

Cet oiseau a les doigts disposés deux en avant et deux en arrière comme les barbus et les toucans; il ressemble à ceux-ci par la distribution des couleurs, par la forme de son corps et par son gros bec, qui cependant est moins long, beaucoup moins large et bien plus solide que celui des toucans; mais il en diffère par sa langue épaisse, et qui n'est pas une plume comme celle des toucans. Il ressemble en même temps aux barbus par les longs poils qui sortent de la base du bec et s'étendent bien au delà des narines ; la forme du bec est particulière, la mandibule supérieure étant pointue, crochue à son extrémité avec deux dentelures mousses de chaque côté; la mandibule inférieure est rayée transversalement par de petites cannelures; le bec entier est rougeâtre et courbé en en-bas.

Le plumage du barbican est noir sur toute la partie supérieure du corps, le haut de la poitrine et le ventre, et il est rouge sur le reste du dessous du corps, à peu près comme celui de certains toucans.

Il a neuf pouces de long; la queue a trois pouces et demi, le bec dix-huit lignes de longueur sur dix d'épaisseur, et les pieds n'ont guère qu'un pouce de hauteur, en sorte que cet oiseau a grand'peine à marcher.

LE CASSICAN (a)

Nous avons donné le nom de *cassican* à cet oiseau (*) dont l'espèce n'était pas connue, et qui nous a été envoyé par M. Sonnerat, parce que ce nom indique les deux genres d'oiseaux auxquels il a le plus de rapport, celui des cassiques et celui des toucans : nous ne sommes pas assurés du climat où il se trouve; nous présumons seulement qu'il est des parties méridionales de l'Amérique; mais de quelque contrée qu'il soit originaire ou natif, il est certain qu'il ressemble aux cassiques de l'Amérique par la forme du corps et par la partie chauve du devant de la tête, et qu'en même temps il tient du toucan par la grosseur et la forme du bec, qui est arrondi et large à sa base, et crochu à l'extrémité, en sorte que si ce bec était plus gros et que les doigts fussent disposés deux à deux, on pourrait le regarder comme une espèce voisine du genre des toucans.

Nous ne ferons pas la description des couleurs de cet oiseau : la planche enluminée, n° 628, en donne une idée complète. Il a le corps mince, mais

(a) Voyez les planches enluminées, n° 628.

(*) Le Cassican de Buffon est une espèce douteuse; Cuvier le considère comme une Pie-grièche.

allongé, et sa longueur totale est d'environ treize pouces; le bec a deux pouces et demi, la queue cinq pouces, et les pieds quatorze lignes. Nous ne sommes point informés de ses habitudes naturelles : si l'on en voulait juger par la forme du bec et par celle des pieds, on pourrait croire qu'il vit de proie. Néanmoins les toucans et les perroquets, qui ont le bec crochu, ne vivent que de fruits, et les ongles ainsi que le bec du cassican sont beaucoup moins crochus que ceux du perroquet; en sorte que nous regardons le cassican comme un oiseau frugivore, en attendant que nous soyons mieux informés.

LES CALAOS

OU

LES OISEAUX RHINOCÉROS

Nous venons de voir que les toucans, si singuliers par leur énorme bec, appartiennent tous au continent de l'Amérique méridionale : voici d'autres oiseaux de l'Afrique et des Grandes-Indes, dont le bec, aussi prodigieux pour les dimensions que celui des toucans, est encore plus extraordinaire par la forme, ou, pour mieux dire, plus excessivement monstrueux, comme pour nous démontrer que la vieille nature de l'ancien continent, toujours supérieure à la nature moderne du nouveau monde dans toutes ses productions, se montre aussi plus grande, même dans ses erreurs, et plus puissante jusque dans ses écarts (*).

En considérant le développement extraordinaire, la surcharge inutile, l'excroissance superflue, quoique naturelle, dont le bec de ces oiseaux est non seulement grossi, mais déformé, on ne peut s'empêcher d'y reconnaître les attributs mal assortis de ces espèces disparates, dont les plus monstrueuses naquirent et périrent presque en même temps par la disconvenance et les oppositions de leur conformation. Ce n'est pas la seule ni la première fois que l'examen attentif de la nature nous ait offert cette vue, même dans le genre des oiseaux : ceux auxquels on a donné les noms de *bec croisé*, *bec en ciseau*, sont des exemples de cette structure incomplète et contraire à tout usage, laquelle leur ôte presque le moyen de vivre et celui de se défendre contre les espèces même plus petites et moins fortes, mais plus heureuses et plus puissantes, parce qu'elles sont douées d'organes plus assortis. Nous avons de semblables exemples dans les animaux quadrupèdes : les unaus, les aïs, les fourmilliers, les pangolins, etc., dénués ou

(*) Buffon commet une erreur quand il parle de « la vieille nature de l'ancien continent, toujours supérieure à la nature moderne du nouveau monde » ; il n'existe pas, très probablement de différence d'âge entre les deux mondes et « leurs productions », c'est-à-dire les animaux et les végétaux qui les habitent ont très certainement des origines communes, les deux continents ayant jadis communiqué l'un avec l'autre.

misérables par la forme du corps et la disproportion de leurs membres, traînent à peine une existence pénible, toujours contrariée par les défauts ou les excès de leur organisation ; la durée de ces espèces imparfaites et débiles n'est protégée que par la solitude, et ne s'est maintenue et ne se maintiendra que dans les lieux déserts où l'homme et les animaux puissants ne fréquenteront pas (*a*).

Si nous examinons en particulier le bec des calaos (*), nous reconnaîtrons que loin d'être fort à proportion de sa grandeur, ou utile en raison de sa structure, il est au contraire très faible et très mal conformé; nous verrons qu'il nuit plus qu'il ne sert à l'oiseau qui le porte, et qu'il n'y a peut-être pas d'exemple dans la nature d'une arme d'aussi grand appareil et d'aussi peu d'effet; ce bec n'a point de prise; sa pointe, comme dans un long levier très éloigné du point d'appui, ne peut serrer que mollement ; sa substance est si tendre qu'elle se fêle à la tranche par le plus léger frottement : ce sont ces fêlures irrégulières et accidentelles que les naturalistes ont prises pour une dentelure naturelle et régulière. Elles produisent un effet remarquable dans le bec du calao rhinocéros : c'est que les deux mandibules ne se touchent que par la pointe, le reste demeure ouvert et béant, comme si elles n'eussent pas été faites l'une pour l'autre; leur intervalle est usé, rompu de manière que, par la substance et par la forme de cette partie, il semble qu'elle n'ait pas été faite pour servir constamment, mais plutôt pour se détruire d'abord, et sans retour, par l'usage même auquel elle paraissait destinée.

Nous avons adopté, d'après nos nomenclateurs, le nom de *calao* pour désigner le genre entier de ces oiseaux, quoique les Indiens n'aient donné ce nom qu'à une ou deux espèces. Plusieurs naturalistes les ont appelés *rhinocéros* (*b*), à cause de l'espèce de corne qui surmonte leur bec, mais presque tous n'ont vu que les becs de ces oiseaux extraordinaires (*c*). Nous-mêmes ne connaissons pas ceux dont nous avons fait représenter les becs (*d*) ; et avant d'entamer les descriptions de ces différents oiseaux d'après le témoignage des voyageurs et d'après nos propres observations, il nous a paru nécessaire de les ranger relativement à leur caractère le plus frappant, qui est

(*a*) Voyez, sur ce sujet, l'article de l'*Unau* et de l'*Aï*, t. III, p. 441.

(*b*) Edwards, *Glanures*, pl. 281. *Grew. museum Regiæ Societatis*, part. I, p. 59. — *Museum Besler.*, tab. IX, p. 37. — Clusius, *Exotic.*, lib. V, p. 106. — Willughby, tab. XVII, etc.

(*c*) On trouve dans plusieurs auteurs d'histoire naturelle, des détails courts et obscurs de ces oiseaux, qu'il faut que le temps éclaircisse. Voyez Edwards, *loco citato*. — « Topan » avis indica, rhinoceros dicta Aldrovando; totam avem qui descripscrit aut de ejus naturâ » aliquid tradiderit, neminem adhuc vidi. » *Mus. Worm.*, p. 293. — « Je n'ai jamais vu que » le bec de ces oiseaux. » Belon, *Ornithol.*, t. IV, p. 571.

(*d*) Voyez les planches enluminées, n°s 933 et 934.

(*) Les Calaos (*Buceros*) sont des Passereaux du groupe des Lévirostres, de la famille des Bucéridés. Ils sont particulièrement remarquables par un bec de très grande taille, recourbé vers le bas et muni à la base de la mandibule supérieure d'un appendice en forme de corne.

la forme singulière de leur bec. On verra qu'ici, comme en tout, et dans ses erreurs ainsi que dans ses vues droites, la nature passe par des gradations nuancées, et que de dix espèces dont ce genre est composé, il n'y en a peut-être qu'une à laquelle on doive appliquer la dénomination d'*oiseau rhinocéros*, toutes les autres ne nous présentant que des degrés et des nuances plus ou moins voisines de cette forme de bec, l'une des plus étranges de la nature, puisqu'elle est évidemment l'une des plus contraires aux fins qu'on lui suppose.

Ces dix espèces sont :

1° Le calao rhinocéros, dont le bec est représenté, planche enluminée, n° 934;

2° Le calao à casque rond, dont le bec est représenté dans la planche enluminée, n° 933;

3° Le calao des Philippines à casque concave;

4° Le calao d'Abyssinie, que nous avons fait représenter planche enluminée, n° 779;

5° Le calao d'Afrique, auquel nous donnons le nom de *brac;*

6° Le calao de Malabar, que nous avons vu vivant, et que nous avons fait représenter planche enluminée, n° 873;

7° Le calao des Moluques, que nous avons fait représenter, d'après un individu empaillé, planche enluminée, n° 283;

8° Le calao de l'île Panay, dont nous avons fait représenter le mâle et la femelle, d'après des individus empaillés, planches enluminées, n°s 780 et 781;

9° Le calao de Manille, que nous avons fait représenter, d'après un individu empaillé, planche enluminée, n° 891;

10° Enfin, le tock ou calao à bec rouge du Sénégal, représenté, d'après un individu empaillé, planche enluminée, n° 260.

En considérant ces dix espèces dans l'ordre inverse, c'est-à-dire en remontant du tock, qui est la dernière, à la précédente, c'est-à-dire au calao de Manille et jusqu'au rhinocéros, qui est la première, on reconnaîtra tous les degrés par où la nature passe pour arriver à cette monstrueuse conformation de bec. Le tock a un large bec en forme de faux comme les autres, mais ce bec est simple et sans éminence; le calao de Manille a déjà une éminence apparente sur le haut du bec; cette éminence est plus marquée dans le calao de l'île de Panay : elle est très remarquable dans le calao des Moluques; encore plus considérable dans le calao d'Abyssinie; énorme enfin dans le calao des Philippines et du Malabar, et tout à fait monstrueuse dans le calao rhinocéros. Mais si ces oiseaux ont de si grandes différences par la forme du bec, ils ont une ressemblance générale dans la conformation des pieds, qui consiste en ce que les doigts latéraux sont très longs et presque égaux à celui du milieu.

LE TOCK (a) (b)

PREMIÈRE ESPÈCE.

Cet oiseau (*) a un fort gros bec, mais ce bec est simple et sans excroissance; cependant il est en forme de faux comme celui des autres calaos qui l'ont surmonté d'une corne ou d'un casque plus ou moins étendu et plus ou moins relevé : d'ailleurs le tock ressemble aux calaos par la plupart des habitudes naturelles, et se trouve comme eux dans les climats les plus chauds de l'ancien continent. Les nègres du Sénégal lui ont donné le nom de tock, et nous avons cru devoir le lui conserver. L'oiseau jeune diffère beaucoup de l'adulte, car il a le bec noir et le plumage gris cendré, au lieu qu'avec l'âge le bec devient rouge et le plumage noirâtre sur le dessus du corps, les ailes et la queue, et blanchâtre tout autour de la tête, du cou et sur toutes les parties inférieures du corps; on assure aussi que les pieds de l'oiseau jeune sont noirs, et qu'ils deviennent rougeâtres ainsi que le bec avec l'âge. Il n'est donc pas étonnant que M. Brisson en ait fait deux espèces: la première de ses phrases indicatives nous paraît répondre au tock adulte, et la seconde au tock jeune.

Cet oiseau a trois doigts en avant et un seul en arrière; celui du milieu est étroitement uni au doigt extérieur jusqu'à la troisième articulation, et beaucoup moins étroitement au doigt intérieur, jusqu'à la première articulation seulement; il a le bec très gros, courbé en bas et légèrement dentelé sur ses bords.

L'individu que nous décrivons ici avait vingt pouces de longueur; la queue avait six pouces dix lignes; le bec, trois pouces cinq lignes sur douze lignes et demie d'épaisseur à la base; la substance cornée de ce bec est légère et mince, en sorte qu'il ne peut offenser violemment; les pieds ont dix-huit lignes de hauteur.

Ces oiseaux, qu'on trouve assez communément au Sénégal sont très niais lorsqu'ils sont jeunes; on les approche et on les prend sans qu'ils s'enfuient;

(a) Voyez les planches enluminées, nos 260 et 890.

(b) « Hydrocorax supernè sordidè griseus, infernè sordidè albus, capite, gutture et collo » sordidè albis, scapis pennarum in capite nigricantibus, collo superiore maculis nigricantibus vario; fasciâ longitudinali nigricante in vertice, rectricibus lateralibus nigricantibus, » apice albis; rostro levi, rubro... » *Hydrocorax Senegalensis erythrorynchos*. Le Calao à bec rouge du Sénégal. Brisson, *Ornithol.*, t. IV, p. 575. — « Hydrocorax supernè sordidè » griseus ; marginibus pennarum albidis, infernè sordidè albus; tæniâ, utrinque suprà oculos » sordidè albâ ; rectricibus lateralibus primâ medietate candidis, alterâ nigricantibus, apice » albis; rostro levi, nigro... » *Hydrocorax Senegalensis melanorynchos*. Le Calao à bec noir du Sénégal. *Ibid.*, p. 573.

(*) *Buceros (Toccus) erythrorhynchos* BRISS.

on peut les tirer aussi sans qu'ils s'épouvantent, ni même sans qu'ils bougent; mais, lorsqu'ils sont adultes, l'âge leur donne de l'expérience, au point de changer entièrement leur premier naturel; ils deviennent alors très sauvages; ils fuient et se perchent sur la cime des arbres, tandis que les jeunes restent tous sur les branches les plus basses et sur les buissons, où ils demeurent sans mouvement la tête enfoncée dans les épaules, de manière qu'on n'en voit, pour ainsi dire, que le bec : ainsi les jeunes ne volent presque pas, au lieu que les vieux prennent souvent un vol élevé et assez rapide; on voit beaucoup de ces oiseaux jeunes dans les mois d'août et de septembre; on peut les prendre à la main, et dès le premier moment ils semblent être aussi privés que si on les avait élevés dans la maison; mais cela vient de leur stupidité, car il faut leur porter la nourriture au bec; ils ne la cherchent ni ne la ramassent lorsqu'on la leur jette, ce qui fait présumer que les pères et mères sont obligés de les nourrir pendant un très long temps. Dans leur état de liberté, ces oiseaux vivent de fruits sauvages, et en domesticité ils mangent du pain et avalent tout ce qu'on veut leur mettre dans le bec.

Au reste, le tock est fort différent du toucan; cependant il paraît qu'un de nos savants naturalistes les a pris l'un pour l'autre. M. Adanson dit dans son Voyage au Sénégal, qu'il a tué deux toucans dans cette contrée; or, il est certain qu'il n'y a de toucans en Afrique que ceux qu'on peut y avoir transportés d'Amérique, et c'est ce qui me fait présumer que ce sont des tocks et non pas des toucans dont M. Adanson a voulu parler.

LE CALAO DE MANILLE (*a*)

SECONDE ESPÈCE.

Cette espèce (*) n'était pas connue, et nous a été envoyée pour le Cabinet du Roi par M. Poivre, auquel nous devons beaucoup d'autres connaissances et grand nombre de choses curieuses. Cet oiseau n'est guère plus gros que le tock; il a vingt pouces de longueur; son bec est long de deux pouces et demi, moins courbé que celui du tock, point dentelé, mais assez tranchant par les bords et plus pointu; ce bec est surmonté d'un léger feston proéminent, adhérant à la mandibule supérieure et ne formant qu'un simple renflement; la tête et le cou sont d'un blanc lavé de jaunâtre avec des ondes brunes; on remarque une plaque noire à chaque côté de la tête sur les

(*a*) Voyez les planches enluminées, nº 891.

(*) *Buceros manillensis* GMEL.

oreilles; le dessus du corps est d'un brun noirâtre avec quelques franges blanchâtres, filées légèrement dans les pennes de l'aile; le dessous du corps est d'un blanc sale; les pennes de la queue sont de la même couleur que celle des ailes, seulement elles sont coupées transversalement dans leur milieu par une bande rousse de deux doigts de largeur. Nous ne savons rien des habitudes particulières de cet oiseau.

LE CALAO DE L'ILE PANAY (a)

TROISIÈME ESPÈCE.

Cet oiseau (*) nous a été apporté par M. Sonnerat, correspondant du Cabinet : voici la description qu'il en donne dans son Voyage à la Nouvelle-Guinée; il l'appelle *calao à bec ciselé;* mais ce caractère ne le distingue pas de quelques autres calaos qui ont également le bec ciselé.

« Le mâle et la femelle sont de même grosseur, et à peu près de la taille » du gros corbeau d'Europe, un peu moins corsés et plus allongés; leur bec » est très long, courbé en arc ou représentant le fer d'une faux, dentelé le » long de ses bords en dessus et en dessous, terminé par une pointe aiguë » et déprimée sur les côtés; il est sillonné de haut en bas, ou en travers » dans les deux tiers de sa longueur; la partie convexe des sillons est » brune, et les ciselures ou enfoncements sont couleur d'orpin; le reste du » bec vers sa pointe est lisse et brune; à la racine du bec, en dessus, s'élève » une excroissance de même substance que le bec, aplatie sur les côtés, » tranchante en dessus, coupée en angle droit en devant; cette excroissance » s'étend le long du bec jusque vers sa moitié où elle finit; et elle est de » moitié aussi haute dans toute sa longueur que le bec est large; l'œil est » entouré d'une membrane brune dénuée de plumes; la paupière soutient » un cercle de poils ou crins durs, courts et roides, qui forment de véritables » cils, l'iris est blanchâtre; le mâle a la tête, le cou, le dos et les ailes d'un » noir verdâtre, changeant en bleuâtre suivant les aspects; la femelle a la » tête et le cou blancs, excepté une large tache triangulaire qui s'étend de » la base du bec en dessous et derrière l'œil jusqu'au milieu du cou en tra- » vers sur les côtés; cette tache est d'un vert noir, changeant comme le » cou et le dos du mâle; la femelle a le dos et les ailes de la même couleur » que le mâle; le haut de la poitrine, dans les individus des deux sexes,

(a) Voyez les planches enluminées, n° 780 le mâle; et n° 781 la femelle.

(*) *Buceros panayensis* GMEL.

» est d'un rouge brun clair ; le ventre, les cuisses et le croupion sont également d'un rouge brun foncé ; ils ont aussi tous deux dix plumes à la queue, dont les deux tiers supérieurs sont d'un jaune roussâtre, et le tiers inférieur est une bande transversale noire ; les pieds sont de couleur plombée, et sont composés de quatre doigts, dont un dirigé en arrière et trois dirigés en devant ; celui du milieu est uni au doigt extérieur jusqu'à la troisième articulation, et au doigt intérieur jusqu'à la première seulement (a). »

LE CALAO DES MOLUQUES (b) (c)

QUATRIÈME ESPÈCE.

On a mal appliqué le nom d'*alcatraz* à cet oiseau (*) ; Clusius est l'auteur de cette méprise (d) ; il n'a pas bien interprété le passage d'Oviedo, car le nom espagnol d'*alcatraz* selon Fernandez (e), Hernandez (f) et Nieremberg (g), appartient au pélican du Mexique, et par conséquent ne peut être appliqué à un oiseau des Moluques. Cette première méprise a produit une seconde erreur, que nos nomenclateurs ont étendue sur tout le genre des calaos, en les regardant comme des oiseaux d'eau, et les nommant *hydrocorax*, et leur supposant l'habitude de se tenir au bord des eaux ; ce qui néanmoins est démenti par tous les observateurs qui ont vu ces oiseaux dans leur pays natal : Bontius, Camel, et, qui plus est, l'oiseau lui-même par la forme et la structure de ses pieds et de son bec, démontrent que les calaos ne sont ni corbeaux ni corbeaux d'eau. On doit donc regarder cette dénomination générique d'hydrocorax comme mal conçue, et le nom particulier d'alcatraz comme

(a) *Voyage à la Nouvelle-Guinée*, p. 123.

(b) Voyez les planches enluminées, n° 283.

(c) *Alcatraz Oviedi, sive verius, corvi marini genus*. Clusius, *Exot.*, p. 106. — *Corvus indicus*. Bontius, *Hist. nat. Ind.*, p. 62. — *Corvus indicus Bontii*. Willughby, *Ornithol.*, p. 86. — *Corvus torquatus, pedibus cinereis, rostro crenato*. Klein, *Avi*., p. 58, n° 2. — *Corvus indicus Bontii*. Ray, *Synops. avi.*, p. 40, n° 7. — *Caryocatactes*. Mœhring, *Avi.*, gen. 7. — « Hydrocorax supernè fuscus, infernè nigricans, griseo mixtus ; imo ventre dilutè fulvo ; » capite superiùs nigricante ; genis et gutture nigris ; fasciâ arcuatâ sub gutture sordidè cinereo albâ ; occipitio et collo dilutè castaneis ; remigibus nigris, minoribus exteriùs griseo » marginatis, rectricibus sordidè cinereo-albis ; rostro gibboso... » *Hydrocorax*. Brisson, *Ornithol.*, t. IV, p. 566. — Corbeau des Indes. Salerne, *Ornithol.*, p. 91. — Edwards a donné une figure coloriée du bec de cet oiseau, pl. 281, fig. *c*.

(d) *Exotic.*, lib. v, cap. xii, p. 106.

(e) Page 41.

(f) Page 672.

(g) Page 223.

(*) *Buceros hydrocorax* Gmel.

mal appliqué au calao des Moluques, puisque c'est le nom du pélican du Mexique.

Le calao des Moluques a deux pieds quatre pouces de longueur; la queue a huit pouces; mais les pieds n'ont que deux pouces deux lignes : ce caractère des pieds très courts appartient non seulement à celui-ci, mais encore à tous les autres calaos, qui marchent aussi mal qu'il est possible; son bec a cinq pouces de longueur sur deux pouces et demi d'épaisseur à son origine; il est d'un cendré noirâtre, et est surmonté d'une excroissance dont la substance est assez solide et semblable à de la corne; cette excroissance est aplatie en devant, et s'étend en s'arrondissant jusque par-dessus la tête; il a de grands yeux noirs, mais le regard désagréable; les côtés de la tête, les ailes et la gorge sont noirs, et cette partie de la gorge est entourée d'une bande blanche; les pennes de la queue sont d'un gris blanchâtre; tout le reste du plumage est varié de brun, de gris, de noirâtre et de fauve; les pieds sont d'un gris brun, et le bec est noirâtre.

Ces oiseaux, dit Bontius (*a*), ne vivent point de chair, mais de fruits, et principalement de noix muscade dont ils font une grande déprédation, et cette nourriture donne à leur chair, qui est tendre et délicate, un fumet aromatique qui la rend très agréable au goût.

LE CALAO DE MALABAR

CINQUIÈME ESPÈCE.

Cet oiseau (*) a été apporté de Pondichéry; il a vécu à Paris pendant tout l'été 1777, dans le jardin de l'hôtel de madame la marquise de Pons, qui a eu la bonté de me l'offrir, et à laquelle je me fais un devoir de témoigner ici ma respectueuse sensibilité. Ce calao était de la grandeur d'un corbeau, ou, si l'on veut, une fois plus grand que la corneille commune; il avait deux pieds et demi de longueur, depuis la pointe du bec à l'extrémité de la queue, qui lui était tombée pendant la traversée, et dont les plumes commençaient à croître de nouveau, et n'avaient pas pris à beaucoup près toutes leurs dimensions : ainsi l'on peut présumer que la longueur entière de cet oiseau est d'environ trois pieds; son bec, long de huit pouces, était large de deux, arqué de quinze lignes sur la *corde* de sa longueur; un second bec, s'il peut s'appeler ainsi, surmontait le premier en manière de corne immédiatement appliquée et couchée suivant la courbure du vrai bec; cette corne s'étendait

(*a*) Bontius, *Hist. nat. Ind.*, p. 62.

(*) *Buceros monoceros* SHAW.

depuis la base jusqu'à deux pouces de la pointe du bec; elle s'élevait de deux pouces trois lignes, de manière qu'en les mesurant par le milieu, le bec et sa corne forment une hauteur de quatre pouces; l'un et l'autre, près de la tête, ont quinze lignes d'épaisseur transversale; la corne a six pouces de longueur, et son extrémité nous a paru accourcie et fêlée par accident, en sorte qu'on peut la supposer d'environ un demi-pouce plus longue : en total, cette corne a la forme d'un véritable bec tronqué et fermé à la pointe, où néanmoins le dessin de la séparation est marqué par un trait en rainure très sensible, tracé vers le milieu et suivant toute la courbure de ce faux bec, qui ne tient point au crâne, mais dont la tranche en arrière ou sa coupe qui s'élève sur la tête est encore plus extraordinaire; c'est une espèce d'occiput charnu dénué de plumes, revêtu d'une peau vive, par laquelle passe le suc nourricier de ce membre parasite.

Le vrai bec, terminé en pointe mousse, est assez ferme; sa substance est cornée, presque osseuse, étendue en lames, dont on aperçoit les couches et les ondes; le faux bec, beaucoup plus mince et fléchissant même sous les doigts, n'est point solide et plein, autrement l'oiseau serait accablé de son poids, mais il est d'une substance légère et remplie à l'intérieur de cellules séparées par des cloisons fort minces, qu'Edwards compare à des rayons de miel (*a*). Vormius (*b*) dit que ce faux bec est d'une substance semblable à celle du têt des écrevisses.

Le faux bec est noir depuis la pointe jusqu'à trois pouces en arrière, et l'on voit une ligne du même noir à son origine, ainsi qu'à la racine du vrai bec; tout le bec est d'un blanc jaunâtre : ce sont précisément les mêmes couleurs que lui donne Vormius, en ajoutant que l'intérieur du bec et du palais est noir (*c*).

Une peau blanche et plissée embrasse des deux côtés, comme une mentonnière, la racine du vrai bec par-dessus, et va s'implanter vers les angles du bec dans la peau noire qui environne les yeux; de longs cils, arqués en arrière, garnissent la paupière; l'œil est d'un brun rouge, il s'anime et prend beaucoup de feu lorsque l'oiseau s'agite; la tête, qui paraît petite en proportion du bec énorme qu'elle porte, est assez semblable, pour la forme, à celle du geai; en général, la figure, l'allure et toute la tournure de ce calao nous ont paru un composé de traits et de mouvements du geai, du corbeau et de la pie : ces ressemblances ont également frappé les yeux de

(*a*) Ces becs sont extrêmement légers à proportion de leur grosseur, le dedans étant plein de séparations ou cellules osseuses fort minces, en forme de rayons de miel, mais irrégulières. *Glanures*, p. 281.

(*b*) « Cornu... ejusdem cum rostro substantiæ, sed cavum, tenue, et molle, substantiæ » astacorum crustæ correspondens. » *Mus. Worm.*, p. 293. — Le *Mus. Besler* remarque la même chose : *substantia cornu levissima et cava*, tab. IX, cap. XXXVII.

(*c*) « Ex luteo albicat (rostrum) nisi ubi maxillæ jungitur, ubi atro splendente et colore. » Oris et palati, rostrique interior superficies planè nigricat. » *Mus. Worm.*, 293.

la plupart des observateurs qui ont donné à cet oiseau les noms de *corbeau indien* (a), *corbeau cornu* (b), *pie cornue d'Éthiopie* (c), etc.

Celui-ci avait les plumes de la tête et du cou noires, avec la faculté de les hérisser, ce qu'il fait souvent comme le geai ; celles du dos et des ailes sont noires aussi, et toutes ont un faible reflet de violet et de vert ; on aperçoit aussi sur quelques plumes des couvertures des ailes une bordure brune irrégulièrement tracée, les plumes, se surmontant légèrement, paraissent être gonflées comme celles du geai ; l'estomac et le ventre sont d'un blanc sale ; entre les grandes pennes de l'aile qui sont noires, les seules extérieures sont blanches à la pointe ; la queue, qui commençait à recroître, était composée de six plumes blanches, noires à la racine, et quatre qui sortaient de leur tuyau toutes noires ; les pieds sont noirs, épais et forts, couverts de larges écailles ; les ongles longs, sans être aigus, paraissent propres à saisir et à serrer. Cet oiseau sautait des deux pieds à la fois en avant et de côté comme le geai et la pie, sans marcher ; dans son attitude de repos, il avait la tête portée en arrière et reculée entre les épaules ; dans l'émotion de la surprise ou de l'inquiétude, il se haussait, se grandissait et semblait prendre quelque air de fierté ; cependant sa mine en général est basse et stupide, ses mouvements sont brusques et désagréables, et les traits qu'il tient de la pie et du corbeau lui donnent un air ignoble (d), que son naturel ne dément pas. Quoique dans les calaos il y ait des espèces qui paraissent frugivores, et que nous ayons vu celui-ci manger des laitues qu'il froissait auparavant dans son bec, il avalait de la chair crue ; il prenait des rats, et il dévora même un petit oiseau qu'on lui jeta vivant. Il répétait souvent un cri sourd, *oûck, oûck* ; ce son bref et sec n'est qu'un coup de gosier enroué ; il faisait aussi de temps en temps entendre une autre voix moins rauque et plus faible, tout à fait pareille au gloussement de la poule d'Inde qui conduit ses petits.

Nous l'avons vu s'étendre, ouvrir ses ailes au soleil, et trembloter lorsqu'il survenait un nuage ou un petit coup de vent. Il n'a pas vécu plus de trois mois à Paris, et il est mort avant la fin de l'été : notre climat est donc trop froid pour sa nature.

Au reste, nous ne pouvons nous dispenser de remarquer que M. Brisson s'est trompé en rapportant (e) à son calao des Philippines la figure *e* du bec de la planche 281 des *Glanures* d'Edwards ; car cette figure représente le bec de notre calao de Malabar, qui est surmonté d'une excroissance simple et non pas d'un casque concave et à double corne, comme l'est celui du calao des Philippines.

(a) *Corvus indicus cornutus*. Bontius, *Hist. nat. Ind. orient.*, lib. V, cap. XI.

(b) *Horned-crow*. Grew. *Mus. regiæ Societ.*, part. I, page 59.

(c) *Horned pie of Ethiopia*. C'est ainsi que les Anglais appellent le calao rhinocéros, suivant M. Brisson, *Ornithol.*, t. IV, p. 571.

(d) « Ut odore gravis, ita et aspectu fœda est hæc avis. » Bontius.

(e) *Supplément*, page 136.

LE BRAC OU CALAO D'AFRIQUE (a)

SIXIÈME ESPÈCE.

Nous conserverons à ce calao (*) le nom de *brac*, que lui a donné le Père Labat, d'autant que ce voyageur est le seul qui l'ait vu et observé : il est très grand, sa tête seule et le bec ont ensemble dix-huit pouces de longueur; ce bec est en partie jaune et en partie rouge; les deux mandibules sont bordées de noir; on voit à la partie supérieure du bec une excroissance de substance cornée d'une grosseur considérable et de la même couleur; la partie antérieure de cette excroissance se prolonge en avant en forme de corne, presque droite, et qui ne se recourbe pas en haut; la partie postérieure de cette excroissance est au contraire arrondie et couvre la partie supérieure de la tête; les narines sont placées au-dessus de l'excroissance, assez près de l'origine du bec, et le plumage de ce calao est entièrement noir.

LE CALAO D'ABYSSINIE (b)

SEPTIÈME ESPÈCE.

Ce calao (**) paraît être un des plus grands de son genre; cependant si l'on en juge par la longueur et la grosseur des becs, le calao rhinocéros est encore plus grand; la forme du calao d'Abyssinie paraît être modelée sur celle du corbeau, et seulement plus grande et plus épaisse : il a trois pieds deux pouces de longueur totale; il est tout noir, excepté les grandes pennes de l'aile, qui sont blanches; les moyennes et une partie des couvertures qui paraissent d'un brun tanné foncé; le bec est légèrement et également arqué dans toute sa longueur, aplati et comprimé par les côtés; les deux mandibules sont creusées intérieurement en gouttières et finissent en pointe mousse; ce bec a neuf pouces de long, et il est surmonté à sa base, et jusque auprès du front, d'une proéminence en demi-disque de deux pouces et demi de diamètre, et de quinze lignes de large à sa base sur les yeux; cette ex-

(a) *Rhinoceros avis, secunda varietas.* Willughby, *Ornithol. Capitis et rostri icon accurata*, tab 17. — Trompette de brac ou oiseau trompette. *Nouvelle relation de l'Afrique occidentale*, par le P. Labat, t. IV, in-12, p. 160. — « Hydrocorax in toto corpore niger; rostro » unicornu, cornu recto... » *Hydrocorax Africanus.* Brisson, *Ornithol.*, t. IV, p. 570.

(b) Voyez les planches enluminées, n° 779.

(*) *Buceros africanus* GMEL.

(**) *Buceros* (*Bucorvus*) *abyssinicus* GMEL.

croissance est de même substance que le bec, mais plus mince, et cède lorsqu'on la presse avec les doigts; la hauteur du bec, prise verticalement et jointe à celle de sa corne, est de trois pouces huit lignes; les pieds ont cinq pouces et demi de hauteur; le grand doigt, y compris l'ongle, a vingt-huit lignes; les trois doigts antérieurs sont presque égaux; le postérieur est aussi très long, il a deux pouces; tous sont épais, couverts comme les jambes d'écailles noirâtres et garnis d'ongles forts, sans être ni crochus ni aigus; sur chaque côté de la mandibule supérieure du bec, près de l'origine, est une plaque rougeâtre; de longs cils garnissent les paupières; une peau nue d'un brun violet entoure les yeux et couvre la gorge et une partie du devant du cou.

LE CALAO DES PHILIPPINES (*a*)

HUITIÈME ESPÈCE.

Cet oiseau (*), selon M. Brisson, est de la grosseur d'un dindon femelle; mais sa tête est proportionnellement bien plus grosse, et cela paraît nécessaire pour porter un bec de neuf pouces de longueur sur deux pouces huit lignes d'épaisseur, et qui porte lui-même au-dessus de la mandibule supérieure une excroissance cornée de six pouces de long sur trois pouces de largeur; cette excroissance est un peu concave dans sa partie supérieure, et ses deux angles antérieurs sont prolongés en avant en forme de double corne; elle s'étend en s'arrondissant sur la partie supérieure de la tête; les narines sont placées vers l'origine du bec, au-dessous de cette excroissance, et tout le bec, ainsi que sa proéminence, est de couleur rougeâtre.

Ce calao a la tête, la gorge, le cou, le dessus du corps et les couvertures supérieures des ailes et de la queue noires; tout le dessous du corps est blanc; les pennes des ailes sont noires et marquées d'une tache blanche; toutes les pennes de la queue sont entièrement noires, à l'exception des deux extérieures, qui sont blanches; les pieds sont verdâtres.

George Camel a décrit avec d'autres oiseaux des Philippines une espèce de calao qui paraît assez voisine de celle-ci, mais qui cependant n'est pas absolument la même. Sa description a été communiquée à la Société royale

(*a*) *Calao avis*. Petiver, *Gazophil.*, pl. 31, fig. 1. — *Avis Philippensis galeâ planâ. Idem*, pl. 38, fig. 6. *Nota* que Petiver n'a représenté que le bec de cet oiseau. — *Rhinoceros avis prima varietas*. Willughby, *Ornithol.*, pl. 17. *Nota*. Willughby n'a représenté que la tête et le bec. — « Hydrocorax supernè niger, infernè albus; remigibus nigris, albâ maculâ notatis; » rectricibus decem intermediis nigris, utrimque extimâ albâ, rostro bicorni... » *Hydrocorax Philippensis*. Brisson, *Ornithol.*, t. IV, p. 568.

(*) *Buceros bicornis* L.

par le docteur Petiver, et ensuite imprimée dans les *Transactions philosophiques*, n° 285, article III; on y voit que cet oiseau, nommé *calao* ou *cagao* par les Indiens, ne fréquente point les eaux, mais se tient sur les hauteurs et même sur les montagnes, vivant de fruits de baliti, qui est une espèce de figuier sauvage, ainsi que d'amandes, de pistaches, etc., qu'il avale tout entières. « Il a, dit l'auteur, le ventre noir; le croupion et le dos d'un cen-» dré brun; le cou et la tête roux; la tête petite et noire autour des yeux; » les cils noirs et longs; les yeux bleus; le bec long de six à sept pouces, » un peu courbé en bas, dentelé, diaphane et de couleur de cinabre, large » d'un demi-pouce dans le milieu, élevé à l'origine de plus de deux pouces, » et recouvert en dessus d'une espèce de casque, long de six pouces et » large de près de deux : la langue est très petite pour un aussi grand bec, » n'ayant pas un pouce de long; sa voix ressemble à un grognement, et » plus au mugissement d'un veau qu'au cri d'un oiseau; les jambes, avec » les cuisses, sont jaunâtres et longues de six à sept pouces; les pieds ont » trois doigts en devant et un seul en arrière, écailleux, rougeâtres et armés » d'ongles noirs, solides et crochus; la queue est composée de huit grandes » pennes blanches, longues de quinze à dix-huit pouces; les pennes des » ailes sont jaunes. Les Gentils révèrent cet oiseau, et racontent des fables » de ses combats avec la grue, qu'ils nomment *tipul* ou *tihol;* ils disent que » c'est après ce combat que les grues ont été forcées de demeurer dans les » terres humides, et que les calaos n'ont pas voulu les souffrir dans leurs » montagnes. »

Cette espèce de description me paraît prouver assez clairement que les calaos ne sont pas des oiseaux d'eau ou de rivage : et comme les couleurs et quelques autres caractères sont différents des couleurs du calao des Philippines, décrit par M. Brisson, nous croyons qu'on doit au moins regarder celui-ci comme une variété de l'autre.

LE CALAO A CASQUE ROND (*a*)

NEUVIÈME ESPÈCE.

Nous n'avons de cet oiseau (*) que le bec, et ce bec est pareil à celui qu'Edwards a donné (*b*); et si nous jugeons de la grandeur de l'oiseau par la grosseur de la tête qui reste attachée à ce bec, ce calao doit être l'un des plus grands et des plus forts de son genre : le bec a six pouces de longueur

(*a*) Voyez les planches enluminées, n° 933.
(*b*) *Glanures*, p. 150, pl. 281, fig. c.

(*) *Buceros galeatus* Gmel.

des angles à la pointe ; il est presque droit, c'est-à-dire sans courbure ; il est aussi sans dentelures ; du milieu de la mandibule supérieure s'élève et s'étend jusque sur l'occiput une loupe en forme de casque, haute de deux pouces, presque ronde, mais un peu comprimée par les côtés. Cette éminence, en y joignant le bec, forme une hauteur verticale de quatre pouces sur huit de circonférence ; les couleurs flétries et brunies dans ce bec, qui est au Cabinet, n'offrent plus ce vermillon dont Edwards a peint le casque du bec qu'il représente. M. Brisson paraît s'être trompé lorsqu'il rapporte (a) le bec marqué *c*, planche 281 d'Edwards, à son premier calao, page 568, dont le casque est au contraire aplati.

Aldrovande a donné une figure très reconnaissable (b) du bec de ce calao à casque rond, sous le nom de *semenda* (c), *oiseau des Indes, dont l'histoire,* dit-il, *est encore presque toute fabuleuse.* Ce bec, placé au Cabinet du grand-duc de Toscane, avait été apporté de Damas... Le casque de ce bec était de forme ovale ; il était blanc sur le devant et rouge en arrière ; le bec, long d'une palme, était pointu et creusé en canal : en comparant cette description à la figure, on reconnaît que ce bec est celui du calao à casque rond.

LE CALAO RHINOCÉROS (d) (e)

DIXIÈME ESPÈCE.

Quelques auteurs ont confondu cet oiseau (*) des Indes méridionales avec le *tragopan* de Pline, qui est le casoar connu des Grecs et des Romains, et qui se trouve en Barbarie et au Levant, à une très grande distance des contrées où l'on trouve celui-ci.

L'oiseau rhinocéros, vu par Bontius dans l'île de Java, est beaucoup plus

(a) *Supplément d'Ornithologie,* page 136.

(b) Aldrovande, *Avi.*, t. Ier, p. 833.

(c) *Semendæ cranii descriptio. Ibidem.*

(d) Voyez les planches enluminées, n° 934.

(e) *Rhinoceros avis.* Aldrovande, *Avi.*, t. Ier, p. 804 et 805, avec la figure de la tête. — — *Rhinoceros avis.* Nieremberg, p. 230. — *Rhinoceros avis. Museum Besl.*, p. 37, n° 7. — *Gazoph.* Besler, pl. 20. — *Rhinoceros avis.* Jonston, *Avi.*, p. 29. — *Corvus indicus cornutus, seu rhinoceros avis.* Bontius, *Hist. nat. Indic.*, p. 63. — *Tragopan.* Mœhring, *Avi.*, gen. 4. — *Horned pie of Ethiopia, rhinoceros tragopanda Plinii.* Charleton, p. 77, n° 8. — *Corvus indicus cornutus, seu Rhinoceros avis Bontii. Synops. avi.*, p. 40, n° 8. — *Topau avis indica. Museum Worm.*, p. 293. — *Nasutus rhinoceros.* Klein, *Avi.*, p. 38, n° 2. — « Hydrocorax » in toto corpore niger, rostro unicorni, cornu recurvo... » *Hydrocorax indicus.* Brisson, *Ornithol.*, t. IV, p. 571. — *Nota.* Edwards a donné la figure coloriée du bec de cet oiseau, *Glanures*, pl. 281.

(*) *Buceros Rhinoceros* L.

grand que le corbeau d'Europe; il le dit très puant et très laid, et voici la description qu'il en donne : « Son plumage est tout noir, et son bec fort » étrange; car sur la partie supérieure de ce bec s'élève une excroissance » de substance cornée qui s'étend en avant et se recourbe ensuite vers le » haut en forme de corne, qui est prodigieuse par son volume, car elle a » huit pouces de longueur sur quatre de largeur à sa base; cette corne est » variée de rouge et de jaune, et comme divisée en deux parties par une » ligne noire qui s'étend sur chacun de ses côtés suivant sa longueur; les » ouvertures des narines sont situées au-dessous de cette excroissance, » près de l'origine du bec. On le trouve à Sumatra, aux Philippines et dans » les autres parties des climats chauds des Indes. »

Bontius rapporte quelques faits au sujet de ces oiseaux : il dit qu'ils vivent de chair et de charogne, qu'ils suivent ordinairement les chasseurs de sangliers, de vaches sauvages, etc., pour manger la chair et les intestins de ces animaux, que ces chasseurs éventrent et coupent par quartiers pour emporter plus aisément ce gros gibier et très promptement, car s'ils le laissaient quelque temps sur la place, les calaos ne manqueraient pas de venir tout dévorer (*a*). Cependant cet oiseau ne chasse que les rats et les souris, et c'est par cette raison que les Indiens en élèvent quelques-uns. Bontius dit qu'avant de manger une souris le calao l'aplatit en la serrant dans son bec pour l'amollir, et qu'il l'avale tout entière en la jetant en l'air et la faisant retomber dans son large gosier : c'est au reste la seule façon de manger que lui permette la structure de son bec et la petitesse de sa langue, qui est cachée au fond du bec et presque dans la gorge (*b*).

Telle est la manière de vivre à laquelle l'a réduit la nature, en lui donnant un bec assez fort pour la proie, mais trop faible pour le combat; très incommode pour l'usage, et dont tout l'appareil n'est qu'une exubérance difforme et un poids inutile; cet excès et ces défauts extérieurs semblent influer sur les facultés intérieures de l'animal : ce calao est triste et sauvage; il a l'aspect rude, l'attitude pesante et comme fatiguée. Au reste, Bontius n'a donné qu'une figure peu exacte de la tête et du bec, et ce bec représenté par Bontius est fort petit en comparaison de celui qui est au Cabinet (*c*); mais comme il est de la même forme, ils appartiennent certainement tous deux à la même espèce d'oiseau.

(*a*) « Victitat cadaveribus intestinisque animalium, undè venatores qui sclopetis vaccas » silvestres, apros et cervos jaculantur, comitari solent, ac sæpe in partes dissecta, propter » gravitatem, ad ripas fluminum in cymbas ab illis deferuntur, si nolint ut dictarum avium » rapacitati prostituta sint. » Bontius, *Hist. nat. Ind.*, lib. v, cap. XI.

(*b*) « Lingua pro tanto rostro exigua vix uncialis. » *Transactions philosophiques*, nº 285.

(*c*) Voyez la planche enluminée.

LE MARTIN-PÊCHEUR OU L'ALCYON (a) (b)

Le nom de *martin-pêcheur* (*) vient de *martinet-pêcheur*, qui était l'ancienne dénomination française de cet oiseau, dont le vol ressemble à celui de l'hirondelle-martinet, lorsqu'elle file près de terre ou sur les eaux. Son

(a) Voyez les planches enluminées, n° 77.

(b) En grec, Ἀλκυών, Κήυξ, Κηρύλος ; en grec moderne, Φασιδονις ; en arabe, *cheren ;* en latin, *alcedo, alcyon* (*alcedo dicebatur ab antiquis pro halcyone.* Festus. Tantôt on écrivait, *alcyon*, sans aspiration, et d'autres fois avec l'aspiration, *halcyon*) ; en latin moderne, *ispida ;* en italien, *uccello-pescatore, piombino, picupiolo, uccello del Paradiso, uccello della Madonna, pescatore del re ;* sur le lac Majeur, *vitriolo ;* dans la Lombardie, *merlo acquarolo ;* en espagnol, *arvela ;* en catalan, *arné*, selon Barrère ; en allemand, *eiss-vogel ;* et suivant Schwenckfeld, *wasser heunlein* et *see schwalme ;* dans la Poméranie, *eysengartt ;* en anglais, *king-fischer ;* en polonais, *zimorodek rzeczny.* Dans nos provinces, on lui donne les noms de *pêche-véron, merle d'eau, merle d'aigue, merlet bleu* et *merle-pêcheret ;* ailleurs, mais mal à propos, *pivert bleu, pivert d'eau, tartarieu,* par contraction de son chant ; sur la Loire, *virevent*, dans l'idée que cet oiseau tourne au vent comme une girouette ; *drapier* et *garde-boutique*, parce qu'on croit qu'il préserve des teignes les étoffes de laine ; en Provence, *bleuet.* — *Martin-pêcheur.* Belon, *Nat. des oiseaux*, p. 218. Idem, *pêcheur, martinet-pêcheur, tartarin, artre, monnier. Portrait d'oiseaux*, p. 50, b, avec une figure peu exacte. — *Ispida.* Gessner, *Avi.*, p. 571, avec une mauvaise figure. *Ispida apud recentiores. Idem, Icon. avi.*, p. 100, avec une figure aussi peu exacte. *Alcyon. Idem, Avium*, p. 85. — *Picus marinus. Idem, ibid.*, p. 713. — *Ispida.* Aldrovande, *Avi.*, t. III, p. 518, avec une figure défectueuse, p. 520. *Alcyon. Idem, ibid.*, p. 497. — *Ispida.* Willughby, *Ornithol.*, p. 101, avec une figure assez bonne, tab. 24. — Ray, *Synops. avi.*, p. 48, n° *a* 1. — Jonston, *Avi.*, p. 107. — *Halcyon* et *alcedo, idem, ibid.* — *Ispida nostras.* Klein, *Avi.*, p. 33, n° 1. — *Ispida.* Mœhring, gen. 20. — Sibbald, *Scot. illustr.*, part. II, lib. III, p. 16. — *Alcedo fluviatilis.* Schwenckfeld, *Avi. Siles.*, p. 193. — *Alcyon, alcedo. Exercit.*, p. 111, n° 12. *Idem, Onomast.*, p. 105, n° 12. *Ispida, alcyon fluviatilis, vulgò piscator regis.* Idem, *Exercit.*, p. 111, n° 13. — *Onomast.*, p. 105, n° 13. — *Ispida. seu alcyon fluviatilis ; alcyon riparia ; alcedo ; plombina ; avis Sanctæ Mariæ, vulgo regis piscator ; martinus piscator.* Rzaczynski, *Auctuar. Hist. nat. Polon*, p. 386. — *Ispida brachyura suprà cyanea, subtùs fulva, loris rufis.* Muller, *Zool. Dan.*, n° 105 (à la manière dont Muller en parle, il paraît que cet oiseau ne se voit que très rarement en Danemark ; *capta in prædio enderupholmensi Cymbriæ ;* et d'autant plus qu'il n'y a pas de nom vulgaire). — *The king-fischer. Brit. Zool.*, p. 82, avec une bonne figure coloriée. — *Alcedo muta dorso cæsio, pectore fulvo.* Barrère, *Ornithol.*, cl. IV, gen. 3, sp. 1. — « Alcedo brachyura, suprà cærulea, subtùs fulva. » *Ispida.* Linnæus, *Syst.*

(*) Les Martins-pêcheurs (*Alcedo*) sont des Passereaux du groupe des Lévirostres, de la famille des Halcyonides. Ils sont caractérisés par une grosse tête, un bec long, anguleux, caréné, des ailes courtes, une queue courte, à douze rectrices, des tarses courts, couverts de scutelles en avant, trois doigts antérieurs, dont les deux externes soudés jusqu'au milieu.

nom ancien, *alcyon*, était bien plus noble, et on aurait dû le lui conserver, car il n'y eut pas de nom plus célèbre chez les Grecs : ils appelaient *alcyoniens* les jours de calme vers le solstice, où l'air et la mer sont tranquilles, jours précieux aux navigateurs, durant lesquels les routes de la mer sont aussi sûres que celles de la terre ; ces mêmes jours étaient aussi le temps donné à l'alcyon pour élever ses petits (*a*). L'imagination, toujours prête à enluminer de merveilleux les beautés simples de la nature, acheva d'altérer cette image, en plaçant le nid de l'alcyon sur la mer aplanie (*b*) ; c'était Éole qui enchaînait les vents en faveur de ses petits-enfants ; *Alcyone*, sa fille plaintive et solitaire (*c*), semblait encore redemander aux flots son infortuné Ceïx que Neptune avait fait périr (*d*), etc.

Cette histoire mythologique de l'oiseau alcyon n'est, comme toute autre fable, que l'emblème de son histoire naturelle ; et l'on peut s'étonner qu'Aldrovande termine sa longue discussion sur l'alcyon par conclure que cet oiseau n'est plus connu. La seule description d'Aristote pouvait le lui faire reconnaître et lui démontrer que c'est le même oiseau que notre martin-pêcheur. L'*alcyon*, dit ce philosophe, *n'est pas beaucoup plus grand qu'un moineau ; son plumage est peint de bleu, de vert et relevé de pourpre ; ces brillantes couleurs sont unies et fondues dans leurs reflets sur tout le corps et sur les ailes et le cou ; son bec jaunâtre* (*e*) *est long et pointu* (*f*).

Il est également caractérisé par la comparaison des habitudes naturelles : l'alcyon était solitaire et triste ; ce qui convient au martin-pêcheur que l'on

nat., édit. X, gen. 56, sp. 1. — *Uccello pescatore.* Olina, p. 39, avec une figure assez bonne, aux pieds près. — *Martin-pêcheur.* Albin, t. 1er, p. 48, avec une figure mal coloriée, pl. 54. — « Ispida supernè saturatè viridis, infernè rufa ; medio dorso et uropygio cæruleo-beryl-» linis ; capite et collo superiore maculis transversis cæruleis insignitis ; duplici utrimque » maculà in capite rufà ; tectricibus alarum superioribus majoribus saturatè cæruleis, cæruleo » splendidiore punctulatis ; rectricibus supernè saturatè cæruleis, subtùs fuscis... » *Ispida.* Brisson, *Ornithol.*, t. IV, p. 471.

(*a*) « Dies alcyonii appellantur, septem ante brumam et septem à brumâ ; ut Simonides » quoque suo carmine tradidit, cùm per mensem hybernum Jupiter bis septem molitur dies » teporis. Clementiam hanc temporis nutricem sacram variæ et pictæ alcyonis mortales » dixère. » Aristote, *Hist. animal.*, lib. v, cap. VIII.

(*b*) C'est ainsi qu'Élien et Plutarque le peignent. Voyez Plut. *de Solert.*

(*c*) « Desertas alloquor alcyonas. » Propert.

(*d*) « Ales quæ ad maris scopulos lacrymosa canis fata. » Euripid. *Iphigen.*

..... plerumque querelæ
Ora dedêre sonum tenui crepitantia rostro.
» OVIDE.

« S'udir l'alcioni alla marina de l'antico infortunio lamentarse. » Ariost.

(*e*) J'ai traduit le mot ὑπόχλωρον jaunâtre, d'après Scaliger, et non pas *verdâtre* comme l'avait rendu Gaza ; et il y a toute raison de croire que c'est la véritable interprétation.

(*f*) « Alcedo non multò amplior passere est, colore tum cæruleo, tum viridi, tum leviter » purpureo insignis ; videlicet non particulatim colore ità distincta, sed ex indiscreto variè » refulgens corpore toto, et alis et collo ; rostrum subviride, longum, tenue. » Aristote, lib. IX, cap. XIV.

voit toujours seul, et dont le temps de la pariade est fort court (*a*). Aristote, en faisant l'alcyon habitant des rivages de la mer, dit aussi qu'il remonte les rivières fort haut, et qu'il se tient sur les bords (*b*) : or, on ne peut douter que le martin-pêcheur des rivières n'aime également à se tenir sur les rivages de la mer, où il trouve toutes les commodités nécessaires à son genre de vie, et nous en sommes assurés par des témoins oculaires (*c*) ; cependant Klein le nie, mais il n'a parlé que de la mer Baltique, et il a très mal connu le martin-pêcheur, comme nous aurons occasion de le remarquer. Au reste, l'alcyon était peu commun en Grèce et en Italie ; Chéréphon, dans Lucien, admire son chant comme tout nouveau pour lui (*d*). Aristote et Pline disent que les apparitions de l'alcyon étaient rares, fugitives, et qu'on le voyait voler d'un trait rapide à l'entour des navires, puis entrer dans son petit antre du rivage (*e*) : tout cela convient parfaitement au martin-pêcheur, qui n'est nulle part bien commun et qui se montre rarement.

On reconnaît également notre martin-pêcheur dans la manière de pêcher de l'alcyon, que Lycophron appelle le *plongeur* (*f*) ; et qui, dit Oppien, *se jette et se plonge dans la mer en tombant.* C'est de cette habitude de tomber à plomb dans l'eau que les Italiens ont nommé cet oiseau *piombino* (petit plomb). Ainsi tous les caractères extérieurs et toutes les habitudes naturelles de notre martin-pêcheur conviennent à l'alcyon décrit par Aristote. Les poètes faisaient flotter le nid de l'alcyon sur la mer : les naturalistes ont reconnu qu'il ne fait point de nid, et qu'il dépose ses œufs dans des trous horizontaux de la rive des fleuves ou du rivage de la mer.

Le temps des amours de l'alcyon, et les jours *alcyoniens* placés près du solstice, sont le seul point qui ne se rapporte pas exactement à ce que nous connaissons du martin-pêcheur, quoiqu'on le voie s'apparier de très bonne heure et avant l'équinoxe ; mais, indépendamment de ce que la Fable peut avoir ajouté à l'histoire des alcyons pour l'embellir, il est possible que, sous un climat plus chaud, les amours des martins-pêcheurs commencent encore plus tôt ; d'ailleurs il y avait différentes opinions sur la saison des jours alcyoniens. Aristode dit que dans les mers de la Grèce ces jours alcyoniens n'étaient pas toujours voisins de ceux du solstice (*g*), mais que cela était plus

(*a*) « Sed amnes etiam subit ascendens longiùs. Aristote, lib. IX, cap. XIV.

(*b*) « Iepida maximè solitaria avis est. » Aldrovande, *Avi.*, t. III, p. 62.

(*c*) Le martin-pêcheur, *bleuet* en Provence, se plaît sur les bords de la mer et des petits ruisseaux qui s'y jettent ; il se nourrit des plus petits coquillages, les prend dans son bec, et les brise à force de les frapper sur les cailloux. Il cherche aussi les gros vermisseaux qui sont sur le bord de la mer. Sa chair sent le musc. Notice jointe aux envois de M. Guys.

(*d*) Dial. alcyon.

(*e*) « Nave aliquando circum-volatâ, statim in latebras abeuntem. » Pline, lib. V, cap. IX ; et Aristote, lib. V, cap. IX. Ex recensione Scalig.

(*f*) Δύπτη, Ευκολομβος, *urinator*. Lycophr., *in Cassandrâ.*

(*g*) « Dies alcyonios fieri circà brumam non semper nostris locis contingit ; at in Siculo » mari fere semper. » Aristote, *Hist. animal.*, lib. V, cap. VIII.

constant pour la mer de Sicile. Les anciens ne convenaient pas non plus du nombre de ces jours (*a*), et Columelle les place aux calendes de mars (*b*), temps auquel notre martin-pêcheur commence à faire son nid.

Aristote ne parle distinctement que d'une seule espèce d'alcyon, et ce n'est que sur un passage équivoque et vraisemblablement corrompu, et où, suivant la correction de Gessner, il s'agit de deux espèces d'hirondelles (*c*), que les naturalistes en ont fait deux d'alcyons, une petite qui a de la voix, et une grande qui est muette : sur quoi Belon, pour trouver ces deux espèces, a fait de la rousserole son *alcyon vocal*, en même temps qu'il nomme *alcyon muet* le martin-pêcheur, quoiqu'il ne soit rien moins que muet.

Ces discussions critiques nous ont paru nécessaires, dans un sujet que la plupart des naturalistes ont laissé dans la plus grande obscurité. Klein, qui le remarque (*d*), en augmente encore la confusion en attribuant au martin-pêcheur deux doigts en avant et deux en arrière (*e*); il s'appuie de l'autorité de Schwenckfeld, qui est tombé dans la même erreur (*f*), et d'une figure fautive de Belon, que néanmoins ce naturaliste a corrigée lui-même (*g*), en décrivant très bien la forme du pied de cet oiseau, qui est singulière : des trois doigts antérieurs, l'extérieur est étroitement uni à celui du milieu, jusqu'à la troisième articulation, de manière à paraître ne faire qu'un seul doigt, ce qui forme en dessous une plante de pied large et aplatie; le doigt intérieur est très court et plus que celui de derrière; les pieds sont aussi très courts; la tête est grosse; le bec long, épais à sa base, et filé droit en pointe; la queue est généralement courte dans les espèces de ce genre.

C'est le plus bel oiseau de nos climats, et il n'y en a aucun en Europe qu'on puisse comparer au martin-pêcheur pour la netteté, la richesse et l'éclat des couleurs : elles ont les nuances de l'arc-en-ciel, le brillant de l'émail, le lustre de la soie; tout le milieu du dos, avec le dessus de la queue, est d'un bleu clair et brillant, qui, aux rayons du soleil, a le jeu du saphir et l'œil de la turquoise; le vert se mêle sur les ailes au bleu, et la plupart des plumes y sont terminées et ponctuées par une teinte d'aigue-marine; la tête et le dessus du cou sont pointillés de même de taches plus claires sur un fond d'azur. Gessner compare le jaune rouge ardent qui colore la poitrine au rouge enflammé d'un charbon.

(*a*) Voyez Coel. Rhodig., *Lect. antiq.*, lib. XIV, cap. XI.

(*b*) *Ibidem.*

(*c*) Lib. VIII, cap. III, Τὸ τῶν Ἀηδόνων γένος, que Gaza et Niphus traduisent par *alcedones*, quoique *aedon* signifie proprement le rossignol, et qu'il soit beaucoup plus à propos de lire avec Gessner χελιδόνων, et d'entendre ce passage de l'hirondelle, puisque dans la ligne suivante Aristote commence à parler distinctement de l'alcyon comme d'un oiseau différent.

(*d*) « Ispidæ et alcyonum causa multis ambagibus circumscripta. » *Avi.*, p. 31.

(*e*) *Avi.*, p. 33.

(*f*) L'origine en est dans Albert, comme l'observe Aldrovande, en la rectifiant. *Avi.*, t. III, p. 519.

(*g*) *Nat. des oiseaux.*

Il semble que le martin-pêcheur se soit échappé de ces climats où le soleil verse, avec les flots d'une lumière plus pure, tous les trésors des plus riches couleurs (*a*). Et en effet, si l'espèce de notre martin-pêcheur n'appartient pas précisément aux climats de l'Orient et du Midi, le genre entier de ces beaux oiseaux en est originaire; car, pour une seule espèce que nous avons en Europe, l'Afrique et l'Asie nous en offrent plus de vingt, et nous en connaissons encore huit autres espèces dans les climats chauds de l'Amérique. Celle de l'Europe est même répandue en Asie et en Afrique; plusieurs martins-pêcheurs envoyés de la Chine et d'Égypte se sont trouvés les mêmes que le nôtre, et Belon dit l'avoir reconnu dans la Grèce (*b*) et la Thrace (*c*).

Cet oiseau, quoique originaire de climats plus chauds, s'est habitué à la température et même au froid du nôtre : on le voit en hiver le long des ruisseaux plonger sous la glace, et en sortir en rapportant sa proie (*d*); c'est par cette raison que les Allemands (*e*) l'ont appelé *eiszvogel*, oiseau de la glace, et Belon se trompe en disant qu'il ne fait que passer dans nos contrées, puisqu'il y reste dans le temps de la gelée.

Son vol est rapide et filé; il suit ordinairement les contours des ruisseaux en rasant la surface de l'eau; il crie, en volant, *ki*, *ki*, *ki*, *ki*, d'une voix perçante et qui fait retentir les rivages; il a dans le printemps un autre chant qu'on ne laisse pas d'entendre malgré le murmure des flots et le bruit des cascades (*f*); il est très sauvage et part de loin; il se tient sur une branche avancée au-dessus de l'eau pour pêcher; il y reste immobile, et épie souvent deux heures entières le moment du passage d'un petit poisson; il fond sur cette proie en se laissant tomber dans l'eau, où il reste plusieurs secondes; il en sort avec le poisson au bec, qu'il porte ensuite sur la terre, contre laquelle il le bat pour le tuer avant de l'avaler.

Au défaut de branches avancées sur l'eau, le martin-pêcheur se pose sur quelque pierre voisine du rivage ou même sur le gravier; mais au moment qu'il aperçoit un petit poisson il fait un bond de douze ou quinze pieds, et se

(*a*) « Il y a une espèce de martin-pêcheur, commune sur toutes les îles de la mer du Sud; » nous avons remarqué que son plumage est beaucoup plus brillant entre les Tropiques que » dans les terres situées au delà de la zone tempérée, comme à la Nouvelle-Zélande. » Forster. *Observations* à la suite du *Second Voyage de Cook*, p. 181. Le martin-pêcheur porte le nom d'*eroore* dans la langue des îles de la Société.

(*b*) *Nat. des oiseaux*, p. 220.

(*c*) « Les orées de la rivière (de l'Hèbre, aujourd'hui Mélissa) sont en quelques endroits » assez hauts, où les alcyons de rivières, vulgairement nommés *martinets-pêcheurs*, font leurs » nids. » Forster, *Observations*, p. 63. Le martin-pêcheur ne se trouve apparemment point en Suède, puisque M. Linnæus n'en fait pas mention; mais on est plus étonné de voir qu'il y place le *guêpier*, que l'on connaît peu en France, et qui est même assez rare en Italie.

(*d*) Schwenckfeld, Gessner, Olina.

(*e*) Gessner, *Avi.*, p. 551.

(*f*) Le nom d'*ispida*, suivant l'auteur de *Naturâ rerum*, dans Gessner, est formé du cri de l'oiseau : apparemment du premier; on a voulu imiter le second dans le nom de *tartarieu*, que l'on donne aussi au martin-pêcheur.

laisse tomber à plomb de cette hauteur ; souvent aussi on le voit s'arrêter dans son vol rapide, demeurer immobile et se soutenir au même lieu pendant plusieurs secondes : c'est son manège d'hiver, lorsque les eaux troubles ou les glaces épaisses le forcent de quitter les rivières, et le réduisent aux petits ruisseaux d'eau vive ; à chaque pause il reste comme suspendu à la hauteur de quinze ou vingt pieds, et lorsqu'il veut changer de place il se rabaisse et ne vole pas à plus d'un pied de hauteur sur l'eau ; il se relève ensuite et s'arrête de nouveau. Cet exercice réitéré, et presque continuel, démontre que cet oiseau plonge pour de biens petits objets, poissons ou insectes, et souvent en vain, car il parcourt de cette manière des demi-lieues de chemin.

Il niche au bord des rivières et des ruisseaux, dans des trous creusés par les rats d'eau ou par les écrevisses, qu'il approfondit lui-même, et dont il maçonne et rétrécit l'ouverture (*) : on y trouve de petites arêtes de poisson, des écailles sur de la poussière, sans forme de nid ; et c'est sur cette poussière que nous avons vu ses œufs déposés, sans remarquer ces petites pelotes dont Belon dit qu'il pétrit son nid, et sans trouver à ce nid la figure que lui donne Aristote en le comparant pour la forme à une cucurbite, et, pour la matière et la texture, à ces boules de mer ou pelotes de filaments entrelacés qui se coupent difficilement, mais qui, desséchées, deviennent friables (*a*) ; il en est de même des *halcyonium* de Pline, dont il fait quatre espèces, et que quelques-uns ont donnés pour des nids d'alcyon, mais qui ne sont autre chose que différentes pelotes de mer ou des holothuries qui n'ont aucun rapport avec des nids d'oiseaux (*b*) : et quant à ces nids fameux du Tunquin et de la Cochinchine, que l'on mange avec délices, et que l'on a aussi nommés *nids d'alcyon*, nous avons démontré qu'ils sont l'ouvrage de l'hirondelle salangane (*c*).

Les martins-pêcheurs commencent à fréquenter leur trou dès le mois de mars : on voit dans ce temps le mâle poursuivre vivement la femelle. Les anciens croyaient les alcyons bien ardents, puisqu'ils ont dit que le mâle meurt dans l'accouplement (*d*) ; et Aristote prétend qu'il entre en amour dès l'âge de quatre mois (*e*).

Au reste, l'espèce de notre martin-pêcheur n'est pas nombreuse, quoique ces oiseaux produisent six, sept et jusqu'à neuf petits, selon Gessner ; mais

(*a*) « Halosachne, flos aridus maris. » *Hist. animal.*, lib. IX, cap. XIV.

(*b*) Lib. XXXII, cap. VIII.

(*c*) Voyez l'article de cet oiseau.

(*d*) Tzetzès et le scholiaste d'Aristophane.

(*e*) « Fœtificat toto ætatis tempore, parere nata menses quatuor incipit. » Lib. IX, cap. XIV.

(*) Le Martin-pêcheur construit toujours son nid sur des rives escarpées assez raides pour que les belettes et autres carnassiers ne puissent pas y grimper. Le souterrain qu'il creuse a de soixante centimètres à un mètre de profondeur ; c'est au fond seulement que la femelle pond ses œufs. Le couple habite le même nid pendant plusieurs années s'il y trouve la tranquillité.

le genre de vie auquel ils sont assujettis les fait souvent périr, et ce n'est pas toujours impunément qu'ils bravent la rigueur de nos hivers : on en trouve de morts sur la glace. Olina donne la manière de les prendre, à la pointe du jour ou à la nuit tombante, avec un trébuchet tendu au bord de l'eau (*a*); il ajoute qu'ils vivent quatre ou cinq ans : on sait seulement qu'on peut les nourrir pendant quelque temps dans les chambres où l'on place des bassins d'eau remplis de petits poissons (*b*). M. Daubenton, de l'Académie des Sciences, en a nourri quelques-uns pendant plusieurs mois, en leur donnant tous les jours de petits poissons frais : c'est la seule nourriture qui leur convienne; car de quatre martins-pêcheurs qu'on m'apporta le 21 août 1778, et qui étaient aussi grands que père et mère, quoique pris dans le nid, qui était un trou sur le bord de la rivière, deux refusèrent constamment les mouches, les fourmis, les vers de terre, la pâtée, le fromage, et périrent d'inanition au bout de deux jours; les deux autres, qui mangèrent un peu de fromage et quelques vers de terre, ne vécurent que six jours. Au reste, Gessner observe que le martin-pêcheur ne peut se priver, et qu'il demeure toujours également sauvage; sa chair a une odeur de faux musc (*c*) et n'est pas bonne à manger; sa graisse est rougeâtre (*d*); il a le ventricule spacieux et lâche comme les oiseaux de proie, et comme eux il rend par le bec les restes indigestes de ce qu'il a avalé, écailles et arêtes roulées en petites boules : ce viscère est placé fort bas; l'œsophage est par conséquent très long (*e*); la langue est courte, de couleur rouge ou jaune, comme le dedans et le fond du bec (*f*).

(*a*) *Uccelleria*, p. 39.

(*b*) « Une personne d'Amsterdam m'a raconté qu'elle en avait tenu en vie assez long- » temps dans une petite chambre, au milieu de laquelle était un bassin rempli d'eau avec » de petits poissons vivants, que les alcyons savaient adroitement en tirer à la volée. » *Feuilles de Wosmaër*, 1769.

(*c*) *Tragus*.

(*d*) Gessner.

(*e*) *Idem*, *Avi.*, p. 551.

(*f*) « On m'apporta, dit M. de Montbeillard, le 7 juillet 1771, cinq petits martins-pêcheurs » (il y en avait sept dans le nid sur le bord d'un ruisseau); ils mangèrent des vers de terre » qu'on leur présenta. Dans ces jeunes martins-pêcheurs, le doigt extérieur était tellement » uni à celui du milieu jusqu'à la dernière articulation, qu'il en résultait l'apparence d'un » doigt fourchu plutôt que celle de deux doigts distincts; le tarse était fort court; la tête » était rayée transversalement de noir et de bleu verdâtre; il y avait deux taches de feu, » l'une sur les yeux en avant, l'autre plus longue sous les yeux, et qui, se prolongeant en » arrière, devient blanche; au bas du cou, près du dos, le bleu devient plus dominant, et » une bande ondoyante de bleu, mêlée d'un peu de noir, parcourt la longueur du corps, et » s'étend jusqu'à l'extrémité des couvertures de la queue, où le bleu devient plus vif; les » douze pennes de la queue étaient d'un bleu rembruni; les vingt-deux pennes des ailes » étaient chacune moitié brune et moitié bleu rembruni, selon leur longueur; leurs couver- » tures brunes pointillées de bleu; la gorge blanchâtre; la poitrine rousse, ombrée de brun; » le ventre blanchâtre; le dessous de la queue d'un roux presque aurore; le bec avait dix- » sept lignes; la langue était très courte, large et pointue; le ventricule fort ample. » Observation communiquée par M. de Montbeillard.

Il est singulier qu'un oiseau qui vole avec tant de vitesse et de continuité n'ait pas les ailes amples; elles sont au contraire fort petites à proportion de sa grosseur, d'où l'on peut juger de la force des muscles qui les meuvent; car il n'y a peut-être point d'oiseau qui ait les mouvements aussi prompts et le vol aussi rapide : il part comme un trait d'arbalète; s'il laisse tomber un poisson de la branche où il s'est perché, souvent il reprend sa proie avant qu'elle ait touché terre; comme il ne se pose guère que sur des branches sèches, on a dit qu'il faisait sécher le bois sur lequel il s'arrête (*a*).

On donne à cet oiseau desséché la propriété de conserver les draps et autres étoffes de laine et d'éloigner les teignes : les marchands le suspendent à cet effet dans leurs magasins (*b*); son odeur de faux musc pourrait peut-être écarter ces insectes, mais pas plus que toute autre odeur pénétrante; comme son corps se dessèche aisément, on a dit que sa chair n'était jamais attaquée de corruption (*c*), et ces vertus, quoique imaginaires, le cèdent encore aux merveilles qu'en ont racontées quelques auteurs en recueillant les idées superstitieuses des anciens sur l'alcyon : il a, disent-ils, la propriété de repousser la foudre, celle de faire augmenter un trésor enfoui, et, quoique mort, de renouveler son plumage à chaque saison de mue (*d*); il communique, dit Kirannides, à qui le porte avec soi, la grâce et la beauté; il donne la paix à la maison, le calme en mer, attire les poissons et rend la pêche abondante sur toutes les eaux : ces fables flattent la crédulité, mais malheureusement ce ne sont que des fables (*e*).

(*a*) Schwenckfeld, p. 195.

(*b*) D'où lui vient le vieux nom d'*artre* ou *atre*, que lui donne encore Belon, et qui signifie *teigne*, comme par antiphrase, *oiseau teigne*, et ceux de *drapier* et de *garde-boutique*.

(*c*) « Caro mortuæ non putrescit. » Gessner.

(*d*) Voyez Aldrovande, t. III, p. 621.

(*e*) Ce qu'il y a de singulier, c'est qu'on les retrouve jusque chez les Tartares et dans la Sibérie. « On voit des martins-pêcheurs dans toute la Sibérie, et les plumes de cet oiseau » sont employées par les Tartares et par les Ostiaques à plusieurs usages superstitieux ; » ceux-là les arrachent, les jettent dans l'eau, conservent avec soin celles qui surnagent, et » prétendent que lorsqu'ils touchent avec une de ces plumes une femme ou seulement ses » habits, ils deviennent amoureux d'elle. Les Ostiaques ôtent la peau, le bec et les pattes » de cet oiseau, et les renferment dans une bourse ; tant qu'ils ont cette espèce d'amulette, » ils ne croient pas avoir aucun malheur à craindre. Celui qui m'apprit ce moyen de vivre » heureux ne put le faire sans verser des larmes, et il me dit que la perte d'une pareille » peau qu'il possédait, lui avait fait perdre aussi sa femme et ses biens. Je lui représentai » que cet oiseau ne devait pas être une chose si rare, puisqu'un de ses compatriotes m'en » avait apporté un avec sa peau et ses plumes ; il en fut très étonné, et dit que, s'il avait le » bonheur d'en trouver un, il ne le donnerait à personne. » *Voyage en Sibérie*, par M. Gmelin. t. II, p. 112.

LES MARTINS-PÊCHEURS ÉTRANGERS

Comme le nombre des espèces étrangères est ici très considérable, et que toutes se trouvent dans les climats chauds, on doit regarder celle de notre martin-pêcheur comme échappée de cette grande famille, puisqu'elle est seule et même sans variété dans nos contrées. Pour mettre de l'ordre dans l'énumération de cette multitude d'espèces étrangères, nous séparerons d'abord tous les martins-pêcheurs de l'ancien continent de ceux de l'Amérique, et ensuite nous indiquerons les uns et les autres par ordre de grandeur, en commençant par ceux qui sont plus grands que notre martin-pêcheur d'Europe, et continuant par ceux qui lui sont égaux en grandeur, ou qui sont plus petits.

GRANDS MARTINS-PÊCHEURS DE L'ANCIEN CONTINENT

LE PLUS GRAND MARTIN-PÊCHEUR (a)

PREMIÈRE ESPÈCE.

Cet oiseau (*), le plus grand de son genre, se trouve à la Nouvelle-Guinée; il est long de seize pouces, et gros comme un choucas : tout son plumage, excepté la queue, paraît lavé de bistre, bruni sur le dos et sur l'aile; plus clair et légèrement traversé de petites ondes noirâtres sur tout le devant du corps et autour du cou sur un fond plus blanc; les plumes du sommet de la tête sont, ainsi qu'un large trait sous l'œil, du bistre brun du dos; la queue, d'un fauve roux traversé d'ondes noires, est blanche à l'extrémité; le demi-bec inférieur est orangé, le supérieur noir et légèrement fléchi à la pointe, trait par lequel cet oiseau paraît sortir et s'éloigner un peu du genre des martins-pêcheurs, auquel d'ailleurs il appartient par tous les autres caractères.

(a) Voyez les planches enluminées, nº 663, sous la dénomination de *grand Martin-pêcheur de la Nouvelle-Guinée.*

(*) *Alcedo fusca* GMEL.

LE MARTIN-PÊCHEUR BLEU ET ROUX (a) (b)

SECONDE ESPÈCE.

Il a (*) un peu plus de neuf pouces de longueur, et son bec, qui est rouge, en a deux et demi; toute la tête, le cou et le dessous du corps sont d'un beau roux brun; la queue, le dos et la moitié des ailes sont d'un bleu changeant, selon les aspects, en bleu de ciel et en bleu d'aigue-marine; la pointe des ailes et les épaules sont noires. Cette espèce se trouve à Madagascar, on la voit aussi en Afrique, sur la rivière de Gambie, selon Edwards. Un martin-pêcheur de la côte de Malabar, donné dans nos planches enluminées, nº 894, et qui est la quatorzième espèce de M. Brisson, ressemble en tout à celui-ci, excepté que sa gorge est blanche : différence qui peut bien n'être que celle de deux individus mâle et femelle dans la même espèce, au moyen de quoi celle-ci se trouverait, suivant le parallèle de l'équateur, dans toute l'étendue du continent; elle s'y trouverait même sur une très grande largeur, si, comme il nous paraît, le martin-pêcheur de Smyrne d'Albin, dont M. Brisson fait sa treizième espèce, est encore le même oiseau que celui-ci.

LE MARTIN-PÊCHEUR CRABIER (c)

TROISIÈME ESPÈCE.

Ce martin-pêcheur (**) nous est venu du Sénégal sous le nom de *crabier* : il y a apparence qu'il se trouve également aux îles du cap Vert, et que c'est à lui que se rapporte la notice suivante, donnée par M. Forster dans le *Second voyage du capitaine Cook* : « L'oiseau le plus remarquable que nous vîmes » aux îles du cap Vert est une espèce de martin-pêcheur qui se nourrit de » gros crabes de terre rouges et bleus, dont sont remplis les trous de ce sol

(a) Voyez les planches enluminées, nº 232, sous la dénomination de *grand Martin-pêcheur de Madagascar*.

(b) *Grand martin-pêcheur de la rivière de Gambie*. Edwards, t. Ier, pl. 8. — *Ispida*. Klein, *Avi.*, p. 35, nº 7. — « Ispida supernè cæruleo-beryllina, infernè castanea, capite, et » collo castaneis; gutture sordidè albo-flavicante, tectricibus alarum superioribus corpori » finitimis nigro-violaceis; remigibus decem primoribus interiùs in exortu candidis; rectri- » cibus subtùs nigris, supernè cæruleo-beryllinis lateralibus interiùs nigricante marginatis... » *Ispida Madagascariensis cærulea*. Brisson, *Ornithol.*, t. IV, p. 496.

(c) Voyez les planches enluminées, nº 334.

(*) *Alcedo smyrnensis* Gmel.

(**) *Halcyon cancrophaga* Lath.

» sec et brûlé (*a*). » Ce martin-pêcheur a la queue et tout le dos d'un bleu d'aigue-marine; ce bleu peint encore le bord extérieur des pennes grandes et moyennes de l'aile; mais leurs pointes sont noires, et une large plaque de cette couleur couvre toute la partie la plus voisine du corps, et marque sur l'aile comme le dessin d'une seconde aile; tout le dessous du corps est fauve-clair; un trait noir s'étend derrière l'œil; le bec et les pieds sont couleur de rouille foncée. La longueur de cet oiseau est d'un pied.

LE MARTIN-PÊCHEUR A GROS BEC (*b*) (*c*)

QUATRIÈME ESPÈCE.

Le bec des martins-pêcheurs est ordinairement grand et fort : celui-ci (*) l'a plus épais encore, et plus fort à proportion qu'aucun autre. L'oiseau entier a quatorze pouces; le bec seul en a plus de trois, et onze lignes d'épaisseur à sa base; la tête est coiffée de gris clair; le dos est vert-d'eau; les ailes sont d'un bleu d'aigue-marine; la queue est du même vert que le dos, elle est doublée de gris; tout le dessous du corps est d'un fauve terne et faible; le gros bec de ce martin-pêcheur est d'un rouge de cire d'Espagne.

LE MARTIN-PÊCHEUR PIE (*d*)

CINQUIÈME ESPÈCE.

Le blanc et le noir, mêlés et coupés dans tout le plumage de cet oiseau (**), sont représentés par le nom que nous lui donnons de *martin-pêcheur pie*. Le dos est à fond noir nué de blanc; il y a une zone noire sur la poitrine; tout le devant du cou jusque sous le bec est blanc; les pennes de l'aile, noires

(*a*) Cet observateur ajoute : « on trouve la même espèce dans l'Arabie heureuse, ainsi » que dans l'Abyssinie, comme on le voit par les dessins élégants et précieux de M. Bruce. » *Second voyage dans l'hémisphère austral*, par le capitaine Cook, t. Ier, in-4°, p. 36.

(*b*) Voyez les planches enluminées, n° 590, sous la dénomination de *Martin-pêcheur du cap de Bonne-Espérance.*

(*c*) « Ispida supernè obscurè cæruleo-viridescens, ad cinereum inclinans, infernè fulva; » capite superiore cinereo, ad fulvum vergente; collo fulvo; dorso infimo et uropygio dilutè » cæruleo-beryllinis; rectricibus subtus cinereis, supernè cæruleo viridescentibus, lateralibus » interiùs cinereo marginatis... » *Ispida capitis Bonæ-Spei*. Brisson, *Ornithol.*, t. IV, p. 488.

(*d*) Voyez les planches enluminées, n° 716, sous la dénomination de *Martin-pêcheur huppé du cap de Bonne-Espérance.*

(*) *Alcedo capensis* L.
(**) *Alcedo rudis* L.

du côté extérieur, sont en dedans tranchées de blanc et de noir, et frangées de blanc; le haut de la tête et la huppe sont noires : le bec et les pieds le sont aussi; la longueur totale de l'oiseau est de près de huit pouces.

Ce martin-pêcheur est venu du cap de Bonne-Espérance : en lui comparant un autre envoyé du Sénégal, et donné n° 62 des planches enluminées (*a*), nous n'avons pu nous empêcher de les regarder comme étant de la même espèce; les différences que pourraient offrir les deux figures ne se trouvant point telles entre les deux oiseaux eux-mêmes : par exemple, le noir dans la planche 62 n'est pas assez fort ni assez profond; les plumes de la tête, qui sont représentées couchées, ne sont pas moins susceptibles de se relever en huppe; la différence la plus notable, mais qui n'est rien moins que spécifique, est que celui du Sénégal a dans son plumage plus de blanc, et celui du Cap un peu plus de noir. M. Edwards a donné un de ces oiseaux qui venait de Perse (*b*); mais sa figure est assez défectueuse, et la distribution des couleurs n'y est nullement rendue; il déclare que cet oiseau avait été envoyé dans l'esprit-de-vin, et remarque lui-même combien les couleurs sont affaiblies et brouillées dans les oiseaux qui ont séjourné dans cette liqueur. Mais il n'y a nulle apparence que le martin-pêcheur blanc et noir de la Jamaïque, qu'indique Sloane (*c*), et dont il donne une figure sur la vérité de laquelle on ne peut guère compter, soit de la même espèce que celui du Sénégal ou du cap de Bonne-Espérance, quoique M. Brisson ne fasse aucune difficulté de les mettre ensemble; un oiseau de vol court et rasant les rivages ne peut avoir fourni la traversée du vaste océan Atlantique, et la nature, si variée dans ses ouvrages, ne paraît avoir répété aucune de ses formes dans l'autre continent; mais les avoir faites sur des modèles tout neufs quand elle n'a pu le peupler du fonds de ses anciennes productions. C'est apparemment aussi une espèce indigène, et entièrement propre aux terres où elle s'est trouvée, que celle des martins-pêcheurs qu'on a vus dans ces îles perdues au milieu des mers du Sud, et reconnues par les derniers navigateurs. M. Forster, dans le *Second voyage autour du monde du capitaine Cook*, les a trouvés à Taïti (*d*), à Huaheine (*e*), à Uliétéa, îles éloignées de quinze cents lieues de tous les

(*a*) « Ispida supernè albo et nigro varia, infernè alba, pectore et lateribus nigro maculatis; capite et collo superiore nigris, lineolis longitudinalibus albis varius : tæniâ utrinque suprà oculos candidâ; rectricibus albis, fasciâ transversâ nigrâ versùs apicem notatis, utrimque extimâ binis maculis semi-circularibus nigris insignitâ... » *Ispida ex albo et nigro varia.* Brisson, *Ornithol.*, t. IV, p. 520. — « Alcedo macroura fusca albido varia... » *Alcedo rudis.* Linnæus, *Syst. nat.*, édit. X, gen. 56, sp. 6.

(*b*) *History of Birds*, t. Ier, p. 9, pl. 9; c'est apparemment d'après Edwards, que Klein en fait mention. « Ispida ex albo et nigro varia. » *Avi.*, p. 36, n° 8.

(*c*) « Ispida ex atro et albo varia. » Sloane, *Jamaïc.*, pag. 313, n° 54, avec une figure défectueuse, tab. 255, fig. 3. Ray, *Synops. avi.*, pag. 182, n° 14, indique déjà une de ces espèces de martin-pêcheur blanc et noir.

(*d*) *Second voyage du capitaine Cook*, t. Ier, p. 316.

(*e*) *Ibidem*, page 405.

continents. Ces martins-pêcheurs sont d'un vert sombre avec un collier de la même couleur sur un cou blanc. Il paraît que quelques-uns de ces insulaires les regardent avec superstition, et l'on dirait qu'on s'est rencontré d'un bout du monde à l'autre pour imaginer aux oiseaux de la famille des alcyons quelques propriétés merveilleuses (*a*).

LE MARTIN-PÊCHEUR HUPPÉ (*b*)

SIXIÈME ESPÈCE.

Ce martin-pêcheur (*) a seize pouces de longueur, il est un des plus grands, son plumage est richement émaillé, quoiqu'il n'ait pas de couleurs éclatantes; il est tout parsemé de gouttes blanches, jetées par lignes transversales sur un fond gris noirâtre du dos à la queue; la gorge est blanche avec des traits noirâtres sur les côtés; la poitrine est émaillée de ces deux mêmes couleurs et de roux; le ventre est blanc; les flancs et les couvertures du dessous de la queue sont de couleur rousse. L'échelle a été omise dans la planche enluminée de cet oiseau, et il faut se le figurer d'un tiers plus gros et plus grand qu'il n'y est représenté.

M. Sonnerat donne une espèce de martin-pêcheur de la Nouvelle-Guinée (page 171), qui a beaucoup de rapport avec celui-ci par la taille et une partie des couleurs; nous ne prononcerons pas cependant sur l'identité de leurs espèces, et nous ne ferons qu'indiquer cette dernière, la figure qui est jointe à sa notice ne nous paraissant pas assez distincte.

(*a*) « L'après-midi nous tuâmes (à Uliétéa) des martins-pêcheurs; et au moment où je » venais de tirer le dernier, nous rencontrâmes Oreo et sa famille qui se promenaient sur » la plaine avec le capitaine Cook. Le chef ne remarqua pas l'oiseau que je tenais à la main, » mais sa fille déplora la mort de son *catua* (esprit ou génie) et s'enfuit loin de moi lorsque » je voulus la toucher; la mère et la plupart des femmes qui l'accompagnaient, paraissaient » aussi affligées de cet accident, et montant sur son bateau, le chef nous supplia, d'un air » fort sérieux, de ne pas tuer les martins-pêcheurs de son île, non plus que les hérons, en » nous laissant la permission de tirer tous les autres oiseaux. Nous avons cherché inutilement » à découvrir la cause de cette vénération pour ces deux espèces particulières. » *Second voyage autour du monde* par le capitaine Cook, t. Ier, in-4°, p. 425.

(*b*) Voyez les planches enluminées, n° 679.

(*) *Alcedo maxima* LATH.

LE MARTIN-PÊCHEUR A COIFFE NOIRE (a)

SEPTIÈME ESPÈCE.

Ce martin-pêcheur (*) est un des plus beaux : du bleu violet moelleux et satiné couvre le dos, la queue et la moitié des ailes; leurs pointes et les épaules sont noires; le ventre est roux clair; un plastron blanc marque la poitrine et la gorge et fait le tour du cou près du dos; la tête porte une ample coiffe noire; un grand bec rouge brillant achève de relever les belles couleurs dont cet oiseau est paré. Il a dix pouces de longueur, il se trouve à la Chine; et nous regardons comme une espèce très voisine de celle-ci, ou comme une simple variété, le grand martin-pêcheur de l'île de Luçon, donné par M. Sonnerat, dans son *Voyage à la Nouvelle-Guinée*, page 65.

LE MARTIN-PÊCHEUR A TÊTE VERTE (b)

HUITIÈME ESPÈCE.

Une calotte verte, garnie à l'entour d'un bord noir, couvre la tête de ce martin-pêcheur (**); son dos est du même vert, qui se fond sur les ailes et la queue en bleu d'aigue-marine; le cou, la gorge et tout le devant du cou sont blancs; le bec, les pieds et le dessous de la queue sont noirâtres : il a neuf pouces de longueur. Cet oiseau, dont l'espèce paraît nouvelle, est donné dans la planche enluminée comme étant du cap de Bonne-Espérance; mais nous en trouvons une notice dans les papiers de M. Commerson, qui l'a vu et décrit dans l'île de Bouro, voisine d'Amboine et l'une des Moluques.

LE MARTIN-PÊCHEUR
A TÊTE ET COU COULEUR DE PAILLE (c)

NEUVIÈME ESPÈCE.

Ce martin-pêcheur (***), dont l'espèce est nouvelle, a les ailes et la queue d'un bleu turquin foncé; les grandes pennes des premières sont brunes, fran-

(a) Voyez les planches enluminées, nº 673, sous le nom de *Martin-pêcheur de la Chine.*
(b) Voyez les planches enluminées, nº 783.
(c) Voyez les planches enluminées, nº 757, sous le nom de *Martin-pêcheur de Java.*

(*) *Alcedo atricapilla* Lath.
(**) *Alcedo chlorocephala* Lath.
(***) *Alcedo leucocephala* Lath.

gécs de bleu ; le dos, bleu d'aigue-marine ; le cou, le devant et le dessous du corps blancs, teints de jaune paille ou ventre de biche ; de petits pinceaux noirs sont tracés sur le fond blanc du sommet de la tête ; le bec est rouge et a près de trois pouces de longueur : la grandeur totale de l'oiseau est d'un pied. C'est à une espèce semblable, quoiqu'un peu plus petite, que paraît se rapporter la notice d'un martin-pêcheur de Célèbes, donnée par les voyageurs, mais apparemment un peu embellie par leur imagination. « Cet oiseau, » disent-ils, se nourrit d'un petit poisson qu'il va guetter sur la rivière : il y » voltige en tournoyant à fleur d'eau, jusqu'à ce que le poisson, qui est fort » léger, saute en l'air et semble prendre le dessus pour fondre sur son » ennemi ; mais l'oiseau a toujours l'adresse de le prévenir : il l'enlève de son » bec et l'emporte dans son nid, où il s'en nourrit un jour ou deux, pendant » lesquels son unique occupation est de chanter... Il n'a guère que la grosseur d'une alouette ; son bec est rouge ; le plumage de sa tête et celui de » son dos tout à fait verts ; celui du ventre tire sur le jaune ; et sa queue est » du plus beau bleu du monde... Cet oiseau merveilleux se nomme *ten-rou-* » *joulon* (*a*). »

LE MARTIN-PÊCHEUR A COLLIER BLANC

DIXIÈME ESPÈCE.

M. Sonnerat nous a fait connaître cette espèce de martin-pêcheur (*) (*Voyage à la Nouvelle-Guinée*, page 67). Il est un peu moins grand qu'un merle ; sa tête, son dos, ses ailes et sa queue sont d'un bleu nuancé de vert ; tout le dessous du corps est blanc, et une bandelette blanche passe autour du cou. Il a trouvé cette espèce aux Philippines, et nous avons lieu de croire qu'elle se voit aussi à la Chine.

L'oiseau que M. Brisson (*b*) n'indique que d'après un dessin, sous le nom de *martin-pêcheur à collier des Indes*, et qu'il dit être beaucoup plus gros que notre martin-pêcheur d'Europe, pourrait bien être une variété dans cette dixième espèce.

(*a*) *Histoire générale des voyages*, t. X, p. 459.

(*b*) « Ispida supernè splendidè cærulea, infernè rufa ; uropygio et tectricibus alarum superioribus splendidè viridibus ; utrimque tæniâ suprà oculos candidâ, maculâ infrà oculos » rufescente ; collo superiore torque albo cincto, rectricibus subtus nigricantibus, supernè » splendidè cæruleis, lateralibus interiùs nigricantibus... » *Ispida Indica torquata*. Brisson, *Ornithol.*, t. IV, p. 481.

(*) *Alcedo collaris* Lath.

LES MARTINS-PÊCHEURS DE MOYENNE GRANDEUR

DE L'ANCIEN CONTINENT

LE BABOUCARD (a)

PREMIÈRE ESPÈCE MOYENNE.

Le nom du *martin-pêcheur* au Sénégal, en langue jalofe, est *baboucard.* Les espèces en sont multipliées sur le grand fleuve de cette contrée (b), et toutes sont peintes des couleurs les plus variées et les plus vives. Nous appliquons le nom générique de baboucard à celui dont M. Brisson a fait sa septième espèce (*), et qui a tant de ressemblance avec le martin-pêcheur d'Europe, qu'on peut croire que leurs espèces sont très voisines, ou peut-être n'en font qu'une, puisque nous avons déjà remarqué que cet oiseau, comme un étranger égaré dans nos climats, est réellement originaire des climats plus chauds, auxquels son genre entier appartient.

LE MARTIN-PÊCHEUR BLEU ET NOIR DU SÉNÉGAL (c)

SECONDE ESPÈCE MOYENNE.

Celui-ci (**) paraît un peu plus gros que notre martin-pêcheur, quoique sa longueur ne soit guère que de sept pouces; la queue, le dos, les pennes moyennes de l'aile, sont d'un bleu foncé; le reste de l'aile, couvertures et grandes pennes, est noir; le dessous du corps est fauve roux jusque vers la gorge, qui est blanche, ombrée de bleuâtre; cette teinte un peu plus forte couvre le dessus de la tête et du cou; le bec est roux, et les pieds sont rougeâtres.

(a) « Ispida supernè cæruleo-beryllina, fusco in dorso admixto, infernè fulva; capite et » collo superiore obscurè viridibus, viridi splendidiore punctulatis, duplici utrimque maculâ » in capite fulvâ; tectricibus alarum superioribus obscurè viridibus, viridi beryllino punctu- » latis, rectricibus subtùs fuscis, supernè viridi-cæruleis, lateralibus interiùs fuscis... » *Ispida Senegalensis.* Brisson, *Ornithol.*, t. IV, p. 485.

(b) Adanson. *Voyage au Sénégal*, p. 142.

(c) Voyez les planches enluminées, n° 356.

(*) *Alcedo ispida* LATH.

(**) *Alcedo senegalensis* LATH.

LE MARTIN-PÊCHEUR A TÊTE GRISE (a) (b)

TROISIÈME ESPÈCE MOYENNE.

Ce martin-pêcheur (*) est entre la grande taille et la moyenne : il est à peu près de la grosseur de la petite grive, et sa longueur est de huit pouces et demi; il a la tête et le cou enveloppés de gris brun, plus clair et blanchissant sur la gorge et le devant du cou; le dessous du corps est blanc; tout le manteau est bleu d'aigue-marine, à l'exception d'une grande bande noire étendue sur les couvertures de l'aile, et une autre qui se marque sur les grandes pennes; la mandibule supérieure du bec est rouge, l'inférieure est noire.

LE MARTIN-PÊCHEUR A FRONT JAUNE (c)

QUATRIÈME ESPÈCE MOYENNE.

Albin a donné cet oiseau (**) : il est, dit-il, de la grandeur du martin-pêcheur d'Angleterre. Si l'on peut se confier davantage aux descriptions de cet auteur qu'à ses peintures, cette espèce se distingue des autres par le beau jaune qui teint tout le dessous du corps et le front; une tache noire part du bec et entoure les yeux; derrière la tête est une bande de bleu sombre, et ensuite un trait de blanc; la gorge est blanche aussi; le dos, bleu foncé; le croupion et la queue sont d'un rouge terne; les ailes d'un gris de fer obscur.

(a) Voyez les planches enluminées, n° 594, sous la dénomination de *Martin-pêcheur à tête grise du Sénégal.*

(b) « Ispida supernè cæruleo-beryllina, infernè alba; capite, gutture et collo cinereo albis; » tæniâ utrimque rostrum inter et oculum, et tectricibus alarum superioribus nigris; remi- » gibus interiùs in exortu candidis; rectricibus subtus nigris, supernè cæruleo-beryllinis, » lateralibus interiùs nigris... » *Ispida Senegalensis major.* Brisson, *Ornithol.*, t. IV, p. 494.

(c) *Bengall king-fischer.* Albin, t. III, p. 12, pl. 29. — « Ispida supernè obscurè cærulea, » infernè lutea; capite superiore et uropygio sordidè rubris; maculâ in syncipite luteâ; tæniâ » utrimque per oculos nigrâ, ponè oculos obscurè cæruleâ, gutture et torque in collo supe- » riore candidis; remigibus cinereo-griseis; rectricibus supernè sordidè rubris... » *Ispida Bengalensis torquata.* Brisson, *Ornithol.*, t. IV, p. 503. — « Alcedo brachyura, dorso cæruleo » abdomine luteo, capite uropygioque purpureo, gulâ nuchâque albis... » *Alcedo Erithaca.* Linnæus, *Syst. nat.*, édit. X, gen. 56, sp. 2.

(*) D'après Flourens, c'est une variété de l'espèce précédente.

(**) *Alcedo erithaca* L.

LE MARTIN-PÊCHEUR A LONGS BRINS (a) (b)

CINQUIÈME ESPÈCE MOYENNE.

Cette espèce (*) est très remarquable dans son genre, par un caractère qui n'appartient qu'à elle : les deux plumes du milieu de la queue se prolongent et s'effilent en deux longs brins, qui n'ont qu'une tige nue sur trois pouces de longueur, et reprennent à l'extrémité une petite barbe de plumes ; du bleu turquin moelleux et foncé, du brun noir et velouté, couvrent et coupent par quatre grandes taches le manteau ; le noir occupe le haut du dos et la pointe des ailes ; le gros bleu leur milieu, le dessus du cou et la tête ; tout le dessous du corps et la queue sont d'un blanc faiblement teint d'un rouge léger ; le bec et les pieds sont orangés ; sur chacune des deux plumes du milieu de la queue est une tache bleue, et les longs brins sont de cette même couleur. Seba nomme cet oiseau, à cause de sa beauté, *nymphe de Ternate ;* il ajoute que les plumes de la queue sont dans le mâle d'un tiers plus longues que dans la femelle.

PETITS MARTINS-PÊCHEURS DE L'ANCIEN CONTINENT

LE MARTIN-PÊCHEUR A TÊTE BLEUE (c)

PREMIÈRE PETITE ESPÈCE.

Il y a des martins-pêcheurs aussi petits que le roitelet, ou, pour les comparer à un petit genre plus voisin d'eux, et qui n'en diffère que par le bec aplati, aussi petits que des todiers. Celui (**) qui est donné dans la planche

(a) Voyez les planches enluminées, n° 116, sous la dénomination de *Martin-pêcheur de Ternate.*

(b) *Avis Paradisiaca Ternatana.* Seba, *Thesaur.*, vol. Ier, p. 74, tab. 46, fig. 3. — Klein en a fait une pie, sur ce que Seba dit, que le bec de cet oiseau est fait comme celui de la pie : *pica Ternatana.* Klein, *Avi.*, p. 62, n° 8. — « Ispida supernè fusca, marginibus pennarum saturatè cæruleis, infernè et in uropygio alba, roseo adumbrata ; capite, collo superiore et tectricibus alarum superioribus splendidè cæruleis ; rectricibus binis intermediis longissimis, in exortu et apice albis, roseo adumbratis, exteriùs versùs exortum maculâ cyaneâ notatis, in medio pinnulis brevissimis cyaneis præditis, lateribus albis, roseo adumbratis, exteriùs fusco marginatis... » *Ispida Ternatana.* Brisson, *Ornithol.*, t. IV, p. 525.

(c) Voyez les planches enluminées, n° 356, petite figure, sous la dénomination de *petit Martin-pêcheur du Sénégal.*

(*) *Alcedo dea* LATH.

(**) *Alcedo cæruleocephala* LATH.

enluminée, n° 356, sans numéro de figure et comme venant du Sénégal, est de ce nombre : il n'a guère que quatre pouces de longueur; il est d'un beau roux sur tout le corps en dessous et jusque sous l'œil; la gorge est blanche; le dos est d'un beau bleu d'outre-mer; l'aile est du même bleu, à l'exception des grandes pennes, qui sont noirâtres; le sommet de la tête est d'un bleu vif, chargé de petites ondes d'un bleu plus clair et verdoyant; son bec, très long à proportion de son petit corps, a treize lignes. Cet oiseau nous a été envoyé de Madagascar.

LE MARTIN-PÊCHEUR ROUX (a) (b)

SECONDE PETITE ESPÈCE.

Ce petit martin-pêcheur (*), qui n'a pas cinq pouces de longueur, a tout le dessus du corps, du bec à la queue, d'un roux vif et éclatant, excepté que les grandes pennes de l'aile sont noires, et les moyennes seulement frangées de ce même rouge sur un fond noirâtre; tout le dessous du corps est d'un blanc teint de roux; le bec et les pieds sont rouges. M. Commerson l'a vu et décrit à Madagascar.

LE MARTIN-PÊCHEUR POURPRÉ (c)

TROISIÈME PETITE ESPÈCE.

Il est (**) de la même grandeur que le précédent : c'est de tous ces oiseaux le plus joli et peut-être le plus riche en couleurs; un beau roux aurore, nué de pourpre mêlé de bleu, lui couvre la tête, le croupion et la queue; tout le dessous du corps est d'un roux doré sur fond blanc; le manteau est enrichi de bleu d'azur dans du noir velouté; une tache d'un pourpre clair prend à l'angle de l'œil et se termine en arrière par un trait du bleu le plus vif; la gorge est blanche et le bec rouge. Ce charmant petit oiseau, nommé dans la planche *martin-pêcheur de Pondichéry*, nous est venu de cette contrée.

(a) Voyez les planches enluminées, n° 778, fig. 1.

(b) « Ispida supernè rufa, infernè albo-rufescens; gutture et collo inferiore candidis; remigibus nigricantibus, exteriùs rufo marginatis; rectricibus subtùs nigricantibus, supernè rufis, lateralibus interiùs nigricantibus... » *Ispida Madagascariensis.* Brisson, *Ornithol.*, t. IV, p. 508.

(c) Voyez les planches enluminées, n° 778, fig. 2.

(*) *Alcedo madagascariensis* LATH.

(**) *Alcedo purpurea* LATH.

LE MARTIN-PÊCHEUR A BEC BLANC (*a*)

QUATRIÈME PETITE ESPÈCE.

Seba, d'après lequel on donne ce petit martin-pêcheur (*), dit qu'il a le bec blanc, le cou et la tête rouge bai teint de pourpre; les flancs de même; les pennes de l'aile cendrées; leurs couvertures et les plumes du dos d'un très beau bleu; la poitrine et le ventre jaune clair; sa longueur est d'environ quatre pouces et demi. Du reste, quand Seba dit que les oiseaux de la famille des *alcyons* se nourrissent d'abeilles, il les confond avec les guépiers, et Klein relève à ce propos une erreur capitale de Linnæus, qui est d'avoir pris l'*ispida* pour le *mérops*, ou le martin-pêcheur pour le guépier, ce dernier habitant les terres sauvages et voisines des bois, et non les rives des eaux, où il ne trouverait pas d'abeilles (*b*). Mais le même Klein ne voit pas également bien quand il dit que cet alcyon de Seba lui paraît semblable à notre martin-pêcheur, puisque, outre la différence de grandeur, les couleurs de la tête et du bec sont totalement différentes.

M. Wosmaër a donné deux petits martins-pêcheurs qu'il rapporte à cet alcyon de Seba, mais en assurant qu'ils n'avaient *que trois doigts*, deux en avant et un en arrière (*c*). Ce fait avait besoin d'être constaté, et l'a été par un bon observateur, comme nous le verrons ci-après.

LE MARTIN-PÊCHEUR DE BENGALE (*d*)

CINQUIÈME PETITE ESPÈCE.

Edwards donne dans une même planche deux petits martins-pêcheurs qui paraissent d'espèces très voisines, ou peut-être mâle ou femelle de la même, quoique M. Brisson en fasse deux espèces séparées (*e*); ils ne sont pas

(*a*) *Alcedo Americana, seu apiastra.* Seba, *Thesaur.*, vol. Ier, pag. 87, tab. 53, fig. 3. — *Ispida rostro albo.* Klein, *Avi.*, pag. 35, nº 4. — « Ispida supernè cæruleo-violacea, infernè » dilutè lutea; capite et collo superiore spadiceo-purpureis; remigibus cinereo-griseis; rec- » tricibus supernè cæruleo-violaceis, subtùs cinereis... » *Ispida Americana cærulea.* Brisson, *Ornithol.*, t. IV, p. 505.

(*b*) Klein, *Avi.*, pag. 35, nº 4.

(*c*) Petits alcyons des Indes orientales, très beaux, à queue courte, ayant deux doigts devant et un derrière, etc. *Feuilles de Wosmaër*, 1768.

(*d*) *Little Indian king-ficher.* Edwards, *Hist. of Birds*, t. Ier, pl. 2. — *Ispida Bengalensis.* Klein, *Avi.*, pag. 34, nº 2.

(*e*) « Ispida supernè cæruleo-viridis, infernè rufa; capite saturatè cæruleo transversim

(*) *Alcedo leucorhyncha* LATH.

plus grands que des todiers : l'un a le manteau bleu de ciel, et l'autre bleu d'aigue-marine; les pennes des ailes et de la queue du premier sont gris brun; dans le second, ces mêmes plumes sont du même vert que le dos; le dessous du corps de tous deux est fauve orangé. Klein, en faisant mention de cette espèce (*), dit qu'elle convient avec celle d'Europe par ces couleurs; il eût pu observer qu'elle en diffère beaucoup par la grandeur; mais, toujours préoccupé de sa fausse idée des doigts *deux et deux* dans le genre des martins-pêcheurs, il se plaint qu'Edwards ne se soit pas là-dessus plus clairement expliqué (*a*), quoique les figures d'Edwards soient très bien et très nettes sur cette partie, comme elles ont coutume de l'être sur tout le reste.

LE MARTIN-PÊCHEUR A TROIS DOIGTS

SIXIÈME PETITE ESPÈCE.

On a déjà trouvé dans le genre des pics une singularité de cette nature pour le nombre des doigts : elle est moins surprenante dans la famille des martins-pêcheurs, où le petit doigt intérieur, déjà si raccourci et presque inutile, a pu être plus aisément omis par la nature. C'est M. Sonnerat qui nous a fait connaître ce petit martin-pêcheur à trois doigts (**), lequel d'ailleurs est un des plus brillants de ce genre, si beau et si riche en couleurs; il a tout le dessus de la tête et du dos couleur de lilas foncé; les plumes des ailes sont d'un bleu d'indigo sombre, mais relevé d'un limbe d'un bleu vif et éclatant, qui entoure chaque plume; tout le dessous du corps est blanc; le bec et les pieds sont rougeâtres (*b*). M. Sonnerat a trouvé cet oiseau à l'île de Luçon. M. Wosmaër dit simplement que les siens venaient des Indes orientales.

Nous regardons cette espèce, la précédente de Seba, et celle de notre *martin-pêcheur pourpré*, comme trois espèces voisines et qui pourraient peut-être se réduire à deux ou à une seule, s'il était plus facile d'apprécier les différences arbitraires des descriptions, ou si l'on pouvait les rectifier

» striato; tæniâ utrimque per oculos rufâ; gutture candido; tectricibus alarum superioribus » cæruleo-viridibus, cæruleo splendidiore punctulatis; rectricibus subtus fuscis, supernè » cæruleo-viridibus, lateralibus interiùs fuscis... » *Ispida Bengalensis*. Brisson, *Ornithol.*, t. IV, p. 475. — « Ispida supernè-cærulea, cæruleo splendidiore punctulata, infernè rufa; » maculâ utrimque duplici aliâ propè bazim rostri, alterâ ponè aures rufâ; remigibus rectri- » cibusque obscurè fuscis... » *Ispida Bengalensis minor*. *Idem, ibidem*, p. 477.

(*a*) Klein, *Avi.*, pag. 34.

(*b*) Sonnerat, *Voyage à la Nouvelle-Guinée*, p. 67.

(*) *Alcedo bengalensis* Lath.

(**) *Alcedo tridactyla* Pall.

sur les objets mêmes. Du reste, M. Wosmaër donne, sous le nom d'*alcyons*, deux autres oiseaux qui ne sont pas des martins-pêcheurs : le premier, qu'il appelle *alcyon d'Amérique à longue queue*, outre qu'il a la queue plus longue à proportion qu'aucun oiseau de cette famille, ayant un bec courbé, caractère exclu du genre des martins-pêcheurs ; le second (*a*), au bec effilé, longuet, quadrangulaire, et aux doigts pliés *deux et deux*, n'est pas un martin-pêcheur, mais un jacamar (*b*).

LE VINTSI (*c*) (*d*)

SEPTIÈME PETITE ESPÈCE.

Vintsi est le nom que les habitants des Philippines donnent à ce petit martin-pêcheur (*), que ceux d'Amboine appellent, selon Seba, *tohorkey* et *hito*. Il a le dessus des ailes et la queue d'un bleu de ciel ; la tête chargée de petites plumes longues, joliment tiquetées de points noirs et verdâtres, et relevées en huppe ; la gorge est blanche ; au côté du cou est une tache roux-fauve ; tout le dessous du corps est de cette couleur, et l'oiseau entier n'a pas tout à fait cinq pouces de longueur.

L'espèce dix-sept de M. Brisson (*e*) nous paraît très voisine de celle-ci, si

(*a*) Petit alcyon d'Amérique, d'une beauté admirable. *Feuilles de Wosmaër*, 1768.

(*b*) *Nota*. M. Wosmaër part de ses méprises pour en imputer aux naturalistes et pour les régenter ; il querelle M. Brisson d'avoir caractérisé les pieds des martins-pêcheurs tels qu'ils sont effectivement : il proscrit la méthode d'appliquer aux oiseaux le nom propre qu'ils portent dans leur pays natal, comme si ce n'était pas le seul moyen de les faire reconnaître et retrouver, de mettre à portée les voyageurs d'instruire les naturalistes, et d'éviter enfin cette multiplication arbitraire, cette stérile abondance d'espèces nominales, créées par le caprice des méthodes et la fantaisie des systèmes. M. Wosmaër préfère, dit-il, de dériver ses noms *des marques extérieures qui frappent d'abord sa vue ;* mais ses aperçus paraîtront-ils bien heureux, quand il appelle l'agami *oiseau trompette*, parce qu'il fait un bruit qui ne ressemble nullement au son d'une trompette ? ou veut-il qu'on trouve du meilleur goût les titres suivants : *petit bouc d'une assez inconnue et très belle espèce, que pour sa forme mignonne et délicate nous nommons petit bouc damoiseau* (c'est le chevrotain), ou bien : *très étrange et tout à fait nouvelle espèce de marmotte bâtarde d'Afrique, qui habite entre les pierres*, etc. Les dénominations de M. Wosmaër, fondées *sur les marques extérieures qui frappent d'abord sa vue*, sont à peu près toutes de cette élégance. Voyez ses *Feuilles*.

(*c*) Voyez les planches enluminées, n° 756, fig. 1, sous le nom de *petit Martin-pêcheur huppé des Philippines*.

(*d*) *Alcedo Amboinensis cristata*. Seba, *Thesaur*., vol. Ier, p. 100, tab. 63, fig. 4. — *Ispida rostro luteo*. Klein, *Avi*., p. 85, n° 5. — « Ispida cristata, supernè splendidè cærulea, » infernè dilutè rufa ; capite et collo superioribus, viridescentibus, nigro transversim striatis ; » tæniâ utrimque ponè oculos cæruleo violaceâ ; tectricibus alarum superioribus fusco-viola- » ceis, cæruleo punctulatis ; rectricibus subtùs fuscis, supernè violaceis, lateralibus interiùs » fuscis... » *Ispida Philippensis cristata*. Brisson, *Ornithol*., t. IV, p. 483.

(*e*) « Ispida cristata, supernè cæruleo violacea, infernè saturatè lutea ; capite superiore

(*) *Alcedo cristata* LATH.

même ce n'en est pas une répétition : le peu de différence qui s'y remarque n'indique du moins qu'une variété. On ne peut s'assurer à quelle espèce se rapporte le petit oiseau des Philippines que Camel appelle *salaczac*, et qui paraît être un martin-pêcheur (*a*), mais qu'il ne fait que nommer, sans aucune description, dans sa notice des oiseaux des Philippines, insérée dans les *Transactions philosophiques*.

M. Brisson (*b*) décrit encore une espèce de petit martin-pêcheur sur un dessin qui lui a été apporté des Indes ; mais comme nous n'avons pas vu l'oiseau, non plus que ce naturaliste, nous ne pouvons rien ajouter à la notice qu'il en a donnée.

LES MARTINS-PÊCHEURS DU NOUVEAU CONTINENT

GRANDES ESPÈCES

LE TAPARARA (*c*)

PREMIÈRE GRANDE ESPÈCE.

Taparara est le nom générique du martin-pêcheur en langue garipane : nous l'appliquons à cette espèce (*), l'une de celles que l'on trouve à Cayenne ; elle est de la grandeur de l'étourneau ; le dessus de la tête, le dos et les épaules sont d'un beau bleu ; le croupion est bleu d'aigue-marine ; tout le dessous du corps est blanc ; les pennes de l'aile sont bleues en dehors, noires en dedans et en dessous ; celles de la queue de même, excepté que les deux du milieu sont toutes bleues ; au-dessous de l'occiput est une bande transversale noire. La grande quantité d'eau qui baigne les terres de

» nigro transversim striato ; tectricibus alarum superioribus cæruleo-beryllinis ; rectricibus » supernè cæruleo-violaceis, subtùs nigris... » *Ispida Indica cristata.* Brisson, *Ornithol.*, t. IV, p. 506. — *Alcedo cristata, orientalis, elegantissimè picta.* Seba, vol. Ier, p. 104, tab. 67, fig. 4. — *Ispida cristata.* Klein, *Avi.*, p. 34, n° 3.

(*a*) « Avis auguralis parva variè picturata, rostri magni et longi, » *Salaczac. Luzon. an martinus pescador ?* Camel, *Transact. philosoph.*, numb. 285.

(*b*) « Ispida supernè splendidè viridis, infernè rufa ; capite superiore, gutture, et tæniâ » per oculos splendidè cæruleis ; utrimque tæniâ suprà oculos candidâ, maculâ infrà oculos » rufescente ; rectricibus subtùs nigricantibus, supernè splendidè viridibus, lateralibus interiùs nigricantibus... » *Ispida Indica.* Brisson, *Ornithol.*, t. IV, p. 479.

(*c*) « Ispida supernè cærulea, infernè alba, tæniâ transversâ infrà occipitium nigricante ; » collo candido ; uropygio cæruleo beryllino ; rectricibus subtùs nigris, supernè cæruleis, » lateralibus interiùs nigris... » *Ispida Cayanensis.* Brisson, *Ornithol.*, t. IV, p. 492.

(*) *Alcedo cayanensis* LATH.

la Guyane est favorable à la multiplication des martins-pêcheurs : aussi leurs espèces y sont nombreuses. Ces oiseaux indiquent les rivières poissonneuses; on en rencontre très fréquemment sur leurs bords. Il y a quantité de grands martins-pêcheurs, nous dit M. de la Borde, sur la rivière Ouassa; mais ils ne s'attroupent jamais et vont toujours un à un; ils nichent dans ces contrées comme en Europe, dans des trous creusés dans la coupe perpendiculaire des rivages; il y a toujours plusieurs de ces trous voisins les uns des autres, quoique chacun de leurs hôtes n'en vive pas moins solitairement. M. de la Borde a vu de leurs petits en septembre, apparemment qu'ils font dans ce climat plus d'une nichée. Le cri de ces oiseaux est *carac, carac.*

L'ALATLI (*a*) (*b*)

SECONDE GRANDE ESPÈCE.

Nous formons ce nom par contraction de celui d'*achalalactli* ou *michalalactli*, que cet oiseau porte au Mexique, suivant Fernandez : c'est une des plus grandes espèces de martins-pêcheurs (*); sa longueur est de près de seize pouces, mais il n'a pas les couleurs aussi brillantes que les autres; le gris bleuâtre domine tout le dessus du corps; cette couleur est variée sur les ailes de franges blanches en festons à la pointe des pennes, desquelles les plus grandes sont noirâtres et coupées en dedans de larges dentelures blanches; celles de la queue sont largement rayées de blanc; le dessous du corps est d'un roux marron, qui s'éclaircit en remontant sur la poitrine, où il est écaillé ou maillé dans du gris; la gorge est blanche, et ce blanc, s'étendant sur les côtés du cou, en fait le tour entier; c'est par ce caractère que Nieremberg l'a nommé *oiseau à collier;* toute la tête et la nuque sont du même gris bleuâtre que le dos. Cet oiseau est voyageur; il arrive en certain temps de l'année dans les provinces septentrionales du Mexique, où il vient apparemment des contrées plus chaudes, car on le voit aux Antilles (*c*), et il nous a été envoyé de la Martinique. M. Adanson dit qu'il *se*

(*a*) Voyez les planches enluminées, nº 284, sous la dénomination de *Martin-pêcheur huppé du Mexique.*

(*b*) *Achalalactli, seu piscium voratrix.* Fernandez, *Hist. avi. nov. Hisp.*, p. 13, cap. III. — *Avis torquata.* Nieremberg, p. 222. — *Achalalactli, seu avis piscium vibratrix.* Jonston, *Avi.*, p. 128. — Willughby, *Ornithol.*, p. 301. — Ray, *Synops.*, p. 156. — « Ispida cristata, » supernè cinereo-cærulescens, infernè castanea, torque albo, versùs dorsum in acumen pro» ducto; gutture et maculâ utrimque rostrum inter et oculum candidis; remigibus mino» ribus et rectricibus nigricantibus, maculis transversis albis notatis, exteriùs cinereo cæru» lescente marginatis. » *Ispida Mexicana cristata.* Brisson, *Ornithol.*, t. IV, p. 518.

(*c*) Brisson.

(*) *Alcedo torquata* LATH.

trouve aussi, quoique assez rarement au Sénégal, dans les lieux voisins de l'embouchure du Niger (*a*). Mais la difficulté d'imaginer qu'un oiseau de la Martinique se trouve en même temps au Sénégal le frappe lui-même, et lui fait chercher des différences entre l'*achalalactli* de Fernandez et de Nieremberg et ce martin-pêcheur d'Afrique; de ces différences il résulterait que l'oiseau donné par M. Brisson et dans nos planches enluminées serait, non le véritable achalalactli du Mexique, mais celui du Sénégal; et nous ne doutons pas en effet qu'à cette distance de climats, des oiseaux incapables d'une longue traversée ne soient d'espèces différentes.

LE JAGUACATI (*b*) (*c*)

TROISIÈME GRANDE ESPÈCE.

Nous avons vu que l'espèce du martin-pêcheur d'Europe se trouve en Asie et paraît occuper toute l'étendue de l'ancien continent; en voici un (*) qui se trouve d'une extrémité à l'autre dans le nouveau, depuis la baie d'Hudson au Brésil. Marcgrave l'a décrit sous le nom brésilien de *jaguacati-guacu* et de *papapeixe* que lui donnent les Portugais. Catesby l'a vu à la Caroline, où il dit que cet oiseau fait sa proie de lézards ainsi que de poissons (*d*). Edwards l'a reçu de la baie d'Hudson, où il paraît dans le printemps et l'été (*e*). M. Brisson l'a donné trois fois d'après ces trois auteurs (*f*), sans les comparer, puisque la ressemblance est frappante, et qu'Edwards la remarque lui-même (*g*). Nous avons reçu ce martin-pêcheur de Saint-Domingue et de la Louisiane, et il est gravé sous le nom de ces deux pays dans les planches enluminées (*h*); on n'y voit que quelques petites différences qui nous ont encore paru moindres dans la comparaison des deux oiseaux en nature : par exemple, le bec dans la planche 593 devrait être noir, et les

(*a*) Voyez *Supplément de l'Encyclopédie*, au mot *Achalalactli*.

(*b*) Voyez les planches enluminées, n° 593, sous le nom de *Martin-pêcheur huppé de Saint-Domingue;* et n° 715, sous celui de *Martin-pêcheur huppé de la Louisiane.*

(*c*) *Jaguacati-guacu Brasiliensibus, papapeixe Lusitanis.* Marcgrave, *Hist. nat. Brasil.*, p. 194. — Jonston, *Avi.*, p. 103. — Ray, *Synops.*, p. 49, n° 2. — Willughby, *Ornithol.*, p. 102. — Mœhr., *Avi.*, gen. 113. — *Alcedo muta cirrata, subviridis.* Barrère, *France équinox.*, p. 122.

(*d*) *Carolina*, t. Ier, p. 69.

(*e*) *American king's-fisher.* Edwards, *Hist.*, t. III, p. et pl. 115.

(*f*) *Ispida Brasiliensis cristata.* Brisson, *Ornithol.*, t. IV, p. 511, sp. 20. — *Ispida Carolinensis cristata. Idem, ibid.*, p. 512, sp. 21. — *Ispida Dominicensis cristata. Idem, ibid.*, p. 515, sp. 22.

(*g*) *Hist.*, t. III, p. 115.

(*h*) Nos 593 et 715.

(*) *Alcedo Alcyon* LATH.

flancs, comme dans l'autre, marqués de roux ; le petit frangé blanc du milieu de l'aile devrait s'y trouver aussi. Ces particularités sont minutieuses en elles-mêmes, mais elles deviennent importantes pour ne pas multiplier les espèces sur des différences supposées : les seules différences réelles que la comparaison des deux individus nous ait offertes sont dans l'écharpe de la gorge, qui est un peu festonnée de roux dans ce martin-pêcheur venu de Saint-Domingue, et simplement grise dans l'autre, et dans la queue, qui, dans le premier, est un peu plus tiquetée et régulièrement semée de gouttes sur toutes ses pennes, au lieu que les gouttes sont moins visibles dans celles du second, et ne paraissent bien que quand l'oiseau s'épanouit ; du reste, tout le dessus du corps est également d'un beau gris de fer ou d'ardoise ; les plumes de la tête, relevées en huppe, sont de la même couleur ; le tour du cou est blanc, ainsi que la gorge ; il y a du roux sur la poitrine et sur les flancs ; les pennes de l'aile sont noires, marquées de blanc à la pointe, et coupées dans leur milieu d'un petit frangé blanc, qui n'est que le bord de grandes échancrures blanches que portent les barbes intérieures, et qui paraissent quand l'aile se déploie. Marcgrave désigne la grandeur de ces oiseaux en les comparant à la litorne (*magnitudo ut turdelæ*) ; Klein, qui ne connaissait pas les grands martins-pêcheurs de la Nouvelle-Guinée, prend celui-ci pour la plus grande espèce de ce genre.

LE MATUITUI (*a*)

QUATRIÈME GRANDE ESPÈCE.

Marcgrave décrit encore ce martin-pêcheur (*) du Brésil, et lui donne ses véritables caractères : le cou et les pieds courts ; le bec droit et fort ; sa partie supérieure est d'un rouge de vermillon, elle avance sur l'inférieure et se courbe un peu à sa pointe, particularité observée déjà dans le grand martin-pêcheur de la Nouvelle-Guinée. Celui-ci est de la taille de l'étourneau ; toutes les plumes de la tête, du dessus du cou, du dos, des ailes et de la queue sont fauves ou brunes, tachetées de blanc jaunâtre, comme dans l'épervier ; la gorge est jaune ; la poitrine et le ventre sont blancs, pointillés de brun. Marcgrave ne dit rien de particulier de ses habitudes naturelles.

(*a*) *Matuitui Brasiliensibus.* Marcgrave, *Hist. nat. Bras.*, p. 217. — *Matuitui.* Pison, *Hist. nat.*, p. 95. — Jonston., *Avi.*, p. 148. — Ray, *Synops.*, p. 165, nº 3. — Willughby, *Ornithol.*, p. 147. — « Ispida supernè fusca, pallidè flavo maculata, infernè alba, fusco punc- » tulata ; gutture flavo ; remigibus, rectricibusque fuscis, maculis transversis pallidè flavis » notatis... » *Ispida Brasiliensis nævia.* Brisson, *Ornithol.*, t. IV, p. 324.

(*) *Alcedo maculata* Lath.

On trouve dans Fernandez et dans Nieremberg quelques oiseaux auxquels on a donné mal à propos le nom de *martins-pêcheurs*, et qui n'appartiennent point à ce genre ; ces oiseaux sont : 1° le *hoactli* (a), dont les jambes ont un pied de long, et qui par conséquent n'est point un martin-pêcheur ; 2° l'*axoquen* (b), qui a le cou et les pieds également longs ; 3° l'*acacahoactli*, ou l'*oiseau aquatique à voix rauque* de Nieremberg (c), *qui étend et replie un long cou*, et qui paraît être une espèce de cigogne ou de *jabiru*, assez approchante du *hoacton*, que M. Brisson appelle *héron huppé du Mexique* (d). Nous en dirons autant du *tolcomoctli* et du *hoexocanauhtli* de Fernandez (e), qui se rapporteraient davantage à ce genre, mais qui paraissent avoir quelques habitudes contraires à celles des martins-pêcheurs (f), quoique les Espagnols les appellent, comme les précédents, *martinetes pescadors ;* mais Fernandez remarque qu'ils ont donné ce nom à des oiseaux d'espèces très différentes, par la seule raison qu'ils les voient également vivre de la capture des poissons.

LES MARTINS-PÊCHEURS DE MOYENNE GRANDEUR

DU NOUVEAU CONTINENT

LE MARTIN-PÊCHEUR VERT ET ROUX (g)

PREMIÈRE ESPÈCE MOYENNE.

Ce martin-pêcheur (*) se trouve à Cayenne : il a tout le dessous du corps d'un roux foncé et doré, excepté une zone ondée de blanc et de noir sur la poitrine, qui distingue le mâle ; un petit trait de roux va des narines aux yeux ; tout le dessus du corps est d'un vert sombre, piqueté de quelques petites taches blanchâtres, rares et clairsemées ; le bec est noir et long de

(a) Fernandez, *Hist. avi. Hisp.*, p. 26, cap. LIII.
(b) *Idem, ibidem*, p. 55, cap. CCXVII.
(c) Lib. x, cap. XXXVI. — Fernandez, cap. XI, p. 16.
(d) Brisson, *Ornithol.*, t. V, p. 333.
(e) *Hist. avi. nov. Hisp.*, cap. CLIII, p. 45.
(f) Fernandez dit du premier, *que son coup de bec est dangereux;* ce qui n'est pas du martin-pêcheur, oiseau innocent et fugitif ; et du second, *qu'il niche dans les saules :* or, tous les martins-pêcheurs qu'on a pu observer, nichent dans la terre des rivages.
(g) Voyez les planches enluminées, n° 592, fig. 1, le mâle ; et fig. 2, la femelle.

(*) *Alcedo bicolor* LATH.

deux pouces; la queue en a deux et demi de longueur, ce qui allonge cet oiseau et lui donne huit pouces en tout : cependant il n'est pas plus gros de corps que notre martin-pêcheur.

LE MARTIN-PÊCHEUR VERT ET BLANC (*a*)

SECONDE ESPÈCE MOYENNE.

Cette espèce (*) se trouve encore à Cayenne; elle est moins grande que la précédente, n'ayant que sept pouces, et néanmoins la queue est encore assez longue; tout le dessus du corps est lustré de vert sur fond noirâtre, coupé seulement par un fer-à-cheval blanc qui, prenant sous l'œil, descend sur le derrière du cou, et par quelques traits blancs jetés dans l'aile; le ventre et l'estomac sont blancs et variés de quelques taches de la couleur du dos; la poitrine et le devant du cou sont d'un beau roux dans le mâle : ce caractère le distingue, car la femelle, représentée n° 2 de la même planche, a la gorge blanche.

LE GIP-GIP (*b*)

TROISIÈME ESPÈCE MOYENNE.

C'est cet oiseau *sans nom* dans Marcgrave (*c*), qu'il eût pu nommer *gip-gip*, puisqu'il dit que c'est son cri (**). Il est de la grandeur de l'alouette, et de la figure du *matuitui*, qui est la quatrième grande espèce des martins-pêcheurs d'Amérique; son bec est droit et noir; tout le dessus de la tête, du cou, les ailes et la queue, sont rougeâtres ou plutôt d'un rouge bai ombré, mêlé de blanc; la gorge et le dessous du corps sont blancs, et l'on voit un trait brun qui passe du bec à l'œil; son cri *gip-gip* ressemble au cri du petit de la poule d'Inde.

(*a*) Voyez les planches enluminées, n° 591, fig. 1 et 2.

(*b*) « Ispida supernè rufescens, spadiceo fusco et albo mixta, infernè alba; tæniâ utrimque » per oculos fuscâ; remigibus, rectricibusque rufescentibus, maculis transversis albis nota- » tis... » *Ispida Brasiliensis*. Brisson, *Ornithol.*, t. IV, p. 510.

(*c*) *Avis anonima prima*. Marcgrave, *Hist. nat. Brasil.*, p. 219. — Jonston, p. 150.

(*) *Alcedo americana* LATH.

(**) *Alcedo brasiliensis* LATH.

PETITS MARTINS-PÊCHEURS DU NOUVEAU CONTINENT

LE MARTIN-PÊCHEUR VERT ET ORANGÉ (a) (b)

Il n'y a en Amérique qu'une seule espèce de martin-pêcheur qu'on puisse appeler *petite*, et c'est celle de l'oiseau que nous indiquons ici (*), qui n'a pas cinq pouces de longueur : il a tout le dessous du corps d'un orangé brillant, à l'exception d'une tache blanche à la gorge, une autre à l'estomac, et une zone vert foncé au bas du cou dans le mâle ; la femelle n'a pas ce caractère ; tous deux ont un demi-collier orangé derrière le cou ; la tête et tout le manteau sont chargés d'un gris vert, et les ailes tachetées de petites gouttes roussâtres vers l'épaule et aux grandes pennes, qui sont brunes. Edwards, qui a donné la figure de ce martin-pêcheur, dit qu'il n'a pu découvrir de quel pays on l'avait apporté, mais nous l'avons reçu de Cayenne.

LES JACAMARS

Nous conserverons à ces oiseaux le nom de jacamar (**), tiré par contraction de leur nom brésilien *jacamaciri*. Ce genre ne s'éloigne de celui du martin-pêcheur qu'en ce que les jacamars ont les doigts disposés deux en devant et deux en arrière, au lieu que les martins-pêcheurs ont trois doigts en devant et un seul en arrière ; mais d'ailleurs les jacamars leur ressemblent par la forme du corps et par celle du bec ; ils sont aussi de la même grosseur que les espèces moyennes dans les martins-pêcheurs ; et c'est probablement par cette raison que quelques auteurs (c) ont mis ensemble ces

(a) Voyez les planches enluminées, n° 756, fig. 2 ; et fig. 3, sa femelle.

(b) *Little green and orange-coloured king-fisher*. Edwards, *Glan.*, p. 73, pl. 245. — « Ispida supernè viridis, infernè alba ; tæniâ utrimque suprà oculos, gutture, collo inferiore » et lateribus aurantiis, fasciâ in pectore transversâ viridi ; remigibus nigricantibus, maculis » flavo-rufescentibus in utroque latere variis : rectricibus subtùs fuscis ; supernè viridibus, » lateralibus interiùs albo maculatis... » *Ispida Americana viridis*. Brisson, *Ornithol.*, t. IV, p. 490.

(c) Edwards, etc.

(*) *Alcedo superciliosa*, Lath.

(**) Les Jacamars (*Galbula*) sont très voisins des *Alcedo*; ils ont le bec long et mince, la queue et les ailes longues.

deux genres d'oiseaux ; d'autres (*a*) ont placé les jacamars avec les pics, auxquels ils ressemblent en effet par cette disposition de deux doigts en devant et de deux en arrière ; le bec est aussi d'une forme assez semblable, mais dans les jacamars il est beaucoup plus long et plus délié ; et ils diffèrent encore des pics en ce qu'ils n'ont pas la langue plus longue que le bec; la forme des plumes de la queue est aussi différente, car elles ne sont ni raides ni cunéiformes. Il suit de ces comparaisons que les jacamars forment un genre à part peut-être aussi voisin des pics que des martins-pêcheurs ; et ce petit genre n'est composé que de deux espèces, toutes deux naturelles aux climats chauds de l'Amérique.

LE JACAMAR PROPREMENT DIT (*b*) (*c*)

PREMIÈRE ESPÈCE.

La longueur totale de cet oiseau (*) est de six pouces et demi, et il est à peu près de la grosseur d'une alouette ; le bec est long d'un pouce cinq lignes, la queue n'a que deux pouces, et néanmoins elle dépasse d'un pouce les ailes lorsqu'elles sont pliées ; les pennes de la queue sont bien régulièrement étagées ; les pieds sont très courts et de couleur jaunâtre ; le bec est noir, et les yeux sont d'un beau bleu foncé ; la gorge est blanche et le ventre est roux ; tout le reste du plumage est d'un vert doré très éclatant, avec des reflets couleur de cuivre rouge.

Dans quelques individus, la gorge est rousse aussi bien que le ventre ; dans d'autres, la gorge n'est qu'un peu jaunâtre ; la couleur du dessus du corps est aussi plus ou moins brillante dans différents individus, ce qu'on peut attribuer à des variétés de sexe ou d'âge.

On trouve cet oiseau à la Guyane comme au Brésil ; il se tient dans les forêts, où il préfère les endroits les plus humides, parce que, se nourrissant

(*a*) Willughby, Klein, etc.

(*b*) Voyez les planches enluminées, n° 238.

(*c*) *Jacamar, jacammaciri Brasiliensibus.* Marcgrave, *Hist. nat. Brasil.*, p. 202. — *Jacammaciri.* Pison, *Hist. nat. Bras.*, p. 96. — *Jacammaciri Brasiliensium Marcgravii.* Willughby, *Ornithol.*, p. 96. — Ray, *Synops. avi.*, p. 44, n° 3. — *Galbula.* Mœhring, *Avi.*, gen. 107. — *Picus Brasiliensis jacammaciri Marcgravii, Willughbi.* Klein, *Avi.*, p. 28, n° 15. — Le jacammaciri de Marcgrave. Edwards, *Glan.*, p. 261, avec une bonne planche enluminée, n° 334. — « Galbula supernè viridi-aurea, cupri puri colore varians, infernè » rufa ; pectore dorso concolore ; remigibus majoribus nigricantibus, oris exterioribus viridi- » aureis, cupri puri colore variantibus... » *Galbula.* Brisson, *Ornithol.*, t. IV, p. 86 ; et pl. 5, fig. 1. — Les sauvages de la Guyane appellent cet oiseau *venetou*, et les créoles le nomment *colibri des grands bois.*

(*) *Galbula viridis* LATH.

d'insectes, il y en trouve en plus grande quantité que dans les terrains plus secs ; il ne fréquente pas les endroits découverts et ne vole point en troupe, mais il reste constamment dans les bois les plus solitaires et les plus sombres ; son vol, quoique assez rapide, est très court ; il se perche sur les branches à une moyenne hauteur, et y demeure sans changer de place pendant toute la nuit et pendant la plus grande partie de la journée ; il est toujours seul et presque toujours en repos : néanmoins, il y a ordinairement plusieurs de ces oiseaux dans le même canton de bois, et on les entend se rappeler par un petit ramage court et assez agréable. Pison dit qu'on les mange au Brésil, quoique leur chair soit assez dure.

LE JACAMAR A LONGUE QUEUE (a) (b)

SECONDE ESPÈCE.

Cet oiseau (*) est un peu plus grand que le précédent, duquel il diffère par la queue, qui a douze pennes, tandis que celle de l'autre n'en a que dix : d'ailleurs les deux pennes du milieu sont bien plus longues, elles excèdent les autres de deux pouces trois lignes, et ont en totalité six pouces de longueur. Ce jacamar ressemble par la forme du corps, par celle du bec et par la disposition des doigts, au premier : néanmoins Edwards (c) lui a placé trois doigts en avant et un seul en arrière, et c'est apparemment en conséquence de cette méprise qu'il en a fait un martin-pêcheur ; il diffère aussi de notre premier jacamar par la teinte et par la distribution des couleurs, qui n'ont rien de commun que le blanc sur la gorge : tout le reste du plumage est d'un vert sombre et foncé, dans lequel on distingue seulement quelques reflets orangés et violets.

Nous ne connaissons pas la femelle dans l'espèce précédente ; mais dans celle-ci elle diffère du mâle par les deux grandes pennes de la queue, qu'elle a beaucoup moins longues, et d'ailleurs l'on n'aperçoit pas sur son plumage les reflets orangés et violets qu'on voit sur celui du mâle.

Ces jacamars à longue queue se nourrissent d'insectes comme les autres ;

(a) Voyez les planches enluminées, nº 271.

(b) *Ispida Surinamensis, caudâ longissimâ, duabus pennis excurrentibus furcatâ.* Klein, *Avi.*, p. 36, nº 9. — *The swallow-tail'd king-fisher : ispida Surinamensis, binis plumis in caudâ longissimis.* Edwards, *Hist. des oiseaux*, p. 10. — « Galbula viridi-aurea ; capite fusco, » obscurè violaceo variante ; collo inferiore candido ; rectricibus supernè obscurè viridibus, » infernè nigricantibus, quatuor utrimque extimis apice rufescente marginatis, binis intermediis longissimis... » *Galbula longicauda.* Brisson, *Ornithol.*, t. IV, p. 89.

(c) Voyez *Hist. of Birds*, t. Ier, pl. 10.

(*) *Galbula paradisea* LATH.

mais c'est peut-être leur seule habitude commune, car ceux-ci fréquentent quelquefois les lieux découverts. Ils volent au loin et se perchent jusque sur la cime des arbres ; ils vont aussi par paires, et ne paraissent pas être aussi solitaires ni aussi sédentaires que les autres ; ils n'ont pas le même ramage, mais un cri ou sifflement doux qu'on n'entend que de près, et qu'ils ne répètent pas souvent.

LES TODIERS

MM. Sloane et Browne (*a*) sont les premiers qui aient parlé de l'un de ces oiseaux, et ils lui ont donné le nom latin *todus*, que nos naturalistes français ont traduit par celui de *todier* (*). Ils ne font mention que d'une seule espèce qu'ils ont trouvée à la Jamaïque ; mais nous en connaissons deux ou trois autres, et toutes appartiennent aux climats chauds de l'Amérique. Le caractère distinctif de ce genre est d'avoir, comme les martins-pêcheurs et les manakins, le doigt du milieu étroitement uni et comme collé au doigt extérieur jusqu'à la troisième articulation, et uni de même au doigt intérieur, mais seulement jusqu'à la première articulation. Si l'on ne consultait que ce caractère, les todiers seraient donc du genre des martins-pêcheurs ou de celui des manakins, mais ils diffèrent de ces deux genres, et même de tous les autres oiseaux, par la forme du bec, qui dans les todiers est long, droit, obtus à son extrémité, et aplati en dessus comme en dessous, ce qui les a fait nommer *petites-palettes* ou *petites spatules* par des créoles de la Guyane. Cette singulière conformation du bec suffit pour qu'on doive faire un genre particulier de ces oiseaux.

LE TODIER DE L'AMÉRIQUE SEPTENTRIONALE (*b*) (*c*)

PREMIÈRE ESPÈCE.

Ce todier n'est pas plus gros qu'un roitelet, et n'a tout au plus que quatre pouces de longueur. Nous ne copierons pas ici les longues descriptions qu'en

(*a*) Browne, *Hist. nat. Jamaïca*, p. 476.

(*b*) Voyez les planches enluminées, n° 585, fig. 1 et 2, sous la dénomination de *Todier de Saint-Domingue*.

(*c*) *Todus viridis pectore rubro*. Browne, *Hist. nat. Jamaïca*, p. 476. — *Rubecula viridis*

(*) Les Todiers (*Todus*) sont des Passereaux du groupe des Dentirostres, de la famille des Tyrannides ; ils sont privés d'appareil musculaire vocal et leur bec est recourbé en crochet à l'extrémité qui est échancrée.

ont données MM. Browne, Sloane et Brisson, parce qu'il sera toujours très aisé de reconnaître cet oiseau, lorsqu'on saura qu'avec un bec si singulier, le mâle est entièrement d'un bleu faible et léger sur le dessus du corps et blanc sous le ventre, avec la gorge et les flancs couleur de rose ; et que la femelle n'est pas bleue, comme le mâle, mais d'un beau vert sur le dos, et que le reste de son plumage est semblable à celui du mâle, c'est-à-dire blanc et couleur de rose aux mêmes endroits ; le bec de l'un et de l'autre est rougeâtre, mais d'un rouge plus clair en dessous et plus brun en dessus ; les pieds sont gris, et les ongles sont longs et crochus. Cet oiseau se nourrit d'insectes et de petits vers ; il habite dans les lieux humides et solitaires. Les deux individus qui sont représentés dans la planche enluminée, n° 585, fig. 1 et 2, nous ont été envoyés de Saint-Domingue par M. Chervain, sous le nom de *perroquets de terre ;* mais il ne nous a transmis que la description de la femelle. Il observe que le mâle a dans le temps de ses amours un petit ramage assez agréable ; que la femelle fait son nid dans la terre sèche, et préférablement encore dans le tuf tendre : il dit que ces oiseaux choisissent à cet effet les ravines et les petites crevasses de la terre ; on les voit aussi nicher assez souvent dans les galeries basses des habitations, et toujours dans la terre ; ils la creusent avec le bec et les pattes ; ils y forment un trou rond, évasé dans le fond, où ils placent des pailles souples, de la mousse sèche, du coton et des plumes, qu'ils disposent avec art. La femelle pond quatre ou cinq œufs, de couleur grise et tachetés de jaune foncé.

Ils attrapent avec beaucoup d'adresse les mouches et autres petits insectes volants : ils sont très difficiles à élever ; cependant on y réussirait peut-être, si on les prenait jeunes, et si on les faisait nourrir par le père et la mère, en les tenant dans une cage jusqu'à ce qu'ils fussent en état de manger seuls. Ils sont très attachés à leurs petits, ils en poursuivent le ravisseur, et ne l'abandonnent pas tant qu'ils les entendent crier.

Nous venons de voir que MM. Sloane et Browne ont reconnu cet oiseau à la Jamaïque ; mais il se trouve aussi à la Martinique, d'où M. de Chanvalon l'avait envoyé à M. de Réaumur. Il paraît donc que cette espèce appartient aux îles et aux terres les plus chaudes de l'Amérique septentrionale ; mais nous n'avons aucun indice qu'elle se trouve également dans les climats de l'Amérique méridionale, du moins Marcgrave n'en fait aucune mention.

elegantissima. Green sparrow, or green huming bird. Sloane, *Voy. of Jamaïca*, t. II, p. 306, n° 36, avec une mauvaise figure, pl. 263, fig. 1. — *Rubecula viridis elegantissima.* Ray, *Synops. avi.*, p. 187, n° 40. — *Sylvia gulâ phœniceâ.* Klein, *Avi.*, p. 79, n° 16. — *Rubecula viridis elegantissima.* Edwards, *Hist. of Birds*, t. III, p. 121, avec une bonne planche coloriée. — « Todus supernè viridis, infernè albo-lutescens, roseo adumbratus ; gutture rubro ; » lateribus roseis ; tectricibus caudæ inferioribus sulphureis ; rectricibus subtùs cinereis, » supernè decem intermediis viridibus, interiùs cinereo marginatis, utrimque extimâ cinereâ... » *Todus.* Brisson, *Ornithol.*, t. IV, p. 528, pl. 41, fig. 2.

LE TIC-TIC

OU TODIER DE L'AMÉRIQUE MÉRIDIONALE (*a*) (*b*)

SECONDE ESPÈCE.

Les naturels de la Guyane ont appelé cet oiseau (*) *tic-tic*, par imitation de son cri : il est aussi petit que le précédent ; il lui ressemble parfaitement par le bec et par la conformation des doigts ; il n'en diffère que par les couleurs, le tic-tic étant d'une couleur cendrée d'un bleu foncé sur le dessus du corps, au lieu que l'autre est sur les mêmes parties d'un bleu céleste léger : cette différence dans la nuance des couleurs n'indiquerait qu'une variété et non pas une espèce séparée ; mais le tic-tic a tout le dessous du corps jaune, et n'a point de couleur de rose à la gorge ni sur les flancs : d'ailleurs, comme il paraît être d'un autre climat, nous avons jugé qu'il était aussi d'une autre espèce ; il diffère encore du todier de l'Amérique septentrionale en ce que l'extrémité des deux pennes latérales de la queue est blanche sur une longueur de cinq à six lignes : néanmoins ce caractère est particulier au mâle, car les pennes latérales de la queue de la femelle sont de couleur uniforme, et d'un gris cendré semblable à la couleur du dessus du corps ; la femelle diffère encore du mâle en ce que toutes ses couleurs sont moins vives et moins foncées.

Cet oiseau vit d'insectes, comme le précédent ; il habite de préférence les lieux découverts : on ne les trouve guère dans les grands bois, mais souvent dans les halliers sur les buissons.

LE TODIER BLEU A VENTRE ORANGÉ (*c*)

TROISIÈME ESPÈCE.

Nous avons fait dessiner ce todier (**) sur un individu bien conservé dans le Cabinet de M. Aubry, curé de Saint-Louis. Il a trois pouces six lignes de

(*a*) Voyez les planches enluminées, n° 585, figure 3, sous la dénomination de *Todier de Cayenne*.

(*b*) *Todier cendré*. Brisson, *Supplément d'Ornithologie*, p. 134. — *The grey and yellow fly-catcher*, moucherolle ardoise et jaune. Edwards, *Glan.*, p. 110, avec une bonne figure, pl. 262. — *Todus cinereus subtùs luteus*. Linnæus, *Syst. nat.*, édit. XII, gen. 61, sp. 2.

(*c*) Voyez les planches enluminées, n° 783, fig. 1, sous la dénomination de *Todier de*

(*) *Todus cinereus* L.

(**) *Todus cæruleus* LATH.

longueur : le dessus de la tête, du cou et tout le dos sont d'un beau bleu foncé ; la queue et la pointe des couvertures des ailes sont de cette même couleur ; tout le dessous du corps, ainsi que les côtés de la tête et du cou, sont d'un bel orangé, le dessous de la gorge est blanchâtre ; il y a près des yeux de petits pinceaux d'un pourpre violet. Cette description suffit pour distinguer ce todier des autres de son genre.

Il y a un quatrième oiseau, que M. Brisson a indiqué, d'après Aldrovande, sous le nom de *todier varié* (a), et dont nous rapporterons ici la description, telle que ces deux auteurs l'ont donnée. Il est de la grandeur du roitelet : il a la tête, la gorge et le cou d'un bleu noirâtre, les ailes vertes, les pennes de la queue noires bordées de vert, et le reste du plumage varié de bleu, de noir et de vert; mais comme M. Brisson ne parle pas de la forme du bec, et qu'Aldrovande, qui est le seul qui ait vu cet oiseau, n'en fait aucune mention, nous ne pouvons décider s'il appartient en effet au genre du todier.

Juida. Nous observerons que le nouveau continent est le seul où se trouvent les todiers, et que l'on s'est mépris lorsqu'on a dit à M. le curé de Saint-Louis que celui-ci venait de Juida en Afrique.

(a) *Ispida indica.* Aldrovande, *Avi.*, t. III, p. 519. Hujus icon pessima, p. 520. — *Aliud ispidæ genus quod ex Indiâ adfertur.* Jonston, *Avi.*, p. 108. — *Ispida ex Indiâ allata.* Charleton, *Exercit.*, p. 111, n° 1 ; et *Onomast.*, p. 105, n° 1. — « Todus cæruleo nigro et viridi » mixtus, viridi dilutiore punctulatus ; capite, gutture et collo ex cæruleo ad nigrum incli- » nantibus; remigibus viridibus ; rectricibus nigris, in apice viridi marginatis... » *Todus varius.* Brisson, *Ornithol.*, t. IV, p. 531.

LES OISEAUX AQUATIQUES

Les oiseaux d'eau sont les seuls qui réunissent à la jouissance de l'air et de la terre la possession de la mer. De nombreuses espèces, toutes très multipliées, en peuplent les rivages et les plaines; ils voguent sur les flots avec autant d'aisance et plus de sécurité qu'ils ne volent dans leur élément naturel : partout ils y trouvent une subsistance abondante, une proie qui ne peut les fuir; et, pour la saisir, les uns fendent les ondes et s'y plongent; d'autres ne font que les effleurer en rasant leur surface par un vol rapide ou mesuré sur la distance et la quantité des victimes; tous s'établissent sur cet élément mobile comme dans un domicile fixe; ils s'y rassemblent en grande société, et vivent tranquillement au milieu des orages; ils semblent même se jouer avec les vagues, lutter contre les vents et s'exposer aux tempêtes, sans les redouter ni subir de naufrage.

Ils ne quittent qu'avec peine ce domicile de choix, et seulement dans le temps que le soin de leur progéniture, en les attachant au rivage, ne leur permet plus de fréquenter la mer que par instants; car, dès que leurs petits sont éclos, ils les conduisent à ce séjour chéri que ceux-ci chériront bientôt eux-mêmes, comme plus convenable à leur nature que celui de la terre : en effet, ils peuvent y rester autant qu'il leur plaît sans être pénétrés de l'humidité et sans rien perdre de leur agilité, puisque leur corps, mollement porté, se repose même en nageant, et reprend bientôt les forces épuisées par le vol. La longue obscurité des nuits ou la continuité des tourmentes (*a*) sont les seules contrariétés qu'ils éprouvent et qui les obligent à quitter la mer par intervalles. Ils servent alors d'avant-coureurs ou plutôt de signaux aux voyageurs, en leur annonçant que les terres sont prochaines : néanmoins, cet indice est souvent incertain; plusieurs de ces oiseaux se portent en mer quelquefois si loin (*b*), que M. Cook conseille de ne point

(*a*) « Le désordre des éléments (dans une grande tempête) n'écarta pas de nous les oiseaux : » de temps en temps, un *fauchet noir* voltigeait sur la face agitée de la mer, et rompait la » force des lames en s'exposant à leur action ; l'aspect de l'Océan était alors superbe et terrible. » (Forster, *Second voyage de Cook*, t. II, p. 91.)

(*b*) « Les pétrels bleus qu'on voit dans cette mer immense ne sont pas moins à l'abri du » froid que les pingouins... Nous en avons trouvé entre la Nouvelle-Zélande et l'Amérique, » à plus de sept cents lieues de toutes terres. » (Forster, *Second voyage de Cook*, t. Ier,

regarder leur apparition comme une indication certaine du voisinage de la terre, et tout ce que l'on peut conclure de l'observation des navigateurs, c'est que la plupart de ces oiseaux ne retournent pas chaque nuit au rivage, et que, quand il leur faut pour le trajet ou le retour quelques points de repos, ils les trouvent sur les écueils, ou même les prennent sur les eaux de la mer (*a*).

La forme du corps et des membres de ces oiseaux indique assez qu'ils sont navigateurs-nés et habitants naturels de l'élément liquide; leur corps est arqué et bombé comme la carène d'un vaisseau, et c'est peut-être sur cette figure que l'homme a tracé celle de ses premiers navires : leur cou, relevé sur une poitrine saillante, en représente assez bien la proue; leur queue, courte et toute rassemblée en un seul faisceau, sert de gouvernail (*b*); leurs pieds, larges et palmés, font l'office de véritables rames; le duvet épais et lustré d'huile qui revêt tout le corps est un goudron naturel qui le rend impénétrable à l'humidité, en même temps qu'il le fait flotter plus légèrement à la surface des eaux (*c*); et ceci n'est encore qu'un aperçu des facultés que la nature a données à ces oiseaux pour la navigation : leurs habitudes naturelles sont conformes à ces facultés; leurs mœurs y sont assorties; ils ne se plaisent nulle part autant que sur l'eau; ils semblent craindre de se poser à terre; la moindre aspérité du sol blesse leurs pieds, ramollis par l'habitude de ne presser qu'une surface humide; enfin l'eau

p. 107)... « Nous avons eu plusieurs occasions de remarquer que les oiseaux n'annoncent pas » le voisinage des terres d'une manière plus sûre que les goémons, à moins que ce ne soit » de ces espèces qui ne s'écartent jamais fort loin des côtes... Quant aux pingouins, aux pé- » trels, aux albatros, comme on en rencontre à six ou sept cents lieues au milieu de la » mer du Sud, on ne peut point compter sur cette indication. » (Forster, *Suite du Second voyage de Cook*, t. V, p. 192.)

(*a*) Il y a même lieu de croire qu'ils peuvent dormir sur l'eau : « Nous passâmes près » d'une albatrosse assise et endormie sur l'eau ; la tempête précédente l'avait peut-être fati- » guée. » (Forster, *Second voyage de Cook*, t. II, p. 93.)

(*b*) « Pro caudâ clunem habent, ac brevem quidem, eæ (aves) quibus aut crura longa, aut » pedes continuatâ planitie donati sunt. » (Aristot. *Hist. animal.*, lib. II, cap. v. *Ex recens. Scalig.*)

(*c*) « Les oiseaux des pays chauds sont médiocrement couverts, tandis que ceux des pays » froids, et surtout ceux qui voltigent sans cesse sur la mer, ont une quantité infinie de » plumes, dont chacune est double. » (Forster, *Suite du second voyage de Cook*, t. V, p. 181)... « On a tort d'attribuer à l'*alcyon* seul l'instinct de suivre les vaisseaux ; comme plusieurs » oiseaux de mer passent la plus grande partie de leur vie sur cet élément à une grande » distance des côtes, et qu'il leur est presque impossible, pendant la tempête, de trouver la » nourriture dans une mer fort agitée, ils accourent alors à l'arrière des vaisseaux, souvent » avant le coup de vent, et s'y repaissent des différentes choses qu'on y jette ; d'ailleurs la » mer battue par le passage du navire leur offre un espace plus tranquille, où ils peuvent se » reposer. » (*Remarques faites par M. le vicomte de Querhoënt, enseigne des vaisseaux du Roi.*)

Nota. Cet *alcyon* des marins n'est pas le véritable alcyon des anciens, ou notre *martin-pêcheur*, mais plutôt quelque espèce d'hirondelle de mer, ou d'autres oiseaux qui volent au large et loin des côtes, dont le vrai alcyon ne s'éloigne pas.

est pour eux un lieu de repos et de plaisirs où tous leurs mouvements s'exécutent avec facilité, où toutes leurs fonctions se font avec aisance, où leurs différentes évolutions se tracent avec grâce. Voyez ces cygnes nager avec mollesse ou cingler sur l'onde avec majesté : ils s'y jouent, s'ébattent, y plongent et reparaissent avec les mouvements agréables, les douces ondulations et la tendre énergie qui annoncent et expriment les sentiments sur lesquels tout amour est fondé : aussi le cygne est-il l'emblème de la grâce, premier trait qui nous frappe, même avant ceux de la beauté.

La vie de l'oiseau aquatique est donc plus paisible et moins pénible que celle de la plupart des autres oiseaux ; il emploie beaucoup moins de forces pour nager que les autres n'en dépensent pour voler ; l'élément qu'il habite lui offre à chaque instant sa subsistance ; il la rencontre plus qu'il ne la cherche, et souvent le mouvement de l'onde l'amène à sa portée ; il la prend sans fatigue, comme il l'a trouvée sans peine ni travail, et cette vie plus douce lui donne en même temps des mœurs plus innocentes et des habitudes pacifiques. Chaque espèce se rassemble par le sentiment d'un amour mutuel ; nul des oiseaux d'eau n'attaque son semblable, nul ne fait sa victime d'aucun autre oiseau, et, dans cette grande et tranquille nation, on ne voit pas le plus fort inquiéter le plus faible : bien différent de ces tyrans de l'air et de la terre qui ne parcourent leur empire que pour le dévaster, et qui toujours en guerre avec leurs semblables ne cherchent qu'à les détruire, le peuple ailé des eaux, partout en paix avec lui-même, ne s'est jamais souillé du sang de son espèce ; respectant même le genre entier des oiseaux, il se contente d'une chère moins noble, et n'emploie sa force et ses armes que contre le genre abject des reptiles et le genre muet des poissons : néanmoins, la plupart de ces oiseaux ont avec une grande véhémence d'appétit les moyens d'y satisfaire ; plusieurs espèces, comme celles du harle, du cravan, du tadorne, etc., ont les bords intérieurs du bec armés de dentelures assez tranchantes pour que la proie saisie ne puisse s'échapper ; presque tous sont plus voraces que les oiseaux terrestres, et il faut avouer qu'il y en a quelques-uns, tels que les canards, les mouettes, etc., dont le goût est si peu délicat, qu'ils dévorent avec avidité la chair morte et les entrailles de tous les animaux.

Nous devons diviser en deux grandes familles la nombreuse tribu des oiseaux aquatiques ; car, à côté de ceux qui sont navigateurs et à pieds palmés, la nature a placé les oiseaux de rivage et à pieds divisés, qui, quoique différents pour les formes, ont néanmoins plusieurs rapports et quelques habitudes communes avec les premiers (*a*) : ils sont taillés sur un autre mo-

(*a*) « Vivunt circà mare et fluvios et lacus palmipedes omnes. . multæ etiam fissipedes » circà aquas et paludes victitant. » (Aristot. *Hist. animal.*, lib. IX, cap. XVI. *Ex recens. Scalig.*)

dèle; leur corps grêle et de figure élancée, leurs pieds, dénués de membranes, ne leur permettent ni de plonger ni de se soutenir sur l'eau; ils ne peuvent qu'en suivre les rives; montés sur de très longues jambes, avec un cou tout aussi long, ils n'entrent que dans les eaux basses, où ils peuvent marcher; ils cherchent dans la vase la pâture qui leur convient; ils sont pour ainsi dire amphibies, attachés aux limites de la terre et de l'eau comme pour en faire le commerce vivant, ou plutôt pour former en ce genre les degrés et les nuances des différentes habitudes qui résultent de la diversité des formes dans toute nature organisée.

Ainsi, dans l'immense population des habitants de l'air, il y a trois états ou plutôt trois patries, trois séjours différents : aux uns, la nature a donné la terre pour domicile; elle a envoyé les autres cingler sur les eaux, en même temps qu'elle a placé des espèces intermédiaires aux confins de ces deux éléments, afin que la vie produite en tous lieux, et variée sous toutes les formes possibles, ne laissât rien à ajouter à la richesse de la création, ni rien à désirer à notre admiration sur les merveilles de l'existence.

Nous avons eu souvent occasion de remarquer qu'aucune espèce des quadrupèdes du midi de l'un des continents ne s'est trouvée dans l'autre, et que la plupart des oiseaux, malgré le privilège des ailes, n'ont pu s'affranchir de cette loi commune; mais cette loi ne subsiste plus ici : autant nous avons eu d'exemples et donné de preuves qu'aucune des espèces qui n'avaient pu passer par le nord ne se trouvait commune aux deux continents, autant nous allons voir d'oiseaux aquatiques se trouver également dans les deux, et même dans les îles les plus éloignées de toute terre habitée.

L'Amérique méridionale, séparée par de vastes mers des terres de l'Afrique et de l'Asie, inaccessible par cette raison à tous les animaux quadrupèdes de ce continent, l'était aussi pour le plus grand nombre des espèces d'oiseaux qui n'ont jamais pu fournir ce trajet immense d'un seul vol, et sans points de repos. Les espèces des oiseaux terrestres et celles des quadrupèdes de cette partie de l'Amérique se sont trouvées également inconnues; mais ces grandes mers, qui font une barrière insurmontable de séparation pour les animaux et les oiseaux de terre, ont été franchies et traversées au vol et à la nage par les oiseaux d'eau; ils se sont transportés dans les terres les plus lointaines; ils ont eu le même avantage que les peuples navigateurs, qui se sont établis partout : car on a trouvé dans l'Amérique méridionale, non seulement des oiseaux indigènes et propres à cette terre, mais encore la plus grande partie des espèces d'oiseaux aquatiques des régions correspondantes dans l'ancien continent (*a*).

Et ce privilège d'avoir passé d'un monde à l'autre, dans les contrées du

(*a*) Voyez ci-après les histoires du *phénicoptère*, du *pélican*, de la *frégate*, de l'*oiseau du* *[illegible]ique*, etc.

Midi, semble même s'être étendu jusqu'aux oiseaux de rivage : non que les eaux aient pu leur fournir une route, puisqu'ils ne s'y engagent pas et n'en habitent que les bords, mais parce qu'en suivant les rivages et allant de proche en proche, ils sont parvenus jusqu'aux extrémités de tous les continents ; et ce qui a dû faciliter ces longs voyages, c'est que le voisinage de l'eau rend les climats plus égaux ; l'air de la mer, toujours frais, même dans les chaleurs, et tempéré pendant les froids, établit pour les habitants des rivages une égalité de température qui les empêche de sentir la trop forte impression des vicissitudes du ciel, et leur compose pour ainsi dire un climat praticable sous toutes les latitudes, en choisissant les saisons. Aussi plusieurs espèces qui voyagent en été dans les terres du nord de notre continent, et qui communiquent par là aux terres septentrionales de l'Amérique, paraissent être parvenues de proche en proche, en suivant les rivages, jusqu'à l'extrémité de ce nouveau continent; car l'on reconnaît dans les régions australes de l'Amérique plusieurs espèces d'oiseaux de rivage qui se trouvent également dans les contrées boréales des deux continents (*a*).

La plupart de ces oiseaux aquatiques paraissent être demi-nocturnes (*b*) : les hérons rôdent la nuit ; la bécasse ne commence à voler que le soir ; le butor crie encore après la chute du jour ; on entend les grues se réclamer du haut des airs, dans le silence et l'obscurité des nuits, et les mouettes se promener dans le même temps. Les volées d'oies et de canards sauvages qui tombent sur nos rivières y séjournent plus la nuit que le jour ; ces habitudes tiennent à plusieurs circonstances relatives à leur subsistance et à leur sécurité : les vers sortent de terre à la fraîcheur ; les poissons sont en mouvement pendant la nuit, dont l'obscurité dérobe ces oiseaux à l'œil de l'homme et de leurs ennemis ; néanmoins, l'oiseau pêcheur ne paraît pas se défier assez de ceux même qu'il attaque ; ce n'est pas toujours impunément qu'il fait sa proie des poissons, car quelquefois le poisson le saisit et l'avale. Nous avons trouvé un martin-pêcheur dans le ventre d'une anguille ; le brochet gobe assez souvent les oiseaux qui plongent ou frisent en volant la surface de l'eau, et même ceux qui viennent seulement au bord pour boire et se baigner ; et, dans les mers froides, les baleines et les cachalots ouvrent le gouffre de leur énorme bouche, non seulement pour engloutir les colonnes de harengs et d'autres poissons, mais aussi les oiseaux qui sont à leur poursuite, tels que les albatros, les pingouins, les macreuses, etc., dont on trouve les squelettes ou les cadavres encore récents dans le large estomac de ces grands cétacés.

(*a*) Voyez ci-après l'histoire des *pluviers*, des *hérons*, des *spatules*, etc.

(*b*) « Je crois que la plupart des oiseaux aquatiques sont nocturnes ; car le héron, le butor et quelques autres, volent pendant les crépuscules du matin et du soir. » (Edwards, *Préface de la seconde partie des Glanures*, p. 13.)

Ainsi la nature, en accordant de grandes prérogatives aux oiseaux aquatiques, les a soumis à quelques inconvénients; elle leur a même refusé l'un de ses plus nobles attributs : aucun d'eux n'a de ramage, et ce qu'on a dit du chant du cygne n'est qu'une chanson de la Fable, car rien n'est plus réel que la différence frappante qui se trouve entre la voix des oiseaux de terre et celle des oiseaux d'eau : ceux-ci l'ont forte et grande, rude et bruyante, propre à se faire entendre de très loin, et à retentir sur la vaste étendue des plages de la mer; cette voix, toute composée de tons rauques, de cris et de clameurs, n'a rien de ces accents flexibles et moelleux, ni de cette douce mélodie dont nos oiseaux champêtres animent nos bocages, en célébrant le printemps et l'amour; comme si l'élément redoutable où règnent les tempêtes eût à jamais écarté ces charmants oiseaux, dont le chant paisible ne se fait entendre qu'aux beaux jours et dans les nuits tranquilles, et que la mer n'eût laissé à ses habitants ailés que les sons grossiers et sauvages qui percent à travers le bruit des orages, et par lesquels ils se réclament dans le tumulte des vents et le fracas des vagues.

Du reste, la quantité des oiseaux d'eau, en y comprenant ceux de rivage et les comptant par le nombre des individus, est peut-être aussi grande que celle des oiseaux de la terre. Si ceux-ci ont pour s'étendre les monts et les plaines, les champs et les forêts, les autres, bordant les rives des eaux ou se portant au loin sur leurs flots, ont pour habitation un second élément aussi vaste, aussi libre que l'air même; et si nous considérons la multiplication par le fonds des subsistances, ce fonds nous paraîtra aussi abondant et plus assuré peut-être que celui des oiseaux terrestres dont une partie de la nourriture dépend de l'influence des saisons, et une autre très grande partie du produit des travaux de l'homme. Comme l'abondance est la base de toute société, les oiseaux aquatiques paraissent plus habituellement en troupes que les oiseaux de terre, et dans plusieurs familles ces troupes sont très nombreuses ou plutôt innombrables : par exemple, il est peu d'espèces terrestres, au moins d'égale grandeur, plus multipliées dans l'état de nature que le paraissent être celles des oies et des canards; et, en général, il y a d'autant plus de réunion parmi les animaux qu'ils sont plus éloignés de nous.

Mais les oiseaux terrestres sont aussi d'autant plus nombreux en espèces et en individus, que les climats sont plus chauds; les oiseaux d'eau semblent, au contraire, chercher les climats froids; car les voyageurs nous apprennent que, sur les côtes glaciales du septentrion, les goélands, les pingouins, les macreuses, se trouvent par milliers et en aussi grande quantité que les albatros, les manchots, les pétrels, sur les îles glacées des régions antarctiques.

Cependant la fécondité des oiseaux de terre paraît surpasser celle des oiseaux d'eau; aucune espèce, en effet, parmi ces dernières, ne produit autant que celles de nos oiseaux gallinacés, en les comparant à grosseur égale : à la vérité, cette fécondité des oiseaux granivores pourrait s'être accrue par l'augmentation des subsistances que l'homme leur procure en cultivant la terre ; néanmoins, dans les espèces aquatiques qu'il a su réduire en domesticité, la fécondité n'a pas fait les mêmes progrès que dans les espèces terrestres; le canard et l'oie domestiques ne pondent pas autant d'œufs que la poule : éloignés de leur élément et privés de leur liberté, ces oiseaux perdent sans doute plus que nos soins ne peuvent leur donner ou leur rendre.

Aussi ces espèces aquatiques sont plutôt captives que domestiques ; elles conservent les germes de leur première liberté, qui se manifestent par une indépendance que les espèces terrestres paraissent avoir totalement perdue : ils dépérissent dès qu'on les tient renfermés, il leur faut l'espace libre des champs et la fraîcheur des eaux où ils puissent jouir d'une partie de leur franchise naturelle ; et ce qui prouve qu'ils n'y renoncent pas, c'est qu'ils se rejoignent volontiers à leurs frères sauvages, et s'enfuiraient avec eux, si l'on n'avait pas soin de leur rogner les ailes (*a*). Le cygne, ornement des eaux de nos superbes jardins, a plus l'air d'y voyager en pilote, et de s'y promener en maître, que d'y être attaché comme esclave.

Le peu de gêne que les oiseaux aquatiques éprouvent en captivité fait qu'ils n'en portent que de légères empreintes ; leurs espèces ne s'y modifient pas autant que celles des oiseaux terrestres ; elles y subissent moins de variétés pour les couleurs et les formes ; elles perdent moins de leurs traits naturels et de leur type originaire : on peut le reconnaître par la comparaison de l'espèce du canard, qui n'admet dans nos basses-cours que peu de variétés, tandis que celle de la poule nous offre une multitude de races nouvelles et factices qui semblent effacer et confondre la race primitive ; d'ailleurs, les oiseaux aquatiques, étant placés loin de la terre, ne nous connaissent que peu. Il semble qu'en les établissant sur les mers, la nature les ait soustraits à l'empire de l'homme, qui, plus faible qu'eux sur cet élément, n'en est souvent que le jouet ou la victime.

Les mers les plus abondantes en poissons attirent et fixent pour ainsi dire sur leurs bords des peuplades innombrables de ces oiseaux pêcheurs ; on en voit une multitude infinie autour des îles Sambales et sur la côte de l'isthme de Panama, particulièrement du côté du nord ; il n'y en a pas moins

(*a*) Quoiqu'il y ait des exemples de canards et d'oies privés qui s'enfuient avec les sauvages, il est à présumer qu'ils s'en trouvent mal, et qu'étant les moins nombreux, ils sont bientôt punis de leur infidélité, car l'antipathie entre les oiseaux sauvages et domestiques subsiste dans ces espèces comme dans tous les autres; et nous sommes informés par un témoin digne de foi (le sieur Trécourt que j'ai déjà cité dans quelques endroits), qu'ayant mis dans un vivier de jeunes canards sauvages, pris au nid dans un marais, avec d'autres canards privés, et à peu près du même âge, ils attaquèrent les sauvages, et vinrent à bout de les tuer en moins de deux ou trois jours.

à l'occident sur la côte méridionale, et peu sur la côte septentrionale. Wafer en donne pour raison que la baie de Panama n'est pas aussi poissonneuse, à beaucoup près, que celle des Sambales (*a*). Les grands fleuves de l'Amérique septentrionale sont tous couverts d'oiseaux d'eau. Les habitants de la Nouvelle-Orléans, qui en faisaient la chasse sur le Mississipi, avaient établi une petite branche de commerce de leur graisse ou de l'huile qu'ils en tiraient. Plusieurs îles ont reçu les noms d'*îles aux oiseaux*, parce qu'ils en étaient les seuls habitants lorsqu'on en fit la découverte, et que leur nombre était prodigieux ; l'île d'Aves, entre autres, à cinquante lieues sous le vent de la Dominique, est si couverte d'oiseaux de mer, qu'on n'en voit nulle part en aussi grande quantité : on y trouve des pluviers, des chevaliers, diverses sortes de poules d'eau, des *phénicoptères* ou flamants, des pélicans, des mouettes, des frégates, des fous, etc. Labat, qui nous donne ces faits, remarque que la côte est extrêmement poissonneuse, et que ses hauts-fonds sont toujours couverts d'nne immense quantité de coquillages (*b*). Les œufs de poissons, qui flottent souvent par grands bancs à la surface de la mer, n'attirent pas moins d'oiseaux à leur suite (*c*). Il y a aussi certains endroits des côtes et des îles dont le sol entier, jusqu'à une assez grande profondeur, n'est composé que de la fiente des oiseaux aquatiques : telle est, vers la côte du Pérou, l'île d'Iquique, dont les Espagnols tirent ce fumier et le transportent pour servir d'engrais aux terres du continent (*d*). Les rochers du Groenland sont couverts aux sommets d'une espèce de tourbe, formée de cette même matière et du débris des nids de ces oiseaux (*e*). Ils sont aussi nombreux sur les îles de la Norvège (*f*), d'Islande et de Feroë (*g*), où leurs œufs font une

(*a*) Relation de Wafer. *Histoire générale des Voyages*, t. XIV, p. 119.

(*b*) *Nouveau voyage aux îles de l'Amérique*, t. VIII, p. 28.

(*c*) « Par le 41e degré de latitude sud, vers le Chili, nous rencontrâmes sur la surface de » la mer une couche d'œufs de poissons, qui tenait environ une lieue, et comme nous en avions » vu une autre couche le jour précédent, nous jugeâmes que c'était ce qui attirait les oiseaux » que nous voyions depuis deux ou trois jours. » (*Observations du P. Feuillée* (édit. 1725), page 79.)

(*d*) Depuis plus d'un siècle on enlève annuellement la charge de plusieurs navires de cette fiente réduite en terreau, à laquelle les Espagnols donnent le nom de *guana*, et qu'on transporte sur les vallées voisines pour les fertiliser, particulièrement dans la vallée d'Arica, où cet engrais soutient la culture du piment. Voyez le *Voyage de Frezier à la mer du Sud;* et les *Observations du P. Feuillée* (édit. 1725), p. 23. — « Du cap Horn, on fit route aux rochers qui gissent en travers du cap Mistaken, la fiente des oiseaux qu'on voyait voltiger en » grand nombre tout autour avait blanchi ces rochers. » (*Second voyage de Cook*, t. IV, p. 48.)

(*e*) Voyez *Histoire générale des voyages*, t. XIX, p. 27.

(*f*) Les oiseaux aquatiques des côtes de Norvège lui sont communs avec les îles d'Islande et de Feroë. Ils sont en si grand nombre, que les habitants se nourrissent de leur chair et de leurs œufs. Ils engraissent le pays de leur fiente, et leurs plumes font une branche de commerce considérable pour la ville de Berguen. *Hist. nat. de Norvège*, par Pontoppidan, part. II.

(*g*) Les oiseaux de mer sont en troupes immenses sur de petites îles voisines de l'Islande, et se répandent jusqu'à douze ou quinze lieues de distance : c'est même à la vue de ces oiseaux qu'on commence à s'apercevoir qu'on approche de cette île. On retrouve parmi ces

grande partie de la subsistance des habitants, qui vont les chercher dans les précipices et sur les rochers les plus inaccessibles (*a*). Telles sont encore ces îles Burra, inhabitées et presque inabordables vers les côtes d'Écosse, où les habitants de la petite île Hirta viennent enlever des œufs à milliers et tuer des oiseaux (*b*) ; enfin ils couvrent la mer du Groenland, au point que la langue groenlandaise a un mot pour exprimer la manière de les chasser en troupeaux vers la côte dans de petites baies où ils se laissent renfermer et prendre à milliers (*c*).

Ces oiseaux sont encore les habitants que la nature a envoyés aux points

oiseaux différentes espèces de mouettes, et la plupart de ceux dont on trouve la description dans le *Voyage au Spitzberg de Martens*. (Horrebow, *Description de l'Islande. Histoire générale des voyages*, t. XVIII, p. 20.)

(*a*) « Les oiseaux qui peuplent les côtes de l'Islande cherchent, pour placer leurs nids, » les endroits les plus inaccessibles et les rochers les plus escarpés ; néanmoins les habi- » tants savent les dénicher malgré le danger de cette opération : j'ai moi-même été témoin, » dit M. Horrebow, de la manière dont on s'y prend, et je dois avouer que je n'ai pu voir » sans frémir, avec quelle intrépidité des hommes y risquent leur vie ; il arrive que plu- » sieurs de ces chasseurs aux œufs tombent dans la mer ou dans les précipices sur lesquels » ils sont obligés de se suspendre. On attache le plus solidement qu'on peut, au haut du » rocher, une solive qui reste saillante le plus qu'il est possible ; elle porte une poulie et » une corde, au moyen desquelles un homme lié par le milieu du corps descend tout le long » des rochers ; il tient une longue perche armée d'un crochet de fer, pour s'accrocher aux » rochers et se diriger à son gré ; à un signal, les hommes qui sont sur le rocher retirent » celui-ci, qui fait à chaque fois une récolte de cent ou deux cents œufs. La promenade se » continue tant qu'on trouve des œufs, ou tant qu'il est possible de supporter cette suspen- » sion qui devient très fatigante. Pendant cette chasse on voit les oiseaux s'envoler par mil- » liers, en poussant des cris affreux. Les habitants des endroits où cette chasse est prati- » cable en retirent un grand bénéfice ; car, outre les œufs, ils enlèvent aussi une grande » quantité de jeunes oiseaux, dont les uns servent de nourriture, et les autres donnent beau- » coup de plumes qui se vendent aux négociants danois. » Horrebow, *Description de l'Islande. Histoire générale des voyages*, t. XVIII, p. 22. — Pontoppidan ne décrit pas d'une manière moins effrayante la chasse aux œufs qui se fait également en Norvège. « Les cavités » où nichent les oiseaux se trouvent dans des rochers escarpés et sans pente tout le long » de la mer. Pour y grimper, un chasseur s'entoure le corps d'une corde, les autres chas- » seurs lui appuient une perche contre le dos pour l'aider à monter jusqu'à ce qu'il trouve » de quoi poser son pied et attacher sa corde, alors on retire la perche et un second esca- » lade de la même manière ; étant réunis, ils s'attachent tous deux à la même corde et » s'aident à monter plus haut au moyen d'un crochet de fer, en se poussant et se tirant » mutuellement. Les oiseaux se laissent prendre à la main sur leurs nids dans leurs cavernes, » et le produit de la chasse est jeté à ceux qui attendent au bas du rocher dans un bateau : » ces chasseurs sont quelquefois huit jours sans rejoindre leurs camarades, et souvent ils » roulent ensemble dans la mer. Lorsqu'il s'agit d'entrer dans le creux des montagnes, le » plus hardi chasseur se fait descendre par une corde du haut du rocher... Il a sur sa tête » un gros chapeau pour parer les pierres qui s'en détachent ; quand il veut entrer dans » quelque cavité, il appuie ses pieds contre la montagne, s'élance en arrière de toute sa » force, et dirige si bien son corps et la corde, qu'il entre tout droit dans la caverne. » (*Hist. nat. de Norvège*, par Pontoppidan, part. II. *Journal étranger*, mois de février 1757.)

(*b*) Voyez *Recueil de différents traités de physique et d'histoire naturelle*, par M. Deslandes, t. Ier, p. 163.

(*c*) Sarpsipock, « aves ad littus in sinum compellit, ubi includi possint. » (Egede, *Dictionnar. Groenland.* Hafniæ.)

isolés et perdus dans l'immense océan, où elle n'a pu faire parvenir les autres espèces dont elle a peuplé la surface de la terre (*a*). Les navigateurs ont trouvé les oiseaux en possession des îles désertes et de ces fragments du globe qui semblaient se dérober à l'établissement de la nature vivante (*b*). Ils se sont répandus du Nord jusqu'au Midi (*c*), et nulle part ils ne sont plus nombreux que sous les zones froides (*d*), parce que dans ces régions où la terre, dénuée, morte et ensevelie sous d'éternels frimas, refuse ses flancs glacés à toute fécondité, la mer est encore animée, vivante, et même très peuplée (*e*).

Aussi les voyageurs et les naturalistes ont-ils observé que, dans les régions du Nord, il y a peu d'oiseaux de terre, en comparaison de la quantité des oiseaux d'eau (*f*) : pour les premiers, il faut des végétaux, des graines, des fruits, dont la nature engourdie produit à peine dans ces climats quelques espèces faibles et rares ; les derniers ne demandent à la terre qu'un lieu de refuge, une retraite dans les tempêtes, une station pour les nuits, un ber-

(*a*) « A peine le vaisseau fut-il arrêté (à l'île de l'Ascension), que des milliers d'oiseaux » vinrent se percher sur les mâts et les cordages ; la chute de cinq cents qui furent tués dans » l'espace d'un quart d'heure n'empêchait pas que les autres ne continuassent de voltiger » autour du navire ; ils devinrent si importuns qu'ils mordaient les chapeaux et les bonnets » de vingt hommes qui descendirent au rivage. » (*Relation de Rennefort*, dans l'*Histoire générale des voyages*, t. VIII, p. 583.)

(*b*) « Nous observions ces rochers (à l'île de Pâques), dont l'aspect caverneux et la cou- » leur noire et ferrugineuse annonçaient les vestiges d'un feu souterrain. Nous en remar- » quâmes surtout deux, l'un ressemblait à une colonne ou obélisque énorme, et tous deux » étaient remplis d'une quantité innombrable d'oiseaux de mer, dont les cris discordants » assourdissaient nos oreilles. » (Forster, *Second voyage de Cook*, t. II, p. 184.)

(*c*) « Le canal (du détroit de Magellan au Port-Désiré) était, dans cet endroit, d'une lar- » geur à perte de vue ; on y aperçoit un certain nombre d'îles... Ce fut sur une de ces îles » que je descendis ; j'y trouvai un si grand nombre d'oiseaux, qu'au moment où ils s'envo- » lèrent le ciel en fut obscurci ; il est certain que nous ne pouvions faire un pas sans mar- » cher sur leurs œufs. » (*Voyage du commodore Byron*, p. 25.)

(*d*) M. Gmelin dit n'avoir jamais vu, dans aucun endroit du monde, un aussi grand nombre d'oiseaux rassemblés en troupes qu'à *Mangasca* (sur le Jénisca), c'était dans le mois de juin ; les plus nombreux étaient les oiseaux aquatiques, les oies de toutes espèces, les canards, les poules d'eau, les mouettes et les oiseaux de rivages, bécasses, plongeurs, etc. (*Histoire générale des voyages*, t. XVIII, p. 357.)

(*e*) « Les albatros nous quittèrent durant notre traversée au milieu des îles de glaces, » et nous n'en voyions qu'une seule de temps en temps. Les pintades, les coupeurs d'eau, » les petits oiseaux gris, les hirondelles, n'étaient pas non plus en aussi grand nombre ; d'un » autre côté, les pingouins commencèrent à paraître, car ce jour nous en vîmes deux. Malgré » la froideur du climat, nous observâmes constamment le pétrel blanc autour des masses de » glace, et on peut le regarder comme un avant-coureur qui annonce sûrement les glaces : » d'après sa couleur nous le prîmes pour le pétrel neigeux ; plusieurs baleines se montrèrent » aussi parmi la glace, et varièrent un peu la scène affreuse de ces parages... Nous ne pas- » sâmes pas moins de dix-huit îles de glaces, et nous vîmes de nouveaux pingouins. » (*Second voyage du capitaine Cook*, t. III, p. 94.)

(*f*) Voyez la *Fauna Suecica* de Linnæus ; l'*Ornithologia Borealis* de Brunnich ; la *Zoologia Danica* de Muller ; la même observation a lieu pour les régions du cercle antarctique. « On » ne trouve à la Terre-de-Feu que fort peu d'oiseaux de terre ; M. Banks n'en a vu aucun » plus gros que nos merles, mais les oiseaux d'eau y sont en grande abondance, particuliè- » rement les canards. » (*Premier voyage de Cook*, t. II, p. 288.)

ceau pour leur progéniture ; encore la glace, qui dans ces climats froids le dispute à la terre, leur offre-t-elle presque également tout ce qui est nécessaire pour des besoins si simples. MM. Cook et Forster ont vu, dans leurs navigations aux mers australes, plusieurs de ces oiseaux se poser, voyager et dormir sur des glaces flottantes comme sur la terre ferme (*a*) ; quelques-uns même y nichent avec succès (*b*). Que pourrait, en effet, leur offrir de plus un sol toujours gelé et qui n'est ni plus solide ni moins froid que ces montagnes de glace (*c*) ?

Ce dernier fait démontre que les oiseaux d'eau sont les derniers et les plus reculés des habitants du globe, dont ils connaissent mieux que nous les régions polaires ; ils s'avancent jusque dans les terres où l'ours blanc ne paraît plus, et sur les mers que les phoques, les morses et les autres amphibies ont abandonnées ; ils y séjournent avec plaisir pendant toute la saison des très longs jours de ces climats, et ne les quittent qu'après l'équinoxe de l'automne, lorsque la nuit, anticipant à grands pas sur la lumière du jour, bientôt l'anéantit et répand un voile continu de ténèbres, qui fait fuir ces oiseaux vers les contrées qui jouissent de quelques heures de jour. Ils nous arrivent ainsi pendant l'hiver et retournent à leurs glaces, en suivant la marche du soleil avant l'équinoxe du printemps.

(*a*) Voyez ci-après l'histoire des *pétrels* et des *pingouins*.

(*b*) « On rencontra un grand banc de glaces auquel on fut contraint d'amarrer (à la Nou- » velle-Zemble) ; quelques matelots montèrent dessus et firent un récit fort singulier de sa » figure ; il était tout couvert de terre au sommet, et l'on y trouva près de quarante œufs. » (*Relation de Heemskerke et Barentz,* dans *l'Histoire générale des Voyages,* t. XV, p. 116.)

(*c*) « Le 22 juillet, se trouvant proche du cap de Cant (à la Nouvelle-Zemble), on descendit » plusieurs fois à terre pour chercher des œufs d'oiseaux, les nids y étaient en abondance, » mais dans des lieux fort escarpés ; les oiseaux ne paraissaient point effrayés de la vue des » hommes, et la plupart se laissaient prendre à la main. Chaque nid n'avait qu'un œuf, qu'on » trouvait sur la roche, sans paille et sans plumes pour l'échauffer : spectacle étonnant pour » les Hollandais, qui ne comprirent point comment ces œufs pouvaient être couvés, et les » petits éclore dans un si grand froid. » (*Idem, ibidem,* p. 133.)

LA CIGOGNE (a) (b)

On vient de voir qu'entre les oiseaux terrestres qui peuplent les campagnes et les oiseaux navigateurs à pieds palmés qui reposent sur les eaux, on trouve la grande tribu des oiseaux de rivages, dont le pied sans membranes, ne pouvant avoir un appui sur les eaux, doit encore porter sur la terre, et dont le long bec, enté sur un long cou, s'étend en avant pour chercher la pâture sous l'élément liquide. Dans les nombreuses familles de ce peuple amphibie des rivages de la mer et des fleuves, celle de la cigogne (*), plus connue, plus célébrée qu'aucune autre, se présente la première ; elle est composée de deux espèces qui ne diffèrent que par la couleur, car, du reste, il semble que sous la même forme et d'après le même dessin, la

(a) Voyez les planches enluminées, nº 866.

(b) En grec, πελαργος ; en latin, *ciconia ;* en hébreu et en persan, *chasida ;* en arabe, *zakid*, selon Gessner ; *leklek* ou *legleg*, suivant le docteur Schaw ; en barbaresque, *bel-arje ;* en chaldéen, *chavarita, deiutha, macuarta* ; en illyrien, *cziap ;* en allemand et en anglais, *storck ;* en polonais, *bocian-czarni, bocian-snidi ;* en flamand, *ouweaer ;* en italien, *cigogna, zigogna*, et le petit *cicognino ;* en espagnol, *ciguenna ;* en vieux français, *cigongne* ou *cigoigne*. — *Cigongne*. Belon, *Hist. nat. des oiseaux*, p. 201. — *Ibis alba Herodoto*. Gessner : c'est faute d'avoir discuté une méprise d'Hérodote, ou plutôt de ses traducteurs, que Gessner tombe ici dans celle de faire de l'ibis blanc d'Hérodote une cigogne blanche. Voyez l'histoire de l'ibis. — *Ciconia*. Aldrovande, *Avi.*; t. III, p. 291. — Ray, *Synops. avi.*, p. 97. — Jonston, *Avi.*, p. 100 et tab. 50, deux figures peu exactes. — Schwenckfeld, *Avi. Siles.*, p. 234. — Prosp. Alpin. *Ægypt.*, vol. Ier, p. 199. — Marsigli. *Danub.*, t. V, p. 26. — Charleton, *Exercit.*, p. 108, nº 1. *Idem, Onomast.*, p. 102, nº 1. — Klein, *Avi.*, p. 125, nº 1. — Gessner, *Avi.*, p. 262, avec une figure peu ressemblante ; la même, *Icon. avi.*, p. 121. — *Ciconia alba*. Willughby, *Ornithol.*, p. 210, avec une figure empruntée de Jonston. — Rzaczynski, *Hist. nat. Polon.*, p. 274. — *Ardea alba remigibus nigris*. Linnæus, *Fauna Suecica*, nº 136. *Idem. Syst. nat.*, édit. X, gen. 76, sp. 7. — *Ciconia alba*. *Danis storck*. Muller, *Zool. Dan.*, nº 174. — Brunnich, *Ornithol. boréale.*, nº 154. — *Der storck*. Frisch, t. II, 12e div., 1 sect., pl. 3. — *Ardea*. Mœhring, *Avi.*, gen. 81. — *Cigogne ordinaire ou blanche*. Albin, t. II, p. 41, pl. 64. — « Ciconia alba, oculorum ambitu nudo, nigro ; remigibus nigricantibus rectricibus candidis... » *Ciconia alba*. Brisson, *Ornithol.*, t. V, p. 365.

(*) Les Cigognes (*Ciconia*) sont des Echassiers de la famille des Ciconiens. Leur corps est lourd ; leur bec long et épais, à bords tranchants et incurvés ; leurs jambes sont longues et grosses ; leurs doigts antérieurs sont courts, l'externe et le médian unis par une membrane dans toute l'étendue de la première phalange ; les ongles sont émoussés ; les ailes sont très longues, obtuses, avec les 3e, 4e et 5e rémiges plus longues que les autres et inégales entre elles ; la queue est courte, arrondie, formée de douze rectrices.

nature ait produit deux fois le même oiseau, l'un blanc et l'autre noir ; cette différence, tout le reste étant semblable, pourrait être comptée pour rien, s'il n'y avait pas entre ces deux mêmes oiseaux différence d'instinct et diversité de mœurs. La cigogne noire cherche les lieux déserts, se perche dans les bois, fréquente les marécages écartés et niche dans l'épaisseur des forêts. La cigogne blanche choisit, au contraire, nos habitations pour domicile ; elle s'établit sur les tours, sur les cheminées et les combles des édifices ; amie de l'homme, elle en partage le séjour et même le domaine ; elle pêche dans nos rivières, chasse jusque dans nos jardins, se place au milieu des villes, sans s'effrayer de leur tumulte (*a*) et partout, hôte respecté et bienvenu, elle paye par des services le tribut qu'elle doit à la société : plus civilisée, elle est aussi plus féconde, plus nombreuse et plus généralement répandue que la cigogne noire, qui paraît confinée dans certains pays, et toujours dans les lieux solitaires.

Cette cigogne blanche (*), moins grande que la grue, l'est plus que le héron ; sa longueur de la pointe du bec à l'extrémité de la queue est de trois pieds et demi, et, jusqu'à celle des ongles, de quatre pieds ; le bec de la pointe aux angles a près de sept pouces ; le pied en a huit ; la partie nue des jambes cinq, et l'envergure de ses ailes est de plus de six pieds : il est aisé de se la peindre ; le corps est d'un blanc éclatant, et les ailes sont noires, caractères dont les Grecs ont formé son nom (*b*) ; les pieds et le bec sont rouges, et son long cou est arqué : voilà ses traits principaux ; mais, en la regardant de plus près, on aperçoit sur les ailes des reflets violets et quelques teintes brunes : on compte trente pennes en développant l'aile ; elles forment une double échancrure, les plus près du corps étant presque aussi longues que les extérieures, et les égalant lorsque l'aile est pliée ; dans cet état les ailes couvrent la queue, et, lorsqu'elles sont ouvertes ou étendues pour le vol, les plus grandes pennes offrent une disposition singulière : les huit ou neuf premières se séparent les unes des autres et paraissent divergentes et détachées, de manière qu'il reste entre chacune un vide, ce qui ne se voit dans aucun autre oiseau ; les plumes du bas du cou sont blanches, un peu longues et pendantes, et par là les cigognes se rapprochent des hérons ; mais leur cou est plus court et plus épais ; le tour des yeux est nu et couvert d'une peau ridée d'un noir rougeâtre ; les pieds sont revêtus d'écailles en tables hexagones d'autant plus larges qu'elles sont placées plus haut ; il y a des rudiments de membranes entre le grand doigt et le doigt intérieur, jusqu'à la première articulation, et qui, s'étendant plus avant sur le doigt extérieur, semblent former la nuance par laquelle la nature passe des oiseaux à pieds

(*a*) Témoin ce nid de cigogne posé sur le temple de la Concorde au Capitole, dont parle Juvénal, *Sat.* I, vers. 116, et qu'on voit figuré sur des médailles d'Adrien.

(*b*) Πελόν αργόν.

(*) *Ciconia alba* (*Ardea Ciconia* L.).

divisés aux oiseaux à pieds réunis et palmés ; les ongles sont mousses, larges, plats, et assez approchants de la forme des ongles de l'homme.

La cigogne a le vol puissant et soutenu, comme tous les oiseaux qui ont des ailes très amples et la queue courte ; elle porte en volant la tête raide en avant et les pattes étendues en arrière comme pour lui servir de gouvernail (*a*) ; elle s'élève fort haut et fait de très longs voyages, même dans les saisons orageuses. On voit les cigognes arriver en Allemagne vers le 8 ou le 10 de mai (*b*) ; elles devancent ce temps dans nos provinces. Gessner dit qu'elles précèdent les hirondelles et qu'elles viennent en Suisse dans le mois d'avril et quelquefois plus tôt ; elles arrivent en Alsace au mois de mars, et même dès la fin de février ; leur retour est partout d'un agréable augure, et leur apparition annonce le printemps : aussi elles semblent n'arriver que pour se livrer aux tendres émotions que cette saison inspire. Aldrovande peint avec chaleur les signes de joie et d'amour, les empressements et les caresses du mâle et de la femelle, arrivés sur leur nid après un long voyage (*c*) ; car les cigognes reviennent constamment aux mêmes lieux, et si le nid est détruit, elles le reconstruisent de nouveau avec des brins de bois et d'herbes de marais, qu'elles entassent en grande quantité : c'est ordinairement sur les combles élevés, sur les créneaux des tours, et quelquefois sur de grands arbres, au bord des eaux ou à la pointe d'un rocher escarpé, qu'elles le posent (*d*). En France, du temps de Belon, on plaçait des roues au haut des toits pour engager ces oiseaux à y faire leur nid ; cet usage subsiste encore en Allemagne et en Alsace, et l'on dispose en Hollande, pour cela, des caisses carrées aux faîtes des édifices (*e*).

Dans l'attitude du repos, la cigogne se tient sur un pied, le cou replié, la tête en arrière et couchée sur l'épaule ; elle guette les mouvements de quelques reptiles qu'elle fixe d'un œil perçant : les grenouilles, les lézards, les couleuvres et les petits poissons sont la proie qu'elle va chercher dans les marais, ou sur les bords des eaux et dans les vallées humides (*).

(*a*) « Atque hæ (longicaudæ) ad ventrem contractos in volatu pedes habent : parviclunes » porrectos. » Aristot., lib. II, cap. XV. *Ex. recens. Scaligeri.*

(*b*) Klein, *De avibus erratic. et migrat.*

(*c*) « Ubi jam nido appulere... dii boni, quam dulcissima salutatio ! quanta ob felicem ad- » ventum gratulatio ! quos complexus ! quam mellita cernas oscula ! atque interiùs leves susurri » quidam audiuntur. » Aldrovande, *Avi.*, t. III, p. 298.

(*d*) C'est en ce sens qu'il faut entendre ce que dit Varron, qu'elle niche à la campagne : *in tecto, ut hirundines; in agro, ut ciconia*, puisqu'il observe ailleurs lui-même, au sujet de l'arrivée de la cigogne en Italie, qu'elle s'établit de préférence sur les édifices.

(*e*) Lady Montagu, dans ses lettres, n° 32, dit qu'à Constantinople, les cigognes nichent par terre dans les rues : si elle ne s'est pas trompée sur l'espèce de ces oiseaux, il faut que la sauve-garde dont jouit la cigogne en Turquie l'ait singulièrement enhardie ; car dans nos contrées les points de positions qu'elle préfère sont toujours les plus inaccessibles, qui dominent tout ce qui environne, et ne permettent pas de voir dans son nid.

(*) D'après Lenz, cité par Brehm, « quand elle a très faim elle avale souvent de petits serpents sans les avoir préalablement frappés ; ceux-ci s'agitent longtemps encore dans son

Elle marche comme la grue, en jetant le pied en avant par grands pas mesurés ; lorsqu'elle s'irrite ou s'inquiète, et même quand l'amour l'agite, elle fait claqueter son bec d'un bruit sec et réitéré que les anciens avaient rendu par des mots imitatifs, *crepitat*, *glotterat* (*a*), et que Pétrone exprime fort bien en l'appelant un bruit de *crotales* (*b*) ; elle renverse alors la tête, de manière que la mandibule inférieure se trouve en haut, et que le bec est couché presque parallèlement sur le dos : c'est dans cette situation que les deux mandibules battent vivement l'une contre l'autre ; mais à mesure qu'elle redresse le cou, le claquement se ralentit et finit lorsqu'il a repris sa position naturelle. Au reste, ce bruit est le seul que la cigogne fasse entendre, et c'est apparemment de ce qu'elle paraît muette, que les anciens avaient pensé qu'elle n'avait point de langue (*c*) ; il est vrai que cette langue est courte et cachée à l'entrée du gosier, comme dans toutes les espèces d'oiseaux à long bec, qui ont aussi une manière particulière d'avaler en jetant les aliments, par un certain tour de bec, jusque dans la gorge. Aristote fait une autre remarque au sujet de ces oiseaux à cou et bec très longs, c'est qu'ils rendent tous une fiente plus liquide (*d*) que celle des autres oiseaux.

La cigogne ne pond pas au delà de quatre œufs, et souvent pas plus de deux, d'un blanc sale et jaunâtre, un peu moins gros, mais plus allongés que ceux de l'oie ; le mâle les couve dans le temps que la femelle va chercher sa pâture ; les œufs éclosent au bout d'un mois ; le père et la mère redoublent alors d'activité pour porter la nourriture à leurs petits, qui la reçoivent en se dressant et rendant une espèce de sifflement (*e*). Au reste, le père et la mère ne s'éloignent jamais du nid tous deux ensemble ; et tandis que l'un est à la

(*a*) Quæque salutato crepitat concordia nido.
JUVÉNAL, *Sat.* 1 c.

Glotterat immenso de turre ciconia rostro.
AUT. PHILOMEL.

(*b*) *Crotalistria.* Épithète donnée déjà, dans Publius Syrus, à la cigogne.

(*c*) « Sunt qui ciconiis non inesse linguas confirment. » Plin., liv. x, cap. xxxi. — On le croyait encore du temps du Mantouan, sur la foi des anciens, car en décrivant l'arrivée de la cigogne, annonce du printemps, il dit : « Elingui venit alba ciconia rostro. »

(*d*) *Hist. animal.*, lib. ii, cap. xxii.

(*e*) Ælien a dit que la cigogne vomit à ses petits leur nourriture, ce qu'il ne faut point entendre d'aliments déjà en partie digérés, mais de la proie récente qu'elle dégorge de l'œsophage, et peut même rendre de son estomac, dont l'ouverture est assez large pour en permettre la sortie. Voyez l'observation de Peyerus : « De ciconiæ ventre et affinitate quadam » cum ruminantibus. » *Ephem. Nat. curios.* dec. 2, ann. 2, obs. 97. Voyez aussi deux descriptions anatomiques de la cigogne, l'une de Schelhammer, *Collect. acad.*, partie étrangère, vol. IV, observ. 109 ; et l'autre d'Olaüs Jacobæus, *idem*, observ. 94.

œsophage, et s'échappent souvent quand elle baisse la tête pour prendre une nouvelle proie ; aussi quand plusieurs serpents se trouvent devant elle, la chasse qu'elle leur fait est fort divertissante. Elle aime beaucoup les vipères, seulement, avant de les avaler, elle les assomme en les frappant vigoureusement et à coups redoublés sur la tête. Si le serpent venimeux la mord elle en souffre quelques jours, mais elle se remet bientôt. »

chasse, on voit l'autre se tenir aux environs, debout sur une jambe, et l'œil toujours à ses petits. Dans le premier âge, ils sont couverts d'un duvet brun ; n'ayant pas encore assez de force pour se soutenir sur leurs jambes minces et grêles, ils se traînent dans le nid sur leurs genoux (*a*) ; lorsque leurs ailes commencent à croître, ils s'exercent à voleter au-dessus du nid ; mais il arrive souvent que dans cet exercice quelques-uns tombent et ne peuvent plus se relever : ensuite, lorsqu'ils commencent à se hasarder dans les airs, la mère les conduit et les exerce par de petits vols circulaires autour du nid, où elle les ramène ; enfin les jeunes cigognes déjà fortes prennent leur essor, avec les plus âgées, dans les derniers jours d'août, saison de leur départ. Les Grecs avaient marqué leur rendez-vous dans une plaine d'Asie nommée la *plage aux serpents*, où elles se rassemblaient (*b*) comme elles se rassemblent encore dans quelques endroits du Levant (*c*), et même dans nos provinces d'Europe, comme dans le Brandebourg et ailleurs.

Lorsqu'elles sont assemblées pour le départ, on les entend claqueter fréquemment, et il se fait alors un grand mouvement dans la troupe : toutes semblent se chercher, se reconnaître et donner l'avis du départ général, dont le signal dans nos contrées est le vent du nord. Elles s'élèvent toutes ensemble, et dans quelques instants se perdent au haut des airs. Klein raconte qu'appelé pour voir ce spectacle, il le manqua d'un moment, et que tout était déjà disparu (*d*) : en effet, ce départ est d'autant plus difficile à observer qu'il se fait en silence (*e*), et souvent dans la nuit (*f*). On prétend avoir remarqué que dans leur passage, avant de tenter le trajet de la Méditerranée, les cigognes s'abattent en grand nombre aux environs d'Aix (*g*) en Provence. Au reste, il paraît que ce départ se fait plus tard dans les pays chauds, puisque Pline dit *qu'après le départ de la cigogne il n'est plus temps de semer* (*h*).

(*a*) Observation de M. l'évêque Gunner, vol. Ier, n° 8, p. 203 de la traduction allemande des *Mémoires de la Société de Drontheim.*

(*b*) « Pythonos comen, quasi serpentium pagum, vocant in Asiâ, patentibus campis, ubi » congregatæ inter se commurmurant, eamque quæ novissima advenit lacerant, atque ità » abeunt. Notatum post idus augustas non temere visas ibi. » Plin., lib. x, cap xxxi. — *Nota.* D'après ce passage, il semble que l'assemblée des cigognes ne se passe pas sans tumulte et même sans combats, mais qu'elles *déchirent la dernière arrivée,* comme le dit Pline ; ce trait est sans doute une fable.

(*c*) On remarque que les cigognes, avant que de passer d'un pays dans un autre, s'assem- » blent quinze jours auparavant, de tous les cantons voisins, dans une plaine, y formant une » fois par jour une espèce de *divan,* comme on parle dans le pays, comme pour fixer le temps » précis de leur départ, et le lieu où elles se retirent. » (*Voyage de Shaw.* La Haye, 1743, t. II, p. 167.)

(*d*) *De avibus erratic. et migrat.*

(*e*) Belon dit qu'il n'est point remarqué, parce qu'elles volent sans bruit et sans jeter de cris, au contraire des grues et des oies sauvages qui crient beaucoup en volant.

(*f*) « Nemo vidit agmen discedentium, cùm discessurum appareat ; nec venire, sed venisse » cernimus ; utrumque nocturnis fit temporibus. » Plin., lib. x, cap. xxxi.

(*g*) Aldrovande.

(*h*) « Post ciconiæ discessum malè seri. » (Plin., lib. viii, cap. xli.)

Quoique les anciens eussent remarqué les migrations des cigognes (*a*), ils ignoraient quels lieux elles allaient habiter; mais quelques voyageurs modernes nous ont fourni sur cela de bonnes observations (*) : ils ont vu en automne les plaines de l'Égypte toutes couvertes de ces oiseaux. « Il est tout arrêté, » dit Belon, que les cigognes se tiennent l'hiver au pays d'Égypte et d'Afrique, » car nous avons témoings d'en avoir vu les plaines d'Égypte blanchir, tant il » y en avoit dès les mois de septembre et octobre : parce qu'étant là durant » et après l'inondation, n'ont faute de pâture; mais trouvant là l'été intolérable » pour sa violente chaleur, viennent en nos régions, qui lors leur sont tem- » pérées, et s'en retournent en hiver pour éviter la froidure trop excessive : » en ce contraire aux grues, car les grues et oies nous viennent voir en » hiver lorsque les cigognes en sont absentes (*b*). » Cette différence très remarquable provient de celle des régions où séjournent ces oiseaux; les grues et les oies arrivent du Nord, dont elles fuient les grands hivers; les cigognes partent du Midi pour en éviter les ardeurs (*c*).

Belon dit aussi les avoir vues hiverner à l'entour du mont Amanus, vers Antioche, et passer sur la fin d'août vers Abydus, en troupes de trois ou quatre mille, venant de la Russie et de la Tartarie; elles traversent l'Hellespont, puis, se divisant à la hauteur de Ténédos, elles partent en pelotons, et vont toutes vers le Midi (*d*).

Le docteur Shaw a vu du pied du mont Carmel le passage des cigognes de l'Égypte en Asie, vers le milieu d'avril 1722 : « Notre vaisseau, dit ce » voyageur, étant à l'ancre sous le mont Carmel, je vis trois vols de cigo- » gnes, dont chacun fut plus de trois heures à passer, et s'étendait plus d'un » demi-mille en largeur (*e*). » Maillet dit avoir vu les cigognes descendre,

(*a*) Jérémie, VIII, 7.

(*b*) *Histoire naturelle des oiseaux*, p. 201.

(*c*) Plusieurs auteurs ont prétendu que les cigognes ne s'éloignaient point l'hiver, et le passaient cachées dans des cavernes ou même plongées au fond des lacs. C'était l'opinion commune du temps d'Albert le Grand. Klein fait la relation de deux cigognes tirées de l'eau dans des étangs près d'Elbin (*De avibus errat. et migrat. ad calcem*). Gervais de Tillebury (*Epist. ad Othon. IV*), parle d'autres cigognes qu'on trouva pelotonnées dans un lac vers Arles; Mérula, dans Aldrovande, de celles que des pêcheurs tirèrent du lac de Côme; et Fulgose, d'autres qui furent pêchées près de Metz (*Memorab.*, lib. I. cap. VI). Martin Schoockius, qui a écrit sur la cigogne un opuscule imprimé à Groningue en 1648, appuie ces témoignages; mais l'histoire des migrations de la cigogne est trop bien connue, pour n'attribuer qu'à des accidents les faits dont nous venons de faire mention, si pourtant on peut les regarder comme certains. Voyez cette question et l'examen de tout ce qu'on a dit sur les oiseaux que l'on prétend passer l'hiver dans l'eau, plus amplement discutés à l'article *hirondelle*.

(*d*) Belon. *Observations*, page 79.

(*e*) Il ajoute : « Ces cigognes venaient de l'Égypte parce que les canaux du Nil et les » marais qu'ils forment tous les ans, par son débordement, étant desséchés, elles se retirent

(*) D'après Brehm, les Cigognes poussent leurs voyages jusque dans le centre de l'Afrique; il ajoute que, pendant leurs migrations, elles ne s'arrêtent pas dans les pays qu'elles traversent mais vont directement jusqu'au terme de leur voyage.

sur la fin d'avril, de la haute Égypte, et s'arrêter sur les terres du Delta, que l'inondation du Nil leur fait bientôt abandonner (*a*).

Ces oiseaux, qui passent ainsi de climats en climats, ne connaissent point les rigueurs de l'hiver ; leur année est composée de deux étés, et ils goûtent aussi deux fois les plaisirs de la saison des amours : c'est une particularité très intéressante de leur histoire, et Belon l'assure positivement de la cigogne, qui, dit-il, fait ses petits pour la seconde fois en Égypte.

On prétend qu'on ne voit pas de cigognes en Angleterre, à moins qu'elles n'y arrivent par quelque tempête. Albin remarque comme chose singulière deux cigognes qu'il vit à Edger en Middlesex (*b*), et Willughby dit que celle dont il donne la figure lui avait été envoyée de la côte de Norfolk, où elle était tombée par hasard. Il n'en paraît pas non plus en Écosse, si l'on en juge par le silence de Sibbald. Cependant la cigogne se porte assez avant dans les contrées du nord de l'Europe ; elle se trouve en Suède, suivant Linnæus, et surtout en Scanie, en Danemark, en Sibérie, à Mangasca, sur le Jénisca, et jusque chez les Jakutes (*c*). On voit aussi des cigognes en très grand nombre dans la Hongrie (*d*), la Pologne et la Lithuanie (*e*) ; on les rencontre en Turquie, en Perse, où Bruyn a remarqué leur nid, figuré sur les ruines de Persépolis ; et même, si l'on en croit cet auteur, la cigogne se trouve dans toute l'Asie, à l'exception des pays déserts, qu'elle semble éviter, et des terrains arides où elle ne peut vivre.

Aldrovande assure qu'il ne se trouve point de cigognes dans le territoire de Bologne (*f*) ; elles sont même rares dans toute l'Italie, où Willughby, pendant un séjour de vingt-huit ans, n'en a vu qu'une fois, et où Aldrovande avoue n'en avoir jamais vu. Cependant il paraît, par les témoignages de Pline et de Varron, qu'elles y étaient communes autrefois ; et l'on ne peut guère douter que dans leur voyage d'Allemagne en Afrique, ou dans leur retour, elles ne passent sur les terres de l'Italie et sur les îles de la Méditerranée. Kæmpfer (*g*) dit que la cigogne demeure toute l'année au Japon ; ce

» au nord-est. » (*Voyage de Shaw*, t. II, p. 167.) Mais cet auteur se trompe ; les cigognes fuyaient plutôt l'inondation qui couvre tout le pays, dès la fin d'avril, le fleuve n'ayant plus de rives.

(*a*) Quelques corneilles se mêlent parfois aux cigognes dans leur passage, ce qui a donné lieu à l'opinion qu'on trouve dans saint Basile et dans Isidore, que les corneilles servent de guides dans le voyage et d'escorte aux cigognes. Les anciens ont aussi beaucoup parlé des combats de la cigogne contre les corbeaux, les geais et d'autres espèces d'oiseaux, lorsque leurs troupes repassant de la Libye et de l'Égypte, elles se rencontrent vers la Lycie et le fleuve du Xanthe.

(*b*) Tome II, page 41.

(*c*) Gmelin, *Voyage en Sibérie*, t. II, p. 56, et *Histoire générale des Voyages*, t. XVIII, page 300.

(*d*) Marsil., *Danub.*, t. V.

(*e*) Klein, *De avibus erratic.*, page 160.

(*f*) « Caret ager noster his avibus. »

(*g*) Tome Ier, page 113.

serait le seul pays où elle serait stationnaire ; dans tous les autres, comme dans nos contrées, elle arrive et repart quelques mois après. La Lorraine et l'Alsace sont les provinces de France où les cigognes passent en plus grande quantité ; elles y font même leurs nids, et il est peu de villes ou de bourgs dans la basse Alsace où l'on ne voie quelques nids de cigogne sur les clochers.

La cigogne est d'un naturel assez doux ; elle n'est ni défiante ni sauvage, et peut se priver aisément et s'accoutumer à rester dans nos jardins, qu'elle purge d'insectes et de reptiles ; il semble qu'elle ait l'idée de la propreté, car elle cherche les endroits écartés pour rendre ses excréments ; elle a presque toujours l'air triste et la contenance morne ; cependant elle ne laisse pas de se livrer à une certaine gaieté, quand elle y est excitée par l'exemple, car elle se prête au badinage des enfants, en sautant et jouant avec eux (*a*) ; en domesticité, elle vit longtemps et supporte la rigueur de nos hivers (*b*).

L'on attribue à cet oiseau des vertus morales dont l'image est toujours respectable : la tempérance, la fidélité conjugale (*c*)(*), la piété filiale et paternelle (*d*). Il est vrai que la cigogne nourrit très longtemps ses petits, et ne les quitte pas qu'elle ne leur voie assez de force pour se défendre et se pourvoir d'eux-mêmes ; que, quand ils commencent à voleter hors du nid et à s'essayer dans les airs, elle les porte sur ses ailes ; qu'elle les défend dans les dangers, et qu'on l'a vue, ne pouvant les sauver, préférer de périr avec eux plutôt que de les abandonner (*e*) ; on l'a même vue donner des marques

(*a*) « J'ai vu dans un jardin, où des enfants jouaient à la cligne-musette, une cigogne » privée se mettre de la partie, courir à son tour, quand elle était touchée, et distinguer très » bien l'enfant qui était en tour de poursuivre les autres pour s'en donner de garde. » Notes sur la cigogne, communiquées par M. le docteur Hermann, de Strasbourg.

(*b*) Ger. Nic. Heerkens, Hollandais de Croningue, qui fait un petit poème latin sur la cigogne, dit en avoir nourri une pendant quinze ans, et il parle d'une autre qui vécut vingt et un ans dans le marché au poisson d'Amsterdam, et fut enterrée avec solennité par le peuple. Voyez aussi l'observation d'Olaus Borrichius sur une cigogne âgée de vingt-deux ans, et qui était devenue goutteuse. (*Collection académique*, partie étrangère, t. IV, p. 531.)

(*c*) « Il y a aux environs de Smyrne un grand nombre de cigognes qui y font leur nid et » y couvent ; les habitants se font un amusement de mettre les œufs de poule dans un nid de » cigogne : lorsque les poussins sont éclos, le mâle de la cigogne, en voyant ces figures étran- » gères, fait un bruit affreux, attire par là autour du nid une multitude d'autres cigognes qui » tuent la femelle à coups de bec, pendant que le mâle pousse des cris lamentables. » (*Annual register*, ann. 1768.)

(*d*) D'où vient que Pétrone l'appelle *pietati cultrix*.

(*e*) Voyez dans Hadrien Junius (*Annal. Batav.* ad ann. 1536) l'histoire, fameuse en Hollande, de la cigogne de Delft, qui, dans l'incendie de cette ville, après s'être inutilement efforcée d'enlever ses petits, se laissa brûler avec eux.

(*) Les Cigognes sont considérées comme s'accouplant pour la durée de leur vie. « Cependant, dit Brehm, on connaît des cas où la Cigogne femelle a cédé à des mâles étrangers ; on a vu parfois un mâle célibataire fondre sur un autre plus fortuné, montant la garde près de son aire, le tuer à coups de bec et la femelle se donner immédiatement à lui. »

d'attachement et même de reconnaissance pour les lieux et pour les hôtes qui l'ont reçue. On assure l'avoir entendue claqueter en passant devant les portes, comme pour avertir de son retour, et faire en partant un semblable signe d'adieu (*a*); mais ces qualités morales ne sont rien en comparaison de l'affection que marquent et des tendres soins que donnent ces oiseaux à leurs parents trop faibles ou trop vieux (*b*). On a souvent vu des cigognes jeunes et vigoureuses apporter de la nourriture à d'autres qui, se tenant sur le bord du nid, paraissaient languissantes et affaiblies, soit par quelque accident passager, soit que réellement la cigogne, comme l'ont dit les anciens, ait le touchant instinct de soulager la vieillesse, et que la nature, en plaçant jusque dans des cœurs bruts ces pieux sentiments auxquels les cœurs humains ne sont que trop souvent infidèles, ait voulu nous en donner l'exemple. La loi de nourrir ses parents fut faite en leur honneur, et nommée de leur nom chez les Grecs : Aristophane en fait une ironie amère contre l'homme (*c*).

Ælien assure que les qualités morales de la cigogne étaient la première cause du respect et du culte des Égyptiens pour elle (*d*) ; et c'est peut-être un reste de cette ancienne opinion qui fait aujourd'hui le préjugé du peuple, qui est persuadé qu'elle apporte le bonheur à la maison où elle vient s'établir (*).

Chez les anciens, ce fut un crime de donner la mort à la cigogne, ennemie des espèces nuisibles. En Thessalie, il y eut peine de mort pour le meurtre d'un de ces oiseaux, tant ils étaient précieux à ce pays qu'ils pur-

(*a*) Aldrovande.

(*b*) « Multos authores habet fama quæ de ciconiis circumfertur, parentibus à liberis educa» tionisg ratiam referri. » (Aristot. *Hist. animal.*, lib. IX, cap. XX.)—« Ciconiæ senes, impotes » volandi, nido se continent, ex his prognatæ terrâ marique volitant, et cibos parentibus affe» runt, sic illæ, ut earum ætate dignum est, quiete fruuntur et copiâ : juniores vero laborem » solantur pietate, ac spe recipiendæ in senectute gratiæ. » Philo. — « Genitricum senectam » invicem alunt. » (Plin., lib. X, cap. XXXI.) — Voyez Plutarque, et tous les anciens cités dans Aldrovande.

(*c*) « Nobis vetusta lex viget, ciconiarum inscripta tabulis. » *In Avib.*

(*d*) Alexandre de Myndes, dans Ælien, dit que les cigognes cassées de vieillesse se rendent à certaines îles de l'Océan, et là, en récompense de leur piété, sont changées en hommes. Dans les augures, l'apparition de la cigogne signifiait union et concorde (Alexand. ab Alex., *Genial. dies*) ; son départ, dans une calamité, était du plus funeste présage : Paul Diacre dit qu'Attila s'attacha à la prise d'Aquilée dont il allait lever le siège, ayant vu des cigognes s'enfuir de la ville emmenant leurs petits (voyez Æneas Sylvius, *Epist.* II). Dans les hiéroglyphes, elle signifiait piété et bienfaisance, vertus que son nom exprime dans une des plus anciennes langues (*chasida*, en hébreu, *pia, benefica*, suivant Bochart ; *chazir pius ; beneficus*), et dont on la voit souvent l'emblème, comme sur ces deux belles médailles de L. Antonius, données dans Fulvius Ursinus, et sur deux autres de Q. Metellus, surnommé le Pieux au rapport de Paterculc.

(*) La Cigogne a cependant quelques défauts qui compensent les qualités dont parle Buffon ; elle mange volontiers les jeunes de sa propre espèce. Quand elle part pour émigrer, elle tue les malades et les individus qui refusent de suivre la troupe.

geaient des serpents (*a*). Dans le Levant, on conserve encore une partie de ce respect pour la cigogne (*b*) ; on ne la mangeait pas chez les Romains ; un homme qui, par un luxe bizarre, s'en fit servir une, en fut puni par les railleries du peuple (*c*). Au reste, la chair n'en est pas assez bonne pour être recherchée (*d*), et cet oiseau, né notre ami et presque notre domestique, n'est pas fait pour être notre victime.

LA CIGOGNE NOIRE (*e*) (*f*)

Quoique, dans toutes les langues, cet oiseau soit désigné par la dénomination de *cigogne noire* (*), cependant c'est plutôt par opposition au blanc éclatant de la cigogne blanche que pour la vraie teinte de son plumage, qui est généralement d'un brun mêlé de belles couleurs changeantes, mais qui de loin paraît noir.

Elle a le dos, le croupion, les épaules et les couvertures des ailes de ce brun changeant en violet et en vert doré ; la poitrine, le ventre, les cuisses en plumes blanches, ainsi que les couvertures du dessous de la queue, qui est composée de douze plumes d'un brun à reflets violets et verts ; l'aile est formée de trente pennes d'un brun changeant avec reflets, où le vert dans

(*a*) Plin., lib. x, cap. xxxi.

(*b*) « Les mahométans ont la cigogne, qu'ils appellent *bel-arje*, en grande estime et véné- » ration ; elle est presque aussi sacrée chez eux que l'ibis l'était chez les Égyptiens ; et on » regarderait comme profane un homme qui en tuerait ou qui leur ferait seulement de la » peine. » (*Voyage de Shaw*, t. II, p. 168.)

(*c*) Comme l'atteste cette ancienne épigramme.

Ciconiarum Rufus iste conditor
Plancis duobus est hic elegantio
Suffragiorum puncta septem non tulit :
Ciconiarum populus mortem ultus est.

(*d*) « Cornelius Nepos, qui divi Augusti principatu obiit, cùm scriberet turdos paulo ante » coeptos saginari, addidit, ciconias magis placere quàm grues : cùm hæ nunc ales inter pri- » marias expetatur, illam nemo velit attigisse. » Plin., lib. x.

(*e*) Voyez les planches enluminées, n° 399, sous le nom de *Cigogne brune*.

(*f*) *Ciconia nigra*. Gessner, *Avi.*, p. 273. *Idem, Icon. avi.*, p. 122, avec une mauvaise figure. — Aldrovande, *Avi.*, t. III, p. 310. — Schwenckfeld, *Avi. Siles.*, p. 236. — Jonston, *Avi.*, p. 101. — Willughby, *Ornithol.*, p. 211. — Klein, *Avi.*, p. 125, n° 2. — Ray, *Synops. avi.*, p. 97, n° 2. — Rzaczynski, *Auctuar.*, p. 372. — « Ardea ventre subalbo, dorso nigro. » Barrère, *Ornithol.*, clas. 4, gen. 1, sp. 9. — « Ardea nigra pectore abdomineque albo... » *Ciconia nigra*. Linnæus, *Syst. nat.*, édit X, gen. 76, sp. 8. *Idem, Fauna Suec.*, n° 135. — *Der schwartze Storch*. Frisch. vol. II, div. 12, sect. 1, pl. 4. — *Cigogne noire*. Belon, *Portraits d'oiseaux*, avec une figure très fautive. — Une autre, et aussi mal coloriée dans Albin, t. III, pl. 82. — « Ciconia supernè fusca, violaceo et viridi aureo varians, infernè alba ; » gutture et collo fuscis, maculis candicantibus variegatis ; rectricibus fuscis, violaceo et » viridi colore variantibus... » *Ciconia fusca*. Brisson, *Ornithol.*, t. V, p 362.

(*) *Ciconia nigra* (*Ardea nigra* L.).

les dix premières est plus fort, et le violet dans les vingt autres ; les plumes de l'origine du cou sont d'un brun lustré de violet, lavées de grisâtre à la pointe ; la gorge et le cou sont couverts de petites plumes brunes, terminées par un point blanchâtre ; ce caractère cependant manque à plusieurs individus ; le haut de la tête est d'un brun mêlé d'un lustre de violet et de vert doré ; une peau très rouge entoure l'œil ; le bec est rouge aussi, et la partie nue des jambes, les pieds et les ongles sont de cette même couleur ; en quoi néanmoins il paraît y avoir de la variété, quelques naturalistes, comme Willughby, faisant le bec verdâtre ainsi que les pieds : la taille est de très peu au-dessous de celle de la cigogne blanche ; l'envergure des ailes est de cinq pieds six pouces.

Sauvage et solitaire, la cigogne noire fuit les habitations et ne fréquente que les marais écartés ; elle niche dans l'épaisseur des bois, sur de vieux arbres, particulièrement sur les plus hauts sapins ; elle est commune dans les Alpes en Suisse : on la voit au bord des lacs, guettant sa proie, volant sur les eaux, et quelquefois s'y plongeant rapidement pour saisir un poisson. Cependant elle ne se borne pas à pêcher pour vivre ; elle va recueillant les insectes dans les herbages et les prés des montagnes : on lui trouve dans les intestins des débris de scarabées et de sauterelles ; et lorsque Pline a dit qu'on avait vu l'ibis dans les Alpes, il a pris la cigogne noire pour cet oiseau d'Égypte.

On la trouve en Pologne (*a*), en Prusse et en Lithuanie (*b*), en Silésie (*c*) et dans plusieurs autres endroits de l'Allemagne (*d*) ; elle s'avance jusqu'en Suède (*e*), partout cherchant les lieux marécageux et déserts. Quelque sauvage qu'elle paraisse, on la captive, et même on la prive jusqu'à un certain point ; Klein assure en avoir nourri une pendant quelques années dans un jardin. Nous ne sommes pas assurés par témoins qu'elle voyage comme la cigogne blanche, et nous ignorons si les temps de ses migrations sont les mêmes ; cependant il y a tout lieu de le croire, car elle ne pourrait trouver sa nourriture pendant l'hiver, même dans nos contrées.

L'espèce en est moins nombreuse et moins répandue que celle de la cigogne blanche ; elle ne s'établit guère dans les mêmes lieux (*f*), mais semble

(*a*) Rzaczynski.

(*b*) Klein, *Avi.*, p. 125.

(*c*) Schwenckfeld, *Avi. Siles.*, p. 236.

(*d*) Willughby, *Ornithol.*, p. 211. Elle est fort rare dans toutes ces contrées. — « Ciconiæ » nigræ, rostris et pedibus rubris instructæ, rarissimæ ; in sylvis vastis texentes nidos ; visæ » in palatinatu Cracoviensi, Pomraniâ, Lithuanâ, Polesiâ. » Rzaczynski. *Hist. nat. Polon.*, p. 275. Ce même auteur, dans son *Auctuarium*, p. 372, distingue cette cigogne, qui est, dit-il, *toute noire*, de notre cigogne brune ; il paraît cependant que ce n'en est qu'une variété, ou bien cette cigogne absolument noire nous est inconnue, comme à tous les naturalistes, à moins que ce ne soit le héron noir de Schwenckfeld.

(*e*) Linnæi *Fauna Suecica.*

(*f*) La cigogne brune ne fait que passer en Lorraine, et ne s'y arrête pas. Note communiquée par M. Lottinger.

la remplacer dans les pays qu'elle a négligé d'habiter. En remarquant que la cigogne noire est très fréquente en Suisse, Wormius ajoute qu'elle est tout à fait rare en Hollande, où l'on sait que les cigognes blanches sont en très grand nombre (*a*) ; cependant la cigogne noire est moins rare en Italie que la blanche, et on la voit assez souvent, au rapport de Willughby (*b*), avec d'autres oiseaux de rivage, dans les marchés de Rome, quoique sa chair soit de mauvais suc, d'un fort goût de poisson et d'un fumet sauvage.

OISEAUX ÉTRANGERS

QUI ONT RAPPORT A LA CIGOGNE

LE MAGUARI (*c*)

Le maguari (*) est un grand oiseau des climats chauds de l'Amérique, dont Marcgrave a parlé le premier. Il est de la taille de la cigogne, et, comme elle, il claquette du bec, qu'il a droit et pointu, verdâtre à la racine, bleuâtre à la pointe, et long de neuf pouces ; tout le corps, la tête, le cou et la queue sont en plumes blanches un peu longues et pendantes au bas du cou ; les pennes et les grandes couvertures de l'aile sont d'un noir lustré de vert, et, quand elle est pliée, les pennes les plus proches du corps égalent les extérieures, ce qui est ordinaire dans tous les oiseaux de rivage ; le tour des yeux du maguari est dénué de plumes et couvert d'une peau d'un rouge vif ; sa gorge est de même garnie d'une peau qui peut s'enfler et former une poche ; l'œil est petit et brillant, l'iris en est d'un blanc argenté ; la partie nue de la jambe et les pieds sont rouges ; les ongles, de même couleur, sont larges et plats. Nous ignorons si cet oiseau voyage comme la cicogne, dont il paraît être le représentant dans le nouveau monde ; la loi du climat paraît l'en dispenser, et même tous les autres oiseaux de ces contrées, où des saisons toujours égales, et la terre sans cesse féconde, les retiennent sans besoin et sans aucun désir de changer de climat. Nous ignorons de même

(*a*) *Mus. Worm.*, p. 306.

(*b*) Jo. Linnæus, *Annot. in Recchum.*

(*c*) *Maguari Brasiliensibus.* Marcgrave, *Hist. nat. Brasil.*, p. 204. — Jonston, *Avi.*, p. 130. — *Ciconia Americana.* Klein, *Avi.*, p. 125, nº 3. — Willughby, *Ornithol.*, p. 211. — Ray, *Synops. avi.*, p. 97, nº 3. — « Ciconia albâ ; oculorum ambitu nudo, coccineo ; » tectricibus caudæ superioribus nigris ; remigibus nigro-virescentibus ; rectricibus can- » didis... » *Ciconia Americana.* (Brisson, *Ornithol.*, t. V, p. 369.)

(*) *Ardea Maguari* L.

les autres habitudes naturelles de cet oiseau et presque tous les faits qui ont rapport à l'histoire naturelle des vastes régions du nouveau monde; mais doit-on s'en plaindre ou même s'en étonner, quand on sait que l'Europe n'envoya pendant si longtemps dans ces nouveaux climats que des yeux fermés aux beautés de la nature, et des cœurs encore moins ouverts aux sentiments qu'elle inspire?

LE COURICACA (a) (b)

Cet oiseau (*), naturel à la Guyane, au Brésil et à quelques contrées de l'Amérique septentrionale, où il voyage, est aussi grand que la cigogne; mais il a le corps plus mince, plus élancé, et il n'atteint à la hauteur de la cigogne que par la longueur de son cou et de ses jambes, qui sont plus grandes à proportion; il en diffère aussi par le bec, qui est droit sur les trois quarts de sa longueur, mais courbé à la pointe, très fort, très épais, sans rainures, uni dans sa rondeur, et allant en se grossissant près de la tête, où il a six à sept pouces de tour sur près de huit de longueur; ce gros et long bec est de substance très dure et tranchant par les bords; l'occiput et le haut du cou sont couverts de petites plumes brunes, rudes, quoique effilées; les pennes de l'aile et de la queue sont noires, avec quelques reflets bleuâtres et rougeâtres; tout le reste du plumage est blanc; le front est chauve, et n'est couvert, comme le tour des yeux, que d'une peau d'un bleu obscur; la gorge, tout aussi dénuée de plumes, est revêtue d'une peau susceptible de s'enfler et de s'étendre, ce qui a fait donner à cet oiseau, par Catesby, le nom de *pélican des bois* (*wood-pelican*), dénomination mal appliquée; car la petite poche du couricaca est peu différente de celle de la cigogne, qui peut également dilater la peau de sa gorge; au lieu que le pélican porte un grand sac sous le bec, et que d'ailleurs il a les pieds palmés. M. Brisson se trompe

(a) Voyez les planches enluminées, n° 868.

(b) *Curicaca Brasiliensibus*. Marcgrave, *Hist. nat. Brasil.*, p. 191, avec une figure défectueuse. — Pison, *Hist. nat.*, p. 88, avec la figure de Marcgrave copiée. — Jonston, *Avi.*, p. 138. — Willughby, *Ornithol.*, p. 218. — Ray, *Synops. avi.*, p. 103, n° 4. — *Wood-pelican*. Catesby, t. Ier, p. 81, avec une belle figure. — *Tantalus loculator*. Klein, *Avi.*, p. 127, litt. C. — Linnæus, *Syst. nat.*, édit. X, gen. 75, sp. 1. — *Grus incurvato rostro, vertice calvo et rugoso*. Barrère, *France équinoxiale*, p. 133. — *Arquata Americana, cinerea, maxima, vertice calvo et rugoso*. Idem, *Ornithol.*, class. 4, gen. 9, sp. 10. — « Numenius » albidus; capite anteriore nudo, nigro-cærulescente; capite posteriore et collo griseis; » uropygio nigro-virescente; remigibus majoribus et rectricibus supernè nigro-virescen- » tibus, subtùs nigris; rostro fusco rubescente; pedibus nigris .. » *Numenius Americanus major*. Brisson, *Ornithol.*, t. V, p. 335. — Cet oiseau est nommé par les sauvages de la Guyane *aouarou*, suivant Barrère, et par les Portugais du Brésil *masarino*, selon Marcgrave.

(*) Le Couricaca de Buffon est un Tantale (*Tantalus loculator* L.), genre voisin des Cigognes.

en rapportant le couricaca au genre des courlis (*a*), auxquels il n'a nul rapport, nulle relation; Pison paraît être la cause de cette erreur par la comparaison qu'il fait de cet oiseau avec le *courlis des Indes* de Clusius, qui est le courlis rouge, et cette méprise est d'autant moins pardonnable que, dans la ligne précédente, Pison l'égale au cygne en grandeur (*b*); il se méprend moins en lui trouvant du rapport dans le bec avec le bec de l'ibis, qui est en effet différent du bec des courlis.

Quoi qu'il en soit, ce grand oiseau est fréquent, selon Marcgrave, sur la rivière de Serégippe ou de Saint-François; il nous a été envoyé de la Guyane, et c'est le même que Barrère désigne sous les noms de *grue à bec courbé*, et de *grand courlis américain* (*c*), dénomination à laquelle auraient pu se tromper ceux qui ont fait de cet oiseau un courlis (*d*), mais que M. Brisson, par une autre méprise, a rapportée au jabiru (*e*).

Au reste, Catesby nous apprend qu'il arrive tous les ans de nombreuses volées de couricacas à la Caroline, vers la fin de l'été, temps auquel les grandes pluies tombent dans ce pays; ils fréquentent les savanes noyées par ces pluies; ils se posent en grand nombre sur les plus hauts cyprès (*f*); ils s'y tiennent dans une attitude fort droite, et, pour supporter leur bec pesant, ils le reposent sur leur cou replié; ils s'en retournent avant le mois de novembre. Catesby ajoute qu'ils sont oiseaux stupides, qu'ils ne s'épouvantent point, et qu'on les tire à son aise; que leur chair est très bonne à manger, quoiqu'ils ne se nourrissent que de poissons et d'animaux aquatiques.

LE JABIRU (*g*) (*h*)

En multipliant les reptiles sur les plages noyées de l'Amazone et de l'Orénoque, la nature semble avoir produit en même temps les oiseaux destruc-

(*a*) Voyez Brisson, t. V, p. 335, et la nomenclature précédente.

(*b*) « Oloris magnitudinem subinde æquat; non immeritò illum numenio Indi Clusii com- » paraveris. » (Pison, *Hist. nat.*, lib. III, p. 88.)

(*c*) Voyez la nomenclature.

(*d*) De ce nombre est M. Klein; et, pour désigner le sac de la gorge de cet oiseau, il lui forge le nom aussi fictif que barbare de *tantalus loculator* (*Avi.*, p. 127, litt. C); trompé d'ailleurs par le faux nom de *pélican*, il renvoie à Chardin, en appliquant au curicaca les noms persans de *tacab* et *mise*, qui apparemment appartiennent au pélican, mais qui sûrement n'appartiennent pas à un oiseau de la Guyane.

(*e*) Voyez Brisson, t. V, p. 373.

(*f*) Sorte d'arbres de l'Amérique septentrionale, différents de nos cyprès.

(*g*) Voyez les planches enluminées, n° 817.

(*h*) *Jabiru Brasiliensibus, Belgis vulgò negro.* Marcgrave, *Hist. nat. Brasil.*, p. 200, avec une figure transposée sous l'article suivant. — Jonston, *Avi.*, p. 137. — Willughby, *Ornith.*, p. 201. — Ray, *Synops. avi.*, p. 96, n° 4. — « Ciconia in toto corpore candida; capite et collo » supremo nudis et nigris... » *Ciconia Guyanensis.* Brisson, *Ornithol.*, t. V, p. 376.

teurs de ces espèces nuisibles; elle paraît même avoir proportionné leur force à celle des énormes serpents qu'elle leur donnait à combattre, et leur taille à la profondeur du limon sur lequel elle les envoyait errer. L'un de ces oiseaux est le jabiru (*), beaucoup plus grand que la cigogne, supérieur en hauteur à la gruc, avec un corps du double d'épaisseur, et le premier des oiseaux de rivage, si on donne la primauté à la grandeur et à la force.

Le bec du jabiru est une arme puissante; il a treize pouces de longueur sur trois de largeur à la base; il est aigu, tranchant, aplati par les côtés en manière de hache et implanté dans une large tête, portée sur un cou épais et nerveux; ce bec, formé d'une corne dure, est légèrement courbé en arc vers le haut, caractère dont on trouve une première trace dans le bec de la cigogne noire; la tête et les deux tiers du cou du jabiru sont couverts d'une peau noire et nue, chargée à l'occiput de quelques poils gris; la peau du bas du cou, sur quatre à cinq pouces de haut, est d'un rouge vif et forme un large et beau collier à cet oiseau, dont le plumage est entièrement blanc; le bec est noir; les jambes sont robustes, couvertes de grandes écailles noires comme le bec, et dénuées de plumes, sur cinq pouces de hauteur; le pied en a treize; le ligament membraneux paraît aux doigts, et s'engage de plus en plus d'un pouce et demi du doigt extérieur à celui du milieu.

Willughby dit que le jabiru égale au moins le cygne en grosseur : ce qui est vrai, en se figurant néanmoins le corps du cygne moins épais et plus allongé, et celui du jabiru monté sur de très hautes échasses; il ajoute que son cou est aussi gros que le bras d'un homme : ce qui est encore exact; du reste, il dit que la peau du bas du cou est blanche et non rouge, ce qui peut venir de la différence du mort au vivant; la couleur rouge ayant été suppléée et indiquée par une peinture dans l'individu qui est au Cabinet du Roi; la queue est large et ne s'étend pas au delà des ailes pliées; l'oiseau en pied a au moins quatre pieds et demi de hauteur verticale, ce qui en développement, vu la longueur du bec, ferait près de six pieds; c'est le plus grand oiseau de la Guyane.

Jonston et Willughby n'ont fait que copier Marcgrave au sujet du jabiru (*a*); ils ont aussi copié ses figures avec les défauts qui s'y trouvent; et il y a dans Marcgrave même une confusion (*b*) ou plutôt une méprise d'éditeur que nos nomenclateurs, loin de corriger, n'ont fait qu'augmenter, et que nous allons tâcher d'éclaircir.

(*a*) Willughby, *Ornithol.*, p. 201, tab. XLVII. — Jonston, *Avi.*, p. 137, tab. 59. — Ray, *Synops. avi.*, p. 96, n° 4.

(*b*) Marcgrave, *Hist. nat. Brasil.*, p. 200. *Jabiru Brasiliensibus, Belgis vulgò negro.* — Barrère, qui doit l'avoir vu dans sa terre natale, le place dans son *Ornithologie* (clas. 4, gen. 9, sp. 10) sous le nom d'*arquata Americana cinerea maxima, vertice calvo et rugoso;* et ailleurs (*France équinoxiale*, p. 133), il en fait une grue : *grus incurvato rostro, vertice calvo et rugoso.*

(*) Les Jabirus (*Sphenorhynchus*) sont très voisins des Cigognes.

« Le jabiru des Brasiliens, que les Hollandais ont nommé *negro*, dit Marc-
» grave, a le corps plus gros que celui du cygne, et de même longueur ; le
» cou est gros comme le bras d'un homme, la tête grande à proportion ;
» l'œil noir, le bec noir, droit, long de douze pouces, large de deux et demi,
» tranchant par les bords ; la partie supérieure est un peu soulevée, et plus
» forte que l'inférieure ; tout le bec est légèrement courbé vers le haut. »

Sans aller plus loin, et à ces caractères frappants et uniques, on ne peut méconnaître le jabiru de la Guyane, c'est-à-dire le grand jabiru que nous venons de décrire sur l'oiseau même : cependant on voit avec surprise, dans Marcgrave, au-dessous de ce corps épais qu'il vient de représenter, et de ce bec singulier arqué en haut, un bec fortement arqué en bas, un corps effilé et sans épaisseur, en un mot un oiseau, à la grosseur du cou près, totalement différent de celui qu'il vient de décrire ; mais, en jetant les yeux sur l'autre page, on aperçoit sous son *jabiru des Pétivares* ou *nhandu-apoa des Tupinambes,* qu'il dit *de la taille de la cigogne, avec le bec arqué en bas*, un grand oiseau au port droit, au corps épais, au bec arqué en haut, et qu'on reconnaît parfaitement pour être le grand jabiru, le véritable objet de sa description précédente, à la grosseur du cou près, qui n'est pas exprimée dans la figure : il faut donc reconnaître ici une double erreur, l'une de gravure et l'autre de transposition, qui a fait prêter au *nhandu-apoa* le cou épais du jabiru, et qui a placé ce dernier sous la description du nhandu-apoa, tandis que la figure de celui-ci se voit sous la description du jabiru.

Tout ce qu'ajoute Marcgrave sert à éclaircir cette méprise et à prouver ce que nous venons d'avancer : il donne au jabiru brasilien de fortes jambes noires, écailleuses, hautes de deux pieds ; tout le corps couvert de plumes blanches, le cou nu, revêtu d'une peau noire aux deux tiers depuis la tête, et formant au-dessous un cercle qu'il dit blanc, mais que nous croyons rouge dans l'animal vivant : voilà en tout et dans tous ses traits notre grand jabiru de la Guyane (*a*). Au reste, Pison ne s'est point trompé comme Marcgrave : il donne la véritable figure du grand jabiru, sous son vrai nom de *jabiru guacu*, et il dit qu'on le rencontre aux bords des lacs et des rivières dans les lieux écartés ; que sa chair, quoique ordinairement très sèche, n'est point mauvaise. Cet oiseau engraisse dans la saison des pluies, et c'est alors que les Indiens le mangent le plus volontiers ; ils le tuent aisément à coups de fusil, et même à coups de flèches. Du reste, Pison trouve aux pennes des ailes un reflet de rouge que nous n'avons pu remarquer dans l'oiseau qui nous a été envoyé de Cayenne, mais qui peut bien se trouver dans les jabirus au Brésil.

(*a*) Le docteur Grew décrit une tête de jabiru (*Mus. Reg. Soc*, p. 63) qui est exactement encore la tête du jabiru de Cayenne. Le grand bec de cet oiseau se trouve dans la plupart des Cabinets comme espèce inconnue.

LE NANDAPOA (a)

Cet oiseau (*), beaucoup plus petit que le jabiru, a néanmoins été nommé grand jabiru (*jabiru guacu*) dans quelques contrées où le vrai jabiru n'était apparemment pas encore connu; mais son vrai nom brasilien est *nandapoa*. Il ressemble au jabiru en ce qu'il a de même la tête et le haut du cou dénués de plumes et recouverts seulement d'une peau écailleuse; mais il en diffère par le bec, qui est *arqué en bas*, et qui n'a que sept pouces de longueur. Cet oiseau est à peu près de la taille de la cigogne; le sommet de sa tête est couvert d'un bourrelet osseux d'un blanc grisâtre; les yeux sont noirs; les oreilles sont larges et très ouvertes; le cou est long de dix pouces, les jambes le sont de huit, les pieds de six; ils sont de couleur cendrée; les pennes de l'aile et de la queue, qui ne passe pas l'aile pliée, sont noires avec un reflet d'un beau rouge dans celles de l'aile; le reste du plumage est blanc; les plumes du bas du cou sont un peu longues et pendantes. La chair de cet oiseau est de bon goût, et se mange après avoir été dépouillée de sa peau.

Il est encore clair que cette seconde description de Marcgrave convient à sa première figure, autant que la seconde convient à la description du jabiru du Brésil, ou de notre grand jabiru de la Guyane, qui est certainement le même oiseau. Telle est la confusion qui peut naître, en histoire naturelle, d'une légère méprise, et qui ne fait qu'aller en croissant quand, satisfaits de se copier les uns les autres (b), sans discussion, sans étude de la nature, les nomenclateurs ne multiplient les livres qu'au détriment de la science.

(a) *Jabiru guacu Petiguarensibus, nhandu-apoa Tupinambis.* Marcgrave, *Hist. nat. Bras.*, in-f°, édit. Elzevir, p. 201. — *Jabiru guacu.* Pison, *Hist. nat.*, p. 87. — Par un contre-échange, la figure de ce *petit jabiru* ou *nandu-apoa* est portée dans ces deux auteurs sous l'article du vrai jabiru. — Jonston, *Avi.*, p. 137. — Ray, *Synops. avi.*, p. 96, n° 5. — Willughby, *Ornithol.*, p. 202. — *Mycteria Americana.* Linnæus, *Syst. nat.*, édit. X, gen. 74, sp. 1. — « Ciconia alba : capite anteriore nudo, cinereo albicante; remigibus nigro-rubescen- » tibus; rectricibus nigris... » *Ciconia Brasiliensis.* Brisson, *Ornithol.*, t. V, p. 371.

(b) M. Brisson, sans avoir apparemment plus consulté le texte de Marcgrave que soupçonné l'erreur de ses figures, dit du grand jabiru qu'il a le bec courbé *en en-bas* (*Ornithol.*, t. V, p. 374), au lieu que Marcgrave dit qu'il l'a arqué *en haut*. Ce n'est, au reste, qu'après avoir enté le bec de ce vrai et grand jabiru (*jabiru negro*) sur le corps du *nandapoa* ou *jabiru des Taupinambous* (*Ibid.*, p. 371), auquel Marcgrave ne donne qu'un bec de *cigogne de sept pouces*, que M. Brisson tombe dans cette dernière erreur, qui n'est qu'une suite de la première.

(*) *Ibis Nandapoa* VIEILL.

LA GRUE (a) (b)

De tous les oiseaux voyageurs, c'est la grue (*) qui entreprend et exécute les courses les plus lointaines et les plus hardies. Originaire du Nord, elle visite les régions tempérées, et s'avance dans celles du Midi. On la voit en Suède (*c*), en Écosse, aux îles Orcades (*d*); dans la Podolie, la Volhynie (*e*),

(*a*) Voyez les planches enluminées, n° 769.

(*b*) En grec, Γέρανος; en latin, *grus*; en italien, *gru*, *grua;* en espagnol, *grulla*, *gruz;* en allemand, *krane*, *kranich;* en anglais, *crane;* en anglo-saxon, *cran* ou *croen;* en gallois, *garan;* en suisse, *krye;* en suédois, *trana;* en danois, *trane* (c'est une chose remarquable que le nom de cet oiseau, imité de sa voix, soit à peu près le même dans la plupart des langues; en polonais, *zoraw;* en illyrien, *gerzab;* on ne sait si la grue avait un nom en hébreu, du moins on ne peut le démêler dans cette langue obscure, quoique pauvre. Dans Jérémie (*Jerem.*, VIII), où Bochart prend le mot *agur* pour la grue, la Vulgate traduit *agur* par *ciconia;* ailleurs (*Isaï*, XXXVIII), par *hirundo*. Dans ce second passage, le mot *sus* est traduit la *grue;* mais dans le premier, où ce même mot se trouve, il est interprété l'*hirondelle*. — *Grue*. Belon, *Hist. nat. des oiseaux*, p. 187, avec une mauvaise figure, répétée *Portraits d'oiseoux*, p. 41, *b*. — *Grus*. Aldrovande, *Avi.*, t. III, p. 324, avec une figure peu exacte, p. 329, empruntée par Jonston, *Avi.*, p. 114, tab. 54, et répétée. — Willughby, *Ornithol.*, p. 200, tab. 48. — Gessner. *Avi.*, p. 528, avec une figure défectueuse; la même répétée dans l'*Icon. avi.*, p. 19. — Ray, *Synops*, *avi.*, p. 95, n° *a*, 1. — Schwenckfeld, *Avi. Siles.*, p. 284. — Charleton, *Exercit.*, p. 114, n° 1. Idem, *Onomast.*, p. 110, n° 1. Sibbald, *Scot. illustr.*, part. II, lib. III, p. 18. — Rzaczynski, *Hist. nat. Polon.*, p. 383. — *The crane. British Zool.*, p. 118. — Marsigl., *Danub.*, t. V, p. 6. — Prosp. Alp., *Ægypt.*, vol. Ier, p. 199. — Mœhring, *Avi.*, gen. 79. — *Grus nostras*. Klein, *Avi.*, p. 121, n° 1. — *Der kranich*. Frisch, vol. II, divis. 2, sect. 1, pl. 1. — Albin, t. II, p. 41, avec une figure de fausses teintes et dure, comme la plupart de ses enluminures. — *Ardea vertice papilloso*. Linnæus, *Fauna Suec.*, n° 131. — « Ardea vertice nudo papilloso, fronte, remigibus, occipiteque » nigris, corpore cinereo... » *Grus. Syst. nat.*, édit. X. — *Ardea rostro rubro, robusto, quadrangulo*. Barrère, *Ornithol.*, class. 4, gen. 1, sp. 10. — *Grus, Danis trane*. Brunnich., *Ornithol. boreal.*, n° 156. — « Ciconia cinerea; capite superiore pennis nigris, in occipite » rasis, pilorum æmulis, obsito; vertice nigro, occipitio rubro; maculâ triangulari infra occi- » pitium saturatè cinereâ; genis ponè oculos et collo superiore candidis; remigibus nigris; » rectricibus primâ medietate saturatè cinereis, alterâ nigricantibus. » *Grus*. Brisson, *Ornithol.*, t. V, p. 374.

(*c*) *Fauna Suecica*.

(*d*) Sibbald, *Scot. illustr.*

(*e*) Rzaczynski, *Auctuar.*, p. 383.

(*) Les Grues (*Grus*) sont des échassiers de la famille des Gruides. Ils ont la tête petite, le cou long et les pattes très longues; leur bec est pointu et muni d'une arête dorsale aiguë; leur doigt postérieur est court et élevé au-dessus du sol. La Grue commune décrite ici est le *Grus cinera* (*Ardea Grus* L.).

la Lithuanie (*a*) et dans toute l'Europe septentrionale : en automne, elle vient s'abattre sur nos plaines marécageuses et nos terres ensemencées (*b*) ; puis elle se hâte de passer dans des climats plus méridionaux, d'où, revenant avec le printemps, on la revoit s'enfoncer de nouveau dans le Nord, et parcourir ainsi un cercle de voyages avec le cercle des saisons.

Frappés de ces continuelles migrations, les anciens l'appelaient également l'oiseau de Libye (*c*) et l'oiseau de Scythie (*d*), la voyant tour à tour arriver de l'une et de l'autre de ces extrémités du monde alors connu : Hérodote, aussi bien qu'Aristote, place en Scythie l'été des grues (*e*). C'est en effet de ces régions que partaient celles qui s'arrêtaient dans la Grèce. La Thessalie est appelée dans Platon le *pâturage des grues ;* elles s'y abattaient en troupes, et couvraient aussi les îles Cyclades : pour marquer la saison de leur passage, *leur voix,* dit Hésiode (*f*), *annonce du haut des airs au laboureur le temps d'ouvrir la terre* (*g*). L'Inde et l'Éthiopie étaient les régions désignées pour leur route au Midi (*h*).

Strabon dit que les Indiens mangent les œufs des grues (*i*) ; Hérodote, que les Égyptiens couvrent de leurs peaux des boucliers (*j*), et c'est aux sources du Nil que les anciens les envoyaient combattre les Pygmées, *sorte de petits hommes*, dit Aristote, *montés sur de petits chevaux, et qui habitent des cavernes* (*k*). Pline arme ces petits hommes de flèches, il les fait porter par des béliers (*l*) et descendre au printemps des montagnes de l'Inde, où ils habitent sous un ciel pur, pour venir vers la mer orientale soutenir, trois

(*a*) Klein, *de Avibus erratic. et migrator.*, p. 199.

(*b*) « Il n'y a contrée en pays labourable ja semé qui soit exempte de nourrir les grues » quelque temps de l'année ; car c'est un oiseau passager, qui fait son cri qu'on oït en » diverses saisons de l'année, lorsqu'il s'en va et qu'il retourne ; car ne pouvoit trouver pas- » ture l'hivert ès régions septentrionales pour l'intolérable froideur, a recours aux contrées » où les eaux ne sont glacées en ce temps-là. Nous ne la voyons qu'en temps d'hivert, sinon » qu'on ne l'eût apprivoisée de jeunesse. » (Belon, *Nat. des oiseaux*, p. 187.)

(*c*) Euripide, *in Helenâ.*

(*d*) « Aliæ ex ultimis, ut ita dicam, demigrant, ut grues, quæ à Scythiâ in paludes quæ » sunt suprà Ægyptum, undè fluit Nilus, commeant. » (Aristote, *Hist. animal.*, lib. VIII, cap. XV.)

(*e*) *Euterp.*, 22.

(*f*) Dans le poëme des *Œuvres et des Jours.*

(*g*) Et dans *Théognis :* « J'ai ouï le cri éclatant de l'oiseau qui annonce le temps du » labour. »

(*h*) « La haute Égypte est pleine de grues pendant l'hiver ; elles y viennent des pays du Nord pour y passer seulement les mois du froid. » (*Voyage de Granger*, p. 238.)

(*i*) Lib. XV.

(*j*) Lib. VII.

(*k*) « Ea loca sunt quæ Pygmei incolunt : pusillum genus, ut aiunt, ipsi, atque etiam » equi : cavernasque habitant. » (Aristote, *Hist. animal.*, lib. VIII, cap. XV.)

(*l*) « Fama est insidentes (Pygmæos) arietum caprarumque dorsis, armatos sagittis, veris » tempore, universo agmine ad mare descendere, et ova pullosque eorum alitum consumere ; » ternis expeditionem eam mensibus confici ; aliter futuris gregibus non resisti. » (Pline, lib. VII, cap. II.)

mois durant, la guerre contre les grues, briser leurs œufs, enlever leurs petits; *sans quoi,* dit-il, *ils ne pourraient résister aux troupes toujours plus nombreuses de ces oiseaux,* qui même finirent par les accabler, à ce que pense Pline lui-même, puisque, parcourant des villes maintenant désertes ou ruinées, et que d'anciens peuples habitèrent, il compte celle de *Gérania, où vivait autrefois la race des Pygmées, qu'on croit en avoir été chassés par les grues* (*a*).

Ces fables anciennes (*b*) sont absurdes, dira-t-on, et j'en conviens; mais, accoutumés à trouver dans ces fables des vérités cachées et des faits qu'on n'a pu mieux connaître, nous devons être sobres à porter ce jugement trop facile à la vanité et trop naturel à l'ignorance; nous aimons mieux croire que quelques particularités singulières dans l'histoire de ces oiseaux donnèrent lieu à une opinion si répandue dans une antiquité, qu'après avoir si souvent taxée de mensonges, nos nouvelles découvertes nous ont forcé de reconnaître instruite avant nous. On sait que les singes, qui vont en grandes troupes dans la plupart des régions de l'Afrique et de l'Inde, font une guerre continuelle aux oiseaux; ils cherchent à surprendre leur nichée, et ne cessent de leur dresser des embûches. Les grues, à leur arrivée, trouvent ces ennemis, peut-être rassemblés en grand nombre pour attaquer cette nouvelle et riche proie avec plus d'avantage: les grues, assez sûres de leurs propres forces, exercées même entre elles aux combats (*c*), et naturellement assez disposées à la lutte, comme il paraît par les attitudes où elles se jouent, les mouvements qu'elles affectent, et à l'ordre des batailles, par celui même de leur vol et de leurs départs, se défendent vivement; mais les singes, acharnés à enlever les œufs et leurs petits, reviennent sans cesse et en troupes au combat; et comme par leurs stratagèmes, leurs mines et leurs postures, ils semblent imiter les actions humaines, ils parurent être une troupe de petits hommes à des gens peu instruits, ou qui n'aperçurent que de loin, ou qui, emportés par l'amour de l'extraordinaire, préférèrent de mettre ce merveilleux dans leurs relations (*d*). Voilà l'origine et l'histoire de ces fables.

(*a*) Lib. IV, cap. IX.

(*b*) Elles précèdent le temps d'Homère, qui compare (*Iliad.*, III) les Troyens aux grues combattant à grand bruit les Pygmées.

(*c*) « Grues etiam pugnant inter se tam vehementer, ut dimicantes capiantur. » (Aristote, *Hist. animal.*, lib. IX, cap. XII.)

(*d*) Ce n'est pas la première fois que des troupes de singes furent prises pour des hordes de peuplades sauvages : sans compter le combat des Carthaginois contre les orangs-outangs sur une côte de l'Afrique, et les peaux de trois femelles pendues dans le temple de Junon à Carthage comme des peaux de femmes sauvages. (Hannon, *Péripl.*, Hagæ, 1674, p. 77.) Alexandre, pénétrant dans les Indes, allait tomber dans cette erreur, et envoyer sa phalange contre une armée de pongos, si le roi Taxile ne l'eût détrompé, en lui faisant remarquer que cette multitude qu'on voyait suivre les hauteurs étaient des animaux paisibles, attirés par le spectacle; mais à la vérité infiniment moins insensés, moins sanguinaires que les déprédateurs de l'Asie. Voyez Strabon, lib. XV.

Les grues portent leur vol très haut, et se mettent en ordre pour voyager ; elles forment un triangle à peu près isocèle, comme pour fendre l'air plus aisément. Quand le vent se renforce et menace de les rompre, elles se resserrent en cercle, ce qu'elles font aussi quand l'aigle les attaque ; leur passage se fait le plus souvent dans la nuit, mais leur voix éclatante avertit de leur marche ; dans ce vol de nuit, le chef fait entendre fréquemment une voix de réclame pour avertir de la route qu'il tient ; elle est répétée par la troupe, où chacune répond, comme pour faire connaître qu'elle suit et garde sa ligne.

Le vol de la grue est toujours soutenu, quoique marqué par diverses inflexions ; ses vols différents ont été observés comme des présages des changements du ciel et de la température : sagacité que l'on peut bien accorder à un oiseau qui, par la hauteur où il s'élève dans la région de l'air, est en état d'en découvrir ou sentir de plus loin que nous les mouvement, et les altérations (*a*). Les cris des grues dans le jour indiquent la pluie ; des clameurs plus bruyantes et comme tumultueuses annoncent la tempête ; si le matin ou le soir on les voit s'élever et voler paisiblement en troupe, c'est un indice de sérénité ; au contraire, si elles pressentent l'orage, elles baissent leur vol et s'abattent sur terre (*b*). La grue a, comme tous les grands oiseaux, excepté ceux de proie, quelque peine à prendre son essor. Elle court quelques pas, ouvre les ailes, s'élève peu d'abord, jusqu'à ce que, étendant son vol, elle déploie une aile puissante et rapide.

A terre, les grues rassemblées établissent une garde pendant la nuit, et la circonspection de ces oiseaux a été consacrée dans les hiéroglyphes comme le symbole de la vigilance : la troupe dort la tête cachée sous l'aile, mais le chef veille la tête haute, et si quelque objet le frappe, il en avertit par un cri (*c*). C'est pour le départ, dit Pline, qu'elles choisissent ce chef (*d*) ; mais, sans imaginer un pouvoir reçu ou donné, comme dans les sociétés humaines, on ne peut refuser à ces animaux l'intelligence sociale de se rassembler, de suivre celui qui appelle, qui précède, qui dirige pour faire le départ, le voyage, le retour dans tout cet ordre, qu'un admirable instinct leur fait suivre : aussi Aristote place-t-il la grue à la tête des oiseaux qui s'attroupent et se plaisent rassemblés (*e*).

(*a*) « Volant altè, ut procul prospicere possint. » (Aristote, lib. IX, cap. X.)

(*b*) « Et si imbres tempestatemque viderint, conferunt se in terram et humi quiescunt. » (*Idem, ibidem.*)

(*c*) « Cùm consistunt cæteræ dormiunt, capite subter alam condito, alternis pedibus insistentes : dux erecto capite prospicit, et quod senserit voce significat. » (Aristote, *Hist. animal.*, lib. IX, cap. X.) Pline dit la même chose, lib. X, cap. XXX.

(*d*) « Quando proficiscantur consentiunt... ducem quem sequantur eligunt. In extremo » agmine per vices, qui acclament, dispositos habent, et qui gregem voce contineant. » (Pline, lib. X, cap. XXX.)

(*e*) « Gregales aves sunt grus, olor, etc. » (*Hist. animal.*, lib. VIII, cap. XII) ; et Festus donne l'étymologie du mot *congruere* : « Quasi ut grues convenire. »

Les premiers froids de l'automne avertissent les grues de la révolution de la saison ; elles partent alors pour changer de ciel. Celles du Danube et de l'Allemagne passent sur l'Italie (*a*). Dans nos provinces de France, elles paraissent aux mois de septembre et d'octobre, et jusqu'en novembre, lorsque le temps de l'arrière-automne est doux ; mais la plupart ne font que passer rapidement et ne s'arrêtent point : elles reviennent au premier printemps, en mars et avril. Quelques-unes s'égarent ou hâtent leur retour, car Redi en a vu le 20 février aux environs de Pise. Il paraît qu'elles passaient jadis tout l'été en Angleterre, puisque du temps de Ray, c'est-à-dire au commencement de ce siècle, on les trouvait par grandes troupes dans les terrains marécageux des provinces de Lincoln et de Cambridge ; mais aujourd'hui les amateurs de la *Zoologie Britannique* disent que ces oiseaux ne fréquentent que fort peu l'île de la Grande-Bretagne, où cependant l'on se souvient de les avoir vus nicher ; tellement qu'il y avait une amende prononcée contre qui briserait leurs œufs, et qu'on voyait communément, suivant Turner, de petits gruaux dans les marchés (*b*) ; leur chair est, en effet, une viande délicate dont les Romains faisaient grand cas. Mais je ne sais si ce fait avancé par les auteurs de la *Zoologie Britannique* n'est pas suspect, car on ne voit pas quelle est la cause qui a pu éloigner les grues de l'Angleterre ; ils auraient au moins dû l'indiquer, et nous apprendre si l'on a desséché les marais des contrées de Cambridge et de Lincoln, car ce n'est point une diminution dans l'espèce, puisque les grues paraissent toujours aussi nombreuses en Suède, où Linnæus dit qu'on les voit partout dans les campagnes humides. C'est en effet dans les terres du Nord, autour des marais, que la plupart vont poser leurs nids (*c*) ; d'autre côté, Strabon assure (*d*) que les grues ne nichent que dans les régions de l'Inde, ce qui prouverait, comme nous l'avons vu de la cigogne, qu'elles font deux nichées et dans les deux climats

(*a*) Willughby dit qu'on en voit assez communément dans les marchés de Rome ; et Rzaczynski prétend qu'un petit nombre reste l'hiver en Pologne, à l'entour de certains marais qui ne gèlent pas. Voyez Rzaczynski, *Hist. nat. Polon.*, p. 282.

(*b*) « The species (*crane*) we place among the british birds, on the authority of M. Ray ; » who inform us that in his time they were found during the winter in large flocks in Lincolnshire, and Cambridgshire ; at present the inhabitents of those countries seem unacquinted with them... Tho'this species very rarely frequents these Islands at present, yet it » was formerly a native, as we find in Willughby. That there was a penalty of twenty pence, » for destroying an egg of this bird ; and Turner relates that he has very often seen their » young in our marshes. » *British Zoology*, p. 118.

(*c*) « Nidulantur in locis paludosis, quo accessus difficilis est. » Klein, *Ordo av.*, p. 121. — « In locis palustribus et arundinaceis Volhyniæ nidos ponunt et fœtus educant. » Rzaczynski, *Auctuar.*, p. 383. — « Elles vont passer l'été bien loin, vers les contrées ou de la » mer Glaciale ou autres lieux marécageux, car étant là en été trouvent les eaux à propos » pour leur paistre, lorsque nos marais sont desséchés pour la trop grande chaleur. » (Belon, *Nat. des oiseaux*, p. 122.)

(*d*) *Géograph.*, lib. xv.

opposés (*). Les grues ne pondent que deux œufs (*a*); les petits sont à peine élevés qu'arrive le temps du départ, et leurs premières forces sont employées à suivre et accompagner leurs pères et mères dans leurs voyages (*b*).

On prend la grue au lacet, à la passée (*c*); l'on en fait aussi le vol à l'aigle et au faucon (*d*). Dans certains cantons de la Pologne, les grues sont si nombreuses, que les paysans sont obligés de se bâtir des huttes au milieu de leurs champs de blé sarrasin pour les en écarter (*e*). En Perse, où elles sont aussi très communes (*f*), la chasse en est réservée aux plaisirs du prince (*g*); il en est de même au Japon, où ce privilège, joint à des raisons superstitieuses, fait que le peuple a pour les grues le plus grand respect (*h*); on en a vu de privées, et qui, nourries dans l'état domestique, ont reçu quelque éducation; et comme leur instinct les porte naturellement à se jouer par divers sauts, puis à marcher avec une affectation de gravité (*i*), on peut les dresser à des postures et à des danses (*j*).

(*a*) « Pariunt autem grues ova bina. » (Aristote, *Hist. animal.*, lib. IX, cap. XVIII.)

(*b*) « Et communément ne fait que deux petits, où il y a mâle et femelle ; et sitôt qu'elles » les ont eslevés et apprins à voler, elles s'en vont. » (Belon, *Nat. des oiseaux.*)

(*c*) Tum gruibus pedicas, et retia ponere cervis.
VIRG., *Georg.*, I.

(*d*) Bernier vit au Mogol la chasse de la grue. « Cette chasse a quelque chose d'amu- » sant ; il y a du plaisir à les voir employer toutes leurs forces pour se défendre en l'air » contre les oiseaux de proie. Elles en tuent quelquefois ; mais comme elles manquent » d'adresse pour se tourner, plusieurs bons oiseaux en triomphent à la fin. » (*Histoire générale des Voyages*, t. X, p. 102.)

(*e*) Rzaczynski, *Hist. nat. Polon.*, p. 282.

(*f*) *Lettres édifiantes*, vingt-huitième Recueil, p. 317.

(*g*) « Dès le grand matin, le roi (de Perse) fit dire aux ambassadeurs qu'il irait avec fort » peu de gens à la chasse des grues, les priant de n'y venir qu'avec leurs truchements, afin » que les grues ne fussent point effarouchées par le grand nombre, et que le plaisir de la » chasse ne fût point troublé par le bruit... Elle commença avec le jour... On avait fait sous » terre un chemin couvert, au bout duquel était le champ où l'on avait jeté du blé ; les grues » y vinrent en grande quantité, et l'on en prit plus de quatre-vingts. Le roi en prit quelques » plumes pour mettre sur son turban, et en donna deux à chacun des ambassadeurs, qui les » mirent sur leurs chapeaux. » (*Voyage d'Oléarius*, Paris, 1636, t. Ier, p. 509.)

(*h*) « Les oiseaux sauvages sont devenus si familiers dans les îles du Japon, qu'on en » pourrait mettre plusieurs espèces au rang des animaux domestiques ; le principal est le » *tsuri* ou la grue, qu'une loi particulière réserve pour les divertissements ou l'usage de » l'empereur. Cet oiseau et la tortue passent pour des animaux d'heureux augure ; opinion » fondée sur la longue vie qu'on leur attribue, et sur mille récits fabuleux dont les histoires » sont remplies. Les appartements de l'empereur et les murailles des temples sont ornés de » leurs figures, comme on y voit par la même raison celles du sapin et du bambou ; jamais » le pleuple ne nomme une grue autrement que *O tsurisama*, c'est-à-dire *monseigneur la* » *grue.* » (Kæmpfer, *Hist. nat. du Japon*, t. Ier, p. 112.)

(*i*) « Avis superba, philauta ; graditur gravitate ostentabili ; nec tamen severa est, sed » voluptate correpta satis jucunda, saltatrix ; calculos, assulasque in aerem vibrans, rursusque » excipere fingens. » Klein, *Ordo avium*, p. 121.

(*j*) « Mansuefactæ lasciviunt, ac gyros quosdam indecoro cursu peragunt. » Pline, lib. X, cap. XXX.

(*) Les Grues font leurs nids dans les marais, sur de petits îlots ou des buissons bas;

Nous avons dit que les oiseaux, ayant le tissu des os moins serré que les animaux quadrupèdes, vivaient à proportion plus longtemps : la grue nous en fournit un exemple ; plusieurs auteurs ont fait mention de sa longue vie. La grue du philosophe Leonicus Tomæus, dans Paul Jove, est fameuse (*a*) : il la nourrit pendant quarante ans, et l'on dit qu'ils moururent ensemble.

Quoique la grue soit granivore comme la conformation de son ventricule paraît l'indiquer, et qu'elle n'arrive ordinairement sur les terres qu'après qu'elles sont ensemencées, pour y chercher les grains que la herse n'a pas couverts (*b*), elle préfère néanmoins les insectes, les vers, les petits reptiles ; et c'est par cette raison qu'elle fréquente les terres marécageuses dont elle tire la plus grande partie de sa subsistance.

La membrane, qui dans la cigogne engage les trois doigts, n'en lie que deux dans la grue, celui du milieu avec l'extérieur. La trachée-artère est d'une conformation très remarquable ; car, perçant le sternum, elle y entre profondément, forme plusieurs nœuds, et en ressort par la même ouverture pour aller aux poumons ; c'est aux circonvolutions de cet organe et au retentissement qui s'y fait, qu'on doit attribuer la voix forte de cet oiseau (*c*) ; son ventricule est musculeux ; il y a double cæcum (*d*), et c'est en quoi la grue diffère à l'intérieur des hérons, qui n'ont qu'un cæcum ; comme elle en est à l'extérieur très distinguée par sa grandeur, par le bec plus court, la taille plus fournie, et par toute l'habitude du corps et la couleur du plumage ; ses ailes sont très grandes, garnies de forts muscles (*e*), et ont vingt-quatre pennes.

Le port de la grue est droit, et sa figure est élancée ; tout le champ de son plumage est d'un beau cendré clair, ondé, excepté les pointes des ailes et la coiffure de la tête ; les grandes pennes de l'aile sont noires ; les plus

(*a*) *Elog. vir. illustr.*, 91.

(*b*) De là son nom de *moissonneuse* ou *amasseuse de grains.* Γέρανος, *quasi*, γηρεῦνος ἀπὸ τοῦ τὴν (τὰ τῆς γῆς) σπέρματα ἐρευᾶν, *undè*, et σπερμόλογος, *id est frugilega nominatur.* (Aldrovande, *Avi.*, t. III, p. 326.)

(*c*) « La grue a une chose en son anatomie que nous n'avons trouvée en aucun autre » oiseau : c'est que son sifflet qui se rend aux poulmons est en autre manière qu'en tous » autres ; car il entre de côté et d'autre dans la chair, suivant l'os du coffre de la poitrine, » de quoi ne nous est merveille si elle a la voix qu'on oit de si loing ; car à la vérité il n'est » oiseau qui fasse la voix si hautaine que la grue. » (Belon, *Nat. des oiseaux*, p. 187.) — « M. Duverney a fait, dans l'Académie, la dissection d'une grue d'Afrique... On a remarqué » que la trachée-artère forme trois contours en manière de trompette ; ils sont renfermés » dans la cavité du sternum, qui est osseux dans ces animaux. » (*Histoire de l'Académie des Sciences, depuis 1666 jusqu'à 1686*, t. II, p. 6.)

(*d*) Willughby.

(*e*) La force des muscles qui fournit un vol aussi long avait apparemment donné lieu au préjugé où l'on était, du temps de Pline, qu'aucune fatigue ne lasse celui qui porte sur soi un nerf de grue : « Non lassari in ullo labore qui nervos ex alis et cruribus gruis habeat. » (Lib. XVIII, cap. LXXXVII.)

elles le cachent avec le plus grand soin, ne s'y rendent qu'à pied et pour ainsi dire en rampant et en partent dans la même attitude.

près du corps s'étendent quand l'aile est pliée au delà de la queue; les moyennes et grandes couvertures sont d'un cendré assez clair du côté extérieur, et noires au côté intérieur aussi bien qu'à la pointe (*); de dessous ces dernières, et les plus près du corps, sortent et se relèvent de larges plumes à filets qui se troussent en panache, retombent avec grâce, et par leur flexibilité, leur position, leur tissu, ressemblent à ces mêmes plumes dans l'autruche; le bec, depuis sa pointe jusqu'aux angles, a quatre pouces; il est droit, pointu, comprimé par les côtés (*a*); sa couleur est d'un noir verdâtre blanchissant à la pointe; la langue, large et courte, est dure et cornée à son extrémité; le devant des yeux, le front et le crâne sont couverts d'une peau chargée de poils noirs assez rares pour la laisser voir comme à nu. Cette peau est rouge dans l'animal vivant : différence que Belon établit entre le mâle et la femelle, dans laquelle cette peau n'est pas rouge (*b*); une portion de plumes d'un cendré très foncé couvre le derrière de la tête et s'étend un peu sur le cou; les tempes sont blanches, et ce blanc, se portant sur le haut du cou, descend à trois ou quatre pouces; les joues, depuis le bec et au-dessous des yeux, ainsi que la gorge et une partie du devant du cou, sont d'un cendré noirâtre.

Il se trouve parfois des grues blanches : Longolius et d'autres disent en avoir vu; ce ne sont que des variétés dans l'espèce, qui admet aussi des différences très considérables pour la grandeur. M. Brisson ne donne que trois pieds un pouce à sa grue, mesurée de la pointe du bec à celle de la queue, et trois pieds neuf pouces prise du bout des ongles; il n'a donc décrit qu'une très petite grue (*c*). Willughby compte cinq pieds anglais, ce

(*a*) « Et a donné nom à une petite herbette qui fait ses semences à la façon d'une tête de » grue. » (Belon, *Nat. des oiseaux*, p. 187.) — Cette herbe est le *geranium*, qui dans toutes ses espèces porte effectivement ce caractère de fructification.

(*b*) « Il y a différence assez évidente du masle à la femelle ; car le masle a la tête bien » rouge, chose que n'a pas la femelle. » (Belon, *Nat. des oiseaux*.)

(*c*) Rzaczynski semble reconnaître ces deux races de grues : « Grues majores et minores » in provinciis polonicis adverti. » Il attribue à la petite quelques traits particuliers, qui cependant ne paraissent pas constituer une espèce différente. « Grues minores ferunt cristas » incanas ponè aures, nigricantes sub gutture. » Cette petite race se trouve en Volhynie et en Ukraine; la grande en Cujavie, et toutes deux ensemble en Podolie. (*Actuar. Hist. nat. Polon.*, p. 383.)

(*) Brehm admet volontiers, d'après l'observation de Homeyer, que la Grue femelle colore volontiers son plumage pendant l'été afin de se rendre invisible. Il cite à cet égard l'observation suivante de E. de Homeyer qui offre le plus grand intérêt : « Un jour, j'étais caché près d'une tourbière où s'était établi un couple de grues ; j'observais les gracieuses allures de ces prudents oiseaux et je pus voir la femelle, dépouillant toute timidité, s'adonner aux soins de sa toilette. Elle prit dans son bec de la terre tourbeuse et s'en oignit le dos, les couvertures des ailes, de telle sorte que ces parties perdissent leurs belles teintes gris cendré pour devenir d'un gris brun couleur de terre d'ombre. Par amour de la science je tuai cet oiseau; je trouvai tout le plumage de la partie supérieure du corps pénétré de cette matière colorante à un tel point que je ne pus l'en débarrasser par des lavages; l'action de la salive avait peut-être contribué à la fixer »

qui fait à peu près quatre pieds huit pouces de longueur, et il dit qu'elle pèse jusqu'à dix livres : sur quoi les ornithologistes sont d'accord avec lui (*a*). Au Cabinet du Roi, un individu, pris à la vérité entre les plus grands, a quatre pieds deux pouces de hauteur verticale en attitude, ce qui ferait en développement, ou le corps étendu de l'extrémité du bec à celle des doigts, plus de cinq pieds, la partie nue des jambes a quatre pouces, les pieds sont noirs, et ont dix pouces et demi.

Avec ses grandes puissances pour le vol et son instinct voyageur, il n'est pas étonnant que la grue se montre dans toutes les contrées et se transporte dans tous les climats ; cependant nous doutons que du côté du Midi elle passe le tropique : en effet, toutes les régions où les anciens les envoient hiverner, la Libye, le haut du Nil, l'Inde des bords du Gange, sont en deçà de cette limite, qui était aussi celle de l'ancienne géographie du côté du Midi ; et ce qui nous le fait croire, outre l'énormité du voyage, c'est que dans la nature rien ne passe aux extrêmes ; c'est un degré modéré de température que les grues, habitantes du Septentrion, viennent chercher l'hiver dans le Midi, et non le brûlant été de la zone torride. Les marais et les terres humides où elles vivent, et qui les attirent, ne se trouvent point au milieu des terres arides et des sables ardents, ou si des peuplades de ces oiseaux parvenus de proche en proche en suivant les chaînes des montagnes où la température est moins ardente, sont allées habiter le fond du Midi, isolées dès lors et perdues dans ces régions, séquestrées de la grande masse de l'espèce, elles n'entrent plus dans le système de ces migrations, et ne sont certainement pas du nombre de celles que nous voyons voyager vers le Nord ; telles sont en particulier ces grues que Kolbe dit se trouver en grand nombre au cap de Bonne-Espérance, et les mêmes exactement que celles d'Europe (*b*) : fait que nous aurions pu ne pas regarder comme bien certain sur le témoignage seul de ce voyageur, si d'autres n'avaient aussi trouvé des grues à des latitudes méridionales presque aussi avancées, comme à la Nouvelle-Hollande (*c*) et aux Philippines, où il paraît qu'on en distingue deux espèces (*d*).

La grue des Indes orientales, telle que les modernes l'ont observée, ne paraît pas spécifiquement différente de celle d'Europe ; elle est plus petite, le bec un peu plus long, la peau du sommet de la tête rouge et rude, s'étendant jusque sur le bec : du reste, entièrement semblable à la nôtre, et du

(*a*) « La grue est le plus grand des aquatiques fissipèdes d'Europe ; elle est haute comme » un homme quand elle lève la tête. » (Salerne, *Hist. des oiseaux*, p. 301.)

(*b*) *Description du cap de Bonne-Espérance*, t. III, p. 172.

(*c*) *Premier Voyage du capitaine Cook*, t. IV, p. 110.

(*d*) « *Grus*, tipul *vel* tihol : Luçoniensibus, tricubitum alta, cum collo homine proce- » rior. » *Item*, Dongon : « Luçoniensibus, gruis species, magnitudine anseris, cinerea, rostro » sesqui-spithamam longo, palmo latum. » (Fr. Camel, *De Avib. Philipp.*, *Transactions philosophiques*, n° 285.)

même plumage gris cendré. C'est la description qu'en fait Willughby, qui l'avait vue vivante dans le parc de Saint-James. M. Edwards décrit une autre grue envoyée aussi des Indes (*a*) : c'était, à ce qu'il dit, un grand et superbe oiseau plus fort que notre grue, et dont la hauteur, le cou tendu, était de près de six pieds (anglais); on le nourrissait d'orge et d'autres grains; il prenait sa nourriture avec la pointe du bec, et d'un coup de tête fort vif en arrière il la jetait au fond de son gosier; une peau rouge et nue, chargée de quelques poils noirs, couvrait la tête et le haut du cou; tout le plumage, d'un cendré noirâtre, était seulement un peu clair sur le cou; la jambe et les pieds étaient rougeâtres. On ne voit pas à tous ces traits de différence spécifique bien caractérisée, et rien qui ne puisse être l'impression et le sceau des climats; cependant M. Edwards veut que sa *grande grue des Indes* soit un tout autre oiseau que celle de Willughby, et ce qui le lui persuade, c'est surtout, dit-il, la grande différence de taille : en quoi nous pourrions être de son avis, si nous n'avions déjà remarqué qu'on observe entre les grues d'Europe des variétés de grandeur très considérables (*b*). Au reste, cette grue est apparemment celle des terres de l'est de l'Asie à la hauteur du Japon (*c*), qui dans ses voyages passe aux Indes pour chercher un hiver tempéré, et descend de même à la Chine, où l'on voit un grand nombre de ces oiseaux (*d*).

C'est à la même espèce que nous paraît encore devoir se rapporter cette grue du Japon vue à Rome, dont Aldrovande donne la description et la figure : « Avec toute la taille de notre grue, elle avait, dit-il, le haut de la » tête d'un rouge vif, semé de taches noires; la couleur de tout son plumage » tirait au blanc (*e*). » Kæmpfer parle aussi d'une grue blanche au Japon;

(*a*) *The greater Indian crane. Hist. nat. of Birds*, p. 45. — *Grus Indica major*. Klein, *Avi.*, p. 121, n° 5. — *Ardea... Antigone*. Linnæus, *Syst. nat.*, édit. X, gen. 76, sp. 6. — *Grus orientalis Indica*. Brisson, *Ornithol.*, t. V, p. 378.

(*b*) Il ne paraît pas possible de rien établir sur ce que dit Marc-Paul de *cinq sortes de grues*, dont quelques-unes me paraissent être des variétés de l'espèce commune, et d'autres, comme celle à plumes rouges, ne semblent pas même appartenir à cette famille. Voici le passage de Marc-Paul : « Aux environs de la côte des Cianiganiens, il y a des grues de cinq » sortes, les unes ont les ailes noires comme corbeaux, les autres sont fort blanches, ayant » en leur plumage des yeux de couleur d'or, comme sont les queues de nos paons; il y en a » d'autres semblables aux nôtres, et d'autres qui sont plus petites, mais elles ont les plumes » fort longues et belles, entremêlées de couleur rouge et noire; celles de la cinquième espèce » sont grises, ayant les yeux rouges et noirs, et celles-là sont fort grandes. » (*Description géographique*, par Marc-Paul, Paris, 1556, p. 40.)

(*c*) « On voit des grues en Sibérie, chez les Jakutes... on en voit des troupes innom- » brables dans la plaine de Mangasea, sur le Jénisca. » (Gmelin, *Voyage en Sibérie*, t. II, p. 56.)

(*d*) « Les grues sont en grand nombre à la Chine; cet oiseau s'accommode de tous les » climats. On l'apprivoise facilement, jusqu'à lui apprendre à danser; sa chair passe pour un » fort bon aliment. » (*Histoire générale des Voyages*, t. VI, p. 487.)

(*e*) *Grus Japonensis alia*. Aldrovande, *Avi.*, t. III, p. 365. — Jonston, *Avi.*, p. 116. — Charleton, *Exercit.*, p. 114, n° 2. *Onomast.*, p. 110. n° 2. — Klein, *Avi.*, p. 121, n° 4. — *Grus Japonensis*. Brisson, *Ornithol.*, t. V, p. 381.

mais, comme il ne la distingue en aucune autre chose de la grise, dont il fait mention au même endroit (*a*), il y a toute apparence que ce n'est que la variété qu'on a observée en Europe.

LA GRUE A COLLIER (*b*)

Cette grue (*) nous paraît différer trop de l'espèce commune, pour que nous puissions l'en rapprocher par les mêmes analogies que les variétés précédentes : outre qu'elle est d'une taille beaucoup au-dessous de celle de la grue ordinaire, avec la tête proportionnellement plus grosse et le bec plus grand et plus fort, elle a le haut du cou orné d'un beau collier rouge, soutenu d'un large tour de cou blanc, et toute la tête nue d'un gris rougeâtre uni, et sans ces traits de blanc et de noir qui coiffent la tête de notre grue ; de plus, celle-ci a la touffe ou le panache de la queue du même gris bleuâtre que le corps. Cette grue a été dessinée vivante chez Mme de Bandeville, à qui elle avait été envoyée des Grandes-Indes.

GRUES DU NOUVEAU CONTINENT

LA GRUE BLANCHE (*c*) (*d*)

Il y a toute apparence que la grue a passé d'un continent à l'autre, puisqu'elle fréquente de préférence les contrées septentrionales de l'Europe et de l'Asie, et que le Nord est la grande route qu'ont tenue les espèces communes aux deux mondes; et, en effet, on trouve en Amérique une grue

(*a*) « On distingue deux sortes de grues au Japon, l'une aussi blanche que l'albâtre » l'autre grise ou couleur de cendre. » (*Hist. nat. du Japon*, t. Ier, p. 112.)

(*b*) Voyez les planches enluminées, n° 865.

(*c*) Voyez les planches enluminées, n° 889.

(*d*) *Hooping crane*. Catesby, t. Ier, p. 75, avec une figure de la tête et du cou. — *Hooping crane from Hudson's bay*. (Edwards, *Hist. of Birds*, t. III, pl. 132.) — « Ardea vertice tem- » poribusque nudis, papillosis, fronte, nuchâ remigibusque primariis nigris, corpore albo... » *Grus Americana*. Linnæus, *Syst. nat.*, édit. X, gen. 76, sp. 5. — « Ciconia alba ; capite » superiore pennis nigris, pilorum æmulis, in occipite raris, obsito, vertice nigro, occipitio » et tæniâ infra oculos rubris ; maculâ triangulari infra occipitium nigrâ ; marginibus alarum » pallidè roseis ; remigibus majoribus nigris ; rectricibus candidis... » (*Grus Americana*. Brisson, *Ornithol.*, t. V, p. 382.)

(*) *Grus torquata* (*Ardea torquata*).

blanche (*), et une ou deux sortes de grues grises ou brunes; mais la grue blanche, qui dans notre continent n'est qu'une variété accidentelle, paraît avoir formé dans l'autre une race constante, établie sur des caractères assez marqués et assez distincts pour la regarder comme très anciennement séparée de l'espèce commune, et modifiée depuis longtemps par l'influence du climat; elle est de la hauteur de nos plus grandes grues, mais avec des proportions plus fortes et plus épaisses, le bec plus long, la tête plus grosse; le cou et les jambes moins grêles; tout son plumage est blanc, hors les grandes pennes des ailes, qui sont noires, et la tête, qui est brune; la couronne du sommet est calleuse et couverte de poils noirs, clairsemés et fins, sous lesquels la peau rougeâtre paraît à nu; une peau semblable couvre les joues; la touffe des pennes flottantes du croupion est couchée et tombante; le bec est sillonné en dessus et dentelé par les bords vers le bout; il est brun et long d'environ six pouces. Catesby a fait la description de cette grue sur une peau entière que lui donna un Indien, qui lui dit que ces oiseaux fréquentaient en grand nombre le bas des rivières proche de la mer, au commencement du printemps, et qu'ils retournaient dans les montagnes en été. « Ce fait, dit Catesby, m'a été confirmé depuis par un blanc, qui m'a assuré » que ces oiseaux font grand bruit par leurs cris, et qu'on les voit aux » savanes de l'embouchure de l'Aratamaha et d'autres rivières proche Saint-» Augustin, dans la Floride, et aussi dans la Caroline; mais qu'il n'en a » jamais vu plus avant vers le Nord. »

Cependant il est très certain qu'elles s'élèvent à de plus hautes latitudes : ce sont ces mêmes grues blanches qu'on trouve en Virginie (*a*), en Canada (*b*), jusqu'à la baie d'Hudson; car la grue blanche de cette contrée que donne M. Edwards est, comme il le remarque (*c*), exactement la même que celle de Catesby.

LA GRUE BRUNE (*d*)

Edwards décrit cette grue (**) sous la dénomination de *grue brune et grise :* elle est d'un tiers moins grosse que la précédente, qui est blanche; elle a les

(*a*) De Laët, p. 83. Les premiers voyageurs en Amérique parlent des grues qu'ils y virent : Pierre Marty dit que les Espagnols rencontrèrent dans les prairies de Cuba des troupes de grues, grosses du double des nôtres.

(*b*) « Nous avons (au Canada) des grues de deux couleurs : les unes sont toutes blanches, » les autres d'un gris de lin; toutes font d'excellent potage. » (Charlevoix, *Hist. de la Nouvelle-France*, t. III, p. 155.)

(*c*) *Nat. hist. of Birds*, p. 132.

(*d*) *Brown and ash-colour'd crane.* (Edwards, *Hist. nat. of Birds*, pl. 133.) — « Ardea

(*) *Ardea Americana* L.

(**) *Ardea Canadensis* L.

grandes pennes des ailes noires; leurs couvertures et les scapulaires jusque sur le cou sont d'un brun rouillé, ainsi que les grandes plumes flottantes couchées près du corps; le reste du plumage est cendré; la peau rouge de la tête n'en couvre que le front et le sommet; ces différences et celle de la taille, qui dans ce genre d'oiseaux varie beaucoup, ne sont peut-être pas suffisantes pour séparer cette espèce de celle de notre grue; ce sont tout au moins deux espèces voisines, d'autant plus que les rapports de climats et de mœurs rapprochent ces grues d'Amérique de nos grues d'Europe, car elles ont l'habitude commune de passer dans le nord de leur continent, et jusque dans les terres de la baie d'Hudson, où elles nichent et d'où elles repartent à l'approche de l'hiver, en prenant, à ce qu'il paraît, leur route par les terres des Illinois (*a*) et des Hurons (*b*), en se portant de là jusqu'au Mexique (*c*), et peut-être beaucoup plus loin. Ces grues d'Amérique ont donc le même instinct que celles d'Europe; elles voyagent de même du Nord au Midi, et c'est apparemment ce que désignait l'Indien à M. Catesby, par la fuite de ces oiseaux de la mer aux montagnes.

» syncipite nudo papilloso, corpore cinereo, albis extùs testaceis... » *Ardea Canadensis.* Linnæus, *Syst. nat.*, édit. X, gen. 76, sp. 3. — « Ciconia supernè rufescens, marginibus » pennarum fuscis, infernè cinereo-rufescens; vertice rubescente, pennis nigris, pilorum » æmulis, obsito; genis et gutture candidis; occipite, collo et uropygio cinereis; tæniâ trans- » versâ in alis cinereo-albâ; remigibus majoribus fusco nigricantibus scapis albis; rectri- » cibus saturatè cinereis... » (*Grus freti Hudsonis.* Brisson, *Ornithol.*, t. V, p. 385.)

(*a*) « Aux Illinois il y a quantité de grues. » *Lettres édifiantes*, onzième Recueil, p. 310.

(*b*) « En la saison, les champs (des Hurons) sont tous couverts de grues ou *tochingo*, qui » viennent manger leurs blés quand ils les sèment et quand ils sont prêts à moissonner... Ils » tuent de ces grues avec leurs flèches, mais peu souvent, parce que si ce gros oiseau n'a les » ailes rompues ou n'est frappé à la mort, il emporte aisément la flèche dans la plaie, et » guérit avec le temps, ainsi que nos religieux du Canada l'ont vu par expérience, d'une » grue prise à Québec, qui avait été frappée d'une flèche huronne, trois cents lieues au delà, » et trouvèrent sur la croupe la plaie guérie, et le bout de la flèche avec sa pierre enfermée » dedans. Ils en prennent quelquefois avec des collets. » (*Voyage au pays des Hurons*, par le P. Sagard Théodat; Paris, 1632, p. 302 et 303.)

(*c*) Il est aisé de reconnaître cette grue dans le *toquilcoyotl* de Fernandez... « Ad gruis » refertur species, cujus æquat magnitudinem, mores reliquamque naturam imitatur, toquil- » coyotl nomen habens a voce; corpus universum fuscum, nigrum promiscue, atque cine- » reum; caput coccineâ maculâ desuper insignitur, etc. » *Avi. Nov. Hisp*, cap. CXLVIII, p. 44. C'est de cette grue du nord de l'Amérique, voyageant dans les contrées du Midi, que M. Brisson a fait sa huitième espèce, sous le nom de *grue du Mexique* (*Ornithol.*, t. V, p. 380), et la même que Willughby, p. 201, Klein, p. 121, n° 2, et Ray, p. 95, n° 2, ont donnée sous le nom de *grus Indica*.

OISEAUX ÉTRANGERS

QUI ONT RAPPORT A LA GRUE

LA DEMOISELLE DE NUMIDIE (a) (b)

Sous un moindre module, la demoiselle de Numidie a toutes les proportions et la taille de la grue(*) : c'est son port, et c'est aussi le même vêtement, la même distribution de couleurs sur le plumage; le gris en est seulement plus pur et plus perlé; deux touffes blanches de plumes effilées et chevelues, tombant de chaque côté de la tête de l'oiseau, lui forment une espèce de coiffure; des plumes longues, douces et soyeuses, du plus beau noir, sont couchées sur le sommet de la tête; de semblables plumes descendent sur le devant du cou et pendent avec grâce au-dessous; entre les pennes noires des ailes percent des touffes flexibles, allongées et pendantes. On a donné à ce bel oiseau le nom de *demoiselle*, à cause de son élégance, de sa parure et des gestes *mimes* qu'on lui voit affecter : cette demoiselle-oiseau s'incline en effet par plusieurs révérences ; elle se donne bon air en marchant avec une sorte d'ostentation, et souvent elle saute et bondit par gaieté, comme si elle voulait danser.

Ce penchant, dont nous avons déjà remarqué quelque chose dans la grue, se montre si évidemment ici, que depuis plus de deux mille ans les auteurs qui ont parlé de cet oiseau de Numidie l'ont toujours indiqué ou reconnu par cette imitation singulière des gestes mimes. Aristote l'appelle l'acteur ou le comédien (c) ; Pline, le danseur et le baladin (d), et Plutarque fait mention de ses jeux et de son adresse (e). Il paraît même que cet instinct *scénique*

(a) Voyez les planches enluminées, n° 241.

(b) *Grus Numidiæ*. Klein, *Avi.*, p. 121, n° 6. — « Ardea superciliis albis, retrorsum » longe cristatis... » *Virgo*. Linnæus, *Syst. nat.*, édit. X, gen. 76, sp. 2. — *Otus plumbeus*. Barrère, *Ornithol.*, class. 3, gen. 37. — *Scops*. Mœhring, *Avi.*, gen. 84. — *Numidian crane*. Edwards, t. III, p. et pl. 134. — *Grue de Numidie*. Albin, t. III, p. 35. — *Demoiselle de Numidie*. *Histoire de l'Académie*, t. III, part. II, p. 3. — « Ciconia cinereo-cærulescens ; » vertice dilutè cinereo ; capite et collo supremo nigris ; fasciculis pennarum candidis, ab » utrinsque oculi angulo ortis, retrorsum pendulis ; pennis longis nigris in collo inferiore » deorsum dependentibus ; remigibus majoribus, rectricibusque apice nigricantibus... » *Grus Numidica, Virgo Numidica vulgo dicta*. Brisson, *Ornithol.*, t. V, p. 388.

(c) *Hist. nat. animal.*, lib. VIII, cap. XII.

(d) Lib. X, cap. XXIII.

(e) *De Solert. animal.*

(*) *Anthropoïdes Virgo* (*Ardea Virgo* L.).

s'étend jusqu'à l'imitation des actions du moment. Xénophon dans Athénée en paraît persuadé, lorsqu'il rapporte la manière de prendre ces oiseaux : « Les chasseurs, dit-il, se frottent les yeux en leur présence avec de l'eau » qu'ils ont mise dans des vases ; ensuite ils les remplissent de glu et s'éloi- » gnent, et l'oiseau vient s'en frotter les yeux et les pattes à l'exemple des » chasseurs. » Aussi Athénée, dans cet endroit, l'appelle-t-il le *copiste de l'homme* (*a*) ; et si cet oiseau a pris de ce modèle quelque faible talent, il paraît aussi avoir pris ses défauts ; car il a de la vanité, il aime à s'étaler, il cherche à se donner en spectacle et se met en jeu dès qu'on le regarde ; il semble préférer le plaisir de se montrer à celui même de manger, et suivre quand on le quitte, comme pour solliciter encore un coup d'œil.

Ce sont les remarques de MM. de l'Académie des Sciences sur la demoiselle de Numidie (*b*) : il y en avait plusieurs à la Ménagerie de Versailles. Ils comparent leur marche, leurs postures et leurs gestes aux *danses des Bohémiennes*, et Aristote lui-même semble avoir voulu l'exprimer ainsi et peindre leur manière de sauter et de bondir ensemble, lorsqu'il dit *qu'on les prend quand elles dansent l'une vis-à-vis de l'autre* (*c*).

Quoique cet oiseau fût fameux chez les anciens, il en était néanmoins peu connu, et n'avait été vu que fort rarement en Grèce et en Italie ; confiné dans son climat, il n'avait pour ainsi dire qu'une célébrité fabuleuse. Pline en un endroit (*d*), après l'avoir nommé le *pantomime*, le place dans un autre passage avec les animaux imaginaires, les sirènes, les griffons, les pégases. Les modernes ne l'ont connu que tard ; ils l'ont confondu avec le *scops* et l'*otus* des Grecs et l'*asio* des Latins : le tout fondé sur les mines que le hibou (*otus*) fait de la tête, et sur la fausse analogie de ses deux oreilles avec la coiffure en filets longs et déliés qui de chaque côté garnit et pare la tête de ce bel oiseau.

Les six demoiselles que l'on eut quelque temps à la Ménagerie *venaient de Numidie*. Nous ne trouvons rien de plus dans les naturalistes sur la terre natale de cet oiseau et sur les contrées qu'il habite (*e*). Les voyageurs l'ont trouvé en Guinée (*f*), et il paraît naturel aux régions de l'Afrique voisines du tropique. Il ne serait pas néanmoins impossible de l'habituer à notre climat, de le naturaliser dans nos basses-cours, et même d'y en établir la race. Les demoiselles de Numidie, de la Ménagerie du Roi, y ont produit, et la der-

(*a*) Ἀνθρωποειδής.

(*b*) *Mémoires pour servir à l'histoire des animaux*, t. III, part. II, p. 5.

(*c*) *Hist. nat. animal.*, lib. VIII, cap. XII.

(*d*) Lib. X, cap. XLIX.

(*e*) *The demoiselle of Numidie.* (Edwards, *Hist. nat. of Birds.*)

(*f*) Voyez *Histoire générale des Voyages*, t. III, p. 307. — *Nota.* L'auteur paraît d'abord confondre, en suivant Froger, la demoiselle de Numidie avec l'oiseau royal ; mais il la décrit ensuite, d'après MM. de l'Académie des Sciences, sous ses véritables caractères.

nière morte, après avoir vécu environ vingt-quatre ans, était une de celles qu'on y avait vues naître (*a*).

MM. de l'Académie donnent des détails très circonstanciés sur les parties intérieures de ces six oiseaux qu'ils disséquèrent (*b*) : la trachée-artère, d'une substance dure et comme osseuse, était engagée par une double circonvolution dans une profonde cannelure creusée dans le haut du sternum; au bas de la trachée, on remarquait un nœud osseux, ayant la forme d'un larynx séparé en deux à l'intérieur par une languette, comme on le trouve dans l'oie et dans quelques autres oiseaux; le cerveau et le cervelet ensemble ne pesaient qu'une drachme et demie; la langue était charnue en dessus et cartilagineuse en dessous; le gésier était semblable à celui d'une poule, et, comme dans tous les granivores, on y trouvait des graviers.

L'OISEAU ROYAL (*c*) (*d*)

L'oiseau royal (*) doit son nom à l'espèce de couronne qu'un bouquet de plumes, ou plutôt de soies épanouies, lui forme sur la tête. Il a de plus le port noble, la figure remarquable, et la taille haute de quatre pieds lorsqu'il se redresse; de belles plumes d'un noir plombé, avec reflets bleuâtres, pendent le long de son cou, s'étalent sur les épaules et le dos; les premières pennes de l'aile sont noires, les autres d'un roux brun, et leurs couvertures,

(*a*) Ce fait nous a été communiqué par les ordres de M. le maréchal duc de Mouchy, gouverneur de Versailles et de la Ménagerie du roi.

(*b*) *Mémoires* cités, p. 12 et suiv.

(*c*) Voyez les planches enluminées, nº 265.

(*d*) *Grus Balearica Plinii.* Aldrovande, *Avi.*, t. III, p. 361, avec des figures reconnaissables, quoique défectueuses. — Willughby, *Ornithol.*, p. 201. — Ray, *Synops. avi.*, p. 95, nº 3. — Jonston, *Avi.*, p. 116. — Klein, *Avi.*, p. 121, nº 3. — Charleton, *Exercit.*, p. 114, nº 1. *Onomast.*, p. 110, nº 1. — *Grus Balearica vel Japonica. Mus. Besler*, p. 36, nº 5. — *Grus Japonensis fusca, capite aureo galeato.* Petiver, *Gazophyl.*, tab. 76, nº 9. — *Pavo marinus.* Clusius. *Exotic.*, lib. v, cap. II, p. 105, avec une figure de la tête. — *Pavo sine caudâ, Chinensis.* Jonston, *Avi.*, tab. 21. — Charleton, *Exercit.*, p. 80, nº 3, *Onomast.*, p. 72, nº 3. — *Pavo ex cinereo-fuscus, pappo deaurato coronatus.* Barrère, *Ornithol.*, class. 4, gen. 12, sp. 4. — *Pavo nigricans, brevicaudus, pappo rariori coronatus. Idem, ibidem*, sp. 5 (peut-être la femelle). — « Ardea cristâ setosâ, erectâ, temporibus palearibusque binis nudis... » *Ardea pavonina.* Linnæus, *Syst. nat.*, édit. X, gen. 76, sp. 1. — *Crowned African crane.* Edwards, *Nat. hist.*, p. 191, avec d'assez belles figures du mâle et de la femelle. — *Oiseau royal. Hist. de l'Acad. des Sciences*, t. III, part. III, p. 201, avec une figure assez bonne, pl. 28. — « Grus Belaerica cinereo cærulescens (Mas), nigricans ad viride vergens (Fœmina); » vertice splendidè nigro; capite ad latera nudo, candido rubro adumbrato; tectricibus alarum » albis, remigibus minoribus castaneis, majoribus, rectricibusque nigricantibus... » (*L'oiseau royal.* Brisson, *Ornithol.*, t. V, p. 511.) — Les Hollandais qui trafiquent aux côtes d'Afrique lui donnent le nom de *kroon-vogel*, oiseau couronné.

(*) *Balearica pavonina* (*Ardea pavonia* L.).

rabattues en effilées, coupent et relèvent de deux grandes plaques blanches le fond sombre de son manteau ; un large oreillon d'une peau membraneuse, d'un beau blanc sur la tempe, d'un vif incarnat sur la joue, lui enveloppe la face et descend jusque sous le bec (*a*) ; une toque de duvet noir, fin et serré comme du velours, lui relève le front, et sa belle aigrette est une houppe épaisse, fort épanouie, et composée de brins touffus, de couleur isabelle, aplatis et filés en spirale ; chaque brin, dans sa longueur, est hérissé de très petits filets à pointe noire et terminé par un petit pinceau de même couleur ; l'iris de l'œil est d'un blanc pur ; le bec est noir, ainsi que les pieds et les jambes, qui sont encore plus hautes que celles de la grue, avec laquelle notre oiseau a beaucoup de rapport dans la conformation ; mais il en diffère par de grands caractères, il s'en éloigne aussi par son origine : il est des climats chauds, et les grues viennent des pays froids ; le plumage de celles-ci est sombre, et l'oiseau royal est paré de la livrée du Midi, de cette zone ardente où tout est plus brillant, mais aussi plus bizarre, où les formes ont souvent pris leur développement aux dépens des proportions, où, quoique tout soit plus animé, tout est moins gracieux que dans les zones tempérées.

L'Afrique, et particulièrement les terres de la Gambra, de la côte d'Or, de Juida (*b*), de Fida, du cap Vert, sont les contrées qu'il habite. Les voyageurs rapportent qu'on en voit fréquemment sur les grandes rivières (*c*) ; ces oiseaux y pêchent de petits poissons, et vont aussi dans les terres pâturer les herbes et recueillir des graines ; ils courent très vite en étendant leurs ailes et s'aidant du vent : autrement, leur démarche est lente et pour ainsi dire à pas comptés.

Cet oiseau royal est doux et paisible ; il n'a pas d'armes pour offenser, et n'a même ni défense ni sauvegarde que dans la hauteur de sa taille, la rapidité de sa course et la vitesse de son vol, qui est élevé, puissant et soutenu. Il craint moins l'homme que ses autres ennemis ; il semble même s'approcher de nous avec confiance, avec plaisir. On assure qu'au cap Vert ces oiseaux sont à demi domestiques et qu'ils viennent manger du grain dans

(*a*) De deux figures que donne Edwards, et qu'il dit être le mâle et la femelle, l'une n'a que l'oreillon derrière l'œil, et dans l'autre sont exprimés sous la gorge les deux fanons pendants. Ce caractère paraît varier : on ne le trouve pas dans la description de Clusius, exacte dans le reste, et vraisemblablement il tient à l'âge plutôt qu'au sexe, puisque MM. de l'Académie ne le trouvèrent pas à un des individus qu'ils décrivent, quoique tous deux femelles.

(*b*) *Histoire générale des Voyages*, t. IV, p. 355. — Il paraît, au reste, que les Européens, sur ces côtes, ont donné le même nom d'*oiseau royal* à une espèce toute différente du véritable. « Smith distingue deux sortes d'*oiseaux à couronne :* la première a la tête et le cou verts, le » corps d'un beau pourpre, les ailes et la queue rouges, et le toupet noir ; elle est à peu près » de la grosseur des grands perroquets. L'autre sorte (et c'est ici le véritable oiseau royal), est » de la forme du héron, et n'a pas moins de trois pieds de hauteur : elle se nourrit de pois- » sons ; sa couleur est d'un mélange de bleu et de noir, et la touffe dont elle est couronnée » ressemble moins à des plumes qu'à des soies de porc. » (*Hist. générale des Voyages*, t. IV, page 247.)

(*c*) Edwards, *Nat. hist. of Birds*.

les basses-cours avec les pintades et les autres volailles; ils se perchent en plein air pour dormir à la manière des paons, dont on a dit qu'ils imitaient le cri, ce qui, joint à l'analogie du panache sur la tête, leur a fait donner le nom de *paons marins* (a) par quelques naturalistes; d'autres les ont appelés *paons à queue courte* (b); d'autres ont écrit que cet oiseau est le même que la *grue baléarique* des anciens, ce qui n'est nullement prouvé (c), car Pline, le seul des anciens qui ait parlé de la grue baléarique, ne la caractérise pas de manière à pouvoir y reconnaître distinctement notre oiseau royal : le *pic*, dit-il, *et la grue baléarique portent également une aigrette* (d); or, rien ne se ressemble moins que la petite huppe du pic et la couronne de l'oiseau royal, qui d'ailleurs présente d'autres traits remarquables par lesquels Pline pouvait le désigner. Si cependant il était vrai que jadis cet oiseau eût été apporté à Rome des îles Baléares, où on ne le trouve plus aujourd'hui, ce fait paraîtrait indiquer que, dans les oiseaux comme dans les quadrupèdes, ceux qui habitaient jadis des contrées plus septentrionales du globe, alors moins froid, se trouvent à présent retirés dans les terres du Midi.

Nous avons reçu cet oiseau de Guinée, et nous l'avons conservé et nourri quelque temps dans un jardin. Il y becquetait les herbes, mais particulièrement le cœur des laitues et des chicorées; le fonds de sa nourriture, de celle du moins qui peut ici lui convenir le mieux, est du riz, ou sec ou légèrement bouilli, et ce qu'on appelle *crevé* dans l'eau, ou au moins lavé et bien choisi, car il rebute celui qui n'est pas de bonne qualité ou qui reste souillé de sa poussière : néanmoins, il paraît que les insectes, et particulièrement les vers de terre, entrent aussi dans sa nourriture; car nous l'avons vu becqueter dans la terre fraîchement labourée, y ramasser des vers et prendre d'autres petits insectes sur les feuilles : il aime à se baigner, et l'on doit lui ménager un petit bassin ou un baquet qui n'ait pas trop de profondeur, et dont l'eau soit de temps en temps renouvelée : pour régal, on peut lui jeter dans son bassin quelques petits poissons vivants, il les mange avec plaisir et refuse ceux qui sont morts; son cri ressemble beaucoup à la voix de la grue; c'est un son retentissant (*clangor*) assez semblable aux accents rauques d'une trompette ou d'un cor; il fait entendre ce cri par reprises brèves et réitérées quand il a besoin de nourriture, et le soir lorsqu'il cherche à se gîter (e); c'est aussi l'expression de l'inquiétude et de l'ennui, car il s'ennuie dès qu'on le laisse seul trop longtemps; il aime qu'on lui rende visite, et lorsque, après l'avoir considéré, on se promène indifféremment sans prendre garde à lui, il suit les personnes ou marche à côté d'elles, et fait ainsi plu-

(a) Clusius, *Exotic.*, lib. v, cap. II.

(b) Jonston, Barrère, Linnæus.

(c) Voyez les *Mémoires pour servir à l'histoire des animaux*, t. III, part. II.

(d) « Cirros pico martio et grui Balearicæ. » Lib. II, cap. XXXVII.

(e) Cet oiseau a encore une autre sorte de voix, comme un grognement ou gloussement intérieur, *cloque, cloque*, semblable à celui d'une poule couveuse, mais plus rude.

sieurs tours de promenade; et si quelque chose l'amuse et qu'il reste en arrière, il se hâte de rejoindre la compagnie; dans l'attitude du repos, il se tient sur un pied; son grand cou est alors replié comme un serpentin, et son corps, affaissé et comme tremblant sur ses hautes jambes, porte dans une direction presque horizontale; mais, quand quelque chose lui cause de l'étonnement ou de l'inquiétude, il allonge le cou, élève sa tête, prend un air fier, comme s'il voulait en effet en imposer par son maintien : tout son corps paraît alors dans une situation à peu près verticale; il s'avance gravement et à pas mesurés, et c'est dans ces moments qu'il est beau et que son air, joint à sa couronne, lui mérite vraiment le nom d'*oiseau royal*. Ses longues jambes, qui le servent fort bien en montant, lui nuisent pour descendre; il déploie alors ses ailes pour s'élancer; mais nous avons été obligés d'en tenir une courte en lui coupant de temps en temps des plumes dans la crainte qu'il ne prît son essor, comme il paraît souvent tenté de le faire. Au reste, il a passé cet hiver (1778) à Paris sans paraître se ressentir des rigueurs d'un climat si différent du sien; il avait choisi lui-même l'abri d'une chambre à feu pour y demeurer pendant la nuit; il ne manquait pas tous les soirs, à l'heure de la retraite, de se rendre devant la porte de cette chambre, et de trompeter pour se la faire ouvrir.

Les premiers oiseaux de cette espèce ont été apportés en Europe dès le XVe siècle par les Portugais, lorsqu'ils firent la découverte de la côte d'Afrique (*a*); Aldrovande loue leur beauté (*b*), mais Belon ne paraît pas les avoir connus, et il se méprend lorsqu'il dit que la grue baléarique des anciens est le bihoreau (*c*). Quelques auteurs (*d*) les ont appelés *grues du Japon*, ce qui semble indiquer qu'ils se trouvent dans cette île, et que l'espèce s'est étendue sur toute la zone par la largeur de l'Afrique et de l'Asie. Au reste, le fameux oiseau royal ou *fum-hoam* des Chinois, sur lequel ils ont fait des contes merveilleux recueillis par le crédule Kircher (*e*), n'est qu'un être de raison tout aussi fabuleux que le dragon qu'ils peignent avec lui sur leurs étoffes et porcelaines.

(*a*) « Il semble que l'on fait grand cas de ces oiseaux en Europe, puisque quelques messieurs ne cessent de nous solliciter de leur en envoyer. » (*Voyage de Guinée*, par Guillaume Bosman; Utrecht, 1705, lettre XV.)

(*b*) « Avis visu jucundissima. »

(*c*) « Aussi y veismes (à Alep) un oiseau quasi semblable à une grue, mais plus petit de corpulence, ayant les yeux bordés de rouge, la queue du héron et sa voix moindre que d'une grue : et croyons que c'est celui que les anciens ont nommé la *grue baléarique*. » *Observations* de Belon, p. 159. — Ce qui nous fait douter que cette notice désigne l'oiseau royal, c'est que Belon n'y fait nulle mention de la couronne, caractère cependant distinct et frappant, et qui n'aurait pas échappé à cet excellent observateur.

(*d*) Charleton, Petiver; voyez la nomenclature.

(*e*) Voyez *la Chine illustrée*. (Amsterdam, 1670, page 263.)

LE CARIAMA (a)

Nous avons vu que la nature, marchant d'un pas égal, nuance tous ses ouvrages; que leur ensemble est lié par une suite de rapports constants et de gradations successives; elle a donc rempli par des transitions les intervalles où nous pensons lui fixer des divisions et des coupures, et placé des productions intermédiaires aux points de repos que la seule fatigue de notre esprit, dans la contemplation de ses œuvres, nous a forcés de supposer: aussi trouvons-nous dans les formes, même les plus éloignées, des relations qui les rapprochent: en sorte que rien n'est vide, tout se touche, tout se tient dans la nature, et qu'il n'y a que nos méthodes et nos systèmes qui soient incohérents lorsque nous prétendons lui marquer des sections ou des limites qu'elle ne connaît pas (*); c'est par cette raison que les êtres les plus isolés dans nos méthodes sont souvent, dans la réalité, ceux qui tiennent à d'autres par de plus grands rapports: telles sont les espèces du cariama, du secrétaire et du kamichi, qui dans toute méthode d'ornithologie ne peuvent former qu'un groupe à part, tandis que dans le système de la nature ces espèces sont plus apparentées qu'aucune autre avec différentes familles dont elles semblent constituer les degrés d'affinité. Les deux premiers ont des caractères qui les rapprochent des oiseaux de proie; le dernier tient, au contraire, aux gallinacés, et tous trois appartiennent encore de plus près au grand genre des oiseaux de rivage, dont ils ont le naturel et les mœurs.

Le cariama (**) est un bel oiseau qui fréquente les marécages, et s'y nourrit comme le héron, qu'il surpasse en grandeur (b): avec de longs pieds et le bas de la jambe nu comme les oiseaux de rivage, il a un bec court et crochu comme les oiseaux de proie.

Il porte la tête haute sur un cou élevé; on voit sur la racine du bec, qui est jaunâtre, une plume en forme d'aigrette; tout son plumage assez sem-

(a) *Cariama Brasiliensibus*. Marcgrave, *Hist. nat. Brasil.*, p. 203, avec une figure qui paraît fort imparfaite. — *Cariama*. Pison, *Hist. nat.*, p. 81, avec la figure empruntée de Marcgrave. — Jonston, *Avi.*, p. 138, avec la même figure copiée, tab. 59. — Willughby, *Ornithol.*, p. 202. — Ray, *Synops. avi.*, p. 96, n° 6. — « Cariama cristata, grisea, fusco et rufescente » varia, cristâ nigrâ, cinereo variegata; remigibus majoribus, rectricibusque fuscis, griseo et » rufescente variegatis... » (*Cariama*. Brisson, *Ornithol.*, t. V. p. 516.)

(b) « Egregia avis silvestris cariama ex aquaticorum genere, udosisque locis ob prædam » delectatur more ardearum, quas mole corporis longè superat. » (Pison, *Hist. nat. et medic. Ind.*, p. 81.)

(*) Buffon formule ici de nouveau les pensées qu'il a déjà exprimées dans son *Discours sur la manière d'étudier l'histoire naturelle*, relativement aux liens qui rattachent les espèces les unes aux autres et à l'impossibilité d'établir des classifications répondant à l'état véritable des choses.

(**) *Dicholopus cristatus*. Les *Dicholopus* sont voisins des Grues.

blable à celui du faucon, est gris ondé de brun : ses yeux sont brillants et couleur d'or, et les paupières sont garnies de longs cils noirs ; les pieds sont jaunâtres, et des doigts, qui sont tous réunis vers l'origine par une portion de membrane, celui du milieu est de beaucoup plus long que les deux latéraux dont l'intérieur est le plus court ; les ongles sont courts et arrondis *(a)* ; le petit doigt postérieur est placé si haut qu'il ne peut appuyer à terre, et le talon est épais et rond comme celui de l'autruche. La voix de cet oiseau ressemble à celle de la poule d'Inde ; elle est forte et avertit de loin les chasseurs, qui le recherchent, car sa chair est tendre et délicate ; et, s'il en faut croire Pison, la plupart des oiseaux qui fréquentent les rivages dans ces régions chaudes de l'Amérique ne sont pas inférieurs, pour la bonté de la chair, aux oiseaux de montagnes. Il dit aussi qu'on a commencé de rendre le cariama domestique *(b)*, et, par ce rapport de mœurs ainsi que par ceux de sa conformation, le cariama, qui ne se trouve qu'en Amérique, semble être le représentant du secrétaire, qui est un grand oiseau de l'ancien continent, dont nous allons donner la description dans l'article suivant.

(a) « Ungues breviusculi, lunati. » *Idem, ibidem.*

(b) « Mansuefacta, æque ac silvestris, assatur et coquitur. » Pison, *Hist. nat. et medic. Ind.*, p. 81.

LE SECRÉTAIRE OU LE MESSAGER (a)

Cet oiseau (*), considérable par sa grandeur autant que remarquable par sa figure, est non seulement d'une espèce nouvelle, mais d'un genre isolé et singulier, au point d'éluder et même de confondre tout arrangement de méthodes et de nomenclature : en même temps que ses longs pieds désignent un oiseau de rivage, son bec crochu indiquerait un oiseau de proie ; il a, pour ainsi dire, une tête d'aigle sur un corps de cigogne ou de grue : à quelle classe peut donc appartenir un être dans lequel se réunissent des caractères aussi opposés ? Autre preuve que la nature, libre au milieu des limites que nous pensons lui prescrire, est plus riche que nos idées et plus vaste que nos systèmes.

Le secrétaire a la hauteur d'une grande grue et la grosseur du coq d'Inde ; ses couleurs sur la tête, le cou, le dos et les couvertures des ailes, sont d'un gris un peu plus brun que celui de la grue : elles deviennent plus claires sur le devant du corps ; il a du noir aux pennes des ailes et de la queue, et du noir ondé de gris sur les jambes ; un paquet de longues plumes ou plutôt de pennes raides et noires pend derrière son cou ; la plupart de ces plumes ont jusqu'à six pouces de longueur ; il y en a de plus courtes, et quelques-unes sont grises ; toutes sont assez étroites vers la base, et plus largement barbées vers la pointe ; elles sont implantées au haut du cou. L'individu que nous décrivons a trois pieds six pouces de hauteur ; le tarse seul a près d'un pied ; la jambe, un peu au-dessus du genou, est dégarnie de plumes ; les doigts sont gros et courts, armés d'ongles crochus ; celui du milieu est presque une fois aussi long que les latéraux, qui lui sont unis par une membrane jusque vers la moitié de leur longueur, et le doigt postérieur est très fort. Ces caractères n'ont point été saisis par le dessinateur de la planche enluminée ; le cou est gros et épais, la tête grosse ; le bec fort et fendu jusqu'au delà des yeux ; la partie supérieure du bec est également

(a) Voyez les planches enluminées, nº 721.

(*) Le Secrétaire, placé par Buffon auprès des Echassiers à cause de ses longues pattes, est considéré par tous les ornithologistes comme un oiseau de proie voisin des Milans. Il est connu sous le nom scientifique de *Gypogeranus serpentarius* Illig. (*Falco serpentarius* Gmel.).

et fortement arquée, à peu près comme dans l'aigle ; elle est pointue et tranchante ; les yeux sont placés dans un espace de peau nue de couleur orangée, qui se prolonge au delà de l'angle extérieur de l'œil, et prend son origine à la racine du bec ; il y a de plus un caractère unique et qui ajoute beaucoup à tous ceux qui font de cet oiseau un composé de natures éloignées : c'est un vrai sourcil formé d'un seul rang de cils noirs de six à dix lignes de longueur *(a)* ; trait singulier et qui, joint à la touffe de plumes au haut du cou, à sa tête d'oiseau de proie, à ses pieds d'oiseau de rivage, achève d'en faire un être mixte, extraordinaire, et dont le modèle n'était pas connu.

Il y a autant de mélange dans les habitudes que de disparité dans la conformation : avec les armes des oiseaux carnassiers, celui-ci n'a rien de leur férocité ; il ne se sert de son bec ni pour offenser ni pour se défendre ; il met sa sûreté dans la fuite ; il évite l'approche, il élude l'attaque, et souvent, pour échapper à la poursuite d'un ennemi, même faible, on lui voit faire des sauts de huit ou neuf pieds de hauteur : doux et gai, il devient aisément familier ; on a même commencé à le rendre domestique au cap de Bonne-Espérance ; on le voit assez communément dans les habitations de cette colonie, et on le trouve dans l'intérieur des terres à quelques lieues de distance des rivages : on prend les jeunes dans le nid pour les élever en domesticité, tant pour l'agrément que pour l'utilité, car ils font la chasse aux rats, aux lézards, aux crapauds et aux serpents.

M. le vicomte de Querhoënt nous a communiqué les observations suivantes au sujet de cet oiseau : « Lorsque le secrétaire, dit cet habile observateur, rencontre ou découvre un serpent, il l'attaque d'abord à coups » d'ailes pour le fatiguer ; il le saisit ensuite par la queue, l'enlève à une » grande hauteur en l'air et le laisse retomber, ce qu'il répète jusqu'à ce » que le serpent soit mort. Il accélère sa course en étendant les ailes, et on » le voit souvent traverser ainsi les campagnes, courant et volant tout ensemble : il niche dans les buissons à quelques pieds de terre, et pond » deux œufs blancs avec des taches rousses ; lorsqu'on l'inquiète, il fait » entendre un croassement sourd ; il n'est ni dangereux ni méchant ; son » naturel est doux ; j'en ai vu deux vivre paisiblement dans une basse-cour » au milieu de la volaille ; on les nourrissait de viande, et ils étaient avides » d'intestins et de boyaux, qu'ils assujettissaient sous leurs pieds en les » mangeant comme ils eussent fait d'un serpent ; tous les soirs, ils se couchaient l'un auprès de l'autre, chacun la tête tournée du côté de la queue » de son camarade (*). »

(a) Ce sourcil a quinze ou seize lignes de longueur ; les cils sont rangés très près les uns des autres, élargis par la base, et creusés en gouttières concaves en dessous, convexes en dessus.

(*) Le Vaillant raconte de la façon suivante la manière dont le Serpentaire s'y prend pour tuer les serpents et se mettre à l'abri de leurs morsures : « Le reptile surpris, s'il est loin de

Au reste, cet oiseau d'Afrique paraît s'accommoder assez bien du climat de l'Europe; on le voit dans quelques ménageries d'Angleterre et de Hollande. M. Wosmaër, qui l'a nourri dans celle du prince d'Orange, a fait quelques remarques sur sa manière de vivre (*a*) : « Il déchire et avale goulument la viande qu'on lui jette, et ne refuse pas le poisson. Pour se reposer et dormir, il se couche le ventre et la poitrine à terre ; un cri qu'il fait entendre rarement a du rapport avec celui de l'aigle ; son exercice le plus ordinaire est de marcher à grands pas de côté et d'autre, et longtemps sans se ralentir ni s'arrêter : ce qui apparemment lui a fait donner le nom de *messager*, » comme il doit sans doute celui de *secrétaire* à ce paquet de plumes qu'il porte au haut du cou, quoique M. Wosmaër veuille dériver ce dernier nom de celui de *sagittaire*, qu'il lui applique d'après un jeu auquel on le voit s'égayer souvent, qui est de prendre du bec ou du pied une paille ou quelque autre brin, et de le lancer en l'air à plusieurs reprises ; « car il semble, dit M. Wosmaër, être d'un naturel gai, paisible et même timide ; quand on l'approche, lorsqu'il court çà et là avec un maintien vraiment superbe, il fait un craquement continuel, *crac, crac ;* mais, revenu de la frayeur qu'on lui causait en le poursuivant, il se montre familier et même curieux ; tandis que le dessinateur était occupé à le peindre, continue M. Wosmaër, l'oiseau vint tout près de lui regarder sur le papier, dans l'attitude de l'attention, le cou tendu et redressant les plumes de sa tête, comme s'il admirait sa figure ; souvent il vient les ailes élevées et la tête en avant, pour voir curieusement ce qu'on fait : c'est ainsi qu'il s'approcha deux ou trois fois de moi lorsque j'étais assis à côté d'une table, dans sa loge, pour le décrire. Dans ces moments, ou lorsqu'il recueille avidemment quelques morceaux, et généralement lorsqu'il est ému de curiosité ou de désir, il redresse fort haut les longues plumes du derrière de sa tête, qui d'ordinaire tombent mêlées au hasard sur le haut du cou. On a remarqué qu'il muait dans les mois de juin et de février, et M. Wosmaër dit que, quelque attention qu'on ait apportée à

(*a*) *Description d'un oiseau de proie nommé* le sagittaire, *tout à fait inconnu jusqu'ici*, etc. Wosmaër, feuille imprimée en 1769.

son trou s'arrête, se redresse et cherche à intimider l'oiseau par le gonflement extraordinaire de sa tête et par son sifflement aigu. C'est dans cet instant que l'oiseau de proie, développant l'une de ses ailes, la ramène devant lui, et en couvre, comme d'une égide, ses jambes ainsi que la partie inférieure de son corps. Le serpent attaqué s'élance ; l'oiseau bondit, frappe, recule, se jette en arrière, saute en tous sens, d'une manière vraiment comique pour le spectateur, revient au combat en présentant toujours à la dent venimeuse de son adversaire le bout de son aile défensive ; et pendant que celui-ci épuise sans succès son venin à mordre ses pennes insensibles, il lui détache avec l'autre aile de vigoureux coups... Enfin le reptile, étourdi d'un coup d'aile chancelle, roule dans la poussière, où il est saisi avec adresse et lancé en l'air à plusieurs reprises, jusqu'au moment où épuisé et sans force, l'oiseau lui brise le crâne à coups de bec et l'avale tout entier à moins qu'il ne soit trop gros ; dans ce cas, il le dépèce en l'assujettissant sous ses doigts. »

» l'observer, on ne l'a jamais vu boire : néanmoins, ses excréments sont » liquides et blancs comme ceux du héron. Pour manger à son aise, il s'ac- » croupit sur ses talons, et couché à moitié il avale ainsi sa nourriture ; sa » plus grande force paraît être dans le pied : si on lui présente un poulet » vivant, il le frappe d'un violent coup de patte et l'abat du second ; c'est » encore ainsi qu'il tue les rats ; il les guette assidûment devant leurs » trous ; en tout il préfère les animaux vivants à ceux qui sont morts, et » la chair au poisson (*a*). »

Il n'y a pas longtemps que cet oiseau singulier est connu, même au Cap, puisque Kolbe ni les autres relateurs de cette contrée n'en ont pas fait mention. M. Sonnerat l'a trouvé aux Philippines, après l'avoir vu au cap de Bonne-Espérance ; nous remarquons entre sa notice et les précédentes quelques différences dont il semble qu'il faut tenir compte : par exemple, M. Sonnerat peint les plumes de la huppe comme naissantes sur le cou à intervalles inégaux, et les plus longues placées le plus bas : nous n'y trouvons ni cet ordre ni cette proportion dans l'individu que nous avons sous les yeux, car ces plumes sont implantées en paquet et sans ordre ; il ajoute qu'elles sont fléchies dans leur milieu du côté du corps, et que les barbes en sont frisées. M. Wosmaër les représente de même, et nous les voyons lisses dans celui que nous venons de décrire : ces différences sont-elles dans les objets ou dans les descriptions ? Il en paraît une plus considérable dans la couleur du plumage ; M. Wosmaër dit qu'il est d'un gris plombé bleuâtre : nous le voyons gris tirant au brun ; il dit le bec bleuâtre : nous le voyons noir en dessus, blanc en dessous ; l'individu que nous décrivons et qui est conservé dans le Cabinet de M. le docteur Mauduit, n'a pas non plus deux plumes excédantes à la queue, seulement elles dépassent de cinq pouces l'aile pliée ; mais un autre de ces oiseaux sur lequel a été dessinée la planche enluminée porte ces deux longues plumes telles que les ont décrites MM. Wosmaër et Sonnerat ; il nous paraît que c'est le caractère du mâle. Au reste, ce dernier naturaliste ne s'exprime pas bien en attribuant au secrétaire un bec de *gallinacée* : c'est réellement un bec d'oiseau de proie, et d'ailleurs M. Sonnerat remarque lui-même que cet oiseau est carnivore (*b*).

En pensant à ses mœurs sociales et familières et à la facilité de l'élever en domesticité, on est porté à croire qu'il serait avantageux de le multiplier, particulièrement dans nos colonies, où il pourrait servir à la destruction des reptiles nuisibles et des rats.

(*a*) Suite des observations de M. Wosmaër.
(*b*) *Voyage à la Nouvelle-Guinée*, p. 88.

LE KAMICHI (a) (b)

Ce n'est point en se promenant dans nos campagnes cultivées, ni même en parcourant toutes les terres du domaine de l'homme, que l'on peut connaître les grands effets des variétés de la nature; c'est en se transportant des sables brûlants de la zone torride aux glacières des pôles, c'est en descendant du sommet des montagnes au fond des mers, c'est en comparant les déserts avec les déserts, que nous la jugerons mieux et l'admirerons davantage. En effet, sous le point de vue de ses sublimes contrastes et de ses majestueuses oppositions, elle paraît plus grande en se montrant telle qu'elle est. Nous avons ci-devant (c) peint les déserts arides de l'Arabie Pétrée, ces solitudes nues où l'homme n'a jamais respiré sous l'ombrage, où la terre sans verdure n'offre aucune subsistance aux animaux, aux oiseaux, aux insectes, où tout paraît mort, parce que rien ne peut naître, et que l'élément nécessaire au développement des germes de tout être vivant ou végétant, loin d'arroser la terre par des ruisseaux d'eau vive, ou de la pénétrer par des pluies fécondes, ne peut même l'humecter d'une simple rosée. Opposons ce tableau de sécheresse absolue dans une terre trop ancienne à celui des vastes plaines de fange des savanes noyées du nouveau continent, nous y

(a) Voyez les planches enluminées, nº 451.

(b) *Kamichi* ou *kamouki* par les naturels de la Guyane; *anhima* par ceux du Brésil; *cahuitahu* à la rivière des Amazones, d'un nom imité de son cri. — *Anhima Brasiliensibus*. Marcgrave, *Hist. nat. Brasil.*, p. 215, avec une figure reconnaissable, quoique défectueuse, et que Pison, Jonston et Willughby ont copiée. — Willughby, *Ornithol.*, p. 202. — Ray, *Synops. avi.*, p. 96, nº 7. — Jonston, *Avi.*, p. 147. — *Avis quædam ex rapacibus. Idem*, p. 125. — *Anhima*. Pison, *Hist. nat.*, p. 91. — *Aquila Americana, nigra, aquatica, maxima, cornuta*. Idem, *Ornithol.*, class. 3, gen. 4, sp. 4. — *Palamedea*. Mœhring, *Avi.*, gen. 3. — *Palamedea alis bispinosis, fronte cornutâ*. Linnæus, *Syst. nat.*, édit. XII, gen. 81, p. 232. — *Cahuitahu*. La Condamine, *Voyage à la rivière des Amazones*, p. 174. — « Anhima nigricans, albo variegata; vertice ex albo et nigro vario; collo infimo et pectore cinereo, albo et nigro variegatis, ventre albo; remigibus rectricibusque nigricantibus... » *Anhima*. Brisson, *Ornithol.*, t. V, p. 518. — M. Brisson applique encore au kamichi le nom de *bambiaya*, sur la notice suivante de Laët, *Nov. orb.*, lib. I, p. 15 : « Il y a une autre sorte d'oiseau fort fréquent » qu'ils appellent (à Cuba) *bambiayas*, qu'on peut dire plutôt effleurer la terre que voler, de » sorte que les Indiens les chassent comme les bêtes sauvages; quand on les cuit, la chair » teint le brouet comme le safran; ils sont d'un goût assez agréable, et qui approche de » celui des faisans. » Il n'y a pas là de quoi reconnaître le kamichi.

(c) Voyez le IIIe volume de l'*Histoire naturelle*, article du chameau, p. 231.

verrons par excès ce que l'autre n'offrait que par défaut : des fleuves d'une largeur immense, tels que l'Amazone, la Plata, l'Orénoque, roulant à grands flots leurs vagues écumantes et se débordant en toute liberté, semblent menacer la terre d'un envahissement et faire effort pour l'occuper tout entière. Des eaux stagnantes, et répandues près et loin de leurs cours, couvrent le limon vaseux qu'elles ont déposé; et ces vastes marécages, exhalant leurs vapeurs en brouillards fétides, communiqueraient à l'air l'infection de la terre, si bientôt elles ne retombaient en pluies précipitées par les orages ou dispersées par les vents. Et ces plages, alternativement sèches et noyées, où la terre et l'eau semblent se disputer des possessions illimitées; et ces broussailles de mangles jetées sur les confins indécis de ces deux éléments ne sont peuplées que d'animaux immondes qui pullulent dans ces repaires, cloaques de la nature, où tout retrace l'image des déjections monstrueuses de l'antique limon. D'énormes serpents tracent de larges sillons sur cette terre bourbeuse; les crocodiles, les crapauds, les lézards et mille autres reptiles à larges pattes en pétrissent la fange; des millions d'insectes enflés par la chaleur humide en soulèvent la vase, et tout ce peuple impur, rampant sur le limon ou bourdonnant dans l'air, qu'il obscurcit encore ; toute cette vermine dont fourmille la terre attire de nombreuses cohortes d'oiseaux ravisseurs dont les cris confus, multipliés et mêlés aux coassements des reptiles, en troublant le silence de ces affreux déserts, semblent ajouter la crainte à l'horreur pour en écarter l'homme et en interdire l'entrée aux autres êtres sensibles : terres d'ailleurs impraticables, encore informes, et qui ne serviraient qu'à lui rappeler l'idée de ces temps voisins du premier chaos où les éléments n'étaient pas séparés, où la terre et l'eau ne faisaient qu'une masse commune, et où les espèces vivantes n'avaient pas encore trouvé leur place dans les différents districts de la nature.

Au milieu de ces sons discordants d'oiseaux criards et de reptiles coassants s'élève par intervalles une grande voix qui leur en impose à tous, et dont les eaux retentissent au loin : c'est la voix du kamichi (*), grand oiseau noir très remarquable par la force de son cri et par celle de ses armes ; il porte sur chaque aile deux puissants éperons, et sur la tête une corne pointue (*a*) de trois ou quatre pouces de largeur sur deux ou trois lignes de diamètre à sa base; cette corne, implantée sur le haut du front, s'élève droit et finit en une pointe aiguë un peu courbée en avant, et vers sa base elle est revêtue d'un fourreau semblable au tuyau d'une plume. Nous parlerons des

(*a*) Les sauvages de la Guyane l'ont nommé *kamichi :* ceux du Brésil l'appellent *anhima*, et sur la rivière des Amazones *cahuitahu*, par imitation de son grand cri, que Marcgrave rend plus précisément par *vyhou-vyhou*, et qu'il dit avoir quelque chose de terrible : « Terribilem » clamorem edit, vyhu, vyhu, vociferando. » Marcgrave, *Hist. nat. Brasil.*, p. 215.

(*) Les Kamichis (*Palamedea*) sont des Echassiers de la famille des Palamédidés, caractérisés surtout par la corne mince qui surmonte leur front.

éperons ou ergots que portent aux épaules certains oiseaux, tels que les jacanas, plusieurs espèces de pluviers, de vanneaux, etc.; mais le kamichi est de tous le mieux armé; car, indépendamment de sa corne à la tête, il a sur chaque aileron deux éperons qui sont dirigés en avant lorsque l'aile est pliée : ces éperons sont des apophyses de l'os du métacarpe, et sortent de la partie antérieure des deux extrémités de cet os; l'éperon supérieur est le plus grand : il est triangulaire, long de deux pouces, large de neuf lignes à sa base, un peu courbé et finissant en pointe; il est aussi revêtu d'un étui de même substance que celui qui garnit la base de la corne. L'apophyse inférieure du métacarpe, qui fait le second éperon, n'a que quatre lignes de longueur et autant de largeur à sa base, et il est recouvert d'un fourreau comme l'autre.

Avec cet appareil d'armes très offensives et qui le rendraient formidable au combat, le kamichi n'attaque point les autres oiseaux, et ne fait la guerre qu'aux reptiles; il a même les mœurs douces et le naturel profondément sensible, car le mâle et la femelle se tiennent toujours ensemble : fidèles jusqu'à la mort, l'amour qui les unit semble survivre à la perte que l'un ou l'autre fait de sa moitié ; celui qui reste erre sans cesse en gémissant, et se consume près des lieux où il a perdu ce qu'il aime (*a*).

Ces affections touchantes forment dans cet oiseau, avec sa vie de proie, le même contraste en qualités morales que celui qui se trouve dans sa structure physique; il vit de proie, et cependant son bec est celui d'un oiseau granivore (*) ; il a des éperons et une corne, et néanmoins sa tête ressemble à celle d'un gallinacée; il a les jambes courtes, mais les ailes et la queue fort longues; la partie supérieure du bec s'avance sur l'inférieure et se recourbe un peu à sa pointe; la tête est garnie de petites plumes duvetées, relevées, et comme demi-bouclées, mêlées de noir et de blanc; ce même plumage frisé couvre le haut du cou; le bas est revêtu de plumes plus larges, plus fournies, noires au bord et grises au dedans : tout le manteau est noir brun, avec des reflets verdâtres, et quelquefois mêlé de taches blanches; les épaules sont marquées de roux, et cette couleur s'étend sur le bord des ailes, qui sont très amples (*b*) ; elles atteignent presque au bout de la queue, qui a neuf pouces de longueur; le bec, long de deux pouces, est large de huit lignes et épais de dix à sa base; le pied, joint à une petite partie nue de la jambe, est haut de sept pouces et demi; il est couvert d'une peau rude

(*a*) » Unâ mortuâ, altera à sepulturâ nunquam discedit. » Marcgrave, *ubi supra.* — « Raro « sola incedit. Verum junctim, mas et fœmina. Testantur omnes pariter incolæ, unâ mor« tuâ alteram instar turturum lugere, et vix à sepulchro discedere. » Pison, *Hist. nat. Ind.*, pag. 91.

(*b*) « Alas amplissimas. » Marcgrave

(*) « On a dit qu'il chassait (le *Kamichi*) aux reptiles ; mais, quoique son estomac soit peu « musculeux, il ne se nourrit guère que d'herbes et de graines aquatiques. » (Cuvier.)

et noire, dont les écailles sont fortement exprimées sur les doigts, qui sont très longs; celui du milieu, l'ongle compris, a cinq pouces; ces ongles sont demi-crochus et creusés par-dessous en gouttière; le postérieur est d'une forme particulière, étant effilé, presque droit et très long, comme celui de l'alouette : la grandeur totale de l'oiseau est de trois pieds. Nous n'avons pas pu vérifier ce que dit Marcgrave de la différence considérable de grandeur qu'il indique entre le mâle et la femelle; plusieurs de ces oiseaux que nous avons vus nous ont paru à peu près de la grosseur et de la taille de la poule d'Inde.

Willughby remarque avec raison que l'espèce du kamichi est seule dans son genre (*a*); sa forme est, en effet, composée de parties disparates, et la nature lui a donné des attributs extraordinaires; la corne sur la tête suffit seule pour en faire une espèce isolée, et même un phénomène dans le genre entier des oiseaux (*b*); c'est donc sans aucun fondement que Barrère en a fait un aigle (*c*), puisqu'il n'en a ni le bec, ni la tête, ni les pieds. Pison dit avec raison que le kamichi est un oiseau demi-aquatique (*d*); il ajoute qu'il construit son nid en forme de four au pied d'un arbre, qu'il marche le cou droit, la tête haute, et qu'il hante les forêts (*e*). Cependant plusieurs voyageurs nous ont assuré qu'on le trouve encore plus souvent dans les savanes.

(*a*) « Avis est singularis et sui generis. » Willughby, p. 203.

(*b*) « Frequens pecora cornuta; raro in aere avem cornua gerentem videris. » Pison, *Hist. nat. Ind.*, page 91.

(*c*) « Aquila aquatica cornuta. » *France équinoxiale*, p. 124.

(*d*) « Rapina est amphibia. » Pison, *loco citato*.

(*e*) *Idem*, *ibidem*. Marcgrave, p. 215.

LE HÉRON COMMUN (a) (b)

PREMIÈRE ESPÈCE.

Le bonheur n'est pas également départi à tous les êtres sensibles ; celui de l'homme vient de la douceur de son âme et du bon emploi de ses qualités morales; le bien-être des animaux ne dépend, au contraire, que des facultés physiques et de l'exercice de leurs forces corporelles; mais si la nature s'indigne du partage injuste que la société fait du bonheur parmi les hommes, elle-même, dans sa marche rapide, paraît avoir négligé certains animaux qui, par imperfection d'organes, sont condamnés à endurer la souffrance et

(a) Voyez les planches enluminées, n° 787, et n° 755 où le vieux mâle est représenté sous le nom de *héron huppé*.

(b) En grec, Ἐρωδιός ; en latin, *ardea, ardeola ;* le nom d'*ardeola*, quoique diminutif, signifie souvent simplement le héron, dans les meilleurs auteurs, comme Aldrovande le remarque ; en hébreu, *schalach ;* en chaldéen, *schalenuna*, suivant les conjectures de Gessner ; en arabe, *babgach ;* en persan, *aukoh ;* en turc, *balakzel ;* en illyrien, *cziepie ;* en polonais, *czapla, zoraw ;* en italien, *airone, sgarza ;* en espagnol et en portugais, *garza ;* en catalan, *agro ;* en allemand, *reiger ;* en suisse, *reigel ;* en flamand, *reigher ;* en frison, *rarg ;* en suédois, *haeger ;* en danois, *heyre ;* en norwégien, *hegre, kegger ;* en anglais, *heron, common heron.* — Héron cendré. Belon, *Hist. nat. des oiseaux*, p. 189. — Héron. *Idem, Portrait d'ois.*, p. 42, *a.* — *Ardea.* Gessner, *Avi.*, p. 207. — *Ardea pulla, sive cinerea. Idem, ibidem*, p. 211 ; et *Icon. avi.*, p. 117. — *Ardea ; ardea cinerea major.* Aldrovande, *Avi.*, t. III, p. 365 et 377. — Jonston, *Avi.*, p. 103. — Charleton, *Exercit.*, p. 109, n° 1. *Idem, Onomast.*, p. 103, n° 1. — Sibbald. *Scot. illust.*, part. II, lib. III, p. 18. — Marsigli, *Danub.*, t. V, p. 8, avec une figure peu exacte. — Rzaczynski, *Auctuar. Hist. nat. Pol.*, p. 364. — *Ardea cinerea major, the common heron.* Willughby, *Ornithol.*, p. 203. *Ardea. Mus. Worm.*, p. 306. — Mœhring, *Avi.*, gen. 81. — *Ardea subcærulea.* Schwenckfeld, *Avi. Siles.*, p. 223. — *Der gemeine reiger.* Frisch, t. II, div. 12, sect. 1, pl. 3 ; le même, à sommet de la tête blanc, pl. 6. — « Ardea occipite cristâ pendulâ, dorso cærulescente, subtus albida, pectore maculis » oblongis nigris. » *Ardea cenerea.* Linnæus, *Syst. nat.*, édit. X, gen. 76, sp. 10. — *Ardea cristâ dependente. Idem, Fauna Suecica*, n° 133. — *The heron. Brit. Zoology.*, p. 116. — Héron ordinaire. Albin, t. III, p. 32, avec une figure mal coloriée ; celles de Belon, de Gessner, de Jonston, d'Aldrovande ne sont pas plus exactes. — « Ardea supernè cinerea, infernè alba ; » medio vertice cinereo-nigricante ; occipitio nigro ; collo inferiore maculis longitudinalibus » nigris variis ; pectore et ventre supremo maculis longitudinalibus cinereo-nigricantibus » variegatis ; rectricibus cinereis versus apicem fuscescentibus ; rostro superiùs flavo-virides- » cente, infernè flavicante, apice nigricante ; pedibus virescentibus... » *Ardea.* Brisson, *Ornithol.*, t. V, p. 392.

destinés à éprouver la pénurie : enfants disgraciés, nés dans le dénuement pour vivre dans la privation, leurs jours pénibles se consument dans les inquiétudes d'un besoin toujours renaissant ; souffrir et patienter sont souvent leurs seules ressources, et cette peine intérieure trace sa triste empreinte jusque sur leur figure, et ne leur laisse aucune des grâces dont la nature anime tous les êtres heureux. Le héron (*) nous présente l'image de cette vie de souffrance, d'anxiété, d'indigence : n'ayant que l'embuscade pour tout moyen d'industrie, il passe des heures, des jours entiers à la même place, immobile au point de laisser douter si c'est un être animé ; lorsqu'on l'observe avec une lunette (car il se laisse rarement approcher), il paraît comme endormi, posé sur une pierre, le corps presque droit et sur un seul pied, le cou replié le long de la poitrine et du ventre, la tête et le bec couchés entre les épaules, qui se haussent et excèdent de beaucoup la poitrine, et, s'il change d'attitude, c'est pour en prendre une encore plus contrainte en se mettant en mouvement ; il entre dans l'eau jusque au-dessus du genou, la tête entre les jambes, pour guetter au passage une grenouille, un poisson ; mais, réduit à attendre que sa proie vienne s'offrir à lui, et n'ayant qu'un instant pour la saisir, il doit subir de longs jeûnes et quelquefois périr d'inanition : car il n'a pas l'instinct, lorsque l'eau est couverte de glace, d'aller chercher à vivre dans des climats plus tempérés ; et c'est mal à propos que quelques naturalistes l'ont rangé parmi les oiseaux de passage qui reviennent au printemps dans les lieux qu'ils ont quittés l'hiver (*a*), puisque nous voyons ici des hérons dans toutes les saisons, et même pendant les froids les plus rigoureux et les plus longs ; forcés alors de quitter les marais et les rivières gelées, ils se tiennent sur les ruisseaux et près des sources chaudes ; et c'est dans ce temps qu'ils sont le plus en mouvement et où ils font d'assez grandes traversées pour changer de station, mais toujours dans la même contrée ; ils semblent donc se multiplier à mesure que le froid augmente, et ils paraissent supporter également et la faim et le froid ; ils ne résistent et ne durent qu'à force de patience et de sobriété ; mais ces froides vertus sont ordinairement accompagnées du dégoût de la vie. Lorsqu'on prend un héron, on peut le garder quinze jours sans lui voir chercher ni prendre aucune nourriture : il rejette même celle qu'on tente de lui faire avaler ; sa mélancolie naturelle, augmentée sans doute par la captivité, l'emporte sur l'instinct de sa conservation, sentiment que la nature imprime le premier dans le cœur de tous les

(*a*) *Agricola, apud Jonston Avi.*, p. 151.

(*) Les Hérons (*Ardea*) sont des Echassiers de la famille des Hérodiens et de la sous-famille des Ardéiens. Leur cou est long et surmonté d'une tête petite, munie d'une huppe au niveau de la nuque ; leur bec est très allongé, fort, comprimé latéralement et pourvu de bords tranchants. Leurs longues pattes sont terminées par des doigts allongés, armés d'ongles très acérés ; leurs ailes sont longues et larges, obtuses, avec les troisième et cinquième rémiges dépassant les autres. L'espèce décrite ici est l'*Ardea cinerea* Lin.

êtres animés : l'apathique héron semble se consumer sans languir ; il périt sans se plaindre et sans apparence de regret (*a*).

L'insensibilité, l'abandon de soi-même et quelques autres qualités tout aussi négatives, le caractérisent mieux que ses facultés positives : triste et solitaire hors le temps des nichées, il ne paraît connaître aucun plaisir, ni même les moyens d'éviter la peine. Dans les plus mauvais temps, il se tient isolé, découvert, posé sur un pieu ou sur une pierre, au bord d'un ruisseau, sur une butte, au milieu d'une prairie inondée ; tandis que les autres oiseaux cherchent l'abri des feuillages, que dans les mêmes lieux le râle se met à couvert dans l'épaisseur des herbes, et le butor au milieu des roseaux, notre héron misérable reste exposé à toutes les injures de l'air et à la plus grande rigueur des frimas. M. Hébert nous a informé qu'il en avait pris un qui était à demi gelé et tout couvert de verglas ; il nous a de même assuré avoir trouvé souvent sur la neige ou la vase l'impression des pieds de ces oiseaux, et n'avoir jamais suivi leurs traces plus de douze ou quinze pas, preuve du peu de suite qu'ils mettent à leur quête, et de leur inaction même dans le temps du besoin ; leurs longues jambes ne sont que des échasses inutiles à la course ; ils se tiennent debout et en repos absolu pendant la plus grande partie du jour, et ce repos leur tient lieu de sommeil, car ils prennent quelque essor pendant la nuit (*b*) ; on les entend alors crier en l'air à toute heure et dans toutes les saisons ; leur voix est un son unique, sec et aigre, qu'on pourrait comparer au cri de l'oie, s'il n'était plus bref et un peu plaintif (*c*) ; ce cri se répète de moment à moment, et se prolonge sur un ton plus perçant et très désagréable lorsque l'oiseau ressent de la douleur.

Le héron ajoute encore aux malheurs de sa chétive vie le mal de la crainte et de la défiance ; il paraît s'inquiéter et s'alarmer de tout ; il fuit l'homme de très loin ; souvent assailli par l'aigle et le faucon, il n'élude leur attaque qu'en s'élevant au haut des airs et s'efforçant de gagner le dessus : on le voit se perdre avec eux dans la région des nuages (*d*). C'était assez que la nature eût rendu ces ennemis trop redoutables pour le malheureux héron (*e*), sans y ajouter l'art d'aigrir leur instinct et d'aiguiser leur anti-

(*a*) Expérience faite par M. Hébert, aux belles observations de qui nous devons les principaux faits de l'histoire naturelle du héron.

(*b*) Les anciens l'avaient observé : Eustathe, sur le xe livre de l'*Iliade*, dit que le héron pêche la nuit.

(*c*) κλάζειν, *clangere*, était le mot dont se servaient les Grecs, dès le temps d'Homère, pour exprimer le cri du héron. Voyez *Iliad.* κ.

(*d*) On prétend que, pour dernière défense, il passe la tête sous son aile, et présente son bec pointu à l'oiseau ravisseur, qui, fondant avec impétuosité, s'y perce lui-même. Belon, *Nat. des oiseaux*, p. 190.

(*e*) Les anciens lui en donnaient d'autres, faibles en apparence, mais pourtant redoutables en ce qu'ils l'attaquaient dans ce qu'il avait de plus cher : l'alouette qui lui rompait ses œufs ; le pic (*pipo, pipra*), qui lui tuait ses petits. Il n'avait contre tous ces ennemis que l'inutile amitié de la corneille. Voyez Aristote, lib. IX, cap. XVIII et cap. II ; et Pline, lib. X, cap. XCVI.

pathie ; mais la chasse du héron était autrefois, parmi nous, le vol le plus brillant de la fauconnerie ; il faisait le divertissement des princes, qui se réservaient, comme gibier d'honneur, la mauvaise chère de cet oiseau, qualifiée *viande royale*, et servie comme un mets de parade dans les banquets (*a*).

C'est sans doute cette distinction attachée au héron qui fit imaginer de rassembler ces oiseaux et de tâcher de les fixer dans des massifs de grands bois près des eaux, ou même dans des tours, en leur offrant des aires commodes où ils venaient nicher. On tirait quelque produit de ces héronnières par la vente des petits héronneaux, que l'on savait engraisser (*b*). Belon parle avec une sorte d'enthousiasme des héronnières que François Ier avait fait élever à Fontainebleau, et du grand effet de l'art qui avait soumis à l'empire de l'homme des oiseaux aussi sauvages (*c*) ; mais cet art était fondé sur leur naturel même ; les hérons se plaisent à nicher rassemblés ; ils se réunissent, pour cela, plusieurs dans un même canton de forêt (*d*), souvent sur un même arbre ; on peut croire que c'est la crainte qui les rassemble et qu'ils ne se réunissent que pour repousser de concert, ou du moins étonner par leur nombre, le milan et le vautour ; c'est au plus haut des grands arbres que les hérons posent leurs nids, souvent auprès de ceux des corneilles (*e*) : ce qui a pu donner lieu à l'idée des anciens sur l'amitié établie entre ces deux espèces, si peu faites pour aller ensemble (*f*). Les nids du héron sont vastes, composés de bûchettes, de beaucoup d'herbe sèche, de joncs et de plumes ; les œufs sont d'un bleu verdâtre, pâle et uniforme, de même grosseur à peu près que ceux de la cigogne, mais un peu plus allongés et presque également pointus par les deux bouts. La ponte, à ce qu'on nous assure, est de quatre ou cinq œufs (*), ce qui devrait rendre l'espèce plus nombreuse

(*a*) Voyez Jo. Bruyerinus, *De re cibariâ*, lib. xv, cap. LXVI. Aldrovande, t. III, p. 367. — « L'on dit communément que le héron est viande royale, par quoi la noblesse françoise » fait grand cas de le manger. » Belon, *Nat. des oiseaux*, p. 90.

(*b*) Willughby.

(*c*) « Entre les choses notables de l'incomparable dompteur de toutes substances animées, » le grand roi François fit faire deux bâtiments qui durent encore à Fontainebleau, qu'on » nomme les *héronnières*... de forcer nature est ouvrage qui se ressent tenir quelque partie » de la Divinité : aussi ce divin roy, que Dieu absolve, avoit rendu plusieurs hérons si aduits, » que venans du sauvage, entrant léans, comme par un tuyau de cheminée, se rendoient si » enclins à sa volonté, qu'ils y nourrissoient leurs petits. » *Nat. des oiseaux*, liv. IV, p. 189.

(*d*) Il n'est point de pays où on ne connaisse de ces bois que les hérons affectionnent, où ils se rassemblent, et qui sont des héronnières naturelles. C'est non seulement sur les grands chênes, mais aussi dans les bois de sapins qu'ils se réunissent, comme Sewenckfeld le remarque de certaines forêts de Silésie : « Olim satis frequentes in abietibus altissimis, in » sylvâ densâ pagi Meiwalde extra hisbergam nidificabant ; quæ etiamnum ab ardeis nomen » retinet. » *Der reger Wald. Aviar. Siles.*, p. 223.

(*e*) Aldrovande, t. III, p. 369. Belon, *Nat.*, p. 191.

(*f*) « Cornix et ardeola amici. » Aristot., lib. IX, cap. II.

(*) D'après Brehm, le Héron ne pond que trois ou quatre œufs.

qu'elle ne paraît l'être partout; il périt donc un grand nombre de ces oiseaux dans les hivers : peut-être aussi qu'étant mélancoliques et peu nourris, ils perdent de bonne heure la puissance d'engendrer.

Les anciens, frappés apparemment de l'idée de la vie souffrante du héron, croyaient qu'il éprouvait de la douleur même dans l'accouplement; que le mâle, dans ces instants, répandait du sang par les yeux et jetait des cris d'angoisse (*a*). Pline paraît avoir puisé dans Aristote cette fausse opinion (*b*), dont Théophraste se montre également prévenu (*c*); mais on la réfutait déjà du temps d'Albert, qui assure avoir plusieurs fois été témoin de l'accouplement des hérons, et n'avoir vu que les caresses de l'amour et les crises du plaisir (*d*).

Le mâle pose d'abord un pied sur le dos la femelle comme pour la presser doucement de céder; puis, portant les deux pieds en avant, il s'abaisse sur elle et se soutient dans cette attitude par de petits battements d'ailes (*e*); lorsqu'elle vient à couver, le mâle va à la pêche et lui fait part de ses captures, et l'on voit souvent des poissons tombés de leurs nids (*f*). Du reste, il ne paraît pas que les hérons se nourrissent de serpents ni d'autres reptiles, et l'on ne sait sur quoi pouvait être fondée la défense de les tuer en Angleterre (*g*).

Nous avons vu que le héron adulte refuse de manger, et se laisse mourir en domesticité; mais, pris jeune, il s'apprivoise, se nourrit et s'engraisse : nous en avons fait porter du nid à la basse-cour : ils y ont vécu d'entrailles de poisson et de viande crue, et se sont habitués avec la volaille; ils sont même susceptibles non pas d'éducation, mais de quelques mouvements communiqués; on en a vu qui avaient appris à tordre le cou de différentes manières, à l'entortiller autour du bras de leur maître; mais, dès qu'on cessait de les agacer, ils retombaient dans leur tristesse naturelle et demeu-

(*a*) « Ardeolarum... pellos in coïtu anguntur; mares quidem cum vociferatu sanguinem » etiam ex oculis profundunt; nec minùs ægrè pariunt gravidæ. » Pline, lib. x, cap. LXXIX. Cette fable de la souffrance du héron dans le coït en avait enfanté une autre, celle de la grande chasteté de cet oiseau, qui, au dire de Glycas, s'afflige et s'attriste durant quarante jours en sentant approcher le temps de la copulation. Mich. Glycas, *Annal.*, lib. I.

(*b*) « Pellus non sine molestiâ cubat et coït: clangit enim, et sanguinem, ut aiunt, emittit » coïens; parit quoque incommodè et cum dolore. » Aristote, *ex recens. Scaliger*, lib. IX, cap. II.

(*c*) « In animalibus quædam vi, vel contra naturam, eveniunt, ut ardeæ coïtus. » Theophrast. *in Metaphys.*

(*d*) *Hist. animal.*, lib. XXIII.

(*e*) Jonston, *Avi.*, page 151.

(*f*) « En basse Bretagne, les hérons sont moult fréquens, où ils font leurs nids sur les » rameaux des arbres des forêts de haulte futaye : et pour ce qu'ils nourrissent leurs petits » de poissons, et qu'en les abêchant, grande quantité en tombe par terre, plusieurs ont prins » occasion de dire avoir esté en un pays où les poissons qui tombent des arbres engraissent » les pourceaux. » Belon, *Nat. des oiseaux*, p. 189.

(*g*) « Ardeam in Angliâ occidere capitale esse ferunt. » *Mus. Worm.*, p. 309. Jonston dit la même chose, *Avi.* p. 150.

raient immobiles (*a*) : au reste, les jeunes hérons sont, dans le premier âge, assez longtemps couverts d'un poil follet épais, principalement sur la tête et le cou.

Le héron prend beaucoup de grenouilles : il les avale tout entières; on le reconnaît à ses excréments, qui en offrent les os non brisés et enveloppés d'une espèce de mucilage visqueux de couleur verte, formé apparemment de la peau de grenouilles réduite en colle; ses excréments ont, comme ceux des oiseaux d'eau en général, une qualité brûlante pour les herbes : dans la disette, il avale quelques petites plantes, telles que la lentille d'eau (*b*); mais sa nourriture ordinaire est le poisson; il en prend assez de petits, et il faut lui supposer le coup de bec sûr et prompt pour atteindre et frapper une proie qui passe comme un trait : mais, pour les poissons un peu gros, Willughby dit avec toute sorte de vraisemblance qu'il en pique et en blesse beaucoup plus qu'il n'en tire de l'eau (*c*).

En hiver, lorsque tout est glacé et qu'il est réduit aux fontaines chaudes, il va tâtant son pied dans la vase, et palpe ainsi sa proie, grenouille ou poisson.

Au moyen de ses longues jambes, le héron peut entrer dans l'eau de plus d'un pied sans se mouiller; ses doigts sont d'une longueur excessive : celui du milieu est aussi long que le tarse; l'ongle qui le termine est dentelé (*d*) en dedans comme un peigne, et lui fait un appui et des crampons pour s'accrocher aux menues racines qui traversent la vase sur laquelle il se soutient au moyen de ses longs doigts épanouis. Son bec est armé de dentelures tournées en arrière, par lesquelles il retient le poisson glissant. Son cou se plie souvent en deux, et il semblerait que ce mouvement s'exécute au moyen d'une charnière, car on peut encore faire jouer ainsi le cou plusieurs jours après la mort de l'oiseau. Willughby a mal à propos avancé à ce sujet que la cinquième vertèbre du cou est renversée et posée en sens contraire des autres (*e*); car, en examinant le squelette du héron, nous avons compté dix-huit vertèbres dans le cou, et nous avons seulement observé que les cinq premières, depuis la tête, sont comme comprimées par les côtés, et articulées l'une sur l'autre par une avance de la précédente sur la suivante, sans apophyses, et que l'on ne commence à voir des apophyses que sur la

(*a*) « J'en tenais un dans ma cour, il ne cherchait point à s'échapper, il ne fuyait point » quand on l'approchait, il restait immobile où on le posait; les premiers jours il présentait » le bec et frappait même de la pointe, mais sans faire aucun mal; je n'ai jamais vu un ani- » mal plus patient, plus immobile et plus silencieux. » M. Hébert.

(*b*) Salerne, *Ornithol.*, p. 208.

(*c*) *Ornithologie*, p. 204.

(*d*) Cette dentelure en peigne est creusée sur la tranche dilatée et saillante du côté intérieur de l'ongle, sans s'étendre jusqu'à sa pointe, qui est aiguë et lisse.

(*e*) « Quinta colli vertebra contrariam habet positionem, nempe sursum reflectitur. » Willughby, p. 204.

sixième vertèbre ; par cette singularité de conformation, la partie du cou qui tient à la poitrine se raidit, et celle qui tient à la tête joue en demi-cercle sur l'autre, ou s'y applique de façon que le cou, la tête et le bec sont pliés en trois l'un sur l'autre : l'oiseau redresse brusquement, et comme par ressort, cette moitié repliée, et lance son bec comme un javelot ; en étendant le cou de toute sa longueur, il peut atteindre au moins à trois pieds à la ronde : enfin, dans un parfait repos, ce cou si démesurément long est comme effacé et perdu dans les épaules, auxquelles la tête paraît jointe (*a*) ; ses ailes pliées ne débordent point la queue, qui est très courte.

Pour voler, il raidit ses jambes en arrière, renverse le cou sur le dos, le plie en trois parties, y compris la tête et le bec, de façon que d'en bas on ne voit point de tête, mais seulement un bec qui paraît sortir de sa poitrine ; il déploie des ailes plus grandes, à proportion, que celles d'aucun oiseau de proie : ces ailes sont fort concaves et frappent l'air par un mouvement égal et réglé. Le héron, par ce vol uniforme, s'élève et se porte si haut qu'il se perd à la vue dans la région des nuages (*b*). C'est lorsqu'il doit pleuvoir qu'il prend le plus souvent son vol (*c*), et les anciens tiraient de ses mouvements et de ses attitudes plusieurs conjectures sur l'état de l'air et les changements de température ; triste et immobile sur le sable des rivages, il annonçait des frimas (*d*) ; plus remuant et plus clameux qu'à l'ordinaire, il promettait la pluie ; la tête couchée sur la poitrine, il indiquait le vent par le côté où son bec était tourné (*e*). Aratus et Virgile, Théophraste et Pline, établissent ces présages, qui ne nous sont plus connus depuis que les moyens de l'art, comme plus sûrs, nous ont fait négliger les observations de la nature en ce genre.

Quoi qu'il en soit, il y a peu d'oiseaux qui s'élèvent aussi haut et qui, dans le même climat, fassent d'aussi grandes traversées que les hérons ; et souvent, nous dit M. Lottinger, on en prend qui portent sur eux des marques des lieux où ils ont séjourné. Il faut, en effet, peu de force pour porter très loin un corps si mince et si maigre, qu'en voyant un héron à quelque hauteur dans l'air, on n'aperçoit que deux grandes ailes sans fardeau ; son corps est efflanqué, aplati par les côtés, et beaucoup plus couvert de plumes que de chair. Willughby attribue la maigreur du héron à la crainte et à l'anxiété continuelle dans laquelle il vit (*f*), autant qu'à la disette et à son peu

(*a*) « Sedet capite inter armos adducto, collo intorto. » Willughby, p. 204.

(*b*) ....Notasque paludes
Deserit, atque altam supra volat ardea nubem.
VIRGILE.

(*c*) Aldrovande, *Avi.*, t. III, p. 370.

(*d*) « Ardea in mediis arenis tristis, hiemem. » Plin., lib. XIII, cap. LXXXVII.

(*e*) Voyez Aldrovande, *Avi.*, t. III, p. 373.

(*f*) « Corpus (ardeis) plerumque macilentum et strigosum, ob pavorem, et sollicitudinem » continuam. » Willughby, *Ornithol.*, p. 203.

d'industrie (*a*); effectivement, la plupart de ceux que l'on tue sont d'une maigreur excessive (*b*).

Tous les oiseaux de la famille du héron n'ont qu'un seul cæcum, ainsi que les quadrupèdes, au lieu que tous les autres oiseaux en qui se trouve ce viscère l'ont double (*c*); l'œsophage est très large et susceptible d'une grande dilatation ; la trachée-artère a seize pouces de longueur, et environ quatorze anneaux par pouce; elle est à peu près cylindrique jusqu'à sa bifurcation, où se forme un renflement considérable d'où partent les deux branches qui, du côté intérieur, ne sont formées que d'une membrane; l'œil est placé dans une peau nue, verdâtre, qui s'étend jusqu'aux coins du bec; la langue est assez longue, molle et pointue; le bec, fendu jusqu'aux yeux, présente une longue et large ouverture; il est robuste, épais près de la tête, long de six pouces et finissant en pointe aiguë; la mandibule inférieure est tranchante sur les côtés, la supérieure est dentelée vers le bout sur près de trois pouces de longueur; elle est creusée d'une double rainure dans laquelle sont placées les narines; sa couleur est jaunâtre, rembrunie à la pointe ; la mandibule inférieure est plus jaune, et les deux branches qui la composent ne se joignent qu'à deux pouces de la pointe; l'entre-deux est garni d'une membrane couverte de plumes blanches ; la gorge est blanche aussi, et de belles mouchetures noires marquent les longues plumes pendantes du devant du cou ; tout le dessus du corps est d'un beau gris de perle; mais, dans la femelle, qui est plus petite que le mâle, les couleurs sont plus pâles, moins foncées, moins lustrées; elle n'a point la bande transversale noire sur la poitrine, ni d'aigrette sur la tête (*d*); dans le mâle, il

(*a*) « Je tirai un héron, c'était par un froid rigoureux; il n'était que légèrement blessé, et » emporta le coup assez loin. Un grand chien que j'avais avec moi, quoiqu'à la fleur de l'âge, » et qui avait donné des marques de courage, hésita de se jeter sur ce héron, jusqu'à ce qu'il » me sentît près de lui; le héron poussait des cris affreux, il s'était renversé sur le dos, et pré- » sentait ses pieds au-devant de lui lorsqu'on en approchait de près, comme pour repousser; » il menaçait aussi du bec : cependant lorsque je le tins, quoique plein de vie et encore très » fort, il ne me fit aucun mal et ne chercha point à m'en faire. Je le dépouillai de sa peau » pour la conserver; il était d'une maigreur excessive; je l'avais surpris de grand matin sur » les bords d'une rivière très profonde, où certainement il ne devait pas faire de fréquentes » captures, et il y avait plusieurs jours que je le rencontrais au même endroit, en cherchant » des canards sauvages. » Note tirée de l'excellent *Mémoire* de M. Hébert *sur les hérons.*

(*b*) Aristote connaissait mal le héron, lorsqu'il le dit actif et subtil à se procurer sa subsistance; « sagax et cœnægerula et operosa : » il aurait pu le dire avec plus de vérité, inquiet et soucieux.

(*c*) Willughby, p. 203.

(*d*) Nous n'hésitons pas, d'après ces caractères de différences établies entre le mâle et la femelle du héron, sur les meilleurs témoignages, de regarder le *héron huppé* dont M. Brisson fait sa *seconde espèce*, et qui est le même que celui de nos planches enluminées, n° 755, comme le mâle de l'espèce dont la femelle est représentée, n° 787. En remontant à la source, je trouve que les naturalistes ne se sont portés à distinguer le *héron gris huppé* du héron gris commun, que sur une indication de Gessner (*alia quædam ardea. Avi.*, p. 219) qu'il ne donne lui-même que d'après une tête séparée du corps de l'oiseau, et sans oser prononcer fermement que ce héron huppé ne soit pas une variété quelconque du héron gris commun, ainsi

y a deux ou trois longs brins de plumes minces, effilées, flexibles et du plus beau noir; ces plumes sont d'un grand prix, surtout en Orient (*a*) : la queue du héron a douze pennes tant soit peu étagées; la partie nue de sa jambe a trois pouces, le tarse six, le grand doigt plus de cinq; il est joint au doigt intérieur par une portion de membrane; celui de derrière est aussi très long, et, par une singularité marquée dans tous les oiseaux de cette famille, ce doigt est comme articulé avec l'extérieur et implanté à côté du talon; les doigts, les pieds et les jambes de ce héron commun sont d'un jaune verdâtre; il a cinq pieds d'envergure, près de quatre du bout du bec aux ongles, et un peu plus de trois jusqu'au bout de la queue; le cou a seize ou dix-sept pouces; en marchant, il porte plus de trois pieds de hauteur : il est donc presque aussi grand que la cigogne, mais il a beaucoup moins d'épaisseur de corps, et on sera peut-être étonné qu'avec d'aussi grandes dimensions le poids de cet oiseau n'excède pas quatre livres (*b*).

Aristote et Pline paraissent n'avoir connu que trois espèces dans ce genre : le héron commun ou le grand héron gris dont nous venons de parler (*c*), et qu'ils désignent par le nom de héron cendré ou brun, *pellos;* le héron blanc, *leucos;* et le héron étoilé ou le butor, *asterias* (*d*); cependant Oppien observe que les espèces de héron sont nombreuses et variées. En effet, chaque climat a les siennes, comme nous le verrons par leur énumération; et l'espèce commune, celle de notre héron gris, paraît s'être portée dans presque tous les pays, et les habiter conjointement avec celles qui y sont indigènes. Nulle espèce n'est plus solitaire, moins nombreuse dans les pays habités, et plus isolée dans chaque contrée; mais, en même temps, aucune n'est plus répandue et ne s'est portée plus loin dans des climats opposés; un naturel austère, une vie pénible, ont apparemment endurci le héron et l'ont rendu capable de supporter toutes les intempéries des différents climats. Dutertre nous assure qu'au milieu de la multitude de ces oiseaux, naturels aux Antilles, on trouve souvent le héron gris d'Europe (*e*); on l'a de même trouvé à

que M. Klein l'a très bien soupçonné (*Ordo avi.*, p. 122, nº 1); et Willughby semble l'entendre de même pour son *ardea cinerea major*, que M. Brisson rapporte mal à propos à une espèce différente du héron commun, puisque Willugby lui en donne le nom, *the common heron* (*Ornithol.*, p. 203).

(*a*) « Plumulas longas in capite ardearum dependentes, magnatibus imprimis asiaticis » caras. » Klein, *Avi.*, p. 122. — Il y a trois fameux panaches de ces rares plumes de héron : celui de l'Empereur, celui du grand Turc et celui du Mogol; mais s'il est vrai, comme on le prétend, que les plus belles plumes pour ces panaches soient les blanches, elles appartiennent au bihoreau, dont la plume est en effet encore plus belle que celle du héron.

(*b*) Un héron mâle, pris le 10 janvier, pesait trois livres dix onces; une femelle, trois livres cinq onces. Observation faite par M. Gueneau de Montbeillard.

(*c*) « Pellam, sive cineream, simpliciter ardeam vocamus. » Gessner.

(*d*) « Ardeolarum tria sunt genera : pellus, leucus, et qui asterias dicitur. » Aristot., lib. IX, cap. II; la même chose dans Pline, lib. X, cap. LXXIX.

(*e*) *Histoire naturelle des Antilles*, t. II, p. 273.

Taïti, où il a un nom propre dans la langue du pays (*a*), et où les insulaires ont pour lui, comme pour le martin-pêcheur, un respect superstitieux (*b*). Au Japon, entre plusieurs espèces de *saggis* ou hérons, on distingue, dit Kæmpfer, le *goi-saggi* ou le héron gris (*c*); on le rencontre en Égypte (*d*), en Perse (*e*), en Sibérie, chez les Jakutes (*f*). Nous en dirons autant du héron de l'île de Saint-Iago au cap Vert (*g*); de celui de la baie de Saldana (*h*); du héron de Guinée de Bosman (*i*); des hérons gris de l'île de May, ou des *rabékès* du voyageur Roberts (*j*); du héron de Congo, observé par Loppez (*k*); de celui de Guzarate, dont parle Mandeslo (*l*); de ceux de Malabar (*m*); du Tonquin (*n*); de Java (*o*), de Timor (*p*), puisque ces différents voyageurs indiquent ces hérons simplement sous le nom de l'espèce commune, et sans les en distinguer. Le héron appelé *dangcanghac*, dans l'île de Luçon, et auquel les Espagnols des Philippines donnent en leur langue le nom propre du héron d'Europe (*garza*), nous paraît encore être le même (*q*). Dampier dit expressément que le héron de la baie de Campêche est en tout semblable à celui d'Angleterre (*r*), ce qui, joint au témoignage de Dutertre et à celui de Le Page du Pratz, qui a vu à la Louisiane le même héron qu'en Europe (*s*), ne nous laisse pas douter que l'espèce n'en soit commune aux deux continents, quoique Catesby assure qu'il ne s'en trouve dans le nouveau que des espèces toutes différentes.

Dispersés et solitaires dans les contrées peuplées, les hérons se sont trou-

(*a*) *Otoo* est le nom propre du héron gris en langue taïtienne. Voyez le *Vocabulaire des langues des îles du Sud*, donné par M. Forster, à la suite du *Second voyage de Cook*.

(*b*) Forster, *Observations à la suite du second voyage du capitaine Cook*, t. V, p. 188.

(*c*) *Histoire naturelle du Japon*, t. Ier, p. 112.

(*d*) *Voyage de Granger*; Paris, 1745, p. 237. — *Voyage du P. Vansleb*; Paris, 1677, p. 103.

(*e*) *Voyage de Chardin*; Amsterdam, 1711, t. II, p. 30.

(*f*) Gmelin, *Hist. générale des voyages*, t. XVIII, p. 300.

(*g*) *Histoire générale des voyages*, t. II, p. 376.

(*h*) *Idem*, t. Ier, p. 449.

(*i*) « On trouve ici (à la côte de Guinée) deux sortes de hérons, des bleus et des blancs. » *Voyage en Guinée*, par Guillaume Bosman; Utrecht, 1705.

(*j*) Voyez la relation de Roberts, dans l'*Histoire générale des voyages*, t. II, p. 37.

(*k*) Outre les oiseaux qui sont propres au royaume de Congo et d'Angola, l'Europe en a peu qui ne se trouvent dans l'une ou l'autre de ces deux régions : Loppez observe que les étangs y sont remplis de hérons et de butors gris, qui portent le nom d'*oiseau royal*. *Histoire générale des voyages*, t. V, p. 75.

(*l*) *Voyage de Mandeslo* à la suite d'Oléarius, t. II, p. 145.

(*m*) *Recueil des voyages qui ont servi à l'établissement de la Compagnie des Indes*. Amsterdam, 1702, t. VI, p. 479.

(*n*) *Voyage de Dampier*, Rouen, 1715, t. III, p. 30.

(*o*) *Nouveau voyage autour du monde*, par le Gentil, t. III, p. 74.

(*p*) Dampier, t. V, p. 61.

(*q*) Voyez Camel, *De avib. Philippin. Transactions philosophiques*, numb. 288.

(*r*) « Les hérons d'ici (de la baie de Campêche), ressemblent tout à fait à ceux que nous » avons en Angleterre, soit par rapport à la grosseur, soit par rapport à la figure et au plu- » mage. » *Voyage de Dampier*; Rouen, 1715, t. III, p. 31.

(*s*) *Histoire de la Louisiane*, t. II, p. 116.

vés rassemblés et nombreux dans quelques îles désertes, comme dans celles du golfe d'Arguim, au cap Blanc, qui reçut des Portugais le nom d'*isola das Garzas*, ou d'île aux hérons, parce qu'ils y trouvèrent un si grand nombre d'œufs de ces oiseaux, qu'on en remplit deux barques (*a*). Aldrovande parle de deux îles sur la côte d'Afrique, nommées de même, et pour la même raison, îles des hérons par les Espagnols (*b*); celle du Niger, où aborda M. Adanson, eût mérité également ce surnom par la grande quantité de ces oiseaux qui s'y étaient établis (*c*). En Europe, l'espèce du héron gris s'est portée jusqu'en Suède (*d*), en Danemark et en Norvège (*e*). On en voit en Pologne (*f*), en Angleterre (*g*), en France, dans la plupart de nos provinces; et c'est surtout dans les pays coupés de ruisseaux ou de marais, comme en Suisse (*h*) et en Hollande (*i*), que ces oiseaux habitent en plus grand nombre.

Nous diviserons le genre nombreux des hérons en quatre familles (*) : celle du *héron proprement dit*, dont nous venons de décrire la première espèce; celle du *butor;* celle du *bihoreau*, et celle des *crabiers*. Les caractères communs, qui unissent et rassemblent ces quatre familles, sont : la longueur du cou, la rectitude du bec, qui est droit, pointu et dentelé aux bords de sa partie supérieure vers la pointe; la longueur des ailes, qui, lorsqu'elles sont pliées, recouvrent la queue; la hauteur du tarse et de la partie nue de la jambe; la grande longueur des doigts, dont celui du milieu a l'ongle dentelé, et la position singulière de celui de derrière, qui s'articule à côté du talon, près du doigt intérieur; enfin la peau nue, verdâtre, qui s'étend du bec aux yeux dans tous ces oiseaux : joignez à ces conformités physiques celles des habitudes naturelles qui sont à peu près les mêmes; car tous ces oiseaux sont également habitants des marais et de la rive des eaux; tous

(*a*) Relation de Cadamosto, *Histoire générale des Voyages*, t. II, p. 291.

(*b*) Aldrovande, t. III, p. 369.

(*c*) « On arriva le 8 à Lammai (petite île sur le Niger); les arbres étaient couverts » d'une multitude si prodigieuse de cormorans et de hérons de toutes les espèces, que les » Laptots, qui entrèrent dans un ruisseau dont elle était alors traversée, remplirent en moins » de demi-heure un canot, tant de jeunes qui furent pris à la main ou abattus à coups de » bâtons, que des vieux, dont chaque coup de fusil faisait tomber plusieurs douzaines. Ces » oiseaux sentent un goût d'huile de poisson qui ne plaît pas à tout le monde. » *Voyage au Sénégal*, par M. Adanson, p. 80.

(*d*) *Fauna Suecica*, nº 133.

(*e*) Brunnich, *Ornithol. boreal.*, nº 156.

(*f*) « Ardea Polonis czapla; cinereæ in sylvis nostris nidos ponunt. » Rzaczynski, *Hist. nat. Polon.*, p. 271.

(*g*) *Nat. hist. of Cornwallis*, p. 247.

(*h*) « Ardeæ apud Helvetios abundant, propter multos et magnos fluvios et lacus piscosos. » Gessner.

(*i*) *Voyage historique de l'Europe;* Paris, 1693, t. V, p. 73.

(*) La sous-famille des Ardéiens comprend actuellement quatre genres : *Ardea* (Hérons), *Nycticorax* (Bihoreaux), *Botaurus* (Butor), et *Scopus* (Ombrettes).

sont patients par instinct, assez lourds dans leurs mouvements et tristes dans leur maintien.

Les traits particuliers de la famille des hérons, dans laquelle nous comprenons les aigrettes, sont : le cou excessivement long, très grêle et garni au bas de plumes pendantes et effilées ; le corps étroit, efflanqué, et, dans la plupart des espèces, élevé sur de hautes échasses.

Les butors sont plus épais de corps, moins hauts sur jambes que le héron ; ils ont le cou plus court, et si garni de plumes qu'il paraît très gros en comparaison de celui du héron.

Les bihoreaux ne sont pas si grands que les butors : leur cou est plus court ; les deux ou trois longs brins implantés dans la nuque du cou les distinguent des trois autres familles ; la partie supérieure de leur bec est légèrement arquée.

Les crabiers, qu'on pourrait nommer *petits hérons,* forment une famille subalterne qui n'est, pour ainsi dire, que la répétition en diminutif de celle des hérons (*a*) : aucun des crabiers n'est aussi grand que le héron-aigrette, qui est des trois quarts plus petit que le héron commun ; et le *blongios*, qui n'est pas plus gros qu'un râle, termine la nombreuse suite d'espèces de ce genre, plus variée qu'aucune autre pour la proportion de la grandeur et des formes.

LE HÉRON BLANC (*b*) (*c*)

SECONDE ESPÈCE.

Comme les espèces de hérons sont nombreuses ; nous séparerons celles de l'ancien continent, qui sont au nombre de sept, de celles du nouveau monde, dont nous en connaissons déjà dix. La première de ces espèces de notre continent est le héron commun que nous venons de décrire, et la

(*a*) C'est avec toute raison qu'Aldrovande les a appelés *ardeæ minores. Avi.*, t. III, p. 397.

(*b*) Voyez les planches enluminées, n° 886.

(*c*) En grec, Ερωδιὸς λευκος, Λευκοερωδιὸς ; en latin, *leucus*, *ardea alba*, *albardeola ;* en italien *garza* ou *garzetta bianca;* en allemand, *weisser reger;* en anglais, *white-heron*, *white gaulding*. — Héron blanc. Belon, *Nat. des oiseaux*, p. 191. — *Ardea alba*. Gessner, *Avi.*, p. 213. *Idem, Icon. avi.*, p. 118. — Aldrovande, *Avi.*, t. III, p. 389. — Jonston, *Avi.*, tab. 51, mauvaise figure empruntée de Gessner. — *Ardea alba major*. Whillughby, *Ornithol.*, p. 205. — Ray, *Synops. avi.*, p. 99, n° *a*. 4. — Marsigl. *Danub.*, t. V, p. 12, tab. 4. — Klein, *Avi.*, p. 122, n° 2. — Charleton, *Exercit.*, p. 109, n° 2. *Idem*, *Onomast.*, p. 103, n° 2. — *Ardea candida*. Schwenckfeld, *Avi. Siles.*, p. 224. — *Ardea alba major cristâ carens*. Rzaczinski, *Auctuar. Hist. nat. Polon.*, p. 364. — *The great white heron Brit. Zoology*, p. 117. — *Der wisse reiger*. Frisch, 12° divis. sect. 1, pl. 11. — « Ardea capite lævi, corpore albo, rostro « rubro... » *Ardea alba*. Linnæus, *Syst. nat.*, édit. X, gen. 76, sp. 17. — *Ardea alba tota ; capite lævi. Idem, Fauna Suec.*, n° 132. — *Aztatl seu ardea candens.* Fernandez, *Hist. nov.*

seconde est celle du héron blanc (*), qu'Aristote a indiqué par le surnom de *leucos*, qui désigne en effet sa couleur; il est aussi grand que le héron gris, et même il a les jambes encore plus hautes; mais il manque de panaches, et c'est mal à propos que quelques nomenclateurs l'ont confondu avec l'aigrette (*a*): tout son plumage est blanc, le bec est jaune et les pieds sont noirs. Turner semble dire qu'on a vu le héron blanc s'accoupler avec le héron gris (*b*); mais Belon dit seulement, ce qui est plus vraisemblable, que les deux espèces se hantent et sont amies jusqu'à partager quelquefois la même aire pour y élever en commun leurs petits (*c*): il paraît donc qu'Aristote n'était pas bien informé lorsqu'il a écrit que le héron blanc mettait plus d'art à construire son nid que le héron gris (*d*).

M. Brisson donne une description du héron blanc, à laquelle on doit ajouter que la peau nue autour des yeux n'est pas toute verte, mais mêlée de jaune sur les bords, que l'iris est d'un jaune citron, que les cuisses sont verdâtres dans leur partie nue (*e*).

On voit beaucoup de hérons blancs sur les côtes de Bretagne (*f*), et cependant l'espèce en est fort rare en Angleterre (*g*), quoique assez commune dans le Nord jusqu'en Scanie (*h*); elle paraît seulement moins nombreuse que celle du héron gris (*i*), sans être moins répandue, puisqu'on l'a trouvée à la Nouvelle-Zélande (*j*), au Japon (*k*), aux Philippines (*l*), à Madagascar (*m*),

Hisp., p. 14, cap. v. — *Guiratinga Brasiliensibus.* Marcgrave, *Hist. nat. Brasil.*, p. 210. — Ray, *Synops. avi.*, p. 101, nº 17; et p. 189, nº 1. — Jonston. *Avi.*, p. 144 et 150. — Willughby, *Ornithol.*, p. 210. — *Guiratinga.* De Laët, *Nov. orb.*, p. 575. — *Ardea alba maxima.* Sloane, *Jamaïc*, p. 314, nº 2. — *Ardea alba major.* Browne, *Nat. hist. of Jamaïc.*, p. 478. — « Ardea in toto corpore alba; spatio rostrum inter et oculos nudo viridi : rostro croceo-» flavicante; pedibus nigris... » *Ardea candida.* Brisson, *Ornithol.*, t. V, p. 428.

(*a*) « Le grand héron blanc, que les Vénitiens nomment *garza*, et les Français *aigrette*. *Histoire des oiseaux* de Salerne, p. 311. Voyez ci-après l'article de l'*aigrette*.

(*b*) *Apud Aldrov.*, t. III, p. 393.

(*c*) *Nat. des oiseaux*, p. 192.

(*d*) « Leucos..... nidum pulchrè struit. » *Hist. animal.*, lib. IX, cap. XXIV.

(*e*) Extrait d'une lettre de M. le docteur Hermann à M. de Montbeillard, datée de Strasbourg, le 22 septembre 1774.

(*f*) Voyez Belon, *Nat. des oiseaux.*

(*g*) *Brit. Zoolog.*, p. 105.

(*h*) *Fauna Suecica.*

(*i*) « Ardea candida... rarius occurrit. » Scwenckfeld, p. 225.

(*j*) « On tua un héron blanc (à la Nouvelle-Zélande), qui ressemblait exactement à celui » qu'on voit encore, ou qu'on voyait autrefois en Angleterre. » Cook, *Second Voyage*, t. Ier, p. 190. Dans la langue des îles de la Société, le nom du héron blanc est *trà-pappa.*

(*k*) On l'y nomme *siiro-saggi*, suivant Kæmpfer, *Hist. nat. du Japon*, t. Ier, p. 112.

(*l*) *Ardeolæ species candidissima.* Talabong, *Luzoniensibus.* François Camel, *de avibus Philippin. Transactions philosoph.*, numb. 285.

(*m*) Le nom du héron blanc en langue madegasse, est *vahon-vahon-fouchi.* Flacourt, *Voyage à Madagascar*, Paris, 1661, p. 165.

(*) *Herodias alba* (Aigrette), des ornithologistes modernes, *Ardea alba* de Gmelin.

au Brésil où il se nomme *guiratinga* (a), et au Mexique sous le nom d'*aztatl* (b).

LE HÉRON NOIR (c) (*)

TROISIÈME ESPÈCE.

Schwenckfeld serait le seul des naturalistes qui aurait fait mention de ce héron, si les auteurs de l'*Ornithologie italienne* ne parlaient pas aussi d'un héron de mer qu'ils disent être noir (d); celui de Schwenckfeld, qu'il a vu en Silésie, c'est-à-dire loin de la mer, pourrait donc ne pas être le même que celui des ornithologistes italiens. Au reste, il est aussi grand que notre héron gris; tout son plumage est noirâtre, avec un reflet de bleu sur les ailes. Il paraît que l'espèce en est rare en Silésie (e); cependant on doit présumer qu'elle est plus commune ailleurs, et que cet oiseau fréquente les mers, car il paraît se trouver à Madagascar, où il a un nom propre (f); mais on ne doit pas rapporter à cette espèce, comme l'a fait M. Klein, l'*ardea cærullo-nigra* de Sloane, qui est le crabier de Labat, qui est beaucoup plus petit, et qui par conséquent doit être placé parmi les plus petits hérons, que nous appellerons *crabiers*.

(a) *Hist. nat. Brasil.*, p. 210. De Laët décrit le guiratinga en ces termes, qui dépeignent parfaitement le héron blanc : « Ducit agmen guiratinga, inter aves quæ in mari victitant. » grui magnitudine par, plumis candidis, rostro prolixo atque acuto, crocei coloris, cruribus » oblongis, è rubro sub-flavis, collum vestitur plumis tam subtilibus et elegantibus, ut cum » sthrutionis plumis certent. » *Nov. orb.*, p. 575.

(b) « Aztatl, seu ardea candens, ardea nostrati aut eâdem, aut formâ et magnitudine » proxima; universi corporis pennæ niveæ, mollissimæ, ac mirum in modum pexæ et com- » positæ; rostrum longum et pallens, ac virens juxta exortum; crura prolixa nigraque. » Fernandez, *Hist. avi, nov. Hisp.*, cap. v, p. 14.

(c) *Ardea nigra*. Schwenckfeld, *Avi. Siles.*, p. 224. — Klein, *Avi.*, p. 123, n° 3. — « Ardea » nigricans; tectricibus alarum superioribus cinereo-cærulescentibus; rectricibus nigrican- » tibus; rostro pedibusque nigris... » *Ardea nigra*. Brisson, *Ornithol.*, t. V, p. 439.

(d) *Ornithologie de Florence*, n° 458. Au reste, Aldrovande nous avertit qu'on donne vulgairement, en Italie, le nom de *héron noir* au courlis vert. Voyez Aldrovande, t. III, p. 422.

(e) « In pago Gusmandorff territorii Ilisbergensis visa. » *Avi. Siles.*, p. 223.

(f) *Vahon-vahon-maintchi*. Flacourt, *Voyage*. Paris, 1661, p. 165.

(*) *Ardea* (*Herodia*) *nigra* Gmel. C'est une espèce un peu douteuse.

LE HÉRON POURPRÉ (a)

QUATRIÈME ESPÈCE

Le *héron pourpré du Danube* donné par Marsigli (*b*), et le *héron pourpré huppé* de nos planches enluminées, nous paraissent devoir se rapporter à une seule et même espèce (*); la huppe, comme l'on sait, est l'attribut du mâle, et les petites différences qui se trouvent dans les couleurs entre ces deux hérons peuvent de même se rapporter au sexe ou à l'âge : quant à la grandeur, elle est la même, car, bien que M. Brisson donne son héron pourpré huppé (*c*) comme beaucoup moins gros que le héron pourpré de Marsigli, les dimensions dans le détail se trouvent être à très peu près égales, et tous deux sont de la grandeur du héron gris; le cou, l'estomac et une partie du dos sont d'un beau roux pourpré; de longues plumes effilées de cette même belle couleur partent des côtés du dos et s'étendent jusqu'au bout des ailes en retombant sur la queue.

LE HÉRON VIOLET (d)

CINQUIÈME ESPÈCE.

Ce héron (**) nous a été envoyé de la côte de Coromandel : il a tout le corps d'un bleuâtre très foncé, teint de violet; le dessus de la tête est de la même couleur, ainsi que le bas du cou, dont le reste est blanc; il est plus petit que le héron gris, et n'a au plus que trente pouces de longueur.

LA GARZETTE BLANCHE

SIXIÈME ESPÈCE.

Aldrovande désigne ce héron blanc (***), plus petit que le premier, par les noms de *garzetta* et de *garza bianca* (*e*), en le distinguant nettement de l'ai-

(*a*) Voyez les planches enluminées, n° 788, sous la dénomination de *Héron pourpré huppé.*

(*b*) *Ardea cinerea flavescens, nova species.* Marsigl. *Danub.*, t. V, p. 20, avec une figure peu exacte, tab. 8. — Klein, *Avi.*, p. 124, n° 22. — *Ardea purpurascens.* Brisson, *Ornithol.*, t. V, p. 420.

(*c*) *Ardea cristata purpurascens.* Brisson, *Ornithol.*, t. V, p. 424.

(*d*) Voyez les planches enluminées, n° 906.

(*e*) *Avi.*, t. III, p. 393.

(*) *Ardea (Herodia) purpurea* GMEL.

(**) *Ardea (Herodia) leucocephala* GMEL.

(***) D'après Cuvier c'est le jeune de l'*Herodias Garzetta* L.

HERON POURPRE

grette, qu'il a auparavant très bien caractérisée; cependant M. Brisson les a confondues, et il rapporte dans sa nomenclature le *garza bianca* d'Aldrovande à l'aigrette, et ne donne à sa place, et sous le titre de *petit héron blanc* (*a*), qu'une petite espèce à plumage blanc teint de jaunâtre sur la tête et la poitrine (*b*), qui paraît n'être qu'une variété dans l'espèce de la garzette, ou plutôt la garzette elle-même, mais jeune et avec un reste de sa livrée, comme Aldrovande l'indique par les caractères qu'il lui donne (*c*). Au reste, cet oiseau adulte est tout blanc, excepté le bec et les pieds qui sont noirs; il est bien plus petit que le grand héron blanc, n'ayant pas deux pieds de longueur. Oppien paraît avoir connu cette espèce (*d*); Klein et Linnæus n'en font pas mention, et probablement elle ne se trouve pas dans le Nord. Cependant le héron blanc dont parle Rzaczynski que l'on voit en Prusse, et qui a le bec et les pieds jaunâtres (*e*), paraît être une variété de cette espèce; car dans le grand héron blanc, le bec et les pieds sont constamment noirs, d'autant plus qu'en France même cette petite espèce de garzette est sujette à d'autres variétés. M. Hébert nous assure avoir tué en Brie, au mois d'avril, un de ces petits hérons blancs, pas plus gros de corps qu'un pigeon de volière, qui avait les pieds verts, avec l'écaille lisse et fine, au lieu que les autres hérons ont communément cette écaille des pieds d'un grain grossier et farineux (*f*).

L'AIGRETTE (*g*) (*h*)

SEPTIÈME ESPÈCE.

Belon est le premier qui ait donné le nom d'*aigrette* à cette petite espèce (*) de héron blanc, et vraisemblablement à cause des longues plumes soyeuses

(*a*) Vingtième espèce de Brisson.

(*b*) « Ardea minor alia, vertice croceo. » Aldrovande, *ubi supra*.

(*c*) Corps moins grand, plus ramassé; bec tout jaune, etc.

(*d*) « Ardeæ quædam parvæ et albæ sunt. » *Exeutic.*

(*e*) *Auctuar.*, p. 365.

(*f*) « J'ai revu, en 1757, trois de ces mêmes hérons sur les bords du lac de Nantua, par » un froid excessif; ils y parurent pendant une huitaine de jours, jusqu'à ce que le lac » gelât par l'excès du froid. » Note communiquée par M. Hébert.

(*g*) Voyez les planches enluminées, n° 901.

(*h*) *Aigrette*. Belon, *Nat. des oiseaux*, p. 195, avec une mauvaise figure, répétée, *Portrait d'oiseaux*, p. 46 *b*. — *Aigrette*. Gessner, *Avi.*, p. 795. *Garzetta*. *Idem*, *ibid.*, p. 214. — *Ardea alba minor*. Aldrovande, *Avi.*, t. III, p. 393. — *Nota*. Aldrovande, après avoir très bien décrit ici l'aigrette, et l'avoir caractérisée par les longs brins de pennes effilées qui lui chargent le dos, la méconnaît dans la description de Belon (*aigretta Gallorum*, p. 392), quoique l'aigrette de Belon et la sienne soient exactement le même oiseau. — *Ardea alba*

(*) *Herodia Garzetta* (*Ardea Garzetta* L.).

qu'il porte sur le dos, parce que ces belles plumes servent à faire des aigrettes pour embellir et relever la coiffure des femmes, le casque des guerriers et le turban des sultans; ces plumes sont du plus grand prix en Orient; elles étaient recherchées en France dès le temps de nos preux chevaliers, qui s'en faisaient des panaches. Aujourd'hui, par un usage plus doux, elles servent à orner la tête et rehausser la taille de nos belles; la flexibilité, la mollesse, la légèreté de ces plumes ondoyantes, ajoutent à la grâce des mouvements; et la plus noble comme la plus piquante des coiffures ne demande qu'une simple aigrette placée dans de beaux cheveux.

Ces plumes sont composées d'une côte très déliée, d'où partent par paires, à petits intervalles, des filets très fins et aussi doux que la soie : de chaque épaule de l'oiseau sort une touffe de ces belles plumes qui s'étendent sur le dos et jusque au delà de la queue; elles sont d'un blanc de neige, ainsi que toutes les autres plumes, qui sont moins délicates et plus fermes; cependant il paraît que l'oiseau jeune, avant sa première mue et peut-être plus tard, a du gris ou du brun, et même du noir, mêlés dans son plumage. Un de ces oiseaux tués par M. Hébert, en Bourgogne (*a*), avait tous les caractères de la jeunesse, et particulièrement ces couleurs brunes de la livrée du premier âge.

Cette espèce, à laquelle on a donné le nom d'*aigrette*, n'en est pas moins un héron, mais c'est l'un des plus petits; il n'a communément pas deux pieds de longueur; adulte, il a le bec et les pieds noirs, il se tient de préférence aux bords de la mer, sur les sables et les vases : cependant il perche et niche sur les arbres comme les autres hérons.

Il paraît que l'espèce de notre aigrette d'Europe se retrouve en Amérique (*b*), avec une autre espèce plus grande, dont nous donnerons la description dans l'article suivant; il paraît aussi que cette même espèce d'Europe s'est répandue dans tous les climats, et jusque dans les îles lointaines

minor. Willughby, *Ornithol.*, p. 205. — *Garzetta Aldrovandi*. *Idem, ibid.*, p. 206. — Ray, *Synops. avi.*, p. 99, nº 5. — *Garzetta Italorum*. Jonston, *Avi.*, p. 104. — *Garzetta bianca*. *Idem, ibid.* — *Egretta Gallorum*. *Idem, ibid.* — *Ardea alba minor*. Marsigl. *Danub.*, t. V, avec une figure assez exacte, tab. 5. — *Ardea alba minor cristata*. Rzaczynski, *Auctuar. Hist. nat. Polon.*, p. 364. — *Garzetta Italorum*. Charleton, *Exercit.*, p. 110, nº 3. *Onomast.*, p. 103, nº 3. — *Egretta Gallorum*. *Idem, Exercit.*, p. 110, nº 4. *Onomast.*, p. 103, nº 4. — « Ardea cristata, in toto corpore alba ; spatio rostrum inter et oculos nudo, viridi ; rostro » nigro ; pedibus nigro-virescentibus... » *Egretta*. Brisson, *Ornithol.*, t. V, p. 431.

(*a*) A Magny, sur les bords de la Tille, le 9 mai 1778.

(*b*) Dutertre, *Histoire des Antilles*, t. II, p. 777. — « Entre les oiseaux de rivière et » d'étangs... il y a des aigrettes d'une blancheur du tout admirable, de la grosseur d'un » pigeon... elles sont particulièrement recherchées, à cause de ce précieux bouquet de » plumes fines et déliées comme de la soie, dont elles sont parées, et qui leur donnent une » grâce toute particulière. » *Hist nat. et moral. des Antilles*; Rotterdam, 1658, p. 149. — Le P. Charlevoix dit qu'il y a des *pêcheurs* ou *aigrettes* à Saint-Domingue, qui sont de vrais hérons peu différents des nôtres. *Histoire de Saint-Domingue*; Paris, 1730, t. 1er.

isolées, comme aux îles Malouines (*a*) et à l'île de Bourbon (*b*); on la trouve en Asie, dans les plaines de l'Araxes (*c*), sur les bords de la mer Caspienne (*d*) et à Siam (*e*), au Sénégal et à Madagascar (*f*), où on l'appelle *langhouron* (*g*); mais, pour les aigrettes noires, grises et pourprées que les voyageurs Flacourt et Cauche (*h*) placent dans cette même île, on peut les rapporter avec beaucoup de vraisemblance à quelqu'une des espèces précédentes de hérons, auxquels le panache dont leur tête est ornée aura fait donner improprement le nom d'*aigrette*.

HÉRONS DU NOUVEAU CONTINENT

LA GRANDE AIGRETTE (*i*)

PREMIÈRE ESPÈCE.

Toutes les espèces précédentes de hérons sont de l'ancien continent, toutes celles qui suivent appartiennent au nouveau; elles sont très nombreuses en individus, dans ces régions où les eaux qui ne sont point con-

(*a*) « Les aigrettes sont assez communes (aux îles Malouines); nous les primes pour des » hérons, et nous ne connûmes pas d'abord le mérite de leurs plumes. Ces animaux com- » mencent leur pêche au déclin du jour; ils aboient de temps à autre, de manière à faire » croire que ce sont de ces loups-renards dont nous avons parlé ci-devant. » *Voyage autour du monde*, par M. de Bougainville, t. Ier, in-8°, p. 125.

(*b*) *Voyage de François Leguat*; Amsterdam, 1708, t. Ier, p. 55.

(*c*) *Voyage de Tournefort*, t. II, p. 353.

(*d*) Le héron et l'aigrette sont communs autour de la mer Caspienne et de la mer d'Azow; les Russes et les Tartares connaissent et estiment ces oiseaux à précieux panaches; les premiers les nomment *tschapla-belaya*, et les seconds *ak-koutan*. *Discours sur le commerce de Russie*, par M. Guldenstaed, p. 22.

(*e*) « Rien n'est plus agréable à voir que le grand nombre d'aigrettes dont les arbres sont » couverts (à Siam); il semble de loin qu'elles en soient les fleurs : le mélange du blanc des » aigrettes et du vert des feuilles fait le plus bel effet du monde. L'aigrette est un oiseau de « la figure du héron, mais beaucoup plus petit; sa taille est fine, son plumage beau et plus » blanc que la neige; il a des aigrettes sur la tête, sur le dos et sous le ventre, qui font sa » principale beauté, et qui le rendent extraordinaire. » *Dernier voyage de Siam*, par le P. Tachard. Paris, 1686, p. 201.

(*f*) « On trouve le long de la rivière (de la Gambia) le héron nain, que les Français » nomment l'*aigrette*; il ressemble aux hérons communs, à l'exception du bec et des jambes » qui sont tout à fait noirs, et du plumage qui est blanc sans mélange; il a sur les ailes et » sur le dos une sorte de plumes fines, longues de douze à quinze pouces, qui s'appellent » *aigrettes* en français; elles sont fort estimées des Turcs et des Persans, qui s'en servent » pour orner leurs turbans. » *Histoire générale des voyages*, t. III, p. 305.

(*g*) Flacourt, *Voyage à Madagascar*. Paris, 1661, p. 165.

(*h*) Voyez aussi Rennefort, t. VIII, de l'*Histoire générale des voyages*, p. 604.

(*i*) Voyez les planches enluminées, n° 925.

traintes se répandent sur de vastes espaces, et où toutes les terres basses sont noyées : la grande aigrette (*) est, sans contredit, la plus belle de ces espèces, et ne se trouve pas en Europe ; elle ressemble à notre aigrette par le beau blanc de son plumage, sans mélange d'aucune autre couleur, et elle est du double plus grande, et par conséquent son magnifique parement de plumes soyeuses est d'autant plus riche et plus volumineux ; elle a, comme l'aigrette d'Europe, le bec et les pieds noirs ; à Cayenne elle niche sur les petites îles qui sont dans les grandes savanes noyées ; elle ne fréquente pas les bords de la mer ni les eaux salées, mais se tient habituellement sur les eaux stagnantes et sur les rivières, où elle s'abrite dans les joncs : l'espèce en est assez commune à la Guyane ; mais ces grands et beaux oiseaux ne vont pas en troupes comme les petites aigrettes ; ils sont aussi plus farouches, se laissent moins approcher, et se perchent rarement. On en voit à Saint-Domingue, où dans la saison sèche ils fréquentent les marais et les étangs ; enfin il paraît que cette espèce n'est pas confinée aux climats les plus chauds de l'Amérique, car nous en avons reçu quelques individus qui nous ont été envoyés de la Louisiane.

L'AIGRETTE ROUSSE (a)

DEUXIÈME ESPÈCE.

Cette aigrette (**), avec le corps d'un gris noirâtre, a les panaches du dos et les plumes effilées du cou d'un roux de rouille ; elle se trouve à la Louisiane et n'a pas tout à fait deux pieds de longueur.

LA DEMI-AIGRETTE (b)

TROISIÈME ESPÈCE.

Nous donnons ce nom au *héron bleuâtre à ventre blanc de Cayenne* (***) de nos planches enluminées, pour désigner un caractère qui semble faire la nuance des aigrettes aux hérons : en effet, celui-ci n'a pas, comme les aigrettes, un panache sur le dos aussi étendu, aussi fourni, mais seulement un faisceau de brins effilés qui lui dépassent la queue, et représentent en

(a) Voyez les planches enluminées, n° 902.
(b) Voyez les planches enluminées, n° 350.

(*) *Ardea Egretta* Gmel.
(**) *Ardea rufescens* Gmel.
(***) *Ardea leucogaster* Gmel.

petit les touffes de l'aigrette : ces brins, que n'ont pas les autres hérons, sont de couleur rousse; cet oiseau n'a pas deux pieds de longueur : le dessus du corps, le cou et la tête sont d'un bleuâtre foncé, et le dessus du corps est blanc.

LE SOCO (a)

QUATRIÈME ESPÈCE.

Soco, suivant Pison, est le nom générique des hérons au Brésil : nous l'appliquons à cette grande et belle espèce (*) dont Marcgrave fait son second héron, et qui se trouve également à la Guyane et aux Antilles comme au Brésil; il égale en grandeur notre héron gris : il est huppé; les plumes fines et pendantes qui forment sa huppe, et dont quelques-unes ont six pouces de long, sont d'un joli cendré; suivant Dutertre, les vieux mâles seuls portent ce bouquet de plumes; celles qui pendent au bas du cou sont blanches et également délicates, douces et flexibles; l'on peut de même en faire des panaches : celles des épaules et du manteau sont d'un gris cendré ardoisé. Pison, en remarquant que cet oiseau est ordinairement assez maigre, assure néanmoins qu'il prend de la graisse dans la saison des pluies. Dutertre, qui l'appelle *crabier*, suivant l'usage des îles où ce nom se donne aux hérons, dit qu'il n'est pas aussi commun que les autres hérons, mais que sa chair est aussi bonne, c'est-à-dire pas plus mauvaise.

LE HÉRON BLANC A CALOTTE NOIRE (b)

CINQUIÈME ESPÈCE.

Ce héron (**), qui se trouve à Cayenne, a tout le plumage blanc, à l'exception d'une calotte noire sur le sommet de la tête, qui porte un panache de cinq

(a) *Çocoi Brasiliensibus*. Marcgrave, *Hist. nat. Bras.*, p. 209, avec une mauvaise figure, p. 210. — Willughby, *Ornithol.*, p. 209. — Ray, *Synops. avi.*, p. 100, nº 15. — Jonston, *Avi.*, p. 143. — *Çocoi secundus*. Pison, *Hist. nat.*, p. 89. — Willughby, Jonston et Pison, copient la figure de Marcgrave. — *Second crabier*. Dutertre, *Hist. des Antiles*, t. II, p. 273; avec une figure peu exacte, p. 246, nº 13. — *Héron bleu*. Albin, t. III, p. 32, avec une figure mal coloriée, pl. 79. — « Ardea cristata, dilutè cinerea; capite superiore in medio cinereo, » ad latera nigro, cristâ cinereâ; collo albo, inferius maculis longitudinalibus nigro-cinereis » vario; pennis in colli inferioris imâ parte strictissimis, longissimis, candidis; rectricibus « dilutè cinereis; rostro flavo-virescente; pedibus cinereis... » *Ardea Cayanensis cristata*. Brisson, *Ornithol.*, t. V, p. 400.

(b) Voyez les planches enluminées, nº 907, sous le nom de *Héron blanc huppé de Cayenne*.

(*) *Ardea Çocoi* GMEL (*Ardea Soco* LATH.).
(**) *Nycticorax pileata* (*Ardea pileata* LATH.).

ou six brins blancs : il n'a guère que deux pieds de longueur ; il habite le haut des rivières à la Guyane, et il est assez rare (*a*). Nous lui joindrons le héron blanc du Brésil (*b*), la différence de grandeur pouvant n'être qu'une différence individuelle, et la plaque noire, ainsi que la huppe, pouvant n'appartenir qu'au mâle et former son attribut distinctif, comme nous l'avons déjà remarqué pour la huppe dans la plupart des autres espèces de hérons.

LE HÉRON BRUN (*c*)

SIXIÈME ESPÈCE.

Il est (*) plus grand que le précédent, et, comme lui, naturel à la Guyane. Il a tout le dessus du corps d'un brun noirâtre, dont la teinte est plus foncée sur la tête, et paraît ombrée de bleuâtre sur les ailes ; le devant du cou est blanc, chargé de taches en pinceaux brunâtres ; le dessous du corps est d'un blanc pur.

LE HÉRON AGAMI (*d*)

SEPTIÈME ESPÈCE.

Nous ignorons sur quelle analogie peut être fondée la dénomination de *héron agami*, sous laquelle cette espèce (**) nous a été envoyée de Cayenne, si ce n'est sur le rapport des longues plumes qui couvrent la queue de l'agami en dépassant les pennes, avec de longues plumes tombantes qui recouvrent et dépassent de même la queue de ce héron, en quoi il a du rapport aux aigrettes ; ces plumes sont d'un bleu clair, celles des ailes et du dos sont d'un gros bleu foncé ; le dessous du corps est roux ; le cou est de cette même couleur en devant, mais il est bleuâtre au bas et gros bleu en dessus ; la tête est noire, avec l'occiput bleuâtre, d'où pendent de longs filets noirs.

(*a*) Remarques de MM. de la Borde et Sonnini, sur les oiseaux de la Guyane.
(*b*) *Alia ardeæ species.* Marcgrave, p. 220. — *Ardea Brasiliensis candida.* Brisson, *Ornithol.*, t. V, p. 434.
(*c*) Voyez les planches enluminées, n° 858.
(*d*) Voyez les planches enluminées, n° 859.

(*) *Ardea fusca* Lath.
(**) *Ardea Agami* Gmel.

L'HOCTI (a)

HUITIÈME ESPÈCE.

Nieremberg interprète le nom mexicain de cet oiseau (*) *hoactli* ou *toloactli*, par *avis sicca*, oiseau sec ou maigre, ce qui convient fort bien à un héron : celui-ci est de moitié moins grand que le héron commun. Sa tête est couverte de plumes noires qui s'allongent sur la nuque en panache ; le dessus des ailes et la queue sont de couleur grise ; il a sur le dos quelques plumes d'un noir lustré de vert ; tout le reste du plumage est blanc. La femelle porte un nom différent de celui du mâle (*hoacton fœmina*) ; elle en diffère en effet par quelques couleurs dans le plumage ; il est brun sur le corps, mélangé de quelques plumes blanches, et blanc au cou, mêlé de plumes brunes.

Cet oiseau se trouve sur le lac de Mexique ; il niche dans les joncs et a la voix forte et grave, ce qui semble le rapprocher du butor : les Espagnols lui donnent mal à propos le nom de *martinete pescador*, car il est très différent du *martin-pêcheur*.

LE HOHOU (b)

NEUVIÈME ESPÈCE.

C'est encore par contraction du mot *xoxouquihoactli*, et qui se prononce *hohouquihoactli*, que nous avons formé le nom de cet oiseau (**), avec d'autant plus de raison que *hohou* est son cri ; Fernandez, qui nous donne cette indication, ajoute que c'est un héron d'assez petite espèce ; sa longueur

(a) *Avis sicca*. Nieremberg, p. 222 (Mas). *Hoacton. Idem*, p. 225 (Fœmina). — *Hoactli, seu tobactli, id est avis sicca*. Fernand, *Hist. nov. Hisp*., p. 26, cap. LII (Mas). *Hoacton fœmina. Idem*, p. 13, cap. I. — Willughby, *Ornithol*., p. 300 et 302. — Ray, *Synops. avi*., p. 179, n° 8. — Jonston. *Avi*., p. 128. — « Ardea cristata, supernè (nigro virescens, Mas) » (fusca albo varia, Fœmina) infernè alba (fusco variegata, Fœmina) ; vertice et cristâ nigris ; » tæniâ ab oculo ad oculum, et collo candidis ; alis supernè cinereo-virescentibus ; rectricibus » cinereis ; rostro supernè et infernè nigro, ad latera flavescente ; pedibus dilutè flavis... » *Ardea Mexicana cristata*. Brisson, *Ornithol*., t. V, p. 418.

(b) « *Xoxouquihoactli*. Fernandez, *Hist. avi. nov. Hisp*., p. 14, répété, p. 40. — Ray, » *Synops. avium*, p. 102, n° 21. — « Ardea cristata, cinerea, fronte albo et nigro varia ; » capite superiore et cristâ purpurascentibus ; alis albo, cinereo et cyaneo variis ; rectricibus » cinereis ; rostro nigro ; pedibus fusco, nigro, et flavescente variegatis... » *Ardea Mexicana cinerea*. Brisson, *Ornithol*., t. V, p. 404.

(*) *Ardea Hoactli* LATH.
(**) *Ardea Hohu* GMEL.

est néanmoins de *deux coudées;* le ventre et le cou sont cendrés; le front est blanc et noir; le sommet de la tête et l'aigrette à l'occiput sont d'une couleur pourprée, et les ailes sont variées de gris et de bleuâtre. Ce héron est assez rare : on le voit de temps en temps sur le lac de Mexique, où il paraît venir des régions plus septentrionales.

LE GRAND HÉRON D'AMÉRIQUE (*a*)

DIXIÈME ESPÈCE.

Dans le genre des oiseaux de marécages, c'est au nouveau monde qu'appartiennent les plus grandes comme les plus nombreuses espèces. Catesby a trouvé en Virginie celle du *grand héron* (*) que cette dénomination caractérise assez, puisqu'il est le plus grand de tous les hérons connus; il a près de quatre pieds et demi de hauteur lorsqu'il est debout, et presque cinq pieds du bec aux ongles; son bec a sept ou huit pouces de longueur; tout son plumage est brun, hors les grandes pennes de l'aile, qui sont noires; il porte une huppe de plumes brunes effilées : il vit non seulement de poissons et de grenouilles, mais aussi de grands et de petits lézards.

LE HÉRON DE LA BAIE D'HUDSON (*b*)

ONZIÈME ESPÈCE.

Ce héron (**) est aussi très grand : il a près de quatre pieds du bec aux ongles; une belle huppe d'un brun noir, jetée en arrière, lui ombrage la

(*a*) *Largest crested heron.* Catesby, *Carolin. append.*, p. 10, avec une figure de la tête et du cou, pl. 10, fig. 1. — « *Ardea cristata Americana.* Klein, *Avi.*, p. 125, n° 4. — « Ardea » occipite cristato, dorso cinereo, femoribus rufis, pectore maculis oblongis nigris... » *Herodias.* Linnæus, *Syst. nat.*, édit. X, gen. 76, sp. 11. — « Ardea cristata, fusca; collo inferiore » et pectore rufescentibus, maculis longitudinalibus fuscis variis; remigibus nigris; rectri- » cibus fuscis; rostro supernè et infernè fusco, ad latera fusco-flavicante, pedibus fuscis... » *Ardea Virginiana cristata.* Brisson, *Ornithol.*, t. V, p. 416.

(*b*) *Ash-colour'd heron from North-America.* Edwards, t. III, p. et pl. 135. — « Ardea » cristata, supernè cinereo-fuscescens, infernè alba; collo inferiore et pectore maculis longi- » tudinalibus nigris, rufescente mixtis, variis; capite superiore et cristâ nigris; collo supe- » riore fusco, colore saturatiore transversim striato; pennis in colli inferioris imâ parte » strictissimis, longissimis; rectricibus fuscis; rostro superius nigro, infernè aurantio; » pedibus nigricantibus... » *Ardea freti Hudsonis.* Brisson, *Ornithol.*, t. V, p. 407.

(*) *Ardea Herodias* L.

(**) *Ardea hudsonias* Gmel.

tête; son plumage est d'un brun clair sur le cou, plus foncé sur le dos, et plus brun encore sur les ailes; les épaules et les cuisses sont d'un brun rougeâtre; l'estomac est blanc ainsi que les grandes plumes qui pendent du devant du cou, lesquelles sont marquées de traits en pinceaux bruns.

Voilà toutes les espèces de hérons qui nous sont connues, car nous n'admettons pas dans ce nombre la huitième espèce décrite par M. Brisson d'après Aldrovande, parce qu'elle est donnée sur un oiseau qui portait encore la livrée de son premier âge, comme Aldrovande en avertit lui-même; nous exclurons aussi du genre des hérons la quatrième et la vingt-deuxième espèce de M. Brisson, qui nous paraissent devoir être séparées de ce genre par des caractères très sensibles, la première ayant le bec arqué et les jambes garnies de plumes jusque sur le genou; et la seconde ayant un bec court qui la rapproche plutôt du genre des grues : enfin nous ne comptons pas la neuvième espèce de héron du même auteur, parce que nous avons reconnu que c'est la femelle du bihoreau.

LES CRABIERS

Ces oiseaux sont des hérons encore plus petits que l'aigrette d'Europe, on leur a donné le nom de *crabiers* parce qu'il y en a quelques espèces qui se nourrissent de *crabes* de mer, et prennent des écrevisses dans les rivières. Dampier et Wafer en ont vu au Brésil, à Timor, à la Nouvelle-Hollande (*a*) : ils sont donc répandus dans les deux hémisphères. Barrère dit que, quoique les crabiers des îles de l'Amérique prennent des crabes, ils mangent aussi du poisson, et qu'ils pêchent sur les bords des eaux douces, ainsi que les hérons. Nous en connaissons neuf espèces dans l'ancien continent, et treize dans le nouveau.

(*a*) Voyez Dampier, *Voyage autour du monde*. Rouen, 1715, t. IV, p. 66, 69 et 111; et le *Voyage de Wafer à la suite de Dampier*, t. V, p. 61.

CRABIERS DE L'ANCIEN CONTINENT

LE CRABIER CAIOT (*a*)

PREMIÈRE ESPÈCE.

Aldrovande dit qu'en Italie, dans le Boulonais, on appelle cet oiseau (*) *quaiot*, *quaiotta*, apparemment par quelque rapport de ce mot à son cri : il a le bec jaune et les pieds verts ; il porte sur la tête une belle touffe de plumes effilées, blanches au milieu, noires aux deux bords ; le haut du corps est recouvert d'un chevelu de ces longues plumes minces et tombantes, qui forment sur le dos de la plupart de ces oiseaux crabiers comme un second manteau : elles sont dans cette espèce d'une belle couleur rousse.

LE CRABIER ROUX (*b*)

SECONDE ESPÈCE.

Selon Schwenckeld, ce crabier (**) est rouge (*ardea rubra*), ce qui veut dire d'un roux vif, et non pas *marron*, comme traduit M. Brisson : il est de la grosseur d'une corneille ; son dos est roux (*dorso rubicundo*), son ventre blanchâtre ; les ailes ont une teinte de bleuâtre, et leurs grandes pennes sont noires. Ce crabier est connu en Silésie et s'y nomme héron rouge (*rodter-reger*) ; il niche sur les grands arbres.

(*a*) *Ardeæ species, vulgo squaiotta.* Aldrovande, *Avi.*, t. III, p. 401, avec une mauvaise figure. — *Squaiotto Aldrovandi.* Willughby, *Ornithol.*, p. 207. — *Squaiotta Italorum.* Jonston, *Avi.*, p. 104. — Charleton, *Exercit.*, p. 110, n° 6. *Idem, Onomast.*, p. 103, n° 6. — Ray, *Synops. avi.*, p. 99, n° 9. — « Ardea cristata, castanea, pennis scapularibus in exortu » albis ; cristâ in medio albâ, ad latera nigrâ ; rectricibus castaneis ; rostro luteo, apice » nigricante ; pedibus viridibus... » *Cancrofagus.* Brisson, *Ornithol.*, t. V, p. 466.

(*b*) *Ardea rubra, vulgò sand-reger, rodter-reger.* Schwenckfeld, *Avi, Siles.*, p. 225. — » Ardea supernè castanea, infernè sordidè alba ; teniâ longitudinali candidâ à gutture ad ven- » trem usque productâ ; tectricibus alarum superioribus ad cærulcum vergentibus ; remi- » gibus nigris, rectricibus castaneis ; rustro fusco ; pedibus rubris... » *Cancrofagus castaneus.* Brisson, *Ornithol.*, t. V, p. 468.

(*) *Ardea Squaiotta* GMEL.
(**) *Ardea Badia* GMEL.

LE CRABIER MARRON (*a*)

TROISIÈME ESPÈCE.

Après avoir ôté ce nom, mal donné à l'espèce précédente par M. Brisson, nous l'appliquons à celle que le même naturaliste appelle *rousse* (*), quoique Aldrovande la dise de couleur uniforme, passant du jaunâtre au marron : *ex croceo ad colorem castaneæ vergens;* mais, s'il n'y a pas méprise dans les expressions, ces couleurs sont distribuées contre l'ordinaire, étant plus foncées dessous le corps et plus claires sur le dos et les ailes (*b*); les plumes longues et étroites qui recouvrent la tête et flottent sur le cou sont variées de jaune et de noir; un cercle rouge entoure l'œil, qui est jaune; le bec, noir à la pointe, est vert bleuâtre près de la tête; les pieds sont d'un rouge foncé. Ce crabier est fort petit, car Aldrovande, comptant tous les crabiers pour des hérons, dit : *cæteris ardeis ferè omnibus minor est.* Ce même naturaliste paraît donner comme simple variété le crabier (*c*) dont M. Brisson a fait sa trente-sixième espèce; ce crabier a les pieds jaunes et quelques taches de plus que l'autre sur les côtés du cou; du reste, il lui est entièrement semblable, *per omnia similis :* nous n'hésiterons donc pas à les rapporter à une seule et même espèce; mais Aldrovande paraît plus fondé dans l'application particulière qu'il fait du nom de *cirris* à cette espèce. Scaliger, à la vérité, prouve assez bien que le *cirris* de Virgile n'est point l'alouette (*galerita*), comme on l'interprète ordinairement, mais quelque espèce d'oiseau de rivage aux *pieds rouges*, à la *tête huppée*, et qui devient la proie de l'aigle de mer (*haliæetus*); mais cela n'indique pas que le *cirris* soit une espèce de héron, et moins encore cette espèce particulière de crabier qui n'est pas plus huppé que d'autres; et Scaliger lui-même applique tout ce qu'il dit du cirris à l'aigrette, quoique, à la vérité, avec aussi peu de certitude (*d*). C'est ainsi que ces discussions érudites, faites sans étude de la nature, loin de l'éclairer, n'ont servi qu'à l'obscurcir.

(*a*) *Ardea hæmatopus, fortè cirris Virgilii Scaligero.* Aldrovande, *Avi.*, t. III, p. 397, avec une mauvaise figure, p. 398. — Willughby, *Ornithol.*, p. 206. — Ray, *Synops. avi.*, p. 99, n° 7. — « Ardea cristata ex croceo ad castaneum vergens, supernè dilutiùs, infernè » saturatius; capite superiore et cristâ lutescente et nigro variegatis; rectricibus ex croceo » ad castaneum vergentibus; rostro viridi cæruleo, apice nigro; pedibus saturatè rubris... » *Cancrofagus rufus.* Brisson, *Ornithol.*, t. V, p. 469.

(*b*) « Pronè intensiùs, supernè et super alis remissiùs, » p. 377, *lin. ultim.*

(*c*) *Ardea castanei coloris alia. Avi.*, t. III, p. 399.

(*d*) *Vid. Scalig. comment. in cirr. apud Aldrov.*, t. III, p. 397.

(*) *Ardea erythropus* GMEL.

LE GUACCO (a)

QUATRIÈME ESPÈCE.

C'est encore ici un petit crabier connu en Italie, dans les vallées du Boulonais, sous le nom de *sguacco* (*). Son dos est d'un jaune rembruni (*ex luteo ferrugineus*) ; les plumes des jambes sont jaunes, celles du ventre blanchissantes ; les plumes minces et tombantes de la tête et du cou sont variées de jaune, de blanc et de noir. Ce crabier est plus hardi et plus courageux que les autres hérons ; il a les pieds verdâtres, l'iris de l'œil jaune, entouré d'un cercle noir.

LE CRABIER DE MAHON (b)

CINQUIÈME ESPÈCE.

Cet oiseau (**) nommé dans nos planches enluminées *héron huppé de Mahon*, est un crabier, même de petite taille, et qui n'a pas dix-huit pouces de longueur : il a les ailes blanches, le dos roussâtre, le dessus du cou d'un roux jaunâtre et le devant gris blanc ; sa tête porte une belle et longue huppe de brins gris blancs et roussâtres.

LE CRABIER DE COROMANDEL (c)

SIXIÈME ESPÈCE.

Ce crabier (***) a du rapport avec le précédent : il a de même du roux sur le dos, du roux jaune et doré sur la tête et au bas du devant du cou, et le reste du plumage blanc, mais il est sans huppe ; cette différence, qui pourrait s'attribuer au sexe, ne nous empêcherait pas de le rapporter à l'espèce précédente, si celle-ci n'était plus grande de près de trois pouces.

(a) *Ardeæ genus, quam sguacco vocant*. Aldrovande, *Avi.*, t. III, p. 400, avec une figure peu caractérisée. — Willughby, *Ornithol.*, p. 206. — Ray, *Synops.*, p. 99, n° 8. — « Ardea » cristata, supernè luteo rufescens, infernè candicans, capite, cristâ et collo lutescente, albo » et nigro variegatis ; rectricibus candicantibus ; rostro luteo rufescente ; pedibus virescen- » tibus... » *Cancrofagus luteus*. Brisson, *Ornithol.*, t. V, p. 472.

(b) Voyez les planches enluminées, n° 348.

(c) Voyez les planches enluminées, n° 910.

(*) Espèce douteuse.

(**) *Ardea comata* Gmel.

(***) *Ardea coromandeliana* Gmel.

LE CRABIER BLANC ET BRUN (a)

SEPTIÈME ESPÈCE.

Le dos brun ou couleur de terre d'ombre, tout le cou et la tête marqués de longs traits de cette couleur sur un fond jaunâtre ; l'aile et le dessus du corps blancs : tel est le plumage de ce crabier (*), que nous avons reçu de Malaca. Il a dix-neuf pouces de longueur.

LE CRABIER NOIR (b)

HUITIÈME ESPÈCE.

M. Sonnerat a trouvé ce crabier (**) à la Nouvelle-Guinée : il est tout noir, et a dix pouces de longueur. Dampier place à la Nouvelle-Guinée de petits *preneurs d'écrevisses* à plumages *blanc de lait* (c) ; ce pourrait être quelque espèce de crabier, mais qui ne nous est pas jusqu'ici parvenue, et que cette notice seule nous indique.

LE PETIT CRABIER (d) (e)

NEUVIÈME ESPÈCE.

C'est assez caractériser cet oiseau (***) que de lui donner le nom de *petit crabier ;* il est en effet plus petit que tous les crabiers, plus même que le *blongios*, et n'a pas onze pouces de longueur. Il est naturel aux Philippines ; il a le dessus de la tête, du cou et du dos d'un roux brun ; le roux se trace sur le dos par petites lignes transversales, ondulantes sur le fond brun ; le dessus de l'aile est noirâtre, frangé de petits festons inégaux, blancs roussâtres ; les pennes de l'aile et de la queue sont noires.

(a) Voyez les planches enluminées, n° 911, sous le nom de *Crabier de Malac.*
(b) Voyez les planches enluminées, n° 926.
(c) *Voyage autour du monde*, t. V, p. 81.
(d) Voyez les planches enluminées, n° 898, sous le nom de *Crabier des Philippines.*
(e) « Ardea supernè castaneo et nigricante transversim et undatim striata, infernè grisco » rufescens ; capite castaneo, in parte posteriore nigro variegato ; collo superiore dilutè casta-

(*) *Aadea malaccensis* GMEL.
(**) *Ardea Novæ-Guineæ* GMEL.
(***) *Ardea philippensis* GMEL.

LE BLONGIOS (*a*) (*b*)

DIXIÈME ESPÈCE,

Le blongios (*) est, en ordre de grandeur, la dernière de ces nombreuses espèces que la nature a multipliées en répétant la même forme sur tous les modules, depuis la taille du grand héron, égal à la cigogne, jusqu'à celle du plus petit crabier et du blongios, qui n'est pas plus grand qu'un râle; car le blongios ne diffère des crabiers que par les jambes un peu basses, et le cou en proportion encore plus long : aussi les Arabes de Barbarie, suivant le docteur Shaw, lui donnent-ils le nom de *boo-onk,* long cou, ou, à la lettre, *père du cou* (*c*). Il l'allonge et le jette en avant comme par ressort en marchant, ou lorsqu'il cherche sa nourriture; il a le dessus de la tête et du dos noirs à reflets verdâtres, ainsi que les pennes des ailes et de la queue; le cou, le ventre, le dessus des ailes d'un roux marron, mêlé de blanc et de jaunâtre; le bec et les pieds sont verdâtres.

Il paraît que le blongios se trouve fréquemment en Suisse; on le connaît à peine dans nos provinces de France, où on ne l'a rencontré qu'égaré, et apparemment emporté par quelque coup de vent ou poussé de quelque oiseau de proie (*d*). Le blongios se trouve sur les côtes du Levant aussi bien que sur celles de Barbarie. M. Edwards en représente un qui lui était venu d'Alep; il différait de celui que nous venons de décrire en ce que ses couleurs étaient moins foncées, que les plumes du dos étaient frangées de roussâtre, et celles du devant du cou et du corps marquées de petits traits bruns (*e*): différences

» neo, collo inferiore et pectore griseis, ad castaneum vergentibus; rectricibus nigricantibus; » rostro superius nigricante, infernè albo-flavicante; pedibus griseo-fuscis... » *Cancrofagus Philippensis.* Brisson, *Ornithol.*, t. V, p. 474.

(*a*) Voyez les planches enluminées, nº 323, sous le nom de *Blongios de Suisse.*

(*b*) « Ardea supernè nigro-viridescens, infernè dilutè fulva ; collo superiore griseo-fulvo, » ad castaneum vergente; pennis in colli inferioris imâ parte longissimis; pectoris maculis » longitudinalibus nigricantibus vario; rectricibus nigro-virescentibus; rostro viridi flavicante, » superius apice nigricante; pedibus virescentibus... » *Ardeola.* Brisson, *Ornithol.*, t. V, page 497.

(*c*) *Voyage du docteur Shaw.* La Haye, 1743, t. Ier, p. 330.

(*d*) J'ai vu un de ces petits hérons, de la grandeur d'un merle; il s'était laissé prendre à la main dans le jardin des Dames du Bon-Pasteur à Dijon ; je le vis enfermé dans une cage à faire couver des serins; son plumage ressemblait à celui d'un râle de prairie ; il était fort vif et s'agitait sans cesse dans sa cage, plutôt par une sorte d'inquiétude, que pour chercher à s'échapper ; car lorsqu'on approchait de sa cage il s'arrêtait, menaçait du bec et le lançait comme par ressort. Je n'ai jamais rencontré ce très petit héron dans aucune des provinces où j'ai chassé, il faut qu'il soit de passage. Note communiquée par M. Hébert.

(*e*) *Little Brown Bittern.* Edwards, *Glan.*, p. 135, pl. 275.

(*) *Ardea minuta* Gmel. Il faut aussi y rapporter, d'après Flourens, l'*Ardea danubialis* Gmel.

qui paraissent être celles de l'âge ou du sexe de l'oiseau. Ainsi ce blongios du Levant, dont M. Brisson fait sa seconde espèce (*a*), et le blongios de Barbarie, ou *boo-onk* du docteur Shaw, sont les mêmes, selon nous, que notre blongios de Suisse.

Toutes les espèces précédentes de crabiers appartiennent à l'ancien continent; nous allons faire suivre celles qui se trouvent dans le nouveau, en observant pour les crabiers la même distribution que pour les hérons.

CRABIERS DU NOUVEAU CONTINENT

LE CRABIER BLEU (*b*)

PREMIÈRE ESPÈCE.

Ce crabier (*) est très singulier en ce qu'il a le bec bleu comme tout le plumage, en sorte que, sans ses pieds verts, il serait entièrement bleu ; les plumes du cou et de la tête ont un beau reflet violet sur bleu ; celles du bas du cou, du derrière de la tête et du bas du dos sont minces et pendantes ; ces dernières ont jusqu'à un pied de long, elles couvrent la queue et la dépassent de quatre doigts : l'oiseau est un peu moins gros qu'une corneille, et pèse quinze onces. On en voit quelques-uns à la Caroline, et seulement au printemps; néanmoins Catesby ne paraît pas croire qu'ils y fassent leurs petits, et il dit qu'on ignore d'où ils viennent. Cette même belle espèce se retrouve à la Jamaïque, et paraît même s'être divisée en deux races ou variétés dans cette île.

(*a*) *Le blongios tacheté.* Brisson, *Ornithol.*, t. V, p. 500.

(*b*) *The blew heron.* Catesby, *Carolina*, t. Ier, p. 76, avec une belle figure. — *Ardea cæruleo nigra.* Sloane, *Jamaïc.*, t. II, p. 315, avec une mauvaise figure, tab. 263, fig. 3. — Ray, *Synops. avi.*, p. 189, n° 3. — « Ardea occipite cristato, corpore cæruleo... » *Ardea cærulea.* Linnæus, *Syst. nat.*, édit. X, gen. 76, sp. 3. — *Ardea cyanea.* Klein, *Avi.*, p. 124, n° 7. — « Ardea cristata, cærulea : capite, cristâ et collo ad violaceum vergentibus ; pennis in colli » inferioris imâ parte strictissimis, longissimis, spatio rostrum inter et oculos nudo, rostroque » cæruleis ; pedibus viridibus... » *Cancrofagus cæruleus.* Brisson, *Ornithol.*, t. V, p. 484.

(*) *Ardea cærulea* L.

LE CRABIER BLEU A COU BRUN (*a*)

SECONDE ESPÈCE

Tout le corps de ce crabier (*) est d'un bleu sombre, et, malgré cette teinte très foncée, nous n'en eussions fait qu'une espèce avec la précédente, si la tête et le cou de celui-ci n'étaient d'un roux brun et le bec d'un jaune foncé, au lieu que le premier a la tête et le bec bleus. Cet oiseau se trouve à Cayenne, et peut avoir dix-neuf pouces de longueur.

LE CRABIER GRIS DE FER (*b*)

TROISIÈME ESPÈCE.

Cet oiseau (**), que Catesby donne pour un butor, est certainement un petit héron ou crabier; tout son plumage est d'un bleu obscur et noirâtre, excepté le dessus de la tête qui est relevé en huppe d'un jaune pâle, d'où partent à l'occiput trois ou quatre brins blancs; il y a aussi une large raie blanche sur la joue jusqu'aux coins du bec ; l'œil est protubérant, l'iris en est rouge et la paupière verte; de longues plumes effilées naissent sur les côtés du dos et viennent en tombant dépasser la queue; les jambes sont jaunes; le bec est noir et fort, et l'oiseau pèse une livre et demie. On voit, dit Catesby, de ces crabiers à la Caroline, dans la saison des pluies; mais, dans les îles de Bahama, ils sont en bien plus grand nombre, et font leurs petits dans des buissons qui croissent dans les fentes des rochers; ils sont en si grande quantité dans quelques-unes de ces îles, qu'en peu d'heures deux hommes peuvent prendre assez de leurs petits pour charger un canot, car ces oiseaux, quoique déjà grands et en état de s'enfuir, ne s'émeuvent que difficilement

(*a*) Voyez les planches enluminées, nº 349, sous la dénomination de *Héron bleuâtre de Cayenne.*

(*b*) *Crested bittern.* Catesby, t. Ier, p. et pl. 79. — *Greycrested bittern.* Brown. *Hist. nat. of Jamaïc.*, p. 478. — « *Ardea cærulea.* Sloane, *Jamaïc.*, t. II, p. 314. — Ray, *Synops. avi.*, p. 189, nº 2. — « Ardea cristâ flavâ, corpore nigro-cærulescente, fasciâ temporali albâ. » *Ardea violacea.* Linnæus, *Syst, nat.*, édit. X, gen. 76, sp. 12. — Klein, *Avi.*, p. 124, nº 9. — « Ardea » cristata, supernè albo et nigro striata, infernè obscurè cærulea ; capite nigro cærulescente ; » vertice pallidè luteo ; tæniâ longitudinali in genis, et pennis in occipite strictissimis, lon- » gissimis candidis ; spatio rostrum inter et oculos nudo viridi ; rostro nigro ; pedibus luteis... » *Cancrofagus Bahamensis.* Brisson, *Ornithol.*, t. V, p. 481.

(*) *Ardea cærulescens* L.
(**) *Ardèa violacea* L.

et se laissent prendre par nonchalance ; ils se nourrissent de crabes plus que de poisson, et les habitants de ces îles les nomment *preneurs de cancres;* leur chair, dit Catesby, est de très bon goût et ne sent point le marécage.

LE CRABIER BLANC A BEC ROUGE (*a*)

QUATRIÈME ESPÈCE.

Un bec rouge et des pieds verts, avec l'iris de l'œil jaune, et la peau qui l'entoure rouge comme le bec, sont les seules couleurs qui tranchent sur le beau blanc du plumage de cet oiseau (*) ; il est moins grand qu'une corneille, et se trouve à la Caroline au printemps, et jamais en hiver ; son bec est un peu courbé, et Klein remarque à ce sujet que, dans plusieurs espèces étrangères du genre des hérons, le bec n'est pas aussi droit que dans nos hérons et nos butors (*b*).

LE CRABIER CENDRÉ (*c*)

CINQUIÈME ESPÈCE.

Ce crabier (**) de la Nouvelle-Espagne n'est pas plus gros qu'un pigeon ; il a le dessus du corps cendré clair ; les pennes de l'aile mi-parties de noir et de blanc ; le dessous du corps blanc ; le bec et les pieds bleuâtres : à ces couleurs, on peut juger que le P. Feuillée se trompe en rapportant cette espèce à la famille du butor, autant qu'en lui appliquant mal à propos le nom de *calidris*, qui appartient aux oiseaux nommés *chevaliers*, et non à aucune espèce de crabier ou de héron.

(*a*) *The little white heron.* Catesby, *Carolin.*, t. Ier, p. 77, avec une belle figure. — *Ardea alba minor Carolinensis.* Klein, *Avi.*, p. 124, n° 10. — « Ardea in toto corpore alba ; spatio » rostrum inter et oculos nudo, rostroque rubris ; pedibus viridibus... » *Ardea Carolinensis candida.* Brisson, *Ornithol.*, t. V, p. 435.

(*b*) *Ordo avi.*, p. 122.

(*c*) *Héron* ou *Calidris leucophæa.* Feuillée, *Journal d'observations physiques*, p. 287 (édit. 1725). — « Ardea supernè dilutè cinerea, infernè alba ; remigibus partim nigris, partim can» didis ; rectricibus dilutè cinereis ; rostro cyaneo, apice nigro ; pedibus cæruleis... » *Ardea Americana cinerea.* Brisson, *Ornithol.*, t. V, p. 406.

(*) *Ardea æquinoctialis* Gmel.

(**) *Ardea cyanopus* Gmel.

LE CRABIER POURPRÉ (a)

SIXIÈME ESPÈCE.

Seba dit que cet oiseau (*) lui a été envoyé du Mexique, mais il lui applique le nom de *xoxouquihoactli*, que Fernandez donne à une espèce du double plus grande, et qui est notre *hohou* ou neuvième espèce de héron d'Amérique. Ce crabier pourpré n'a qu'un pied de longueur; le dessus du cou, du dos et des épaules est d'un marron pourpré; la même teinte éclaircie couvre tout le dessous du corps; les pennes de l'aile sont rouge bai foncé; la tête est rouge bai clair, avec le sommet noir.

LE CRACRA (b)

SEPTIÈME ESPÈCE.

Cracra est le cri que ce crabier (**) jette en volant, et le nom que les Français de la Martinique lui donnent; les naturels de l'Amérique l'appellent *jaboutra;* le P. Feuillée, qui l'a trouvé au Chili, le décrit dans les termes suivants : « Il a la taille d'un *gros poulet*, et son plumage est très varié; il » a le sommet de la tête cendré bleu, le haut du dos tanné, mêlé de couleur » feuille-morte; le reste du manteau est un mélange agréable de bleu cendré, de vert brun et de jaune, les couvertures de l'aile sont, partie d'un » vert obscur bordées de jaunâtre, et partie noires; les pennes sont de cette » dernière couleur et frangées de blanc; la gorge et la poitrine sont variées » de taches feuille-morte sur fond blanc; les pieds sont d'un beau jaune. »

(a) *Ardea Mexicana seu avis xoxouquihoactli.* Seba, *Thes.*, vol. Ier, p. 100. — « Ardea » castaneo-purpurea, supernè saturatiùs, infernè dilutiùs; capite dilutè spadiceo, vertice » nigro; remigibus saturatè spadiceis; rectricibus castaneo purpureis... » *Ardea Mexicana purpurascens.* Brisson, *Ornithol.*, t. V, p. 422.

(b) *Héron* ou *ardea varia.* Feuillée, *Journal d'observations physiques*, p. 268 (édit. 1725); *héron* ou *ardea varia major Chiliensis. Idem, ibid.*, p. 57. — « Ardea supernè cinereo-cœru- » lescente, viridi obscuro et rufescente varia, infernè cinerea; vertice cinereo-cœrulescente; » collo superiore fusco, xerampelino vario; collo inferiore et pectore candidis, maculis xeram- » pelinis variegatis; rectricibus nigro-virescentibus; rostro supernè nigro, infernè-fusco- » flavicante; pedibus flavis... » *Cancrofagus Americanus.* Brisson, *Ornithol.*, t. V, p. 477.

(*) *Ardea spadicea* GMEL.
(**) *Ardea Cracra* GMEL.

LE CRABIER CHALYBÉ (*a*)

HUITIÈME ESPÈCE.

Le dos et la tête de ce crabier (*) sont de couleur *chalybée*, c'est-à-dire couleur d'acier poli ; il a les longues pennes de l'aile verdâtres, marquées d'une tache blanche à la pointe ; le dessus de l'aile est varié de brun, de jaunâtre et de couleur d'acier ; la poitrine et le ventre sont d'un blanc varié de cendré et de jaunâtre ; ce petit crabier est à peine de la grandeur d'un pigeon ; il se trouve au Brésil : c'est là tout ce qu'en dit Marcgrave.

LE CRABIER VERT (*b*)

NEUVIÈME ESPÈCE.

Cet oiseau (**), très riche en couleurs, est dans son genre l'un des plus beaux : de longues plumes d'un vert doré couvrent le dessus de la tête et se détachent en huppe ; des plumes de même couleur, étroites et flottantes, couvrent le dos ; celles du cou et de la poitrine sont d'un roux ou rougeâtre foncé ; les grandes pennes de l'aile sont d'un vert très sombre ; les couvertures d'un vert doré vif, la plupart bordées de fauve ou de marron. Ce joli crabier a dix-sept ou dix-huit pouces de longueur ; il se nourrit de grenouilles et de petits poissons comme de crabes ; il ne paraît à la Caroline et en Virginie que l'été, et vraisemblablement il retourne en automne dans des climats plus chauds pour y passer l'hiver.

(*a*) *Ardeola*. Marcgrave, *Hist. nat. Brasil.*, p. 210, avec une figure défectueuse que Pison, Jonston et Willughby ont copiée. — Jonston, *Avi.*, p. 144. — Willughby, *Ornithol.*, p. 210. - Ray, *Synops. avi.*, p. 101, nº 18. — *Çocoi primus*. Pison, *Hist. nat.*, p. 89. — « Ardea » supernè nigro-chalybea, fusco et flavicante varia, infernè alba, cinereo et pallidè luteo varie- » gata ; capite superiore nigro-chalybeo, dilutè fusco notato ; rectricibus virescentibus ; spatio » rostrum inter et oculos nudo, luteo ; rostro superiùs fusco, infernè albo-flavicante ; pedibus » luteis... » *Cancrofagus Brasiliensis*. Brisson, *Ornithol.*, t. V, p. 479.

(*b*) *The small bittern*. Catesby, *Carolina*, t. Ier, p. et pl. 80. — *Ardea stellaris minima*. Klein, *Avi.*, p. 123, nº 6. — « Ardea occipite subcristato, dorso viridi, pectore rufescente... » *Ardea virescens*. Linnæus, *Syst. nat.*, édit. X, gen. 76, sp. 15. — « Ardea supernè viridi- » aurea, cupri puri colore varians, infernè fusco-castanea ; gutture albo, maculis fuscis vario, » collo castaneo, albido in parte inferiore variegato ; pennis in colli inferioris imâ parte stric- » tissimis longissimis ; marginibus alarum griseo-fulvis ; rectricibus viridi-aureis cupri puri » colore variantibus ; rostro superius fusco, inferius flavicante ; pedibus griseo-fuscis... » *Cancrofagus viridis*. Brisson, *Ornithol.*, t. V, p. 486.

(*) *Ardea jugularis* Forster.
(**) *Ardea virescens* L.

LE CRABIER VERT TACHETÉ (a) (b)

DIXIÈME ESPÈCE.

Cet oiseau (*), un peu moins grand que le précédent, n'en diffère pas beaucoup par les couleurs, seulement il a les plumes de la tête et de la nuque d'un vert doré sombre et à reflet bronzé, et les longs effilés du manteau du même vert doré, mais plus clair; les pennes de l'aile, d'un brun foncé, ont leur côté extérieur nuancé de vert doré, et celles qui sont les plus près du corps ont une tache blanche à la pointe; le dessus de l'aile est moucheté de points blancs sur un fond brun nuancé de vert doré; la gorge tachetée de brun sur blanc; le cou est marron, et garni au bas de plumes grises tombantes. Cette espèce se trouve à la Martinique.

LE ZILATAT (c)

ONZIÈME ESPÈCE.

Nous abrégeons ainsi le nom mexicain de *hoitzilaztatl*, pour conserver à ce crabier (**) l'indication de sa terre natale; il est tout blanc, avec le bec rougeâtre vers la pointe, et les jambes de même couleur : c'est l'un des plus petits de tous les crabiers, étant à peine de la grandeur d'un pigeon. M. Brisson en fait néanmoins son dix-neuvième héron; mais cet ornithologiste ne paraît avoir établi entre ses hérons et ses crabiers aucune division de grandeur, la seule pourtant qui puisse classer ou plutôt nuancer des espèces qui, d'ailleurs, portent en commun les mêmes caractères.

(a) Voyez les planches enluminées, n° 912, sous la dénomination de *Crabier tacheté de la Martinique*.

(b) « Ardea supernè viridi-aurea, cupri puri colore varians, infernè grisea; gutture albo » maculis fuscis vario; collo castaneo, albido in parte inferiore variegato; pennis in colli » inferioris imâ parte strictissimis et longissimis, marginibus alarum albidis; alis supernè » albo punctulatis; rectricibus obscurè viridi-aureis, cupri puri colore variantibus, lateralibus » apice griseo-fuscis; rostro superius nigricante, infernè albo-flavicante; pedibus fuscis... » *Cancrofagus viridis nævius*. Brisson, *Ornithol.*, t. V, p. 490.

(c) *Hoitzilaztatl*. Fernandez, *Hist. nov. Hisp.*, p. 27, cap. LXII.—Ray, *Synops. avi.*, p. 102, n° 22. — « Ardea in toto corpore alba; spatio rostrum inter et oculos nudo luteo; rostro » purpureo; pedibus pallidè purpurascentibus... » *Ardea Mexicana candida*. Brisson, *Ornithol.*, t. V, p. 437.

(*) C'est, d'après Flourens, la femelle de l'*Ardea virescens*.

(**) *Ardea æquinoxialis* GMEL.

LE CRABIER ROUX A TÊTE ET QUEUE VERTES (a)

DOUZIÈME ESPÈCE.

Ce crabier (*) n'a guère que seize pouces de longueur; il a le dessus de la tête et la queue d'un vert sombre : même couleur sur une partie des couvertures de l'aile, qui sont frangées de fauve; les longues plumes minces du dos sont teintes d'un pourpre faible; le cou est roux ainsi que le ventre, dont la teinte tire au brun. Cette espèce nous a été envoyée de la Louisiane.

LE CRABIER GRIS A TÊTE ET QUEUE VERTES (b)

TREIZIÈME ESPÈCE.

Ce crabier (**), qui nous a été envoyé de Cayenne, a beaucoup de rapports avec le précédent, et tous deux en ont avec le crabier vert, dixième espèce, sans cependant lui ressembler assez pour n'en faire qu'une seule et même espèce; la tête et la queue sont également d'un vert sombre, ainsi qu'une partie des couvertures de l'aile; un gris ardoisé clair domine sur le reste du plumage.

LE BEC-OUVERT (c)

Après l'énumération de tous les grands hérons et des petits sous le nom de crabiers, nous devons placer un oiseau (***) qui, sans être de leur famille, en est plus voisin que d'aucune autre; tous les efforts du nomenclateur tendent à contraindre et forcer les espèces d'entrer dans le plan qu'il leur trace, et de se renfermer dans les limites idéales qu'il veut placer au milieu de l'ensemble des productions de la nature; mais toute l'attention du natu-

(a) Voyez les planches enluminées, n° 909, sous la dénomination de *Crabier de la Louisiane*.
(b) Voyez les planches enluminées, n° 908.
(c) Voyez les planches enluminées, n° 932.

(*) *Ardea ludoviciana* GMEL.
(**) On le considère comme le mâle de l'*Ardea ludoviciana* GMEL.
(***) *Anastomus ponticerianus* GMEL. Les Becs-ouverts appartiennent à la famille des Ciconiens. Ils sont remarquables par des mandibules à bords rentrants et laissant un vide entre eux.

raliste doit se porter au contraire à suivre les nuances de la dégradation des êtres et chercher leurs rapports sans préjugé méthodique ; ceux qui sont aux confins des genres et qui échappent à ces règles fautives, qu'on peut appeler *scolastiques,* s'en trouvent rejetés sous le nom d'*anomaux;* tandis qu'aux yeux du philosophe ce sont les plus intéressants et les plus dignes de son attention ; ils font, en s'écartant des formes communes, les liaisons et les degrés par lesquels la nature passe à des formes plus éloignées (*) : telle est l'espèce à laquelle nous donnons ici le nom de *bec-ouvert;* elle a des traits qui la rappellent au genre des hérons, et en même temps elle en a d'autres qui l'en éloignent ; elle a de plus une de ces singularités ou défectuosités que nous avons déjà remarquées sur un petit nombre d'êtres, reste des essais imparfaits que, dans les premiers temps, dut produire et détruire la force organique de la nature (**). Le nom de *bec-ouvert* marque cette difformité ; le bec de cet oiseau est en effet ouvert et béant sur les deux tiers de sa longueur, la partie du dessus et celle de dessous, se déjetant également en dehors, laissent entre elles un large vide et ne se rejoignent qu'à la pointe. On trouve cet oiseau aux Grandes-Indes, et nous l'avons reçu de Pondichéry ; il a les pieds et les jambes du héron, mais n'en porte qu'à demi le caractère sur l'ongle du doigt du milieu, qui s'élargit bien en dedans en lame avancée, mais qui n'est point dentelée à la tranche ; les pennes de ses ailes sont noires ; tout le reste du plumage est d'un gris cendré clair ; son bec, noirâtre à la racine, est blanc ou jaunâtre dans le reste de sa longueur, avec plus d'épaisseur et de largeur que celui du héron ; la longueur totale de l'oiseau est de treize à quatorze pouces. On ne nous a rien appris de ses habitudes naturelles.

(*) Cette considération est de la plus grande justesse.

(**) Ce sont, comme Buffon le dit lui-même plus haut, des formes de passage.

LE BUTOR [(a)] [(b)]

Quelque ressemblance qu'il y ait entre les hérons et les butors (*), leurs différences sont si marquées qu'on ne peut s'y méprendre : ce sont en effet

(a) Voyez les planches enluminées, n° 789.

(b) En grec, Ἀστερίας, Ἐρωδιός Ἀστερίας, Ὄκνος ; en latin, *ardea stellaris*, *botaurus*, *butio* (*inque paludiferis butio bubit aquis*. Aut. *Philomelæ*), en italien, *trombotto*, *trombone*; dans le Ferrarais et le Boulonais, *terrabuso*; en portugais, *gazola*; en allemand, dans les différents idiomes, *meer-rind*, *los-rind*, *ros-dumpf*, *moss-ochs*, *moss-kou*, *rortrum*, *ross-reigel*, *wasser-ochs*, *erd-bull*; tous noms analogues aux marais et aux roseaux qu'il habite, ou au mugissement qu'il y fait entendre; en suédois, *roer-drum*; en hollandais, *pittoor*; en anglais, *bittern*, ou *miredrum* chez les Anglais septentrionaux ; en écossais, *buttour* ; en breton, *galerand* ; en polonais, *bak* ou *bunk*; en illyrien, *bukacz* ; en turc, *gelve*. — *Butor*. Belon, *Hist. nat. des oiseaux*, p. 192, avec une mauvaise figure qui ressemble plus à un martin-pêcheur qu'à un butor, suivant la remarque d'Aldrovande. — *Butor*, nommé par aucuns, de nom corrompu, *pittouer*. Idem, *Portrait d'oiseaux*, p. 42, *b*, avec la même figure. — *Ardea stellaris*, *minor*, *quam botaurum vel butorium recentiores vocant*. Gessner, *Avi.*, p. 214, avec une mauvaise figure. — *Ardea stellaris Plinio et Aristoteli*. Idem, *Icon. avi.*, p. 120. — *Ardea asterias*, *sive stellaris*, Aldrovande, *Avi.*, t. III, p. 403, avec une figure fautive. — Jonston, qui le plus souvent n'est qu'un copiste, répète les figures et les notices de Gessner et d'Aldrovande, et donne encore le butor sous le nom de *gruscriopa* et de *mos-kuw*. — *Ardea stellaris*. Schwenckfeld, *Avi. Siles.*, p. 225. — Willughby, *Ornithol.*, p. 207. — Ray, *Synops. avi.*, p. 100, n° *a*, 11. — Sibbald, *Scot. illustr.*, part. II, lib. III, p. 18. — Klein, *Avi.*, p. 125, n° 4. — *Mus. Worm.*, p. 307. — Marsigli, *Danub.*, t. V, p. 16, avec une très mauvaise figure, tab. 6. — Charleton, *Exercit.*, p. 110, n° 5. Idem, *Onomast.*, p. 103, n° 5. — *Botaurus ornithologis, aliis butio*. Rzaczynski, *Hist. nat. Polon.*, p. 273. — *Botaurus*, *ardea palustris vel arundinum*. Idem, *Auctuar.*, p. 368. — *The bittern. British Zoology.*, p. 117. — *Der grosse rhordomel*. Frisch, t. II, div. 12, sect. 1, pl. 12. — *Ardea pallida*, *pennis in dorso fulvis*. Barrère, *Ornithol.*, class. 4, gen. 1, sp. 2. — « Ardea capite læviusculo, suprà testacea » maculis transversis, subtùs pallidior maculis oblongis fuscis... » *Ardea stellaris*. Linnæus, *Syst. nat.*, édit. X, gen. 76, sp. 16. — *Ardea vertice nigro; pectore pallido maculis longitudinalibus nigricantibus*. Idem, *Fauna Suec.*, n° 134. — *Ardea stellaris*, *Danis kordrum*. Brunnich., *Ornithol. borealis*, n° 155. — « Ardea supernè rufescente et nigro varia, infernè » dilutè fulva maculis longitudinalibus, nigricantibus variegata; vertice nigricante, collo » supernè nigricante, infernè fusco transversim striato ; pennis in colli inferioris imâ parte » longissimis; uropygio fulvo nigricante transversim striato; rectricibus binis intermediis » nigricantibus, rufescente marginatis, lateralibus fulvis, maculis nigricantibus variegatis; » rostro fusco, infernè viridescente; pedibus viridi-flavicantibus... » *Botaurus*. Brisson, *Ornithol.*, t. V, p. 444.

(*) Les Butors (*Butaurus*) sont des Echassiers de la famille des Hérodiens et de la sous-famille des Ardéiens. Ils se distinguent par un cou gros, un corps ramassé, l'absence de huppe, des pattes emplumées presque jusqu'au talon.

L'espèce décrite est le *Butaurus stellaris* L.

deux familles distinctes et assez éloignées pour ne pouvoir se réunir ni même s'allier. Les butors ont les jambes beaucoup moins longues que les hérons, le corps un peu plus charnu, et le cou très fourni de plumes, ce qui le fait paraître beaucoup plus gros que celui des hérons. Malgré l'espèce d'insulte attachée à son nom, le butor est moins stupide que le héron, mais il est encore plus sauvage : on ne le voit presque jamais ; il n'habite que les marais d'une certaine étendue, où il y a beaucoup de joncs ; il se tient de préférence sur les grands étangs environnés de bois ; il y mène une vie solitaire et paisible, couvert par les roseaux, défendu sous leur abri du vent et de la pluie, également caché pour le chasseur qu'il craint et pour la proie qu'il guette ; il reste des jours entiers dans le même lieu, et semble mettre toute sa sûreté dans la retraite et l'inaction, au lieu que le héron, plus inquiet, se remue et se découvre davantage en se mettant en mouvement tous les jours vers le soir ; c'est alors que les chasseurs l'attendent au bord des marais couverts de roseaux, où il vient s'abattre ; le butor, au contraire, ne prend son vol à la même heure que pour s'élever et s'éloigner sans retour. Ainsi ces deux oiseaux, quoique habitants des mêmes lieux, ne doivent guère se rencontrer et ne se réunissent jamais en famille commune.

Ce n'est qu'en automne et au coucher du soleil, selon Willughby, que le butor prend son essor pour voyager ou du moins pour changer de domicile ; on le prendrait dans son vol pour un héron, si de moment en moment il ne faisait entendre une voix toute différente, plus retentissante et plus grave, *côb, côb,* et ce cri, quoique désagréable, ne l'est pas autant que la voix effrayante qui lui a mérité le nom de butor, *botaurus, quasi boatus tauri* (*a*) ; c'est une espèce de mugissement, *hi-rhônd,* qu'il répète cinq ou six fois de suite au printemps, et qu'on entend d'une demi-lieue : la plus grosse contrebasse rend un son moins ronflant sous l'archet. Pourrait-on imaginer que cette voix épouvantable fût l'accent du tendre amour ? mais ce n'est en effet que le cri du besoin physique et pressant d'une nature sauvage, grossière et farouche jusque dans l'expression du désir ; et ce butor, une fois satisfait, fuit sa femelle ou la repousse, lors même qu'elle le recherche avec empressement (*b*), et sans que ses avances aient aucun succès après une première union presque momentanée ; aussi vivent-ils à part chacun de leur côté. « Il m'est souvent arrivé, dit M. Hébert, de faire lever en même temps deux » de ces oiseaux ; j'ai toujours remarqué qu'ils partaient à plus de deux » cents pas l'un de l'autre, et qu'ils se posaient à égale distance. » Cependant

(*a*) « Botaurus, quod boatum tauri edat. » Willughby.

(*b*) Suivant M. Salerne (*Ornithol.*, p. 313), c'est la femelle qui fait seule tous les frais de l'amour, de l'éducation et du ménage, tant est grande la paresse du mâle. « C'est elle qui le » sollicite et l'invite à l'amour par les fréquentes visites qu'elle lui fait et par l'abondance de » vivres qu'elle lui apporte. » Mais toutes ces particularités, prises d'un ancien discours moral (*Discours de M. de la Chambre, sur l'amitié*), ne sont apparemment que le roman de l'oiseau.

il faut croire que les accès du besoin et les approches instantanées se répètent peut-être à d'assez grands intervalles, s'il est vrai que le butor mugisse tant qu'il est en amour (*a*) ; car ce mugissement commence au mois de février (*b*), et on l'entend encore au temps de la moisson (*). Les gens de la campagne disent que, pour faire ce cri mugissant, le butor plonge le bec dans la vase ; le premier ton de ce bruit énorme ressemble en effet à une forte aspiration, et le second à une expiration retentissant dans une cavité (*c*) ; mais ce fait supposé est très difficile à vérifier car cet oiseau est toujours si caché qu'on ne peut le trouver ni le voir de près (**) : les chasseurs ne

(*a*) « Nec diutiùs mugit quàm libidine tentatur. » Willughby.

(*b*) C'est sûrement des cris du butor dont il s'agit dans le passage des problèmes d'Aristote (sect. II, XXXV), où il parle de ce mugissement pareil à celui d'un taureau, qui se fait entendre au printemps du fond des marais, et dont il cherche une explication physique dans des vents emprisonnés sous les eaux et sortant des cavernes. Le peuple en rendait des raisons superstitieuses, et ce n'était réellement que le cri d'un oiseau.

(*c*) Aldrovande a cherché quelle était la conformation de la trachée-artère relativement à

(*) D'après Brehm, le mâle nourrit la femelle pendant qu'elle couve, et, « de temps à autre, » la charme et la distrait par ses beuglements. »

(**) Le Butor révèle cependant sa présence dans les vastes étangs où il vit, en couple isolé, par l'éclat et la singularité de son chant que l'on a comparé au beuglement du bœuf et que Naumann rend par : *uproumb*. Brehm ajoute que quand on est près de lui on entend « un autre bruit analogue à celui qu'on produirait en frappant l'eau avec un bâton. Avant que l'oiseau soit bien en train de se faire entendre il crie : *ou, ü, u proumb*, puis *u proumb, u proumb, u proumb*; quelquefois, mais rarement, le *proumb* est suivi de *bouh*. » Le Butor se fait surtout entendre au commencement de la saison des amours ; il commence à beugler au crépuscule et fait le plus de bruit vers minuit. Wodzicki est le seul naturaliste qui ait pu observer directement le beuglement, car cet oiseau se tait dès qu'il se sent surveillé. Voici, d'après Brehm, le récit que fait Wodzicki de son observation : « Je connaissais l'endroit parfaitement, je m'y glissai par un fort vent et je vis la femelle dans l'eau, à deux pas du mâle, le jabot gonflé, le cou rentré entre les épaules, livrée, semblait-il, à un doux *far niente*, tout comme quelque mélomane italien plongé dans un demi-sommeil et absorbé dans l'audition de la plus suave des mélodies. Certes, cette femelle ainsi ravie avait raison d'admirer le talent de l'artiste; c'était une basse aussi excellente que Lablache. Il était là, debout sur ses deux pattes, le corps horizontal, le bec dans l'eau. Au moment où les beuglements se faisaient entendre, l'eau jaillissait de tous côtés. Après que l'oiseau eut lancé quelques notes, j'entendis enfin le *u* signalé par Naumann ; le Butor releva la tête, la lança en arrière, puis enfonça rapidement le bec dans l'eau et les beuglements recommencèrent avec une telle violence que j'en fus effrayé. Un fait m'était prouvé ; ces notes, hautes au début, l'oiseau ne les fait entendre que quand il a son bec plein d'eau et qu'il lance cette eau avec beaucoup de force. La musique continua, mais le Butor ne rejeta plus le cou en arrière, et je n'entendis pas ces notes élevées. Il semble donc que ce cri soit l'expression de sa plus grande ardeur, et qu'il ne le répète plus une fois ses désirs satisfaits. Après quelques accords, il lève la tête et regarde prudemment de tous côtés ; autant qu'il m'en semble, il ne peut pas se fier à la bonne impression qu'il a produite sur sa femelle. Au moment des amours, le Butor isolé ne se tient pas au plus épais du fourré de roseaux ; il recherche au contraire les endroits découverts et de peu d'étendue ; il faut que la femelle puisse le voir et l'admirer. Le bruit, comparable à celui qu'on fait en frappant l'eau avec un bâton, est produit par le mâle qui, au moment où il lance ses notes hautes, frappe l'eau deux ou trois fois de son bec avant de l'y enfoncer. D'autres bruits, bruits aquatiques s'il m'est permis de les appeler ainsi, sont produits par la chute des gouttelettes d'eau qui sont restées adhérentes au bec. Le dernier son, un *bouh* étouffé, s'entend quand l'oiseau, en retirant le bec, rejette au dehors l'eau qui le remplissait. »

parviennent aux endroits d'où il part qu'en traversant les roseaux, souvent dans l'eau jusqu'au-dessus du genou.

A toutes ces précautions pour se rendre invisible et inabordable, le butor semble ajouter une ruse de défiance : il tient sa tête élevée, et comme il a plus de deux pieds et demi de hauteur, il voit par-dessus les roseaux sans être aperçu du chasseur; il ne change de lieu qu'à l'approche de la nuit dans la saison d'automne, et il passe le reste de sa vie dans une inaction qui lui a fait donner par Aristote le surnom de *paresseux* (*a*); tout son mouvement se réduit en effet à se jeter sur une grenouille ou un petit poisson qui vient se livrer lui-même à ce pêcheur indolent.

Le nom d'*asterias* ou de *stellaris*, donné au butor par les anciens, vient, suivant Scaliger, de ce vol du soir par lequel il s'élance droit en haut vers le ciel et semble se perdre sous la voûte étoilée : d'autres tirent l'origine de ce nom des taches dont est semé son plumage, lesquelles néanmoins sont disposées plutôt en pinceaux qu'en étoiles; elles chargent tout le corps de mouchetures ou hachures noirâtres; elles sont jetées transversalement sur le dos dans un fond brun fauve, et tracées longitudinalement, sur fond blanchâtre, au devant du cou, à la poitrine et au ventre. Le bec du butor est de la même forme que celui du héron; sa couleur, comme celle des pieds, est verdâtre; son ouverture est très large, il est fendu fort au delà des yeux, tellement qu'on les dirait situés sur la mandibule supérieure; l'ouverture de l'oreille est grande; la langue, courte et aiguë, ne va pas jusqu'à moitié du bec, mais la gorge est capable de s'ouvrir à y loger le poing (*b*); ses longs doigts s'accrochent aux roseaux et servent à le soutenir sur leurs débris flottants (*c*). Il fait grande capture de grenouilles; en automne, il va dans les bois chasser aux rats, qu'il prend fort adroitement et avale tout entiers (*d*); dans cette saison il devient fort gras (*e*); quand il est pris, il s'irrite (*f*), se défend, et en veut surtout aux yeux (*g*). Sa chair doit être de mauvais goût,

la production de ce son extraordinaire : plusieurs oiseaux d'eau à voix éclatante, comme le cygne, ont un double larynx; le butor, au contraire, n'en a point, mais la trachée, à sa bifurcation, forme deux poches enflées, dont les anneaux de la trachée ne garnissent qu'un côté; l'autre est recouvert d'une peau mince, expansible, élastique : c'est de ces poches enflées que l'air retenu se précipite en mugissant.

(*a*) *Hist. animal.*, lib. IX, cap. XVIII. « Le butor cheminant va plus lentement qu'on ne sau- » roit dire, et est appelé par Aristote *lourd et paresseux;* et étoit aussi nommé *phoix*, d'un » esclave paresseux nommé *Phoix*, qui fut transformé en butor; encore pour aujourd'hui le » vulgaire se ressent de son antiquité sur ce passage, qu'en injuriant un homme paresseux » pense l'outrager de le nommer *butor*. » Belon, *Nat. des oiseaux*, p. 193.

(*b*) « Gula sub rostro in immensum dilatatur, ut vel pugnum admittat. » Willughby, p. 208.

(*c*) La grande longueur des ongles, et particulièrement de celui de derrière, est remarquable. Aldrovande dit que de son temps on s'en servait en forme de cure-dent.

(*d*) « In ventriculo murium pili et ossiculi inventi. » Willughby, *Ornithol*, p. 208.

(*e*) Schwenckfeld, p. 225.

(*f*) « Irritata mire inflatur ac intumescit, rostroque se munit. » Schwenckfeld, *ibid.*

(*g*) « Cet oiseau a cela de particulier, qu'il essaie toujours à crever les yeux; pour laquelle

quoiqu'on en mangeât autrefois dans le même temps que celle du héron faisait un mets distingué (*a*).

Les œufs du butor sont gris blancs verdâtres; il en fait quatre ou cinq, pose son nid au milieu des roseaux, sur une touffe de joncs, et c'est assurément par erreur, et en confondant le héron et le butor, que Belon dit qu'il perche son nid au haut des arbres (*b*); ce naturaliste paraît se tromper également en prenant le butor pour l'*onocrotale* de Pline, quoique distingué d'ailleurs, dans Pline même, par des traits assez reconnaissables. Au reste, ce n'est que par rapport à son mugissement si *gros*, suivant l'expression de Belon, *qu'il n'y a bœuf qui pût crier si haut,* que Pline a pu appeler le butor *un petit oiseau*, si tant est qu'il faille, avec Belon, appliquer au butor le passage de ce naturaliste où il parle de l'oiseau *taurus*, qui se trouve, dit-il, dans le territoire d'Arles, et fait entendre *des mugissements pareils à ceux d'un bœuf* (*c*).

Le butor se trouve partout où il y a des marais assez grands pour lui servir de retraite; on le connaît dans la plupart de nos provinces; il n'est pas rare en Angleterre (*d*), et assez fréquent en Suisse (*e*) et en Autriche (*f*); on le voit aussi en Silésie (*g*), en Danemark (*h*), en Suède (*i*). Les régions les plus septentrionales de l'Amérique ont de même leur espèce de butor, et l'on en trouve d'autres espèces dans les contrées méridionales; mais il paraît que notre butor, moins dur que le héron, ne supporte pas nos hivers, et qu'il quitte le pays quand le froid devient trop rigoureux. D'habiles chasseurs nous assurent ne l'avoir jamais rencontré aux bords des ruisseaux ou des sources dans le temps des grands froids; et, s'il lui faut des eaux tranquilles et des marais, nos longues gelées doivent être pour lui une saison d'exil. Willughby semble l'insinuer et regarder son vol élancé, après le coucher du soleil en automne, comme un départ pour des climats plus chauds.

Aucun observateur ne nous a donné de meilleurs renseignements que M. Baillon sur les habitudes naturelles de cet oiseau. Voici l'extrait de ce qu'il a bien voulu m'en écrire :

« Les butors se trouvent, dans presque toutes les saisons de l'année, à
» Montreuil-sur-mer et sur les côtes de Picardie, quoiqu'ils soient voyageurs;

» chose les paysans qui en prennent, les voulant garder en vie, les tiennent toujours ciglés. » Belon, *Nat. des oiseaux*, p. 193.

(*a*) Belon.

(*b*) Gessner ne connaît pas mieux sa nichée, quand il dit qu'on y trouve douze œufs.

(*c*) « Est quæ boum mugitus imitetur, in Arelatensi agro; taurus appellata, alioqui parva. » Pline, lib. x, cap. LVII.

(*d*) *British Zoology*, p. 105.

(*e*) Gessner.

(*f*) *Elench. Austr.*, p. 348.

(*g*) Schwenckfeld, *Avi. Siles.*, p. 225.

(*h*) Brunnich., *Ornithol. boreal.*

(*i*) *Fauna Suecica*.

» on les voit en grand nombre dans le mois de décembre ; quelquefois une » seule pièce de roseaux en cache des douzaines.

» Il y a peu d'oiseaux qui se défendent avec autant de sang-froid ; il n'at» taque jamais, mais lorsqu'il est attaqué il combat courageusement et se » bat bien, sans se donner beaucoup de mouvements. Si un oiseau de proie » fond sur lui, il ne fuit pas ; il l'attend debout et le reçoit sur le bout de son » bec, qui est très aigu ; l'ennemi blessé s'éloigne en criant. Les vieux » buzards n'attaquent jamais le butor, et les faucons communs ne le pren» nent que par derrière et lorsqu'il vole ; il se défend même contre le chas» seur qui l'a blessé : au lieu de fuir il l'attend, lui lance dans les jambes » des coups de bec si violents, qu'il perce les bottines et pénètre fort avant » dans les chairs : plusieurs chasseurs en ont été blessés grièvement ; on est » obligé d'assommer ces oiseaux, car ils se défendent jusqu'à la mort.

» Quelquefois, mais rarement, le butor se renverse sur le dos, comme les » oiseaux de proie, et se défend autant des griffes, qu'il a très longues, que » du bec ; il prend cettte attitude lorsqu'il est surpris par un chien.

» La patience de cet oiseau égale son courage ; il demeure pendant des » heures entières immobile, les pieds dans l'eau et caché par les roseaux ; » il y guette les anguilles et les grenouilles ; il est aussi indolent et aussi » mélancolique que la cigogne : hors le temps des amours, où il prend du » mouvement et change de lieu, dans les autres saisons on ne peut le trou» ver qu'avec des chiens. C'est dans les mois de février et de mars que les » mâles jettent, le matin et le soir, un cri qu'on pourrait comparer à l'explo» sion d'un fusil d'un gros calibre ; les femelles accourent de loin à ce cri ; » quelquefois une douzaine entoure un seul mâle, car dans cette espèce, » comme dans celle des canards, il existe plus de femelles que de mâles ; ils » piaffent devant elles, et se battent contre les mâles qui surviennent. Ils font » leurs nids presque sur l'eau, au milieu des roseaux, dans le mois d'avril ; » le temps de l'incubation est de vingt-quatre à vingt-cinq jours ; les jeunes » naissent presque nus et sont d'une figure hideuse : ils semblent n'être » que cou et jambes, ils ne sortent du nid que plus de vingt jours après leur » naissance ; le père et la mère les nourrissent dans les premiers temps de » sangsues, de lézards et de frai de grenouilles, et ensuite des petites » anguilles ; les premières plumes qui leur viennent sont rousses comme » celles des vieux ; leurs pieds et le bec sont plus blancs que verts. Les » buzards, qui dévastent les nids de tous les autres oiseaux de marais, » touchent rarement à celui du butor ; le père et la mère y veillent sans » cesse et le défendent ; les enfants n'osent en approcher, ils risqueraient de » se faire crever les yeux.

» Il est facile de distinguer les butors mâles par la couleur et par la taille, » étant plus beaux, plus roux et plus gros que les femelles : d'ailleurs, ils » ont les plumes de la poitrine et du cou plus longues.

» La chair de cet oiseau, surtout celle des ailes et de la poitrine, est assez » bonne à manger pourvu que l'on en ôte la peau, dont les vaisseaux capil- » laires sont remplis d'une huile âcre et de mauvais goût qui se répand dans » les chairs par la cuisson, et lui donne alors une forte odeur de marécage. »

OISEAUX DE L'ANCIEN CONTINENT

QUI ONT RAPPORT AU BUTOR

LE GRAND BUTOR (a)

PREMIÈRE ESPÈCE.

Gessner est le premier qui ait parlé de cet oiseau (*), dont l'espèce nous paraît faire la nuance entre la famille des hérons et celle des butors ; les habitants des bords du lac Majeur, en Italie, l'appellent *ruffey*, suivant Aldrovande ; il a le cou roux avec des taches de blanc et de noir; le dos et les ailes sont de couleur brune, et le ventre est roux ; sa longueur, de la pointe du bec à l'extrémité de la queue, est au moins de trois pieds et demi, et, jusqu'aux ongles, de plus de quatre pieds ; le bec a huit pouces, il est jaune, ainsi que les pieds : la figure, dans Aldrovande, présente une huppe dont Gessner ne parle pas; mais il dit que le cou est grêle, ce qui semble indiquer que cet oiseau n'est pas un franc butor : aussi Aldrovande remarque-t-il que cette espèce paraît mélangée de celles du héron gris et du butor, et qu'on la croirait métive de l'une et de l'autre, tant elle tient du héron gris par la tête, les taches de la poitrine, la couleur du dos et des ailes et la grandeur, en même temps qu'elle ressemble au butor par les jambes et par le reste du plumage à l'exception qu'il n'est point tacheté.

(a) *Ardea stellaris major*. Gessner, *Avi.*, p. 218, avec une mauvaise figure répétée. *Icon. avi.*, p. 119. — Aldrovande, *Avi.*, t. III, p. 408, avec la figure prise de Gessner; et p. 410, une figure plus reconnaissable, sous le nom de *ardea stellaris major, sive rubra cirrata*. — Whillughby, *Ornithol.*, p. 208. — Ray, *Synops. avi.*, p. 100, n° 13. — Jonston, *Avi.*, p. 105, sous le nom de *ardea stellaris major;* et tab. 50, sous celui de *ardea cinerea alba*. — *Ardea maxima lutescens, maculis nigris sagittatis densissimè aspersa*. Barrère, *Ornithol.*, clas. IV, gen. 1, sp. 1. — *Ardea cristata maculosa fusca*. Idem, *ibidem*, class. IV, gen. 1, sp. 3. — « Ardea cristata supernè cinereo fusca, infernè rufa ; vertice et cristâ nigris; collo ad latera » rufo; tæniâ longitudinali nigrâ notato, inferiore albo, maculis longitudinalibus nigris et » albo rufescentibus vario ; pennis in colli inferioris imâ parte longissimis; rectricibus cine- » reo-fuscis ; rostro flavicante; pedibus fuscis... » *Botaurus major*. Brisson, *Ornithol.*, t. V, p. 455.

(*) *Ardea Botaurus* Gmel.

LE PETIT BUTOR (a)

SECONDE ESPÈCE.

Cette petite espèce de butor (*), vue sur le Danube par le comte Marsigli, a le plumage roussâtre, rayé de petites lignes brunes; le devant du cou blanc et la queue blanchâtre; son bec n'a pas trois pouces de long; en jugeant, par cette longueur du bec, de ses autres dimensions que Marsigli ne donne pas, et en les supposant proportionnelles, ce butor doit être le plus petit de tous ceux de notre continent.

Au reste, nous devons observer que Marsigli paraît se contredire sur les couleurs de cet oiseau, en l'appelant *ardea viridi flavescens*.

LE BUTOR BRUN RAYÉ (b)

TROISIÈME ESPÈCE.

C'est encore ici un oiseau du Danube (**) : Marsigli le désigne par le nom de *butor brun*, et le regarde comme faisant une espèce particulière; il est aussi petit que le précédent; tout son plumage est rayé de lignes brunes, noires et roussâtres, mêlées confusément, de manière qu'il en résulte en gros une couleur brune.

(a) *Ardea viridi flavescens, nova species.* Marsigl., *Danub.*, t. V, p. 22, avec une figure mal coloriée, tab. 9. — Klein, *Avi.*, p. 124, n° 3. — « Ardea rufescens, fusco striata; gut-» ture et collo inferiore candidis; rectricibus albicantibus; rostro superiùs obscurè fusco, » infernè flavo; pedibus fuscis... » *Botaurus minor.* Brisson, *Ornithol.*, t. V, p. 452.

(b) *Ardea fusca nova species.* Marsigl., *Danub.*, t. V, p. 24, avec une figure qui paraît assez bonne, tab. 10. — « Ardea lineolis fuscis, nigris et rufescentibus striata; collo infe-» riore et pectore albicantibus; rectricibus fusco, nigro et rufescente striatis; rostro superiùs » fusco, infernè flavo, pedibus griseis, lineolis atris notatis... » *Botaurus striatus.* Brisson, *Ornith.*, t. V, p. 454.

(*) *Ardea Marsiglii* GMEL.
(**) *Ardea danubialis* GMEL.

LE BUTOR ROUX (a)

QUATRIÈME ESPÈCE.

Tout le plumage de ce butor (*) est d'une couleur uniforme, roussâtre claire sous le corps, et plus foncée sur le dos ; les pieds sont bruns, et le bec est jaunâtre. Aldrovande dit que cette espèce lui a été envoyée d'Épidaure, et il y réunit celle d'un jeune butor pris dans les marais près de Bologne, qui même n'avait pas encore les couleurs de l'âge adulte : il ajoute que cet oiseau lui a paru appartenir de plus près aux butors qu'aux hérons. Au reste, il se pourrait, suivant la conjecture de M. Salerne, que ce fût cette même petite espèce de butor qui se voit quelquefois en Sologne, et que l'on y connaît sous le nom de *quoimeau* (b). Marsigli place aussi sur le Danube cette espèce, qui est la troisième d'Aldrovande, et les auteurs de l'*Ornithologie italienne* disent qu'elle est naturelle au pays de Bologne (c).

Il paraît qu'elle se trouve aussi en Alsace, car M. le docteur Hermann nous a mandé qu'il avait eu un de ces butors roux qui a constamment refusé toute nourriture et s'est laissé mourir d'inanition ; il ajoute que, malgré ses longues jambes, ce butor montait sur un petit arbre dont il pouvait embrasser la tige en tenant le bec et le cou verticalement et dans la même ligne (d).

LE PETIT BUTOR DU SÉNÉGAL (e)

CINQUIÈME ESPÈCE.

Nous rapporterons aux butors l'oiseau (**) donné dans nos planches enluminées sous le nom de *petit héron du Sénégal*, qui en effet paraît, à son cou raccourci et bien garni de plumes, être un butor plutôt qu'un héron ; il est

(a) *Ardea stellaris tertium genus*. Aldrovande, *Avi.*, t. III, p. 410, avec une figure qui paraît assez bonne, p. 411. — Willughby, *Ornithol.*, p. 208. — Ray, *Synops. avi.*, p. 100, n° 12. — Marsigl., *Danub.*, t. V, p. 18, avec une figure inexacte, tab. 7. — « Ardea supernè » nigricans, infernè rufescens; vertice nigro; collo ferrugineo; uropygio albo; rectricibus » nigricantibus; rostro supernè nigricante, infernè corneo colore tincto; pedibus fuscis... » *Botaurus rufus*. Brisson, *Ornithol.*, t. V, p. 458.

(b) *Histoire des oiseaux* de Salerne, p. 313.

(c) *Sgarza stellare rossiccia*. Gerini, t. IV, p. 50.

(d) Extrait d'une lettre de M. le docteur Hermann à M. de Montbeillard, datée de Strasbourg le 22 septembre 1779.

(e) Voyez les planches enluminées, n° 315.

(*) *Ardea soloniensis* Gmel.

(**) *Ardea senegalensis* Gmel.

aussi d'une très petite espèce, puisqu'il n'a pas plus d'un pied de longueur. Il est assez exactement représenté dans la planche pour que l'on n'ait pas besoin d'une autre description.

LE POUACRE OU BUTOR TACHETÉ (a)

SIXIÈME ESPÈCE.

Les chasseurs ont donné le nom de *pouacre* à cet oiseau (*) : sa grosseur est celle d'une corneille, et il a plus de vingt pouces du bec aux ongles ; tout le fond de son plumage est brun, foncé aux pennes de l'aile, clair au-devant du coù et au-dessous du corps ; parsemé sur la tète, le dessus du cou, du dos et sur les épaules de petites taches blanches, placées à l'extrémité des plumes; chaque penne de l'aile est aussi terminée par une tache blanche.

Nous lui rapporterons le *pouacre de Cayenne*, représenté dans nos planches enluminées, n° 939, qui paraît n'en différer qu'en ce que le fond du plumage sur le dos est plus noirâtre, et que le devant du corps est tachet de pinceaux bruns sur fond blanchâtre : légères différences qui ne paraissent pas caractériser assez une diversité d'espèce entre ces oiseaux, d'autant plus que la grandeur est la même.

OISEAUX DU NOUVEAU CONTINENT

QUI ONT RAPPORT AU BUTOR

L'ÉTOILÉ (b)

PREMIÈRE ESPÈCE.

Cet oiseau (**) est le *butor brun de la Caroline* de Catesby : il se trouve aussi à la Jamaïque, et nous lui donnons le nom d'*étoilé*, parce que son plu-

(a) *Der schwartze reiger*. Frisch, vol. II, divis. 12, sect. 1, pl. 9. — « Ardea fusca, supernè » saturatiùs, infernè dilutiùs; supernè albo punctulata; rectricibus fuscis ; spatio rostrum » inter et oculos nudo virescente ; rostro supernè fusco, infernè flavo-virescente; pedibus » fusco-virescentibus... » *Botaurus nævius*. Brisson, *Ornithol.*, t. V, p. 462.

(b) *Brown bittern*. Castesby, *Carolina*, t. Ier, p. 78, avec une belle figure. — *Small bittern*. Sloane, *Jamaïca*, p. 315, n° 5. — Ray, *Synops. avi.*, p. 189, n° 4. — *Ardea minor*,

(*) *Ardea Gardeni* GMEL.

(**) *Ardea virescens* GMEL.

mage, entièrement brun, est semé sur l'aile de quelques taches blanches jetées comme au hasard dans cette teinte obscure; ces taches lui donnent quelque rapport avec l'espèce précédente; il est un peu moins grand que le butor d'Europe; il fréquente les étangs et les rivières loin de la mer, et dans les endroits les plus élevés du pays. Outre cette espèce, qui paraît répandue dans plusieurs contrées de l'Amérique septentrionale, il paraît qu'il en existe une autre vers la Louisiane, plus semblable à celle d'Europe (*a*).

LE BUTOR JAUNE DU BRÉSIL (*b*)

SECONDE ESPÈCE.

Par les proportions même que Marcgrave donne à cet oiseau (*), en le rapportant aux hérons, on juge que c'est plutôt un butor qu'un héron : la grosseur du corps est celle d'un canard; le cou est long d'un pied, le corps de cinq pouces et demi, la queue de quatre, les pieds et la jambe de plus de neuf; tout le dos, avec l'aile, est en plumes brunes lavées de jaune; les pennes de l'aile sont mi-parties de noir et de cendré, et coupées transversalement de lignes blanches; les longues plumes pendantes de la tête et du cou sont d'un jaune pâle, ondé de noir; celles du bas du cou, de la poitrine et du ventre sont d'un blanc ondé de brun, et frangées de jaune à l'entour. Nous remarquerons comme chose singulière qu'il a le bec dentelé vers la pointe, tant en bas qu'en haut.

sub-fusco grisea, cruribus brevioribus. Browne, *Hist. nat. of Jamaïca*, p. 478. — *Ardea fusca.* Klein, *Avi.*, p. 124, n° 8. — « Ardea fusca, supernè saturatiùs, infernè dilutiùs; alis supernè » albo punctulatis, rectricibus cinereo cærulescentibus, spatio rostrum inter et oculos nudo, » et rostro inferiore viridibus, rostro superiore nigro-virescente; pedibus flavo-virescenti- » bus... » *Botaurus Americanus nævius.* Brisson, *Ornithol.*, t V, p. 464.

(*a*) « Les butors sont des oiseaux aquatiques qui vivent de poisson; ils ont le bec très gros; » ils sont connus en France, ainsi je n'en dirai rien davantage. » Le Page Dupratz, *Histoire de la Louisiane*, t. II, p. 218.

(*b*) *Alia ardeæ species.* Marcgrave, *Hist. nat. Brasil.*, p. 210. — Jonston, *Avi.*, p. 143. *Ardea Brasiliensis, stellari simillis Marcgravii.* Willughby, *Ornithol.*, p. 209. — *Ardea Brasiliensis, cinereæ similis Marcgravii.* Ray, *Synops avi.*, p. 101, n° 16. — « Ardea supernè » fusca, rufescente striata, infernè alba fusco striata; marginibus pennarum rufescentibus; » capite et collo superiore rufescentibus, nigro striatis; rectricibus partim nigris, partim » cinereis, albo tranversim striatis; rostro superiùs fusco, in exortu et infernè flavo-virescente; » pedibus obscurè griseis... » *Botaurus Brasiliensis.* Brisson, *Ornithol.*, t. V, p. 460.

(*) *Ardea flava* Gmel.

LE PETIT BUTOR DE CAYENNE (a)

TROISIÈME ESPÈCE.

Ce petit butor (*) n'a guère qu'un pied ou treize pouces de longueur; tout son plumage, sur un fond gris roussâtre, est tacheté de brun noir par petites lignes transversales très pressées, ondulantes et comme vermiculées en forme de zigzags et de pointes au bas du cou, à l'estomac et aux flancs; le dessus de la tête est noir; le cou, très fourni de plumes, paraît presque aussi gros que le corps.

LE BUTOR DE LA BAIE D'HUDSON (b)

QUATRIÈME ESPÈCE.

La livrée commune à tous les butors est un plumage fond roux ou roussâtre plus ou moins haché et coupé de lignes et de traits bruns ou noirâtres, et cette livrée se retrouve dans le butor de la baie d'Hudson : il est moins gros que celui d'Europe; sa longueur, du bec aux ongles, n'est guère que de deux pieds six pouces.

L'ONORÉ (c)

CINQUIÈME ESPÈCE.

Nous plaçons à la suite des butors du nouveau continent les oiseaux nommés *onorés* (**) dans nos planches enluminées. Ce nom se donne à Cayenne à toutes les espèces de hérons; cependant les onorés dont il s'agit ici nous paraissent se rapporter de beaucoup plus près à la famille du butor; ils en

(a) Voyez les planches enluminées, n° 763.

(b) *Bittern from Hudson's Bay.* Edwards, *Hist. of. Birds*, t. III, p. et pl. 136. — « Ardea » supernè rufescens, nigricante transversim striata, infernè candicans, maculis longitudinali- » bus rufescentibus, nigro aspersis, varia; vertice nigricante; collo inferiore albo, maculis » longitudinalibus rufescentibus, nigro marginatis, vario; pennis in colli inferioris imâ parte » longissimis; rectricibus rufescentibus, nigricante transversim striatis; rostro superiùs et » apice nigricante, infernè luteo; pedibus flavis... » *Botaurus freti Hudsonis*. Brisson, *Ornithol.*, t. V, p. 449.

(c) Voyez les planches enluminées, n° 790, sous la dénomination d'*Onoré de Cayenne.*

(*) *Ardea undulata* Gmel.

(**) *Ardea Mohoko* Vieill.

ont la forme et les couleurs, et n'en diffèrent qu'en ce que leur cou est moins fourni de plumes, quoique plus garni et moins grêle que le cou des hérons. Ce premier onoré (*) est presque aussi grand, mais un peu moins gros que le butor d'Europe; tout son plumage est agréablement marqueté et largement coupé par bandes noires transversales, en zigzags, sur un fond roux au-dessus du corps et gris blanc au-dessous.

L'ONORÉ RAYÉ (a)

SIXIÈME ESPÈCE.

Cette espèce (**) est un peu plus grande que la précédente, et la longueur de l'oiseau est de deux pieds et demi; les grandes pennes de l'aile et la queue sont noires; tout le manteau est joliment ouvragé par de petites lignes très fines de roux, de jaunâtre et de brun, qui courent transversalement en ondulant et formant des demi-festons; le dessus du cou et la tête sont d'un roux vif, coupé encore de petites lignes brunes; le devant du cou et du corps est blanc, légèrement marqué de quelques traits bruns.

Ces deux espèces d'onorés nous ont été envoyées par M. de la Borde, médecin du roi à Cayenne : ils se cachent dans les ravines creusées par les eaux dans les savanes, et ils fréquentent le bord des rivières; pendant les sécheresses, ils se tiennent fourrés dans les herbes épaisses; ils partent de très loin, et on n'en trouve jamais deux ensemble; lorsque l'on en blesse un, il ne faut l'approcher qu'avec précaution, car il se met sur la défensive, en retirant le cou et frappant un grand coup de bec, et cherchant à le diriger dans les yeux. Les habitudes de l'onoré sont les mêmes que celles de nos hérons.

M. de la Borde a vu un onoré privé ou plutôt captif dans une maison : il y était continuellement à l'affût des rats; il les attrapait avec une adresse supérieure à celle des chats; mais, quoiqu'il fût depuis deux ans dans la maison, il se tenait toujours dans des endroits cachés, et quand on l'approchait, il cherchait d'un air menaçant à fixer les yeux. Au reste, l'une et l'autre espèce de ces onorés paraissent être sédentaires chacune dans leur contrée, et toutes deux sont assez rares.

(a) Voyez les planches enluminées, n° 860.

(*) *Ardea tigrina* GMEL.
(**) *Ardea lineata* GMEL.

L'ONORÉ DES BOIS (a)

SEPTIÈME ESPÈCE.

On appelle ainsi cette espèce (*) à la Guyane : nous lui laissons cette dénomination, suivant notre usage de conserver aux espèces étrangères le nom qu'elles portent dans leur pays natal, puisque c'est le seul moyen pour les habitants de les reconnaître, et pour nous de les leur demander. Celle-ci se trouve à la Guyane et au Brésil ; Marcgrave la comprend sous le nom générique de *soco*, avec les hérons, mais elle nous paraît avoir beaucoup de rapport aux deux espèces précédentes d'onorés, et par conséquent aux butors : le plumage est, sur le dos, le croupion, les épaules, d'un noirâtre tout pointillé de jaunâtre ; et, ce qui n'est pas ordinaire, ce plumage est le même sur la poitrine, le ventre et les côtés ; le dessus du cou est d'un blanc mêlé de taches longitudinales, noires et brunes. Marcgrave dit que le cou est long d'un pied, et que la longueur totale, du bec aux ongles, est d'environ trois pieds.

LE BIHOREAU (b) (c)

La plupart des naturalistes ont désigné le bihoreau (**) sous le nom de *corbeau de nuit* (*nycticorax*), et cela d'après l'espèce de croassement

(a) *Soco Brasiliensibus*. Marcgrave, *Hist. nat. Brasil.*, p. 199, avec une figure peu exacte. — Jonston, *Avi.*, p. 136. — Willughby, *Ornithol.*, p. 209. — Ray, *Synops. avi.*, p. 100, nº 14. — *Çocoi tertius*. Pison, *Hist. nat.*, p. 90, avec la figure empruntée de Marcgrave. — *Ardea sylvatica coloris ferruginei* : Onoré des bois par les Français de la Guyane. Barrère, *France équinoxiale*, p. 125. — *Ardea Americana, sylvatica, coloris ferruginei*. Idem, *Ornithol.*, class. IV, gen. I, sp. 14. — *Ardea sub-fusca major, collo et pectore albo undatis*. Browne, *Nat. hist. of Jamaïca*, p. 478. — « Ardea nigricans, flavescente punctulata ; capite » et collo superiore fuscis, nigro punctulatis ; collo inferiore albo, maculis longitudinalibus » nigris fuscis vario ; rectricibus nigricantibus ; rostro nigro ; pedibus fuscis... » *Ardea Brasiliensis*. Brisson, *Ornithol.*, t. V, p. 441.

(b) Voyez les planches enluminées, nº 758 le mâle, et nº 759 la femelle.

(c) En allemand, *nacht-rab, bundter-reger, schild-reger* ; en anglais, *night-raven* ; en flamand, *quack* ; en vieux français, *roupeau*. — *Bihoreau* ou *roupeau*, espèce de héron. Belon, *Hist. nat. des oiseaux*, p. 197, avec une mauvaise figure, p. 198. — *Bihoreau, roupeau*. Idem, *Portraits d'oiseaux*, p. 44, *a*, avec la même figure. — *Nycticorax*. Gessner, *Avi.*, p. 627, avec une très mauvaise figure ; la même, *Icon. avi.*, p. 18. — Aldrovande, *Avi.*, t. III,

(*) *Ardea brasiliensis* GMEL.

(**) Les Bihoreaux (*Nycticorax*) sont des Echassiers de la famille des Hérodiens, de la sous-famille des Ardéiens. Ils se distinguent par un corps ramassé ; un bec court, épais et bombé ; des ailes rémiges larges ; des pattes moyennes et longues ; ils chassent au crépuscule. L'espèce décrite ici est le *Nycticorax griseus strickl.*

étrange, ou plutôt de râlement effrayant et lugubre qu'il fait entendre pendant la nuit (*a*). C'est le seul rapport que le bihoreau ait avec le corbeau, car il ressemble au héron par la forme et l'habitude du corps, mais il en diffère en ce qu'il a le cou plus court et plus fourni, la tête plus grosse, et le bec moins effilé et plus épais; il est aussi plus petit, n'ayant qu'environ vingt pouces de longueur; son plumage est noir, à reflet vert sur la tête et la nuque, vert obscur sur le dos, gris de perle sur les ailes et la queue, et blanc sur le reste du corps; le mâle porte sur la nuque du cou des brins, ordinairement au nombre de trois, très déliés, d'un blanc de neige (*b*), et qui ont jusqu'à cinq pouces de longueur : de toutes les plumes d'aigrette, celles-ci sont les plus belles et les plus précieuses (*c*); elles tombent au printemps, et ne se renouvellent qu'une fois par an; la femelle est privée de cet ornement, et elle est assez différente du mâle pour avoir été méconnue par quelques naturalistes. La neuvième espèce de héron de M. Brisson n'est en effet que cette même femelle (*d*); elle a tout le manteau d'un cendré roussâtre, des taches en pinceaux de cette même teinte sur le cou, et le dessous du corps gris blanc.

Le bihoreau niche dans les rochers, suivant Belon, qui dérive de là son ancien nom *roupeau* (*e*); mais, selon Schwenckfeld et Willughby, c'est sur les aunes, près des marais, qu'il établit son nid (*f*) : ce qui ne peut se concilier qu'en supposant que ces oiseaux changent d'habitude, à cet égard, sui-

p. 271, avec la figure prise de Gessner, p. 272. — Jonston, *Avi.*, p. 95, avec la même figure, tab. 20. — Sibbald, *Scot. illustr.*, part. II, lib. III, p. 15. — Charleton, *Exercit.*, p. 79, n° 9. Idem, *Onomast.*, p. 71, n° 9. — *Ardea varia.* Schwenckfeld, *Aviar. Siles.*, p. 226. — *Ardea varia Schwenckfeldii ; corvus nocturnus Agricolæ.* Klein, *Avi.*, p. 123, n° 5. — *Ardea cinerea minor.* Jonston, *Avi.*, p. 103, avec la figure empruntée d'Aldrovande, tab. 50. — Ray, *Synops. avi.*, p. 99, n° 3. — Rzaczynski, *Auctuar. Hist. nat. Polon.*, p. 364. — Marsigl., *Danub.*, t. V, p. 10, avec une très mauvaise figure, tab. 3. — *Ardea cinerea minor, Germanis nycticorax.* Willughby, *Ornithol.*, p. 204. — *Ardea cirrata, alba, dorso nigro.* Barrère, *Ornithol.*, class. IV, gen. 1, sp. 7. — « Ardea cristâ occipitis tripenni dependente; dorso » nigro, abdomine flavescente... » *Nycticorax.* Linnæus, *Syst. nat.*, édit. X, gen. 76, sp. 9. — *Der aschgraue reiger, mit 3. Nacken federn.* Frisch, vol. II, div. 12, sect. 1, pl. 10. — *Corbeau de nuit.* Albin, t. II, p. 43, avec une figure mal coloriée, pl. 67. — « Ardea supernè » obscurè viridis, infernè alba, vertice nigro viridescente : tæniâ in syncipite et supra oculos » candidâ; pennis tribus in occipite strictissimis, longissimis, candidis; collo superiore albo » cinerascente : uropygio dilutè cinereo, remigibusque cinereis; rostro nigricante; pedibus » viridi-flavicantibus. » *Nycticorax.* Brisson, *Ornithol.*, t. V, p. 226. — Il paraît qu'il se trouve aux Antilles un bihoreau semblable à celui d'Europe, et qu'on reconnait dans l'*ardea cinerea rostro curviori* du P. Feuillée, *Observ.*, p. 411.

(*a*) « Vesperè et noctu absonâ voce molestat. » Schwenckfeld, *Aviar. Siles.*, p. 226.

(*b*) « Entre les plumes noires du dessus de sa tête sortent d'autres petites plumes blanches, longues et déliées, qu'il fait moult beau voir. » Belon.

(*c*) « Elles se vendent à haut prix, dit Schwenckfeld, et notre jeune noblesse aime à les porter en panache sur le chapeau. » *Aviar. Siles.*, p. 226.

(*d*) Le *héron gris.* Brisson, *Ornithol.*, t. V, p. 412.

(*e*) *Nat. des oiseaux*, p. 197.

(*f*) « Nidificant gregatim, in alnis et fruticibus densis. » Schwenckfeld, p. 226; voyez aussi Willughby, p. 204.

vant les circonstances; en sorte que, dans les plaines de la Silésie ou de la Hollande, ils s'établissent sur les arbres aquatiques, au lieu que sur les côtes de Bretagne, où Belon les a vus, ils nichent dans les rochers. On assure que leur ponte est de trois ou quatre œufs blancs (*a*).

Le bihoreau paraît être un oiseau de passage; Belon en a vu un exposé sur le marché au mois de mars; Schwenckfeld assure qu'il part de Silésie au commencement de l'automne, et qu'il revient avec les cigognes au printemps (*b*). Il fréquente également les rivages de la mer et les rivières ou marais de l'intérieur des terres : on en trouve en France dans la Sologne (*c*), en Toscane sur les lacs de Fucecchio et de Bientine (*d*); mais l'espèce en est partout plus rare que celle du héron; elle est aussi moins répandue, et ne s'est pas étendue jusqu'en Suède (*e*).

Avec des jambes moins hautes et un cou plus court que le héron, le bihoreau cherche sa pâture moitié dans l'eau, moitié sur terre, et vit autant de grillons, de limaces et autres insectes terrestres, que de grenouilles et de poissons (*f*); il reste caché pendant le jour, et ne se met en mouvement qu'à l'approche de la nuit : c'est alors qu'il fait entendre son cri *ka, ka, ka,* que Willughby compare aux sanglots du vomissement d'un homme (*g*).

Le bihoreau a les doigts très longs; les pieds et les jambes sont d'un jaune verdâtre; le bec est noir (*h*), et légèrement arqué dans la partie supérieure; ses yeux sont brillants, et l'iris forme un cercle rouge ou jaune aurore autour de la prunelle.

LE BIHOREAU DE CAYENNE (*i*)

Ce bihoreau d'Amérique (*) est aussi grand que celui d'Europe, mais il paraît moins gros dans toutes ses parties; le corps est plus menu; les jambes

(*a*) Willughby, Schwenckfeld.

(*b*) *Aviar. Siles.*, p. 226.

(*c*) *Hist. nat. des oiseaux*, p. 310.

(*d*) *Ornithologie italienne*, t. IV, p. 49.

(*e*) Nous en jugeons par le silence que garde sur cette espèce M. Linnæus dans son *Fauna Suecica.*

(*f*) Schwenckfeld.

(*g*) « Nycticorax, quòd interdiu clamet voce absonâ, et tanquam vomiturientis. » Willughby, p. 204.

(*h*) Schvenckfeld paraît se tromper sur la couleur des pieds et sur celle du bec; mais Klein se trompe davantage en exagérant les expressions de Schwenckfeld qu'il transcrit. Schwenckfeld dit : « Rostrum obscurè rubet... crura nigricant cum rubedine : » Klein écrit : « Rostro sanguineo prout et pedes; » ce qui ne peut jamais convenir au bihoreau et le rend méconnaissable.

(*i*) Voyez les planches enluminées, nº 899.

(*) *Nycticorax cayennensis* GMEL.

sont plus hautes; le cou, la tête et le bec sont plus petits; le plumage est d'un cendré bleuâtre sur le cou et au-dessous du corps; le manteau est noir, frangé de cendré sur chaque plume; la tête est enveloppée de noir, et le sommet en est blanc; il y a aussi un trait blanc sous l'œil : ce bihoreau porte un panache composé de cinq ou six brins, dont les uns sont blancs et les autres noirs.

L'OMBRETTE (*a*) (*b*)

C'est à M. Adanson que nous devons la connaissance de cet oiseau (*), qui se trouve au Sénégal : il est un peu plus grand que le bihoreau; la couleur de terre d'ombre ou de gris brun foncé de son plumage lui a fait donner le nom d'ombrette; il doit être placé comme espèce anomale entre les genres des oiseaux de rivage, car on ne peut le rapporter exactement à aucun de ces genres; il pourrait approcher de celui des hérons, s'il n'avait un bec d'une forme entièrement différente, et qui même n'appartient qu'à lui : ce bec, très large et très épais près de la tête, s'allonge en s'aplatissant par les côtés; l'arête de la partie supérieure se relève dans toute sa longueur, et paraît s'en détacher par deux rainures tracées de chaque côté : ce que M. Brisson exprime, en disant que le bec semble composé de plusieurs pièces articulées; et cette arête, rabattue sur le bout du bec, le termine en pointe recourbée; ce bec est long de trois pouces trois lignes; le pied, joint à la partie nue de la jambe, a quatre pouces et demi; cette dernière partie seule a deux pouces. Ces dimensions ont été prises sur un de ces oiseaux conservé au Cabinet du Roi. M. Brisson semble en donner de plus grandes; les doigts sont engagés vers la racine par un commencement de membrane plus étendue entre le doigt extérieur et celui du milieu; le doigt postérieur n'est point articulé, comme dans les hérons, à côté du talon, mais au talon même.

LE COURLIRI OU COURLAN (*c*)

Le nom de courlan ou courliri ne doit pas faire imaginer que cet oiseau (**) ait de grands rapports avec les courlis; il en a beaucoup plus avec

(*a*) Voyez les planches enluminées, nº 796.

(*b*) « Scopus fuscus, supernè saturatius, infernè dilutius; tectricibus caudæ inferioribus, » rectricibusque dilutè fuscis, fusco saturatiore transversim striatis..... » *Scopus* (*a* σκιά, *umbra*). Brisson, *Ornithol.*, t. V, p. 503.

(*c*) Voyez les planches enluminées, nº 848.

(*) *Scopus Umbretta* L.

(**) *Ardea scolopacea* GMEL.

les hérons, dont il a la stature et presque la hauteur ; sa longueur du bec aux ongles est de deux pieds huit pouces ; la partie nue de la jambe, prise avec le pied, a sept pouces ; le bec en a quatre ; il est droit dans presque toute sa longueur, il se courbe faiblement vers la pointe, et ce n'est que par ce rapport que le courlan s'approche des courlis, dont il diffère par la taille, et toute l'habitude de sa forme est très ressemblante à celle des hérons : de plus, on voit à l'ongle du grand doigt la tranche saillante du côté intérieur, qui représente l'espèce de peigne dentelé de l'ongle du héron ; le plumage du courlan est d'un beau brun, qui devient rougeâtre et cuivreux aux grandes pennes de l'aile et de la queue ; chaque plume du cou porte dans son milieu un trait de pinceau blanc. Cette espèce est nouvelle et nous a été envoyée de Cayenne sous le nom de *courliri*, d'où on lui a donné celui de *courlan* dans nos planches enluminées.

LE SAVACOU (*a*) (*b*)

Le savacou (*) est naturel aux régions de la Guyane et du Brésil ; il a assez la taille et les proportions du bihoreau ; et par les traits de conformation, comme par la manière de vivre, il paraîtrait avoisiner la famille des hérons, si son bec large et singulièrement épaté ne l'en éloignait beaucoup et ne le distinguait même de tous les autres oiseaux de rivage ; cette large forme de bec a fait donner au savacou le surnom de *cuiller :* ce sont en effet deux cuillers appliquées l'une contre l'autre par le côté concave ; la partie supérieure porte sur sa convexité deux rainures profondes qui partent des narines et se prolongent de manière que le milieu forme une arête élevée qui se termine par une petite pointe crochue ; la moitié inférieure de ce bec, sur laquelle la supérieure s'emboîte, n'est pour ainsi dire qu'un cadre sur lequel

(*a*) Voyez les planches enluminées, n°s 38 et 869.

(*b*) *Savacou* ou *Saouacou* à Cayenne ; *rapapa* par les sauvages Garipanes ; *tamatia* au Brésil ; c'est le second *tamatia* de Marcgrave, le premier est un oiseau tout différent : voyez l'article des *oiseaux barbus*. — *Tamatia Brasiliensibus dicta*. Marcgrave, *Hist. nat. Brasil.*, p. 208, avec une très mauvaise figure. — Jonston, *Avi.*, p. 143. — *Gallinula aquatica, tamatia Brasiliensibus dicta Marcgravii*. Willughby, *Ornithol.*, p. 238. — Ray, *Synops. avi.*, p. 116, n° 12. — *Cancrofagus major rostro cochlearis instar excavato, ingluvie magnâ extuberante*. Barrère, *France équinox.*, p. 128. — « Cochlearius fuscus ; capite nigro ; ventre » candicante variegato ; rectricibus fuscis... » *Cochlearius fuscus*. Brisson, *Ornithol.*, t. V, p. 509. — « Cochlearius supernè cinereo-albus infernè fusco-rufescens ; capite superiore » nigro ; syncipite, genis et collo inferiore albis ; dorso supremo saturatè cinereo ; rectricibus » cinereo albis... » *Cochlearius*. *Idem, ibidem*, p. 506.

(*) *Cancroma cochlearia* L. Les *Cancromas* sont des Échassiers de la famille des Hérodiens et de la sous-famille des Cancromiens. Ils ont le corps ramassé, épais et vigoureux ; le bec plat, recourbé en crochet à l'extrémité et pourvu d'une crête obtuse.

est tendue la peau prolongée de la gorge; l'une et l'autre mandibule sont tranchantes par les bords, et d'une corne solide et très dure : ce bec a quatre pouces des angles à la pointe, et vingt lignes dans la plus grande largeur.

Avec une arme si forte, qui tranche et coupe et qui pourrait rendre le savacou redoutable aux autres oiseaux, il paraît s'en tenir aux douces habitudes d'une vie paisible et sobre; si l'on pouvait inférer quelque chose de noms appliqués par les nomenclateurs, un de ceux que lui donne Barrère nous indiquerait qu'il vit de crabes (*a*); mais, au contraire, il semble s'éloigner par goût du voisinage de la mer; il habite les savanes noyées, et se tient le long des rivières où la marée ne monte point (*b*) : c'est là que, perché sur les arbres aquatiques, il attend le passage des poissons dont il fait sa proie, et sur lesquels il tombe en plongeant et se relevant sans s'arrêter sur l'eau (*c*); il marche le cou arqué et le dos voûté, dans une attitude qui paraît gênée, et avec un air aussi triste que celui du héron (*d*); il est sauvage et se tient loin des lieux habités (*e*); ses yeux, placés fort près de la racine du bec, lui donnent un air farouche : lorsqu'il est pris, il fait craquer son bec, et dans la colère ou l'agitation il relève les longues plumes du sommet de sa tête.

Barrère a fait trois espèces de savacou (*f*) que M. Brisson réduit à deux (*g*), et qui probablement se réduisent à une seule : en effet, le savacou gris et le savacou brun ne diffèrent notablement entre eux que par le long panache que porte le dernier, et ce panache pourrait être le caractère du mâle; l'autre, que nous soupçonnons être la femelle, a un commencement ou un indice de ce même caractère dans les plumes tombantes du derrière de la tête; et, pour la différence du brun au gris dans leur plumage, on peut d'autant plus la regarder comme étant de sexe ou d'âge, qu'il existe dans le *savacou varié* (*h*) une nuance qui les rapproche. Du reste, les formes et les proportions du savacou gris et du savacou brun sont entièrement les mêmes : et nous sommes d'autant plus portés à n'admettre ici qu'une seule espèce, que la nature, qui semble les multiplier en se jouant sur les formes communes et les traits du plan général de ses ouvrages, laisse au contraire comme isolées et jetées aux confins de ce plan les formes singulières qui s'éloignent de cette forme ordinaire, comme on peut le voir par les exemples de la spatule, de l'avocette, du phénicoptère, etc., dont les espèces sont uniques, et n'ont que peu ou point de variétés.

(*a*) *Cancrofagus*, etc. Voyez la nomenclature.
(*b*) Observations faites à Cayenne par M. Sonnini de Manoncour.
(*c*) Mémoires communiqués par M. de la Borde, médecin du roi à Cayenne.
(*d*) « Dorso incurvato incedens, et collo incurvato. » Marcgrave.
(*e*) M. de la Borde.
(*f*) *Onocrotalus Americanus, cinereus, non maculosus.* Barrère, *Ornithol.*, class. 3, gen. 11, sp. 1. — *Onocrotalus Americanus, cinereus maculatus. Idem, ibid.*, sp. 2; et le *cancrofagus major*, rapporté dans la nomenclature.
(*g*) *A. cochlearius nævius.* Brisson, *Ornithol.*, t. V, p. 508.
(*h*) Rapporté de Cayenne par M. Sonnini.

Le savacou brun et huppé (planche enluminée, nº 869) que nous prenons pour le mâle, a plus de gris roux que de gris bleuâtre dans son manteau; les plumes de la nuque du cou sont noires et forment un panache long de sept à huit pouces, tombant sur le dos : ces plumes sont flottantes, et quelques-unes ont jusqu'à huit lignes de largeur.

Le savacou gris (planche enluminée, nº 38), qui nous paraît être la femelle, a tout le manteau gris blanc bleuâtre, avec une petite zone noire sur le haut du dos; le dessous du corps est noir mêlé de roux; le devant du cou et le front sont blancs; la coiffe de la tête, tombant derrière en pointe, est d'un noir bleuâtre.

L'un et l'autre ont la gorge nue; la peau qui la recouvre paraît susceptible d'un renflement considérable : c'est apparemment ce que veut dire Barrère par *ingluvie extuberante*. Cette peau, suivant Marcgrave, est jaunâtre ainsi que les pieds; les doigts sont grêles et les phalanges en sont longues; on peut encore remarquer que le doigt postérieur est articulé à côté du talon, près du doigt extérieur, comme dans les hérons; la queue est courte et ne passe pas l'aile pliée : la longueur totale de l'oiseau est d'environ vingt pouces. Nous devons observer que nos mesures ont été prises sur des individus un peu plus grands que celui qu'a décrit M. Brisson, qui était probablement un jeune.

LA SPATULE (a) (b)

Quoique la spatule (*) soit d'une figure très caractérisée et même singulière, les nomenclateurs n'ont pas laissé de la confondre sous des dénominations impropres et étrangères, avec des oiseaux tout différents; ils l'ont

(a) Voyez les planches enluminées, nº 405.

(b) En grec, Λευκορωδιός; par emprunt de nom avec le héron blanc, et par erreur Πελεκαν; en latin, *platea*, *platelea*; en hébreu, *kaath*, suivant Gessner; en italien, *beccaroveglia*; en allemand, *pelecan*, *loeffler*; en suisse, *schufler*; en flamand, *lepelaer*; en anglais, *spoonbil*, *schoveler*; en suédois, *pelecan*; en russe, *calpêtre*; en polonais, *pelican*, *plaskonos*; en illyrien, *bucacz*; en catalan, *pellicano*; à Madagascar, *fangali-am-bava*, c'est-à-dire, bêche au bec. — *Pale*, *poche* et *cueillier*. Belon, *Nat. des oiseaux*, p. 194, avec une figure peu exacte. — *Pale*, *poche*, *cueillier*, *truble*. *Idem*, *Portraits d'oiseaux*, p. 34, *a*, la même figure. — *Pelecanus*. Gessner, *Avi.*, p. 665, avec une mauvaise figure, p. 666. — *Pelecanus*, *platea vel platalea*. *Idem*, *Icon. avi.*, p. 92, avec une figure qui n'est pas meilleure. — *Albardeola*, *platea Plinii*, *platelea Ciceronis*, *quam pelecanum facit ornithologus*. Aldrovande, *Avi.*, t. III, p. 384, avec une figure assez reconnaissable, p. 385; et une autre moins bonne, p. 386. — *Ardea alba*. Jonston, *Avi.*, p. 103, avec une figure empruntée d'Aldrovande, tab. 46, sous le titre, *pelicanus*, *sive platea*. — *Platea*, *sive pelecanus Aldrovandi*. Willughby, *Ornithol.*,

(*) *Platalea leucorodia* Gmel. — Les Spatules sont des Échassiers de la famille des Hérodiens et de la sous-famille des Plataléens. Ils sont caractérisés par la présence d'un long panache situé sur la nuque.

appelée *héron blanc* (*a*) et *pélican* (*b*), quoiqu'elle soit d'une espèce différente de celle du héron (*c*), et même d'un genre fort éloigné de celui du véritable pélican : ce que Belon reconnaît, en même temps qu'il lui donne le nom de *poche*, qui n'appartient encore qu'au pélican (*d*), et celui de *cuiller*, qui désigne plutôt le phénicoptère ou flamant, qu'on appelle *bec à cuiller*, ou le savacou, qu'on nomme aussi *cuiller;* le nom de *pale* ou *palette* conviendrait mieux, en ce qu'il se rapproche de celui de *spatule* que nous avons adopté, parce qu'il a été reçu, ou son équivalent, dans la plupart des langues (*e*), et qu'il caractérise la forme extraordinaire du bec de cet oiseau ; ce bec, aplati dans toute sa longueur, s'élargit en effet vers l'extrémité en manière de spatule, et se termine en deux plaques arrondies trois fois aussi larges que le corps du bec même, configuration d'après laquelle Klein donne à cet oiseau le surnom *anomaloroster* (*f*) ; ce bec, anomal en effet par sa forme, l'est encore par sa substance, qui n'est pas ferme, mais flexible comme du cuir, et qui par conséquent est très peu propre à l'action que Cicéron et Pline lui attribuent, en appliquant mal à propos à la spatule ce qu'Aristote a dit avec beaucoup de vérité du pélican, savoir qu'il fond sur les oiseaux plongeurs et leur fait relâcher leur proie en les mordant fortement par la tête (*g*) : sur quoi, par une méprise inverse, on a attribué au pélican le nom

p. 212. — Ray, *Synops. avi.*, p. 102, nº 1. — Sibbald. *Scot. illustr.*, part. II, lib. XIII, p. 18. — *Platea leucorodius Willughbeii.* Klein, *Avi.*, p. 126, nº 1. — *Platea.* Schwenckfeld, *Avi. Siles.*, p. 341. — *Platea candida.* Barrère, *Ornithol.*, clas. 3, gen. 29, sp. 1. — *Ardea alba, cochlearia, plateola ;* Charleton, *Exercit* , p. 109, nº 2. *Idem*, *Onomast.*, p. 103, nº 2. — *Platea, sive pelicanus Aldrovandi*, etc. Marsigl., *Danub.*, t. V, p. 28, avec une figure peu exacte, tab. 12. — *Pelicanus Gessneri, platea Plinii, platelea Ciceronis*, etc. Rzaczynski, *Auctuar. Hist. nat. Polon.*, p. 407. — *Pelecanus.* Mœhr. *Avi.*, gen. 60. — « Platea corpore » albo. » *Leucorodios.* Linnæus, *Syst. nat.*, édit. X, gen. 73, sp. 1. — *Albardeola. Mus. Worm.*, p. 310. — *Platyrinchos. Mus. Besler*, p. 36, nº 4, avec une assez bonne figure de la tête, tab. 9, nº 4. — *Der loeffel reiger.* Frisch, vol. II, divis. 12, sect. 1, pl. 7 et 8. — *Palette. Anciens Mémoires de l'Académie*, t. III, part. III, p. 23, avec une figure exacte, pl. 5. — *Pélican.* Kolbe, *Description du cap de Bonne-Espérance*, t. III, p. 173, avec une figure reconnaissable, p. 172, nº 4. — *Petit héron* ou *bec à cuiller.* Albin, t. II, p. 42, avec une mauvaise figure, pl. 66. — « Platea cristata, in toto corpore candida, oculorum ambitu » et gutture nudis, nigris... » *Platea.* Brisson, *Ornithol.*, t. V, p. 352.

(*a*) *Leukerodios* que Gaza a traduit *albardeola*... « Petit fluvios ardea et albardeola (leu- » kerodios) quæ magnitudine minor est, rostro recto porrectoque. » Aristote, lib. VIII, cap. III. Voyez Aldrovande, t. III, p. 384.

(*b*) Gessner ; voyez la nomenclature.

(*c*) « Il serait difficile, disent MM. de l'Académie, de justifier l'idée de placer cet oiseau » parmi les hérons, les différences étant trop fortes et trop nombreuses, et les ressem- » blances, comme d'avoir un panache sur la tête, de vivre de poissons, trop faibles et trop » communes avec d'autres espèces. » *Mémoires de l'Académie des Sciences*, depuis 1666 jusqu'en 1669, t. III, part. III, p. 23.

(*d*) *Nature des oiseaux*, liv. III, p. 154.

(*e*) *Platea, platelea schufler, spoon-bill*, etc., voyez la nomenclature.

(*f*) *Ordo avium*, p. 126 ; mais ce naturaliste se trompe comme les autres, en pensant que le *pelecanos* d'Aristoste est la spatule.

(*g*) Aristote, *Hist. animal.*, lib. IX, cap. XIV. — « Legi etiam scriptum hic esse avem » quamdam quæ platelea nominetur ; eam sibi cibum quærere advolantem ad eas aves quæ

de *platelea*, qui appartient réellement à la spatule. Scaliger, au lieu de rectifier ces erreurs, en ajoute d'autres : après avoir confondu la spatule et le pélican, il dit, d'après Suidas, que le *pelicanos* est le même que le *dendrocolaptès*, coupeur d'arbres, qui est le pic (*a*) ; et, transportant ainsi la spatule du bord des eaux au fond des bois, il lui fait percer les arbres avec un bec uniquement propre à fendre l'eau ou fouiller la vase (*b*).

En voyant la confusion qu'a répandue sur la nature cette multitude de méprises scientifiques, cette fausse érudition entassée sans connaissance des objets, et ce chaos des choses et des noms encore obscurci par les nomenclateurs, je n'ai pu m'empêcher de sentir que la nature, partout belle et simple, eût été plus facile à connaître en elle-même qu'embarrassée de nos erreurs ou surchargée de nos méthodes, et que malheureusement on a perdu pour les établir et les discuter le temps précieux qu'on eût employé à la contempler et à la peindre.

La spatule est toute blanche, elle est de la grosseur du héron, mais elle a les pieds moins hauts et le cou moins long, et garni de petites plumes courtes; celles du bas de la tête sont longues et étroites, elles forment un panache qui retombe en arrière; la gorge est couverte, et les yeux sont entourés d'une peau nue; les pieds et le nu de la jambe sont couverts d'une peau noire, dure et écailleuse; une portion de membrane unit les doigts vers leur jonction, et par son prolongement les frange et les borde légèrement jusqu'à l'extrémité; des ondes noires transversales se marquent sur le fond de couleur jaunâtre du bec, dont l'extrémité est d'un jaune quelquefois mêlé de rouge; un bord noir tracé par une rainure forme comme un ourlet relevé tout autour de ce bec singulier, et l'on voit en dedans une longue gouttière sous la mandibule supérieure; une petite pointe recourbée en dessous termine l'extrémité de cette espèce de palette, qui a vingt-trois lignes dans sa plus grande largeur, et paraît intérieurement sillonnée de petites stries qui rendent sa surface un peu rude et moins lisse qu'elle ne l'est en dehors; près de la tête, la mandibule supérieure est si large et si épaisse, que le front semble y être entièrement engagé; les deux mandibules, près de leur origine, sont également garnies intérieurement, vers les bords, de petits tubercules ou mamelons sillonnés, lesquels ou servent à broyer les coquillages que le bec de la spatule est tout propre à recueillir, ou à retenir et arrêter une proie glissante; car il paraît que cet oiseau se nourrit également de poissons, de coquillages, d'insectes aquatiques et de vers.

La spatule habite les bords de la mer, et ne se trouve que rarement dans

» se in mari mergerent, quæ cùm emersissent, piscemque cepissent, usque adeò premere » earum capita mordicùs, dùm illæ captum amitterent, quòd ipsa invaderet. » Cicero., lib. II, *De nat. Deor.* — « Platea nominatur advolans ad eas quæ se in mari mergunt, et capita » illarum morsu corripiens, donec capturam extorqueat. » Pline, lib. X, cap. LVI.

(*a*) Voyez l'histoire du pic, page 496 du VIIe volume.

(*b*) Voyez les *Mémoires de l'Académie*, à l'endrot cité ci-devant.

l'intérieur des terres (*a*), si ce n'est sur quelques lacs (*b*), et passagèrement aux bords des rivières; elle préfère les côtes marécageuses : on la voit sur celles du Poitou, de la Bretagne (*c*), de la Picardie et de la Hollande; quelques endroits sont même renommés par l'affluence des spatules, qui s'y rassemblent avec d'autres espèces aquatiques; tels sont les marais de Sevenhuis, près de Leyde (*d*).

Ces oiseaux font leur nid à la sommité des grands arbres voisins des côtes de la mer, et le construisent de bûchettes; ils produisent trois ou quatre petits; ils font grand bruit sur ces arbres dans le temps des nichées, et y reviennent régulièrement tous les soirs se percher pour dormir (*e*).

De quatre spatules décrites par MM. de l'Académie des Sciences (*f*), et qui étaient toutes blanches, deux avaient un peu de noir au bout de l'aile, ce qui ne marque pas une différence de sexe, comme Aldrovande l'a cru, ce caractère s'étant trouvé également dans un mâle et dans une femelle; la langue de la spatule est très petite, de forme triangulaire, et n'a pas trois lignes en toutes dimensions; l'œsophage se dilate en descendant, et c'est apparemment dans cet élargissement que s'arrêtent et se digèrent les petites moules et autres coquillages que la spatule avale, et qu'elle rejette quand la chaleur du ventricule en a fondu la chair (*g*); elle a un gésier doublé d'une membrane calleuse, comme les oiseaux granivores; mais au lieu des *cæcum* qui se trouvent dans ces oiseaux à gésier, on ne lui remarque que deux petites éminences très courtes à l'extrémité de l'*ileon;* les intestins ont sept pieds de longueur; la trachée-artère est semblable à celle de la grue, et fait dans le thorax une double inflexion; le cœur a un péricarde, quoique Aldrovande dise n'en avoir point trouvé (*h*).

Ces oiseaux s'avancent en été jusque dans la Bothnie occidentale et dans la Laponie, où l'on en voit quelques-uns suivant Linnæus, en Prusse, où ils ne paraissent également qu'en petit nombre, et où, durant les pluies d'automne, ils passent en venant de Pologne (*i*); Rzaczynski dit qu'on en voit, mais rarement, en Volhynie (*j*); il en passe aussi quelques-uns en Silésie,

(*a*) « La cuiller est extrêmement rare dans ce pays-ci : on en tua une près de Chartres, il y a quelques années. » Salerne, *Ornithol.*, p. 317.

(*b*) Comme sur ceux de *Bientina* et de *Fucecchio* en Toscane, suivant Gerini, *Storia degl' uccelli*, t. IV, p. 53. Il se trompe d'ailleurs en appelant cet oiseau *pélican*.

(*c*) « La pale est un oiseau moult commun ez rivages de notre océan, sur les marches de » Bretaigne; comme aussi le héron blanc. » Belon, *Nat. des oiseaux*, p. 194.

(*d*) Albin, t. II, p. 42. — « In Hollandiâ non longe a Lugduno-Batavorum infinitos earum » nidos vidimus. » Jonston, p. 152.

(*e*) Belon.

(*f*) *Mémoires de l'Académie*, depuis 1666 jusqu'en 1669, t. III, part. III, p. 27 et 29.

(*g*) « Platea cùm devoratis se implevit conchis, calore ventris coctas evomit, atque ex iis » esculenta legit, testas excernens. » Pline, lib. X, cap. LVI.

(*h*) Voyez les *Mémoires de l'Académie*, à l'endroit cité.

(*i*) Klein, *De Avibus erraticis*, p. 165 et 193.

(*j*) *Auctuar. Hist. nat. Polon.*, p. 408.

dans les mois de septembre et d'octobre (*a*). Ils habitent, comme nous l'avons dit, les côtes occidentales de la France ; on les retrouve sur celles d'Afrique, à Bissao, vers Sierra-Leona (*b*); en Égypte, selon Granger (*c*); au cap de Bonne-Espérance, où Kolbe dit qu'ils vivent de serpents autant que de poissons, et où on les appelle *slangen-vreeter*, mange-serpents (*d*). M. Commerson a vu des spatules à Madagascar, où les insulaires leur donnent le nom de *fangali-am-bava*, c'est-à-dire *bêche au bec* (*e*). Les nègres, dans quelques cantons, appellent ces oiseaux *vang-van*, et dans d'autres *vourou-doulon*, oiseaux du diable, par des rapports superstitieux (*f*). L'espèce, quoique peu nombreuse, est donc très répandue, et semble même avoir fait le tour de l'ancien continent. M. Sonnerat l'a trouvée jusqu'aux îles Philippines (*g*), et, quoiqu'il en distingue deux espèces, le manque de huppe, qui est la principale différence de l'une à l'autre, ne nous paraît pas former un caractère spécifique, et jusqu'à ce jour nous ne connaissons qu'une seule espèce de spatule, qui se trouve être à peu près la même, du nord au midi, dans tout l'ancien continent ; elle se trouve aussi dans le nouveau, et quoiqu'on ait encore ici divisé l'espèce en deux, on doit les réunir en une, et convenir que la ressemblance de ces spatules d'Amérique avec celle d'Europe est si grande, qu'on doit attribuer leurs petites différences à l'impression du climat.

La spatule (*h*) d'Amérique (*i*) (*) est seulement un peu moins grande dans

(*a*) *Aviar. Siles.*, p. 314. Schwenckfeld en cet endroit paraît confondre le pélican avec la spatule, puisqu'il y rapporte, d'après Isidore et saint Jérôme, la fable de la résurrection des petits du pélican, par le sang qu'il verse de sa poitrine, quand le serpent les lui a tués.

(*b*) Voyez la relation de Brue, *Hist. générale des voyages*, t. II, p. 590.

(*c*) *Voyage de Granger* ; Paris, 1745, p. 237.

(*d*) Kolbe. *Description du cap de Bonne-Espérance*, t. III, p. 173 ; sa notice n'est pas juste en tout, et il nomme mal à propos l'oiseau *pélican* : mais la figure est celle de la spatule.

(*e*) *Vourou-gondron*, suivant Flacourt.

(*f*) Les nègres lui donnent ce nom parce que, lorsqu'ils l'entendent, ils s'imaginent que son cri annonce la mort à quelqu'un du village. Note laissée par M. Commerson.

(*g*) *Voyage à la Nouvelle-Guinée*, p. 89.

(*h*) Voyez les planches enluminées, nº 165.

(*i*) *Ajaia Brasiliensibus, colherado Lusitanis, Belgis lepelaer*. Marcgrave, *Hist. nat. Bras.*, p. 204. — *Ayaia*. Laët, *Nov. orb.*, p. 575. — Jonston, *Avi.*, p. 139 et 150. — *Platea Brasiliensis, ajaia dicta*, etc. Willughby, *Ornithol.*, p. 213. — Ray, *Synops. avi.*, p. 102, nº 3. — *Platea Brasiliensis*. Klein, *Avi.*, p. 126, nº 2. — *Ardea rosea, spatula dicta*. Barrère, *France équinox.*, p. 124. — *Platea Americana, albo roseoque colore mixta. Idem, Ornithol.*, clas. 3, gen. 29, sp. 2. — *Platalea corpore sanguineo, ajaia*. Linnæus, *Syst. nat.*, édit. X, gen. 73, sp. 2. — « Platea rosea, capite anteriore et gutture nudis, candicantibus, collo supremo can» dido ; tectricibus caudæ superioribus et inferioribus coccineis ; rectricibus roseis... » *Platea rosea*. Brisson, *Ornithol.*, t. V, p. 356. — *Tlauhquechul*. Fernandez, *Hist. avi. nov. Hisp.*, p. 49. cap. CLXXVIII. — Jonston, *Avi.*, p. 126. — Charleton, *Exercit.*, p. 119, nº 2. *Idem, Onomast.*, p. 116, nº 2. — *Avis vivivora*. Nieremberg, p. 214. — *Ardea phenicea, spatula dicta*. Barrère, *France équinox.*, p. 125. — *Platea Americana phenicea. Idem, Ornithol.*, clas. 3, gen. 29, sp. 3. — *Platea sanguinea tota*. Klein, *Avi.*, p. 126, nº 3. — *Tlauhquechul*,

(*) *Platalea ajaia* L., ou *Ajaja Ajaja* des ornithologistes modernes.

toutes ses dimensions que celle d'Europe; elle en diffère encore par la couleur de rose ou d'incarnat qui relève le fond blanc de son plumage sur le cou, le dos et les flancs; les ailes sont plus fortement colorées, et la teinte de rouge va jusqu'au cramoisi sur les épaules et les couvertures de la queue, dont les pennes sont rousses; la côte de celles de l'aile est marquée d'un beau carmin; la tête comme la gorge est nue : ces belles couleurs n'appartiennent qu'à la spatule adulte, car on en trouve de bien moins rouges sur tout le corps et encore presque toutes blanches, qui n'ont point la tête dégarnie, et dont les pennes de l'aile sont en partie brunes, restes de la livrée du premier âge. Barrère assure (*a*) qu'il se fait dans le plumage des spatules d'Amérique le même progrès en couleur avec l'âge que dans plusieurs autres oiseaux, comme les courlis rouges et les phénicoptères ou flamants, qui, dans leurs premières années, sont presque tout gris ou tout blancs, et ne deviennent rouges qu'à la troisième année; il résulte de là que l'oiseau couleur de rose du Brésil, ou l'*ajaia* de Marcgrave (*b*), décrit dans son premier âge, avec les ailes d'un incarnat tendre, et la spatule cramoisie de la Nouvelle-Espagne, ou le *tlauhquechul* de Fernandez, décrite dans l'âge adulte, ne sont qu'un seul et même oiseau. Marcgrave dit qu'on en voit quantité sur la rivière de Saint-François ou de Sérégippe, et que sa chair est assez bonne. Fernandez lui donne les mêmes habitudes qu'à notre spatule, de vivre au bord de la mer de petits poissons, qu'il faut lui donner vivants quand on veut la nourrir en domesticité (*c*), *ayant*, dit-il, *expérimenté qu'elle ne touche point aux poissons morts* (*d*).

Cette spatule couleur de rose se trouve dans le nouveau continent, comme la blanche dans l'ancien, sur une grande étendue, du nord au midi, depuis les côtes de la Nouvelle-Espagne et de la Floride (*e*) jusqu'à la Guyane et au Brésil; on la voit aussi à la Jamaïque (*f*), et vraisemblablement dans les

seu platea Mexicana, etc. Willughby, *Ornithol.*, p. 213. — Ray, *Synops. avi.*, p. 102, n° 2. — *Platea incarnata*. Sloane, *Jamaïc.*, p. 316, n° 7. — *Platea corpore sanguineo, tlauhquechul, seu platea Mexicana*. Linnæus, *Syst. nat.*, édit. X, gen. 73, sp. 2, var. β. — « Platea coccinea, capite anteriore et gutture nudis, candicantibus torque nigro; collo supremo candido; » rectricibus coccineis... » *Platea coccinea*. Brisson, *Ornithol.*, t. V, p. 359.

(*a*) *France équinoxiale*, p. 125.

(*b*) Voyez la nomenclature précédente.

(*c*) La spatule d'Europe ne refuse pas de vivre en captivité; on peut, dit Belon, la nourrir d'intestins de volailles. Klein en a longtemps conservé une dans un jardin, quoiqu'elle eût eu l'aile cassée d'un coup de feu.

(*d*) C'est apparemment de cette particularité, que Nieremberg a pris occasion de l'appeler *avis vivivora*.

(*e*) Voyez le Page du Pratz, *Histoire de la Louisiane*, t. II, p. 116. « On nous a envoyé » de la Balize (à la Nouvelle-Orléans) un gros oiseau qu'on appelle *spatule*, à cause de son » bec qui a cette forme; il a le plumage blanc qui devient d'un rouge clair; il se rend fami- » lier, et reste dans les basses-cours. » Extrait d'une lettre de M. de Fontette, du 20 octobre 1750.

(*f*) *The american scarlet pelecan, or spoon-bill, tlauhquechul Fernand; ajaia Brasil.*, etc., Sloane, *Jamaïc.*, vol. II, p. 317.

autres îles voisines, mais l'espèce, peu nombreuse, n'est nulle part rassemblée : à Cayenne, par exemple, il y a peut-être dix fois plus de courlis que de spatules; leurs plus grandes troupes sont de neuf ou dix au plus, communément de deux ou trois, et souvent ces oiseaux sont accompagnés des phénicoptères ou flamants. On voit le matin et le soir les spatules au bord de la mer ou sur des troncs flottants près de la rive; mais vers le milieu du jour, dans le temps de la plus grande chaleur, elles entrent dans les criques et se perchent très haut sur les arbres aquatiques; néanmoins elles sont peu sauvages, elles passent en mer très près des canots, et se laissent approcher assez à terre pour qu'on les tire, soit posées, soit au vol; leur beau plumage est souvent sali par la vase où elles entrent fort avant pour pêcher. M. de la Borde, qui a fait ces observations sur leurs mœurs, nous confirme celle de Barrère au sujet de la couleur, et nous assure que ces spatules de la Guyane ne prennent qu'avec l'âge et vers la troisième année cette belle couleur rouge, et que les jeunes sont presque entièrement blanches (*a*).

M. Baillon, auquel nous devons un grand nombre de bonnes observations, admet deux espèces de spatules, et me mande que toutes deux passent ordinairement sur les côtes de Picardie dans les mois de novembre et d'avril, et que ni l'une ni l'autre n'y séjournent; elles s'arrêtent un jour ou deux près de la mer et dans les marais qui en sont voisins; elles ne sont pas en nombre, et paraissent être très sauvages.

La première est la spatule commune, qui est d'un blanc fort éclatant et n'a point de huppe; la seconde espèce est huppée et plus petite que l'autre, et M. Baillon croit que ces différences, avec quelques autres variétés dans les couleurs du bec et du plumage, sont suffisantes pour en faire deux espèces distinctes et séparées.

Il est aussi persuadé que toutes les spatules naissent grises comme les hérons-aigrettes, auxquels elles ressemblent par la forme du corps, le vol et les autres habitudes; il parle de celles de Saint-Domingue comme formant une troisième espèce; mais il nous paraît, par les raisons que nous avons exposées ci-devant, que ce ne sont que des variétés qu'on peut réduire à une seule et même espèce, parce que l'instinct et toutes les habitudes naturelles qui en résultent sont les mêmes dans ces trois oiseaux.

M. Baillon a observé, sur cinq de ces spatules qu'il s'est donné la peine d'ouvrir, que toutes avaient le sac rempli de chevrettes, de petits poissons et d'insectes d'eau, et comme leur langue est presque nulle, et que leur bec n'est ni tranchant ni garni de dentelures, il paraît qu'ils ne peuvent guère saisir ni avaler des anguilles ou d'autres poissons qui se défendent, et qu'ils ne vivent que de très petits animaux, ce qui les oblige à chercher continuellement leur nourriture.

(*a*) *Mémoires de M. de la Borde*, médecin du roi à Cayenne.

Il y a apparence que ces oiseaux font, dans de certaines circonstances, le même claquement que les cigognes avec leur bec, car M. Baillon, en ayant blessé un, observa qu'il faisait ce bruit de claquement, et qu'il l'exécutait en faisant mouvoir très vite et successivement les deux pièces de son bec, quoique ce bec soit si faible qu'il ne peut serrer le doigt que mollement.

LA BÉCASSE (a) (b)

La bécasse (*) est peut-être, de tous les oiseaux de passage, celui dont les chasseurs font le plus de cas, tant à cause de l'excellence de sa chair que de

(*a*) Voyez les planches enluminées, nº 885.

(*b*) En grec, Σκολοπάξ, que Gaza tradult *gallinago*; en grec moderne ξυλόρνις ou ξυλορνία « (La « bécasse qui avoit anciennement nom *scolopax*, se ressent encore quelque peu de son antique » appellation grecque, car encore pour le jourd'hui la nomment *xilornitha*, c'est-à-dire *poule de bois*, qui est conforme à sa diction latine *gallinago*. » Belon. *Obs.*, p. 12.); en latin, *perdix rustica, rusticula*. (Belon se trompe, suivant la remarque d'Aldrovande, en prenant la *perdix rustica* des anciens pour le rasle. La bécasse n'est point non plus la *gallina rustica* de Columelle, puisqu'il dit celle-ci semblable à la poule domestique, *gallinæ villaticæ*.) ; en italien, *becassa, becaccia, gallinella, gallina arciera* ou *rusticella* et *salvatica*; en Lombardie, *gallinacia*; en Toscane, *acceggia*; à Rome, *pizzarda*, suivant Olina, *dal pizzo, che tanto vale quanto dir becco*; en catalan, *beccada*; en allemand, *schnepffe, schnepffhun, gross-schneffe, pusch-schneffe, wald-schneffe, holtz-schnepffe, berg-schneffe*; en flamand, *sneppe*; en polonais, *slomka* et *pardwa*; en turc, *tcheluk*; en suédois, *merkulla*; en anglais, *wood-cock* (De *wood-cock*, on avait fait dans l'ancien français *wit-coc*, et ensuite *vit-de-coq*. Belon corrige déjà cette dénomination ridicule; elle se conserve encore en Normandie); en Guienne, *bécade*; en Poitou, *acée*, de *acus*, suivant Borel; dans Cotgrave, *assée, bec-dasse* ou *solart*; le mot *bécasse* s'écrivait anciennement *béquasse*. — *Bécasse*. Belon, *Nat. des oiseaux*, p. 272, avec une figure peu exacte, pl. 273. — *Bécasse, bécasse grande, béquasse, videcoq. Idem, Portraits d'oiseaux*, p. 56, *b*, même figure. — *Gallina rustica*. Gessner, *Avi.*, p. 477. — *Rusticula vel perdix rustica major. Idem, ibidem*, p. 501, avec une figure peu exacte, p. 502. — *Idem, Icon. avi.*, p. 110, avec la même figure. — *Scolopax sive perdix rustica*. Aldrovande, *Avi.*, t. III, p. 471, avec une mauvaise figure, p. 473. — *Scolopax*. Jonston. *Avi.*, p. 110, avec la figure empruntée d'Aldrovande, tab. 31; et une autre aussi peu exacte, tab. 53, sous le nom de *rusticola*. — Willughby, *Ornithol.*, p. 213, avec une figure, tab. 53. — Sibbald. *Scot. illustr.*, part. II, lib. III, p. 18. — *Scolopax, gallinago maxima*. Ray, *Synops. avi.*, p. 104, nº 1, *a*. — *Scolopax simpliciter Aristotelis, Aldrovandi*, Klein, *Avi.*, p. 99, nº 1. — *Scolopax, rusticula major*. Charleton, *Exercit.*, p. 112, nº 7. — *Idem, Onomast.*, p. 108, nº 7. — *Rusticula*. Mœhring, *Avi.*, gen. 97. — *Scolopax subtus fulva, supernè cinerea*. Barrère, *Ornithol.*, cl. III, gen. 12. sp. 1. — « Scolopax rostro recto levi, pedibus cinereis; femoribus tectis, fasciâ frontis nigrâ... » *Rusticola*. Linnæus, *Syst. nat.*, édit. X, gen, 77, sp. 7. — « Numenius rostri apice lævi; capite lineâ utrimque nigrâ, rectricibus nigris, apice albis. » *Idem, Fauna Succ.*, nº 141. — *Perdix rustica major, scolopax*, etc.

(*) Les Bécasses (*Scolopax*) sont des Echassiers de la famille des Scolopacides et de la sous-famille des Scolopaciens. Leur corps est relativement court et fort; la tête est petite, le bec est très long, relativement fort, arrondi à l'extrémité; la mandibule supérieure étant sillonnée et débordant par son sommet arrondi et recourbé la mandibule inférieure; les pattes sont courtes, vigoureuses, emplumées jusqu'à la naissance des tarses; le doigt postérieur est long et muni d'une courte griffe.

1. Pluvian à tête noire. — 2. Bécasse d'Europe

la facilité qu'ils trouvent à se saisir de ce bon oiseau stupide, qui arrive dans nos bois vers le milieu d'octobre en même temps que les grives (*a*). La bécasse vient donc, dans cette saison de chasse abondante, augmenter encore la quantité du bon gibier (*b*); elle descend alors des hautes montagnes où elle habite pendant l'été, et d'où les premiers frimas déterminent son départ et nous l'amènent, car ses voyages ne se font qu'en hauteur dans la région de l'air, et non en longueur, comme se font les migrations des oiseaux qui voyagent de contrées en contrées (*c*) : c'est des sommets des Pyrénées et des Alpes, où elle passe l'été, qu'elle descend aux premières neiges qui tombent sur ces hauteurs dès le commencement d'octobre, pour venir dans les bois des collines inférieures et jusque dans nos plaines.

Les bécasses arrivent la nuit et quelquefois le jour, par un temps sombre (*d*), toujours une à une ou deux ensemble, et jamais en troupes; elles s'abattent dans les grandes haies, dans les taillis, dans les futaies, et préfèrent les bois où il y a beaucoup de terreau et de feuilles tombées; elles s'y tiennent retirées et tapies tout le jour, et tellement cachées, qu'il faut des chiens pour les faire lever, et souvent elles partent sous les pieds du chasseur; elles quittent ces endroits fourrés et le fort du bois à l'entrée de la nuit, pour se répandre dans les clairières, en suivant les sentiers; elles cherchent les terres molles, les pâquis humides à la rive du bois et les petites mares, où elles vont pour se laver le bec et les pieds qu'elles se sont remplis

Rzaczynski, *Hist. nat. Polon.*, p. 292. — *Idem, Auctuar.*, p. 409. — *Perdix rustica major.* Schwenckfeld, *Avi. Siles.*, p. 329. — *Wood-cock.* Borl. *Nat. hist of. Cornvallis*, p. 245. — *Die wald schnepfe.* Frisch, vol. II, divis. 12, sect. 4, pl. 3 et 4, le mâle et la femelle ; et 7 une bécasse blanche. — *Bécasse*, Albin, t. Ier, p. 62, avec une figure peu exacte, pl. 79. — « Scolopax supernè castaneo, nigro et griseo variegata, infernè griseo rufescens, nigricante » transversim striata ; tæniâ utrimque, rostrum inter et oculum nigrâ ; gutture candicante, » collo superiore tæniis quatuor transversis nigris insignito ; uropygio castaneo, nigricante » transversim striato ; rectricibus nigris, apice griseis, maculis triangularibus castaneis in » margine exteriore notatis... » *Scolopax.* Brisson, *Ornithol.*, t. V, p. 292.

(*a*) « Sæpe numero adventantibus turdis autumno, et capitur scolopax. » Aloysius Mundella. *Apud Gessner.*, p. 485.

(*b*) Le temps de sa chasse est bien désigné dans le poète Nemesiamus :

Cùm nemus omne suo viridi spoliatur honore
..... præda est facilis et amœna scolopax.

(*c*) « La bécasse est oyseau se tenant l'été ez haultes montaignes des Alpes, Pyrénées, » Souisse, Savoye et Auvergne, où les avons souvent veues en temps d'été ; mais elles se » partent l'hiver pour venir chercher pâture ça bas par les plaines et bois taillis, et d'autant » qu'il y a de telles haultes montaignes en Grèce, ce n'est étrange qu'Aristote n'ait dit qu'elles » sont passagères : et, de fait, la bécasse ne ressemble les autres qui s'en vont du tout hors » de la région, en tant qu'elles changent seulement leur demeure ; l'esté en la montaigne, » et l'hiver ez plaines, là où tandis que les haultes montaignes sont congelées, hantant les » sources chaudes et autres lieux humides pour pâturer, tirent les achées, qu'on dit autrement les verms, hors de terre avec leur long bec ; et pour ce faire, volent soir et matin, » faisant leur demeure le jour aux lieux couverts, et la nuit découverts. » Belon, *Nat. des oiseaux*, p. 273.

(*d*) « Cœlo nebuloso advolare et avolare dicuntur. » Willughby.

de terre en cherchant leur nourriture. Toutes ont les mêmes allures, et l'on peut dire en général que les bécasses sont des oiseaux sans caractère, et dont les habitudes individuelles dépendent toutes de celles de l'espèce entière.

La bécasse bat des ailes avec bruit en partant; elle file assez droit dans une futaie, mais dans les taillis elle est obligée de faire souvent le crochet; elle plonge en volant derrière les buissons pour se dérober à l'œil du chasseur (*a*); son vol, quoique rapide, n'est ni élevé ni longtemps soutenu; elle s'abat avec tant de promptitude, qu'elle semble tomber comme une masse abandonnée à toute sa pesanteur; peu d'instant après sa chute elle court avec vitesse, mais bientôt elle s'arrête, élève sa tête, regarde de tous côtés pour se rassurer avant d'enfoncer son bec dans la terre. Pline compare avec raison la bécasse à la perdrix pour la célérité de sa course (*b*), car elle se dérobe de même, et lorsqu'on croit la trouver où elle s'est abattue, elle a déjà piété et fui à une grande distance.

Il paraît que cet oiseau, avec de grands yeux, ne voit bien qu'au crépuscule, et qu'il est offensé d'une lumière plus forte : c'est ce que semblent prouver ses allures et ses mouvements, qui ne sont jamais si vifs qu'à la nuit tombante et à l'aube du jour : et ce désir de changer de lieu avant le lever ou après le coucher du soleil est si pressant et si profond, qu'on a vu des bécasses renfermées dans une chambre prendre régulièrement un essor de vol tous les matins et tous les soirs, tandis que pendant le jour ou la nuit elles ne faisaient que piéter sans s'élancer ni s'élever; et apparemment les bécasses, dans les bois, restent tranquilles quand la nuit est obscure; mais, lorsqu'il y a clair de lune, elles se promènent en cherchant leur nourriture : aussi les chasseurs nomment la pleine lune de novembre la *lune des bécasses*, parce que c'est alors qu'on en prend en grand nombre; les pièges se tendent ou la nuit ou le soir, elles se prennent à la pantenne, au rejet, au lacet; on les tue au fusil sur les mares, sur les ruisseaux et les gués à la chute. La pantenne ou *pentière* est un filet tendu entre deux grands arbres, dans les clairières et à la rive des bois où l'on a remarqué qu'elles arrivent ou passent dans le vol du soir; la chasse sur les mares se fait aussi le soir : le chasseur, cabané sous une feuillée épaisse, à portée du ruisseau ou de la mare fréquentée par les bécasses, et qu'il approprie encore pour les attirer, les attend à la chute; et peu de temps après le coucher du soleil, surtout par les vents doux de sud et de sud-ouest, elles ne manquent pas d'arriver une à une ou deux ensemble, et s'abattent sur l'eau, où le chasseur les tire presque à coup sûr : cependant cette chasse est moins fructueuse et plus incertaine que celle qui se fait aux pièges dormants tendus dans les sentiers et qu'on appelle rejets (*c*); c'est une baguette

(*a*) Willughby.
(*b*) « Rusticula et perdices currunt. » Plin.
(*c*) En Bourgogne, *regipeaux;* en Champagne et en Lorraine, *regimpeaux.*

de coudrier ou d'autre bois flexible et élastique, plantée en terre et courbée en ressort, assujettie près du terrain à un trébuchet que couronne un nœud coulant de crin ou de ficelle; on embarrasse de branchages le reste du sentier où l'on a placé le rejet, ou bien si l'on tend sur les pâquis, on y pique des genêts ou des genièvres en files, pliés de manière qu'il ne reste que le petit passage qu'occupe le piège, afin de déterminer la bécasse, qui suit les sentiers et n'aime pas à s'élever ou sauter, à passer le pas du trébuchet, qui part dès qu'il est heurté; et l'oiseau, saisi par le nœud coulant, est emporté en l'air par la branche, qui se redresse; la bécasse ainsi suspendue se débat beaucoup, et le chasseur doit faire plus d'une tournée dans sa tendue, le soir, et plus d'une encore sur la fin de la nuit, sans quoi le renard, chasseur plus diligent, et averti de loin par les battements d'ailes de ces oiseaux, arrive et les emporte les uns après les autres, et sans se donner le temps de les manger, il les cache en différents endroits pour les retrouver au besoin. Au reste, on reconnaît les lieux que hante la bécasse à ses fientes, qui sont de larges fécules blanches et sans odeur. Pour l'attirer sur les pâquis où il n'y a point de sentiers, on y trace des sillons; elle les suit, cherchant les vers dans la terre remuée, et donne en même temps dans les collets ou lacets de crin disposés le long du sillon.

Mais n'est-ce pas trop de pièges pour un oiseau qui n'en sait éviter aucun (*)? La bécasse est d'un instinct obtus et d'un naturel stupide (*a*) ; elle est *moult sotte bête* , dit Belon ; elle l'est vraiment beaucoup si elle se laisse prendre de la manière qu'il raconte et qu'il nomme *folâtrerie* : Un homme couvert d'une cape couleur de feuilles sèches, marchant courbé sur deux courtes béquilles, s'approche doucement, s'arrêtant lorsque la bécasse le fixe, continuant d'aller lorsqu'elle recommence à errer jusqu'à ce qu'il la voie arrêtée la tête basse ; alors frappant doucement de ses deux bâtons l'un contre l'autre, la *bécasse s'y amusera et affolera tellement,* dit notre vieux naturaliste, que le chasseur l'approchera d'assez près pour lui passer un lacet au cou (*b*).

Est-ce en la voyant se laisser approcher ainsi que les anciens ont dit qu'elle avait pour l'homme un merveilleux penchant (*c*) ? En ce cas elle le placerait bien mal, et dans son plus grand ennemi ; il est vrai qu'elle vient, en longeant les bois, jusque dans les haies des fermes et des maisons champêtres. Aristote le remarque (*d*) ; mais Albert se trompe en disant qu'elle

(*a*) « Apud nos, dit Willughby, ob stoliditatem infamis est hæc avis adeo ut scolopax pro » stolido proverbialiter accipiatur. » C'est apparemment encore d'après ce caractère de stupidité que le docteur Shaw nous dit qu'on la nomme en Barbarie *hammar el hadjel*, l'âne des perdrix. Shaw, *Travels*, p. 253.

(*b*) *Nat. des oiseaux*, p. 273.

(*c*) « Et hominem mirè diligit. » Arist. *Hist. animal.*, lib. IX, cap. XXVI.

(*d*) « Gallinago per sepes hortorum capitur. » *Idem, ibidem.* — « Si vede ancora presso » luoghi abitati, massime longo le siepi. » Olina.

(*) Brehm considère au contraire la Bécasse comme un oiseau très rusé.

cherche les lieux cultivés et les jardins pour y recueillir des semences (*a*), puisque la bécasse ni même aucun oiseau de son genre ne touchent aux fruits et aux graines ; la forme de leur bec étroit, très long et tendre à la pointe, leur interdirait seule cette sorte d'aliment : et, en effet, la bécasse ne se nourrit que de vers (*b*) ; elle fouille dans la terre molle des petits marais et des environs des sources, sur les pâquis fangeux et dans les prés humides qui bordent les bois ; elle ne gratte point la terre avec les pieds ; elle détourne seulement les feuilles avec son bec, les jetant brusquement à droite et à gauche. Il paraît qu'elle cherche et discerne sa nourriture par l'odorat (*c*) plutôt que par les yeux, qu'elle a mauvais (*d*) ; mais la nature semble lui avoir donné dans l'extrémité du bec un organe de plus et un sens particulier approprié à son genre de vie ; la pointe en est charnue plutôt que cornée, et paraît susceptible d'une espèce de tact propre à démêler l'aliment convenable dans la terre fangeuse ; et ce privilège d'organisation a de même été donné aux bécassines, et apparemment aussi aux chevaliers, aux barges et autres oiseaux qui fouillent la terre humide pour trouver leur pâture (*e*).

Du reste, le bec de la bécasse est rude et comme barbelé aux côtés vers son extrémité, et creusé sur sa longueur de rainures profondes ; la mandibule supérieure forme seule la pointe arrondie du bec, en débordant la

(*a*) In lib. IX Aristot.

(*b*) « Solis vermibus alitur ; nunquam grana attingit. » Schwenckfeld. — Dès qu'elles entrent dans le bois, elles courent sur les tas de feuilles sèches, elles les retournent ou les écartent pour prendre les vers qui sont dessous : les bécasses ont cette habitude commune avec les vanneaux et les pluviers, qui les prennent par le même moyen sous l'herbe ou le blé vert ; mais j'ai observé que ces derniers oiseaux, dont j'ai élevé plusieurs dans mon jardin, frappaient la terre avec le pied autour des trous où il y avait des vers, apparemment pour les faire sortir de leur retraite au moyen de la commotion, et les prenaient souvent même avant qu'ils ne fussent entièrement sortis de terre. Note communiquée par M. Baillon, de Montreuil-sur-Mer.

(*c*) Voici comment M. Bowles a vu que l'on nourrissait des bécasses à Saint-Ildephonse, où l'infant Dom Louis avait une volière remplie de toutes sortes d'oiseaux :

« Il y avait, dit-il, une fontaine qui coulait continuellement pour entretenir le terrein » humide... et au milieu un pin et des arbrisseaux pour la même fin. On apportait des gazons » frais les plus garnis de vers que l'on pouvait trouver ; ces vers avaient beau se cacher, » lorsque la bécasse avait faim, elle les sentait à l'odorat, plantait son bec dans la terre, » jamais plus haut que les narines, en tirait les vers, et levant le bec en l'air, elle l'étendait sur » elle dans toute sa longueur, et avalait doucement de cette façon sans aucun mouvement de » déglutition. Toute cette opération se faisait en un instant, et le mouvement de la bécasse » était si égal et si imperceptible, qu'elle paraissait ne rien faire. Je n'ai pas vu qu'elle ait » manqué une seule fois son coup ; c'est pour cela, et parce qu'elle ne plantait jamais son » bec dans la terre que jusqu'à l'orifice des narines, que je conclus que c'est l'odorat qui la » guide pour chercher sa nourriture. » *Histoire naturelle d'Espagne*, par G. Bowles, in-8°, p. 454 et suivantes.

(*d*)
Non illa oculis, quibus est obtusior, etsi
Sint nimium grandes, sed acutis naribus instat,
Impresso in terram rostri mucrone...

NEMESIANUS.

(*e*) Cette belle remarque nous est communiquée par M. Hébert.

mandibule inférieure, qui est comme tronquée et vient s'adapter en dessous par un joint oblique : c'est de la longueur de son bec que cet oiseau a pris son nom dans la plupart des langues, à remonter jusqu'à la grecque (*a*) ; sa tête, aussi remarquable que son bec, est plus carrée que ronde, et les os du crâne font un angle presque droit sur les orbites des yeux ; son plumage, qu'Aristote compare à celui du francolin (*b*), est trop connu pour le décrire (*); et les beaux effets de clair-obscur que des teintes hachées, fondues, lavées de gris, de bistre et de terre d'ombre, y produisent, quoique dans le genre sombre, seraient difficiles et trop longues à décrire dans le detail.

Nous avons trouvé à la bécasse une vésicule du fiel, quoique Belon se soit persuadé qu'elle n'en avait point (*c*) ; cette vésicule verse sa liqueur par deux conduits dans le duodenum : outre les deux cæcums ordinaires, nous en avons trouvé un troisième placé à environ sept pouces des premiers, et qui avait avec l'intestin une communication tout aussi manifeste ; mais comme nous ne l'avons observé que sur un seul individu, ce troisième cæcum est peut-être une variété individuelle ou un simple accident ; le gésier est musculeux, doublé d'une membrane ridée sans adhérence : on y trouve souvent de petits graviers que l'oiseau avale sans doute en mangeant les vers de terre ; le tube intestinal a deux pieds neuf pouces de longueur.

Gessner donne la grosseur de la bécasse avec plus de justesse, en l'égalant à la perdrix, que ne fait Aristote, qui la compare à la poule (*d*), et cette comparaison semble nous indiquer que la race commune des poules, chez les Grecs, était bien plus petite que la nôtre ; le corps de la bécasse est en tout temps fort charnu et très gras sur la fin de l'automne (*e*) : c'est alors et pendant la plus grande partie de l'hiver qu'elle fait un mets recherché (*f*), quoique sa chair soit noire et ne soit pas fort tendre ; mais comme chair

(*a*) Σκολοπὰξ a σκολοπὰ, *pal* ou *pieu*. — « Scolopax, quod rostra palo, scolopos, similia ; quo » sensu et ab Hebræis *kore*, a nostris *lang-nasen*, *lang-chnabel* dicitur. » Klein, *Avi.*, p. 99. Voyez la nomenclature.

(*b*) « Colore attagenæ. »

(*c*) Non plus, dit-il, que le pluvier, le pigeon et le tète-chèvre. *Nat. des oiseaux*, p. 273.

(*d*) « Magnitudine quanta gallina est. » Arist., lib. IX, cap. XXVI.

(*e*) Olina et Longolius disent qu'on l'engraisse avec une pâte faite de farine de blé sarrasin (*farina d'orzo*) et de figues sèches ; ce qui nous paraît difficile pour un oiseau si sauvage, et inutile pour un gibier aussi gras dans sa saison.

(*f*) Il paraît, au récit d'Olina, que la chasse en continue tout l'hiver en Italie ; les grands froids au fort de l'hiver, dans nos provinces, obligent les bécasses de s'éloigner un peu ; cependant il en reste encore quelques-unes dans nos bois, près des fontaines chaudes.

(*) Brehm en donne la description suivante : « La bécasse commune a le front gris ; le haut et le derrière de la tête et la nuque marqués de huit raies transversales, quatre brunes et quatre d'un jaune roux ; le dos roux, tacheté de gris roux, de jaune roux, de gris brun et de noir ; la gorge blanchâtre ; la poitrine et le ventre moirés de gris jaunâtre et de brun ; les rectrices et les rémiges tachetées de noir sur un fond noirâtre pour les premières, brun pour les secondes ; l'œil brun ; le bec et les pattes gris de corne. »

ferme elle a la propriété de se conserver longtemps ; on la cuit sans ôter les entrailles, qui, broyées avec ce qu'elles contiennent, font le meilleur assaisonnement de ce gibier ; on observe que les chiens n'en mangent point : il faut que ce fumet ne leur convienne pas, et même qu'il leur répugne beaucoup, car il n'y a guère que les barbets qu'on puisse accoutumer à rapporter la bécasse ; la chair des jeunes a moins de fumet, mais elle est plus tendre et plus blanche que celle des bécasses adultes : toutes s'amaigrissent à mesure que le printemps s'avance, et celles qui restent en été sont, dans cette saison, dures, sèches et d'un fumet trop fort.

C'est à la fin de l'hiver, c'est-à-dire au mois de mars, que presque toutes les bécasse quittent nos plaines pour retourner sur leurs montagnes (*a*), rappelées par l'amour à la solitude, si douce avec ce sentiment. On voit ces oiseaux au printemps partir appariés (*b*) ; ils volent alors rapidement, et sans s'arrêter, pendant la nuit ; mais le matin ils se cachent dans les bois pour y passer la journée, et en partent le soir pour continuer leur route (*c*) ; tout l'été ils se tiennent dans les lieux les plus solitaires et les plus élevés des montagnes où ils nichent, comme dans celles de Savoie, de Suisse, du Dauphiné, du Jura, du Bugey et des Vosges : il en reste quelques-uns dans les cantons élevés de l'Angleterre et de la France, comme en Bourgogne, en Champagne, etc. Il n'est pas même sans exemple que quelques couples de bécasses se soient arrêtés dans nos provinces de plaine et y aient niché, retardées apparemment par quelques accidents, et surprises dans la saison de l'amour, loin des lieux où les portent leurs habitudes naturelles (*d*). Edwards a pensé qu'elles allaient toutes, comme tant d'autres oiseaux, dans les contrées les plus reculées du Nord (*e*) : apparemment il n'était pas informé de leur retraite aux montagnes et de l'ordre de leurs routes, qui, tracées sur un plan différent de celui des autres oiseaux, ne se portent et s'étendent que de la montagne à la plaine, et de la plaine à la montagne.

La bécasse fait son nid par terre, comme tous les oiseaux qui ne se perchent pas (*f*) ; ce nid est composé de feuilles ou d'herbes sèches entremêlées de petits brins de bois, le tout rassemblé sans art et amoncelé contre un tronc d'arbre ou sous une grosse racine : on y trouve quatre ou cinq œufs

(*a*) « Elle ne fait pas son nid qu'elle ne soit retournée à la montagne. » Belon.

(*b*) « Vere primo Angliam deserunt, prius tamen matrimonio copulantur, et binæ mas et » fœmina, unâ volant. » Willughby.

(*c*) Observation faite par M. Baillon, de Montreuil-sur-Mer.

(*d*) Voyez une lettre datée d'Abbeville, du 15 mai 1773, dans les *Affiches de province*, du 23 juin suivant, sur une nichée de bécasse avec des petits déjà grands, trouvée le 14 de mai dans les bois de la terre de Pont-de-Remy.

(*e*) Edwards, addition à la seconde partie, trad. franç., pag. 12.

(*f*) « Nidulantur humi... perdices... atque aliæ parum volantis generis ; ex his item alauda, » et gallinago, et coturnix, nunquam in arbore consistunt sed humi. » Aristot., lib. IX, cap. VIII.

oblongs, un peu plus gros que ceux du pigeon commun; ils sont d'un gris roussâtre, marbré d'ondes plus foncées et noirâtres. On nous a apporté un de ces nids, avec les œufs, dès le 15 d'avril. Lorsque les petits sont éclos, ils quittent le nid et courent quoique encore couverts de poil follet; ils commencent même à voler avant d'avoir d'autres plumes que celles des ailes; ils fuient ainsi voletant et courant quand ils sont découverts; on a vu la mère et le père prendre sous leur gorge un des petits, le plus faible, sans doute, et l'emporter ainsi à plus de mille pas; le mâle ne quitte pas la femelle tant que les petits ont besoin de leurs secours; il ne fait entendre sa voix que dans le temps de leur éducation et de ses amours, car il est muet, ainsi que la femelle, pendant le reste de l'année (*a*); quand elle couve, le mâle est presque toujours couché près d'elle, et ils semblent encore jouir en reposant mutuellement leur bec sur le dos l'un de l'autre : ces oiseaux, d'un naturel solitaire et sauvage, sont donc aimants et tendres; ils deviennent même jaloux, car l'on voit les mâles se battre jusqu'à se jeter par terre et se piquer à coups de bec, en se disputant la femelle; ils ne deviennent donc stupides et craintifs qu'après avoir perdu le sentiment de l'amour, presque toujours accompagné de celui du courage.

L'espèce de la bécasse est universellement répandue; Aldrovande et Gessner en ont fait la remarque (*b*). On la trouve dans les contrées du Midi comme dans celle du Nord, dans l'ancien et dans le nouveau monde ; on la connaît dans toute l'Europe, en Italie, en Allemagne, en France, en Pologne, en Russie (*c*), en Silésie (*d*), en Suède (*e*), en Norvège (*f*) et jusqu'en Groenland, où elle a le nom de *sauarsuck*, et où, par un composé suivant le génie de la langue, les Groenlandais en ont un pour signifier le *chasseur aux bécassec* (*g*) : en Islande, la bécasse fait partie du gibier qui abonde sur cette île, quoique semée de glaces (*h*); on la retrouve aux extrémités septentrionales et orientales de l'Asie, où elle est commune, puisqu'elle est nommée dans les langues kamtchadale, koriaque et kourile (*i*). M. Gmelin en a vu quantité à Mangasea, en Sibérie sur le Jénisca, et quoique les bécasses y soient en grand nombre, elle ne font qu'une très petite partie de cette mul-

(*a*) Ces petits cris ont des tons différents, passant du grave à l'aigu, *go, go, go, go ; pidi, pidi, pidi ; cri, cri, cri, cri ;* ces derniers semblent être de colère entre plusieurs mâles rassemblés : ils ont aussi une espèce de croassement *couan, couan*, et un certain grondement *froû, froû, froû*, lorsqu'ils se poursuivent.

(*b*) « Nullâ non in regione reperitur hæc avis. » Aldrovande, t. III, p. 474. — « Reperitur » hæc avis in omnibus ferè regionibus. » Gessner, p. 485.

(*c*) Rzaczyneski, *Hist. nat. Polon.*, p. 292.

(*d*) « Montibus nostris familiaris. » Schwenckfeld, p. 329.

(*e*) *Fauna Suecica*, n° 141.

(*f*) Brunnich., *Ornithol. Boreal.*, p. 48.

(*g*) « Saursuksiorpok. » *Dict. groënlandais* d'Egède.

(*h*) Voyez Anderson, *Histoire générale des Voyages*, t. XVIII, p. 20.

(*i*) En kamtchadale, *saukouloutch;* chez les Koriaques, *tcheicia;* et aux îles Kouriles, *petoroi*. Voyez les vocabulaires de ces langues dans l'*Histoire générale des voyages*, t. XIX, p. 359.

titude d'oiseaux d'eau et de rivage de toutes espèces qui, dans cette saison, se rassemblent sur les bords et les eaux de ce fleuve (*a*).

La bécasse se trouve de même en Perse (*b*), en Égypte aux environs du Caire (*c*), et ce sont apparemment celles qui vont dans ces régions qui passent à Malte en novembre par les vents de nord et de nord-est, et ne s'y arrêtent qu'autant qu'elles y sont retenues par le vent (*d*). En Barbarie, elles paraissent, comme dans nos contrées, en octobre et jusqu'en mars (*e*) ; et il est assez singulier que cette espèce remplisse en même temps le Nord et le Midi, ou du moins puisse s'habituer dans la zone torride, en paraissant naturelle aux zones froides ; car M. Adanson a trouvé la bécasse dans les îles du Sénégal (*f*) ; d'autres voyageurs l'ont vue en Guinée (*g*) et sur la côte d'Or (*h*) ; Kæmpfer en a remarqué en mer entre la Chine et le Japon (*i*), et il paraît que Knox les a aperçues à Ceylan (*j*). Et puisque la bécasse occupe tous les climats et se trouve dans le nord de l'ancien continent, il n'est pas étonnant qu'elle se retrouve au nouveau monde : elle est commune aux Illinois et dans toute la partie méridionale du Canada (*k*), ainsi qu'à la Louisiane, où elle est un peu plus grosse qu'en Europe, ce que l'on attribue à l'abondance de nourriture (*l*) ; elle est plus rare dans les provinces plus septentrionales de l'Amérique ; mais la bécasse de la Guyane, connue à Cayenne sous le nom de *bécasse des savanes*, nous paraît assez différer de la nôtre pour former une espèce séparée : nous la donnerons après avoir décrit les variétés peu nombreuses de cette espèce en Europe.

VARIÉTÉS DE LA BÉCASSE

I. — LA BÉCASSE BLANCHE (*m*).

Cette variété est rare, du moins dans nos contrées (*n*) ; quelquefois son plumage est tout blanc, plus souvent encore mêlé de quelques ondes de gris

(*a*) Gmelin, *Voyage en Sibérie*.

(*b*) *Voyage de Chardin*, Amsterdam, 1711, t. II, p. 30.

(*c*) *Voyage d'Égypte*, par Granger, p. 237.

(*d*) Observation communiquée par M. le chevalier Desmazy.

(*e*) Shaw, *Travels*., etc., p. 253.

(*f*) *Voyage au Sénégal*, p. 169.

(*g*) Bosman, *Voyage en Guinée*. Utrecht, 1705.

(*h*) *Histoire générale des Voyages*, t. IV, p. 245.

(*i*) Kæmpfer, *Hist. nat. du Japon*, t. Ier, p. 44.

(*j*) *Histoire générale des Voyages*, t. VIII, p. 547.

(*k*) *Histoire de la Nouvelle-France*, par le P. Charlevoix, t. III, p. 155.

(*l*) Le Page du Pratz, *Histoire de la Louisiane*, t. II, p. 126.

(*m*) *Scolopax alba*. Klein, *Avi*., p. 100, n° 6. — *White-wood-cok*. Albin, p III, p. 36. — *Scolopax candida*. Brisson, *Ornithol*., t. V, p. 297.

(*n*) « On en tua une près de Grenoble, au mois de décembre 1774. » Lettre de M. de Morges, datée de Grenoble le 29 février 1775.

ou de marron ; le bec est d'un blanc jaunâtre ; les pieds sont d'un jaune pâle avec les ongles blancs : ce qui semblerait indiquer que cette blancheur tient à une dégénération différente du changement de noir en blanc qu'éprouvent les animaux dans le Nord, et cette dégénération dans l'espèce de la bécasse est assez semblable à celle du Nègre blanc dans l'espèce humaine.

II. — LA BÉCASSE ROUSSE.

Dans cette variété tout le plumage est roux sur roux, par ondes plus foncées sur un fond plus clair ; elle paraît encore plus rare que la première : l'une et l'autre furent tuées à la chasse du Roi au mois de décembre 1775, et Sa Majesté nous fit l'honneur de nous les envoyer par M. le comte d'Angivillers pour être placées dans son Cabinet d'Histoire naturelle.

III. — Les chasseurs prétendent distinguer deux races de bécasses (*a*), la *grande* et la *petite ;* mais comme le naturel et les habitudes sont les mêmes dans ces deux bécasses, et qu'en tout le reste elles se ressemblent, nous ne regarderons cette petite différence de taille que comme accidentelle ou individuelle, ou comme celle du jeune à l'adulte, laquelle par conséquent ne constitue pas deux races séparées entre deux oiseaux qui, du reste, sont les mêmes, puisqu'ils s'unissent et produisent ensemble.

OISEAU ÉTRANGER

QUI A RAPPORT A LA BÉCASSE

LA BÉCASSE DES SAVANES (*b*)

Cette bécasse de la Guyane (*), quoique du quart plus petite que celle de France, a néanmoins le bec encore plus long ; elle est aussi un peu plus haut montée sur ses pieds, qui sont bruns comme le bec ; le gris blanc, coupé et

(*a*) « J'ai remarqué plusieurs fois qu'il paraît y avoir deux espèces de bécasses. Les premières qui arrivent sont les plus grosses ; elles ont les pieds gris, tirant légèrement sur le rose ; les autres sont plus petites, leur plumage est semblable à celui de la grande bécasse, mais elles ont les pieds de couleur bleue ; et on a observé que, lorsque l'on prend cette petite espèce aux environs de Montreuil en Picardie, la grande bécasse y devient plus rare. » Note communiquée par M. Baillon, de Montreuil-sur-Mer.

(*b*) Voyez les planches enluminées, n° 895.

(*) *Scolopax paludosa* L.

varié par barres de noir, domine dans son plumage, moins mêlé de roux que celui de notre bécasse : avec ces différences extérieures que le climat a peut-être fait naître, celles des mœurs et des habitudes, qu'il produit aussi, se reconnaissent dans la bécasse des savanes ; elle demeure habituellement dans ces immenses prairies naturelles, d'où l'homme et les chiens ne l'ont point encore chassée, parce qu'ils n'y sont point établis ; elle se tient dans les *coulées :* on appelle ainsi les enfoncements des savanes, où il y a toujours de la vase et des herbes épaisses et hautes, évitant néanmoins celles où la marée monte et dont l'eau est salée. Dans la saison des pluies, ces petites bécasses cherchent les hauteurs et s'y tiennent dans les herbes : c'est là qu'elles s'apparient et qu'elles nichent sur de petites élévations, dans des trous tapissés d'herbes sèches ; les pontes ne sont que de deux œufs ; mais elles se réitèrent et ne finissent qu'en juillet ; les pluies passées, ces bécasses reviennent aux coulées, c'est-à-dire des lieux élevés aux plus bas, ce qui leur est commun avec les bécasses d'Europe. Le feu qu'on met souvent aux savanes en septembre et octobre les chassant devant lui, elles refluent en grand nombre dans les lieux voisins des parties incendiées ; mais elles semblent éviter les bois, et lorsqu'on les poursuit elles n'y font jamais remise, et s'en détournent pour regagner les savanes : cette habitude est contraire à celle de la bécasse d'Europe ; néanmoins, elles partent, comme cette dernière, toujours sous les pieds du chasseur ; elles ont la même pesanteur en se levant, le même vol bruyant, et elles fientent de même en commençant à filer. Lorsqu'une de ces bécasses est tirée, elle ne va pas se reposer loin, mais fait plusieurs tours avant de s'abattre ; communément elles partent deux à deux, quelquefois trois ensemble, et lorsqu'on en voit une, on peut être assuré que la seconde n'est pas loin ; on les entend, à l'approche de la nuit, se rappeler par un cri de ralliement un peu rauque, assez semblable à cette voix basse *ka, ka, ka, ka,* que fait souvent entendre la poule domestique ; elles se promènent la nuit, et on les voit, au clair de la lune, venir se poser jusqu'aux portes des habitations. M. de la Borde, qui a fait ces observations à Cayenne, nous assure que la chair de la bécasse des savanes est au moins aussi bonne que celle de la bécasse de France.

LA BÉCASSINE [a] [b]

PREMIÈRE ESPÈCE.

La bécassine (*) est très bien nommée, puisqu'en ne la considérant que par la figure, on pourrait la prendre pour une petite espèce de bécasse : *ce serait une petite bécasse*, dit Belon, *si elle n'estoit de mœurs différentes;* en effet, la bécassine a, comme la bécasse, le bec très long et la tête carrée; le plumage

(a) Voyez les planches enluminées, n° 883.

(b) En italien, *pizzardella;* en anglais, *snite, snipe;* en allemand, *schnepfflin, wasserschnepffe, heers-schnepff,* comme *bécasse des seigneurs*, à cause de sa délicatesse; *graszschnepff,* bécasse d'herbes, parce qu'elle se cache dans les herbages des marais; en suédois, *mall-snaeppa, wald-snaeppa ;* en polonais, *bekas, kosielek, baranek;* en turc, *jelve.* — *Bécassine* ou *bécasseau.* Belon, *Nat. des oiseaux*, p. 215, avec une mauvaise figure. — *Bécassine, bécasseau, bécasse petite.* Idem, *Portraits d'oiseaux*, p. 44, *a*, avec une figure passable. — *Gallinago, sive rusticula minor.* Gessner, *Avi.*, p. 505, avec une figure peu exacte. — Idem, *Icon., avi.*, p. 112, avec la même figure. — *Scolopax, seu gallinago minor.* Aldrovande, *Avi.*, t. III, p. 476, avec une figure peu exacte, p. 479. — *Gallinago minor Bellonii.* Idem, *ibid.*, p. 484, avec une très mauvaise figure. — *Scolopax, seu gallinago minor, et scolopax minor.* Jonston. *Avi.*, p. 110, avec la figure empruntée d'Aldrovande, pl. 31, et prise de Gessner, pl. 27. — *Gallinago minor Aldrovandi.* Willughby, *Ornithol.*, p. 214, avec une figure peu ressemblante, pl. 53. — *Gallinago minor.* Ray, *Synops. avi.*, p. 105, n° *a*, 2. — Sibbald, *Scot. illustr.*, part. II, lib. III, p. 18. — *Perdix rustica minor.* Schwenckfeld, *Avi. Siles.*, p. 330. — *Rusticula, gallinago Gazæ ; scolopax minor aliis.* Rzaczynski, *Hist. nat. Polon.*, p. 295. — *Gallinago minor Willughbi.* Idem, *ibid.*, p. 381. — *Perdix rustica minor, scolopax minor*, etc. Idem, *Auctuar.*, p. 410. — *Gallinago, scolopax minor.* Charleton, *Exercit.*, p. 112, n° 8. — Idem, *Onomast.*, p. 108, n° 8. — *Gallinago, scolopax minor.* Marsigl., *Danub.*, t. V, p. 34, avec une figure peu exacte, tab. 15. — *Scolopax media.* Klein, *Avi.*, p. 99, n° 2. — *Scolopax, quæ capella cælestis authorum.* Idem, p. 100, n° 3. *Nota.* Klein se trompe ici en appliquant à la bécassine le nom de *capella cælestis* comme Rzaczynski et Schwenckfeld en lui donnant ceux d'*aix* et de *kimmels-geiz*, qui désignent le vanneau. — *Die heer schnepfe.* Frisch, vol. II, div. 12, sect. 4, pl. 6. — « Scolopax » rostro recto, apice tuberculato, pedibus fuscis, lineis frontis fuscis quaternis... » *Gallinago.* Linnæus, *Syst. nat.*, édit. X, gen. 77, sp. 11. — « Numenius capite lineis quatuor » fuscis longitudinalis rostri apice tuberculoso, femoribus semi-nudis. » Idem, *Fauna Suec.*, n° 143. — *Scolopax cinerea minor, rostro nigro.* Barrère, *Ornithol.*, class. III, gen. 12, sp. 2. — *Bécassine.* Albin, t. Ier, p. 63, avec une figure mal coloriée, pl. 71. — « Scolopax supernè » nigricante et fulvo diluto variegata, infernè alba; gutture fulvo; capite superiore triplici

(*) Les Bécassines forment pour les ornithologistes modernes un genre spécial, *Gallinago*, qui se distingue surtout des Bécasses par des pattes nues jusqu'au-dessus de l'articulation tibio-tarsienne ; les doigts sont longs, minces et entièrement séparés. L'espèce décrite ici est le *Gallinago scolopacina* Bp.

madré de même, excepté que le roux s'y mêle moins, et que le gris blanc et le noir y dominent; mais ces ressemblances, bornées à l'extérieur, n'ont pas pénétré l'intérieur, le résultat de l'organisation n'est pas le même, puisque les habitudes naturelles sont opposées; la bécassine ne fréquente pas les bois; elle se tient dans les endroits marécageux des prairies, dans les herbages et les osiers qui bordent les rivières; elle s'élève si haut en volant, qu'on l'entend encore lorsqu'on l'a perdue de vue; elle a un petit cri chevrotant, *mée*, *mée*, *mée*, qui lui a fait donner par quelques nomenclateurs le surnom de *chèvre volante* (*a*); elle jette aussi, en prenant son essor, un petit cri court et sifflé; elle n'habite les montagnes en aucune saison : elle diffère donc de la bécasse par le naturel et par les habitudes, autant qu'elle lui ressemble par le plumage et la figure.

En France, les bécassines paraissent en automne : on en voit quelquefois trois ou quatre ensemble, mais le plus souvent on les rencontre seules; elles partent de loin d'un vol très preste, et après trois crochets elles filent deux ou trois cents pas, ou pointent en s'élevant à perte de vue; le chasseur sait faire fléchir leur vol et les amener près de lui en imitant leur voix. Il en reste tout l'hiver dans nos contrées autour des fontaines chaudes et des petits marais voisins de ces fontaines; au printemps elles repassent en grand nombre, et il paraît que cette saison est celle de leur arrivée en plusieurs pays où elles nichent, comme en Allemagne (*b*), en Silésie (*c*), en Suisse (*d*); mais en France il n'en reste que quelques-unes pendant l'été, et elles nichent dans nos marais; Willughby l'observe de même pour l'Angleterre (*e*); on trouve leur nid en juin : il est placé à terre, sous quelque grosse racine d'aune ou de saule; dans les endroits marécageux où le bétail ne peut parvenir, il est fait d'herbes sèches et de plumes, et contient quatre ou cinq œufs de forme oblongue, d'une couleur blanchâtre avec des taches rousses; les petits quittent le nid en sortant de la coque : ils paraissent laids et informes; la mère ne les en aime pas moins; elle en a soin jusqu'à ce que leur grand bec, trop mou, soit devenu plus ferme, et ne les quitte que quand ils peuvent aisément se pourvoir d'eux-mêmes (*).

» tæniâ longitudinali dilutè fulvâ notato; dorso fasciis quatuor longitudinalibus dilutè fulvis » insignito; uropygio fusco-nigricante, albo fulvescente transversim striato; rectricibus in » exortu nigricantibus, in extremitate fulvis, nigricante transversim striatis... » *Gallinago.* Brisson, *Ornithol.*, t. V. p. 298.

(*a*) Klein, Schwenckfeld, Rzaczynski.

(*b*) *Apud Aldrov.*, t. III, p. 478.

(*c*) *Aviar. Siles.*, p. 330.

(*d*) « Advena est secundum æquinoctium vernum, neque a marginibus lacuum et stagnorum quoquam discedit. » Gessner, *Avi.*, p. 488.

(*e*) « Apud nos nonnullæ per totam æstatem manent, et in palustribus nidificant... pars maxima aliò abit. » Willughby, p. 214.

(*) Naumann a décrit avec beaucoup de soin les jeux auxquels se livre le mâle pour exciter les désirs de la femelle. Il s'élève d'abord très haut dans l'air, y décrit des cercles,

La bécassine pique continuellement la terre, sans qu'on puisse bien dire ce qu'elle mange; on ne trouve dans son estomac qu'un résidu terreux et des liqueurs qui sont apparemment la substance fondue des vers dont elle se nourrit; car Aldrovande remarque qu'elle a le bout de la langue terminé, comme les pics, par une pointe aiguë, propre à percer les vers qu'elle fouille dans la vase.

Dans cette espèce de bécassine, la tête a un mouvement naturel de balancement horizontal, et la queue un mouvement de haut en bas; elle marche pas à pas, la tête haute, sans sautiller ni voltiger; mais on la surprend rarement dans cette situation, car elle se tient soigneusement cachée dans les roseaux et les herbes des marais fangeux, où les chasseurs ne peuvent aller trouver ces oiseaux qu'avec des espèces de raquettes faites de planches légères, mais assez larges pour ne point enfoncer dans le limon; et comme la bécassine part de loin et très rapidement et qu'elle fait plusieurs crochets avant de filer, il n'y a pas de tiré plus difficile; on la prend plus aisément avec un rejet semblable à celui qu'on place dans les sentiers des bois pour prendre la bécasse.

La bécassine est ordinairement fort grasse, et sa graisse, d'une saveur fine, n'a rien du dégoût des graisses ordinaires (*a*); on la cuit, comme la bécasse, sans la vider, et partout on la recherche comme un gibier exquis.

Au reste, quoiqu'on ne manque guère de trouver en automne des bécassines dans nos marais (*b*), l'espèce n'en est pas aussi nombreuse aujourd'hui qu'elle l'était ci-devant (*c*); mais elle est répandue encore plus universellement que celle de la bécasse; on la rencontre dans toutes les parties du monde : quelques voyageurs éclairés en ont fait la remarque (*d*); on nous l'a envoyée de Cayenne, où on l'appelle *bécassine de savane* (*e*); M. Frezier

(*a*) « Elle est fournie de haulte graisse, qui réveille l'appétit endormi, provoque à bien » discerner le goût des francs vins; quoi sachant, ceux qui sont bien rentés la mangent pour » leur faire bonne bouche. » Belon, *Nat. des oiseaux*.

(*b*) « On voit une quantité prodigieuse de ces oiseaux dans les marais entre Laon, Notre-Dame-de-Liesse, la Fère, Péronne, Amiens, Calais. » Note communiquée par M. Hébert.

(*c*) « C'est un gibier si fréquent en temps d'hiver, que n'avons quasi vu rien de plus » commun par les plaines des pays méditerranés. » Belon, *Nat. des oiseaux*, p. 216.

(*d*) « Il est à remarquer que les bécassines se trouvent dans beaucoup plus de pays du » monde qu'aucun autre oiseau; elles sont communes dans presque toute l'Europe, l'Asie et » l'Amérique. » *Voyage autour du monde*, par le capitaine Coock, t. IV, p. 268.

(*e*) Avec la chair de fort bon goût, cette bécassine de la Guyane ne prend guère de graisse, non plus que la bécassse de ce pays, suivant M. de la Borde; elle ne pond de même que deux œufs. La diminution du nombre d'œufs à chaque ponte paraît avoir lieu dans tous les pays où les oiseaux les réitèrent.

puis se laisse tomber verticalement, remonte ensuite obliquement ou en décrivant une spirale ou une ligne ondulée, et en produisant un bruit chevrotant que l'on peut rendre par *doudoudoudoudoudoudou*, et qui est produit par les vibrations des rectrices externes. Après avoir répété bien des fois ce jeu, il se laisse enfin tomber près de la femelle qui se décide à l'appeler.

l'a trouvée dans les campagnes du Chili (*a*); elle est commune à la Louisiane, où elle vient jusque auprès des habitations (*b*), de même qu'au Canada (*c*) et à Saint-Domingue (*d*). Dans l'ancien continent, on la trouve depuis la Suède (*e*) et la Sibérie (*f*) jusqu'à Ceylan (*g*) et au Japon (*h*) : nous l'avons reçue du cap de Bonne-Espérance (*i*); elle s'est portée sur les terres lointaines de l'océan Austral (*j*); aux îles Malouines, où M. de Bougainville l'a vue, et où il remarque qu'elle a des habitudes conformes à ces lieux solitaires, où rien ne l'inquiète; son nid est au milieu de la campagne; on la tire aisément, elle n'a nulle défiance et ne fait point le crochet en partant (*k*), nouvelle preuve que les habitudes timides des animaux fugitifs devant l'homme leur sont imprimées par la crainte : et cette crainte dans la bécassine paraît encore se réunir à la forte aversion qu'elle a pour l'homme, car elle est du nombre de ces oiseaux qu'en aucune manière on ne peut apprivoiser. Longolius assure qu'on peut élever et tenir la bécasse en volière, et même la nourrir pour l'engraisser, mais que la chose a été tentée sur la bécassine inutilement et sans succès (*l*).

Il paraît qu'il y a dans cette espèce une petite race comme dans celle de la bécasse; car indépendamment de la petite bécassine surnommée *la sourde*, dont nous allons parler, il s'en trouve entre celles de l'espèce ordinaire de grandes, et d'autres plus petites; mais cette différence de taille, qui n'est accompagnée d'aucune autre, ni dans les mœurs ni dans le plumage, n'indique tout au plus qu'une diversité de race, ou peut-être une variété purement accidentelle et individuelle, qui ne tient point au sexe; car on ne connaît aucune différence apparente entre le mâle et la femelle dans cette espèce, non plus que dans la suivante (*m*).

(*a*) *Voyage à la mer du Sud*, p. 74.

(*b*) Le Page du Pratz, *Histoire de la Louisiane*, t. II, p. 127.

(*c*) *Nouvelle France*, t. III, p. 155.

(*d*) M. le chevalier Lefebvre-Deshayes remarque qu'un mois après leur arrivée, elles deviennent si grasses qu'elles paraissent aussi pesantes que des cailles; elles restent dans l'île jusqu'en février.

(*e*) *Fauna Suecica*.

(*f*) Gmelin, *Voyage en Sibérie*, t. Ier, p. 218; t. II, p. 56.

(*g*) Knox, dans l'*Hist. générale des Voyages*, t. VIII, p. 547.

(*h*) Kæmpfer, *Hist. nat. du Japon*, t. Ier, p. 112 et 113.

(*i*) Cette bécassine du cap de Bonne-Espérance est un peu plus grande, avec le bec encore plus long et les jambes un peu plus grosses que la nôtre, ce qui n'empêche pas qu'on ne les reconnaisse très clairement pour être de la même espèce; elle est différente d'une autre bécassine du Cap, qui y paraît indigène, et que nous donnerons tout à l'heure.

(*j*) « Nous trouvâmes vers la partie septentrionale d'Ulietea (île voisine de Taïti), des criques très profondes, et, au fond, des marais remplis d'une grande quantité de canards et de bécassines, plus sauvages que nous ne l'attendions; nous apprîmes bientôt que les insulaires, qui aiment à les manger, ont coutume de les poursuivre. » Forster, *Second Voyage de Cook*, t. Ier, p. 434.

(*k*) *Voyage autour du monde*, par M. de Bougainville, t. Ier, in-8°, p. 124.

(*l*) *Apud Aldrovand.*, t. III, p. 478.

(*m*) « Mares a fœminis neque magnitudine, neque colore differunt. » Willughby, p. 124.

LA PETITE BÉCASSINE SURNOMMÉE LA SOURDE (a) (b)

SECONDE ESPÈCE.

La petite bécassine (*) n'a que moitié de la grandeur de l'autre, *d'où vient*, dit Belon, *que les pourvoyeurs l'appellent deux pour un*. Elle se cache dans les roseaux des étangs, sous les joncs secs et les glaïeuls tombés au bord des eaux; elle s'y tient si obstinément cachée qu'il faut presque marcher dessus pour la faire lever, et qu'elle part sous les pieds, comme si elle n'entendait rien du bruit que l'on fait en venant à elle; c'est de là que les chasseurs l'ont appelée *la sourde;* son vol est moins rapide et plus direct que celui de la grande bécassine; sa chair n'est pas d'un goût moins délicat, et sa graisse est aussi fine; mais l'espèce n'en paraît pas aussi nombreuse, ou du moins n'est pas aussi généralement répandue. Willughby, qui écrivait en Angleterre, remarque qu'elle y est moins commune que la grande bécassine (c); Linnæus n'en fait pas mention dans le dénombrement des oiseaux de Suède; cependant elle se trouve en Danemark, suivant M. Brunnich (d). Cette petite bécassine a le bec moins long à proportion que l'autre; son plumage est le même, avec quelques reflets cuivreux sur le dos, et de longs traits de pinceaux roussâtres sur des plumes couchées aux côtés du dos, et qui étant allongées, soyeuses et comme effilées, ont appa-

(a) Voyez les planches enluminées, n° 884.

(b) En anglais, *jud-cock, jack-snipe;* en flamand, *hals-schnepff;* en danois, *ror-sneppe;* en polonais, *ksik;* dans l'Orléanais, *becquerolle* ou *boucriolle;* et *foucault*, suivant M. Salerne : ce qui paraît revenir au nom obscène que lui donnent, suivant Belon, les paysans des côtes. Voyez *Nature des Oiseaux*, p. 217. — En Picardie et dans le Boulonais, *hanipon*, suivant le même M. Salerne. — *Plus petite espèce de bécassine.* Belon, *Nat. des oiseaux*, p. 217. — *Cinclus quartus, gallinago minima Belonii.* Aldrovande, *Avi.*, t. III, p. 493, avec une très mauvaise figure. — Jonston, *Avi.*, p. 112, avec la figure prise d'Aldrovande, tab. 53. — *Gallinago minima, seu tertia Bellonii.* Willughby, *Ornithol.*, p. 214. — Ray, *Synops. avi.*, p. 105, n° *a*, 3. — *Gallinago minima, Polonis ksik.* Rzaczynski, *Hist. nat. Polon.*, p. 295. — *Scolopax minima.* Klein, *Avi.*, p. 100, n° 4. — *Cinclus*, Charleton, *Exercit.*, p. 113, n° XI. Idem, *Onomast.*, p. 108, n° XI. — *Scolopax minima, ex fulvo et castaneo colore maculata.* Barrère, *Ornithol.*, class. III, gen. 12, sp. 3. — *Die haar pudel, oder kleinste schnepffe.* Frisch, vol. II, div. 12, sec. 4, pl. 8. — *Mâle de la bécassine.* Albin, t. III, p. 36, avec une figure mal coloriée, pl. 86. — *Bécot.* Salerne, *Ornithol.*, p. 325. — « Scolopax » supernè nigro et fulvo variegata, nigro-violaceo et viridi aureo colore variante, infernè » fusco, fulvo obscuro et albido varia; ventre albo; gutture albo fulvescente; capite superiore duplici tæniâ longitudinali dilutè fulva notato, dorso fasciis quatuor longitudinalibus » dilutè fulvis insignito; uropygio splendidè violaceo, pennis albido in apice marginatis; » rectricibus binis intermediis nigricantibus, fulvo marginatis, lateralibus fuscis, fulvo variegatis... » *Gallinago minor.* Brisson, t. V, p. 303.

(c) *Ornithol.*, p. 214.

(d) *Ornithol. borealis*, n° 163.

(*) *Gallinago gallinula* (*Scolopax gallinula* L.).

remment donné lieu au nom de *haarschnepffe* que les Allemands lui donnent, selon M. Klein.

Ces petites bécassines restent presque toute l'année, et nichent dans nos marais; leurs œufs, de même couleur que ceux de la grande bécassine, sont seulement plus petits à proportion de l'oiseau, qui n'est pas plus gros qu'une alouette. On a souvent pris cette petite bécassine pour le mâle de la grande, et Willughby corrige cette erreur populaire en avouant qu'il le croyait lui-même avant de les avoir comparées (*a*) : ce qui n'a pas empêché Albin de tomber de nouveau dans cette même erreur (*b*).

LA BRUNETTE (*c*)

TROISIÈME ESPÈCE.

Willughby donne cet oiseau (*), sous le nom de *dunlin*, qui peut se rendre par *brunette* (*d*) : il le dit indigène aux parties septentrionales de l'Angleterre (*e*). C'est une petite bécassine de la taille de la précédente, et qui paraît en différer assez peu; elle a le ventre noirâtre, ondé de blanc, et le dessus du corps tacheté de noir et d'un peu de blanc sur un fond brun roux : du reste, elle est de la même figure et a les mêmes habitudes que notre petite bécassine : ainsi c'est une espèce très voisine, ou peut-être une simple variété de l'espèce précédente.

(*a*) « Vulgus *jack* suipe vocat marem, majoris speciei erronè credens; in quem errorem » ego fui, et a D. Lister admonitus, recognovi. » Willughby, p. 214.

(*b*) T. III, p. 36, la figure de la petite bécassine, avec ce titre : *mâle de la bécassine.*

(*c*) « Scolopax supernè rufa, maculis nigris, et pauco albo variegata, infernè alba : gutture, collo inferiore et pectore maculis nigricantibus variis; medio ventre nigricante, albo » undulato; rectricibus binis intermediis fuscis rufo maculatis, lateralibus fusco-albicantibus... » *Gallinago Anglicana.* Brisson, *Ornithol.*, t. V, p. 309.

(*d*) *Dun*, en anglais, signifie *brun*, de couleur obscure ou tannée; *dunlin*, est un diminutif.

(*e*) « Dunlin septentrionalium Anglorum, gallinagini minimæ par; victum in limo colligit, etc. » Willughby, *Ornithol.*, p. 226. — Ray, *Synops. avi.*, p. 109.

(*) *Scolopax pusilla* L.

OISEAUX ÉTRANGERS

QUI ONT RAPPORT AUX BÉCASSINES

LA BÉCASSINE DU CAP DE BONNE-ESPÉRANCE (a) (b)

PREMIÈRE ESPÈCE.

Elle (*) est un peu plus grande que notre bécassine commune, mais elle a le bec beaucoup moins long; les couleurs de son plumage sont un peu moins sombres; un gris bleuâtre haché de petites ondes noires fait le fond du manteau que traverse une ligne blanche tirée de l'épaule au croupion; une petite zone noire marque le haut de la poitrine; le ventre est blanc; la tête est coiffée de cinq bandes, l'une roussâtre au sommet, deux grises de chaque côté, puis deux blanches qui engagent l'œil et s'étendent en arrière.

LA BÉCASSINE DE MADAGASCAR (c)

SECONDE ESPÈCE.

Cette bécassine (**) est très jolie par la disposition et le mélange des couleurs de son plumage; la tête et le cou sont de couleur rousse, traversée d'un trait blanc qui passe sur l'œil et qui est surmonté d'un trait noir; le bas du cou est ceint d'un large collet noir; les plumes du dos sont noirâtres, festonnées de gris; le roussâtre, le gris, le noirâtre, sont coupés sur les couvertures de l'aile par de petits festons ondoyants et serrés; les pennes moyennes de l'aile et celles de la queue sont coupées transversalement par

(a) Voyez les planches enluminées, nº 270.

(b) « Scolopax supernè saturatè cinerea, nigricante transversim striata et violaceo adumbrata, infernè alba; fasciâ longitudinali in capite superiore albo rufescente maculatâ; oculorum ambitu et tæniâ prope oculos candidis; genis, gutture et collo inferiore rufis; tæniâ in summo pectore transversâ nigricante; fasciâ utrimque a scapulis versùs uropygium albo-flavicante, maculis nigricantibus utrimque præditâ; rectricibus cinereis, nigricante transversim striatis et flavicante maculatis... » *Gallinago capitis Bonæ-Spei*, Brisson, *Ornithol. Supplément*, p. 141.

(c) Voyez les planches enluminées, nº 922.

(*) *Scolopax capensis* GMEL.

(**) C'est une variété du *Scolopax capensis* GMEL.

bandes variées de cet agréable mélange, séparées par trois ou quatre rangs de taches ovales d'un beau roux clair, encadré de noir; les grandes pennes sont traversées de bandes alternativement noires et rousses; le dessous du corps est blanc. Cette bécassine a près de dix pouces de longueur.

LA BÉCASSINE DE LA CHINE (a)

TROISIÈME ESPÈCE.

Elle (*) est un peu moins grosse que notre grande bécassine, mais elle est un peu plus haute sur jambes; elle a le bec presque aussi long; son plumage est moins sombre; il est chamarré sur le manteau par taches assez larges, et par festons, de gris brun, de bleuâtre, de noir et de roux clair; la poitrine est ornée d'un large feston noir; le dessous du corps est blanc; le cou est piqueté de gris blanc et de roussâtre, et la tête est traversée de traits noirs et blancs.

La bécassine de Madras (**), donnée par M. Brisson (b), aurait assez de rapport par les couleurs, telles qu'il les décrit, avec cette bécassine de la Chine; mais un caractère qui manque à celle-ci est ce *doigt postérieur aussi long que ceux de devant,* que M. Brisson attribue à la bécassine de Madras, et qui, ce semble, dans les règles de la nomenclature, aurait dû lui faire exclure cet oiseau du genre des bécassines.

LES BARGES

De tous ces êtres légers sur lesquels la nature a répandu tant de vie et de grâces, et qu'elle paraît avoir jetés à travers la grande scène de ses ouvrages pour animer le vide de l'espace et y produire du mouvement, les oiseaux

(a) Voyez les planches enluminées, n° 881.

(b) « Scolopax supernè nigricante et fulvo variegata, infernè alba; gutture et collo inferiore fulvis, maculis nigricantibus variis; capite superiore triplici tæniâ longitudinali fusco-nigricante notato; dorso fasciis duabus longitudinalibus fusco-nigricantibus insignito; tæniâ transversâ in pectore nigrâ; rectricibus nigro, fulvo et griseo variegatis... » *Gallinago Maderaspatana.* Brisson, *Ornithol.*, t. V, p. 308. — Ray a donné cette bécassine : *gallinago Maderaspatana, perdicis colore. Synops. avi.*, p. 193, n° 2, avec une mauvaise figure, tab. 1, fig. 2; il la nomme en anglais *patridge-snipe, bécasse-perdrix,* à cause de ses couleurs.

(*) Variété du *Scolopax capensis* GMEL.

(**) *Scolopax madrespatana* GMEL.

de marais sont ceux qui ont eu le moins de part à ses dons; leurs sens sont obtus, leur instinct est réduit aux sensations les plus grossières, et leur naturel se borne à chercher alentour des marécages leur pâture sur la vase ou dans la terre fangeuse; comme si ces espèces attachées au premier limon n'avaient pu prendre part au progrès plus heureux et plus grand qu'ont fait successivement toutes les autres productions de la nature, dont les développements se sont étendus et embellis par les soins de l'homme, tandis que ces habitants des marais sont restés dans l'état imparfait de leur nature brute.

En effet, aucun d'eux n'a les grâces ni la gaieté de nos oiseaux des champs; ils ne savent point, comme ceux-ci, s'amuser, se réjouir ensemble, ni prendre de doux ébats entre eux sur la terre ou dans l'air; leur vol n'est qu'une fuite, une traite rapide d'un froid marécage à un autre : retenus sur le sol humide, ils ne peuvent, comme les hôtes des bois, se jouer dans les rameaux, ni même s'y poser; ils gissent à terre et se tiennent à l'ombre pendant le jour; une vue faible, un naturel timide, leur font préférer l'obscurité de la nuit, ou la lueur des crépuscules, à la clarté du jour, et c'est moins par les yeux que par le tact ou par l'odorat qu'ils cherchent leur nourriture. C'est ainsi que vivent les bécasses, les bécassines et la plupart des autres oiseaux de marais, entre lesquels les barges (*) forment une petite famille, immédiatement au-dessous de celle de la bécasse; elles ont la même forme de corps, mais les jambes plus hautes et le bec encore plus long, quoique conformé de même, à pointe mousse et lisse, droit ou peu fléchi et légèrement relevé : Gessner se trompe en leur prêtant un bec aigu et propre à darder les poissons (*a*); les barges ne vivent que des vers et vermisseaux qu'elles tirent du limon. On trouve dans leur gésier des graviers, la plupart transparents, et tout semblables à ceux que contient aussi le gésier de l'avocette (*b*); leur voix est assez extraordinaire, car Belon la compare au bêlement étouffé d'une chèvre (*c*). Ces oiseaux sont inquiets et partent de loin, et jettent un cri de frayeur en partant. Ils sont rares dans les contrées éloignées de la mer, et ils se plaisent dans les marais salés; ils ont sur nos côtes, et en particulier sur celles de Picardie (*d*), un passage régulier dans

(*a*) « Rostra eis recta et acuta ad victum è piscibus apta. » Gessner, *Avi. verb. Totanus.*

(*b*) Observation faite par M. Baillon sur les barges de passage sur les côtes de Picardie, et qui lui fait penser que ces oiseaux et l'avocette viennent alors des mêmes pays.

(*c*) « La barge... estant soupçonneuse, et qui ne laisse approcher les hommes guère près » d'elle; s'il advient quelquefois qu'elle s'élève avec peur, commence à jeter un cri tel que » les boucs ou chèvres font en bêellant lorsqu'elles ont la gueulle pleine. » Belon, *Nat. des oiseaux*, p. 205.

(*d*) Les barges s'appellent *taterlas* en Picardie.

(*) Les Barges (*Limosa*) sont des Échassiers de la famille des Scolopacides et de la sous-famille des Totaniens. Ils ont le corps élégant, le cou de moyenne longueur, le bec mou jusqu'au milieu, dur à l'extrémité qui est dépourvue du renflement tactile offert par le bec des Bécasses.

le mois de septembre; on les voit en troupes et on les entend passer très haut, le soir au clair de la lune; la plupart s'abattent dans les marais; la fatigue les rend alors moins fuyards; ils ne reprennent leur vol qu'avec peine, mais ils courent comme des perdrix, et le chasseur, en les tournant, les rassemble assez pour en tuer plusieurs d'un seul coup; ils ne séjournent qu'un jour ou deux dans le même lieu, et souvent dès le lendemain on n'en trouve plus un seul dans ces marais, où ils étaient la veille en si grand nombre; ils ne nichent pas sur nos côtes (*a*). Leur chair est délicate et très bonne à manger (*b*).

Nous distinguons huit espèces dans le genre de ces oiseaux.

LA BARGE COMMUNE (*c*) (*d*)

PREMIÈRE ESPÈCE.

Le plumage de cette barge (*) est d'un gris uniforme, à l'exception du front et de la gorge, dont la couleur est roussâtre; le ventre et le croupion sont blancs; les grandes pennes de l'aile sont noirâtres au dehors, blanchâtres en dedans; les pennes moyennes et les grandes couvertures ont beaucoup de blanc; la queue est noirâtre et terminée de blanc; les deux plumes extérieures sont blanches, et le bec noir à la pointe, et rougeâtre dans sa longueur qui est de quatre pouces; les pieds, avec la partie nue des jambes, en ont quatre et demi; la longueur totale de la pointe du bec au bout de la queue est de seize pouces et de dix-huit jusqu'au bout des doigts.

(*a*) Observation faite sur les côtes de Picardie par M. Baillon, de Montreuil-sur-Mer.

(*b*) « C'est un oyseau ez délices des Françoys. » Belon.

(*c*) Voyez les planches enluminées, n° 874.

(*d*) *Barge*. Belon, *Nat. des oiseaux*, p. 205, avec une mauvaise figure, p. 206; la même, *Portraits d'oiseaux*, p. 48, *a*. — *Barge Gallorum*. Aldrovande, *Avi.*, t. III, p. 434. — *Totanus*. Idem, p. 431. — Jonston, *Avi.*, p. 108. — Mœhring, *Avi.*, gen. 88. — *Fedoa secunda, quæ eadem cum totano Aldrovandi*. Willughby, *Ornithol.*, p. 216. — Ray, *Synops. avi.*, p. 105, n° *a*, 5. — *Barge Gallorum, quam ægocephalum facit Bellonius*. Jonston, *Avi.*, p. 106. — Charleton, *Exercit.*, p. 111, n° 10. Idem, *Onomast.*, p. 104, n° 10. — *Totanus cinereus, rostro prælongo*. Barrère, *Ornithol.*, class. IV, gen. 4, sp. 1. — *Scolopax, rusticola Aldrovandi*. Klein, *Avi.*, p. 100, n° 5. — « Scolopax rostro lævi, pedibus fuscis, remigibus » maculâ albâ; quatuor primis immaculatis... » *Limosa*. Linnæus, *Syst. nat.*, édit. X, gen. 77, sp. 10. — « Numenius uropygio albo, rectricibus nigris basi albis; remigibus transversâ » alba maculâ, exceptis quatuor primis. » Idem, *Fauna Suec.*, n° 144. — « Limosa supernè » griseo-fusca, pennis nigricantibus, ad margines maculis rufis variegatis intersertis, infernè » alba, gutture albo rufescente; collo griseo et rufescente vario, lineolis longitudinalibus » fuscis in imâ parte notato; pectore griseo candicante, tæniis transversis fuscis variegato; » uropygio fusco; rectricibus in exortu albis, in extremitate nigris, octo intermediis apice » griseis, tribus utrimque lateralibus albo in apice marginatis... » *Limosa*. Brisson, *Ornithol.*, t. V, p. 262.

(*) *Limosa melanura* Leisl. (*Scolopax Limosa* L.).

M. Hébert nous a dit avoir tué quelques barges de cette espèce en Brie; il paraît donc qu'elles s'abattent quelquefois dans le milieu des terres ou qu'elles y sont poussées par quelque coup de vent.

LA BARGE ABOYEUSE (*a*) (*b*)

SECONDE ESPÈCE.

Il faut que le cri de cet oiseau (*) ressemble à un aboiement, puisqu'il en a pris chez les Anglais le nom d'*aboyeur* (*barker*), sous lequel Albin et ensuite M. Adanson l'ont indiqué (*c*); la dénomination de *barge grise*, qu'elle porte dans nos planches enluminées, ne la distingue pas assez de la première espèce, qui est grise aussi, et même plus uniformément que celle-ci, dont le manteau gris brun est frangé de blanchâtre autour de chaque plume; celles de la queue sont rayées transversalement de blanc et de noirâtre. Cette barge diffère aussi de la première par la grandeur; elle n'a que quatorze pouces de longueur de la pointe du bec au bout des doigts.

Elle habite les marécages des côtes maritimes de l'Europe, tant de l'Océan que de la Méditerranée (*d*); on la trouve dans les marais salants, et, comme les autres barges, elle est timide et fuit de loin; elle ne cherche aussi sa nourriture que pendant la nuit (*e*).

(*a*) Voyez les planches enluminées, n° 876, sous le nom de *Barge grise*.

(*b*) *Totanus*. Gessner, *Avi.*, p. 518; et *Icon. avi.*, p. 115. — *Totanus ornithologi*. Aldrovande, *Avi.*, t. III, p. 429. — *Petit corlieu* ou *aboyeur* des Anglais. Albin, t. II, p. 45, avec une figure mal coloriée, pl. 71. — *Glarcola, barker Albini*. Klein, *Avi.*, p. 102, n° 12. — « Limosa supernè griseo-fusca, maculis nigricantibus varia, infernè alba; capite et collo » superioribus fusco-nigricantibus, marginibus pennarum albidis, collo inferiore et pectore » lineis longitudinalibus fusco nigricantibus variegatis; tæniâ suprà oculos et uropygio can- » didis; rectricibus albis, fusco transversim striatis, lateralibus interiùs versùs exortum » penitùs candidis... » *Limosa grisea*. Brisson, *Ornithol.*, t. V, p. 267.

(*c*) *Supplément à l'Encyclopédie*, article *Aboyeur*.

(*d*) M. Adanson.

(*e*) Albin.

(*) *Totanus Glottis* (*Scolopax Glottis* L.). La Barge aboyeuse de Buffon est un Chevalier (*Totanus*), genre très voisin des Barges.

LA BARGE VARIÉE (a)

TROISIÈME ESPÈCE.

Si la plupart des nomenclateurs n'avaient pas donné cette barge (*) comme distinguée de la précédente et sous des noms différents, nous ne ferions de toutes deux qu'une seule et même espèce; les couleurs du plumage sont les mêmes; la forme, entièrement semblable, ne diffère qu'en ce que celle-ci est un peu plus grande, ce qui n'indique pas toujours une diversité d'espèces; car l'observation nous a souvent démontré que dans la même espèce il se trouve des variétés dans lesquelles le bec et les jambes sont quelquefois plus longs ou plus courts d'un demi-pouce; tout le plumage de cette barge est, comme celui de l'aboyeuse, varié de blanc, et cette couleur frange et encadre le gris brun des plumes du manteau; la queue est rayée de même, et le dessous du corps est blanc. Les Allemands donnent à toutes deux le nom de *meer-houn;* les Suédois les appellent *gloutt* (b); ces noms paraissent exprimer un aboiement. Serait-ce sur ce même nom que Gessner, par une fausse analogie, aurait pris ces barges pour l'oiseau *glottis* d'Aristote, dont il a fait ailleurs une poule sultane ou un râle? Albin tombe ici dans une erreur palpable, en prenant cette barge pour la femelle du chevalier aux pieds rouges.

(a) *Limosa.* Gessner, *Avi.*, p. 519. Idem, *Icon. avi.*, p. 114. — *Glottis, lingulaca Gazæ.* Idem, *Avi.*, p. 520. — *Limosa Venetorum.* Aldrovande, *Avi.*, t. III, p. 434. — *Pluvialis major.* Idem, *ibid.*, p. 535. — Willughby, *Ornithol.*, p. 220. — Ray, *Synops. avi.*, p. 106, n° *a*, 8; et p. 190, n° 6. — Charleton, *Exercit.*, p. 114, n° 3. Idem, *Onomast.*, p. 109, n° 3. — Rzaczynski, *Auctuar. Hist. nat. Polon.*, p. 415. — Marsigli, *Danub.*, t. V, p. 48. — « Scolopax rostro recto basi inferiori rubro; pedibus virescentibus... » *Glottis.* Linnæus, *Syst. nat.*, édit. X, gen. 77, sp. 9. — « Numenius pedibus virescentibus uropygio albo, remi- » gibus lineis albis fuscisque undulatis. » Idem, *Fauna Suecica*, n° 142. — *Femelle du chevalier aux pieds rouges.* Albin, t. II, p. 43, avec une mauvaise figure, pl. 69. — « Limosa » supernè saturatè fusca, marginibus pennarum albidis, infernè alba; gutture albo rufes- » cente; collo albido, maculis longitudinalibus fuscis vario; uropygio fusco, marginibus » pennarum candidis; rectricibus albis, nigricante transversim striatis... » *Limosa grisea major.* Brisson, *Ornithol.*, t. V, p. 272.

(b) *Fauna Suecica*, n° 142.

(*) Variété du *Totanus Glottis.*

LA BARGE ROUSSE (*a*) (*b*)

QUATRIÈME ESPÈCE.

Elle (*) est à peu près de la grosseur de l'aboyeuse : elle a tout le devant du corps et le cou d'un beau roux ; les plumes du manteau, brunes et noirâtres, sont légèrement frangées de blanc et de roussâtre ; la queue est rayée transversalement de cette dernière couleur et de brun. On voit cette barge sur nos côtes ; elle se trouve aussi dans le Nord et jusqu'en Laponie ; on la retrouve en Amérique. Elle a été envoyée de la baie d'Hudson en Angleterre, c'est un exemple de plus de ces espèces aquatiques communes aux terres du nord des deux continents.

LA GRANDE BARGE ROUSSE (*c*) (*d*)

CINQUIÈME ESPÈCE.

Cette barge (**) est en effet plus grande que la précédente, mais elle n'a de roux que le cou, et des bords roussâtres aux plumes noirâtres du dos ; la poitrine et le ventre sont rayés transversalement de noirâtre sur fond blanc

(*a*) Voyez les planches enluminées, n° 900.

(*b*) *Totanus fulvus, maculis fuscis*. Barrère, *Ornithol.*, class. IV, gen. 4, sp. 2. — « Scolopax rostro subrecurvato, pedibusque nigris, pectore ferrugineo... » *Scolopax Laponica*. Linnæus, *Syst. nat.*, édit. X, gen. 77, sp. 12. — *Recurvirostra, pectore croceo*. Idem, *Fauna Suecica*, n° 138. (*Nota*. M. Linnæus, en rangeant cette barge à côté de l'avocette, sous le nom de *recurvirostra*, remarque en même temps que son bec n'est que très faiblement fléchi ou recourbé en haut.) — *Red breasted godvi*. Edwards, t. III, p. et pl. 138. — « Limosa » supernè nigricans, marginibus pennarum rufescentibus, infernè ferruginea : tæniâ suprà » oculos rufescente, uropygio albo rufescente, maculis longitudinalibus nigricantibus vario ; » rectricibus fuscis, albo transversim striatis... » *Limosa rufa*. Brisson, *Ornithol.*, t. V, page 281.

(*c*) Voyez les planches enluminées, n° 916.

(*d*) *Barge, seu ægocephalus Bellonii*. Willughby, *Ornithol.*, p. 215. — Ray, *Synops. avi.*, p. 105, n° *a*, 4. — Marsigli, *Danub.*, p. 36. — *Glareola ægocephalus*. Klein, *Avi.*, p. 102, n° 11. — « Scolopax rostro recto, pedibus virescentibus, capite colloque rufescentibus ; remigibus tribus nigris basi albis... » *Œgocephala*. Linnæus, *Syst. nat.*, édit. X, gen. 77, sp. 13. — *Francolin*. Albin, t. II, p. 44, avec une figure mal coloriée, pl. 70. — « Limosa » supernè nigricans, marginibus pennarum rufescentibus, infernè sordidè alba, maculis » transversis nigricantibus varia ; tæniâ suprà oculos albo-rufescente ; collo rufo, infernè » nigricante transversim striato ; uropygio candido, maculis nigricantibus vario ; rectricibus » nigricantibus, albo transversim striatis... » *Limosa rufa major*. Brisson, *Ornithol.*, t. V, page 284.

(*) *Limosa leucophæa* L. (*Scolopax leucophæa* LATH.).

(**) *Limosa melanura* en plumage d'été.

sale; la longueur de cette barge, du bec aux ongles, est de dix-sept pouces : outre ces différences, qui paraissent la distinguer assez de la barge rousse, un observateur nous assure que ces deux espèces passent toujours séparément sur nos côtes (*a*). La grande barge rousse diffère même de toutes les autres par les mœurs, s'il est vrai, comme le dit Willughby, qu'elle se promène la tête haute sur les plages sablonneuses et découvertes, sans chercher à se cacher; le même naturaliste observe que c'est mal à propos qu'on lui donne en quelques endroits de la côte d'Angleterre le nom de *stone plover*, qui est proprement celui de notre courlis de terre ou grand pluvier; mais c'est encore plus mal à propos que le traducteur d'Albin a rendu les noms de *godwit* et d'*ægocephalus*, qui désignent la barge, par celui de *francolin*. Cette grande barge rousse, qui se trouve sur nos côtes et sur celles d'Angleterre, se porte également sur les côtes de Barbarie. On la reconnaît dans la notice que donne le docteur Shaw de son *godwit of Barbary* (*b*).

LA BARGE ROUSSE DE LA BAIE D'HUDSON (*c*)

SIXIÈME ESPÈCE.

Quoiqu'il y ait dans le plumage de cette barge (*), comparé à celui de la précédente, des différences qui consistent principalement en ce que celle-ci a plus de roux, et que même sa taille soit un peu plus grande, nous ne laissons pas de la regarder comme espèce très voisine de celle de notre grande barge rousse, et peut-être même l'espèce est-elle originairement la même.

Cette barge rousse de la baie d'Hudson est, comme l'observe Edwards, la plus grande espèce de ce genre; elle a seize pouces du bout du bec à celui de la queue, et dix-neuf à celui des doigts; tout son plumage sur le manteau est d'un fond brun roux rayé transversalement de noir; les premières grandes pennes de l'aile sont noirâtres, les suivantes d'un rouge bai pointillé de noir; celles de la queue sont rayées transversalement de cette même couleur et de roux.

(*a*) Observation faite sur celles de Normandie.

(*b*) Shaw, *Travels*, etc., p. 255.

(*c*) *Greater American godwit, or curlew from Hudson's-bay*. Edwards, t. III, p. et pl. 137. — « Scolopax rostro recto, longo, pedibus fuscis, remigibus secundariis rufis, nigro » punctulatis... » *Fedoa*. Linnæus, *Syst. nat.*, édit. X, gen. 77, sp. 8. — « Limosa supernè » fusco-rufescens, nigro transversim striata; infernè albo rufescens; tæniâ suprà oculos, » genis et gutture candidis; uropygio rufo nigricante transversim striato; collo inferiore et » pectore rufescentibus, collo inferiore maculis longitudinalibus nigris, pectore maculis trans- » versis fuscis vario; rectricibus rufis, nigro transversim striatis... » *Limosa Americana rufa*. Brisson, *Ornithol.*, t. V, p. 287.

(*) *Limosa fedoa* (*Scolopax fedoa* L.).

LA BARGE BRUNE (a) (b)

SEPTIÈME ESPÈCE.

Elle (*) est de la taille de la barge aboyeuse, le fond de sa couleur est un brun foncé et noirâtre, relevé de petites lignes blanchâtres, dont les plumes du cou et du dos sont frangées, ce qui les fait paraître agréablement nuées ou écaillées; les pennes moyennes de l'aile et ses couvertures sont de même lisérées et pointillées de blanchâtre par les bords; ses premières grandes pennes ne montrent en dehors qu'un brun uni; celles de la queue sont rayées de brun et de blanc.

LA BARGE BLANCHE (c)

HUITIÈME ESPÈCE.

M. Edwards observe que le bec de cette barge (**) fléchit en haut comme celui de l'avocette, caractère dont la plupart des barges portent quelque légère trace, mais qui est fortement marqué dans celle-ci; elle est à peu près de la taille de la barge rousse; son bec, noir à la pointe, est orangé dans le reste de sa longueur; tout le plumage est blanc, à l'exception d'une teinte de jaunâtre sur les grandes pennes de l'aile et de la queue. Edwards croit que le plumage blanc est la livrée de ces oiseaux à la baie d'Hudson, et qu'ils reprennent leurs plumes brunes en été.

Au reste, il paraît que plusieurs espèces de barges sont descendues plus avant dans les terres de l'Amérique, et qu'elles sont parvenues jusqu'aux contrées méridionales, car Sloane place à la Jamaïque notre troisième espèce (*d*), et Fernandez semble désigner deux barges dans la Nouvelle-

(*a*) Voyez les planches enluminées, n° 875.

(*b*) « Limosa supernè fusco-nigricans, marginibus pennarum albidis; infernè saturatè » cinerea, albo variegata; vertice cinereo nigricante; uropygio candido, rectricibus binis » intermediis fusco-nigricantibus, candicante transversim striatis, lateralibus fuscis, albo » transversim striatis... » *Limosa fusca*. Brisson, *Ornithol.*, t. V, p. 276.

(*c*) *White godwit, from Hudson's-bay*. Edwards, *Hist. of Birds*, t. III, p. et pl. 139, figure postérieure. — « Limosa candida; marginibus alarum, remigibus majoribus, rectrici- » busque albo-flavicantibus... » *Limosa candida*. Brisson, *Ornithol.*, t. V, p. 290

(*d*) *Glottis, seu pluvialis major Aldrovandi*. Sloane, *Jamaïca*, p. 317, n° 9.

(*) C'est un Chevalier, *Totanus fuscus* Temm.

(**) *Recurvirostra alba* Gmel. Les Récurvirostres sont très voisins des Chevaliers; ils ont un bec long, faible et recourbé en haut.

Espagne par les noms de *chiquatototl*, oiseau *semblable à notre bécasse* (*a*), et *elotototl*, oiseau du même genre, qui se tient à terre sous les tiges de maïs (*b*).

LES CHEVALIERS

« Les François, dit Belon, voyant un oysillon haut encruché sur ses jambes, quasi comme estant à cheval, l'ont nommé *chevalier*. » Il serait difficile de trouver à ce nom d'autre étymologie ; les oiseaux chevaliers (*), sont en effet fort haut montés ; ils sont plus petits de corps que les barges, et néanmoins ils ont les pieds tout aussi longs ; leur bec, plus raccourci, est au reste conformé de même, et dans la nombreuse suite des espèces diverses qui, de la bécasse, descendent jusqu'au cincle, c'est après les barges que doivent se placer les chevaliers : comme elles, ils vivent dans les prairies humides et dans les endroits marécageux ; mais ils fréquentent aussi les bords des étangs et des rivières, entrant dans l'eau jusqu'au-dessus des genoux (*c*) ; sur les rivages ils courent avec vitesse *et telle petite corpulence*, dit Belon, *montée dessus si hautes échasses, chemine gaiment et court moult légèrement*. Les vermisseaux sont leur pâture ordinaire ; en temps de sécheresse, ils se rabattent sur les insectes de terre, et prennent des scarabées, des mouches, etc.

Leur chair est estimée (*d*), mais c'est un mets assez rare, car ils ne sont nulle part en grand nombre, et d'ailleurs ils ne se laissent approcher que difficilement.

Nous connaissons six espèces de ces oiseaux.

(*a*) *Avi. nov. Hisp.*, p. 47, cap. CLXVIII.
(*b*) *Elotototl, seu avis basis spicæ maysi. Ibid.*, p. 48, cap. CLXIX.
(*c*) Belon, *Nat. des oiseaux*, p. 207.
(*d*) *Idem, ibidem.*

(*) Les Chevaliers (*Totanus*) sont des Échassiers de la famille des Scolopacides, de la sous-famille des Totaniens. Ils ont le bec assez long et parfois courbé en-dessus à l'extrémité, et les doigts antérieurs ou du moins les externes réunis par une courte membrane. Sous le nom de Chevaliers, Buffon réunit des oiseaux à genres aujourd'hui séparés.

LE CHEVALIER COMMUN (a) (b)

PREMIÈRE ESPÈCE.

Il paraît être de la grosseur du pluvier doré, parce qu'il est fort garni de plumes, et en général les chevaliers (*) sont moins charnus qu'ils ne semblent l'être ; celui-ci a près d'un pied du bec à la queue, et un peu plus du bec aux ongles ; presque tout son plumage est nué de gris blanc et de roussâtre ; toutes les plumes sont frangées de ces deux couleurs et noirâtres dans le milieu ; ces mêmes couleurs de blanc et de roussâtre sont finement pointillées sur la tête et s'étendent sur l'aile, dont elles bordent les petites plumes ; les grandes sont noirâtres ; le dessous du corps et le croupion sont blancs ; M. Brisson dit que les pieds de cet oiseau sont d'un rouge pâle ; et en conséquence, il lui applique des phrases qui conviennent mieux à l'oiseau de l'espèce suivante (c) ; il se pourrait aussi qu'il y eût variété dans celle-ci, puisque le chevalier représenté dans nos planches enluminées a les pieds gris ou noirâtres de même que le bec.

C'est sur un rapport assez léger de ressemblance dans les couleurs que Belon a cru reconnaître le chevalier dans le *calidris* d'Aristote (d). Le chevalier fréquente les bords des rivières, se trouve même quelquefois sur nos étangs, mais plus ordinairement sur les rivages de la mer. On en voit dans quelques-unes de nos provinces de France, et particulièrement

(a) Voyez les planches enluminées, n° 844.

(b) « Tringa pennis in medio fuscis, ad margines griseis supernè vestita, infernè alba ; » collo inferiore griseo, marginibus pennarum albidis ; rectricibus griseo-fuscis, albido in » apice marginatis, quatuor intermediis et binis utrimque extimis nigricante transversim » striatis ; pedibus dilutè rubris... » *Totanus*. Brisson, *Ornithol.*, t. V, p. 188.

(c) *Erythropus major*. Gessner, *Icon. avi.*, p. 101, avec une très mauvaise figure. — *Gallinulæ aquaticæ primum genus, quod vulgò germanicè vocant rotbein, id est erythropodem*. Idem, *Avi.*, p. 504, avec la même figure. — *Gallinula erythropos major ornithologi*. Aldrovande, *Avi.*, t. III, p. 553, avec une figure méconnaissable. — *Gallinula erythropus major*. Jonston, *Avi.*, p. 110, avec la mauvaise figure d'Aldrovande copiée, tab. 31. — *Gallinula erythropus major Gessneri Aldrovando*. Willughby, *Ornithol.*, p. 221. — *Gallinula erythropus major Gessneri*. Ray, *Synops. avi.*, p. 107, n° *a*, 1. — Sibbald, *Scot. illustr.*, part. II, lib. III, p. 19. — Marsigli, *Danub.*, t. V, p. 50, avec une très mauvaise figure, tab. 23. — *Gallinula erythropus*. Charleton, *Exercit.*, p. 112, n° 2. Idem, *Onomast.*, p. 107, n° 2. — *Glareola prima*. Schwenckfeld, *Aviar. Siles.*, p. 281. — Klein, *Avi.*, p. 101, n° 1. — *Glareola prima Schwenckfeldii, erythropus primus Gessneri ; redshanca Turneri*. Rzaczynski, *Auctuar., Hist. nat. Polon.*, p. 383.

(d) « Il nous a semblé que c'est lui qu'Aristote a nommé *calidris* ; car au troisième chapitre du huitième livre des animaux, il dit : *Quinetiam calidris, cui cinereus color distinctus variè*. » *Nat. des oiseaux*, p. 207.

(*) Le Chevalier commun de Buffon n'est pas un Chevalier, mais un combattant, le *Machetes pugnax* Cuv.

en Lorraine, on en voit aussi sur toutes les plages sablonneuses des côtes d'Angleterre ; il s'est porté jusqu'en Suède (*a*), en Danemark et même en Norvège (*b*).

LE CHEVALIER AUX PIEDS ROUGES (*c*) (*d*)

SECONDE ESPÈCE.

Les pieds rouges de ce bel oiseau (*) le rendent d'autant plus remarquable, qu'il a plus de la moitié de la jambe nue ; son bec, noirâtre à la pointe, est du même rouge vif à la racine ; ce chevalier est de la même grandeur et figure que le précédent ; son plumage est blanc sous le ventre, légèrement ondé de gris et de roussâtre sur la poitrine et le devant du cou ; varié sur le dos de roux et de noirâtre par petites bandes transversales bien marquées sur les petites pennes de l'aile, dont les grandes sont noirâtres.

C'est certainement de cette espèce que Belon a parlé sous le nom de *chevalier rouge*, quoique M. Brisson, en appliquant cette dénomination à sa seconde espèce, la rapporte en même temps à sa première notice de Belon. M. Ray n'a pas mieux connu cet oiseau quand il soupçonne que ce pourrait être le même que la grande barbe grise (*e*).

Le chevalier aux pieds rouges s'appelle *courrier* sur la Saône ; il est connu en Lorraine (*f*) et dans l'Orléanais, où néanmoins il est assez rare (*g*) ;

(*a*) *Fauna Suecica.*

(*b*) *Totanus, Danis rodbeene, Norwegis lare-tite, lare-titring.* Brunnich, *Ornithol., boreal.*, n° 157.

(*c*) Voyez les planches enluminées, n° 845, sous le nom de *Gambette.*

(*d*) *Chevalier rouge.* Belon, *Nat. des oiseaux*, p. 207, avec une figure reconnaissable, p. 208 ; la même, *Portraits d'oiseaux*, p. 56, *b*. — *Calidris Bellonii.* Aldrovande, *Avi.*, t. III, p. 431. — Jonston, *Avi.*, p. 108. — *Calidris Bellonii, fedoa.* Charleton, *Exercit.*, p. 112, n° v. Idem, *Onomast.*, p. 106, n° v. — *Chevalier.* Gessner, *Avi.*, p. 795. — *Calidris nigra, quæ gambetta.* Aldrovande, *Avi*, t. III, p. 434. — *Gambetta Aldrovandi.* Willughby, *Ornithol.*, p. 222 — Ray, *Synops. avi.*, p. 107, n° 2. — *Totanus alter. Idem*, p. 106, n° 11. — Willughby, p. 221. — *Gambetta Italis dicta.* Jonston, *Avi.*, p. 109. — *Glareola alia, primæ similis, pedibus ex luteo rubentibus.* Klein, *Avi.*, p. 101, n° 1. — « Scolopax, rostro » recto, basi rubro, pedibus coccineis, remigibus secundariis albis... » *Totanus.* Linnæus, *Syst. nat.*, édit. X, gen. 77, sp. 4. — *Tringa rostro nigro basi rubrâ, pedibus coccineis. Fauna Suecica*, n° 149. — *Chevalier aux pieds rouges.* Albin, t. II, p. 43, avec une figure mal coloriée, pl. 68. — « Tringa pennis in medio fuscis ad margines griseis supernè vestita, » infernè alba, maculis griseo-fuscis varia, uropygio candido ; rectricibus griseo-fuscis, nigri- » cante transversim striatis, albo in apice marginatis ; pedibus rubris... » *Totanus ruber* Brisson, *Ornithol.*, t. V, p. 192.

(*e*) *Synops. avi.*, p. 106, n° 11.

(*f*) M. Lottinger.

(*g*) *Ornithologie* de Salerne, p. 331.

(*) *Tringa Gambetta* GMEL

M. Hébert nous dit en avoir vu dans la Brie en avril; il se pose sur les étangs, dans les endroits où l'eau n'est pas bien haute, il a la voix agréable et un petit sifflet semblable à celui du bécasseau. C'est le même oiseau qui est connu dans le Bolonais sous le nom de *gambette* (*a*), nom dérivé de la hauteur de ses jambes. On trouve aussi cet oiseau en Suède (*b*), et il se pourrait qu'il eût, comme plusieurs autres, passé d'un continent à l'autre. L'*yacatopil* du Mexique, de Fernandez, paraît être fort voisin de notre chevalier aux pieds rouges, tant par les dimensions que par les couleurs (*c*); il faut même que quelques espèces de ce genre se soient portées plus avant dans les contrées de l'Amérique, puisque Dutertre compte le chevalier au nombre des oiseaux de la Guadeloupe (*d*), et que Labat l'a reconu dans la multitude de ceux de l'île d'*Aves* (*e*); d'autre part, un de nos correspondants (*f*) nous assure en avoir vu à Cayenne et à la Martinique en grand nombre; ainsi nous ne pouvons douter que ces oiseaux ne soient répandus dans presque toutes les contrées tempérées et chaudes des deux continents.

LE CHEVALIER RAYÉ (*g*) (*h*)

TROISIÈME ESPÈCE.

Il est (*) à peu près de la taille de la grande bécassine; tout son manteau, sur fond gris et mêlé de roussâtre, est rayé de traits noirâtres couchés transversalement; la queue est coupée de même sur le fond blanc; le cou porte les mêmes couleurs, excepté que les pinceaux bruns y sont tracés le long de la tige des plumes; le bec, noir à sa pointe, est à sa racine d'un

(*a*) *Gambetta*. Aldrovande. Voyez la nomenclature.

(*b*) *Fauna Suecica*, n° 149.

(*c*) « Yacatopil, seu rostrum sudis, avis est columbi silvestris magnitudine, rostro quatuor digitos longo, tenui... cruribus luteis. Color universi corporis, ex albo, cinereo, nigro et fusco permixtus est... advena lacui Mexicano... vescitur vermibus. . ad gallinulas referenda. » Fernandez, *Hist. nov. Hisp.*, p. 29, cap. LXIX.

(*d*) Tome II, page 277.

(*e*) *Nouveau voyage aux îles de l'Amérique*, t. VIII, p. 28.

(*f*) M. de la Borde.

(*g*) Voyez les planches enluminées, n° 827.

(*h*) « Tringa pennis griseo-fuscis, fusco-nigricante transversim striatis supernè vestita, infernè alba; tæniis aliis transversis, aliis longitudinalibus fuscis varia; collo fusco, marginibus pennarum in collo superiore albo-rufescentibus, in collo inferiore albis; uropygio candido; rectricibus albis, fusco-nigricante transversim striatis, binis intermediis in albo colore griseo-fusco maculatis; pedibus pallidè rubris... » *Totanus striatus*. Brisson, *Ornithol.*, t. V, p. 196.

(*) D'après Desmarets, c'est un *Tringa Gambetta* jeune.

rouge tendre ainsi que les pieds. Nous rapporterons à cette espèce le *chevalier tacheté* de M. Brisson (*a*), qui ne paraît être qu'une très légère variété (*b*).

LE CHEVALIER VARIÉ (*c*) (*d*)

QUATRIÈME ESPÈCE.

Ce chevalier (*), qui est le même que le *chevalier cendré* de M. Brisson, nous paraît mieux désigné par l'épithète de *varié*, puisque, suivant la phrase même de cet académicien, il a dans le plumage autant de noirâtre et de roux que de gris ; la première couleur couvre le dessus de la tête et le dos, dont les plumes sont bordées de la seconde, c'est-à-dire de roux ; les ailes sont également noirâtres et frangées de blanc ou de roussâtre ; ces teintes se mêlent à du gris sur tout le devant du corps ; les pieds et le bec sont noirs, ce qui a donné lieu à Belon d'appeler cet oiseau *chevalier noir*, par opposition à celui qui a les pieds rouges ; tous les deux sont de la même grosseur, mais celui-ci a les jambes moins hautes.

Il paraît que cet oiseau fait son nid de fort bonne heure et qu'il revient dans nos contrées avant le printemps, car Belon dit que dès la fin d'avril on apporte de leurs petits, dont le plumage ressemble alors beaucoup à celui du râle, et *qu'autrement on n'a point accoutumé de voir ces chevaliers, sinon en hiver* (*e*). Au reste, ils ne nichent pas également sur toutes nos côtes de France : par exemple, nous sommes bien informés qu'ils ne font que passer

(*a*) « Tringa pennis in medio nigricantibus, ad margines griseo-rufescentibus supernè » vestita, infernè alba, maculis nigricantibus varia ; uropygio et imo ventre candidis, late- » ribus rectricibusque albo et nigricante transversim striatis ; pedibus rubris... » *Totanus nævius*. Brisson, *Ornithol.*, t. V, p. 200.

(*b*) Comparez les figures dans cet auteur même ; *ibid.*, pl. 18, fig. 1 et 2.

(*c*) Voyez les planches enluminées, n° 300.

(*d*) *Chevalier noir*. Belon, *Nat. des oiseaux*, p. 208. — *Calidris nigra Bellonii*. Aldrovande, *Avi.*, t. III, p. 432. — Jonston, *Avi.*, p. 109. — Charleton, *Exercit.*, p. 112, n° 2. *Idem*, *Onomast.*, p. 107, n° 2. — *Charadrius nigricans*. Barrère, *Ornith.*, class. IV, gen. 10, sp. 3. — « Tringa rostro lævi, pedibus fuscis, remigibus fuscis ; rachi primâ niveâ... » *Tringa littorea*. Linnæus, *Syst. nat.*, édit. X, gen. 78, sp. 12. — *Tringa remigibus fuscis. prima rachi nivea*. *Idem*, *Fauna Suecica*, n° 151. — *Héron blanc* de M. Oldham. Albin, t. III, p. 37, avec une figure mal coloriée, pl. 89. — « Tringa pennis in medio nigricantibus, » ad margines rufis supernè vestita, infernè albo-rufescens ; vertice nigricante ; collo infe- » riore et pectore griseo-rufescentibus ; uropygio cinereo-fusco, maculis nigricantibus vario, » rectricibus splendidè griseo fuscis, versùs apicem tæniâ nigricante circumferentiæ paral- » lela notatis, in apice rufescente marginatis, octo intermediis versùs apicem exteriùs rufes- » cente maculatis ; pedibus saturatè cinereis... » *Totanus cinereus*. Brisson, *Ornithol.*, t. V, page 203.

(*e*) *Nature des oiseaux*, p. 208.

(*) D'après Cuvier, c'est le *Machetes pugnax* jeune.

en Picardie; ils y sont amenés par le vent de nord-est, au mois de mars, avec les barges; ils y font peu de séjour, et ne repassent qu'au mois de septembre. Ils ont quelques habitudes semblables à celles des bécassines, quoiqu'ils aillent moins de nuit, et qu'ils se promènent davantage pendant le jour; on les prend de même au rejetoir (*a*). Linnæus dit que cette espèce se trouve en Suède; Albin, par une méprise inconcevable, appelle *héron blanc* ce chevalier, dont la plus grande partie du plumage est noirâtre, et qui dans aucune partie de sa forme n'a de ressemblance au héron.

LE CHEVALIER BLANC (*b*)

CINQUIÈME ESPÈCE.

Ce chevalier (*) se trouve à la baie d'Hudson; il est à peu près de la taille du chevalier, *première espèce;* tout son plumage est blanc, le bec et les pieds sont orangés.

Edwards pense que ces oiseaux sont du nombre de ceux que le froid de l'hiver fait blanchir dans le Nord, et qu'en été ils reprennent leur couleur brune, couleur dont les grandes pennes des ailes et de la queue, dans la figure de cet auteur, présentent encore une teinte, et qui se marquent par petites ondes sur le manteau.

(*a*) M. Baillon, qui nous communique ces faits, y joint l'observation suivante sur un de ces oiseaux qu'il a fait nourrir. « J'en ai gardé un petit, l'an passé, dans mon jardin plus de » quatre mois; j'ai remarqué que, dans les temps de sécheresse, il prenait des mouches, des » scarabées et d'autres insectes, sans doute à défaut de vers; il mangeait aussi du pain » trempé dans l'eau, mais il fallait qu'il y eût été macéré pendant un jour. La mue lui a » donné, au mois d'août, de nouvelles plumes aux ailes, et il est parti au mois de septembre. » Il était devenu familier, au point de suivre pas à pas le jardinier lorsqu'il avait sa bêche; » il accourait dès qu'il voyait arracher une plante d'herbe, pour prendre les vers qui se » découvraient; aussitôt qu'il avait mangé, il courait se laver dans une jatte remplie d'eau : » je ne lui ai jamais vu de terre sèche sur le bec ou aux jambes : cet acte de propreté est » commun à tous les vermivores. »

(*b*) *White red-shank, or pool-snipe.* Edwards, t. III, p. et pl. 139, figure antérieure. — « Tringa candida, maculis tranversis griseo-rufescentibus supernè variegata; remigibus majo- » ribus griseis, rectricibus candidis, griseo-rufescente transversim striatis; pedibus auran- » tiis... » *Totanus candidus.* Brisson, *Ornithol.*, t. V, p. 207.

(*) *Totanus candidus* VIEILL.

LE CHEVALIER VERT (a)

SIXIÈME ESPÈCE.

Albin, après avoir appelé ce chevalier (*) *râle d'eau de Bengale*, le fait venir des Indes occidentales; la figure qu'il en donne est très mauvaise : on y reconnaît cependant le bec et les jambes d'un chevalier. Suivant la notice, ses couleurs ont une teinte de vert sur le dos et sur l'aile, excepté les trois ou quatre premières pennes, qui sont pourprées et coupées de taches orangées; il y a du brun sur le cou et les côtés de la tête, et du blanc à son sommet ainsi qu'à la poitrine.

LES COMBATTANTS

VULGAIREMENT PAONS DE MER (b) (c)

Il est peut-être bizarre de donner à des animaux un nom qui ne paraît fait que pour l'homme en guerre; mais ces oiseaux (**) nous imitent : non seulement ils se livrent entre eux des combats seul à seul, des assauts corps à corps, mais ils combattent aussi en troupes réglées, ordonnées et marchant

(a) *Râle d'eau de Bengale*. Albin, t. III, p. 38, avec une figure très mal coloriée, pl. 90. — *Rallus aquaticus Bengalensis*. Klein, *Avi.*, p. 104, n° 5. — « Rallus corpore, vertice, oculisque albis, capite colloque nigris, alis dorsoque viridibus, remigibus primariis rubro » maculatis... » *Rallus Bengalensis*. Linnæus, *Syst. nat.*, édit. X, gen. 83, sp. 4. — « Tringa » supernè viridis, infernè alba; capite ad latera, gutture et collo saturatè fuscis; vertice, » oculorum ambitu et uropygio candidis; rectricibus purpureis, maculis aurantiis variegatis; » pedibus luteo-viridescentibus... » *Totanus Bengalensis*. Brisson, *Ornithol.*, t. V, p. 209.

(b) Voyez les planches enluminées, n° 305, le mâle sous le nom de *Paon de mer*; et n° 306, la femelle.

(c) Sur nos côtes de Picardie, *paon de marais*, *grosse gorge* ou *cotteret garu*; en flamand, *kemperkens* (*combattant* ou *duelliste*); en anglais, *ruffe* (le mâle), *reeve* (la femelle); en suédois et en danois, *brunshane* (le mâle lorsqu'il porte sa crinière au printemps, et lorsqu'il l'a perdue après la mue, *staal-sneppe*); en polonais, *ptak bitny*. — *Avis pugnax kemperkens Belgis*. Aldrovande, *Avi.*, t. III, p. 413, avec plusieurs figures différentes; voyez ci-après. — *Avis pugnax*. Jonston, *Avi.*, p. 105, avec des figures empruntées d'Aldrovande. — Willughby, *Ornithol.*, p. 224, avec des figures assez exactes du mâle et de la femelle. — Ray, *Synops. avi.*, p. 107, n° *a*, 3. — Rzaczynski, *Auctuar. hist. nat. Polon.*, p. 367. — Charleton, *Exercit.*, p. 110, n° v. *Idem*, *Onomast.*, p. 104, n° v. — Marsigl. *Danub.*, t. V, p. 52,

(*) *Rhynchæa bengalensis* Cuv.

(**) Les Combattants (*Machetes*) sont des Échassiers de la famille des Scolopacides, de la sous-famille des Tringiens, remarquables par un bec aussi long que la tête et plus court que le tarse, à peine élargi à l'extrémité, et par des pattes à quatre doigts à demi-réunis. L'espèce que décrit particulièrement ici Buffon est le *Machetes pugnax*.

l'une contre l'autre (*a*). Ces phalanges ne sont composées que de mâles, qu'on prétend être dans cette espèce beaucoup plus nombreux que les femelles (*b*); celles-ci attendent à part la fin de la bataille, et restent le prix de la victoire : l'amour paraît donc être la cause de ces combats, les seuls que doive avouer la nature, puisqu'elle les occasionne et les rend nécessaires par un de ses excès, c'est-à-dire par la disproportion qu'elle a mise dans le nombre des mâles et des femelles de cette espèce.

Chaque printemps, ces oiseaux arrivent par grandes bandes sur les côtes de Hollande, de Flandre et d'Angleterre, et dans tous ces pays on croit qu'ils viennent des contrées plus au nord; on les connaît aussi sur les côtes de la mer d'Allemagne, et ils sont en grand nombre en Suède, et particulièrement en Scanie (*c*); il s'en trouve de même en Danemark jusqu'en Norvége (*d*), et Muller dit en avoir reçu trois de Finmarchie. L'on ne sait pas où ces oiseaux se retirent pour passer l'hiver (*e*) : comme ils nous arrivent régulièrement au printemps et qu'ils séjournent sur nos côtes pendant deux ou trois mois, il paraît qu'ils cherchent les climats tempérés; et si les observateurs n'assuraient pas qu'ils viennent du côté du nord, on serait bien fondé à présumer qu'ils arrivent au contraire des contrées du midi; cela me fait soupçonner qu'il en est de ces oiseaux combattants comme des bécasses, que l'on a dit venir de l'est, et s'en retourner à l'ouest ou au sud, tandis qu'elles ne font que descendre des montagnes dans les plaines ou remonter de la plaine aux montagnes. Les combattants peuvent de même ne pas venir de loin, et se tenir en différents endroits de la même contrée, dans les différentes saisons; et comme ce qu'ils ont de singulier, je veux dire leurs com-

avec une figure peu exacte. — *Glareola pugnax.* Klein, *Avi.*, p. 102, nº 10. — *Philomachus.* Mœhring, *Avi.*, gen. 93. — « Tringa pedibus rubris, rectricibus tribus lateralibus immacu- » latis : facie papillis granulatis carneis... » *Pugnax.* Linnæus, *Syst. nat.*, édit. X, gen. 78, sp. 1. — « Tringa facie papillis granulatis minimis carneis, rostro pedibusque rubris. » *Idem*, *Fauna Suecica*, nº 145. — *Pugnax.* Brunnich, *Ornithol. boreal.*, nᵒˢ 168 et 169. — « Tringa » pugnax, rostro pedibusque, rubris, rectricibus lateralibus immaculatis, facie papillis gra- » nulatis carneis. » Muller, *Zoolog. Dan.*, nº 191. — *Streit schnepfe, oder kampfhoehnlein.* Frisch, vol. II, div. 12, sect. 4, pl. 9, 10, 11 et 12; mais M. Frisch se trompe en donnant sa figure 10 pour la femelle, qui ne doit point porter de crinière. — *Héron étoilé* ou *blanc.* Albin, t. Iᵉʳ, p. 64, avec de mauvaises figures coloriées du mâle et de la femelle, pl. 72 et 73. — « Tringa versicolor (capite anteriore papilloso, pennis in collo inferiore longis- » simis, Mas); rectricibus lateralibus grisco-fuscis... » *Pygnax.* Brisson, *Ornithol.*, t. V, page 240.

(*a*) « Interdiù turmatim volitant, illico dimicantes ubi se in terram demittunt. » Klein, *Avi.*, p. 102.

(*b*) « Mares ex his plumiros esse, paucas fœminas, idèoque mares initio invicem acerrimo » prælio sese mutuo occidere, donec cum fæminis numero pares evaserint, et singuli sin- » gulis conjungi possint. » Aldrovande, t. III, p. 413.

(*c*) *Fauna Suecica.*

(*d*) *Zoolog. Danic.*, p. 24.

(*e*) Charleton dit (*Onomast.*, p. 104), « quotannis immenso numero ex septentrione in » paludes agri Lincolinensis advolant, et post tres menses discedunt nescio quò. »

bats et leur plumage de guerre, ne se voient qu'au printemps, il est très possible qu'ils passent en d'autres temps sans être remarqués, et peut-être en compagnie des maubèches et des chevaliers, avec lesquels ils ont beaucoup de rapport et même de ressemblances.

Les combattants sont de la taille du chevalier aux pieds rouges, un peu moins hauts sur jambes; ils ont le bec de la même forme, mais plus court; les femelles sont ordinairement plus petites que les mâles (*a*), et se ressemblent par le plumage, qui est blanc, mélangé de brun sur le manteau; mais les mâles sont au printemps si différents les uns des autres, qu'on les prendrait chacun pour un oiseau d'espèce particulière : de plus de cent qui furent comparés devant M. Klein, chez le gouverneur de Scanie, on n'en trouva pas deux qui fussent entièrement semblables (*b*); ils différaient ou par la taille, ou par les couleurs, ou par la forme et le volume de ce gros collier en forme d'une crinière épaisse de plumes enflées qu'ils portent autour du cou. Ces plumes ne naissent qu'au commencement du printemps, et ne subsistent qu'autant que durent leurs amours; mais, indépendamment de cette production de surcroît dans ce temps, la surabondance des molécules organiques se manifeste encore par l'éruption d'une multitude de papilles charnues et sanguinolentes, qui s'élèvent sur le devant de la tête et à l'entour des yeux (*c*); cette double production suppose dans ces oiseaux une si grande énergie des puissances productrices, qu'elle leur donne, pour ainsi dire, une autre forme plus avantageuse, plus forte, plus fière, qu'ils ne perdent qu'après avoir épuisé partie de leurs forces dans les combats, et répandu ce surcroît de vie dans leurs amours. « Je ne connais pas d'oiseau, nous écrit M. Baillon, en qui le physique de l'amour paraisse plus puissant que dans celui-ci; aucun n'a les testicules aussi forts par rapport à sa taille; ceux du combattant ont chacun près de six lignes de diamètre, et un pouce ou plus de longueur; le reste de l'appareil des parties génitales est également dilaté dans le temps des amours. On peut de là concevoir quelle doit être son ardeur guerrière, puisqu'elle est produite par son ardeur amoureuse et qu'elle s'exerce contre ses rivaux. J'ai souvent suivi ces oiseaux dans nos marais (de Basse-Picardie), où ils arrivent au mois d'avril, avec les chevaliers, mais en moindre nombre; leur premier soin est de s'apparier, ou plutôt de se disputer les femelles; celles-ci, par de petits cris, enflamment l'ardeur des combattants; souvent la lutte est longue, et quelquefois sanglante; le vaincu prend la fuite, mais le cri de la première femelle qu'il entend lui fait oublier sa défaite, prêt à entrer en lice de nouveau, si quelque antagoniste se présente. Cette petite guerre se renouvelle tous les jours, le matin et le soir, jusqu'au départ de ces oiseaux, qui a lieu dans le courant

(*a*) Rzaczynski.
(*b*) *Ordo avium*, p. 102.
(*c*) « In mare facies infinitis parvis papillis carneis aspersa. » Linnæus, *Faun. Suec.*

» de mai, car il ne nous reste que quelques traîneurs, et l'on n'a jamais » trouvé de leurs nids dans nos marais. »

Cet observateur exact et très instruit remarque qu'ils partent de Picardie par les vents de sud et de sud-est, qui les portent sur les côtes d'Angleterre, où en effet on sait qu'ils nichent en très grand nombre, particulièrement dans le comté de Lincoln; on y en fait même une petite chasse; l'oiseleur saisit l'instant où ces oiseaux se battent pour leur jeter son filet (*a*), et on est dans l'usage de les engraisser en les nourrissant avec du lait et de la mie de pain; mais on est obligé, pour les rendre tranquilles, de les tenir renfermés dans des endroits obscurs, car aussitôt qu'ils voient la lumière ils se battent (*b*). Ainsi l'esclavage ne peut rien diminuer de leur humeur guerrière; dans les volières où on les renferme, ils vont présenter le défi à tous les autres oiseaux (*c*); s'il est un coin de gazon vert, ils se battent à qui l'occupera (*d*); et, comme s'ils se piquaient de gloire, ils ne se montrent jamais plus animés que quand il y a des spectateurs (*e*). La crinière des mâles est non seulement pour eux un parement de guerre, mais une sorte d'armure, un vrai plastron, qui peut parer les coups; les plumes en sont longues, fortes et serrées; ils les hérissent d'une manière menaçante lorsqu'ils s'attaquent, et c'est surtout par les couleurs de cette livrée de combat qu'ils diffèrent entre eux : elle est rousse dans les uns, grise dans d'autres, blanche dans quelques-uns, et d'un beau noir violet chatoyant coupé de taches rousses dans les autres; la livrée blanche est la plus rare. Ce panache d'amour ou de guerre ne varie pas moins par la forme que par les couleurs durant tout le temps de son accroissement; on peut voir dans Aldrovande les huit figures qu'il donne de ces oiseaux avec leurs différentes crinières (*f*).

Ce bel ornement tombe par une mue qui arrive à ces oiseaux vers la fin de juin, comme si la nature ne les avait parés et munis que pour la saison de l'amour et des combats; les tubercules vermeils qui couvraient leur tête pâlissent et s'oblitèrent, et ensuite elle se recouvre de plumes; dans cet

(*a*) Willughby.

(*b*) *Idem.*

(*c*) Il y a à la Chine des oiseaux qu'on nomme *oiseaux de combat*, et que les Chinois nourrissent, non pour chanter, mais pour donner le spectacle de petits combats qu'ils se livrent avec acharnement. Voyez l'*Histoire générale des voyages*, t. VI, p. 487. Il n'y a pas pourtant d'apparence que ce soient ici nos combattants, puisque ces oiseaux chinois ne sont pas, dit-on, plus gros que des linots.

(*d*) Klein.

(*e*) « Pugnare incipiunt, dit Willughby, præsertim si astat quispiam. »

(*f*) Au reste, de ces huit figures que donne Aldrovande sur des dessins que le comte d'Aremberg lui a envoyés de Flandre, l'une paraît être la femelle, cinq autres des mâles dans différentes périodes de mue ou d'accroissement de leur crinière ; et la huitième à laquelle Aldrovande trouve lui-même quelque chose de monstrueux, ou du moins d'absolument étranger à l'espèce du combattant, paraît n'être qu'une mauvaise figure du grèbe cornu, que ce naturaliste n'a pas connu, et dont nous parlerons dans la suite.

état, on ne distingue plus guère les mâles des femelles, et tous ensemble partent alors des lieux où ils ont fait leurs nids et leur ponte; ils nichent en troupes comme les hérons, et cette habitude commune a seule suffi pour qu'Aldrovande les ait rapprochés de ces oiseaux; mais la taille et la conformation entière des combattants est si différente, qu'ils sont très éloignés de toutes les espèces de hérons; et l'on doit, comme nous l'avons déjà dit, les placer entre les chevaliers et les maubèches.

LES MAUBÈCHES

Dans l'ordre des petits oiseaux de rivage, on pourrait placer les maubèches (*) après les chevaliers et avant le bécasseau; elles sont un peu plus grosses que ce dernier, et moins grandes que les premiers; elles ont le bec plus court; leurs jambes sont moins hautes, et leur taille, plus raccourcie, paraît plus épaisse que celle des chevaliers : leurs habitudes doivent être les mêmes, celles du moins qui dépendent de la conformation et de l'habitation; car ces oiseaux fréquentent également les bords sablonneux de la mer. Nous manquons d'autres détails sur leurs mœurs, quoique nous en connaissions quatre espèces différentes.

LA MAUBÈCHE COMMUNE *(a)*

PREMIÈRE ESPÈCE.

Elle a (**) dix pouces de la pointe du bec aux ongles, et un peu plus de neuf pouces jusqu'au bout de la queue; les plumes du dos, du dessus de la tête et du cou sont d'un brun noirâtre et bordées de marron clair; tout le devant de la tête, du cou et du corps est de cette dernière couleur; les neuf premières pennes de l'aile sont d'un brun foncé en dessus du côté extérieur; les quatre plus près du corps sont brunes, et les intermédiaires d'un gris

(*a*) « Tringa supernè fusco-nigricans, marginibus pennarum dilutè castaneis, infernè castanea; uropygio cinereo-fusco, nigricante transversim striato, marginibus pennarum albidis; lateribus in parte infimâ, fusco-nigricante, albo et dilutè castaneo transversim striatis; rectricibus griseo-fuscis; lateribus exteriùs albo marginatis... » *Calidris*, la Maubèche. Brisson, *Ornithol.*, t. V, p. 226.

(*) Les Maubèches (*Tringla*) sont voisines des Combattants. Elles se distinguent par un bec droit, large et aplati à l'extrémité; et par quatre doigts libres.

(**) *Tringa grisea* Gmel.

brun et bordées d'un léger filet blanc. Les maubèches ont le bas de la jambe nu, et le doigt du milieu uni jusqu'à la première articulation par une portion de membrane avec le doigt extérieur. Au reste, nous ne pouvons être ici de l'avis de M. Brisson, ni rapporter, comme il le fait, à la maubèche, la *rusticula sylvatica* de Gessner, oiseau *plus grand que la bécasse, et gros comme une poule* (*a*); il est même difficile de le rapporter à aucune espèce connue ; mais Gessner semble vouloir nous épargner une discussion infructueuse en avertissant qu'il compte peu lui-même sur des notices qu'il n'a données que sur de simples dessins (*b*) qui sont en effet très défectueux, ou pour mieux dire informes.

LA MAUBÈCHE TACHETÉE (*c*) (*d*)

SECONDE ESPÈCE.

Cette maubèche (*) diffère de la précédente, en ce que le cendré brun du dos et des épaules est varié d'assez grandes taches, les unes rousses, les autres d'un noirâtre tirant sur le violet. Ce caractère suffit pour la distinguer : elle est aussi un peu moins grande que la première; le détail du reste des couleurs est bien représenté dans la planche enluminée.

LA MAUBÈCHE GRISE (*e*) (*f*)

TROISIÈME ESPÈCE.

Cette maubèche (**), un peu plus grosse que la maubèche tachetée, l'est moins que la maubèche commune; le fond de son plumage est gris; le dos

(*a*) Voyez Gessner, *Avi.*, p. 504 et 505, *Rusticula sylvatica;* et *Icon. avi.*, p. 111. — Aldrovande, *Avi.*, t. III, p. 476. — Jonston, *Avi.*, p. 110. — *Nota.* Ces deux naturalistes ne font sur cet article que copier Gessner.

(*b*) Gessner, *ibidem*.

(*c*) Voyez les planches enluminées, nº 365.

(*d*) « Tringa supernè cinereo-fusca maculis nigricante, violaceis rufisque varia, infernè » dilutè castanea ; collo inferiore albo-rufescente, maculis fuscis castaneisque variegato ; uropy- » gio cinereo fusco, nigricante transversim striato, marginibus pennarum candidis ; lateribus » nigricante maculatis ; rectricibus binis intermediis cinereis, albo marginatis, lateribus cine- » reo-fuscis, scapo albo præditis, utrimque extimâ lineâ longitudinali candidâ exteriùs » notata... » *Calidris nævia.* Brisson, *Ornithol.*, t. V, p. 230.

(*e*) Voyez les planches enluminées, nº 366.

(*f*) « Tringa supernè grisea, infernè alba, pennis in collo inferiore, pectore et lateribus

(*) D'après Cuvier, c'est un simple état du *Tringa grisea* GMEL.

(**) D'après Cuvier, c'est le *Tringa grisea* GMEL. en plumage d'hiver.

est entièrement de cette couleur; la tête est d'un gris ondé de blanchâtre; les plumes du dessus des ailes et celles du croupion sont grises et bordées de blanc; les premières des grandes pennes de l'aile sont d'un brun noirâtre, et le devant du corps est blanc, avec de petits traits noirs en zigzags sur les côtés, la poitrine et le devant du cou.

LA SANDERLING (a)

QUATRIÈME ESPÈCE.

Nous laissons à cet oiseau le nom de *sanderling* (*), qu'on lui donne sur les côtes d'Angleterre : c'est la plus petite espèce des maubèches; elle n'a guère que sept pouces de longueur; son plumage est à peu près le même que celui de la maubèche grise, excepté qu'elle a tout le devant du cou et le dessous du corps très blancs. On voit ces petites maubèches voler en troupes et s'abattre sur les sables des rivages; on les connait sous le nom de *curwillet* sur les côtes de Cornouailles. Willughby donne à son sanderling quatre doigts à chaque pied; Ray, qui semble pourtant n'en parler que d'après Willughby, ne lui en donne que trois, ce qui caractériserait un pluvier, et non pas une maubèche.

LE BÉCASSEAU (b) (c)

Nos nomenclateurs ont compris sous le nom de *bécasseau* (**) un genre entier de petits oiseaux de rivages, *maubèches*, *guignettes*, *cincle*, *alouettes*

» tæniâ fuscâ undata circumferentiæ parallelâ notatis, in ventre lineolâ longitudinali fuscâ » versus apicem insignitis; uropygio dilutè grisco, pennis duplici tæniâ fuscâ circumferentiæ » parallelâ notatis, albo marginatis, rectricibus griseis, saturatiùs griseâ margini parallelâ » insignitis, margine candidâ... » *Calidris grisea.* Brisson, *Ornithol.*, t. V, p. 233.

(a) *Arenaria, sanderling, pensantiæ in Cornubiâ curwillet dicta.* Willughby, *Ornithol.*, p. 225. — *Sanderling de Cornouaille.* Albin, t. II, p. 48, avec une mauvaise figure, pl. 74. — « Tringa supernè grisea, scapis pennarum nigris, infernè nivea ; capite anteriore albo ; » tæniâ utrimque a rostro ad oculos griseâ ; uropygio dilutè grisco ; tectricibus alarum supe- » rioribus minimis nigricantibus ; rectricibus binis intermediis fuscis, lateralibus griseis, » omnibus candicante marginatis... » *Calidris grisea minor.* Brisson, *Ornithol.*, t. V, p. 236.

(b) Voyez les planches enluminées, n° 843.

(c) Autre *bécassine.* Belon, *Hist. nat. des oiseaux.* p. 216. — *Tringa.* Aldrovande, *Avi.*, t. III, p. 480. — *Tringa alia, seu secunda. Idem, ibid.* — *Tringa tertia. Idem, ibid.* —

(*) Les Sanderlings (*Calidris*) sont voisins des Maubèches. Ils s'en distinguent par des pieds dépourvus de doigt postérieur.

(**) Les Bécasseaux (*Limicola*) sont des Échassiers de la famille des Scolopacides, de la sous-famille des Scolopaciens. Ils ont la tête petite, le bec allongé et recourbé vers le bas.

de mer, que quelques naturalistes ont désignés aussi confusément sous le nom de *tringa*. Tous ces oiseaux, à la vérité, ont dans leur petite taille une ressemblance de conformation avec la bécasse, mais ils en diffèrent par les habitudes naturelles autant que par la grandeur; comme d'ailleurs ces petites familles subsistent séparément les unes des autres et sont très distinctes, nous restreignons ici le nom de *bécasseau* à la seule espèce connue vulgairement sous le nom de *cul-blanc des rivages;* cet oiseau est gros comme la bécassine commune, mais il a le corps moins allongé; son dos est d'un cendré roussâtre, avec de petites gouttes blanchâtres au bord des plumes; la tête et le cou sont d'un cendré plus doux, et cette couleur se mêle par pinceaux au blanc de la poitrine, qui s'étend de la gorge à l'estomac et au ventre; le croupion est de cette même couleur blanche; les pennes de l'aile sont noirâtres et agréablement tachetées de blanc en dessous (*a*); celles de la queue sont rayées transversalement de noirâtre et de blanc; la tête est carrée comme celle de la bécasse, et le bec est de la même forme en petit.

Le bécasseau se trouve au bord des eaux, et particulièrement sur les ruisseaux d'eau vive; on le voit courir sur les graviers ou raser au vol la surface de l'eau; il jette un cri lorsqu'il part, et vole en frappant l'air par

Cinclus Bellonii. Idem, ibid. — *Cinclus tertius. Idem, ibid.*, p. 490. — *Gallinula rhodopos, sive phœnicopos. Idem, ibid.*, p. 456. — *Ochropus medius. Idem, ibid.*, p. 461, avec différentes figures prises de Gessner et de Belon, et toutes plus ou moins mauvaises. — *Tringas.* Gessner, *Avi.*, p. 501. — *Rhodopus. Idem, Icon. avi.*, p. 106. — *Gallinulæ aquaticæ quintum genus, quod rhodopodem appellamus, vulgus germanicum steingaellyl. Idem, Avi.*, p. 508. — *Ochropus medius. Idem, Icon. avi.*, p. 107. — *Gallinulæ aquaticæ octavum genus, vulgo dictum mattknillis : nobis ochropus medius. Idem, Avi.*, p. 511. — *Gallinæ aquaticæ species secunda de novo adjecta. Idem, ibid.*, p. 516, et sous ces différents articles, des figures toutes fautives et la plupart méconnaissables.—*Tringa Aldrovandi.* Willughby, *Ornithol.*, p. 222. — *Tringa tertia Aldrovandi. Idem*, p. 223. — *Cinclus tertius Aldrovandi. Idem*, p. 227. — *Gallinula rhodopus sive phœnicopus Gessn. Idem.* p. 223. — *Tringa Aldrovandi, cinclus Bellonii.* — Ray, *Synops. avi.*, p. 108, nº *a*, 7. — *Tringa tertia Aldrovandi. Idem, ibid.*, p. 109, nº 8. — *Cinclus tertius Aldrovandi. Idem, ibid.*, p. 110, nº 14. — *Tringa prima.* — Jonston, *Avi.*, p. 111. — *Tringa altera. Idem*, p. 112. — *Tringa tertia. Idem, ibid.* — *Gallinula rhodopus. Idem*, p. 110. — *Gallinula ochropus medius. Idem, ibidem.* — *Cincli congener altera. Idem*, p. 112. — *Gallinula ochropus.* Charleton, *Exercit.*, p. 112, nº 3. — *Gallinula ochra. Idem, Onomast.*, p. 107, nº 3. — *Glareola quarta.* Schwenckfeld, *Avi. Siles.*, p. 282. — *Glareola octava. Idem*, p. 283. — Klein, *Avi.*, p. 101, nº 4 et nº 7. — *Gallinula octava Gessneri.* Rzaczynski, *Auctuar. Hist. nat. Polon.*, p. 330. — *Tingra nigra, albo punctata, pectore maculato, abdomine subalbido, pedibus virescentibus.* Linnæus, *Fauna Suecica*, nº 152. — *Tringa rostro lævi, pedibus virescentibus, corpore albo punctato, pectore subalbido. Glareola. Idem, Syst. nat.*, édit. X, gen. 78, sp. 11. — « Tringa supernè splendidè » fusca, maculis candicantibus varia, infernè alba, tæniâ suprà oculos candidâ ; collo inferiore » cinereo-fusco maculato; lateribus cinereo-fuscis, albo transversim striatis ; rectricibus binis » intermediis in exortu albis, apice fusco-nigricantibus, albo transversim striatis, lateralibus » candidis, ad apicem fusco-nigricante transversim striatis... » *Tringa*, le *bécasseau* appelé vulgairement *cul-blanc.* Brisson, *Ornithol.*, t. V, p. 177.

(*a*) « Qui lui ouvre les aelles, regardant par-dessous, lui voit des madrures de blanc de fort » bonne grâce. » Belon, *Nature des oiseaux*, p. 226.

coups détachés; il plonge quelquefois dans l'eau quand il est poursuivi. Les sous-buses lui donnent souvent la chasse; elles le surprennent lorsqu'il se repose au bord de l'eau ou lorsqu'il cherche sa nourriture; car le bécasseau n'a pas la sauvegarde des oiseaux qui vivent en troupes, et qui communément ont une sentinelle qui veille à la sûreté commune : il vit seul dans le petit canton qu'il s'est choisi le long de la rivière ou de la côte (*a*), et s'y tient constamment sans s'écarter bien loin. Ces mœurs solitaires et sauvages ne l'empêchent pas d'être sensible : du moins il a dans la voix une expression de sentiment assez marqué; c'est un petit sifflet fort doux et modulé sur des accents de langueur qui, répandus sur le calme des eaux ou se mêlant à leur murmure, porte au recueillement et à la mélancolie; il paraît que c'est le même oiseau qu'on appelle *fifflasson* sur le lac de Genève, où on le prend à l'appeau avec des joncs englués. Il est connu également sur le lac de Nantua, où on le nomme *pivette* ou pied-vert; on le voit aussi dans le mois de juin sur le Rhône et la Saône; et, dans l'automne, sur les graviers de l'Ouche en Bourgogne; il se trouve même des bécasseaux sur la Seine, et l'on remarque que ces oiseaux, solitaires durant tout l'été, lors du passage se suivent par petites troupes de cinq ou six, se font entendre en l'air dans les nuits tranquilles. En Lorraine ils arrivent dans le mois d'avril, et repartent dès le mois de juillet (*b*).

Ainsi le bécasseau, quoique attaché au même lieu pour tout le temps de son séjour, voyage néanmoins de contrées en contrées, et même dans des saisons où la plupart des autres oiseaux sont encore fixés par le soin des nichées : quoiqu'on le voie pendant les deux tiers de l'année sur nos côtes de Basse-Picardie, on n'a pu nous dire s'il y fait ses petits; on lui donne dans ces cantons le nom de *petit chevalier* (*c*); il s'y tient à l'embouchure des rivières, et, suivant le flot, il ramasse le menu frai de poisson et les vermisseaux sur le sable, que tour à tour la lame d'eau couvre et découvre. Au reste, la chair du bécasseau est très délicate, et même l'emporte pour le goût sur celle de la bécassine, suivant Belon, quoiqu'elle ait une légère odeur de musc (*d*). Comme cet oiseau secoue sans cesse la queue en marchant, les naturalistes lui ont appliqué le nom de *cincle*, dont la racine étymologique signifie secousse et mouvement (*e*); mais ce caractère ne le désigne pas plus que la guignette et l'alouette de mer, qui ont dans la queue le même mouvement; et un passage d'Aristote prouve clairement que le bécasseau n'est point le cincle; ce philosophe nomme les trois plus petits oiseaux de rivages *tringas*, *schœniclos*, *cinclos*. Nous croyons que ces trois noms re-

(*a*) « Solitariæ plerumque degunt. » Willughby.

(*b*) Observations de M. Lottinger.

(*c*) Observations sur les oiseaux de nos côtes occidentales, communiquées par M. Baillon.

(*d*) *Nature des oiseaux*, p. 226.

(*e*) Κιγκλίζειν. Voyez Hesychius.

présentent les trois espèces du bécasseau, de la guignette et de l'alouette de mer : « De ces trois oiseaux, dit-il, qui vivent sur les rivages, le *cincle* et le » *schœniclos* sont les plus petits, le *tringas* est le plus grand et de la taille » de la grive (*a*). » Voilà la grandeur du bécasseau bien désignée, et celle du schœniclos et du cincle fixée au-dessous; mais, pour déterminer lequel de ces deux derniers noms doit s'appliquer proprement, ou à la guignette, ou à l'alouette de mer, ou à notre petit cincle, les indications nous manquent. Au reste, cette légère incertitude n'approche pas de la confusion où sont tombés les nomenclateurs au sujet du bécasseau : il est pour les uns une *poule d'eau;* pour d'autres une *perdrix de mer;* quelques-uns, comme nous venons de le voir, l'appellent *cincle;* le plus grand nombre lui donnent le nom de *tringa*, mais en le pervertissant par une application générique, tandis qu'il était spécifique et propre dans son origine; et c'est ainsi que ce seul et même oiseau, reproduit sous tous ces différents noms, a donné lieu à cette multitude de phrases dont on voit sa nomenclature chargée, et à tout autant de figures, plus ou moins méconnaissables, sous lesquelles on a voulu le représenter : confusion dont se plaint avec raison Klein, en s'écriant sur l'impossibilité de se reconnaître au milieu de ce chaos de figures fautives que prodiguent les auteurs sans se consulter les uns les autres, et sans connaître la nature, de manière que leurs notices, également indigestes, ne peuvent servir à les concilier (*b*).

LA GUIGNETTE (*c*) (*d*)

On pourrait dire que la guignette (*) n'est qu'un petit bécasseau, tant il y a de ressemblance entre ces deux oiseaux pour la forme et même pour le

(*a*) « Tringas lacus et flumina petit, ut etiam cinclos et schoniclos (que Gaza traduit *junco*); » sed inter minores has, majuscula est, turdo enim æquiparatur. » *Hist. animal.*, lib. VIII, cap. IV.

(*b*) « Dolemus insuperabilem aliquando sollicitudinem de conciliandis figuris quas nobis » propinarunt authores. » Klein, *Ordo avium*. p. 22.

(*c*) Voyez les planches enluminées, n° 850, sous la dénomination de *Petite alouette de mer*.

(*d*) En allemand, *fysterlin*, en suédois, *snaeppa;* en Yorkshire, *sand-piper;* sur le lac de Genève, *bécassine*, selon Willughby. — *Motacilla genus*. Gessner. *Avi.*, p. 119, avec une très mauvaise figure répétée. *Icon. avi.*, p. 123, et une autre aussi mauvaise, p. 106 du même ouvrage, avec le nom de *hypolencos-gallinula aquaticæ sextum genus, quod hypolencon cognomino; vulgus germanicum appellat fysterlin.* Idem, *Avi.*, p. 59. Notice copiée dans Aldrovande, t. III, p. 469. — *Motacilla seu cincli genus.* Aldrovande, *Avi.*, t. III, p. 485, avec des mauvaises figures de Gessner. — *Tringa minor*. Willughby, *Ornithol.*, p. 223, avec une figure peu exacte, pl. 55. — Ray, *Synops. avi.*, p. 108, n° *a*, 6. — Charleton, *Exercit.*, p. 112, n° 9. — *Gallinula hypolencos*. Jonston, *Avi.*, p. 110. — *Tringa quinta. Idem*, p. 112.

(*) La Guignette est un Chevalier, le *Totanus hypoleucos* L.

plumage. La guignette a la gorge et le ventre blancs; la poitrine tachetée de pinceaux gris sur blanc; le dos et le croupion gris, non mouchetés de blanchâtre, mais légèrement ondés de noirâtre, avec un petit trait de cette couleur sur la côte de chaque plume, et dans le tout on aperçoit un reflet rougeâtre; la queue est un peu plus longue et plus étalée que celle du bécasseau; la guignette la secoue de même en marchant. C'est d'après cette habitude que plusieurs naturalistes lui ont appliqué le nom de *motacilla*, quoique déjà donné à une multitude de petits oiseaux, tels que la bergeronnette, la lavandière, le troglodite, etc.

La guignette vit solitairement le long des eaux, et cherche, comme les bécasseaux, les grèves et les rives de sable; on en voit beaucoup vers les sources de la Moselle, dans les Vosges, où cet oiseau est appelé *lambiche*. Il quitte cette contrée de bonne heure, et dès le mois de juillet, après avoir élevé ses petits.

La guignette part de loin en jetant quelques cris, et on l'entend pendant la nuit crier sur les rivages d'une voix gémissante (*a*), habitude qu'apparemment elle partage avec le bécasseau, puisque, suivant la remarque de Willughby, le *pilvenckegen* de Gessner, oiseau gémissant, plus grand que la guignette, paraît être le bécasseau.

Du reste, l'une et l'autre de ces espèces se portent assez avant dans le Nord (*b*) pour être parvenues aux terres froides et tempérées du nouveau continent; et en effet, un bécasseau envoyé de la Louisiane ne nous a paru différer presque en rien de celui de nos contrées.

— « Tringa rostro lævi, corpore cinereo lituris nigris, subtùs albo. » Linnæus, *Fauna Suec.*, nº 147.— « Tringa rostro lævi, pedibus lividis, corpore cinereo lituris nigris, subtùs albo... » *Hypoleucos.* Idem, *Syst. nat.*, édit. X, gen. 78, sp. 9. — « Tringa supernè splendidè griseo-» fusca, lineis longitudinalibus et transversis undatisque fusco nigricantibus varia, infernè » alba ; gutture, collo inferiore et pectore supremo cinereo albis, pennis lineâ longitudinali » fuscâ in medio notatis; rectricibus decem intermediis griseo-fuscis, viridescente adumbratis, » fusco-nigricante transversim et undatim striatis utrimque extimâ, inferiùs griseo-fusco trans-» versim striatâ, binis extimæ proximis apice albis... » *Guinetta.* Brisson, *Ornithol.*, t. V, page 183.

(*a*) « Vocem noctu lachrymantis aut lamentantis instar edit. » Willughby, p. 223.

(*b*) *Fauna Suecica*, nºˢ 147 et 152.

LA PERDRIX DE MER (a) (b)

C'est très improprement qu'on a donné le nom de *perdrix* à cet oiseau (*) de rivage, qui n'a d'autre rapport avec la perdrix qu'une faible ressemblance dans la forme du bec. Ce bec étant en effet assez court, convexe en dessus, comprimé par les côtés, courbé vers la pointe, ressemble assez au bec des gallinacés ; mais la forme du corps et la coupe des plumes éloignent cet oiseau du genre des gallinacés, et semblent le rapprocher de celui des hirondelles, dont il a la forme et les proportions, ayant comme elles la queue fourchue, une grande envergure et la coupe des ailes en pointe : quelques auteurs ont donné à cet oiseau le nom de *glareola*, qui a rapport à sa manière de vivre sur les grèves des rivages de la mer ; et en effet, cette perdrix de mer va, comme le cincle, la guignette et l'alouette de mer, cherchant les vermisseaux et les insectes aquatiques, dont elle fait sa nourriture ; elle fréquente aussi le bord des ruisseaux et des rivières, comme sur le Rhin, vers Strasbourg, où, suivant Gessner, on lui donne le nom allemand de *koppriegerle*. Kramer ne l'appelle *praticola* que parce qu'il en a vu un grand nombre dans de vastes prairies qui bordent un certain lac de la Basse-Autriche (*c*) ; mais partout, soit sur les bords des rivières et des lacs ou sur les côtes de la mer, cet oiseau cherche les grèves ou rives sablonneuses (*d*), plutôt que celles de vase.

(*a*) Voyez les planches enluminées, n° 882.

(*b*) *Pratincola*. Kramer, *Elench. Austr. infer.*, p. 381, avec une figure assez bonne. — *Glareola secunda, vulgo kobel regerlin, sundvogel*. Schwenckfeld, *Aviar. Siles.*, p. 281. — *Gallinulæ aquaticæ undecimum genus, quod erythropodem minorem appello, vulgus kopprie-gerle*. Gessner, *Avi.*, p. 513, avec une très mauvaise figure. — *Erythropus minor*. Idem, *Icon. avi.*, même figure. — *Gallinula erythropos minor*. Aldrovande, *Avi.*, t. III, p. 454, avec une figure nullement ressemblante. — *Hirundo marina avis*. Idem, t. II, p. 696, avec une figure assez reconnaissable, quoique peu exacte, p. 697. — *Hirundo marina Aldrovandi*. Willughby, *Ornithol.*, p. 156. — Ray, *Synops. avi.*, p. 72, où il observe fort bien que ce nom d'*hirondelle* n'est donné qu'improprement à cet oiseau. — *Gallinula erythropus minor*. Jonston, *Avi.*, p. 110. — *Hirundo marina*. Idem, p. 82. — Charleton, *Exercit.*, p. 96, n° 5 ; *Onomast.*, p. 90, n° 5. — *Hirundinis ripariæ species*. Marsigli. *Danub.*, t. V, p. 96, avec une figure peu exacte, tab. 46. — « Glareola supernè splendidè griseo-fusca, infernè ex albo » non nihil rufescens, gutture et collo inferiore albo rufescentibus ; lineâ nigrâ circumdatis ; » pectore griseo-rufescente ; lateribus dilutè castaneis ; rectricibus quatuor utrimque extimis » in exortu albis, versùs apicem fusco-nigricantibus, tribus extimæ proximis exteriùs griseo-» fusco maculatis. » *Glareola*, la Perdrix de mer. Brisson, *Ornithol.*, t. V, p. 141.

(*c*) « Lacus Nischiteriensis. » Kramer, *Elench.*, p. 381.

(*d*) Schwenckfeld.

(*) Les Perdrix de mer de Buffon constituent le genre *Glareola* Briss. Échassiers de la famille des Charadriïdes et de la sous-famille des Cursoriens. Ils ont le bec court, légèrement recourbé ; des ailes longues et pointues, des doigts antérieurs libres, un doigt postérieur peu développé.

On connaît quatre espèces ou variétés de ces perdrix de mer, qui paraissent former une petite famille isolée au milieu de la nombreuse tribu des petits oiseaux de rivage.

LA PERDRIX DE MER GRISE

PREMIÈRE ESPÈCE.

La première est la perdrix de mer, représentée dans nos planches enluminées, nº 882 (*), et qui, avec l'espèce suivante, se voit, mais rarement, sur les rivières dans quelques-unes de nos provinces, particulièrement en Lorraine, où M. Lottinger nous assure l'avoir vue. Tout son plumage est d'un gris teint de roux sur les flancs et les petites pennes de l'aile ; elle a seulement la gorge blanche et encadrée d'un filet noir, le croupion blanc et les pieds rouges ; elle est à peu près de la grosseur d'un merle. L'*hirondelle de mer* d'Aldrovande (*a*), qui du reste se rapporte assez à cette espèce, paraît y former une variété, en ce que, suivant ce naturaliste, elle a les pieds très noirs.

LA PERDRIX DE MER BRUNE (*b*)

SECONDE ESPÈCE.

Cette perdrix de mer (**), qui se trouve au Sénégal, et qui est de même grosseur que la nôtre, n'en diffère qu'en ce qu'elle est entièrement brune ; et nous sommes fort portés à croire que cette différence du gris au brun n'est qu'un effet de l'influence du climat, en sorte que cette seconde espèce pourrait bien n'être qu'une race ou variété de la première.

LA GIAROLE (*c*)

TROISIÈME ESPÈCE.

C'est le nom que porte en Italie l'espèce de perdrix de mer (***) à laquelle Aldrovande rapporte, avec raison, celle du *melampos* ou pied noir de Gess-

(*a*) *Avi.*, t. II, p. 696.

(*b*) « Glareola in toto corpore fusca ; rectricibus interius et subtus cinereo-fuscis... » *Glareola Senegalensis*, la Perdrix de mer du Sénégal. Brisson, *Ornithol.*, t. V, p. 148.

(*c*) *Gallinula melampos, quam aucupes nostri giarolam vocant.* Aldrovande, *Avi.*, t. III,

(*) *Glareola austriaca* Gmel. (*Glareola pratincola* L.).

(**) Variété du *Glareola austriaca* Gmel.

(***) Variété du *Glareola austriaca* Gmel.

ner, caractère par lequel ce dernier auteur prétend qu'on peut distinguer cet oiseau de tous les autres de ce genre, dont aucun n'a les pieds noirs. Le nom qu'il lui donne en allemand (*rotknillis*) est analogue au fond de son plumage roux ou rougeâtre au cou et sur la tête, où il est tacheté de blanchâtre et de brun ; l'aile est cendrée, et les pennes en sont noires.

LA PERDRIX DE MER A COLLIER (a)

QUATRIÈME ESPÈCE.

Le nom de *riegerle* que les Allemands donnent à cet oiseau (*) indique qu'il est remuant et presque toujours en mouvement (b) : en effet, dès qu'il entend quelque bruit, il s'agite, court et part en criant d'une petite voix perçante ; il se tient sur les rivages, et ses habitudes sont à peu près les mêmes que celles des guignettes ; mais, en supposant que la figure donnée par Gessner soit exacte dans la forme du bec, cet oiseau appartient au genre de la perdrix de mer, tant par ce caractère que par la ressemblance des couleurs : le dos est cendré ainsi que le dessus de l'aile, dont les grandes pennes sont noirâtres ; la tête est noire, avec deux lignes blanches sur les yeux ; le cou est blanc, et un cercle brun l'entoure au bas comme un collier ; le bec est noir et les pieds sont jaunâtres. Du reste, cette perdrix de mer doit être la plus petite de toutes, étant à peine aussi grande que le cincle, qui de tous les oiseaux de rivage est le plus petit. Schwenckfeld dit

p. 464, avec une mauvaise figure. — *Gallinulæ aquaticæ septimum genus, quod rotknillis vocant, melampodem cognomino*. Gessner, *Avi.*, p. 510, avec une très mauvaise figure. — *Melampus*. Idem, *Icon. avi.*, p. 107, même figure. — *Gallinula melampus Gessneri Aldrovando, rot-knussel Baltneri*. Willughby, *Ornithol.*, p. 225. — Ray, *Synops. avi.*, p. 109, n° 9. — *Glareola, gallinula melampus Gessneri*. Klein, *Avi.*, p. 101, n° 9. — *Gallinula melampus Willughbeii, Polonis kokofska*. Rzaczynski, *Auctuar. hist. nat. Polon.*, p. 380. — « Glareola » supernè fusca, maculis obscurioribus varia, infernè rufa, maculis fuscis et albicantibus » variegata ; capite et collo pectori concoloribus ; imo ventre rufo-candicante ; nigris maculis » vario ; rectricibus candicantibus, apice nigris... » *Glareola nævia*. Brisson, *Ornithol.*, t. V, p. 147.

(a) *Gallinulæ aquaticæ duodecimum genus, quod ochropodem minorem nomino, vulgus riegerle*. Gessner, *Avi.*, p. 514, avec une figure peu exacte. — *Ochropus minor*. Idem, *Icon. avi.*, p. 19. — Aldrovande, *Avi.*, t. III, p. 461, avec la figure empruntée de Gessner. — Jonston, *Avi.*, p. 110. — *Glareola quinta, nobis tulfis, sand-regerlin*. Schwenckfeld, *Aviar. Siles.*, p. 282. — Klein, *Avi.*, p. 101, n° 6. — « Glareola supernè griseo-fusca, infernè » subalbida ; maculà in syncipite nigrà ; maculà utrinque circa oculos, gutture et collo candidis ; torque fusco ; rectricibus griseo fuscis... » *Glareola torquata*. Brisson, *Ornithol.*, t. V, p. 145.

(b) « Riegerle vocant, quasi motriculam dixeris, *regen* enim nobis moveri est. » Gessner, *Avi.*, p. 514.

(*) Variété du *Glareola austriaca* Gmel.

que cette perdrix de mer niche sur les bords sablonneux des rivières, et qu'elle pond sept œufs oblongs ; il ajoute qu'elle court très vite, et y fait entendre pendant les nuits d'été un petit cri, *tul*, *tul*, d'une voix retentissante.

L'ALOUETTE DE MER (a) (b)

Cet oiseau (*) n'est point une alouette, quoiqu'il en ait le nom ; il ne ressemble même à l'alouette que par la taille, qui est à peu près égale, et par quelques rapports dans les couleurs du plumage sur le dos (c) ; mais il en diffère pour tout le reste, soit par la forme, soit par les habitudes, car l'alouette de mer vit au bord des eaux sans quitter les rivages. Elle a le bas de la jambe nu et le bec grêle, cylindrique et obtus comme les autres oiseaux *scolopaces*, et seulement plus court à proportion que celui de la petite bécassine, à laquelle cette alouette de mer ressemble assez par le port et la figure.

C'est en effet sur les bords de la mer que se tiennent de préférence ces oiseaux, quoiqu'on les trouve aussi sur les rivières ; ils volent en troupes souvent si serrées, qu'on ne manque pas d'en tuer un grand nombre d'un seul coup de fusil ; et Belon s'étonne de la grande quantité de ces alouettes

(a) Voyez les planches enluminées, n° 851.

(b) En anglais, *stint* ; en allemand, *stein-bicker*, *stein-beysser* ; en hollandais, *strand-looper*. — *Alouette de mer*. Belon, *Nat. des oiseaux*, p. 217, avec une figure très peu exacte ; répétée *Portraits d'oiseaux*, p. 50. — *Cinclus, seu motacilla maritima*. Gessner, *Avi.*, p. 616, avec une mauvaise figure, p. 617. — *Cinclus*. Idem, *Icon. avi.*, p. 112, avec une figure qui n'est pas meilleure. — Aldrovande, *Avi.*, t. III, p. 490. — *Cinclus ornithologi et Turneri*. Idem, *ibid.* — *Schoeniclos, sive junco Bellonii*. Idem, *ibid.*, p. 487, avec des figures toutes fautives. — *Cinclus*. Jonston, *Avi.*, p. 112. — *Tringa quarta*. Idem, *ibid.* — *Junco Bellonii*. Idem, tab. 53, figure empruntée d'Aldrovande. — *Cinclus prior Aldrovandi*. Ray, *Synops. avi.*, p. 110, n° *a*, 13. — *The stint*. Willughby, *Ornithol.*, p. 226. — *Avis the stint dicta*. Sibbald, *Scot. illustr.*, part. II, lib. III, p. 19. — *Schoeniclus*. Mœhring, *Avi.*, gen. 94. — *Junco*. Charleton, *Exercit.*, p. 113, n° X. *Onomast.*, p. 108, n° X. — *Tringa pulla maculis minoribus rotundis albis variegata, ventre albicante*. Browne, *Nat. hist. of Jamaïca*, p. 477. — *Gallinago minima, ex fusco et albo varia*. Sloane, *Jamaïca*, p. 320, n° XIV. — Ray, *Synops. avi.*, p. 190, n° 11. — *Sanderling d'arbres*. Albin, t. III, p. 37, avec une figure mal coloriée, pl. 88. — « Tringa pennis in medio secundùm scapum fuscis, ad margines griseis » supernè vestita, infernè alba ; tæniâ utrimque a rostro ad oculos candicante ; gutture et » collo inferiore albidis, maculis fuscis variegatis ; rectricibus griseis, binis intermediis exte- » riùs saturatè fuscis... » *Cinctus*, l'Alouette de mer. Brisson, *Ornithol.*, t. V, p. 221.

(c) « Les Françoys voyants un petit oysillon vivre le long des eaux, et principalement ez » lieux marécageux près la mer, et estre de la corpulence d'une alouette, au moins quelque » peu plus grandet (Willughby dit, *tantillo minor*, ce qui prouve qu'il y a des variétés) ; » n'ont sçeu lui trouver appellation plus propre que de le nommer *alouette de mer* ; et le » voyant voler en l'aer, on le trouve de même couleùr, sinon qu'il est plus blanc par-dessous » le ventre, et plus brun dessus le dos qu'une alouette. » Belon, *Nat. des oiseaux*, p. 217.

(*) C'est une Maubèche, *Tringla cinclus* L.

aquatiques, dont il a vu les marchés garnis sur nos côtes (*a*). Selon lui, c'est un meilleur manger que n'est l'alouette elle-même; mais ce petit gibier, bon en effet quand il est frais, prend un goût d'huile dès qu'on le garde. C'est apparemment de ces alouettes de mer que parle M. Salerne sous le nom de *guignette* (*b*), lorsqu'il dit *qu'elles vont en troupes*, puisque la guignette vit solitaire. Si l'on tue une de ces alouettes dans la bande, les autres voltigent autour du chasseur, comme pour sauver leur compagne. Fidèles à se suivre, elles s'entr'appellent en partant, et volent de compagnie en rasant la surface des eaux ; la nuit on les entend se réclamer et crier sur les grèves et dans les petites îles.

On les voit rassemblées en automne ; les couples, que le soin des nichées avait séparés, se réunissent alors avec les nouvelles familles, qui sont ordinairement de quatre ou cinq petits. Les œufs sont très gros relativement à la taille de l'oiseau ; il les dépose sur le sable nu : le bécasseau et la guignette ont la même habitude, et ne font point de nid ; l'alouette de mer fait sa petite pêche le long du rivage, en marchant et secouant incessamment la queue.

Ces oiseaux voyagent comme tant d'autres, et changent de contrées ; il paraît même qu'ils ne sont que de passage sur quelques-unes de nos côtes : c'est du moins ce que nous assure un bon observateur (*c*) de celles de basse Picardie. Ils arrivent dans ces parages au mois de septembre par les vents d'est, et ne font que passer ; ils se laissent approcher à vingt pas, ce qui nous fait présumer qu'on ne les chasse pas dans le pays d'où ils viennent.

Au reste, il faut que les voyages de ces oiseaux les aient portés assez avant au nord pour qu'ils aient passé d'un continent à l'autre, car on en retrouve l'espèce bien établie dans les contrées septentrionales et méridionales de l'Amérique, à la Louisiane (*d*), aux Antilles (*e*), à la Jamaïque (*f*) ; à Saint-Domingue, à Cayenne (*g*). Les deux *alouettes de mer de Saint-*

(*a*) « L'on ne peut voir plus grand merveille de ce petit oyseau, que d'en voir apporter » cinq ou six cens douzaines en un jour de samedy en hiver. » Belon, *Nat. des oiseaux, loco cit.*

(*b*) *Ornithologie*, p. 340.

(*c*) M. Baillon.

(*d*) Le Page Dupratz, *Histoire de la Louisiane*, t. II, p. 118.

(*e*) « Les alouettes de mer et autres petits oiseaux de marine se trouvent en telle quantité dans toutes les salines, que c'est une chose prodigieuse. » Dutertre, t. II, p. 277.

(*f*) Sloane, p. 320 ; Browne, 477.

(*g*) « On voit toute l'année de ces oiseaux à Cayenne et sur toute la côte ; dans les grandes » marées ils se rassemblent, et quelquefois en si grand nombre, que les bords des rivières » où le flux monte en sont couverts, soit à terre, soit au vol ; leurs troupes vont très serrées, » et il arrive quelquefois d'en tuer quarante et cinquante d'un seul coup de fusil. Les habi- » tants de Cayenne en font aussi la chasse pendant la nuit sur les sables, où ces oiseaux » mangent de petits vers que la mer a laissés en se retirant ; ils se perchent quelquefois sur » les palétuviers au bord de l'eau ; leur chair est très bonne à manger. Dans le temps des » pluies, à Saint-Domingue et à la Martinique, on les voit en aussi grand nombre, mais on » ne sait pas comment ils nichent, ni les endroits où ils font leurs pontes. » Remarques » faites par M. de la Borde, médecin du roi à Cayenne.

Domingue, que donne séparément M. Brisson (*a*), paraissent n'être que des variétés de notre espèce d'Europe; et dans l'ancien continent, l'espèce en est répandue du nord au midi, car on reconnaît l'alouette de mer au cap de Bonne-Espérance dans l'oiseau que donne Kolbe sous le nom de *bergeronnette* (*b*), et au nord dans le *stint* d'Écosse de Willughby et de Sibbald.

LE CINGLE (*c*) (*d*)

Aristote a donné le nom de *cinclos* (*) à l'un des plus petits oiseaux de rivages, et nous croyons devoir adopter ce nom pour le plus petit de tous ceux qui composent cette nombreuse tribu, dans laquelle on comprend les chevaliers, les maubèches, le bécasseau, la guignette, la perdrix et l'alouette de mer. Notre cincle même paraît n'être qu'une espèce secondaire et subalterne de l'alouette de mer : un peu plus petit et moins haut sur ses jambes, il a les mêmes couleurs, avec la seule différence qu'elles sont plus marquées; les pinceaux sur le manteau sont tracés plus nettement, et l'on voit une zone de taches de cette couleur sur la poitrine; c'est ce qui l'a fait nommer *alouette de mer à collier* par M. Brisson (*e*). Le cincle a d'ailleurs les mêmes mœurs que l'alouette de mer; on le trouve fréquemment avec elle, et ces oiseaux passent de compagnie; il a dans la queue le même mouvement de secousse ou de tremblement, habitude qu'Aristote paraît attribuer à son cincle (*f*); mais nous n'avons pas vérifié si ce qu'il en dit de plus peut convenir au nôtre : savoir, qu'une fois pris, il devient très aisément privé, quoiqu'il soit plein d'astuce pour éviter les pièges (*g*). Quant à la longue et obscure discussion d'Aldrovande sur le cincle, tout ce qu'on en peut conclure, ainsi que des figures multipliées et toutes défectueuses qu'il en donne, c'est que les deux oiseaux que les Italiens nomment *giarolo* et *giaroncello* répondent à notre cincle et à notre alouette de mer.

(*a*) L'alouette de mer de Saint-Domingue. Brisson, *Ornithol.*, t. V, p. 219. La petite alouette de mer de Saint-Domingue. *Ibidem*, p. 222.

(*b*) *Description du Cap*, t. III, p. 160.

(*c*) Voyez les planches enluminées, n° 852.

(*d*) « Tringa pennis in medio nigricantibus, ad margines rufis supernè vestita, infernè » alba; uropygio griseo-fusco; pennis in medio obscurioribus; gutture et collo inferiore » maculis fuscis variegatis; pectore fusco, marginibus pennarum candidis; rectricibus gri- » seis, binis intermediis interiùs saturatè fuscis, lateralibus interiùs albo marginatis, scapo » albo præditis... » *Cinclus torquatus*. Brisson, *Ornithol.*, t. V, p. 216.

(*e*) Voyez sa onzième espèce du genre du *bécasseau* et la figure.

(*f*) « Cinclus... Læsus est : incontinens enim parte sui posteriore. » *Hist. animal.*, lib. IX, cap. XII.

(*g*) « Astutus et captu difficilis est, sed captus omnino facilè mitescit. » *Ibid.*

(*) *Tringa Cinclus* L.

FIN DU TOME SEPTIÈME.

TABLE DES MATIÈRES

DU TOME SEPTIÈME.

(Les articles marqués d'un (M.) sont de GUÉNEAU DE MONTBELLIARD.)

Pages.

Pages.

FIN DE LA TABLE DU SEPTIÈME VOLUME

Paris. — Imprimerie Vve P. Larousse et Cie, rue Montparnasse, 19.

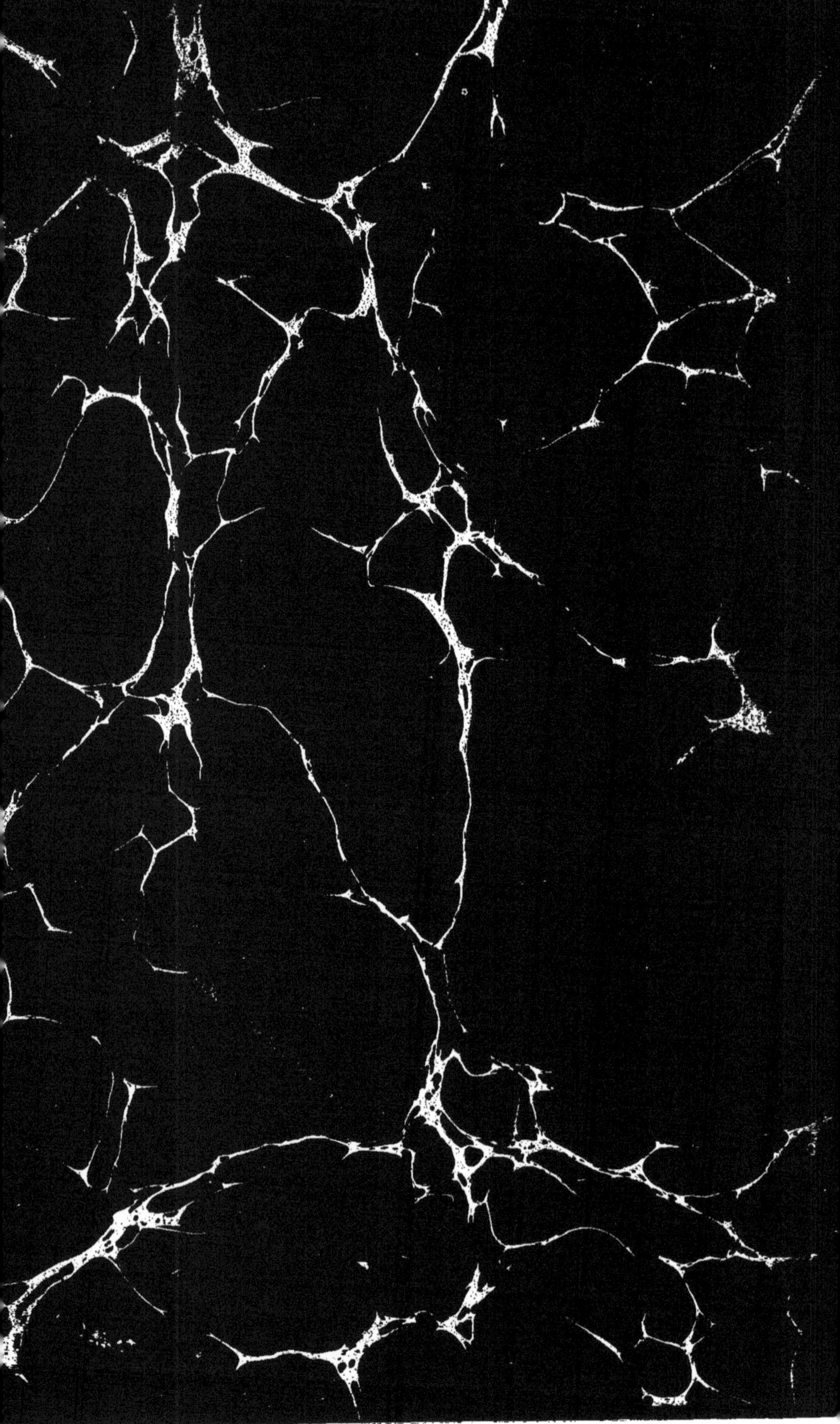

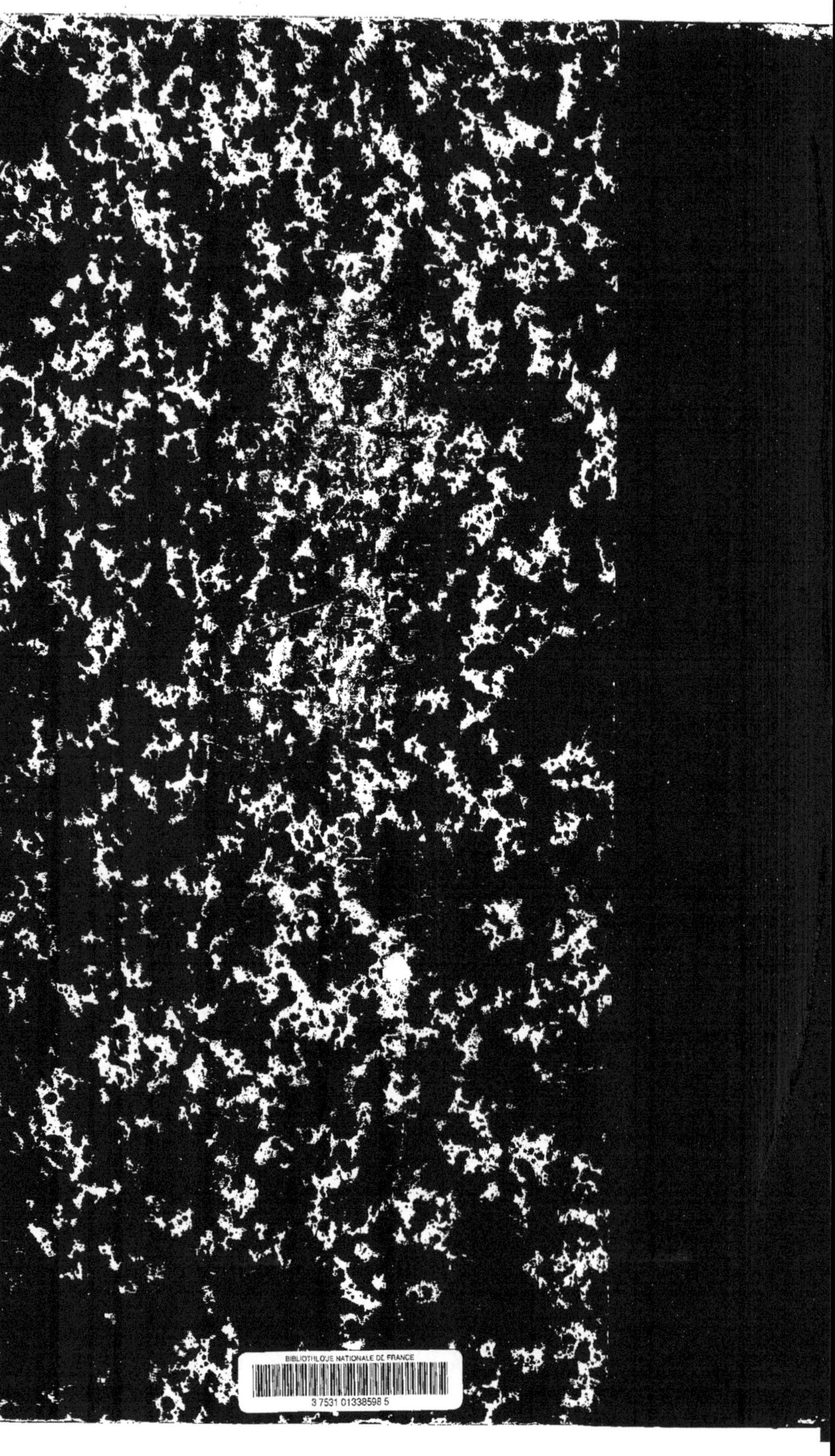
BIBLIOTHEQUE NATIONALE DE FRANCE
3 7531 01338598 5

www.ingramcontent.com/pod-product-compliance
Ingram Content Group UK Ltd.
Pitfield, Milton Keynes, MK11 3LW, UK
UKHW020300200726
857UKWH00001B/44